이제 **오르비**가

학원을 재발명합니다

출발의 습관은 수능날까지 계속됩니다.
형식적인 상담이나
관리하고 있다는 모습만 보이거나
학습에 전혀 도움이 되지 않는
보여주기식의 모든 것을 배척합니다.

쓸모없는 강좌와 할 수 없는 계획을 강요하거나
무모한 혹은 무리한 스케줄로
1년의 출발을 무의미하게 하지 않습니다.
형식은 모방해도 내용은 모방할 수 없습니다.

smart is sexy
Orbi.kr

개인의 능력을 극대화 시킬 모든 계획이 오르비학원에 있습니다.

이동훈
기출문제집

저자 소개

이동훈

연세대 수학과 졸업
고등부 학원 강사 / 대학입시 수학 콘텐츠 개발자
이동훈 기출문제집 네이버 카페 활동 중 (닉네임: 이동훈t)
cafe.naver.com/2math

★ 스포일러: 2024 학년도 수능 수학 푼 사람만 읽으세요 !

2024 수능에서 보여준 출제 경향

〈 공통(수학1+수학2) 〉

- 공통 8 – 인수분해(고1)+함수의 연속성+우함수/기함수의 정적분
- 공통 10 – 삼차함수의 비율관계(빠른계산)+절댓값이 붙은 다항함수의 그래프의 개형
- 공통 12 – 최대최소 문제: 관찰 또는 식 세우기. 두 방법 모두 가능.
- 공통 14 – 교육청 2학년 문제를 보는 듯. 삼차함수와 직선의 교점의 개수가 2인 상황+이차함수의 대칭축과 꼭짓점의 위치(고1)
- 공통 15 – 수열+수형도. 전형적인 문제.
- 공통 19 – 삼각함수의 그래프가 아닌 단위원+부등식과 필요충분조건을 이루는 방정식 찾기.
- 공통 20 – 원의 성질, 두 개의 직각삼각형이 주어진 기하적 상황
- 공통 22 – 다항함수의 그래프의 개형을 그릴 때, x절편, y절편을 가장 먼저 결정해야 함. 삼차함수의 특징($-\infty \to 0 \to \infty$)+사이값 정리+귀류법. 계산은 거의 없음.

〈 확률과 통계 〉

- 확률과 통계 26 – 함수의 정의에 대한 근본을 묻는 문제. 쉽지만, 너무나도 좋은 문제.
- 확률과 통계 29 – 수의 대소 관계($a < b$, $a = b$, $a > b$)+중복조합. 교사경 기출에서 자주 다룬 유형의 문제.

〈 미적분 〉

- 미적분 28 – '2022–미적분30', '2023–확률과통계22/미적분22/기하22' 의 계보를 잇는 문제. 곡선 위의 점을 먼저 찍고, 곡선을 그리면 어려울 것이 없음.
- 미적분 30 – 변곡접선을 소재로 하는 문제. (※올해 수능에서 삼차함수의 비율관계, 변곡접선, … 등의 실전이론이 출제되었습니다. 앞으로의 수능에서 이런 실전이론들이 출제되지 말라는 법은 없습니다.)

〈 기하 〉

- 기하 28 – 공간도형 문제는 결국 평면도형에서 해결해야 함. 타원의 정의+원의 성질+두 개 이상의 직각삼각형이 주어진 기하적 상황
- 기하 30 – 교사경 문제인 '2013(10)고3–B형21' 의 변형 문제.

수능 수학 1등급/만점을 결정하는 난문을 해결하기 위해서는 '교과서와 수능/평가원 기출 더 나아가 교육청/사관학교/경찰대 기출에 대한 철저한 학습이 절실하게 요구' 됩니다.
수능 수학에 대한 자세한 분석과 그에 따른 학습법은 이동훈 기출 네이버 카페 (cafe.naver.com/2math)에서 읽으실 수 있습니다.

이동훈

학년도	시험	실시년도/월
5차 교육과정		
1991	실험평가(1차)	1990년 12월
1992	실험평가(2차)	1991년 5월
1992	실험평가(3차)	1991년 8월
1992	실험평가(4차)	1991년 11월
1993	실험평가(5차)	1992년 5월
1993	실험평가(6차)	1992년 8월
1993	실험평가(7차)	1992년 11월
1994	대학수학능력(1차)	1993년 8월
1994	대학수학능력(2차)	1993년 11월
1995	대학수학능력	1994년 11월
1996	대학수학능력	1995년 11월
1997	대학수학능력	1996년 11월
1998	대학수학능력	1997년 11월
6차 교육과정		
1999	대학수학능력	1998년 11월
2000	대학수학능력	1999년 11월
2001	대학수학능력	2000년 11월
2002	대학수학능력	2001년 11월
2003	모의평가(9월)	2002년 9월
2003	대학수학능력	2002년 11월
2004	모의평가(6월)	2003년 6월
2004	모의평가(9월)	2003년 9월
2004	대학수학능력	2003년 11월
7차 교육과정		
2005	예비시행	2003년 12월
2005	모의평가(6월)	2004년 6월
2005	모의평가(9월)	2004년 9월
2005	대학수학능력	2004년 11월
2006	모의평가(6월)	2005년 6월
2006	모의평가(9월)	2005년 9월
2006	대학수학능력	2005년 11월
2007	모의평가(6월)	2006년 6월
2007	모의평가(9월)	2006년 9월
2007	대학수학능력	2006년 11월
2008	모의평가(6월)	2007년 6월
2008	모의평가(9월)	2007년 9월
2008	대학수학능력	2007년 11월
2009	모의평가(6월)	2008년 6월
2009	모의평가(9월)	2008년 9월
2009	대학수학능력	2008년 11월
2010	모의평가(6월)	2009년 6월
2010	모의평가(9월)	2009년 9월
2010	대학수학능력	2009년 11월
2011	모의평가(6월)	2010년 6월
2011	모의평가(9월)	2010년 9월
2011	대학수학능력	2010년 11월

학년도	시험	실시년도/월
2007개정 교육과정		
2012	모의평가(6월)	2011년 6월
2012	모의평가(9월)	2011년 9월
2012	대학수학능력	2011년 11월
2014	예비시행	2012년 5월
2013	모의평가(6월)	2012년 6월
2013	모의평가(9월)	2012년 9월
2013	대학수학능력	2012년 11월
2014	모의평가(6월)	2013년 6월
2014	모의평가(9월)	2013년 9월
2014	대학수학능력	2013년 11월
2015	모의평가(6월)	2014년 6월
2015	모의평가(9월)	2014년 9월
2015	대학수학능력	2014년 11월
2016	모의평가(6월)	2015년 6월
2016	모의평가(9월)	2015년 9월
2016	대학수학능력	2015년 11월
2009개정 교육과정		
2017	모의평가(6월)	2016년 6월
2017	모의평가(9월)	2016년 9월
2017	대학수학능력	2016년 11월
2018	모의평가(6월)	2017년 6월
2018	모의평가(9월)	2017년 9월
2018	대학수학능력	2017년 11월
2019	모의평가(6월)	2018년 6월
2019	모의평가(9월)	2018년 9월
2019	대학수학능력	2018년 11월
2020	모의평가(6월)	2019년 6월
2020	모의평가(9월)	2019년 9월
2020	대학수학능력	2019년 11월
2015개정 교육과정		
2021	예시문항	2020년 5월
2021	모의평가(6월)	2020년 6월
2021	모의평가(9월)	2020년 9월
2021	대학수학능력	2020년 11월
2022	모의평가(6월)	2021년 6월
2022	모의평가(9월)	2021년 9월
2022	대학수학능력	2021년 11월
2023	모의평가(6월)	2022년 6월
2023	모의평가(9월)	2022년 9월
2023	대학수학능력	2022년 11월
2024	모의평가(6월)	2023년 6월
2024	모의평가(9월)	2023년 9월
2024	대학수학능력	2023년 11월

○ 문항 정렬은 단원별, 출제년도 순을 따랐습니다.
소단원별의 문항 구성은 교과서의 서술 체계를 가장 잘 드러내며,
출제년도 순의 문항 구성은 출제 경향을 뚜렷하게 보여줄 것입니다.

○ 모든 해설은 교과서에 근거합니다.
해설은 교과서의 정의/정리/성질/공식/법칙과 수학적 표현만으로 작성되었으며, 수학적으로 엄밀합니다.
다른 풀이 및 참고 사항을 최대한 수록하여 문제 해결의 다양한 시각을 제시하였습니다.

〈 문제집의 기호에 대하여 〉

이동훈 기출문제집의 수준별 문항 구분은 다음과 같습니다.

○ : 교과서 예제 또는 그 수준의 문제
○○ : 교과서 연습문제 또는 그 수준의 문제
○○○ : 교과서 예제, 연습문제 이상의 수준의 문제 – 상대적으로 난이도 낮음
●●● : 교과서 예제, 연습문제 이상의 수준의 문제 – 상대적으로 난이도 높음 (실전이론 필요성 비교적 높음)
★★★ : 교과서 예제, 연습문제 이상의 수준의 문제 - 최고난문 (실전이론 필요성 매우 강함)

각 단계에 대한 학습법은 이동훈 기출 네이버 카페(cafe.naver.com/2math)에서 읽으실 수 있습니다.

〈 해설집의 기호에 대하여 〉

이동훈 기출문제집의 해설집에는 다음의 세 방향의 풀이를 모두 수록하기 위하여 노력하였습니다.

(A) 교과서의 '기본개념' 과 그에 따른 전형적인 풀이 과정을 적용하는 풀이
(B) 교과서와 수능/평가원 기출문제에서 추론가능 한 '실전이론' 과 그에 따른 전형적인 풀이 과정을 적용하는 풀이
(C) 시험장에서 손끝에서 나와야 하는 풀이 (이에 해당하는 풀이에는 시험장 표시를 해두었습니다.)

모든 [풀이] 또는 [풀이1]은 (A) 또는 (C) 또는 이 둘 모두에 해당합니다.
[풀이2], [풀이3], … 은 (A)에 해당할 수도 있고, (B)에 해당할 수도 있습니다. ((C)는 시험장으로 표시)
[참고], [참고1], [참고2], … 는 (A)에 해당할 수도 있고, (B)에 해당할 수도 있습니다. ((C)는 시험장으로 표시)

만약 어떤 문제의 어느 해설에도 시험장 표시가 없다면 [풀이] 또는 [풀이1]이 시험장 풀이입니다.

특히 (C)의 시험장 풀이(시험장)는 간결하므로 다른 풀이가 지나치게 길다고 생각된다면 시험장을 읽을 것을 권합니다.

수능/평가원 기출문제에서 반복되는 '기본개념', '실전이론', '(실전이론에 따른) 전형적인 풀이 과정' 을 포함한 문제의 해설에는 다음과 같이 ★ 표시를 해두었습니다. (★가 표시된 풀이 또는 참고의 대부분은 개념적으로 중요합니다. 꼭 익혀두세요.)

[풀이] ★
[참고] ★

반드시 익혀야 하는 풀이 또는 참고가 아닌 경우에는 다음과 같이 (선택) 표시를 해두었습니다. 그리고 모든 풀이를 보여준다는 의미에서 교육과정 외의 풀이도 수록하였으나, 이를 반드시 읽어야(공부해야) 하는 것은 아닙니다.

[풀이] (선택)
[참고] (선택)
[풀이] (교육과정 외)
[참고] (교육과정 외)

목 차

기하

단원별 알파벳구성

과목	대단원	알파벳	과목	대단원	알파벳
수학 Ⅰ	지수함수와 로그함수	A	기하	이차곡선	M
	삼각함수	B		평면벡터	N
	수열	C		공간도형과 공간좌표	P
수학 Ⅱ	함수의 극한과 연속	D	수학	다항식	Q
	미분	E		방정식과 부등식	R
	적분	F		도형의 방정식	S
미적분	수열의 극한	G		집합과 명제	T
	미분법	H		함수	U
	적분법	I		순열과 조합	V
확률과 통계	경우의 수	J	교육과정 外		Z
	확률	K			
	통계	L			

M 이차곡선

- 2015개정 교육과정

◆ 수학 I (공통과목)에서 라디안을 배우므로 라디안으로 출제된 기출은 변형하지 않았습니다.

○ 해설에서 '이차곡선의 접선의 방정식(기울기가 m으로 주어진)에 대한 공식' 을 사용

○ 부등식의 영역 관련 문제 제외 또는 변형 수록

○ 육십분법 도입

○ 기울기가 주어진 접선의 공식 귀환

○ 사인법칙, 코사인법칙 관련 문제 출제 가능

M. 포물선(방정식)

M001

○○
(2020(6)-가형8)

포물선 $y^2-4y-ax+4=0$의 초점의 좌표가 $(3,\ b)$일 때, $a+b$의 값은? (단, a, b는 양수이다.) [3점]

① 13 ② 14 ③ 15
④ 16 ⑤ 17

M002

○○
(2008-가형5)

로그함수 $y=\log_2(x+a)+b$의 그래프가 포물선 $y^2=x$의 초점을 지나고, 이 로그함수의 그래프의 점근선이 포물선 $y^2=x$의 준선과 일치할 때, 두 상수 a, b의 합 $a+b$의 값은? [3점]

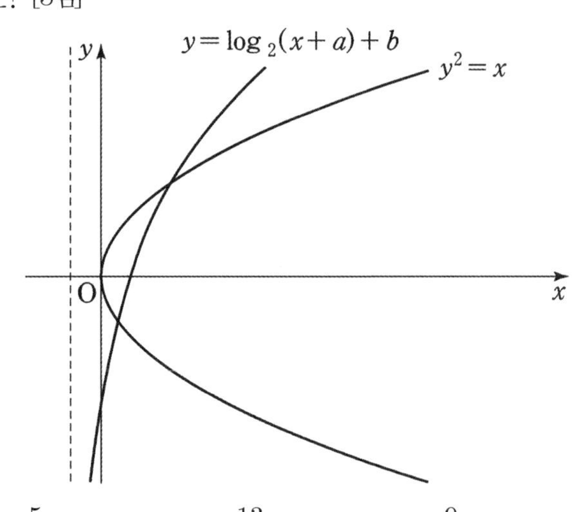

① $\frac{5}{4}$ ② $\frac{13}{8}$ ③ $\frac{9}{4}$
④ $\frac{21}{8}$ ⑤ $\frac{11}{4}$

M. 포물선(정의)

M003

○
(2019(9)-가형5)

초점이 F인 포물선 $y^2=8x$ 위의 점 $\mathrm{P}(a,\ b)$에 대하여 $\overline{\mathrm{PF}}=4$일 때, $a+b$의 값은? (단, $b>0$) [3점]

① 3 ② 4 ③ 5
④ 6 ⑤ 7

M004

○○
(2019-가형6)

초점이 F인 포물선 $y^2=12x$ 위의 점 P에 대하여 $\overline{\mathrm{PF}}=9$일 때, 점 P의 x좌표는? [3점]

① 6 ② $\frac{13}{2}$ ③ 7
④ $\frac{15}{2}$ ⑤ 8

M005

○○
(2024(9)-기하27)

양수 p에 대하여 좌표평면 위에 초점이 F인 포물선 $y^2=4px$가 있다. 이 포물선이 세 직선 $x=p$, $x=2p$, $x=3p$와 만나는 제1사분면 위의 점을 각각 P_1, P_2, P_3이라 하자. $\overline{\mathrm{FP}_1}+\overline{\mathrm{FP}_2}+\overline{\mathrm{FP}_3}=27$일 때, p의 값은? [3점]

① 2 ② $\frac{5}{2}$ ③ 3
④ $\frac{7}{2}$ ⑤ 4

M006

○○○
(2023(9)-기하28)

실수 $p(p \geq 1)$과 함수 $f(x)=(x+a)^2$에 대하여 두 포물선

C_1: $y^2=4x$, C_2: $(y-3)^2=4p\{x-f(p)\}$

가 제1사분면에서 만나는 점을 A라 하자. 두 포물선 C_1, C_2의 초점을 각각 F_1, F_2라 할 때, $\overline{AF_1}=\overline{AF_2}$를 만족시키는 p가 오직 하나가 되도록 하는 상수 a의 값은? [4점]

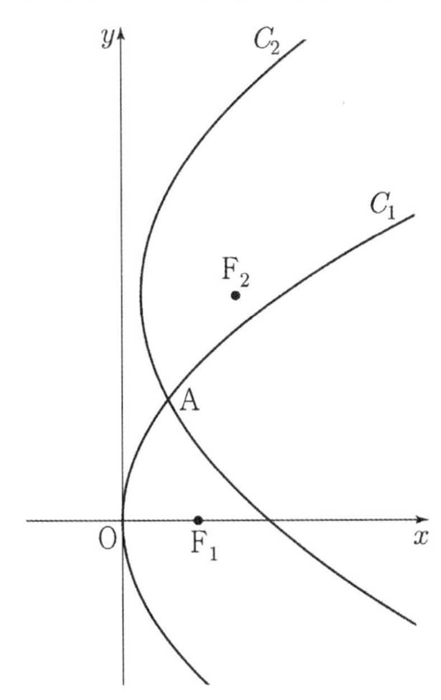

① $-\frac{3}{4}$ ② $-\frac{5}{8}$ ③ $-\frac{1}{2}$

④ $-\frac{3}{8}$ ⑤ $-\frac{1}{4}$

M. 포물선(정의)+삼각형의 성질/닮음 +초점을 지나는 직선

M007

○○
(2007-가형5)

초점이 F인 포물선 $y^2=x$ 위에 $\overline{FP}=4$인 점 P가 있다. 그림과 같이 선분 FP의 연장선 위에 $\overline{FP}=\overline{PQ}$가 되도록 점 Q를 잡을 때, 점 Q의 x좌표는? [3점]

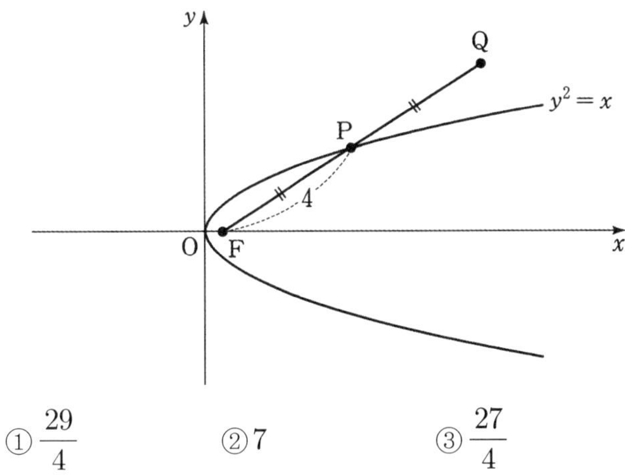

① $\frac{29}{4}$ ② 7 ③ $\frac{27}{4}$

④ $\frac{13}{2}$ ⑤ $\frac{25}{4}$

M008

○○
(2013(9)-가형26)

그림과 같이 좌표평면에서 꼭짓점이 원점 O이고 초점이 F인 포물선과 점 F를 지나고 기울기가 1인 직선이 만나는 두 점을 각각 A, B라 하자. 선분 AF를 대각선으로 하는 정사각형의 한 변의 길이가 2일 때, 선분 AB의 길이는 $a+b\sqrt{2}$이다. a^2+b^2의 값을 구하시오. (단, a, b는 정수이다.) [4점]

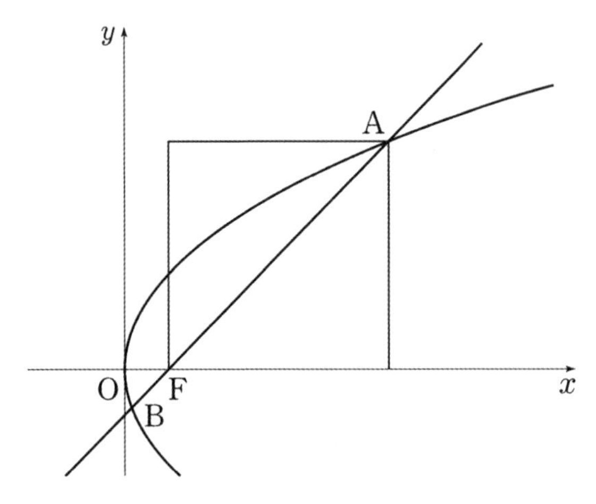

M009

○○
(2012(6)-가형29)

그림과 같이 한 변의 길이가 $2\sqrt{3}$인 정삼각형 OAB의 무게중심 G가 x축 위에 있다. 꼭짓점이 O이고 초점이 G인 포물선과 직선 GB가 제 1사분면에서 만나는 점을 P라 할 때, 선분 GP의 길이를 구하시오. (단, O는 원점이다) [4점]

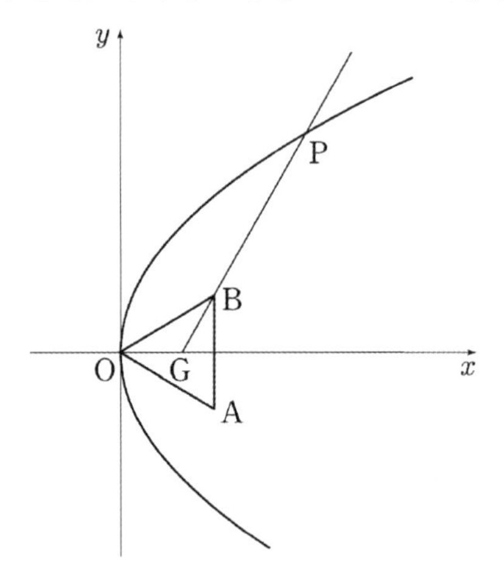

M010

○○
(2024-기하27)

초점의 F인 포물선 $y^2=8x$ 위의 한 점 A에서 포물선의 준선에 내린 수선의 발을 B라 하고, 직선 BF와 포물선이 만나는 두 점을 각각 C, D라 하자. $\overline{BC}=\overline{CD}$일 때, 삼각형 ABD의 넓이는? (단, $\overline{CF}<\overline{DF}$이고, 점 A는 원점이 아니다.) [3점]

① $100\sqrt{2}$ ② $104\sqrt{2}$ ③ $108\sqrt{2}$
④ $112\sqrt{2}$ ⑤ $116\sqrt{2}$

M011

○○○
(2022(9)-기하26)

초점이 F인 포물선 $y^2=4px$ 위의 한 점 A에서 포물선의 준선에 내린 수선의 발을 B라 하고, 선분 BF와 포물선이 만나는 점을 C라 하자. $\overline{AB}=\overline{BF}$이고 $\overline{BC}+3\overline{CF}=6$일 때, 양수 p의 값은? [3점]

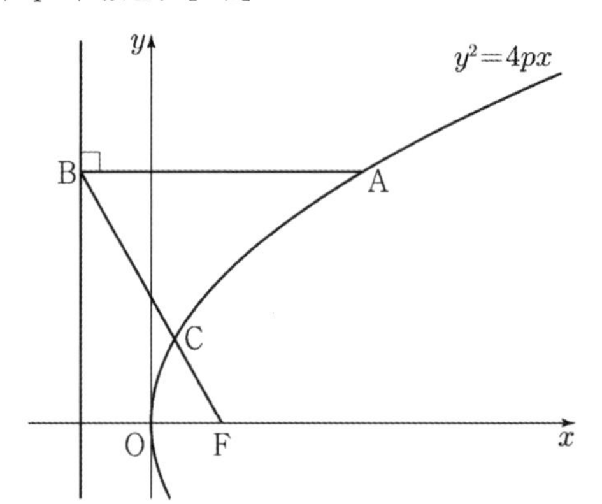

① $\frac{7}{8}$ ② $\frac{8}{9}$ ③ $\frac{9}{10}$
④ $\frac{10}{11}$ ⑤ $\frac{11}{12}$

M012

○○○
(2020(9)-가형27)

초점이 F인 포물선 $y^2=4x$ 위에 서로 다른 두 점 A, B가 있다. 두 점 A, B의 x좌표는 1보다 큰 자연수이고 삼각형 AFB의 무게중심의 x좌표가 6일 때, $\overline{AF}\times\overline{BF}$의 최댓값을 구하시오. [4점]

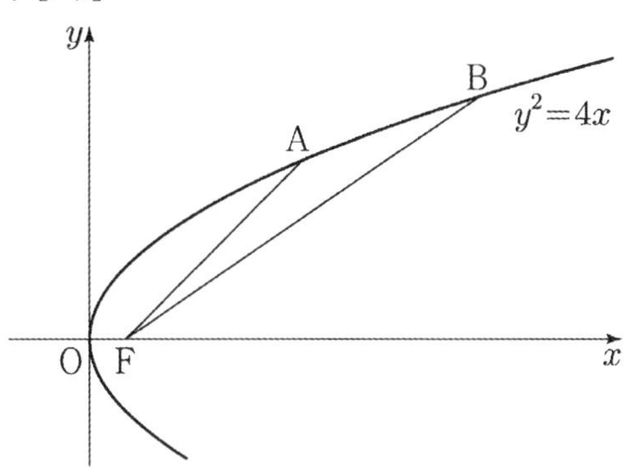

M. 포물선(초점을 지나는 직선(공식))

M013

○○○
(2013-가형18)

자연수 n에 대하여 포물선 $y^2=\frac{x}{n}$의 초점 F를 지나는 직선이 포물선과 만나는 두 점을 각각 P, Q라 하자. $\overline{PF}=1$이고 $\overline{FQ}=a_n$이라 할 때, $\sum_{n=1}^{10}\frac{1}{a_n}$의 값은? [4점]

① 210 ② 205 ③ 200
④ 195 ⑤ 190

M014

○○
(2015-B형10)

그림과 같이 포물선 $y^2=12x$의 초점 F를 지나는 직선과 포물선이 만나는 두 점 A, B에서 준선 l에 내린 수선의 발을 각각 C, D라 하자. $\overline{AC}=4$일 때, 선분 BD의 길이는? [3점]

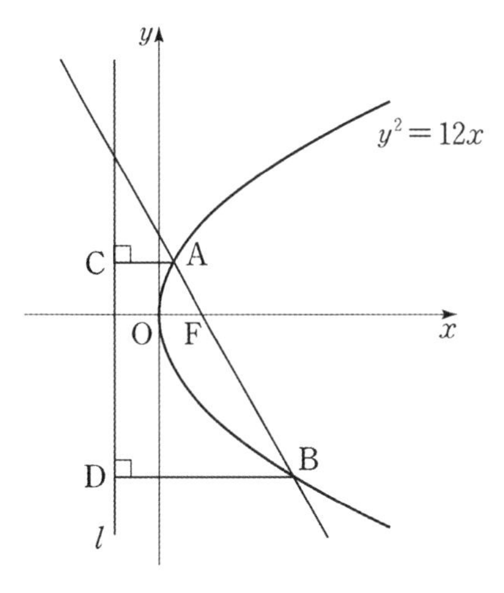

① 12 ② $\frac{25}{2}$ ③ 13
④ $\frac{27}{2}$ ⑤ 14

M. 포물선(세 점이 한 직선 위에 있다.)

M015

(2013(6)-가형20)

포물선 $y^2=4x$의 초점을 F, 준선이 x축과 만나는 점을 P, 점 P를 지나고 기울기가 양수인 직선 l이 포물선과 만나는 두 점을 각각 A, B라 하자. $\overline{\mathrm{FA}}:\overline{\mathrm{FB}}=1:2$일 때, 직선 l의 기울기는? [4점]

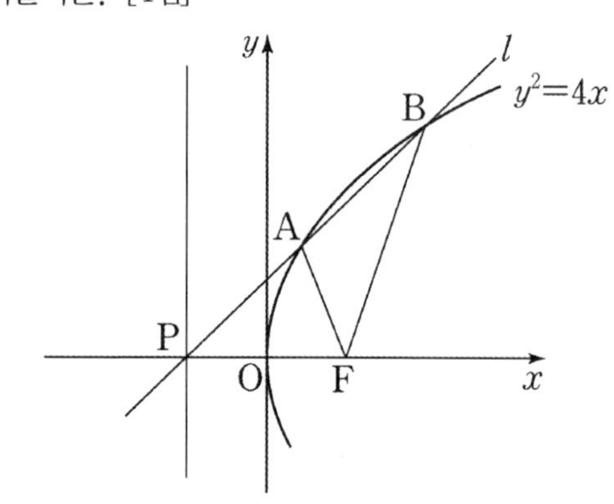

① $\frac{2\sqrt{6}}{7}$ ② $\frac{\sqrt{5}}{3}$ ③ $\frac{4}{5}$

④ $\frac{\sqrt{3}}{2}$ ⑤ $\frac{2\sqrt{2}}{3}$

M016

(2022(6)-기하29)

포물선 $y^2=8x$와 직선 $y=2x-4$가 만나는 점 중 제1사분면 위에 있는 점을 A라 하자. 양수 a에 대하여 포물선 $(y-2a)^2=8(x-a)$가 점 A를 지날 때,

직선 $y=2x-4$와 포물선 $(y-2a)^2=8(x-a)$가 만나는 점 중 A가 아닌 점을 B라 하자. 두 점 A, B에서 직선 $x=-2$에 내린 수선의 발을 각각 C, D라 할 때, $\overline{\mathrm{AC}}+\overline{\mathrm{BD}}-\overline{\mathrm{AB}}=k$이다. k^2의 값을 구하시오. [4점]

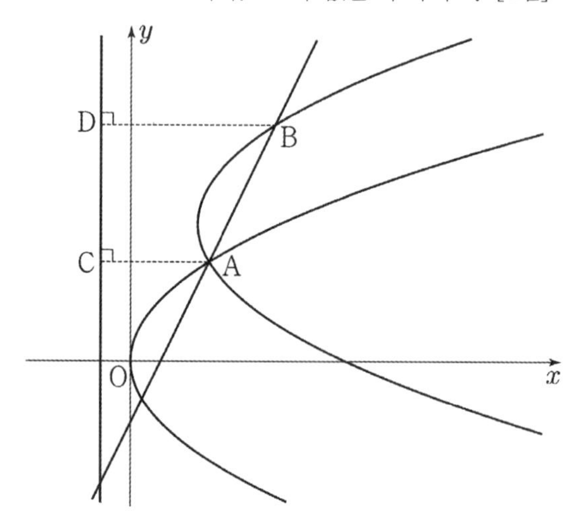

M. 포물선(피타고라스의 정리/코사인법칙)

M017
○○ (2017(9)-가형25)

좌표평면에서 초점이 F인 포물선 $x^2=4y$ 위의 점 A가 $\overline{AF}=10$을 만족시킨다. 점 B$(0,\ -1)$에 대하여 $\overline{AB}=a$일 때, a^2의 값을 구하시오. [3점]

M018
○○ (2014(예비)-B형27)

포물선 $y^2=4px(p>0)$의 초점을 F, 포물선의 준선이 x축과 만나는 점을 A라 하자. 포물선 위의 점 B에 대하여 $\overline{AB}=7$이고 $\overline{BF}=5$가 되도록 하는 p의 값이 a 또는 b일 때, a^2+b^2의 값을 구하시오. (단, $a \neq b$이다.) [4점]

M019
○○○ (2022(예시문항)-기하29)

그림과 같이 꼭짓점이 원점 O이고 초점이 F$(p,\ 0)(p>0)$인 포물선이 있다. 포물선 위의 점 P, x축 위의 점 Q, 직선 $x=p$ 위의 점 R에 대하여 삼각형 PQR는 정삼각형이고 직선 PR는 x축과 평행하다.
직선 PQ가 점 S$(-p,\ \sqrt{21})$을 지날 때, $\overline{QF}=\dfrac{a+b\sqrt{7}}{6}$이다. $a+b$의 값을 구하시오. (단, a와 b는 정수이고, 점 P는 제1사분면 위의 점이다.) [4점]

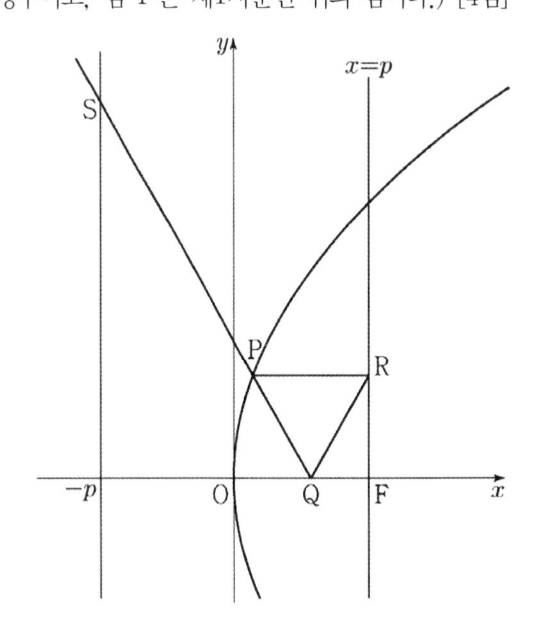

M020

●●● (2011-가형14)

그림과 같이 좌표평면에서 x축 위의 두 점 A, B에 대하여 꼭짓점이 A인 포물선 p_1과 꼭짓점이 B인 포물선 p_2가 다음 조건을 만족시킨다. 이 때, 삼각형 ABC의 넓이는? [4점]

(가) p_1의 초점은 B이고, p_2의 초점은 원점 O이다.
(나) p_1과 p_2는 y축 위의 두 점 C, D에서 만난다.
(다) $\overline{AB}=2$

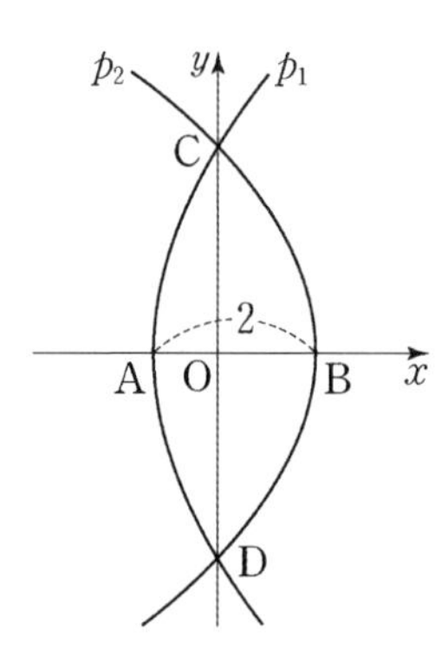

① $4(\sqrt{2}-1)$ ② $3(\sqrt{3}-1)$ ③ $2(\sqrt{5}-1)$
④ $\sqrt{3}+1$ ⑤ $\sqrt{5}+1$

M021

★★★ (2022-기하28)

두 양수 a, p에 대하여 포물선 $(y-a)^2=4px$의 초점을 F_1이라 하고, 포물선 $y^2=-4x$의 초점을 F_2라 하자. 선분 F_1F_2가 두 포물선과 만나는 점을 각각 P, Q라 할 때, $\overline{F_1F_2}=3$, $\overline{PQ}=1$이다. a^2+p^2의 값은? [4점]

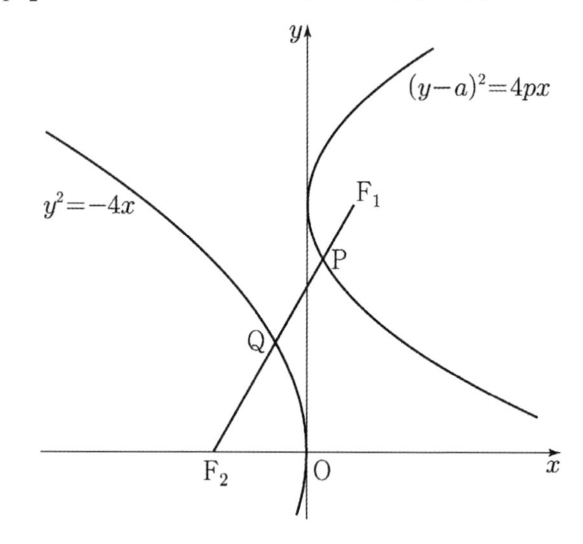

① 6 ② $\frac{25}{4}$ ③ $\frac{13}{2}$
④ $\frac{27}{4}$ ⑤ 7

M. 포물선(연립방정식)

M022

●●● (2023(6)-기하29)

초점이 F인 포물선 $y^2=8x$ 위의 점 중 제1사분면에 있는 점 P를 지나고 x축과 평행한 직선이 포물선 $y^2=8x$의 준선과 만나는 점을 F′라 하자. 점 F′을 초점, 점 P를 꼭짓점으로 하는 포물선이 포물선 $y^2=8x$와 만나는 점 중 P가 아닌 점을 Q라 하자. 사각형 PF′QF의 둘레의 길이가 12일 때, 삼각형 PF′Q의 넓이는 $\frac{q}{p}\sqrt{2}$이다. $p+q$의 값을 구하시오. (단, 점 P의 x좌표는 2보다 작고, p와 q는 서로소인 자연수이다.) [4점]

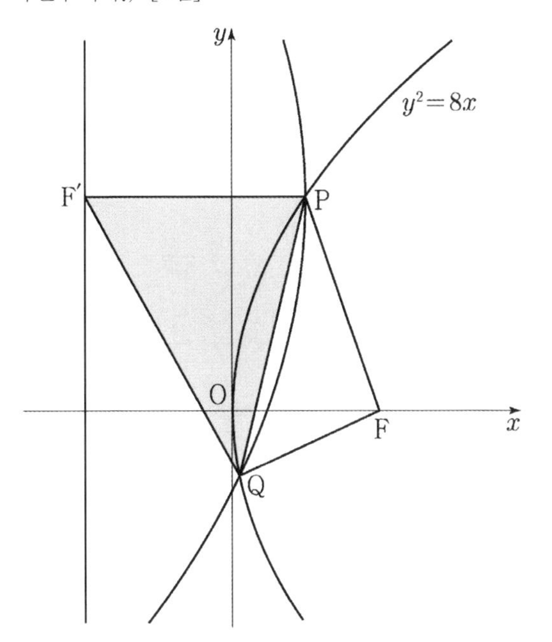

M. 타원(방정식)

M023

○ (2008(9)-가형20)

타원 $x^2+9y^2=9$의 두 초점 사이의 거리를 d라 할 때, d^2의 값을 구하시오. [3점]

M024

○ (2018-가형8)

타원 $\frac{(x-2)^2}{a}+\frac{(y-2)^2}{4}=1$의 두 초점의 좌표가 $(6,\ b)$, $(-2,\ b)$일 때, ab의 값은? (단, a는 양수이다.) [3점]

① 40 ② 42 ③ 44 ④ 46 ⑤ 48

M025

○ (2017(6)-가형26)

타원 $4x^2+9y^2-18y-27=0$의 한 초점의 좌표가 $(p,\ q)$일 때, p^2+q^2의 값을 구하시오. [4점]

M. 타원(정의)+자취

M026

○○ (2004(6)-자연29)

그림과 같이 중심이 F$(3,\ 0)$이고 반지름의 길이가 1인 원과 중심이 F$'(-3,\ 0)$이고 반지름의 길이가 9인 원이 있다. 큰 원에 내접하고 작은 원에 외접하는 원의 중심 P는 F와 F$'$을 두 초점으로 하는 타원 $\frac{x^2}{a^2}+\frac{y^2}{b^2}=1$ 위를 움직인다.

이때, a^2+b^2의 값을 구하시오. [3점]

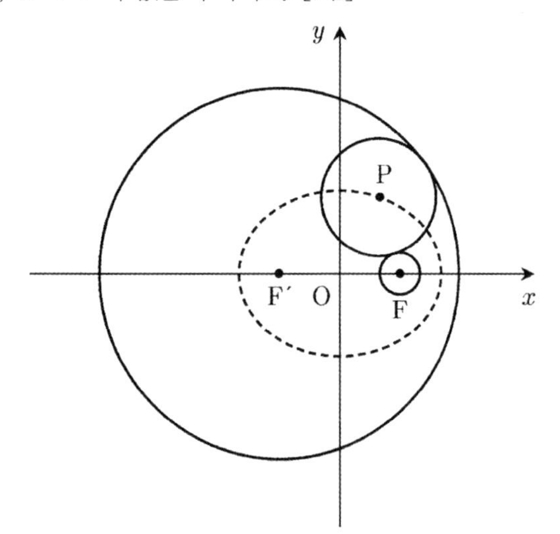

M027

○○○ (2009(9)-가형8)

좌표평면에서 원 $x^2+y^2=36$ 위를 움직이는 점 P$(a,\ b)$와 점 A$(4,\ 0)$에 대하여 다음 조건을 만족시키는 점 Q 전체의 집합을 X라 하자. (단, $b\neq 0$)

(가) 점 Q는 선분 OP 위에 있다.
(나) 점 Q를 지나고 직선 AP에 평행한 직선이 $\angle$OQA를 이등분한다.

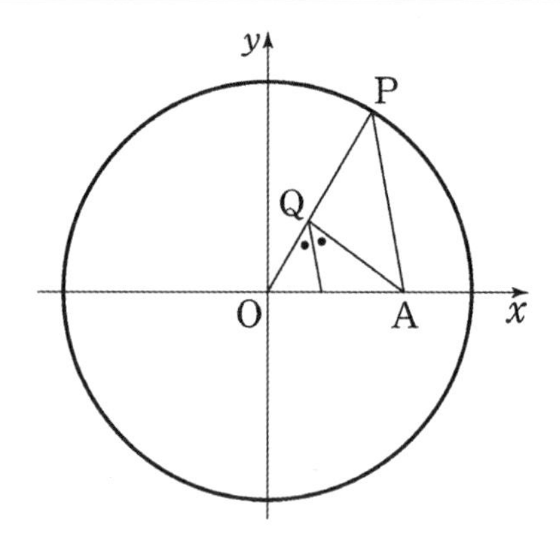

집합의 포함관계로 옳은 것은? [4점]

① $X\subset\left\{(x,\ y)\ \middle|\ \frac{(x-1)^2}{9}-\frac{(y-1)^2}{5}=1\right\}$

② $X\subset\left\{(x,\ y)\ \middle|\ \frac{(x-2)^2}{9}+\frac{(y-1)^2}{5}=1\right\}$

③ $X\subset\left\{(x,\ y)\ \middle|\ \frac{(x-1)^2}{9}-\frac{y^2}{5}=1\right\}$

④ $X\subset\left\{(x,\ y)\ \middle|\ \frac{(x-1)^2}{9}+\frac{y^2}{5}=1\right\}$

⑤ $X\subset\left\{(x,\ y)\ \middle|\ \frac{(x-2)^2}{9}+\frac{y^2}{5}=1\right\}$

M. 타원(정의)

M028

○○
(2003-자연5)

그림과 같이 원점을 중심으로 하는 타원의 한 초점을 F라 하고, 이 타원이 y축과 만나는 한 점을 A라고 하자. 직선 AF의 방정식이 $y=\frac{1}{2}x-1$일 때, 이 타원의 장축의 길이는? [2점]

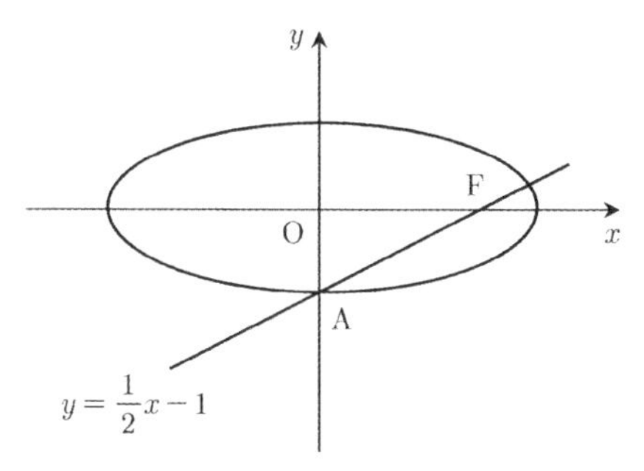

① $4\sqrt{2}$ ② $2\sqrt{7}$ ③ 5
④ $2\sqrt{6}$ ⑤ $2\sqrt{5}$

M029

○○
(2004-자연19)

두 타원이 점 F를 한 초점으로 공유하고 서로 다른 두 점 P, Q에서 만난다. 두 타원의 장축의 길이가 각각 16, 24이고, 두 타원의 나머지 초점을 각각 F_1, F_2라 할 때, $|\overline{PF_1}-\overline{PF_2}|+|\overline{QF_1}-\overline{QF_2}|$의 값은? [3점]

① 16 ② 14 ③ 12
④ 10 ⑤ 8

M030

○○
(2014(9)-B형9)

타원 $\frac{x^2}{a^2}+\frac{y^2}{b^2}=1$의 한 초점을 $F(c,\ 0)$ $(c>0)$, 이 타원이 x축과 만나는 점 중에서 x좌표가 음수인 점을 A, y축과 만나는 점 중에서 y좌표가 양수인 점을 B라 하자.

$\angle AFB=\frac{\pi}{3}$이고 삼각형 AFB의 넓이는 $6\sqrt{3}$일 때, a^2+b^2의 값은? (단, a, b는 상수이다.) [3점]

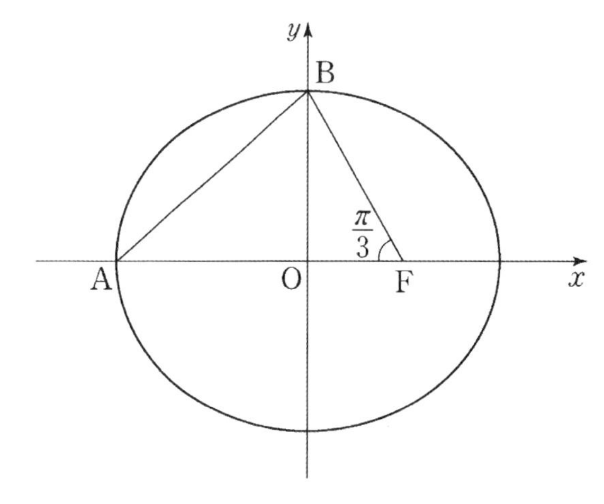

① 22 ② 24 ③ 26
④ 28 ⑤ 30

M031

○○
(2017(9)-가형27)

그림과 같이 타원 $\frac{x^2}{36}+\frac{y^2}{27}=1$의 두 초점은 F, F′이고, 제1사분면에 있는 두 점 P, Q는 다음 조건을 만족시킨다.

> (가) $\overline{\text{PF}}=2$
> (나) 점 Q는 직선 PF′과 타원의 교점이다.

삼각형 PFQ의 둘레의 길이와 삼각형 PF′F의 둘레의 길이의 합을 구하시오. [4점]

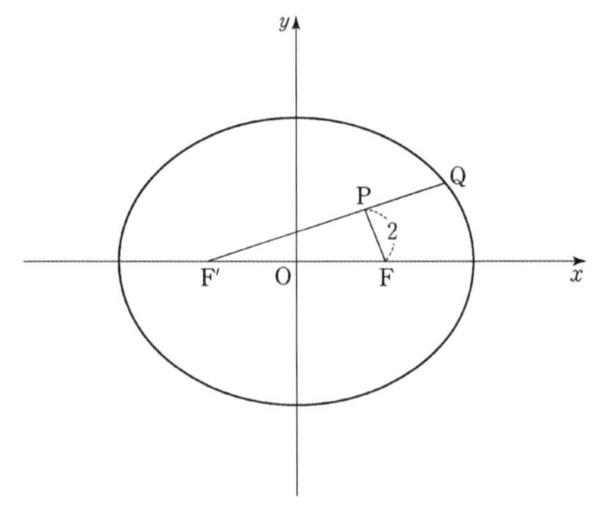

M032

○○
(2012-가형11)

한 변의 길이가 10인 마름모 ABCD에 대하여 대각선 BD를 장축으로 하고, 대각선 AC를 단축으로 하는 타원의 두 초점 사이의 거리가 $10\sqrt{2}$이다. 마름모 ABCD의 넓이는? [3점]

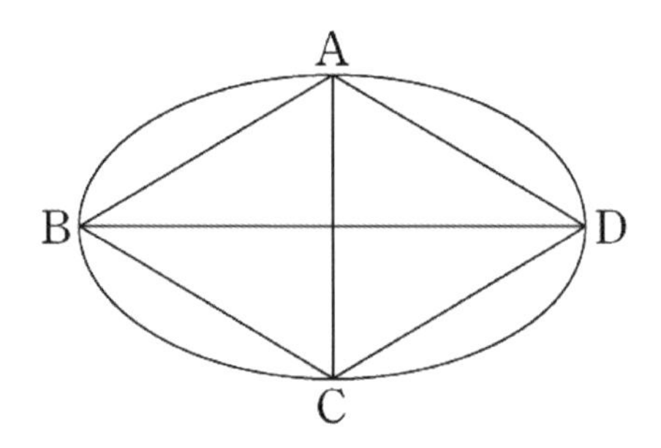

① $55\sqrt{3}$ ② $65\sqrt{2}$ ③ $50\sqrt{3}$
④ $45\sqrt{3}$ ⑤ $45\sqrt{2}$

M033

○○○
(2006-가형7)

오른쪽 그림은 한 변의 길이가 10인 정육각형 ABCDEF의 각 변을 장축으로 하고, 단축의 길이가 같은 타원 6개를 그린 것이다. 그림과 같이 정육각형의 꼭짓점과 이웃하는 두 타원의 초점으로 이루어진 삼각형 6개의 넓이의 합이 $6\sqrt{3}$일 때, 타원의 단축의 길이는? [3점]

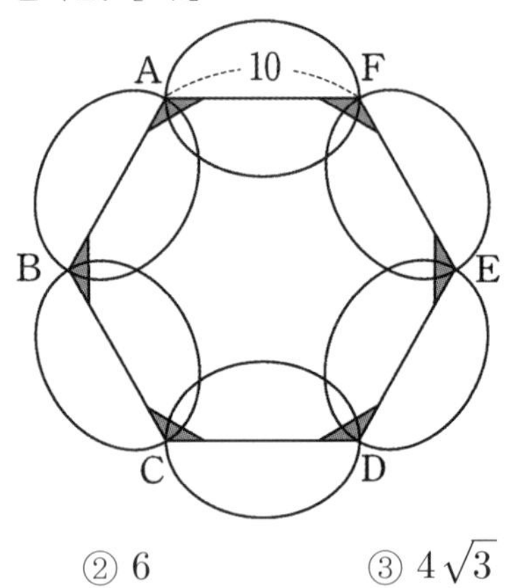

① $4\sqrt{2}$ ② 6 ③ $4\sqrt{3}$
④ 8 ⑤ $6\sqrt{2}$

M034

○○○
(2019(9)-가형27)

좌표평면에서 두 점 A(0, 3), B(0, −3)에 대하여,
두 초점이 F, F′인 타원 $\frac{x^2}{16}+\frac{y^2}{7}=1$ 위의 점 P가 $\overline{\text{AP}}=\overline{\text{PF}}$를 만족시킨다. 사각형 AF′BP의 둘레의 길이가 $a+b\sqrt{2}$일 때, $a+b$의 값을 구하시오. (단, $\overline{\text{PF}}<\overline{\text{PF'}}$이고 a, b는 자연수이다.) [4점]

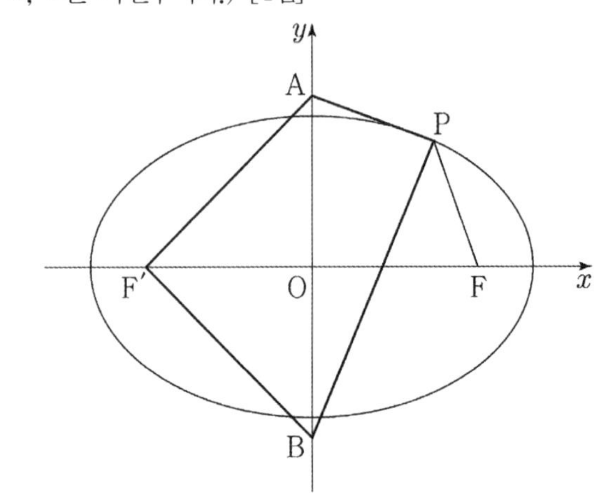

M035

○○○
(2024(6)-기하27)

포물선 $(y-2)^2=8(x+2)$ 위의 점 P와 점 A$(0,\ 2)$에 대하여 $\overline{\mathrm{OP}}+\overline{\mathrm{PA}}$의 값이 최소가 되도록 하는 점 P를 $\mathrm{P_0}$이라 하자.

$\overline{\mathrm{OQ}}+\overline{\mathrm{QA}}=\overline{\mathrm{OP_0}}+\overline{\mathrm{P_0A}}$를 만족시키는 점 Q에 대하여 점 Q의 y좌표의 최댓값과 최솟값을 각각 M, m이라 할 때, M^2+m^2의 값은? (단, O는 원점이다.) [3점]

① 8 ② 9 ③ 10 ④ 11 ⑤ 12

M. 타원(정의)+삼각형의 닮음

M036

(2018(9)-가형27)

좌표평면에서 초점이 A$(a,\ 0)(a>0)$이고 꼭짓점이 원점인 포물선과 두 초점이 F$(c,\ 0)$, F$'(-c,\ 0)(c>a)$인 타원의 교점 중 제1사분면 위의 점을 P라 하자.

$$\overline{\mathrm{AF}}=2,\ \overline{\mathrm{PA}}=\overline{\mathrm{PF}},\ \overline{\mathrm{FF'}}=\overline{\mathrm{PF'}}$$

일 때, 타원의 장축의 길이는 $p+q\sqrt{7}$이다. p^2+q^2의 값을 구하시오. (단, p, q는 유리수이다.) [4점]

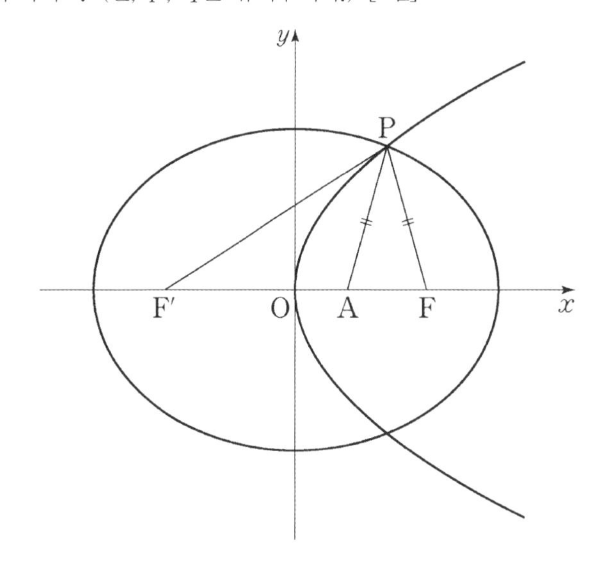

M. 타원(정의)+피타고라스의 정리

M037

○○
(2023(9)-기하25)

타원 $\frac{x^2}{a^2}+\frac{y^2}{5}=1$의 두 초점을 F, F′이라 하자. 점 F를 지나고 x축에 수직인 직선 위의 점 A가 $\overline{AF'}=5$, $\overline{AF}=3$을 만족시킨다. 선분 AF′과 타원이 만나는 점을 P라 할 때, 삼각형 PF′F의 둘레의 길이는? (단, a는 $a>\sqrt{5}$인 상수이다.) [3점]

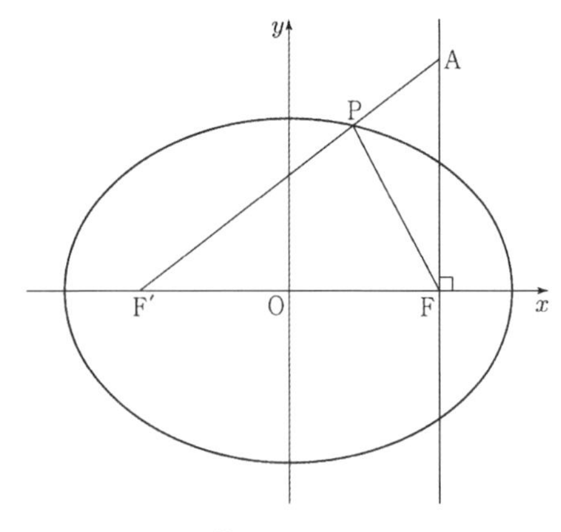

① 8 ② $\frac{17}{2}$ ③ 9 ④ $\frac{19}{2}$ ⑤ 10

M038

○○
(2015(6)-B형17)

그림과 같이 두 초점 F, F′이 x축 위에 있는 타원 $\frac{x^2}{49}+\frac{y^2}{a}=1$ 위의 점 P가 $\overline{FP}=9$를 만족시킨다. 점 F에서 선분 PF′에 내린 수선의 발 H에 대하여 $\overline{FH}=6\sqrt{2}$일 때, 상수 a의 값은? [4점]

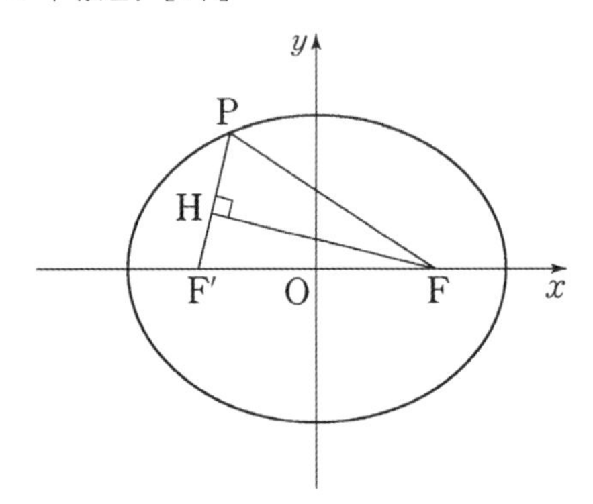

① 29 ② 30 ③ 31 ④ 32 ⑤ 33

M039

○○
(2015-B형27)

타원 $\frac{x^2}{9}+\frac{y^2}{4}=1$의 두 초점 중 x좌표가 양수인 점을 F, 음수인 점을 F′이라 하자. 이 타원 위의 점 P를 $\angle FPF'=\frac{\pi}{2}$가 되도록 제1사분면에서 잡고, 선분 FP의 연장선 위에 y좌표가 양수인 점 Q를 $\overline{FQ}=6$이 되도록 잡는다. 삼각형 QF′F의 넓이를 구하시오. [4점]

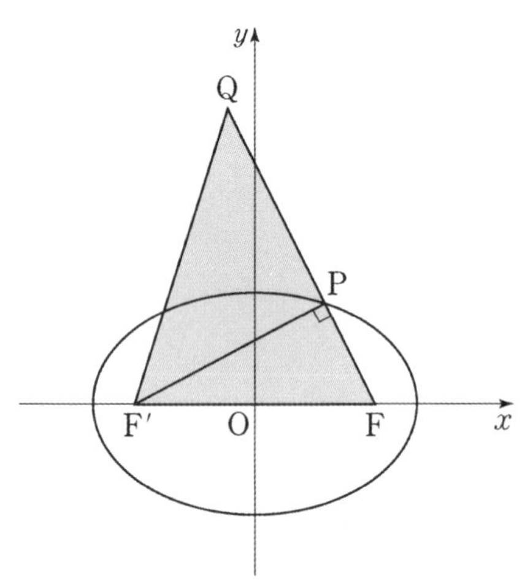

M040

○○○
(2011(9)-가형20)

좌표평면에서 두 점 A(5, 0), B(−5, 0)에 대하여 장축이 선분 AB인 타원의 두 초점을 F, F′이라 하자. 초점이 F이고 꼭짓점이 원점인 포물선이 타원과 만나는 두 점을 각각 P, Q라 하자. $\overline{PQ}=2\sqrt{10}$일 때, 두 선분 PF와 PF′의 길이의 곱 $\overline{PF}\times\overline{PF'}$의 값은 $\frac{q}{p}$이다. $p+q$의 값을 구하시오. (단, p와 q는 서로소인 자연수이다.) [3점]

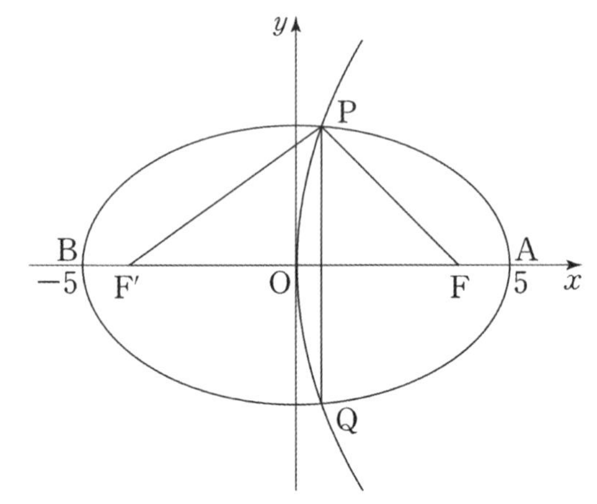

M041

○○○ (2020-가형13)

그림과 같이 두 점 F$(0,\ c)$, F$'(0,\ -c)$를 초점으로 하는 타원 $\dfrac{x^2}{a^2}+\dfrac{y^2}{25}=1$이 x축과 만나는 점 중에서 x좌표가 양수인 점을 A라 하자. 직선 $y=c$가 직선 AF$'$과 만나는 점을 B, 직선 $y=c$가 타원과 만나는 점 중 x좌표가 양수인 점을 P라 하자. 삼각형 BPF$'$의 둘레의 길이와 삼각형 BFA의 둘레의 길이의 차가 4일 때, 삼각형 AFF$'$의 넓이는? (단, $0<a<5$, $c>0$) [3점]

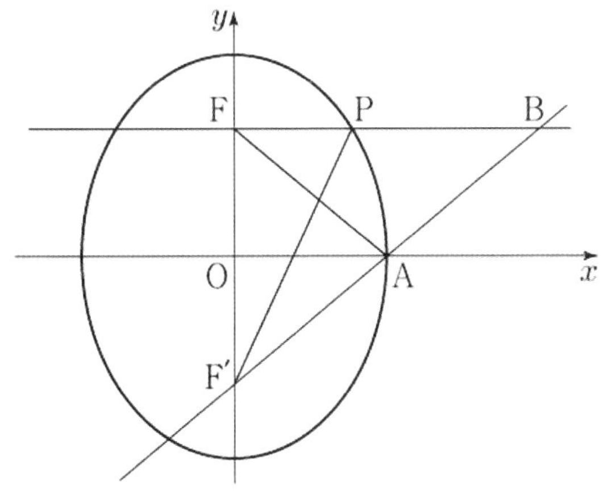

① $5\sqrt{6}$　② $\dfrac{9\sqrt{6}}{2}$　③ $4\sqrt{6}$

④ $\dfrac{7\sqrt{6}}{2}$　⑤ $3\sqrt{6}$

M. 타원(정의)+코사인법칙

M042

○○○ (2005-가형22)

타원 $\dfrac{x^2}{36}+\dfrac{y^2}{20}=1$의 두 초점을 F와 F$'$이라 하고, 초점 F에 가장 가까운 꼭짓점을 A라 하자. 이 타원 위의 한 점 P에 대하여 $\angle \mathrm{PFF'}=\dfrac{\pi}{3}$일 때, $\overline{\mathrm{PA}}^2$의 값을 구하시오. [4점]

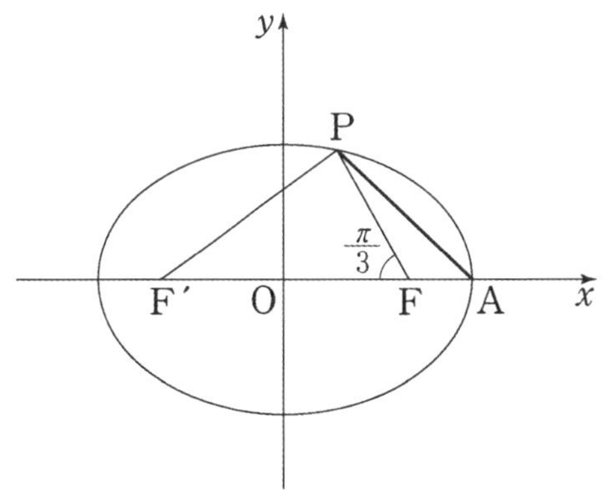

M043

●●● (2016-B형26)

그림과 같이 두 초점이 F$(c,\ 0)$, F$'(-c,\ 0)$인 타원 $\dfrac{x^2}{a^2}+\dfrac{y^2}{b^2}=1$이 있다. 타원 위에 있고 제2사분면에 있는 점 P에 대하여 선분 PF$'$의 중점을 Q, 선분 PF를 $1:3$으로 내분하는 점을 R라 하자.

$\angle \mathrm{PQR}=\dfrac{\pi}{2}$, $\overline{\mathrm{QR}}=\sqrt{5}$, $\overline{\mathrm{RF}}=9$일 때, a^2+b^2의 값을 구하시오. (단, a, b, c는 양수이다.) [4점]

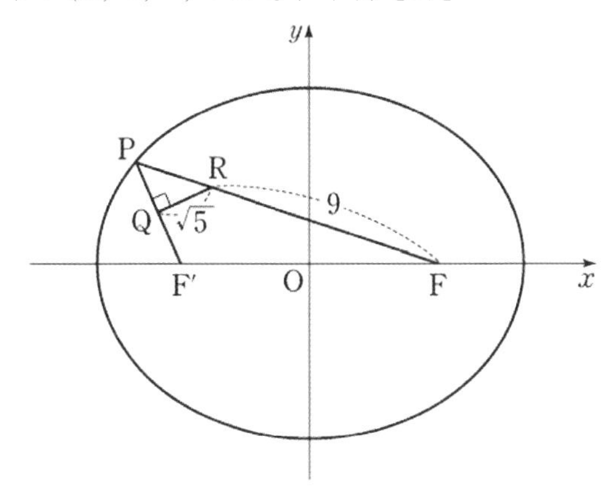

M. 타원(정의)+원

M044

○○
(2003(9)-자연26)

타원 $\frac{x^2}{100}+\frac{y^2}{36}=1$의 두 초점을 F와 F′이라 하고, 이 타원과 원 $(x+8)^2+y^2=9$와의 교점 중 하나를 P라 하자. 이때, 두 선분 PF와 PF′의 길이의 곱 $\overline{\mathrm{PF}}\cdot\overline{\mathrm{PF'}}$을 구하시오. [2점]

M045

○○
(2016(6)-B형12)

그림과 같이 두 점 $\mathrm{F}(c,\ 0)$, $\mathrm{F'}(-c,\ 0)(c>0)$을 초점으로 하고 장축의 길이가 4인 타원이 있다. 점 F를 중심으로 하고 반지름의 길이가 c인 원이 타원과 점 P에서 만난다. 점 P에서 원에 접하는 직선이 점 F′을 지날 때, c의 값은? [3점]

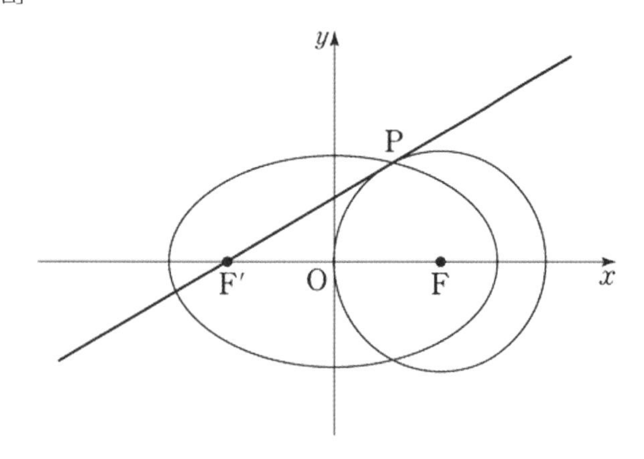

① $\sqrt{2}$ ② $\sqrt{10}-\sqrt{3}$ ③ $\sqrt{6}-1$
④ $2\sqrt{3}-2$ ⑤ $\sqrt{14}-\sqrt{5}$

M046

○○
(2012(9)-가형13)

두 초점이 F, F′이고, 장축의 길이가 10, 단축의 길이가 6인 타원이 있다. 중심이 F이고 점 F′을 지나는 원과 이 타원의 두 교점 중 한 점을 P라 하자. 삼각형 PFF′의 넓이는? [3점]

① $2\sqrt{10}$ ② $3\sqrt{5}$ ③ $3\sqrt{6}$
④ $3\sqrt{7}$ ⑤ $\sqrt{70}$

M047

○○
(2024(6)-기하26)

두 초점이 $\mathrm{F}(12,\ 0)$, $\mathrm{F'}(-4,\ 0)$이고, 장축의 길이가 24인 타원 C가 있다. $\overline{\mathrm{F'F}}=\overline{\mathrm{F'P}}$인 타원 C 위의 점 P에 대하여 선분 F′P의 중점을 Q라 하자. 한 초점이 F′인 타원 $\frac{x^2}{a^2}+\frac{y^2}{b^2}=1$이 점 Q를 지날 때, $\overline{\mathrm{PF}}+a^2+b^2$의 값은?
(단, a와 b는 양수이다.) [3점]

① 46 ② 52 ③ 58
④ 64 ⑤ 70

M048

●●● (2022(6)-기하28)

두 초점이 F, F′이고 장축의 길이가 $2a$인 타원이 있다. 이 타원의 한 꼭짓점을 중심으로 하고 반지름의 길이가 1인 원이 이 타원의 서로 다른 두 꼭짓점과 한 초점을 지날 때, 상수 a의 값은? [4점]

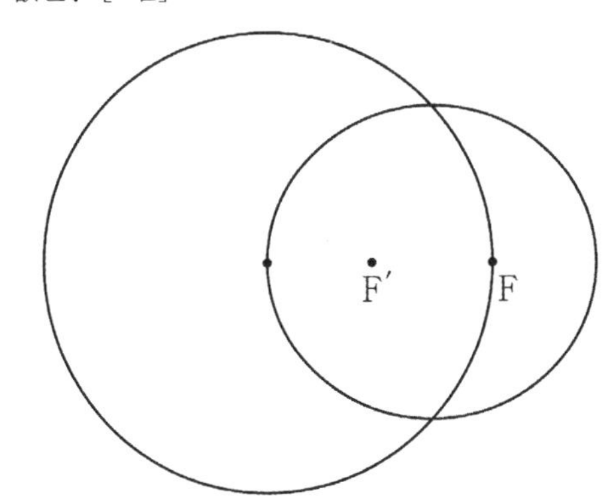

① $\frac{\sqrt{2}}{2}$ ② $\frac{\sqrt{6}-1}{2}$ ③ $\sqrt{3}-1$
④ $2\sqrt{2}-2$ ⑤ $\frac{\sqrt{3}}{2}$

M049

○○ (2000-자연20)

이차곡선 $x^2-4x+9y^2-5=0$과 중심이 $(2,\ 0)$이고 반지름의 길이가 a인 원이 서로 다른 네 점에서 만날 때, a의 범위는? [3점]

① $0<a\leq 2$ ② $1<a<3$ ③ $2\leq a<4$
④ $0<a<4$ ⑤ $a\geq 2$

M050

○○ (2007(9)-가형22)

타원 $\frac{x^2}{36}+\frac{y^2}{16}=1$의 두 초점을 F, F′이라 하자. 이 타원 위의 점 P가 $\overline{OP}=\overline{OF}$를 만족시킬 때, $\overline{PF}\times\overline{PF'}$의 값을 구하시오. (단, O는 원점이다.) [4점]

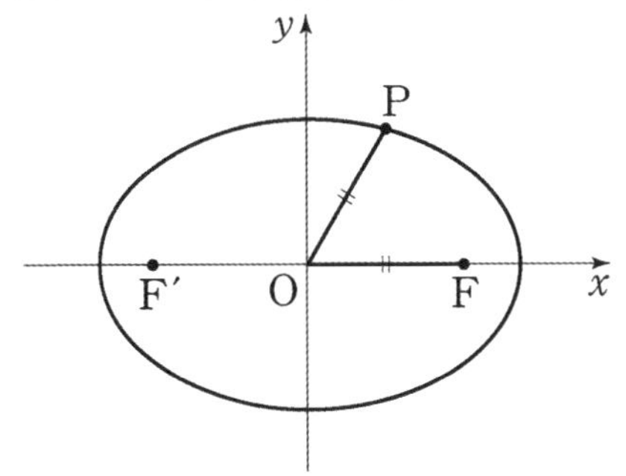

M051

●●● (2013(6)-가형27)

두 점 F(5, 0), F′(−5, 0)을 초점으로 하는 타원 위의 서로 다른 두 점 P, Q에 대하여 원점 O에서 선분 PF와 선분 QF′에 내린 수선의 발을 각각 H와 I라 하자. 점 H와 점 I가 각각 선분 PF와 선분 QF′의 중점이고,
$\overline{OH}\times\overline{OI}=10$일 때, 이 타원의 장축의 길이를 l이라 하자. l^2의 값을 구하시오. (단, $\overline{OH}\neq\overline{OI}$) [4점]

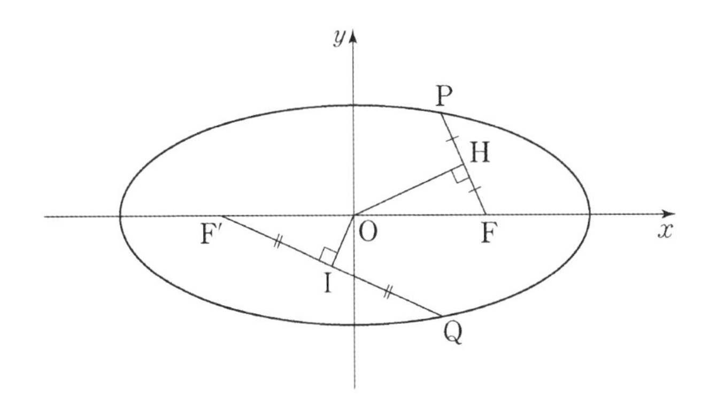

M052

●●● (2022-기하26)

두 초점이 F, F$'$이 타원 $\frac{x^2}{64}+\frac{y^2}{16}=1$ 위의 점 중 제1사분면에 있는 점 A가 있다. 두 직선 AF, AF$'$에 동시에 접하고 중심이 y축 위에 있는 원 중 중심의 y좌표가 음수인 것을 C라 하자. 원 C의 중심을 B라 할 때 사각형 AFBF$'$의 넓이가 72이다. 원 C의 반지름의 길이는? [3점]

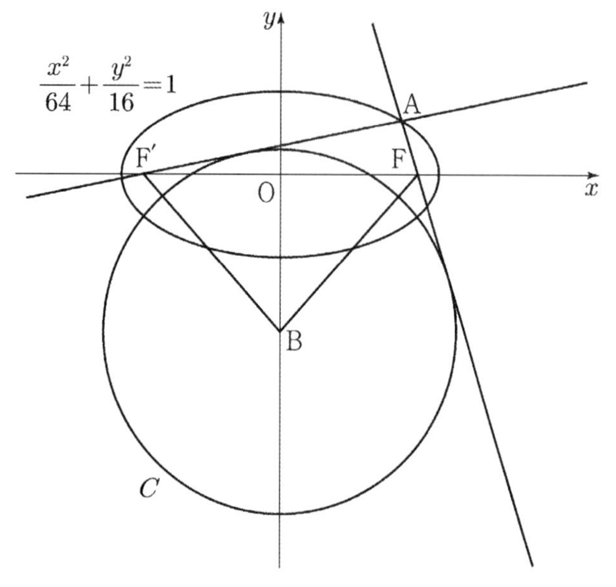

① $\frac{17}{2}$ ② 9 ③ $\frac{19}{2}$

④ 10 ⑤ $\frac{21}{2}$

M. 타원(최대최소)

M053

○○○ (2014-B형27)

그림과 같이 y축 위의 점 A$(0,\ a)$와 두 점 F, F$'$을 초점으로 하는 타원 $\frac{x^2}{25}+\frac{y^2}{9}=1$ 위를 움직이는 점 P가 있다. $\overline{\mathrm{AP}}-\overline{\mathrm{FP}}$의 최솟값이 1일 때, a^2의 값을 구하시오. [4점]

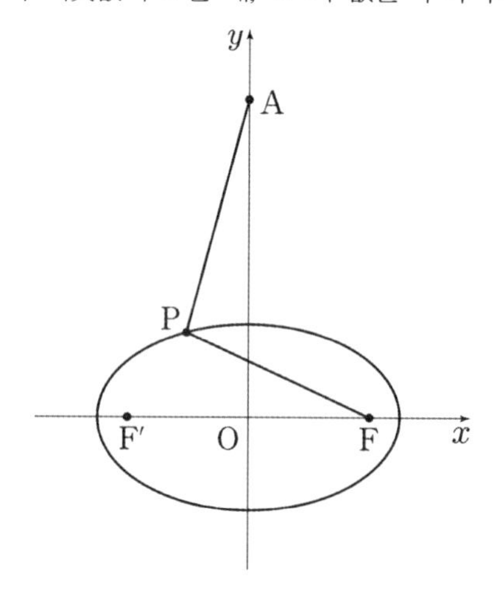

M054

○○○ (2019-가형28)

두 초점이 F, F$'$인 타원 $\frac{x^2}{49}+\frac{y^2}{33}=1$이 있다.

원 $x^2+(y-3)^2=4$ 위의 점 P에 대하여 직선 F$'$P가 이 타원과 만나는 점 중 y좌표가 양수인 점을 Q라 하자.

$\overline{\mathrm{PQ}}+\overline{\mathrm{FQ}}$의 최댓값을 구하시오. [4점]

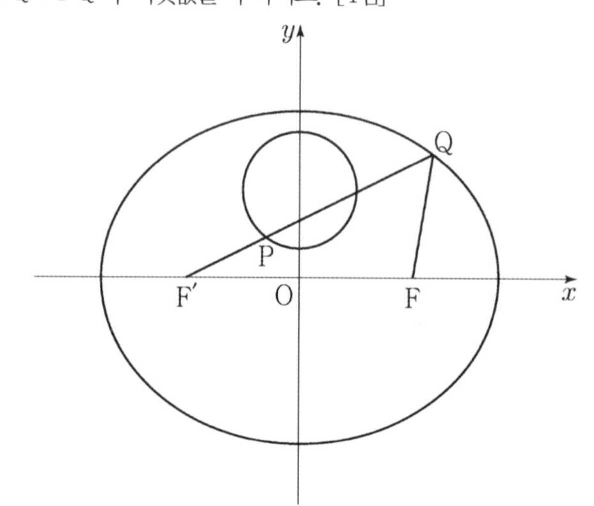

M055

○○○
(2024(9)−기하29)

한 초점이 $\mathrm{F}(c,\ 0)(c>0)$인 타원 $\frac{x^2}{9}+\frac{y^2}{5}=1$과 중심의 좌표가 $(2,\ 3)$이고 반지름의 길이가 r인 원이 있다. 타원 위의 점 P와 원 위의 점 Q에 대하여 $\overline{\mathrm{PQ}}-\overline{\mathrm{PF}}$의 최솟값이 6일 때, r의 값을 구하시오. [4점]

M. 쌍곡선(방정식)

M056

○○
(2019(6)−가형5)

쌍곡선 $\frac{x^2}{a^2}-\frac{y^2}{36}=1$의 두 초점 사이의 거리가 $6\sqrt{6}$일 때, a^2의 값은? (단, a는 상수이다.) [3점]

① 14 ② 16 ③ 18
④ 20 ⑤ 22

M057

○○
(2002−자연5)

방정식 $x^2-y^2+2y+a=0$이 나타내는 도형이 x축에 평행인 주축을 갖는 쌍곡선이 되기 위한 a의 값의 범위는? [2점]

① $a<-1$ ② $a>-1$ ③ $a<1$
④ $a>1$ ⑤ $a>2$

M058

○○
(2013(6)−가형5)

쌍곡선 $\frac{x^2}{a^2}-\frac{y^2}{9}=1$의 두 꼭짓점은 타원 $\frac{x^2}{13}+\frac{y^2}{b^2}=1$의 두 초점이다. a^2+b^2의 값은? [3점]

① 10 ② 11 ③ 12
④ 13 ⑤ 14

M059

○○ (2015(9)-B형25)

1 보다 큰 실수 a에 대하여 타원 $x^2+\frac{y^2}{a^2}=1$의 두 초점과 쌍곡선 $x^2-y^2=1$의 두 초점을 꼭짓점으로 하는 사각형의 넓이가 12일 때, a^2의 값을 구하시오. [3점]

M. 쌍곡선(점근선)

M060

○○ (2018(6)-가형10)

주축의 길이가 4인 쌍곡선 $\frac{x^2}{a^2}-\frac{y^2}{b^2}=1$의 점근선의 방정식이 $y=\pm\frac{5}{2}x$일 때, a^2+b^2의 값은? (단, a와 b는 상수이다.) [3점]

① 21 ② 23 ③ 25
④ 27 ⑤ 29

M061

○○ (2005(9)-가형5)

두 초점을 공유하는 타원 $\frac{x^2}{5^2}+\frac{y^2}{4^2}=1$과 쌍곡선이 있다. 이 쌍곡선의 한 점근선이 $y=\sqrt{35}x$일 때, 이 쌍곡선의 두 꼭짓점 사이의 거리는? [3점]

① $\frac{1}{4}$ ② $\frac{1}{2}$ ③ $\frac{3}{4}$
④ 1 ⑤ $\frac{5}{4}$

M062

○○ (2018(9)-가형9)

다음 조건을 만족시키는 쌍곡선의 주축의 길이는? [3점]

(가) 두 초점의 좌표는 $(5,\ 0)$, $(-5,\ 0)$이다. (나) 두 점근선이 서로 수직이다.

① $2\sqrt{2}$ ② $3\sqrt{2}$ ③ $4\sqrt{2}$
④ $5\sqrt{2}$ ⑤ $6\sqrt{2}$

M063

○○ (2010(9)-가형12)

쌍곡선 $9x^2-16y^2=144$의 초점을 지나고 점근선과 평행한 4개의 직선으로 둘러싸인 도형의 넓이는? [3점]

① $\frac{76}{16}$ ② $\frac{25}{4}$ ③ $\frac{25}{2}$

④ $\frac{75}{4}$ ⑤ $\frac{75}{2}$

M064

○○○ (2005(예비)-가형10)

점 $(0,\ 3)$을 지나고 기울기가 m인 직선이 쌍곡선 $3x^2-y^2+6y=0$과 만나지 않는 m의 범위는? [3점]

① $m\le -3$ 또는 $m\ge 3$

② $m\le -3$ 또는 $m\ge \sqrt{3}$

③ $m\le -\sqrt{3}$ 또는 $m\ge \sqrt{3}$

④ $-\sqrt{3}\le m\le \sqrt{3}$

⑤ $-3\le m\le 3$

M065

○○○ (2017-가형28)

점근선의 방정식이 $y=\pm\frac{4}{3}x$이고 두 초점이 $\mathrm{F}(c,\ 0)$, $\mathrm{F}'(-c,\ 0)(c>0)$인 쌍곡선이 다음 조건을 만족시킨다.

> (가) 쌍곡선 위의 한 점 P에 대하여
> $\overline{\mathrm{PF}'}=30$, $16\le\overline{\mathrm{PF}}\le 20$이다.
> (나) x좌표가 양수인 꼭짓점 A에 대하여 선분 AF의 길이는 자연수이다.

이 쌍곡선의 주축의 길이를 구하시오. [4점]

M066

●●● (2023-기하28)

두 초점이 $\mathrm{F}(c,\ 0)$, $\mathrm{F}'(-c,\ 0)(c>0)$인 쌍곡선 C와 y축 위의 점 A가 있다. 쌍곡선 C가 선분 AF와 만나는 점을 P, 선분 AF′와 만나는 점을 P′라 하자.
직선 AF는 쌍곡선 C의 한 점근선과 평행하고

$$\overline{\mathrm{AP}}:\overline{\mathrm{PP}'}=5:6,\ \overline{\mathrm{PF}}=1$$

일 때, 쌍곡선 C의 주축의 길이는? [4점]

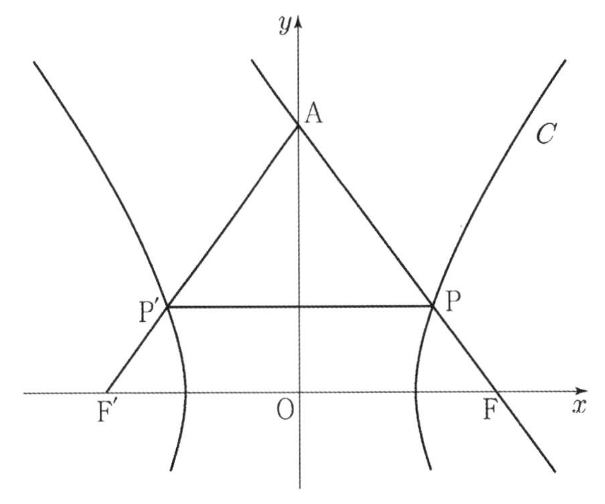

① $\frac{13}{6}$ ② $\frac{9}{4}$ ③ $\frac{7}{3}$

④ $\frac{29}{12}$ ⑤ $\frac{5}{2}$

M. 쌍곡선(정의)+대칭성

M067

○○
(2006-가형5)

쌍곡선 $\dfrac{x^2}{5}-\dfrac{y^2}{4}=1$의 두 초점을 각각 F, F′이라 하고, 꼭짓점이 아닌 쌍곡선 위의 한 점 P의 원점에 대한 대칭인 점을 Q라 하자. 사각형 F′QFP의 넓이가 24가 되는 점 P의 좌표를 $(a,\ b)$라 할 때, $|a|+|b|$의 값은? [3점]

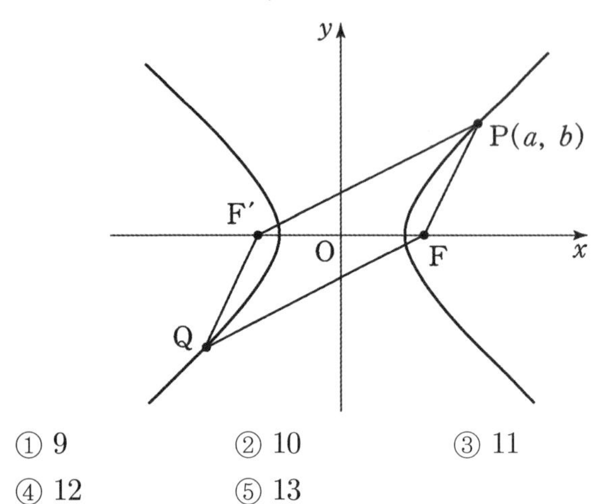

① 9　② 10　③ 11
④ 12　⑤ 13

M. 쌍곡선(정의)

M068

○○
(2008-가형21)

그림과 같이 쌍곡선 $\dfrac{x^2}{16}-\dfrac{y^2}{9}=1$의 두 초점을 F, F′이라 하자. 제1사분면에 있는 쌍곡선 위의 점 P와 제2사분면에 있는 쌍곡선 위의 점 Q에 대하여 $\overline{\mathrm{PF'}}-\overline{\mathrm{QF'}}=3$일 때, $\overline{\mathrm{QF}}-\overline{\mathrm{PF}}$의 값을 구하시오. [3점]

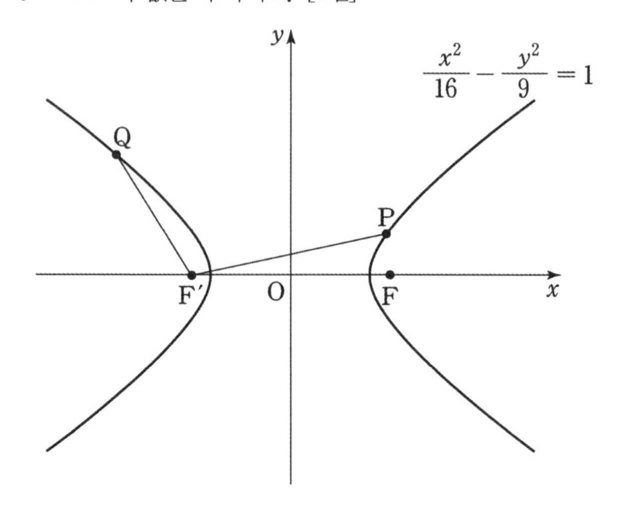

M069

○○
(2020(6)-가형13)

그림과 같이 두 초점이 $F(c,\ 0)$, $F'(-c,\ 0)(c>0)$이고 주축의 길이가 2인 쌍곡선이 있다. 점 F를 지나고 x축에 수직인 직선이 쌍곡선과 제1사분면에서 만나는 점을 A, 점 F'을 지나고 x축에 수직인 직선이 쌍곡선과 제2사분면에서 만나는 점을 B라 하자. 사각형 ABF'F가 정사각형일 때, 정사각형 ABF'F의 대각선의 길이는? [3점]

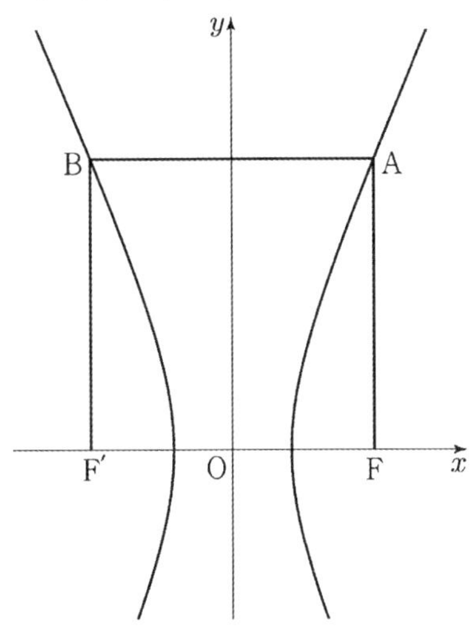

① $3+2\sqrt{2}$ ② $5+\sqrt{2}$ ③ $4+2\sqrt{2}$
④ $6+\sqrt{2}$ ⑤ $5+2\sqrt{2}$

M070

○○○
(2016(6)-B형19)

그림과 같이 초점이 각각 F, F'과 G, G'이고 주축의 길이가 2, 중심이 원점 O인 두 쌍곡선이 제1사분면에서 만나는 점을 P, 제3사분면에서 만나는 점을 Q라 하자. $\overline{PG}\times\overline{QG}=8$, $\overline{PF}\times\overline{QF}=4$일 때, 사각형 PGQF의 둘레의 길이는? (단, 점 F의 x좌표와 점 G의 y좌표는 양수이다.) [4점]

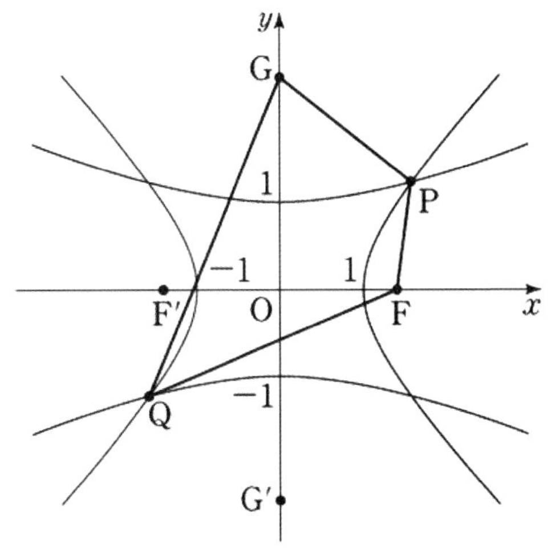

① $6+2\sqrt{2}$ ② $6+2\sqrt{3}$ ③ 10
④ $6+2\sqrt{5}$ ⑤ $6+2\sqrt{6}$

M071

○○○
(2024-기하29)

양수 c에 대하여 두 점 $F(c,\ 0)$, $F'(-c,\ 0)$을 초점으로 하고, 주축의 길이가 6인 쌍곡선이 있다. 이 쌍곡선 위에 다음 조건을 만족시키는 서로 다른 두 점 P, Q가 존재하도록 하는 모든 c의 값의 합을 구하시오. [4점]

> (가) 점 P는 제1사분면 위에 있고,
> 점 Q는 직선 PF' 위에 있다.
> (나) 삼각형 PF'F는 이등변삼각형이다.
> (다) 삼각형 PQF의 둘레의 길이는 28이다.

M072

○○○
(2024(6)-기하29)

두 점 $\mathrm{F}(c,\ 0)$, $\mathrm{F}'(-c,\ 0)(c>0)$을 초점으로 하는 두 쌍곡선

$$C_1:\ x^2-\frac{y^2}{24}=1,\ C_2:\ \frac{x^2}{4}-\frac{y^2}{21}=1$$

이 있다. 쌍곡선 C_1 위에 있는 제2사분면 위의 점 P에 대하여 선분 PF′이 쌍곡선 C_2와 만나는 점을 Q라 하자. $\overline{\mathrm{PQ}}+\overline{\mathrm{QF}}$, $2\overline{\mathrm{PF'}}$, $\overline{\mathrm{PF}}+\overline{\mathrm{PF'}}$이 이 순서대로 등차수열을 이룰 때, 직선 PQ의 기울기는 m이다. $60m$의 값을 구하시오. [4점]

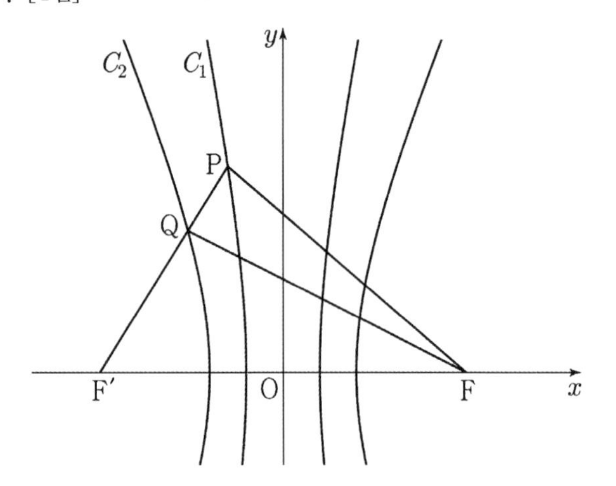

M073

○○○
(2016(9)-B형19)

두 초점이 F, F′인 쌍곡선 $x^2-\dfrac{y^2}{3}=1$ 위의 점 P가 다음 조건을 만족시킨다.

(가) 점 P는 제1사분면에 있다. (나) 삼각형 PF′F가 이등변삼각형이다.

삼각형 PF′F의 넓이를 a라 할 때, 모든 a의 값의 곱은? [4점]

① $3\sqrt{77}$ ② $6\sqrt{21}$ ③ $9\sqrt{10}$
④ $21\sqrt{2}$ ⑤ $3\sqrt{105}$

M. 쌍곡선+피타고라스의 정리

M074

○○○
(2022(예시문항)-기하27)

그림과 같이 두 점 $F(c,\ 0)$, $F'(-c,\ 0)$ $(c>0)$을 초점으로 하는 쌍곡선 $\dfrac{x^2}{4}-\dfrac{y^2}{b^2}=1$이 있다. 점 F를 지나고 x축에 수직인 직선이 쌍곡선과 제1사분면에서 만나는 점을 P라 하고, 직선 PF 위에 $\overline{QP}:\overline{PF}=5:3$이 되도록 점 Q를 잡는다.

직선 F'Q가 y축과 만나는 점을 R라 할 때, $\overline{QP}=\overline{QR}$이다. b^2의 값은? (단, b는 상수이고, 점 Q는 제1사분면 위의 점이다.) [3점]

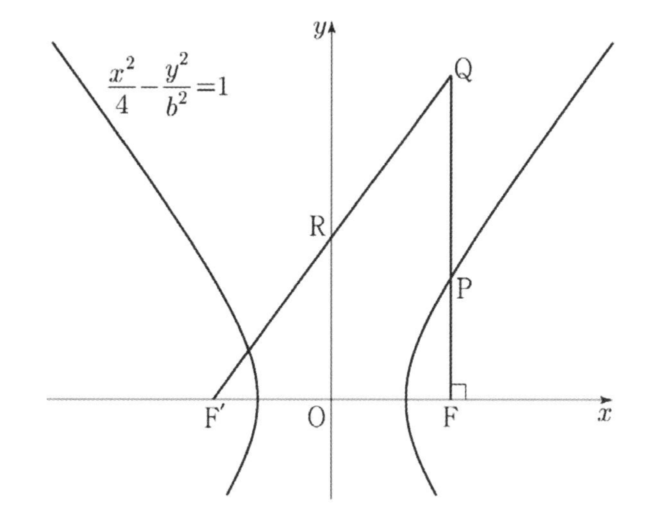

① $\dfrac{1}{2}+2\sqrt{5}$　② $1+2\sqrt{5}$　③ $\dfrac{3}{2}+2\sqrt{5}$
④ $2+2\sqrt{5}$　⑤ $\dfrac{5}{2}+2\sqrt{5}$

M. 쌍곡선+원

M075

○○○
(2012(6)-가형13)

원 $(x-4)^2+y^2=r^2$과 쌍곡선 $x^2-2y^2=1$이 서로 다른 세 점에서 만나기 위한 양수 r의 최댓값은? [3점]

① 4　② 5　③ 6
④ 7　⑤ 8

M076

○○○
(2014(6)-B형12)

그림과 같이 쌍곡선 $\dfrac{4x^2}{9}-\dfrac{y^2}{40}=1$의 두 초점은 F, F'이고, 점 F를 중심으로 하는 원 C는 쌍곡선과 한 점에서 만난다. 제2사분면에 있는 쌍곡선 위의 점 P에서 원 C에 접선을 그었을 때 접점을 Q라 하자. $\overline{PQ}=12$일 때, 선분 PF'의 길이는? [3점]

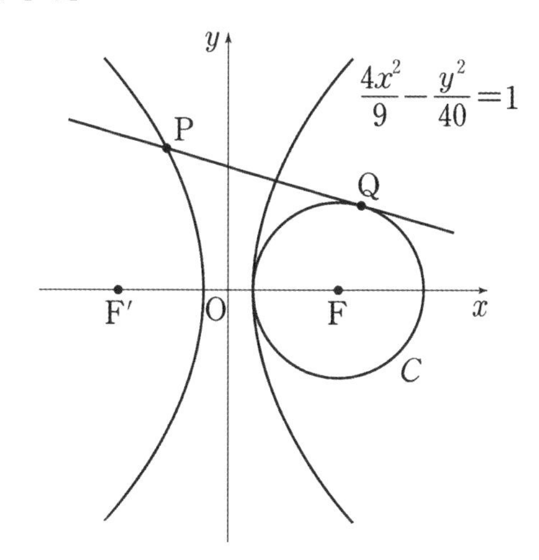

① 10　② $\dfrac{21}{2}$　③ 11
④ $\dfrac{23}{2}$　⑤ 12

M077

●●● (2018-가형27)

그림과 같이 두 초점이 F, F′인 쌍곡선 $\frac{x^2}{8}-\frac{y^2}{17}=1$ 위의 점 P에 대하여 직선 FP와 직선 F′P에 동시에 접하고 중심이 y축 위에 있는 원 C가 있다. 직선 F′P와 원 C의 접점 Q에 대하여 $\overline{\mathrm{F'Q}}=5\sqrt{2}$일 때, $\overline{\mathrm{FP}}^2+\overline{\mathrm{F'P}}^2$의 값을 구하시오. (단, $\overline{\mathrm{F'P}}<\overline{\mathrm{FP}}$) [4점]

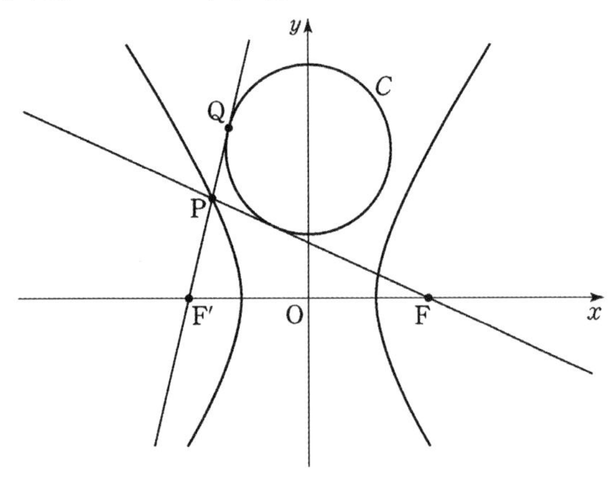

M078

●●● (2007(9)-가형9)

쌍곡선 $\frac{x^2}{9}-\frac{y^2}{3}=1$의 두 초점 $(2\sqrt{3},\ 0)$, $(-2\sqrt{3},\ 0)$을 각각 F, F′이라 하자.
이 쌍곡선 위를 움직이는 점 $\mathrm{P}(x,\ y)(x>0)$에 대하여 선분 F′P 위의 점 Q가 $\overline{\mathrm{FP}}=\overline{\mathrm{PQ}}$를 만족시킬 때, 점 Q가 나타내는 도형 전체의 길이는? [4점]

① π　② $\sqrt{3}\pi$　③ 2π
④ 3π　⑤ $2\sqrt{3}\pi$

M. 쌍곡선+최대최소

M079

○○○ (2017(6)-가형18)

그림과 같이 쌍곡선 $\frac{x^2}{16}-\frac{y^2}{9}=1$의 두 초점을 F, F′이라 하고, 이 쌍곡선 위의 점 P를 중심으로 하고 선분 PF′을 반지름으로 하는 원을 C라 하자. 원 C 위를 움직이는 점 Q에 대하여 선분 FQ의 길이의 최댓값이 14일 때, 원 C의 넓이는? (단, $\overline{\mathrm{PF'}}<\overline{\mathrm{PF}}$) [4점]

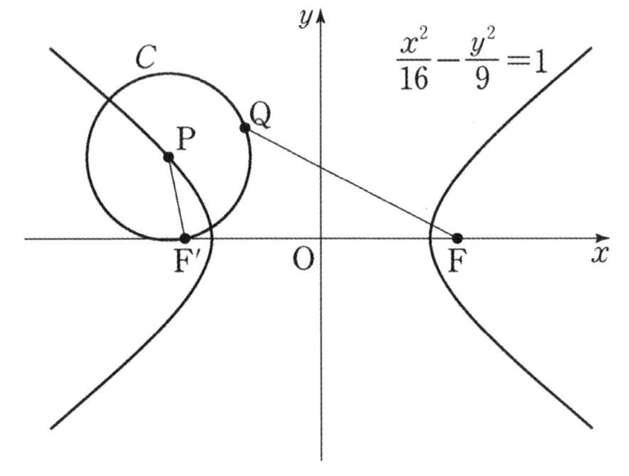

① 7π　② 8π　③ 9π
④ 10π　⑤ 11π

M. 포물선(접선(기울기))

M080

○○
(2016(6)-B형24)

포물선 $y^2=20x$에 접하고 기울기가 $\frac{1}{2}$인 직선의 y절편을 구하시오. [3점]

M081

○○
(2014-B형8)

좌표평면에서 포물선 $y^2=8x$에 접하는 두 직선 l_1, l_2의 기울기가 각각 m_1, m_2이다. m_1, m_2가 방정식 $2x^2-3x+1=0$의 서로 다른 두 근일 때, l_1과 l_2의 교점의 x좌표는? [3점]

① 1 ② 2 ③ 3
④ 4 ⑤ 5

M082

○
(1994(2차)-공통6)

직선 $y=3x+2$를 x축의 방향으로 k만큼 평행이동한 직선이 포물선 $y^2=4x$에 접할 때, k의 값은? [3점]

① $\frac{5}{9}$ ② $\frac{4}{9}$ ③ $\frac{2}{9}$
④ $\frac{2}{3}$ ⑤ $\frac{1}{3}$

M083

○○
(2015(9)-B형11)

자연수 n에 대하여 직선 $y=nx+(n+1)$이 꼭짓점의 좌표가 $(0,\ 0)$이고 초점이 $(a_n,\ 0)$인 포물선에 접할 때, $\sum_{n=1}^{5} a_n$의 값은? [3점]

① 70 ② 72 ③ 74
④ 76 ⑤ 78

M084

○○○
(2017-가형19)

두 양수 k, p에 대하여 점 $A(-k,\ 0)$에서 포물선 $y^2=4px$에 그은 두 접선이 y축과 만나는 두 점을 각각 F, F′, 포물선과 만나는 두 점을 각각 P, Q라 할 때, $\angle PAQ=\frac{\pi}{3}$이다. 두 점 F, F′을 초점으로 하고 두 점 P, Q를 지나는 타원의 장축의 길이가 $4\sqrt{3}+12$일 때, $k+p$의 값은? [4점]

① 8 ② 10 ③ 12
④ 14 ⑤ 16

M. 포물선(접선)

M085

○○
(2005(9)-가형15)

다음은 포물선 $y^2=x$ 위의 꼭짓점이 아닌 임의의 점 P에서의 접선과 x축과의 교점을 T, 포물선의 초점을 F라고 할 때, $\overline{\mathrm{FP}}=\overline{\mathrm{FT}}$임을 증명한 것이다.

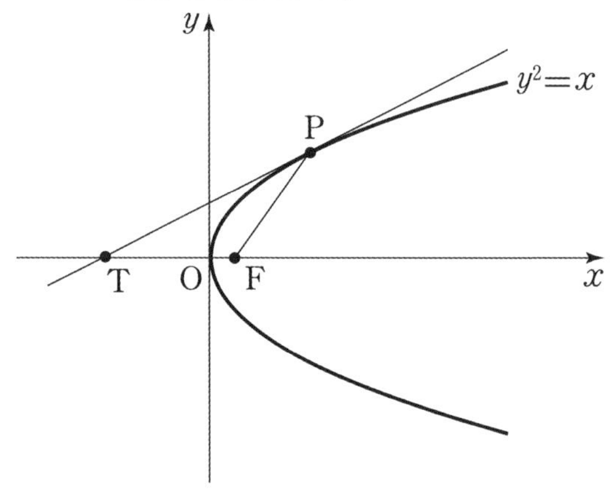

〈증명〉
점 P의 좌표를 $(x_1,\ y_1)$이라고 하면, 접선의 방정식은
(가)
이 식에 $y=0$을 대입하면 교점 T의 좌표는 $(-x_1,\ 0)$이다.
초점 F의 좌표는 (나) 이므로 $\overline{\mathrm{FT}}=$ (다)
한편 $\overline{\mathrm{FP}}=\sqrt{\left(x_1-\frac{1}{4}\right)^2+y_1^2}=$ (다)
따라서 $\overline{\mathrm{FP}}=\overline{\mathrm{FT}}$이다.

위의 증명에서 (가), (나), (다)에 알맞은 것을 차례로 나열한 것은? [3점]

	(가)	(나)	(다)
①	$y_1y=\frac{1}{2}(x+x_1)$	$\left(\frac{1}{2},\ 0\right)$	$x_1+\frac{1}{2}$
②	$y_1y=\frac{1}{2}(x+x_1)$	$\left(\frac{1}{4},\ 0\right)$	$x_1+\frac{1}{4}$
③	$y_1y=\frac{1}{2}(x+x_1)$	$\left(\frac{1}{4},\ 0\right)$	$x_1+\frac{1}{2}$
④	$y_1y=x+x_1$	$\left(\frac{1}{4},\ 0\right)$	$x_1+\frac{1}{4}$
⑤	$y_1y=x+x_1$	$\left(\frac{1}{2},\ 0\right)$	$x_1+\frac{1}{2}$

M086

○○
(2016-B형9)

포물선 $y^2=4x$ 위의 점 $\mathrm{A}(4,\ 4)$에서의 접선을 l이라 하자. 직선 l과 포물선의 준선이 만나는 점을 B, 직선 l과 x축이 만나는 점을 C, 포물선의 준선과 x축이 만나는 점을 D라 하자. 삼각형 BCD의 넓이는? [3점]

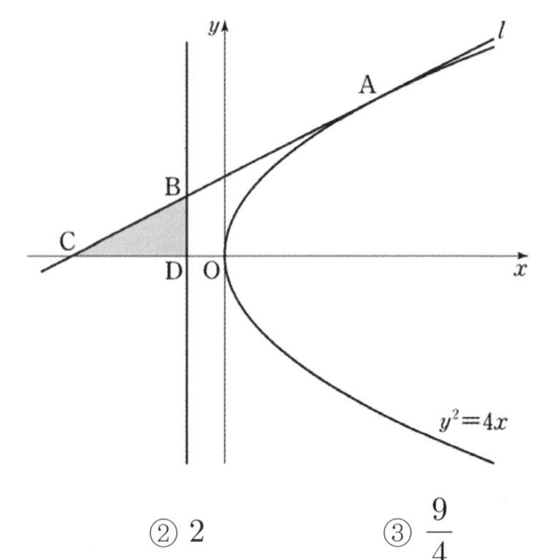

① $\frac{7}{4}$ ② 2 ③ $\frac{9}{4}$
④ $\frac{5}{2}$ ⑤ $\frac{11}{4}$

M087

○○
(2010-가형4)

포물선 $y^2=4x$ 위의 점 $\mathrm{P}(a,\ b)$에서의 접선이 x축과 만나는 점을 Q라고 하자. $\overline{\mathrm{PQ}}=4\sqrt{5}$일 때, a^2+b^2의 값은? [3점]

① 21 ② 32 ③ 45
④ 60 ⑤ 77

M088

○○ (2012-가형26)

포물선 $y^2 = nx$의 초점과 포물선 위의 점 $(n,\ n)$에서의 접선 사이의 거리를 d라 하자. $d^2 \geq 40$을 만족시키는 자연수 n의 최솟값을 구하시오. [4점]

M089

○○ (2016(9)-B형12)

그림과 같이 초점이 F인 포물선 $y^2 = 4x$ 위의 한 점 P에서의 접선이 x축과 만나는 점의 x좌표가 -2이다.
$\cos(\angle \text{PFO})$의 값은? (단, O는 원점이다.) [3점]

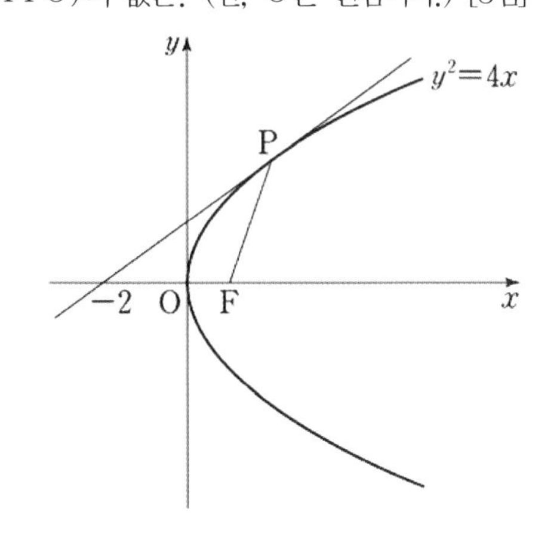

① $-\dfrac{5}{12}$　② $-\dfrac{1}{3}$　③ $-\dfrac{1}{4}$
④ $-\dfrac{1}{6}$　⑤ $-\dfrac{1}{12}$

M090

●●● (2014(6)-B형29)

좌표평면에서 포물선 $y^2 = 16x$ 위의 점 A에 대하여 점 B는 다음 조건을 만족시킨다.

> (가) 점 A가 원점이면 점 B도 원점이다.
> (나) 점 A가 원점이 아니면 점 B는 점 A, 원점 그리고 점 A에서의 접선이 y축과 만나는 점을 세 꼭짓점으로 하는 삼각형의 무게중심이다.

점 A가 포물선 $y^2 = 16x$ 위를 움직일 때 점 B가 나타내는 곡선을 C라 하자. 점 $(3,\ 0)$을 지나는 직선이 곡선 C와 두 점 P, Q에서 만나고 $\overline{\text{PQ}} = 20$일 때, 두 점 P, Q의 x좌표의 값의 합을 구하시오. [4점]

M091

●●● (2019(6)-가형19)

0이 아닌 실수 p에 대하여 좌표평면 위의 두 포물선
$x^2 = 2y$와 $\left(y + \dfrac{1}{2}\right)^2 = 4px$에 동시에 접하는 직선의 개수를 $f(p)$라 하자. $\lim\limits_{p \to k+} f(p) > f(k)$를 만족시키는 실수 k의 값은? [4점]

① $-\dfrac{\sqrt{3}}{3}$　② $-\dfrac{2\sqrt{3}}{9}$　③ $-\dfrac{\sqrt{3}}{9}$
④ $\dfrac{2\sqrt{3}}{9}$　⑤ $\dfrac{\sqrt{3}}{3}$

M. 타원(접선(기울기))

M092

○○
(2005(예비)-가형8)

점 $(0,\ 1)$을 지나고 초점이 $F(\sqrt{3},\ 0)$과 $F'(-\sqrt{3},\ 0)$인 타원이 있다. 이 타원 위의 점 $(x,\ y)$에 대하여, $x+y$의 최댓값은? [4점]

① 2　② $\sqrt{5}$　③ $\sqrt{6}$
④ $\sqrt{7}$　⑤ $2\sqrt{2}$

M093

○○
(2023(6)-기하26)

좌표평면에서 타원 $\frac{x^2}{3}+y^2=1$과 직선 $y=x-1$이 만나는 두 점을 A, C라 하자. 선분 AC가 사각형 ABCD의 대각선이 되도록 타원 위의 두 점 B, D를 잡을 때, 사각형 ABCD의 넓이의 최댓값은? [3점]

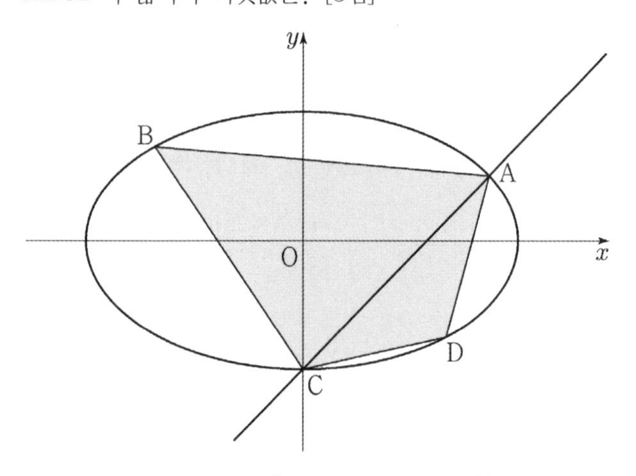

① 2　② $\frac{9}{4}$　③ $\frac{5}{2}$
④ $\frac{11}{4}$　⑤ 3

M094

○○○
(2009-가형19)

타원 $\frac{x^2}{4}+y^2=1$의 네 꼭짓점을 연결하여 만든 사각형에 내접하는 타원 $\frac{x^2}{a^2}+\frac{y^2}{b^2}=1$이 있다. 타원 $\frac{x^2}{a^2}+\frac{y^2}{b^2}=1$의 두 초점이 $F(b,\ 0)$, $F'(-b,\ 0)$일 때, $a^2b^2=\frac{q}{p}$이다. $p+q$의 값을 구하시오. (단, p, q는 서로소인 자연수이다.)[3점]

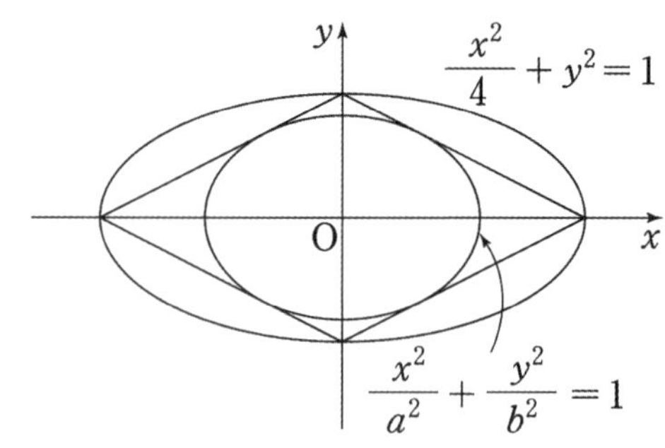

M095

○○
(2022(예시문항)-기하26)

좌표평면에서 타원 $x^2+3y^2=19$와 직선 l은 제1사분면 위의 한 점에서 접하고, 원점과 직선 l 사이의 거리는 $\frac{19}{5}$이다. 직선 l의 기울기는? [3점]

① $-\frac{2}{3}$　② $-\frac{5}{6}$　③ -1
④ $-\frac{7}{6}$　⑤ $-\frac{4}{3}$

M096

●●● (2014(6)-B형19)

직선 $y=2$ 위의 점 P에서 타원 $x^2+\frac{y^2}{2}=1$에 그은 두 접선의 기울기의 곱이 $\frac{1}{3}$이다. 점 P의 x좌표를 k라 할 때, k^2의 값은? [4점]

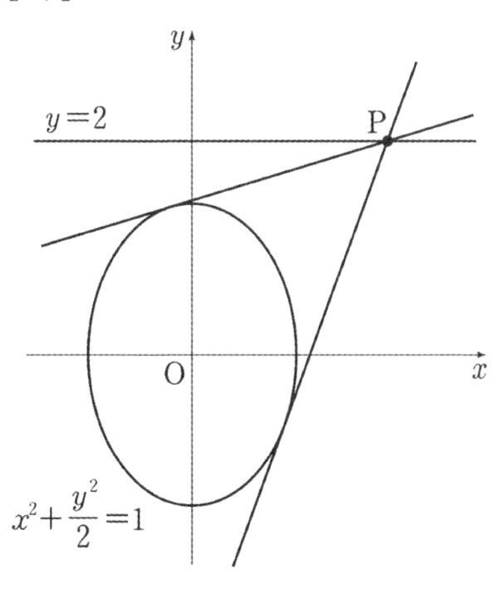

① 6 ② 7 ③ 8
④ 9 ⑤ 10

M097

●●● (2013(9)-가형12)

좌표평면에서 쌍곡선 $\frac{x^2}{a^2}-\frac{y^2}{b^2}=1$의 한 점근선에 평행하고 타원 $\frac{x^2}{8a^2}+\frac{y^2}{b^2}=1$에 접하는 직선을 l이라 하자. 원점과 직선 l 사이의 거리가 1일 때, $\frac{1}{a^2}+\frac{1}{b^2}$의 값은? [3점]

① 9 ② $\frac{19}{2}$ ③ 10
④ $\frac{21}{2}$ ⑤ 11

M098

○○ (2023-기하25)

타원 $\frac{x^2}{a^2}+\frac{y^2}{b^2}=1$ 위의 점 $(2,\ 1)$에서의 접선의 기울기가 $-\frac{1}{2}$일 때, 이 타원의 두 초점 사이의 거리는? (단, a, b는 양수이다.) [3점]

① $2\sqrt{3}$ ② 4 ③ $2\sqrt{5}$
④ $2\sqrt{6}$ ⑤ $2\sqrt{7}$

M099

●●● (2022(9)-기하28)

그림과 같이 두 점 $\mathrm{F}(c,\ 0)$, $\mathrm{F}'(-c,\ 0)(c>0)$을 초점으로 하는 타원 $\frac{x^2}{16}+\frac{y^2}{12}=1$ 위의 점 $\mathrm{P}(2,\ 3)$에서 타원에 접하는 직선을 l이라 하자. 점 F를 지나고 l과 평행한 직선이 타원과 만나는 점 중 제2사분면 위에 있는 점을 Q라 하자.
두 직선 F'Q와 l이 만나는 점을 R, l과 x축이 만나는 점을 S라 할 때, 삼각형 SRF'의 둘레의 길이는? [4점]

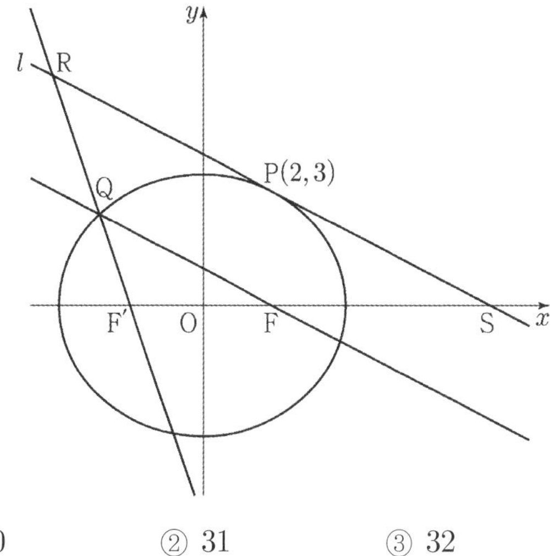

① 30 ② 31 ③ 32
④ 33 ⑤ 34

M100

○○○ (2012(6)-가형28)

점 (0, 2)에서 타원 $\frac{x^2}{8}+\frac{y^2}{2}=1$에 그은 두 접선의 접점을 각각 P, Q라 하고, 타원의 두 초점 중 하나를 F라 할 때, 삼각형 PFQ의 둘레의 길이는 $a\sqrt{2}+b$이다. a^2+b^2의 값을 구하시오. (단, a, b는 유리수이다.) [4점]

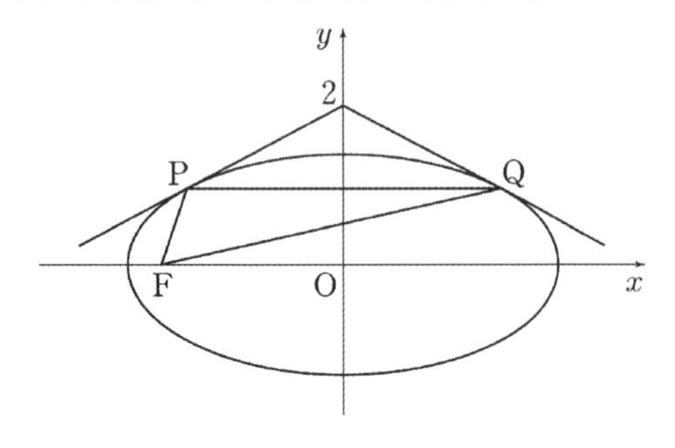

M101

○○○ (2011-가형5)

좌표평면에서 점 A(0, 4)와 타원 $\frac{x^2}{5}+y^2=1$ 위의 점 P에 대하여 두 점 A와 P를 지나는 직선이 원 $x^2+(y-3)^2=1$과 만나는 두 점 중에서 A가 아닌 점을 Q라 하자. 점 P가 타원 위의 모든 점을 지날 때, 점 Q가 나타내는 도형의 길이는? [3점]

① $\frac{\pi}{6}$ ② $\frac{\pi}{4}$ ③ $\frac{\pi}{3}$
④ $\frac{2}{3}\pi$ ⑤ $\frac{3}{4}\pi$

M102

●●● (2014(예비)-B형17)

그림과 같이 좌표평면에서 원점 O를 중심으로 하고 반지름의 길이가 1인 원 위의 점 P에서 x축에 내린 수선의 발을 P′이라 하자. 점 P′을 초점으로 하고, x축 위에 있는 원의 지름을 장축으로 하는 타원에 대하여 점 P에서 타원에 그은 접선 l의 기울기가 $-\frac{3}{2}$일 때, 직선 OP의 기울기는? [4점]

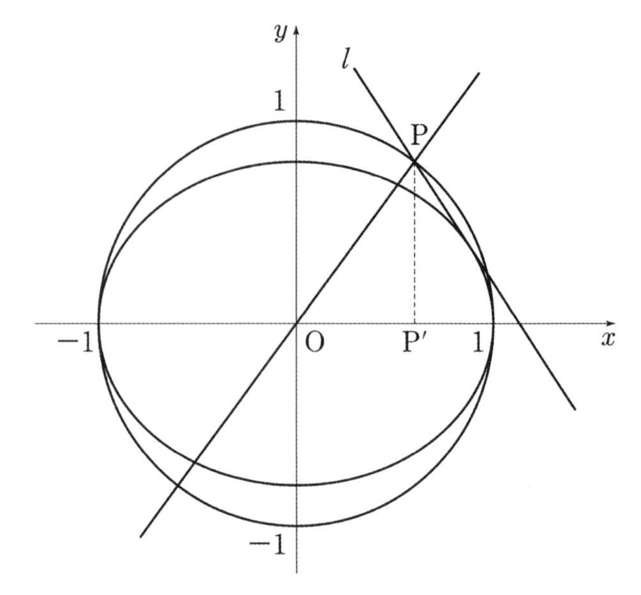

① $\frac{7}{6}$ ② $\frac{5}{4}$ ③ $\frac{4}{3}$
④ $\frac{17}{12}$ ⑤ $\frac{3}{2}$

M103

★★★ (2020(9)-가형21)

좌표평면에서 두 점 $A(-2,\ 0)$, $B(2,\ 0)$에 대하여 다음 조건을 만족시키는 직사각형의 넓이의 최댓값은? [4점]

직사각형 위를 움직이는 점 P에 대하여 $\overline{PA}+\overline{PB}$의 값은 점 P의 좌표가 $(0,\ 6)$일 때 최대이고 $\left(\frac{5}{2},\ \frac{3}{2}\right)$일 때 최소이다.

① $\frac{200}{19}$　② $\frac{210}{19}$　③ $\frac{220}{19}$
④ $\frac{230}{19}$　⑤ $\frac{240}{19}$

M. 쌍곡선(접선(기울기))

M104

○○ (2006(9)-가형5)

직선 $y=3x+5$가 쌍곡선 $\frac{x^2}{a}-\frac{y^2}{2}=1$에 접할 때, 쌍곡선의 두 초점 사이의 거리는? [3점]

① $\sqrt{7}$　② $2\sqrt{3}$　③ 4
④ $2\sqrt{5}$　⑤ $4\sqrt{3}$

M105

○○○ (2008(9)-가형9)

쌍곡선 $x^2-y^2=1$에 대한 옳은 설명을 〈보기〉에서 모두 고른 것은? [3점]

ㄱ. 점근선의 방정식은 $y=x$, $y=-x$이다. ㄴ. 쌍곡선 위의 점에서 그은 접선 중 점근선과 평행한 접선이 존재한다. ㄷ. 포물선 $y^2=4px(p\neq 0)$는 쌍곡선과 항상 두 점에서 만난다.

① ㄱ　② ㄴ　③ ㄱ, ㄷ
④ ㄴ, ㄷ　⑤ ㄱ, ㄴ, ㄷ

M106
○○○
(2023(6)-기하28)

좌표평면에서 직선 $y=2x-3$ 위를 움직이는 점 P가 있다. 두 점 $\mathrm{A}(c,\ 0)$, $\mathrm{B}(-c,\ 0)(c>0)$에 대하여 $\overline{\mathrm{PB}}-\overline{\mathrm{PA}}$의 값이 최대가 되도록 하는 점 P의 좌표가 $(3,\ 3)$일 때, 상수 c의 값은? [4점]

① $\frac{3\sqrt{6}}{2}$ ② $\frac{3\sqrt{7}}{2}$ ③ $3\sqrt{2}$
④ $\frac{9}{2}$ ⑤ $\frac{3\sqrt{10}}{2}$

M. 쌍곡선(접선)

M107
○
(2023(9)-기하24)

쌍곡선 $\frac{x^2}{a^2}-y^2=1$ 위의 점 $(2a,\ \sqrt{3})$에서의 접선이 직선 $y=-\sqrt{3}x+1$과 수직일 때, 상수 a의 값은? [3점]

① 1 ② 2 ③ 3
④ 4 ⑤ 5

M108
○
(2001-자연6)

쌍곡선 $\frac{x^2}{2}-y^2=1$ 위의 점 $(2,\ 1)$에서의 접선이 y축과 만나는 점의 y좌표는? [3점]

① -2 ② -1 ③ 0
④ 2 ⑤ 3

M109
○○
(2013-가형6)

쌍곡선 $x^2-4y^2=a$ 위의 점 $(b,\ 1)$에서의 접선이 쌍곡선의 한 점근선과 수직이다. $a+b$의 값은? (단, a, b는 양수이다.) [3점]

① 68 ② 77 ③ 86
④ 95 ⑤ 104

M110

○○ (2011(9)−가형4)

좌표평면 위의 점 $(-1,\ 0)$에서 쌍곡선 $x^2-y^2=2$에 그은 접선의 방정식을 $y=mx+n$이라 할 때, m^2+n^2의 값은? (단, m, n은 상수이다.) [3점]

① $\frac{5}{2}$　② 3　③ $\frac{7}{2}$　④ 4　⑤ $\frac{9}{2}$

M111

○○ (1998−자연9)

쌍곡선 $\frac{x^2}{9}-\frac{y^2}{16}=1$ 위의 점 $(a,\ b)$에서의 접선과 x축, y축으로 둘러싸인 삼각형의 넓이는?
(단, $a>0$, $b>0$) [3점]

① $\frac{36}{ab}$　② $\frac{54}{ab}$　③ $\frac{72}{ab}$　④ $\frac{90}{ab}$　⑤ $\frac{108}{ab}$

M112

○○ (2015(6)−B형12)

쌍곡선 $\frac{x^2}{8}-y^2=1$ 위의 점 $\mathrm{A}(4,\ 1)$에서의 접선이 x축과 만나는 점을 B라 하자. 이 쌍곡선의 두 초점 중 x좌표가 양수인 점을 F라 할 때, 삼각형 FAB의 넓이는? [3점]

① $\frac{5}{12}$　② $\frac{1}{2}$　③ $\frac{7}{12}$　④ $\frac{2}{3}$　⑤ $\frac{3}{4}$

M113

○○ (2012(9)−가형26)

쌍곡선 $\frac{x^2}{12}-\frac{y^2}{8}=1$ 위의 점 $(a,\ b)$에서의 접선이 타원 $\frac{(x-2)^2}{4}+y^2=1$의 넓이를 이등분할 때, a^2+b^2의 값을 구하시오. [4점]

M114

○○ (2014(9)−B형26)

그림과 같이 두 초점이 $\mathrm{F}(3,\ 0)$, $\mathrm{F}'(-3,\ 0)$인 쌍곡선 $\frac{x^2}{a^2}-\frac{y^2}{b^2}=1$ 위의 점 $\mathrm{P}(4,\ k)$에서의 접선과 x축과의 교점이 선분 F′F를 $2:1$로 내분할 때, k^2의 값을 구하시오.
(단, a, b는 상수이다.) [4점]

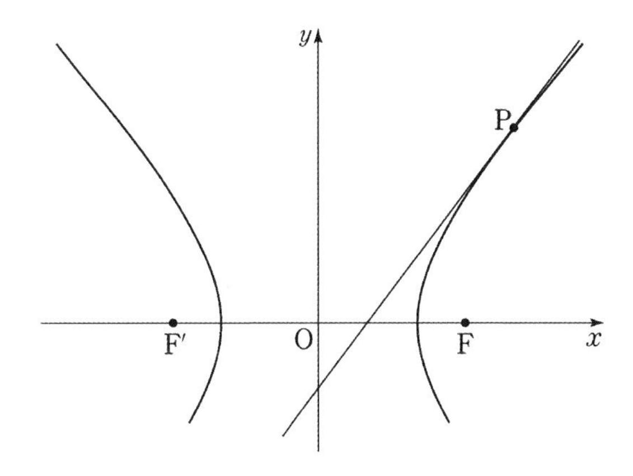

M115

○○○
(2022(6)-기하27)

그림과 같이 쌍곡선 $\frac{x^2}{a^2}-\frac{y^2}{b^2}=1$ 위의 점 $\mathrm{P}(4,\ k)$ $(k>0)$에서의 접선이 x축과 만나는 점을 Q, y축과 만나는 점을 R라 하자. 점 $\mathrm{S}(4,\ 0)$에 대하여 삼각형 QOR의 넓이를 A_1, 삼각형 PRS의 넓이를 A_2라 하자. $A_1 : A_2 = 9 : 4$일 때, 이 쌍곡선의 주축의 길이는? (단, O는 원점이고, a와 b는 상수이다.) [3점]

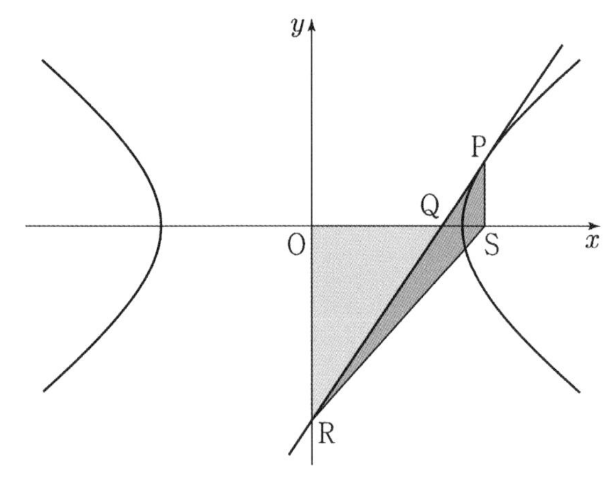

① $2\sqrt{10}$　② $2\sqrt{11}$　③ $4\sqrt{3}$　④ $2\sqrt{13}$　⑤ $2\sqrt{14}$

M116

○○○
(2009(9)-가형20)

쌍곡선 $x^2-y^2=32$ 위의 점 $\mathrm{P}(-6,\ 2)$에서의 접선 l에 대하여 원점 O에서 l에 내린 수선의 발을 H, 직선 OH와 이 쌍곡선이 제1사분면에서 만나는 점을 Q라 하자. 두 선분 OH와 OQ의 길이의 곱 $\overline{\mathrm{OH}}\cdot\overline{\mathrm{OQ}}$를 구하시오. [3점]

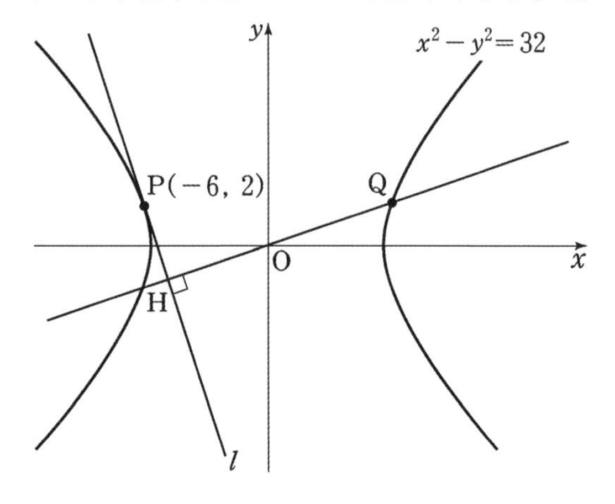

M117

●●●
(2020-가형17)

평면에 한 변의 길이가 10인 정삼각형 ABC가 있다. $\overline{\mathrm{PB}}-\overline{\mathrm{PC}}=2$를 만족시키는 점 P에 대하여 선분 PA의 길이가 최소일 때, 삼각형 PBC의 넓이는? [4점]

① $20\sqrt{3}$　② $21\sqrt{3}$　③ $22\sqrt{3}$　④ $23\sqrt{3}$　⑤ $24\sqrt{3}$

N 평면벡터

- 2015개정 교육과정

◆ 수학 I (공통과목)에서 라디안을 배우므로 라디안으로 출제된 기출은 변형하지 않았습니다.

◆ 벡터의 내적 풀이에서 $\vec{a} \cdot \vec{b} = |\vec{a}||\vec{b}|\cos\theta$를 허용하였습니다. (이유는 위와 같습니다.)

○ 육십분법 도입

○ 사인법칙, 코사인법칙 관련 문제 출제 가능

○ 벡터의 내적의 정의를 성분으로 함

○ 매개변수의 미분법 관련 문제 제외

○ 음함수의 미분법 관련 문제 제외

○ 평면운동 관련 문제 제외

○ 부등식의 영역 관련 문제 제외 또는 변형 수록

N. 벡터의 덧셈과 뺄셈

N001

○○
(2022(6)-기하26)

그림과 같이 한 변의 길이가 1인 정육각형 ABCDEF에서 $|\overrightarrow{AE}+\overrightarrow{BC}|$의 값은? [3점]

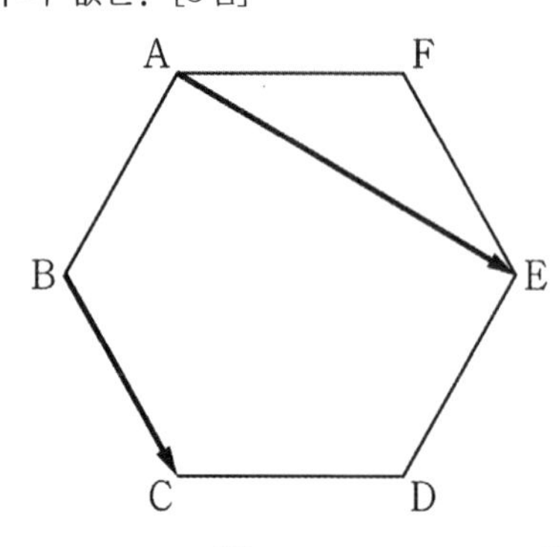

① $\sqrt{6}$ ② $\sqrt{7}$ ③ $2\sqrt{2}$
④ 3 ⑤ $\sqrt{10}$

N002

○○
(2012-가형8)

삼각형 ABC에서

$$\overline{AB}=2,\ \angle B=90^\circ,\ \angle C=30^\circ$$

이다. 점 P가 $\overrightarrow{PB}+\overrightarrow{PC}=\vec{0}$를 만족시킬 때, $|\overrightarrow{PA}|^2$의 값은? [3점]

① 5 ② 6 ③ 7
④ 8 ⑤ 9

N. 벡터의 덧셈과 뺄셈+이차곡선

N003

○○○
(2007-가형20)

타원 $\frac{x^2}{4}+y^2=1$의 두 초점을 F, F′이라 하자. 이 타원 위의 점 P가 $|\overrightarrow{OP}+\overrightarrow{OF}|=1$을 만족시킬 때, 선분 PF의 길이는 k이다. $5k$의 값을 구하시오. (단, O는 원점이다.) [3점]

N004

○○○
(2014(9)-B형11)

한 변의 길이가 3인 정삼각형 ABC에서 변 AB를 2 : 1로 내분하는 점을 D라 하고, 변 AC를 3 : 1과 1 : 3으로 내분하는 점을 각각 E, F라 할 때, $|\overrightarrow{BF}+\overrightarrow{DE}|^2$의 값은? [3점]

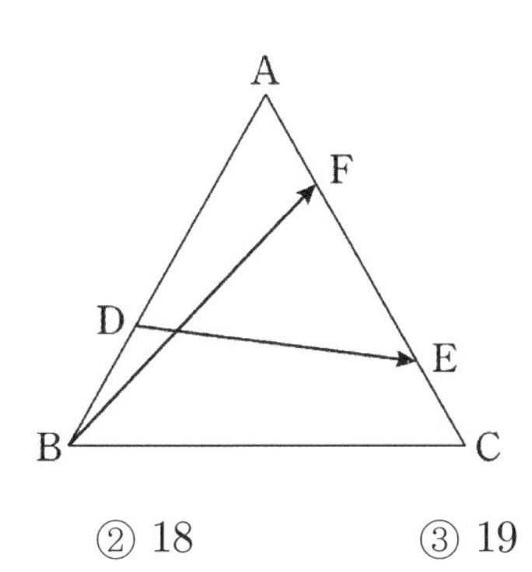

① 17 ② 18 ③ 19 ④ 20 ⑤ 21

N005

○○
(2004(6)-자연6)

그림과 같이 한 평면 위에서 서로 평행한 세 직선 l_1, l_2, l_3이 평행한 두 직선 m_1, m_2와 A, B, C, X, O, Y에서 만나고 있다. $\overrightarrow{OA}=\vec{a}$, $\overrightarrow{OB}=\vec{b}$, $\overrightarrow{OC}=\vec{c}$라고 할 때, $\overrightarrow{AP}=(\vec{c}-\vec{b}-\vec{a})t$($t$는 실수)를 만족시키는 점 P가 나타내는 도형은? [2점]

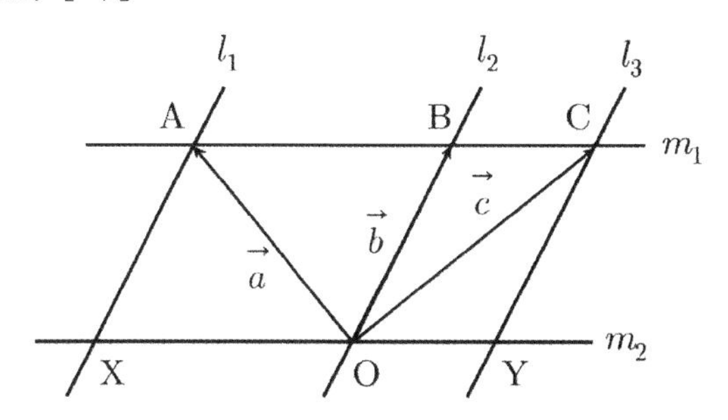

① 직선 AY ② 직선 AO ③ 직선 AX ④ 직선 AB ⑤ 직선 CX

N006

○○
(1995-자연28)

좌표평면 위의 세 점 P, Q, R가 다음 두 조건 (가)와 (나)를 만족시킨다.

(가) 두 점 P와 Q는 직선 $y=x$에 대하여 대칭이다. (나) $\overrightarrow{OP}+\overrightarrow{OQ}=\overrightarrow{OR}$ (단, O는 원점)

점 P가 원점을 중심으로 하는 단위원 위를 움직일 때, 점 R는 어떤 도형 위를 움직이는가? [2점]

① 점 ② 타원 ③ 선분 ④ 쌍곡선 ⑤ 평행사변형

N007

○○○
(2004-자연20변형)

좌표평면 위의 점 A가 곡선 $y=\frac{1}{4}x^2+3$ 위를 움직일 때, 벡터 $\overrightarrow{OB}=\frac{\overrightarrow{OA}}{|\overrightarrow{OA}|}$의 종점 B가 나타내는 도형의 길이는? (단, O는 원점이다.) [3점]

① $\frac{\pi}{3}$ ② $\sqrt{2}$ ③ $\sqrt{3}$

④ $\frac{2}{3}\pi$ ⑤ 3

N008

●●●
(2024(6)-기하30)

직선 $2x+y=0$ 위를 움직이는 점 P와

타원 $2x^2+y^2=3$ 위를 움직이는 점 Q에 대하여

$$\overrightarrow{OX}=\overrightarrow{OP}+\overrightarrow{OQ}$$

를 만족시키고, x좌표와 y좌표가 모두 0 이상인 모든 점 X가 나타내는 영역의 넓이는 $\frac{q}{p}$이다. $p+q$의 값을 구하시오. (단, O는 원점이고, p와 q는 서로소인 자연수이다.) [4점]

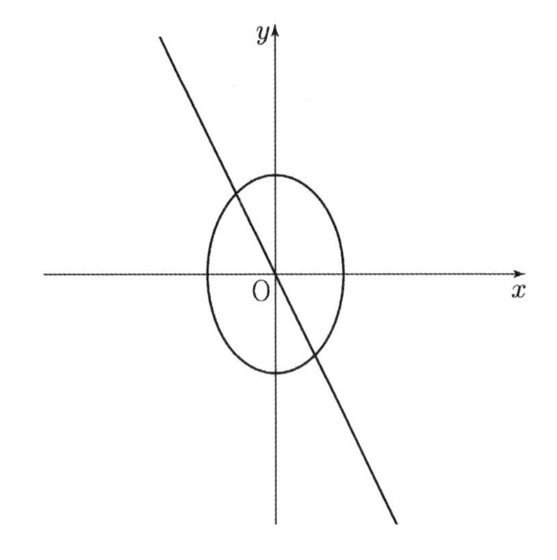

N009

★★★
(2019-가형29)

좌표평면에서 넓이가 9인 삼각형 ABC의 세 변 AB, BC, CA 위를 움직이는 점을 각각 P, Q, R라 할 때,

$$\overrightarrow{AX}=\frac{1}{4}(\overrightarrow{AP}+\overrightarrow{AR})+\frac{1}{2}\overrightarrow{AQ}$$

를 만족시키는 점 X가 나타내는 영역의 넓이가 $\frac{q}{p}$이다. $p+q$의 값을 구하시오. (단, p와 q는 서로소인 자연수이다.) [4점]

N. 위치 벡터

N010

○○ (2024(6)-기하24)

한 직선 위에 있지 않은 서로 다른 세 점 A, B, C에 대하여

$$2\overrightarrow{AB}+p\overrightarrow{BC}=q\overrightarrow{CA}$$

일 때, $p-q$의 값은? (단, p와 q는 실수이다.) [3점]

① 1 ② 2 ③ 3 ④ 4 ⑤ 5

N011

○○ (2018(6)-가형11)

두 벡터 $\vec{a}=(3,\ 1)$, $\vec{b}=(4,\ -2)$가 있다. 벡터 $\vec{v}$에 대하여 두 벡터 $\vec{a}$와 $\vec{v}+\vec{b}$가 서로 평행할 때, $|\vec{v}|^2$의 최솟값은? [3점]

① 6 ② 7 ③ 8 ④ 9 ⑤ 10

N012

○○○ (2017(9)-가형16)

직사각형 ABCD의 내부의 점 P가

$$\overrightarrow{PA}+\overrightarrow{PB}+\overrightarrow{PC}+\overrightarrow{PD}=\overrightarrow{CA}$$

를 만족시킨다. 〈보기〉에서 옳은 것만을 있는 대로 고른 것은? [4점]

ㄱ. $\overrightarrow{PB}+\overrightarrow{PD}=2\overrightarrow{CP}$

ㄴ. $\overrightarrow{AP}=\frac{3}{4}\overrightarrow{AC}$

ㄷ. 삼각형 ADP의 넓이가 3이면 직사각형 ABCD의 넓이는 8이다.

① ㄱ ② ㄷ ③ ㄱ, ㄴ ④ ㄴ, ㄷ ⑤ ㄱ, ㄴ, ㄷ

N. 벡터의 크기의 최대최소

N013

(2020(6)-가형18)

좌표평면 위에 두 점 A(3, 0), B(0, 3)과 직선 $x=1$ 위의 점 P(1, a)가 있다. 점 Q가 중심각의 크기가 $\frac{\pi}{2}$인 부채꼴 OAB의 호 AB 위를 움직일 때, $|\overrightarrow{OP}+\overrightarrow{OQ}|$의 최댓값을 $f(a)$라 하자. $f(a)=5$가 되도록 하는 모든 실수 a의 값의 곱은? (단, O는 원점이다.) [4점]

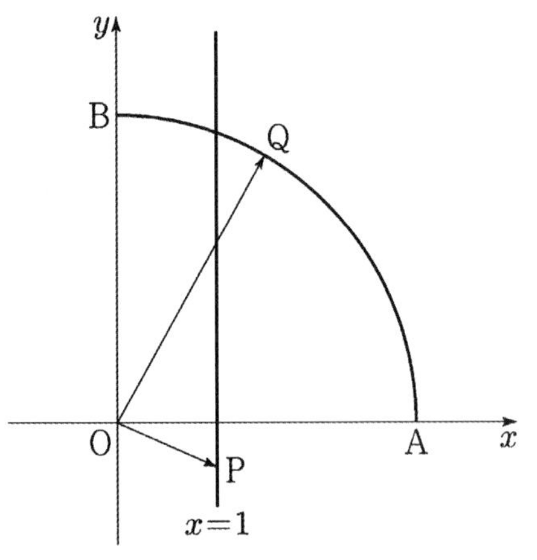

① $-5\sqrt{3}$　② $-4\sqrt{3}$　③ $-3\sqrt{3}$　④ $-2\sqrt{3}$　⑤ $-\sqrt{3}$

N014

(2020(9)-가형19)

좌표평면 위에 두 점 A(1, 0), B(0, 1)이 있다. 중심각의 크기가 $\frac{\pi}{2}$인 부채꼴 OAB의 호 AB 위를 움직이는 점 X와 함수 $y=(x-2)^2+1(2\leq x\leq 3)$의 그래프 위를 움직이는 점 Y에 대하여

$$\overrightarrow{OP}=\overrightarrow{OY}-\overrightarrow{OX}$$

를 만족시키는 점 P가 나타내는 영역을 R라 하자. 점 O로부터 영역 R에 있는 점까지의 거리의 최댓값을 M, 최솟값을 m이라 할 때, M^2+m^2의 값은? (단, 점 O는 원점이다.)

[4점]

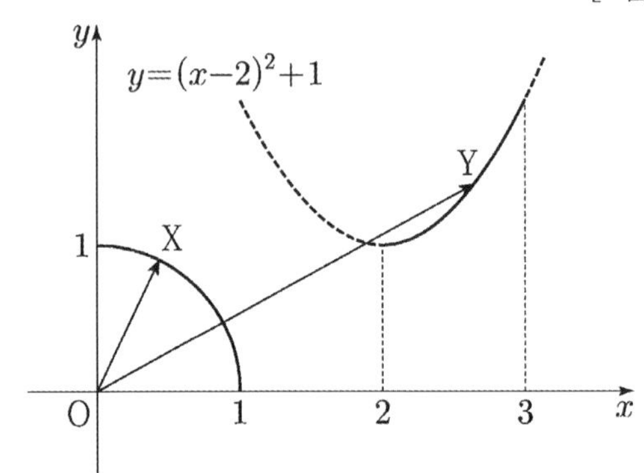

① $16-2\sqrt{5}$　② $16-\sqrt{5}$　③ 16　④ $16+\sqrt{5}$　⑤ $16+2\sqrt{5}$

N015

●●● (2024-기하30)

좌표평면에 한 변의 길이가 4인 정삼각형 ABC가 있다. 선분 AB를 1:3으로 내분하는 점을 D, 선분 BC를 1:3으로 내분하는 점을 E, 선분 CA를 1:3으로 내분하는 점을 F라 하자. 네 점 P, Q, R, X가 다음 조건을 만족시킨다.

(가) $|\overrightarrow{DP}|=|\overrightarrow{EQ}|=|\overrightarrow{FR}|=1$

(나) $\overrightarrow{AX}=\overrightarrow{PB}+\overrightarrow{QC}+\overrightarrow{RA}$

$|\overrightarrow{AX}|$의 값이 최대일 때, 삼각형 PQR의 넓이를 S라 하자. $16S^2$의 값을 구하시오. [4점]

N016

★★★ (2023(6)-기하30)

좌표평면에서 한 변의 길이가 4인 정육각형 ABCDEF의 변 위를 움직이는 점 P가 있고, 점 C를 중심으로 하고 반지름의 길이가 1인 원 위를 움직이는 점 Q가 있다. 두 점 P, Q와 실수 k에 대하여 점 X가 다음 조건을 만족시킬 때, $|\overrightarrow{CX}|$의 값이 최소가 되도록 하는 k의 값을 α, $|\overrightarrow{CX}|$의 값이 최대가 되도록 하는 k의 값을 β라 하자.

(가) $\overrightarrow{CX}=\frac{1}{2}\overrightarrow{CP}+\overrightarrow{CQ}$

(나) $\overrightarrow{XA}+\overrightarrow{XC}+2\overrightarrow{XD}=k\overrightarrow{CD}$

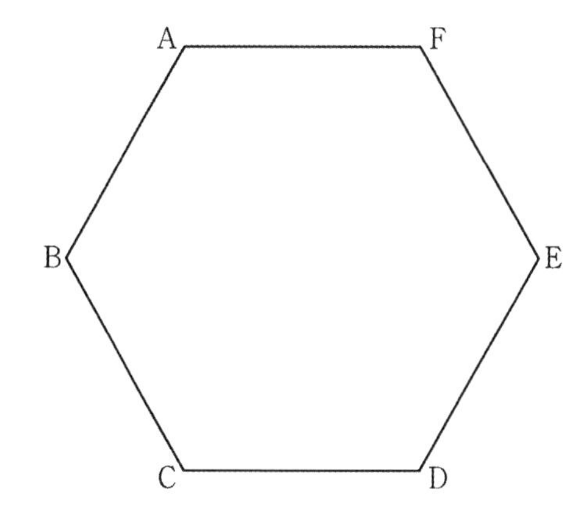

$\alpha^2+\beta^2$의 값을 구하시오. [4점]

N. 벡터의 내적의 계산

N017

○ (2000-자연2)

두 벡터 $\vec{a}$, $\vec{b}$에 대하여 $|\vec{a}|=2$, $|\vec{b}|=3$, $|\vec{a}-2\vec{b}|=6$일 때, 내적 $\vec{a}\cdot\vec{b}$의 값은? [2점]

① 5　② 4　③ 3　④ 2　⑤ 1

N018

○ (1997-자연3)

두 벡터 $\vec{a}$, $\vec{b}$가 이루는 각이 $60°$이다. $\vec{b}$의 크기는 1이고, $\vec{a}-3\vec{b}$의 크기가 $\sqrt{13}$일 때, $\vec{a}$의 크기는? [2점]

① 1　② 3　③ 4　④ 5　⑤ 7

N019

○ (2003(9)-자연2)

서로 직교하는 두 벡터 $\vec{a}$와 $\vec{b}$에 대하여 $|\vec{a}|=2$이고 $|\vec{b}|=3$일 때, $|3\vec{a}-2\vec{b}|$의 값은? [2점]

① $3\sqrt{2}$　② $4\sqrt{2}$　③ $5\sqrt{2}$　④ $6\sqrt{2}$　⑤ $7\sqrt{2}$

N020

○○ (2005(9)-가형3)

크기가 1인 두 벡터 $\vec{a}$, $\vec{b}$가 $|\vec{a}-\vec{b}|=1$을 만족할 때, $\vec{a}$, $\vec{b}$가 이루는 각 θ의 크기는? (단, $0 \le \theta \le \pi$) [3점]

① $\frac{\pi}{6}$　② $\frac{\pi}{4}$　③ $\frac{\pi}{3}$　④ $\frac{\pi}{2}$　⑤ π

N021

○○ (2015(9)-B형5)

서로 평행하지 않은 두 벡터 $\vec{a}$, $\vec{b}$에 대하여 $|\vec{a}|=2$이고 $\vec{a}\cdot\vec{b}=2$일 때, 두 벡터 $\vec{a}$와 $\vec{a}-t\vec{b}$가 서로 수직이 되도록 하는 실수 t의 값은? [3점]

① 1　② 2　③ 3　④ 4　⑤ 5

N022

○○ (2017(9)-가형8)

벡터 $\vec{a}$, $\vec{b}$에 대하여 $|\vec{a}|=1$, $|\vec{b}|=3$이고, 두 벡터 $6\vec{a}+\vec{b}$와 $\vec{a}-\vec{b}$가 서로 수직일 때, $\vec{a}\cdot\vec{b}$의 값은? [3점]

① $-\frac{3}{10}$　② $-\frac{3}{5}$　③ $-\frac{9}{10}$　④ $-\frac{6}{5}$　⑤ $-\frac{3}{2}$

N. 벡터의 내적

N023

○○
(2024(6)-기하25)

그림과 같이 한 변의 길이가 1인 정사각형 ABCD에서

$$(\overrightarrow{AB}+k\overrightarrow{BC})\cdot(\overrightarrow{AC}+3k\overrightarrow{CD})=0$$

일 때, 실수 k의 값은? [3점]

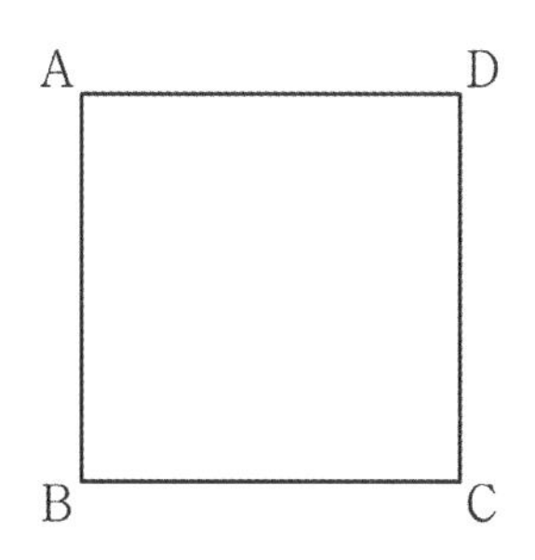

① 1　② $\frac{1}{2}$　③ $\frac{1}{3}$

④ $\frac{1}{4}$　⑤ $\frac{1}{5}$

N024

○○
(2023(6)-기하27)

$\overline{AD}=2$, $\overline{AB}=\overline{CD}=\sqrt{2}$, $\angle ABC=\angle BCD=45°$ 인 사다리꼴 ABCD가 있다. 두 대각선 AC와 BD의 교점을 E, 점 A에서 선분 BC에 내린 수선의 발을 H, 선분 AH와 선분 BD의 교점을 F라 할 때, $\overrightarrow{AF}\cdot\overrightarrow{CE}$의 값은? [3점]

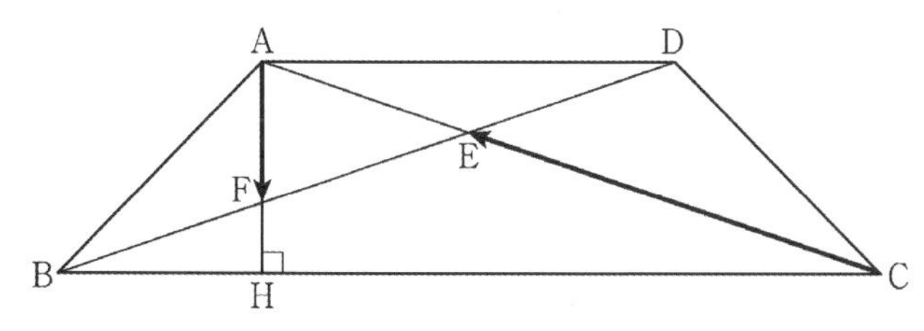

① $-\frac{1}{9}$　② $-\frac{2}{9}$　③ $-\frac{1}{3}$

④ $-\frac{4}{9}$　⑤ $-\frac{5}{9}$

N025

○○○
(2006-가형4)

좌표평면 위에 원점 O를 시점으로 하는 서로 다른 임의의 두 벡터 $\overrightarrow{OP}$, $\overrightarrow{OQ}$가 있다. 두 벡터의 종점 P, Q를 x축 방향으로 3 만큼, y축 방향으로 1 만큼 평행이동시킨 점을 각각 P′, Q′이라 할 때, 〈보기〉에서 항상 옳은 것을 모두 고른 것은? [3점]

ㄱ. $\lvert\overrightarrow{OP}-\overrightarrow{OP'}\rvert=\sqrt{10}$
ㄴ. $\lvert\overrightarrow{OP}-\overrightarrow{OQ}\rvert=\lvert\overrightarrow{OP'}-\overrightarrow{OQ'}\rvert$
ㄷ. $\overrightarrow{OP}\cdot\overrightarrow{OQ}=\overrightarrow{OP'}\cdot\overrightarrow{OQ'}$

① ㄱ　② ㄷ　③ ㄱ, ㄴ

④ ㄴ, ㄷ　⑤ ㄱ, ㄴ, ㄷ

N026

○○○ (2005(예비)-가형14)

다음은 $\angle A=\frac{\pi}{2}$인 직각삼각형 ABC에서 변 BC의 삼등분점을 각각 D와 E라고 할 때,

$\overline{AD}^2+\overline{AE}^2+\overline{DE}^2=\frac{2}{3}\overline{BC}^2$이 성립함을 벡터를 이용하여 증명한 것이다.

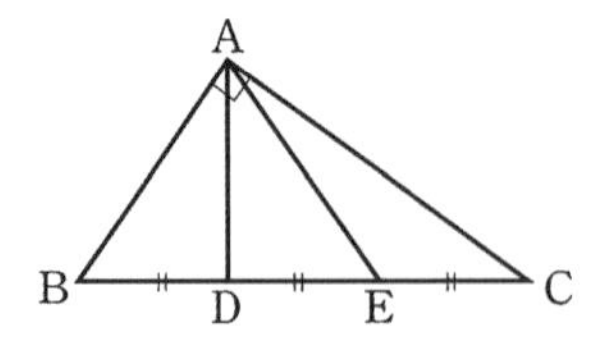

〈증명〉

$\overrightarrow{AB}=\vec{a}$, $\overrightarrow{AC}=\vec{b}$로 놓으면 $\overrightarrow{BC}=\vec{b}-\vec{a}$이고 다음이 성립한다.

$\overrightarrow{AD}=$ (가)

$\overrightarrow{AE}=$ (나)

$\overrightarrow{DE}=\frac{1}{3}\overrightarrow{BC}=\frac{1}{3}(\vec{b}-\vec{a})$

그러므로 다음을 얻는다.

$|\overrightarrow{AD}|^2=$ (다)

$|\overrightarrow{AE}|^2=$ (라)

$|\overrightarrow{DE}|^2=\frac{1}{9}(|\vec{a}|^2-2\vec{a}\cdot\vec{b}+|\vec{b}|^2)$

$|\overrightarrow{AD}|^2+|\overrightarrow{AE}|^2+|\overrightarrow{DE}|^2$

$=\frac{2}{3}(|\vec{a}|^2+|\vec{b}|^2+\vec{a}\cdot\vec{b})$

$|\overrightarrow{BC}|^2=|\vec{b}|^2+|\vec{a}|^2-2\vec{a}\cdot\vec{b}$

이때, $\vec{a}\perp\vec{b}$이므로 $\vec{a}\cdot\vec{b}=0$이고 다음이 성립한다.

$|\overrightarrow{AD}|^2+|\overrightarrow{AE}|^2+|\overrightarrow{DE}|^2=\frac{2}{3}|\overrightarrow{BC}|^2$

따라서 $\overline{AD}^2+\overline{AE}^2+\overline{DE}^2=\frac{2}{3}\overline{BC}^2$이다.

위의 증명에서 (가)와 (라)에 알맞은 것은? [3점]

	(가)	(라)
①	$\frac{2}{3}\vec{a}+\frac{1}{3}\vec{b}$	$\frac{1}{9}(\lvert\vec{a}\rvert^2+4\vec{a}\cdot\vec{b}+4\lvert\vec{b}\rvert^2)$
②	$\frac{2}{3}\vec{a}+\frac{1}{3}\vec{b}$	$\frac{1}{9}(4\lvert\vec{a}\rvert^2+4\vec{a}\cdot\vec{b}+\lvert\vec{b}\rvert^2)$
③	$\frac{2}{3}\vec{a}+\frac{1}{3}\vec{b}$	$\frac{1}{9}(\lvert\vec{a}\rvert^2+2\vec{a}\cdot\vec{b}+\lvert\vec{b}\rvert^2)$
④	$\frac{1}{3}\vec{a}+\frac{2}{3}\vec{b}$	$\frac{1}{9}(\lvert\vec{a}\rvert^2+4\vec{a}\cdot\vec{b}+4\lvert\vec{b}\rvert^2)$
⑤	$\frac{1}{3}\vec{a}+\frac{2}{3}\vec{b}$	$\frac{1}{9}(4\lvert\vec{a}\rvert^2+4\vec{a}\cdot\vec{b}+\lvert\vec{b}\rvert^2)$

N027

○○○ (2020-가형19)

한 원 위에 있는 서로 다른 네 점 A, B, C, D가 다음 조건을 만족시킬 때, $|\overrightarrow{AD}|^2$의 값은? [4점]

(가) $|\overrightarrow{AB}|=8$, $\overrightarrow{AC}\cdot\overrightarrow{BC}=0$

(나) $\overrightarrow{AD}=\frac{1}{2}\overrightarrow{AB}-2\overrightarrow{BC}$

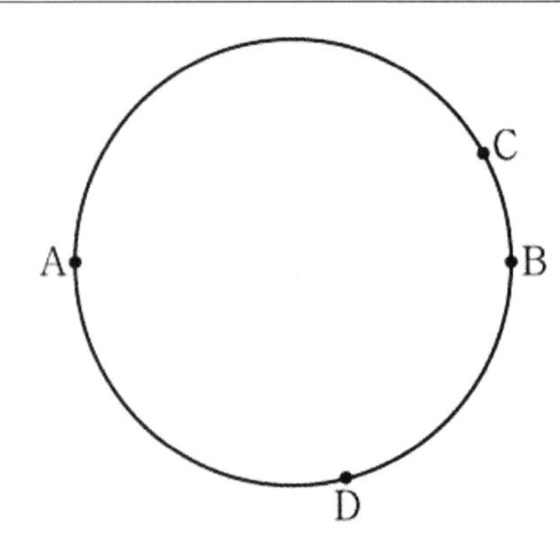

① 32 ② 34 ③ 36 ④ 38 ⑤ 40

N028

○○○ (2011(9)-가형14)

평면에서 그림과 같이 $\overline{AB}=1$이고 $\overline{BC}=\sqrt{3}$인 직사각형 ABCD와 정삼각형 EAD가 있다. 점 P가 선분 AE 위를 움직일 때, 옳은 것만을 〈보기〉에서 있는 대로 고른 것은? [4점]

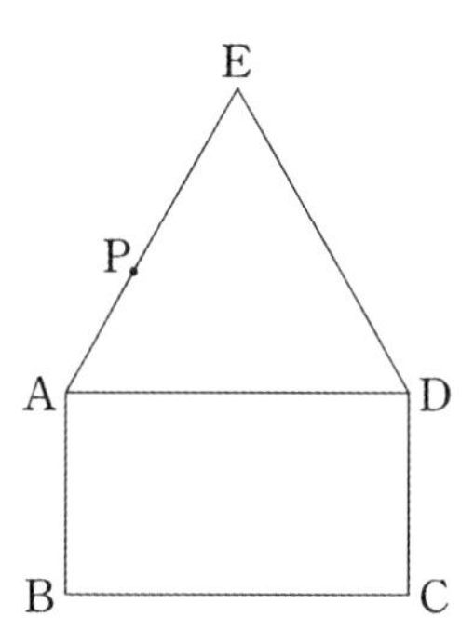

ㄱ. $|\overrightarrow{CB}-\overrightarrow{CP}|$의 최솟값은 1이다.

ㄴ. $\overrightarrow{CA}\cdot\overrightarrow{CP}$의 값은 일정하다.

ㄷ. $|\overrightarrow{DA}+\overrightarrow{CP}|$의 최솟값은 $\frac{7}{2}$이다.

① ㄱ ② ㄷ ③ ㄱ, ㄴ ④ ㄴ, ㄷ ⑤ ㄱ, ㄴ, ㄷ

N029

●●● (2010-가형14)

평면에서 그림의 오각형 ABCDE가

$\overline{AB}=\overline{BC}$, $\overline{AE}=\overline{ED}$,

$\angle B=\angle E=90^\circ$

를 만족시킬 때, 옳은 것만을 〈보기〉에서 있는 대로 고른 것은? [4점]

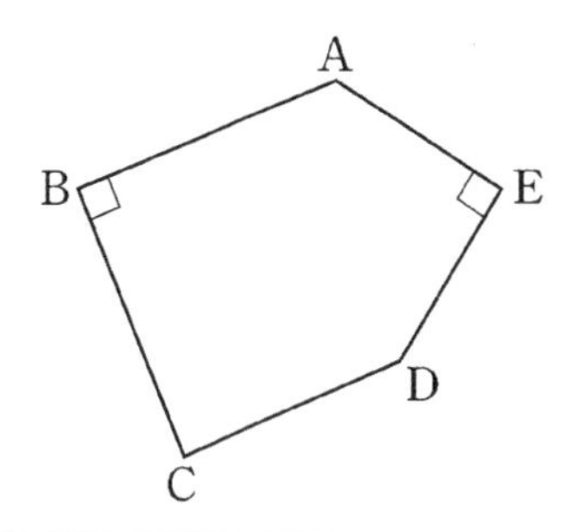

ㄱ. 선분 BE의 중점 M에 대하여 $\overrightarrow{AB}+\overrightarrow{AE}$와 $\overrightarrow{AM}$은 서로 평행하다.

ㄴ. $\overrightarrow{AB}\cdot\overrightarrow{AE}=-\overrightarrow{BC}\cdot\overrightarrow{ED}$

ㄷ. $|\overrightarrow{BC}+\overrightarrow{ED}|=|\overrightarrow{BE}|$

① ㄱ ② ㄷ ③ ㄱ, ㄴ ④ ㄴ, ㄷ ⑤ ㄱ, ㄴ, ㄷ

N030

(2023-기하29)

평면 α 위에 $\overline{\mathrm{AB}}=\overline{\mathrm{CD}}=\overline{\mathrm{AD}}=2$,

$\angle \mathrm{ABC}=\angle \mathrm{BCD}=\dfrac{\pi}{3}$ 인 사다리꼴 ABCD가 있다.

다음 조건을 만족시키는 평면 α 위의 두 점 P, Q에 대하여 $\overrightarrow{\mathrm{CP}} \cdot \overrightarrow{\mathrm{DQ}}$의 값을 구하시오. [4점]

> (가) $\overrightarrow{\mathrm{AC}}=2(\overrightarrow{\mathrm{AD}}+\overrightarrow{\mathrm{BP}})$
> (나) $\overrightarrow{\mathrm{AC}} \cdot \overrightarrow{\mathrm{PQ}}=6$
> (다) $2\times\angle \mathrm{BQA}=\angle \mathrm{PBQ}<\dfrac{\pi}{2}$

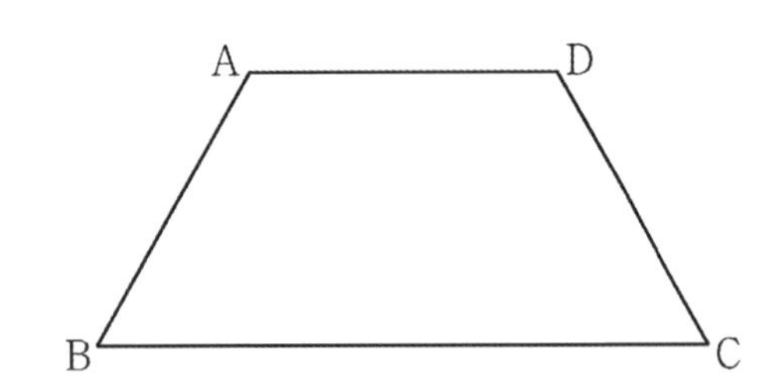

N031

(2022(예시문항)-기하28)

좌표평면에서 반원의 호 $x^2+y^2=4\ (x\geq 0)$ 위의 한 점 $\mathrm{P}(a,\ b)$에 대하여

$$\overrightarrow{\mathrm{OP}} \cdot \overrightarrow{\mathrm{OQ}}=2$$

를 만족시키는 반원의 호 $(x+5)^2+y^2=16\ (y\geq 0)$ 위의 점 Q가 하나뿐일 때, $a+b$의 값은? (단, O는 원점이다.) [4점]

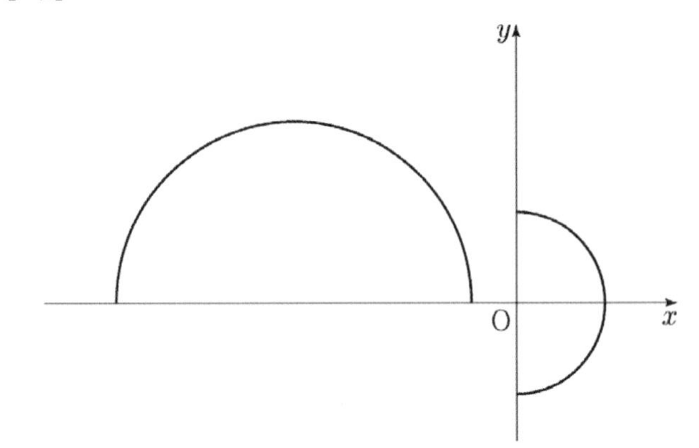

① $\dfrac{12}{5}$ ② $\dfrac{5}{2}$ ③ $\dfrac{13}{5}$ ④ $\dfrac{27}{10}$ ⑤ $\dfrac{14}{5}$

N032

●●● (2024(9)−기하30)

좌표평면에서 $\overline{AB}=\overline{AC}$이고 $\angle BAC=\frac{\pi}{2}$인 직각삼각형 ABC에 대하여 두 점 P, Q가 다음 조건을 만족시킨다.

> (가) 삼각형 APQ는 정삼각형이고,
> $9|\overrightarrow{PQ}|\overrightarrow{PQ}=4|\overrightarrow{AB}|\overrightarrow{AB}$이다.
> (나) $\overrightarrow{AC}\cdot\overrightarrow{AQ}<0$
> (다) $\overrightarrow{PQ}\cdot\overrightarrow{CB}=24$

선분 AQ 위의 점 X에 대하여 $|\overrightarrow{XA}+\overrightarrow{XB}|$의 최솟값을 m이라 할 때, m^2의 값을 구하시오. [4점]

N033

★★★ (2022−기하29)

좌표평면에서 $\overline{OA}=\sqrt{2}$, $\overline{OB}=2\sqrt{2}$이고 $\cos(\angle AOB)=\frac{1}{4}$인 평행사변형 OACB에 대하여 점 P가 다음 조건을 만족시킨다.

> (가) $\overrightarrow{OP}=s\overrightarrow{OA}+t\overrightarrow{OB}$ $(0\le s\le 1,\ 0\le t\le 1)$
> (나) $\overrightarrow{OP}\cdot\overrightarrow{OB}+\overrightarrow{BP}\cdot\overrightarrow{BC}=2$

점 O를 중심으로 하고 점 A를 지나는 원 위를 움직이는 점 X에 대하여 $|3\overrightarrow{OP}-\overrightarrow{OX}|$의 최댓값과 최솟값을 각각 M, m이라 하자. $M\times m=a\sqrt{6}+b$일 때, a^2+b^2의 값을 구하시오. (단, a와 b는 유리수이다.) [4점]

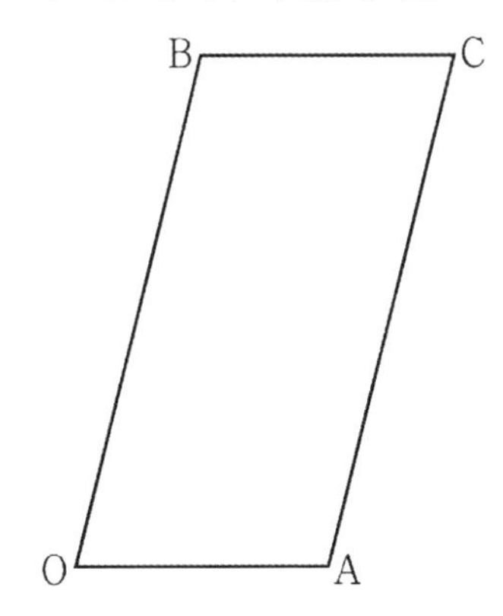

N. 벡터의 내적(자취)

N034

○○○
(2004(9)-자연12)

오른쪽 그림의 어두운 영역에 속하는 모든 점 A에 대하여 두 벡터 $\overrightarrow{OA}$와 $\overrightarrow{OB}$의 내적이 $\overrightarrow{OA} \cdot \overrightarrow{OB} \le 0$을 만족시키는 점 B가 있다. 이러한 모든 점 B의 영역을 좌표평면 위에 바르게 나타낸 것은? (단, 어두운 부분의 경계선은 포함한다.) [3점]

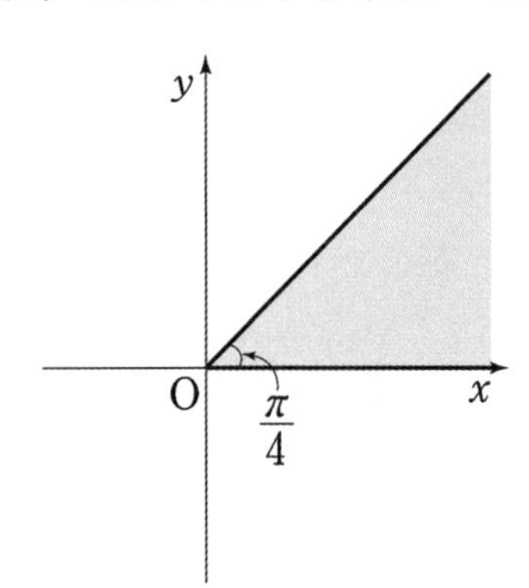

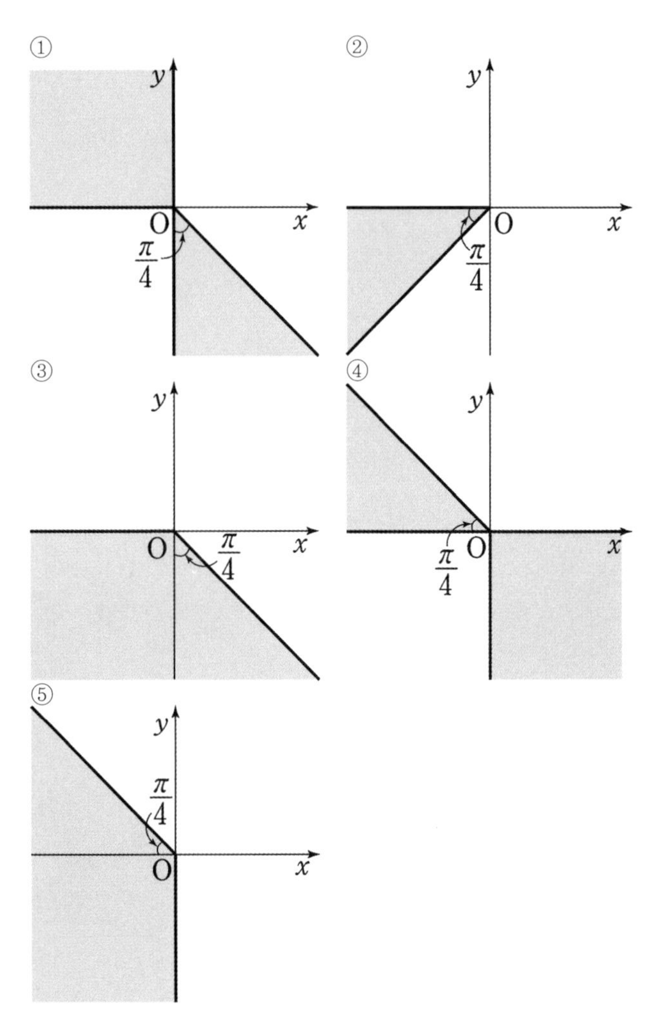

N035

○○○
(2024(6)-기하28)

좌표평면의 네 점

A(2, 6), B(6, 2), C(4, 4), D(8, 6)

에 대하여 다음 조건을 만족시키는 모든 점 X의 집합을 S라 하자.

(가) $\{(\overrightarrow{OX}-\overrightarrow{OD}) \cdot \overrightarrow{OC}\} \times \{\lvert\overrightarrow{OX}-\overrightarrow{OC}\rvert-3\}=0$
(나) 두 벡터 $\overrightarrow{OX}-\overrightarrow{OP}$와 $\overrightarrow{OC}$가 서로 평행하도록 하는 선분 AB 위의 점 P가 존재한다.

집합 S에 속하는 점 중에서 y좌표가 최대인 점을 Q, y좌표가 최소인 점을 R이라 할 때, $\overrightarrow{OQ} \cdot \overrightarrow{OR}$의 값은?
(단, O는 원점이다.) [4점]

① 25 ② 26 ③ 27 ④ 28 ⑤ 29

N036

●●● (2018(9)-가형19)

좌표평면에서 원점 O가 중심이고 반지름의 길이가 1인 원 위의 세 점 A_1, A_2, A_3에 대하여

$|\overrightarrow{OX}| \le 1$이고 $\overrightarrow{OX} \cdot \overrightarrow{OA_k} \ge 0 (k=1,\ 2,\ 3)$

을 만족시키는 모든 점 X의 집합이 나타내는 도형을 D라 하자. 보기에서 옳은 것만을 있는 대로 고른 것은? [4점]

ㄱ. $\overrightarrow{OA_1}=\overrightarrow{OA_2}=\overrightarrow{OA_3}$이면 D의 넓이는 $\frac{\pi}{2}$이다.

ㄴ. $\overrightarrow{OA_2}=-\overrightarrow{OA_1}$이고 $\overrightarrow{OA_3}=\overrightarrow{OA_1}$이면 D는 길이가 2인 선분이다.

ㄷ. $\overrightarrow{OA_1} \cdot \overrightarrow{OA_2}=0$인 경우에, D의 넓이가 $\frac{\pi}{4}$이면 점 A_3은 D에 포함되어 있다.

① ㄱ ② ㄷ ③ ㄱ, ㄴ
④ ㄴ, ㄷ ⑤ ㄱ, ㄴ, ㄷ

N037

★★★ (2023(9)-기하30)

좌표평면 위에 두 점 A$(-2,\ 2)$, B$(2,\ 2)$가 있다.

$(|\overrightarrow{AX}|-2)(|\overrightarrow{BX}|-2)=0$, $|\overrightarrow{OX}| \ge 2$

를 만족시키는 점 X가 나타내는 도형 위를 움직이는 두 점 P, Q가 다음 조건을 만족시킨다.

(가) $\vec{u}=(1,\ 0)$에 대하여
$(\overrightarrow{OP} \cdot \vec{u})(\overrightarrow{OQ} \cdot \vec{u}) \ge 0$이다.
(나) $|\overrightarrow{PQ}|=2$

$\overrightarrow{OY}=\overrightarrow{OP}+\overrightarrow{OQ}$를 만족시키는 점 Y의 집합이 나타내는 도형의 길이가 $\frac{q}{p}\sqrt{3}\pi$일 때, $p+q$의 값을 구하시오. (단, O는 원점이고, p와 q는 서로소인 자연수이다.) [4점]

N. 벡터의 내적(자취+최대최소)

N038

○○
(2013-가형26)

한 변의 길이가 2인 정삼각형 ABC의 꼭짓점 A에서 변 BC에 내린 수선의 발을 H라 하자. 점 P가 선분 AH 위를 움직일 때, $|\overrightarrow{\mathrm{PA}} \cdot \overrightarrow{\mathrm{PB}}|$의 최댓값은 $\frac{q}{p}$이다. $p+q$의 값을 구하시오. (단, p와 q는 서로소인 자연수이다.) [4점]

N039

○○
(2019(9)-가형16)

좌표평면 위의 두 점 A(6, 0), B(8, 6)에 대하여 점 P가

$$|\overrightarrow{\mathrm{PA}}+\overrightarrow{\mathrm{PB}}|=\sqrt{10}$$

을 만족시킨다.

$\overrightarrow{\mathrm{OB}} \cdot \overrightarrow{\mathrm{OP}}$의 값이 최대가 되도록 하는 점 P를 Q라 하고, 선분 AB의 중점을 M이라 할 때, $\overrightarrow{\mathrm{OA}} \cdot \overrightarrow{\mathrm{MQ}}$의 값은? (단, O는 원점이다.) [4점]

① $\frac{6\sqrt{10}}{5}$ ② $\frac{9\sqrt{10}}{5}$ ③ $\frac{12\sqrt{10}}{5}$

④ $3\sqrt{10}$ ⑤ $\frac{18\sqrt{10}}{5}$

N040

●●●
(2020(6)-가형29)

좌표평면에서 곡선 C: $y=\sqrt{8-x^2}\ (2 \le x \le 2\sqrt{2})$ 위의 점 P에 대하여 $\overline{\mathrm{OQ}}=2$, $\angle \mathrm{POQ}=\frac{\pi}{4}$를 만족시키고 직선 OP의 아랫부분에 있는 점을 Q라 하자.

점 P가 곡선 C 위를 움직일 때, 선분 OP 위를 움직이는 점 X와 선분 OQ 위를 움직이는 점 Y에 대하여

$$\overrightarrow{\mathrm{OZ}}=\overrightarrow{\mathrm{OP}}+\overrightarrow{\mathrm{OX}}+\overrightarrow{\mathrm{OY}}$$

를 만족시키는 점 Z가 나타내는 영역을 D라 하자.

영역 D에 속하는 점 중에서 y축과의 거리가 최소인 점을 R라 할 때, 영역 D에 속하는 점 Z에 대하여 $\overrightarrow{\mathrm{OR}} \cdot \overrightarrow{\mathrm{OZ}}$의 최댓값과 최솟값의 합이 $a+b\sqrt{2}$이다. $a+b$의 값을 구하시오. (단, O는 원점이고, a와 b는 유리수이다.) [4점]

N041

★★★ (2022(6)-기하30)

좌표평면 위의 네 점 $A(2,\ 0)$, $B(0,\ 2)$, $C(-2,\ 0)$, $D(0,\ -2)$를 꼭짓점으로 하는 정사각형 ABCD의 네 변 위의 두 점 P, Q가 다음 조건을 만족시킨다.

(가) $(\overrightarrow{PQ} \cdot \overrightarrow{AB})(\overrightarrow{PQ} \cdot \overrightarrow{AD}) = 0$

(나) $\overrightarrow{OA} \cdot \overrightarrow{OP} \ge -2$이고 $\overrightarrow{OB} \cdot \overrightarrow{OP} \ge 0$이다.

(다) $\overrightarrow{OA} \cdot \overrightarrow{OQ} \ge -2$이고 $\overrightarrow{OB} \cdot \overrightarrow{OQ} \le 0$이다.

점 $R(4,\ 4)$에 대하여 $\overrightarrow{RP} \cdot \overrightarrow{RQ}$의 최댓값을 M, 최솟값을 m이라 할 때, $M+m$의 값을 구하시오. (단, O는 원점이다.) [4점]

N042

★★★ (2022(9)-기하30)

좌표평면에서 세 점 $A(-3,\ 1)$, $B(0,\ 2)$, $C(1,\ 0)$에 대하여 두 점 P, Q가

$$|\overrightarrow{AP}| = 1,\ |\overrightarrow{BQ}| = 2,\ \overrightarrow{AP} \cdot \overrightarrow{OC} \ge \frac{\sqrt{2}}{2}$$

를 만족시킬 때, $\overrightarrow{AP} \cdot \overrightarrow{AQ}$의 값이 최소가 되도록 하는 두 점 P, Q를 각각 P_0, Q_0이라 하자.

선분 AP_0 위의 점 X에 대하여 $\overrightarrow{BX} \cdot \overrightarrow{BQ_0} \ge 1$일 때, $|\overrightarrow{Q_0X}|^2$의 최댓값은 $\frac{q}{p}$이다. $p+q$의 값을 구하시오. (단, O는 원점이고, p와 q는 서로소인 자연수이다.) [4점]

N. 벡터의 내적(자취+최대최소+원)

N043

○○○
(2009(9)-가형7)

평면 위의 두 점 O_1, O_2 사이의 거리가 1일 때, O_1, O_2를 각각 중심으로 하고 반지름의 길이가 1인 두 원의 교점을 A, B라 하자. 호 AO_2B 위의 점 P와 호 AO_1B 위의 점 Q에 대하여 두 벡터 $\overrightarrow{O_1P}$, $\overrightarrow{O_2Q}$의 내적 $\overrightarrow{O_1P} \cdot \overrightarrow{O_2Q}$의 최댓값을 M, 최솟값을 m이라 할 때, $M+m$의 값은? [3점]

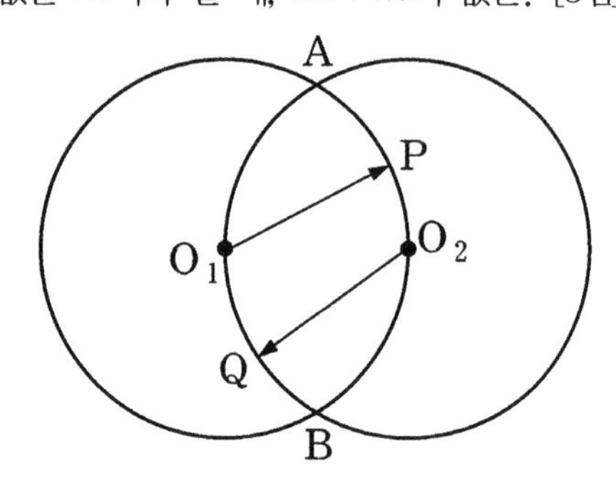

① -1　② $-\frac{1}{2}$　③ 0　④ $\frac{1}{4}$　⑤ 1

N044

●●●
(2011-가형22)

그림과 같이 평면 위에 정삼각형 ABC와 선분 AC를 지름으로 하는 원 O가 있다. 선분 BC 위의 점 D를 $\angle DAB = \frac{\pi}{15}$가 되도록 정한다. 점 X가 원 O 위를 움직일 때, 두 벡터 $\overrightarrow{AD}$, $\overrightarrow{CX}$의 내적 $\overrightarrow{AD} \cdot \overrightarrow{CX}$의 값이 최소가 되도록 하는 점 X를 점 P라 하자. $\angle ACP = \frac{q}{p}\pi$일 때, $p+q$의 값을 구하시오. (단, p와 q는 서로소인 자연수이다.) [4점]

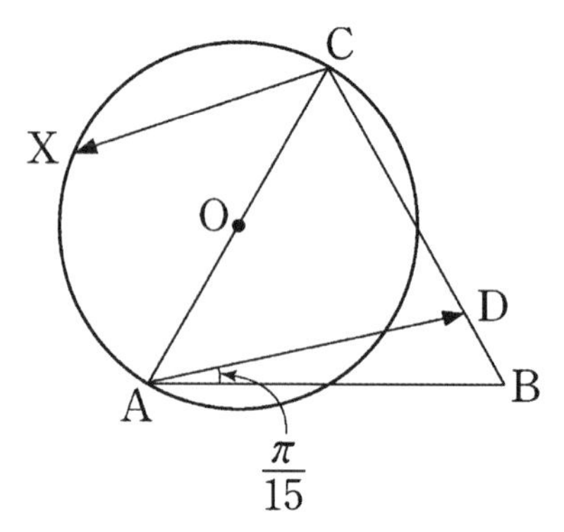

N. 벡터의 내적
(자취+최대최소+원+코사인법칙)

N045

(2017(6)-가형28)

그림과 같이 선분 AB 위에 $\overline{\mathrm{AE}}=\overline{\mathrm{DB}}=2$인 두 점 D, E가 있다. 두 선분 AE, DB를 각각 지름으로 하는 두 반원의 호 AE, DB가 만나는 점을 C라 하고, 선분 AB 위에 $\overline{\mathrm{O_1A}}=\overline{\mathrm{O_2B}}=1$인 두 점을 $\mathrm{O_1}$, $\mathrm{O_2}$라 하자.
호 AC 위를 움직이는 점 P와 호 DC 위를 움직이는 점 Q에 대하여 $\left|\overrightarrow{\mathrm{O_1P}}+\overrightarrow{\mathrm{O_2Q}}\right|$의 최솟값이 $\dfrac{1}{2}$일 때, 선분 AB의 길이는 $\dfrac{q}{p}$이다. $p+q$의 값을 구하시오. (단, $1<\overline{\mathrm{O_1O_2}}<2$이고, p와 q는 서로소인 자연수이다.) [4점]

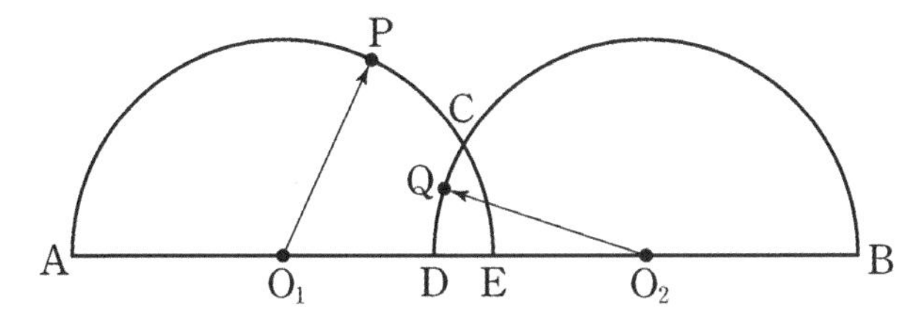

N046

(2019(6)-가형29)

좌표평면 위에 $\overline{\mathrm{AB}}=5$인 두 점 A, B를 각각 중심으로 하고 반지름의 길이가 5인 두 원을 각각 O_1, O_2라 하자. 원 O_1 위의 점 C와 원 O_2 위의 점 D가 다음 조건을 만족시킨다.

(가) $\cos(\angle\mathrm{CAB})=\dfrac{3}{5}$

(나) $\overrightarrow{\mathrm{AB}}\cdot\overrightarrow{\mathrm{CD}}=30$이고 $\left|\overrightarrow{\mathrm{CD}}\right|<9$이다.

선분 CD를 지름으로 하는 원 위의 점 P에 대하여 $\overrightarrow{\mathrm{PA}}\cdot\overrightarrow{\mathrm{PB}}$의 최댓값이 $a+b\sqrt{74}$이다. $a+b$의 값을 구하시오. (단, a, b는 유리수이다.) [4점]

N047

★★★
(2018(6)−가형29)

좌표평면에서 중심이 O이고 반지름의 길이가 1인 원 위의 한 점을 A, 중심이 O이고 반지름의 길이가 3인 원 위의 한 점을 B라 할 때, 점 P가 다음 조건을 만족시킨다.

(가) $\overrightarrow{OB} \cdot \overrightarrow{OP} = 3\overrightarrow{OA} \cdot \overrightarrow{OP}$
(나) $|\overrightarrow{PA}|^2 + |\overrightarrow{PB}|^2 = 20$

$\overrightarrow{PA} \cdot \overrightarrow{PB}$의 최솟값은 m이고 이때 $|\overrightarrow{OP}| = k$이다. $m+k^2$의 값을 구하시오. [4점]

N. 직선

N048

○○
(2018(6)−가형25)

좌표평면 위의 점 (6, 3)을 지나고 벡터 $\vec{v}=(2, 3)$에 평행한 직선이 x축과 만나는 점을 A, y축과 만나는 점을 B라 할 때, $\overline{AB}^2$의 값을 구하시오. [3점]

N049

○
(2017(6)−가형12)

좌표평면에서 두 직선

$$\frac{x+1}{4} = \frac{y-1}{3}, \quad \frac{x+2}{-1} = \frac{y+1}{3}$$

이 이루는 예각의 크기를 θ라 할 때, $\cos\theta$의 값은? [3점]

① $\frac{\sqrt{6}}{10}$ ② $\frac{\sqrt{7}}{10}$ ③ $\frac{\sqrt{2}}{5}$
④ $\frac{3}{10}$ ⑤ $\frac{\sqrt{10}}{10}$

N050

○○
(2022−기하25)

좌표평면에서 두 직선

$$\frac{x+1}{2} = y-3, \quad x-2 = \frac{y-5}{3}$$

가 이루는 예각의 크기를 θ라 할 때, $\cos\theta$의 값은? [3점]

① $\frac{1}{2}$ ② $\frac{\sqrt{5}}{4}$ ③ $\frac{\sqrt{6}}{4}$
④ $\frac{\sqrt{7}}{4}$ ⑤ $\frac{\sqrt{2}}{2}$

N051

○○ (2018-가형25)

좌표평면 위의 점 $(4,\ 1)$을 지나고 벡터 $\vec{n}=(1,\ 2)$에 수직인 직선이 x축, y축과 만나는 점의 좌표를 각각 $(a,\ 0)$, $(0,\ b)$라 하자. $a+b$의 값을 구하시오. [3점]

N. 원

N052

○○ (2022(6)-기하25)

좌표평면 위의 두 점 $\mathrm{A}(1,\ 2)$, $\mathrm{B}(-3,\ 5)$에 대하여

$$|\overrightarrow{\mathrm{OP}}-\overrightarrow{\mathrm{OA}}|=|\overrightarrow{\mathrm{AB}}|$$

를 만족시키는 점 P가 나타내는 도형의 길이는? (단, O는 원점이다.) [3점]

① 10π ② 12π ③ 14π
④ 16π ⑤ 18π

N053

○○ (2022(예시문항)-기하24)

좌표평면에서 점 $\mathrm{A}(4,\ 6)$과 원 C 위의 임의의 점 P에 대하여

$$|\overrightarrow{\mathrm{OP}}|^2-\overrightarrow{\mathrm{OA}}\cdot\overrightarrow{\mathrm{OP}}=3$$

일 때, 원 C의 반지름의 길이는? (단, O는 원점이다.) [3점]

① 1 ② 2 ③ 3
④ 4 ⑤ 5

N054

○○ (2005(예비)-가형24)

두 위치벡터 $\overrightarrow{\mathrm{OA}}=(2,\ 5)$와 $\overrightarrow{\mathrm{OB}}=(4,\ 3)$이 주어졌을 때, 다음을 만족시키는 점 C에 대한 위치벡터 $\overrightarrow{\mathrm{OC}}$의 크기의 최댓값과 최솟값의 합을 구하시오. [4점]

$$\overrightarrow{\mathrm{CA}}\cdot\overrightarrow{\mathrm{CB}}=0$$

N055

○○ (2023(9)-기하26)

좌표평면 위의 점 A(3, 0)에 대하여

$$(\overrightarrow{OP}-\overrightarrow{OA})\cdot(\overrightarrow{OP}-\overrightarrow{OA})=5$$

를 만족시키는 점 P가 나타내는 도형과 직선 $y=\frac{1}{2}x+k$가 오직 한 점에서 만날 때, 양수 k의 값은? (단, O는 원점이다.) [3점]

① $\frac{3}{5}$ ② $\frac{4}{5}$ ③ 1
④ $\frac{6}{5}$ ⑤ $\frac{7}{5}$

N056

○○ (2023-기하26)

좌표평면에서 세 벡터

$\vec{a}=(2,\ 4)$, $\vec{b}=(2,\ 8)$, $\vec{c}=(1,\ 0)$

에 대하여 두 벡터 $\vec{p}$, $\vec{q}$가

$(\vec{p}-\vec{a})\cdot(\vec{p}-\vec{b})=0$, $\vec{q}=\frac{1}{2}\vec{a}+t\vec{c}$ (t는 실수)

를 만족시킬 때, $|\vec{p}-\vec{q}|$의 최솟값은? [3점]

① $\frac{3}{2}$ ② 2 ③ $\frac{5}{2}$
④ 3 ⑤ $\frac{7}{2}$

N057

○○○ (2022(9)-기하25)

좌표평면에서 세 벡터

$$\vec{a}=(3,\ 0),\ \vec{b}=(1,\ 2),\ \vec{c}=(4,\ 2)$$

에 대하여 두 벡터 $\vec{p}$, $\vec{q}$가

$$\vec{p}\cdot\vec{a}=\vec{a}\cdot\vec{b},\ |\vec{q}-\vec{c}|=1$$

을 만족시킬 때, $|\vec{p}-\vec{q}|$의 최솟값은? [3점]

① 1 ② 2 ③ 3
④ 4 ⑤ 5

N058

○○○ (2020(6)-가형26)

좌표평면에서 $|\overrightarrow{OP}|=10$을 만족시키는 점 P가 나타내는 도형 위의 점 A(a, b)에서의 접선을 l, 원점을 지나고 방향벡터가 (1, 1)인 직선을 m이라 하고, 두 직선 l, m이 이루는 예각의 크기를 θ라 하자. $\cos\theta=\frac{\sqrt{2}}{10}$일 때, 두 수 a, b의 곱 ab의 값을 구하시오. (단, O는 원점이고, $a>b>0$이다.) [4점]

P 공간도형과 공간좌표

- 2015개정 교육과정

◆ 수학 I (공통과목)에서 라디안을 배우므로 라디안으로 출제된 기출은 변형하지 않았습니다.

○ 육십분법 도입

○ 사인법칙, 코사인법칙 관련 문제 출제 가능

○ 공간벡터, 공간에서의 벡터의 방정식 퇴출

○ 부등식의 영역 관련 문제 제외 또는 변형 수록

P. 위치 관계

P001

○○ (2005(9)－가형9)

사면체 ABCD의 면 ABC, ACD의 무게중심을 각각 P, Q라고 하자. 〈보기〉에서 두 직선이 꼬인 위치에 있는 것을 모두 고르면? [3점]

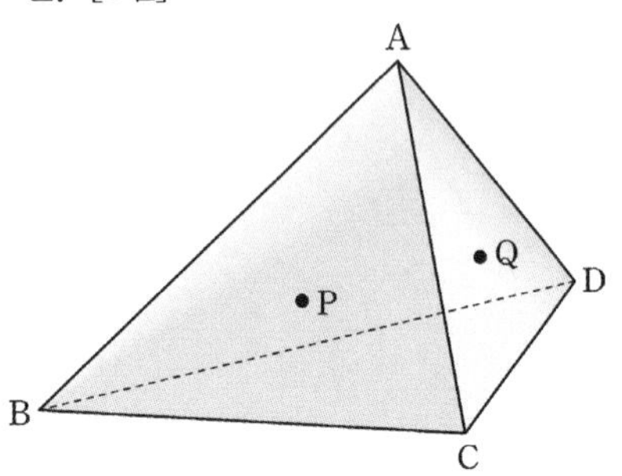

ㄱ. 직선 CD와 직선 BQ
ㄴ. 직선 AD와 직선 BC
ㄷ. 직선 PQ와 직선 BD

① ㄴ ② ㄷ ③ ㄱ, ㄴ
④ ㄱ, ㄷ ⑤ ㄱ, ㄴ, ㄷ

P002

○○○ (1994(2차)－공통10)

그림과 같은 정육면체를 평면으로 자른 단면의 모양은 〈보기〉 중 몇 가지가 될 수 있는가? [3점]

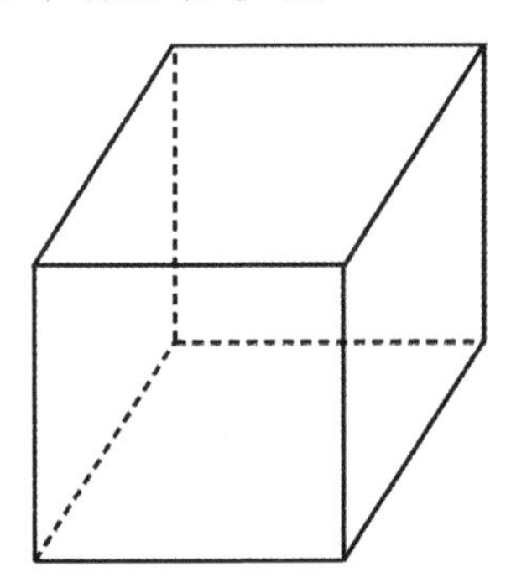

- 삼각형
- 정사각형이 아닌 직사각형
- 정사각형이 아닌 마름모
- 오각형
- 육각형

① 1가지 ② 2가지 ③ 3가지
④ 4가지 ⑤ 5가지

P. 두 직선이 이루는 각

P003

○○
(2003-자연7)

한 모서리의 길이가 각각 2와 3인 두 정육면체를 그림과 같이 꼭짓점 O와 두 모서리가 겹치도록 붙여 놓았다. 두 정육면체의 대각선 OA와 OB에 대하여 ∠AOB의 크기를 θ라고 할 때, $\cos\theta$의 값은? [2점]

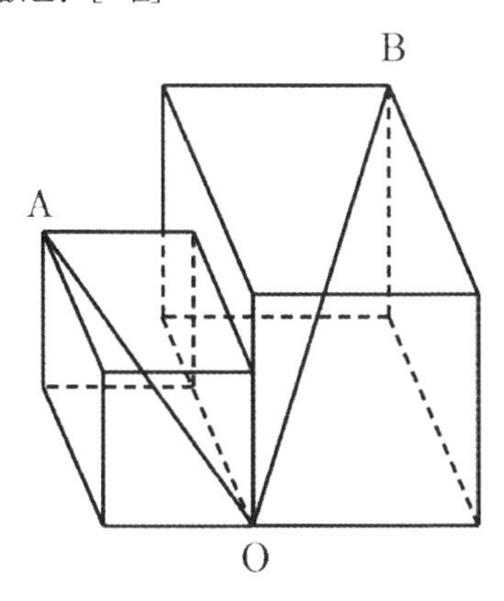

① $\frac{1}{3}$　② $\frac{1}{2}$　③ $\frac{3}{5}$
④ $\frac{2}{3}$　⑤ $\frac{3}{4}$

P. 삼수선

P004

○○
(1999-예체능11)

그림과 같은 직육면체에서 $\overline{\text{AB}}=2$, $\overline{\text{BC}}=1$, $\overline{\text{BE}}=1$이다. 삼각형 AEC의 넓이는? [3점]

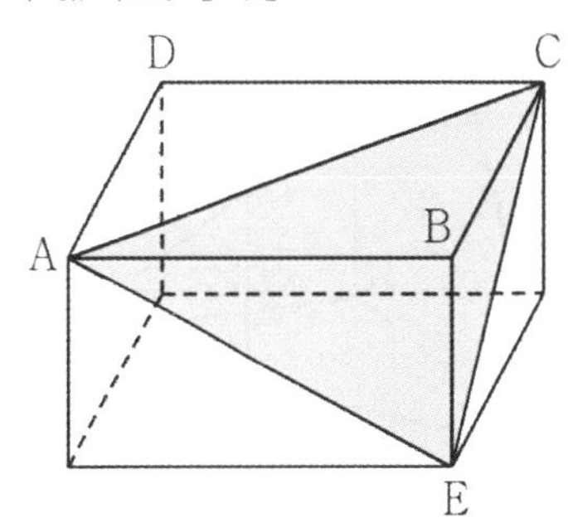

① 1　② $\sqrt{2}$　③ $\frac{3}{2}$
④ $\frac{3}{2}\sqrt{2}$　⑤ 2

P005

○○
(2018(9)-가형25)

$\overline{\text{AB}}=8$, $\angle\text{ACB}=90°$인 삼각형 ABC에 대하여 점 C를 지나고 평면 ABC에 수직인 직선 위에 $\overline{\text{CD}}=4$인 점 D가 있다. 삼각형 ABD의 넓이가 20일 때, 삼각형 ABC의 넓이를 구하시오. [3점]

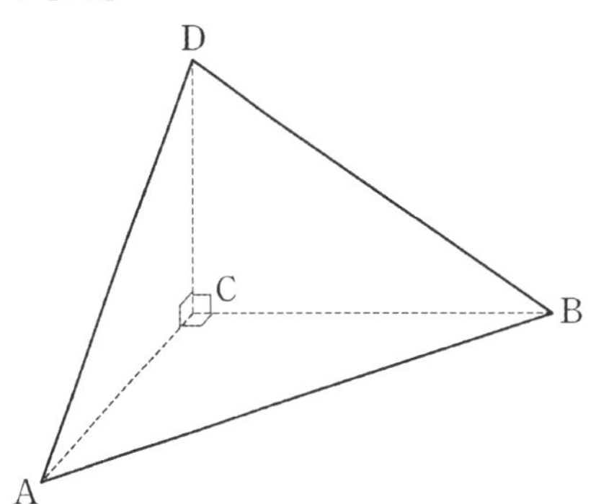

P006

○○ (2022-기하27)

그림과 같이 한 모서리의 길이가 4인 정육면체 ABCD-EFGH가 있다. 선분 AD의 중점을 M이라 할 때, 삼각형 MEG의 넓이는? [3점]

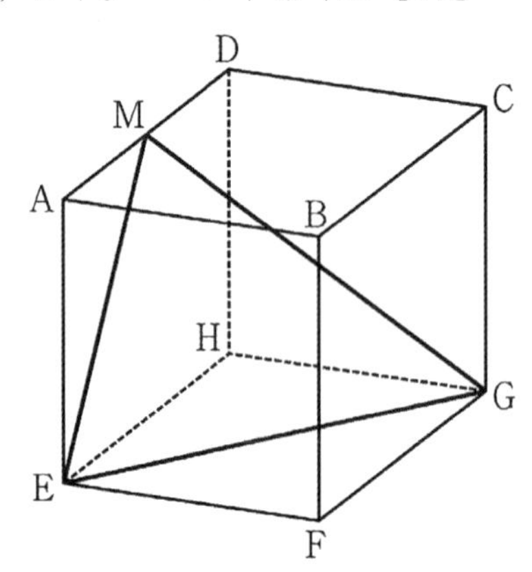

① $\frac{21}{2}$　② 11　③ $\frac{23}{2}$
④ 12　⑤ $\frac{25}{2}$

P007

○○ (2010-가형5)

평면 α 위에 $\angle A=90°$이고 $\overline{BC}=6$인 직각이등변삼각형 ABC가 있다. 평면 α 밖의 한 점 P에서 이 평면까지의 거리가 4이고, 점 P에서 평면 α에 내린 수선의 발이 점 A일 때, 점 P에서 직선 BC까지의 거리는? [3점]

① $3\sqrt{2}$　② 5　③ $3\sqrt{3}$
④ $4\sqrt{2}$　⑤ 6

P008

○○ (2015-B형12)

평면 α 위에 있는 서로 다른 두 점 A, B를 지나는 직선을 l이라 하고, 평면 α 위에 있지 않은 점 P에서 평면 α에 내린 수선의 발을 H라 하자. $\overline{AB}=\overline{PA}=\overline{PB}=6$, $\overline{PH}=4$일 때, 점 H와 직선 l 사이의 거리는? [3점]

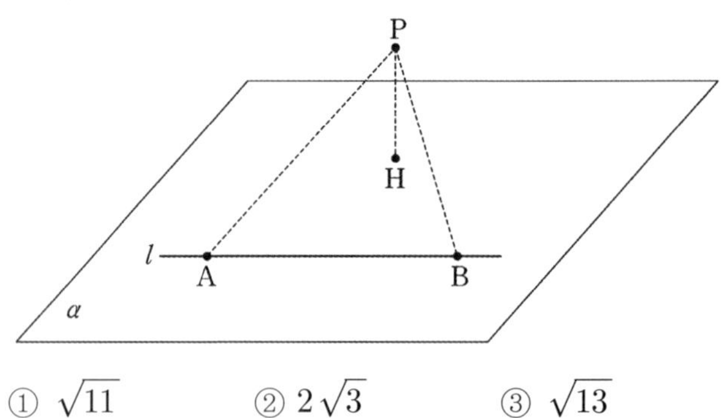

① $\sqrt{11}$　② $2\sqrt{3}$　③ $\sqrt{13}$
④ $\sqrt{14}$　⑤ $\sqrt{15}$

P009

○○ (2006(9)-가형8)

좌표공간에서 두 점 A(1, 0, 0), B(0, $\sqrt{3}$, 0)을 지나는 직선 l이 있다. 점 $P\left(0,\ 0,\ \frac{1}{2}\right)$로부터 직선 l에 이르는 거리는? [3점]

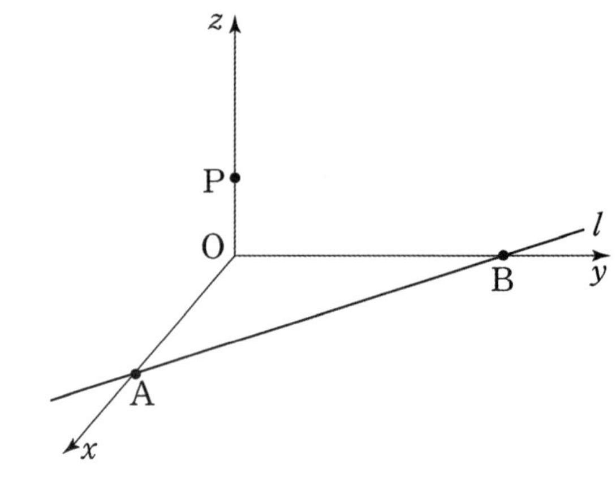

① 1　② $\sqrt{2}$　③ $\sqrt{3}$
④ 2　⑤ $\sqrt{5}$

P010

○○
(2015(9)−B형15)

좌표공간에 두 점 $(a,\ 0,\ 0)$과 $(0,\ 6,\ 0)$을 지나는 직선 l이 있다. 점 $(0,\ 0,\ 4)$와 직선 l 사이의 거리가 5일 때, a^2의 값은? [4점]

① 8 ② 9 ③ 10
④ 11 ⑤ 12

P011

○○
(2022(9)−기하27)

그림과 같이 $\overline{\text{AD}}=3$, $\overline{\text{DB}}=2$, $\overline{\text{DC}}=2\sqrt{3}$이고

$\angle\text{ADB}=\angle\text{ADC}=\angle\text{BDC}=\dfrac{\pi}{2}$인

사면체가 ABCD가 있다.

선분 BC 위를 움직이는 점 P에 대하여 $\overline{\text{AP}}+\overline{\text{DP}}$의 최솟값은? [3점]

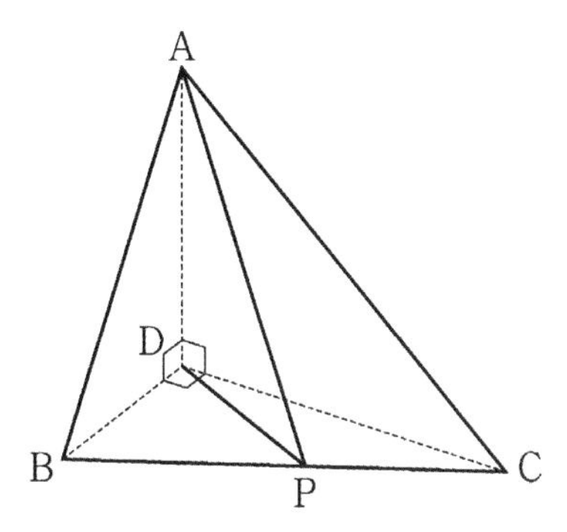

① $3\sqrt{3}$ ② $\dfrac{10\sqrt{3}}{3}$ ③ $\dfrac{11\sqrt{3}}{3}$
④ $4\sqrt{3}$ ⑤ $\dfrac{13\sqrt{3}}{3}$

P012

○○○
(2008−가형23)

좌표공간에 네 점 $\text{A}(2,\ 0,\ 0)$, $\text{B}(0,\ 1,\ 0)$, $\text{C}(-3,\ 0,\ 0)$, $\text{D}(0,\ 0,\ 2)$를 꼭짓점으로 하는 사면체 ABCD가 있다. 모서리 BD 위를 움직이는 점 P에 대하여 $\overline{\text{PA}}^2+\overline{\text{PC}}^2$의 값을 최소로 하는 점 P의 좌표를 $(a,\ b,\ c)$라고 할 때, $a+b+c=\dfrac{q}{p}$이다. $p+q$의 값을 구하시오. (단, p, q는 서로소인 자연수이다.) [4점]

P013

○○○
(2019(9)−가형12)

그림과 같이 평면 α 위에 넓이가 24인 삼각형 ABC가 있다. 평면 α 위에 있지 않은 점 P에서 평면 α에 내린 수선의 발을 H, 직선 AB에 내린 수선의 발을 Q라 하자. 점 H가 삼각형 ABC의 무게중심이고, $\overline{\text{PH}}=4$, $\overline{\text{AB}}=8$일 때, 선분 PQ의 길이는? [3점]

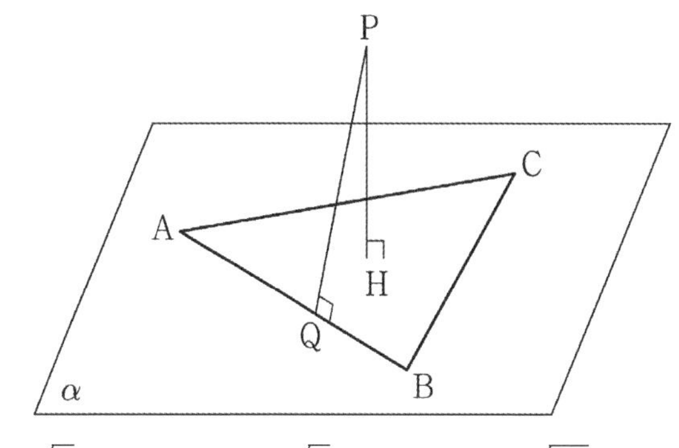

① $3\sqrt{2}$ ② $2\sqrt{5}$ ③ $\sqrt{22}$
④ $2\sqrt{6}$ ⑤ $\sqrt{26}$

P014

○○○ (2023(9)-기하27)

그림과 같이 밑면의 반지름의 길이가 4, 높이가 3인 원기둥이 있다. 선분 AB는 이 원기둥의 한 밑면의 지름이고 C, D는 다른 밑면의 둘레 위의 서로 다른 두 점이다.
네 점 A, B, C, D가 다음 조건을 만족시킬 때, 선분 CD의 길이는? [3점]

(가) 삼각형 ABC의 넓이는 16이다. (나) 두 직선 AB, CD는 서로 평행하다.

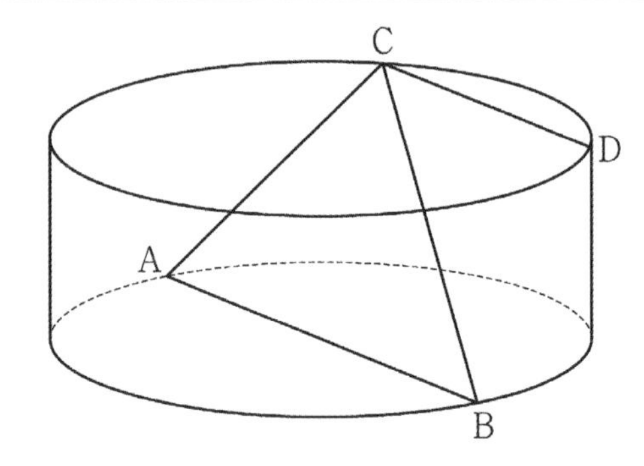

① 5　　② $\frac{11}{2}$　　③ 6　　④ $\frac{13}{2}$　　⑤ 7

P015

●●● (2019-가형19)

한 변의 길이가 12인 정삼각형 BCD를 한 면으로 하는 사면체 ABCD의 꼭짓점 A에서 평면 BCD에 내린 수선의 발을 H라 할 때, 점 H는 삼각형 BCD의 내부에 놓여 있다. 삼각형 CDH의 넓이는 삼각형 BCH의 넓이의 3배, 삼각형 DBH의 넓이는 삼각형 BCH의 넓이의 2배이고 $\overline{AH}=3$이다. 선분 BD의 중점을 M, 점 A에서 선분 CM에 내린 수선의 발을 Q라 할 때, 선분 AQ의 길이는? [4점]

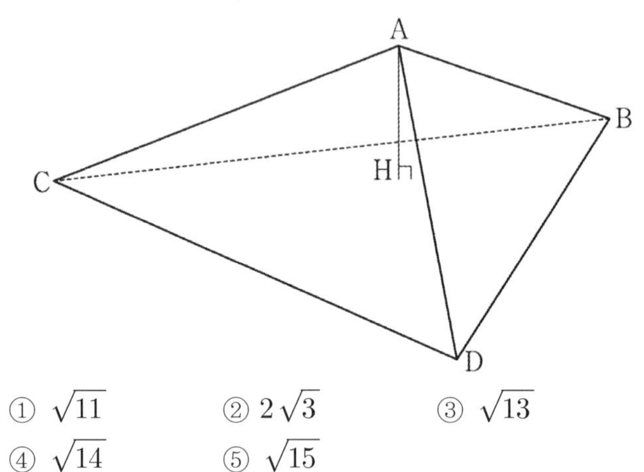

① $\sqrt{11}$　　② $2\sqrt{3}$　　③ $\sqrt{13}$　　④ $\sqrt{14}$　　⑤ $\sqrt{15}$

P. 이면각

P016

○○
(2004(9)-자연28)

사면체 ABCD에서 변 AB의 길이는 5, 삼각형 ABC의 넓이는 20, 삼각형 ABD의 넓이는 15이다. 삼각형 ABC와 삼각형 ABD가 이루는 각의 크기가 30° 일 때 사면체 ABCD의 부피를 구하시오. [3점]

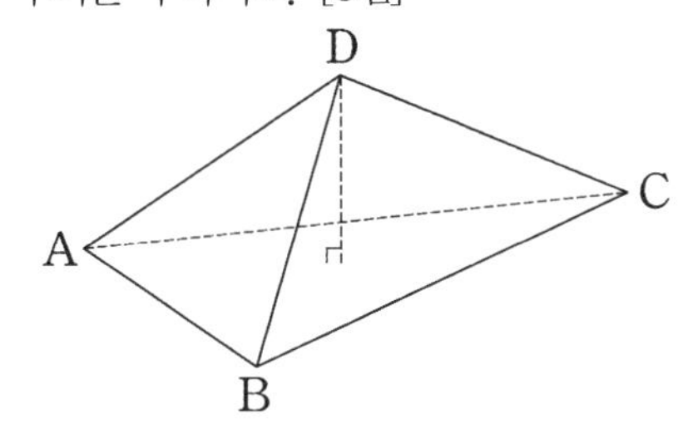

P017

○○
(2010(9)-가형5)

사면체 ABCD에서 모서리 CD의 길이는 10, 면 ACD의 넓이는 40이고, 면 BCD와 면 ACD가 이루는 각의 크기는 30° 이다. 점 A에서 평면 BCD에 내린 수선의 발을 H라 할 때, 선분 AH의 길이는? [3점]

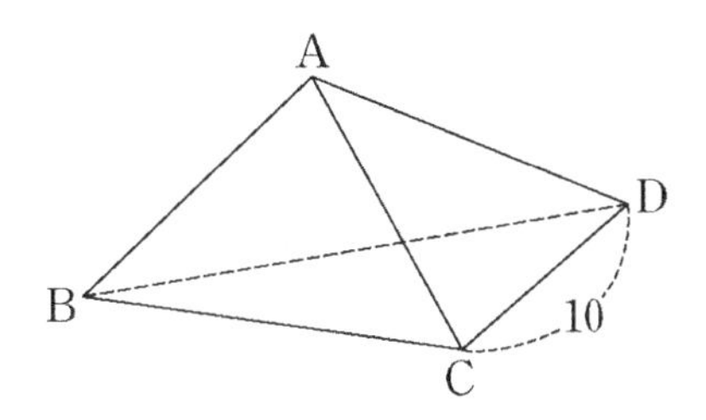

① $2\sqrt{3}$　② 4　③ 5　④ $3\sqrt{3}$　⑤ $4\sqrt{3}$

P018

○○
(2023-기하27)

좌표공간에 직선 AB를 포함하는 평면 α가 있다. 평면 α 위에 있지 않은 점 C에 대하여 직선 AB와 직선 AC가 이루는 예각의 크기를 θ_1이라 할 때 $\sin\theta_1 = \frac{4}{5}$이고, 직선 AC와 평면 α가 이루는 예각의 크기는 $\frac{\pi}{2}-\theta_1$이다. 평면 ABC와 평면 α가 이루는 예각의 크기를 θ_2라 할 때 $\cos\theta_2$의 값은? [3점]

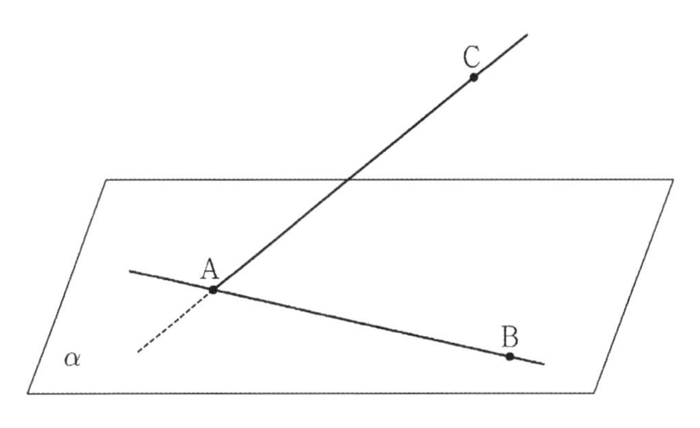

① $\frac{\sqrt{7}}{4}$　② $\frac{\sqrt{7}}{5}$　③ $\frac{\sqrt{7}}{6}$　④ $\frac{\sqrt{7}}{7}$　⑤ $\frac{\sqrt{7}}{8}$

P019

○○
(2007-가형6)

정육면체 ABCD-EFGH에서 평면 AFG와 평면 AGH가 이루는 각의 크기를 θ라 할 때, $\cos^2\theta$ 의 값은? [3점]

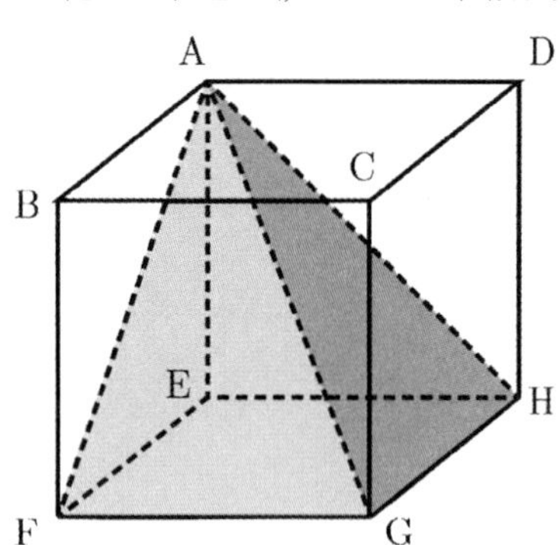

① $\frac{1}{6}$ ② $\frac{1}{5}$ ③ $\frac{1}{4}$
④ $\frac{1}{3}$ ⑤ $\frac{1}{2}$

P020

○○
(2005-가형7)

오른쪽 그림과 같이 한 모서리의 길이가 3인 정육면체 ABCD-EFGH의 세 모서리 AD, BC, FG 위에 $\overline{DP}=\overline{BQ}=\overline{GR}=1$인 세 점 P, Q, R가 있다.
평면 PQR와 평면 CGHD가 이루는 각의 크기를 θ라 할 때, $\cos\theta$의 값은? (단, $0<\theta<\frac{\pi}{2}$) [3점]

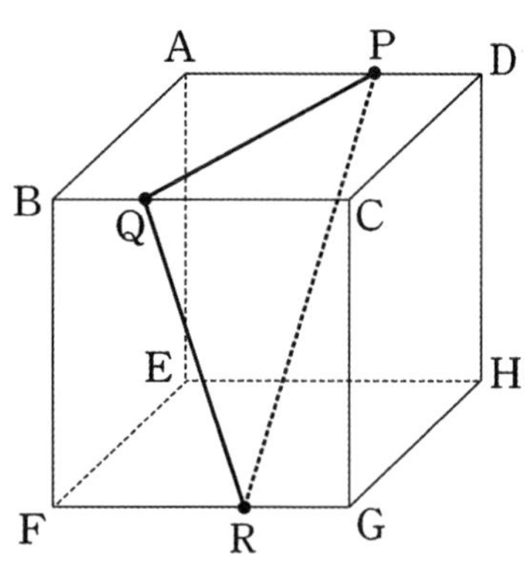

① $\frac{\sqrt{10}}{5}$ ② $\frac{\sqrt{10}}{10}$ ③ $\frac{\sqrt{11}}{11}$
④ $\frac{2\sqrt{11}}{11}$ ⑤ $\frac{3\sqrt{11}}{11}$

P021

○○
(2004-자연7변형)

오른쪽 그림과 같이 정육면체 위에 정사각뿔을 올려놓은 도형이 있다. 이 도형의 모든 모서리의 길이가 2이고, 면 PAB와 면 AEFB가 이루는 각의 크기가 θ일 때, $\cos\theta$의 값은? [3점]

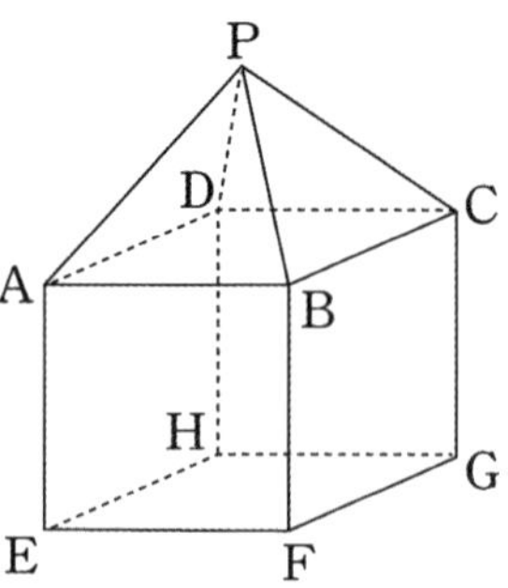

① $\frac{\sqrt{6}}{3}$ ② $\frac{\sqrt{3}}{3}$ ③ $\frac{1}{3}$
④ $\frac{\sqrt{3}}{2}$ ⑤ $\frac{\sqrt{2}}{2}$

P022

○○○
(2005(예비)-가형11)

그림의 정사면체에서 모서리 OA를 1 : 2로 내분하는 점을 P라 하고, 모서리 OB와 OC를 2 : 1로 내분하는 점을 각각 Q와 R라 하자. △PQR와 △ABC가 이루는 각의 크기를 θ라 할 때, $\cos\theta$의 값은? [4점]

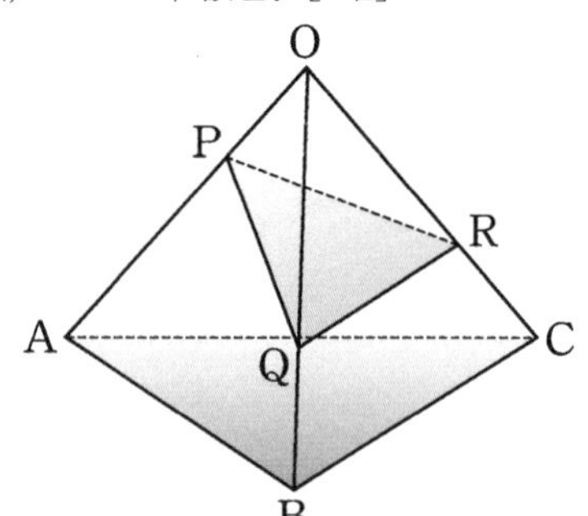

① $\frac{1}{3}$ ② $\frac{\sqrt{2}}{3}$ ③ $\frac{\sqrt{3}}{3}$
④ $\frac{\sqrt{5}}{3}$ ⑤ $\frac{\sqrt{6}}{3}$

P023

○○○
(2005(9)-가형23)

좌표공간에 반구 $(x-5)^2+(y-4)^2+z^2=9$, $z \geq 0$가 있다. y축을 포함하는 평면 α가 반구와 접할 때, α와 xy평면이 이루는 각을 θ라 하자. 이때, $30\cos\theta$의 값을 구하시오. (단, $0<\theta<\frac{\pi}{2}$) [4점]

P024

○○○
(2017(9)-가형29)

그림과 같이 직선 l을 교선으로 하고 이루는 각의 크기가 $\frac{\pi}{4}$인 두 평면 α와 β가 있고, 평면 α 위의 점 A와 평면 β 위의 점 B가 있다. 두 점 A, B에서 직선 l에 내린 수선의 발을 각각 C, D라 하자. $\overline{\mathrm{AB}}=2$, $\overline{\mathrm{AD}}=\sqrt{3}$이고 직선 AB와 평면 β가 이루는 각의 크기가 $\frac{\pi}{6}$일 때, 사면체 ABCD의 부피는 $a+b\sqrt{2}$이다. $36(a+b)$의 값을 구하시오. (단, a, b는 유리수이다.) [4점]

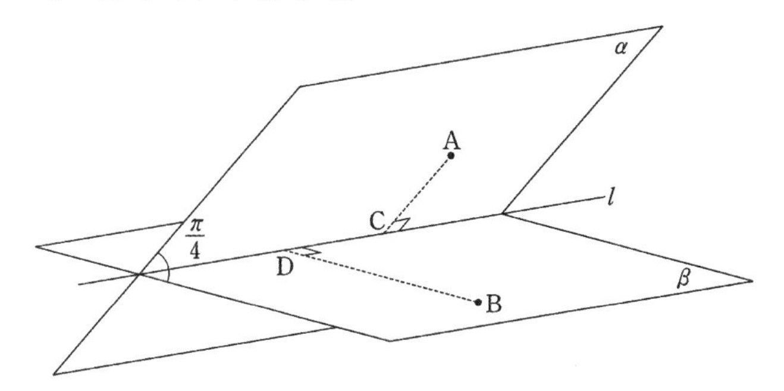

P025

○○○
(2024-기하28)

그림과 같이 서로 다른 두 평면 α, β의 교선 위에 $\overline{\mathrm{AB}}=18$인 두 점 A, B가 있다. 선분 AB를 지름으로 하는 원 C_1이 평면 α 위에 있고, 선분 AB를 장축으로 하고 두 점 F, F′을 초점으로 하는 타원 C_2가 평면 β 위에 있다.

원 C_1 위의 한 점 P에서 평면 β에 내린 수선의 발을 H라 할 때, $\overline{\mathrm{HF'}}<\overline{\mathrm{HF}}$이고 $\angle\mathrm{HFF'}=\frac{\pi}{6}$이다. 직선 HF와 타원 C_2가 만나는 점 중 점 H와 가까운 점을 Q라 하면, $\overline{\mathrm{FH}}<\overline{\mathrm{FQ}}$이다.

점 H를 중심으로 하고 점 Q를 지나는 평면 β 위의 원은 반지름의 길이가 4이고 직선 AB에 접한다. 두 평면 α, β가 이루는 각의 크기를 θ라 할 때, $\cos\theta$의 값은? (단, 점 P는 평면 β 위에 있지 않다.) [4점]

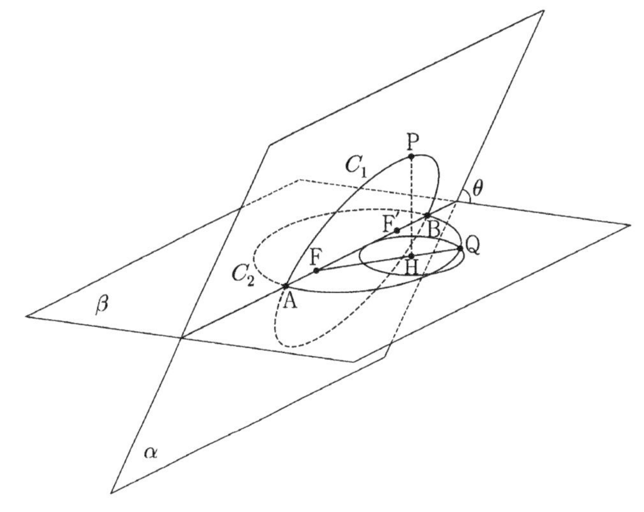

① $\frac{2\sqrt{66}}{33}$ ② $\frac{4\sqrt{69}}{69}$ ③ $\frac{\sqrt{2}}{3}$ ④ $\frac{4\sqrt{3}}{15}$ ⑤ $\frac{2\sqrt{78}}{39}$

P026

★★★
(2009−가형24)

그림과 같이 반지름의 길이가 모두 $\sqrt{3}$ 이고 높이가 서로 다른 세 원기둥이 서로 외접하며 한 평면 α 위에 놓여 있다. 평면 α와 만나지 않는 세 원기둥의 밑면의 중심을 각각 P, Q, R라 할 때, 삼각형 QPR는 이등변삼각형이고, 평면 QPR와 평면 α가 이루는 각의 크기는 60° 이다. 세 원기둥의 높이를 각각 8, a, b라 할 때, $a+b$의 값을 구하시오.
(단, $8 < a < b$) [4점]

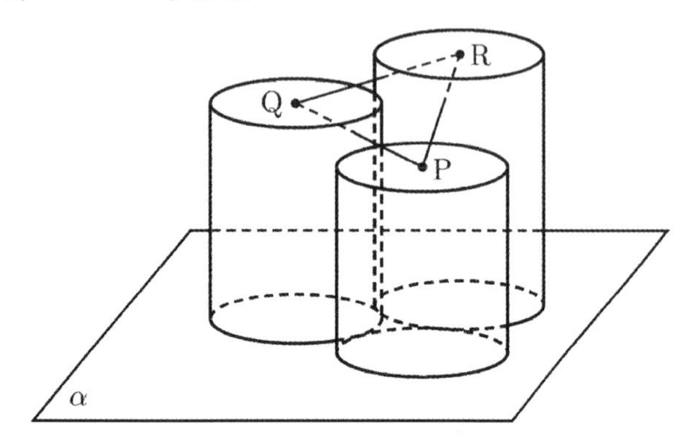

P027

★★★
(2022(9)−기하29)

그림과 같이 한 변의 길이가 8인 정사각형 ABCD에 두 선분 AB, CD를 각각 지름으로 하는 두 반원이 붙어 있는 모양의 종이가 있다. 반원의 호 AB의 삼등분점 중 점 B에 가까운 점을 P라 하고, 반원의 호 CD를 이등분하는 점을 Q라 하자.
이 종이에서 두 선분 AB와 CD를 접는 선으로 하여 두 반원을 접어 올렸을 때 두 점 P, Q에서 평면 ABCD에 내린 수선의 발을 각각 G, H라 하면 두 점 G, H는 정사각형 ABCD의 내부에 놓여 있고, $\overline{PG}=\sqrt{3}$, $\overline{QH}=2\sqrt{3}$ 이다. 두 평면 PCQ와 ABCD가 이루는 각의 크기가 θ일 때, $70\times\cos^2\theta$의 값을 구하시오.
(단, 종이의 두께를 고려하지 않는다.) [4점]

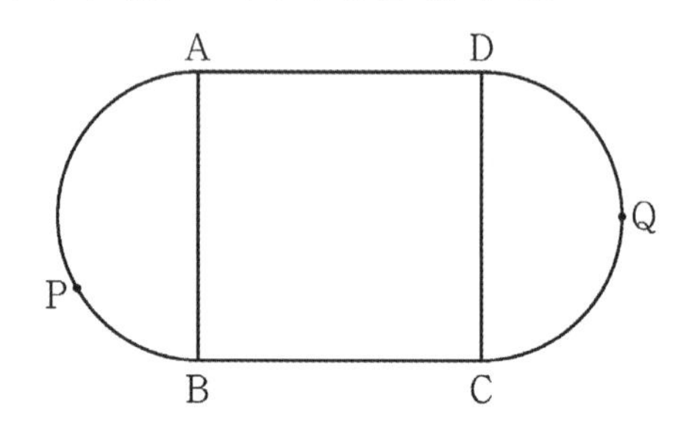

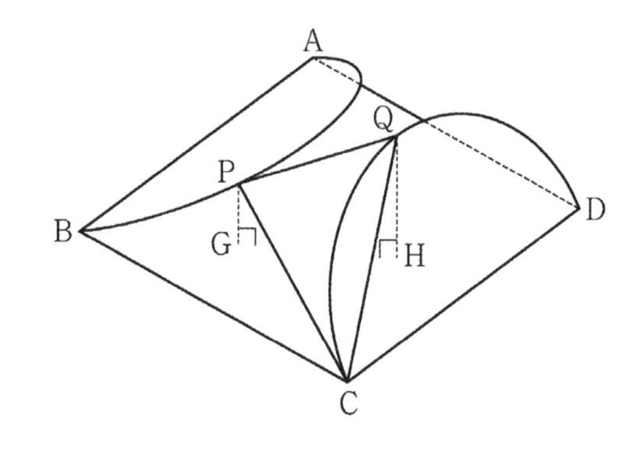

P028

★★★

(2011(9)-가형25)

같은 평면 위에 있지 않고 서로 평행한 세 직선 l, m, n이 있다. 직선 l 위의 두 점 A, B, 직선 m 위의 점 C, 직선 n 위의 점 D가 다음 조건을 만족시킨다.

(가) $\overline{AB}=2\sqrt{2}$, $\overline{CD}=3$
(나) $\overline{AC}\perp l$, $\overline{AC}=5$
(다) $\overline{BD}\perp l$, $\overline{BD}=4\sqrt{2}$

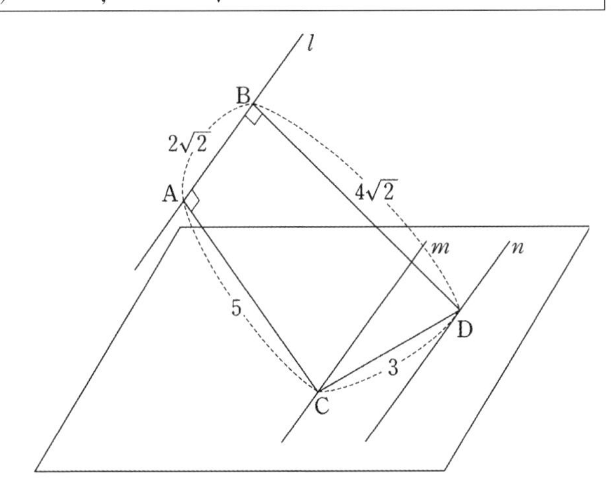

두 직선 m, n을 포함하는 평면과 세 점 A, C, D를 포함하는 평면이 이루는 각의 크기를 θ라 할 때, $15\tan^2\theta$의 값을 구하시오. (단, $0<\theta<\frac{\pi}{2}$) [4점]

P029

★★★

(2014(예비)-B형30)

반지름의 길이가 2인 구의 중심 O를 지나는 평면을 α라 하고, 평면 α와 이루는 각이 45°인 평면을 β라 하자. 평면 α와 구가 만나서 생기는 원을 C_1, 평면 β와 구가 만나서 생기는 원을 C_2라 하자. 원 C_2의 중심 A와 평면 α 사이의 거리가 $\frac{\sqrt{6}}{2}$일 때, 그림과 같이 다음 조건을 만족하도록 원 C_1 위에 점 P, 원 C_2 위에 두 점 Q, R을 잡는다.

(가) $\angle QAR=90^\circ$
(나) 직선 OP와 직선 AQ는 서로 평행하다.

평면 PQR와 평면 AQPO가 이루는 각을 θ라 할 때, $\cos^2\theta=\frac{q}{p}$이다. $p+q$의 값을 구하시오.
(단, p와 q는 서로소인 자연수이다.) [4점]

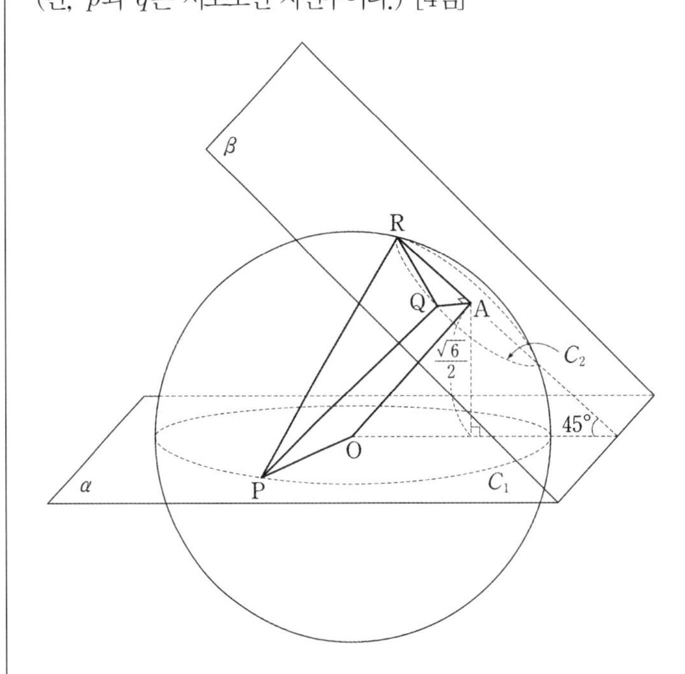

P. 이면각(수직)

P030

○○
(2016-B형27)

좌표공간에 서로 수직인 두 평면 α와 β가 있다. 평면 α 위의 두 점 A, B에 대하여 $\overline{AB}=3\sqrt{5}$이고 직선 AB는 평면 β에 평행하다. 점 A와 평면 β 사이의 거리가 2이고, 평면 β 위의 점 P와 평면 α 사이의 거리는 4일 때, 삼각형 PAB의 넓이를 구하시오. [4점]

P031

○○
(2022(예시문항)-기하25)

좌표공간에서 수직으로 만나는 두 평면 α, β의 교선을 l이라 하자. 평면 α 위의 직선 m과 평면 β 위의 직선 n은 각각 직선 l과 평행하다. 직선 m 위의 $\overline{AP}=4$인 두 점 A, P에 대하여 점 P에서 직선 l에 내린 수선의 발을 Q, 점 Q에서 직선 n에 내린 수선의 발을 B라 하자.

$\overline{PQ}=3$, $\overline{QB}=4$이고, 점 B가 아닌 직선 n 위의 점 C에 대하여 $\overline{AB}=\overline{AC}$일 때, 삼각형 ABC의 넓이는? [3점]

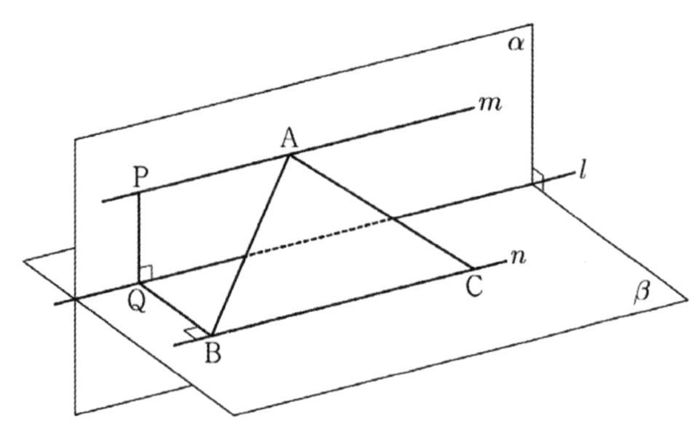

① 18 ② 20 ③ 22
④ 24 ⑤ 26

P. 정사면체

P032

○○○
(2009(9)-가형12)

중심이 O이고 반지름의 길이가 1인 구에 내접하는 정사면체 ABCD가 있다. 두 삼각형 BCD, ACD의 무게중심을 각각 F, G라 할 때, 〈보기〉에서 옳은 것만을 있는 대로 고른 것은? [4점]

ㄱ. 직선 AF와 직선 BG는 꼬인 위치에 있다.
ㄴ. 삼각형 ABC의 넓이는 $\dfrac{3\sqrt{3}}{4}$ 보다 작다.
ㄷ. $\angle AOG=\theta$일 때, $\cos\theta=\dfrac{1}{3}$이다.

① ㄴ ② ㄷ ③ ㄱ, ㄴ
④ ㄴ, ㄷ ⑤ ㄱ, ㄴ, ㄷ

P. 전개도

P033

○○○
(2013-가형28)

그림과 같이 $\overline{AB}=9$, $\overline{AD}=3$인 직사각형 ABCD 모양의 종이가 있다. 선분 AB 위의 점 E와 선분 DC 위의 점 F를 연결하는 선을 접는 선으로 하여, 점 B의 평면 AEFD 위로의 정사영이 점 D가 되도록 종이를 접었다. $\overline{AE}=3$일 때, 두 평면 AEFD와 EFCB가 이루는 각의 크기가 θ이다. $60\cos\theta$의 값을 구하시오. (단, $0<\theta<\frac{\pi}{2}$이고, 종이의 두께는 고려하지 않는다.) [4점]

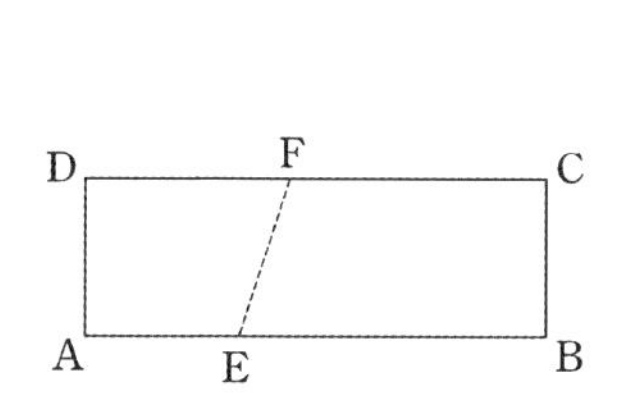

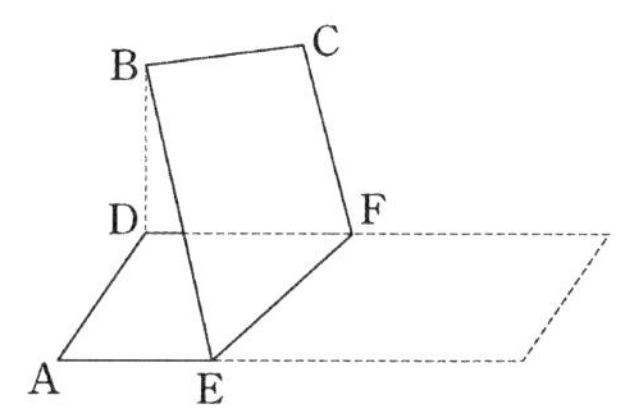

P034

●●●
(2012(9)-가형15)

그림은 $\overline{AC}=\overline{AE}=\overline{BE}$이고 $\angle DAC=\angle CAB=90^\circ$인 사면체의 전개도이다.

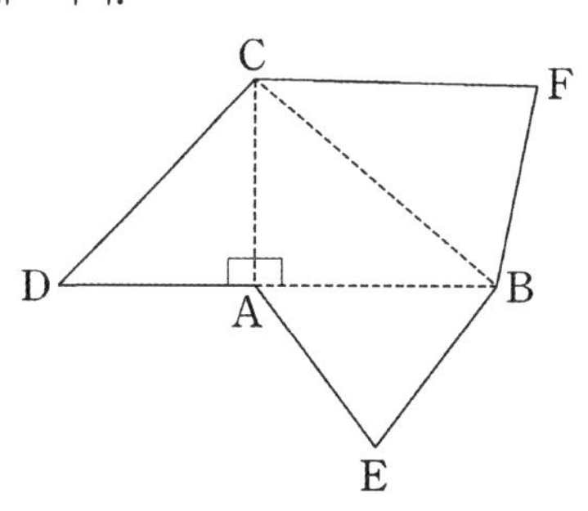

이 전개도로 사면체를 만들 때, 세 점 D, E, F가 합쳐지는 점을 P라 하자. 사면체 PABC에 대하여 옳은 것만을 보기에서 있는 대로 고른 것은? [4점]

ㄱ. $\overline{CP}=\sqrt{2}\,\overline{BP}$ ㄴ. 직선 AB와 직선 CP는 꼬인 위치에 있다. ㄷ. 선분 AB의 중점을 M이라 할 때, 직선 PM과 직선 BC는 서로 수직이다.

① ㄱ ② ㄷ ③ ㄱ, ㄴ
④ ㄴ, ㄷ ⑤ ㄱ, ㄴ, ㄷ

P035

●●● (2020-가형27)

그림과 같이 한 변의 길이가 4이고 $\angle \mathrm{BAD}=\frac{\pi}{3}$인 마름모 ABCD 모양의 종이가 있다. 변 BC와 변 CD의 중점을 각각 M, N이라 할 때, 세 선분 AM, AN, MN을 접는 선으로 하여 사면체 PAMN이 되도록 종이를 접었다.
삼각형 AMN의 평면 PAM 위로의 정사영의 넓이는 $\frac{q}{p}\sqrt{3}$이다. $p+q$의 값을 구하시오. (단, 종이의 두께는 고려하지 않으며 P는 종이를 접었을 때 세 점 B, C, D가 합쳐지는 점이고, p와 q는 서로소이다.) [4점]

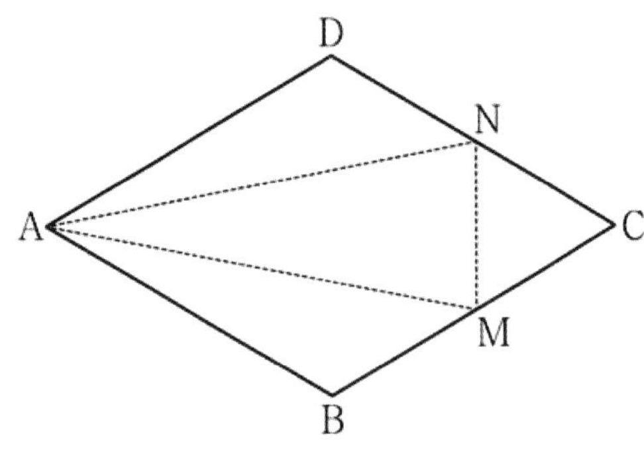

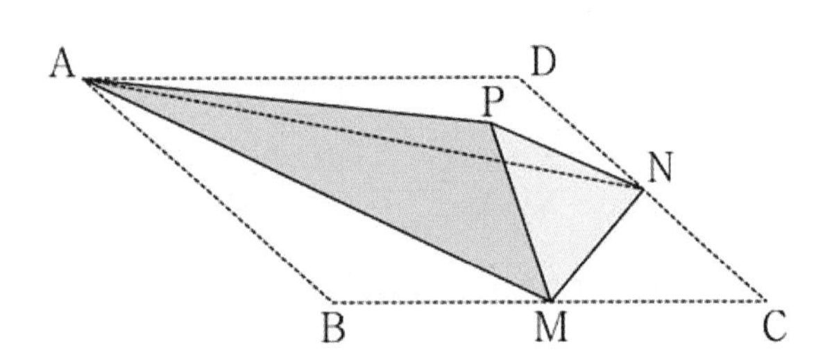

P. 그림자

P036

○○○ (2004(6)-인문13/예체능13/자연13)

그림과 같이 경사면은 수평면과 60°를 이루고, 햇빛이 수평면에 수직으로 비치고 있다. 수평면과 경사면의 경계 위의 한 지점 P에서 경계선과 수직으로 1m 떨어진 수평면 위의 지점 A에 길이가 2m인 막대를 수평면에 수직으로 세웠다.

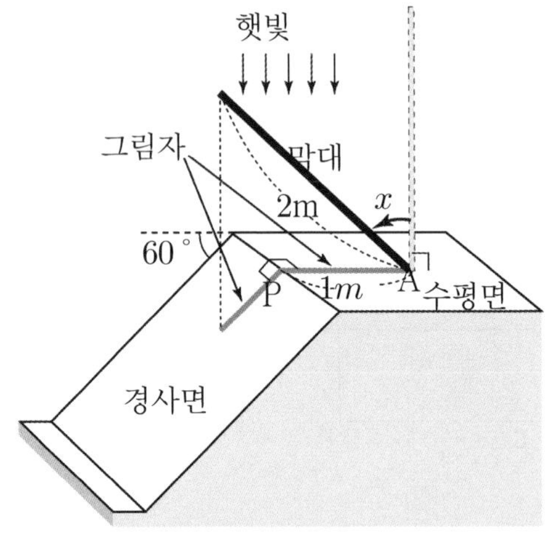

이 막대를 P 지점 쪽으로 기울여 막대와 햇빛의 방향이 이루는 각의 크기를 x(rad)라고 할 때, 막대의 그림자의 길이를 $f(x)$라고 하자. 다음 중 $y=f(x)$의 그래프의 개형으로 옳은 것은? (단, $0 \le x < \frac{\pi}{2}$) [3점]

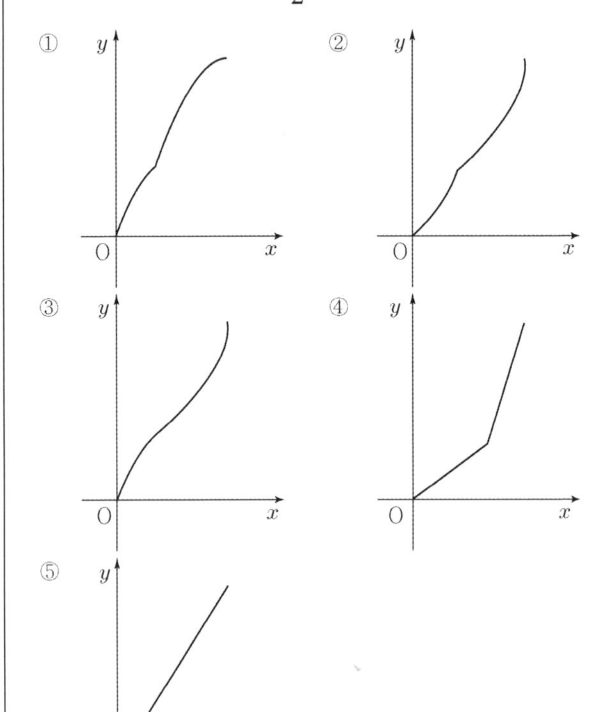

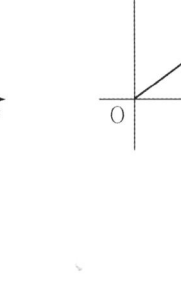

P037

○○○
(2009(9)-가형25)

그림과 같이 태양광선이 지면과 60° 의 각을 이루면서 비추고 있다. 한 변의 길이가 4인 정사각형의 중앙에 반지름의 길이가 1인 원 모양의 구멍이 뚫려 있는 판이 있다. 이 판은 지면과 수직으로 서 있고 태양광선과 30° 의 각을 이루고 있다. 판의 밑변을 지면에 고정하고 판을 그림자 쪽으로 기울일 때 생기는 그림자의 최대 넓이를 S라 하자.

S의 값을 $\dfrac{\sqrt{3}(a+b\pi)}{3}$라 할 때, $a+b$의 값을 구하시오.

(단, a, b는 정수이고 판의 두께는 무시한다.) [4점]

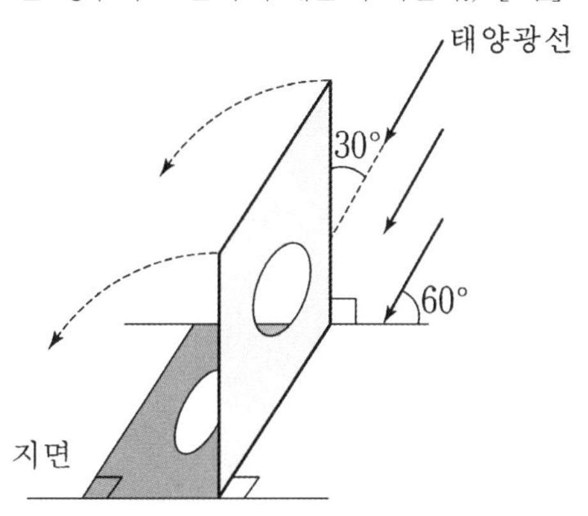

P038

○○○
(2007(9)-가형25)

서로 수직인 두 평면 α, β의 교선을 l이라 하자. 반지름의 길이가 6인 원판이 두 평면 α, β와 각각 한 점에서 만나고 교선 l에 평행하게 놓여 있다. 태양광선이 평면 α와 30° 의 각을 이루면서 원판의 면에 수직으로 비출 때, 그림과 같이 평면 β에 나타나는 원판의 그림자의 넓이를 S라 하자. S의 값을 $a+b\sqrt{3}\pi$라 할 때, $a+b$의 값을 구하시오. (단, a, b는 자연수이고 원판의 두께는 무시한다.) [4점]

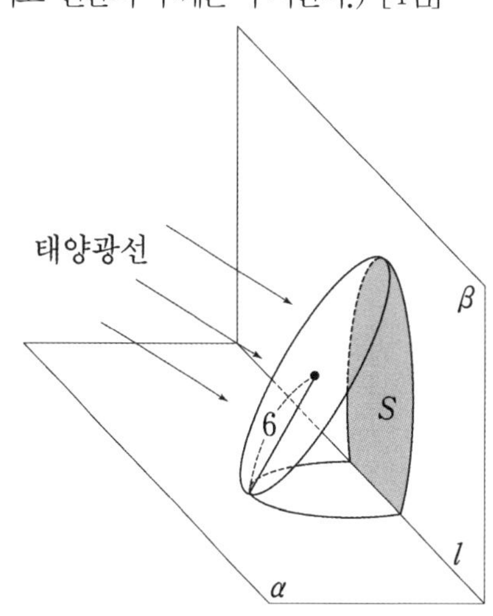

P039

○○○
(2010(9)-가형15)

그림과 같이 반지름의 길이가 r인 구 모양의 공이 공중에 있다. 벽면과 지면은 서로 수직이고, 태양광선이 지면과 크기가 θ인 각을 이루면서 공을 비추고 있다. 태양광선과 평행하고 공의 중심을 지나는 직선이 벽면과 지면의 교선 l과 수직으로 만난다.
벽면에 생기는 공의 그림자 위의 점에서 교선 l까지 거리의 최댓값을 a라 하고, 지면에 생기는 공의 그림자 위의 점에서 교선 l까지 거리의 최댓값을 b라 하자.
옳은 것만을 〈보기〉에서 있는 대로 고른 것은? [4점]

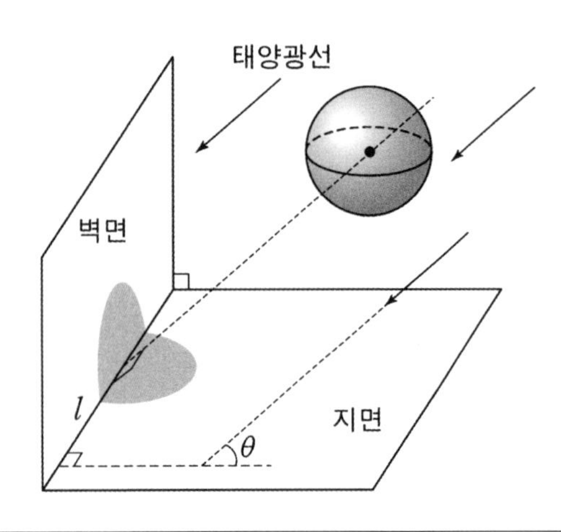

ㄱ. 그림자와 교선 l의 공통부분의 길이는 $2r$이다. ㄴ. $\theta=60°$ 이면 $a<b$이다. ㄷ. $\frac{1}{a^2}+\frac{1}{b^2}=\frac{1}{r^2}$

① ㄱ ② ㄴ ③ ㄱ, ㄷ
④ ㄴ, ㄷ ⑤ ㄱ, ㄴ, ㄷ

P. 정사영

P040

○○
(2024-기하26)

좌표공간에 평면 α가 있다. 평면 α 위에 있지 않은 서로 다른 두 점 A, B의 평면 α 위로의 정사영을 각각 A′, B′이라 할 때,

$$\overline{AB}=\overline{A'B'}=6$$

이다. 선분 AB의 중점 M의 평면 α 위로의 정사영을 M′이라 할 때,

$$\overline{PM'}\perp\overline{A'B'},\ \overline{PM'}=6$$

이 되도록 평면 α 위에 점 P를 잡는다.
삼각형 A′B′P의 평면 ABP 위로의 정사영의 넓이가 $\frac{9}{2}$일 때, 선분 PM의 길이는? [3점]

① 12 ② 15 ③ 18
④ 21 ⑤ 24

P041

●●●
(2012(9)-가형29)

그림과 같이 평면 α 위에 점 A가 있고 α로부터의 거리가 각각 1, 3인 두 점 B, C가 있다. 선분 AC를 1 : 2로 내분하는 점 P에 대하여 $\overline{BP}=4$이다. 삼각형 ABC의 넓이가 9일 때, 삼각형 ABC의 평면 α 위로의 정사영의 넓이를 S라 하자. S^2의 값을 구하시오. [4점]

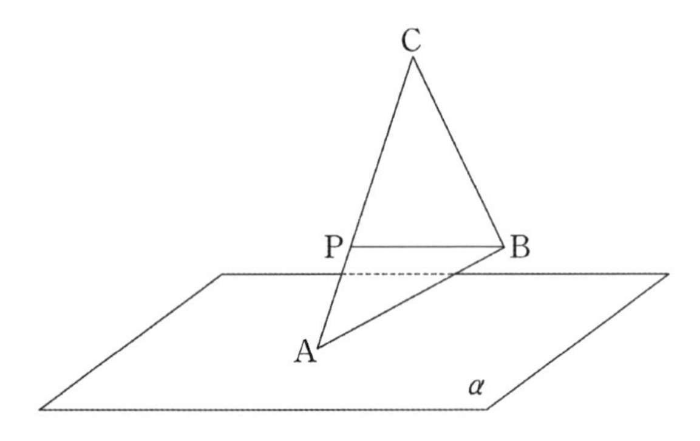

P042

○○
(2004(6)-자연15)

그림과 같이 직육면체 ABCDEFGH와 한 변의 길이가 1인 정사면체 PQRS가 평면 α 위에 놓여있다. 변 GH와 변 RS가 평행할 때, 삼각형 PRS의 평면 CGHD 위로의 정사영의 넓이는? [3점]

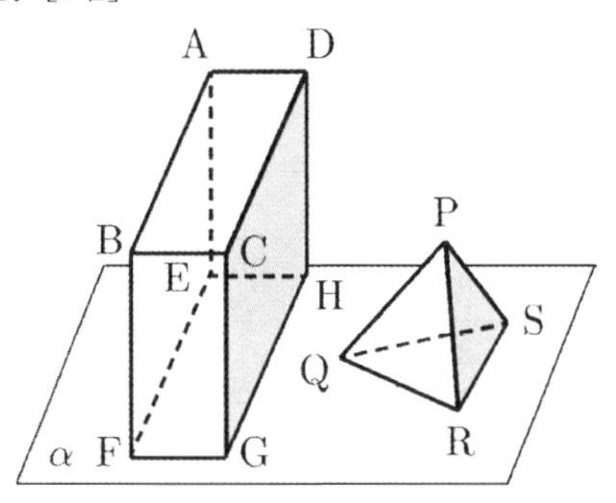

① $\frac{\sqrt{3}}{2}$ ② $\frac{\sqrt{2}}{3}$ ③ $\frac{\sqrt{6}}{6}$
④ $\frac{\sqrt{3}}{8}$ ⑤ $\frac{\sqrt{6}}{12}$

P043

○○
(2016(9)-B형26)

그림과 같이 $\overline{AB}=9$, $\overline{BC}=12$, $\cos(\angle ABC)=\frac{\sqrt{3}}{3}$인 사면체 ABCD에 대하여 점 A의 평면 BCD 위로의 정사영을 P라 하고 점 A에서 선분 BC에 내린 수선의 발을 Q라 하자. $\cos(\angle AQP)=\frac{\sqrt{3}}{6}$일 때 삼각형 BCP의 넓이는 k이다. k^2의 값을 구하시오. [4점]

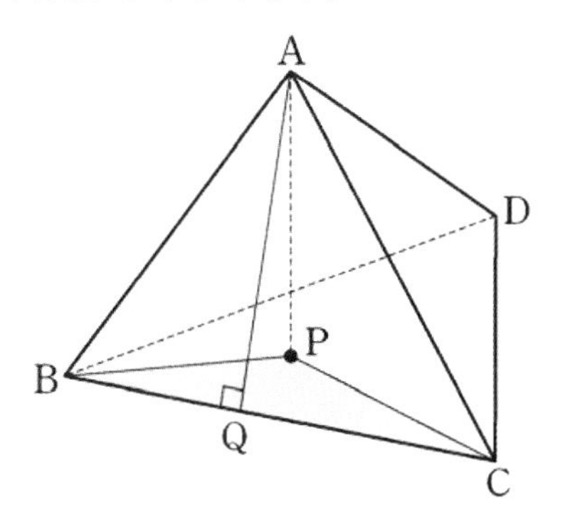

P044

●●●
(2008-가형24)

한 변의 길이가 6인 정사면체 OABC가 있다. 세 삼각형 △OAB, △OBC, △OCA에 각각 내접하는 세 원의 평면 ABC 위로의 정사영을 각각 S_1, S_2, S_3이라 하자. 그림과 같이 세 도형 S_1, S_2, S_3으로 둘러싸인 어두운 부분의 넓이를 S라 할 때, $(S+\pi)^2$의 값을 구하시오. [4점]

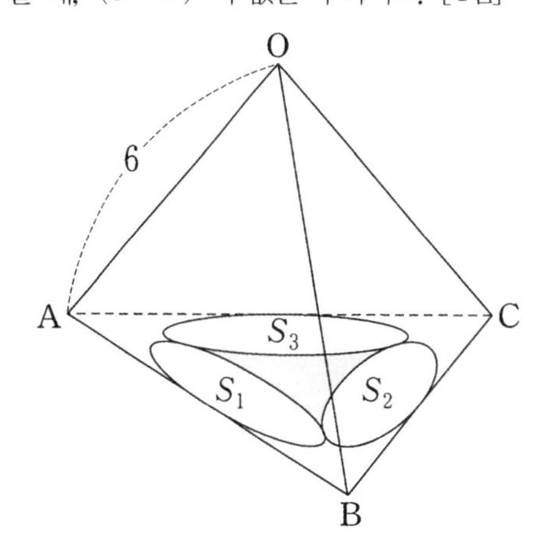

P. 정사영(원)

P045

○○○
(2014(9)-B형19)

좌표공간에서 y축을 포함하는 평면 α에 대하여 xy평면 위의 원 C_1 : $(x-10)^2+y^2=3$의 평면 α 위로의 정사영의 넓이와 yz평면 위의 원 C_2 : $y^2+(z-10)^2=1$의 평면 α 위로의 정사영의 넓이가 S로 같을 때, S의 값은? [4점]

① $\frac{\sqrt{10}}{6}\pi$ ② $\frac{\sqrt{10}}{5}\pi$ ③ $\frac{7\sqrt{10}}{30}\pi$

④ $\frac{4\sqrt{10}}{15}\pi$ ⑤ $\frac{3\sqrt{10}}{10}\pi$

P046

●●●
(2011-가형11)

그림과 같이 중심 사이의 거리가 $\sqrt{3}$이고 반지름의 길이가 1인 두 원판과 평면 α가 있다. 각 원판의 중심을 지나는 직선 l은 두 원판의 면과 각각 수직이고, 평면 α와 이루는 각의 크기가 $60°$이다. 태양광선이 그림과 같이 평면 α에 수직인 방향으로 비출 때, 두 원판에 의해 평면 α에 생기는 그림자의 넓이는? (단, 원판의 두께는 무시한다.) [4점]

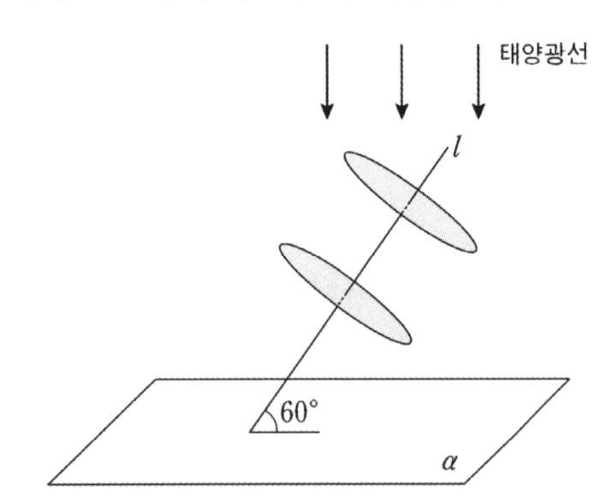

① $\frac{\sqrt{3}}{3}\pi+\frac{3}{8}$ ② $\frac{2}{3}\pi+\frac{\sqrt{3}}{4}$ ③ $\frac{2\sqrt{3}}{3}\pi+\frac{1}{8}$

④ $\frac{4}{3}\pi+\frac{\sqrt{3}}{16}$ ⑤ $\frac{2\sqrt{3}}{3}\pi+\frac{3}{4}$

P047

○○○
(2008(9)-가형24)

반지름의 길이가 6인 반구가 평면 α 위에 놓여 있다. 반구와 평면 α가 만나서 생기는 원의 중심을 O라 하자. 그림과 같이 중심 O로부터 거리가 $2\sqrt{3}$이고 평면 α와 $45°$의 각을 이루는 평면으로 반구를 자를 때, 반구에 나타나는 단면의 평면 α 위로의 정사영의 넓이는 $\sqrt{2}(a+b\pi)$이다. $a+b$의 값을 구하시오. (단, a, b는 자연수이다.) [4점]

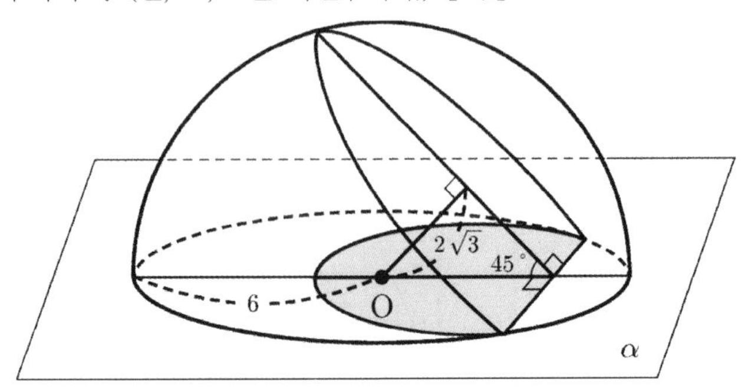

P048

●●●

(2012-가형29)

그림과 같이 밑면의 반지름의 길이가 7인 원기둥과 밑면의 반지름의 길이가 5이고 높이가 12인 원뿔이 평면 α 위에 놓여 있고, 원뿔의 밑면의 둘레가 원기둥의 밑면의 둘레에 내접한다. 평면 α와 만나는 원기둥의 밑면의 중심을 O, 원뿔의 꼭짓점을 A라 하자. 중심이 B이고 반지름의 길이가 4인 구 S가 다음 조건을 만족시킨다.

(가) 구 S는 원기둥과 원뿔에 모두 접한다.
(나) 두 점 A, B의 평면 α 위로의 정사영이 각각 A$'$, B$'$일 때, $\angle$A$'$OB$'=180°$이다.

직선 AB와 평면 α가 이루는 예각의 크기를 θ라 할 때, $\tan\theta=p$이다. $100p$의 값을 구하시오. (단, 원뿔의 밑면의 중심과 점 A$'$은 일치한다.) [4점]

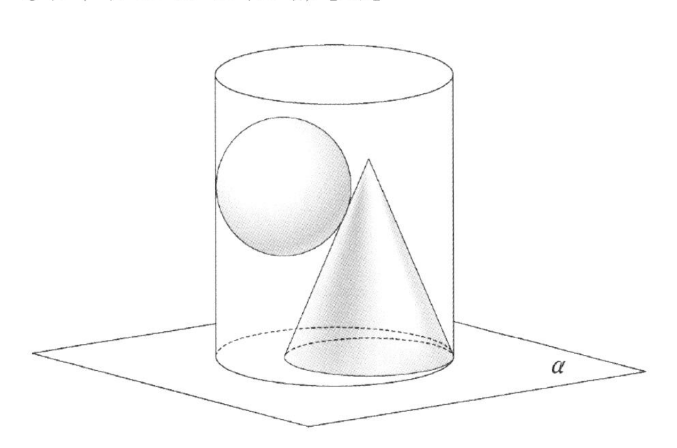

P049

●●●

(2015(9)-B형29)

그림과 같이 평면 α 위에 놓여 있는 서로 다른 네 구 S, S_1, S_2, S_3이 다음 조건을 만족시킨다.

(가) S의 반지름의 길이는 3이고, S_1, S_2, S_3의 반지름의 길이는 1이다.
(나) S_1, S_2, S_3은 모두 S에 접한다.
(다) S_1은 S_2와 접하고, S_2는 S_3과 접한다.

S_1, S_2, S_3의 중심을 각각 O_1, O_2, O_3이라 하자. 두 점 O_1, O_2를 지나고 평면 α에 수직인 평면 β, 두 점 O_2, O_3을 지나고 평면 α에 수직인 평면이 S_3과 만나서 생기는 단면을 D라 하자. 단면 D의 평면 β 위로의 정사영의 넓이를 $\frac{q}{p}\pi$라 할 때, $p+q$의 값을 구하시오. (단, p와 q는 서로소인 자연수이다.) [4점]

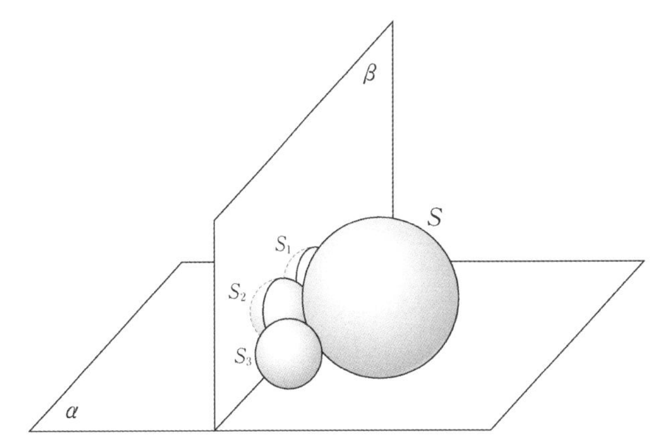

P050

●●● (2023(9)-기하29)

좌표공간에 두 개의 구

S_1: $x^2+y^2+(z-2)^2=4$,

S_2: $x^2+y^2+(z+7)^2=49$

가 있다. 점 A$(\sqrt{5}, 0, 0)$를 지나고 zx평면에 수직이며, 구 S_1과 z좌표가 양수인 한 점에서 접하는 평면을 α라 하자. 구 S_2가 평면 α와 만나서 생기는 원을 C라 할 때, 원 C 위의 점 중 z좌표가 최소인 점을 B라 하고 구 S_2와 점 B에서 접하는 평면을 β라 하자.

원 C의 평면 β 위로의 정사영의 넓이가 $\frac{q}{p}\pi$일 때, $p+q$의 값을 구하시오. (단, p와 q는 서로소인 자연수이다.) [4점]

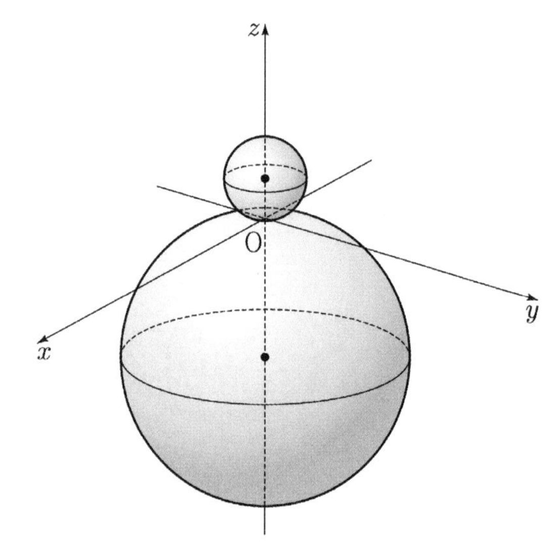

P051

★★★ (2023-기하30)

좌표공간에 정사면체 ABCD가 있다. 정삼각형 BCD의 외심을 중심으로 하고 점 B를 지나는 구를 S라 하자.

구 S와 선분 AB가 만나는 점 중 B가 아닌 점을 P, 구 S와 선분 AC가 만나는 점 중 C가 아닌 점을 Q, 구 S와 선분 AD가 만나는 점 중 D가 아닌 점을 R라 하고, 점 P에서 구 S에 접하는 평면을 α라 하자.

구 S의 반지름의 길이가 6일 때, 삼각형 PQR의 평면 α 위로의 정사영의 넓이는 k이다. k^2의 값을 구하시오. [4점]

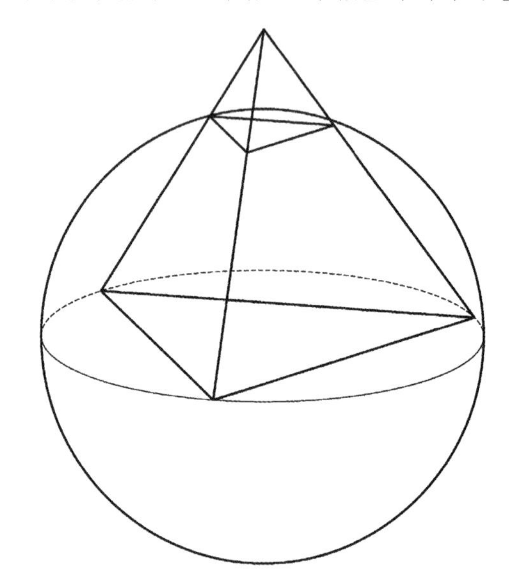

P. 두 점 사이의 거리

P052
○ (2016(9)-B형4)

좌표공간의 점 $P(2,\ 2,\ 3)$을 yz평면에 대하여 대칭이동시킨 점을 Q라 하자. 두 점 P와 Q 사이의 거리는? [3점]

① 1　② 2　③ 3　④ 4　⑤ 5

P053
○ (2022(예시문항)-기하23)

좌표공간의 점 $P(1,\ 3,\ 4)$를 zx평면에 대하여 대칭이동한 점을 Q라 하자. 두 점 P와 Q 사이의 거리는? [2점]

① 6　② 7　③ 8　④ 9　⑤ 10

P054
○ (2011-가형3)

좌표공간에서 점 $P(0,\ 3,\ 0)$와 점 $A(-1,\ 1,\ a)$ 사이의 거리는 점 P와 점 $B(1,\ 2,\ -1)$ 사이의 거리의 2배이다. 양수 a의 값은? [2점]

① $\sqrt{7}$　② $\sqrt{6}$　③ $\sqrt{5}$　④ 2　⑤ $\sqrt{3}$

P. 두 점 사이의 거리(자취)

P055
○○○ (1995-자연15)

좌표공간에 두 점 $O(0,\ 0,\ 0)$, $A(1,\ 0,\ 0)$이 있고, 점 $P(x,\ y,\ z)$는 $\triangle OAP$의 넓이가 2가 되도록 움직인다. $0 \le x \le 1$일 때, 점 P의 자취가 만드는 도형을 평면 위에 펼쳤을 때의 넓이는? [1.5점]

① 16π　② 8π　③ 5π　④ 2π　⑤ π

P056
○○ (2007(9)-가형5)

좌표공간의 세 점 $A(a,\ 0,\ b)$, $B(b,\ a,\ 0)$, $C(0,\ b,\ a)$에 대하여 $a^2+b^2=4$일 때, 삼각형 ABC의 넓이의 최솟값은? (단, $a>0$이고 $b>0$이다.) [3점]

① $\sqrt{2}$　② $\sqrt{3}$　③ 2　④ $\sqrt{5}$　⑤ 3

P. 내분, 외분

P057

○○ (2005(예비)-가형23)

그림과 같이 반지름의 길이가 각각 9, 15, 36이고 서로 외접하는 세 개의 구가 평면 α 위에 놓여 있다. 세 구의 중심을 각각 A, B, C라 할 때, △ABC의 무게중심으로부터 평면 α까지의 거리를 구하시오. [3점]

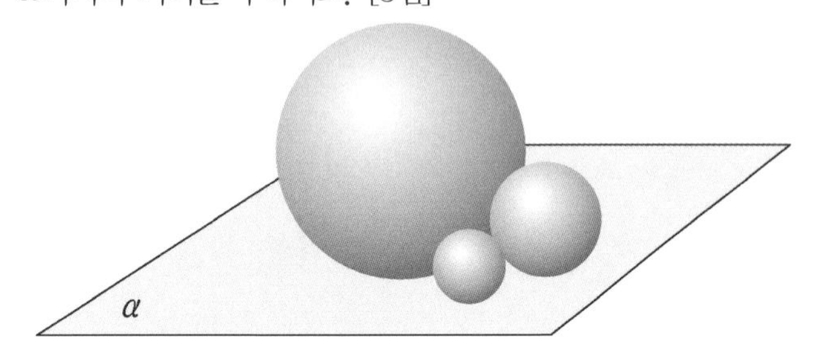

P058

○ (2015-B형5)

좌표공간에서 두 점 $A(2,\ a,\ -2)$, $B(5,\ -3,\ b)$에 대하여 선분 AB를 $2:1$로 내분하는 점이 x축 위에 있을 때, $a+b$의 값은? [3점]

① 10 ② 9 ③ 8 ④ 7 ⑤ 6

P059

○ (2017-가형8)

좌표공간의 두 점 $A(1,\ a,\ -6)$, $B(-3,\ 2,\ b)$에 대하여 선분 AB를 $3:2$로 외분하는 점이 x축 위에 있을 때, $a+b$의 값은? [3점]

① -1 ② -2 ③ -3 ④ -4 ⑤ -5

P060

○○ (2011(9)-가형18)

좌표공간에서 점 $P(-3,\ 4,\ 5)$를 yz평면에 대하여 대칭이동한 점을 Q라 하자. 선분 PQ를 $2:1$로 내분하는 점의 좌표를 $(a,\ b,\ c)$라 할 때, $a+b+c$의 값을 구하시오. [3점]

P061

○ (2014(예비)-B형3)

좌표공간에서 두 점 $P(6,\ 7,\ a)$, $Q(4,\ b,\ 9)$를 이은 선분 PQ를 $2:1$로 외분하는 점의 좌표가 $(2,\ 5,\ 14)$일 때, $a+b$의 값은? [2점]

① 6 ② 7 ③ 8 ④ 9 ⑤ 10

P062

○ (2016-B형3)

좌표공간에서 세 점 $A(a,\ 0,\ 5)$, $B(1,\ b,\ -3)$, $C(1,\ 1,\ 1)$을 꼭짓점으로 하는 삼각형의 무게중심의 좌표가 $(2,\ 2,\ 1)$일 때, $a+b$의 값은? [2점]

① 6 ② 7 ③ 8 ④ 9 ⑤ 10

P063

○○ (2006(9)-가형14)

좌표공간의 세 점 $A(3,\ 0,\ 0)$, $B(0,\ 3,\ 0)$, $C(0,\ 0,\ 3)$에 대하여 선분 BC를 $2:1$로 내분하는 점을 P, 선분 AC를 $1:2$로 내분하는 점을 Q라 하자. 점 P, Q의 xy평면 위로의 정사영을 각각 P', Q'이라 할 때, 삼각형 $OP'Q'$의 넓이는? (단, O는 원점이다.) [3점]

① 1 ② 2 ③ 3 ④ 4 ⑤ 5

P064

○○
(2024(9)-기하26)

그림과 같이 $\overline{AB}=3$, $\overline{AD}=3$, $\overline{AE}=6$인 직육면체 ABCD-EFGH가 있다. 삼각형 BEG의 무게중심을 P라 할 때, 선분 DP의 길이는? [3점]

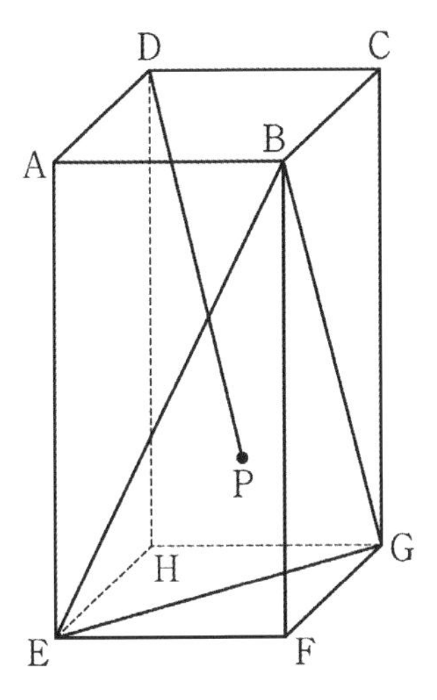

① $2\sqrt{5}$　② $2\sqrt{6}$　③ $2\sqrt{7}$
④ $4\sqrt{2}$　⑤ 6

P. 점의 좌표+정사영

P065

○○○
(2012(9)-가형18)

좌표공간에 두 점 A$(0,\ -1,\ 1)$, B$(1,\ 1,\ 0)$이 있고, xy평면 위에 원 $x^2+y^2=13$이 있다. 이 원 위의 점 $(a,\ b,\ 0)(a<0)$을 지나고 z축에 평행한 직선이 직선 AB와 만날 때, $a+b$의 값은? [4점]

① $-\dfrac{47}{10}$　② $-\dfrac{23}{5}$　③ $-\dfrac{9}{2}$
④ $-\dfrac{22}{5}$　⑤ $-\dfrac{43}{10}$

P066

○○○
(2003(9)-자연19)

좌표공간에 두 점 P$(0,\ 0,\ 5)$와 Q$(a,\ b,\ 4)$를 잇는 직선 l과 방정식이 $(x-1)^2+(y-2)^2+(z-3)^2=4$인 구 S가 있다. 이 직선 l과 구 S를 xy평면에 정사영시켜 얻은 두 도형이 서로 접할 때, $\dfrac{a}{b}$의 값은? (단, $b\neq0$) [3점]

① -2　② $-\dfrac{3}{2}$　③ -1
④ $-\dfrac{3}{4}$　⑤ $-\dfrac{2}{3}$

P067

○○○
(2012-가형24)

좌표공간에 점 A$(9,\ 0,\ 5)$가 있고, xy평면 위에 타원 $\dfrac{x^2}{9}+y^2=1$이 있다. 타원 위의 점 P에 대하여 $\overline{AP}$의 최댓값을 구하시오. [3점]

P. 구의 방정식

P068

○○ (2008(9)-가형8)

그림과 같이 좌표공간에서 한 변의 길이가 4인 정육면체를 한 변의 길이가 2인 8개의 정육면체로 나누었다. 이 중 그림의 세 정육면체 A, B, C 안에 반지름의 길이가 1인 구가 각각 내접하고 있다. 3개의 구의 중심을 연결한 삼각형의 무게중심의 좌표를 $(p,\ q,\ r)$라 할 때, $p+q+r$의 값은? [3점]

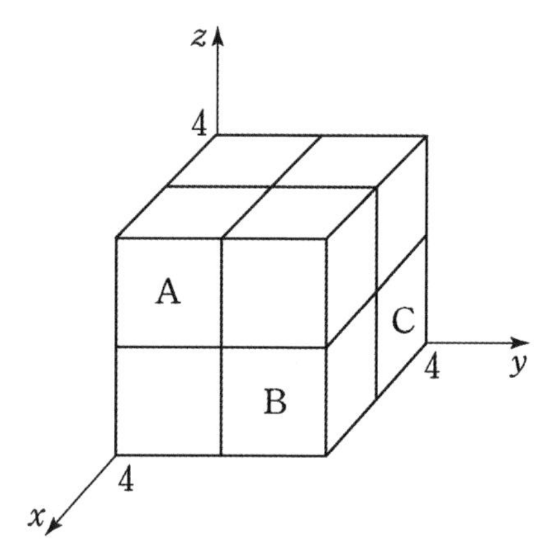

① 6 ② $\frac{19}{3}$ ③ $\frac{20}{3}$

④ 7 ⑤ $\frac{22}{3}$

P069

●●● (2006-가형10)

좌표공간에서 xy평면, yz평면, zx평면은 공간을 8개의 부분으로 나눈다. 이 8개의 부분 중에서 구
$(x+2)^2+(y-3)^2+(z-4)^2=24$가 지나는 부분의 개수는? [4점]

① 8 ② 7 ③ 6

④ 5 ⑤ 4

P070

●●● (2014-B형19)

좌표공간에서 중심의 x좌표, y좌표, z좌표가 모두 양수인 구 S가 x축과 y축에 각각 접하고 z축과 서로 다른 두 점에서 만난다. 구 S가 xy평면과 만나서 생기는 원의 넓이가 64π이고 z축과 만나는 두 점 사이의 거리가 8일 때, 구 S의 반지름의 길이는? [4점]

① 11 ② 12 ③ 13

④ 14 ⑤ 15

P071

●●● (2013(9)-가형27)

좌표공간에서 구

$$S : (x-1)^2+(y-1)^2+(z-1)^2=4$$

위를 움직이는 점 P가 있다. 점 P에서 구 S에 접하는 평면이 구 $x^2+y^2+z^2=16$과 만나서 생기는 도형의 넓이의 최댓값은 $(a+b\sqrt{3})\pi$이다. $a+b$의 값을 구하시오. (단, a, b는 자연수이다.) [4점]

P072

○○○ (2008(9)-가형23)

좌표공간에서 xy평면 위의 원 $x^2+y^2=1$을 C라 하고, 원 C 위의 점 P와 점 A(0, 0, 3)을 잇는 선분이 구 $x^2+y^2+(z-2)^2=1$과 만나는 점을 Q라 하자. 점 P가 원 C 위를 한 바퀴 돌 때, 점 Q가 나타내는 도형 전체의 길이는 $\frac{b}{a}\pi$이다. $a+b$의 값을 구하시오. (단, 점 Q는 점 A가 아니고, a, b는 서로소인 자연수이다.) [4점]

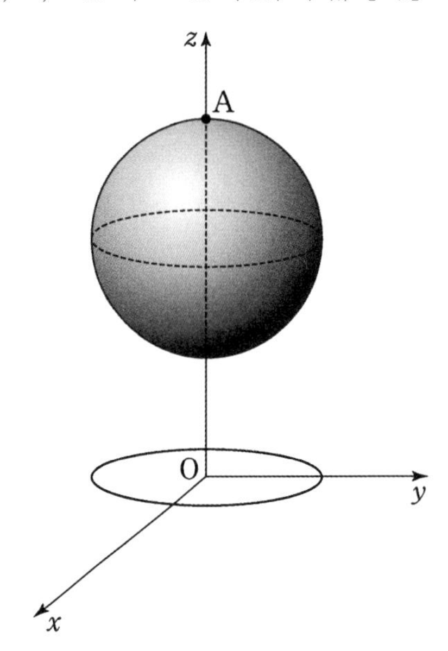

P073

●●● (2018(9)-가형17)

좌표공간에 구 S: $x^2+y^2+(z-1)^2=1$과 xy평면 위의 원 C:$x^2+y^2=4$가 있다. 구 S와 점 P에서 접하고 원 C 위의 두 점 Q, R을 포함하는 평면이 xy평면과 이루는 예각의 크기가 $\frac{\pi}{3}$이다. 점 P의 z좌표가 1보다 클 때, 선분 QR의 길이는? [4점]

① 1　② $\sqrt{2}$　③ $\sqrt{3}$
④ 2　⑤ $\sqrt{5}$

P074

●●● (2009(9)-가형9)

다음 조건을 만족하는 점 P 전체의 집합이 나타내는 도형의 둘레의 길이는? [3점]

> 좌표공간에서 점 P를 중심으로 하고 반지름의 길이가 2인 구가 두 개의 구
> $x^2+y^2+z^2=1$, $(x-2)^2+(y+1)^2+(z-2)^2=4$
> 에 동시에 외접한다.

① $\frac{2\sqrt{5}}{3}\pi$ ② $\sqrt{5}\pi$ ③ $\frac{5\sqrt{5}}{3}\pi$

④ $2\sqrt{5}\pi$ ⑤ $\frac{8\sqrt{5}}{3}\pi$

P. 구의 방정식+정사영

P075

○○○ (2024(9)-기하28)

좌표공간에 중심이 A(0, 0, 1)이고 반지름의 길이가 4인 구 S가 있다. 구 S가 xy평면과 만나서 생기는 원을 C라 하고, 점 A에서 선분 PQ까지의 거리가 2가 되도록 원 C 위에 두 점 P, Q를 잡는다. 구 S가 선분 PQ를 지름으로 하는 구 T와 만나서 생기는 원 위에서 점 B가 움직일 때, 삼각형 BPQ의 xy평면 위로의 정사영의 넓이의 최댓값은? (단, 점 B의 z좌표는 양수이다.) [4점]

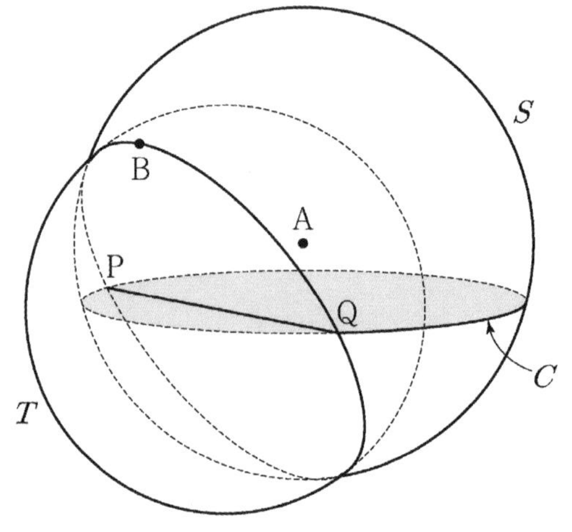

① 6 ② $3\sqrt{6}$ ③ $6\sqrt{2}$

④ $3\sqrt{10}$ ⑤ $6\sqrt{3}$

P076

★★★
(2022(예시문항)-기하30)

좌표공간에서 점 A(0, 0, 1)을 지나는 직선이 중심이 C (3, 4, 5)이고 반지름의 길이가 1인 구와 한 점 P에서만 만난다. 세 점 A, C, P를 지나는 원의 xy평면 위로의 정사영의 넓이의 최댓값은 $\frac{q}{p}\sqrt{41}\pi$이다. $p+q$의 값을 구하시오. (단, p와 q는 서로소인 자연수이다.) [4점]

P077

★★★
(2022-기하30)

좌표공간에 중심이 C(2, $\sqrt{5}$, 5)이고 점 P(0, 0, 1)을 지나는 구

S: $(x-2)^2+(y-\sqrt{5})^2+(z-5)^2=25$

가 있다. 구 S가 평면 OPC와 만나서 생기는 원 위를 움직이는 점 Q, 구 S 위를 움직이는 점 R에 대하여 두 점 Q, R의 xy평면 위로의 정사영을 각각 Q_1, R_1이라 하자.

삼각형 OQ_1R_1의 넓이가 최대가 되도록 하는 두 점 Q, R에 대하여 삼각형 OQ_1R_1의 평면 PQR 위로의 정사영의 넓이는 $\frac{q}{p}\sqrt{6}$이다. $p+q$의 값을 구하시오.

(단, O는 원점이고 세 점 O, Q_1, R_1은 한 직선 위에 있지 않으며, p와 q는 서로소인 자연수이다.) [4점]

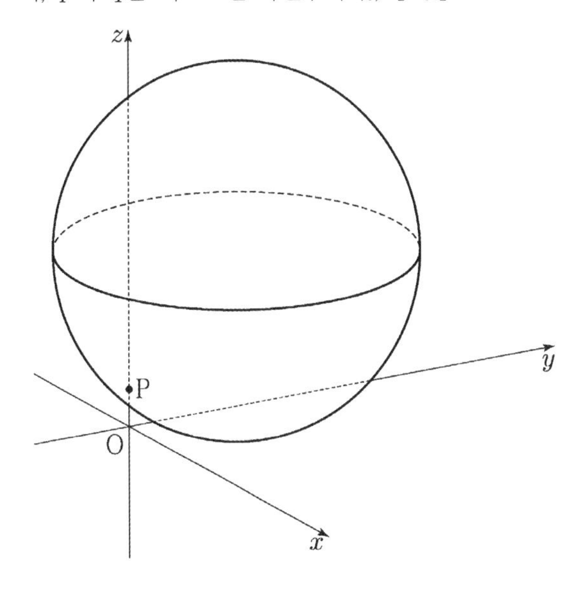

M 이차곡선

- 2015개정 교육과정

◆ 수학 I (공통과목)에서 라디안을 배우므로 라디안으로 출제된 기출은 변형하지 않았습니다.

○ 육십분법 도입

○ 기울기가 주어진 접선의 공식 귀환

○ 사인법칙, 코사인법칙 관련 문제 출제 가능

M. 포물선(정의)

M001

○○
(2017(4)고3-가형25)

좌표평면에서 점 (2, 0)을 지나고 기울기가 양수인 직선이 포물선 $y^2=8x$와 만나는 두 점을 각각 P, Q라 하자. 선분 PQ의 길이가 17일 때, 두 점 P, Q의 x좌표의 합을 구하시오. [3점]

M002

○○
(2023(3)고3-기하26)

포물선 $y^2=4x+4y+4$의 초점을 중심으로 하고 반지름의 길이가 2인 원이 포물선과 만나는 두 점을 $A(a, b)$, $B(c, d)$라 할 때, $a+b+c+d$의 값은? [3점]

① 1 ② 2 ③ 3 ④ 4 ⑤ 5

M003

○○
(2019(10)고3-가형11)

그림과 같이 점 F가 초점인 포물선 $y^2=4px$ 위의 점 P를 지나고 y축에 수직인 직선이 포물선 $y^2=-4px$와 만나는 점을 Q라 하자. $\overline{OP}=\overline{PF}$이고 $\overline{PQ}=6$일 때, 선분 PF의 길이는? (단, O는 원점이고, p는 양수이다.) [3점]

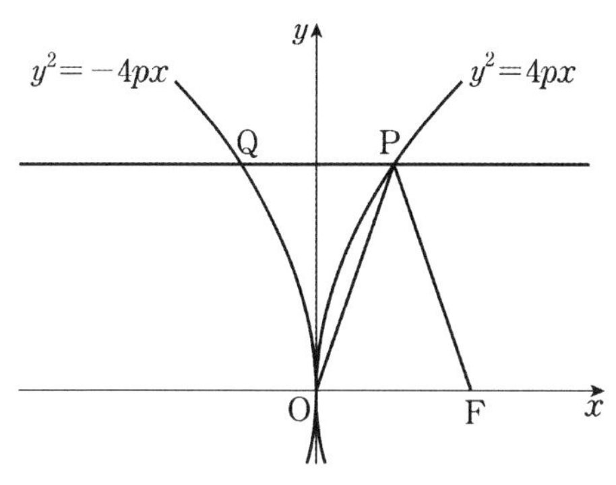

① 7 ② 8 ③ 9 ④ 10 ⑤ 11

M004

○○
(2022(3)고3-기하27)

초점이 F인 포물선 $y^2=4px(p>0)$ 위의 점 중 제1사분면에 있는 점 P에서 준선에 내린 수선의 발 H에 대하여 선분 FH가 포물선과 만나는 점을 Q라 하자. 점 Q가 다음 조건을 만족시킬 때, 상수 p의 값은? [3점]

(가) 점 Q는 선분 FH를 1 : 2로 내분한다.
(나) 삼각형 PQF의 넓이는 $\frac{8\sqrt{3}}{3}$이다.

① $\sqrt{2}$ ② $\sqrt{3}$ ③ 2 ④ $\sqrt{5}$ ⑤ $\sqrt{6}$

M005

○○ (2011사관(1차)-이과9)

좌표평면에서 포물선 $y^2=4px(p>0)$의 초점을 F, 준선을 l이라 하자. 점 F를 지나고 x축에 수직인 직선과 포물선이 만나는 점 중 제1사분면에 있는 점을 P라 하자. 또, 제1사분면에 있는 포물선 위의 점 Q에 대하여 두 직선 QP, QF가 준선 l과 만나는 점을 각각 R, S라 하자.

$\overline{PF}:\overline{QF}=2:5$일 때, $\dfrac{\overline{QF}}{\overline{FS}}$의 값은? [3점]

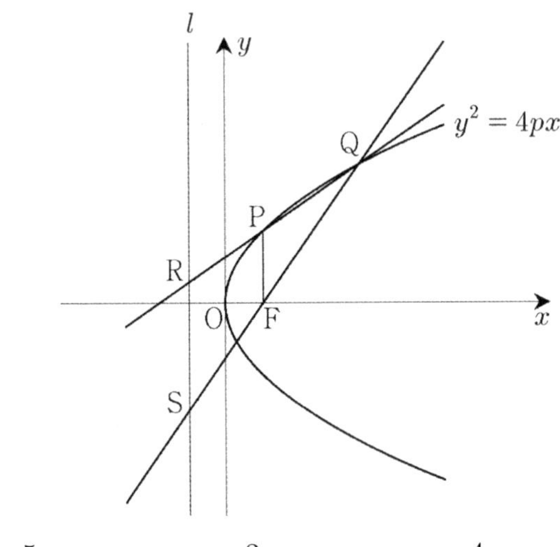

① $\dfrac{5}{3}$ ② $\dfrac{3}{2}$ ③ $\dfrac{4}{3}$

④ $\dfrac{5}{4}$ ⑤ $\dfrac{6}{5}$

M006

○○ (2014(7)고3-B형18변형)

초점이 F인 포물선 $y^2=4px(p>0)$ 위의 두 점 A, B에 대하여 다음의 두 조건이 성립한다.

(가) 점 A를 중심으로 하는 원이 점 F에서 x축에 접한다. (나) $\overline{AF}:\overline{BF}=4:7$

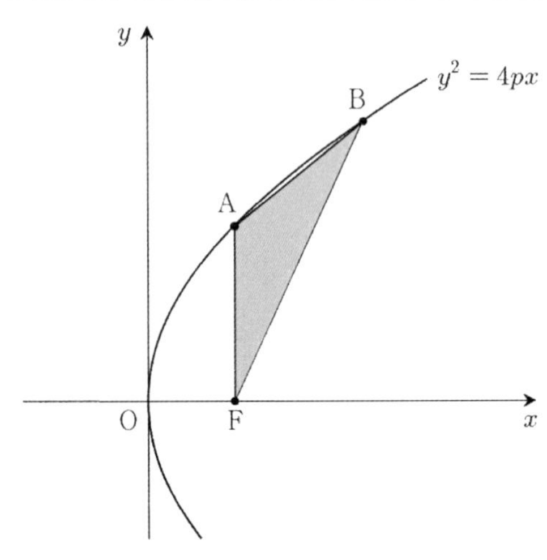

삼각형 AFB의 넓이가 24일 때, p의 값은? (단, 두 점 A, B는 제1사분면 위에 있다.) [4점]

① 1 ② 2 ③ 3

④ 4 ⑤ 5

M007

○○○ (2016(7)고3-가형28)

두 양수 m, p에 대하여 포물선 $y^2=4px$와 직선 $y=m(x-4)$가 만나는 두 점 중 제1사분면 위의 점을 A, 포물선의 준선과 x축이 만나는 점을 B, 직선 $y=m(x-4)$와 y축이 만나는 점을 C라 하자. 삼각형 ABC의 무게중심이 포물선의 초점 F와 일치할 때, $\overline{AF}+\overline{BF}$의 값을 구하시오. [4점]

M008

○○○
(2012(10)고3-가형13)

그림과 같이 초점이 F인 포물선 $y^2 = 12x$ 위에 $\angle \mathrm{OFA} = \angle \mathrm{AFB} = \frac{\pi}{3}$인 두 점 A, B가 있다. 삼각형 AFB의 넓이는? (단, O는 원점이고 두 점 A, B는 제1사분면 위의 점이다.) [4점]

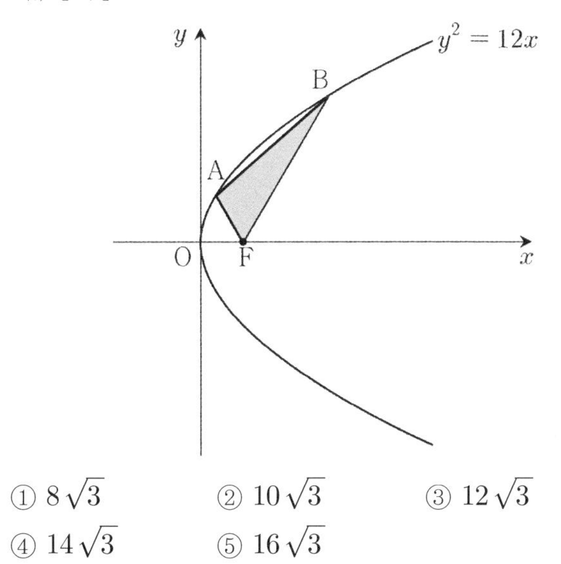

① $8\sqrt{3}$ ② $10\sqrt{3}$ ③ $12\sqrt{3}$
④ $14\sqrt{3}$ ⑤ $16\sqrt{3}$

M009

○○○
(2018(10)고3-가형27)

그림과 같이 원점을 꼭짓점으로 하고 초점이 $\mathrm{F}_1(1,\ 0)$, $\mathrm{F}_2(4,\ 0)$인 두 포물선을 각각 P_1, P_2라 하자. 직선 $x = k$ $(1 < k < 4)$가 포물선 P_1과 만나는 두 점을 A, B라 하고, 포물선 P_2와 만나는 두 점을 C, D라 하자. 삼각형 $\mathrm{F_1AB}$의 둘레의 길이를 l_1, 삼각형 $\mathrm{F_2DC}$의 둘레의 길이를 l_2라 하자. $l_2 - l_1 = 11$일 때, $32k$의 값을 구하시오. [4점]

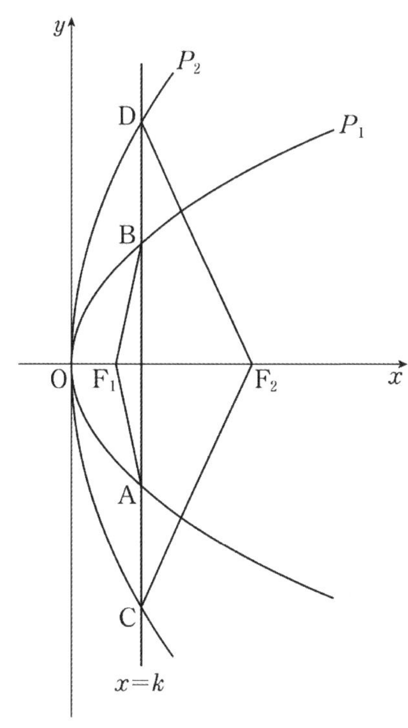

M. 포물선+닮음비

M010

○○
(2013사관(1차)-이과11)

포물선 $y^2=8x$의 초점 F를 지나는 직선이 포물선과 만나는 두 점을 A, B라 하자.

$\overline{AF}:\overline{BF}=3:1$일 때, 선분 AB의 길이는? [3점]

① $\frac{26}{3}$ ② $\frac{28}{3}$ ③ 10

④ $\frac{32}{3}$ ⑤ $\frac{34}{3}$

M011

○○○
(2015(7)고3-B형17)

그림과 같이 포물선 $y^2=8x$ 위의 네 점 A, B, C, D를 꼭짓점으로 하는 사각형 ABCD에 대하여 두 선분 AB와 CD가 각각 y축과 평행하다. 사각형 ABCD의 두 대각선의 교점이 포물선의 초점 F와 일치하고 $\overline{DF}=6$일 때, 사각형 ABCD의 넓이는? [4점]

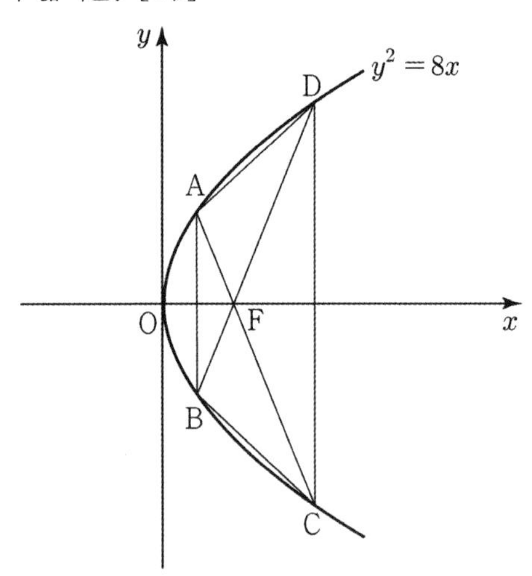

① $14\sqrt{2}$ ② $15\sqrt{2}$ ③ $16\sqrt{2}$

④ $17\sqrt{2}$ ⑤ $18\sqrt{2}$

M012

○○○
(2023(10)고3-기하26)

그림과 같이 초점이 F(2, 0)이고 x축을 축으로 하는 포물선이 원점 O를 지나는 직선과 제1사분면 위의 두 점 A, B에서 만난다. 점 A에서 y축에 내린 수선의 발을 H라 하자.

$$\overline{AF}=\overline{AH},\ \overline{AF}:\overline{BF}=1:4$$

일 때, 선분 AF의 길이는? [3점]

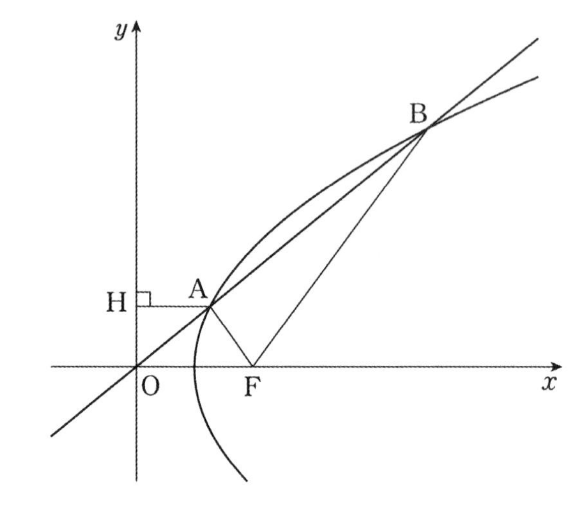

① $\frac{13}{12}$ ② $\frac{7}{6}$ ③ $\frac{5}{4}$

④ $\frac{4}{3}$ ⑤ $\frac{17}{12}$

M013

●●●
(2024사관(1차)-기하29)

초점이 F인 포물선 $y^2=4px$ $(p>0)$의 점 $(-p,\ 0)$을 지나는 직선과 두 점 A, B에서 만나고 $\overline{\mathrm{FA}}:\overline{\mathrm{FB}}=1:3$이다. 점 B에서 x축에 내린 수선의 발을 H라 할 때, 삼각형 BFH의 넓이는 $46\sqrt{3}$이다. p^2의 값을 구하시오. [4점]

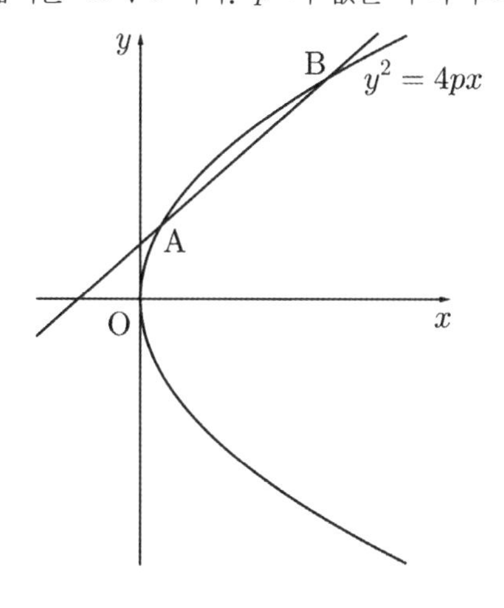

M. 포물선+피타고라스의 정리/코사인법칙

M014

○○
(2019(4)고3-가형26)

좌표평면에서 점 $\mathrm{P}(-2,\ k)$와 초점이 F인 포물선 $y^2=8x$ 위의 점 Q에 대하여 $\overline{\mathrm{PQ}}=\overline{\mathrm{QF}}=10$일 때, 양수 k의 값을 구하시오. [4점]

M015

○○
(2022(10)고3-기하27)

양수 p에 대하여 두 포물선 $x^2=8(y+2)$, $y^2=4px$가 만나는 점 중 제1사분면 위의 점을 P라 하자. 점 P에서 포물선 $x^2=8(y+2)$의 준선에 내린 수선의 발 H와 포물선 $x^2=8(y+2)$의 초점 F에 대하여 $\overline{\mathrm{PH}}+\overline{\mathrm{PF}}=40$일 때, p의 값은? [3점]

① $\frac{16}{3}$　② 6　③ $\frac{20}{3}$

④ $\frac{22}{3}$　⑤ 8

M016

○○
(2017(10)고3-가형8)

그림과 같이 포물선 $y^2=4x$ 위의 점 A에서 x축에 내린 수선의 발을 H라 하자. 포물선 $y^2=4x$의 초점 F에 대하여 $\overline{\mathrm{AF}}=5$일 때, 삼각형 AFH의 넓이는? [3점]

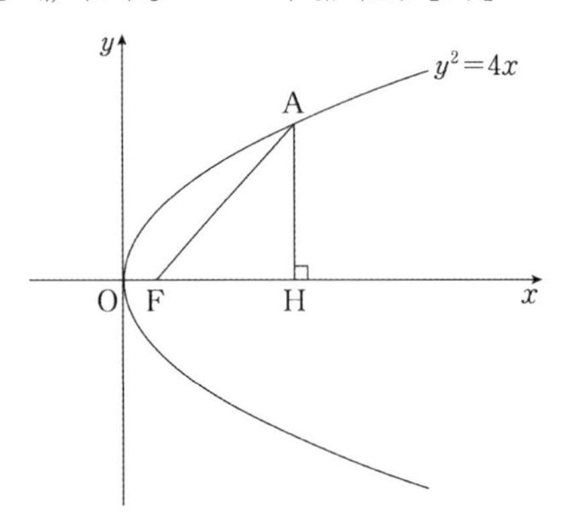

① 6　② $\frac{13}{2}$　③ 7
④ $\frac{15}{2}$　⑤ 8

M017

○○○
(2021(4)고3-기하26)

그림과 같이 꼭짓점이 원점 O이고 초점이 $\mathrm{F}(p,\ 0)$ $(p>0)$인 포물선이 있다. 포물선 위의 점 A에서 x축, y축에 내린 수선의 발을 각각 B, C라 하자. $\overline{\mathrm{FA}}=8$이고 사각형 OFAC의 넓이와 삼각형 FBA의 넓이의 비가 $2:1$일 때, 삼각형 ACF의 넓이는? (단, 점 A는 제1사분면 위의 점이고, 점 A의 x좌표는 p보다 크다.) [3점]

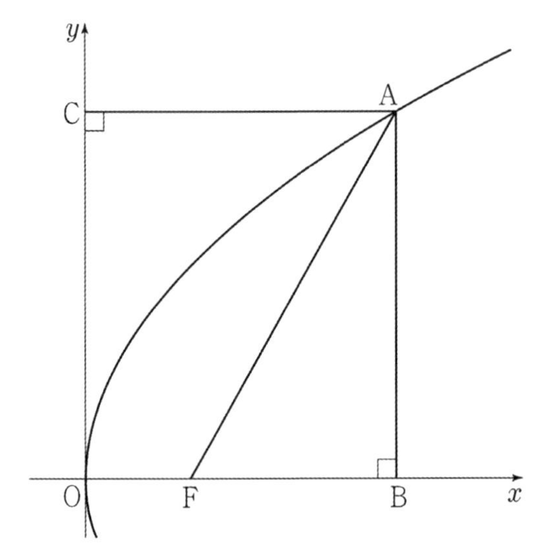

① $\frac{27}{2}$　② $9\sqrt{3}$　③ 18
④ $12\sqrt{3}$　⑤ 24

M018

○○○
(2021(3)고3-기하28)

자연수 n에 대하여 초점이 F인 포물선 $y^2=2x$ 위의 점 P_n이 $\overline{\mathrm{FP}_n}=2n$을 만족시킬 때, $\sum_{n=1}^{8}\overline{\mathrm{OP}_n}^2$의 값은? (단, O는 원점이고, 점 P_n은 제1사분면 위에 있다.) [4점]

① 874　② 876　③ 878
④ 880　⑤ 882

M019

○○○
(2005사관(1차)-이과7)

그림과 같이 포물선 $y^2=12x$의 초점 F를 지나는 직선 l과 이 포물선이 만나는 두 점을 A, B라 하자. $\overline{AF}:\overline{BF}=4:1$일 때 직선 l의 방정식은 $ax+by=12$이다. 이 때, 상수 a, b에 대하여 $a-b$의 값은? [3점]

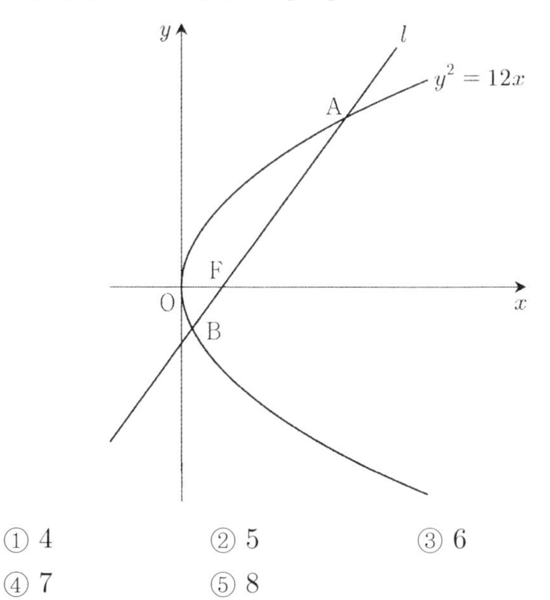

① 4 ② 5 ③ 6
④ 7 ⑤ 8

M020

○○
(2023(7)고3-기하26)

포물선 $y^2=4px$ $(p>0)$의 초점 F를 지나는 직선이 포물선과 서로 다른 두 점 A, B에서 만날 때, 두 점 A, B에서 포물선의 준선에 내린 수선의 발을 각각 C, D라 하자. $\overline{AC}:\overline{BD}=2:1$이고 사각형 ACDB의 넓이가 $12\sqrt{2}$일 때, 선분 AB의 길이는? (단, 점 A는 제1사분면에 있다.) [3점]

① 6 ② 7 ③ 8
④ 9 ⑤ 10

M021

○○○
(2009사관(1차)-이과14)

그림과 같이 포물선 $y^2=4x$의 초점 F를 지나는 직선이 이 포물선과 만나는 두 점을 각각 P, Q라 하고, 두 점 P, Q에서 준선에 내린 수선의 발을 각각 A, B라 하자. $\overline{PF}=5$일 때, 사각형 ABQP의 넓이는? [3점]

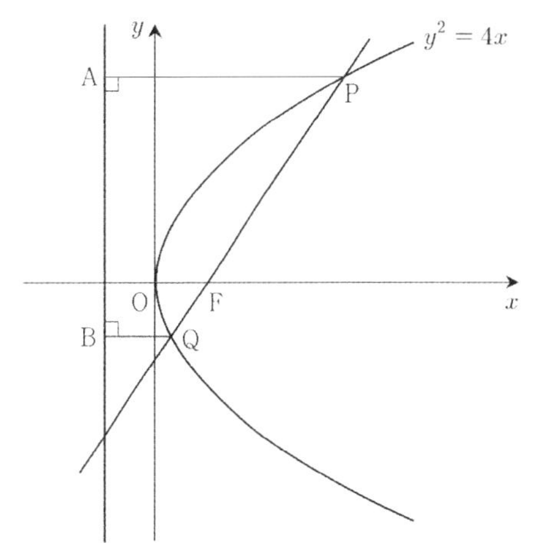

① $\frac{57}{4}$ ② $\frac{115}{8}$ ③ 15
④ $\frac{125}{8}$ ⑤ $\frac{135}{8}$

M022

○○○
(2023사관(1차)-기하28)

점 F를 초점으로 하고 직선 l을 준선으로 하는 포물선이 있다. 포물선 위의 두 점 A, B와 점 F를 지나는 직선이 직선 l과 만나는 점을 C라 하자. 두 점 A, B에서 직선 l에 내린 수선의 발을 각각 H, I라 하고 점 B에서 직선 AH에 내린 수선의 발을 J라 하자.

$\dfrac{\overline{\mathrm{BJ}}}{\overline{\mathrm{BI}}}=\dfrac{2\sqrt{15}}{3}$ 이고 $\overline{\mathrm{AB}}=8\sqrt{5}$ 일 때, 선분 HC의 길이는? [4점]

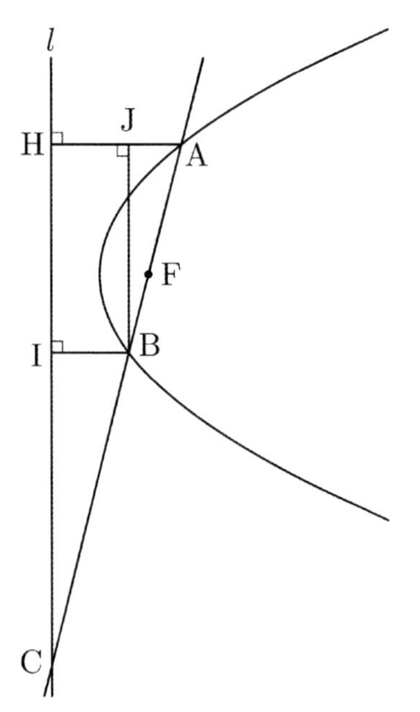

① $21\sqrt{3}$ ② $22\sqrt{3}$ ③ $23\sqrt{3}$ ④ $24\sqrt{3}$ ⑤ $25\sqrt{3}$

M023

●●●
(2022(3)고3-기하30)

그림과 같이 꼭짓점이 A_1이고 초점이 F_1인 포물선 P_1과 꼭짓점이 A_2이고 초점이 F_2인 포물선 P_2가 있다. 두 포물선의 준선은 모두 직선 $\mathrm{F}_1\mathrm{F}_2$와 평행하고, 두 선분 $\mathrm{A}_1\mathrm{A}_2$, $\mathrm{F}_1\mathrm{F}_2$의 중점은 서로 일치한다.

두 포물선 P_1, P_2가 서로 다른 두 점에서 만날 때 두 점 중에서 점 A_2에 가까운 점을 B라 하자. 포물선 P_1이 선분 $\mathrm{F}_1\mathrm{F}_2$와 만나는 점을 C라 할 때, 두 점 B, C가 다음 조건을 만족시킨다.

(가) $\overline{\mathrm{A}_1\mathrm{C}}=5\sqrt{5}$

(나) $\overline{\mathrm{F}_1\mathrm{B}}-\overline{\mathrm{F}_2\mathrm{B}}=\dfrac{48}{5}$

삼각형 $\mathrm{BF}_2\mathrm{F}_1$의 넓이가 S일 때, $10S$의 값을 구하시오. (단, $\angle \mathrm{F}_1\mathrm{F}_2\mathrm{B}<90^\circ$) [4점]

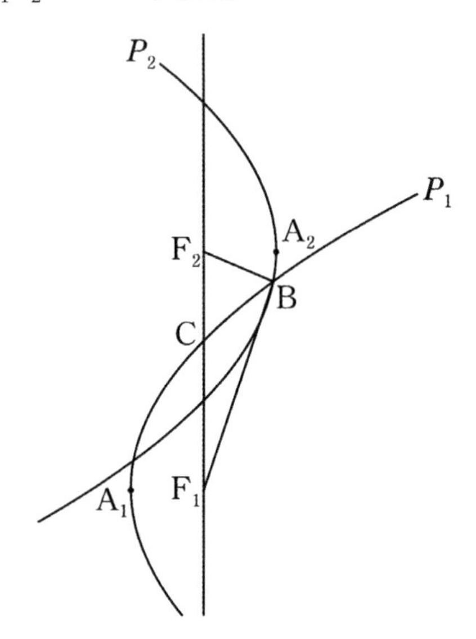

M024

●●● (2021(3)고3-기하30)

그림과 같이 두 초점이 $\mathrm{F}(c,\ 0)$, $\mathrm{F}'(-c,\ 0)$ $(c>0)$이고 장축의 길이가 12인 타원이 있다. 점 F가 초점이고 직선 $x=-k$ $(k>0)$이 준선인 포물선이 타원과 제2사분면의 점 P에서 만난다. 점 P에서 직선 $x=-k$에 내린 수선의 발을 Q라 할 때, 두 점 P, Q가 다음 조건을 만족시킨다.

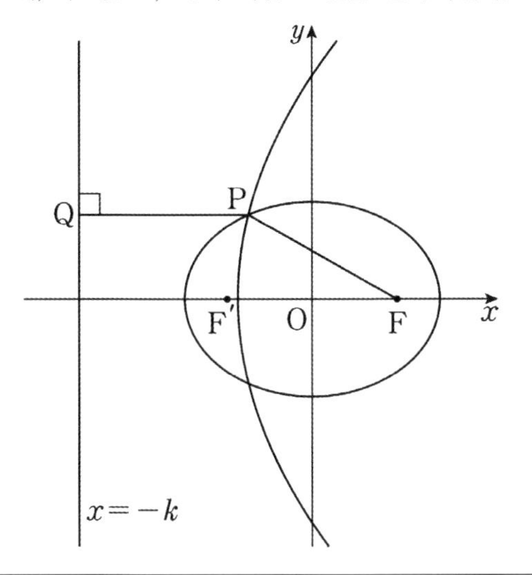

(가) $\cos(\angle \mathrm{F'FP})=\dfrac{7}{8}$

(나) $\overline{\mathrm{FP}}-\overline{\mathrm{F'Q}}=\overline{\mathrm{PQ}}-\overline{\mathrm{FF'}}$

$c+k$의 값을 구하시오. [4점]

M025

●●● (2021(7)고3-기하28)

그림과 같이 좌표평면에서 포물선 $y^2=4x$의 초점 F를 지나고 x축과 수직인 직선 l_1이 이 포물선과 만나는 서로 다른 두 점을 각각 A, B라 하고, 점 F를 지나고 기울기가 m $(m>0)$인 직선 l_2가 이 포물선과 만나는 서로 다른 두 점을 각각 C, D라 하자. 삼각형 FCA의 넓이가 삼각형 FDB의 넓이의 5배일 때, m의 값은? (단, 두 점 A, C는 제1사분면 위의 점이고, 두 점 B, D는 제4사분면 위의 점이다.) [4점]

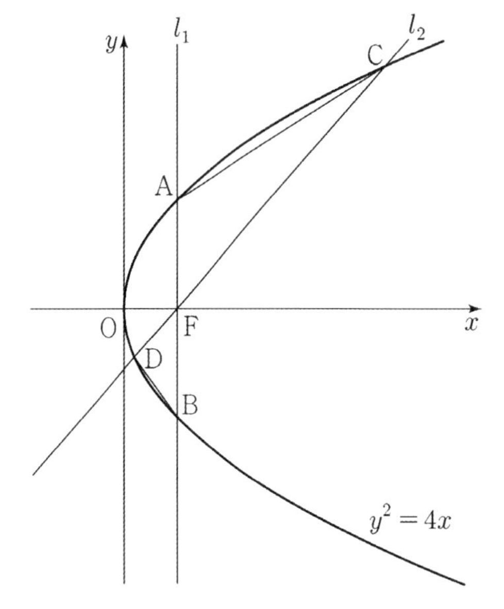

① $\dfrac{\sqrt{3}}{2}$　② 1　③ $\dfrac{\sqrt{5}}{2}$　④ $\dfrac{\sqrt{6}}{2}$　⑤ $\dfrac{\sqrt{7}}{2}$

M. 포물선+원

M026

○○
(2017사관(1차)-가형10)

그림과 같이 포물선 $y^2=4x$ 위의 한 점 P를 중심으로 하고 준선과 점 A에서 접하는 원이 x축과 만나는 두 점을 각각 B, C라 하자. 부채꼴 PBC의 넓이가 부채꼴 PAB의 넓이의 2배일 때, 원의 반지름의 길이는? (단, 점 P의 x좌표는 1보다 크고, 점 C의 x좌표는 점 B의 x좌표보다 크다.) [3점]

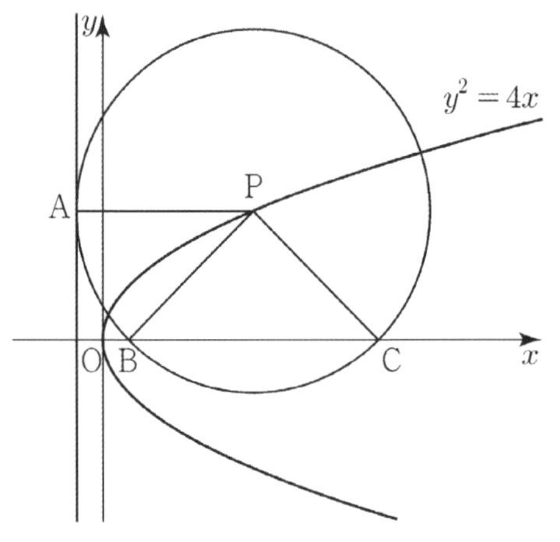

① $2+2\sqrt{3}$ ② $3+2\sqrt{2}$ ③ $3+2\sqrt{3}$
④ $4+2\sqrt{2}$ ⑤ $4+2\sqrt{3}$

M027

○○○
(2023(3)고3-기하29)

그림과 같이 꼭짓점이 원점 O이고 초점이 $F(p,\ 0)(p>0)$인 포물선이 있다. 점 F를 지나고 기울기가 $-\frac{4}{3}$인 직선이 포물선과 만나는 점 중 제1사분면에 있는 점을 P라 하자. 직선 FP 위의 점을 중심으로 하는 원 C가 점 P를 지나고, 포물선의 준선에 접한다. 원 C의 반지름의 길이가 3일 때, $25p$의 값을 구하시오. (단, 원 C의 중심의 x좌표는 점 P의 x좌표보다 작다.) [4점]

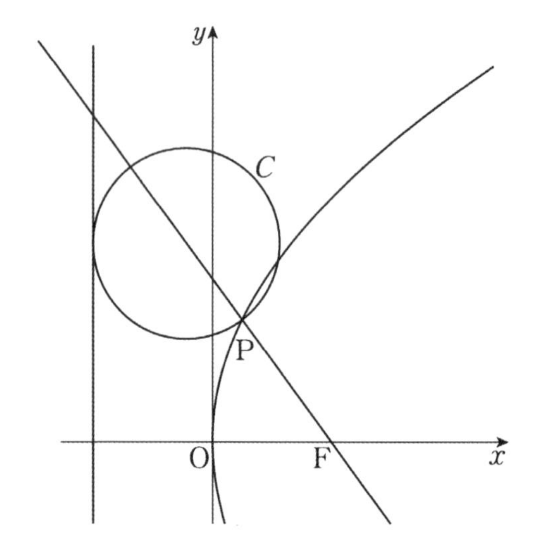

M028

○○○
(2023(4)고3-기하28)

초점이 F인 포물선 C: $y^2=4x$ 위의 점 중 제1사분면에 있는 점 P가 있다. 선분 PF를 지름으로 하는 원을 O라 할 때, 원 O는 포물선 C와 서로 다른 두 점에서 만난다.
원 O가 포물선 C와 만나는 점 중 P가 아닌 점을 Q,
점 P에서 포물선 C의 준선에 내린 수선의 발을 H라 하자.
$\angle$QHP$=\alpha$, $\angle$HPQ$=\beta$라 할 때, $\dfrac{\tan\beta}{\tan\alpha}=3$이다.

$\dfrac{\overline{\text{QH}}}{\overline{\text{PQ}}}$의 값은? [4점]

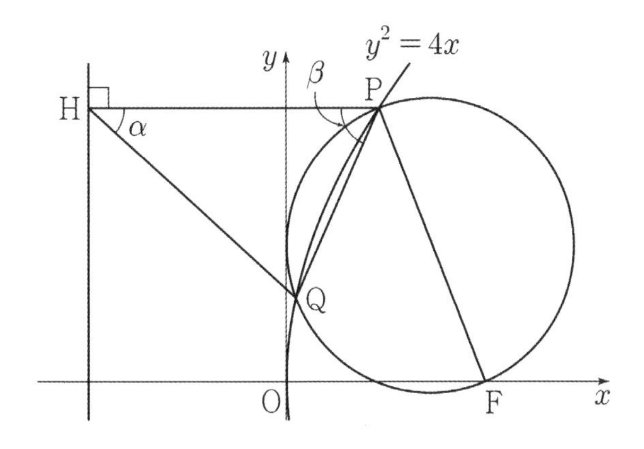

① $\dfrac{4\sqrt{6}}{7}$　② $\dfrac{3\sqrt{11}}{7}$　③ $\dfrac{\sqrt{102}}{7}$

④ $\dfrac{\sqrt{105}}{7}$　⑤ $\dfrac{6\sqrt{3}}{7}$

M. 포물선+최대최소

M029

○○○
(2021(3)고3-기하27)

점 A$(6,\ 12)$와 포물선 $y^2=4x$ 위의 점 P,
직선 $x=-4$ 위의 점 Q에 대하여 $\overline{\text{AP}}+\overline{\text{PQ}}$의 최솟값은?
[3점]

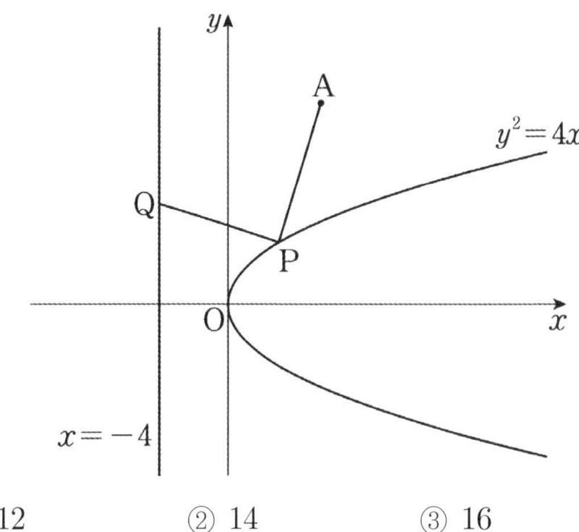

① 12　② 14　③ 16

④ 18　⑤ 20

M. 타원

M030

○○
(2005(10)고3-가형23)

그림과 같이 두 점 $F(c,\ 0)$, $F'(-c,\ 0)$을 초점으로 하는 타원 $\frac{x^2}{a^2}+\frac{y^2}{16}=1$과 직선 $x=c$의 교점을 A, B라 하자. 두 점 $C(a,\ 0)$, $D(-a,\ 0)$에 대하여, 사각형 ADBC의 넓이를 구하시오. (단, a와 c는 양수이다.) [4점]

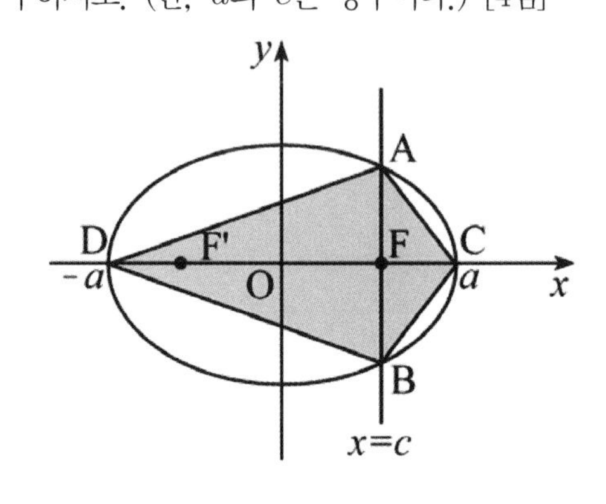

M031

○○
(2018(4)고3-가형12)

좌표평면 위에 두 점 $F(c,\ 0)$, $F'(-c,\ 0)(c>0)$을 초점으로 하고 점 $A(0,\ 1)$을 지나는 타원 C가 있다. 두 점 A, F'을 지나는 직선이 타원 C와 만나는 점 중 점 A가 아닌 점을 B라 하자. 삼각형 ABF의 둘레의 길이가 16일 때, 선분 FF'의 길이는? [3점]

① 6 ② $4\sqrt{3}$ ③ $2\sqrt{15}$
④ $6\sqrt{2}$ ⑤ $2\sqrt{21}$

M032

○○
(2007사관(1차)-이과18)

그림과 같이 서로 합동인 두 타원 C_1, C_2가 외접하고 있다. 두 점 A, B는 타원 C_1의 초점, 두 점 C, D는 타원 C_2의 초점이고, 네 점 A, B, C, D는 모두 한 직선 위에 있다. 두 점 B, C를 초점, 선분 AD를 장축으로 하는 타원을 C_3이라 하고, 두 타원 C_1, C_3의 교점을 P라 하자. $\overline{AB}=8$이고 $\overline{BC}=6$일 때, $\overline{CP}-\overline{AP}$의 값은? [4점]

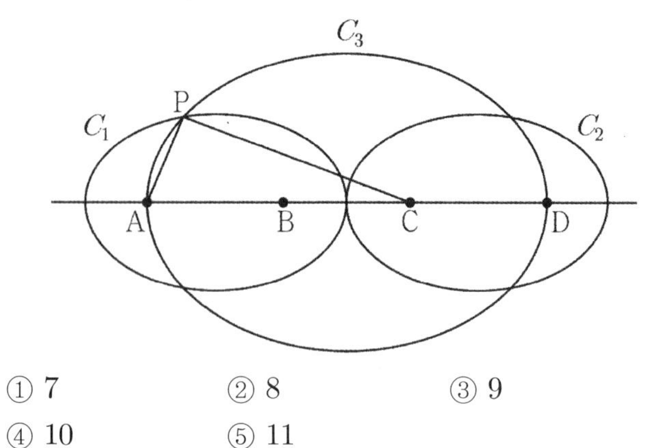

① 7 ② 8 ③ 9
④ 10 ⑤ 11

M033

○○
(2008(10)고3-가형5)

그림과 같이 타원 $\frac{x^2}{a^2}+\frac{y^2}{b^2}=1(0<b<a)$에 내접하는 정삼각형 ABC가 있다. 타원의 두 초점 F, F'이 각각 선분 AC, AB 위에 있을 때, $\frac{b}{a}$의 값은? (단, 점 A는 y축 위에 있다.) [3점]

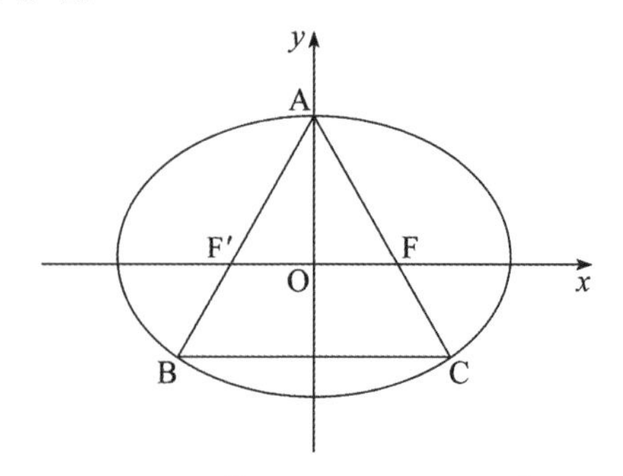

① $\frac{3}{5}$ ② $\frac{2}{3}$ ③ $\frac{3}{4}$
④ $\frac{\sqrt{3}}{3}$ ⑤ $\frac{\sqrt{3}}{2}$

M034

○○ (2013(7)고3-B형28)

[그림1]과 같이 타원 $\frac{x^2}{a^2}+\frac{y^2}{b^2}=1$과 한 변의 길이가 2인 정삼각형 ABC가 있다. 변 AB는 x축 위에 있고 꼭짓점 A, C는 타원 위에 있다. 한 변이 x축 위에 놓이도록 정삼각형 ABC를 x축을 따라 양의 방향으로 미끄러짐 없이 회전시킨다. 처음 위치에서 출발한 후 변 BC가 두 번째로 x축 위에 놓이고 꼭짓점 C는 타원 위에 놓일 때가 [그림2]이다.

a^2+3b^2의 값을 구하시오. [4점]

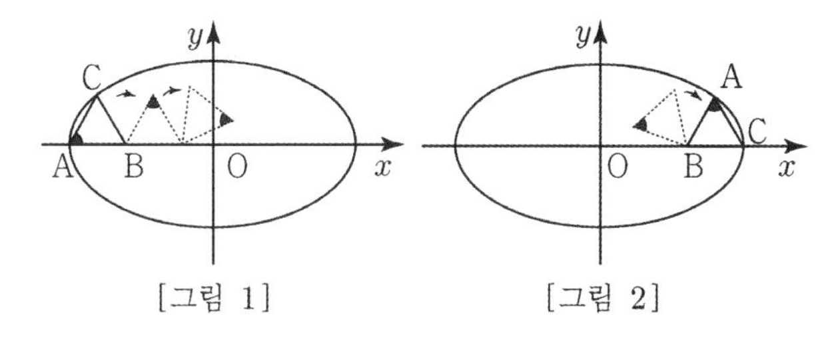

[그림 1]　　[그림 2]

M035

●●● (2022(7)고3-기하28)

그림과 같이 F(6, 0), F′(−6, 0)을 두 초점으로 하는 타원 $\frac{x^2}{a^2}+\frac{y^2}{b^2}=1$이 있다. 점 $A\left(\frac{3}{2},\ 0\right)$에 대하여 $\angle FPA=\angle F'PA$를 만족시키는 타원의 제1사분면 위의 점을 P라 할 때, 점 F에서 직선 AP에 내린 수선의 발을 B라 하자. $\overline{OB}=\sqrt{3}$ 일 때, $a\times b$의 값은? (단, $a>0$, $b>0$이고 O는 원점이다.) [4점]

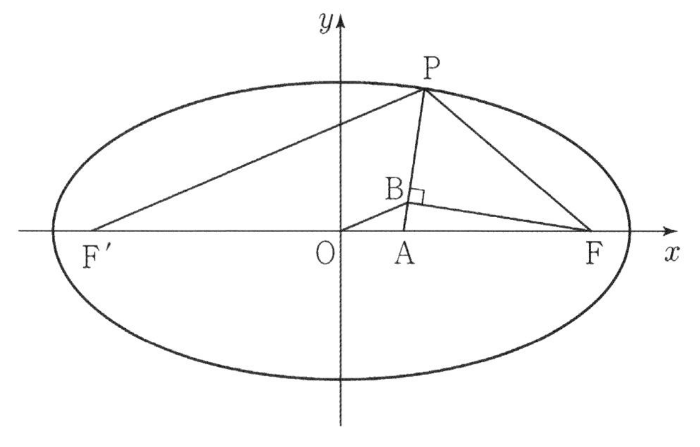

① 16　② 20　③ 24　④ 28　⑤ 32

M. 타원+피타고라스/코사인법칙

M036

○○ (2022(3)고3-기하26)

그림과 같이 두 초점이 F, F′인 타원 $\frac{x^2}{25}+\frac{y^2}{9}=1$ 위의 점 중 제1사분면에 있는 점 P에 대하여 세 선분 PF, PF′, FF′의 길이가 이 순서대로 등차수열을 이룰 때, 점 P의 x좌표는? (단, 점 F의 x좌표는 양수이다.) [3점]

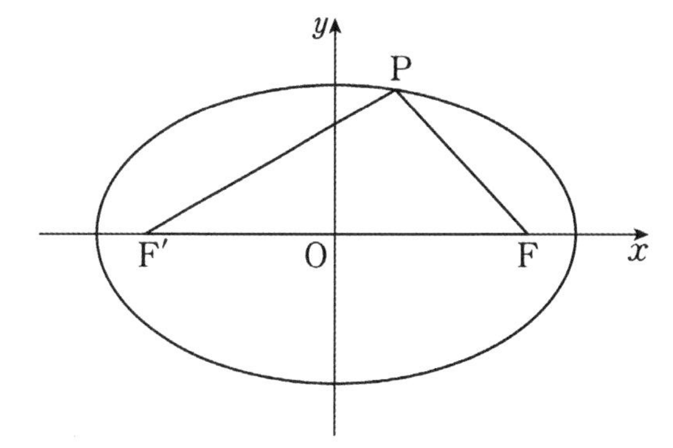

① 1　② $\frac{9}{8}$　③ $\frac{5}{4}$　④ $\frac{11}{8}$　⑤ $\frac{3}{2}$

M037

○○ (2008사관(1차)-이과6)

그림과 같이 타원 $\frac{x^2}{100}+\frac{y^2}{75}=1$의 두 초점을 F, F′이라 하고, 이 타원 위의 점 P에 대하여 선분 F′P가 타원 $\frac{x^2}{49}+\frac{y^2}{24}=1$과 만나는 점을 Q라 하자. $\overline{\mathrm{F'Q}}=8$일 때, 선분 FP의 길이는? [3점]

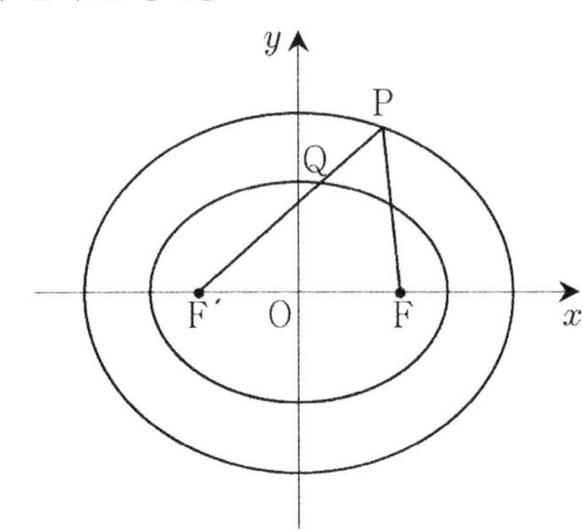

① 7 ② $\frac{29}{4}$ ③ $\frac{15}{2}$

④ $\frac{31}{4}$ ⑤ 8

M038

○○ (2022(4)고3-기하25)

그림과 같이 두 점 F$(c,\ 0)$, F′$(-c,\ 0)(c>0)$을 초점으로 하는 타원과 꼭짓점이 원점 O이고 점 F를 초점으로 하는 포물선이 있다. 타원과 포물선이 만나는 점 중 제1사분면 위의 점을 P라 하고, 점 P에서 직선 $x=-c$에 내린 수선의 발을 Q라 하자.

$\overline{\mathrm{FP}}=8$이고 삼각형 FPQ의 넓이가 24일 때, 타원의 장축의 길이는? [3점]

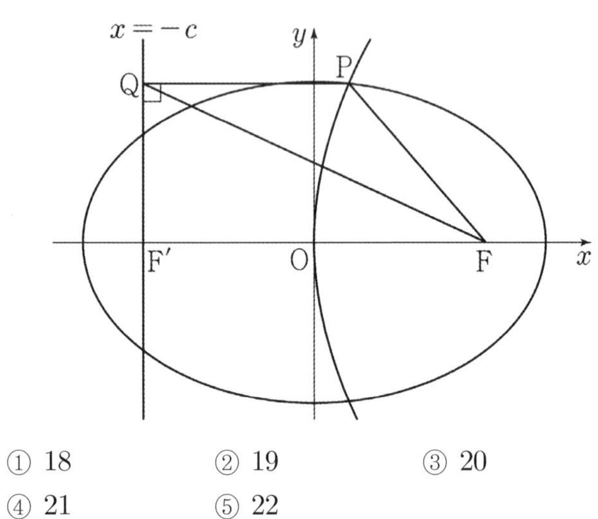

① 18 ② 19 ③ 20

④ 21 ⑤ 22

M039

○○○ (2016(4)고3-가형17)

그림과 같이 타원 $\frac{x^2}{a^2}+\frac{y^2}{b^2}=1$의 두 초점 중 x좌표가 양수인 점을 F, 음수인 점을 F′이라 하자. 타원 위의 점 P에 대하여 선분 PF′의 중점 M의 좌표가 $(0,\ 1)$이고 $\overline{\mathrm{PM}}=\overline{\mathrm{PF}}$일 때, a^2+b^2의 값은? (단, a, b는 상수이다.) [4점]

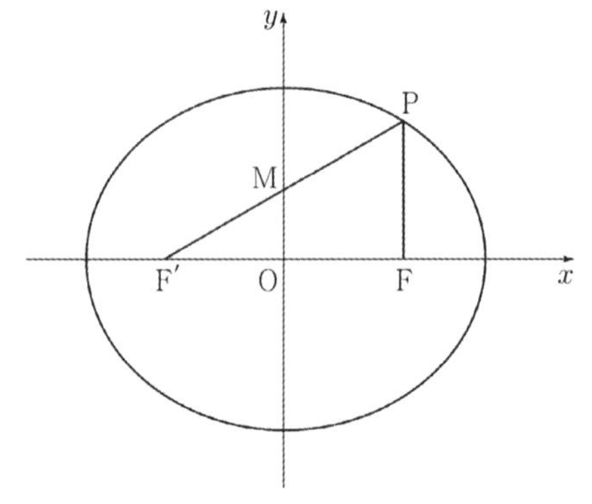

① 14 ② 15 ③ 16

④ 17 ⑤ 18

M040

○○○
(2015(10)고3-B형14)

그림과 같이 좌표평면에 x축 위의 두 점 F, F$'$과 점 P $(0,\ n)(n>0)$이 있다. 그리고 삼각형 PF$'$F는 $\angle \mathrm{FPF}'=\dfrac{\pi}{2}$인 직각이등변삼각형이다.

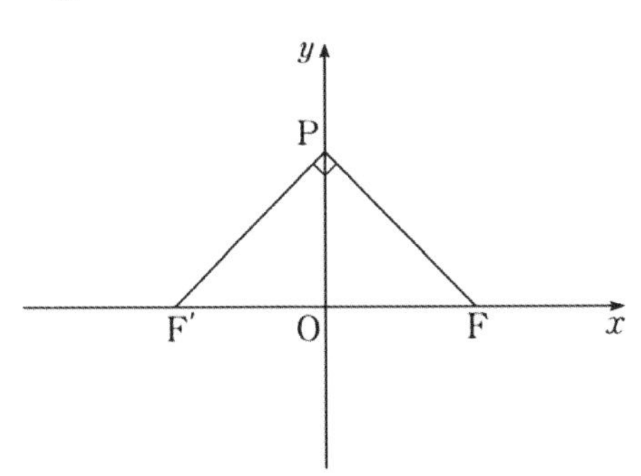

두 점 F, F$'$을 초점으로 하고 점 P를 지나는 타원과 직선 PF$'$이 만나는 점 중 점 P가 아닌 점을 Q라 하자. 삼각형 FPQ의 둘레의 길이가 $12\sqrt{2}$일 때, 삼각형 FPQ의 넓이는? [4점]

① 11 ② 12 ③ 13 ④ 14 ⑤ 15

M041

○○○
(2014사관(1차)-B형25)

그림과 같이 타원 $\dfrac{x^2}{25}+\dfrac{y^2}{16}=1$의 두 초점을 각각 F, F$'$이라 하자. 타원 위의 한 점 P와 x축 위의 한 점 Q에 대하여 $\overline{\mathrm{PF}}:\overline{\mathrm{PF'}}=\overline{\mathrm{QF}}:\overline{\mathrm{QF'}}=2:3$일 때, $\overline{\mathrm{PQ}}^2$의 값을 구하시오. (단, 점 Q는 타원 외부의 점이다.) [3점]

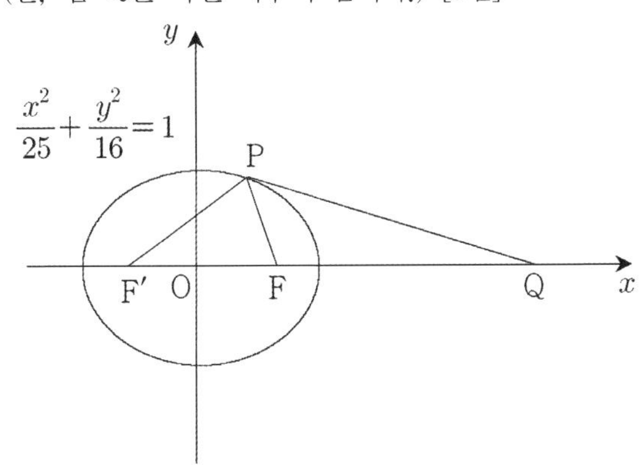

M042

○○○
(2023(3)고3-기하28)

장축의 길이가 6이고 두 초점이 $\mathrm{F}(c,\ 0)$, $\mathrm{F}'(-c,\ 0)$ $(c>0)$인 타원을 C_1이라 하자. 장축의 길이가 6이고 두 초점이 $\mathrm{A}(3,\ 0)$, $\mathrm{F}'(-c,\ 0)$인 타원을 C_2라 하자. 두 타원 C_1과 C_2가 만나는 점 중 제1사분면에 있는 점 P에 대하여 $\cos(\angle \mathrm{AFP})=\dfrac{3}{8}$일 때,

삼각형 PFA의 둘레의 길이는? [4점]

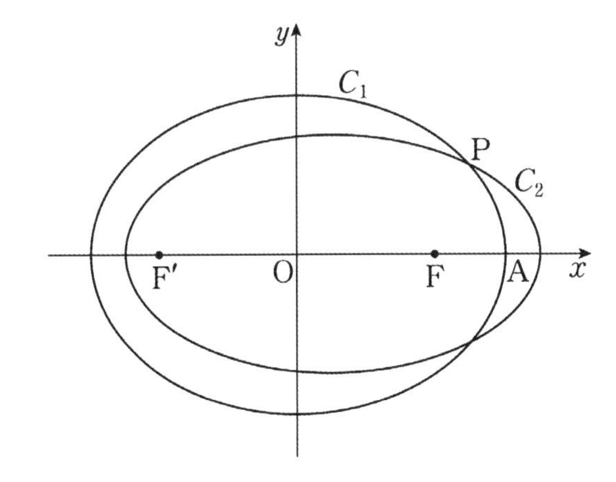

① $\dfrac{11}{6}$ ② $\dfrac{11}{5}$ ③ $\dfrac{11}{4}$ ④ $\dfrac{11}{3}$ ⑤ $\dfrac{11}{2}$

M043

○○○
(2019사관(1차)-가형15)

그림과 같이 타원 $\frac{x^2}{a}+\frac{y^2}{12}=1$의 두 초점 중 x좌표가 양수인 점을 F, 음수인 점을 F′이라 하자. 타원 $\frac{x^2}{a}+\frac{y^2}{12}=1$ 위에 있고 제1사분면에 있는 점 P에 대하여 선분 F′P의 연장선 위에 점 Q를 $\overline{\mathrm{F'Q}}=10$이 되도록 잡는다. 삼각형 PFQ가 직각이등변삼각형일 때, 삼각형 QF′F의 넓이는? (단, $a>12$) [4점]

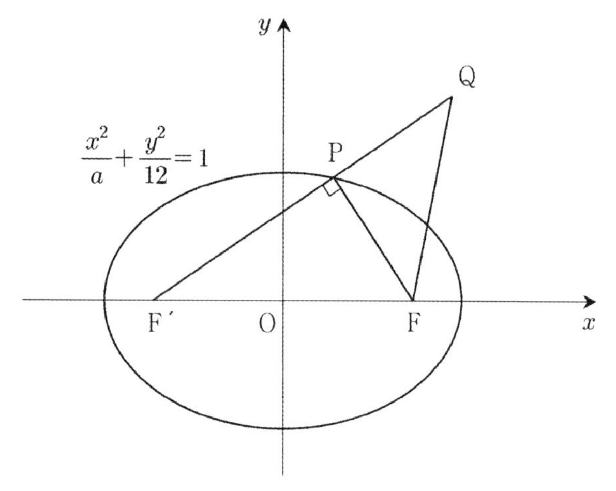

① 15 ② $\frac{35}{2}$ ③ 20

④ $\frac{45}{2}$ ⑤ 25

M044

○○○
(2015사관(1차)-B형12)

좌표평면에서 두 점 A$(-3,\ 0)$, B$(3,\ 0)$을 초점으로 하고 장축의 길이가 8인 타원이 있다. 초점이 B이고 원점을 꼭짓점으로 하는 포물선이 타원과 만나는 한 점을 P라 할 때, 선분 PB의 길이는? [3점]

① $\frac{22}{7}$ ② $\frac{23}{7}$ ③ $\frac{24}{7}$

④ $\frac{25}{7}$ ⑤ $\frac{26}{7}$

M045

●●●
(2022사관(1차)-기하29)

그림과 같이 포물선 $y^2=16x$의 초점을 F라 하자. 점 F를 한 초점으로 하고 점 A$(-2,\ 0)$을 지나며 다른 초점 F′이 선분 AF 위에 있는 타원 E가 있다. 포물선 $y^2=16x$가 타원 E와 제1사분면에서 만나는 점을 B라 하자. $\overline{\mathrm{BF}}=\frac{21}{5}$일 때, 타원 E의 장축의 길이는 k이다. $10k$의 값을 구하시오. [4점]

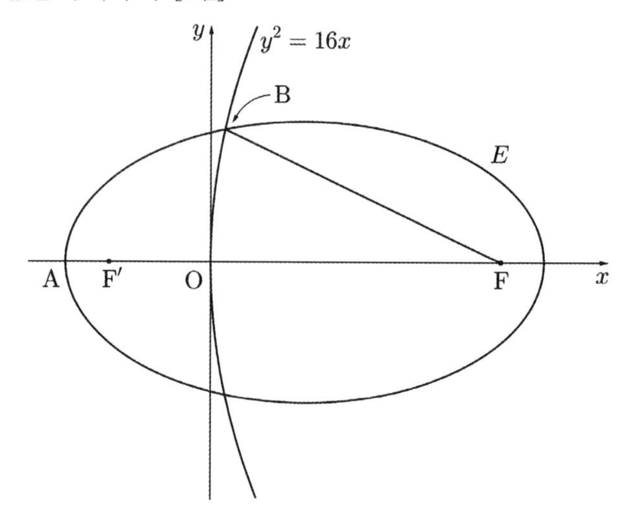

M046

○○
(2007(10)고3-가형21)

그림과 같이 좌표평면에 중심의 좌표가 각각 $(10, 0)$, $(-10, 0)$, $(0, 6)$, $(0, -6)$이고 반지름의 길이가 모두 같은 4개의 원에 동시에 접하고, 초점이 x축 위에 있는 타원이 있다.

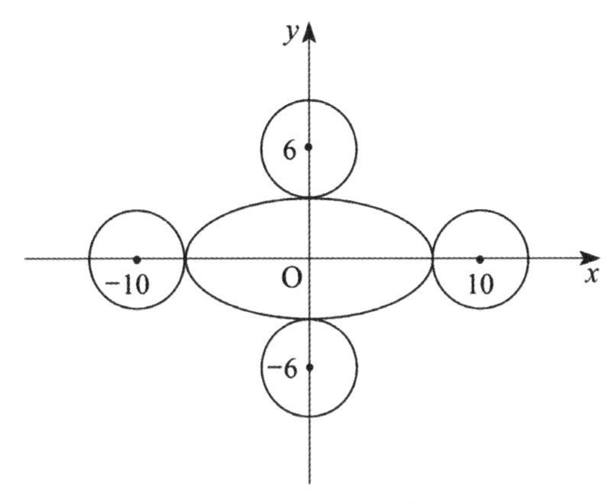

이 타원의 두 초점 사이의 거리가 $4\sqrt{10}$일 때, 장축의 길이를 구하시오. (단, 네 원의 중심은 타원의 외부에 있다.) [4점]

M047

○○○
(2018사관(1차)-가형24)

좌표평면에서 타원 $\frac{x^2}{25}+\frac{y^2}{9}=1$의 두 초점을 $\mathrm{F}(c, 0)$, $\mathrm{F}'(-c, 0)(c>0)$이라 하자. 이 타원 위의 제1사분면에 있는 점 P에 대하여 점 F′을 중심으로 하고 점 P를 지나는 원과 직선 PF′이 만나는 점 중 P가 아닌 점을 Q라 하고, 점 F를 중심으로 하고 점 P를 지나는 원과 직선 PF가 만나는 점 중 P가 아닌 점을 R라 할 때, 삼각형 PQR의 둘레의 길이를 구하시오. [3점]

M048

○○○
(2013(10)고3-B형27)

그림과 같이 점 $\mathrm{A}(-5, 0)$을 중심으로 하고 반지름의 길이가 r인 원과 타원 $\frac{x^2}{25}+\frac{y^2}{16}=1$의 한 교점을 P라 하자. 점 $\mathrm{B}(3, 0)$에 대하여 $\overline{\mathrm{PA}}+\overline{\mathrm{PB}}=10$일 때, $10r$의 값을 구하시오. [4점]

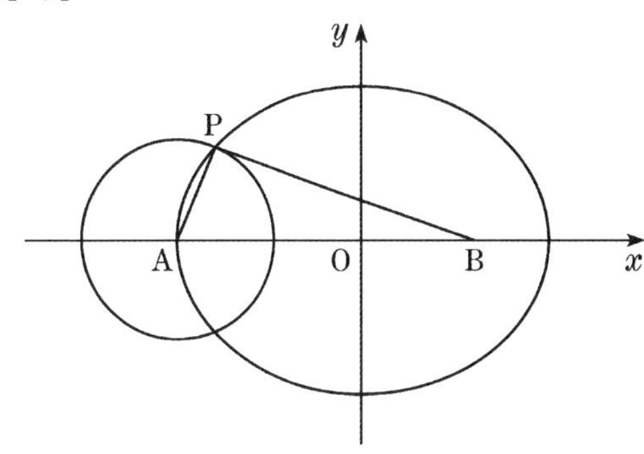

M049

○○○ (2022(3)고3-기하28)

그림과 같이 타원 $\frac{x^2}{a^2}+\frac{y^2}{b^2}=1$의 두 초점 F, F′에 대하여 선분 FF′을 지름으로 하는 원을 C라 하자. 원 C가 타원과 제1사분면에서 만나는 점을 P라 하고, 원 C가 y축과 만나는 점 중 y좌표가 양수인 점을 Q라 하자. 두 직선 F′P, QF가 이루는 예각의 크기를 θ라 하자. $\cos\theta=\frac{3}{5}$일 때, $\frac{b^2}{a^2}$의 값은? (단, a, b는 $a>b>0$인 상수이고, 점 F의 x좌표는 양수이다.) [4점]

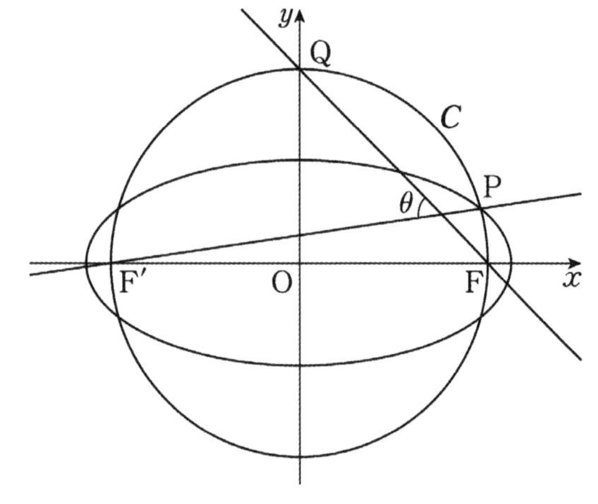

① $\frac{11}{64}$ ② $\frac{3}{16}$ ③ $\frac{13}{64}$
④ $\frac{7}{32}$ ⑤ $\frac{15}{64}$

M050

○○○ (2016(10)고3-가형20)

타원 $\frac{x^2}{a^2}+\frac{y^2}{b^2}=1$의 두 초점 F(6, 0), F′(−6, 0)에 대하여 선분 F′F를 지름으로 하는 원이 있다. 타원과 원의 교점 중 제1사분면에 있는 점을 P라 하자. 원 위의 점 P에서의 접선이 x축의 양의 방향과 이루는 각의 크기가 $\frac{5\pi}{6}$일 때, 타원의 장축의 길이는? (단, a, b는 $0<\sqrt{2}b<a$인 상수이다.) [4점]

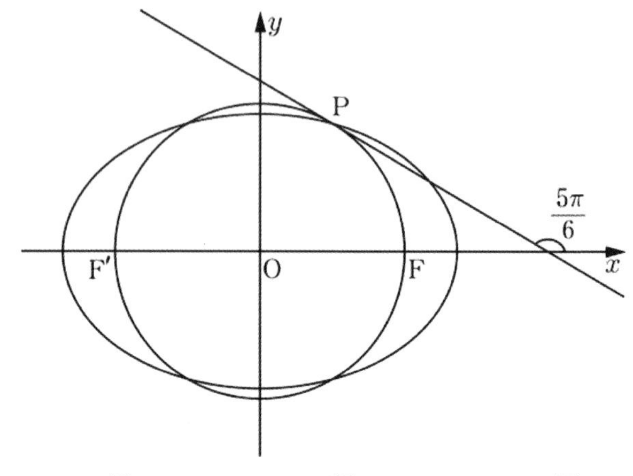

① $5+6\sqrt{3}$ ② $6+6\sqrt{3}$ ③ $7+6\sqrt{3}$
④ $6+7\sqrt{3}$ ⑤ $7+7\sqrt{3}$

M051

○○○ (2014(10)고3-B형18)

중심이 (0, 3)이고 반지름의 길이가 5인 원이 x축과 만나는 두 점을 각각 A, B라 하자.

이 원과 타원 $\frac{x^2}{25}+\frac{y^2}{9}=1$이 만나는 점 중 한 점을 P라 할 때, $\overline{AP}\times\overline{BP}$의 값은? [4점]

① $\frac{41}{4}$ ② $\frac{21}{2}$ ③ $\frac{43}{4}$
④ 11 ⑤ $\frac{45}{4}$

M052

○○○ (2018(7)고3-가형28)

그림과 같이 타원 $\frac{x^2}{a^2}+\frac{y^2}{b^2}=1(a>b>0)$의 두 초점을 $\mathrm{F}(c,\ 0)$, $\mathrm{F}'(-c,\ 0)(c>0)$이라 하고 점 F′을 지나는 직선이 타원과 만나는 두 점을 P, Q라 하자. $\overline{\mathrm{PQ}}=6$이고 선분 FQ의 중점 M에 대하여 $\overline{\mathrm{FM}}=\overline{\mathrm{PM}}=5$일 때, 이 타원의 단축의 길이를 구하시오. [4점]

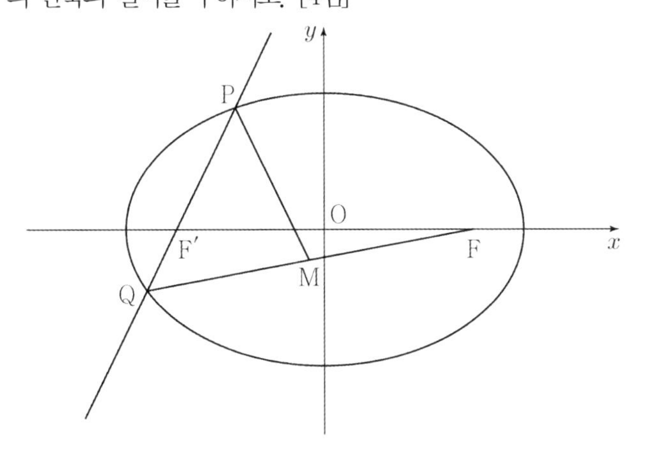

M053

●●● (2023(4)고3-기하27)

그림과 같이 두 점 $\mathrm{F}(5,\ 0)$, $\mathrm{F}'(-5,\ 0)$을 초점으로 하는 타원이 x축과 만나는 점 중 x좌표가 양수인 점을 A라 하자. 점 F를 중심으로 하고 점 A를 지나는 원을 C라 할 때, 원 C 위의 점 중 y좌표가 양수인 점 P와 타원 위의 점 중 제2사분면에 있는 점 Q가 다음 조건을 만족시킨다.

(가) 직선 PF′는 원 C에 접한다.
(나) 두 직선 PF′, QF′은 서로 수직이다.

$\overline{\mathrm{QF}'}=\frac{3}{2}\overline{\mathrm{PF}}$일 때, 이 타원의 장축의 길이는?

(단, $\overline{\mathrm{AF}}<\overline{\mathrm{FF}'}$) [3점]

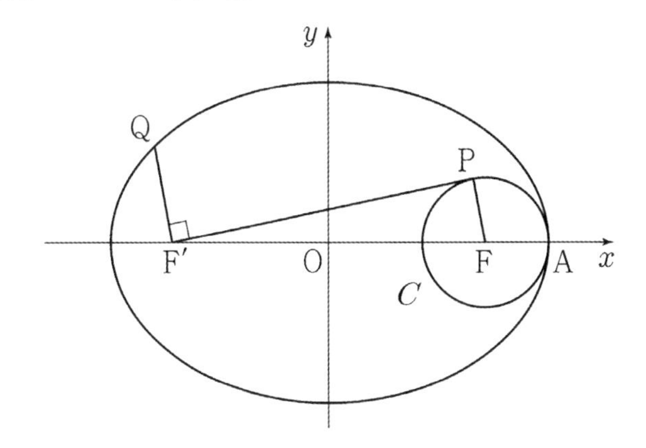

① $\frac{25}{2}$ ② 13 ③ $\frac{27}{2}$

④ 14 ⑤ $\frac{29}{2}$

M054

●●● (2022(4)고3-기하28)

그림과 같이 두 점 F$(c,\ 0)$, F$'(-c,\ 0)$을 초점으로 하는 타원이 있다. 타원 위의 점 중 제1사분면에 있는 점 P에 대하여 직선 PF가 타원과 만나는 점 중 점 P가 아닌 점을 Q라 하자.

$\overline{\mathrm{OQ}}=\overline{\mathrm{OF}}$, $\overline{\mathrm{FQ}}:\overline{\mathrm{F'Q}}=1:4$이고 삼각형 PF$'$Q의 내접원의 반지름의 길이가 2일 때, 양수 c의 값은? (단, O는 원점이다.) [4점]

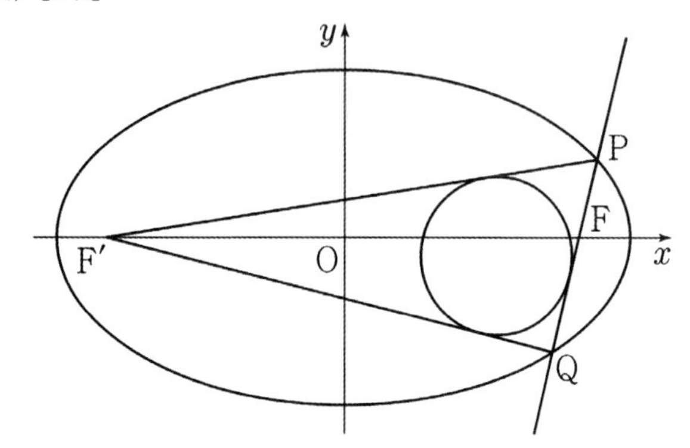

① $\dfrac{17}{3}$　② $\dfrac{7\sqrt{17}}{5}$　③ $\dfrac{3\sqrt{17}}{2}$　④ $\dfrac{51}{8}$　⑤ $\dfrac{8\sqrt{17}}{5}$

M055

★★★ (2021(4)고3-기하30)

그림과 같이 두 초점이 F$(c,\ 0)$, F$'(-c,\ 0)$ $(c>0)$인 타원 $\dfrac{x^2}{16}+\dfrac{y^2}{7}=1$ 위의 점 P에 대하여 직선 FP와 직선 F$'$P에 동시에 접하고 중심이 선분 F$'$F 위에 있는 원 C가 있다. 원 C의 중심을 C, 직선 F$'$P가 원 C와 만나는 점을 Q라 할 때, $2\overline{\mathrm{PQ}}=\overline{\mathrm{PF}}$이다. $24\times\overline{\mathrm{CP}}$의 값을 구하시오. (단, 점 P는 제1사분면 위의 점이다.) [4점]

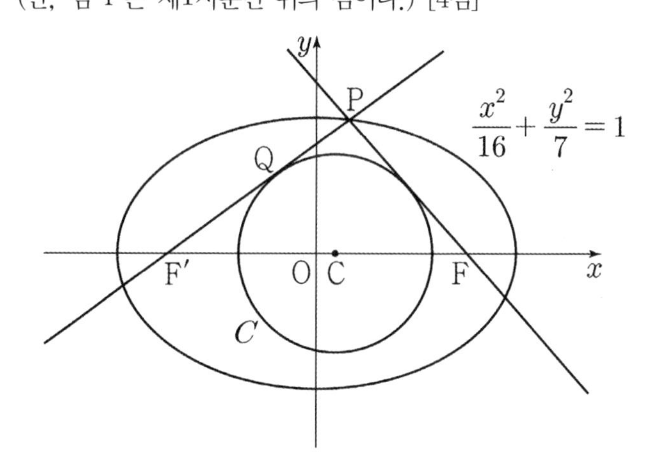

M. 쌍곡선(점근선)

M056

○○
(2016(4)고3-가형24)

쌍곡선 $\frac{x^2}{a^2}-\frac{y^2}{b^2}=1$이 점 $(5,\ 3)$을 지나고 두 점근선의 방정식이 $y=x$, $y=-x$이다. 이 쌍곡선의 주축의 길이를 구하시오. (단, a, b는 상수이다.) [3점]

M057

○○
(2023(4)고3-기하24)

쌍곡선 $\frac{x^2}{a^2}-\frac{y^2}{8}=1$의 한 점근선의 방정식이 $y=\sqrt{2}x$일 때, 이 쌍곡선의 두 초점 사이의 거리는? (단, a는 양수이다.) [3점]

① $4\sqrt{2}$ ② 6 ③ $2\sqrt{10}$
④ $2\sqrt{11}$ ⑤ $4\sqrt{3}$

M058

○○
(2023(3)고3-기하25)

한 초점이 $\mathrm{F}(3,\ 0)$이고 주축의 길이가 4인
쌍곡선 $\frac{x^2}{a^2}-\frac{y^2}{b^2}=1$의 점근선 중 기울기가 양수인 것을 l이라 하자. 점 F와 직선 l 사이의 거리는? (단, a, b는 양수이다.) [3점]

① $\sqrt{3}$ ② 2 ③ $\sqrt{5}$
④ $\sqrt{6}$ ⑤ $\sqrt{7}$

M059

○○
(2018(10)고3-가형10)

직선 $y=mx$가 두 쌍곡선 $x^2-y^2=1$, $\frac{x^2}{4}-\frac{y^2}{64}=-1$ 중 어느 것과도 만나지 않도록 하는 정수 m의 개수는? [3점]

① 2 ② 4 ③ 6
④ 8 ⑤ 10

M060

○○
(2015(7)고3-B형9)

원 $x^2+y^2=8$과 쌍곡선 $\frac{x^2}{a^2}-\frac{y^2}{b^2}=1$이 서로 다른 네 점에서 만나고 이 네 점은 원의 둘레를 4등분한다. 이 쌍곡선의 한 점근선의 방정식이 $y=\sqrt{2}x$일 때, a^2+b^2의 값은? (단, a, b는 상수이다.) [3점]

① 4 ② 5 ③ 6
④ 7 ⑤ 8

M061

○○
(2020사관(1차)-가형13)

쌍곡선 $\frac{x^2}{4}-y^2=1$의 꼭짓점 중 x좌표가 음수인 점을 중심으로 하는 원 C가 있다. 점 $(3,\ 0)$을 지나고 원 C에 접하는 두 직선이 각각 쌍곡선 $\frac{x^2}{4}-y^2=1$과 한 점에서만 만날 때, 원 C의 반지름의 길이는? [3점]

① 2 ② $\sqrt{5}$ ③ $\sqrt{6}$
④ $\sqrt{7}$ ⑤ $2\sqrt{2}$

M062

○○
(2024사관(1차)-기하24)

두 쌍곡선

$$x^2-9y^2-2x-18y-9=0,$$
$$x^2-9y^2-2x-18y-7=0$$

중 어느 것과도 만나지 않는 직선의 개수는 2이다. 이 두 직선의 방정식을 각각 $y=ax+b$, $y=cx+d$라 할 때, $ac+bd$의 값은? (단, a, b, c, d는 상수이다.) [3점]

① $\frac{1}{3}$ ② $\frac{4}{9}$ ③ $\frac{5}{9}$
④ $\frac{2}{3}$ ⑤ $\frac{7}{9}$

M063

○○○
(2006(10)고3-가형8)

쌍곡선 $\frac{x^2}{2}-\frac{y^2}{18}=1$과 직선 $y=ax+b$(a, b는 상수)의 교점의 개수에 대한 설명 중 옳은 내용을 보기에서 모두 고른 것은? [3점]

ㄱ. $a=-4$이고 $b=0$일 때 교점은 없다.
ㄴ. $a=3$이고 $b>0$일 때 교점은 1개다.
ㄷ. $a=\frac{1}{3}$이고 $b<0$일 때 교점은 2개다.

① ㄱ ② ㄴ ③ ㄱ, ㄷ
④ ㄴ, ㄷ ⑤ ㄱ, ㄴ, ㄷ

M. 쌍곡선(정의)

M064

○○
(2007(10)고3-가형19)

쌍곡선 $\frac{x^2}{4}-\frac{y^2}{5}=1$의 두 초점을 F, F′이라 하자. 쌍곡선 위의 한 점 P에 대하여 ∠F′PF의 이등분선이 x축과 점 A(1, 0)에서 만날 때, 삼각형 PF′F의 둘레의 길이를 구하시오. [3점]

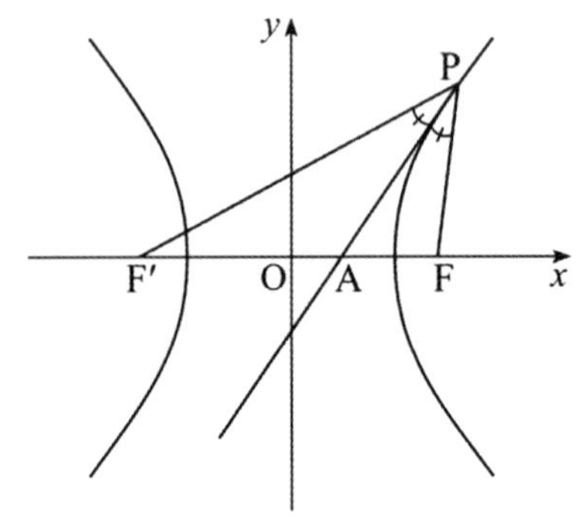

M065

○○
(2023(4)고3-기하26)

두 초점이 F$(3\sqrt{3}, 0)$, F′$(-3\sqrt{3}, 0)$인 쌍곡선 위의 점 중 제1사분면에 있는 점 P에 대하여 직선 PF′이 y축과 만나는 점을 Q라 하자. 삼각형 PQF가 정삼각형일 때, 이 쌍곡선의 주축의 길이는? [3점]

① 6 ② 7 ③ 8
④ 9 ⑤ 10

M066

○○ (2022(4)고3-기하24)

그림과 같이 두 초점이 $\mathrm{F}(c,\ 0)$, $\mathrm{F}'(-c,\ 0)(c>0)$인 쌍곡선 $\frac{x^2}{9}-\frac{y^2}{16}=1$이 있다. 쌍곡선 위의 점 중 제1사분면에 있는 점 P에 대하여 $\overline{\mathrm{FP}}=\overline{\mathrm{FF'}}$일 때, 삼각형 $\mathrm{PF'F}$의 둘레의 길이는? [3점]

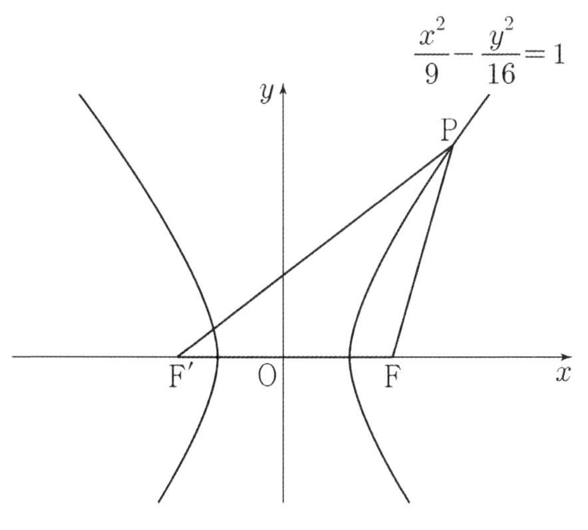

① 35 ② 36 ③ 37
④ 38 ⑤ 39

M067

○○ (2023(3)고3-기하27)

그림과 같이 두 초점이 $\mathrm{F}(0,\ c)$, $\mathrm{F}'(0,\ -c)(c>0)$인 쌍곡선 $\frac{x^2}{12}-\frac{y^2}{4}=-1$이 있다. 쌍곡선 위의 제1사분면에 있는 점 P와 쌍곡선 위의 제3사분면에 있는 점 Q가

$$\overline{\mathrm{PF'}}-\overline{\mathrm{QF'}}=5,\ \overline{\mathrm{PF}}=\frac{2}{3}\overline{\mathrm{QF}}$$

를 만족시킬 때, $\overline{\mathrm{PF}}+\overline{\mathrm{QF}}$의 값은? [3점]

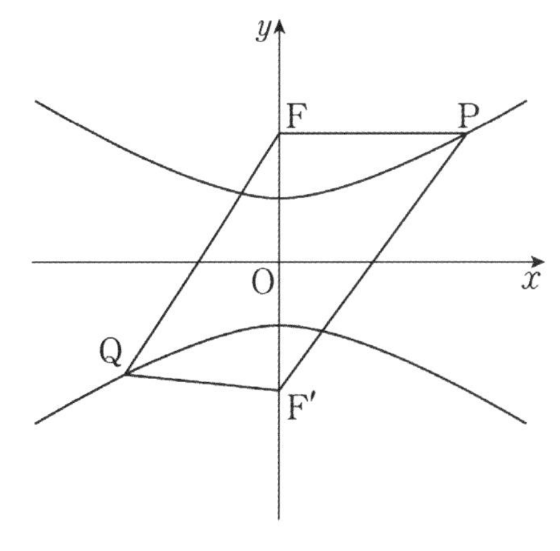

① 10 ② $\frac{35}{3}$ ③ $\frac{40}{3}$
④ 15 ⑤ $\frac{50}{3}$

M068

○○○
(2021(4)고3-기하27)

그림과 같이 두 점 F$(c,\ 0)$, F$'(-c,\ 0)$ $(c>0)$을 초점으로 하는 타원 $\dfrac{x^2}{a^2}+\dfrac{y^2}{7}=1$과 두 점 F, F$'$를 초점으로 하는 쌍곡선 $\dfrac{x^2}{4}-\dfrac{y^2}{b^2}=1$이 제1사분면에서 만나는 점을 P라 하자. $\overline{\mathrm{PF}}=3$일 때, a^2+b^2의 값은? (단, a, b는 상수이다.) [3점]

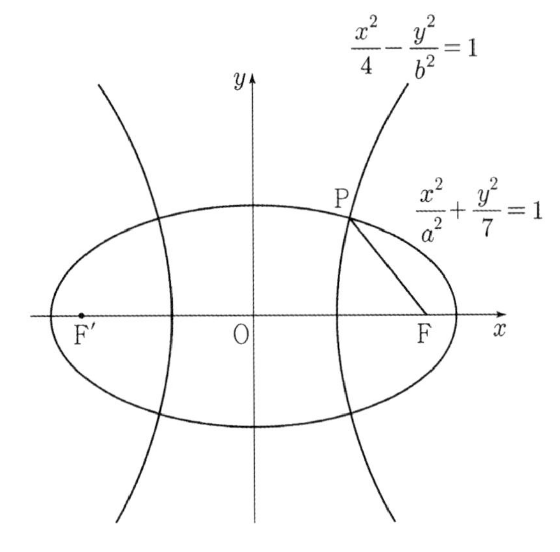

① 31 ② 33 ③ 35
④ 37 ⑤ 39

M069

○○○
(2009(10)고3-가형8)

그림과 같이 두 점 F$(k,\ 0)$, F$'(-k,\ 0)$을 초점으로 하는 쌍곡선 $\dfrac{x^2}{a^2}-\dfrac{y^2}{b^2}=1$과 점 F를 초점으로 하는 포물선 $y^2=56(x+c)$가 있다.

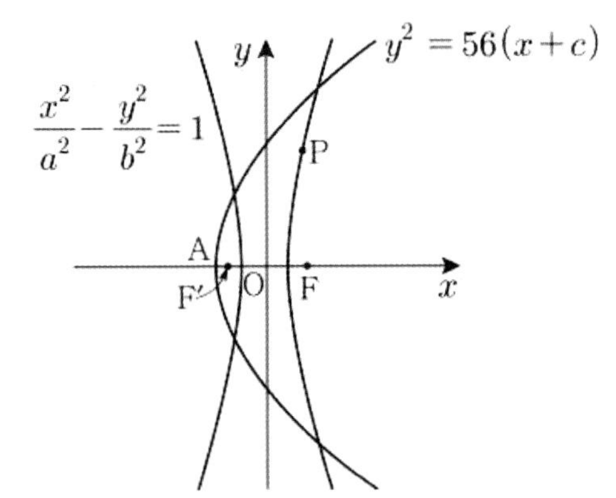

쌍곡선 위의 임의의 점 P에 대하여 $\left|\overline{\mathrm{PF}}-\overline{\mathrm{PF'}}\right|=10$이 성립하고, 포물선의 꼭짓점 A에 대하여 $\overline{\mathrm{AF'}}:\overline{\mathrm{FF'}}=1:6$이 성립한다. 이때, $\dfrac{c^2}{a^2-b^2}$의 값은? (단, $0<k<c$이다.) [4점]

① $\dfrac{53}{14}$ ② $\dfrac{55}{14}$ ③ $\dfrac{30}{7}$
④ $\dfrac{32}{7}$ ⑤ $\dfrac{34}{7}$

M070

○○○
(2021(3)고3-기하29)

두 초점이 $\mathrm{F}_1(c,\ 0)$, $\mathrm{F}_2(-c,\ 0)$ $(c>0)$인 타원이 x축과 두 점 $\mathrm{A}(3,\ 0)$, $\mathrm{B}(-3,\ 0)$에서 만난다. 선분 BO가 주축이고 점 F_1이 한 초점인 쌍곡선의 초점 중 F_1이 아닌 점을 F_3이라 하자. 쌍곡선이 타원과 제1사분면에서 만나는 점을 P라 할 때, 삼각형 $\mathrm{PF}_3\mathrm{F}_2$의 둘레의 길이를 구하시오. (단, O는 원점이다.) [4점]

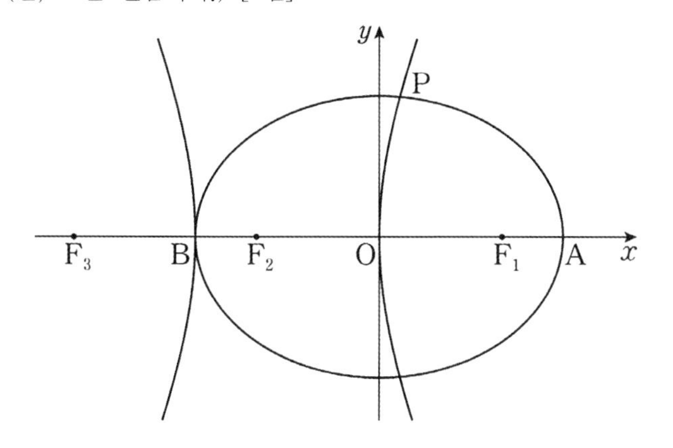

M071

○○○
(2011(10)고3-가형16)

한 변의 길이가 2인 정육각형 ABCDEF와 쌍곡선 H가 다음 조건을 만족시킨다.

(가) 쌍곡선 H의 초점은 점 A와 점 D이다. (나) 쌍곡선 H의 점근선은 직선 BE와 직선 CF이다.

쌍곡선 H와 변 AB가 만나는 점을 P라 할 때, $\overline{\mathrm{DP}}-\overline{\mathrm{AP}}$의 값은? [3점]

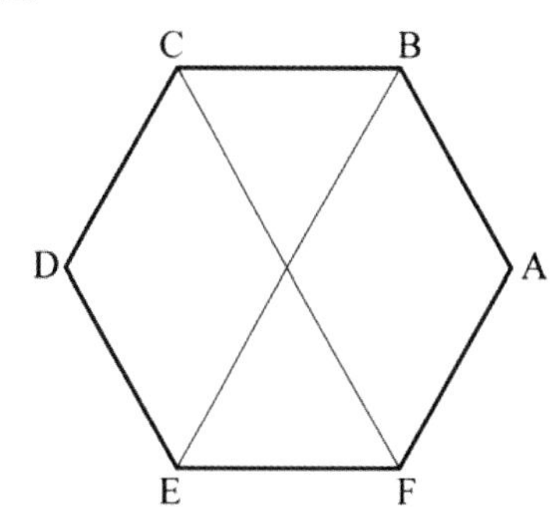

① $\frac{1}{2}$ ② 1 ③ $\sqrt{2}$
④ $\sqrt{3}$ ⑤ 2

M. 쌍곡선+피타고라스/코사인법칙

M072

○○
(2003(10)고3-자연계14)

쌍곡선 $\frac{x^2}{16}-\frac{y^2}{9}=1$ 위의 한 점 P와 두 초점 F, F′에 대하여 $\angle \mathrm{FPF'}=60^\circ$ 일 때, $\triangle \mathrm{PFF'}$의 넓이는? [3점]

① $6\sqrt{2}$ ② $8\sqrt{2}$ ③ $8\sqrt{3}$
④ $9\sqrt{2}$ ⑤ $9\sqrt{3}$

M073

○○
(2023사관(1차)-기하27)

그림과 같이 두 초점이 F, F′인 쌍곡선 $ax^2-4y^2=a$ 위의 점 중 제1사분면에 있는 점 P와 선분 PF′ 위의 점 Q에 대하여 삼각형 PQF는 한 변의 길이가 $\sqrt{6}-1$인 정삼각형이다. 상수 a의 값은? (단, 점 F의 x좌표는 양수이다.) [3점]

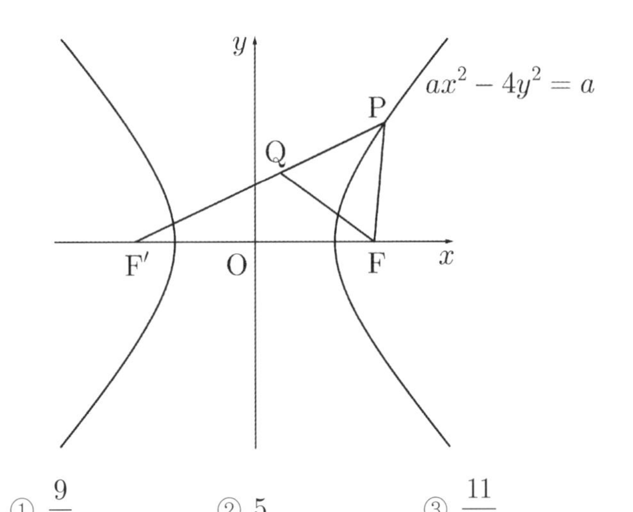

① $\frac{9}{2}$ ② 5 ③ $\frac{11}{2}$
④ 6 ⑤ $\frac{13}{2}$

M074

○○○
(2022(3)고3-기하29)

두 점 F, F′을 초점으로 하는 쌍곡선 $\frac{x^2}{4}-\frac{y^2}{32}=1$ 위의 점 A가 다음 조건을 만족시킨다.

> (가) $\overline{\mathrm{AF}}<\overline{\mathrm{AF'}}$
> (나) 선분 AF의 수직이등분선은 점 F′을 지난다.

선분 AF의 중점 M에 대하여 직선 MF′과 쌍곡선의 교점 중 점 A에 가까운 점을 B라 할 때, 삼각형 BFM의 둘레의 길이는 k이다. k^2의 값을 구하시오. [4점]

M075

○○○
(2013(10)고3-B형16변형)

한 초점이 F인 쌍곡선 $\frac{x^2}{a^2}-\frac{y^2}{b^2}=1$ 위의 점 P에 대하여 선분 PF의 수직이등분선은 원점을 지난다. $\overline{\mathrm{PF}}=12$이고, 원점과 직선 PF 사이의 거리가 3일 때, ab의 값은? (단, $a>0$, $b>0$이고, 점 P는 제1사분면 위의 점이다.) [4점]

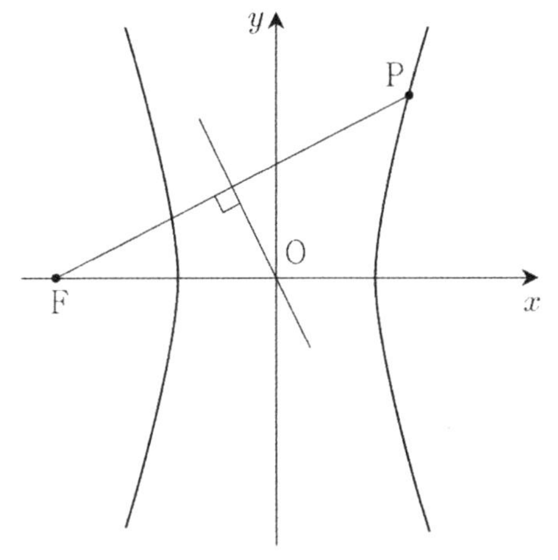

① 16 ② 18 ③ 20
④ 22 ⑤ 24

M076

○○○
(2012(7)고3-가형20)

그림과 같이 $\mathrm{F}(p,\ 0)$을 초점으로 하는 포물선 $y^2=4px$와 $\mathrm{F}(p,\ 0)$과 $\mathrm{F}'(-p,\ 0)$을 초점으로 하는 쌍곡선 $\dfrac{x^2}{a^2}-\dfrac{y^2}{b^2}=1$이 제1사분면에서 만나는 점을 A라 하자.

$\overline{\mathrm{AF}}=5$, $\cos(\angle \mathrm{AFF}')=-\dfrac{1}{5}$일 때, ab의 값은? (단, a, b, p는 모두 양수이다.) [4점]

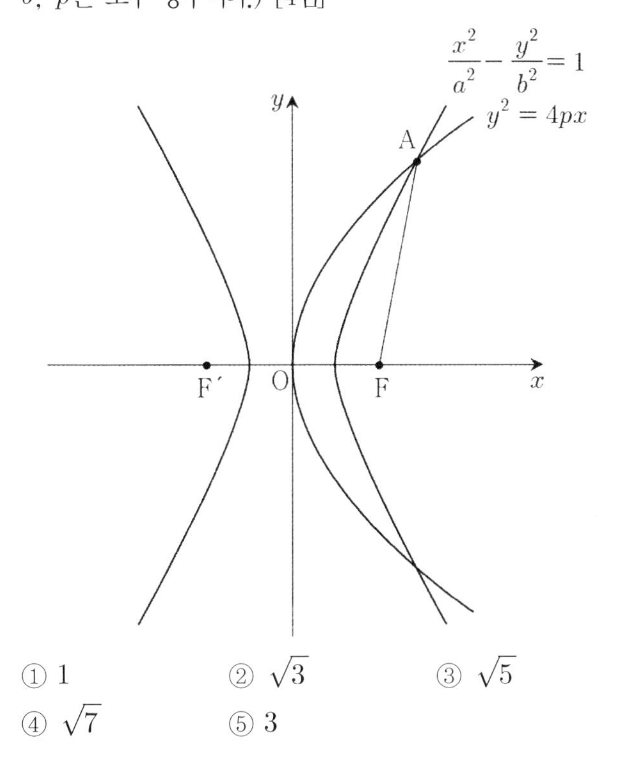

① 1　② $\sqrt{3}$　③ $\sqrt{5}$　④ $\sqrt{7}$　⑤ 3

M077

●●●
(2021(10)고3-기하29)

그림과 같이 두 초점이 F, F′인 쌍곡선 $x^2-\dfrac{y^2}{16}=1$이 있다. 쌍곡선 위에 있고 제1사분면에 있는 점 P에 대하여 점 F에서 선분 PF′에 내린 수선의 발을 Q라 하고, $\angle \mathrm{FQP}$의 이등분선이 선분 PF와 만나는 점을 R라 하자.

$4\overline{\mathrm{PR}}=3\overline{\mathrm{RF}}$일 때, 삼각형 PF′F의 넓이를 구하시오. (단, 점 F의 x좌표는 양수이고, $\angle \mathrm{F'PF}<90°$ 이다.) [4점]

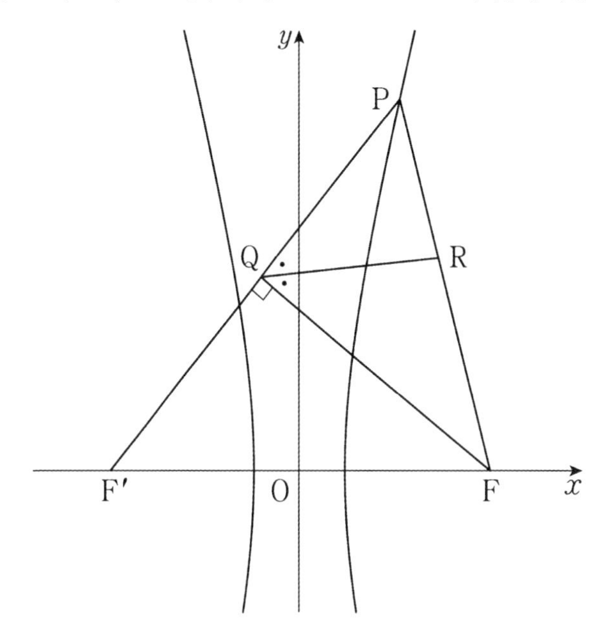

M078

●●● (2023(3)고3-기하30)

그림과 같이 두 초점이 $F(c,\ 0)$, $F'(-c,\ 0)(c>0)$인 타원 C가 있다. 타원 C가 두 직선 $x=c$, $x=-c$와 만나는 점 중 y좌표가 양수인 점을 각각 A, B라 하자.
두 초점이 A, B이고 점 F를 지나는 쌍곡선이 직선 $x=c$와 만나는 점 중 F가 아닌 점을 P라 하고, 이 쌍곡선이 두 직선 BF, BP와 만나는 점 중 x좌표가 음수인 점을 각각 Q, R라 하자.
세 점 P, Q, R가 다음 조건을 만족시킨다.

(가) 삼각형 BFP는 정삼각형이다.
(나) 타원 C의 장축의 길이와 삼각형 BQR의 둘레의 길이의 차는 3이다.

$60\times\overline{AF}$의 값을 구하시오. [4점]

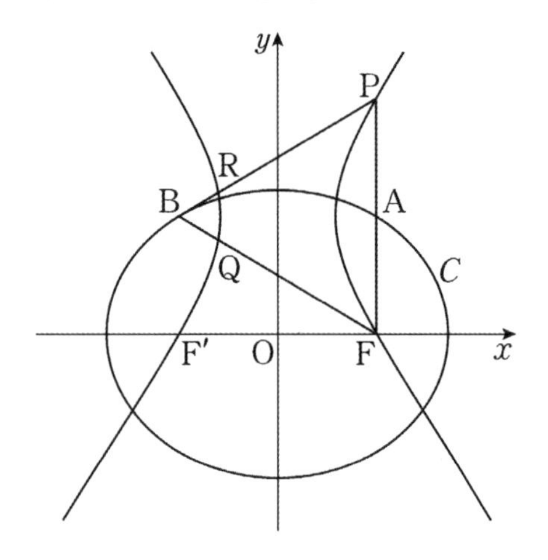

M. 쌍곡선+원

M079

○○ (2005사관(1차)-이과25)

오른쪽 그림과 같이 y축 위의 점 P에서
원 $x^2+(y+k)^2=5$에 그은 두 접선이 쌍곡선
$\frac{x^2}{9}-\frac{y^2}{16}=1$과 만나는 교점을 각각 A, B와 C, D라 한다. $\overline{AB}=10$일 때, $\overline{AB}$와 x축과의 교점 $F(5,\ 0)$에 대하여 $\overline{CF}+\overline{DF}$의 값을 구하시오. [3점]

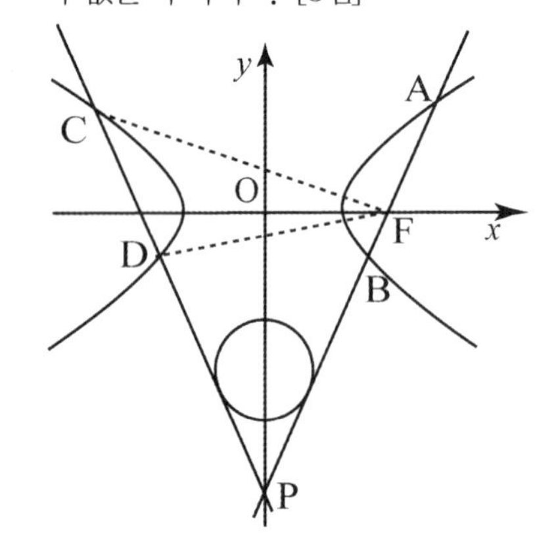

M080

○○ (2010(10)고3-가형8)

그림과 같이 쌍곡선 $\frac{x^2}{4}-\frac{y^2}{6}=1$의 두 초점을 $F(c,\ 0)$, $F'(-c,\ 0)$이라 하자. 두 점 F, F'을 지름의 양 끝점으로 하는 원과 쌍곡선 $\frac{x^2}{4}-\frac{y^2}{6}=1$이 제1사분면에서 만나는 점을 P라 할 때, $\cos(\angle PFF')$의 값은? (단, c는 양수이다.) [4점]

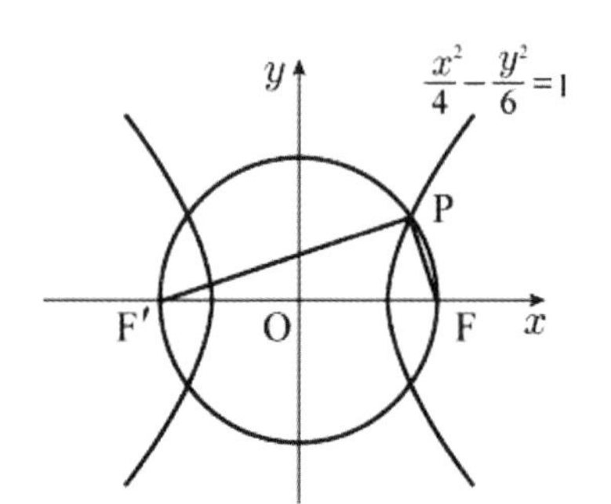

① $\frac{\sqrt{10}}{10}$　② $\frac{\sqrt{10}}{15}$　③ $\frac{2\sqrt{10}}{15}$
④ $\frac{\sqrt{10}}{5}$　⑤ $\frac{3\sqrt{10}}{10}$

M081

○○○ (2019(4)고3-가형15)

좌표평면 위에 두 점 A$(-4,\ 0)$, B$(4,\ 0)$과 쌍곡선 $\frac{x^2}{4}-\frac{y^2}{12}=1$이 있다. 쌍곡선 위에 있고 제1사분면에 있는 점 P에 대하여 $\angle \mathrm{APB}=\frac{\pi}{2}$일 때, 원점을 중심으로 하고 직선 AP에 접하는 원의 반지름의 길이는? [4점]

① $\sqrt{7}-2$　② $\sqrt{7}-1$　③ $2\sqrt{2}-1$
④ $\sqrt{7}$　⑤ $2\sqrt{2}$

M082

●●● (2019(7)고3-가형28)

그림과 같이 두 점 F, F′을 초점으로 하는 쌍곡선 $\frac{x^2}{9}-\frac{y^2}{16}=1$의 제1사분면 위의 점을 P라 하자. 삼각형 PF′F에 내접하는 원의 반지름의 길이가 3일 때, 이 원의 중심을 Q라 하자. 원점 O에 대하여 $\overline{\mathrm{OQ}}^2$의 값을 구하시오. (단, 점 F의 x좌표는 양수이다.) [4점]

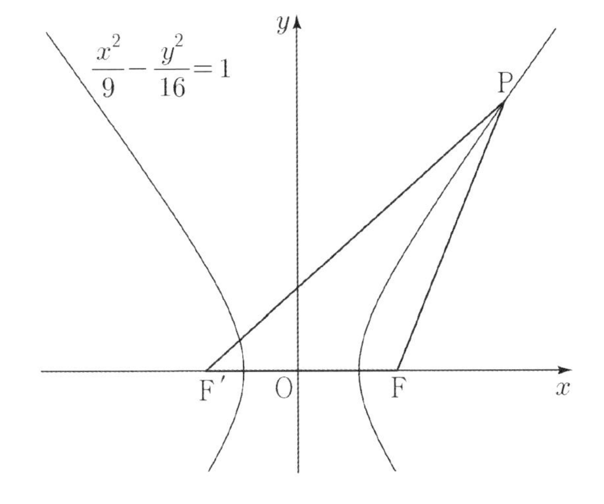

M083

●●● (2023(7)고3-기하28)

두 초점이 F$(c,\ 0)$, F′$(-c,\ 0)$ $(c>0)$인 쌍곡선 $\frac{x^2}{a^2}-\frac{y^2}{b^2}=1$과 점 A$(0,\ 6)$을 중심으로 하고 두 초점을 지나는 원이 있다. 원과 쌍곡선이 만나는 점 중 제1사분면에 있는 점 P와 두 직선 PF′, AF가 만나는 점 Q가

$$\overline{\mathrm{PF}}:\overline{\mathrm{PF'}}=3:4,\ \angle \mathrm{F'QF}=\frac{\pi}{2}$$

를 만족시킬 때, b^2-a^2의 값은? (단, a, b는 양수이고, 점 Q는 제2사분면에 있다.) [4점]

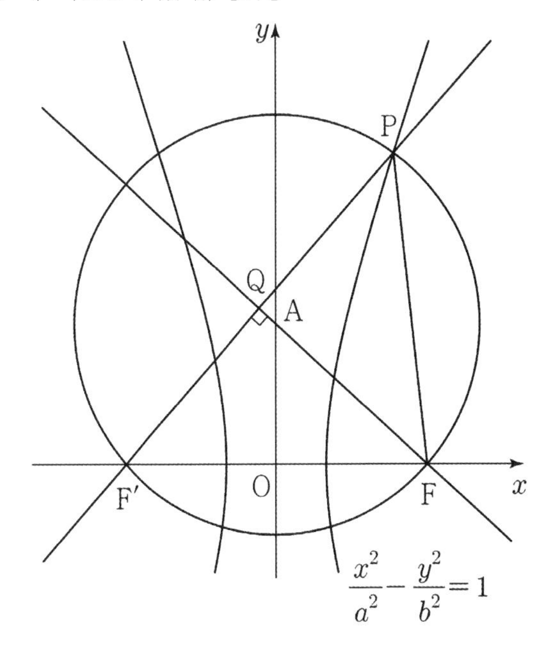

① 30　② 35　③ 40
④ 45　⑤ 50

M. 쌍곡선+최대최소

M084

○○○
(2018(4)고3-가형28)

그림과 같이 두 초점이 F$(c,\ 0)$, F$'(-c,\ 0)(c>0)$이고, 주축의 길이가 6인 쌍곡선 $\frac{x^2}{a^2}-\frac{y^2}{b^2}=1$과 점 A$(0,\ 5)$를 중심으로 하고 반지름의 길이가 1인 원 C가 있다. 제1사분면에 있는 쌍곡선 위를 움직이는 점 P와 원 C 위를 움직이는 점 Q에 대하여 $\overline{\mathrm{PQ}}+\overline{\mathrm{PF'}}$의 최솟값이 12일 때, a^2+3b^2의 값을 구하시오. (단, a와 b는 상수이다.) [4점]

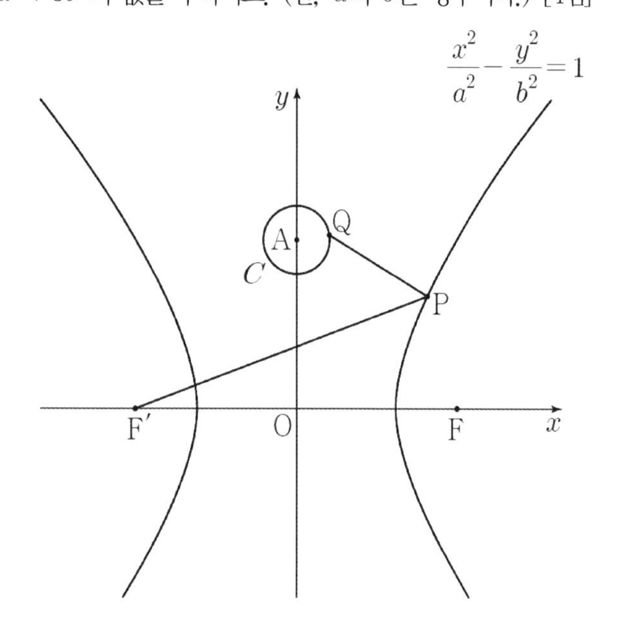

M. 포물선(접선(기울기))

M085

○○
(2015(10)고3-B형25)

좌표평면에서 포물선 $y^2=16x$에 접하는 기울기가 $\frac{1}{2}$인 직선과 x축, y축으로 둘러싸인 삼각형의 넓이를 구하시오. [3점]

M086

○○
(2010사관(1차)-이과3)

점 A$(-2,\ 4)$에서 포물선 $y^2=4x$에 그은 두 접선의 기울기의 곱은? [2점]

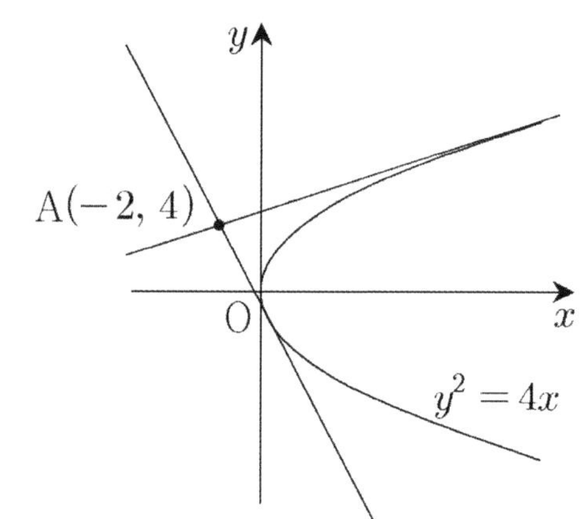

① $-\frac{1}{4}$　② $-\frac{3}{8}$　③ $-\frac{1}{2}$　④ $-\frac{5}{8}$　⑤ $-\frac{3}{4}$

M087

○○○
(2017(7)고3-가형28)

그림과 같이 초점이 F인 포물선 $y^2=12x$가 있다. 포물선 위에 있고 제1사분면에 있는 점 A에서의 접선과 포물선의 준선이 만나는 점을 B라 하자. $\overline{\mathrm{AB}}=2\overline{\mathrm{AF}}$일 때, $\overline{\mathrm{AB}}\times\overline{\mathrm{AF}}$의 값을 구하시오. [4점]

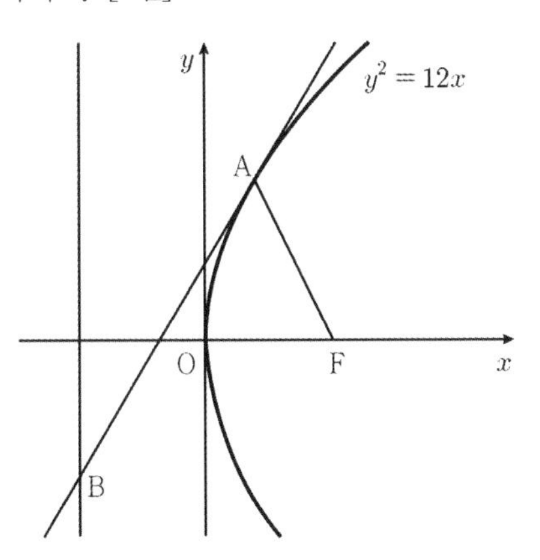

M088

○○
(2014(10)고3-B형25)

자연수 n에 대하여 점 $(-n,\ 0)$을 지나고 제1사분면에서 포물선 $y^2=4x$에 접하는 직선의 기울기를 a_n이라 하자. $\displaystyle\sum_{n=1}^{10}\left(\frac{1}{a_n}\right)^2$의 값을 구하시오. [3점]

M089

○○
(2018(7)고3-가형12)

포물선 $y^2=4(x-1)$ 위의 점 P는 제1사분면 위의 점이고 초점 F에 대하여 $\overline{\mathrm{PF}}=3$이다. 포물선 위의 점 P에서의 접선의 기울기는? [3점]

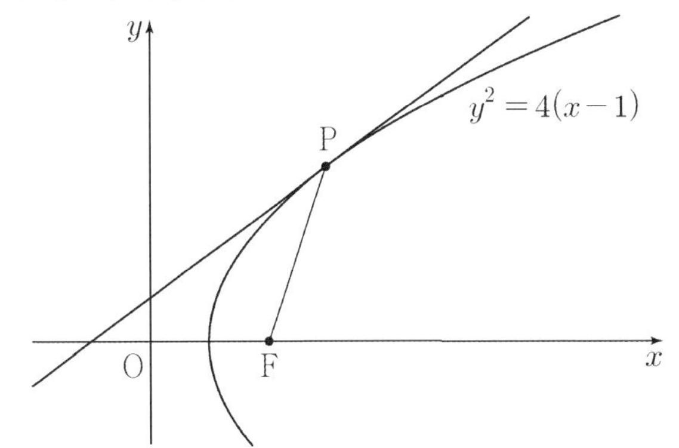

① $\dfrac{\sqrt{2}}{4}$　② $\dfrac{3\sqrt{2}}{8}$　③ $\dfrac{\sqrt{2}}{2}$

④ $\dfrac{5\sqrt{2}}{8}$　⑤ $\dfrac{3\sqrt{2}}{4}$

M090

○○○
(2008사관(1차)-이과27)

y축을 준선으로 하고 초점이 x축 위에 있는 두 포물선이 있다. 두 포물선이 y축에 대하여 서로 대칭이고, 두 포물선의 꼭짓점 사이의 거리는 4이다. 두 포물선에 동시에 접하고 기울기가 양수인 직선을 그을 때, 두 접점 사이의 거리를 d라 하자. d^2의 값을 구하시오. [4점]

M091

○○○
(2018(4)고3-가형18)

그림과 같이 포물선 $y^2=16x$에 대하여 포물선의 준선 위의 한 점 A가 제3사분면에 있다. 점 A에서 포물선에 그은 기울기가 양수인 접선과 포물선이 만나는 점을 B, 점 B에서 준선에 내린 수선의 발을 H, 준선과 x축이 만나는 점을 C라 하자.

$\overline{\mathrm{AC}}\times\overline{\mathrm{CH}}=8$일 때, 삼각형 ABH의 넓이는? [4점]

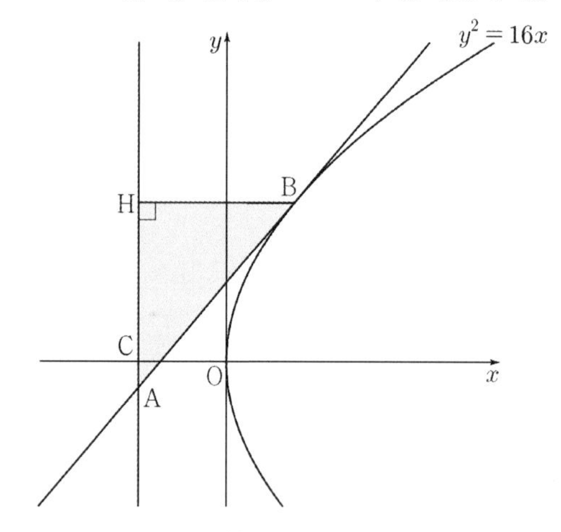

① $15\sqrt{3}$　② $\frac{46}{3}\sqrt{3}$　③ $\frac{47}{3}\sqrt{3}$　④ $16\sqrt{3}$　⑤ $\frac{49}{3}\sqrt{3}$

M092

○○○
(2022(4)고3-기하29)

초점이 F인 포물선 $y^2=4px\,(p>0)$에 대하여 이 포물선 위의 점 중 제1사분면에 있는 점 P에서의 접선이 직선 $x=-p$와 만나는 점을 Q라 하고, 점 Q를 지나고 직선 $x=-p$에 수직인 직선이 포물선과 만나는 점을 R라 하자.

$\angle\mathrm{PRQ}=\frac{\pi}{2}$일 때, 사각형 PQRF의 둘레의 길이가 140이 되도록 하는 상수 p의 값을 구하시오. [4점]

M093

●●●
(2021(4)고3-기하28)

좌표평면에서 두 점 $\mathrm{F}\left(\frac{9}{4},\ 0\right)$, $\mathrm{F'}(-c,\ 0)\ (c>0)$을 초점으로 하는 타원과 포물선 $y^2=9x$가 제1사분면에서 만나는 점을 P라 하자. $\overline{\mathrm{PF}}=\frac{25}{4}$이고 포물선 $y^2=9x$ 위의 점 P에서의 접선이 점 F′를 지날 때, 타원의 단축의 길이는? [4점]

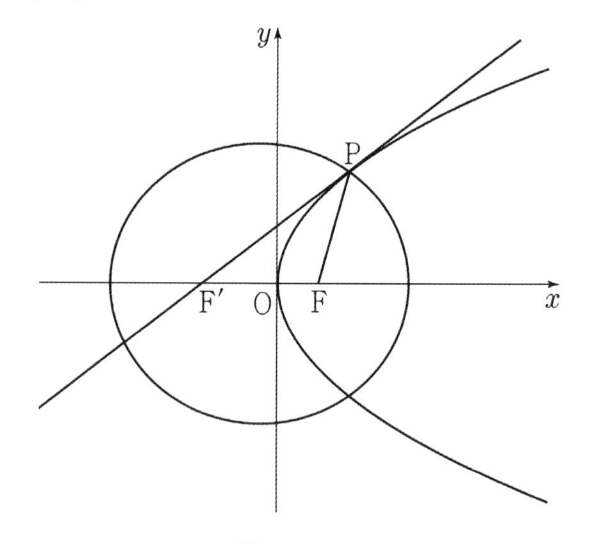

① 13　② $\frac{27}{2}$　③ 14　④ $\frac{29}{2}$　⑤ 15

M094

●●● (2022(10)고3-기하29)

두 점 $F_1(4,\ 0)$, $F_2(-6,\ 0)$에 대하여 포물선 $y^2=16x$ 위의 점 중 제1사분면에 있는 점 P가 $\overline{PF_2}-\overline{PF_1}=6$을 만족시킨다.

포물선 $y^2=16x$ 위의 점 P에서의 접선이 x축과 만나는 점을 F_3이라 하면 두 점 F_1, F_3을 초점으로 하는 타원의 한 꼭짓점은 선분 PF_3 위에 있다. 이 타원의 장축의 길이가 $2a$일 때, a^2의 값을 구하시오. [4점]

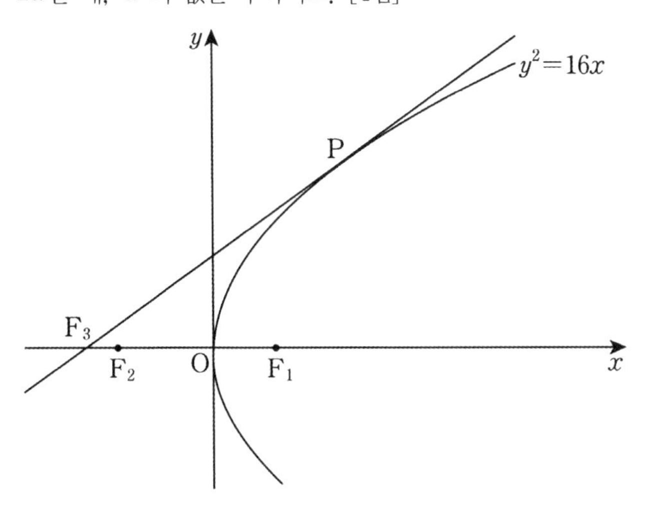

M095

○○ (2023사관(1차)-기하25)

타원 $\frac{x^2}{16}+\frac{y^2}{9}=1$과 두 점 $A(4,\ 0)$, $B(0,\ -3)$이 있다. 이 타원 위의 점 P에 대하여 삼각형 ABP의 넓이가 k가 되도록 하는 점 P의 개수가 3일 때, 상수 k의 값은? [3점]

① $3\sqrt{2}-3$ ② $6\sqrt{2}-7$ ③ $3\sqrt{2}-2$
④ $6\sqrt{2}-6$ ⑤ $6\sqrt{2}-5$

M096

○○ (2022(4)고3-기하26)

y축 위의 점 A에서 타원 C: $\frac{x^2}{8}+y^2=1$에 그은 두 접선을 l_1, l_2라 하고, 두 직선 l_1, l_2가 타원 C와 만나는 점을 각각 P, Q라 하자. 두 직선 l_1, l_2가 서로 수직일 때, 선분 PQ의 길이는? (단, 점 A의 y좌표는 1보다 크다.) [3점]

① 4 ② $\frac{13}{3}$ ③ $\frac{14}{3}$
④ 5 ⑤ $\frac{16}{3}$

M097

○○ (2024사관(1차)-기하27)

두 점 F$(2, 0)$, F$'(-2, 0)$을 초점으로 하고 장축의 길이가 12인 타원과 점 F를 초점으로 하고 직선 $x=-2$를 준선으로 하는 포물선이 제1사분면에서 만나는 점을 A라 하자. 타원 위의 점 P에 대하여 삼각형 APF의 넓이의 최댓값은? (단, 점 P는 직선 AF 위의 점이 아니다.) [3점]

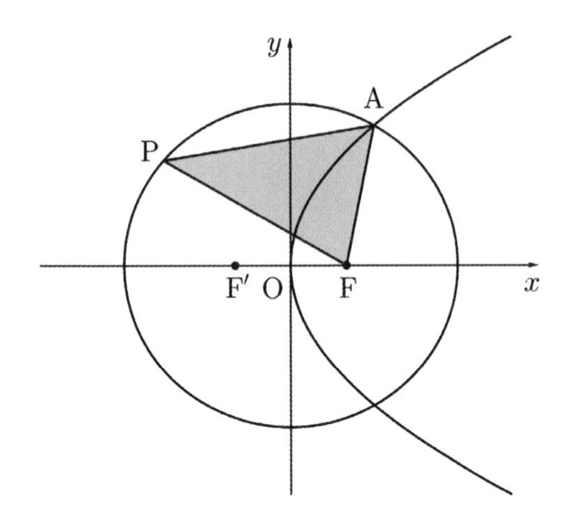

① $\sqrt{6}+3\sqrt{14}$ ② $2\sqrt{6}+3\sqrt{14}$
③ $2\sqrt{6}+4\sqrt{14}$ ④ $2\sqrt{6}+5\sqrt{14}$
⑤ $3\sqrt{6}+5\sqrt{14}$

M098

○○ (2023(4)고3-기하25)

그림과 같이 타원 $\frac{x^2}{40}+\frac{y^2}{15}=1$의 두 초점 중 x좌표가 양수인 점을 F라 하고, 타원 위의 점 중 제1사분면에 있는 점 P에서의 접선이 x축과 만나는 점을 Q라 하자.
$\overline{\text{OF}}=\overline{\text{FQ}}$일 때, 삼각형 POQ의 넓이는? (단, O는 원점이다.) [3점]

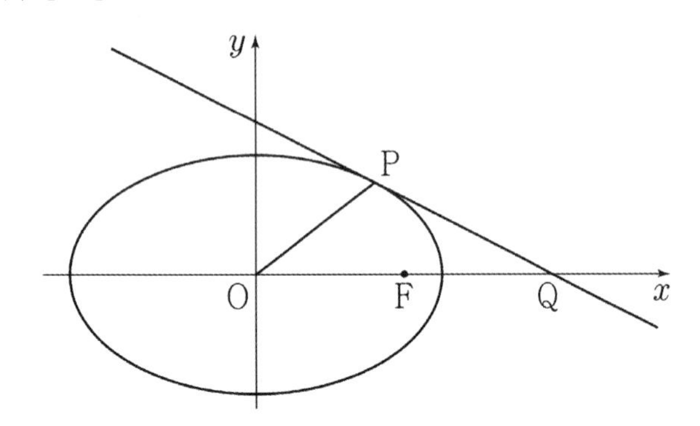

① 11 ② 12 ③ 13
④ 14 ⑤ 15

M099

○○○ (2021(10)고3-기하25)

양수 a에 대하여 기울기가 $\frac{1}{2}$인 직선이

타원 $\frac{x^2}{36}+\frac{y^2}{16}=1$과 포물선 $y^2=ax$에 동시에 접할 때,

포물선 $y^2=ax$의 초점의 x좌표는? [3점]

① 2 ② $\frac{5}{2}$ ③ 3
④ $\frac{7}{2}$ ⑤ 4

M100

○○○ (2016(4)고3-가형21)

닫힌구간 $[-2, 2]$에서 정의된 함수 $f(x)$는

$$f(x)=\begin{cases} x+2 & (-2 \le x \le 0) \\ -x+2 & (0 < x \le 2) \end{cases}$$

이다.
좌표평면에서 $k>1$인 실수 k에 대하여 함수 $y=f(x)$의 그래프와 타원 $\frac{x^2}{k^2}+y^2=1$이 만나는 서로 다른 점의 개수를 $g(k)$라 하자. 함수 $g(k)$가 불연속이 되는 모든 k의 값들의 제곱의 합은? [4점]

① 6 ② $\frac{25}{4}$ ③ $\frac{13}{2}$
④ $\frac{27}{4}$ ⑤ 7

M101

○○○
(2023(10)고3-기하28)

그림과 같이 두 초점이 F$(c,\ 0)$, F$'(-c,\ 0)(c>0)$인 타원 $\frac{x^2}{a^2}+\frac{y^2}{18}=1$이 있다. 타원 위의 점 중 제2사분면에 있는 점 P에서의 접선이 x축, y축과 만나는 점을 각각 Q, R이라 하자. 삼각형 RF$'$F가 정삼각형이고 점 F$'$은 선분 QF의 중점일 때, c^2의 값은? (단, a는 양수이다.) [4점]

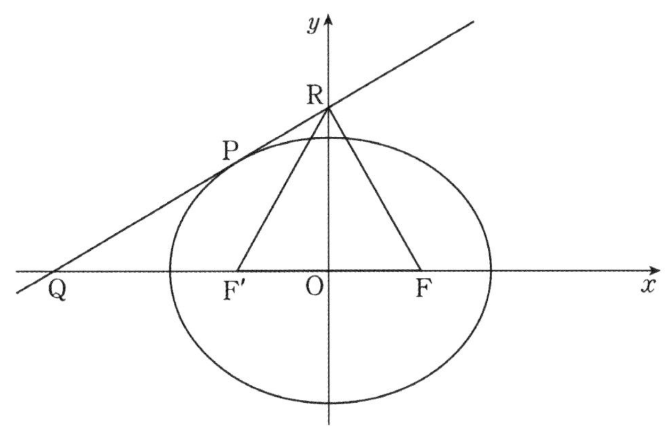

① 7 ② 8 ③ 9
④ 10 ⑤ 11

M102

○○
(2011사관(1차)-이과27)

좌표평면에서 타원 $\frac{x^2}{25}+\frac{y^2}{16}=1$ 위의 점 P$\left(3,\ \frac{16}{5}\right)$에서의 접선을 l이라 하자. 타원의 두 초점 F, F$'$과 직선 l 사이의 거리를 각각 d, d'이라 할 때, dd'의 값을 구하시오. [3점]

M103

○○
(2019(10)고3-가형25)

점 A$(6,\ 4)$에서 타원 $\frac{x^2}{12}+\frac{y^2}{16}=1$에 그은 두 접선의 접점을 각각 B, C라 할 때, 삼각형 ABC의 넓이를 구하시오. [3점]

M104

○○
(2023(7)고3-기하24)

타원 $\frac{x^2}{32}+\frac{y^2}{8}=1$ 위의 점 중 제1사분면에 있는 점 $(a,\ b)$에서의 접선이 점 $(8,\ 0)$을 지날 때, $a+b$의 값은? [3점]

① 5 ② $\frac{11}{2}$ ③ 6
④ $\frac{13}{2}$ ⑤ 7

M105

○○○
(2014(7)고3-B형20)

그림과 같이 두 초점이 F, F′인 타원 $3x^2+4y^2=12$ 위를 움직이는 제1사분면 위의 점 P에서의 접선 l이 x축과 만나는 점을 Q, 점 P에서 접선 l과 수직인 직선을 그어 x축과 만나는 점을 R이라 하자. 세 삼각형 PRF, PF′R, PFQ의 넓이가 이 순서대로 등차수열을 이룰 때, 점 P의 x좌표는? [4점]

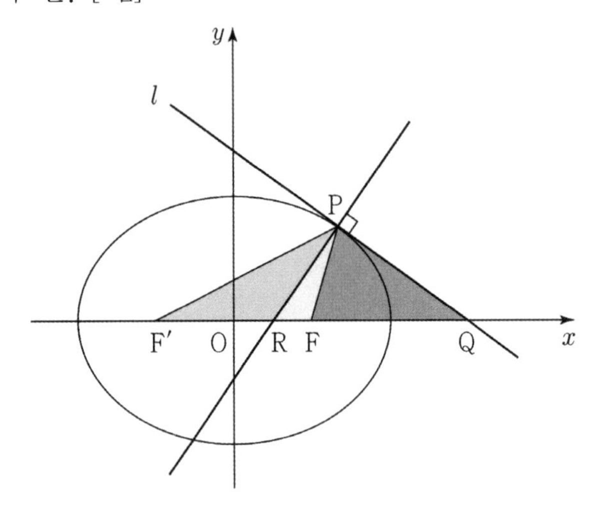

① $\frac{13}{12}$　② $\frac{7}{6}$　③ $\frac{5}{4}$

④ $\frac{4}{3}$　⑤ $\frac{17}{12}$

M. 쌍곡선(접선(가울기))

M106

○○○
(2022(4)고3-기하30)

그림과 같이 두 점 F$(c,\ 0)$, F′$(-c,\ 0)$$(c>0)$을 초점으로 하는 쌍곡선 $\frac{x^2}{10}-\frac{y^2}{a^2}=1$이 있다. 쌍곡선 위의 점 중 제2사분면에 있는 점 P에 대하여 삼각형 F′FP는 넓이가 15이고 $\angle \mathrm{F'PF}=\frac{\pi}{2}$인 직각삼각형이다. 직선 PF′과 평행하고 쌍곡선에 접하는 두 직선을 각각 l_1, l_2라 하자. 두 직선 l_1, l_2가 x축과 만나는 점을 각각 $\mathrm{Q_1}$, $\mathrm{Q_2}$라 할 때, $\overline{\mathrm{Q_1Q_2}}=\frac{q}{p}\sqrt{3}$이다. $p+q$의 값을 구하시오. (단, p와 q는 서로소인 자연수이고, a는 양수이다.) [4점]

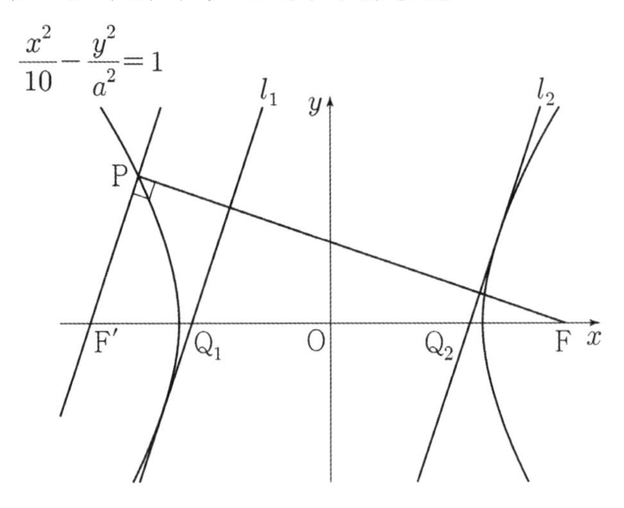

M107

○
(2012(10)고3-가형5)

쌍곡선 $x^2-\frac{y^2}{3}=1$ 위의 점 $(2,\ 3)$에서의 접선이 y축과 만나는 점의 y좌표는? [3점]

① -1　② $-\frac{1}{2}$　③ 0
④ $\frac{1}{2}$　⑤ 1

M108

○○
(2022(7)고3-기하26)

두 초점이 $\mathrm{F}(c,\ 0)$, $\mathrm{F}'(-c,\ 0)$ $(c>0)$인 쌍곡선 $\frac{x^2}{4}-\frac{y^2}{k}=1$ 위의 제1사분면에 있는 점 P에서의 접선이 x축과 만나는 점의 x좌표가 $\frac{4}{3}$이다. $\overline{\mathrm{PF}'}=\overline{\mathrm{FF}'}$일 때, 양수 k의 값은? [3점]

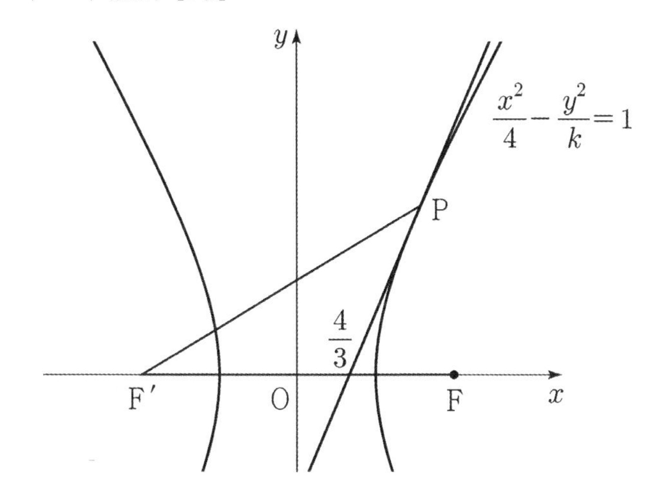

① 9　② 10　③ 11
④ 12　⑤ 13

M109

○○
(2017(4)고3-가형19)

좌표평면에서 쌍곡선 $\frac{x^2}{a^2}-\frac{y^2}{b^2}=1$의 점근선의 방정식이 $y=\pm\frac{\sqrt{3}}{3}x$이고 한 초점이 $\mathrm{F}(4\sqrt{3},\ 0)$이다. 점 F를 지나고 x축에 수직인 직선이 이 쌍곡선과 제1사분면에서 만나는 점을 P라 하자. 쌍곡선 위의 점 P에서의 접선의 기울기는? (단, a, b는 상수이다.) [4점]

① $\frac{2\sqrt{3}}{3}$　② $\sqrt{3}$　③ $\frac{4\sqrt{3}}{3}$
④ $\frac{5\sqrt{3}}{3}$　⑤ $2\sqrt{3}$

M110

○○
(2012사관(1차)-이과10)

그림과 같이 쌍곡선 $4x^2-y^2=4$ 위의 점 $\mathrm{P}(\sqrt{2},\ 2)$에서의 접선을 l이라 하고, 이 쌍곡선의 두 점근선 중 기울기가 양수인 것을 m, 기울기가 음수인 것을 n이라 하자. l과 m의 교점을 Q, l과 n의 교점을 R이라 할 때, $\overline{\mathrm{QR}}=k\overline{\mathrm{PQ}}$를 만족시키는 k의 값은? [3점]

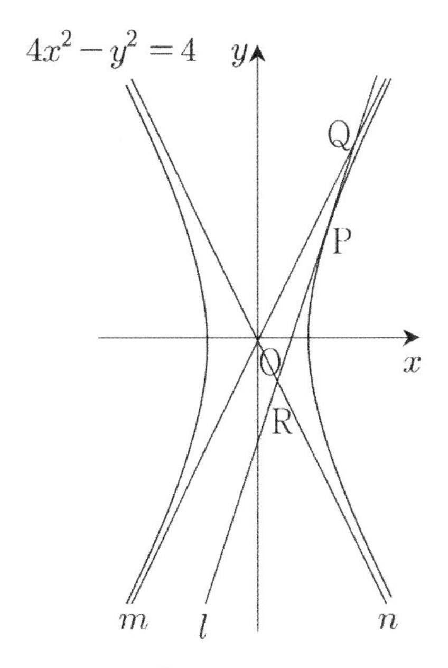

① $\sqrt{2}$　② $\frac{3}{2}$　③ 2
④ $\frac{7}{3}$　⑤ $1+\sqrt{2}$

M111

○○○ (2007사관(1차)-이과17)

그림과 같이 쌍곡선 $x^2-y^2=1$ 위의 점 $\mathrm{P}(a,\ b)$ (단, $a>1$, $b>0$)에서의 접선이 x축과 만나는 점을 A, 쌍곡선의 점근선 중 기울기가 양수인 직선과 만나는 점을 B라 하자. 삼각형 OAB의 넓이를 $S(a)$라 할 때, $\lim_{a\to\infty}S(a)$의 값은? (단, O는 원점이다.) [4점]

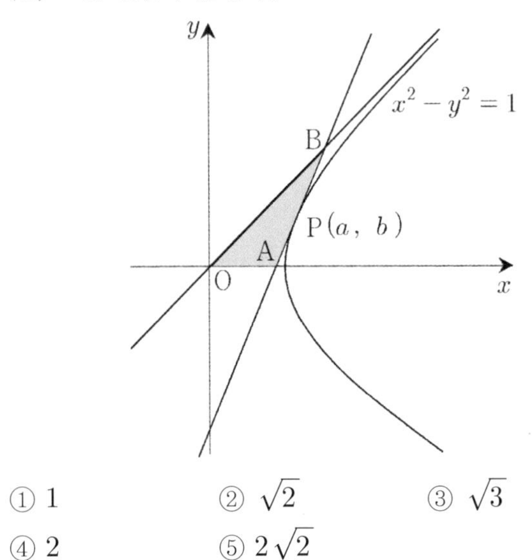

① 1　② $\sqrt{2}$　③ $\sqrt{3}$　④ 2　⑤ $2\sqrt{2}$

M112

●●● (2023(4)고3-기하29)

그림과 같이 두 초점이 $\mathrm{F}(c,\ 0)$, $\mathrm{F}'(-c,\ 0)(c>0)$인 쌍곡선 $\dfrac{x^2}{a^2}-\dfrac{y^2}{27}=1$ 위의 점 $\mathrm{P}\left(\dfrac{9}{2},\ k\right)(k>0)$에서의 접선이 x축과 만나는 점을 Q라 하자. 두 점 F, F′을 초점으로 하고 점 Q를 한 꼭짓점으로 하는 쌍곡선이 선분 PF′과 만나는 두 점을 R, S라 하자. $\overline{\mathrm{RS}}+\overline{\mathrm{SF}}=\overline{\mathrm{RF}}+8$일 때, $4\times(a^2+k^2)$의 값을 구하시오. (단, a는 양수이고, 점 R의 x좌표는 점 S의 x좌표보다 크다.) [4점]

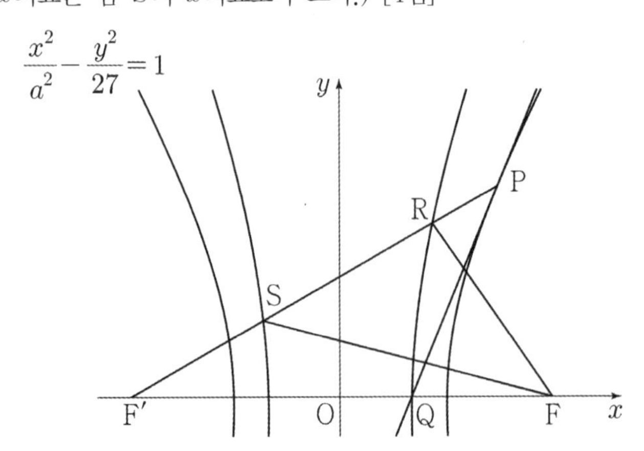

N 평면벡터

- 2015개정 교육과정

◆ 수학 I (공통과목)에서 라디안을 배우므로 라디안으로 출제된 기출은 변형하지 않았습니다.
◆ 벡터의 내적 풀이에서 $\vec{a} \cdot \vec{b} = |\vec{a}||\vec{b}|\cos\theta$를 허용하였습니다. (이유는 위와 같습니다.)
○ 육십분법 도입
○ 사인법칙, 코사인법칙 관련 문제 출제 가능
○ 벡터의 내적의 정의를 성분으로 함

N. 벡터의 합과 차

N001

○
(2022(4)고3-기하23)

그림과 같이 한 변의 길이가 1인 정육각형 ABCDEF에서 $|\overrightarrow{AD}+2\overrightarrow{DE}|$의 값은? [2점]

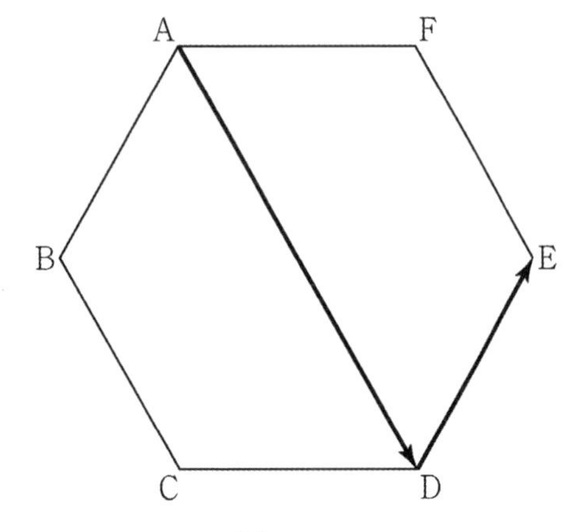

① 1 ② $\sqrt{3}$ ③ 2
④ 3 ⑤ $2\sqrt{3}$

N002

○○
(2023(4)고3-기하23)

그림과 같이 한 변의 길이가 2인 정사각형 ABCD에서 두 선분 AD, CD의 중점을 각각 M, N이라 할 때, $|\overrightarrow{BM}+\overrightarrow{DN}|$의 값은? [2점]

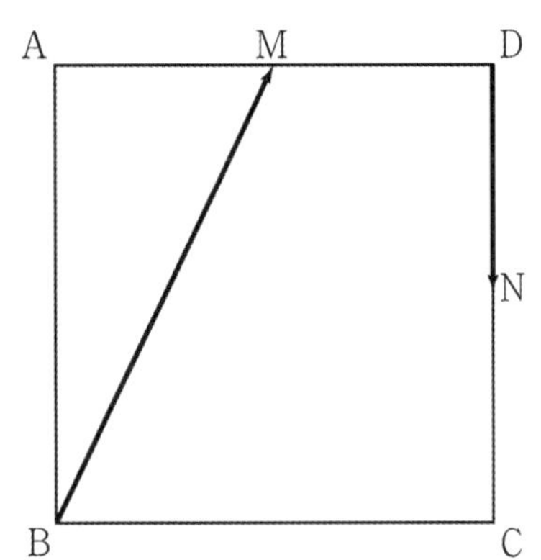

① $\frac{\sqrt{2}}{2}$ ② 1 ③ $\sqrt{2}$
④ 2 ⑤ $2\sqrt{2}$

N003

○○
(2022(10)고3-기하25)

평면 위의 네 점 A, B, C, D가 다음 조건을 만족시킬 때, $|\overrightarrow{AD}|$의 값은? [3점]

(가) $|\overrightarrow{AB}|=2$, $\overrightarrow{AB}+\overrightarrow{CD}=\vec{0}$
(나) $|\overrightarrow{BD}|=|\overrightarrow{BA}-\overrightarrow{BC}|=6$

① $2\sqrt{5}$ ② $2\sqrt{6}$ ③ $2\sqrt{7}$
④ $4\sqrt{2}$ ⑤ 6

N004

○○○
(2021(10)고3-기하26)

그림과 같이 변 AD가 변 BC와 평행하고 $\angle CBA=\angle DCB$인 사다리꼴 ABCD가 있다.
$|\overrightarrow{AD}|=2$, $|\overrightarrow{BC}|=4$, $|\overrightarrow{AB}+\overrightarrow{AC}|=2\sqrt{5}$
일 때, $|\overrightarrow{BD}|$의 값은? [3점]

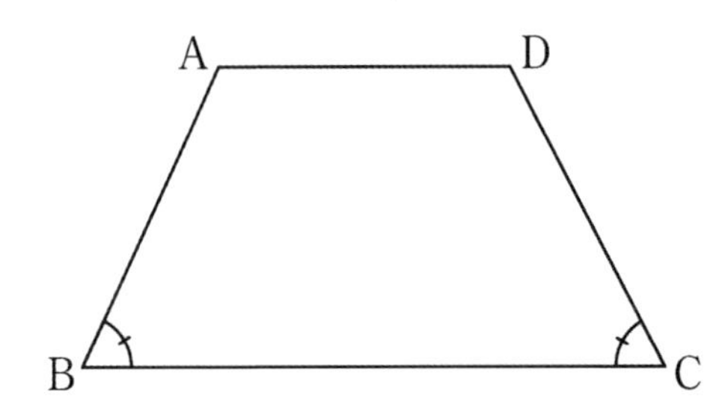

① $\sqrt{10}$ ② $\sqrt{11}$ ③ $2\sqrt{3}$
④ $\sqrt{13}$ ⑤ $\sqrt{14}$

N005

○○○
(2023사관(1차)-기하26)

그림과 같이 정삼각형 ABC에서 선분 BC의 중점을 M이라 하고, 직선 AM의 정삼각형 ABC의 외접원과 만나는 점 중 A가 아닌 점을 D라 하자. $\overrightarrow{AD}=m\overrightarrow{AB}+n\overrightarrow{AC}$일 때, $m+n$의 값은? (단, m, n은 상수이다.) [3점]

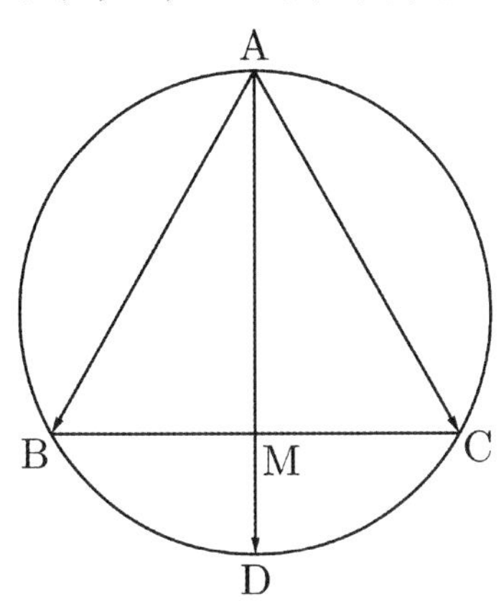

① $\frac{7}{6}$ ② $\frac{5}{4}$ ③ $\frac{4}{3}$
④ $\frac{17}{12}$ ⑤ $\frac{3}{2}$

N006

○○○
(2006(10)고3-가형15)

$\triangle$ABC의 넓이를 S_1, $\triangle$ABC의 세 중선의 길이를 각 변의 길이로 하는 삼각형의 넓이를 S_2라고 할 때, 다음은 S_1과 S_2 사이에 일정한 비가 성립함을 증명한 것이다.

〈증명〉

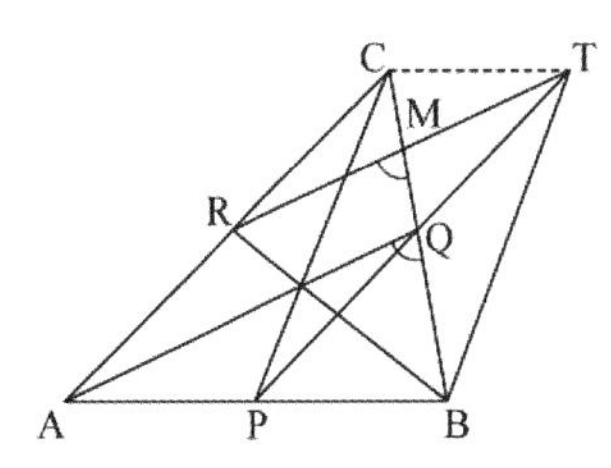

$\triangle$ABC의 각 변의 중점을 P, Q, R로 놓고 그림과 같이 $\overrightarrow{PC}=\overrightarrow{BT}$가 되도록 점 T를 잡는다.
점 Q는 평행사변형 PBTC의 대각선 BC의 중점이므로
$\overrightarrow{PQ}=\overrightarrow{QT}$ …㉠
또 삼각형의 중점연결정리에 의하여
$\overrightarrow{PQ}=\frac{1}{2}\overrightarrow{AC}$이므로 $\overrightarrow{PQ}=\overrightarrow{AR}$ …㉡
㉠, ㉡에서 $\overrightarrow{AR}=\overrightarrow{QT}$
$\therefore$ (가)
따라서 $\triangle$RBT는 $\triangle$ABC의 세 중선의 길이를 각 변의 길이로 하는 삼각형이다.
한편, 두 선분 BC와 RT의 교점을 M이라고 하면, $\overline{AQ}//\overline{RT}$이고 점 R가 선분 AC의 중점이므로 점 M은 선분 CQ의 중점이다.
$\angle$RMB$=\angle$AQB이므로
$\triangle RBT=\frac{1}{2}\overline{RT}\times\overline{MB}\times\sin(\angle RMB)$
$=$ (나) $\triangle$ABC

위의 증명에서 (가), (나)에 알맞은 것은? [4점]

	(가)	(나)		(가)	(나)
①	$\overrightarrow{AQ}=\overrightarrow{RT}$	$\frac{2}{3}$	②	$\overrightarrow{AP}=\overrightarrow{CT}$	$\frac{2}{3}$
③	$\overrightarrow{AQ}=\overrightarrow{RT}$	$\frac{3}{4}$	④	$\overrightarrow{AP}=\overrightarrow{CT}$	$\frac{3}{4}$
⑤	$\overrightarrow{CT}=\overrightarrow{PB}$	$\frac{4}{5}$			

N. 벡터의 합과 차+이차곡선

N007

○○○
(2017(10)고3-가형10)

타원 $\frac{x^2}{9}+\frac{y^2}{5}=1$ 위의 점 P와 두 초점 F, F′에 대하여 $|\overrightarrow{PF}+\overrightarrow{PF'}|$의 최댓값은? [3점]

① 5 ② 6 ③ 7
④ 8 ⑤ 9

N008

○○○
(2022(4)고3-기하27)

쌍곡선 $\frac{x^2}{2}-\frac{y^2}{2}=1$의 꼭짓점 중 x좌표가 양수인 점을 A라 하자. 이 쌍곡선 위의 점 P에 대하여 $|\overrightarrow{OA}+\overrightarrow{OP}|=k$를 만족시키는 점 P의 개수가 3일 때, 상수 k의 값은? (단, O는 원점이다.) [3점]

① 1 ② $\sqrt{2}$ ③ 2
④ $2\sqrt{2}$ ⑤ 4

N. 벡터의 자취

N009

○○○
(2005(10)고3-가형9)

평면 위에 삼각형 OAB가 있다.
$\overrightarrow{OP}=s\overrightarrow{OA}+t\overrightarrow{OB}(s\geq 0,\ t\geq 0)$를 만족하는 점 P가 그리는 도형에 대한 옳은 설명을 보기에서 모두 고른 것은? [4점]

ㄱ. $s+t=1$일 때, 점 P가 그리는 도형은 선분 AB이다.
ㄴ. $s+2t=1$일 때, 점 P가 그리는 도형의 길이는 선분 AB의 길이보다 크다.
ㄷ. $s+2t\leq 1$일 때, 점 P가 그리는 영역은 삼각형 OAB를 포함한다.

① ㄱ ② ㄴ ③ ㄱ, ㄴ
④ ㄱ, ㄷ ⑤ ㄴ, ㄷ

N010

●●●
(2014사관(1차)-B형15)

그림과 같이 반지름의 길이가 2이고 중심각의 크기가 $\frac{\pi}{3}$인 부채꼴 OAB에서 선분 OA의 중점을 M이라 하자. 점 P는 두 선분 OM과 BM 위를 움직이고, 점 Q는 호 AB 위를 움직인다. $\overrightarrow{OR}=\overrightarrow{OP}+\overrightarrow{OQ}$를 만족시키는 점 R가 나타내는 영역 전체의 넓이는? [4점]

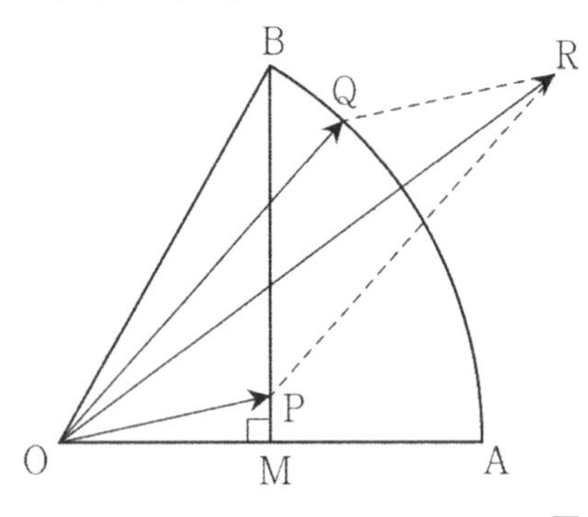

① $\sqrt{3}$ ② 2 ③ $2\sqrt{3}$
④ 4 ⑤ $3\sqrt{3}$

N011

★★★
(2023(4)고3-기하30)

좌표평면에서 포물선 $y^2=2x-2$의 꼭짓점을 A라 하자. 이 포물선 위를 움직이는 점 P와 양의 실수 k에 대하여

$$\overrightarrow{OX}=\overrightarrow{OA}+\frac{k}{|\overrightarrow{OP}|}\overrightarrow{OP}$$

를 만족시키는 점 X가 나타내는 도형을 C라 하자.

도형 C가 포물선 $y^2=2x-2$와 서로 다른 두 점에서 만나도록 하는 실수 k의 최솟값을 m이라 할 때, m^2의 값을 구하시오. (단, O는 원점이다.) [4점]

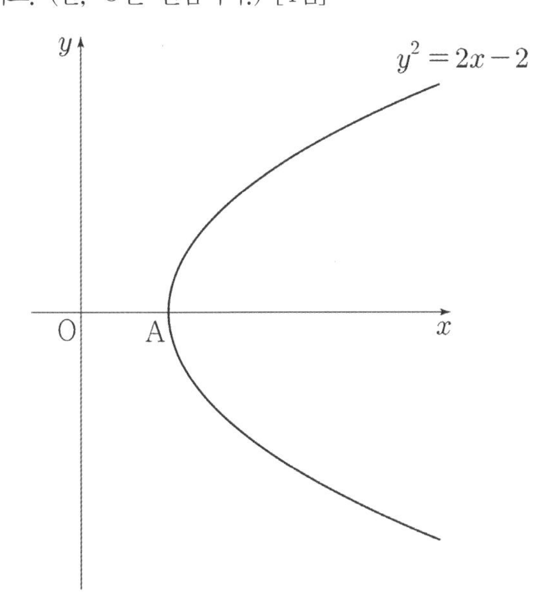

N. 벡터의 크기의 최대최소

N012

○○○
(2016(10)고3-가형18)

$\overline{AB}=8$, $\overline{BC}=6$인 직사각형 ABCD에 대하여 네 선분 AB, CD, DA, BD의 중점을 각각 E, F, G, H라 하자. 선분 CF를 지름으로 하는 원 위의 점 P에 대하여 $|\overrightarrow{EG}+\overrightarrow{HP}|$의 최댓값은? [4점]

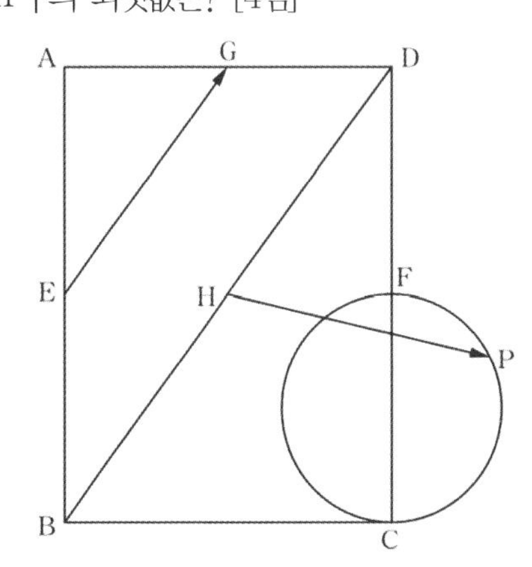

① 8 ② $2+2\sqrt{10}$ ③ $2+2\sqrt{11}$
④ $2+4\sqrt{3}$ ⑤ $2+2\sqrt{13}$

N013

(2013(10)고3-B형21)

그림과 같이 평면 위에 반지름의 길이가 1인 네 개의 원 C_1, C_2, C_3, C_4가 서로 외접하고 있고, 두 원 C_1, C_2의 접점을 A라 하자. 원 C_3 위를 움직이는 점 P와 원 C_4 위를 움직이는 점 Q에 대하여 $|\overrightarrow{AP}+\overrightarrow{AQ}|$의 최댓값은? [4점]

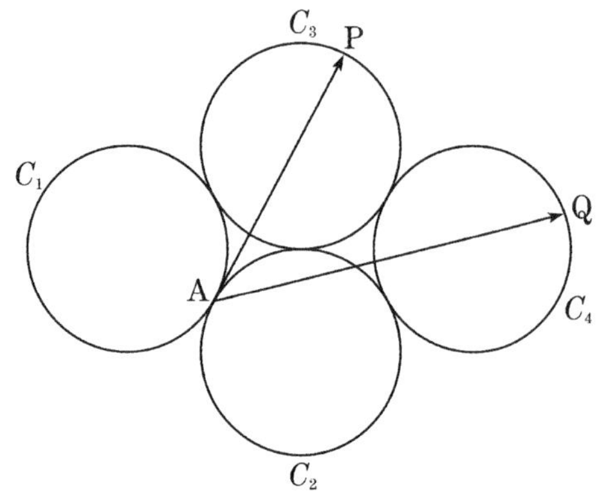

① $4\sqrt{3}-\sqrt{2}$ ② 6 ③ $3\sqrt{3}+1$ ④ $3\sqrt{3}+\sqrt{2}$ ⑤ 7

N014

(2022사관(1차)-기하27)

그림과 같이 한 변의 길이가 4인 정삼각형 ABC에 대하여 점 A를 지나고 직선 BC에 평행한 직선을 l이라 할 때, 세 직선 AC, BC, l에 모두 접하는 원을 O라 하자. 원 O 위의 점 P에 대하여 $|\overrightarrow{AC}+\overrightarrow{BP}|$의 최댓값을 M, 최솟값을 m이라 할 때, Mm의 값은? (단, 원 O의 중심은 삼각형 ABC의 외부에 있다.) [3점]

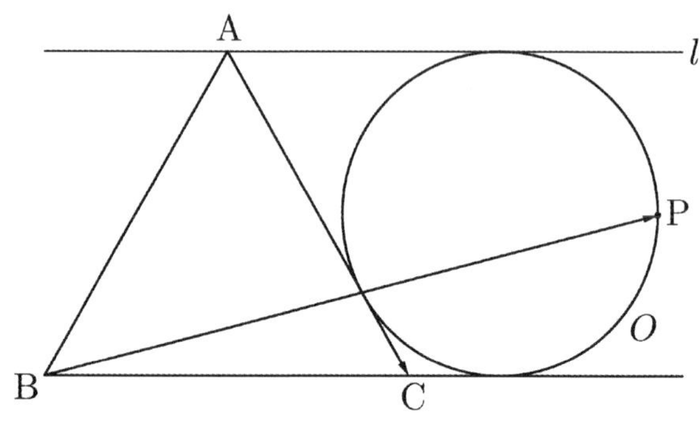

① 46 ② 47 ③ 48 ④ 49 ⑤ 50

N. 벡터의 크기의 최대최소+자취+영역

N015

●●●
(2021(4)고3-기하29)

좌표평면 위에 네 점 $A(-2,\ 0)$, $B(1,\ 0)$, $C(2,\ 1)$, $D(0,\ 1)$이 있다. 반원의 호 $(x+1)^2+y^2=1$ $(0\le y\le 1)$ 위를 움직이는 점 P와 삼각형 BCD 위를 움직이는 점 Q에 대하여 $|\overrightarrow{OP}+\overrightarrow{AQ}|$의 최댓값을 M, 최솟값을 m이라 하자. $M^2+m^2=p+2\sqrt{q}$일 때, $p\times q$의 값을 구하시오. (단, O는 원점이고, p와 q는 유리수이다.) [4점]

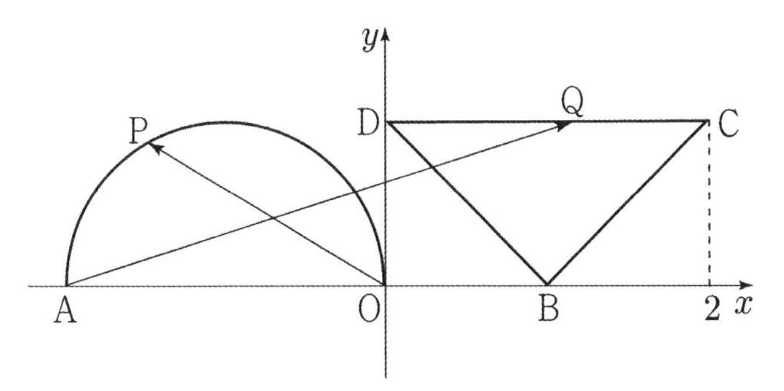

N. 벡터의 내적

N016

○○
(2007(10)고3-가형4)

세 점 O, A, B에 대하여 두 벡터 $\vec{a}=\overrightarrow{OA}$, $\vec{b}=\overrightarrow{OB}$가 다음 조건을 만족시킨다.

(가) $\vec{a}\cdot\vec{b}=2$
(나) $|\vec{a}|=2$, $|\vec{b}|=3$

이때, 두 선분 OA, OB를 두 변으로 하는 평행사변형의 넓이는? [3점]

① $3\sqrt{2}$　② $4\sqrt{2}$　③ $3\sqrt{3}$　④ $4\sqrt{3}$　⑤ $5\sqrt{3}$

N017

○○
(2018(10)고3-가형11)

평면 위에 길이가 1인 선분 AB와 점 C가 있다. $\overrightarrow{AB}\cdot\overrightarrow{BC}=0$이고 $|\overrightarrow{AB}+\overrightarrow{AC}|=4$일 때, $|\overrightarrow{BC}|$의 값은? [3점]

① 2　② $2\sqrt{2}$　③ 3　④ $2\sqrt{3}$　⑤ 4

N018

○○
(2008사관(1차)-이과7)

$\angle BAC = 60^\circ$ 이고 $\angle BCA > 90^\circ$ 인 둔각삼각형 ABC가 있다. 그림과 같이 $\angle BAC$의 이등분선과 선분 BC의 교점을 D, $\angle BAC$의 외각의 이등분선과 선분 BC의 연장선의 교점을 E라 할 때, 보기에서 항상 옳은 것을 모두 고른 것은? [3점]

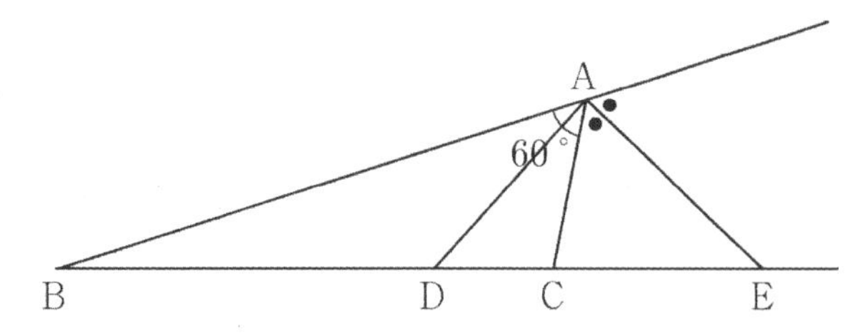

ㄱ. $\overrightarrow{AB} + \overrightarrow{AC} = 2\overrightarrow{AD}$
ㄴ. $\overrightarrow{AB} \cdot \overrightarrow{AD} > \overrightarrow{AC} \cdot \overrightarrow{AE}$
ㄷ. $\overrightarrow{AB} \cdot \overrightarrow{AC} > \overrightarrow{AD} \cdot \overrightarrow{AE}$

① ㄱ ② ㄴ ③ ㄷ
④ ㄴ, ㄷ ⑤ ㄱ, ㄴ, ㄷ

N019

○○
(2007사관(1차)-이과6)

평면 위에 한 변의 길이가 1인 정삼각형 ABC와 정사각형 BDEC가 그림과 같이 변 BC를 공유하고 있다.
이때, $\overrightarrow{AC} \cdot \overrightarrow{AD}$의 값은? [3점]

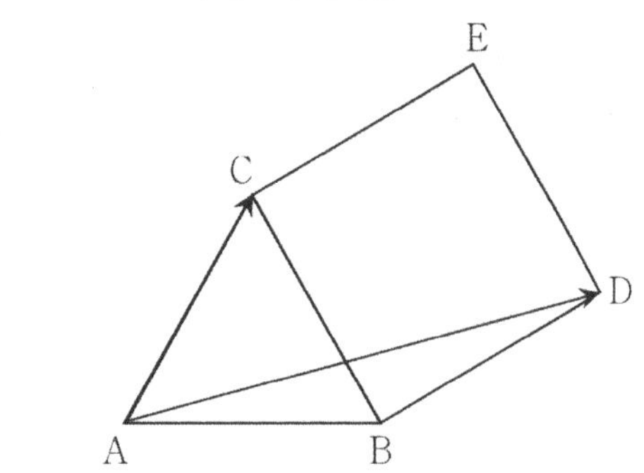

① 1 ② $\sqrt{2}$ ③ $\sqrt{3}$
④ $\frac{1+\sqrt{2}}{2}$ ⑤ $\frac{1+\sqrt{3}}{2}$

N020

○○
(2016(7)고3-가형19)

그림과 같이 삼각형 ABC에 대하여 꼭짓점 C에서 선분 AB에 내린 수선의 발을 H라 하자. 삼각형 ABC가 다음 조건을 만족시킬 때, $\overrightarrow{CA} \cdot \overrightarrow{CH}$의 값은? [4점]

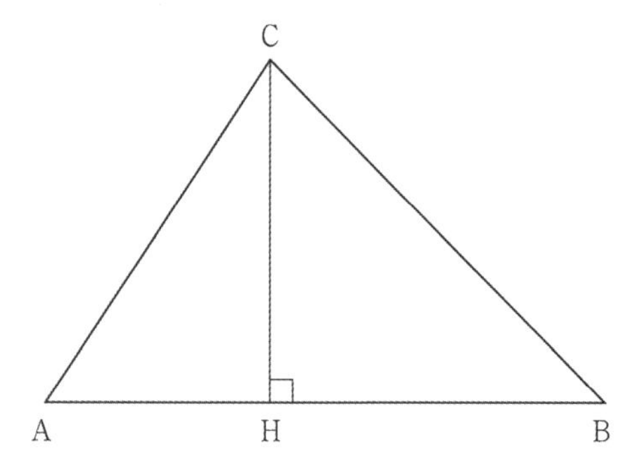

(가) 점 H가 선분 AB를 $2:3$으로 내분한다.
(나) $\overrightarrow{AB} \cdot \overrightarrow{AC} = 40$
(다) 삼각형 ABC의 넓이는 30이다.

① 36 ② 37 ③ 38
④ 39 ⑤ 40

N021

○○
(2016(10)고3-가형25)

그림과 같이 $\overline{AB} = 15$인 삼각형 ABC에 내접하는 원의 중심을 I라 하고, 점 I에서 변 BC에 내린 수선의 발을 D라 하자. $\overline{BD} = 8$일 때, $\overrightarrow{BA} \cdot \overrightarrow{BI}$의 값을 구하시오. [3점]

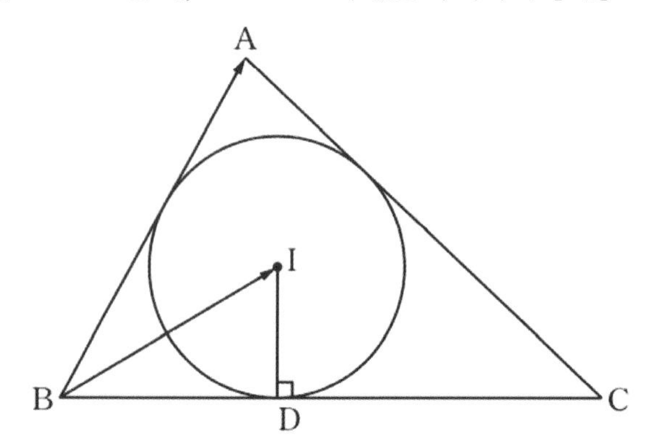

N022

○○ (2019(10)고3-가형27)

그림과 같이 선분 AB를 지름으로 하는 원 위의 점 P에서의 접선과 직선 AB가 만나는 점을 Q라 하자. 점 Q가 선분 AB를 5 : 1로 외분하는 점이고, $\overline{BQ}=\sqrt{3}$일 때, $\overrightarrow{AP}\cdot\overrightarrow{AQ}$의 값을 구하시오. [4점]

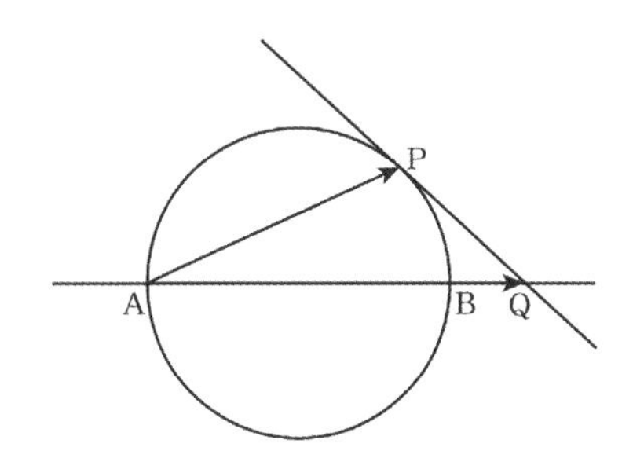

N023

○○ (2002(6)고3-자연계16)

다음은 삼각형 ABC의 변 BC의 중점을 M이라 할 때,

$$\overline{AB}^2+\overline{AC}^2=2(\overline{AM}^2+\overline{BM}^2)$$

임을 증명하는 과정이다.

〈과정〉

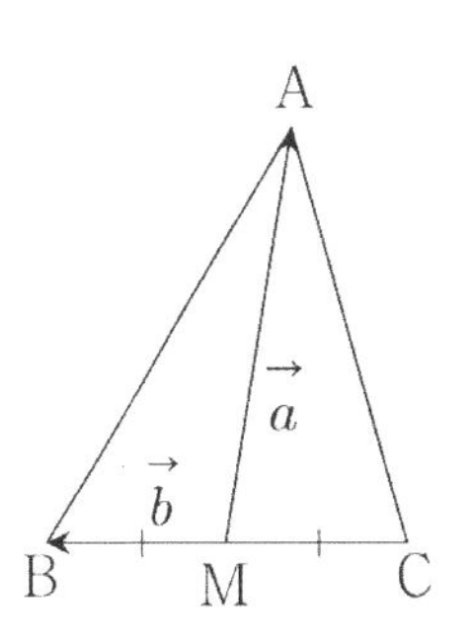

위의 그림과 같이

$\overrightarrow{MA}=\vec{a}$, $\overrightarrow{MB}=\vec{b}$

라 하면

$\overrightarrow{BA}=\vec{a}-\vec{b}$

$\overrightarrow{CA}=$ (가)

$\therefore\ \overline{AB}^2+\overline{AC}^2$

$=|\vec{a}-\vec{b}|^2+|\text{(가)}|^2$

$=|\vec{a}|^2-2\text{(나)}+|\vec{b}|^2$

$+|\vec{a}|^2+2\text{(나)}+|\vec{b}|^2$

$=2(|\vec{a}|^2+|\vec{b}|^2)$

$=2(\overline{AM}^2+\overline{BM}^2)$

위의 증명 과정에서 (가), (나)에 알맞은 것을 순서대로 적으면? [2점]

	(가)	(나)
①	$\vec{a}-\vec{b}$,	$\vec{a}\cdot\vec{b}$
②	$\vec{a}-\vec{b}$,	$\lvert\vec{a}\rvert\lvert\vec{b}\rvert$
③	$\vec{a}+\vec{b}$,	$\vec{a}\cdot\vec{b}$
④	$\vec{a}+\vec{b}$,	$\lvert\vec{a}\rvert\lvert\vec{b}\rvert$
⑤	$\vec{a}+\vec{b}$,	$\dfrac{\lvert\vec{a}\rvert}{\lvert\vec{b}\rvert}$

N024

○○○ (2005사관(1차)-이과16)

다음은 $\triangle$ABC에서 $\overrightarrow{BC}=\vec{a}$, $\overrightarrow{CA}=\vec{b}$, $\overrightarrow{AB}=\vec{c}$라 할 때,

$$(\vec{b}\cdot\vec{c})\vec{a}+(\vec{c}\cdot\vec{a})\vec{b}+(\vec{a}\cdot\vec{b})\vec{c}=\vec{0}$$

이면 $\triangle$ABC는 정삼각형임을 증명한 것이다.

(단, $\vec{x}\cdot\vec{y}$ 는 두 벡터 $\vec{x}$, $\vec{y}$의 내적이다.)

> $\vec{c}=$ (가) 를 주어진 조건식에 대입하여 정리하면
> $(\vec{b}\cdot$ (가) $)\vec{a}+($ (가) $\cdot\vec{a})\vec{b}+(\vec{a}\cdot\vec{b})$ (가)
> $=($ (나) $-\vec{b}\cdot\vec{b})\vec{a}+($ (나) $-\vec{a}\cdot\vec{a})\vec{b}=\vec{0}$
> $\vec{a}$와 $\vec{b}$는 평행하지 않으므로
> (나) $-\vec{b}\cdot\vec{b}=0$
> (나) $-\vec{a}\cdot\vec{a}=0$
> 위의 두 식에서 $\vec{a}\cdot\vec{a}=\vec{b}\cdot\vec{b}$
> $\therefore\ |\vec{a}|=|\vec{b}|$
> 같은 방법으로, $\vec{b}=$ (다) 를 주어진 조건식에 대입하여 정리하면 $|\vec{a}|=|\vec{c}|$가 얻어진다.
> 따라서 $\triangle$ABC는 정삼각형이다.

위의 증명에서 (가), (나), (다)에 알맞은 것은? [4점]

	(가)	(나)	(다)
①	$-\vec{a}-\vec{b}$	$-2\vec{a}\cdot\vec{b}$	$-\vec{a}-\vec{c}$
②	$\vec{a}+\vec{b}$	$-2\vec{a}\cdot\vec{b}$	$\vec{a}+\vec{c}$
③	$\vec{a}+\vec{b}$	$\vec{a}\cdot\vec{b}$	$-\vec{a}-\vec{c}$
④	$-\vec{a}-\vec{b}$	$-\vec{a}\cdot\vec{b}$	$\vec{a}+\vec{c}$
⑤	$\vec{a}-\vec{b}$	$2\vec{a}\cdot\vec{b}$	$-\vec{a}-\vec{c}$

N025

○○○ (2019사관(1차)-가형27)

그림과 같이 $\overline{AB}=3$, $\overline{BC}=4$인 삼각형 ABC에서 선분 AC를 $1:2$로 내분하는 점을 D, 선분 AC를 $2:1$로 내분하는 점을 E라 하자. 선분 BC의 중점을 F라 하고, 두 선분 BE, DF의 교점을 G라 하자. $\overrightarrow{AG}\cdot\overrightarrow{BE}=0$일 때, $\cos(\angle ABC)=\dfrac{q}{p}$이다. $p+q$의 값을 구하시오. (단, p와 q는 서로소인 자연수이다.) [4점]

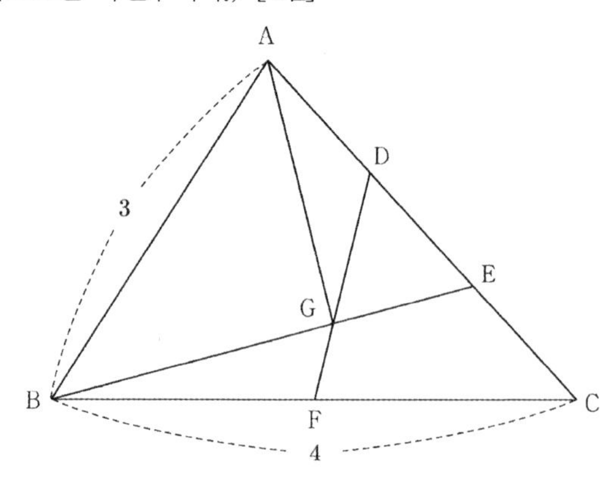

N026

○○○ (2009사관(1차)-이과22)

그림과 같은 $\overline{AD}=1$, $\overline{AB}=\sqrt{6}$, $\angle ADB=90^\circ$인 평행사변형 ABCD에서 $\overrightarrow{AD}=\vec{a}$, $\overrightarrow{AB}=\vec{b}$라 놓는다. 꼭짓점 D에서 선분 AC에 내린 수선의 발을 E라 할 때, 벡터 $\overrightarrow{AE}=k(\vec{a}+\vec{b})$를 만족시키는 실수 k의 값은? [4점]

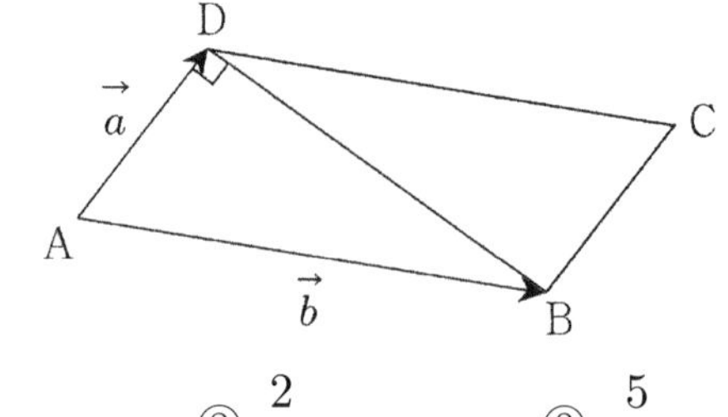

① $\dfrac{1}{6}$ ② $\dfrac{2}{9}$ ③ $\dfrac{5}{18}$ ④ $\dfrac{1}{3}$ ⑤ $\dfrac{\sqrt{6}}{6}$

N027

●●●

(2024사관(1차)-기하28)

삼각형 ABC의 세 꼭짓점 A, B, C가 다음 조건을 만족시킨다.

> (가) $\overrightarrow{AB} \cdot \overrightarrow{AC} = \frac{1}{3}|\overrightarrow{AB}|^2$
>
> (나) $\overrightarrow{AB} \cdot \overrightarrow{CB} = \frac{2}{5}|\overrightarrow{AC}|^2$

점 B를 지나고 직선 AB에 수직인 직선과 직선 AC가 만나는 점을 D라 하자. $|\overrightarrow{BD}| = \sqrt{42}$일 때, 삼각형 ABC의 넓이는? [4점]

① $\frac{\sqrt{14}}{6}$ ② $\frac{\sqrt{14}}{5}$ ③ $\frac{\sqrt{14}}{4}$
④ $\frac{\sqrt{14}}{3}$ ⑤ $\frac{\sqrt{14}}{2}$

N. 벡터의 내적(성분)

N028

○○

(2024사관(1차)-기하25)

좌표평면의 점 A(0, 2)와 원점 O에 대하여 제1사분면의 점 B를 삼각형 AOB가 정삼각형이 되도록 잡는다.
점 C($-\sqrt{3}$, 0)에 대하여 $|\overrightarrow{OA} + \overrightarrow{BC}|$의 값은? [3점]

① $\sqrt{13}$ ② $\sqrt{14}$ ③ $\sqrt{15}$
④ 4 ⑤ $\sqrt{17}$

N029

○○○

(2008(10)고3-가형8)

그림은 한 변의 길이가 1인 정사각형 12개를 붙여 만든 도형이다. 20개의 꼭짓점 중 한 점을 시점으로 하고 다른 한 점을 종점으로 하는 모든 벡터들의 집합을 S라 하자. 집합 S의 두 원소 $\vec{x}$, $\vec{y}$에 대하여 보기에서 항상 옳은 것만을 있는 대로 고른 것은? [3점]

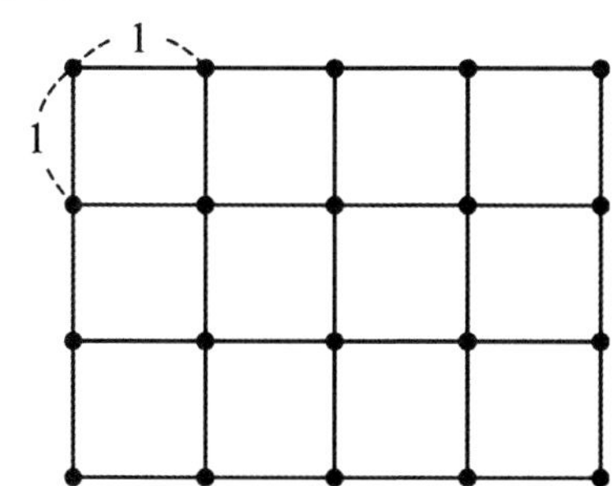

> ㄱ. $\vec{x} \cdot \vec{y} = 0$이면 $|\vec{x}|$, $|\vec{y}|$의 값은 모두 정수이다.
> ㄴ. $|\vec{x}| = \sqrt{5}$, $|\vec{y}| = \sqrt{2}$이면 $\vec{x} \cdot \vec{y} \neq 0$이다.
> ㄷ. $\vec{x} \cdot \vec{y}$는 정수이다.

① ㄴ ② ㄷ ③ ㄱ, ㄴ
④ ㄱ, ㄷ ⑤ ㄴ, ㄷ

N030

○○○
(2023(10)고3-기하27)

사각형 ABCD가 다음 조건을 만족시킨다.

(가) 두 벡터 $\overrightarrow{AD}$, $\overrightarrow{BC}$는 서로 평행하다.
(나) $t\overrightarrow{AC}=3\overrightarrow{AB}+2\overrightarrow{AD}$를 만족시키는 실수 t가 존재한다.

삼각형 ABD의 넓이가 12일 때, 사각형 ABCD의 넓이는? [3점]

① 16 ② 17 ③ 18
④ 19 ⑤ 20

N031

○○○
(2012(3)고2-공통19변형)

그림과 같이 두 원 C_1: $x^2+y^2=1$과 C_2: $x^2+y^2=8$이 있다. 원 C_1에 접하는 직선 l의 방정식은 $ax+by=1$이다. 직선 l에 평행하고 원 C_2에 접하는 두 직선을 각각 l_1, l_2라 하자. 점 $P_1(x_1,\ y_1)$은 직선 l_1 위에 있고, 점 $P_2(x_2,\ y_2)$는 직선 l_2와 원 C_2의 접점이다.
$(ax_1+by_1+1)(ax_2+by_2+1)$의 값은? [4점]

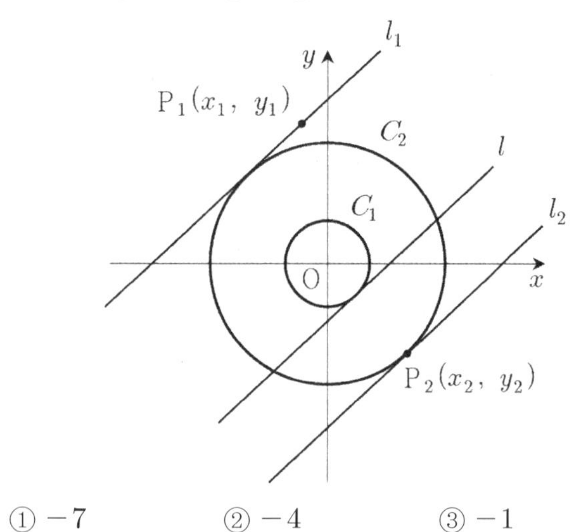

① -7 ② -4 ③ -1
④ 2 ⑤ 5

N. 벡터의 내적+최대최소

N032

○○
(2007사관(1차)-이과12)

그림과 같이 반지름의 길이가 1이고 중심각의 크기가 $\dfrac{\pi}{2}$인 부채꼴 OAB가 있다. 호 AB 위를 움직이는 두 점 P, Q에 대하여 보기에서 옳은 것을 모두 고른 것은? [3점]

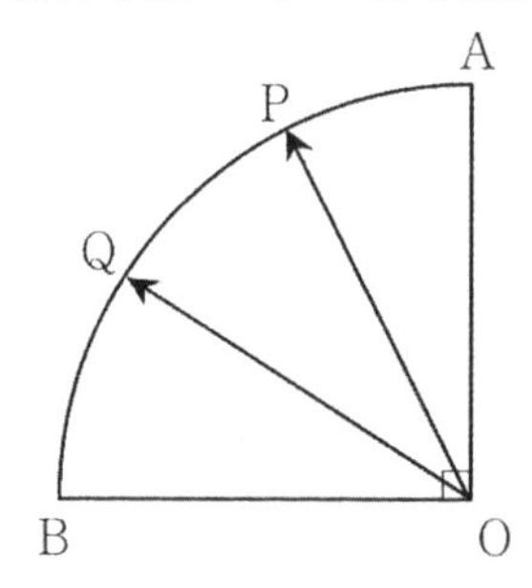

ㄱ. $|\overrightarrow{OP}+\overrightarrow{OQ}|$의 최솟값은 $\sqrt{2}$이다.
ㄴ. $|\overrightarrow{OP}-\overrightarrow{OQ}|$의 최댓값은 $\sqrt{2}$이다.
ㄷ. $\overrightarrow{OP}\cdot\overrightarrow{OQ}$의 최댓값은 1이다.

① ㄴ ② ㄷ ③ ㄱ, ㄴ
④ ㄱ, ㄷ ⑤ ㄱ, ㄴ, ㄷ

N033

★★★
(2023사관(1차)-기하30)

좌표평면 위의 세 점 A(6, 0), B(2, 6), C(k, $-2k$) ($k>0$)과 삼각형 ABC의 내부 또는 변 위의 점 P가 다음 조건을 만족시킨다.

(가) $5\overrightarrow{BA}\cdot\overrightarrow{OP}-\overrightarrow{OB}\cdot\overrightarrow{AP}=\overrightarrow{OA}\cdot\overrightarrow{OB}$
(나) 점 P가 나타내는 도형의 길이는 $\sqrt{5}$이다.

$\overrightarrow{OA}\cdot\overrightarrow{CP}$의 최댓값을 구하시오. (단, O는 원점이다.) [4점]

N034

★★★
(2019(7)고3-가형29)

중심이 O이고 반지름의 길이가 1인 원이 있다.
양수 x에 대하여 원 위의 서로 다른 세 점 A, B, C가

$$x\overrightarrow{OA}+5\overrightarrow{OB}+3\overrightarrow{OC}=\vec{0}$$

를 만족시킨다. $\overrightarrow{OA}\cdot\overrightarrow{OB}$의 값이 최대일 때, 삼각형 ABC의 넓이를 S라 하자. $50S$의 값을 구하시오. [4점]

N. 벡터의 내적+최대최소+원

N035

○○○
(2010(10)고3-가형11)

그림은 $\overline{AB}=2$, $\overline{AD}=2\sqrt{3}$인 직사각형 ABCD와 이 직사각형의 한 변 CD를 지름으로 하는 원을 나타낸 것이다. 이 원 위를 움직이는 점 P에 대하여 두 벡터 $\overrightarrow{AC}$, $\overrightarrow{AP}$의 내적 $\overrightarrow{AC}\cdot\overrightarrow{AP}$의 최댓값은? (단, 직사각형과 원은 같은 평면 위에 있다.) [4점]

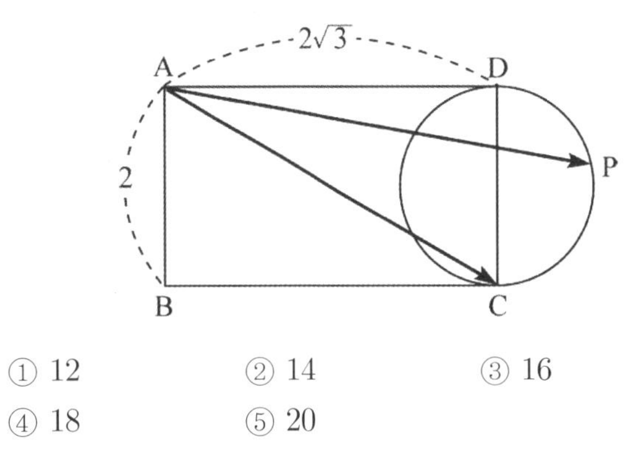

① 12　② 14　③ 16
④ 18　⑤ 20

N036

○○○
(2017(10)고3-가형28)

그림과 같이 한 변의 길이가 4인 정사각형 ABCD의 내부에 선분 AB와 선분 BC에 접하고 반지름의 길이가 1인 원 C_1과 선분 AD와 선분 CD에 접하고 반지름의 길이가 1인 원 C_2가 있다. 원 C_1과 선분 AB의 접점을 P라 하고, 원 C_2 위의 한 점을 Q라 하자.
$\overrightarrow{PC}\cdot\overrightarrow{PQ}$의 최댓값을 $a+\sqrt{b}$라 할 때, $a+b$의 값을 구하시오. (단, a와 b는 유리수이다.) [4점]

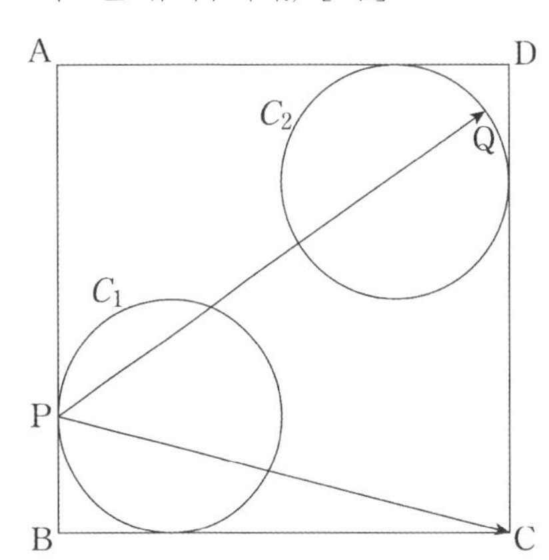

N037

●●● (2015사관(1차)-B형29)

한 변의 길이가 4인 정사각형 ABCD에서 변 AB와 변 AD에 모두 접하고 점 C를 지나는 원을 O라 하자. 원 O 위를 움직이는 점 X에 대하여 두 벡터 $\overrightarrow{\mathrm{AB}}$, $\overrightarrow{\mathrm{CX}}$의 내적 $\overrightarrow{\mathrm{AB}} \cdot \overrightarrow{\mathrm{CX}}$의 최댓값은 $a-b\sqrt{2}$이다. $a+b$의 값을 구하시오. (단, a와 b는 자연수이다.) [4점]

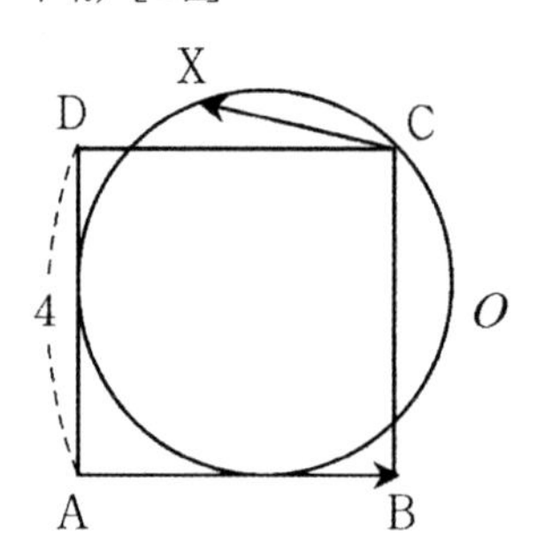

N038

●●● (2022(7)고3-기하29)

평면 위에 한 변의 길이가 6인 정삼각형 ABC의 무게중심 O에 대하여 $\overrightarrow{\mathrm{OD}}=\frac{3}{2}\overrightarrow{\mathrm{OB}}-\frac{1}{2}\overrightarrow{\mathrm{OC}}$를 만족시키는 점을 D라 하자. 선분 CD 위의 점 P에 대하여 $|2\overrightarrow{\mathrm{PA}}+\overrightarrow{\mathrm{PD}}|$의 값이 최소가 되도록 하는 점 P를 Q라 하자. $|\overrightarrow{\mathrm{OR}}|=|\overrightarrow{\mathrm{OA}}|$를 만족시키는 점 R에 대하여 $\overrightarrow{\mathrm{QA}} \cdot \overrightarrow{\mathrm{QR}}$의 최댓값이 $p+q\sqrt{93}$일 때, $p+q$의 값을 구하시오. (단, p, q는 유리수이다.) [4점]

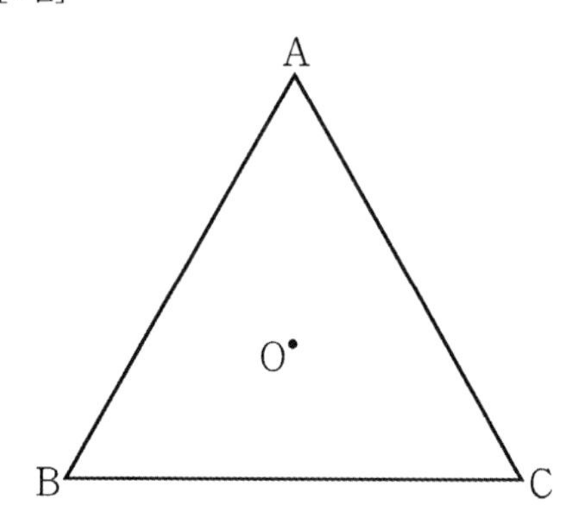

N039
(2022(10)고3-기하28)

그림과 같이 한 평면 위에 반지름의 길이가 4이고 중심각의 크기가 120°인 부채꼴 OAB와 중심이 C이고 반지름의 길이가 1인 원 C가 있고, 세 벡터 $\overrightarrow{OA}$, $\overrightarrow{OB}$, $\overrightarrow{OC}$가

$\overrightarrow{OA} \cdot \overrightarrow{OC}=24$, $\overrightarrow{OB} \cdot \overrightarrow{OC}=0$

을 만족시킨다. 호 AB 위를 움직이는 점 P와 원 C 위를 움직이는 점 Q에 대하여 $\overrightarrow{OP} \cdot \overrightarrow{PQ}$의 최댓값과 최솟값을 각각 M, m이라 할 때, $M+m$의 값은? [4점]

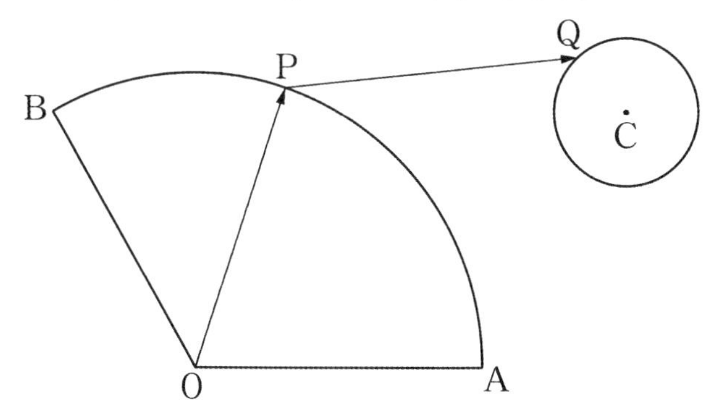

① $12\sqrt{3}-34$ ② $12\sqrt{3}-32$ ③ $16\sqrt{3}-36$
④ $16\sqrt{3}-34$ ⑤ $16\sqrt{3}-32$

N040
(2017사관(1차)-가형28)

그림과 같이 반지름의 길이가 5인 원 C와 원 C 위의 점 A에서의 접선 l이 있다. 원 C 위의 점 P와 $\overline{AB}=24$를 만족시키는 직선 l 위의 점 B에 대하여 $\overrightarrow{PA} \cdot \overrightarrow{PB}$의 최댓값을 구하시오. [4점]

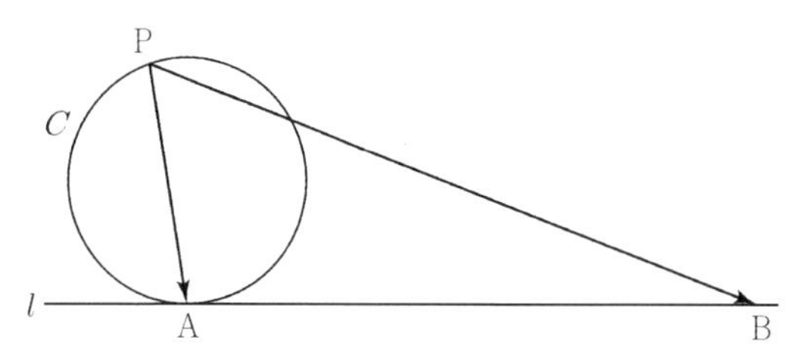

N041

★★★
(2018사관(1차)-가형29)

그림과 같이 한 변의 길이가 2인 정삼각형 ABC와 반지름의 길이가 1이고 선분 AB와 직선 BC에 동시에 접하는 원 O가 있다. 원 O 위의 점 P와 선분 BC 위의 점 Q에 대하여 $\overrightarrow{\mathrm{AP}} \cdot \overrightarrow{\mathrm{AQ}}$의 최댓값과 최솟값의 합은 $a+b\sqrt{3}$이다.
a^2+b^2의 값을 구하시오. (단, a, b는 유리수이고, 원 O의 중심은 삼각형 ABC의 외부에 있다.) [4점]

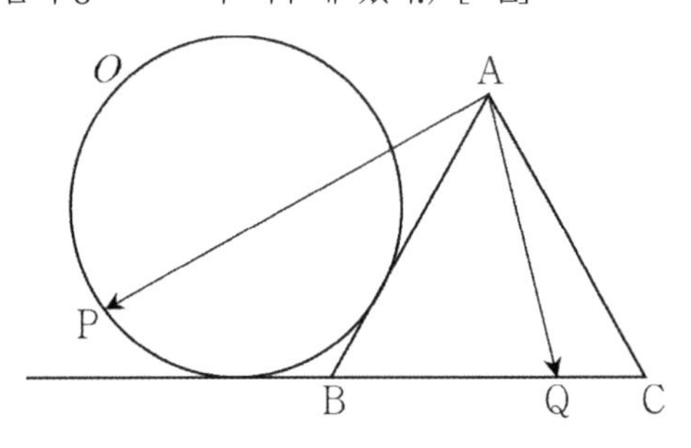

N042

★★★
(2018(7)고3-가형29)

그림과 같이 평면 위에 $\overline{\mathrm{OA}}=2\sqrt{11}$을 만족하는 두 점 O, A와 점 O를 중심으로 하고 반지름의 길이가 각각 $\sqrt{5}$, $\sqrt{14}$인 두 원 C_1, C_2가 있다. 원 C_1 위의 서로 다른 두 점 P, Q와 원 C_2 위의 점 R가 다음 조건을 만족시킨다.

(가) 양수 k에 대하여 $\overrightarrow{\mathrm{PQ}}=k\overrightarrow{\mathrm{QR}}$
(나) $\overrightarrow{\mathrm{PQ}} \cdot \overrightarrow{\mathrm{AR}}=0$이고 $\overline{\mathrm{PQ}}:\overline{\mathrm{AR}}=2:\sqrt{6}$

원 C_1 위의 점 S에 대하여 $\overrightarrow{\mathrm{AR}} \cdot \overrightarrow{\mathrm{AS}}$의 최댓값을 M, 최솟값을 m이라 할 때, Mm의 값을 구하시오.

(단, $\frac{\pi}{2}<\angle\mathrm{ORA}<\pi$) [4점]

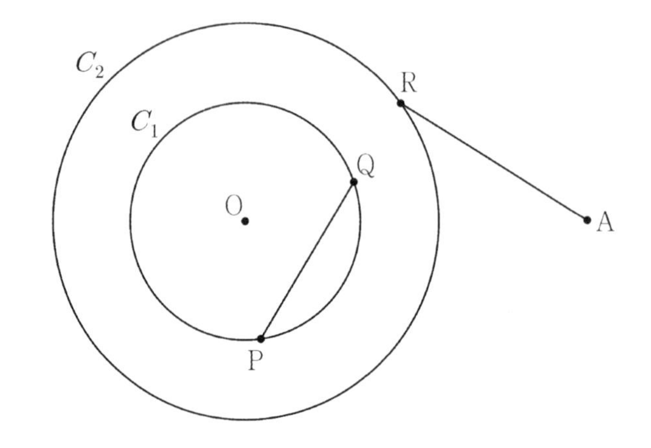

N043

★★★
(2021(7)고3-기하30)

평면 위에

$$\overline{OA}=2+2\sqrt{3},\ \overline{AB}=4,$$

$$\angle COA=\frac{\pi}{3},\ \angle A=\angle B=\frac{\pi}{2}$$

를 만족시키는 사다리꼴 OABC가 있다. 선분 AB를 지름으로 하는 원 위의 점 P에 대하여 $\overrightarrow{OC}\cdot\overrightarrow{OP}$의 값이 최대가 되도록 하는 점 P를 Q라 할 때, 직선 OQ가 원과 만나는 점 중 Q가 아닌 점을 D라 하자. 원 위의 점 R에 대하여 $\overrightarrow{DQ}\cdot\overrightarrow{AR}$의 최댓값을 M이라 할 때, M^2의 값을 구하시오. [4점]

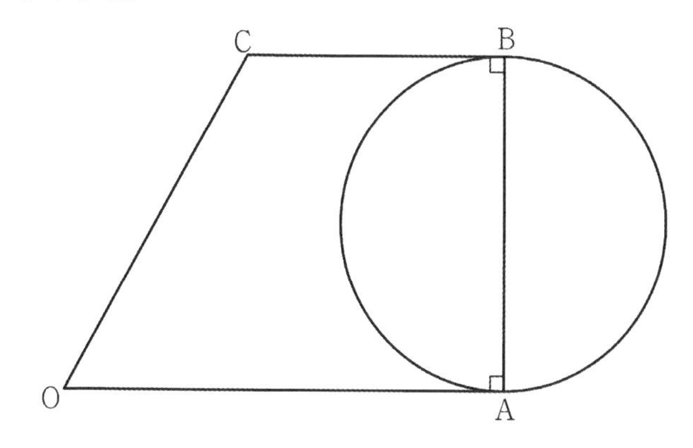

N. 벡터의 내적+자취+영역

N044

●●●
(2021(10)고3-기하28)

삼각형 ABC와 삼각형 ABC의 내부의 점 P가 다음 조건을 만족시킨다.

(가) $\overrightarrow{PA}\cdot\overrightarrow{PC}=0,\ \dfrac{|\overrightarrow{PA}|}{|\overrightarrow{PC}|}=3$

(나) $\overrightarrow{PB}\cdot\overrightarrow{PC}=-\dfrac{\sqrt{2}}{2}|\overrightarrow{PB}||\overrightarrow{PC}|=-2|\overrightarrow{PC}|^2$

직선 AP와 선분 BC의 교점을 D라 할 때, $\overrightarrow{AD}=k\overrightarrow{PD}$이다. 실수 k의 값은? [4점]

① $\dfrac{11}{2}$ ② 6 ③ $\dfrac{13}{2}$ ④ 7 ⑤ $\dfrac{15}{2}$

N045

★★★ (2022사관(1차)-기하30)

좌표평면 위의 두 점 A$(6,\ 0)$, B$(6,\ 5)$와 음이 아닌 실수 k에 대하여 두 점 P, Q가 다음 조건을 만족시킨다.

(가) $\overrightarrow{OP}=k(\overrightarrow{OA}+\overrightarrow{OB})$이고 $\overrightarrow{OP}\cdot\overrightarrow{OA}\leq 21$이다.
(나) $\lvert\overrightarrow{AQ}\rvert=\lvert\overrightarrow{AB}\rvert$이고 $\overrightarrow{OQ}\cdot\overrightarrow{OA}\leq 21$이다.

$\overrightarrow{OX}=\overrightarrow{OP}+\overrightarrow{OQ}$를 만족시키는 점 X가 나타내는 도형의 넓이는 $\dfrac{q}{p}\sqrt{3}$이다. $p+q$의 값을 구하시오. (단, O는 원점이고, p와 q는 서로소인 자연수이다.) [4점]

N046

★★★ (2023(7)고3-기하29)

좌표평면 위에 길이가 6인 선분 AB를 지름으로 하는 원이 있다. 원 위의 서로 다른 두 점 C, D가

$\overrightarrow{AB}\cdot\overrightarrow{AC}=27$, $\overrightarrow{AB}\cdot\overrightarrow{AD}=9$, $\overline{CD}>3$

을 만족시킨다. 선분 AC 위의 서로 다른 두 점 P, Q와 상수 k가 다음 조건을 만족시킨다.

(가) $\dfrac{3}{2}\overrightarrow{DP}-\overrightarrow{AB}=k\overrightarrow{BC}$
(나) $\overrightarrow{QB}\cdot\overrightarrow{QD}=3$

$k\times(\overrightarrow{AQ}\cdot\overrightarrow{DP})$의 값을 구하시오. [4점]

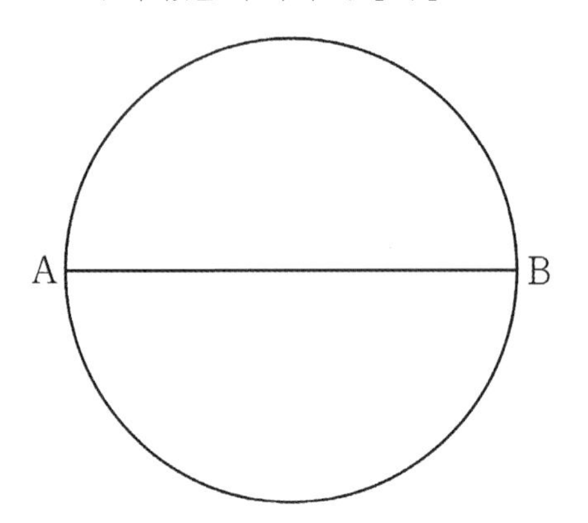

N. 직선

N047

○○

(2023(7)고3-기하25)

좌표평면에서 벡터 $\vec{u}=(3,\ -1)$에 평행한 직선 l과 직선 m: $\dfrac{x-1}{7}=y-1$이 있다. 두 직선 l, m이 이루는 예각의 크기를 θ라 할 때, $\cos\theta$의 값은? [3점]

① $\dfrac{2\sqrt{3}}{5}$　② $\dfrac{\sqrt{14}}{5}$　③ $\dfrac{4}{5}$

④ $\dfrac{3\sqrt{2}}{5}$　⑤ $\dfrac{2\sqrt{5}}{5}$

N. 원

N048

○○

(2022(7)고3-기하25)

좌표평면에서 두 점 A$(-2,\ 0)$, B$(3,\ 3)$에 대하여

$$(\overrightarrow{\mathrm{OP}}-\overrightarrow{\mathrm{OA}})\cdot(\overrightarrow{\mathrm{OP}}-2\overrightarrow{\mathrm{OB}})=0$$

을 만족시키는 점 P가 나타내는 도형의 길이는? (단, O는 원점이다.) [3점]

① 6π　② 7π　③ 8π

④ 9π　⑤ 10π

N049

○○○

(2023(10)고3-기하29)

좌표평면 위의 점 A$(5,\ 0)$에 대하여 제1사분면 위의 점 P가

$$|\overrightarrow{\mathrm{OP}}|=2,\ \overrightarrow{\mathrm{OP}}\cdot\overrightarrow{\mathrm{AP}}=0$$

을 만족시키고, 제1사분면 위의 점 Q가

$$|\overrightarrow{\mathrm{AQ}}|=1,\ \overrightarrow{\mathrm{OQ}}\cdot\overrightarrow{\mathrm{AQ}}=0$$

을 만족시킬 때, $\overrightarrow{\mathrm{OA}}\cdot\overrightarrow{\mathrm{PQ}}$의 값을 구하시오. (단, O는 원점이다.) [4점]

P 공간도형과 공간좌표

- 2015개정 교육과정

◆ 수학 I (공통과목)에서 라디안을 배우므로 라디안으로 출제된 기출은 변형하지 않았습니다.

○ 육십분법 도입

○ 사인법칙, 코사인법칙 관련 문제 출제 가능

○ 공간벡터, 공간에서의 벡터의 방정식 퇴출

P. 두 직선이 이루는 각의 크기

P001

○○○
(2011(10)고3-가형30)

정사면체 ABCD에서 두 모서리 AC, AD의 중점을 각각 M, N이라 하자. 직선 BM과 직선 CN이 이루는 예각의 크기를 θ라 할 때, $\cos\theta = \frac{q}{p}$이다. $p+q$의 값을 구하시오. (단, p와 q는 서로소인 자연수이다.) [4점]

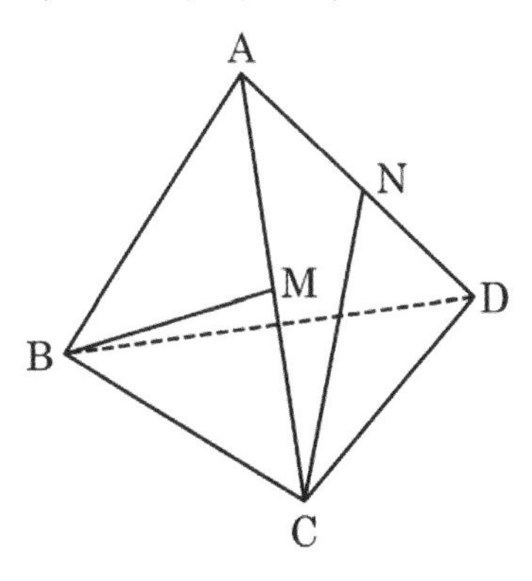

P002

○○
(2012(10)고3-가형7)

정팔면체 ABCDEF에서 두 모서리 AC와 DE가 이루는 각의 크기를 θ라 할 때, $\cos\theta$의 값은? (단, $0 \le \theta \le \frac{\pi}{2}$) [3점]

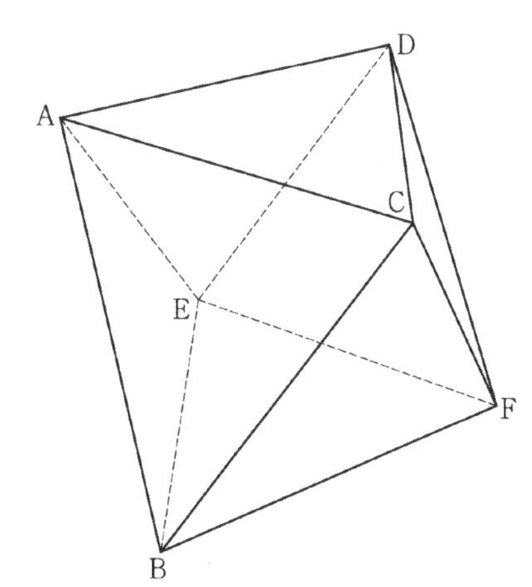

① 0 ② $\frac{1}{3}$ ③ $\frac{1}{2}$
④ $\frac{\sqrt{2}}{2}$ ⑤ $\frac{\sqrt{3}}{2}$

P. 삼수선

P003

○○
(2023사관(1차)-기하24)

그림과 같이 평면 α 위에 $\angle BAC = \frac{\pi}{2}$이고 $\overline{AB} = 1$, $\overline{AC} = \sqrt{3}$인 직각삼각형 ABC가 있다. 점 A를 지나고 평면 α에 수직인 직선 위의 점 P에 대하여 $\overline{PA} = 2$일 때, 점 P와 직선 BC 사이의 거리는? [3점]

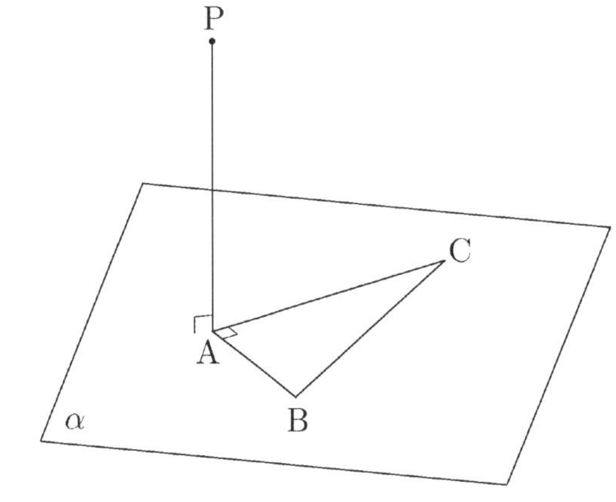

① $\frac{\sqrt{17}}{2}$ ② $\frac{\sqrt{70}}{4}$ ③ $\frac{3\sqrt{2}}{2}$
④ $\frac{\sqrt{74}}{4}$ ⑤ $\frac{\sqrt{19}}{2}$

P004

○○
(2022(10)고3-기하26)

그림과 같이 $\overline{BC}=\overline{CD}=3$이고 $\angle BCD=90°$인 사면체 ABCD가 있다. 점 A에서 평면 BCD에 내린 수선의 발을 H라 할 때, 점 H는 선분 BD를 $1:2$로 내분하는 점이다. 삼각형 ABC의 넓이가 6일 때, 삼각형 AHC의 넓이는? [3점]

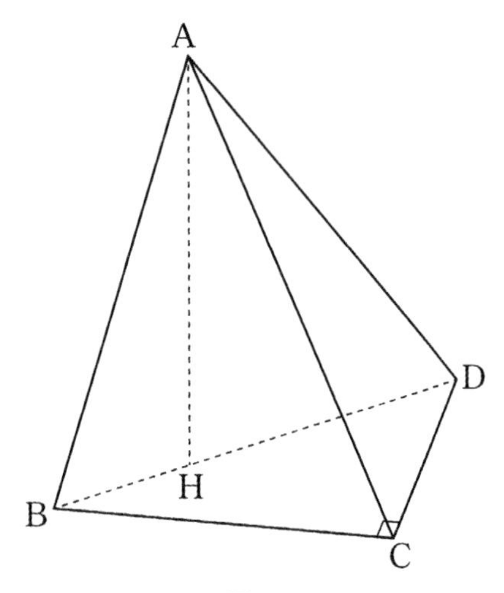

① $2\sqrt{3}$ ② $\frac{5\sqrt{3}}{2}$ ③ $3\sqrt{3}$
④ $\frac{7\sqrt{3}}{2}$ ⑤ $4\sqrt{3}$

P005

○○
(2018사관(1차)-가형15)

평면 α 위에 있는 서로 다른 두 점 A, B와 평면 α 위에 있지 않은 점 P에 대하여 삼각형 PAB는 $\overline{PB}=4$, $\angle PAB=\frac{\pi}{2}$인 직각이등변삼각형이고, 평면 PAB와 평면 α가 이루는 각의 크기는 $\frac{\pi}{6}$이다. 점 P에서 평면 α에 내린 수선의 발을 H라 할 때, 사면체 PHAB의 부피는? [4점]

① $\frac{\sqrt{6}}{6}$ ② $\frac{\sqrt{6}}{3}$ ③ $\frac{\sqrt{6}}{2}$
④ $\frac{2\sqrt{6}}{3}$ ⑤ $\frac{5\sqrt{6}}{6}$

P006

○○
(2016(10)고3-가형15)

길이가 5인 선분 AB를 지름으로 하는 구 위에 점 C가 있다. 점 A를 지나고 직선 AB에 수직인 직선 l이 직선 BC에 수직이다. 직선 l 위의 점 D에 대하여 $\overline{BD}=6$, $\overline{CD}=4$일 때, 선분 AC의 길이는? (단, 점 C는 선분 AB 위에 있지 않다.) [4점]

① $\sqrt{3}$ ② 2 ③ $\sqrt{5}$
④ $\sqrt{6}$ ⑤ $\sqrt{7}$

P007

○○
(2006(10)고3-가형24)

공간에서 평면 α 위에 세 변의 길이가 $\overline{AB}=\overline{AC}=10$, $\overline{BC}=12$인 삼각형 ABC가 있다. 점 A를 지나고 평면 α에 수직인 직선 l 위의 점 D에 대하여 $\overline{AD}=6$이 되도록 점 D를 잡을 때 $\triangle DBC$의 넓이를 구하시오. [4점]

P008

○○
(2015(7)고3-B형15)

그림과 같이 $\overline{AB}=\overline{AC}=5$, $\overline{BC}=2\sqrt{7}$인 삼각형 ABC가 xy평면 위에 있고, 점 $P(1,\ 1,\ 4)$의 xy평면 위로의 정사영 Q는 삼각형 ABC의 무게중심과 일치한다. 점 P에서 직선 BC까지의 거리는? [4점]

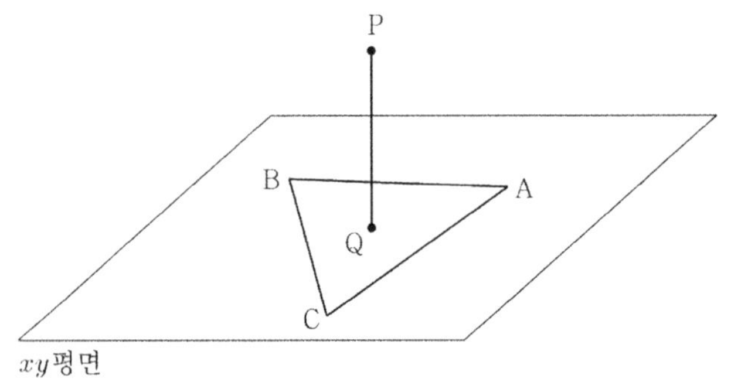

① $3\sqrt{2}$ ② $\sqrt{19}$ ③ $2\sqrt{5}$
④ $\sqrt{21}$ ⑤ $\sqrt{22}$

P009

○○

(2023(10)고3-기하25)

평면 α 위에 $\overline{AB}=6$이고 넓이가 12인 삼각형 ABC가 있다. 평면 α 위에 있지 않은 점 P에서 평면 α에 내린 수선의 발이 점 C와 일치한다. $\overline{PC}=2$일 때, 점 P와 직선 AB 사이의 거리는? [3점]

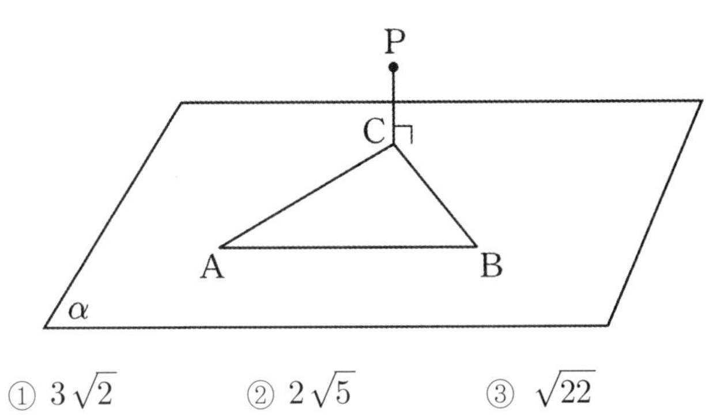

① $3\sqrt{2}$ ② $2\sqrt{5}$ ③ $\sqrt{22}$
④ $2\sqrt{6}$ ⑤ $\sqrt{26}$

P010

○○

(2013(10)고3-B형18)

그림과 같이 한 모서리의 길이가 20인 정육면체 ABCD－EFGH가 있다. 모서리 AB를 $3:1$로 내분하는 점을 L, 모서리 HG의 중점을 M이라 하자. 점 M에서 선분 LD에 내린 수선의 발을 N이라 할 때, 선분 MN의 길이는? [4점]

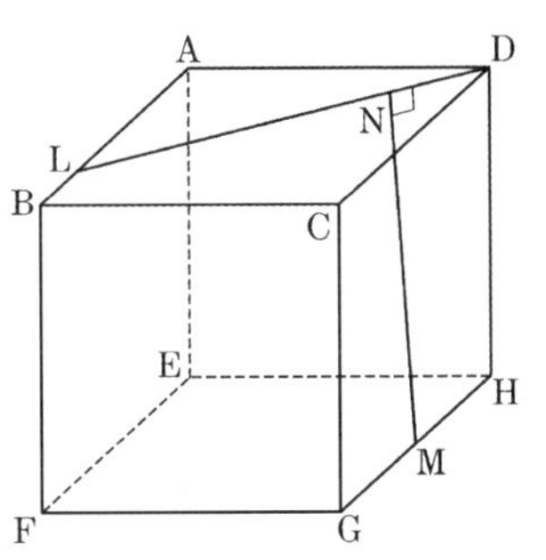

① $12\sqrt{3}$ ② $8\sqrt{7}$ ③ $15\sqrt{2}$
④ $4\sqrt{29}$ ⑤ $4\sqrt{30}$

P011

○○○

(2012(10)고3-가형18)

평면 α 위에 거리가 4인 두 점 A, C와 중심이 C이고 반지름의 길이가 2인 원이 있다. 점 A에서 이 원에 그은 접선의 접점을 B라 하자. 점 B를 지나고 평면 α에 수직인 직선 위에 $\overline{BP}=2$가 되는 점을 P라 할 때, 점 C와 직선 AP 사이의 거리는? [4점]

① $\sqrt{6}$ ② $\sqrt{7}$ ③ $2\sqrt{2}$
④ 3 ⑤ $\sqrt{10}$

P012

○○○

(2008사관(1차)-이과12)

중심이 O이고 반지름의 길이가 1인 구와, 점 O로부터 같은 거리에 있고 서로 수직인 두 평면 α, β가 있다. 그림과 같이 두 평면 α, β의 교선이 구와 만나는 점을 각각 A, B라 하자. 삼각형 OAB가 정삼각형일 때, 점 O와 평면 α 사이의 거리는? [4점]

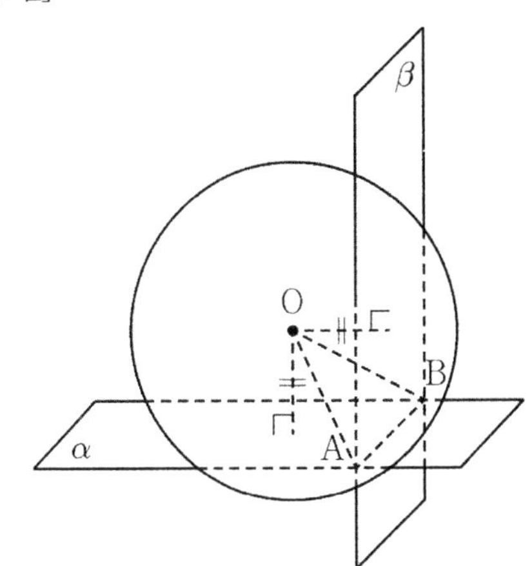

① $\frac{\sqrt{2}}{5}$ ② $\frac{\sqrt{6}}{4}$ ③ $\frac{\sqrt{5}}{5}$
④ $\frac{\sqrt{3}}{6}$ ⑤ $\frac{\sqrt{2}}{2}$

P. 단면 관찰

P013

○○○
(2005(10)고3-가형15)

그림과 같이 한 변의 길이가 12인 정육면체 ABCDEFGH에 내접하는 구가 있다. 변 AE, CG를 $1:3$으로 내분하는 점을 각각 P, R라 하고 변 BF의 중점을 Q라 한다. 네 점 D, P, Q, R를 지나는 평면으로 내접하는 구를 자를 때 생기는 원의 넓이는? [4점]

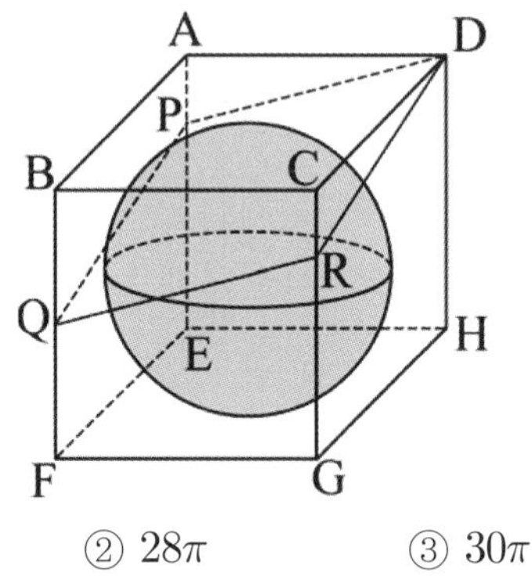

① 26π　② 28π　③ 30π　④ 32π　⑤ 34π

P014

○○○
(2010사관(1차)-이과30)

구 $(x-3)^2+(y-2)^2+(z-3)^2=27$과 그 내부를 포함하는 입체를 xy평면으로 잘라 구의 중심이 포함된 부분을 남기고 나머지 부분을 버린다. 남아있는 부분을 다시 yz평면으로 잘라 구의 중심이 포함된 부분을 남기고 나머지 부분을 버린다. 이때, 마지막에 남아있는 부분에서 두 평면에 의해 잘린 단면의 넓이는 $a\pi+b$이다. 두 자연수 a, b의 합 $a+b$의 값을 구하시오. [4점]

P015

●●●
(2018(10)고3-가형29)

그림과 같이 평면 α 위에 중심이 점 A이고 반지름의 길이가 $\sqrt{3}$인 원 C가 있다. 점 A를 지나고 평면 α에 수직인 직선 위의 점 B에 대하여 $\overline{AB}=3$이다. 원 C 위의 점 P에 대하여 원 D가 다음 조건을 만족시킨다.

> (가) 선분 BP는 원 D의 지름이다.
> (나) 점 A에서 원 D를 포함하는 평면에 내린 수선의 발 H는 선분 BP 위에 있다.

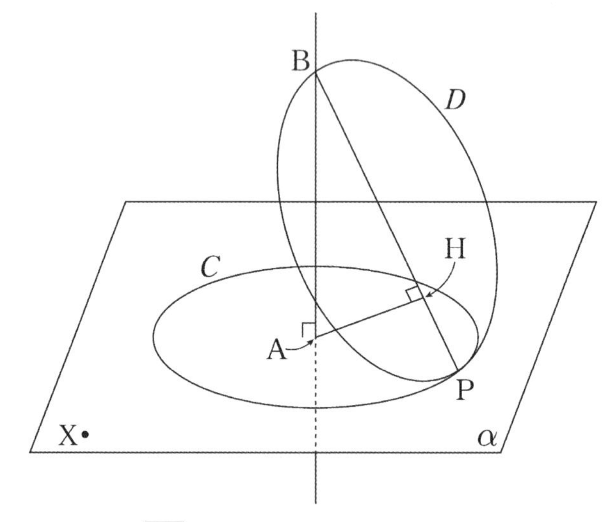

평면 α 위에 $\overline{AX}=5$인 점 X가 있다. 점 P가 원 C 위를 움직일 때, 원 D 위의 점 Q에 대하여 선분 XQ의 길이의 최댓값은 $m+\sqrt{n}$이다. $m+n$의 값을 구하시오. (단, m, n은 자연수이다.) [4점]

P. 이면각

P016

○○
(2005(10)고3-가형13)

그림과 같이 사면체 ABCD의 각 모서리의 길이는

$\overline{AB}=\overline{AC}=7$, $\overline{BD}=\overline{CD}=5$, $\overline{BC}=6$, $\overline{AD}=4$

이다.

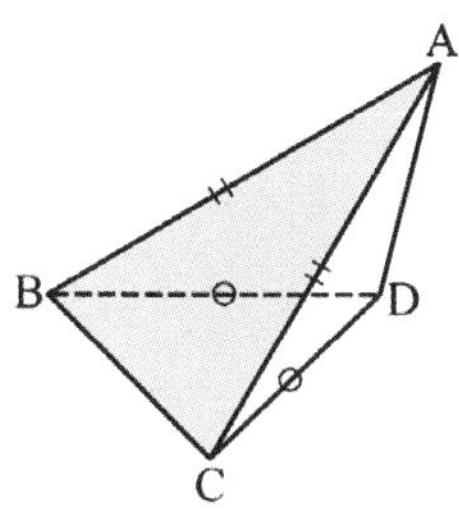

평면 ABC와 평면 BCD가 이루는 이면각의 크기를 θ라 할 때, $\cos\theta$의 값은? (단, θ는 예각) [4점]

① $\frac{\sqrt{2}}{3}$ ② $\frac{\sqrt{3}}{3}$ ③ $\frac{3}{4}$

④ $\frac{\sqrt{10}}{4}$ ⑤ $\frac{\sqrt{10}}{5}$

P017

○○
(2013사관(1차)-이과28변형)

그림과 같은 정육면체 ABCD−EFGH에서 네 모서리 AD, CD, EF, EH의 중점을 각각 P, Q, R, S라 하고, 두 선분 RS와 EG의 교점을 M이라 하자. 평면 PMQ와 평면 EFGH가 이루는 예각의 크기를 θ라 할 때, $\tan^2\theta$의 값을 구하시오. [4점]

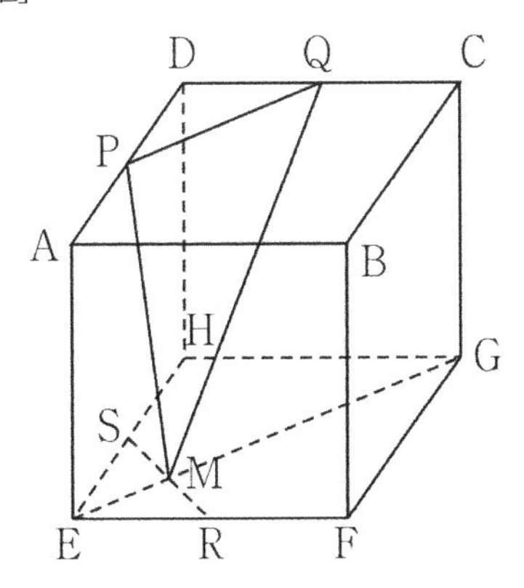

P018

○○
(2024사관(1차)-기하26)

그림과 같이 $\overline{AB}=1$, $\overline{AD}=2$, $\overline{AE}=3$인 직육면체 ABCD−EFGH가 있다. 선분 CG를 $2:1$로 내분하는 점 I에 대하여 평면 BID와 평면 EFGH가 이루는 예각의 크기를 θ라 할 때, $\cos\theta$의 값은? [3점]

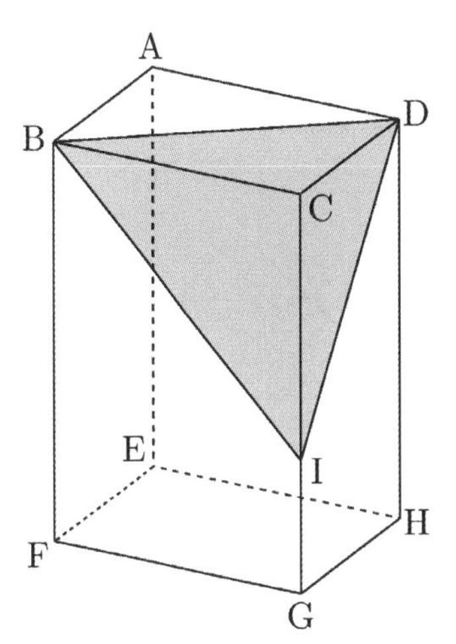

① $\frac{\sqrt{5}}{5}$ ② $\frac{\sqrt{6}}{6}$ ③ $\frac{\sqrt{7}}{7}$

④ $\frac{\sqrt{2}}{4}$ ⑤ $\frac{1}{3}$

P019

○○
(2015(10)고3-B형26)

한 모서리의 길이가 4인 정사면체 ABCD에서 선분 AD를 $1:3$으로 내분하는 점을 P, $3:1$로 내분하는 점을 Q라 하자. 두 평면 PBC와 QBC가 이루는 예각의 크기를 θ라 할 때, $\cos\theta=\frac{q}{p}$이다. $p+q$의 값을 구하시오. (단, p와 q는 서로소인 자연수이다.) [4점]

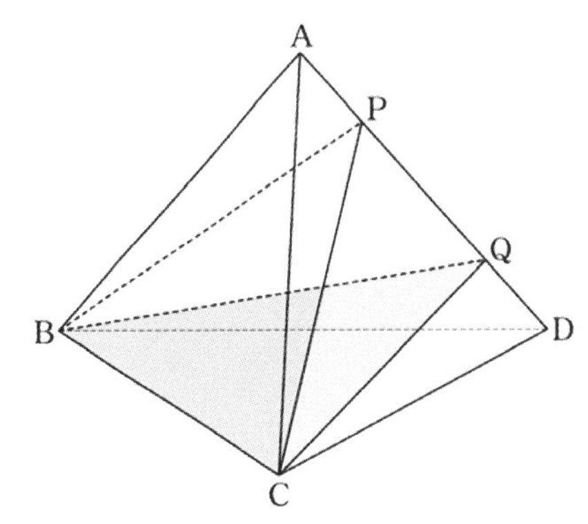

P020

○○○
(2019사관(1차)-가형17)

그림과 같이 서로 다른 두 평면 α, β의 교선 위에 점 A가 있다. 평면 α 위의 세 점 B, C, D의 평면 β 위로의 정사영을 각각 B′, C′, D′이라 할 때, 사각형 AB′C′D′은 한 변의 길이가 $4\sqrt{2}$인 정사각형이고, $\overline{BB'}=\overline{DD'}$이다. 두 평면 α와 β가 이루는 각의 크기를 θ라 할 때, $\tan\theta=\frac{3}{4}$이다. 선분 BC의 길이는? (단, 선분 BD와 평면 β는 만나지 않는다.) [4점]

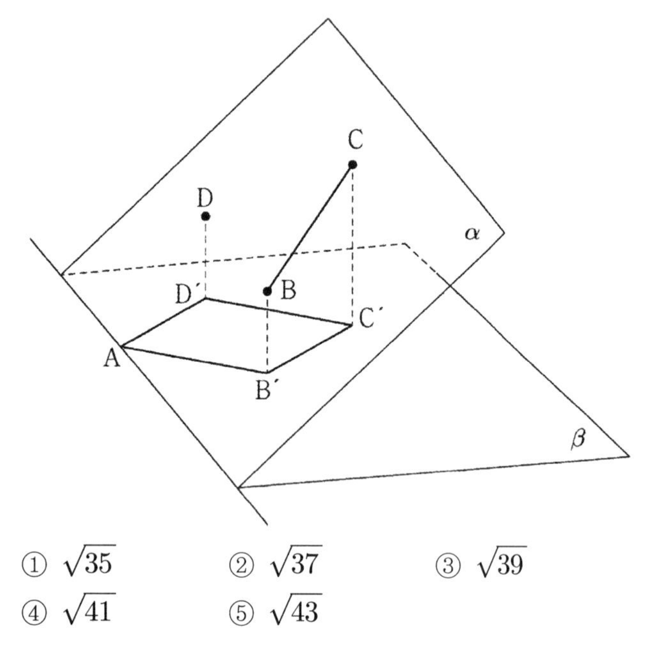

① $\sqrt{35}$ ② $\sqrt{37}$ ③ $\sqrt{39}$
④ $\sqrt{41}$ ⑤ $\sqrt{43}$

P021

○○○
(2023(7)고3-기하27)

공간에 선분 AB를 포함하는 평면 α가 있다. 평면 α 위에 있지 않은 점 C에서 평면 α에 내린 수선의 발을 H라 할 때, 점 H가 다음 조건을 만족시킨다.

(가) $\angle AHB=\frac{\pi}{2}$

(나) $\sin(\angle CAH)=\sin(\angle ABH)=\frac{\sqrt{3}}{3}$

평면 ABC와 평면 α가 이루는 예각의 크기를 θ라 할 때, $\cos\theta$의 값은? (단, 점 H는 선분 AB 위에 있지 않다.) [3점]

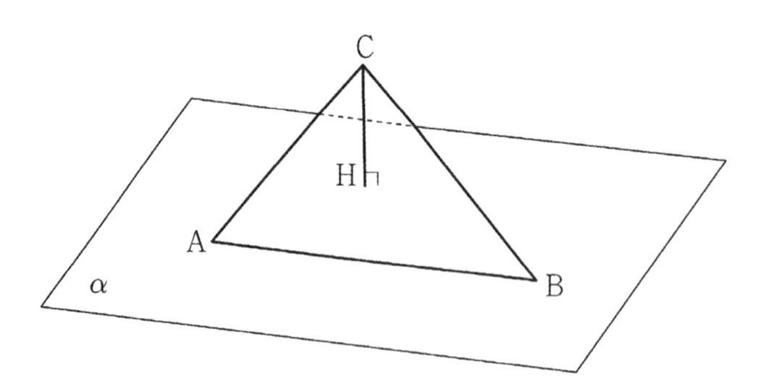

① $\frac{\sqrt{7}}{14}$ ② $\frac{\sqrt{7}}{7}$ ③ $\frac{3\sqrt{7}}{14}$
④ $\frac{2\sqrt{7}}{7}$ ⑤ $\frac{5\sqrt{7}}{14}$

P022

(2021(7)고3-기하29)

그림과 같이

$$\overline{AB}=4,\ \overline{CD}=8,\ \overline{BC}=\overline{BD}=4\sqrt{5}$$

이 사면체 ABCD에 대하여 직선 AB와 평면 ACD는 서로 수직이다. 두 선분 CD, DB의 중점을 각각 M, N이라 할 때, 선분 AM 위의 점 P에 대하여 선분 DB와 선분 PN은 서로 수직이다. 두 평면 PDB, CDB가 이루는 예각의 크기를 θ라 할 때, $40\cos^2\theta$의 값을 구하시오. [4점]

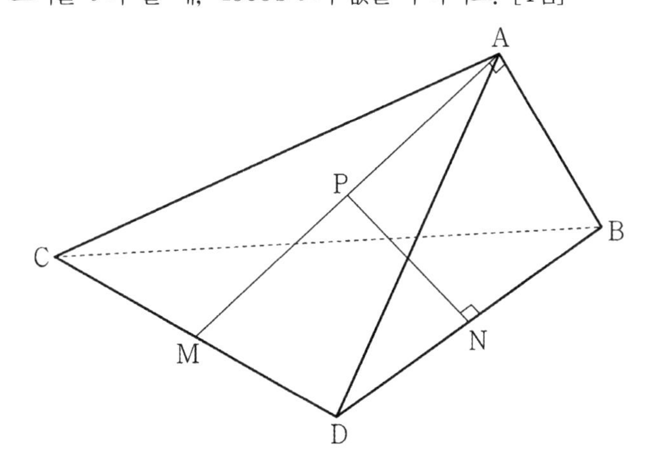

P023

(2022사관(1차)-기하28)

[그림1]과 같이 $\overline{AB}=3$, $\overline{AD}=2\sqrt{7}$인 직사각형 ABCD 모양의 종이가 있다. 선분 AD의 중점을 M이라 하자. 두 선분 BM, CM을 접는 선으로 하여 [그림2]와 같이 두 점 A, D가 한 점 P에서 만나도록 종이를 접었을 때, 평면 PBM과 평면 BCM이 이루는 각의 크기를 θ라 하자. $\cos\theta$의 값은? (단, 종이의 두께를 고려하지 않는다.) [4점]

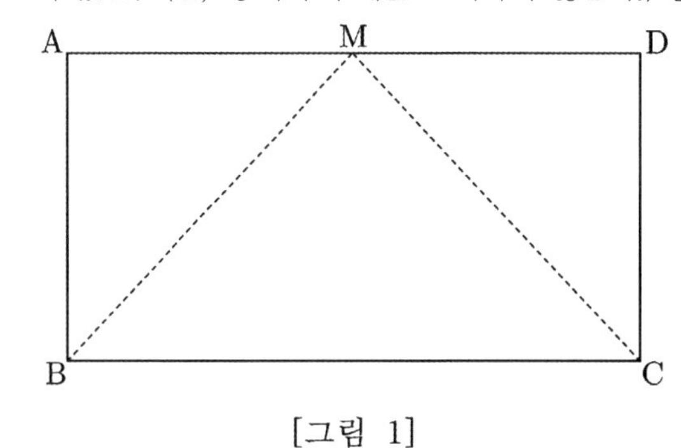

[그림 1]

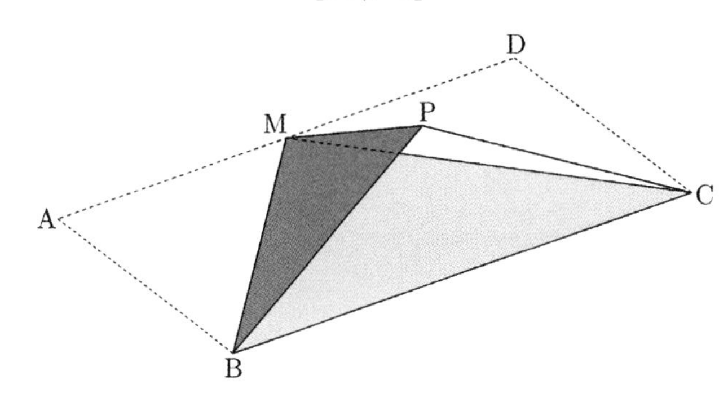

[그림 2]

① $\frac{17}{27}$ ② $\frac{2}{3}$ ③ $\frac{19}{27}$

④ $\frac{20}{27}$ ⑤ $\frac{7}{9}$

P024

★★★
(2016(7)고3-가형29)

그림과 같이 반지름의 길이가 2인 구 S와 서로 다른 두 직선 l, m이 있다. 구 S와 직선 l이 만나는 서로 다른 두 점을 각각 A, B, 구 S와 직선 m이 만나는 서로 다른 두 점을 각각 P, Q라 하자. 삼각형 APQ는 한 변의 길이가 $2\sqrt{3}$인 정삼각형이고 $\overline{\mathrm{AB}}=2\sqrt{2}$, $\angle \mathrm{ABQ}=\frac{\pi}{2}$일 때 평면 APB와 평면 APQ가 이루는 각의 크기 θ에 대하여 $100\cos^2\theta$의 값을 구하시오. [4점]

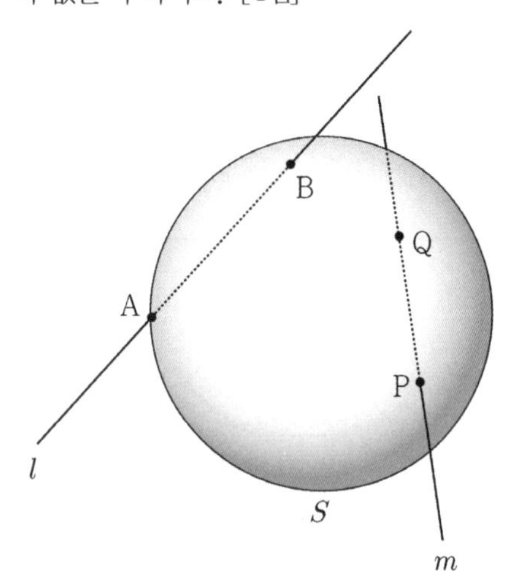

P. 전개도

P025

○○○
(2005사관(1차)-이과22)

오른쪽 그림과 같이 밑면은 한 변의 길이가 5인 정사각형이고 높이는 2인 직육면체 ABCD−EFGH가 있다. 직육면체의 면 위에 점 E에서부터 두 모서리 AB와 BC를 지나고 점 G에 이르는 최단거리의 선을 그어 모서리 AB와 만나는 점을 P, 모서리 BC와 만나는 점을 Q라 하자.
평면 EPQG와 평면 EFGH가 이루는 이면각의 크기를 θ라 할 때, $\cos\theta$의 값은? [4점]

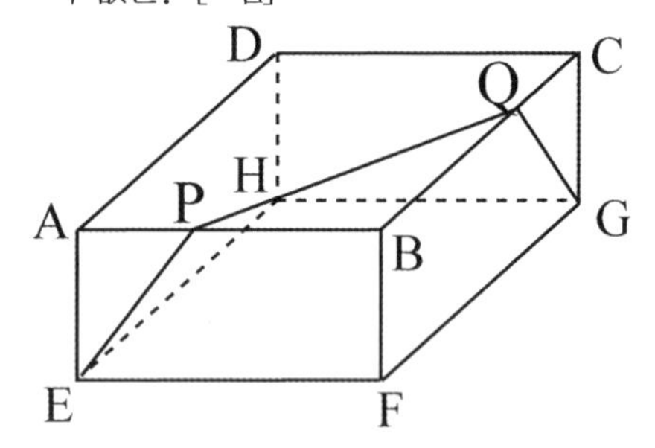

① $\frac{\sqrt{2}}{2}$　② $\frac{\sqrt{3}}{3}$　③ $\frac{1}{2}$
④ $\frac{\sqrt{5}}{5}$　⑤ $\frac{\sqrt{6}}{6}$

P026

●●●

(2015사관(1차)-B형20)

그림은 어떤 사면체의 전개도이다. 삼각형 BEC는 한 변의 길이가 2인 정삼각형이고, $\angle ABC = \angle CFA = 90^\circ$, $\overline{AC} = 4$이다. 이 전개도로 사면체를 만들 때, 두 면 ACF, ABC가 이루는 예각의 크기를 θ라 하자. $\cos\theta$의 값은? [4점]

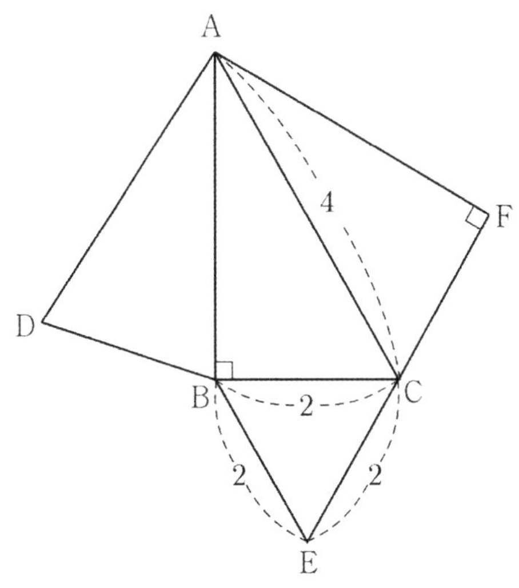

① $\frac{1}{6}$　② $\frac{\sqrt{2}}{6}$　③ $\frac{1}{4}$　④ $\frac{\sqrt{3}}{6}$　⑤ $\frac{1}{3}$

P027

○○○

(2019(10)고3-가형19)

그림과 같이 한 모서리의 길이가 1인 정사면체 ABCD에서 선분 AB의 중점을 M, 선분 CD를 $3:1$로 내분하는 점을 N이라 하자. 선분 AC 위에 $\overline{MP} + \overline{PN}$의 값이 최소가 되도록 점 P를 잡고, 선분 AD 위에 $\overline{MQ} + \overline{QN}$의 값이 최소가 되도록 점 Q를 잡는다. 삼각형 MPQ의 평면 BCD 위로의 정사영의 넓이는? [4점]

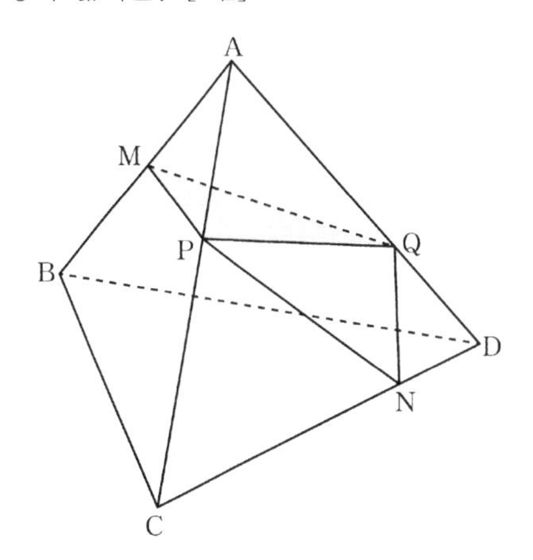

① $\frac{\sqrt{3}}{30}$　② $\frac{\sqrt{3}}{15}$　③ $\frac{\sqrt{3}}{10}$　④ $\frac{2\sqrt{3}}{15}$　⑤ $\frac{\sqrt{3}}{6}$

P. 그림자

P028

○○

(2007사관(1차)-이과22)

그림과 같이 반지름의 길이가 6인 반구가 평평한 지면 위에 떠 있다. 반구의 밑면이 지면과 평행하고 태양광선이 지면과 60°의 각을 이룰 때, 지면에 나타나는 반구의 그림자의 넓이는? (단, 태양광선은 평행하게 비춘다.) [4점]

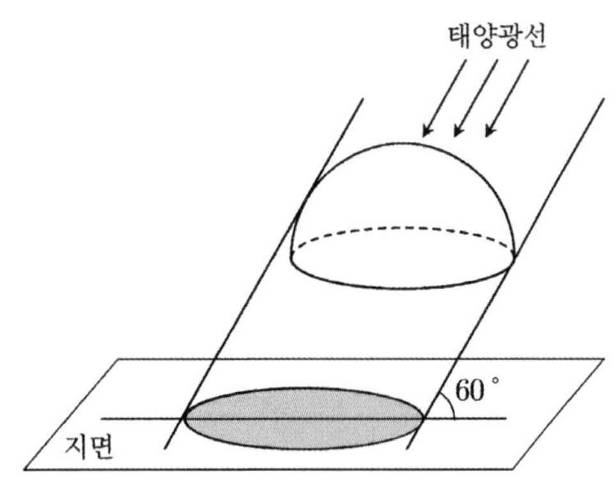

① $6(3+\sqrt{3})\pi$ ② $6(3+2\sqrt{3})\pi$ ③ $8(2+\sqrt{3})\pi$
④ $8(1+2\sqrt{3})\pi$ ⑤ $8(2+3\sqrt{3})\pi$

P029

○○

(2011사관(1차)-이과14)

그림과 같이 지면과 이루는 각의 크기가 θ인 평평한 유리판 위에 반구가 엎어져있다. 햇빛이 유리판에 수직인 방향으로 비출 때 지면 위에 생기는 반구의 그림자의 넓이를 S_1, 햇빛이 유리판과 평행한 방향으로 비출 때 지면 위에 생기는 반구의 그림자의 넓이를 S_2라 하자. $S_1 : S_2 = 3 : 2$일 때, $\tan\theta$의 값은? (단, θ는 예각이다.) [4점]

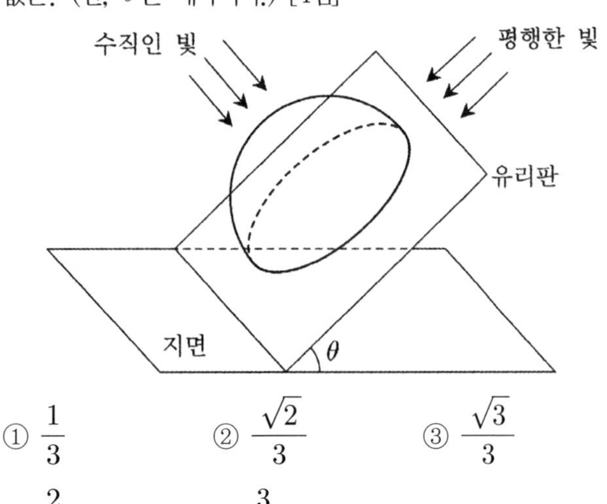

① $\dfrac{1}{3}$ ② $\dfrac{\sqrt{2}}{3}$ ③ $\dfrac{\sqrt{3}}{3}$
④ $\dfrac{2}{3}$ ⑤ $\dfrac{3}{4}$

P030

●●●

(2016사관(1차)-B형20)

한 변의 길이가 8인 정사각형을 밑면으로 하고 높이가 $4+4\sqrt{3}$인 직육면체 ABCD−EFGH가 있다. 그림과 같이 이 직육면체의 바닥에 $\angle EPF = 90^\circ$인 삼각기둥 EFP−HGQ가 놓여있고 그 위에 구를 삼각기둥과 한 점에서 만나도록 올려놓았더니 이 구가 밑면 ABCD와 직육면체의 네 옆면에 모두 접하였다. 태양광선이 밑면과 수직인 방향으로 구를 비출 때, 삼각기둥의 두 옆면 PFGQ, EPQH에 생기는 구의 그림자의 넓이를 각각 S_1, $S_2(S_1 > S_2)$라 하자.

$S_1 + \dfrac{1}{\sqrt{3}}S_2$의 값은? [4점]

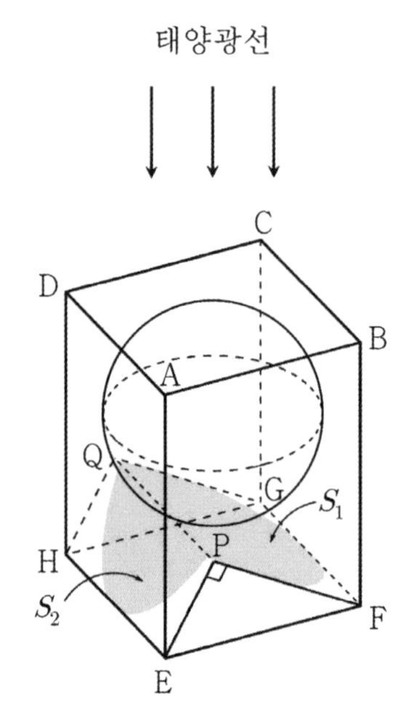

① $\dfrac{20\sqrt{3}}{3}\pi$ ② $8\sqrt{3}\pi$ ③ $\dfrac{28\sqrt{3}}{3}\pi$
④ $\dfrac{32\sqrt{3}}{3}\pi$ ⑤ $12\sqrt{3}\pi$

P031

○○
(2013(10)고3-B형15)

그림과 같이 좌표공간에 세 점 A$(0,\ 0,\ 3)$, B$(5,\ 4,\ 0)$, C$(0,\ 4,\ 0)$이 있다. 선분 AB 위의 한 점 P에서 선분 BC에 내린 수선의 발을 H라 할 때, $\overline{\mathrm{PH}}=3$이다. 삼각형 PBH의 xy평면 위로의 정사영의 넓이는? [4점]

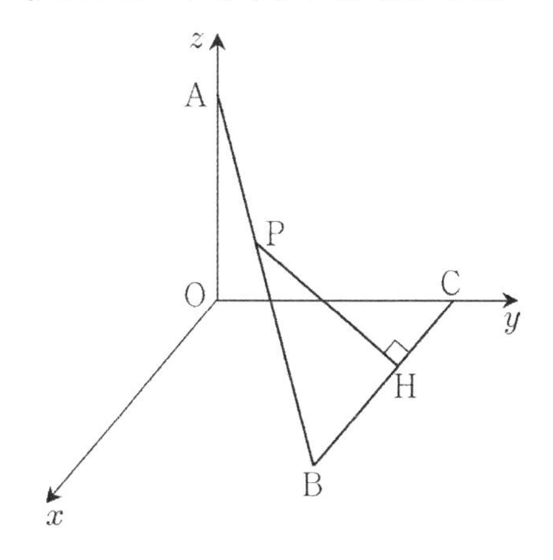

① $\frac{14}{5}$ ② $\frac{16}{5}$ ③ $\frac{18}{5}$
④ 4 ⑤ $\frac{22}{5}$

P032

○○
(2014사관(1차)-B형19)

그림과 같이 평면 α와 한 점 A에서 만나는 정삼각형 ABC가 있다. 두 점 B, C의 평면 α 위로의 정사영을 각각 B′, C′이라 하자.

$$\overline{\mathrm{AB'}}=\sqrt{5},\ \overline{\mathrm{B'C'}}=2,\ \overline{\mathrm{C'A}}=\sqrt{3}$$

일 때, 정삼각형 ABC의 넓이는? [4점]

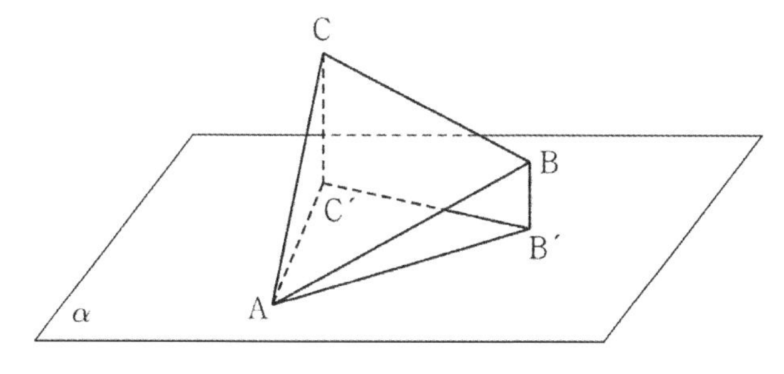

① $\sqrt{3}$ ② $\frac{2+\sqrt{3}}{2}$ ③ $\frac{3+\sqrt{3}}{2}$
④ $\frac{1+2\sqrt{3}}{2}$ ⑤ $\frac{3+2\sqrt{3}}{2}$

P033

○○
(2009(10)고3-가형9)

그림과 같이 좌표공간에 있는 정육면체 ABCD−EFGH에서 A$(0,\ 3,\ 3)$, E$(0,\ 3,\ 0)$, F$(3,\ 3,\ 0)$, H$(0,\ 6,\ 0)$이다.

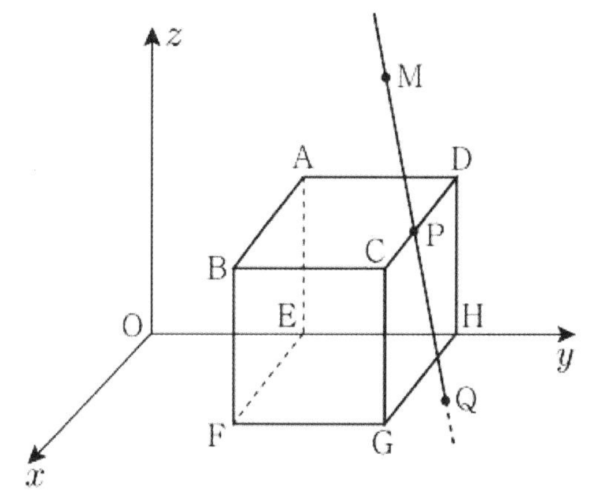

점 M$(1,\ 5,\ 6)$과 정육면체의 모서리 위를 움직이는 점 P에 대하여 직선 MP가 xy평면과 만나는 점을 Q라 하자. 이때, 선분 MQ의 길이의 최댓값은? [4점]

① $2\sqrt{11}$ ② $2\sqrt{13}$ ③ $2\sqrt{14}$
④ $2\sqrt{15}$ ⑤ $2\sqrt{17}$

P034

○○
(2020사관(1차)-가형9)

평면 α 위에 있는 서로 다른 두 점 A, B와 평면 α 위에 있지 않은 점 P에 대하여 삼각형 PAB는 한 변의 길이가 6인 정삼각형이다. 점 P에서 평면 α에 내린 수선의 발 H에 대하여 $\overline{\mathrm{PH}}=4$일 때, 삼각형 HAB의 넓이는? [3점]

① $3\sqrt{3}$ ② $3\sqrt{5}$ ③ $3\sqrt{7}$
④ 9 ⑤ $3\sqrt{11}$

P035

○○

(2017(7)고3-가형14)

그림과 같이 한 변의 길이가 4인 정사각형을 밑면으로 하고

$$\overline{OA}=\overline{OB}=\overline{OC}=\overline{OD}=2\sqrt{5}$$

인 정사각뿔 O-ABCD가 있다. 두 선분 OA, AB의 중점을 각각 P, Q라 할 때, 삼각형 OPQ의 평면 OCD 위로의 정사영의 넓이는? [4점]

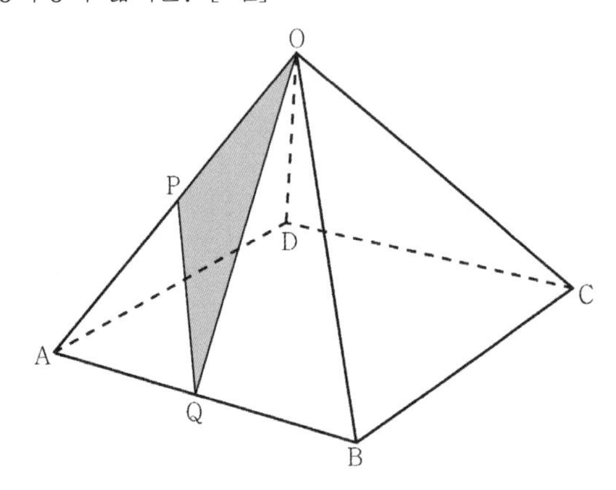

① $\frac{1}{2}$　② $\frac{3}{4}$　③ 1　④ $\frac{5}{4}$　⑤ $\frac{3}{2}$

P036

○○

(2007(10)고3-가형7)

그림과 같이 한 모서리의 길이가 4인 정육면체 ABCD-EFGH의 내부에 밑면의 반지름의 길이가 1인 원기둥이 있다. 원기둥의 밑면의 중심은 두 정사각형 ABCD, EFGH의 두 대각선의 교점과 각각 일치한다.

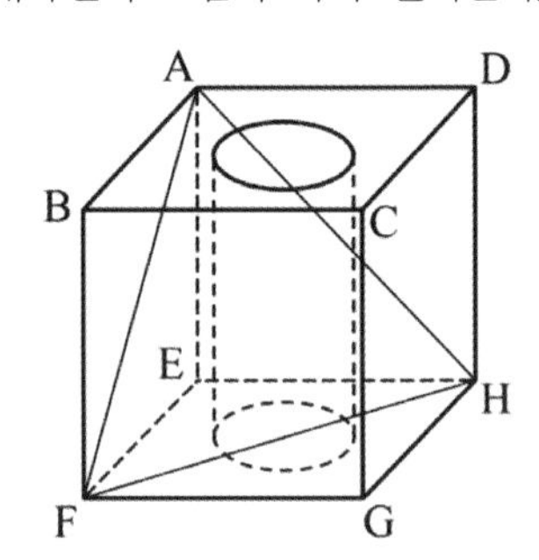

이 원기둥이 세 점 A, F, H를 지나는 평면에 의하여 잘린 단면의 넓이는? [4점]

① $\frac{3\sqrt{3}}{2}\pi$　② $\sqrt{2}\pi$　③ $\frac{\sqrt{3}}{2}\pi$　④ $\frac{\sqrt{6}}{3}\pi$　⑤ $\frac{\sqrt{2}}{2}\pi$

P037

○○○

(2015(10)고3-B형19)

그림과 같이 한 변의 길이가 2인 정팔면체 ABCDEF가 있다. 두 삼각형 ABC, CBF의 평면 BEF 위로의 정사영의 넓이를 각각 S_1, S_2라 할 때, S_1+S_2의 값은? [4점]

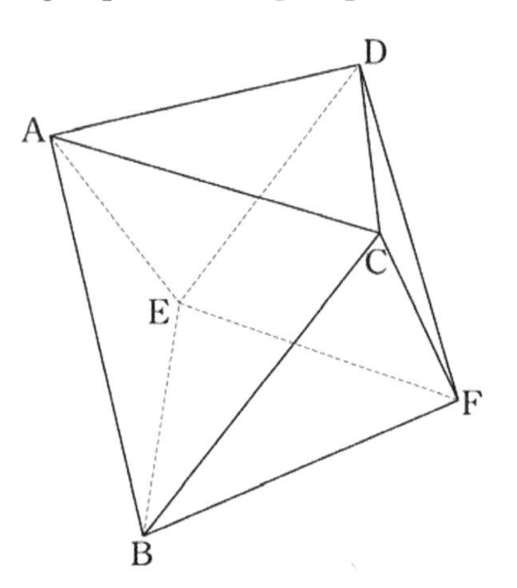

① $\frac{2\sqrt{3}}{3}$　② $\sqrt{3}$　③ $\frac{4\sqrt{3}}{3}$　④ $\frac{5\sqrt{3}}{3}$　⑤ $2\sqrt{3}$

P038

○○○

(2019(7)고3-가형19)

그림과 같이 $\overline{AB}=\overline{AD}$이고 $\overline{AE}=\sqrt{15}$인 직육면체 ABCD-EFGH가 있다. 선분 BC 위의 점 P와 선분 EF 위의 점 Q에 대하여 삼각형 PHQ의 평면 EFGH 위로의 정사영은 한 변의 길이가 4인 정삼각형이다. 삼각형 EQH의 평면 PHQ 위로의 정사영의 넓이는? [4점]

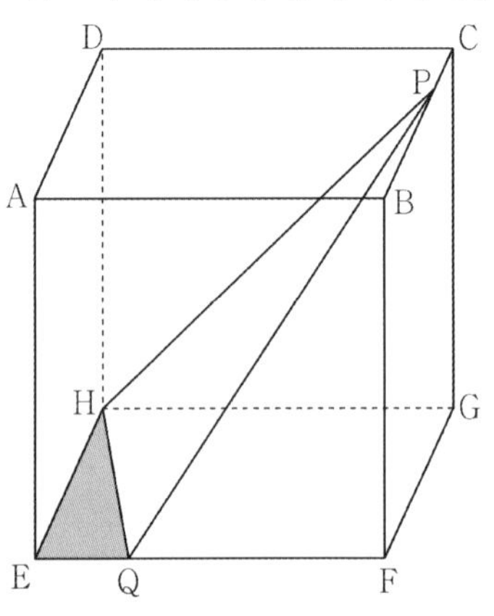

① $\frac{1}{3}$　② $\frac{2}{3}$　③ 1　④ $\frac{4}{3}$　⑤ $\frac{5}{3}$

P039

○○○
(2016(10)고3-가형27)

그림과 같이 평면 α 위에 넓이가 27인 삼각형 ABC가 있고, 평면 β 위에 넓이가 35인 삼각형 ABD가 있다. 선분 BC를 1 : 2로 내분하는 점을 P라 하고 선분 AP를 2 : 1로 내분하는 점을 Q라 하자. 점 D에서 평면 α에 내린 수선의 발을 H라 하면 점 Q는 선분 BH의 중점이다. 두 평면 α, β가 이루는 각을 θ라 할 때, $\cos\theta = \frac{q}{p}$이다. $p+q$의 값을 구하시오. (단, p, q는 서로소인 자연수이다.) [4점]

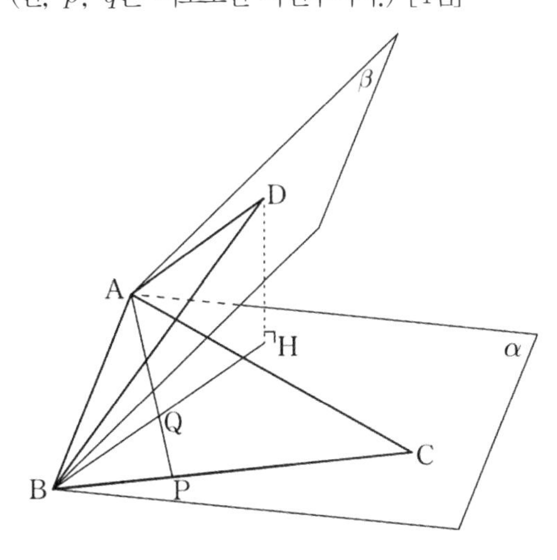

P040

○○○
(2018(7)고3-가형17)

사면체 OABC에서 $\overline{OC}=3$이고 삼각형 ABC는 한 변의 길이가 6인 정삼각형이다. 직선 OC와 평면 OAB가 수직일 때, 삼각형 OBC의 평면 ABC 위로의 정사영의 넓이는? [4점]

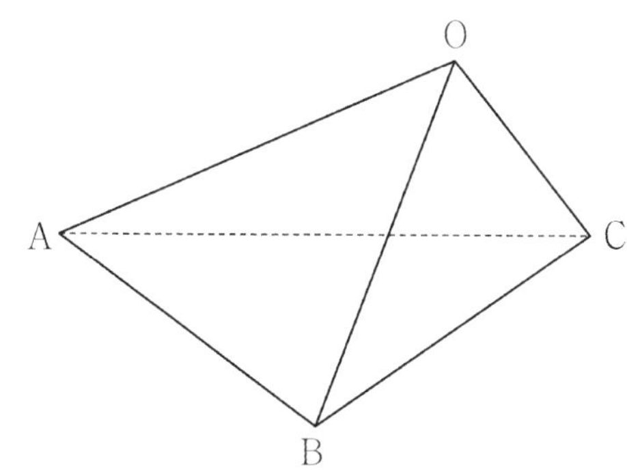

① $\frac{3\sqrt{3}}{4}$ ② $\sqrt{3}$ ③ $\frac{5\sqrt{3}}{4}$

④ $\frac{3\sqrt{3}}{2}$ ⑤ $\frac{7\sqrt{3}}{4}$

P041

○○○
(2017사관(1차)-가형15)

그림과 같이 한 모서리의 길이가 12인 정사면체 ABCD에서 두 모서리 BD, CD의 중점을 각각 M, N이라 하자. 사각형 BCNM의 평면 AMN 위로의 정사영의 넓이는? [4점]

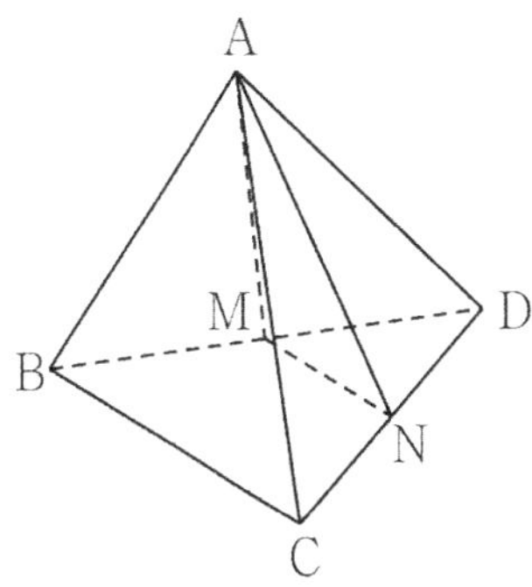

① $\frac{15\sqrt{11}}{11}$ ② $\frac{18\sqrt{11}}{11}$ ③ $\frac{21\sqrt{11}}{11}$

④ $\frac{24\sqrt{11}}{11}$ ⑤ $\frac{27\sqrt{11}}{11}$

P042

○○○
(2012(7)고3-가형21)

그림과 같이 정사면체 ABCD의 모서리 CD를 3 : 1로 내분하는 점을 P라 하자. 삼각형 ABP와 삼각형 BCD가 이루는 각의 크기를 θ라 할 때, $\cos\theta$의 값은?

(단, $0 < \theta < \frac{\pi}{2}$) [4점]

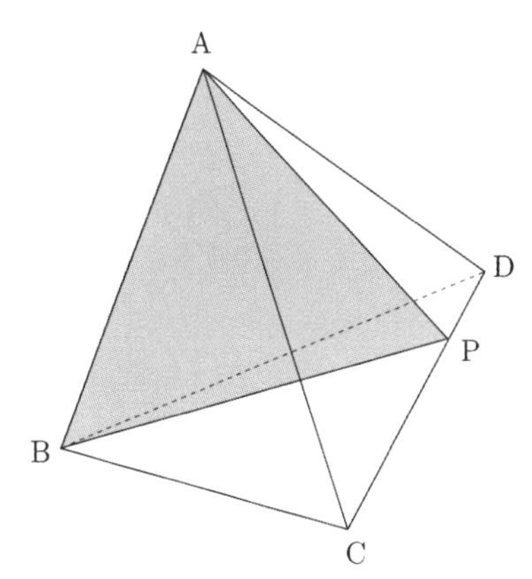

① $\frac{\sqrt{3}}{6}$ ② $\frac{\sqrt{3}}{9}$ ③ $\frac{\sqrt{3}}{12}$

④ $\frac{\sqrt{3}}{15}$ ⑤ $\frac{\sqrt{3}}{18}$

P043

○○○
(2020사관(1차)-가형26)

그림과 같이 한 변의 길이가 6인 정삼각형 ACD를 한 면으로 하는 사면체 ABCD가 다음 조건을 만족시킨다.

> (가) $\overline{BC}=3\sqrt{10}$
> (나) $\overline{AB}\perp\overline{AC}$, $\overline{AB}\perp\overline{AD}$

두 모서리 AC, AD의 중점을 각각 M, N이라 할 때, 삼각형 BMN의 평면 BCD 위로의 정사영의 넓이를 S라 하자. $40S$의 값을 구하시오. [4점]

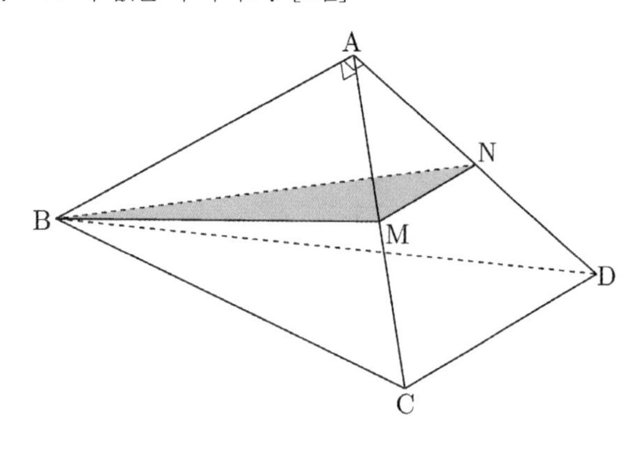

P044

●●●
(2021(10)고3-기하30)

한 변의 길이가 4인 정삼각형 ABC를 한 면으로 하는 사면체 ABCD의 꼭짓점 A에서 평면 BCD에 내린 수선의 발을 H라 할 때, 점 H는 삼각형 BCD의 내부에 놓여 있다. 직선 DH가 선분 BC와 만나는 점을 E라 할 때, 점 E가 다음 조건을 만족시킨다.

> (가) $\angle AEH=\angle DAH$
> (나) 점 E는 선분 CD를 지름으로 하는 원 위의 점이고 $\overline{DE}=4$이다.

삼각형 AHD의 평면 ABD 위로의 정사영의 넓이는 $\dfrac{q}{p}$이다. $p+q$의 값을 구하시오. (단, p와 q는 서로소인 자연수이다.) [4점]

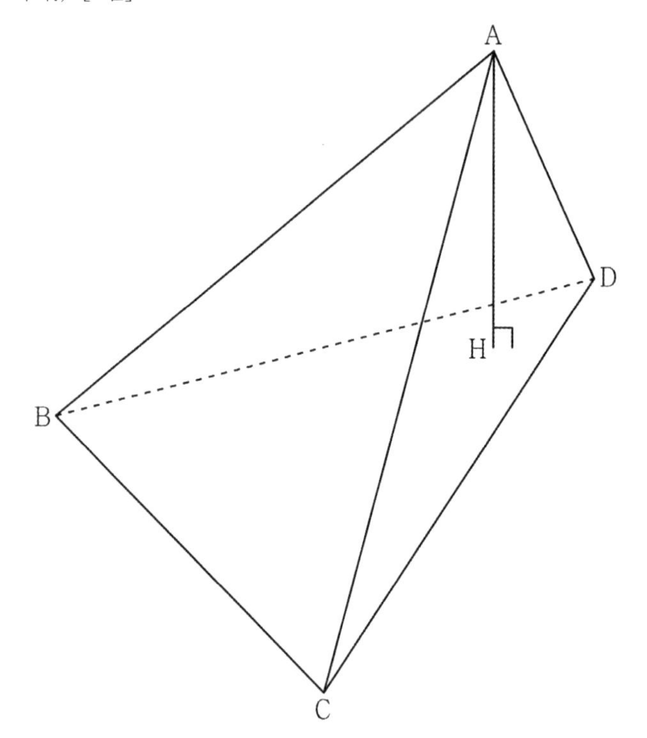

P045

(2014(7)고3-B형30)

한 변의 길이가 4인 정육면체 ABCD$-$EFGH와 밑변의 반지름의 길이가 $\sqrt{2}$이고 높이가 2인 원기둥이 있다. 그림과 같이 이 원기둥의 밑면이 평면 ABCD에 포함되고 사각형 ABCD의 두 대각선의 교점과 원기둥의 밑면의 중심이 일치하도록 하였다. 평면 ABCD에 포함되어 있는 원기둥의 밑면을 α, 다른 밑면을 β라 하자.

평면 AEGC가 밑면 α와 만나서 생기는 선분을 $\overline{\mathrm{MN}}$, 평면 BFHD가 밑면 β와 만나서 생기는 선분을 $\overline{\mathrm{PQ}}$라 할 때, 삼각형 MPQ의 평면 DEG 위로의 정사영의 넓이는 $\frac{b}{a}\sqrt{3}$이다. a^2+b^2의 값을 구하시오. (단, a, b는 서로소인 자연수이다.) [4점]

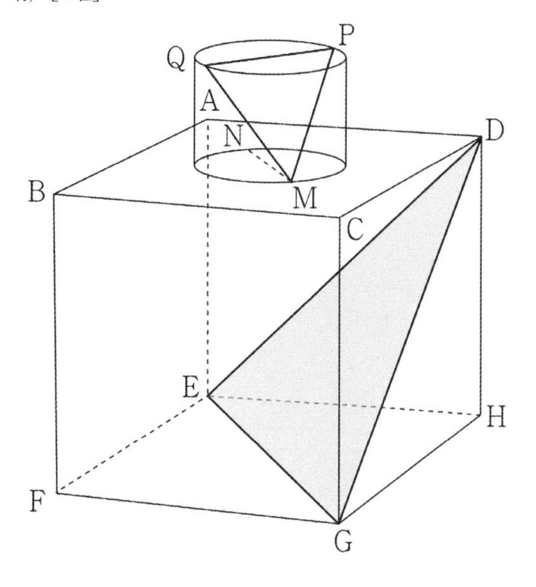

P046

(2014(10)고3-B형30)

그림과 같이 좌표공간에서 한 모서리의 길이가 1인 정사면체 OPQR의 한 면 PQR가 z축과 만난다. 면 PQR의 xy평면 위로의 정사영의 넓이를 S라 할 때, S의 최솟값은 k이다. $160k^2$의 값을 구하시오. (단, O는 원점이다.) [4점]

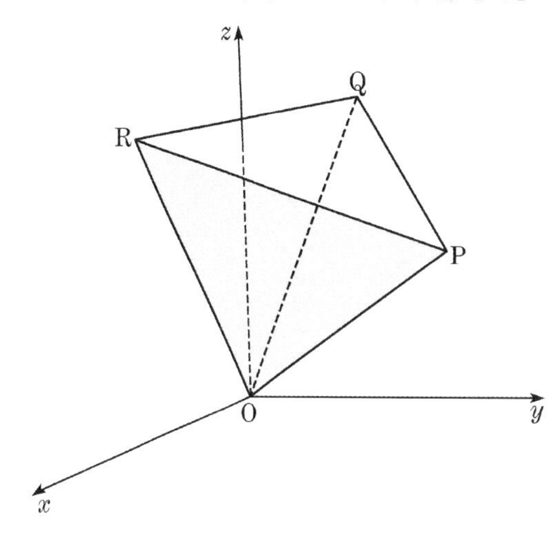

P047

●●● (2022(7)고3-기하30)

공간에서 중심이 O이고 반지름의 길이가 4인 구와 점 O를 지나는 평면 α가 있다. 평면 α와 구가 만나서 생기는 원 위의 서로 다른 세 점 A, B, C에 대하여 두 직선 OA, BC가 서로 수직일 때, 구 위의 점 P가 다음 조건을 만족시킨다.

(가) $\angle \mathrm{PAO} = \dfrac{\pi}{3}$ (나) 점 P의 평면 α 위로의 정사영은 선분 OA 위에 있다.

$\cos(\angle \mathrm{PAB}) = \dfrac{\sqrt{10}}{8}$일 때, 삼각형 PAB의 평면 PAC 위로의 정사영의 넓이를 S라 하자. $30 \times S^2$의 값을 구하시오. (단, $0 < \angle \mathrm{BAC} < \dfrac{\pi}{2}$) [4점]

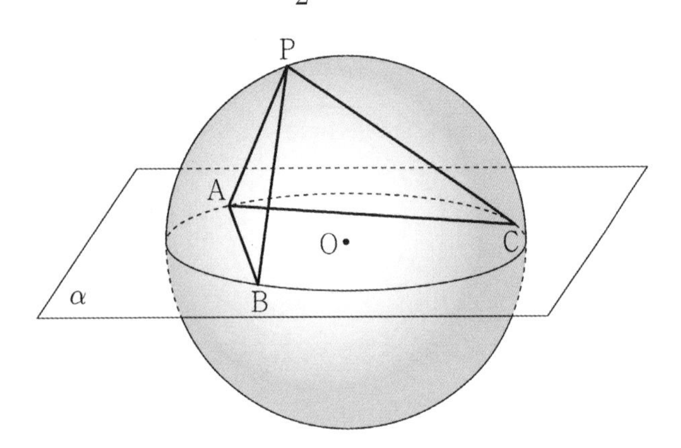

P048

●●● (2023사관(1차)-기하29)

좌표공간에 점 (4, 3, 2)를 중심으로 하고 원점을 지나는 구

$S : (x-4)^2 + (y-3)^2 + (z-2)^2 = 29$

가 있다. 구 S 위의 점 $\mathrm{P}(a, b, 7)$에 대하여 직선 OP를 포함하는 평면 α가 구 S와 만나서 생기는 원을 C라 하자. 평면 α와 원 C가 다음 조건을 만족시킨다.

(가) 직선 OP와 xy평면이 이루는 각의 크기와 평면 α와 xy평면이 이루는 각의 크기는 같다. (나) 선분 OP는 원 C의 지름이다.

$a^2 + b^2 < 25$일 때, 원 C의 xy평면 위로의 정사영의 넓이는 $k\pi$이다. $8k^2$의 값을 구하시오. (단, O는 원점이다.) [4점]

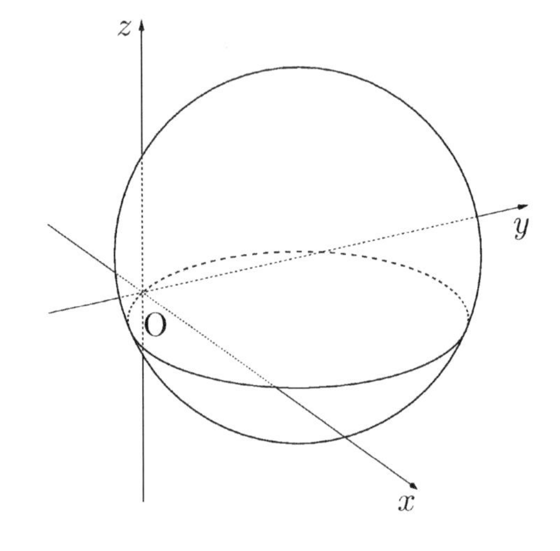

P049

★★★
(2015(7)고3-B형30)

그림과 같이 평면 α 위에 $\angle A=\dfrac{\pi}{2}$, $\overline{AB}=\overline{AC}=2\sqrt{3}$ 인 삼각형 ABC가 있다. 중심이 점 O이고 반지름의 길이가 2인 구가 평면 α와 점 A에서 접한다. 세 직선 OA, OB, OC와 구의 교점 중 평면 α까지의 거리가 2보다 큰 점을 각각 D, E, F라 하자. 삼각형 DEF의 평면 OBC 위로의 정사영의 넓이를 S라 할 때, $100S^2$의 값을 구하시오. [4점]

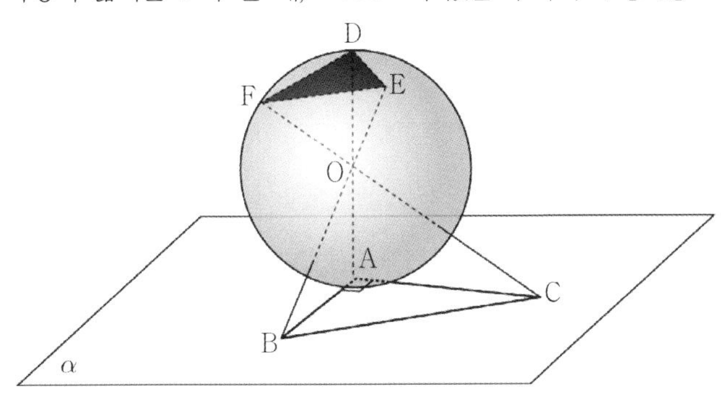

P050

★★★
(2022(10)고3-기하30)

그림과 같이 한 변의 길이가 4인 정삼각형을 밑면으로 하고 높이가 $4+2\sqrt{3}$인 정삼각기둥 ABC−DEF와 $\overline{DG}=4$인 선분 AD 위의 점 G가 있다. 점 H가 다음 조건을 만족시킨다.

> (가) 삼각형 CGH의 평면 ADEB 위로의 정사영은 정삼각형이다.
> (나) 삼각형 CGH의 평면 DEF 위로의 정사영의 내부와 삼각형 DEF의 내부의 공통부분의 넓이는 $2\sqrt{3}$이다.

삼각형 CGH의 평면 ADFC 위로의 정사영의 넓이를 S라 할 때, S^2의 값을 구하시오. [4점]

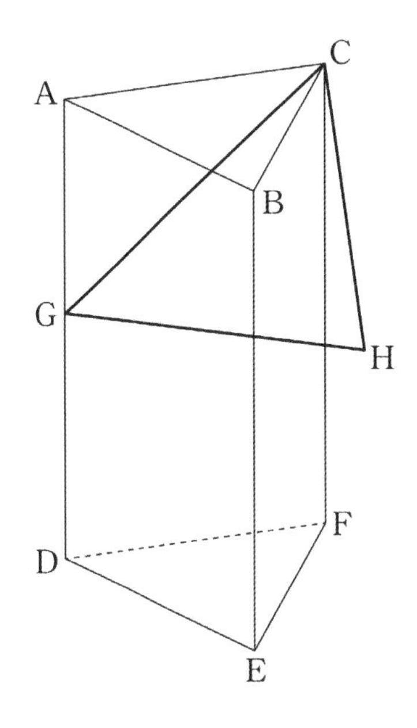

P051

★★★
(2023(7)고3-기하30)

공간에 중심이 O이고 반지름의 길이가 4인 구가 있다.
구 위의 서로 다른 세 점 A, B, C가

$$\overline{AB}=8,\ \overline{BC}=2\sqrt{2}$$

를 만족시킨다. 평면 ABC 위에 있지 않은 구 위의 점 D에서 평면 ABC에 내린 수선의 발을 H라 할 때, 점 D가 다음 조건을 만족시킨다.

(가) 두 직선 OC, OD가 서로 수직이다. (나) 두 직선 AD, OH가 서로 수직이다.

삼각형 DAH의 평면 DOC 위로의 정사영의 넓이를 S라 할 때, $8S$의 값을 구하시오. (단, 점 H는 점 O가 아니다.) [4점]

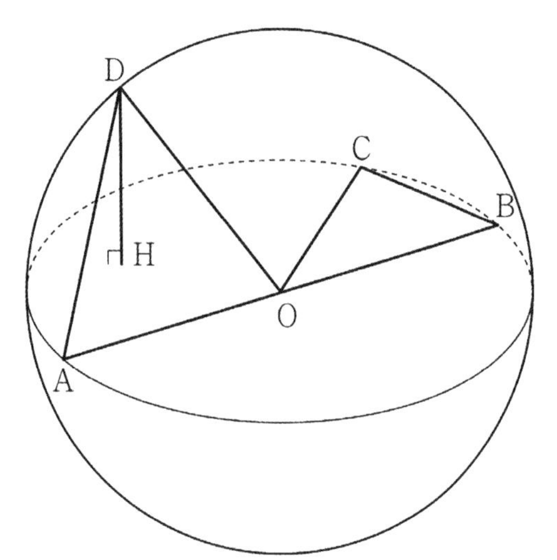

P. 직선과 평면이 이루는 각

P052

○○
(2006(10)고3-가형7)

그림과 같이 $\overline{AB}=\overline{BF}=1$, $\overline{AD}=2$인 직육면체 ABCD−EFGH에서 대각선 AG가 세 면 ABCD, BFGC, ABFE와 이루는 각의 크기를 각각 α, β, γ라고 할 때, $\cos^2\alpha+\cos^2\beta+\cos^2\gamma$의 값은? [3점]

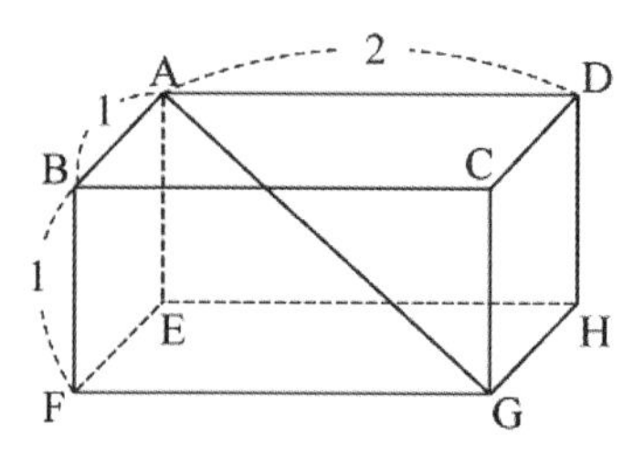

① $\frac{3}{2}$ ② $\frac{5}{3}$ ③ 2
④ $\frac{7}{3}$ ⑤ $\frac{5}{2}$

P053

○○
(2022(7)고3-기하27)

공간에서 수직으로 만나는 두 평면 α, β의 교선 위에 두 점 A, B가 있다. 평면 α 위에 $\overline{AC}=2\sqrt{29}$, $\overline{BC}=6$인 점 C와 평면 β 위에 $\overline{AD}=\overline{BD}=6$인 점 D가 있다.

$\angle ABC=\frac{\pi}{2}$일 때, 직선 CD와 평면 α가 이루는 예각의 크기를 θ라 하자. $\cos\theta$의 값은? [3점]

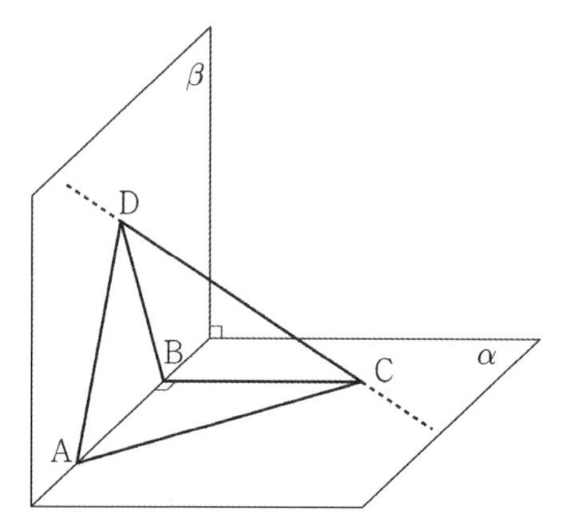

① $\frac{\sqrt{3}}{2}$ ② $\frac{\sqrt{7}}{3}$ ③ $\frac{\sqrt{29}}{6}$
④ $\frac{\sqrt{30}}{6}$ ⑤ $\frac{\sqrt{31}}{6}$

P054

○○ (2013(7)고3-B형19)

그림과 같이

$\overline{AB}=2$, $\overline{AD}=3$, $\overline{AE}=4$

인 직육면체 ABCDEFGH에서 평면 AFGD와

평면 BEG의 교선을 l이라 하자. 직선 l과 평면 EFGH가 이루는 예각의 크기를 θ라 할 때, $\cos^2\theta$의 값은? [4점]

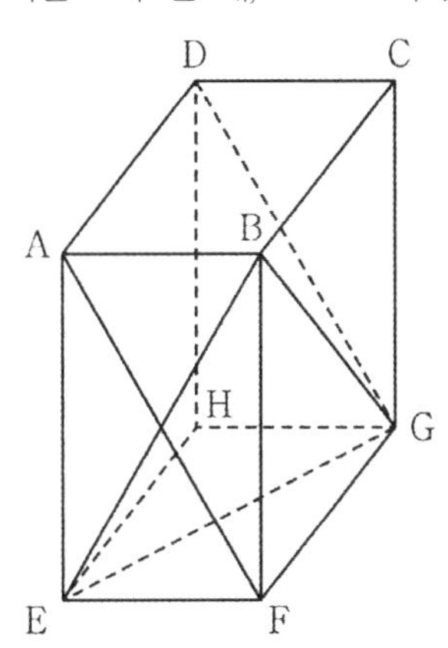

① $\frac{1}{7}$ ② $\frac{2}{7}$ ③ $\frac{3}{7}$

④ $\frac{4}{7}$ ⑤ $\frac{5}{7}$

P055

○○ (2013(7)고3-B형19)

아래 그림과 같이 밑면이 한 변의 길이가 2인 정삼각형이고, 옆면이 모두 직사각형인 삼각기둥이 있다. 모서리 BC의 중점을 M, 직선 DM과 밑면 DEF가 이루는 예각의 크기를 θ라고 할 때, $\cos\theta$의 값은? (단, 삼각기둥의 높이는 $\sqrt{5}$이다.) [3점]

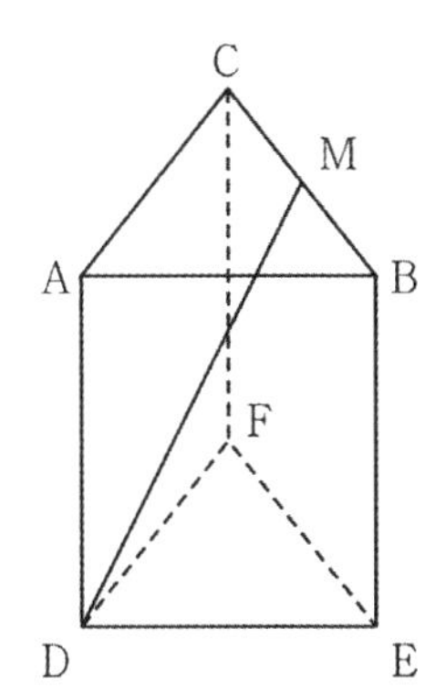

① $\frac{1}{3}$ ② $\frac{\sqrt{3}}{4}$ ③ $\frac{1}{2}$

④ $\frac{\sqrt{5}}{4}$ ⑤ $\frac{\sqrt{6}}{4}$

P. 공간좌표(내분외분+두 점 사이의 거리)

P056

○○ (2024사관(1차)-기하23)

좌표공간의 두 점 $A(4,\ 2,\ 3)$, $B(-2,\ 3,\ 1)$과 x축 위의 점 P에 대하여 $\overline{AP}=\overline{BP}$일 때, 점 P의 x좌표는? [2점]

① $\frac{1}{2}$ ② $\frac{3}{4}$ ③ 1

④ $\frac{5}{4}$ ⑤ $\frac{3}{2}$

P057

○○○ (2021(10)고3-기하24)

좌표공간의 두 점 $A(-1,\ 1,\ -2)$, $B(2,\ 4,\ 1)$에 대하여 선분 AB가 xy평면과 만나는 점을 P라 할 때, 선분 AP의 길이는? [3점]

① $2\sqrt{3}$ ② $\sqrt{13}$ ③ $\sqrt{14}$

④ $\sqrt{15}$ ⑤ 4

P058

○○
(2015(7)고3-B형27)

그림과 같이 모든 모서리의 길이가 6인 정삼각기둥 ABC$-$DEF가 있다. 변 DE의 중점 M에 대하여 선분 BM을 $1:2$로 내분하는 점을 P라 하자. $\overline{\mathrm{CP}}=l$일 때, $10l^2$의 값을 구하시오. [4점]

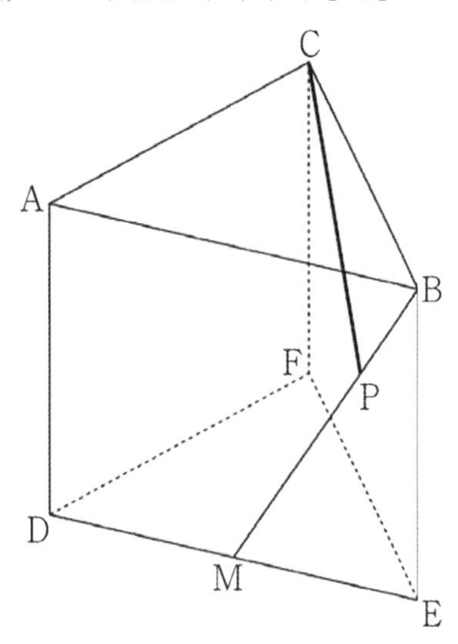

P059

○○
(2020사관(1차)-가형11)

좌표공간의 두 점 A$(2,\ 2,\ 1)$, B$(a,\ b,\ c)$에 대하여 선분 AB를 $1:2$로 내분하는 점이 y축 위에 있다. 직선 AB와 xy평면이 이루는 각의 크기를 θ라 할 때, $\tan\theta=\frac{\sqrt{2}}{4}$이다. 양수 b의 값은? [3점]

① 6 ② 7 ③ 8
④ 9 ⑤ 10

P. 구의 방정식

P060

○○
(2017(10)고3-가형6)

좌표공간에서 두 점 A$(-1,\ 1,\ 2)$, B$(1,\ 5,\ -2)$를 지름의 양 끝점으로 하는 구 S가 있다. 구 S 위의 한 점 C$(0,\ 0,\ 0)$에 대하여 삼각형 ABC의 넓이는? [3점]

① $\sqrt{5}$ ② $2\sqrt{5}$ ③ $3\sqrt{5}$
④ $4\sqrt{5}$ ⑤ $5\sqrt{5}$

P061

○○○
(2022사관(1차)-기하26)

좌표공간에서 중심이 A$(a,\ -3,\ 4)$$(a>0)$인 구 S가 x축과 한 점에서만 만나고 $\overline{\mathrm{OA}}=3\sqrt{3}$일 때, 구 S가 z축과 만나는 두 점 사이의 거리는? (단, O는 원점이다.) [3점]

① $3\sqrt{6}$ ② $2\sqrt{14}$ ③ $\sqrt{58}$
④ $2\sqrt{15}$ ⑤ $\sqrt{62}$

P062

○○○
(2021(10)고3-기하27)

좌표공간에 $\overline{\mathrm{OA}}=7$인 점 A가 있다. 점 A를 중심으로 하고 반지름의 길이가 8인 구 S와 xy평면이 만나서 생기는 원의 넓이가 25π이다. 구 S와 z축이 만나는 두 점을 각각 B, C라 할 때, 선분 BC의 길이는? (단, O는 원점이다.) [3점]

① $2\sqrt{46}$ ② $8\sqrt{3}$ ③ $10\sqrt{2}$
④ $4\sqrt{13}$ ⑤ $6\sqrt{6}$

P063

○○○
(2015사관(1차)-B형28)

좌표공간에서 구 $(x-6)^2+(y+1)^2+(z-5)^2=16$ 위의 점 P와 yz평면 위에 있는 원 $(y-2)^2+(z-1)^2=9$ 위의 점 Q 사이의 거리의 최댓값을 구하시오. [4점]

P064

●●●
(2023(10)고3-기하30)

좌표공간에 구 $S: x^2+y^2+(z-\sqrt{5})^2=9$가 xy평면과 만나서 생기는 원을 C라 하자. 구 S 위의 네 점 A, B, C, D가 다음 조건을 만족시킨다.

(가) 선분 AB는 원 C의 지름이다. (나) 직선 AB는 평면 BCD에 수직이다. (다) $\overline{\mathrm{BC}}=\overline{\mathrm{BD}}=\sqrt{15}$

삼각형 ABC의 평면 ABD 위로의 정사영의 넓이를 k라 할 때, k^2의 값을 구하시오. [4점]

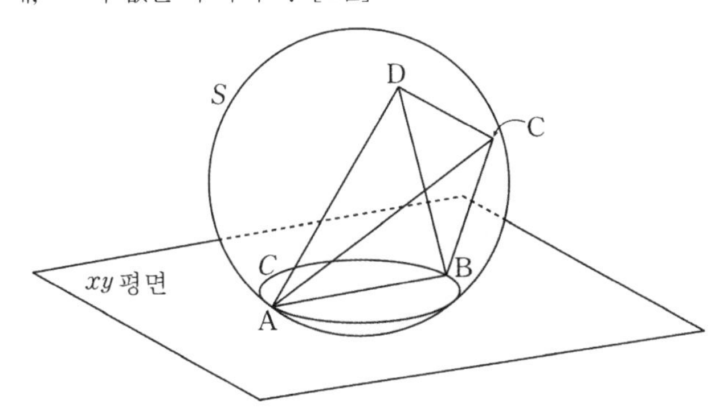

P065

★★★
(2024사관(1차)-기하30)

좌표공간에 두 개의 구

C_1: $(x-3)^2+(y-4)^2+(z-1)^2=1$,

C_2: $(x-3)^2+(y-8)^2+(z-5)^2=4$

가 있다. 구 C_1 위의 점 P와 구 C_2 위의 점 Q, zx평면 위의 점 R, yz평면 위의 점 S에 대하여 $\overline{\mathrm{PR}}+\overline{\mathrm{RS}}+\overline{\mathrm{SQ}}$의 값이 최소가 되도록 하는 네 점 P, Q, R, S를 각각 $\mathrm{P_1}$, $\mathrm{Q_1}$, $\mathrm{R_1}$, $\mathrm{S_1}$이라 하자. 선분 $\mathrm{R_1S_1}$ 위의 점 X에 대하여 $\overline{\mathrm{P_1R_1}}+\overline{\mathrm{R_1X}}=\overline{\mathrm{XS_1}}+\overline{\mathrm{S_1Q_1}}$일 때, 점 X의 x좌표는 $\frac{q}{p}$이다. $p+q$의 값을 구하시오. (단, p와 q는 서로소인 자연수이다.) [4점]

M 이차곡선

- 2015개정 교육과정

◆ 수학 I (공통과목)에서 라디안을 배우므로 라디안으로 출제된 기출은 변형하지 않았습니다.
○ 해설에서 '이차곡선의 접선의 방정식(기울기가 m으로 주어진)에 대한 공식' 을 사용
○ 부등식의 영역 관련 문제 제외 또는 변형 수록
○ 육십분법 도입
○ 기울기가 주어진 접선의 공식 귀환
○ 사인법칙, 코사인법칙 관련 문제 출제 가능

M. 이차곡선 그릴 때 주의할 점

• 이차곡선 그리기

(1) 포물선

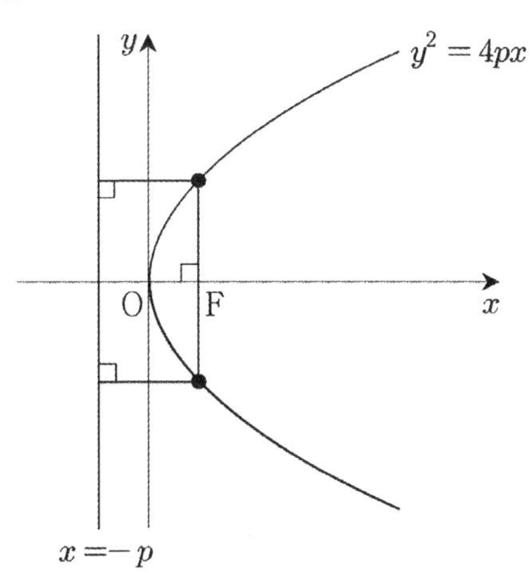

초점 F를 한 꼭짓점으로 하는 두 개의 정사각형을 그려서 포물선이 반드시 지나는 두 점을 찾은 후에 곡선을 완성한다.

(2) 타원, 쌍곡선

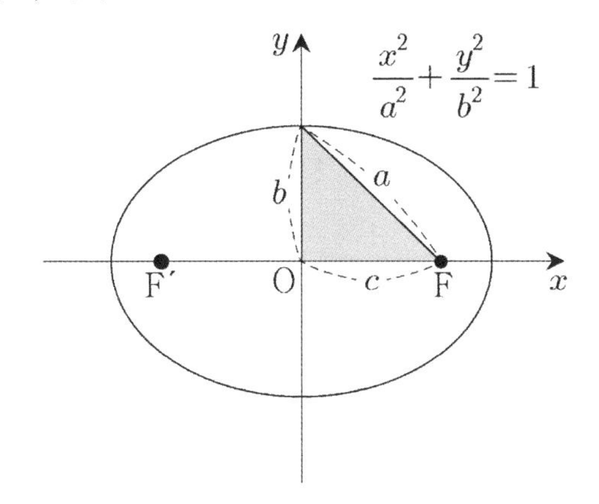

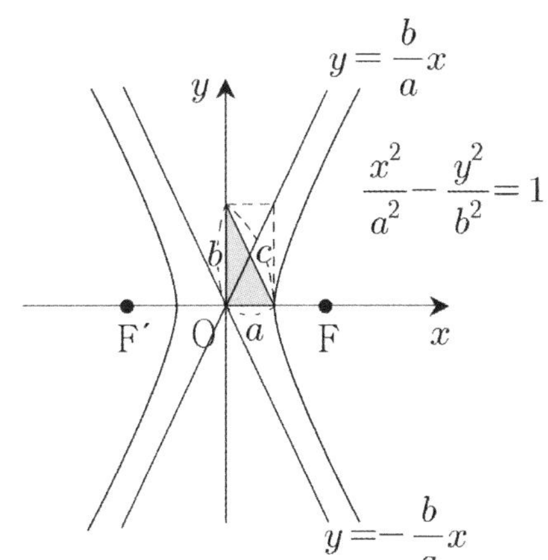

위와 같이 피타고라스의 정리가 성립함을 항상 생각해야 한다.

M. 포물선: 원

• 포물선의 정의와 원 (평면기하)

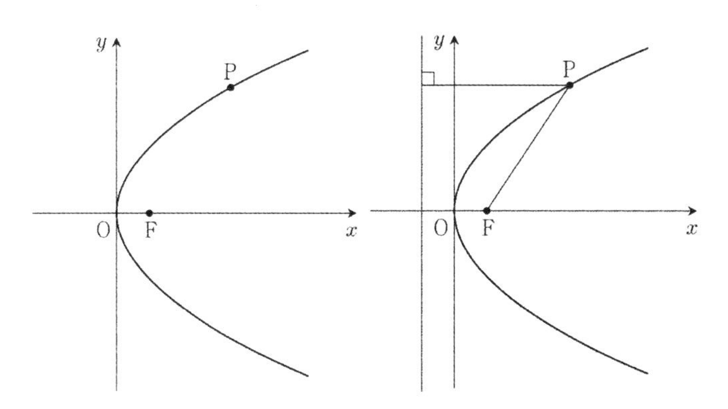

왼쪽 그림처럼 포물선의 초점 F와 포물선 위의 점 P가 주어졌을 때, 오른쪽 그림처럼 포물선의 준선을 긋고, 포물선의 정의에 의하여 두 점 P, F를 연결하고, 점 P에서 포물선의 준선에 수선의 발을 내린다.

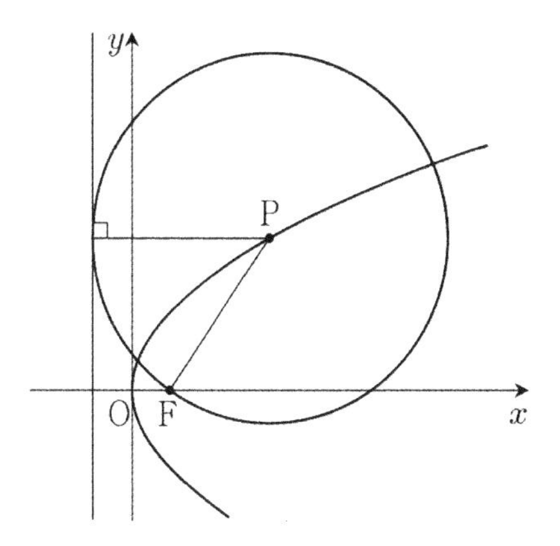

위의 그림처럼 포물선 위의 점 P를 중심으로 하고 초점 F를 지나는 원은 포물선의 준선에 접한다. 그리고 포물선 위의 점 P를 중심으로 하고 포물선의 준선에 접하는 원은 초점 F를 지난다.

예제 1

포물선 $y^2=x$ 위에 중심이 있는 원 C가 x축에 접한다. 원 C가 이 포물선의 초점을 지난다고 할 때, 원 C의 반지름의 길이는? [3점]

① $\frac{1}{6}$ ② $\frac{1}{5}$ ③ $\frac{1}{4}$
④ $\frac{1}{3}$ ⑤ $\frac{1}{2}$

풀이

문제에서 주어진 포물선의 초점을 F, 원 C의 중심을 P, 점 P에서 포물선의 준선에 내린 수선의 발을 Q라고 하자.

$y^2=4\times\frac{1}{4}\times x$이므로, 포물선의 초점의 좌표는 $\mathrm{F}\left(\frac{1}{4},\ 0\right)$이다.

원 C는 점 F에서 x축에 접하므로, 원 C는 준선 $x=-\frac{1}{4}$에 접한다.

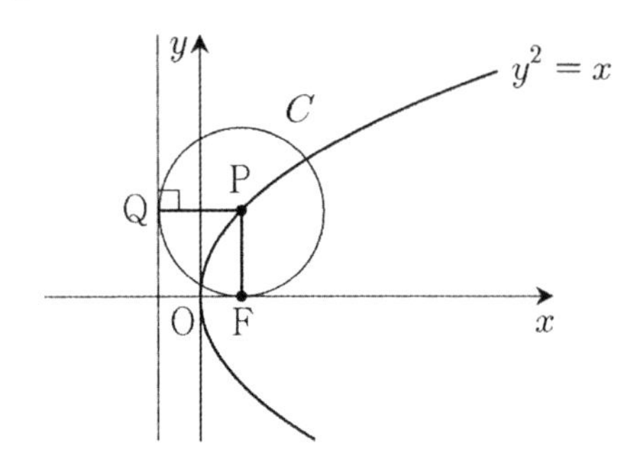

$\therefore$ (원 C의 반지름의 길이)$=\overline{\mathrm{PQ}}=2\overline{\mathrm{OF}}=\frac{1}{2}$

답 ⑤

예제 2

점 A$(a,\ 2)$를 지나고 x축이 준선인 포물선의 초점이 y축 위에 있을 때, a의 최댓값은? [3점]

① 1 ② 2 ③ 3
④ 4 ⑤ 5

풀이1

문제에서 주어진 포물선의 초점을 F$(0,\ c)$라고 하자. (단, $c>0$)

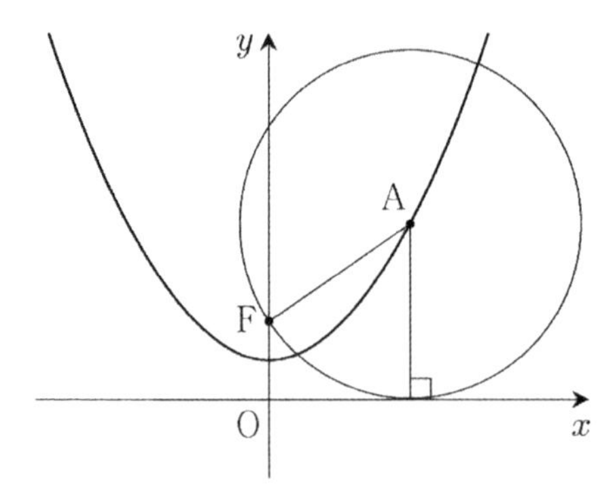

포물선 위의 점 A를 중심으로 하고 x축(준선)에 접하는 원의 방정식은

$(x-a)^2+(y-2)^2=4$

이 원의 y절편은

$y=2\pm\sqrt{4-a^2}$

포물선의 초점이 y축 위에 있으므로, 원은 반드시 y축과 만나야 한다.

$4-a^2\geq 0$에서 $-2\leq a\leq 2$

따라서 a의 최댓값은 2이다.

답 ②

풀이2

문제에서 주어진 포물선의 초점을 F$(0,\ c)$라고 하자. (단, $c>0$)

포물선의 정의에 의하여

$\overline{\mathrm{AF}}=\sqrt{a^2+(2-c)^2}=2=$(점 A와 x축 사이의 거리)

양변을 제곱하여 정리하면

$(2-c)^2=4-a^2\geq 0$

a, c는 모두 실수이므로

$-2\leq a\leq 2$

따라서 a의 최댓값은 2이다.

답 ②

삼각형의 성질, 삼각비의 정의에 대한 문제를 풀어보자.

예제 3

아래 그림처럼 준선이 l인 포물선 $y^2=4px$ 위의 점 P를 중심으로 하는 원이 직선 l에 접할 때, 원이 x축과 만나는 두 점을 각각 Q, R이라고 하자. 삼각형 PQR이 정삼각형이고, 점 R의 좌표가 $(10,\ 0)$일 때, p의 값은? (단, $0<p<10$이다.) [3점]

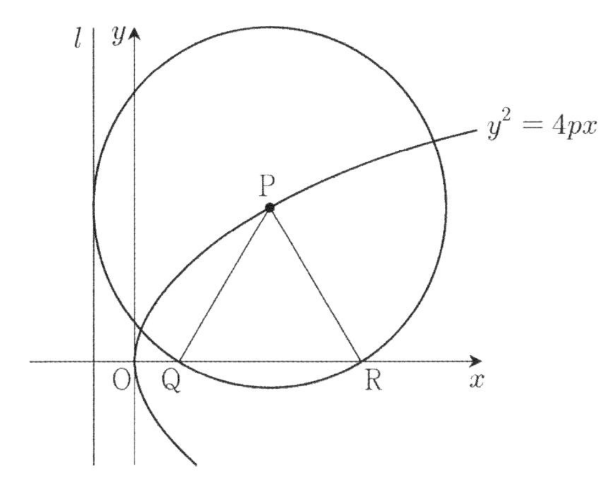

① $\frac{1}{2}$ ② 1 ③ $\frac{3}{2}$

④ 2 ⑤ $\frac{5}{2}$

풀이

포물선 위의 점 P를 중심으로 하는 원이 준선 l에 접하므로, 원이 x축과 만나는 점 Q는 포물선의 초점이다.

즉, $\mathrm{Q}(p,\ 0)$이고, l: $x=-p$이다.

점 P에서 직선 l에 내린 수선의 발을 A, 직선 l이 x축과 만나는 점을 B, 점 Q에서 선분 AP에 내린 수선의 발을 C, 점 P에서 x축에 내린 수선의 발을 H라고 하자. 그리고 정삼각형 PQR의 한 변의 길이를 a라고 하자.

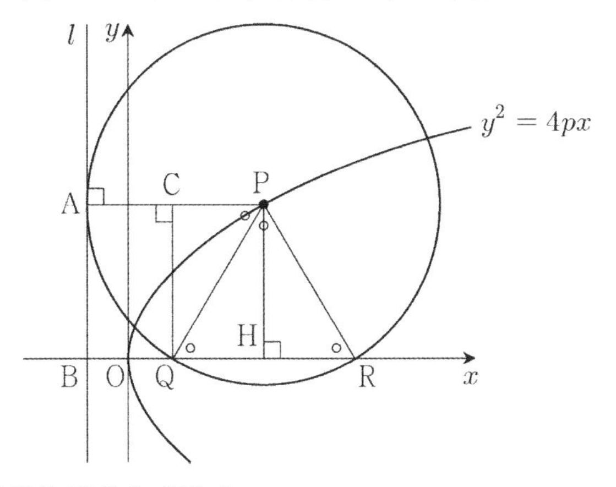

포물선의 정의에 의하여

$\overline{\mathrm{AP}}=\overline{\mathrm{PQ}}=a$

이므로

$\overline{\mathrm{CP}}=\overline{\mathrm{AP}}-\overline{\mathrm{BQ}}=a-2p$

직각삼각형 QPC에서 특수각의 삼각비에 의하여

$\dfrac{\overline{\mathrm{PC}}}{\overline{\mathrm{QP}}}=\cos\dfrac{\pi}{3}$ 즉, $\dfrac{a-2p}{a}=\dfrac{1}{2}$

정리하면

$a=4p$

$\overline{\mathrm{OR}}=\overline{\mathrm{OQ}}+\overline{\mathrm{QR}}=p+4p=5p=10$

풀면

$\therefore\ p=2$

답 ④

M. 포물선: 초점을 지나는 직선 (서로 닮음인 두 삼각형)

예제 1

포물선 $y^2 = 4px(p > 0)$의 초점 F를 지나는 직선 l이 이 포물선과 만나는 두 점을 각각 A, B라고 하자.

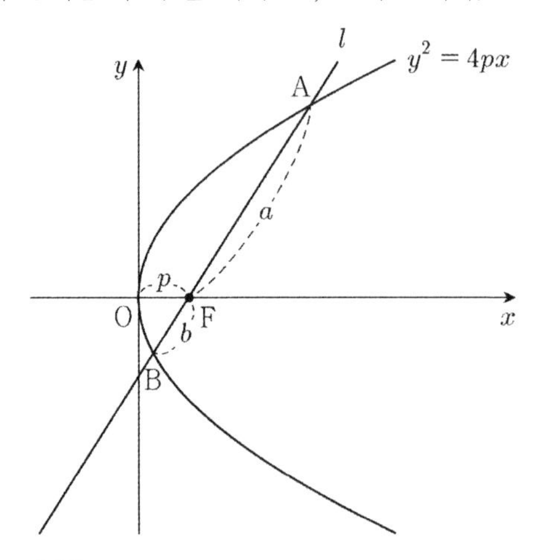

$\overline{\mathrm{AF}} = a$, $\overline{\mathrm{BF}} = b$일 때, 아래의 등식이 성립함을 증명하시오.

$\dfrac{1}{p} = \dfrac{1}{a} + \dfrac{1}{b}$ (←이 등식은 암기해도 좋다.)

증명

문제에서 주어진 포물선의 준선은 $x = -p$이다.

두 점 A, B에서 이 포물선의 준선에 내린 수선의 발을 각각 P, Q, 점 A에서 직선 QB에 내린 수선의 발을 D, 직선 AD가 x축과 만나는 점을 C라고 하자.

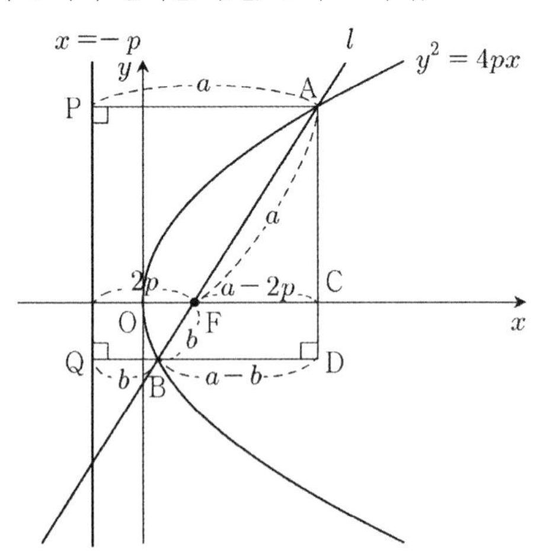

포물선의 정의에 의하여

$\overline{\mathrm{AP}} = a$, $\overline{\mathrm{BQ}} = b$

위의 그림처럼

$\overline{\mathrm{FC}} = a - 2p$, $\overline{\mathrm{BD}} = a - b$

서로 닮음인 두 직각삼각형 AFC, ABD에 대하여

$\overline{\mathrm{AF}} : \overline{\mathrm{FC}} = \overline{\mathrm{AB}} : \overline{\mathrm{BD}}$ 즉, $a : a - 2p = a + b : a - b$

$(a - 2p)(a + b) = a(a - b)$

정리하면

$\therefore \dfrac{1}{p} = \dfrac{1}{a} + \dfrac{1}{b}$

답 풀이참조

참고1

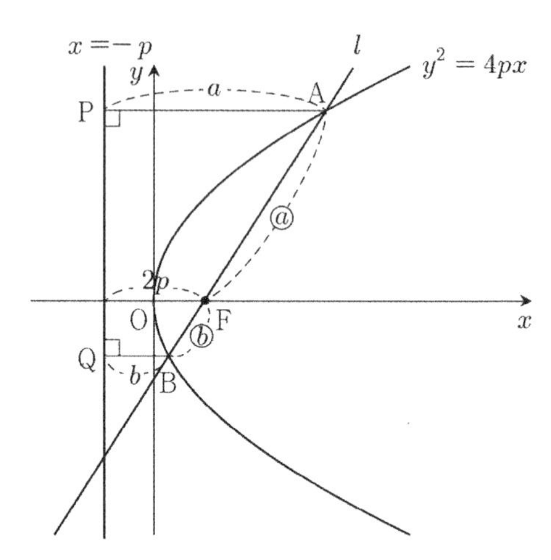

내분점의 공식에 의하여

$$2p = \frac{a \times \overline{\mathrm{BQ}} + b \times \overline{\mathrm{AP}}}{a + b} = \frac{2ab}{a + b}$$

정리하면

$\therefore \dfrac{1}{p} = \dfrac{1}{a} + \dfrac{1}{b}$

참고2

점 B에서 직선 PA에 내린 수선의 발을 D, 직선 BD가 x축과 만나는 점을 C라고 하자.

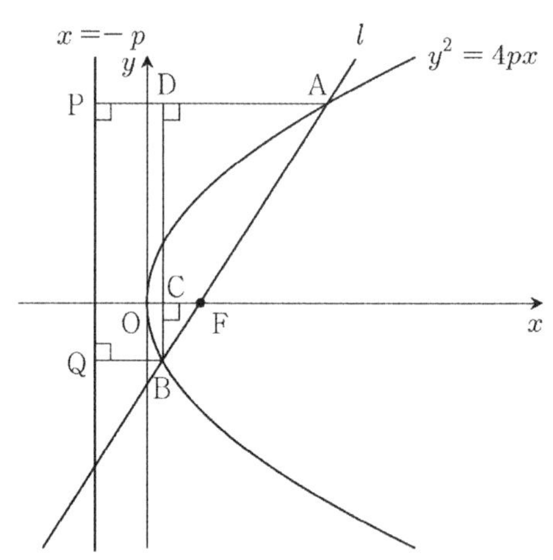

서로 닮음인 두 직각삼각형 BFC, BAD에 대하여

$\overline{\mathrm{BF}} : \overline{\mathrm{FC}} = \overline{\mathrm{BA}} : \overline{\mathrm{AD}}$ 즉, $b : 2p - b = a + b : a - b$

$(2p - b)(a + b) = b(a - b)$

정리하면

$\therefore\ \dfrac{1}{p}=\dfrac{1}{a}+\dfrac{1}{b}$

참고3

두 점 A, B에서 x축에 내린 수선의 발을 각각 D, C라고 하자.

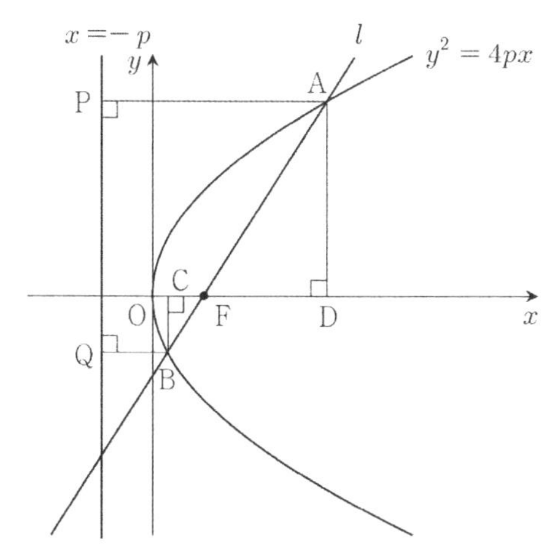

서로 닮음인 두 직각삼각형 AFD, BFC에 대하여

$\overline{\mathrm{AF}}:\overline{\mathrm{FD}}=\overline{\mathrm{BF}}:\overline{\mathrm{FC}}$ 즉, $a:a-2p=b:2p-b$

$(a-2p)b=a(2p-b)$

정리하면

$\therefore\ \dfrac{1}{p}=\dfrac{1}{a}+\dfrac{1}{b}$

M. 포물선: 초점을 지나는 직선(공식)

(1) 포물선 $y^2=4px$의 초점 $\mathrm{F}(p,\ 0)$을 지나는 직선이 이 포물선과 만나는 두 점을 각각 $\mathrm{A}(\alpha,\ \sqrt{4p\alpha})$, $\mathrm{B}(\beta,\ \sqrt{4p\beta})$라고 하면 다음의 등식이 성립한다.
(단, $p>0$)

$p=\sqrt{\alpha\beta}$

이때, 등비중항의 정의에 의하여 α, p, β는 이 순서대로 등비수열을 이룬다.

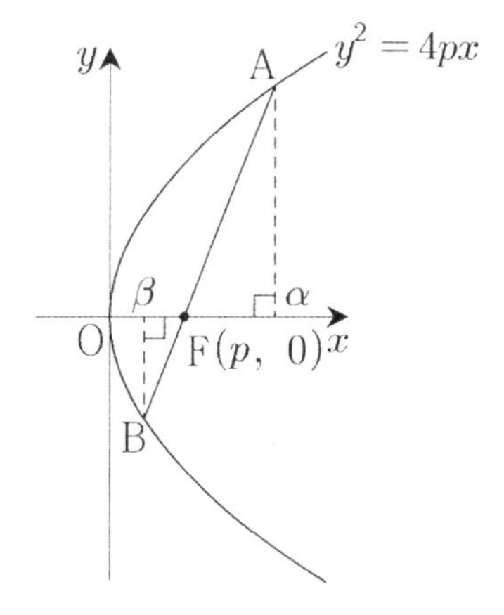

증명

직선 AB의 방정식을

$y=k(x-p)$ (단, $k\neq0$)

으로 두자.

포물선과 위의 직선의 방정식을 연립하면

$k^2(x-p)^2=4px$

정리하면

$k^2x^2-2p(k^2+2)x+k^2p^2=0$

이차방정식의 근과 계수와의 관계에 의하여

$\alpha\beta=\dfrac{k^2p^2}{k^2}=p^2$

$\therefore\ p=\sqrt{\alpha\beta}$

(2) 포물선 $y^2=4px$의 초점 $\mathrm{F}(p,\ 0)$을 지나는 직선이 x축의 양의 방향과 이루는 각의 크기가 θ일 때, 다음의 등식이 성립한다. $(p>0)$

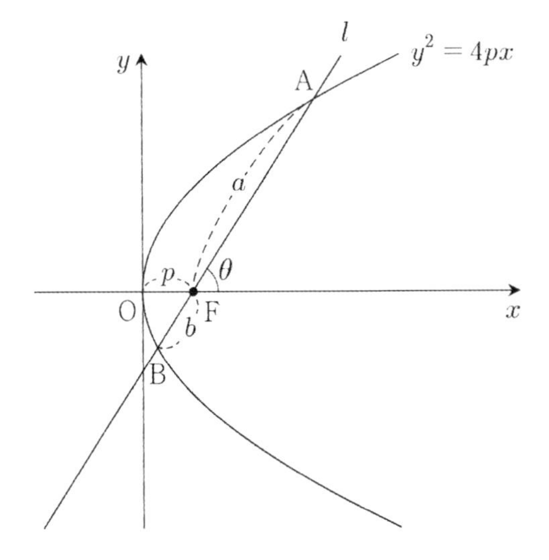

$$a=\frac{2p}{1-\cos\theta},\ b=\frac{2p}{1+\cos\theta}$$

위의 두 등식을 이용하면 아래의 등식을 얻는다.

$$\frac{1}{p}=\frac{1}{a}+\frac{1}{b}$$

증명

점 A에서 준선 $x=p$와 x축에 내린 수선의 발을 각각 P, A′, 점 B에서 준선 $x=p$와 x축에 내린 수선의 발을 각각 Q, B′라고 하자.

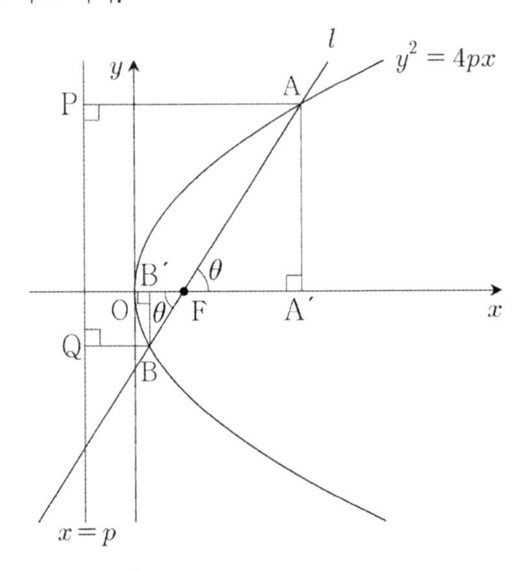

직각삼각형 AFA′에서 삼각비의 정의에 의하여

$$\cos\theta=\frac{\overline{\mathrm{FA'}}}{\overline{\mathrm{AF}}}=\frac{\overline{\mathrm{PA}}-2\overline{\mathrm{OF}}}{\overline{\mathrm{AF}}}=\frac{a-2p}{a}$$

정리하면

$$a=\frac{2p}{1-\cos\theta}$$

직각삼각형 BFB′에서 삼각비의 정의에 의하여

$$\cos\theta=\frac{\overline{\mathrm{FB'}}}{\overline{\mathrm{BF}}}=\frac{2\overline{\mathrm{OF}}-\overline{\mathrm{QB}}}{\overline{\mathrm{BF}}}=\frac{2p-b}{b}$$

정리하면

$$b=\frac{2p}{1+\cos\theta}$$

마지막으로

$$\frac{1}{a}+\frac{1}{b}=\frac{1-\cos\theta}{2p}+\frac{1+\cos\theta}{2p}=\frac{1}{p}$$

$$\therefore\ \frac{1}{a}+\frac{1}{b}=\frac{1}{p}$$

M. 타원의 정의(보조선)

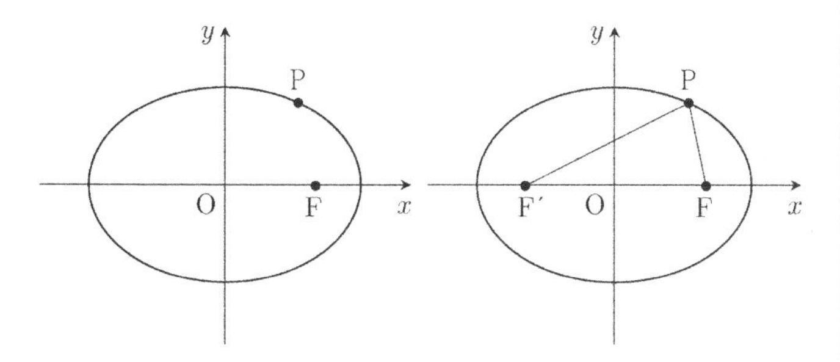

왼쪽 그림처럼 타원의 한 초점 F와 타원 위의 점 P가 주어졌을 때, 오른쪽 그림처럼 타원의 나머지 한 초점 F′를 찍고, 타원의 정의에 의하여 점 P와 두 점 F, F′ 각각을 연결한다.

M. 타원의 정의(피타고라스의 정리)

예제 1

원점을 중심으로 하고 타원 $\frac{x^2}{a^2}+\frac{y^2}{b^2}=1$과 두 점에서 만나는 원이 이 타원의 두 초점을 지날 때, $\frac{a^2}{b^2}$의 값은? (단, $a>b>0$이다.) [3점]

① 2 ② 3 ③ 4
④ 5 ⑤ 6

풀이

문제에서 주어진 타원의 두 초점을 F, F′라고 하자.
주어진 조건에서 $a>b>0$이므로, 두 점 F, F′는 x축 위에 있다.
아래 그림처럼 타원의 한 꼭짓점을 B라고 하자.

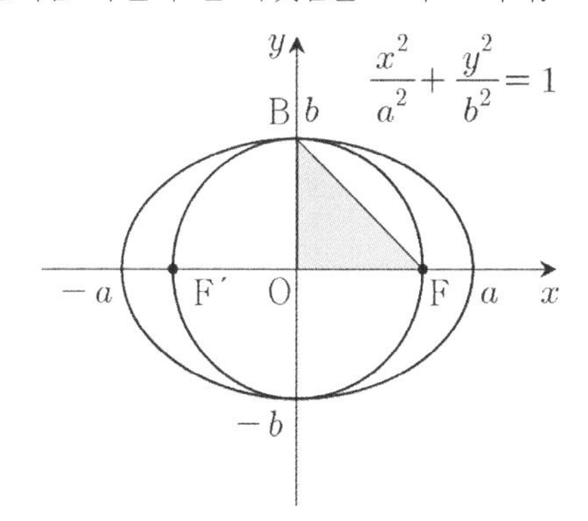

원의 정의에 의하여
$\overline{OF}=\overline{OB}$이므로
점 F의 좌표는 F$(b,\ 0)$이다.
$\overline{BF}^2=\overline{OB}^2+\overline{OF}^2$ 즉, $a^2=b^2+b^2=2b^2$
정리하면

$$\therefore\ \frac{a^2}{b^2}=2$$

답 ①

예제 2

한 변의 길이가 $2\sqrt{3}$ 인 정삼각형 ABC의 변 BC의 중점을 D라고 하자. 두 초점이 각각 A, D인 타원이 두 점 B, C를 지날 때, 이 타원의 단축의 길이는? [4점]

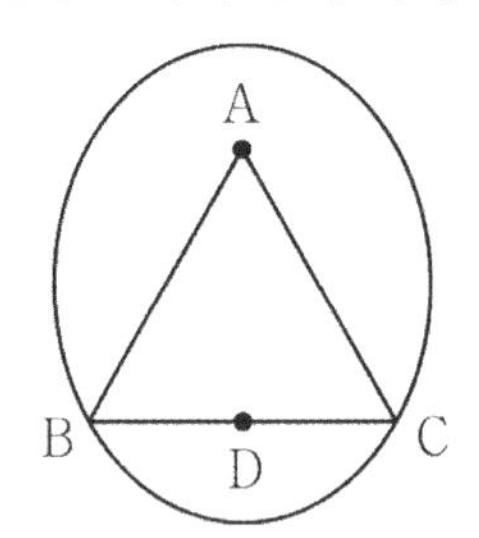

① 3　② $2\sqrt{3}$　③ 4
④ $3\sqrt{2}$　⑤ $2\sqrt{5}$

풀이

선분 AD의 중점을 O, 선분 AD의 수직이등분선이 타원과 만나는 두 점 중에서 한 점을 E라고 하자.

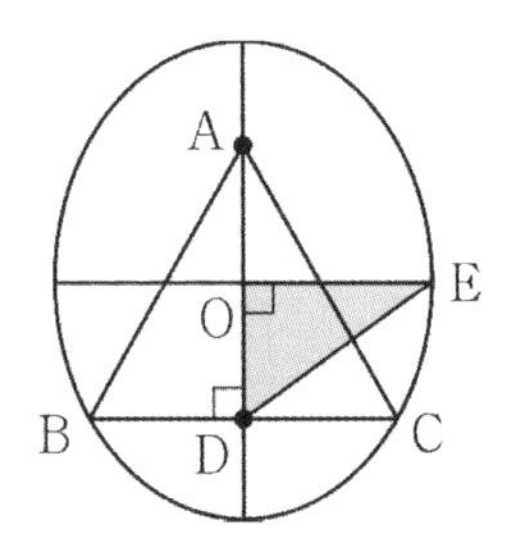

직각삼각형 ABD에서 특수각의 삼각비에 의하여

$\overline{BD}=\sqrt{3}$, $\overline{AD}=3$

이므로

$\overline{OD}=\frac{1}{2}\times\overline{AD}=\frac{3}{2}$,

$\overline{DE}=\frac{1}{2}\times$(타원의 장축의 길이)

$=\frac{1}{2}\times(\overline{AB}+\overline{BD})=\frac{3}{2}\sqrt{3}$

직각삼각형 ODE에서 피타고라스의 정리에 의하여

$\overline{OE}=\sqrt{\overline{DE}^2-\overline{DO}^2}=\frac{3}{2}\sqrt{2}$

주어진 타원의 단축의 길이는 $3\sqrt{2}$ 이다.

답 ④

M. 타원(최대최소)

예제 1

한 초점이 F인 타원 $\frac{x^2}{25}+\frac{y^2}{16}=1$ 위의 두 점 P, Q가 원점에 대하여 서로 대칭일 때, 삼각형 PQF의 둘레의 길이의 최솟값은? [3점]

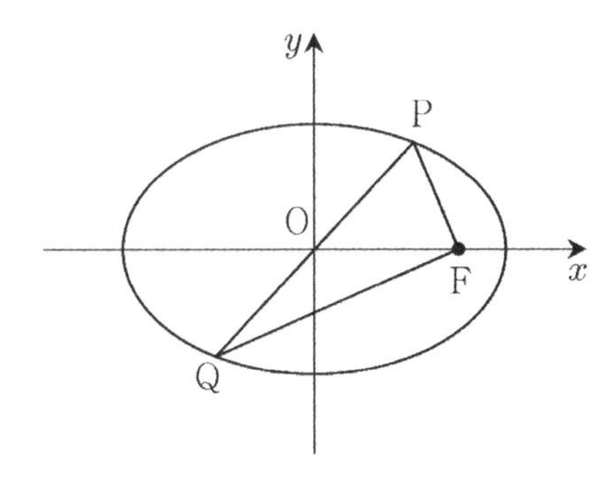

① 16　② 17　③ 18
④ 19　⑤ 20

풀이

타원의 나머지 한 초점을 F′라고 하자.

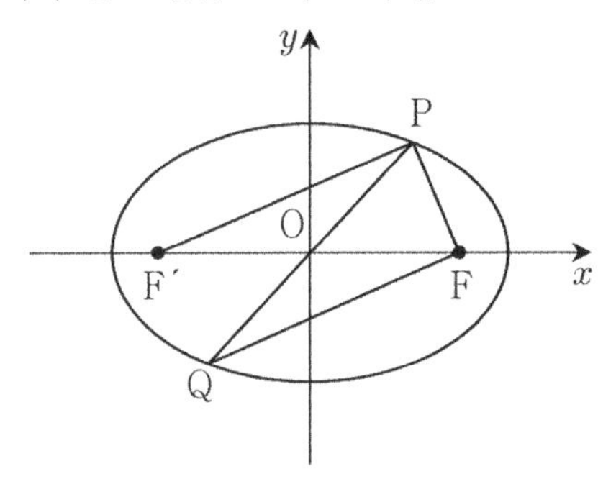

두 점 P, Q가 서로 원점에 대하여 대칭이므로

$\overline{PF'}=\overline{FQ}$

(삼각형 PQF의 둘레의 길이)

$=\overline{PF}+\overline{QF}+\overline{PQ}=\overline{PF}+\overline{PF'}+\overline{PQ}$

$=10+\overline{PQ}\geq 18$

(단, 등호는 두 점 P, Q가 y축 위에 있을 때 성립한다.)

답 ③

예제 2

아래 그림과 같이 타원 $\frac{x^2}{16}+\frac{y^2}{7}=1$의 한 초점을 F, 이 타원 위의 점 P를 원점에 대하여 대칭이동시킨 점을 Q라고 하자. 점 A(0, 4)에 대하여 $\overline{FQ}-\overline{AP}$의 최댓값을 구하시오. [4점]

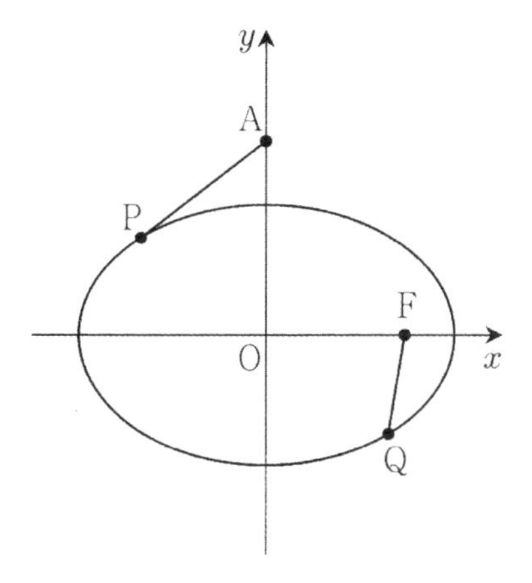

풀이

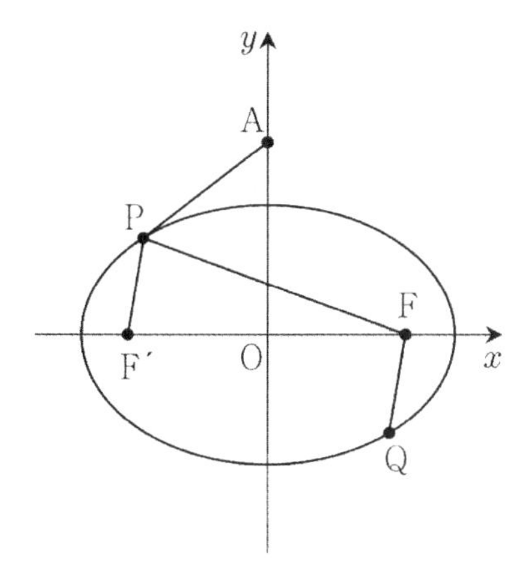

문제에서 주어진 타원의 방정식에서 초점의 좌표를 구하면

$F(\sqrt{16-7},\ 0)$ 즉, $F(3,\ 0)$

타원의 정의에 의하여

$\overline{PF}+\overline{FQ}=\overline{PF}+\overline{PF'}=8$

이므로

$\overline{FQ}-\overline{AP}$

$=(\overline{FQ}+\overline{PF})-(\overline{AP}+\overline{PF})$

$=8-(\overline{AP}+\overline{PF})\leq 3$

(단, 등호는 세 점 A, P, F가 한 직선 위에 놓일 때 성립한다.)

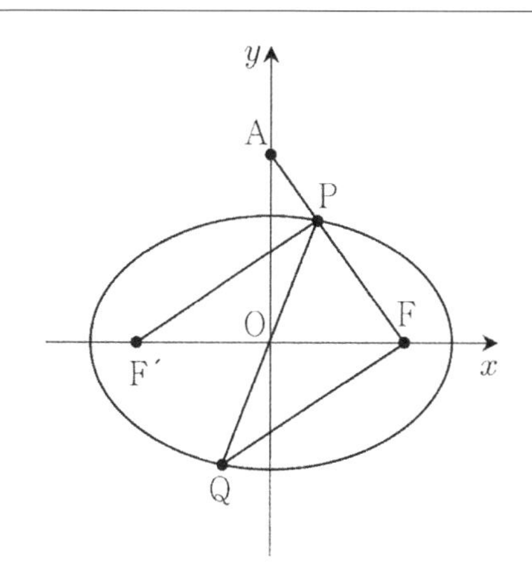

답 3

M. 타원: 타원의 정의와 방정식

예제 1

원점 O가 중심이고 반지름의 길이가 4인 원 위의 점 Q와 점 A$(-2,\ 0)$에 대하여 선분 AQ의 수직이등분선이 직선 OQ와 만나는 점을 P라고 하자. 점 P$(x,\ y)$가 그리는 도형의 방정식이 $px^2+qy^2+rx=9$일 때, $p+q+r$의 값은? [3점]

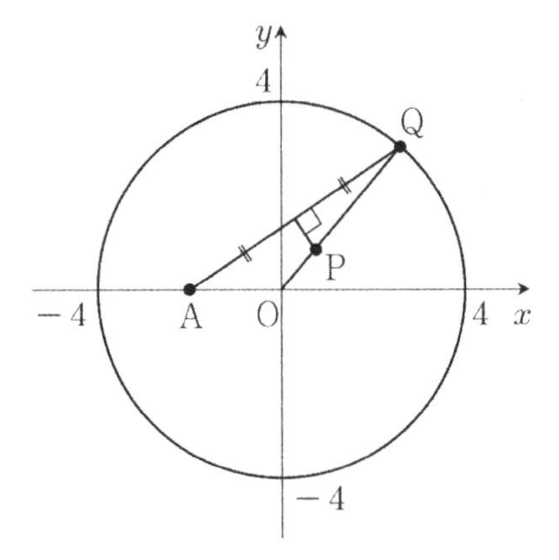

① 13 ② 14 ③ 15
④ 16 ⑤ 17

풀이

점 P에서 선분 AQ에 내린 수선의 발을 H라고 하자.

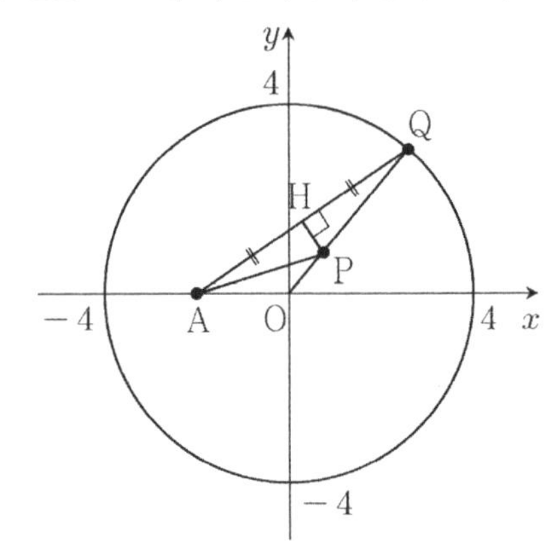

두 직각삼각형 APH, QPH는 서로 합동이므로

$\overline{AP}=\overline{PQ}$

원의 정의에 의하여

$\overline{AP}+\overline{PO}=\overline{PQ}+\overline{PO}=\overline{OQ}=4$

타원의 정의에 의하여 점 P의 자취는 두 점 A, O를 초점으로 하고 장축의 길이가 4인 타원이다. 타원의 방정식은

$$\frac{(x+1)^2}{4}+\frac{y^2}{3}=1$$

좌변을 전개하면

$3x^2+4y^2+6x=9$

이므로

$p=3,\ q=4,\ r=6$

$\therefore\ p+q+r=13$

답 ①

M. 타원: 타원과 원의 관계(원기둥, 정사영)

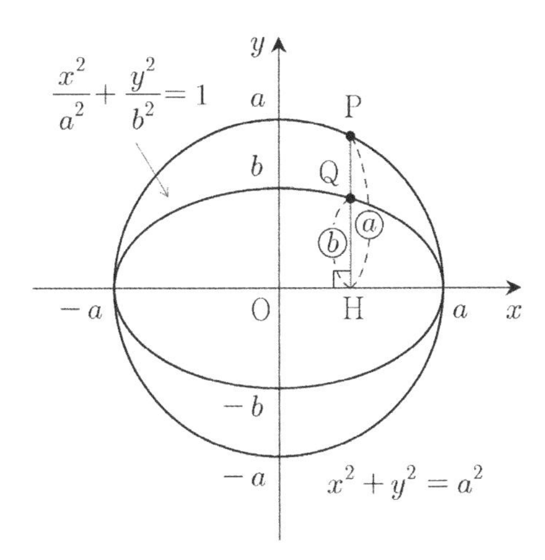

원 $x^2+y^2=a^2$의 방정식에서 y 대신에 $\frac{a}{b}y$를 대입하면 타원 $\frac{x^2}{a^2}+\frac{y^2}{b^2}=1$의 방정식을 얻는다.

(단, $a>b>0$)

즉, 타원 $\frac{x^2}{a^2}+\frac{y^2}{b^2}=1$은 원 $x^2+y^2=a^2$을 y축의 방향으로만 $\frac{b}{a}$만큼 축소하여 얻을 수 있다.

위의 그림처럼 원 위의 점 P에서 x축에 내린 수선의 발을 H, 선분 PH가 타원과 만나는 점을 Q라고 하면

$$\frac{\overline{\mathrm{QH}}}{\overline{\mathrm{PH}}}=\frac{b}{a}=(\text{상수}) \qquad \cdots(*)$$

가 항상 성립한다. (단, 점 P는 x축 위의 점이 아니다.)

아래 그림처럼 서로 평행하지 않은 두 평면 α, β의 이면각의 크기를 θ라고 하자. (단, θ는 예각이다.)

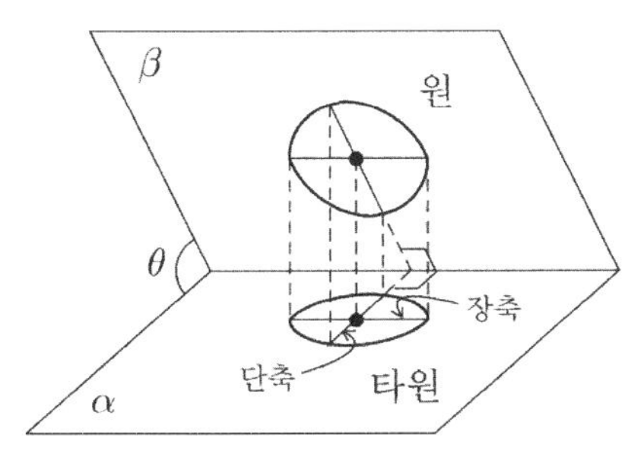

평면 β 위의 반지름의 길이가 r인 원의 평면 α 위로의 정사영은 타원이다. 이때, 정사영의 길이의 공식에 의하여 타원의 단축의 길이는 $2r\cos\theta$이다. 이 경우에 대한 (*)의 비례식을 다시 쓰면

$$\frac{r\cos\theta}{r}=\cos\theta=(\text{상수})$$

아래 그림처럼 밑면의 반지름의 길이가 r인 원기둥을 밑면과 $\theta°$의 각을 이루는 평면으로 자른 단면은 타원이다. 이때, 직각삼각형의 삼각비에 의하여 타원의 장축의 길이는 $\frac{2r}{\cos\theta}$이다.

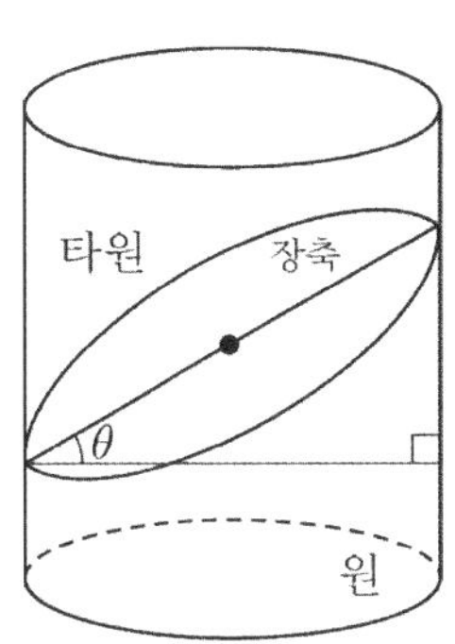

M. 쌍곡선의 정의(보조선)

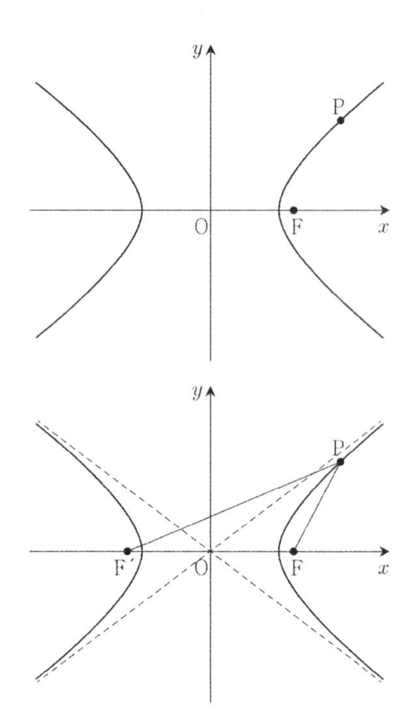

왼쪽 그림처럼 쌍곡선의 한 초점 F와 쌍곡선 위의 점 P가 주어졌을 때, 오른쪽 그림처럼 쌍곡선의 나머지 한 초점 F′를 찍고, 쌍곡선의 정의에 의하여 점 P와 두 점 F, F′ 각각을 연결한다. 그리고 쌍곡선의 두 점근선도 긋는다.

M. 쌍곡선의 정의(서로 닮음인 두 삼각형)

예제 1

한 초점이 F인 쌍곡선 $\dfrac{x^2}{a^2}-\dfrac{y^2}{b^2}=1$ 위의 점 P에 대하여 선분 PF의 수직이등분선은 원점을 지난다. $\overline{\mathrm{PF}}=12$이고, 원점과 직선 PF 사이의 거리가 3일 때, ab의 값은? (단, $a>0$, $b>0$이고, 점 P는 제1사분면 위의 점이다.) [4점]

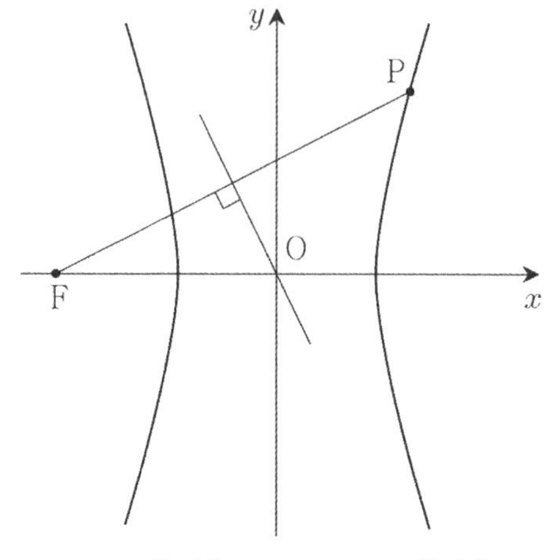

① 16　② 18　③ 20　④ 22　⑤ 24

풀이

쌍곡선의 나머지 한 초점을 F′, 선분 PF의 중점을 H라고 하자.

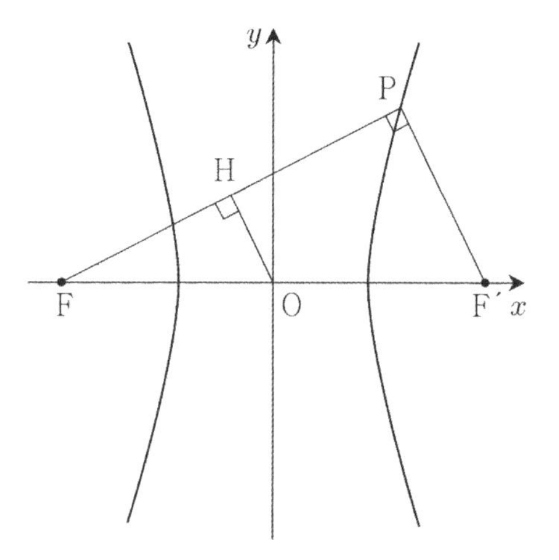

$\overline{\mathrm{FH}}:\overline{\mathrm{HP}}=\overline{\mathrm{FO}}:\overline{\mathrm{OF'}}\,(=1:1)$이므로

두 직선 OH, F′P는 서로 평행하다.

평행선의 성질에 의하여

$\angle\mathrm{FPF'}=\angle\mathrm{FHO}=90^\circ$

서로 닮음인 두 직각삼각형 FHO, FPF′에 대하여

$\overline{\mathrm{HO}}:\overline{\mathrm{PF'}}=1:2$이므로 $\overline{\mathrm{PF'}}=6$

쌍곡선의 정의에 의하여

(쌍곡선의 주축의 길이)$=\overline{PF}-\overline{PF'}=12-6=6$

즉, $2a=6$ 풀면 $a=3$

직각삼각형 PFF'에서 피타고라스의 정리에 의하여

$\overline{FF'}=\sqrt{\overline{PF}^2+\overline{PF'}^2}=6\sqrt{5}$ 즉, $\overline{OF}=3\sqrt{5}$

$\overline{OF}=\sqrt{3^2+b^2}=3\sqrt{5}$에서 $b=6$

$\therefore\ ab=18$

답 ②

M. 이차곡선과 접선

이차곡선(포물선, 타원, 쌍곡선)의 접선의 방정식을 구하는 방법을 정리하면 다음과 같다.

<table>
<tr><td>❶ 곡선 위의 점에서의 접선</td><td>❷ 기울기가 주어진 접선</td><td>❸ 곡선 밖의 점에서의 접선</td></tr>
<tr><td colspan="3">이차곡선과 접선의 방정식을 연립하고,
이차방정식의 판별식을 이용하여 접선의 방정식을 구한다.</td></tr>
</table>

방법 ❶: 이차곡선 위의 점 $(x_0,\ y_0)$에서의 접선의 방정식은 암기해야 한다.

	포물선	타원	쌍곡선
이차곡선	$y^2=4px$ $(x^2=4py)$	$\frac{x^2}{a^2}+\frac{y^2}{b^2}=1$	$\frac{x^2}{a^2}-\frac{y^2}{b^2}=\pm1$
접선	$y_0y=2p(x+x_0)$ $(x_0x=2p(y+y_0))$	$\frac{x_0x}{a^2}+\frac{y_0y}{b^2}=1$	$\frac{x_0x}{a^2}-\frac{y_0y}{b^2}=\pm1$

방법 ❷: 기울기가 주어진 접선의 공식은 다음과 같다.

기울기가 m이고, 포물선 $y^2=4px$에 접하는 접선의 방정식은

$y=mx+\frac{p}{m}$

기울기가 m이고, 타원 $\frac{x^2}{a^2}+\frac{y^2}{b^2}=1$에 접하는 접선의 방정식은

$y=mx\pm\sqrt{a^2m^2+b^2}$

기울기가 m이고, 쌍곡선 $\frac{x^2}{a^2}+\frac{y^2}{b^2}=\pm1$에 접하는 접선의 방정식은

$y=mx\pm\sqrt{a^2m^2-b^2}$

위의 세 공식은 반드시 암기해야 한다. (유도할 수 있다면 더욱 좋다.)

방법 ❸: 접점을 $(x_0,\ y_0)$으로 두고 ❶로 접근한다.

예제 1

아래 그림처럼 초점이 F인 포물선 $y^2=4px(p>0)$ 위의 점 $\mathrm{P}(x_0,\ y_0)$에서의 접선이 x축과 만나는 점을 Q라고 하자. 사각형 PRQF가 평행사변형이 되도록 점 R을 잡을 때, 사각형 PRQF가 마름모임을 증명하시오. (단, P는 제1사분면 위의 점이다.)

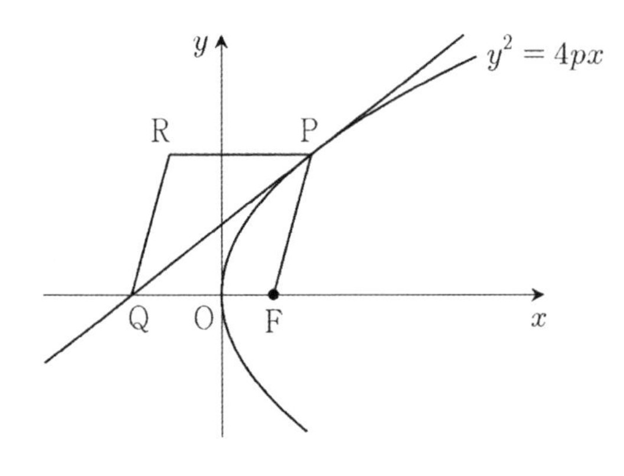

증명

문제에서 주어진 포물선의 초점의 좌표는 $\mathrm{F}(p,\ 0)$이다.
점 P에서의 접선의 방정식은
$y_0y=2p(x+x_0)$
이 직선의 방정식에 $y=0$을 대입하여 정리하면 $x=-x_0$
점 Q의 좌표는 $\mathrm{Q}(-x_0,\ 0)$이다.
이제 점 R의 좌표를 $\mathrm{R}(s,\ t)$로 두자.
사각형 PRQF가 평행사변형이므로
선분 PQ의 중점과 선분 FR의 중점은 일치한다.
내분점의 공식에 의하여
선분 PQ의 중점은 $\left(0,\ \dfrac{y_0}{2}\right)$,
선분 FR의 중점은 $\left(\dfrac{s+p}{2},\ \dfrac{t}{2}\right)$이므로
$\dfrac{s+p}{2}=0,\ \dfrac{t}{2}=\dfrac{y_0}{2}$ 풀면 $s=-p,\ t=y_0$
점 R의 좌표는 $\mathrm{R}(-p,\ y_0)$이다.

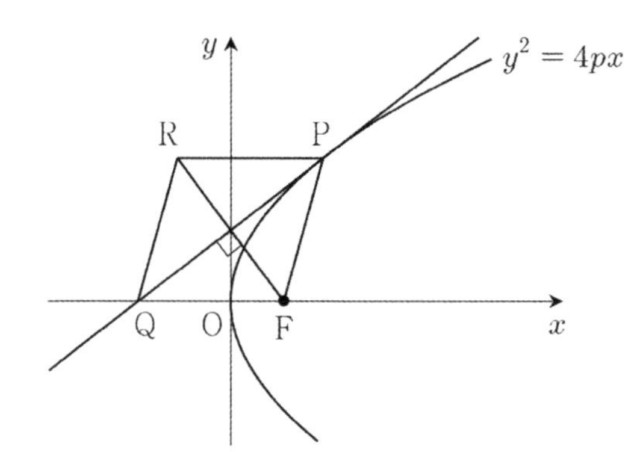

(직선 PQ의 기울기)$=\dfrac{y_0}{2x_0}$ …㉠

(직선 FR의 기울기)$=\dfrac{-y_0}{2p}$ …㉡

㉠×㉡$=-\dfrac{y_0^2}{4px_0}=-1(\because y_0^2=4px_0)$

평행사변형 PRQF의 두 대각선이 서로 직교하므로,
평행사변형 PRQF는 마름모이다.

답 풀이참조

참고

중학교 수학 교과서에 나와 있는 마름모에 대한 내용은 다음과 같다.
(1) 마름모는 네 변의 길이가 모두 같은 사각형이므로 평행사변형이다. 따라서 마름모는 평행사변형의 성질을 모두 만족시킨다.
(2) 〈마름모의 성질〉
마름모의 두 대각선은 서로를 수직이등분한다.

M. 쌍곡선: 점근선과 접선의 관계

• 쌍곡선의 점근선과 접선의 위치 관계

예제 1

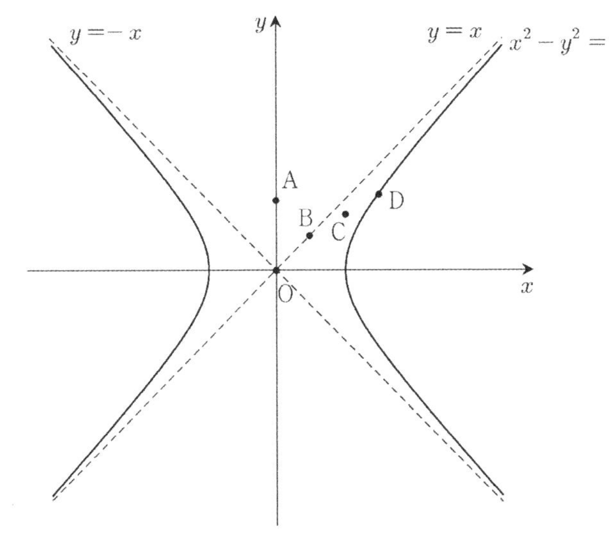

아래의 물음에 답하시오.

(1) 점 A$(0,\ 2)$에서 쌍곡선 $x^2-y^2=4$에 그은 접선의 방정식을 구하시오.

(2) 점 B$(1,\ 1)$에서 쌍곡선 $x^2-y^2=4$에 그은 접선의 방정식을 구하시오.

(3) 원점 O에서 쌍곡선 $x^2-y^2=4$에 접선을 그을 수 없음을 증명하시오.

(4) C$(2,\ \sqrt{3})$에서 쌍곡선 $x^2-y^2=4$에 그은 접선의 방정식을 구하시오.

(5) 쌍곡선 $x^2-y^2=4$ 위의 점 D$(3,\ \sqrt{5})$에서의 접선의 방정식을 구하시오.

(6) 기울기가 1 또는 -1이고, 쌍곡선 $x^2-y^2=4$에 접하는 접선은 존재하지 않음을 증명하시오.

풀이

(1)

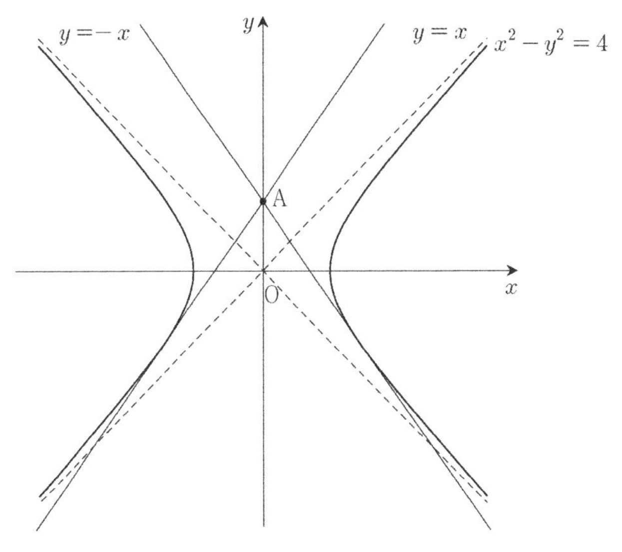

접점의 좌표를 $(x_0,\ y_0)$으로 두자.

점 $(x_0,\ y_0)$는 쌍곡선 $x^2-y^2=4$ 위에 있으므로

$x_0^2-y_0^2=4$ …㉠

쌍곡선 $x^2-y^2=4$ 위의 점 $(x_0,\ y_0)$에서의 접선의 방정식은

$x_0x-y_0y=4$

이 직선이 점 A$(0,\ 2)$를 지나므로

$x_0 0-y_0 2=4$ 풀면 $y_0=-2$ …㉡

㉡을 ㉠에 대입하면 $x_0=\pm 2\sqrt{2}$

구하는 접선의 방정식은

$y=\mp\sqrt{2}x+2$

(2)

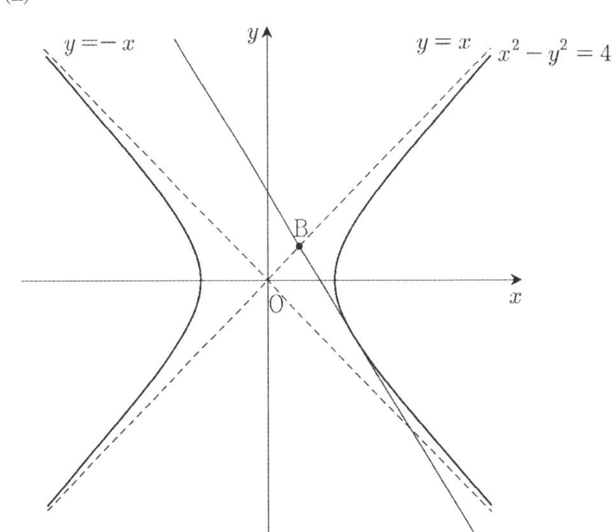

접점의 좌표를 $(x_0,\ y_0)$으로 두자.

점 $(x_0,\ y_0)$는 쌍곡선 $x^2-y^2=4$ 위에 있으므로

$x_0^2-y_0^2=4$ …㉠

쌍곡선 $x^2-y^2=4$ 위의 점 $(x_0,\ y_0)$에서의 접선의 방정식은

$x_0x-y_0y=4$

이 직선이 점 $B(1,\ 1)$을 지나므로

$x_0-y_0=4$ ⋯㉡

㉠, ㉡을 연립하면

$x_0=\dfrac{5}{2},\ y_0=-\dfrac{3}{2}$

구하는 접선의 방정식은

$5x+3y=8$

(3)

접점의 좌표를 $(x_0,\ y_0)$으로 두자.

점 $(x_0,\ y_0)$는 쌍곡선 $x^2-y^2=4$ 위에 있으므로

$x_0^2-y_0^2=4$ ⋯㉠

쌍곡선 $x^2-y^2=4$ 위의 점 $(x_0,\ y_0)$에서의 접선의 방정식은

$x_0x-y_0y=4$

이 직선의 방정식에 $x_0=y_0=0$을 대입하면 등호가 성립하지 않으므로, 이 직선은 원점을 지나지 않는다. 따라서 원점 O에서 쌍곡선 $x^2-y^2=4$에 접선을 그을 수 없다.

또는 아래와 같은 방법으로 증명해도 좋다.

원점을 지나는 직선 $y=ax$이 쌍곡선 $x^2-y^2=4$에 접한다고 하자.

직선과 쌍곡선의 방정식을 연립하면

$x^2-(ax)^2=4$ 정리하면 $(1-a^2)x^2-4=0$ ⋯(*)

$a=\pm1$을 (*)에 대입하면 (좌변)$=-4$이므로 등식이 성립하지 않는다.

따라서 $a\neq\pm1$이다.

이차방정식 (*)은 중근을 가질 수 없으므로

직선 $y=ax$는 쌍곡선 $x^2-y^2=4$에 접하지 않는다.

따라서 원점 O에서 쌍곡선 $x^2-y^2=4$에 접선을 그을 수 없다.

(4)

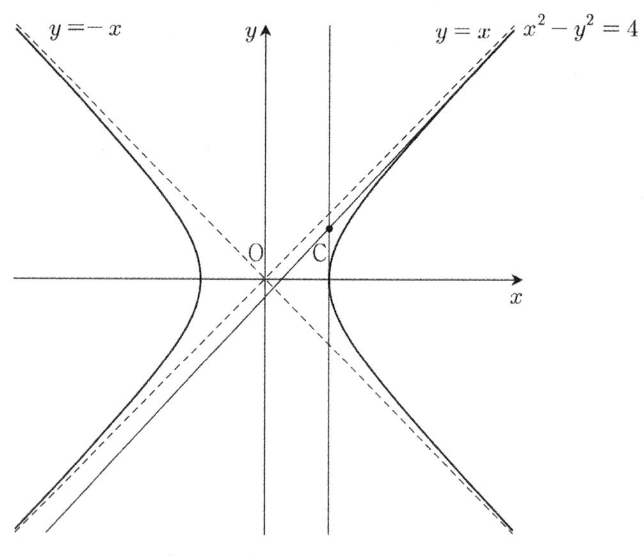

접점의 좌표를 $(x_0,\ y_0)$으로 두자.

점 $(x_0,\ y_0)$는 쌍곡선 $x^2-y^2=4$ 위에 있으므로

$x_0^2-y_0^2=4$ ⋯㉠

쌍곡선 $x^2-y^2=4$ 위의 점 $(x_0,\ y_0)$에서의 접선의 방정식은

$x_0x-y_0y=4$

이 직선이 점 $C(2,\ \sqrt{3})$을 지나므로

$2x_0-\sqrt{3}y_0=4$ ⋯㉡

㉠, ㉡을 연립하면

$\begin{cases}x_0=2\\y_0=0\end{cases}$ 또는 $\begin{cases}x_0=14\\y_0=8\sqrt{3}\end{cases}$

접선의 방정식은

$x=2$ 또는 $7x-4\sqrt{3}y=2$

(5)

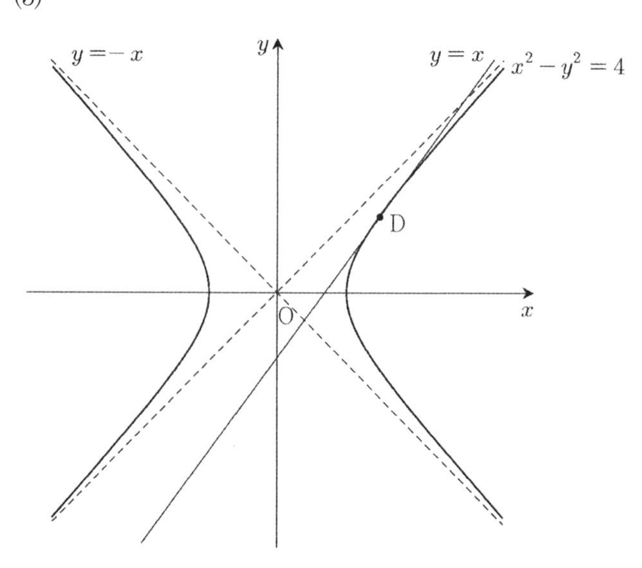

쌍곡선 $x^2-y^2=4$ 위의 점 $D(3,\ \sqrt{5})$에서의 접선의 방정식은

$3x-\sqrt{5}y=4$

(6)

접점의 좌표를 $(x_0,\ y_0)$으로 두자.

점 $(x_0,\ y_0)$는 쌍곡선 $x^2-y^2=4$ 위에 있으므로

$x_0^2-y_0^2=4$ $\cdots$㉠

쌍곡선 $x^2-y^2=4$ 위의 점 $(x_0,\ y_0)$에서의 접선의 방정식은

$x_0x-y_0y=4$

이 직선의 기울기는 $\frac{x_0}{y_0}$이다.

$\frac{x_0}{y_0}=\pm1$ $\cdots$㉡

㉡을 ㉠에 대입하면 ㉠의 좌변이 0이므로 등식이 성립하지 않는다.

이는 가정에 모순이므로, 기울기가 ±1이고,

쌍곡선 $x^2-y^2=4$에 접하는 접선은 존재하지 않는다.

일반적으로 쌍곡선의 점근선에 평행한 접선은 존재하지 않는다.

답 풀이 참조

N 평면벡터

- 2015개정 교육과정

◆ 수학 I (공통과목)에서 라디안을 배우므로 라디안으로 출제된 기출은 변형하지 않았습니다.

◆ 벡터의 내적 풀이에서 $\vec{a} \cdot \vec{b} = |\vec{a}||\vec{b}|\cos\theta$를 허용하였습니다. (이유는 위와 같습니다.)

○ 육십분법 도입

○ 사인법칙, 코사인법칙 관련 문제 출제 가능

○ 벡터의 내적의 정의를 성분으로 함

○ 매개변수의 미분법 관련 문제 제외

○ 음함수의 미분법 관련 문제 제외

○ 평면운동 관련 문제 제외

○ 부등식의 영역 관련 문제 제외 또는 변형 수록

N. 벡터의 덧셈, 뺄셈, 실수배 & 크기

• 벡터의 덧셈과 부동점

예제 1

평행사변형 OACB의 두 대각선 AB, OC의 교점을 M이라고 할 때,

$\frac{1}{2}\overrightarrow{OA}+\frac{1}{2}\overrightarrow{OB}=\overrightarrow{OM}$

이 성립함을 증명하시오.

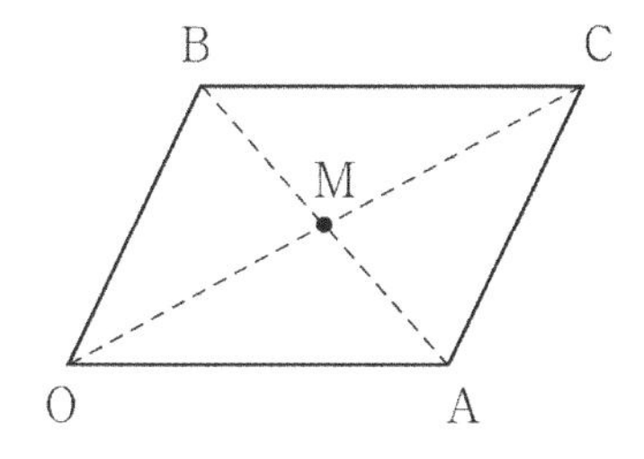

증명

두 선분 OA, OB의 중점을 각각 D, E라고 하자.

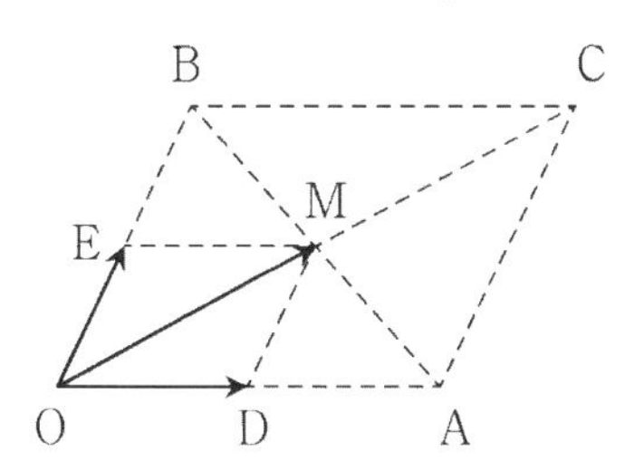

평행사변형의 성질에 의하여

$\overline{AM}=\overline{MB}$, $\overline{OM}=\overline{MC}$

삼각형 OAC에서

$\overline{OA}:\overline{OD}=\overline{OC}:\overline{OM}=2:1$이므로 $\overline{DM}//\overline{AC}$

삼각형 OBC에서

$\overline{OB}:\overline{OE}=\overline{OC}:\overline{OM}=2:1$이므로 $\overline{EM}//\overline{BC}$

평행사변형의 정의에 의하여 사각형 ODME는 평행사변형이다.

벡터의 덧셈의 정의에 의하여

$\overrightarrow{OM}=\overrightarrow{OD}+\overrightarrow{OE}$ 즉, $\frac{1}{2}\overrightarrow{OA}+\frac{1}{2}\overrightarrow{OB}=\overrightarrow{OM}$

답 풀이참조

(기하적인 관찰1)

$\overrightarrow{OA}+\overrightarrow{OB}=\overrightarrow{OC}=2\overrightarrow{OM}=2\left(\frac{1}{2}\overrightarrow{OA}+\frac{1}{2}\overrightarrow{OB}\right)$

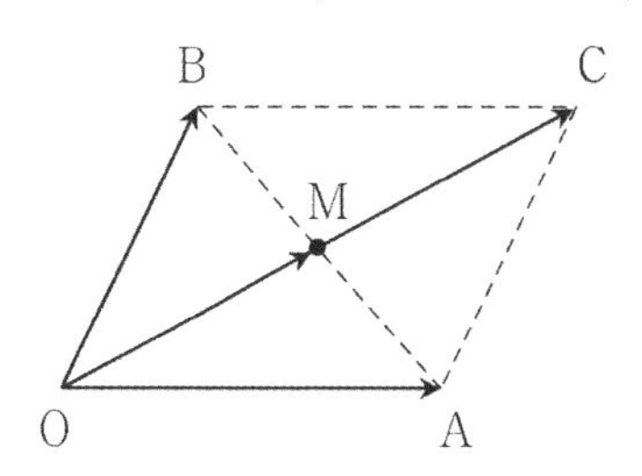

(기하적인 관찰2)

두 정점 A, B에 대하여 시점이 P인 벡터 $\frac{1}{2}\overrightarrow{PA}+\frac{1}{2}\overrightarrow{PB}$의 종점은 항상 선분 AB의 중점이다. 이때, 점 M은 부동점이다.

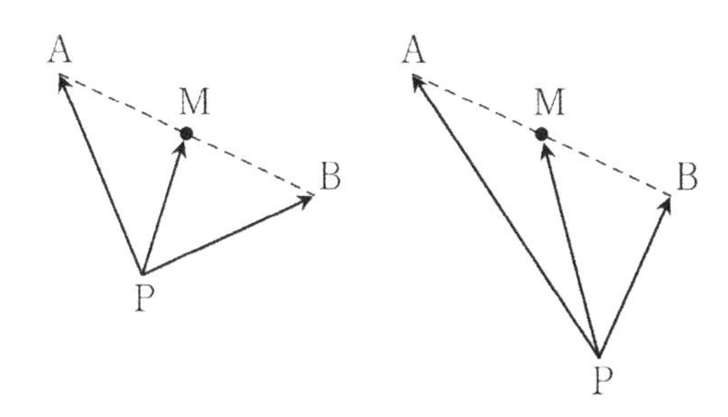

참고

중학교 수학 교과서에 나와 있는 평행사변형의 정의와 결정조건은 다음과 같다.

〈평행사변형의 정의〉

(1) 평행사변형의 두 쌍의 대변의 길이는 각각 같다.
(2) 평행사변형의 두 쌍의 대각의 크기는 각각 같다.
(3) 평행사변형의 두 대각선은 서로를 이등분한다.

〈평행사변형이 되는 조건〉

다음 조건 중 어느 하나를 만족시키는 사각형은 평행사변형이다.

(1) 두 쌍의 대변이 각각 평행하다.
(2) 두 쌍의 대변의 길이가 각각 같다.
(3) 두 쌍의 대각의 크기가 각각 같다.
(4) 한 쌍의 대변이 평행하고, 그 길이가 같다.
(5) 두 개각선이 서로를 이등분한다.

벡터의 뺄셈에 대한 문제를 하나 풀어보자.

예제 2

두 초점이 각각 F, F′인 쌍곡선 $\frac{x^2}{4}-y^2=1$ 위의 점 P에 대하여 $\overline{\mathrm{F'P}}=7$일 때, $|\overrightarrow{\mathrm{OP}}+\overrightarrow{\mathrm{OF'}}|$의 값은?
(단, 점 P는 제1사분면 위의 점이다.) [3점]

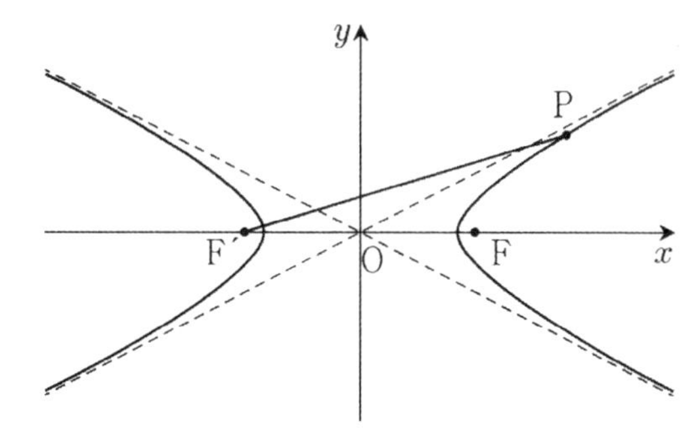

① 1 ② 2 ③ 3
④ 4 ⑤ 5

풀이

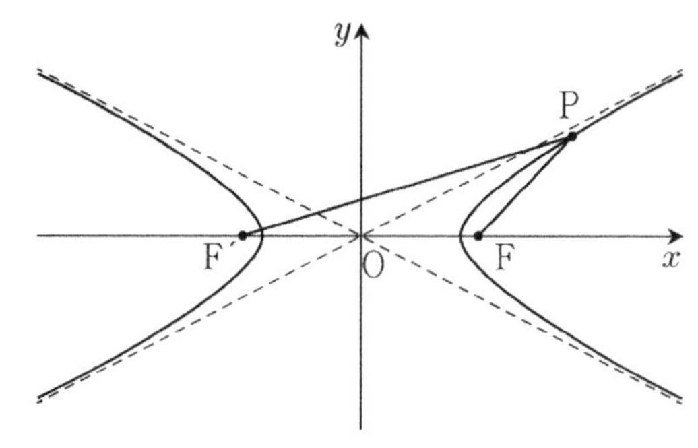

주어진 쌍곡선의 중심이 원점이므로 두 초점 F, F′는 원점에 대하여 서로 대칭이다.
$\overrightarrow{\mathrm{OF'}}=-\overrightarrow{\mathrm{OF}}$
벡터의 뺄셈의 정의에 의하여
$\overrightarrow{\mathrm{OP}}+\overrightarrow{\mathrm{OF'}}=\overrightarrow{\mathrm{OP}}-\overrightarrow{\mathrm{OF}}=\overrightarrow{\mathrm{FP}}$
쌍곡선의 정의에 의하여
$\overline{\mathrm{F'P}}-\overline{\mathrm{PF}}=$(주축의 길이)$=4$이므로
$\therefore\ |\overrightarrow{\mathrm{OP}}+\overrightarrow{\mathrm{OF'}}|=|\overrightarrow{\mathrm{FP}}|=\overline{\mathrm{F'P}}-4=7-4=3$
답 ③

N. 벡터의 연산: 시점 일치

• 벡터의 시점 통일

예제 1

정육각형 ABCDEF에서 두 벡터의 합 $\overrightarrow{\mathrm{AF}}+\overrightarrow{\mathrm{BC}}$를 구하시오.

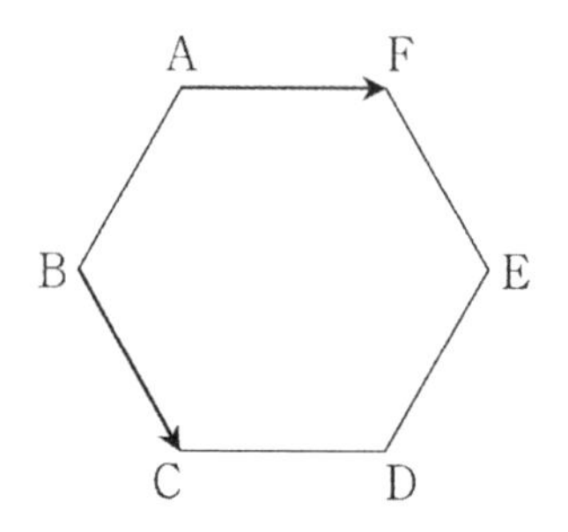

풀이1 두 벡터의 두 시점을 일치시킨다. (평행사변형)
$\overline{\mathrm{AD}}$, $\overline{\mathrm{BE}}$, $\overline{\mathrm{CF}}$의 교점을 O라고 하자.

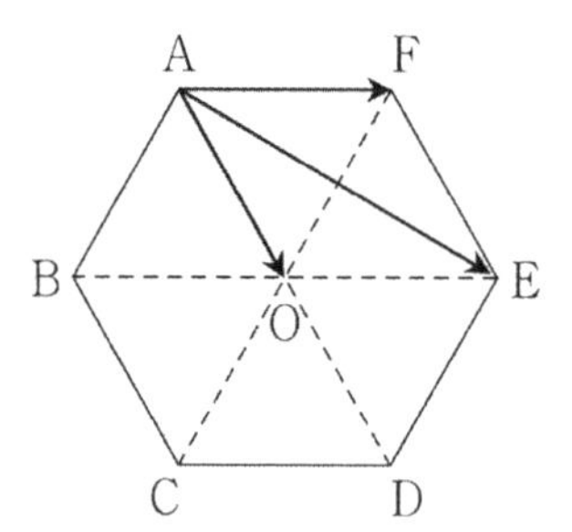

벡터의 상등의 정의에 의하여
$\overrightarrow{\mathrm{BC}}=\overrightarrow{\mathrm{AO}}$
벡터의 덧셈의 정의에 의하여
$\overrightarrow{\mathrm{AF}}+\overrightarrow{\mathrm{BC}}=\overrightarrow{\mathrm{AF}}+\overrightarrow{\mathrm{AO}}=\overrightarrow{\mathrm{AE}}$
답 풀이참조

풀이2 한 벡터의 종점과 나머지 한 벡터의 시점을 일치시킨다. (삼각형)
$\overline{\mathrm{AD}}$, $\overline{\mathrm{BE}}$, $\overline{\mathrm{CF}}$의 교점을 O라고 하자.

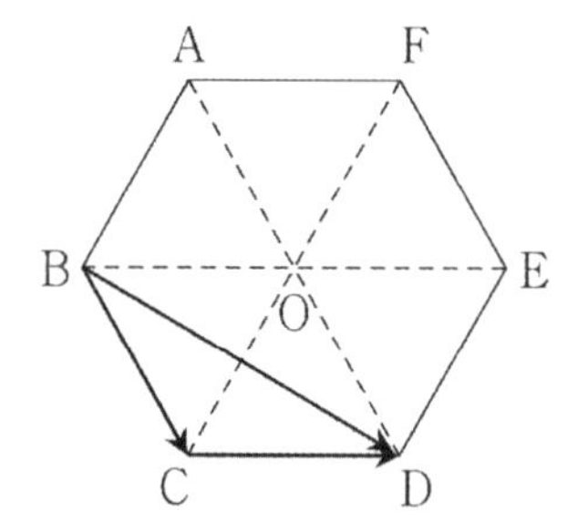

벡터의 정의에 의하여
$\overrightarrow{\mathrm{AF}}=\overrightarrow{\mathrm{CD}}$

벡터의 덧셈의 정의에 의하여

$\overrightarrow{AF}+\overrightarrow{BC}=\overrightarrow{BC}+\overrightarrow{CD}=\overrightarrow{BD}$

답 풀이참조

풀이3 위치벡터를 이용하여 모든 벡터의 시점을 일치시킨다.
시점이 B인 위치벡터를 생각하자.
(점 B 뿐만이 아니라 평면 위의 모든 점이 시점이 될 수 있다.)

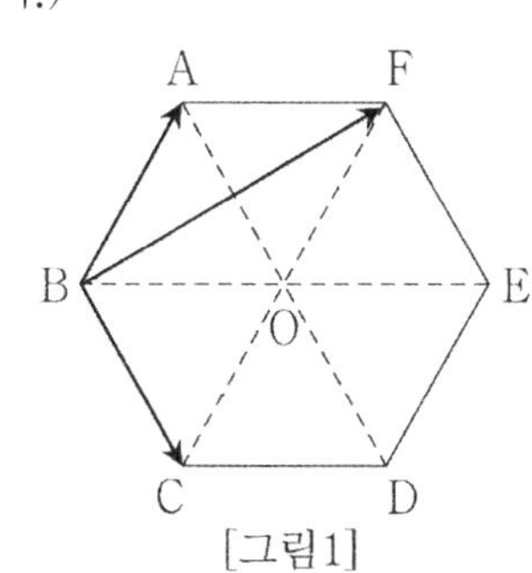

[그림1]

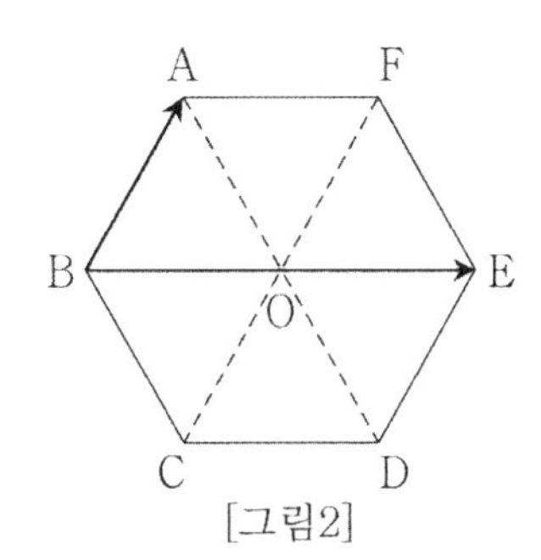

[그림2]

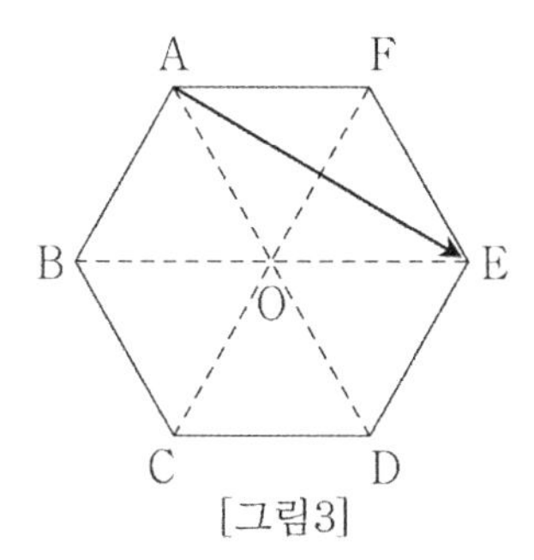

[그림3]

벡터의 빼셈의 정의에 의하여

$\overrightarrow{AF}=\overrightarrow{BF}-\overrightarrow{BA}$

이므로

$\overrightarrow{AF}+\overrightarrow{BC}=\overrightarrow{BF}-\overrightarrow{BA}+\overrightarrow{BC}$ (그림1)

$=\overrightarrow{BF}+\overrightarrow{BC}-\overrightarrow{BA}$

$=\overrightarrow{BE}-\overrightarrow{BA}$ (그림2)

$=\overrightarrow{AE}$ (그림3)

답 풀이참조

예제 2

한 평면 위의 점 O와 사각형 ABCD에 대하여

$2\overrightarrow{OA}+\overrightarrow{OC}=2\overrightarrow{OD}+\overrightarrow{OB}$

일 때, 사각형 ABCD의 모양으로 가장 올바른 것은?

① 평행사변형 ② 직사각형 ③ 사다리꼴
④ 정사각형 ⑤ 마름모

풀이

벡터의 연산의 성질에 의하여

$2(\overrightarrow{OA}-\overrightarrow{OD})=\overrightarrow{OB}-\overrightarrow{OC}$

$2\overrightarrow{DA}=\overrightarrow{CB}$

두 벡터 $\overrightarrow{DA}$, $\overrightarrow{CB}$는 서로 평행하다.

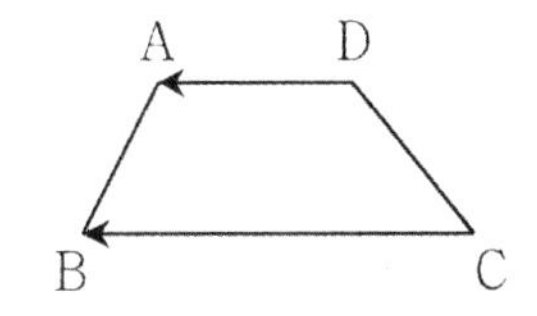

사각형 ABCD는 사다리꼴이다.

답 ③

참고

시점이 A인 위치벡터를 생각할 수도 있다.
문제에서 주어진 등식을 변형하면

$-2\overrightarrow{AO}+\overrightarrow{AC}-\overrightarrow{AO}=2(\overrightarrow{AD}-\overrightarrow{AO})+\overrightarrow{AB}-\overrightarrow{AO}$

정리하면

$\overrightarrow{AC}=2\overrightarrow{AD}+\overrightarrow{AB}$

벡터의 빼셈의 정의에 의하여

$\overrightarrow{AC}-\overrightarrow{AB}=2\overrightarrow{AD}$ 즉, $\overrightarrow{BC}=2\overrightarrow{AD}$

두 벡터 $\overrightarrow{BC}$, $\overrightarrow{AD}$는 서로 평행하므로
사각형 ABCD는 사다리꼴이다.

예제 3

평면 위에 네 점 A, B, C, D가 다음의 두 조건을 만족시킨다.

(가) 세 점 A, B, C는 일직선 위에 있지 않다. (나) $\overrightarrow{DA}+\overrightarrow{DB}+\overrightarrow{DC}=\overrightarrow{AB}$

두 삼각형 DAB, DBC의 넓이를 각각 S_1, S_2라고 할 때, $\frac{S_1}{S_2}$의 값은?

① $\frac{1}{3}$ ② $\frac{1}{2}$ ③ 1
④ 2 ⑤ 3

풀이

시점이 A인 위치벡터를 생각하자.
문제에서 주어진 등식을 변형하면
$-\overrightarrow{AD}+\overrightarrow{AB}-\overrightarrow{AD}+\overrightarrow{AC}-\overrightarrow{AD}=\overrightarrow{AB}$
정리하면
$\overrightarrow{AC}=3\overrightarrow{AD}$
세 점 A, C, D는 일직선 위에 있으며
점 D는 선분 AC의 1 : 2내분점이다.

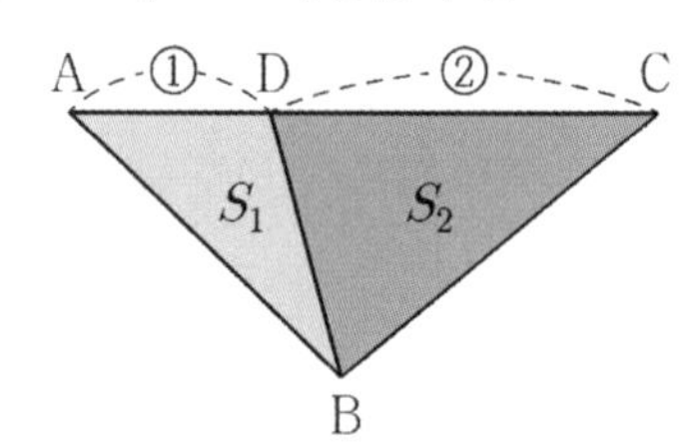

$\therefore \frac{S_1}{S_2}=\frac{1}{2}$

답 ②

N. 위치 벡터: 내분, 외분

• 선분의 내분점과 외분점의 벡터 해석

예제 1

두 점 A, B의 위치벡터를 각각 $\vec{a}$, $\vec{b}$, 선분 AB의 2 : 1 내분점을 P라고 하자. 점 P의 위치벡터를 $\vec{p}$라고 할 때, $\vec{p}=\frac{1}{3}\vec{a}+\frac{2}{3}\vec{b}$ 임을 보이시오.

(단, 위치벡터의 시점은 원점 O이다.)

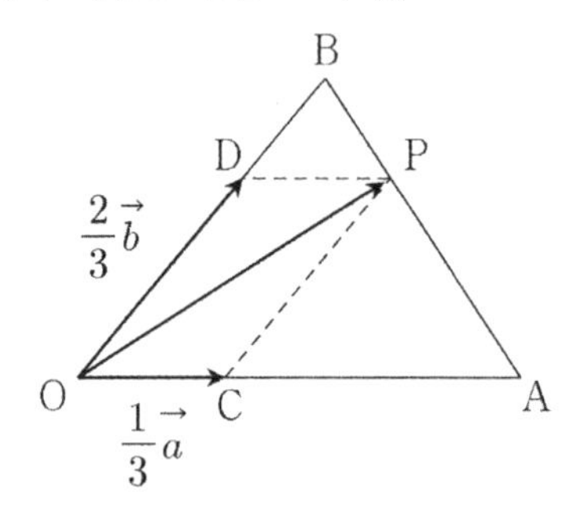

풀이

평행사변형을 이용한 벡터의 덧셈의 관점에서 위의 등식이 성립함을 보이자.
선분 OA의 1 : 2 내분점을 C, 선분 OB의 2 : 1 내분점을 D라고 하자.
삼각형 OAB에서
$\overline{AO}:\overline{AC}=\overline{AB}:\overline{AP}=3:2$이므로 $\overline{CP}//\overline{OB}$
$\overline{BO}:\overline{BD}=\overline{BA}:\overline{BP}=3:1$이므로 $\overline{DP}//\overline{OA}$
평행사변형의 정의에 의하여 사각형 OCPD는 평행사변형이다.
벡터의 덧셈의 정의에 의하여
$\overrightarrow{OP}=\frac{1}{3}\overrightarrow{OA}+\frac{2}{3}\overrightarrow{OB}$ 즉, $\vec{p}=\frac{1}{3}\vec{a}+\frac{2}{3}\vec{b}$ (←내분점의 공식과 닮아있다.)

답 풀이참조

시점이 일치하지 않는 두 벡터에 대해서도 내분점의 공식을 적용할 수 있다.

예를 들어 시점이 일치하지 않는 두 벡터 $\overrightarrow{AB}$, $\overrightarrow{CD}$에 대하여

$\frac{2}{3}\overrightarrow{AB}+\frac{1}{3}\overrightarrow{CD}$

의 시점과 종점은 각각 두 선분 AC, BD의 1 : 2 내분점이다.

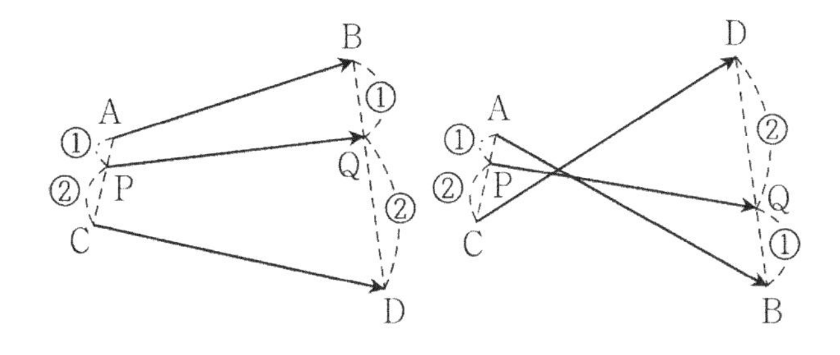

증명

두 선분 AC, BD의 1 : 2 내분점을 각각 P, Q라고 하자.
벡터의 덧셈의 정의에 의하여

$\overrightarrow{AB}=\overrightarrow{AP}+\overrightarrow{PQ}+\overrightarrow{QB}$

$\overrightarrow{CD}=\overrightarrow{CP}+\overrightarrow{PQ}+\overrightarrow{QD}$

벡터의 연산의 성질에 의하여

$\frac{2}{3}\overrightarrow{AB}+\frac{1}{3}\overrightarrow{CD}=\frac{2}{3}(\overrightarrow{AP}+\overrightarrow{PQ}+\overrightarrow{QB})+\frac{1}{3}(\overrightarrow{CP}+\overrightarrow{PQ}+\overrightarrow{QD})$

$=\left(\frac{2}{3}\overrightarrow{AP}+\frac{1}{3}\overrightarrow{CP}\right)+\overrightarrow{PQ}+\left(\frac{2}{3}\overrightarrow{QB}+\frac{1}{3}\overrightarrow{QD}\right)$

$=\vec{0}+\overrightarrow{PQ}+\vec{0}\,(\because \overrightarrow{PC}=2\overrightarrow{AP},\ \overrightarrow{QD}=2\overrightarrow{BQ})$

$=\overrightarrow{PQ}$

• 삼각형의 내부의 점과 삼각형의 넓이의 비

예제 2

삼각형 ABC의 내부의 점 P에 대하여
$a\overrightarrow{PA}+b\overrightarrow{PB}+c\overrightarrow{PC}=\vec{0}$일 때,
$\triangle PBC : \triangle PAC : \triangle PAB = a : b : c$
(단, $abc \neq 0$)

증명

세 삼각형 PAB, PBC, PCA의 넓이를 각각 S_1, S_2, S_3이라고 하자.

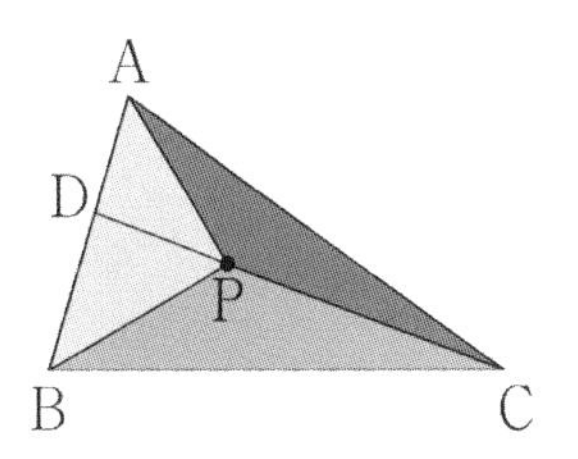

$\overrightarrow{PC}=-\frac{a\overrightarrow{PA}+b\overrightarrow{PB}}{c}$

$=-\frac{a+b}{c}\left(\frac{a\overrightarrow{PA}+b\overrightarrow{PB}}{a+b}\right)$

$=-\frac{a+b}{c}\overrightarrow{PD}$

$|\overrightarrow{PC}| : |\overrightarrow{PD}|=(a+b) : c$

$S_1=S\times\frac{c}{a+b+c}$

마찬가지의 방법으로

$S_2=S\times\frac{a}{a+b+c}$, $S_3=S\times\frac{b}{a+b+c}$

$\therefore\ S_2 : S_3 : S_1=a : b : c$

답 풀이참조

예제 3

그림과 같이 직선 l과 두 정점 A, B가 있다. 두 점 A, B에서 직선 l에 내린 수선의 발을 각각 A′, B′, 선분 A′B′를 6등분하는 점을 각각 P_1, P_2, P_3, P_4, P_5라 할 때, 직선 l 위를 움직이는 점 P에 대하여 벡터 $\frac{1}{3}(2\overrightarrow{PA}+\overrightarrow{PB})$의 크기를 최소가 되게 하는 점 P의 위치를 구하여라.

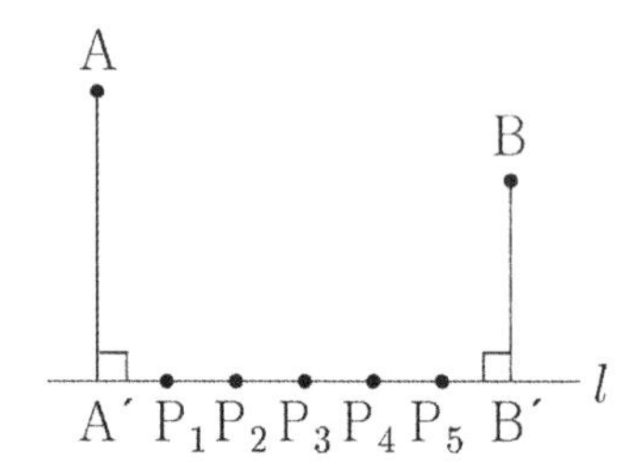

풀이

벡터

$$\frac{1}{3}(2\overrightarrow{PA}+\overrightarrow{PB}) \qquad \cdots(*)$$

의 종점은 선분 AB의 1 : 2내분점이다.

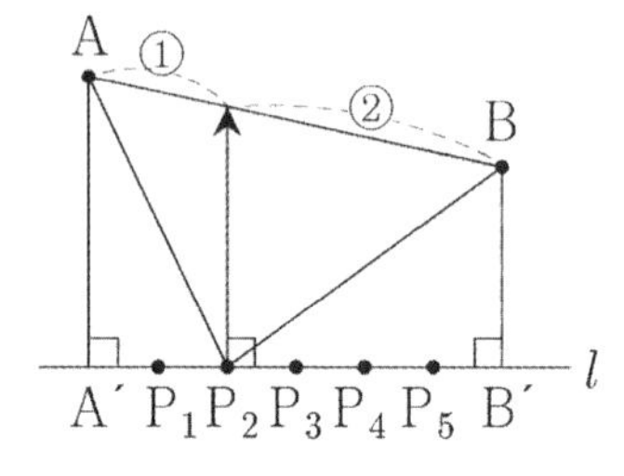

위의 그림처럼 벡터 (*)의 시점이 P_2일 때, 크기가 최소가 됨을 알 수 있다.

답 P_2

N. 벡터의 일차결합

(정의) 영벡터가 아닌 두 벡터 $\vec{a}$, $\vec{b}$가 서로 평행하지 않을 때,
두 벡터의 실수배의 합
$l\vec{a}+m\vec{b}$
를 두 벡터 $\vec{a}$, $\vec{b}$의 일차결합이라고 한다.

(성질) 영벡터가 아닌 두 벡터 $\vec{a}$, $\vec{b}$가 서로 평행하지 않을 때,
$l\vec{a}+m\vec{b}=\vec{0} \Leftrightarrow l=0,\ m=0$
$l\vec{a}+m\vec{b}=l'\vec{a}+m'\vec{b} \Leftrightarrow l=l',\ m=m'$

영벡터가 아닌 두 벡터 $\vec{a}$, $\vec{b}$가 서로 평행하지 않을 때,
같은 평면 위에 놓인 임의의 벡터 $\vec{c}$에 대하여
$\vec{c}=l\vec{a}+m\vec{b}$
인 두 실수 l, m이 항상 존재한다.

평면에서 직사각형과 삼각형이 주어졌을 때, 아래 그림과 같이 두 벡터 $\vec{a}$, $\vec{b}$를 두면
$\vec{a}\neq\vec{0}$, $\vec{b}\neq\vec{0}$이고, 두 벡터 $\vec{a}$, $\vec{b}$는 서로 평행하지 않다.

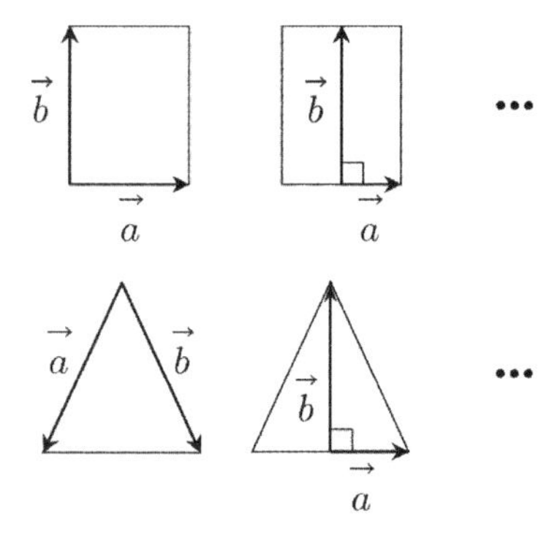

예제 1

아래 그림과 같이 서로 합동인 16개의 정삼각형을 변끼리 붙여서 만든 도형이 있다.

이 도형 위의 네 점 O, P, Q, R에 대하여

$\overrightarrow{\mathrm{OR}}=s\overrightarrow{\mathrm{OP}}+t\overrightarrow{\mathrm{OQ}}$

일 때, $s+t$의 값을 구하시오. (단, s, t는 실수이다.)

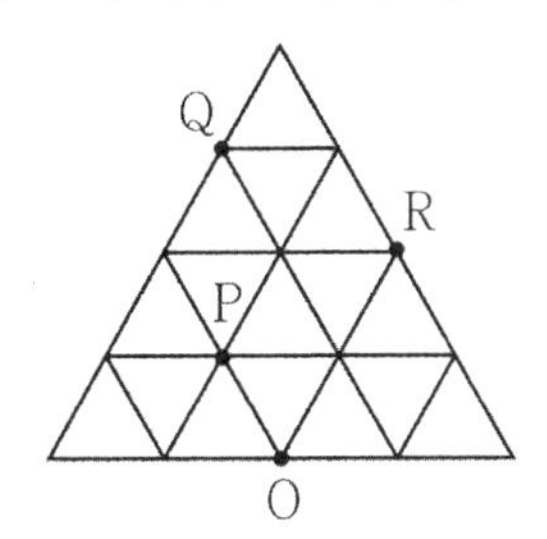

풀이1 벡터의 덧셈의 정의(평행사변형을 그린다.)

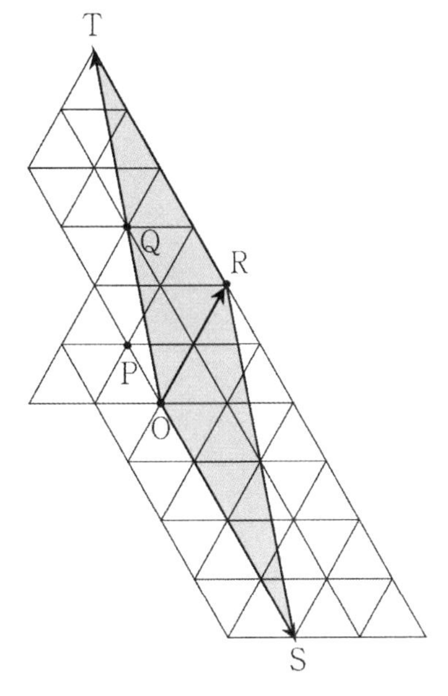

직선 OP 위의 점 S, 직선 OQ 위의 점 T에 대하여

$\overrightarrow{\mathrm{OR}}=\overrightarrow{\mathrm{OS}}+\overrightarrow{\mathrm{OT}}$

를 만족시키는 평행사변형 OSRT를 그리자.

벡터의 실수배의 정의와 벡터의 덧셈의 정의에 의하여

$\overrightarrow{\mathrm{OR}}=\overrightarrow{\mathrm{OS}}+\overrightarrow{\mathrm{OT}}=s\overrightarrow{\mathrm{OP}}+t\overrightarrow{\mathrm{OQ}}$

그런데 $\overrightarrow{\mathrm{OS}}=-4\overrightarrow{\mathrm{OP}}$, $\overrightarrow{\mathrm{OT}}=2\overrightarrow{\mathrm{OQ}}$이므로 $s=-4$, $t=2$

$\therefore\ s+t=-2$

답 -2

※ [풀이1]처럼 평행사변형을 그려서 s, t의 값을 항상 정확하게 구해낼 수는 없으므로, 일반적인 방법인 [풀이2], [풀이3]을 생각하자.

풀이2 벡터의 일차결합의 관점

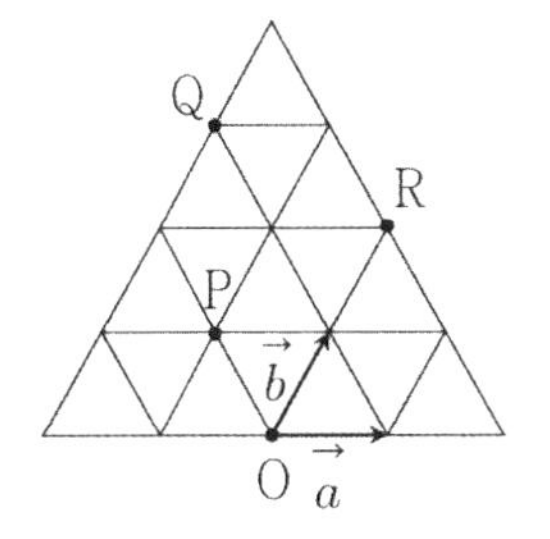

위의 그림과 같이 $\vec{a}\neq\vec{0}$, $\vec{b}\neq\vec{0}$이고, 서로 평행하지 않은 두 벡터 $\vec{a}$, $\vec{b}$를 도입하자.

이제 세 벡터 $\overrightarrow{\mathrm{OP}}$, $\overrightarrow{\mathrm{OQ}}$, $\overrightarrow{\mathrm{OR}}$ 각각을 두 벡터 $\vec{a}$, $\vec{b}$의 실수배의 합으로 표현할 수 있다.

벡터의 뺄셈의 정의에 의하여

$\overrightarrow{\mathrm{OP}}=\vec{b}-\vec{a}$

벡터의 덧셈의 정의에 의하여

$\overrightarrow{\mathrm{OQ}}=\vec{a}+3(\vec{b}-\vec{a})=-2\vec{a}+3\vec{b}$

벡터의 실수배의 정의에 의하여

$\overrightarrow{\mathrm{OR}}=2\vec{b}$

이를 문제에서 주어진 등식에 대입하면

$2\vec{b}=s(\vec{b}-\vec{a})+t(-2\vec{a}+3\vec{b})$

정리하면

$(s+2t)\vec{a}+(2-s-3t)\vec{b}=\vec{0}$

$s+2t=0$, $2-s-3t=0$

s, t에 대한 연립방정식을 풀면 $s=-4$, $t=2$이다.

$\therefore\ s+t=-2$

답 -2

풀이3 좌표평면의 도입

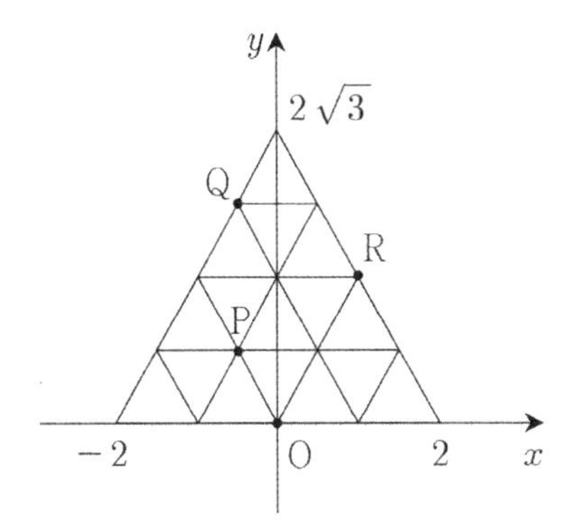

두 점 O, P의 좌표가 각각 $\mathrm{O}(0,\ 0)$, $\mathrm{P}\left(-\dfrac{1}{2},\ \dfrac{\sqrt{3}}{2}\right)$이 되도록 좌표평면을 도입하자.

두 점 Q, R의 좌표는 각각

$\mathrm{Q}\left(-\dfrac{1}{2},\ \dfrac{3\sqrt{3}}{2}\right)$, $\mathrm{R}(1,\ \sqrt{3})$

문제에서 주어진 등식을 다시 쓰면

$(1,\ \sqrt{3})=s\left(-\frac{1}{2},\ \frac{\sqrt{3}}{2}\right)+t\left(-\frac{1}{2},\ \frac{3\sqrt{3}}{2}\right)$

$1=-\frac{s}{2}-\frac{t}{2},\ \sqrt{3}=\frac{\sqrt{3}}{2}s+\frac{3\sqrt{3}}{2}t$

s, t에 대한 연립방정식을 풀면 $s=-4$, $t=2$이다.

$\therefore\ s+t=-2$

답 -2

예제 2

삼각형 ABC의 두 변 AB, AC의 중점을 각각 M, N이라 할 때, $\overline{\mathrm{MN}}//\overline{\mathrm{BC}}$임을 벡터를 이용하여 증명하시오.

증명

$\overrightarrow{\mathrm{AB}}=\vec{p}$, $\overrightarrow{\mathrm{AC}}=\vec{q}$로 두자.

이때, 영벡터가 아닌 두 벡터 $\vec{p}$, $\vec{q}$는 서로 평행하지 않다.

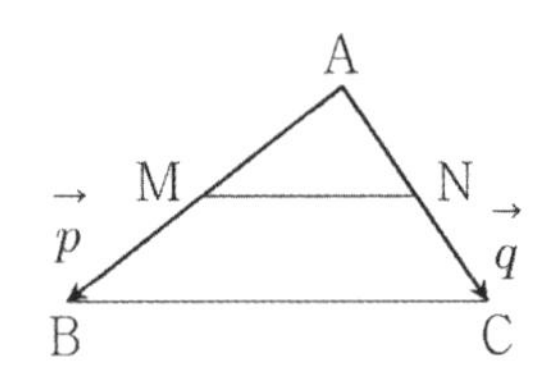

벡터의 실수배의 정의에 의하여

$\overrightarrow{\mathrm{AM}}=\frac{1}{2}\overrightarrow{\mathrm{AB}}=\frac{1}{2}\vec{p}$, $\overrightarrow{\mathrm{AN}}=\frac{1}{2}\overrightarrow{\mathrm{AC}}=\frac{1}{2}\vec{q}$

벡터의 뺄셈의 정의에 의하여

$\overrightarrow{\mathrm{BC}}=\overrightarrow{\mathrm{AC}}-\overrightarrow{\mathrm{AB}}=\vec{q}-\vec{p}$

$\overrightarrow{\mathrm{MN}}=\overrightarrow{\mathrm{AN}}-\overrightarrow{\mathrm{AM}}=\frac{1}{2}\vec{q}-\frac{1}{2}\vec{p}$

이므로

$\overrightarrow{\mathrm{MN}}=\frac{1}{2}\overrightarrow{\mathrm{BC}}$

두 벡터 $\overrightarrow{\mathrm{BC}}$, $\overrightarrow{\mathrm{MN}}$이 서로 평행하므로

$\therefore\ \overline{\mathrm{MN}}//\overline{\mathrm{BC}}$

답 풀이참조

N. 벡터의 일차결합: 세 점이 한 직선 위에 있다. (점, 선분, 직선)

세 점 A, B, P가 한 직선 위에 있을 조건을 벡터로 나타내면 다음과 같다.

(단, $\overrightarrow{\mathrm{OA}}=\vec{a}$, $\overrightarrow{\mathrm{OB}}=\vec{b}$, $\overrightarrow{\mathrm{OP}}=\vec{p}$이다.)

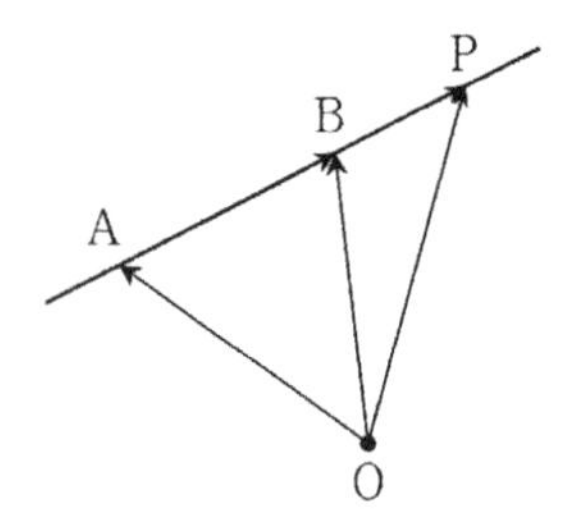

위의 그림에서

$\overrightarrow{\mathrm{AB}}//\overrightarrow{\mathrm{AP}}$

$\Leftrightarrow$ $\overrightarrow{\mathrm{AP}}=t\overrightarrow{\mathrm{AB}}$ (단, t는 실수)

$\Leftrightarrow$ $\vec{p}=(1-t)\vec{a}+t\vec{b}$

$\Leftrightarrow$ $\vec{p}=m\vec{a}+n\vec{b}$ (단, $m+n=1$) ※ 이때, 두 실수 m, n은 서로 종속이다.(독립×)

t의 값 또는 범위에 따른 점 P의 자취는 아래 표와 같다.

t의 값 또는 범위	점 P의 자취
$t<0$	
$t=0$	(점 A)
$0<t<1$	
$t=1$	(점 B)
$t>1$	

N. 벡터의 일차결합: 영역

평면에서 세 점 A, B, P의 위치벡터를 각각 $\vec{a}$, $\vec{b}$, $\vec{p}$라고 하자. (단, 시점은 원점 O이다.)

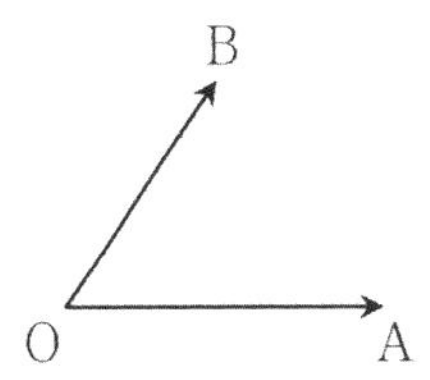

$\vec{p}=m\vec{a}+n\vec{b}$(일차결합)일 때, 두 실수 m, n이 갖는 값에 따른 점 P의 영역을 그려보자.

- $0\le m\le 1$, $0\le n\le 1$인 경우 (m, n은 서로 독립)

$m=\frac{1}{2}$, $n=0$일 때, 점 P의 위치를 P_0, $m=\frac{1}{2}$, $n=\frac{1}{2}$일 때, 점 P의 위치를 P_1, $m=\frac{1}{2}$, $n=1$일 때, 점 P의 위치를 P_2라고 하면 아래 그림과 같다.

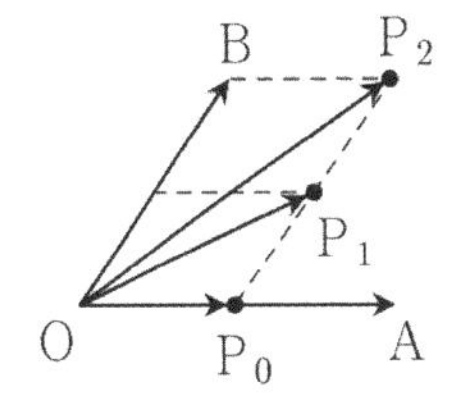

$m=\frac{1}{2}$, $0\le n\le 1$일 때, 점 P의 자취는 선분 P_0P_2이다.

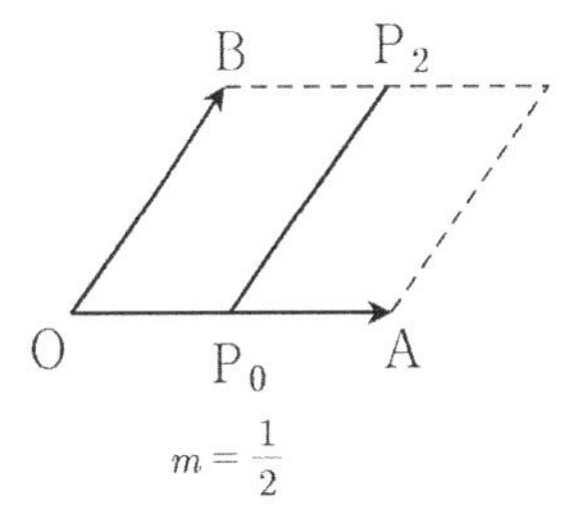

$m=\frac{1}{4}$, $0\le n\le 1$일 때, 점 P의 자취와 $m=\frac{3}{4}$, $0\le n\le 1$일 때, 점 P의 자취는 아래 그림처럼 각각 선분이다.

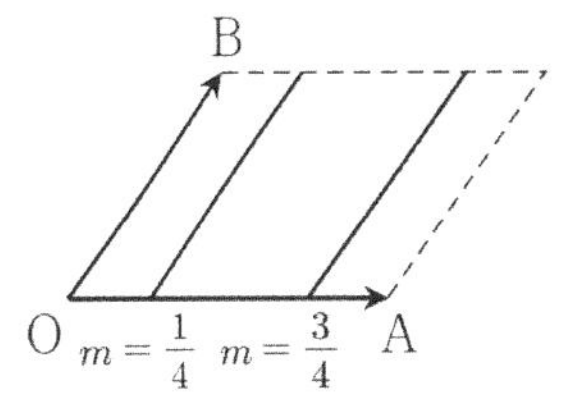

$0\le m\le 1$, $0\le n\le 1$일 때, 점 P의 자취는 아래 그림처럼 평행사변형이다. (단, 경계포함)

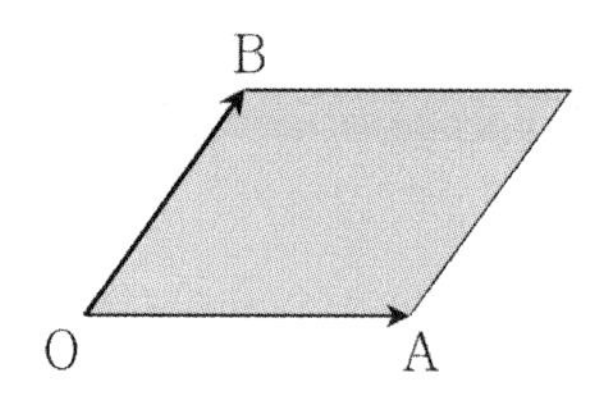

마찬가지의 방법으로

$-1 \le m \le 0$, $1 \le n \le 2$일 때, 점 P가 나타내는 영역을 '영역1',

$-2 \le m \le -1$, $-1 \le n \le 0$일 때, 점 P가 나타내는 영역을 '영역2',

$1 \le m \le 2$, $0 \le n \le 1$일 때, 점 P가 나타내는 영역을 '영역3'

이라고 하면, 각각의 영역은 아래 그림과 같다. (m, n은 서로 독립) (단, 경계포함)

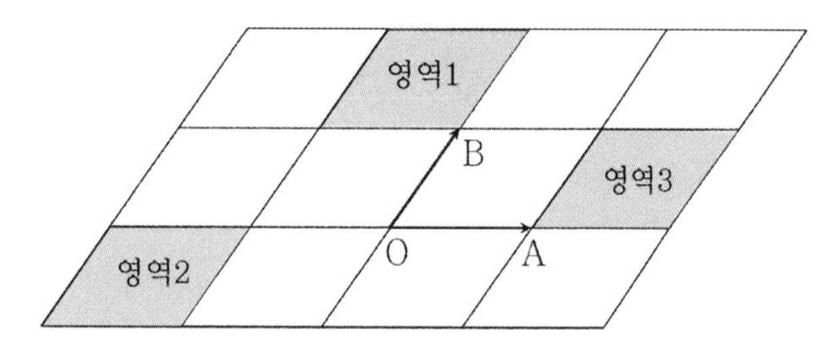

아래의 표에서 점 P의 자취와 점 $(m,\ n)$의 자취의 관계에 대하여 생각해보라.

m, n의 범위		점 P의 자취	점 $(m,\ n)$의 자취
m, n은 서로 독립	$m>0$, $n>0$	(단, 경계제외)	(단, 경계제외)
	$m<0$, $n>0$	(단, 경계제외)	(단, 경계제외)
	$m<0$, $n<0$	(단, 경계제외)	(단, 경계제외)
	$m>0$, $n<0$	(단, 경계제외)	(단, 경계제외)

아래의 표에서 점 P의 자취와 점 $(m,\ n)$의 자취의 관계에 대하여 생각해보라.
(※ 부등식의 영역을 포함하고 있으므로 꼭 알아야 하는 것은 아니다.)

$m,\ n$의 범위와 방정식/부등식		점 P의 자취	점 $(m,\ n)$의 자취
$m,\ n$ 은 서로 종속	$m+n=1$		$m+n=1$
	$m+n<1$	(단, 경계제외)	(단, 경계제외)
	$m+n>1$	(단, 경계제외)	$m+n=1$ (단, 경계제외)
	$m\ge 0$, $n\ge 0$, $0\le m+n\le 1$	(단, 경계포함)	$m+n=1$ (단, 경계포함)

$m\ge 0,\ n\ge 0,\ 0\le m+n\le 1$일 때, 점 P가 나타내는 영역을 '세 점이 한 직선 위에 있을 필요충분조건' 의 관점에서 확인해 보자. ($m,\ n$은 서로 종속)

$m+n=\dfrac{1}{2}$(즉, $2m+2n=1$)일 때, 점 P의 자취를 그려보자.

두 선분 OA, OB의 중점을 각각 A', B'라고 하자.

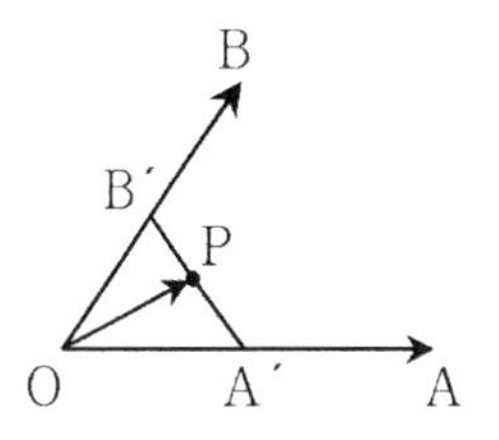

$\overrightarrow{\mathrm{OP}}=m\overrightarrow{\mathrm{OA}}+n\overrightarrow{\mathrm{OB}}=2m\left(\dfrac{1}{2}\overrightarrow{\mathrm{OA}}\right)+2n\left(\dfrac{1}{2}\overrightarrow{\mathrm{OB}}\right)$
$=2m\overrightarrow{\mathrm{OA}'}+2n\overrightarrow{\mathrm{OB}'}$ (단, $2m+2n=1,\ m\ge 0,\ n\ge 0$)
이므로, 점 P는 선분 $\mathrm{A}'\mathrm{B}'$ 위의 점이다.

$m+n=\dfrac{1}{3}$일 때, 점 P의 자취와 $m+n=\dfrac{2}{3}$일 때, 점 P의 자취는 아래 그림처럼 각각 삼각형 OAB 내부의 선분이다.

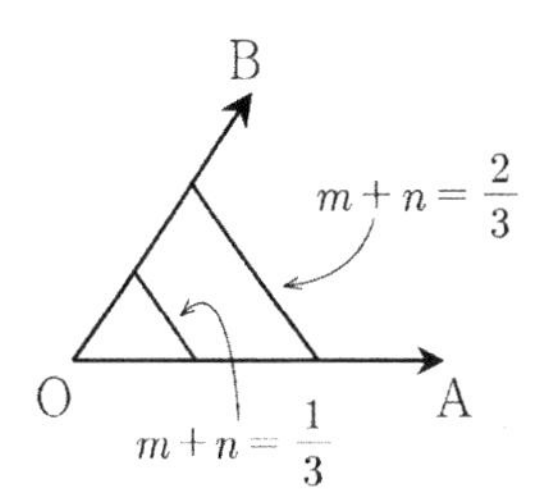

N. 벡터의 일차결합: 차원

• 벡터의 합과 차원

아래 그림처럼 평면 위의 세 점 O, P_1, Q_1에 대하여

$\overrightarrow{OP_1}=\vec{p}$, $\overrightarrow{OQ_1}=\vec{q}$

라고 하자. 이때, 세 점 O, P_1, Q_1은 한 직선 위에 있지 않다.

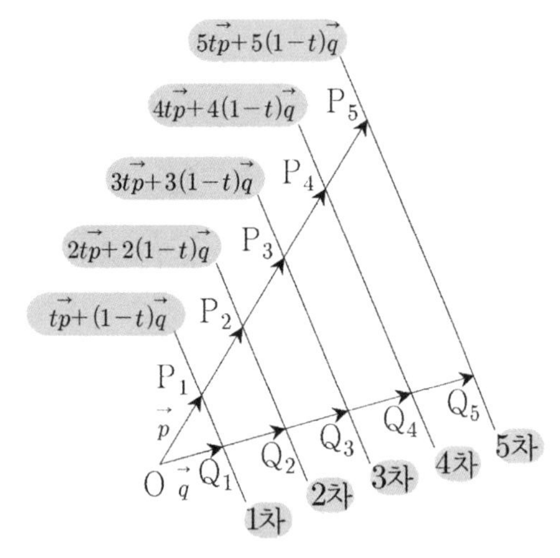

직선 P_1Q_1 위의 점을 종점으로 하는 위치벡터는

$t\vec{p}+(1-t)\vec{q}$

로 표현할 수 있다. 이때, 두 벡터 $\vec{p}$, $\vec{q}$의 계수의 합은 항상 1이다.

$\overrightarrow{OP_n}=n\vec{p}$, $\overrightarrow{OQ_n}=n\vec{q}$ (단, n은 자연수)

라고 하면 직선 P_nQ_n 위의 점을 종점으로 하는 위치벡터는

$nt\vec{p}+n(1-t)\vec{q}$

로 표현할 수 있다. 이때, 두 벡터 $\vec{p}$, $\vec{q}$의 계수의 합은 항상 n이다.

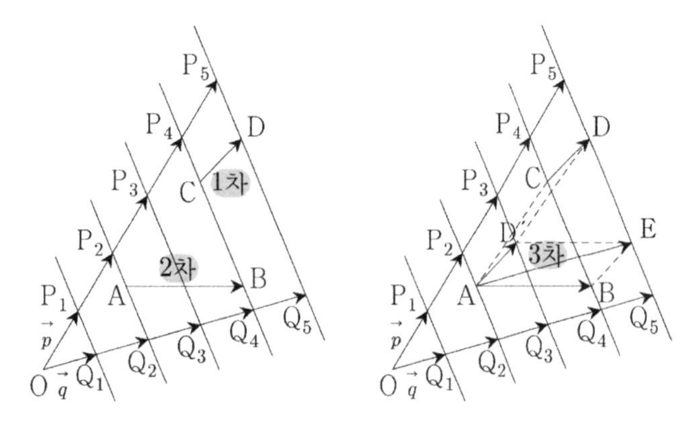

위의 그림처럼 직선 P_2Q_2 위에 점 A, 직선 P_4Q_4 위에 두 점 B, C, 직선 P_5Q_5 위에 점 D가 있다고 하자. 그리고 점 C가 점 A에 일치하도록 벡터 $\overrightarrow{CD}$를 평행이동시켰을 때, 점 D가 이동되는 점을 D′라고 하자.

$$\underbrace{\overrightarrow{AB}}_{2차}+\underbrace{\overrightarrow{CD}}_{1차}=\underbrace{\overrightarrow{AB}}_{2차}+\underbrace{\overrightarrow{AD'}}_{1차}=\underbrace{\overrightarrow{AE}}_{3차}$$

위와 같이 벡터의 합에서 차수를 생각할 수 있다.

$\overrightarrow{AB}=m\vec{p}+n\vec{q}$ $(m+n=2)$

$\overrightarrow{CD}=m'\vec{p}+n'\vec{q}$ $(m'+n'=1)$

$\overrightarrow{AB}+\overrightarrow{CD}=(m+m')\vec{p}+(n+n')\vec{q}$

$(m+m'+n+n'=3)$

N. 벡터의 내적

• 벡터의 내적의 정의

두 벡터 $\vec{a}$, $\vec{b}$의 내적은 다음과 같이 정의한다.

$\vec{a}\cdot\vec{b}=|\vec{a}||\vec{b}|\cos\theta$ (=실수)

(단, θ는 두 벡터 $\vec{a}$, $\vec{b}$가 이루는 각의 크기이다.)

아래 그림과 같이 두 벡터 $\vec{a}$, $\vec{b}$의 시점을 일치시킨 후에 벡터의 내적을 계산한다.

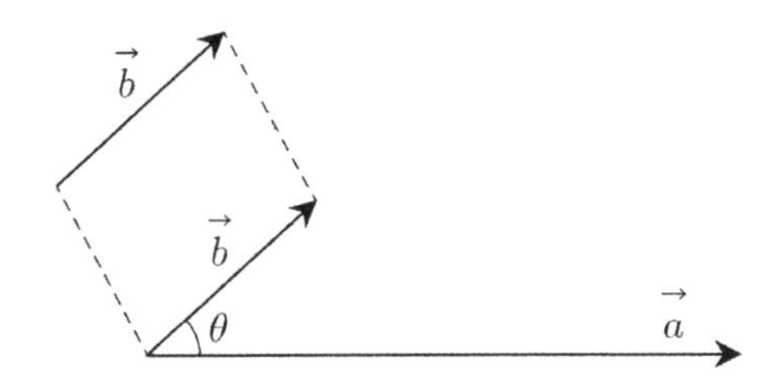

예제 1

아래 그림처럼 중심이 각각 O, O′인 두 원은 두 점 A, B에서 만나고, 사각형 AOBO′는 한 변의 길이가 2인 정사각형이다. 선분 AB 위의 임의의 점 P에 대하여

$\overrightarrow{OP}\cdot\overrightarrow{O'Q}\le 0$

일 때, 중심이 각각 O, O′인 두 원 위의 점 Q의 자취의 길이는? [4점]

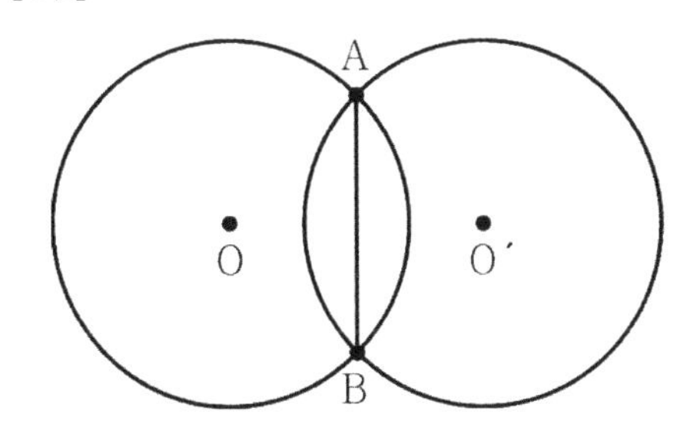

① 2π ② 3π ③ 4π

④ 5π ⑤ 6π

풀이

시점이 O′이고, 벡터 $\overrightarrow{OP}$와 방향이 같은 벡터 중에서 종점이 원 O' 위에 있는 벡터를 $\overrightarrow{O'P'}$라고 하자.

$\overrightarrow{O'P'}=k\overrightarrow{OP}$ (단, k는 양의 실수)

$\overrightarrow{OP}\cdot\overrightarrow{O'Q}=k\overrightarrow{O'P'}\cdot\overrightarrow{O'Q}\le 0$

즉, $\overrightarrow{O'P'}\cdot\overrightarrow{O'Q}\le 0$이므로

두 벡터 $\overrightarrow{O'P'}$, $\overrightarrow{O'Q}$가 이루는 각의 크기는 $90°$ 이상 $180°$ 이하이다.

따라서 점 Q는 아래 그림에서 어두운 영역에 속한 원의 둘레 위에 있다.

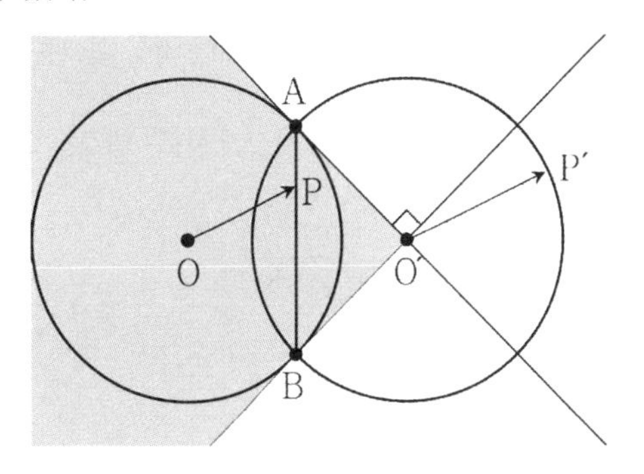

따라서 점 Q의 자취의 길이를 l이라고 하면

$\therefore\ l=5\times\left(2\times\dfrac{\pi}{2}\right)=5\pi$

답 ④

N. 벡터의 내적: 서로 닮음인 직각삼각형 (벡터의 내적의 기하적 해석)

아래 그림처럼 $\vec{a}\neq\vec{0}$, $\vec{b}\neq\vec{0}$, $0<\theta<\frac{\pi}{2}$일 때, '두 벡터의 내적 $\vec{a}\cdot\vec{b}$' 과 '두 직각삼각형의 닮음' 의 관계를 알아보자.

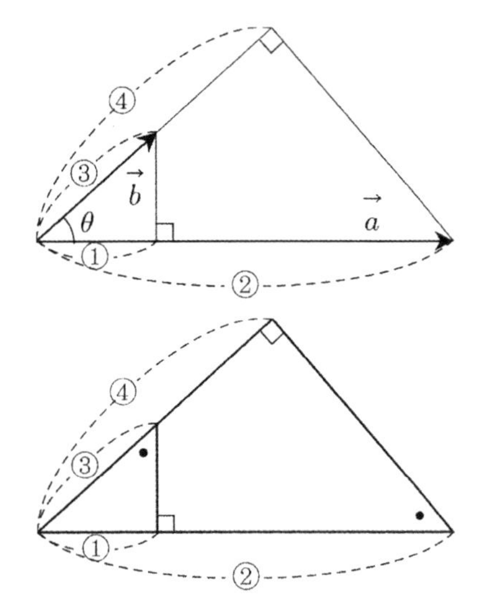

(위) 왼쪽 그림에서

$\vec{a}\cdot\vec{b}=(|\vec{b}|\cos\theta)|\vec{a}|=$①×②

$\vec{a}\cdot\vec{b}=(|\vec{a}|\cos\theta)|\vec{b}|=$④×③

이므로 ①×②=④×③이다.

위의 등식은 (위) 오른쪽 그림의 서로 닮음인 두 직각삼각형에서도 유도 가능하다.

③:①=②:④이므로 ①×②=③×④이다.

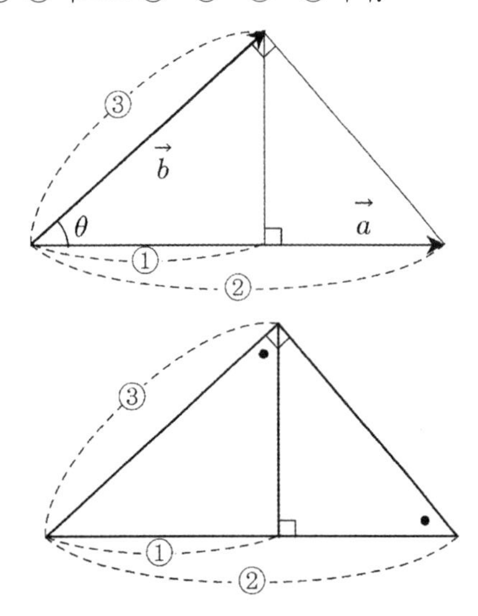

위의 그림처럼 시점이 일치된 두 벡터 $\vec{a}$, $\vec{b}$에 대하여 벡터 $\vec{a}$의 종점에서 벡터 $\vec{b}$에 내린 수선의 발이 벡터 $\vec{b}$의 종점일 때, ①×②=③^{2}이다. 즉, $\vec{a}\cdot\vec{b}=|\vec{b}|^2$

예제 1

아래 그림과 같이 $\overline{AB}=2$, $\overline{AC}=1$이고 $\angle C=90^\circ$인 직각삼각형 ABC에서 변 AB의 중점을 M이라 할 때, 두 벡터의 내적 $\overrightarrow{MB}\cdot\overrightarrow{MC}$의 값은?

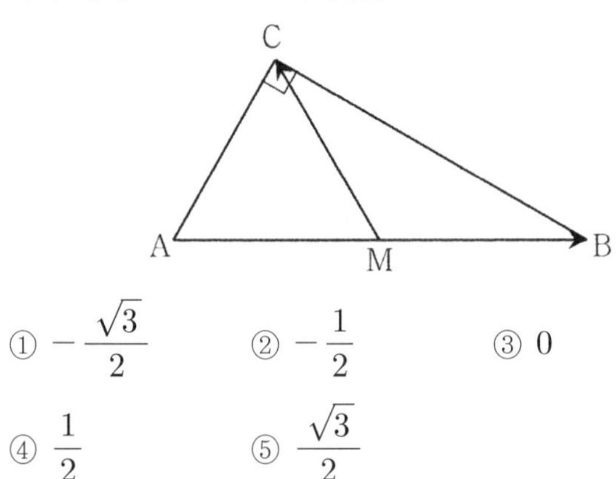

① $-\frac{\sqrt{3}}{2}$　② $-\frac{1}{2}$　③ 0

④ $\frac{1}{2}$　⑤ $\frac{\sqrt{3}}{2}$

풀이

점 C에서 선분 AB에 내린 수선의 발을 H라고 하자.

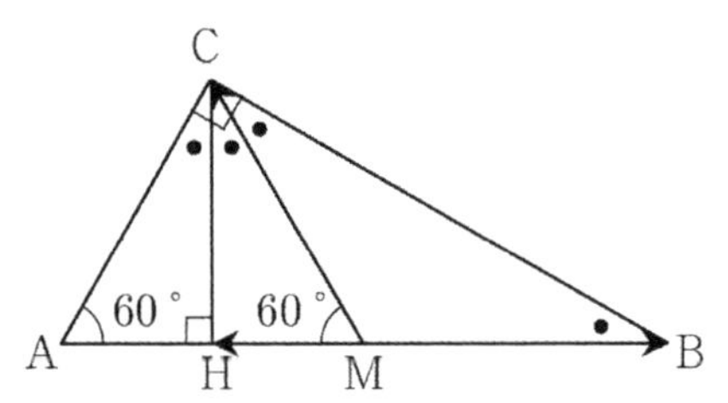

특수각의 삼각비에 의하여 $\angle CAB=60^\circ$이다.

$\overline{AC}=\overline{AM}=1$이므로, 이등변삼각형의 성질에 의하여 $\angle MCA=\angle CMA=60^\circ$이다.

벡터의 내적의 정의에 의하여

$\therefore\ \overrightarrow{MB}\cdot\overrightarrow{MC}=\overrightarrow{MB}\cdot\overrightarrow{MH}=-|\overrightarrow{MB}||\overrightarrow{MH}|=-\frac{1}{2}$

답 ②

N. 벡터의 내적: 성분

좌표평면을 도입하여 벡터를 성분으로 나타내고, 성분에 의한 벡터의 내적을 한다.

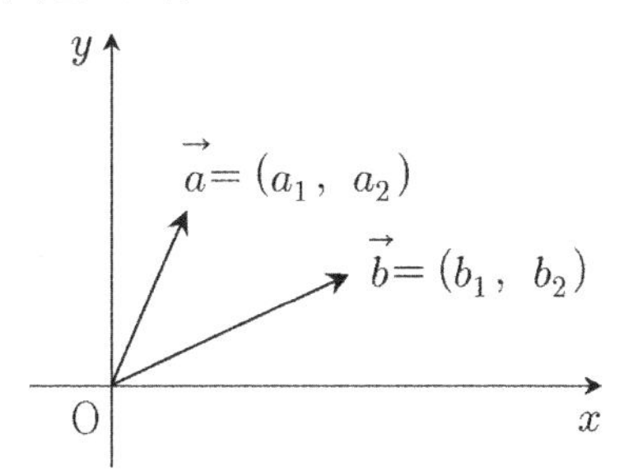

$\vec{a}\cdot\vec{b}=a_1b_1+a_2b_2$

예를 들어 원 $x^2+y^2=r^2$ 위의 점 $P(x_1,\ y_1)$에서의 접선의 방정식을 벡터의 내적을 이용하여 구할 수 있다.

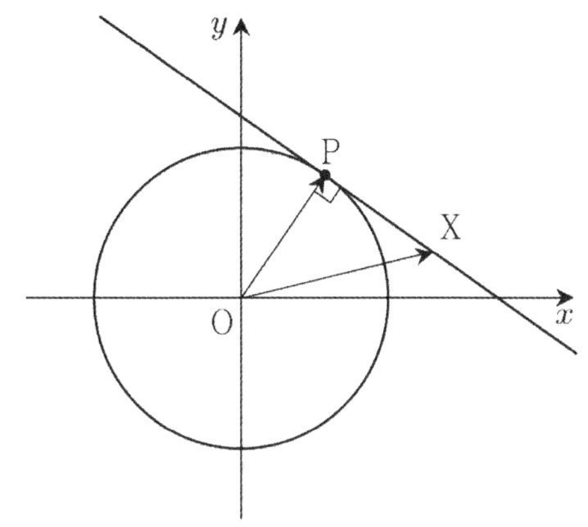

접선 위의 점을 $X(x,\ y)$라고 하자.
벡터의 내적의 정의에 의하여
$\overrightarrow{OP}\cdot\overrightarrow{OX}=|\overrightarrow{OP}|^2$
성분에 의한 벡터의 내적에 의하여
$(x_1,\ y_1)\cdot(x,\ y)=r^2$ 즉, $x_1x+y_1y=r^2$
따라서 구하는 접선의 방정식은 $x_1x+y_1y=r^2$이다.

혹은 아래와 같은 방법도 가능하다.
직선 OP와 점 P에서의 접선은 서로 수직이므로
$\overrightarrow{OP}\cdot\overrightarrow{PX}=0$ 즉, $\overrightarrow{OP}\cdot(\overrightarrow{OX}-\overrightarrow{OP})=0$
성분에 의한 벡터의 내적에 의하여
$(x_1,\ y_1)\cdot(x-x_1,\ y-y_1)=0$
정리하면
$x_1x+y_1y=x_1^2+y_1^2=r^2$($\because$ 점 P는 원 $x^2+y^2=r^2$ 위에 있다.)
따라서 구하는 접선의 방정식은 $x_1x+y_1y=r^2$이다.

참고
원 위의 점에서의 접선의 방정식은 다음과 같은 방법으로도 유도가 가능하다.
원의 접선의 성질 (두 직선의 위치관계-수직)
이차방정식의 판별식
음함수의 미분법
매개변수로 나타낸 함수의 미분법
⋮

다음의 경우를 생각해보자.

$x^2+y^2=4$일 때, $2x+3y$의 최댓값과 최솟값을 벡터의 내적을 이용하여 구할 수 있다.
아래 그림과 같이 점 $(2,\ 3)$을 점 A라 하고, 직선 OA가 주어진 원과 만나는 두 점을 각각 B, C라고 하자. 그리고 원 위의 점을 $P(x,\ y)$라고 하자.

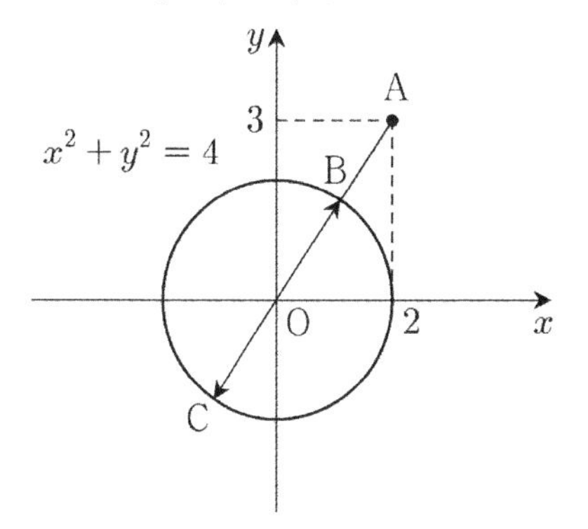

$2x+3y=(2,\ 3)\cdot(x,\ y)=\overrightarrow{OA}\cdot\overrightarrow{OP}$이므로
점 P가 점 B에 오면 두 벡터의 내적 $\overrightarrow{OA}\cdot\overrightarrow{OP}$는 최댓값을 갖고,
점 P가 점 C에 오면 두 벡터의 내적 $\overrightarrow{OA}\cdot\overrightarrow{OP}$는 최솟값을 갖는다.
$\therefore\ -2\sqrt{13}\le 2x+3y\le 2\sqrt{13}$

예제 1

아래 그림과 같이 평면 위에 행과 열을 맞춘 12개의 점이 있다. 각 행과 각 열에 오는 점의 개수는 각각 4, 3이며, 같은 행의 서로 이웃한 두 점 사이의 거리는 1, 같은 열의 서로 이웃한 두 점 사이의 거리는 1이다. 12개의 점 중 두 점을 각각 시점과 종점으로 하는 두 벡터 $\vec{x}$, $\vec{y}$에 대하여 다음 보기 중에서 옳은 것만을 있는 대로 고른 것은? [3점]

ㄱ. $\vec{x} \cdot \vec{y}$는 항상 정수이다. ㄴ. 임의의 벡터 $\vec{x}$에 대하여 $\vec{x} \perp \vec{y}$인 벡터 $\vec{y}$가 항상 존재한다. ㄷ. $\vec{x} \cdot \vec{y}$의 최댓값은 13이다.

① ㄱ　② ㄱ, ㄴ　③ ㄱ, ㄷ
④ ㄴ, ㄷ　⑤ ㄱ, ㄴ, ㄷ

풀이

아래 그림과 같이 좌표평면을 도입하자.

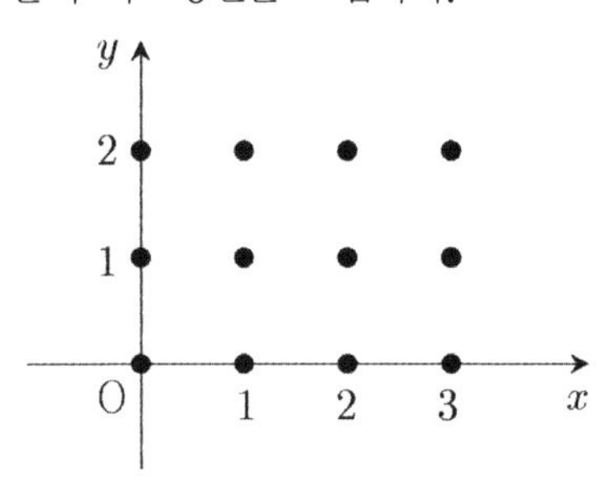

두 벡터 $\vec{x}$, $\vec{y}$를 다음과 같이 두자.

$\vec{x}=(a,\ b)$

(단, $-3 \le a \le 3$인 정수, $-2 \le b \le 2$인 정수)

이때, a와 b가 동시에 0일 수 없다.

$\vec{y}=(c,\ d)$

(단, $-3 \le c \le 3$인 정수, $-2 \le d \le 2$인 정수)

이때, c와 d가 동시에 0일 수 없다.

ㄱ. (참)

$\vec{x} \cdot \vec{y}=ac+bd=$(정수)

a, b, c, d는 정수이므로 $ac+bd$는 정수이다.

ㄴ. (거짓)

(반례)

예를 들어 $\vec{x}=(3,\ 1)$일 때,

$\vec{x} \cdot \vec{y}=3c+d=0$이면 $d=-3c$이다.

$c=0$이면 $d=0$이므로 가정에 모순이다.

$c=\pm 1$이면 $d=\mp 3$이므로 가정에 모순이다.

$c=\pm 2$이면 $d=\mp 6$이므로 가정에 모순이다.

$c=\pm 3$이면 $d=\mp 9$이므로 가정에 모순이다.

따라서 $\vec{x}=(3,\ 1)$일 때, $\vec{x} \cdot \vec{y}=0$을 만족하는 벡터 $\vec{y}$는 존재하지 않는다.

다시 말하면 $\vec{x}=(3,\ 1)$일 때, $\vec{x} \perp \vec{y}$인 벡터 $\vec{y}$는 존재하지 않는다.

ㄷ. (참)

두 변수 a, c는 서로 독립이므로 ac의 최댓값은 9이다.

두 변수 b, d는 서로 독립이므로 bd의 최댓값은 4이다.

따라서 $\vec{x} \cdot \vec{y}$의 최댓값은 13이다.

이상에서 옳은 것은 ㄱ, ㄷ이다.

답 ③

예제 2

좌표평면에서 두 점 A$(-4,\ 0)$, B$(0,\ -3)$과

원 $x^2+y^2=1$ 위의 동점 P에 대하여

두 벡터의 내적 $\overrightarrow{AP}\cdot\overrightarrow{BP}$의 최댓값은?

① 3　　② 4　　③ 5

④ 6　　⑤ 8

풀이

$\overrightarrow{OA}+\overrightarrow{OB}=\overrightarrow{OC}$라고 하자. 이때, $\overline{OC}=5$

$\overrightarrow{AP}\cdot\overrightarrow{BP}$

$=(\overrightarrow{AO}+\overrightarrow{OP})\cdot(\overrightarrow{BO}+\overrightarrow{OP})$

$=\overrightarrow{AO}\cdot\overrightarrow{BO}+(\overrightarrow{AO}+\overrightarrow{BO})\cdot\overrightarrow{OP}+|\overrightarrow{OP}|^2$

$=0-\overrightarrow{OC}\cdot\overrightarrow{OP}+1$

$=-\overrightarrow{OC}\cdot\overrightarrow{OP}+1$

$\le 5\times1+1=6$

(단, 등호는 세 점 C, O, P가 이 순서대로 일직선 위에 있을 때 성립한다.)

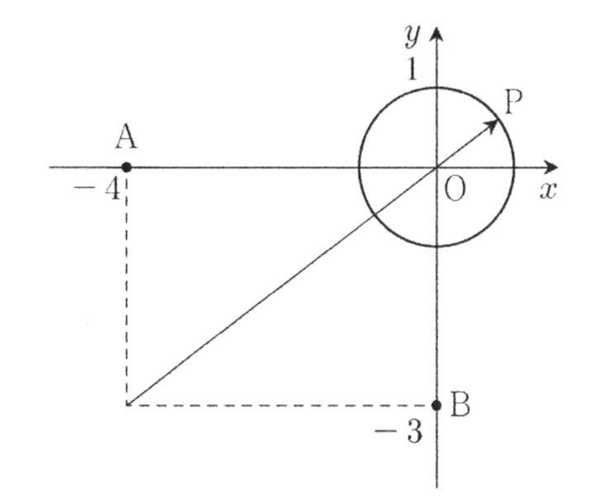

답 ④

예제 3

아래 그림처럼 원 밖의 한 점 A$(x_0,\ y_0)$에서

원 $x^2+y^2=r^2$에 두 접선을 그었을 때 생기는 두 접점을 각각 P, Q라고 하자. 직선 PQ의 방정식이

$x_0x+y_0y=r^2$임을 벡터의 내적을 이용하여 증명하시오.

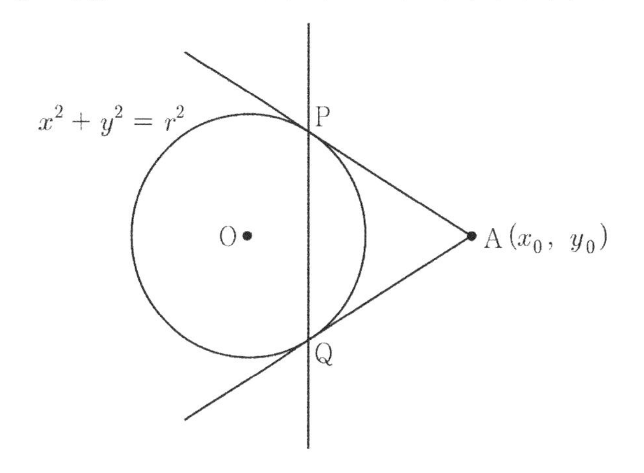

증명

두 직선 OA, PQ가 만나는 점을 B라고 하자. 이때, 두 직선 OA, PQ는 점 B에서 직교한다. 그리고 직선 PQ 위의 임의의 점을 X$(x,\ y)$로 두자.

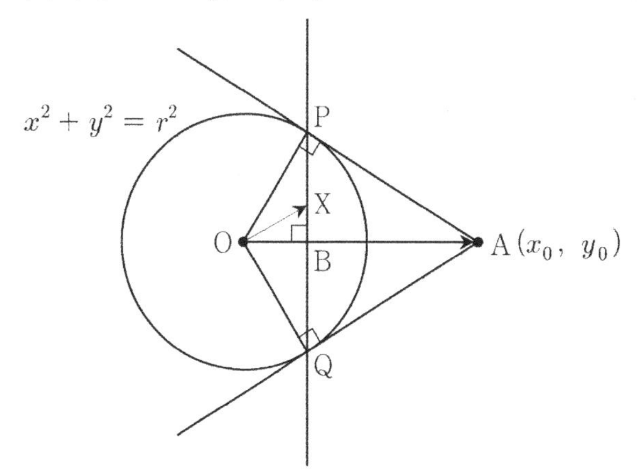

서로 닮음인 두 직각삼각형 AOP, POB에 대하여

$\overline{AO}:\overline{OP}=\overline{PO}:\overline{OB}$ 즉, $\sqrt{x_0^2+y_0^2}:r=r:\overline{OB}$

$$\overline{OB}=\frac{r^2}{\sqrt{x_0^2+y_0^2}}$$

벡터의 내적의 정의에 의하여

$$\overrightarrow{OA}\cdot\overrightarrow{OX}=|\overrightarrow{OA}||\overrightarrow{OB}|=\sqrt{x_0^2+y_0^2}\times\frac{r^2}{\sqrt{x_0^2+y_0^2}}=r^2$$

성분에 의한 벡터의 내적에 의하여

$\overrightarrow{OA}\cdot\overrightarrow{OX}=(x_0,\ y_0)\cdot(x,\ y)=x_0x+y_0y$

$\therefore\ x_0x+y_0y=r^2$

답 풀이참조

N. 벡터의 내적: 삼각형의 결정 조건

삼각형 OAB에 대하여

$\overrightarrow{\mathrm{OA}}=\vec{a}$, $\overrightarrow{\mathrm{OB}}=\vec{b}$, $\angle\mathrm{BOA}=\theta$,

$\overline{\mathrm{OA}}=b$, $\overline{\mathrm{OB}}=a$, $\overline{\mathrm{AB}}=c$

라고 하자.

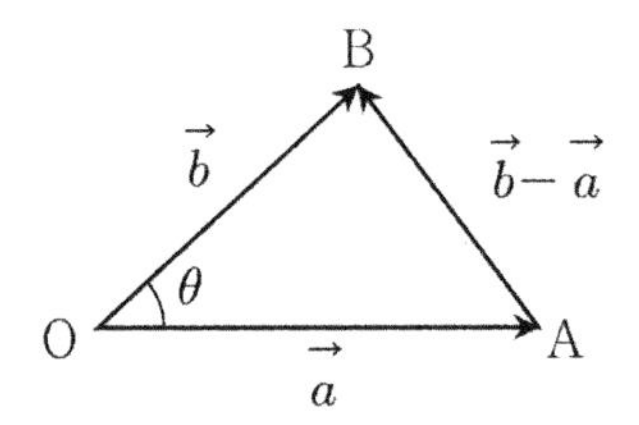

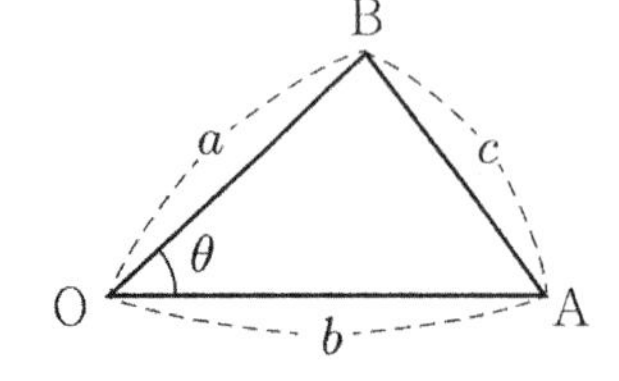

벡터의 뺄셈의 정의에 의하여

$\overrightarrow{\mathrm{AB}}=\vec{b}-\vec{a}$

벡터의 내적의 성질과 정의에 의하여

$\overline{\mathrm{AB}}^2=|\overrightarrow{\mathrm{AB}}|^2=|\vec{b}-\vec{a}|^2=|\vec{a}|^2-2\vec{a}\cdot\vec{b}+|\vec{b}|^2$

$=|\vec{a}|^2-2|\vec{a}||\vec{b}|\cos\theta+|\vec{b}|^2$ $\cdots(*)$

삼각형의 결정조건에 의하여 삼각형 OAB는 두 변 OA, OB의 길이와 이 두 변의 끼인각 θ로 유일하게 결정된다. 즉, 두 변 OA, OB의 길이와 이 두 변의 끼인각 θ의 값을 알면, 나머지 한 변 AB의 길이를 결정할 수 있다. 삼각형의 결정조건이 수식으로 표현된 것이 바로 (*)이다. 등식 (*)에서 세 실수 $|\vec{a}|$, $|\vec{b}|$, $\cos\theta$의 값을 알면 변 AB의 길이를 구할 수 있다.

(*)을 네 문자 a, b, c, θ를 이용하여 다시 쓰면

$$c^2=a^2+b^2-2ab\cos\theta \Leftrightarrow \cos\theta=\frac{a^2+b^2-c^2}{2ab}$$

위의 두 공식은 '코사인법칙' 이다.

(*)에서 아래의 필요충분조건을 생각할 수 있다.

(단, $\vec{a}\neq\vec{0}$, $\vec{b}\neq\vec{0}$)

수직조건: $\vec{a}\perp\vec{b} \Leftrightarrow \vec{a}\cdot\vec{b}=0$

평행조건: $\vec{a}/\!/\vec{b} \Leftrightarrow \vec{a}\cdot\vec{b}=\pm|\vec{a}||\vec{b}|$

- 두 벡터 $\vec{a}$, $\vec{b}$의 방향이 같은 경우 (즉, $\theta=0$)

$\vec{a}$ $\vec{b}$

$\vec{a}+\vec{b}$

$|\vec{a}+\vec{b}|^2=|\vec{a}|^2+2|\vec{a}||\vec{b}|+|\vec{b}|^2$

$\Leftrightarrow (a+b)^2=a^2+2ab+b^2$ (곱셈공식과 같다.)

$\vec{b}$ $\vec{a}-\vec{b}$

$\vec{a}$

$|\vec{a}-\vec{b}|^2=|\vec{a}|^2-2|\vec{a}||\vec{b}|+|\vec{b}|^2$

$\Leftrightarrow (a-b)^2=a^2-2ab+b^2$ (곱셈공식과 같다.)

- 두 벡터 $\vec{a}$, $\vec{b}$가 서로 수직인 경우

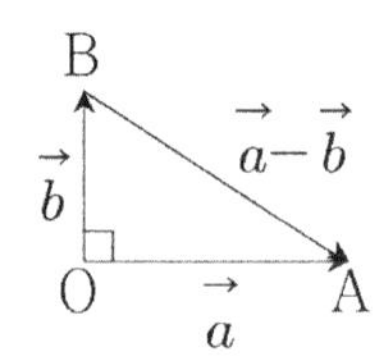

$|\vec{a}-\vec{b}|^2=|\vec{a}|^2+|\vec{b}|^2$ (피타고라스의 정리)

예제 1

다음의 절대부등식을 벡터의 내적을 이용하여 증명하시오.

(단, $\vec{a}\neq\vec{0}$, $\vec{b}\neq\vec{0}$이다.)

$|\vec{a}+\vec{b}|\leq|\vec{a}|+|\vec{b}|$

증명

곱셈공식에 의하여

$(|\vec{a}|+|\vec{b}|)^2=|\vec{a}|^2+2|\vec{a}||\vec{b}|+|\vec{b}|^2$ $\cdots$㉠

두 벡터 $\vec{a}$, $\vec{b}$가 이루는 각의 크기를 θ라고 하자.(단, $0\leq\theta\leq\pi$)

벡터의 내적의 성질에 의하여

$|\vec{a}+\vec{b}|^2=|\vec{a}|^2+2\vec{a}\cdot\vec{b}+|\vec{b}|^2$

$=|\vec{a}|^2+2|\vec{a}||\vec{b}|\cos\theta+|\vec{b}|^2$ $\cdots$㉡

㉠$-$㉡:

$(|\vec{a}|+|\vec{b}|)^2-|\vec{a}+\vec{b}|^2=2|\vec{a}||\vec{b}|(1-\cos\theta)\geq0$

(단, 등호는 $\theta=0$일 때 성립한다.)

$|\vec{a}+\vec{b}|\geq0$, $|\vec{a}|+|\vec{b}|>0$이므로

$\therefore\ |\vec{a}+\vec{b}|\leq|\vec{a}|+|\vec{b}|$

답 풀이참조

예제 2

다음의 코시-슈바르츠 절대부등식을 벡터의 내적을 이용하여 증명하시오.

$(a^2+b^2)(p^2+q^2) \geq (ap+bq)^2$

증명

$\vec{x}=(a,\ b)$, $\vec{y}=(p,\ q)$로 두자.

(1) $\vec{x}=\vec{0}$ 또는 $\vec{y}=\vec{0}$인 경우

$\vec{x}=\vec{0}$, $\vec{y}\neq\vec{0}$인 경우

$a=b=0$을 문제에서 주어진 부등식에 대입하면

(좌변)$=0=$(우변)이므로, 부등호가 성립한다.

$\vec{x}\neq\vec{0}$, $\vec{y}=\vec{0}$인 경우

$p=q=0$을 문제에서 주어진 부등식에 대입하면

(좌변)$=0=$(우변)이므로, 부등호가 성립한다.

$\vec{x}=\vec{0}$, $\vec{y}=\vec{0}$인 경우

$a=b=0$, $p=q=0$을 문제에서 주어진 부등식에 대입하면

(좌변)$=0=$(우변)이므로, 부등호가 성립한다.

(2) $\vec{x}\neq\vec{0}$, $\vec{y}\neq\vec{0}$인 경우

성분으로 주어진 벡터의 크기를 구하는 공식에 의하여

$|\vec{x}||\vec{y}|=\sqrt{(a^2+b^2)(p^2+q^2)}$ …㉠

성분으로 주어진 벡터의 내적을 하면

$\vec{x}\cdot\vec{y}=ap+bq$ …㉡

벡터의 내적의 정의에 의하여

$\vec{x}\cdot\vec{y}=|\vec{x}||\vec{y}|\cos\theta$

(단, θ는 두 벡터 $\vec{x}$, $\vec{y}$가 이루는 각의 크기, $0\leq\theta\leq\pi$)

이므로

$|\vec{x}||\vec{y}|\geq|\vec{x}\cdot\vec{y}|$

(단, 등호는 $\theta=0$ 또는 $\theta=\pi$일 때 성립한다.)

$|\vec{x}\cdot\vec{y}|\geq 0$, $|\vec{x}||\vec{y}|>0$이므로

$|\vec{x}|^2|\vec{y}|^2\geq|\vec{x}\cdot\vec{y}|^2$

㉠, ㉡에 의하여

$(a^2+b^2)(p^2+q^2)\geq(ap+bq)^2$

(단, 등호는 $aq=bp$일 때 성립한다.)

(1), (2)에 의하여 문제에서 주어진 절대부등식이 성립한다.

답 풀이참조

N. 벡터의 내적: 일차결합

두 벡터의 내적을 할 때, 다음과 같은 4가지의 방법이 가능하다.

❶ 벡터의 내적의 정의
❷ 내적의 기하적인 해석
❸ 벡터의 일차결합
❹ 좌표계의 도입

• 벡터의 분해

다음과 같이 벡터를 분해하면 유리할 수 있다.

(1) 중심: 원(의 중심), 정다각형(의 무게중심(3심)), …

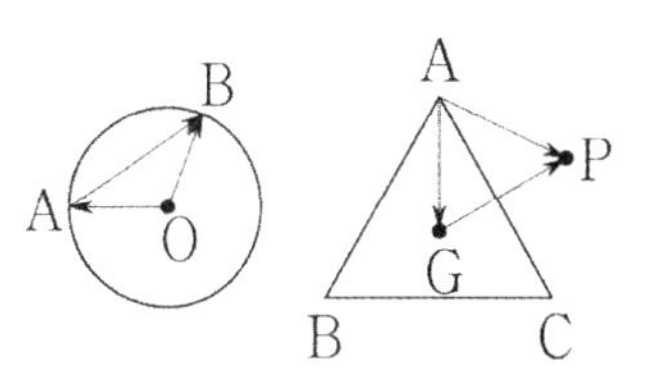

(2) 수직: 직사각형, 직각삼각형, …

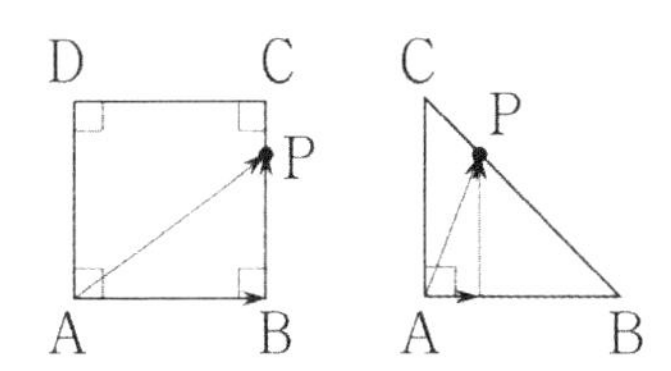

• 벡터의 내적과 삼각형

삼각형 ABC에서 $\overrightarrow{AB}=\vec{a}$, $\overrightarrow{AC}=\vec{b}$라고 하면 벡터의 내적에 의하여

$\vec{a}\cdot\vec{b}=|\vec{a}||\vec{b}|\cos(\angle CAB)$ …㉠

그런데 코사인법칙에 의하여

$\cos(\angle CAB)=\dfrac{\overline{AB}^2+\overline{AC}^2-\overline{BC}^2}{2\overline{AB}\times\overline{AC}}$ …㉡

㉡을 ㉠에 대입하면

$\vec{a}\cdot\vec{b}=\dfrac{\overline{AB}^2+\overline{AC}^2-\overline{BC}^2}{2}$ …㉢

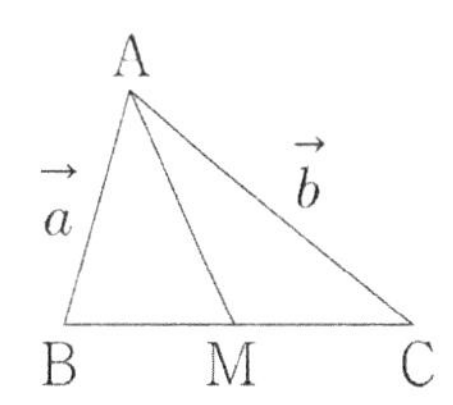

삼각형의 중선정리에 의하여

$\overline{AB}^2+\overline{AC}^2=2(\overline{AM}^2+\overline{BM}^2)$ …㉣

㉣을 ㉢에 대입하면

$\vec{a}\cdot\vec{b}=2(\overline{AM}^2-\overline{BM}^2)$ ($\because \overline{BC}=2\overline{BM}$)

선분 BM의 길이가 일정할 때, 두 벡터의 내적 $\vec{a}\cdot\vec{b}$는 선분 AM의 길이가 최대일 때 최대가 되고, 선분 AM의 길이가 최소일 때 최소가 된다.

예제 1

아래 그림처럼 영벡터가 아닌 두 벡터 $\vec{a}$, $\vec{b}$는 서로 평행하지 않는다. (단, $\vec{a}=\overrightarrow{OA}$, $\vec{b}=\overrightarrow{OB}$)

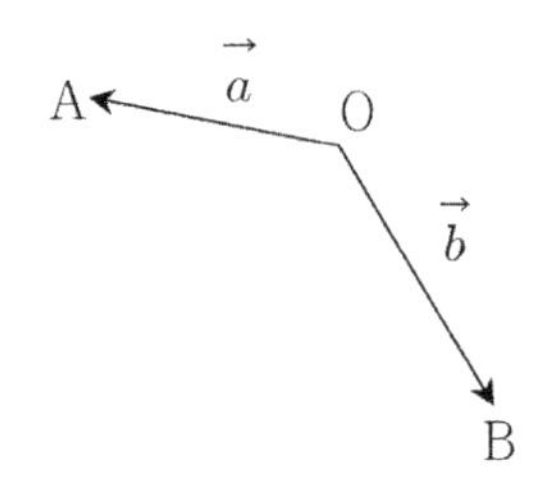

두 벡터 $\vec{a}-t\vec{b}$, $\vec{b}$가 서로 수직이 되는 t의 값을 t_0라 할 때,

(1) t_0를 두 벡터 $\vec{a}$, $\vec{b}$로 나타내시오.

(2) 임의의 실수 t에 대하여 $|\vec{a}-t\vec{b}|\ge|\vec{a}-t_0\vec{b}|$임을 증명하시오.

풀이

벡터 $\vec{a}-t\vec{b}$의 종점의 자취는 점 A를 지나고 직선 OB에 평행한 직선이다. 이 직선을 l이라고 하자.

그리고 점 O에서 직선 l에 내린 수선의 발을 H라고 하자.

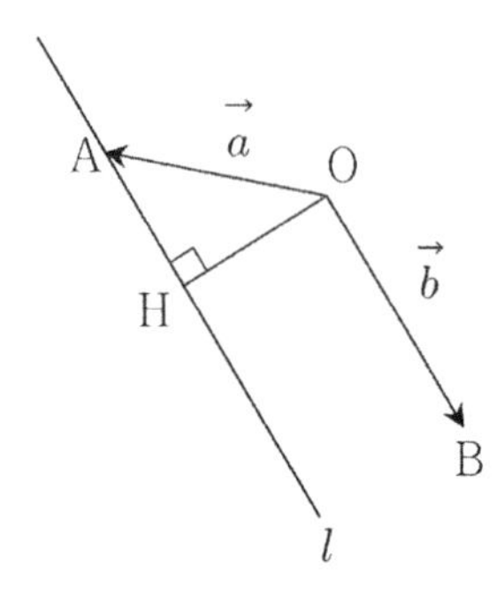

(1)

두 벡터 $\vec{a}-t_0\vec{b}$, $\vec{b}$가 서로 수직이므로

$(\vec{a}-t_0\vec{b})\cdot\vec{b}=\vec{a}\cdot\vec{b}-t_0|\vec{b}|^2=0$

정리하면

$\therefore\ t_0=\dfrac{\vec{a}\cdot\vec{b}}{|\vec{b}|^2}$

(2)

$|\vec{a}-t\vec{b}|$는 원점 O에서 직선 l 위의 점 사이의 거리이므로

$|\vec{a}-t\vec{b}|\ge|\vec{a}-t_0\vec{b}|$

(단, 등호는 $t=t_0$일 때 성립한다.)

답 풀이참조

예제 2

삼각형 OAB에서 $\overrightarrow{OA}=\vec{a}$, $\overrightarrow{OB}=\vec{b}$라고 하자. 이 삼각형의 넓이를 S라고 할 때, 다음의 물음에 답하여라.

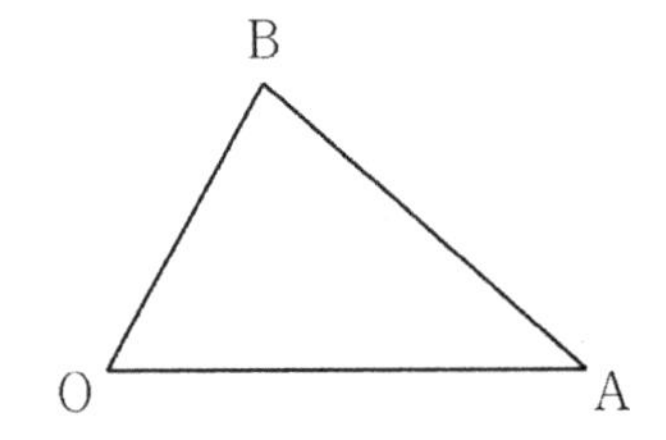

(1) 벡터의 내적을 이용하여 다음 등식이 성립함을 보여라.

$S=\dfrac{1}{2}\sqrt{|\vec{a}|^2|\vec{b}|^2-(\vec{a}\cdot\vec{b})^2}$ (← 이 공식은 암기하지 않아도 좋다.)

(2) $\vec{a}=(a_1,\ a_2)$, $\vec{b}=(b_1,\ b_2)$라 할 때, 다음 등식이 성립함을 보여라.

$S=\dfrac{1}{2}|a_1b_2-a_2b_1|$ (← 이 공식은 암기하는 편이 낫다.)

증명

(1)

$\angle BOA=\theta$, 점 B에서 선분 OA에 내린 수선의 발을 H라고 하자.

(우선 θ가 예각인 경우에 대해서만 생각하자.)

시점이 O인 위치벡터를 생각하고, 두 점 A, B의 위치벡터를 각각 $\vec{a}$, $\vec{b}$라고 하자.

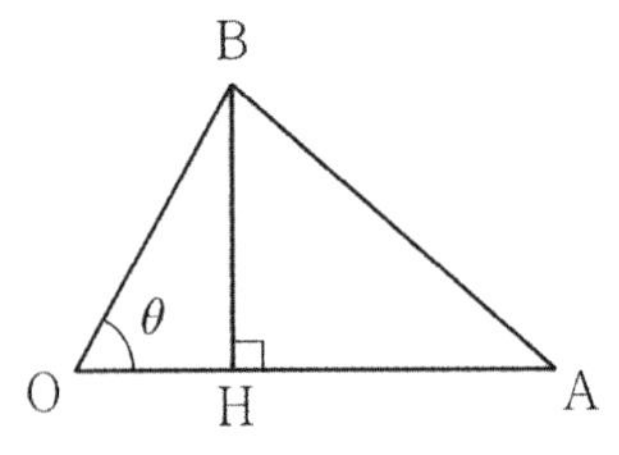

$\overrightarrow{OH}=k\overrightarrow{OA}=k\vec{a}$ (단, $0<k<1$)로 두자.

$\overrightarrow{OA}\perp\overrightarrow{BH}$이므로

$\overrightarrow{OA} \cdot \overrightarrow{BH} = \vec{a} \cdot (k\vec{a} - \vec{b}) = 0$

정리하면

$k = \dfrac{\vec{a} \cdot \vec{b}}{|\vec{a}|^2}$ 이므로 $\overrightarrow{OH} = \dfrac{\vec{a} \cdot \vec{b}}{|\vec{a}|^2}\vec{a}$

직각삼각형 BOH에서 피타고라스의 정리에 의하여

$$\overline{BH} = \sqrt{\overline{OB}^2 - \overline{OH}^2} = \sqrt{|\vec{b}|^2 - \left(\dfrac{\vec{a} \cdot \vec{b}}{|\vec{a}|}\right)^2}$$

구하는 넓이를 S라고 하면

$$\therefore \ S = \frac{1}{2}\overline{OA}\,\overline{BH} = \frac{1}{2}|\vec{a}|\sqrt{|\vec{b}|^2 - \left(\dfrac{\vec{a} \cdot \vec{b}}{|\vec{a}|}\right)^2}$$

$$= \frac{1}{2}\sqrt{|\vec{a}|^2|\vec{b}|^2 - (\vec{a} \cdot \vec{b})^2}$$

위의 공식은 θ가 직각, 둔각인 경우에도 성립한다.

(2)

$|\vec{a}|^2|\vec{b}|^2 = (a_1^2 + a_2^2)(b_1^2 + b_2^2)$

$= a_1^2b_1^2 + a_1^2b_2^2 + a_2^2b_1^2 + a_2^2b_2^2,$

$(\vec{a} \cdot \vec{b})^2 = (a_1b_1 + a_2b_2)^2$

$= a_1^2b_1^2 + 2a_1a_2b_1b_2 + a_2^2b_2^2$

위의 두 식을 변변히 빼면

$|\vec{a}|^2|\vec{b}|^2 - (\vec{a} \cdot \vec{b})^2$

$= a_1^2b_2^2 + a_2^2b_1^2 - 2a_1a_2b_1b_2$

$= (a_1b_2 - a_2b_1)^2$

이므로

$$S = \frac{1}{2}\sqrt{(a_1b_2 - a_2b_1)^2} = \frac{1}{2}|a_1b_2 - a_2b_1|$$

답 풀이참조

N. 벡터의 내적: 최대최소(상수변수)

예제 1

반지름의 길이가 1인 원 O 위의 두 정점 A, B에 대하여 $\angle \mathrm{AOB} = 90^\circ$ 이다.

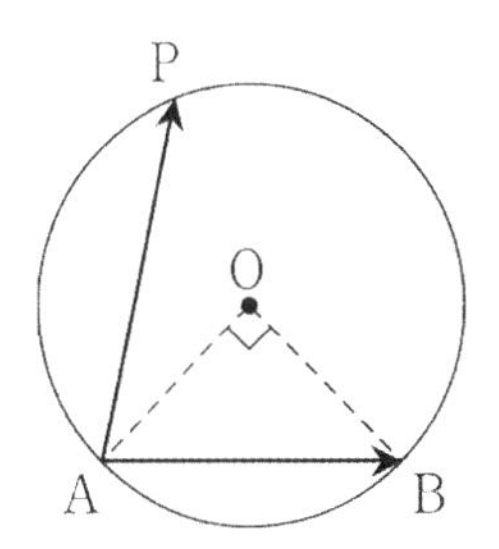

원 O 위의 동점 P에 대하여 두 벡터의 내적 $\overrightarrow{AB} \cdot \overrightarrow{AP}$의 최댓값과 최솟값을 구하시오.

풀이1

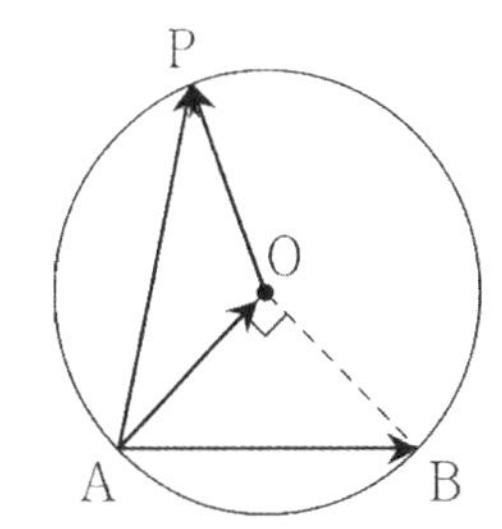

벡터의 덧셈의 정의에 의하여

$\overrightarrow{AP} = \overrightarrow{AO} + \overrightarrow{OP}$

벡터의 내적의 성질에 의하여

$\overrightarrow{AB} \cdot \overrightarrow{AP} = \overrightarrow{AB} \cdot (\overrightarrow{AO} + \overrightarrow{OP})$

$= \underbrace{\overrightarrow{AB} \cdot \overrightarrow{AO}}_{\text{일정한 값}} + \underbrace{\overrightarrow{AB} \cdot \overrightarrow{OP}}_{\text{변하는 값}}$

$= 1 + \underbrace{\overrightarrow{AB} \cdot \overrightarrow{OP}}_{\text{변하는 값}}$ $\cdots(*)$

아래 그림처럼 점 O를 지나고 직선 AB에 평행한 직선이 원 O와 만나는 두 점을 각각 P_1, P_2라고 하자.

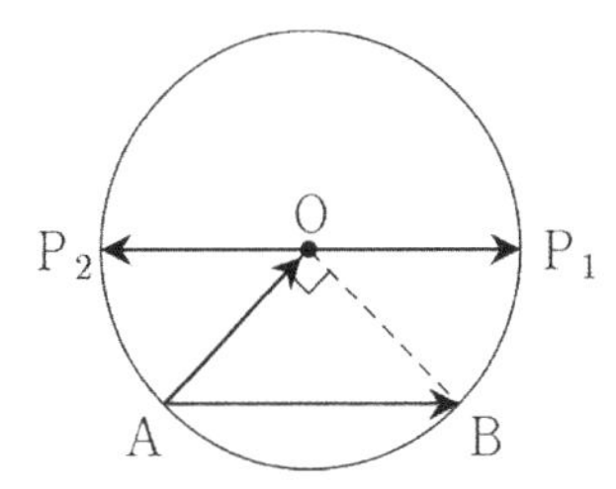

벡터의 내적의 정의에 의하여

$-\sqrt{2} = \overrightarrow{AB} \cdot \overrightarrow{OP_2} \le \overrightarrow{AB} \cdot \overrightarrow{OP} \le \overrightarrow{AB} \cdot \overrightarrow{OP_1} = \sqrt{2}$

이를 (*)에 대입하면

$1 - \sqrt{2} \le \overrightarrow{AB} \cdot \overrightarrow{AP} \le 1 + \sqrt{2}$

(단, 왼쪽 등호는 점 P가 점 P_2 위에 올 때, 오른쪽 등호는 점 P가 점 P_1 위에 올 때 성립한다.)

답 최댓값: $1+\sqrt{2}$, 최솟값 $1-\sqrt{2}$

풀이2

아래 그림처럼 원 O에 접하면서 직선 AB에 수직인 두 직선을 그린다. 이때, 두 접점을 각각 P_1, P_2, 두 접선이 직선 AB와 만나는 두 점을 각각 Q_1, Q_2라고 하자.

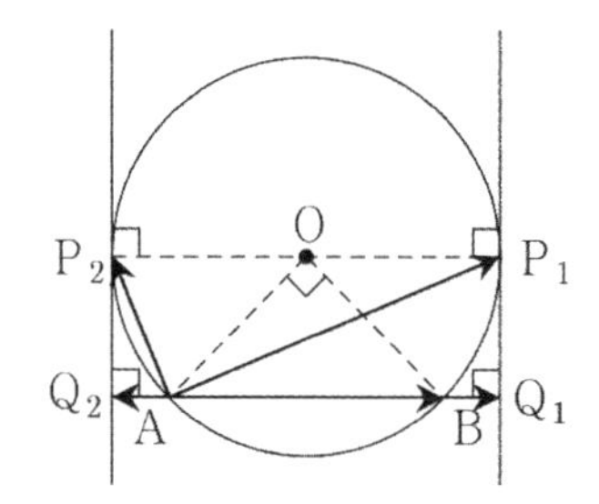

벡터의 내적의 정의에 의하여

$\overrightarrow{AB}\cdot\overrightarrow{AP_2}\le\overrightarrow{AB}\cdot\overrightarrow{AP}\le\overrightarrow{AB}\cdot\overrightarrow{AP_1}$

그런데

$$\overrightarrow{AB}\cdot\overrightarrow{AP_1}=\overrightarrow{AB}\cdot\overrightarrow{AQ_1}=\sqrt{2}\times\left(1+\frac{\sqrt{2}}{2}\right)=1+\sqrt{2}$$

$$\overrightarrow{AB}\cdot\overrightarrow{AP_2}=\overrightarrow{AB}\cdot\overrightarrow{AQ_2}=\sqrt{2}\times\left(\frac{\sqrt{2}}{2}-1\right)=1-\sqrt{2}$$

이므로

$1-\sqrt{2}\le\overrightarrow{AB}\cdot\overrightarrow{AP}\le1+\sqrt{2}$

(단, 왼쪽 등호는 점 P가 점 P_2 위에 올 때, 오른쪽 등호는 점 P가 점 P_1 위에 올 때 성립한다.)

답 최댓값: $1+\sqrt{2}$, 최솟값 $1-\sqrt{2}$

예제 2

아래 그림처럼 반지름의 길이가 1로 같은 두 원 O, O'이 서로의 중심을 지날 때 생기는 두 교점을 각각 A, B라고 하자.

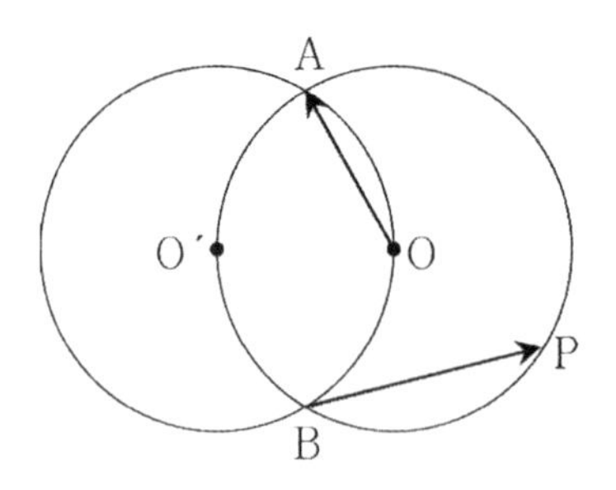

점 P가 두 원 O, O'의 둘레 위를 움직일 때, 두 벡터의 내적 $\overrightarrow{OA}\cdot\overrightarrow{BP}$의 최댓값과 최솟값을 구하시오.

풀이1

(1) 점 P가 원 O 위에 있을 경우

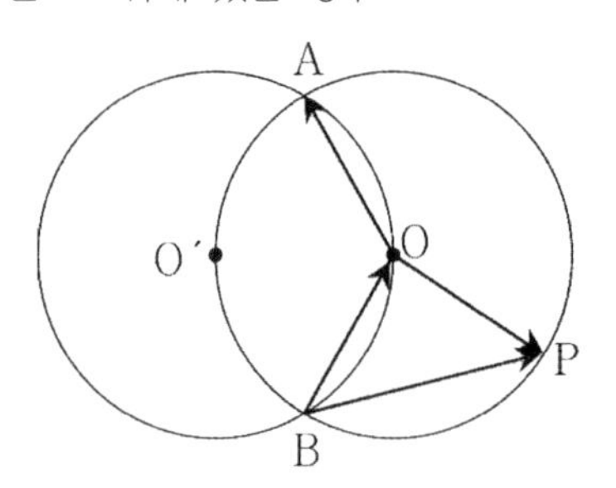

벡터의 덧셈의 정의에 의하여

$\overrightarrow{BP}=\overrightarrow{BO}+\overrightarrow{OP}$

벡터의 내적의 성질에 의하여

$\overrightarrow{OA}\cdot\overrightarrow{BP}=\overrightarrow{OA}\cdot(\overrightarrow{BO}+\overrightarrow{OP})$

$=\underbrace{\overrightarrow{OA}\cdot\overrightarrow{BO}}_{\text{일정한 값}}+\underbrace{\overrightarrow{OA}\cdot\overrightarrow{OP}}_{\text{변하는 값}}$

$=\frac{1}{2}+\underbrace{\overrightarrow{OA}\cdot\overrightarrow{OP}}_{\text{변하는 값}}$ $\cdots(*1)$

아래 그림처럼 직선 OA가 원 O와 만나는 두 점 중에서 A가 아닌 점을 P_1라고 하자.

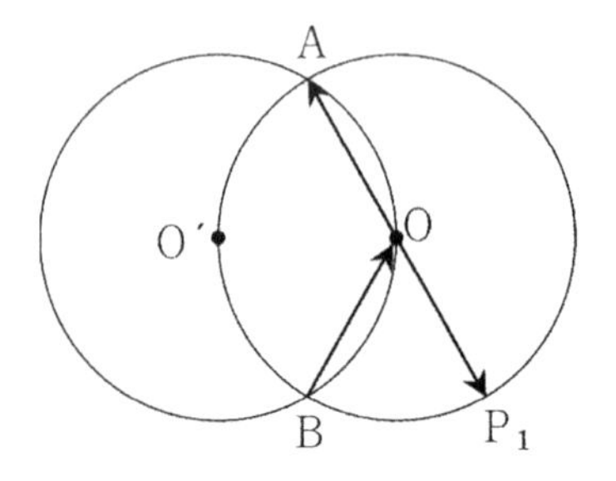

벡터의 내적의 정의에 의하여

$-1=\overrightarrow{OA}\cdot\overrightarrow{OP_1}\le\overrightarrow{OA}\cdot\overrightarrow{OP}\le\overrightarrow{OA}\cdot\overrightarrow{OA}=1$

이를 (*1)에 대입하면

$-\frac{1}{2} \le \overrightarrow{OA} \cdot \overrightarrow{BP} \le \frac{3}{2}$

(단, 왼쪽 등호는 점 P가 점 P_1 위에 올 때, 오른쪽 등호는 점 P가 점 A 위에 올 때 성립한다.)

(2) 점 P가 원 $\mathcal{O}'$ 위에 있을 경우

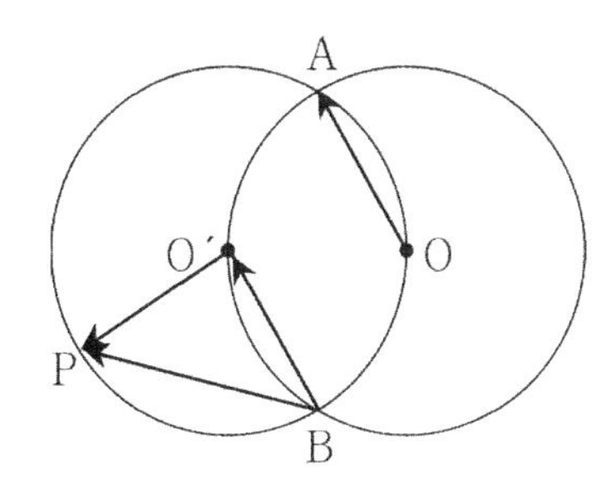

벡터의 덧셈의 정의에 의하여

$\overrightarrow{BP} = \overrightarrow{BO'} + \overrightarrow{O'P}$

벡터의 내적의 성질에 의하여

$\overrightarrow{OA} \cdot \overrightarrow{BP} = \overrightarrow{OA} \cdot (\overrightarrow{BO'} + \overrightarrow{O'P})$

$= \underbrace{\overrightarrow{OA} \cdot \overrightarrow{BO'}}_{\text{일정한 값}} + \underbrace{\overrightarrow{OA} \cdot \overrightarrow{O'P}}_{\text{변하는 값}}$

$= 1 + \underbrace{\overrightarrow{OA} \cdot \overrightarrow{O'P}}_{\text{변하는 값}}$ $\cdots$(*2)

아래 그림처럼 직선 O′B가 원 $\mathcal{O}'$과 만나는 두 점 중에서 B가 아닌 점을 P_2라고 하자.

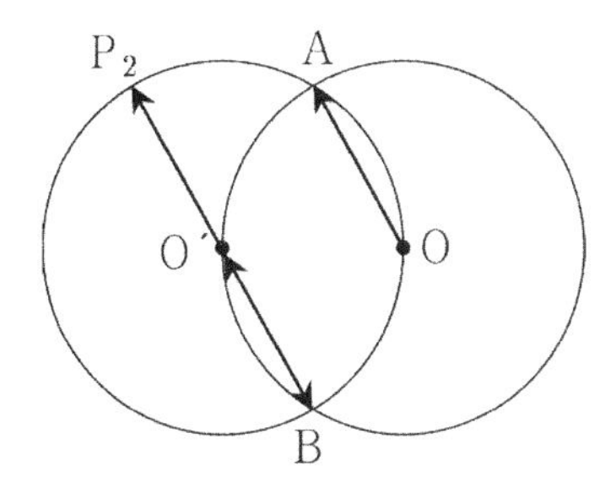

벡터의 내적의 정의에 의하여

$-1 = \overrightarrow{OA} \cdot \overrightarrow{O'B} \le \overrightarrow{OA} \cdot \overrightarrow{O'P} \le \overrightarrow{OA} \cdot \overrightarrow{O'P_2} = 1$

이를 (*2)에 대입하면

$0 \le \overrightarrow{OA} \cdot \overrightarrow{BP} \le 2$

(단, 왼쪽 등호는 점 P가 점 B 위에 올 때, 오른쪽 등호는 점 P가 점 P_2 위에 올 때 성립한다.)

(1), (2)에 의하여

$\therefore\ -\frac{1}{2} \le \overrightarrow{OA} \cdot \overrightarrow{BP} \le 2$

답 최댓값: 2, 최솟값 $-\frac{1}{2}$

풀이2

아래 그림처럼 원 $\mathcal{O}$에 접하면서 직선 OA에 수직인 두 직선을 그린다. 이때, 점 A는 접점이 되고, 나머지 한 접점을 P_1이라고 하자. 그리고 원 $\mathcal{O}'$에 접하면서 직선 OA에 수직인 두 직선을 그린다. 이때, 점 B는 접점이 되고, 나머지 한 접점을 P_2라고 하자.

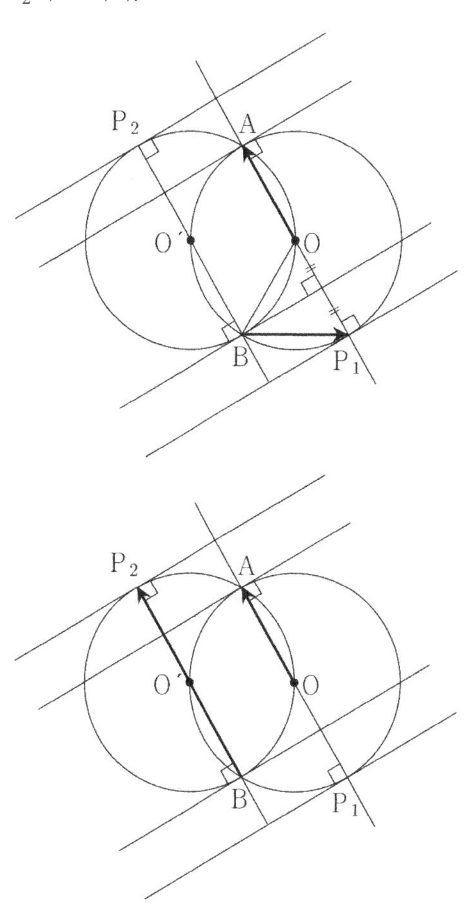

벡터의 내적의 정의에 의하여

$\overrightarrow{OA} \cdot \overrightarrow{BP_1} \le \overrightarrow{OA} \cdot \overrightarrow{BP} \le \overrightarrow{OA} \cdot \overrightarrow{BP_2}$

그런데

$\overrightarrow{OA} \cdot \overrightarrow{BP_2} = 1 \times 2 = 2$

$\overrightarrow{OA} \cdot \overrightarrow{BP_1} = -1 \times 1 \times \frac{1}{2} = -\frac{1}{2}$

이므로

$-\frac{1}{2} \le \overrightarrow{OA} \cdot \overrightarrow{BP} \le 2$

(단, 왼쪽 등호는 점 P가 점 P_1 위에 올 때, 오른쪽 등호는 점 P가 점 P_2 위에 올 때 성립한다.)

답 최댓값: 2, 최솟값 $-\frac{1}{2}$

N. 직선

• 방향벡터

좌표평면에서의 직선의 방정식(방향벡터)을 정리하면 아래 표와 같다.

좌표평면에서 점 $\mathrm{A}(x_1,\ y_1)$을 지나고 방향벡터가 $\vec{u}=(u_1,\ u_2)$인 직선을 l이라고 하자. (단, $u_1u_2\neq 0$)

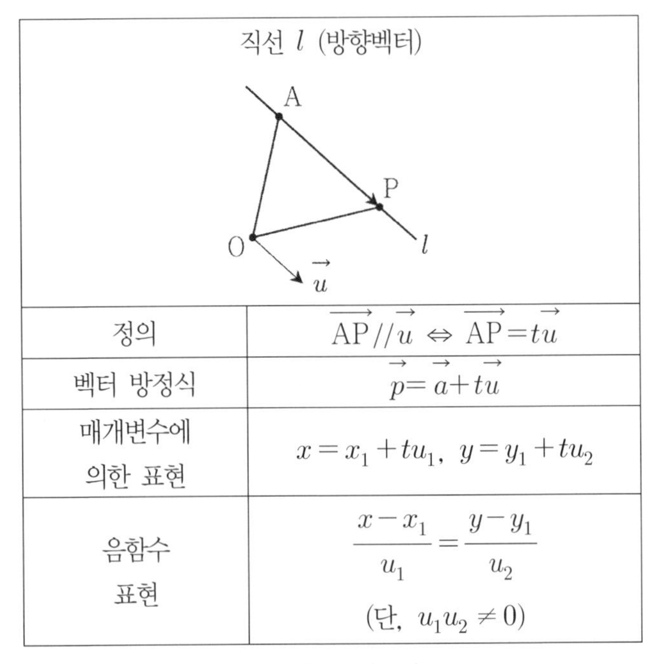

직선 l (방향벡터)	
정의	$\overrightarrow{\mathrm{AP}}/\!/\vec{u} \Leftrightarrow \overrightarrow{\mathrm{AP}}=t\vec{u}$
벡터 방정식	$\vec{p}=\vec{a}+t\vec{u}$
매개변수에 의한 표현	$x=x_1+tu_1,\ y=y_1+tu_2$
음함수 표현	$\dfrac{x-x_1}{u_1}=\dfrac{y-y_1}{u_2}$ (단, $u_1u_2\neq 0$)

(단, t는 실수이고, $\overrightarrow{\mathrm{OP}}=\vec{p}$, $\overrightarrow{\mathrm{OA}}=\vec{a}$이다.)

• 법선벡터

좌표평면에서의 직선의 방정식(법선벡터)을 정리하면 아래 표와 같다.

점 $\mathrm{A}(x_1,\ y_1)$을 지나고 법선벡터가 $\vec{n}=(a,\ b)$인 직선을 l이라고 하자.

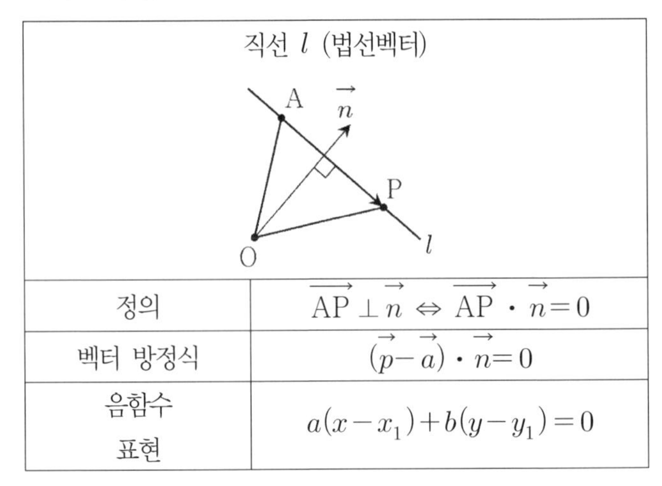

직선 l (법선벡터)	
정의	$\overrightarrow{\mathrm{AP}}\perp\vec{n} \Leftrightarrow \overrightarrow{\mathrm{AP}}\cdot\vec{n}=0$
벡터 방정식	$(\vec{p}-\vec{a})\cdot\vec{n}=0$
음함수 표현	$a(x-x_1)+b(y-y_1)=0$

(단, $\overrightarrow{\mathrm{OP}}=\vec{p}$, $\overrightarrow{\mathrm{OA}}=\vec{a}$이다.)

N. 원

• 원의 정의

좌표평면에서 원의 방정식을 정리하면 아래 표와 같다.
좌표평면에서 중심이 $\mathrm{A}(x_1,\ y_1)$이고 반지름의 길이가 r인 원을 C라고 하자.

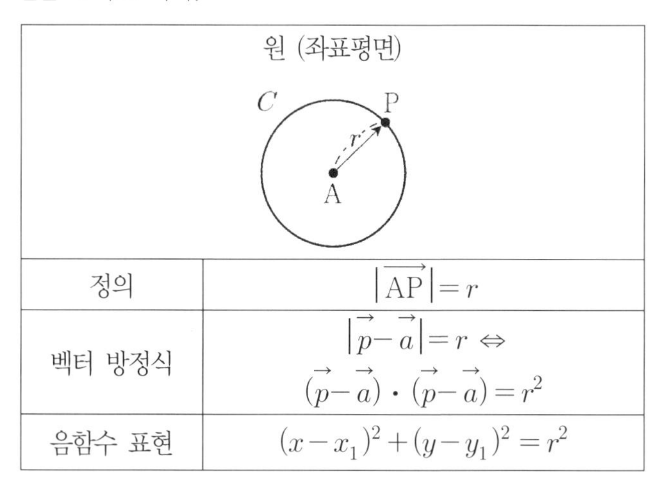

원 (좌표평면)	
정의	$\lvert\overrightarrow{\mathrm{AP}}\rvert=r$
벡터 방정식	$\lvert\vec{p}-\vec{a}\rvert=r \Leftrightarrow$ $(\vec{p}-\vec{a})\cdot(\vec{p}-\vec{a})=r^2$
음함수 표현	$(x-x_1)^2+(y-y_1)^2=r^2$

(단, $\overrightarrow{\mathrm{OP}}=\vec{p}$, $\overrightarrow{\mathrm{OA}}=\vec{a}$이다.)

N. 직선(방향벡터, 법선벡터에 대한 연구)

• 방향벡터

예를 들어 좌표평면에서 점 $\mathrm{A}(2,\ 3)$을 지나고 방향벡터가 $\vec{u}=(1,\ 0)$인 직선을 l이라고 하자.

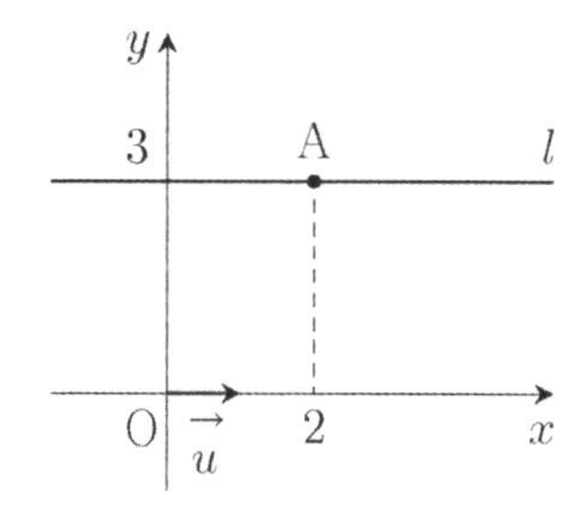

위의 그림에서 직선 l은 x축에 평행함을 알 수 있다. 직선 l의 방정식은
l: $y=3$

일반적인 경우를 정리하면 다음과 같다.

좌표평면에서 점 $\mathrm{A}(x_1,\ y_1)$을 지나고 방향벡터가 $\vec{u}=(u_1,\ u_2)$인 직선을 l이라고 하자.

$u_1=0$, $u_2\neq0$인 경우: 직선 l은 y축에 평행하다. 만약 점 A가 y축 위의 점이라면 직선 l은 y축이다. 직선의 방정식은 $x=x_1$이다.

$u_1\neq0$, $u_2=0$인 경우: 직선 l은 x축에 평행하다. 만약 점 A가 x축 위의 점이라면 직선 l은 x축이다. 직선의 방정식은 $y=y_1$이다.

$u_1\neq0$, $u_2\neq0$인 경우: 직선 l은 x축, y축 모두에 평행하지 않으며, x축 또는 y축일 수 없다. 직선의 방정식은 $\dfrac{x-x_1}{u_1}=\dfrac{y-y_1}{u_2}$이다.

좌표평면(xy)	
점	점 $(1,\ 2) \Leftrightarrow x=1,\ y=2$ $\Leftrightarrow \begin{cases} y=x+1 \\ y=-x+3 \end{cases}$(두 직선의 교점)
직선	$ax+by+c=0$ (단, a, b가 모두 0일 수 없다.)

• 법선벡터

좌표평면에서 점 $\mathrm{A}(x_1,\ y_1)$을 지나고, 벡터 $\vec{n}=(a,\ b)$에 수직인 직선을 l이라고 하면

$l:\ a(x-x_1)+b(y-y_1)=0$

이 등식을 변형하면

$l:\ ax+by=ax_1+by_1$

위의 등식의 기하적인 의미는 다음과 같다.

원점에서 직선 l에 내린 수선의 발을 H, 직선 l 위의 점을 P라고 하자.

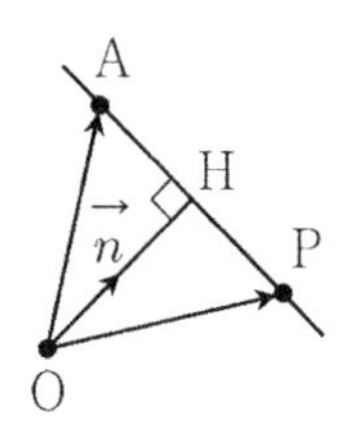

벡터의 내적의 정의에 의하여

$\overrightarrow{\mathrm{OA}}\cdot\vec{n}=\overrightarrow{\mathrm{OH}}\cdot\vec{n},\ \overrightarrow{\mathrm{OP}}\cdot\vec{n}=\overrightarrow{\mathrm{OH}}\cdot\vec{n}$이므로

$\overrightarrow{\mathrm{OA}}\cdot\vec{n}=\overrightarrow{\mathrm{OP}}\cdot\vec{n}$ 즉, $ax+by=ax_1+by_1$ (직선 l)

※ $\overrightarrow{\mathrm{AP}}\cdot\vec{n}=0$에서 위의 등식을 유도해도 좋다.

• 좌표평면에서 점과 직선 사이의 거리

예제 1

좌표평면의 점 $\mathrm{A}(x_0,\ y_0)$과 직선 $l:ax+by+c=0$ 사이의 거리를 h라고 할 때, 다음의 공식을 증명하시오.

$h=\dfrac{|ax_0+by_0+c|}{\sqrt{a^2+b^2}}$ (점과 직선 사이의 거리 공식)

증명

직선 l의 법선벡터를 $\vec{n}=(a,\ b)$, 점 A에서 직선 l에 내린 수선의 발을 $\mathrm{H}(x_1,\ y_1)$이라고 하자.

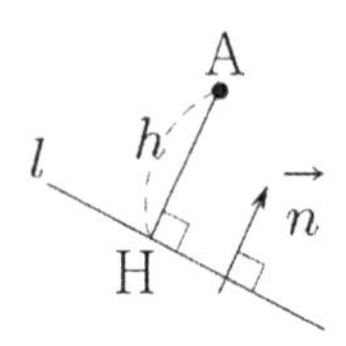

$\overrightarrow{\mathrm{AH}}/\!/\vec{n}$이므로 $\overrightarrow{\mathrm{AH}}=k\vec{n}$이다. (단, k는 0이 아닌 상수)

벡터의 내적의 정의에 의하여

$\overrightarrow{\mathrm{AH}}\cdot\vec{n}=\pm|\overrightarrow{\mathrm{AH}}||\vec{n}|$

이므로

$h=|\overrightarrow{\mathrm{AH}}|=\dfrac{|\overrightarrow{\mathrm{AH}}\cdot\vec{n}|}{|\vec{n}|}$

$=\dfrac{|a(x_1-x_0)+b(y_1-y_0)|}{\sqrt{a^2+b^2}}$

$=\dfrac{|ax_0+by_0-(ax_1+by_1)|}{\sqrt{a^2+b^2}}$

($\because$ 점 H는 직선 l 위의 점이므로 $ax_1+by_1+c=0$)

$=\dfrac{|ax_0+by_0+c|}{\sqrt{a^2+b^2}}$

■

평면에서의 직선	
두 직선이 이루는 예각의 크기	직선 l, 직선 m, $\overrightarrow{n_1}$, $\overrightarrow{n_2}$, θ $\cos\theta=\dfrac{\left\|\overrightarrow{n_1}\cdot\overrightarrow{n_2}\right\|}{\left\|\overrightarrow{n_1}\right\|\left\|\overrightarrow{n_2}\right\|}$
점과 직선 사이의 거리	$(x_0,\ y_0)$, d, $ax+by+c=0$ $d=\dfrac{\left\|ax_0+by_0+c\right\|}{\sqrt{a^2+b^2}}$
서로 평행한 두 직선 사이의 거리	직선 l, 직선 m, A, H, d 점과 직선 사이의 거리 공식을 이용하여 d의 값을 구한다.

N. 원: 원과 직선의 위치 관계

좌표평면에 중심이 C이고, 반지름의 길이가 r인 원 C가 있다. 점 C와 직선 l 사이의 거리를 d라고 할 때, 원 C와 직선 l의 위치 관계를 표로 정리하면 다음과 같다.

경우	r, d 관계	좌표평면에서의 원
❶	$r < d$ (원)	C, C, l, r, d
❷	$r = d$ (원)	C, C, l, d, r
❸	$r > d$ (원)	C, C, l, r, d

P 공간도형과 공간좌표

- 2015개정 교육과정

◆ 수학 I (공통과목)에서 라디안을 배우므로 라디안으로 출제된 기출은 변형하지 않았습니다.

○ 육십분법 도입

○ 사인법칙, 코사인법칙 관련 문제 출제 가능

○ 공간벡터, 공간에서의 벡터의 방정식 퇴출

○ 부등식의 영역 관련 문제 제외 또는 변형 수록

P. 공간도형: 보조선

• 공간도형 문제는 평면도형 문제로 바꾸어 해결한다.

공간도형 문제를 풀 때에는 아래의 세 평면을 항상 생각해야 한다.

- 단면 (절단면): 단면은 반드시 정면에서 바라본다.
- 정사영
- 전개도

• 공간도형에서 가장 중요한 보조선은 수선(의 발)이다.

평면에서 직선 l과 직선 l 위에 있지 않은 점 A가 주어지면, 반드시 점 A에서 직선 l에 수선의 발을 내려야 한다. 아래 그림처럼 점 A에서 직선 l에 내린 수선의 발을 H라고 하자.

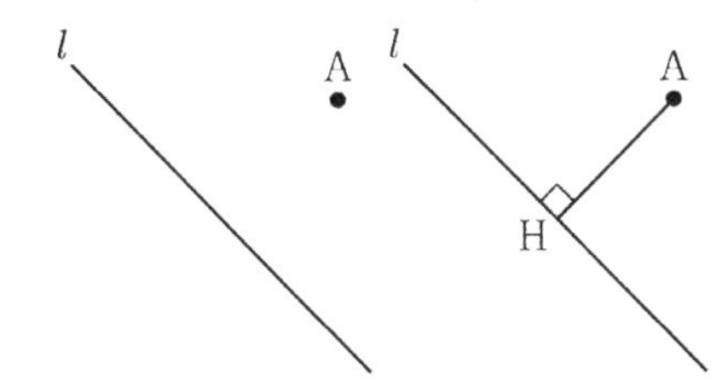

점 H와 직선 AH는 직선 l의 결정조건임을 명심하자. 다시 말하면 점 H를 지나고 직선 AH에 수직인 직선은 유일하게 결정되고, 바로 l이다. 새롭게 그은 보조선 $\overline{\mathrm{AH}}$는 직선 l의 결정조건이며, 보조선은 도형의 결정조건 또는 도형의 성질임을 다시금 확인하게 된다.

공간에서 평면 α와 평면 α 위에 있지 않은 점 A가 주어지면, 반드시 점 A에서 평면 α에 수선의 발을 내린다. 점 A에서 평면 α에 내린 수선의 발을 H라고 하자.

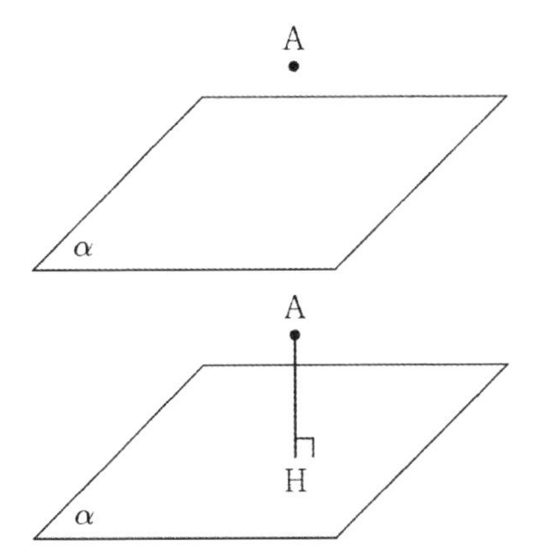

점 H와 직선 AH는 평면 α의 결정조건임을 명심하자. 다시 말하면 점 H를 지나고 직선 AH에 수직인 평면은 유일하게 결정되고, 바로 α이다. 새롭게 그은 보조선 $\overline{\mathrm{AH}}$는 평면 α의 결정조건이며, 보조선은 도형의 결정조건 또는 도형의 성질임을 다시금 확인하게 된다.

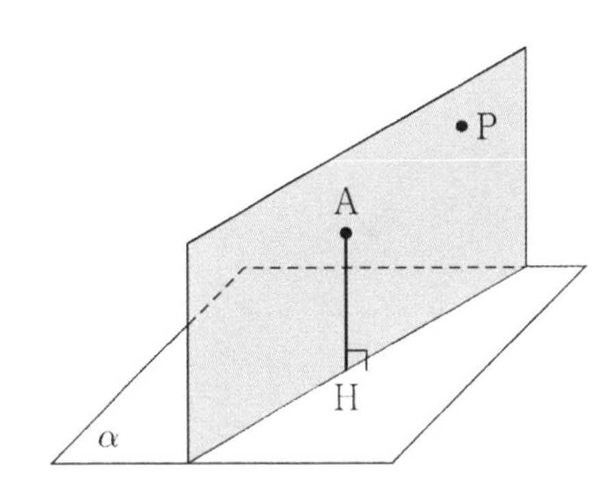

직선 AH를 포함하는 임의의 평면은 평면 α에 수직이다. 이때, 위의 그림처럼 점 P를 준다면, 직선 AH와 점 P를 포함하는 평면을 생각한다. (평면의 결정조건 ❷)

P. 공간도형: 단면 관찰(+정사영)

아래 그림처럼 직선 l과 평면 α가 한 점 A에서 만난다고 하자. (단, 직선 l과 평면 α는 서로 수직이 아니다.)

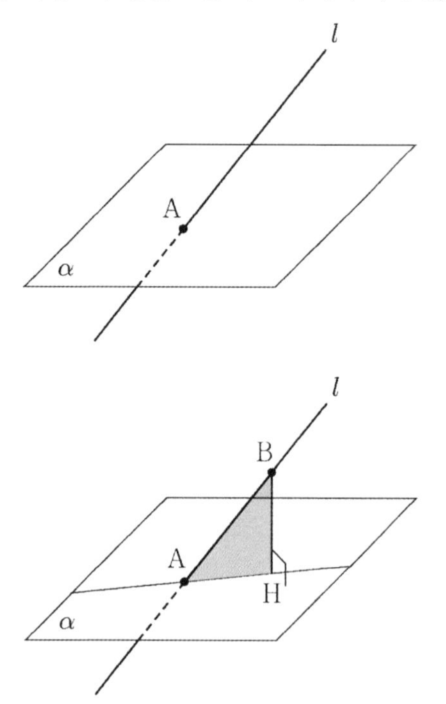

만약 직선 l과 평면 α가 이루는 각의 크기를 구해야 한다면, 직선 l 위의 (점 A가 아닌) 점 B에서 평면 α에 수선의 발을 내린다. 이 수선의 발을 H라고 할 때, 두 직선 AB(l), BH는 한 점에서 만나므로, 평면의 결정조건 ❸에 의하여 평면 BAH가 결정된다. 이때, 두 평면 BAH, α는 서로 수직이다. 그리고 직선 AH는 두 평면 BAH, α의 교선이며, 직선 l의 평면 α 위로의 정사영이기도 하다.

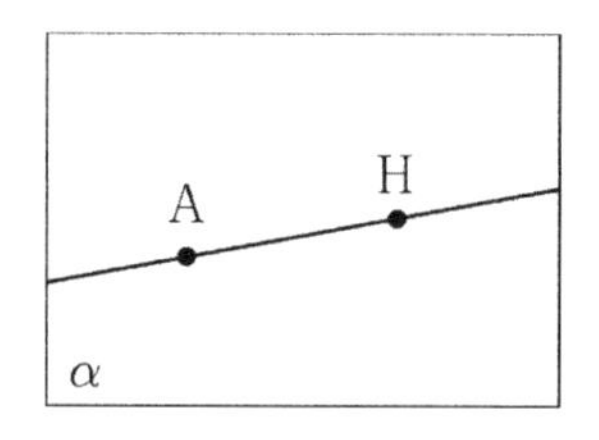

점 B에서 평면 α에 수선의 발을 내렸으므로, 평면 α를 정면에서 바라보아야 한다. (위의 그림)

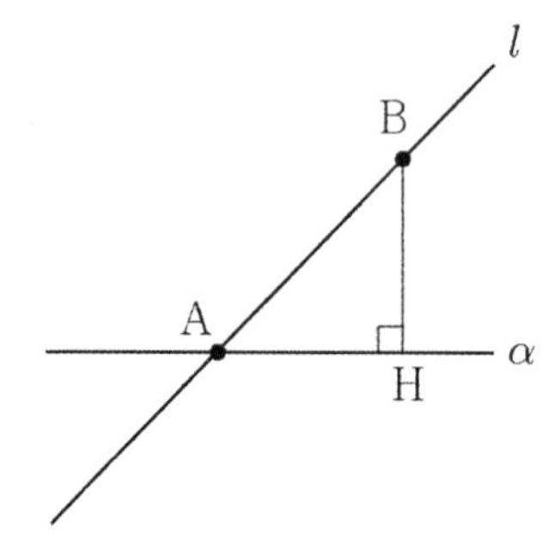

평면 BAH가 결정되었으므로, 평면 BAH를 정면에서 바라보아야 한다. (위의 그림)

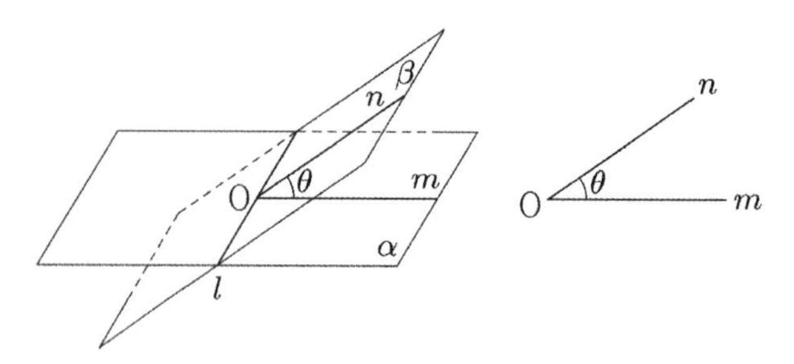

왼쪽 그림에서 오른쪽 그림(단면)을 볼 수 있어야 한다.

예제 1

정사면체 ABCD에서 두 모서리 AB, CD가 서로 수직임을 보이시오.

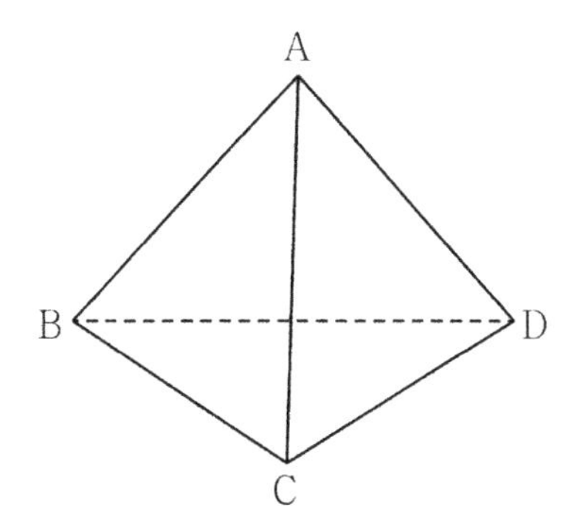

풀이

점 A에서 평면 BCD에 내린 수선의 발을 H, 점 A에서 선분 CD에 내린 수선의 발을 E라고 하자.

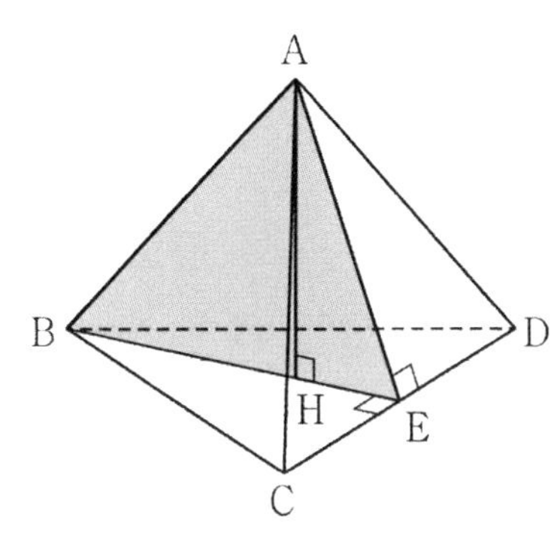

$\overline{AH} \perp BCD$, $\overline{AE} \perp \overline{CD}$이므로

삼수선의 정리에 의하여

$\overline{HE} \perp \overline{CD}$ 즉, $\overline{BE} \perp \overline{CD}$

$\overline{CD} \perp ABE$

이므로

$\overline{AB} \perp \overline{CD}$

답 풀이참조

참고

이제 다음과 같은 관찰을 하자.

평면 BCD를 정면에서 바라보면 아래 그림과 같다. 이때, 두 점 A, H는 서로 겹쳐 보인다.

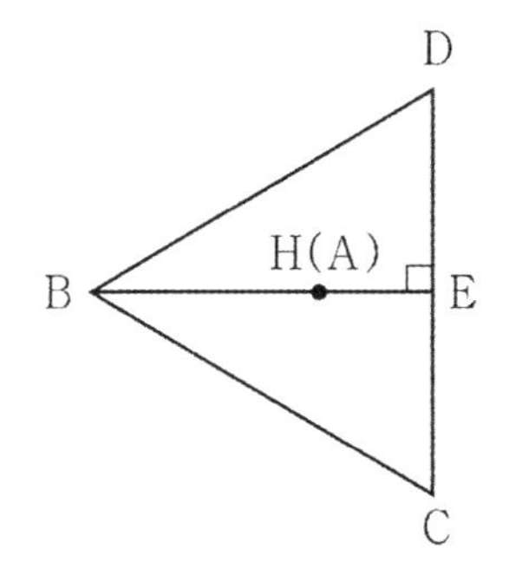

예제 2

정육면체 ABCDEFGH에서 두 선분 AG, BD가 서로 수직임을 보이시오.

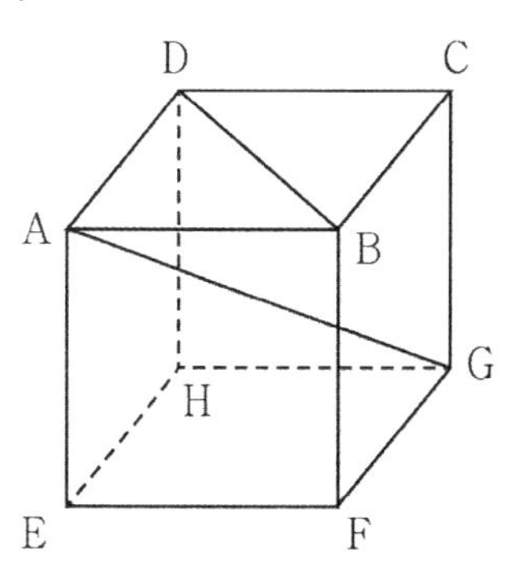

증명

정육면체의 정의에 의하여 점 G에서 평면 ABCD에 내린 수선의 발은 C이다.

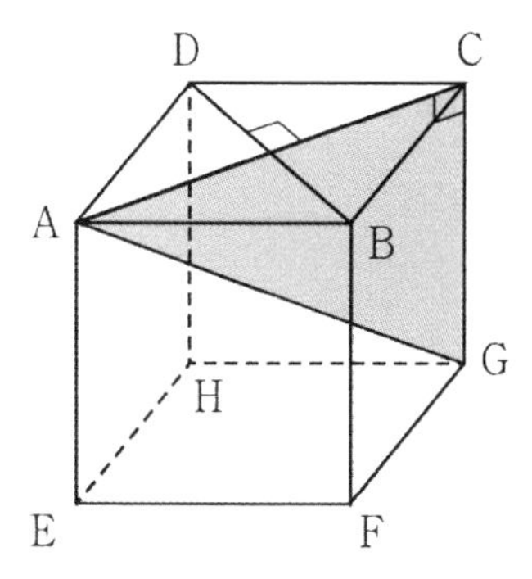

정육면체의 정의에 의하여 사각형 ABCD는 정사각형이므로

$\overline{AC} \perp \overline{BD}$ …㉠

정육면체의 정의에 의하여 $\overline{GC} \perp ABCD$이므로

직선과 평면의 수직에 대한 정의에 의하여

$\overline{GC} \perp \overline{BD}$ …㉡

㉠, ㉡에 의하여

$\overline{BD} \perp AGC$

직선과 평면의 수직에 대한 정의에 의하여

$\overline{BD} \perp \overline{AG}$

이제 다음과 같은 관찰을 하자.

평면 ABCD를 정면에서 바라보면 아래 그림과 같다. 이때, 두 점 C, G는 서로 겹쳐 보인다.

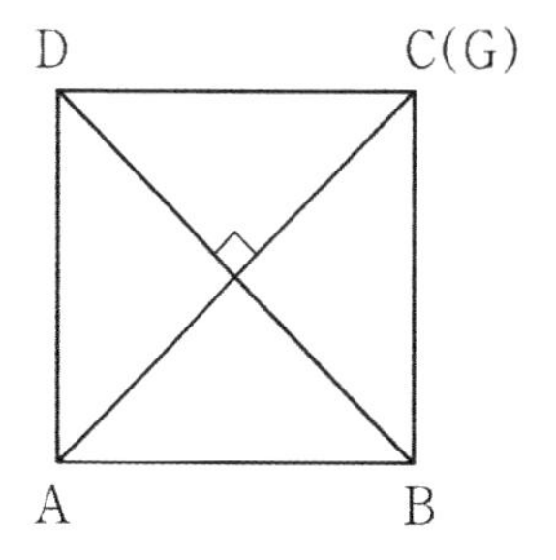

답 풀이참조

참고

아래 그림처럼 선분 BD를 평행이동시킨 선분 B'D'가 선분 AG와 만나게 하자. 이때, 두 직선 B'D', AG는 한 점에서 만나므로, 한 평면이 결정된다. 이 평면 위의 사각형 AB'GD'가 마름모임을 보이면, 두 선분 AG, BD가 서로 수직임을 증명하게 된다.

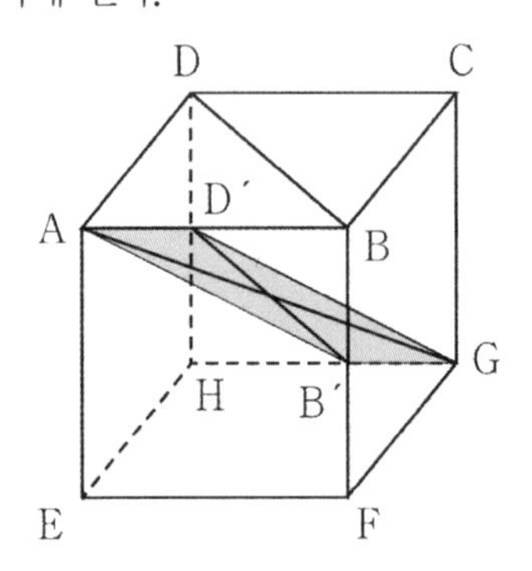

P. 공간도형: 평면의 결정 조건 ~ 평면, 직선의 위치 관계

• 평면의 결정조건

아래 그림과 같이 공간에서 서로 다른 두 점 A, B를 지나는 평면은 무수히 많지만 한 직선 위에 있지 않은 세 점 A, B, C를 지나는 평면은 오직 하나뿐이다. 즉, 한 직선 위에 있지 않은 세 점이 주어지면 평면이 하나로 결정됨을 알 수 있다.

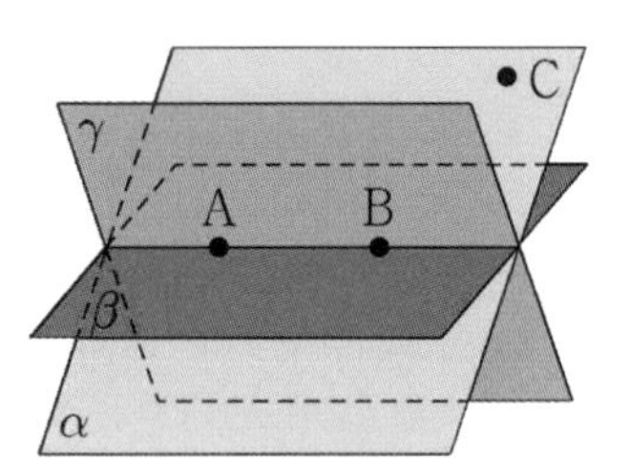

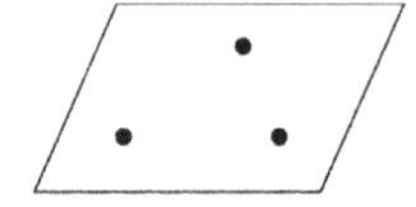

❶ 한 직선 위에 있지 않은 세 점

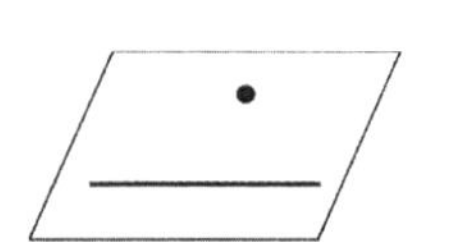

❷ 한 직선과 그 위에 있지 않은 한 점

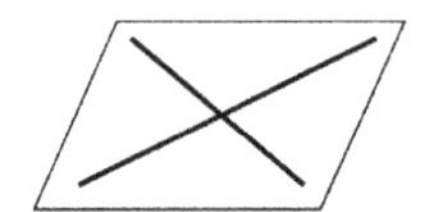

❸ 한 점에서 만나는 두 직선

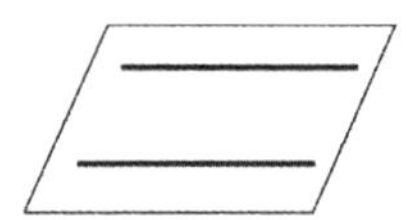

❹ 평행한 두 직선

• 공간에서의 위치 관계 - 서로 다른 두 직선의 위치 관계

한 평면 위에 있다.		

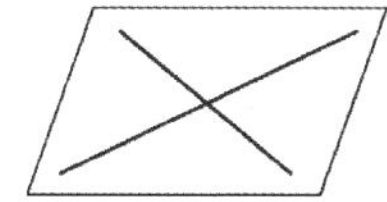
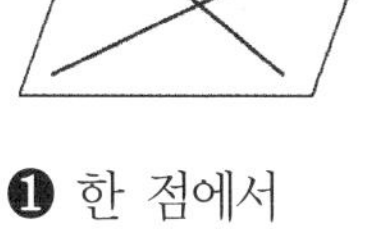
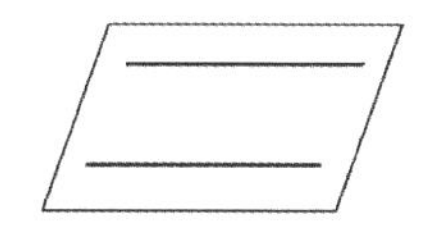
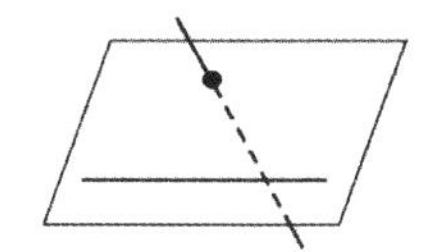

❶ 한 점에서 만난다. ❷ 평행하다. ❸ 한 평면 위에 있지 않다.

	만나지 않는다.	

두 직선이 평행하면, 이 두 직선은 만나지 않는다. (참)
두 직선이 만나지 않으면, 이 두 직선은 평행하다. (거짓) (위 명제의 역)
두 직선이 만나지 않으면, 이 두 직선은 평행하거나 꼬인 위치에 있다. (참)
두 직선이 평행하거나 꼬인 위치에 있으면, 이 두 직선은 만나지 않는다. (참) (위 명제의 역)

• 공간에서의 위치 관계 - 직선과 평면의 위치 관계

만난다.		만나지 않는다.

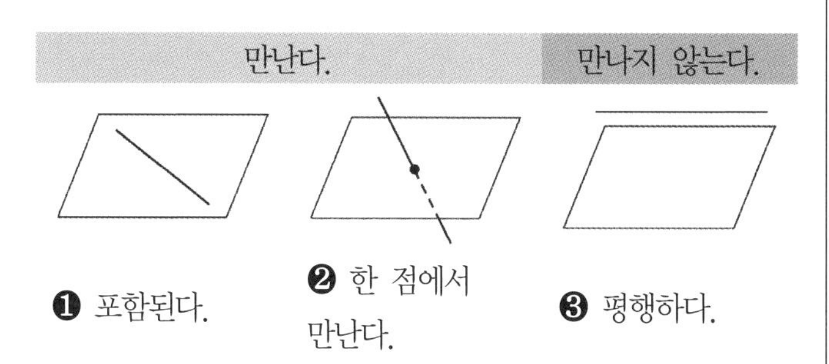

❶ 포함된다. ❷ 한 점에서 만난다. ❸ 평행하다.

• 공간에서의 위치 관계 - 서로 다른 두 평면의 위치 관계

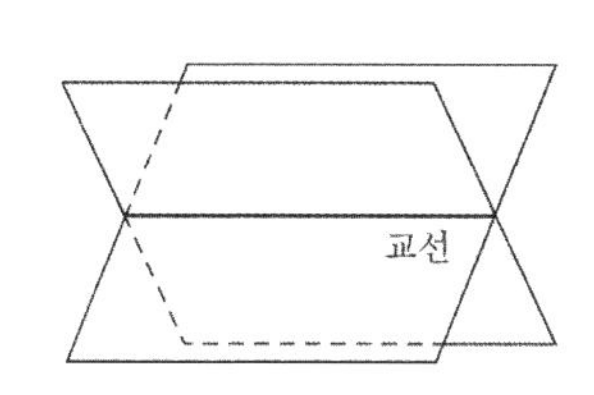

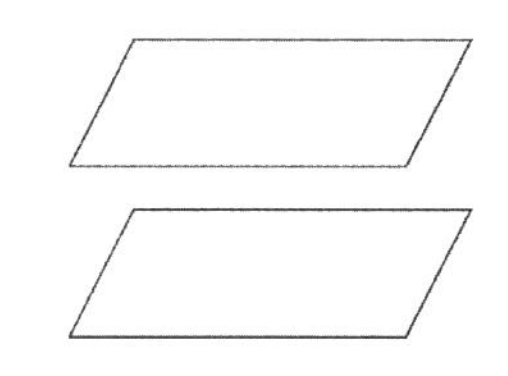
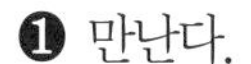

❶ 만난다. ❷ 평행하다.

• 직선과 평면의 평행 관계

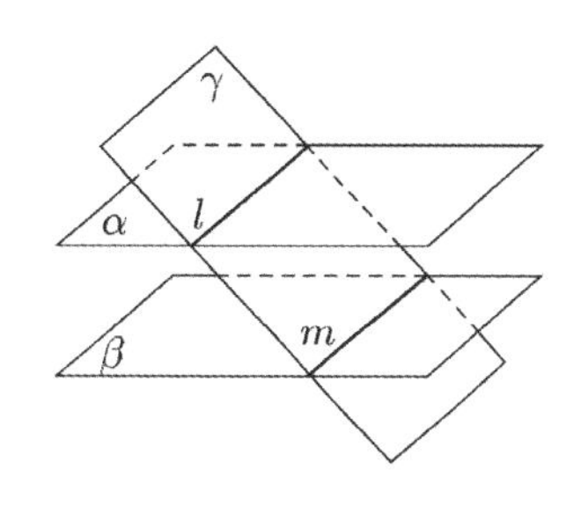

• 평행한 두 평면 α, β가 평면 γ와 만나서 생기는 두 교선을 각각 l, m이라 고 할 때, 두 직선 l, m은 평행하다.

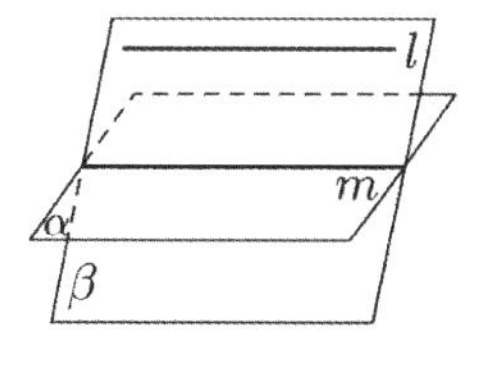

• 직선 l과 평면 α가 평행할 때, 직선 l을 포함하는 평면 β와 평면 α의 교선 m은 직선 l과 평행하다.

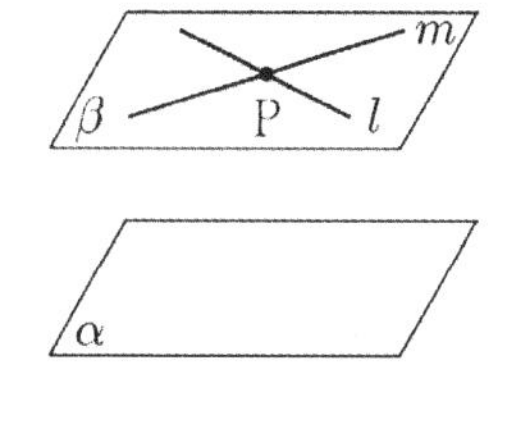

• 평면 α 위에 있지 않은 한 점 P를 지나고 평면 α에 평행한 두 직선 l, m에 의하여 결정되는 평면 β는 평면 α와 평행하다.

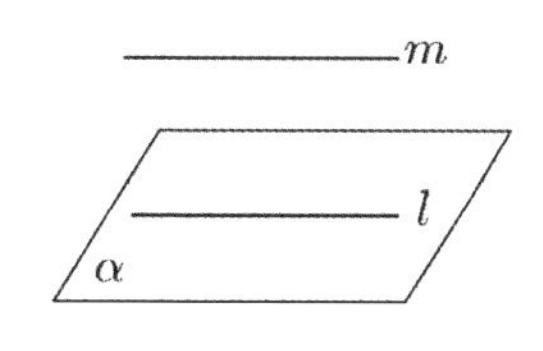

• 직선 l을 포함하고 직선 m을 포함하지 않는 평면 α가 있다. 두 직선 l, m이 평행할 때, 평면 α와 직선 m은 평행하다.

P. 공간도형: 두 직선이 이루는 각

• 두 직선이 이루는 각

꼬인 위치에 있는 두 직선 l, m이 이루는 각은 다음과 같이 정한다.

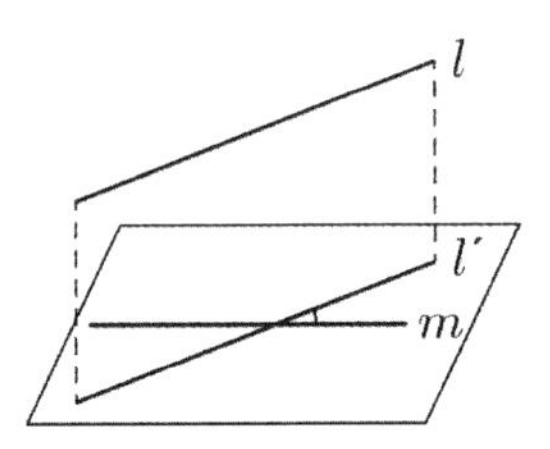

위의 그림과 같이 직선 l을 직선 m과 한 점에서 만나도록 평행이동한 직선을 l'이라고 하면, 두 직선 l'과 m은 한 평면을 결정한다.(평면의 결정조건❸) 이때, 두 직선 l'과 m이 이루는 각 중 크기가 크지 않은 것을 두 직선 l, m이 이루는 각이라고 한다.

• 직선과 평면의 수직 관계

(정의) 직선 l이 평면 α 위의 모든 직선과 수직일 때, 직선 l과 평면 α는 서로 수직이라고 한다.

(정리) 아래 그림과 같이 평면 α와 한 점 O에서 만나는 직선 l이 있다.

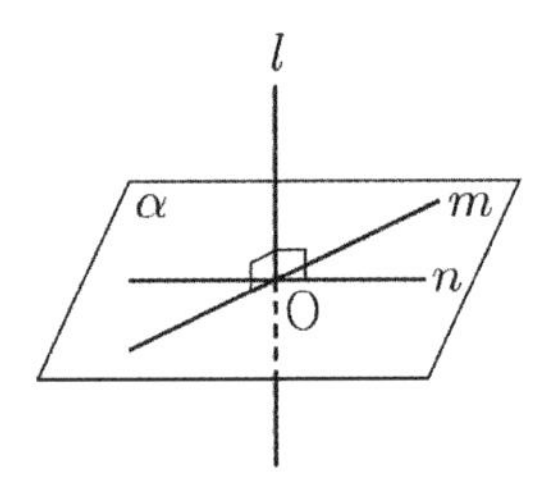

직선 l이 점 O에서 만나는 평면 α 위의 서로 다른 두 직선 m, n과 각각 수직이면 직선 l과 평면 α는 서로 수직이다. 일반적으로 직선 l이 평면 α 위의 평행하지 않은 두 직선과 수직이면 $l \perp \alpha$이다.

직선과 평면의 수직 관계에 대한 대표적인 예를 들어보자.

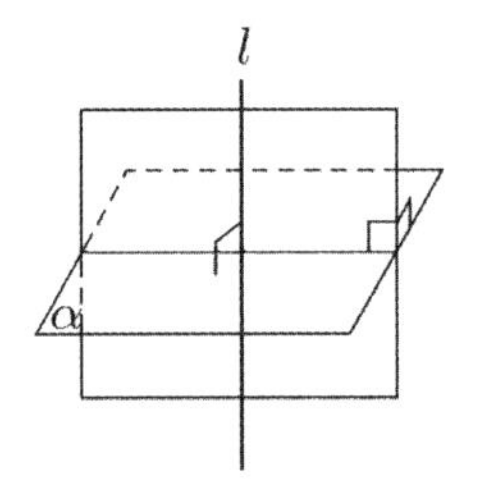

• 직선 l이 평면 α에 수직일 때, 직선 l을 포함하는 모든 평면은 평면 α에 수직이다.

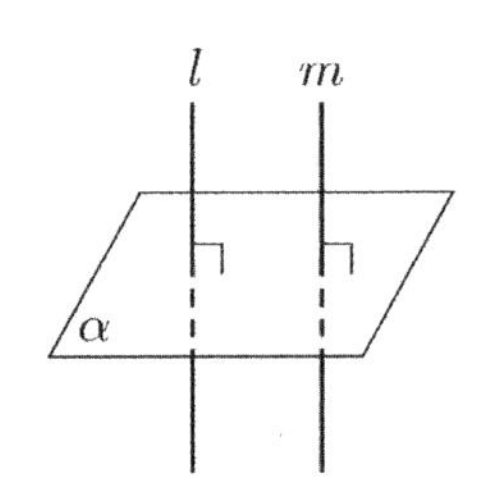

• 평면 α에 수직인 서로 다른 두 직선 l, m은 서로 평행하다.

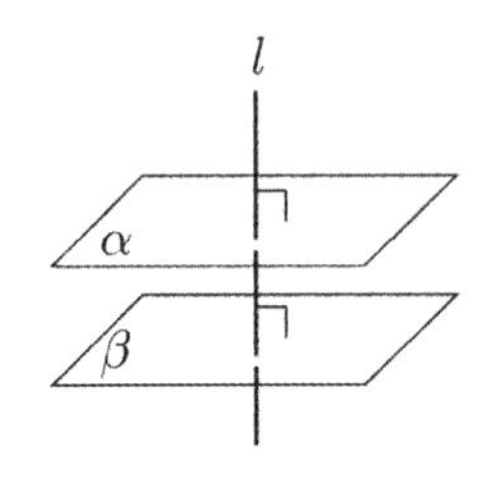

• 직선 l에 수직인 서로 다른 두 평면 α, β는 서로 평행하다.

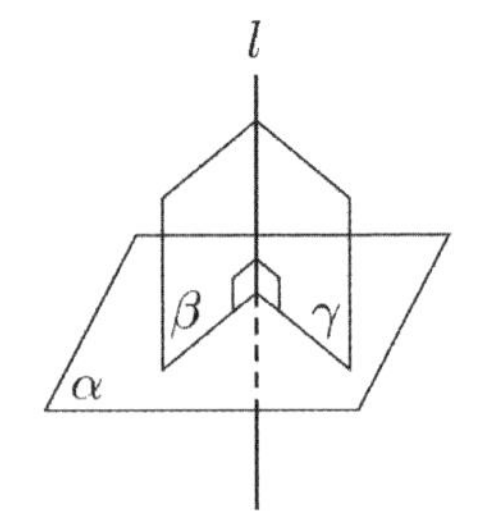

• 평면 α에 수직인 두 평면 β, γ가 만나서 생긴 교선이 l일 때, 직선 l은 평면 α에 수직이다.

P. 공간도형: 삼수선의 정리

• 삼수선의 정리

아래 그림처럼 점 P는 평면 α 위에 있지 않고, 직선 l은 평면 α에 포함된다고 하자.

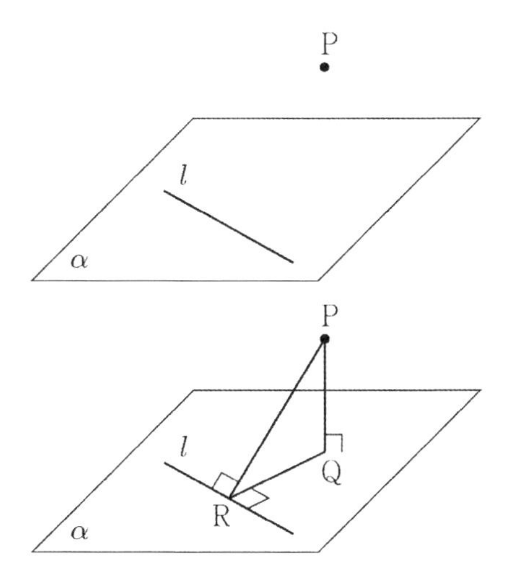

점 P에서 평면 α에 내린 수선의 발을 Q, 점 Q에서 직선 l에 내린 수선의 발을 R이라고 할 때, $\overline{PR} \perp l$이다. (삼수선의 정리 ❶)

이제 다음과 같은 세 평면을 관찰해야 한다.

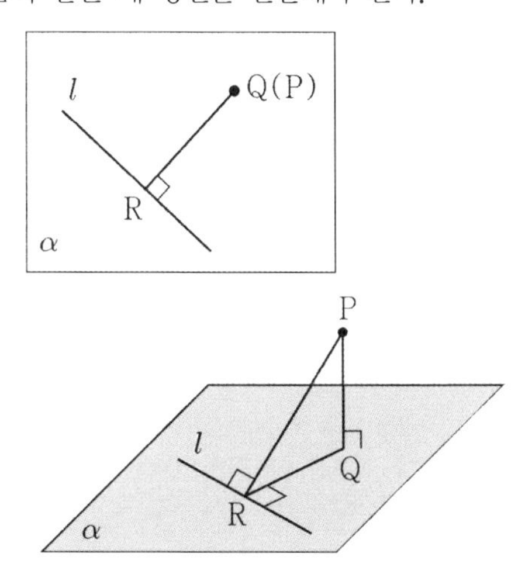

점 P에서 평면 α에 수선의 발을 내렸으므로, 평면 α를 정면에서 바라보아야 한다. (위의 그림)

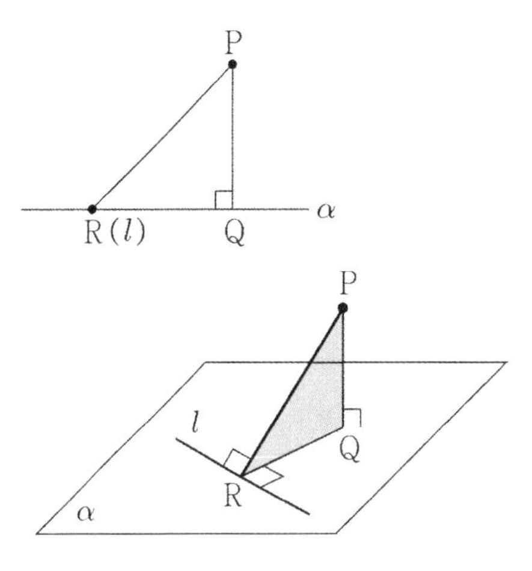

한 점에서 만나는 두 직선 PQ, QR에 의하여 평면 PQR이 결정되었으므로, 평면 PQR을 정면에서 바라보아야 한다. (위의 그림)

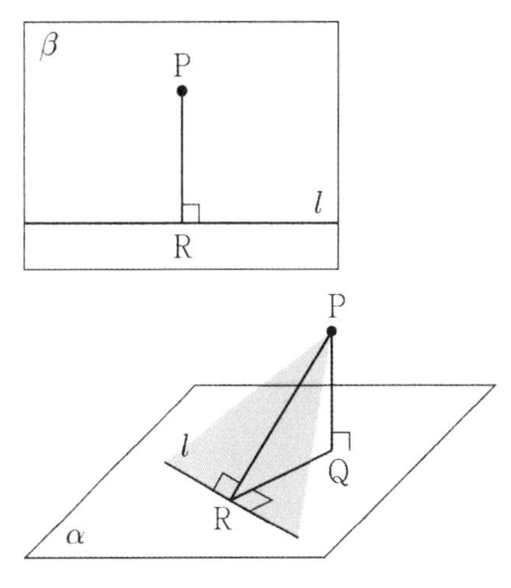

한 점에서 만나는 두 직선 PR, l에 의하여 결정된 평면을 β라 하고, 평면 β를 정면에서 바라보아야 한다. (위의 그림)

문제에 따라서는 삼수선의 정리를 떠올리기 어렵게 그림을 주기도 한다. (아래 그림)

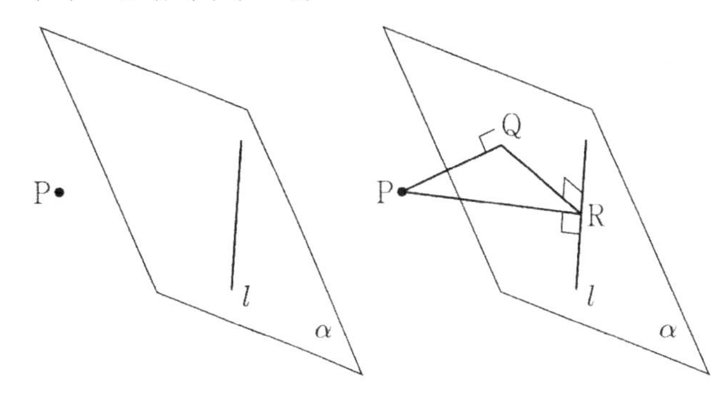

예제 1

아래 그림처럼 직선 l은 평면 α에 포함되고, 점 P는 평면 α 위에 있지 않다. 점 P에서 평면 α에 내린 수선의 발을 Q, 점 Q에서 직선 l에 내린 수선의 발을 H라고 하자. 직선 l 위의 점 R에 대하여 $\overline{PQ}=2$, $\overline{PR}=3$, $\overline{RH}=1$일 때, 선분 HQ의 길이는?

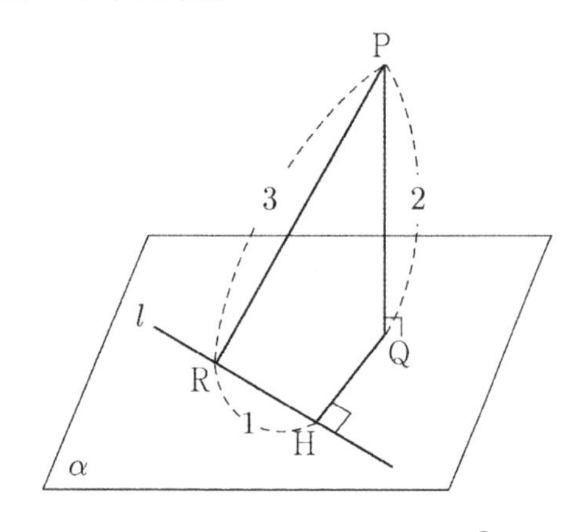

① $\frac{3}{4}$　② 1　③ $\frac{3}{2}$

④ 2　⑤ $\frac{7}{3}$

풀이

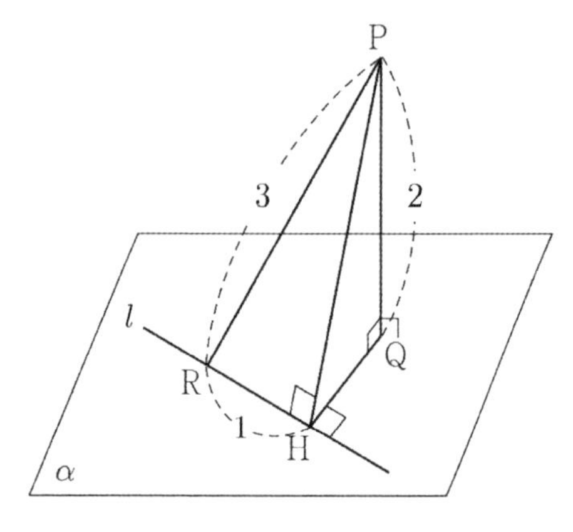

문제에서 주어진 조건에 의하여

$\overline{PQ}\perp\alpha$, $\overline{QH}\perp l$

이므로, 삼수선의 정리에 의하여

$\overline{PH}\perp l$

이제 아래의 두 평면에서 평면도형의 성질을 이용하여 문제를 해결한다.

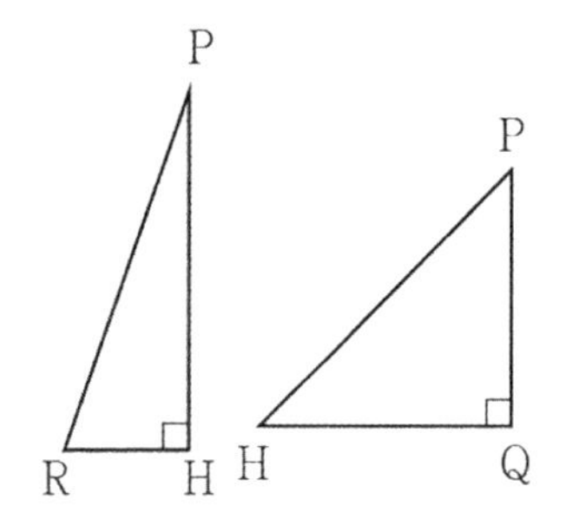

직각삼각형 PRH에서 피타고라스의 정리에 의하여

$\overline{PH}=\sqrt{\overline{PR}^2-\overline{RH}^2}=2\sqrt{2}$ (←점 H에서 만나는 두 직선 PH, RH로 결정되는 평면 PRH를 정면에서 바라봄)

직선과 평면의 수직에 대한 정의에 의하여

$\overline{PQ}\perp\overline{QH}$

이므로, 직각삼각형 PHQ에서 피타고라스의 정리에 의하여

$\therefore\ \overline{HQ}=\sqrt{\overline{PH}^2-\overline{PQ}^2}=2$(←점 Q에서 만나는 두 직선 PQ, HQ로 결정되는 평면 PHQ를 정면에서 바라봄)

답 ④

예제 2

아래의 직육면체에서

$\overline{AB}=3$, $\overline{AD}=1$, $\overline{AE}=2$

이다.

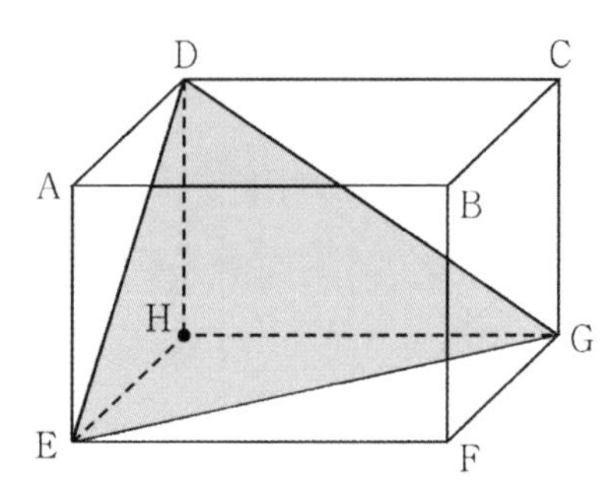

점 H와 평면 EGD 사이의 거리는? [3점]

① $\frac{6}{7}$　② $\frac{5}{7}$　③ $\frac{4}{7}$

④ $\frac{3}{7}$　⑤ $\frac{2}{7}$

풀이

점 D에서 선분 EG에 내린 수선의 발을 P, 점 H에서 선분 DP에 내린 수선의 발을 Q라고 하자.

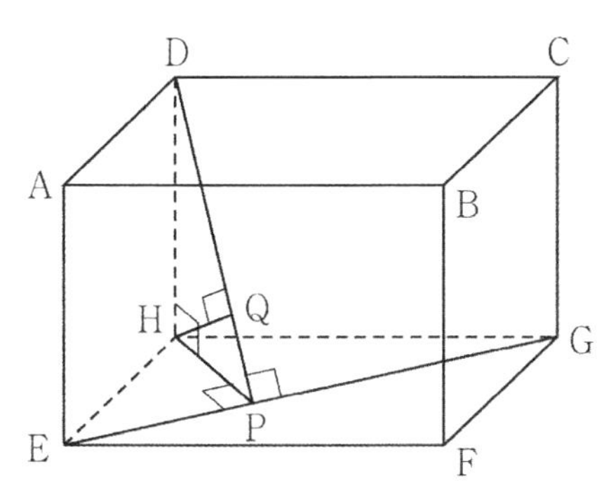

$\overline{DH} \perp EFGH$, $\overline{DP} \perp \overline{EG}$이므로

삼수선의 정리에 의하여

$\overline{HP} \perp \overline{EG}$

평면 EFGH를 정면에서 바라보면 다음과 같다.(←점 D에서 평면 EFGH에 수선의 발을 내렸으므로, 평면 EFGH를 정면에서 바라보는 것은 자연스럽다. 혹은 점 P에서 만나는 두 직선 EG, HP로 결정되는 평면이 EFGH이므로, 평면 EFGH를 정면에서 바라본다고 생각해도 좋다.)

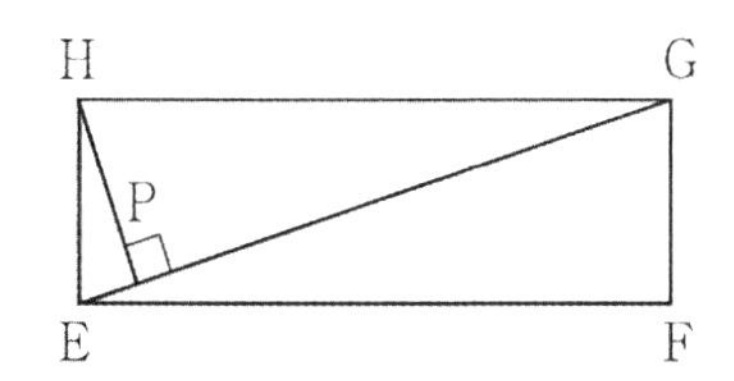

직각삼각형 HEG에서 피타고라스의 정리에 의하여

$\overline{EG} = \sqrt{10}$

(삼각형 EGH의 넓이)$= \frac{1}{2}\overline{EH}\,\overline{HG} = \frac{1}{2}\overline{EG}\,\overline{HP}$

대입하면

$\frac{1}{2} \times 1 \times 3 = \frac{1}{2} \times \sqrt{10} \times \overline{HP}$ 즉, $\overline{HP} = \frac{3}{\sqrt{10}}$

평면 DHP를 정면에서 바라보면 다음과 같다.(←점 Q에서 만나는 두 직선 DP, HQ로 평면 DHP가 결정되므로, 평면 DHP를 정면에서 바라보는 것으로 생각해도 좋다.)

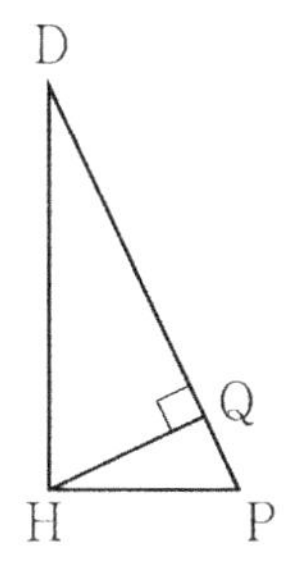

직각삼각형 DHP에서 피타고라스의 정리에 의하여

$\overline{DP} = \frac{7}{\sqrt{10}}$

(삼각형 DHP의 넓이)$= \frac{1}{2}\overline{DH}\,\overline{HP} = \frac{1}{2}\overline{DP}\,\overline{HQ}$

대입하면

$\frac{1}{2} \times 2 \times \frac{3}{\sqrt{10}} = \frac{1}{2} \times \frac{7}{\sqrt{10}} \times \overline{HQ}$ 즉, $\overline{HQ} = \frac{6}{7}$

답 ①

참고

이 문제를 풀면서, 우리는 다음과 같은 세 단면을 관찰한 것이다. 그리고 각 단면을 정면에서 바라보았다.

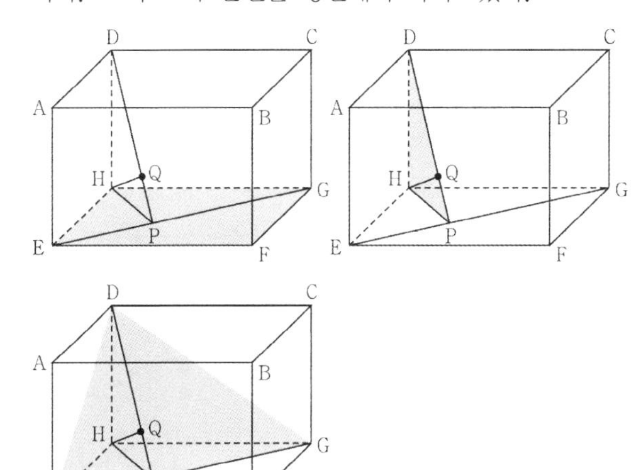

예제 3

정육면체 ABCDEFGH에서 두 점 P, Q는 각각 선분 BD, AG 위에 있고, 선분 PQ는 두 선분 BD, AG에 각각 수직이다. 이 정육면체의 한 모서리의 길이가 6일 때, 선분 PQ의 길이를 구하시오.

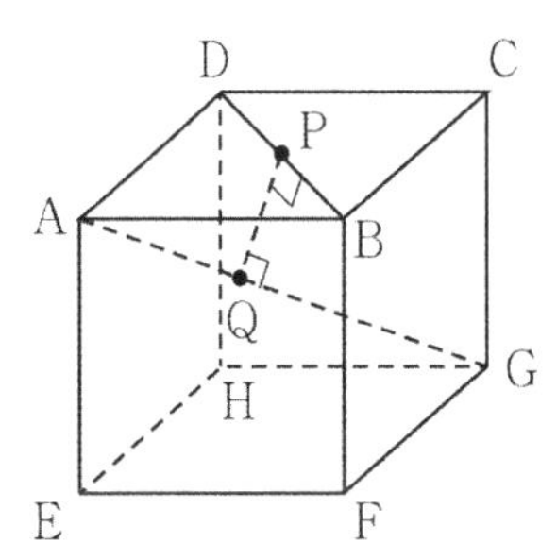

풀이

점 Q에서 직선 AC에 내린 수선의 발을 R이라고 하자.

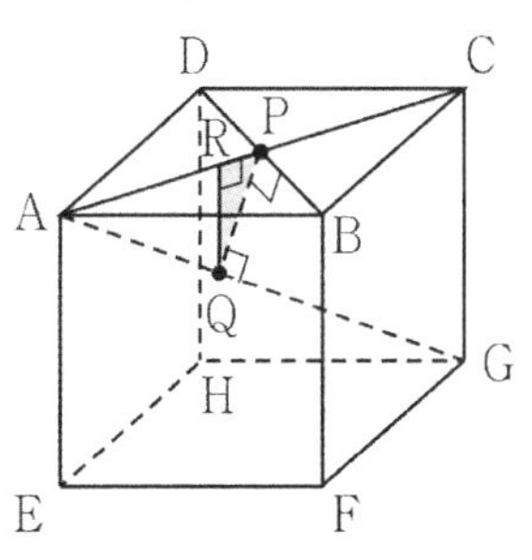

$\overline{QP} \perp \overline{BD}$, $\overline{BD} \perp \overline{PA}$, $\overline{QR} \perp \overline{PA}$이므로

삼수선의 정리 ❸에 의하여

$\overline{QR} \perp ABCD$

정육면체의 정의에 의하여

$\overline{GC} \perp ABCD$

두 직선 GC, QR이 서로 평행하므로,

평면의 결정조건 ❹에 의하여 평면 CRQG(PRQ)가 결정된다.

이제 문제에서 주어진 정육면체를 평면 CRQG로 자른 단면을 관찰하자.

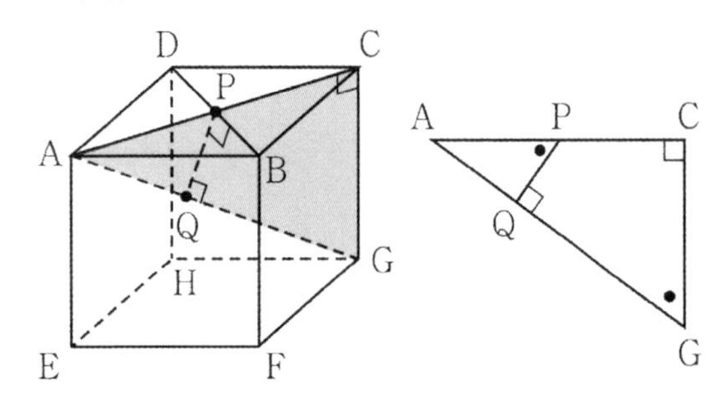

직각삼각형 ABC에서 피타고라스의 정리에 의하여

$\overline{AC}=6\sqrt{2}$ 이므로 $\overline{AP}=3\sqrt{2}$

직각삼각형 AGC에서 피타고라스의 정리에 의하여

$\overline{AG}=6\sqrt{3}$

서로 닮음인 두 직각삼각형 AGC, APQ에 대하여

$\overline{AG}:\overline{GC}=\overline{AP}:\overline{PQ}$ 즉, $6\sqrt{3}:6=3\sqrt{2}:\overline{PQ}$

$\therefore\ \overline{PQ}=\sqrt{6}$

답 $\sqrt{6}$

• 삼수선의 정리와 거리

평면 α 위에 있지 않은 점 P, 평면 α 위의 점 O를 지나지 않는 α 위의 직선 l, 직선 l 위의 점 H에 대하여

❶ $\overline{PO}\perp\alpha$, $\overline{OH}\perp l$이면 $\overline{PH}\perp l$

❷ $\overline{PO}\perp\alpha$, $\overline{PH}\perp l$이면 $\overline{OH}\perp l$

❸ $\overline{PH}\perp l$, $\overline{OH}\perp l$, $\overline{PO}\perp\overline{OH}$이면 $\overline{PO}\perp\alpha$

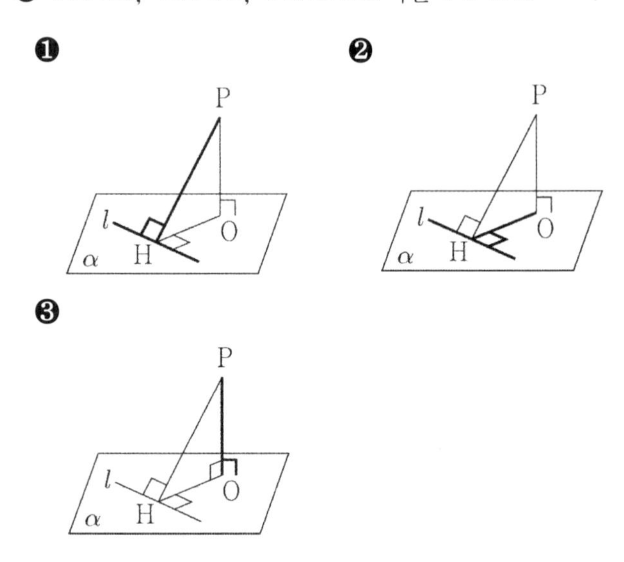

• 점과 직선 사이의 거리 (또는 점과 직선 위의 점 사이의 거리)

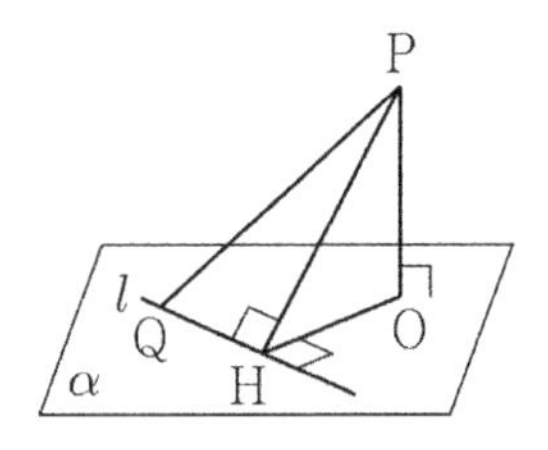

위의 그림과 같이 점 P에서 평면 α에 내린 수선의 발을 O, 점 O에서 직선 l 위에 내린 수선의 발을 H, 직선 l 위의 점 Q에 대하여

(단, 점 P는 평면 α 위에 있지 않고, 직선 l은 평면 α에 포함된다. 평면 α 위의 점 O는 직선 l 위에 있지 않다.)

$\overline{PH}$=(점 P와 직선 l 사이의 거리)$=\sqrt{\overline{PO}^2+\overline{OH}^2}$

$\overline{PQ}$=(점 P와 직선 l 위의 점 Q 사이의 거리)

$=\sqrt{\overline{PO}^2+\overline{OH}^2+\overline{HQ}^2}$

• 점과 평면 사이의 거리

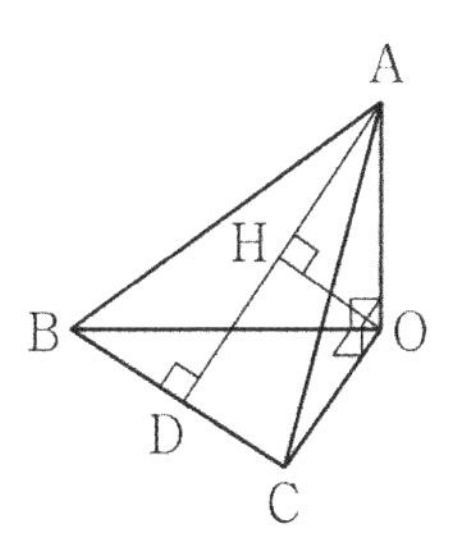

위의 사면체에서 세 모서리 OA, OB, OC는 각각 서로 수직이다. 꼭짓점 A에서 모서리 BC에 내린 수선의 발을 D라 하고, 꼭짓점 O에서 선분 AD에 내린 수선의 발을 H라고 할 때,

$\overline{OH} \perp$(평면ABC)

이므로

$\overline{OH}=$(점 O와 평면 ABC 사이의 거리)

예제 4

$\overline{OA}=3$, $\overline{OB}=4$인 사면체 OABC에 대하여 두 삼각형 OAC, OAB의 무게중심을 각각 G_1, G_2라고 하면 $\overline{G_1G_2}=1$이다. 점 G_1에서 평면 OAB에 내린 수선의 발이 G_2이고, $\overline{AO} \perp \overline{OC}$일 때, 사면체 OABC의 부피를 구하시오. [4점]

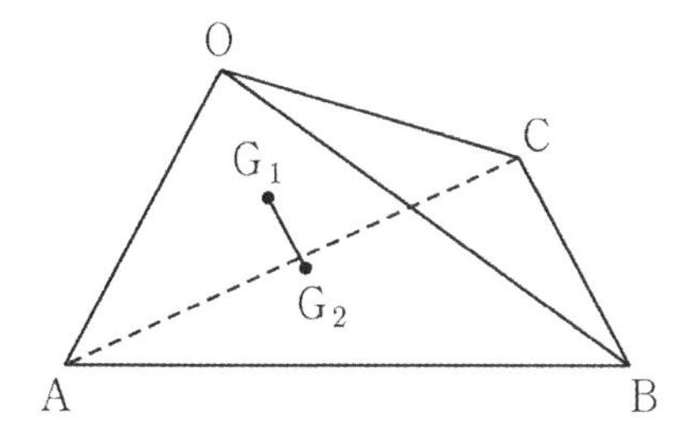

풀이

선분 OA의 중점을 D라고 하자.

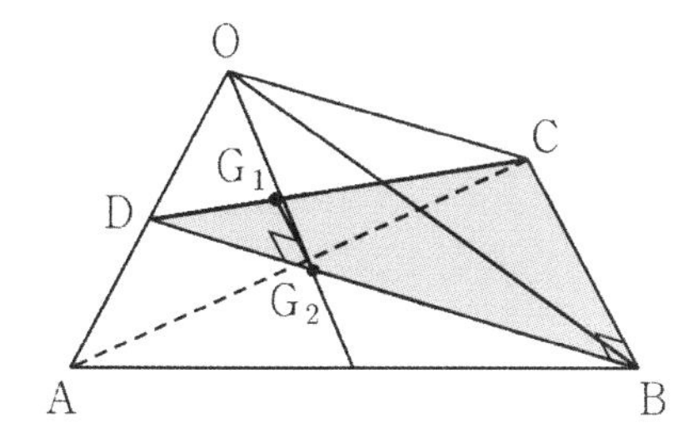

무게중심의 정의에 의하여 두 점 G_1, G_2는 각각 두 선분 CD, BD 위에 있다.

무게중심의 성질에 의하여

$\overline{DG_1}:\overline{G_1C}=\overline{DG_2}:\overline{G_2B}(=1:2)$

이므로 $\overline{G_1G_2}//\overline{CB}$이고, $\overline{CB}=3$이다.

그런데 $\overline{G_1G_2} \perp$ OAB이므로 $\overline{CB} \perp$ OAB이다.

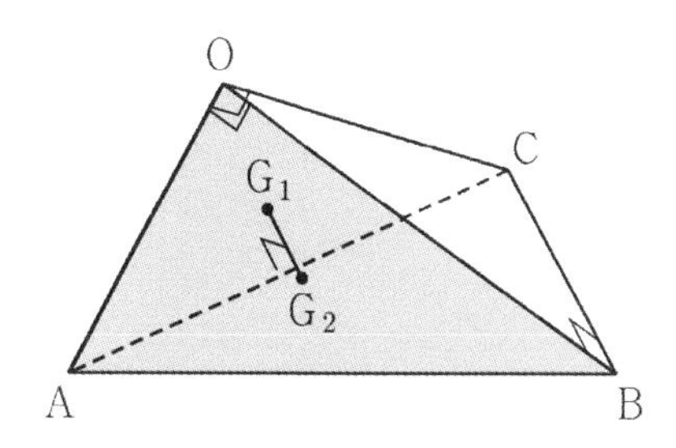

$\overline{CB} \perp$ OAB, $\overline{CO} \perp \overline{OA}$

이므로, 삼수선의 정리에 의하여

$\overline{BO} \perp \overline{OA}$

즉, 삼각형 OAB는 $\angle BOA=\dfrac{\pi}{2}$인 직각삼각형이다.

사면체 OABC의 부피를 V라고 하면

$\therefore\ V=\dfrac{1}{3}\times(\triangle OAB$의 넓이$)\times\overline{CB}$

$=\dfrac{1}{3}\times\left(\dfrac{1}{2}\times3\times4\right)\times3=6$

답 6

P. 공간도형: 이면각

• 이면각

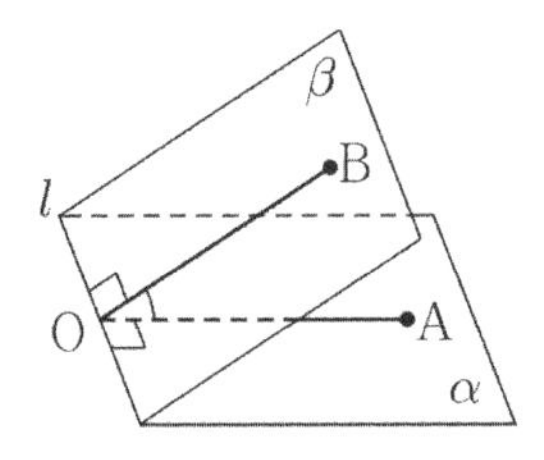

위의 그림과 같이 이면각의 변 l 위의 한 점 O를 지나고 l에 수직인 반직선 OA, OB를 각각 반평면 α, β 위에 그을 때, $\angle$AOB의 크기는 점 O의 위치에 관계없이 일정하다. 이 각의 크기를 이면각의 크기라고 한다.

서로 다른 두 평면이 만나면 네 개의 이면각이 생기는데, 이 중에서 크기가 크지 않은 한 이면각의 크기를 두 평면이 이루는 각의 크기라고 한다.

특히 두 평면 α, β가 이루는 각의 크기가 90°일 때, 두 평면 α, β는 서로 수직이라고 하며, 기호로 $\alpha \perp \beta$와 같이 나타낸다.

• 평면 α에 수직인 직선 l을 포함하는 평면 β는 α에 수직이다.

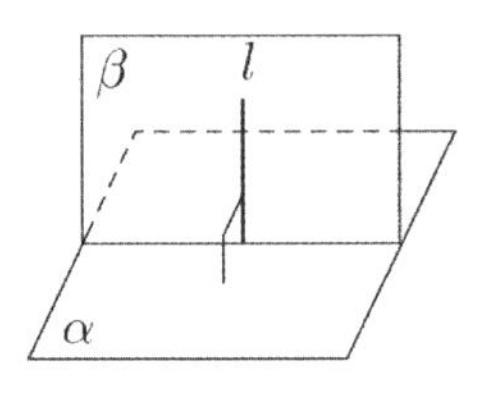

• 평면 α에 수직인 평면 β 위의 한 점 A에서 α, β의 교선에 내린 수선의 발을 O라고 할 때, 선분 AO는 평면 α에 수직이다.

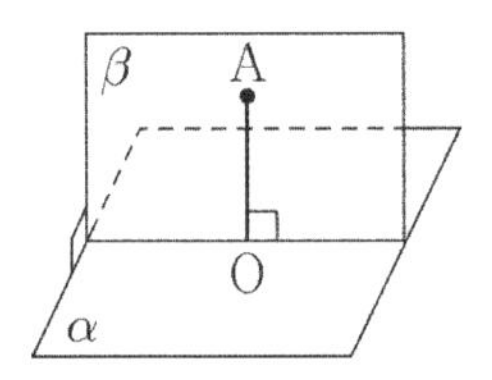

• 이면각의 크기는 일정하다.

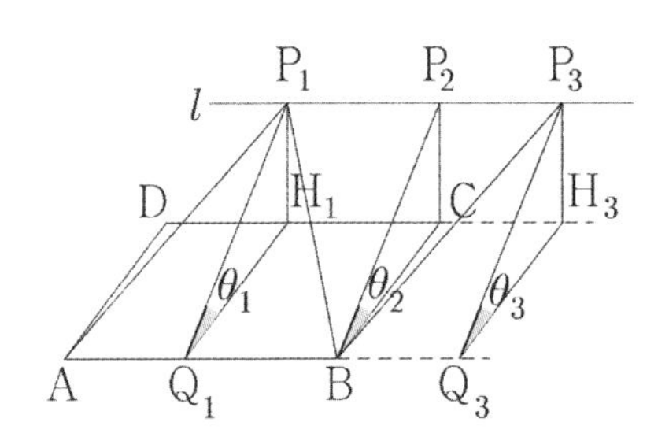

직사각형 ABCD에 대하여

(평면 ABCD)$//l$, $\overline{\text{AB}}//l$

세 점 P_1, P_2, P_3에서 평면 ABCD에 내린 수선의 발을 각각 H_1, H_2(C), H_3이라고 하자. 이때, 세 점 H_1, H_2(C), H_3은 모두 직선 CD 위에 있다.

그리고 세 점 H_1, H_2(C), H_3에서 직선 AB에 내린 수선의 발을 각각 Q_1, Q_2(B), Q_3이라고 하자.

삼수선의 정리에 의하여

$\overline{\text{P}_1\text{Q}_1} \perp \overline{\text{AB}}$, $\overline{\text{P}_2\text{B}} \perp \overline{\text{AB}}$, $\overline{\text{P}_3\text{Q}_3} \perp \overline{\text{AB}}$

이면각의 정의에 의하여

(이면각)$=\theta_1 = \theta_2 = \theta_3$ (이면각의 크기는 일정하다.)

이때, 다음의 세 경우를 관찰하자.

$\angle \text{ABP}_1$은 예각: 점 Q_1은 선분 AB 위에 있다.

$\angle \text{ABP}_2$는 직각: 점 Q_2는 점 B와 일치한다.

$\angle \text{ABP}_3$은 둔각: 점 Q_3은 선분 AB의 연장선 위에 있다.

• 두 평면의 교선

(1) 연장하기

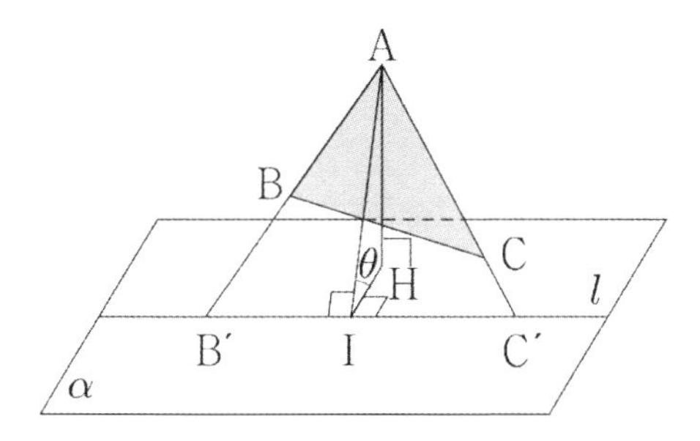

(2) 평행이동

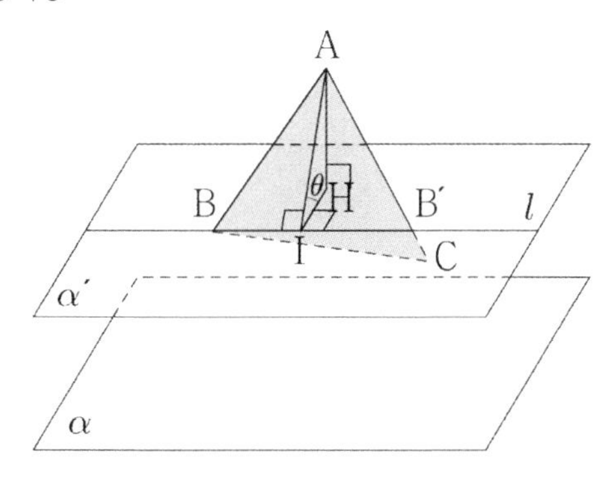

예제 1

$\angle \mathrm{CAB}=\dfrac{\pi}{2}$, $\overline{\mathrm{AB}}=3$, $\overline{\mathrm{AC}}=2$인 사면체 ABCD가 다음 조건을 만족시킨다.

> (가) 삼각형 ACD는 정삼각형이다.
> (나) 점 D에서 평면 ABC에 내린 수선의 발은 선분 BC 위에 있다.
>
> 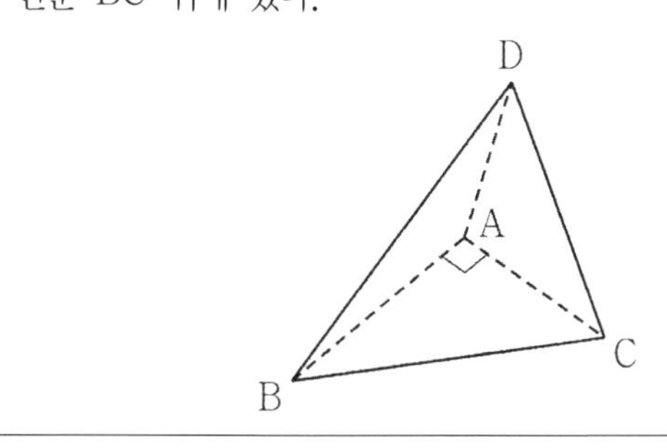
>

두 평면 ABC, ACD가 이루는 예각의 크기를 θ라고 할 때, $\cos^2\theta=\dfrac{q}{p}$이다. $p+q$의 값을 구하시오. (단, p와 q는 서로소인 자연수이다.) [3점]

풀이

점 D에서 평면 ABC와 선분 AC에 내린 수선의 발을 각각 P, Q라고 하자.

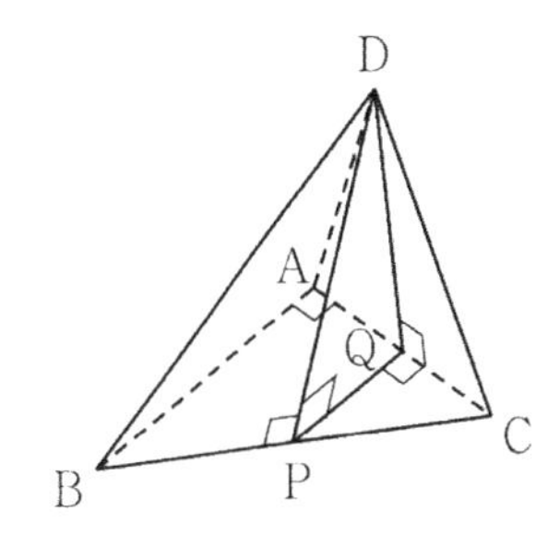

조건 (가)에 의하여 점 Q는 선분 AC의 중점이다.

조건 (나)에 의하여 $\overline{\mathrm{DP}}\perp \mathrm{ABC}$이다.

삼수선의 정리에 의하여

$\overline{\mathrm{PQ}}\perp\overline{\mathrm{AC}}$

이면각의 정의에 의하여

$\angle \mathrm{DQP}=\theta$

정삼각형 ACD의 한 변의 길이가 2이므로

$\overline{\mathrm{DQ}}=\sqrt{3}$

서로 닮음인 두 직각삼각형 CQP, CAB에 대하여

$\overline{\mathrm{CQ}}:\overline{\mathrm{QP}}=\overline{\mathrm{CA}}:\overline{\mathrm{AB}}$ 즉, $1:\overline{\mathrm{QP}}=2:3$

$\overline{\mathrm{QP}}=\dfrac{3}{2}$

직각삼각형 DQP에서 삼각비의 정의에 의하여

$$\cos\theta=\frac{\overline{\mathrm{QP}}}{\overline{\mathrm{DQ}}}=\frac{\frac{3}{2}}{\sqrt{3}}=\frac{\sqrt{3}}{2}$$

$p=4$, $q=3$이므로

$\therefore\ p+q=7$

답 7

P. 공간도형: 다양한 상황들

공간도형의 다양한 상황들에 대하여 알아보자.

(1) 평면 α가 두 평면 β, γ와 각각 수직으로 만난다. 두 평면 β, γ의 교선을 l이라고 할 때, $l \perp \alpha$임을 보이시오.

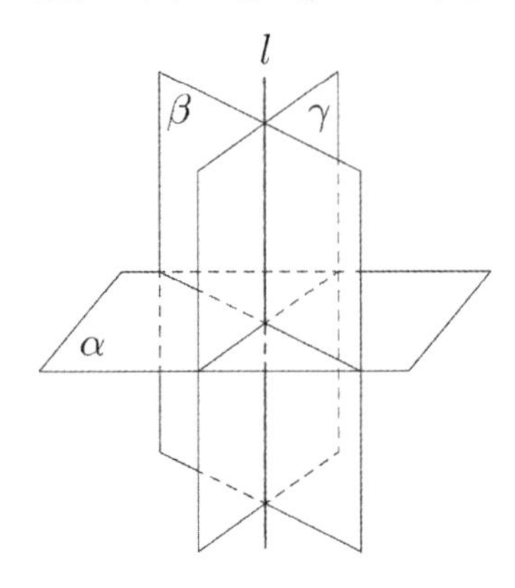

증명

두 평면 α, β의 교선을 m, 두 평면 α, γ의 교선을 n이라고 하자.

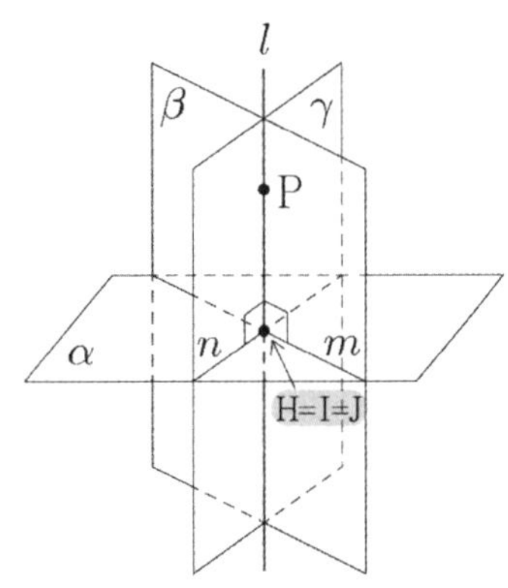

직선 l 위의 점 P에서 평면 α에 내린 수선의 발을 H라고 하면

$\overline{\mathrm{PH}} \perp \alpha$ …㉠

직선 l 위의 점 P에서 두 직선 m, n에 내린 수선의 발을 각각 I, J라고 하면

$\overline{\mathrm{PI}} \perp \alpha$, $\overline{\mathrm{PJ}} \perp \alpha$ …㉡

그런데 위의 그림처럼 세 점 H, I, J는 일치할 수 밖에 없다.

$\therefore\ l \perp \alpha$

(2) 서로 평행한 두 직선 l, m에 대하여 $l \perp \alpha$이면 $m \perp \alpha$임을 보이시오.

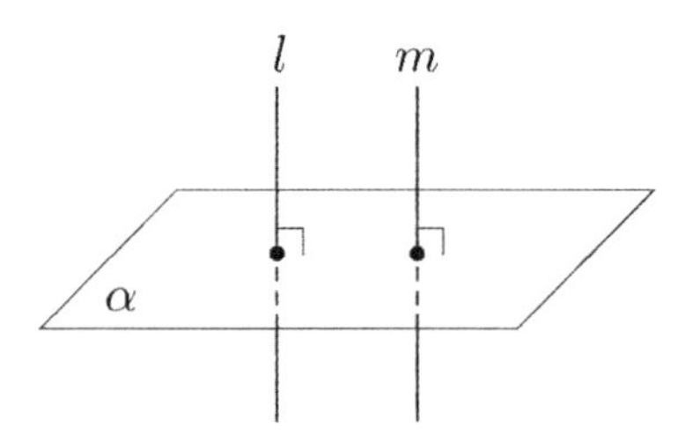

증명

평면 α에 포함된 두 직선 n_1, n_2가 서로 평행하지 않는다고 하자.

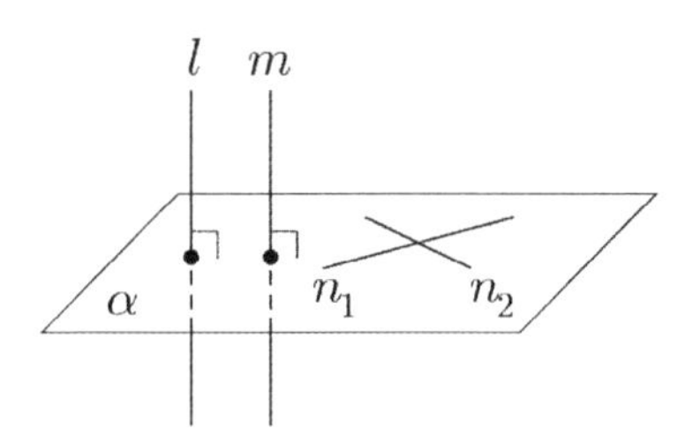

$l \perp \alpha \Leftrightarrow l \perp n_1$, $l \perp n_2$

그런데 $l /\!/ m$이므로

$m \perp n_1$, $m \perp n_2$

$\therefore\ m \perp \alpha$

(3) 공간에서 한 점 O에서 만나고 $l \perp m$, $m \perp n$, $n \perp l$인 세 직선 l, m, n 중 두 직선으로 결정되는 평면은 나머지 직선과 수직임을 보이시오.

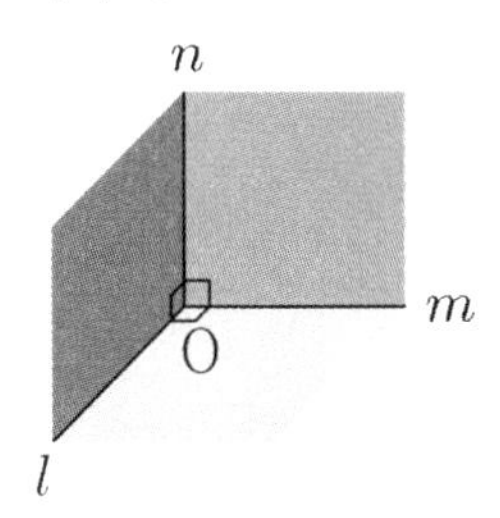

증명

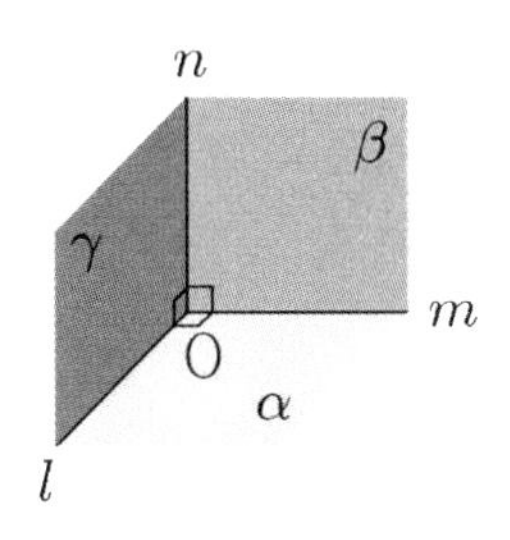

두 직선 l, m으로 결정되는 평면을 α, 두 직선 m, n으로 결정되는 평면을 β, 두 직선 n, l으로 결정되는 평면을 γ라고 하자.

$l \perp m,\ m \perp n \Leftrightarrow m \perp \gamma$

$l \perp m,\ n \perp l \Leftrightarrow l \perp \beta$

$m \perp n,\ n \perp l \Leftrightarrow n \perp \alpha$

(4) 서로 다른 두 직선 l, m이 각각 평면 α에 수직이면 $l /\!/ m$임을 보이시오.

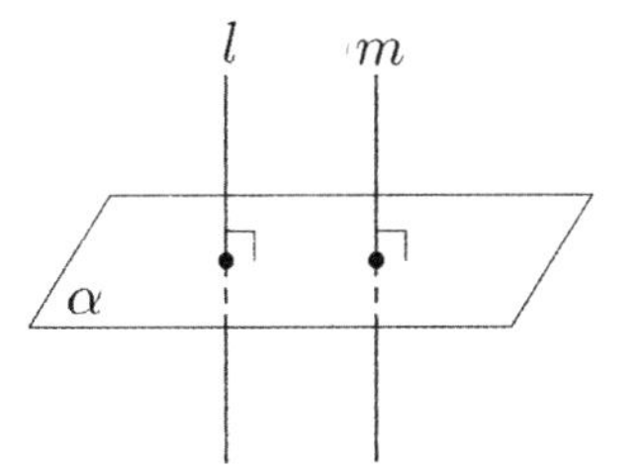

증명

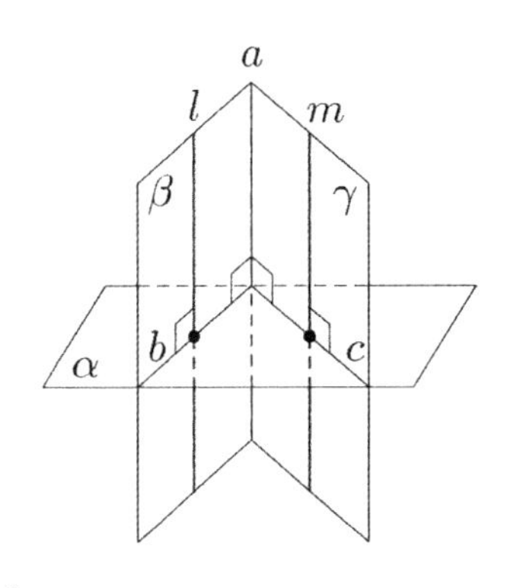

$l \perp \alpha \Rightarrow l \perp b$

$m \perp \alpha \Rightarrow m \perp c$

$a \perp \alpha \Rightarrow a \perp b,\ a \perp c$

평면 β에서 $a \perp b$, $l \perp b$이므로 $a /\!/ l$

평면 γ에서 $a \perp c$, $m \perp c$이므로 $a /\!/ m$

$\therefore\ l /\!/ m$

(5) 직선 l과 직선 l 위에 있지 않은 한 점 P로 결정되는 평면을 α라고 하자. 점 Q가 평면 α 위에 있지 않으면 두 직선 l, PQ는 서로 꼬인 위치에 있음을 보이시오.

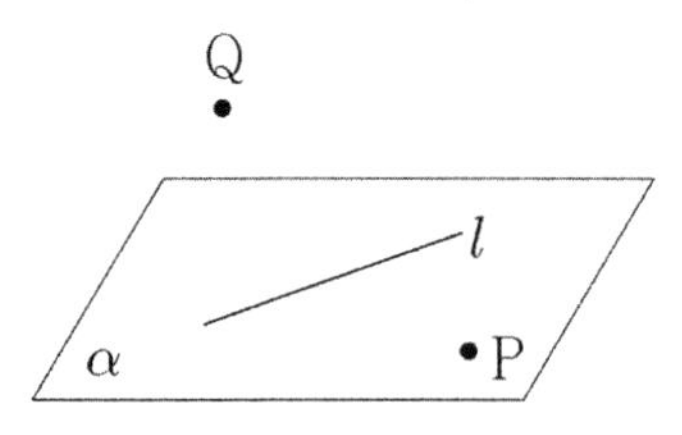

증명

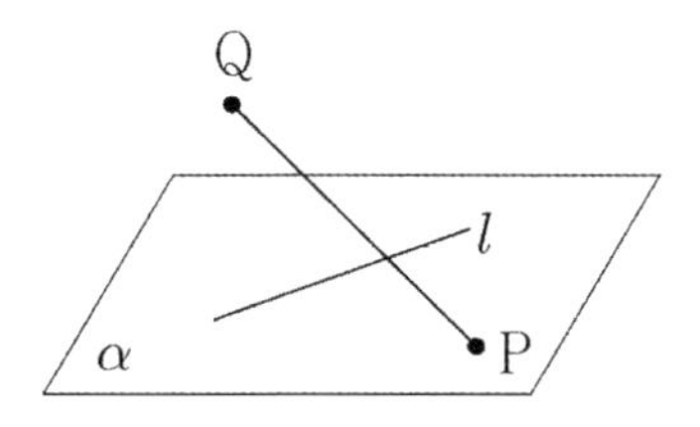

두 직선 l, PQ가 꼬인 위치에 있지 않다고 가정하면 이 두 직선은 한 평면을 결정한다. 그 평면을 β라고 하면 l은 β에 포함되는 직선이고, P는 β에 포함되는 점이므로 두 평면 α, β는 같다. 점 Q는 평면 β 위의 점이므로 평면 α위의 점이다. 이는 '점 Q가 평면 α 위에 있지 않다.' 는 가정에 모순이다. 따라서 두 직선 l, PQ는 서로 꼬인 위치에 있다.

(6) 평행한 두 직선 l, m에 대하여 l을 포함하고 m을 포함하지 않는 평면을 α, m을 포함하고 l을 포함하지 않는 평면을 β라고 하자. 두 평면 α, β의 교선 n이 존재할 때, 직선 n은 두 직선 l, m과 각각 평행함을 보이시오.

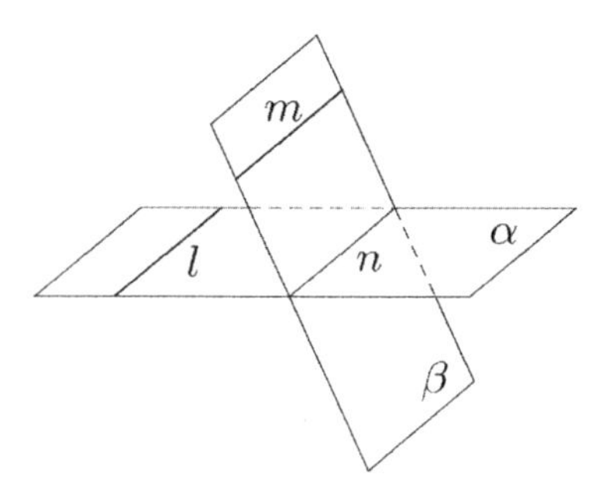

증명

$m /\!/ \alpha \Rightarrow m /\!/ n$

$l /\!/ \beta \Rightarrow l /\!/ n$

$\therefore\ l /\!/ m$

(7) 평행한 두 평면 α, β에 대하여 직선 l이 평면 α에 포함되면 $l \parallel \beta$임을 보이시오.

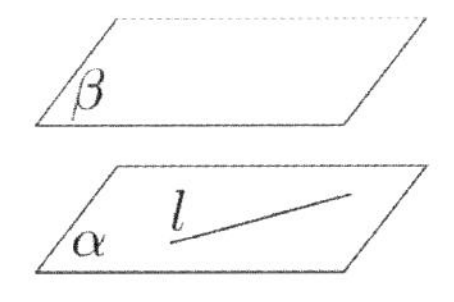

증명

직선 l은 평면 β에 평행하거나, 평면 β와 한 점에서 만나거나, 평면 β에 포함된다.

직선 l이 평면 β와 한 점 P에서 만난다고 가정하면 점 P는 평면 α 위의 점이다. 이는 두 평면 α, β가 평행하다는 조건에 모순이다. 직선 l이 평면 β에 포함된다고 가정하면 직선 l은 두 평면 α, β의 교선이므로 두 평면 α, β가 평행하다는 조건에 모순이다. 따라서 귀류법에 의하여 $l \parallel \beta$이다.

(8) 두 평면 α, β가 평행할 때, 평면 α와 한 점에서 만나는 직선 l은 평면 β와 한 점에서 만남을 보이시오.

증명

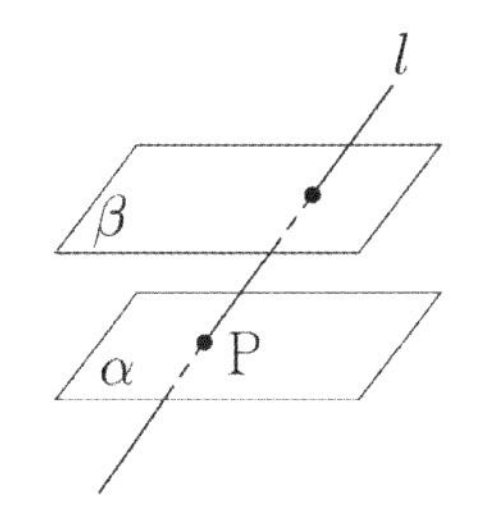

직선 l과 평면 α의 교점을 P라고 하자.

직선 l은 평면 β와 평행하거나, 평면 β와 한 점에서 만나거나, 평면 β에 포함되어야 한다.

만약 직선 l이 평면 β에 포함된다고 가정하자. 직선 l 위의 모든 점은 평면 β 위에 있으므로 점 P는 평면 β 위에 있어야 한다. 이는 두 평면 α, β가 서로 평행하다는 조건에 모순이다.

만약 직선 l이 평면 β에 평행하다고 가정하자. 점 P를 지나고 평면 β에 평행한 직선 중 l이 아닌 직선을 m이라고 하자. 그리고 두 직선 l, m으로 결정되는 평면을 γ라고 하자. 이때, γ는 점 P를 지나면서 평면 β에 평행하므로 평면 α이다. 그런데 직선 l이 평면 α에 포함되므로 l이 평면 α와 한 점 P에서 만난다는 조건에 모순이다.

따라서 귀류법에 의하여 직선 l은 평면 β와 한 점에서 만난다.

(9) 서로 평행한 두 평면 α, β이 평면 γ와 각각 만난다. 두 평면 α, γ의 교선을 l, 두 평면 β, γ의 교선을 m이라고 할 때, $l /\!/ m$임을 보이시오.

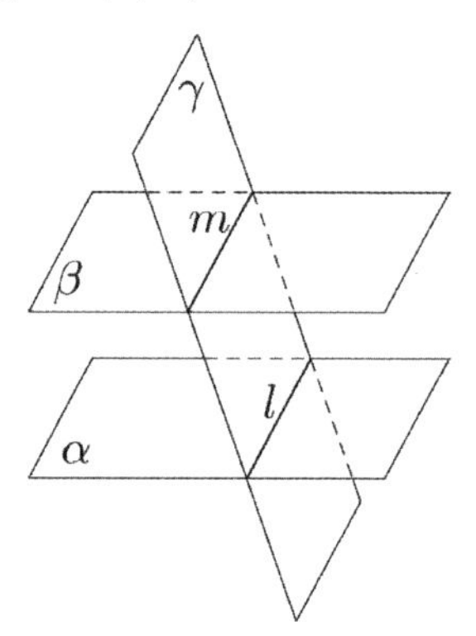

증명

두 평면 α, β는 평행하므로 만나지 않는다. 따라서 평면 α에 포함된 직선 l과 평면 β에 포함된 직선 m도 만나지 않는다.

그런데 두 직선 l, m은 모두 한 평면 γ 위에 있으므로 $l//m$이다.

(10) 서로 평행한 두 평면 α, β에 대하여 평면 γ가 평면 α와 만나면 평면 γ가 평면 β와 만남을 보이시오.

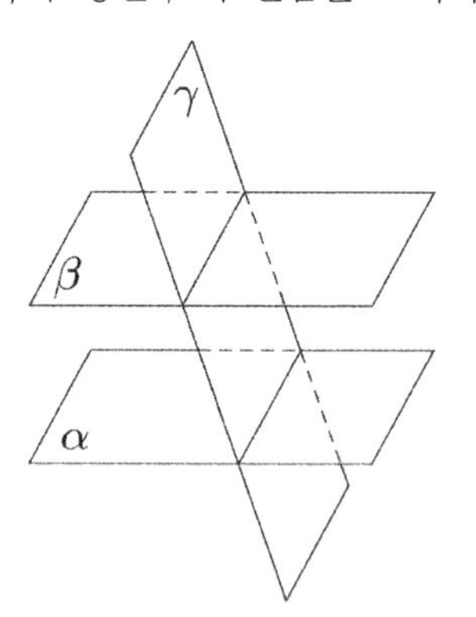

증명

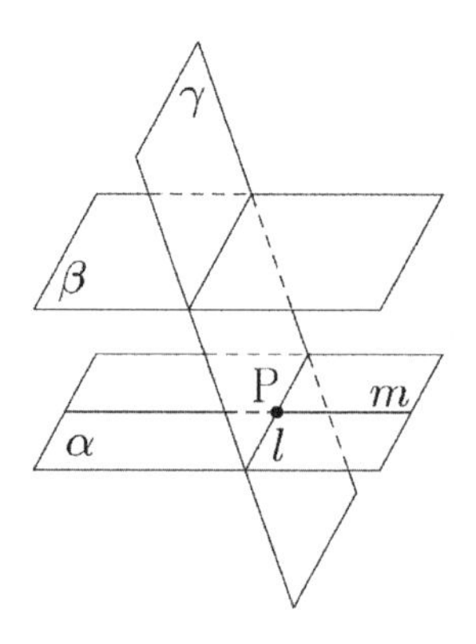

두 평면 α, γ의 교선을 l, 평면 α에 포함되면서 직선 l과 점 P에서 만나는 직선을 m이라고 하자. 두 평면 β, γ가 평행하다고 가정하자. γ 위의 모든 직선은 β와 평행하다. 그런데 직선 m은 평면 γ 위의 점 P를 지나고 평면 β에 평행하므로 직선 m은 평면 γ위에 있다. γ는 두 직선 l, m으로 결정되므로 두 평면 α, γ는 같다. 이는 가정에 모순이다. 따라서 평면 γ는 평면 β와 만난다.

(11) 두 평면 α, β의 교선을 l, 이 두 평면 위에 있지 않은 한 점을 P라고 하자. 점 P에서 두 평면 α, β에 내린 수선의 발을 각각 Q, R이라고 할 때, 두 점 Q, R에서 직선 l에 내린 수선의 발이 일치함을 보이시오.

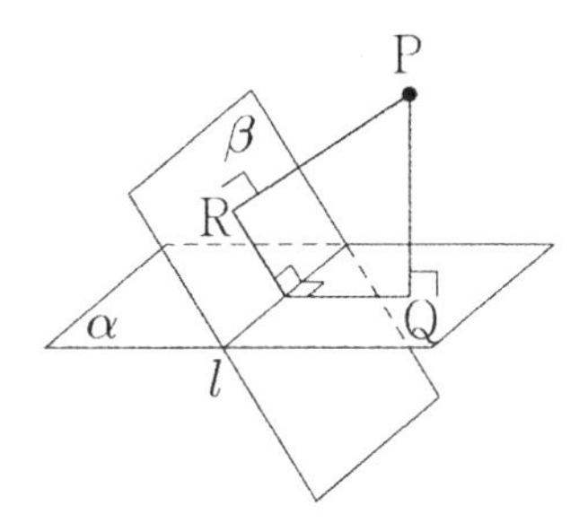

증명

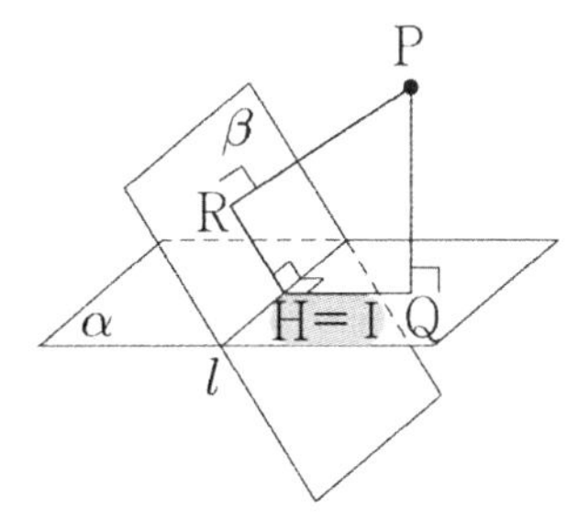

두 점 Q, R에서 직선 l에 내린 수선의 발을 각각 H, I라고 하자.

삼수선의 정리에 의하여

$l \perp \overline{\mathrm{PH}}$, $l \perp \overline{\mathrm{PI}}$

즉, 두 점 H, I는 점 P에서 직선 l에 내린 수선의 발이고, 수선의 발은 하나일 수 밖에 없으므로 두 점 H, I는 동일하다.

P. 정사면체, 정육면체, 정팔면체

• 정사면체에 공간좌표 도입

한 모서리의 길이가 4인 정사면체 OABC에 공간좌표를 도입하자.

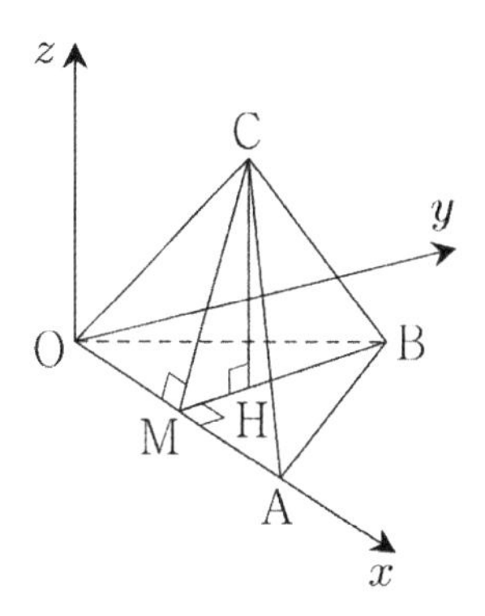

O(0, 0, 0), A(4, 0, 0), B(2, $2\sqrt{3}$, 0)이 되도록 공간좌표를 도입하면

$\mathrm{C}\left(2,\ \dfrac{2\sqrt{3}}{3},\ \dfrac{4\sqrt{6}}{3}\right)$이다.

이때, M(2, 0, 0), $\mathrm{H}\left(2,\ \dfrac{2\sqrt{3}}{3},\ 0\right)$

(점 M은 선분 OA의 중심이고, 점 H는 정삼각형 OAB의 무게중심이다.)

• 정사면체, 정육면체, 정팔면체

아래의 세 개의 표는 암기하는 것이 아니고, 스스로 증명할 수 있어야 한다. (단, 모든 모서리의 길이는 a이다.)

정다면체	정사면체
그림	A, B, C, D
면	정삼각형
두 모서리가 이루는 각	60˚ (만날 때), 90˚ (꼬인 위치)
이면각	$\cos\theta = \frac{1}{3}$
모서리와 면이 이루는 각	$\cos\theta = \frac{\sqrt{3}}{3}$, 포함
높이	$\frac{\sqrt{6}}{3}a$
대각선의 길이	–
면 사이의 거리	–
꼬인 위치에 있는 두 모서리 사이의 거리	$\frac{\sqrt{2}}{2}a$
부피	$\frac{\sqrt{2}}{12}a^3$
내접구의 반지름 외접구의 반지름	$r = \frac{\sqrt{6}}{12}a$, $R = \frac{\sqrt{6}}{4}a$, $\frac{r}{R} = \frac{1}{3}$

정다면체	정육면체
그림	A, B, C, D, E, F, G, H
면	정사각형
두 모서리가 이루는 각	90˚ (만날 때, 꼬인 위치), 평행
이면각	수직, 평행
모서리와 면이 이루는 각	수직, 평행, 포함
높이	a
대각선의 길이	$\sqrt{3}a$
면 사이의 거리	a
꼬인 위치에 있는 두 모서리 사이의 거리	a
부피	a^3
내접구의 반지름 외접구의 반지름	$r = \frac{a}{2}$, $R = \frac{\sqrt{3}}{2}a$, $\frac{r}{R} = \frac{1}{\sqrt{3}}$

정다면체	정팔면체
그림	
면	정삼각형
두 모서리가 이루는 각	60° (만날 때, 꼬인 위치), 90°, 평행
이면각	$\cos\theta=\frac{1}{3}$, $\cos\theta=-\frac{1}{3}$, 평행
모서리와 면이 이루는 각	$\cos\theta=\frac{\sqrt{3}}{3}$, 평행, 포함
높이	$\sqrt{2}a$
대각선의 길이	$\sqrt{2}a$
면 사이의 거리	$\frac{\sqrt{6}}{3}a$
꼬인 위치에 있는 두 모서리 사이의 거리	$\frac{\sqrt{6}}{3}a$
부피	$\frac{\sqrt{2}}{3}a^3$
내접구의 반지름 외접구의 반지름	$r=\frac{\sqrt{6}}{6}a,\ R=\frac{\sqrt{2}}{2}a,$ $\frac{r}{R}=\frac{1}{\sqrt{3}}$

• 정팔면체 만드는 방법

(1) 정육면체의 각 면의 '두 대각선이 만나는 교점' 을 연결하면 정팔면체가 만들어 진다.

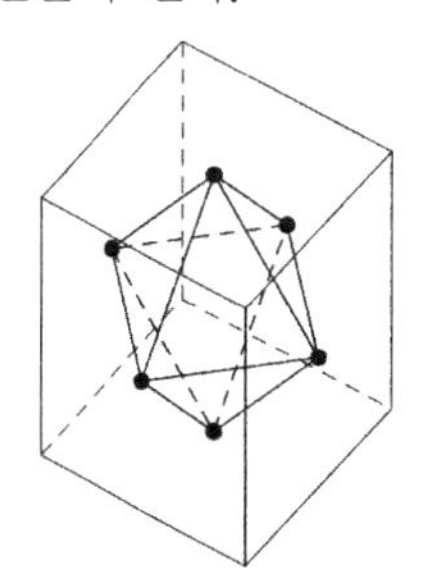

(2) 정사면체의 각 모서리의 중점을 연결하면 정팔면체가 만들어진다.

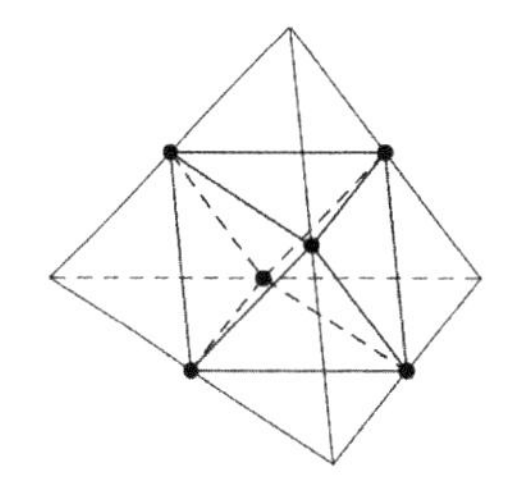

P. 공간도형: 전개도

• 전개도

정사면체 ABCD의 꼭짓점 A에서 모서리 CD, 평면 BCD에 내린 수선의 발을 각각 M, H라고 하자.

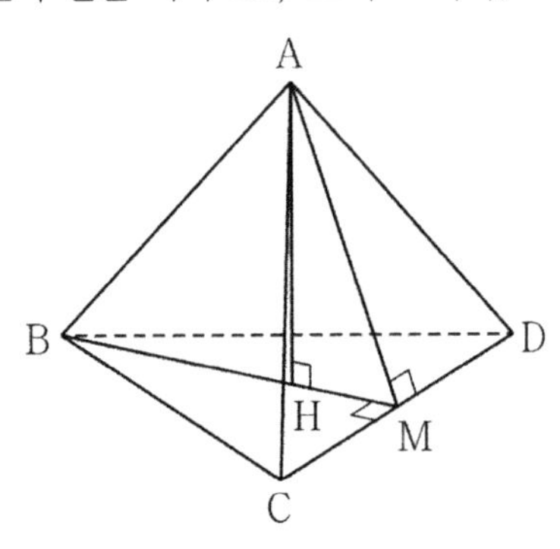

삼수선의 정리에 의하여

$\overline{HM} \perp \overline{CD}$ 즉, $\overline{BM} \perp \overline{CD}$

정사면체 ABCD의 전개도가 다음과 같다고 하자. (단, 6개의 점 P, Q, R, B, C, D는 한 평면 위에 있다.)

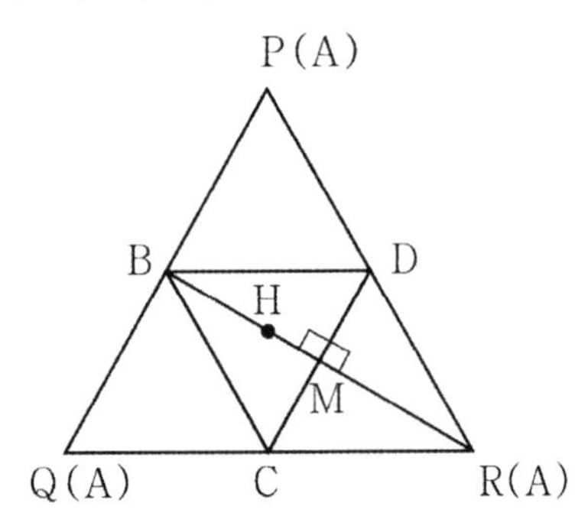

평면 BCD에서

$\overline{RM} \perp \overline{CD}$, $\overline{BM} \perp \overline{CD}$

이므로 세 점 R, M, B는 한 직선 위에 있으며, 다음이 성립한다.

$\overline{RH} \perp \overline{CD}$

아래 그림과 같이 점 R을 지나고 직선 CD에 수직인 직선과 점 P를 지나고 직선 BD에 수직인 직선의 교점은 H이다. 그리고 점 Q를 지나고 직선 BC에 수직인 직선도 점 H를 지난다.

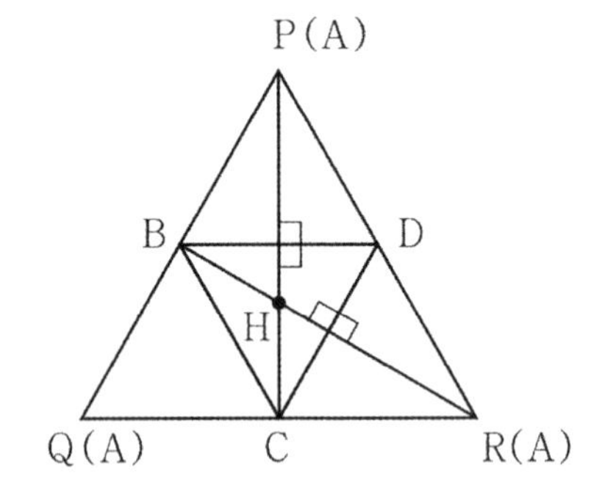

예제 1

아래 그림은 사면체의 전개도이고,

$\overline{CA}=\overline{FB}=3$, $\overline{CB}=4$,

$\angle FBC=\angle BCA=\angle ACD=\angle DEA=\frac{\pi}{2}$

가 성립한다.

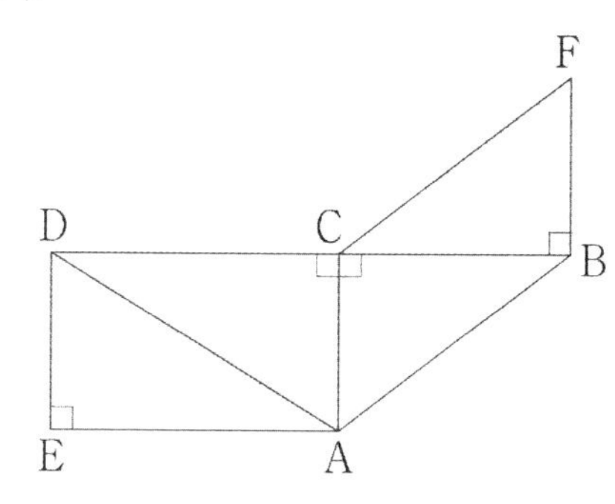

위의 전개도를 접어서 사면체를 만들 때, 두 점 D, F가 합쳐지는 점을 P, 두 점 B, E가 합쳐지는 점을 Q라고 하자. 사면체 PCAQ에 대하여 옳은 것만을 보기에서 있는 대로 고른 것은? [4점]

> ㄱ. 점 P에서 평면 AQC에 내린 수선의 발은 Q이다.
> ㄴ. 두 직선 AC, PQ 사이의 최단거리는 4이다.
> ㄷ. 두 면 PCA, QCA가 이루는 예각의 크기를 θ라고 하면 $\tan\theta=\frac{3}{4}$이다.

① ㄱ ② ㄱ, ㄴ ③ ㄴ, ㄷ
④ ㄱ, ㄷ ⑤ ㄱ, ㄴ, ㄷ

풀이

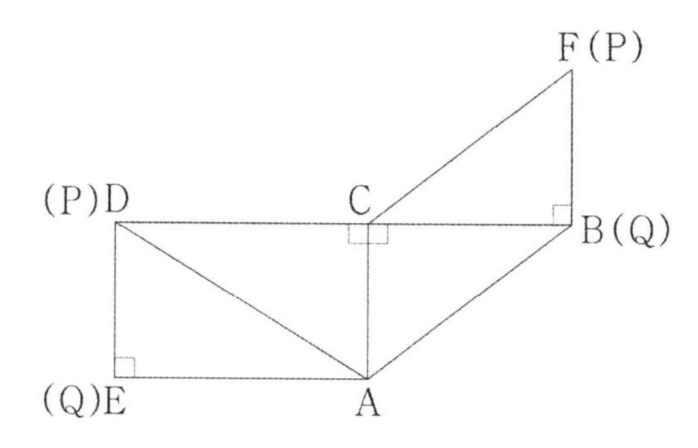

ㄱ. (참)

점 P의 정사영은 평면 ABC에 포함된 두 직선 FB, DB의 교점이므로 점 B(점 Q)이다.

ㄴ. (참)

$\overline{PQ}\perp\overline{BC}$, $\overline{AC}\perp\overline{CB}$

이므로 서로 꼬인 위치에 있는 두 직선 AC, PQ 사이의 거리는 4이다.

ㄷ. (참)

$\overline{PQ}\perp$(평면 ABC), $\overline{BC}\perp\overline{AC}$

이므로 삼수선의 정리에 의하여

$\overline{PC}\perp\overline{AC}$

이면각의 정의에 의하여

$\angle PCQ=\theta$

$\therefore\ \tan\theta=\frac{3}{4}$

이상에서 옳은 것은 ㄱ, ㄴ, ㄷ이다.

답 ⑤

P. 공간도형: 정사영

• 정사영⊂사영

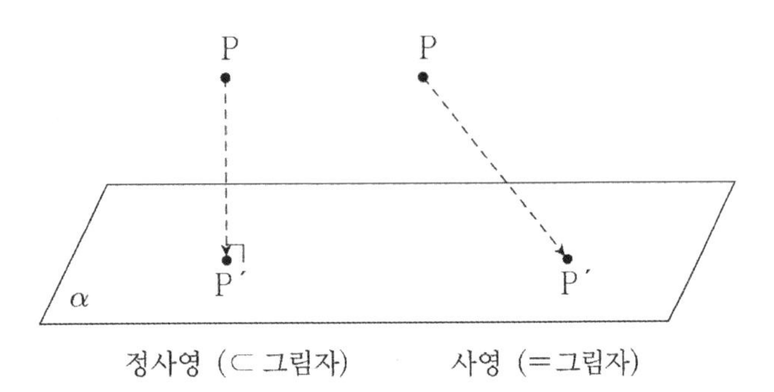

태양광선이 평면 α에 수직인 방향으로 비출 때, 점 P의 그림자 P′을 정사영이라고 한다.
태양광선이 평면 α에 수직이 아닌 방향으로 비출 때, 점 P의 그림자 P′을 사영(정사영×)이라고 한다.

• 정사영은 수선의 발이다. (또는 수선의 발들의 집합이다.)

평면 α 위에 있지 않은 한 점 P에서 평면 α에 내린 수선의 발을 P′이라고 할 때, 점 P′을 점 P의 평면 α 위로의 정사영이라고 한다.
또 도형 F에 속하는 각 점의 평면 α 위로의 정사영으로 이루어진 도형 F'을 도형 F의 평면 α 위로의 정사영이라고 한다.

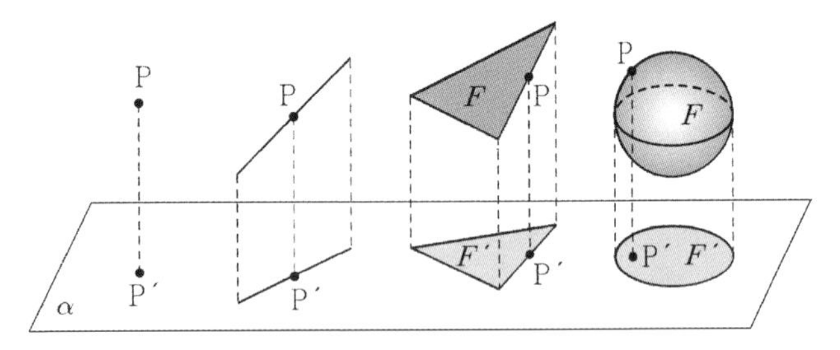

일반적으로
점의 정사영은 점,
선분(직선)의 정사영은 선분(직선) 또는 점,
삼각형(다각형)의 정사영은 삼각형(다각형) 또는 선분,
구의 정사영은 원이다.

P. 공간도형: 정사영의 길이와 넓이

• 두 직선이 이루는 각

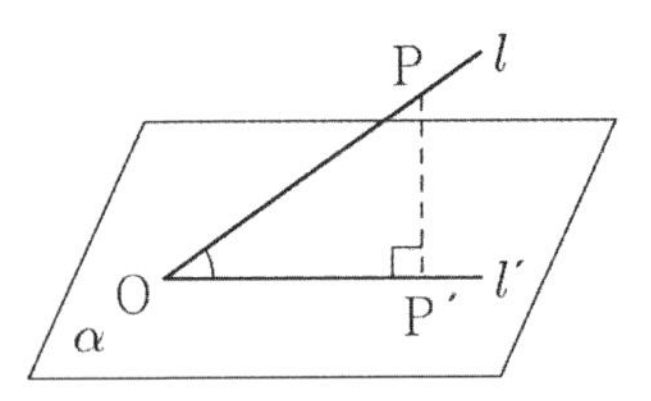

직선 l과 평면 α가 한 점 O에서 만나고 수직이 아닐 때, 직선 l 위의 점 O가 아닌 한 점 P에서 평면 α에 내린 수선의 발을 P′이라고 하자. 이때, $\angle \mathrm{POP'}$을 직선 l과 평면 α가 이루는 각이라고 한다. 다시 말하면 위의 그림에서
(두 직선 l, l'이 이루는 각)=(직선 l과 평면 α가 이루는 각)

• 정사영의 길이

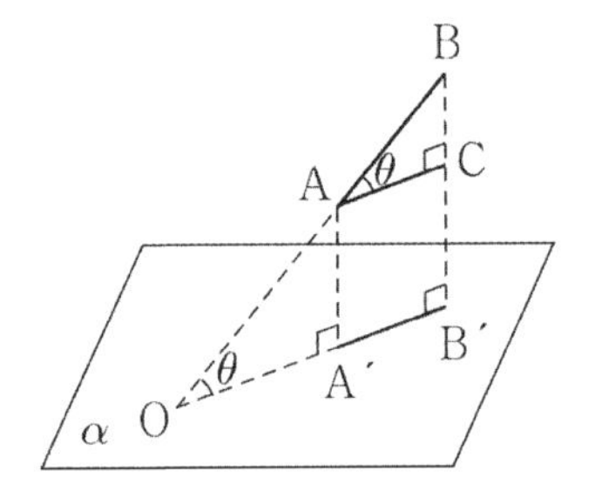

직각삼각형 ABC에서 삼각비의 정의에 의하여

$\dfrac{\overline{\mathrm{AC}}}{\overline{\mathrm{AB}}}=\cos\theta$이므로 $\overline{\mathrm{AC}}=\overline{\mathrm{AB}}\cos\theta$ 즉,

$\overline{\mathrm{A'B'}}=\overline{\mathrm{AB}}\cos\theta$

〈정사영의 길이〉
선분 AB의 평면 α 위로의 정사영을 선분 A′B′, 직선 AB와 평면 α가 이루는 각의 크기를 $\theta\left(0\le\theta\le\dfrac{\pi}{2}\right)$라고 하면

$\overline{\mathrm{A'B'}}=\overline{\mathrm{AB}}\cos\theta$ (←이때, θ는 '직선과 평면이 이루는 각' 의 크기이다.)

• 정사영의 넓이

삼각형 ABC의 평면 α 위로의 정사영을 삼각형 $\mathrm{A'B'C'}$이라 하고, 평면 α와 평면 ABC가 이루는 각의 크기를 θ라고 하자. 이때, 변 BC가 평면 α에 평행하다고 하자.

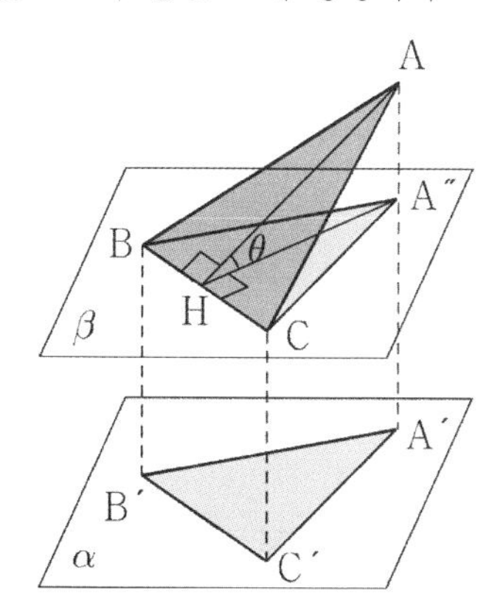

변 BC를 포함하고 평면 α에 평행한 평면을 β, 점 A에서 변 BC에 내린 수선의 발을 H라고 하자. 이때, 직선 $\mathrm{AA'}$와 평면 β의 교점을 $\mathrm{A''}$라 하면 삼수선의 정리❷에 의하여

$\overline{\mathrm{A''H}} \perp \overline{\mathrm{BC}}$

이다. 이면각의 정의에 의하여

$\angle \mathrm{AHA''} = \theta$

이므로 두 삼각형 ABC, $\mathrm{A'B'C'}$의 넓이를 각각 S, S'라고 하면 다음이 성립한다.

$$S' = \triangle \mathrm{A''BC} = \frac{1}{2}\overline{\mathrm{BC}} \cdot \overline{\mathrm{A''H}}$$

$$= \frac{1}{2}\overline{\mathrm{BC}} \cdot \overline{\mathrm{AH}}\cos\theta = S\cos\theta$$

일반적으로 변 BC와 평면 α가 평행하지 않더라도 위의 등식은 성립한다.

〈정사영의 넓이〉

평면 β 위에 있는 도형의 넓이를 S, 이 도형의 평면 α 위로의 정사영의 넓이를 S'이라 할 때, 두 평면 α, β가 이루는 각의 크기를 $\theta\left(0 \le \theta \le \frac{\pi}{2}\right)$라고 하면

$S' = S\cos\theta$ (←이때, θ는 '두 평면이 이루는 이면각'의 크기이다.)

[주의]

정사영의 길이에서의 θ와 정사영의 넓이에서의 θ는 다르다. 전자의 θ는 '직선과 평면이 이루는 각'의 크기이고, 후자의 θ는 '두 평면이 이루는 이면각'의 크기이다. 이 둘을 반드시 구별할 수 있어야 한다.

예제 1

아래 그림처럼 직선 l을 교선으로 갖는 두 평면 α, β가 이루는 각의 크기는 $\theta\left(0<\theta<\frac{\pi}{2}\right)$이다. 직선 l 위의 점 B를 지나고 l에 수직인 선분 AB의 평면 α 위로의 정사영을 $\mathrm{A'B}$, 직선 l 위의 점 D를 지나고 l과 이루는 각의 크기가 $\theta_0\left(0<\theta_0<\frac{\pi}{2}\right)$인 선분 CD의 평면 α 위로의 정사영을 $\mathrm{C'D}$라고 할 때, 두 선분 $\mathrm{A'B}$, $\mathrm{C'D}$의 길이를 구하시오. (단, 두 점 A, C는 평면 β 위의 점이다.)

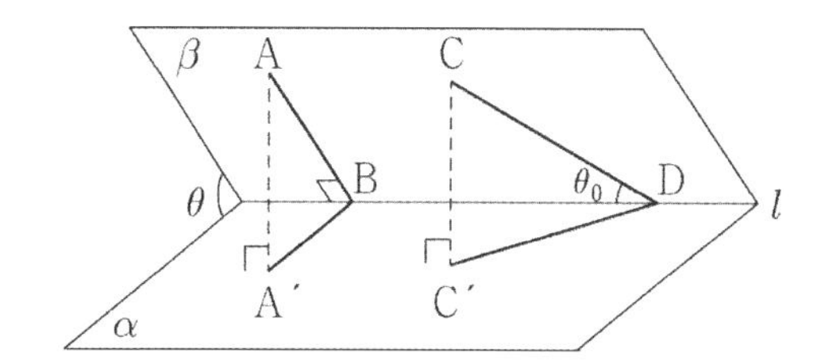

풀이

점 C에서 직선 l에 내린 수선의 발을 H라고 하자.

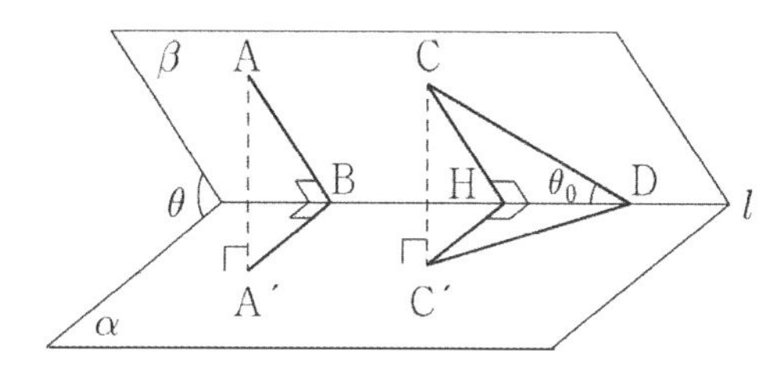

• 선분 $\mathrm{A'B}$의 길이를 구하자.

삼수선의 정리❷에 의하여 $\overline{\mathrm{A'B}} \perp l$이므로

이면각의 정의에 의하여 $\angle \mathrm{ABA'} = \theta$이다.

정사영의 길이에 대한 공식에 의하여

$\overline{\mathrm{A'B}} = \overline{\mathrm{AB}}\cos\theta$

이때, θ는 '직선 AB와 평면 α가 이루는 각'의 크기인 동시에 '두 평면 α, β가 이루는 이면각'의 크기이다.

• 선분 $\mathrm{C'D}$의 길이를 구하자.

마찬가지의 이유로 $\angle \mathrm{CHC'} = \theta$이다. 이때,

$\theta(= \angle \mathrm{CHC'}) > \angle \mathrm{CDC'}$

임을 관찰할 수 있다.

직각삼각형 CHD에서 삼각비의 정의에 의하여

$\overline{\mathrm{CH}} = \overline{\mathrm{CD}}\sin\theta_0$, $\overline{\mathrm{HD}} = \overline{\mathrm{CD}}\cos\theta_0$

정사영의 길이에 대한 공식에 의하여

$\overline{\mathrm{C'H}} = \overline{\mathrm{CH}}\cos\theta = \overline{\mathrm{CD}}\sin\theta_0\cos\theta$

직각삼각형 $\mathrm{C'HD}$에서 피타고라스의 정리에 의하여

$\overline{\mathrm{C'D}} = \sqrt{\overline{\mathrm{C'H}}^2 + \overline{\mathrm{HD}}^2} = \overline{\mathrm{CD}}\sqrt{\cos^2\theta_0 + \sin^2\theta_0\cos^2\theta}$

$=\overline{\mathrm{CD}}\sqrt{1-\sin^2\theta_0\sin^2\theta}$ (← 이 식을 공식으로 암기하지 말 것)

답 (1) $\overline{\mathrm{AB}}\cos\theta$ (2) $\overline{\mathrm{CD}}\sqrt{1-\sin^2\theta_0\sin^2\theta}$

예제 2

다음의 두 물음에 답하시오.

(1) 아래 그림처럼 직선 l을 교선으로 갖는 두 평면 α, β가 이루는 각의 크기는 $\frac{\pi}{3}$이다. 평면 β에 포함되는 한 변의 길이가 4인 정삼각형 ABC에 대하여 두 직선 AC, l은 서로 수직이다. 삼각형 ABC의 평면 α 위로의 정사영의 둘레의 길이와 넓이를 구하시오.

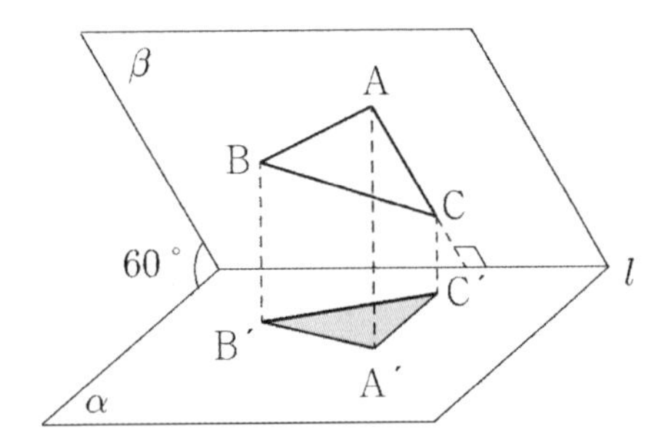

(2) 아래 그림처럼 직선 l을 교선으로 갖는 두 평면 α, β가 이루는 각의 크기는 $\frac{\pi}{3}$이다. 평면 β에 포함되는 한 변의 길이가 4인 정삼각형 ABC에 대하여 두 직선 BC, l은 서로 평행하다. 삼각형 ABC의 평면 α 위로의 정사영의 둘레의 길이와 넓이를 구하시오.

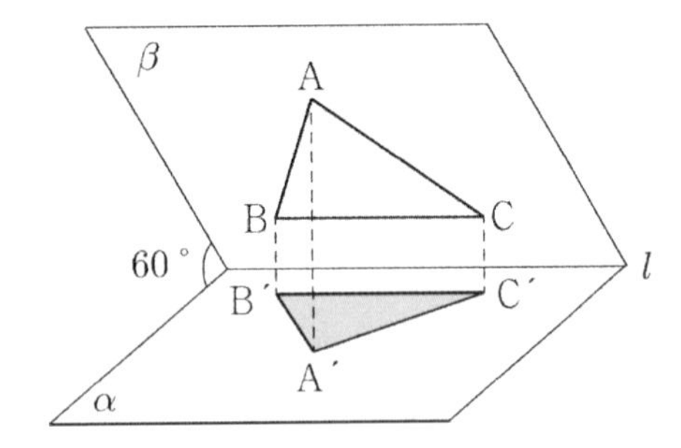

풀이

(1) 점 B에서 선분 AC에 내린 수선의 발을 H, 점 C에서 '점 B를 지나고 직선 AC에 평행한 직선' 에 내린 수선의 발을 E, 점 E에서 평면 α에 내린 수선의 발을 E′이라고 하자. 그리고 직선 BC의 연장선이 직선 l과 만나는 점을 D라고 하자.

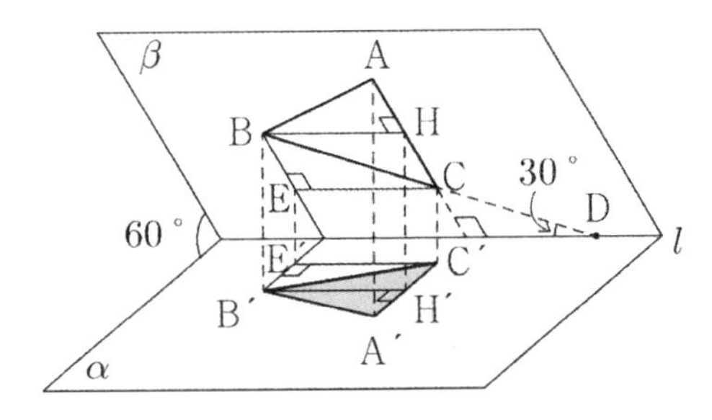

평행선의 성질에 의하여 □BECH는 직사각형이다.

평행한 두 직선 CC′, EE′에 의하여 평면 CEE′C′가 유일하게 결정된다. 이때, 평면 CEE′C′을 γ라고 하자.

EC//l이므로 $\gamma//l$이다.

$\gamma//l$이고, 평면 α는 직선 l을 포함하므로 E′C′//l이다.

마찬가지의 방법으로 B′H′//l이다.

(즉, 다섯 개의 직선 BH, EC, l, E′C′, B′H′ 는 서로 평행하다.)

삼수선의 정리❷에 의하여 $\overline{\mathrm{A'C'}}\perp l$, $\overline{\mathrm{B'E'}}\perp l$이므로

평행선의 성질에 의하여 □B′H′C′E′는 직사각형이다.

평행선의 성질에 의하여

$\angle\mathrm{CDC'}=\angle\mathrm{HBC}=\frac{\pi}{6}$ (엇각)

즉, 두 직선 BC, l이 이루는 예각의 크기는 $\frac{\pi}{6}$이다.

마찬가지의 이유로 두 직선 AB, l이 이루는 예각의 크기는 $\frac{\pi}{6}$이다. (이 경우에는 동위각이 같다.)

• 선분 A′C′의 길이

정사영의 길이에 대한 공식에 의하여

$\overline{\mathrm{A'C'}}=\overline{\mathrm{AC}}\cos\frac{\pi}{3}=2$

• 두 선분 A′B′, B′C′의 길이

정사영의 길이에 대한 공식에 의하여

$\overline{\mathrm{B'E'}}=\overline{\mathrm{BE}}\cos\frac{\pi}{3}=1$

선분 E′C′의 길이를 구하면

$\overline{\mathrm{E'C'}}=\overline{\mathrm{EC}}=\overline{\mathrm{BH}}=2\sqrt{3}$

직각삼각형 B′C′E′에서 피타고라스의 정리에 의하여

$\overline{\mathrm{B'C'}}=\sqrt{\overline{\mathrm{B'E'}}^2+\overline{\mathrm{E'C'}}^2}=\sqrt{13}$

마찬가지의 방법으로

$\overline{\mathrm{A'B'}}=\sqrt{13}$

따라서 아래의 결과를 얻는다.

($\triangle$A′B′C′의 둘레의 길이)$=2+2\sqrt{13}$

정사영의 넓이에 대한 공식에 의하여

$(\triangle A'B'C'$의 넓이$)=(\triangle ABC$의 넓이$)\times\cos\frac{\pi}{3}$

$=4\sqrt{3}\times\frac{1}{2}=2\sqrt{3}$

※ 주의: 정사영의 길이 공식과 정사영의 넓이 공식을 헷갈리지 말자.

$(\triangle A'B'C'$의 둘레의 길이$)$

$\neq(\triangle ABC$의 둘레의 길이$)\times\cos\frac{\pi}{3}$

$(\triangle A'B'C'$의 넓이$)=(\triangle ABC$의 넓이$)\times\cos\frac{\pi}{3}$

(2) 점 A에서 직선 l에 내린 수선의 발을 H, 두 선분 AH, BC의 교점을 D, 점 D에서 평면 α에 내린 수선의 발을 D$'$라고 하자.

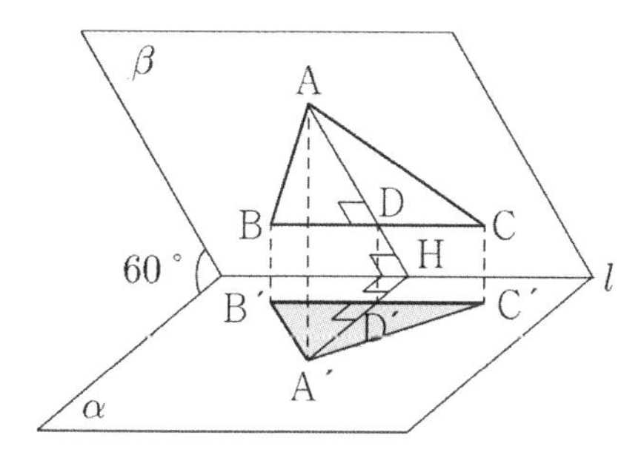

• 선분 A$'$D$'$의 길이

삼수선의 정리❷에 의하여

$\overline{A'H}\perp l(\overline{D'H}\perp l)$

정사영의 길이에 대한 공식에 의하여

$\overline{A'D'}=\overline{AD}\cos\frac{\pi}{3}=\sqrt{3}$

• 선분 B$'$C$'$의 길이

평행한 두 직선 BB$'$, CC$'$에 의하여 평면 BB$'$C$'$C가 유일하게 결정된다. 이때, 평면 BB$'$C$'$C을 γ라고 하자.

BC$//l$이므로 $\gamma//l$이다.

$\gamma//l$이고, 평면 α는 직선 l을 포함하므로 B$'$C$'//l$이다.

(즉, 세 개의 직선 BC, l, B$'$C$'$는 서로 평행하다.)

평행선의 성질에 의하여 □BB$'$C$'$C는 직사각형이다.

$\overline{B'C'}=\overline{BC}=4$

직각삼각형 A$'$D$'$B$'$에서 피타고라스의 정리에 의하여

$\overline{A'B'}=\sqrt{7}$

마찬가지의 방법으로

$\overline{A'C'}=\sqrt{7}$

따라서 아래의 결과를 얻는다.

$(\triangle A'B'C'$의 둘레의 길이$)=4+2\sqrt{7}$

정사영의 넓이에 대한 공식에 의하여

$(\triangle A'B'C'$의 넓이$)=(\triangle ABC$의 넓이$)\times\cos\frac{\pi}{3}$

$=4\sqrt{3}\times\frac{1}{2}=2\sqrt{3}$

답 (1) $2+2\sqrt{13}$, $2\sqrt{3}$ (2) $4+2\sqrt{7}$, $2\sqrt{3}$

P. 공간도형: 정사영(일반적인 경우)

정사영의 넓이 공식의 일반적인 경우에 대한 증명은 다음의 과정을 따른다.

증명

❶ 삼각형의 한 변이 두 평면의 교선에 평행한 경우 (혹은 일치하는 경우)

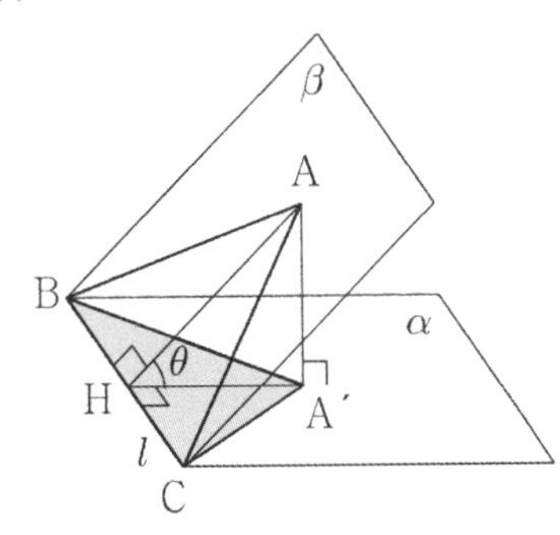

❷ 삼각형의 어느 변도 두 평면의 교선에 평행하지 않은 경우

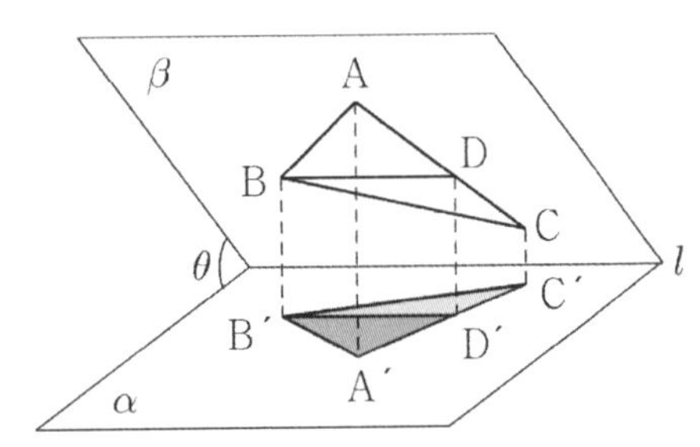

위의 그림에서 세 개의 직선 BD, l, B′D′은 각각 서로 평행하다.

❸ n각형은 $n-2$개의 삼각형으로 잘라서 생각한다. (단, $n \geq 4$)

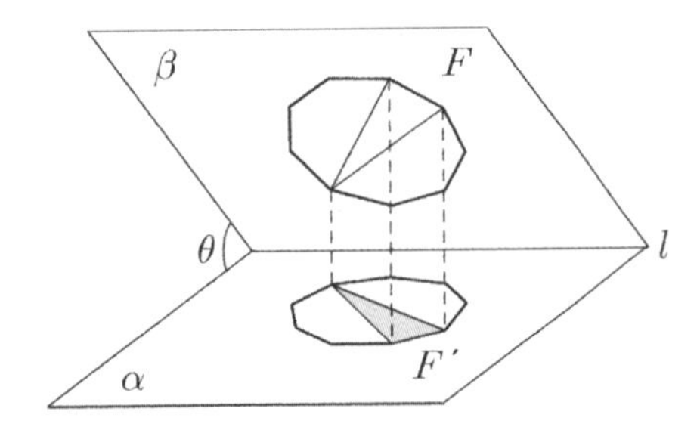

❹ 곡선으로 둘러싸인 도형의 경우 (구분구적법)

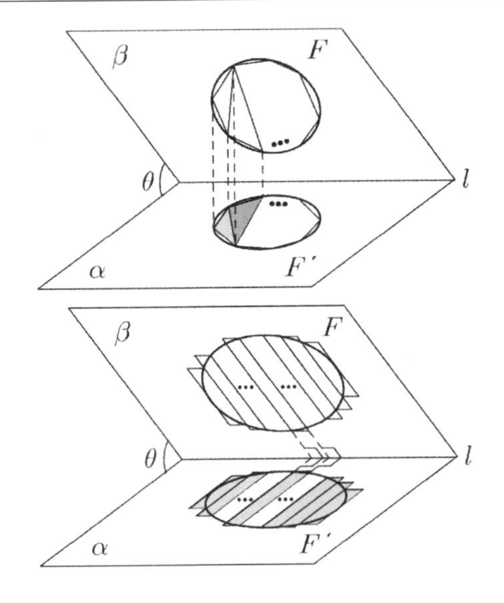

P. 정사영의 관점에서 바라본 원-타원의 관계

예제 1

두 평면 α, β가 이루는 각의 크기가 $\theta\left(0<\theta<\frac{\pi}{2}\right)$일 때, 평면 β 위의 원의 평면 α 위로의 정사영은 타원임을 증명하시오.

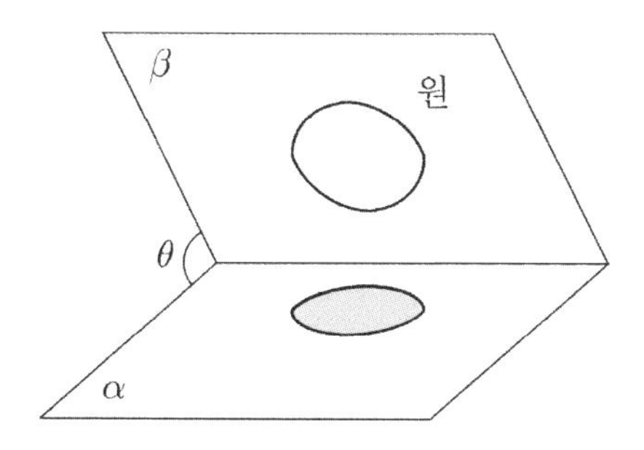

증명

평면 β 위의 원의 반지름의 길이를 r이라고 하자.

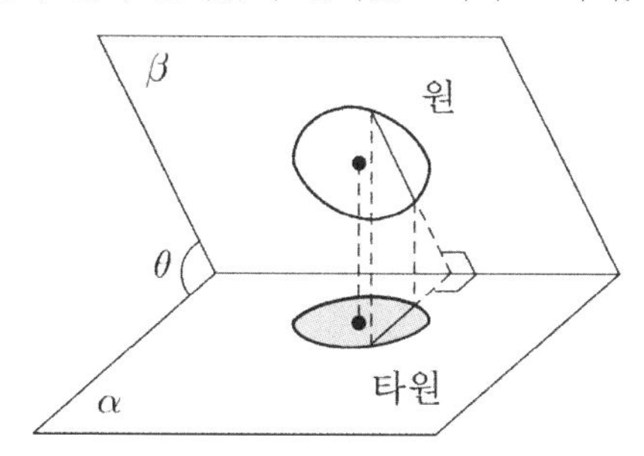

두 평면 α, β의 교선에 수직인 평면으로 원과 정사영을 자르면 위의 그림과 같다. 원을 잘랐을 때 생기는 두 점을 연결한 선분의 길이를 l, 정사영을 잘랐을 때 생기는 두 점을 연결한 선분의 길이를 l'라고 하면, 정사영의 길이의 공식에 의하여

$l'=l\cos\theta$

이므로, 정사영은 원을 두 평면 α, β의 교선에 수직인 방향으로 $\cos\theta$ 배한(축소한) 타원이다.

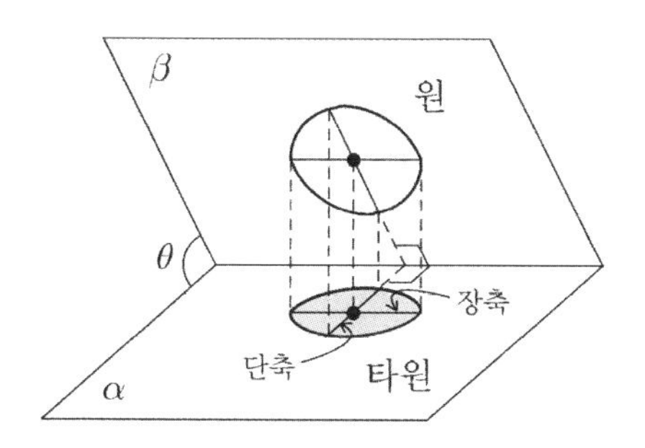

타원의 중심 : 원의 중심에서 평면 α에 내린 수선의 발

타원의 단축 : 두 평면 α, β의 교선에 수직이고 원의 중심을 지나는 평면으로 타원을 잘랐을 때 생기는 두 점을 연결한 선분

타원의 장축 : 두 평면 α, β의 교선에 평행하고 타원의 중심을 지나는 직선이 타원과 만나서 생기는 두 점을 연결한 선분

답 풀이참조

예제 2

아래 그림처럼 밑면의 반지름의 길이가 r인 원기둥을 밑면과 이루는 각의 크기가 θ인 평면으로 자르면 타원이 생긴다. 이 타원의 장축의 길이, 단축의 길이, 넓이를 구하시오. (단, θ는 예각이다.)

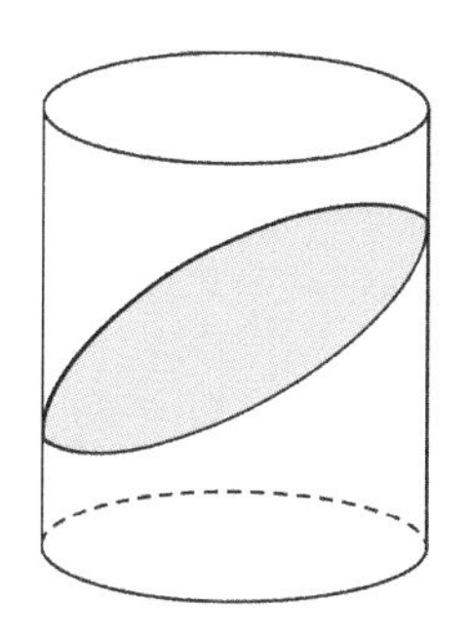

풀이

문제에서 주어진 원기둥의 밑면을 포함하는 평면과 타원을 포함하는 평면의 교선을 l, 원의 중심을 O, 타원의 중심을 O′라고 하자. 이때, 점 O′에서 밑면에 내린 수선의 발은 O이다.

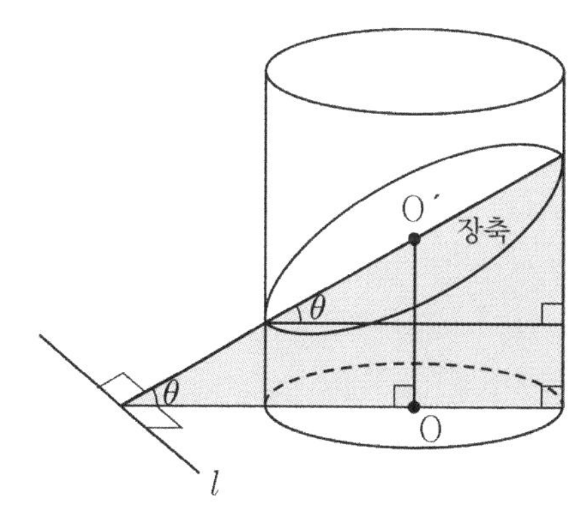

원기둥의 밑면의 법선 OO′을 포함하면서 직선 l에 수직인 평면은 타원의 장축을 포함한다. 혹은 원기둥의 밑면을 포함하는 평면과 타원을 포함하는 평면으로 결정되는 이면각의 크기를 드러내기 위하여, 직선 l에 수직이고, 점 O(혹은 점 O′)을 지나는 평면으로 이면각을 잘랐다고 생각해도 좋다. 이때, 이면각의 크기를 드러낸 단면에 타원의 장축이 포함된다.

직각삼각형의 삼각비에 의하여 (혹은 길이의 정사영의 공식에 의하여)

(타원의 장축의 길이)$=\dfrac{2r}{\cos\theta}$

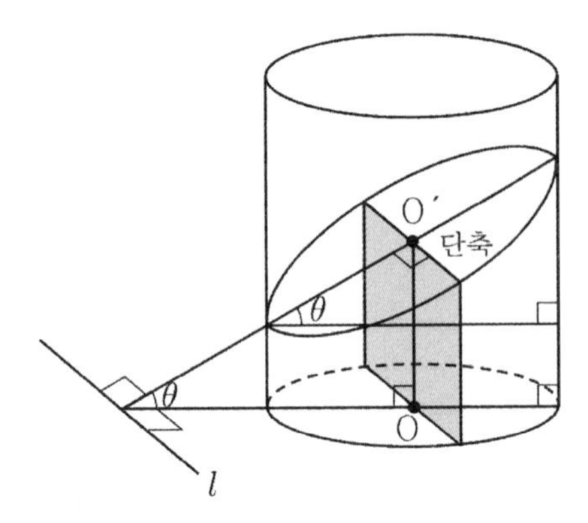

원기둥의 밑면의 법선 OO′을 포함하면서 직선 l에 평행한 평면은 타원의 단축을 포함한다.
(타원의 단축의 길이)$=2r$
넓이의 이면각의 공식에 의하여
(타원의 단면의 넓이)$=\dfrac{\pi r^2}{\cos\theta}$

답 풀이참조

예제 3

정사면체 ABCD의 한 모서리의 길이는 2이다. 점 D를 지나고 평면 BCD에 수직인 직선 위의 점 E에 대하여 네 점 A, B, C, E가 한 평면 위에 있을 때, 삼각형 EBC의 넓이는? [4점]

① 4 ② $3\sqrt{2}$ ③ 5
④ $3\sqrt{3}$ ⑤ $4\sqrt{2}$

풀이

네 점 A, B, C, E가 한 평면 위에 있으므로 점 E는 평면 ABC와 점 D를 지나고 삼각형 BCD에 수직인 직선의 교점이다. 이를 그림으로 나타내면 다음과 같다.

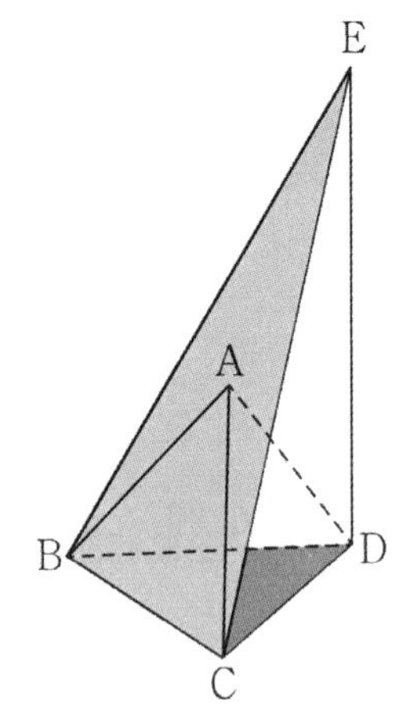

삼각형 EBC의 평면 BCD 위로의 정사영은 삼각형 DBC이다. 두 삼각형 EBC, DBC의 넓이를 각각 S_1, S_2라고 하면 $\dfrac{S_2}{S_1}=\dfrac{1}{3}$이다.

$S_2=\sqrt{3}$이므로 $S_1=3\sqrt{3}$이다.

답 ④

P. 정사면체에 대한 연구

예제 1

한 모서리의 길이가 2인 정사면체 ABCD에 대하여 다음의 문제들을 풀어보자.

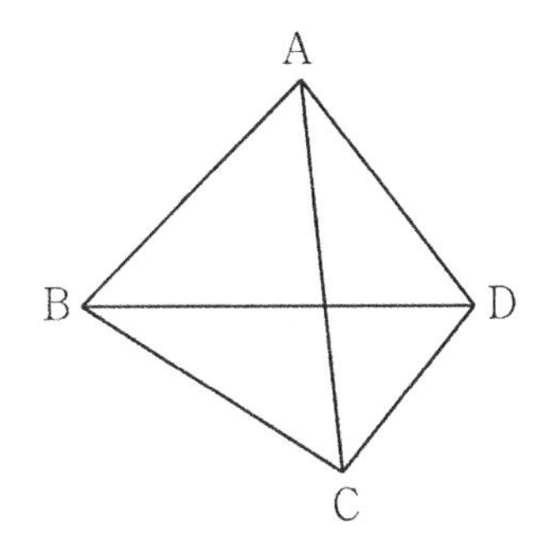

(1) 정사면체 ABCD의 두 모서리 AB, CD가 서로 수직임을 보이시오.
(2) 정사면체 ABCD에 대하여 두 직선 AB, CD 사이의 거리를 구하시오.
(3) 정사면체 ABCD의 꼭짓점 A에서 밑면 BCD에 내린 수선의 발은 삼각형 BCD의 무게중심임을 증명하시오.
(4) 정사면체 ABCD의 높이를 구하시오.
(5) 정사면체 ABCD의 외접구와 내접구의 반지름의 길이를 각각 R, r이라고 할 때, $R:r$을 구하시오. (R, r의 값도 각각 구할 것.)
(6) 정사면체 ABCD의 이웃한 두 면이 이루는 각의 크기를 θ_1, 한 점에서 만나는 모서리와 면이 이루는 각의 크기를 θ_2라고 할 때, $\cos\theta_1$, $\cos\theta_2$의 값을 구하시오.
(7) 정사면체 ABCD의 내접구(외접구)의 중심을 O라고 할 때, $\cos(\angle \mathrm{AOB})$의 값을 구하시오.

풀이

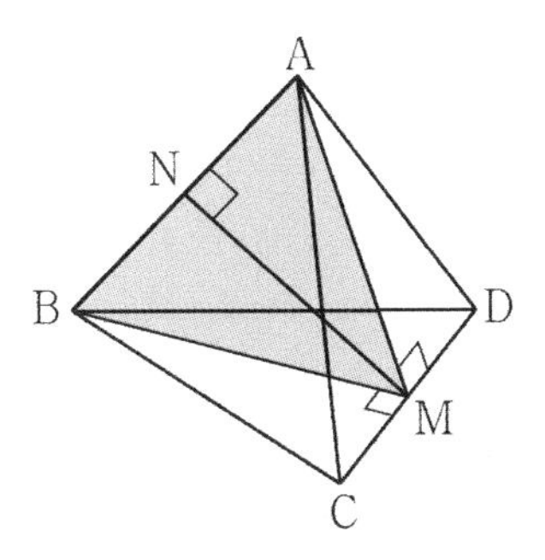

정삼각형 ACD의 $\angle$A의 이등분선이 밑변 CD과 만나는 점을 M이라고 하면

$\overline{\mathrm{AM}} \perp \overline{\mathrm{CD}}$, $\overline{\mathrm{CM}} = \overline{\mathrm{MD}}$

정삼각형 BCD의 $\angle$B의 이등분선은 밑변 CD와 점 M에서 만나고

$\overline{\mathrm{BM}} \perp \overline{\mathrm{CD}}$

한 점 M에서 만나는 두 직선 AM, BM으로 결정되는 평면 ABM은 직선 CD에 수직이다.

직선과 평면의 수직에 대한 정의에 의하여

$\overline{\mathrm{AB}} \perp \overline{\mathrm{CD}}$ ⇦ (1)

$\overline{\mathrm{AM}} = \overline{\mathrm{BM}}$인 이등변삼각형 ABM의 $\angle$M의 이등분선이 밑변 AB와 만나는 점을 N이라고 하면

$\overline{\mathrm{MN}} \perp \overline{\mathrm{AB}}$이고 $\overline{\mathrm{AN}} = \overline{\mathrm{NB}}$이다.

직각삼각형 ANM에서 피타고라스의 정리에 의하여

$\overline{\mathrm{MN}} = \sqrt{\overline{\mathrm{AM}}^2 - \overline{\mathrm{AN}}^2} = \sqrt{(\sqrt{3})^2 - 1^2} = \sqrt{2}$ ⇦ (2)

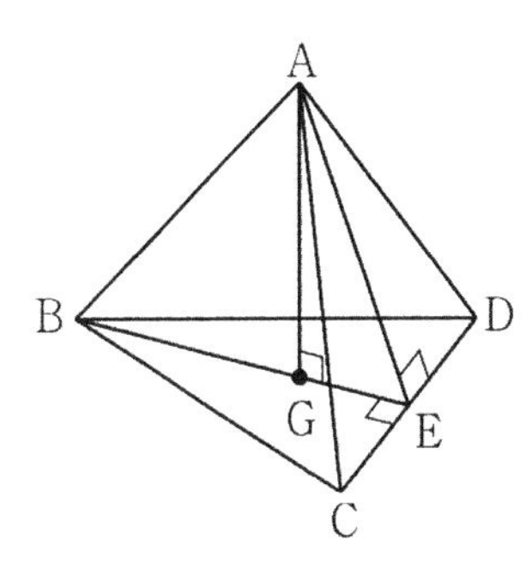

정삼각형 ACD의 $\angle$A의 이등분선이 밑변 CD와 만나는 점을 E라고 하면

$\overline{\mathrm{AE}} \perp \overline{\mathrm{CD}}$이고, $\overline{\mathrm{CE}} = \overline{\mathrm{ED}}$

정삼각형 BCD의 $\angle$B의 이등분선이 밑변 CD와 만나는 점은 E이고

$\overline{\mathrm{BE}} \perp \overline{\mathrm{CD}}$

점 A에서 선분 BE에 내린 수선의 발을 G라고 하면
삼수선의 정리❸에 의하여

$\overline{\mathrm{AG}} \perp \mathrm{BCD}$

이제 점 G가 삼각형 BCD의 무게중심임을 보이자.
직각삼각형 ACE, BCE에서 특수각의 삼각비에 의하여

$\overline{\mathrm{AE}} = \overline{\mathrm{BE}} = \sqrt{3}$

이제 아래와 같은 단면을 관찰하자.

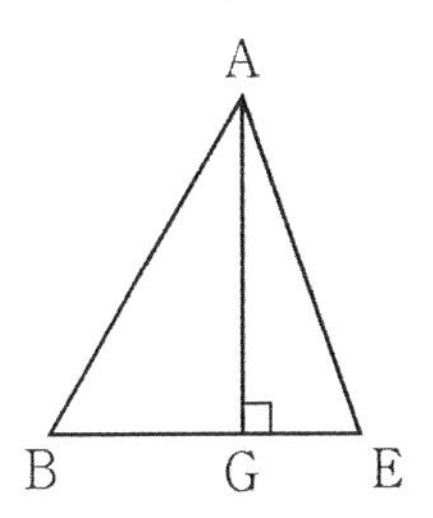

직각삼각형 ABG, AGE에서 피타고라스의 정리에 의하여

$\overline{\mathrm{AG}} = \sqrt{\overline{\mathrm{AB}}^2 - \overline{\mathrm{BG}}^2} = \sqrt{4 - \overline{\mathrm{BG}}^2}$ $\cdots㉠$

$\overline{AG}=\sqrt{\overline{AE}^2-\overline{EG}^2}=\sqrt{3-\overline{EG}^2}$

에서 $\overline{BG}^2-\overline{EG}^2=1$ …㉡

$\overline{BE}=\overline{BG}+\overline{EG}=\sqrt{3}$ …㉢

㉡, ㉢을 연립하면

$\overline{BG}=\frac{2\sqrt{3}}{3}$, $\overline{EG}=\frac{\sqrt{3}}{3}$

점 G는 선분 BE의 2 : 1내분점이므로

점 G는 삼각형 BCD의 무게중심이다. ⇦ (3)

선분 BG의 길이를 ㉠에 대입하면

$\overline{AG}=\frac{2\sqrt{6}}{3}$ ⇦ (4)

정사면체 ABCD의 내접구와 외접구의 중심은 일치하며, 선분 AG 위에 있다. 이를 O라고 하자.

(←엄밀하게 증명하기 보다는, 기하적인 관찰을 통해서 알면 된다.)

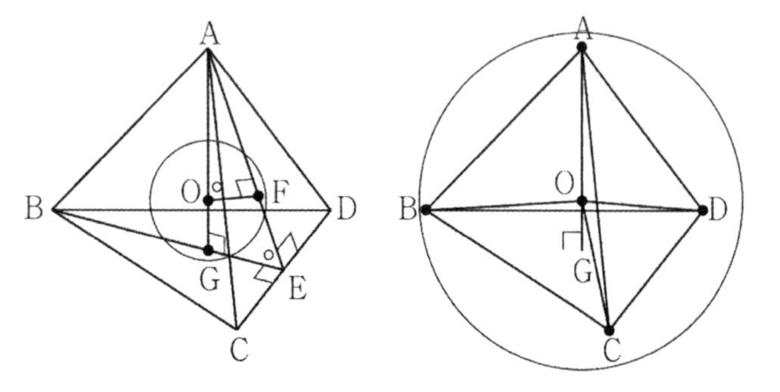

(왼쪽: 내접구, 오른쪽: 외접구)

위의 그림처럼 내접구는 점 G에서 면 BCD에 접한다.

삼각형 ACD의 무게중심을 F라고 하면,

내접구는 점 F에서 면 ACD에 접한다.

이제 아래와 같은 단면을 관찰하자.

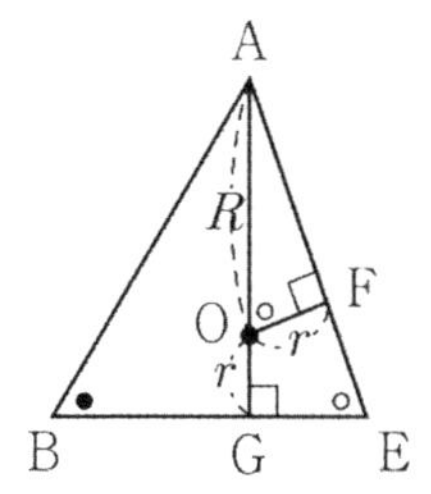

(단, $\circ=\theta_1$, $\bullet=\theta_2$)

서로 닮음인 두 직각삼각형 AOF, AEG에 대하여

$\overline{AO}:\overline{OF}=\overline{AE}:\overline{EG}$ 즉, $R:r=\sqrt{3}:\frac{\sqrt{3}}{3}$

$\therefore\ R:r=3:1$ ⇦ (5)

$R+r=\overline{AG}=\frac{2\sqrt{6}}{3}$ 이므로 $R=\frac{\sqrt{6}}{2}$, $r=\frac{\sqrt{6}}{6}$

두 직각삼각형 AEG, ABG에서 삼각비의 정의에 의하여

$\cos\theta_1=\frac{1}{3}$, $\cos\theta_2=\frac{\sqrt{3}}{3}$ ⇦ (6)

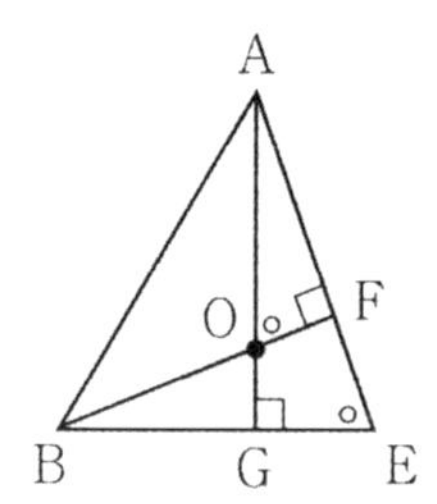

위의 그림에서

$\angle AOB=\pi-\theta_1$이므로

$\cos(\angle AOB)=-\cos\theta_1=-\frac{1}{3}$ ⇦ (7)

답 풀이참조

예제 2

정사면체 ABCD의 면 ACD의 무게중심을 G라고 하자. 점 G에서 평면 ACD에 접하는 구 S가 평면 BCD에 접할 때, 구 S의 반지름의 길이를 구하시오. (단, 구 S의 중심은 정사면체 ABCD의 외부에 있다.)

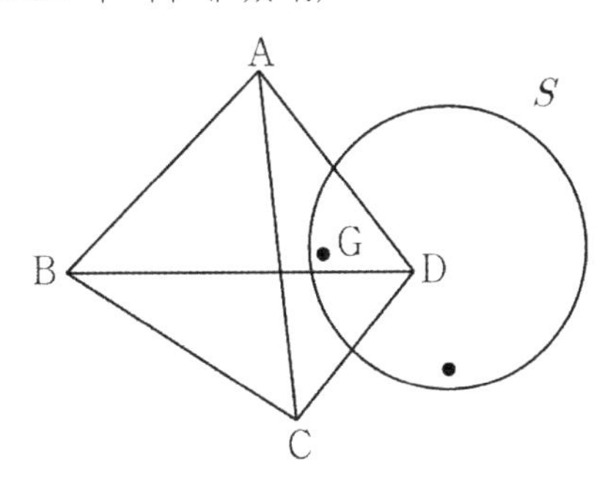

풀이

구 S의 중심을 O, 반지름의 길이를 r이라고 하자.

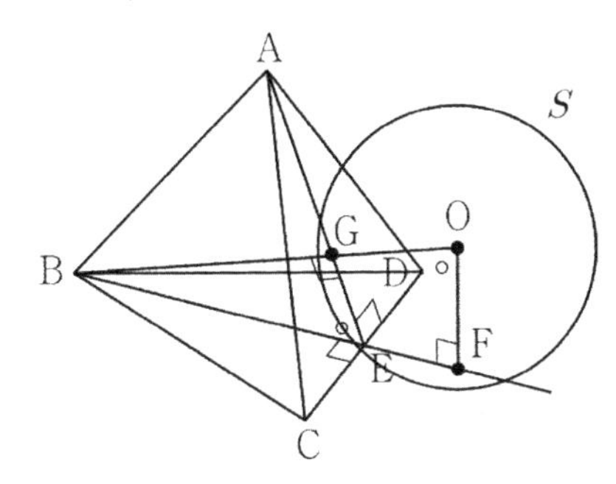

정삼각형 ACD에서 $\angle$A의 이등분선이 밑변 CD와 만나는 점을 E라고 하면

$\overline{AE} \perp \overline{CD}$이고, $\overline{CE}=\overline{ED}$

구 S가 점 G에서 면 ACD에 접하므로

구 S의 중심 O는 직선 BG 위에 있다.

직선 BG의 평면 BCD 위로의 정사영은 직선 BE이므로

점 O에서 평면 BCD에 내린 수선의 발을 F라고 하면,

점 F는 직선 BE 위에 있다.

이제 아래와 같은 단면을 관찰하자.

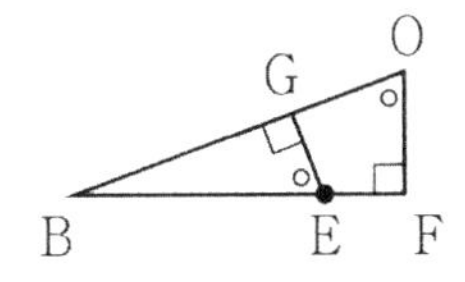

서로 닮음인 두 직각삼각형 BEG, BOF에 대하여

$\overline{BE}:\overline{EG}=\overline{BO}:\overline{OF}$ 즉, $\sqrt{3}:\dfrac{\sqrt{3}}{3}=\dfrac{2\sqrt{6}}{3}+r:r$

풀면

$\therefore\ r=\dfrac{\sqrt{6}}{3}$ ⇦ (8)

답 $\dfrac{\sqrt{6}}{3}$

참고

사면체 ABCD의 네 꼭짓점을 모두 지나는 구는 유일하다.

이때, 구의 중심을 찾는 방법은 다음과 같다.

(풀이)

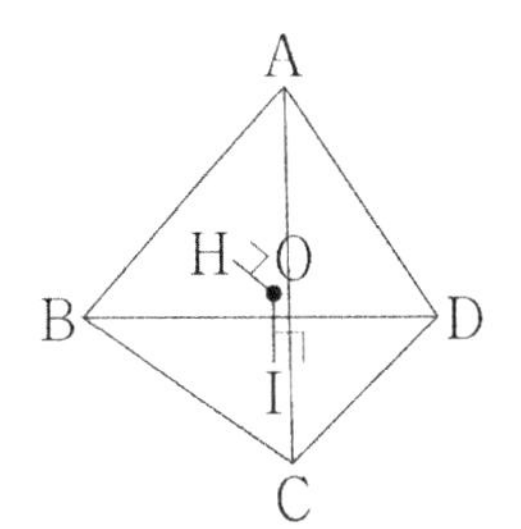

구의 중심을 O라고 하자. 점 O에서 두 평면 ABC, BCD에 내린 수선의 발을 각각 H, I라고 하자.

피타고라스의 정리에 의하여

$\overline{OA}=\sqrt{\overline{OH}^2+\overline{HA}^2}$, $\overline{OB}=\sqrt{\overline{OH}^2+\overline{HB}^2}$

$\overline{OC}=\sqrt{\overline{OH}^2+\overline{HC}^2}$

그런데 구의 정의에 의하여

$\overline{OA}=\overline{OB}=\overline{OC}$

이므로

$\overline{HA}=\overline{HB}=\overline{HC}$

마찬가지의 방법으로

$\overline{IA}=\overline{IB}=\overline{IC}$

점 H는 삼각형 ABC의 외심이고, 점 I는 삼각형 BCD의 외심이다.

점 H를 지나고 평면 ABC에 수직인 직선을 l,

점 I를 지나고 평면 BCD에 수직인 직선을 m

이라고 하면 점 O는 두 직선 l, m의 교점이다.

P. 이면각의 크기를 구하는 3가지의 방법

이면각의 크기를 구하는 세 가지의 방법은 다음과 같다.

- 이면각의 정의 (+삼수선의 정리)
- 정사영 (길이/넓이)
- 두 법선벡터의 내적 (+좌표공간의 도입) ※ 교육과정 외

세 번째 방법은 교육과정 외이므로 이 책에서는 다루지 않는다.

위의 두 가지의 관점에서 아래의 문제를 풀자.

예제 1

정육면체 ABCDEFGH에 대하여 두 평면 AFC, ABC가 이루는 예각의 크기를 θ라고 할 때, $\cos\theta$의 값을 구하시오.

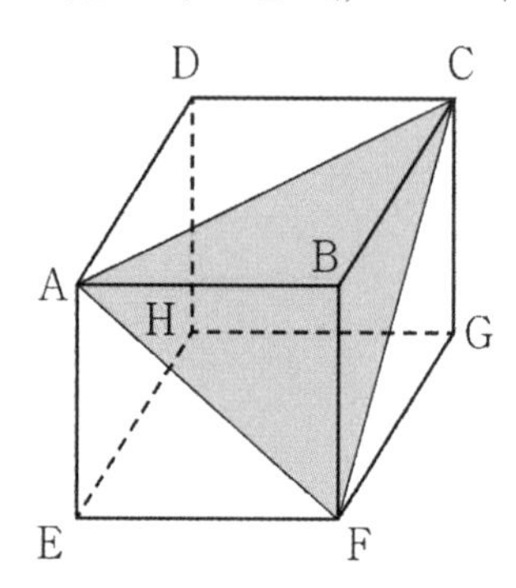

풀이1 이면각의 정의 (+삼수선의 정리), 정사영 (길이)
정육면체 ABCDEFGH의 한 모서리의 길이를 2로 두어도 풀이의 일반성을 잃지 않는다.

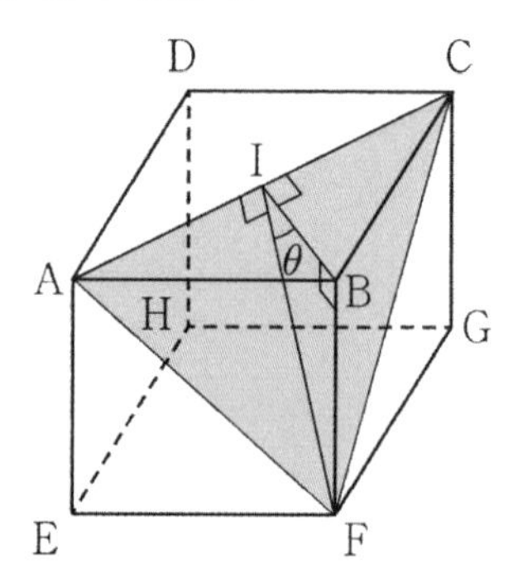

정육면체의 정의에 의하여

$\overline{FB} \perp \overline{BA}$, $\overline{FB} \perp \overline{BC}$이므로 $\overline{FB} \perp ABC$

점 B에서 선분 AC에 내린 수선의 발을 I라고 하면

$\overline{BI} \perp \overline{AC}$

삼수선의 정리에 의하여

$\overline{FI} \perp \overline{AC}$

이면각의 정의에 의하여

$\angle FIB = \theta$

직각삼각형 FIB에서 피타고라스의 정리에 의하여

$\overline{FI} = \sqrt{\overline{FB}^2 + \overline{BI}^2} = \sqrt{2^2 + (\sqrt{2})^2} = \sqrt{6}$

직각삼각형 FIB에서 삼각비의 정의에 의하여

$\therefore \cos\theta = \dfrac{\overline{IB}}{\overline{FI}} = \dfrac{\sqrt{2}}{\sqrt{6}} = \dfrac{\sqrt{3}}{3}$

답 $\dfrac{\sqrt{3}}{3}$

풀이2 정사영 (넓이)
정육면체 ABCDEFGH의 한 모서리의 길이를 1로 두어도 풀이의 일반성을 잃지 않는다.

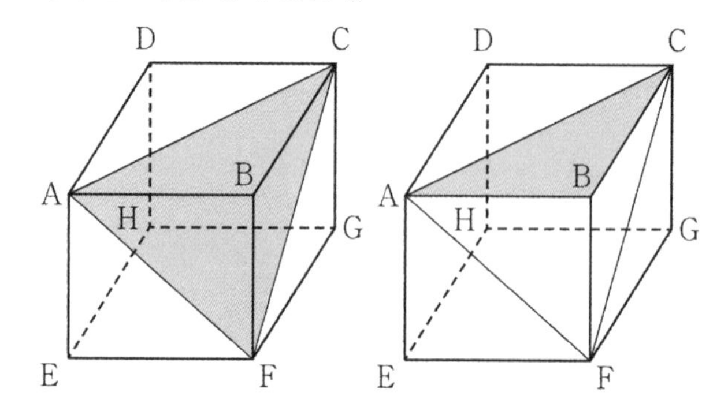

삼각형 AFC의 평면 ABC 위로의 정사영은 삼각형 ABC이다.

삼각형의 넓이를 구하는 공식에 의하여

($\triangle$AFC의 넓이)$= \dfrac{\sqrt{3}}{2}$, ($\triangle$ABC의 넓이)$= \dfrac{1}{2}$

넓이의 정사영에 대한 공식에 의하여

$\therefore \cos\theta = \dfrac{\triangle ABC}{\triangle AFC} = \dfrac{\sqrt{3}}{3}$

답 $\dfrac{\sqrt{3}}{3}$

예제 2

아래는 정육면체의 그림이다. (단, 네 점 A, B, C, D는 정육면체의 꼭짓점이다.)

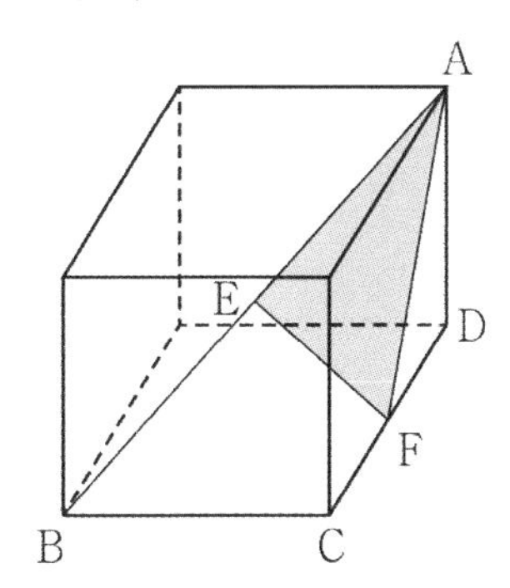

두 선분 AB, CD의 중점을 각각 E, F라고 하자. 두 평면 AEF, BCD가 이루는 예각의 크기를 θ라고 할 때, $\cos\theta$의 값은? [3점]

① $\dfrac{\sqrt{3}}{3}$ ② $\dfrac{1}{2}$ ③ $\dfrac{\sqrt{5}}{5}$

④ $\dfrac{\sqrt{6}}{6}$ ⑤ $\dfrac{\sqrt{7}}{7}$

풀이1 이면각의 정의 (+삼수선의 정리), 정사영 (길이)

주어진 정육면체의 한 모서리의 길이를 2로 두어도 풀이의 일반성을 잃지 않는다.

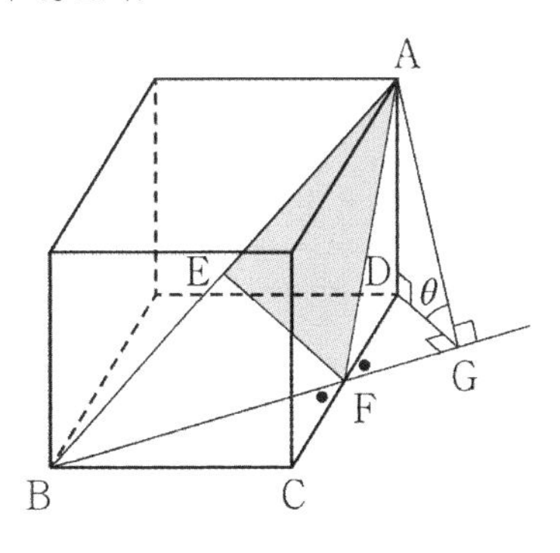

정육면체의 정의에 의하여

$\overline{AD} \perp BCD$

점 D에서 직선 BF에 내린 수선의 발을 G라고 하면

삼수선의 정리에 의하여

$\overline{AG} \perp \overline{BF}$

이면각의 정의에 의하여

$\angle AGD = \theta$

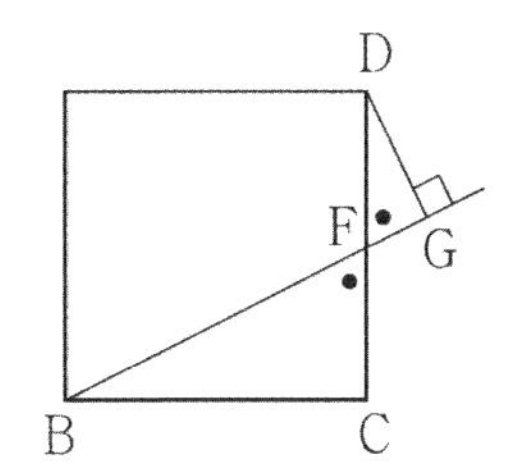

서로 닮은 두 직각삼각형 BFC, DFG에 대하여

$\overline{FB} : \overline{BC} = \overline{FD} : \overline{DG}$ 즉, $\sqrt{5} : 2 = 1 : \overline{DG}$, $\overline{DG} = \dfrac{2}{\sqrt{5}}$

직각삼각형 ADG에서 피타고라스의 정리에 의하여

$\overline{AG} = \sqrt{\overline{AD}^2 + \overline{DG}^2} = \dfrac{2\sqrt{6}}{\sqrt{5}}$

직각삼각형 ADG에서 삼각비의 정의에 의하여

$\cos\theta = \dfrac{\overline{GD}}{\overline{AG}} = \dfrac{\sqrt{6}}{6}$

답 ④

풀이2 정사영 (넓이)

주어진 정육면체의 한 모서리의 길이를 2로 두어도 풀이의 일반성을 잃지 않는다.

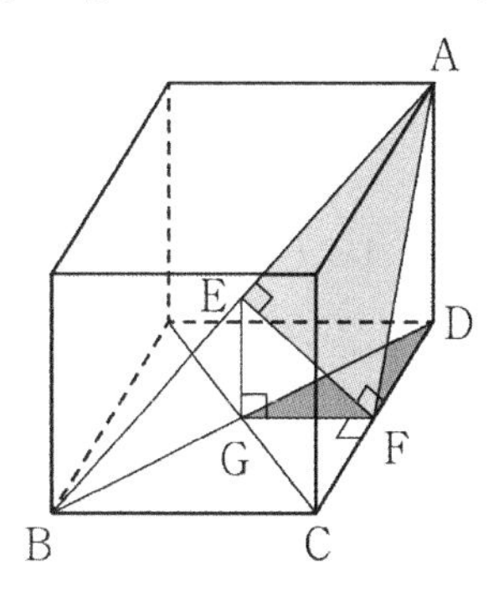

직각삼각형 ABD의 빗변의 중점 E에서 밑변 BD에 내린 수선의 발을 G라고 하자.

$\overline{AD} \perp BCD$이고 $\overline{AD} // \overline{EG}$이므로 $\overline{EG} \perp BCD$이다.

점 G에서 선분 CD에 내린 수선의 발을 F라고 하면

$\overline{GF} \perp \overline{CD}$

이때, 점 F는 선분 CD의 중점이다.

세 직각삼각형 ABD, EGF, AFD에서 피타고라스의 정리에 의하여

$\overline{AE} = \dfrac{1}{2}\overline{AB} = \sqrt{3}$, $\overline{EF} = \sqrt{2}$, $\overline{AF} = \sqrt{5}$

그런데 $\overline{AF}^2 = \overline{AE}^2 + \overline{EF}^2$이므로

피타고라스의 정리의 역에 의하여

$\triangle AEF$는 $\overline{AF}$가 빗변인 직각삼각형이다.

삼각형의 넓이를 구하는 공식에 의하여

($\triangle AEF$의 넓이)$= \dfrac{\sqrt{6}}{2}$, ($\triangle DGF$의 넓이)$= \dfrac{1}{2}$

넓이의 정사영의 공식에 의하여

$\therefore \cos\theta = \dfrac{\triangle DGF}{\triangle AEF} = \dfrac{\sqrt{6}}{6}$

답 ④

P. 좌표공간: 구

• 구

아래 그림처럼 공간에서 중심이 O이고, 반지름의 길이가 r인 구 S를 자르면 원이 생긴다. 이때, 단면에 생긴 원을 C라고 하자.

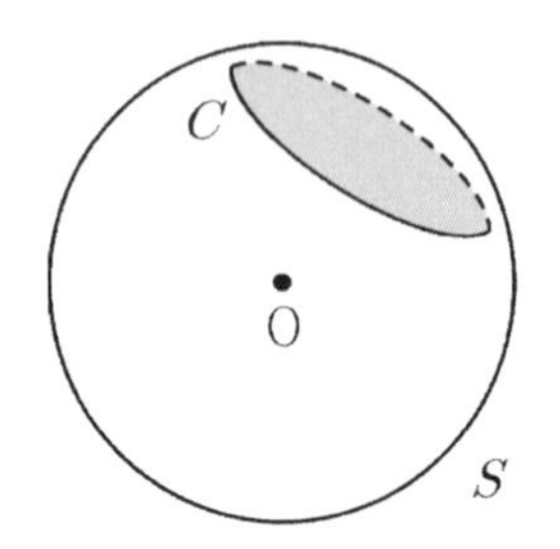

점 O에서 원 C를 포함하는 평면에 내린 수선의 발을 H라고 하면, 점 H는 원 C의 중심이다. 이때, 구 S를 자른 단면은 점 H를 지나고 직선 OH에 수직이다. (아래 그림)

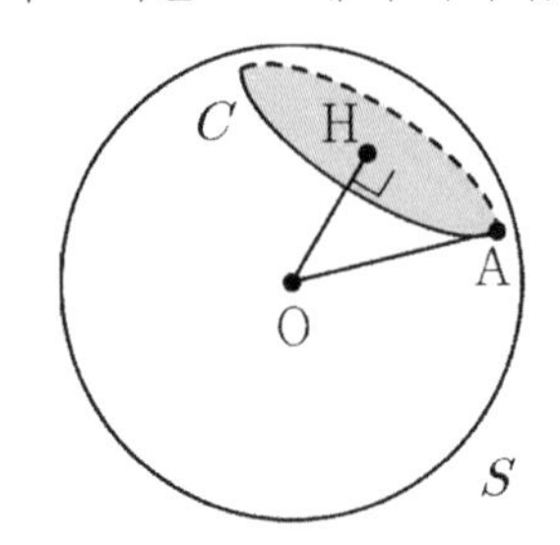

원 C 위의 점 A에 대하여 구의 정의에 따라 보조선 $\overline{\mathrm{OA}}$를 긋자. 점 O에서 만나는 두 직선 OH, OA로 결정되는 평면으로 주어진 구를 자르면 원이 생긴다. (아래 그림)

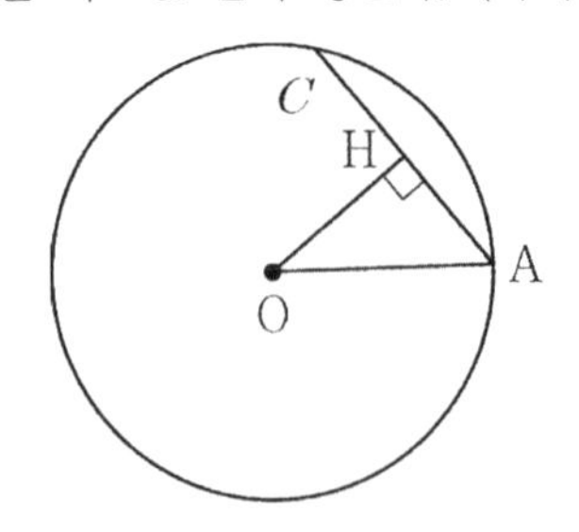

그리고 원 C를 정면에서 바라보면 아래 그림과 같다.

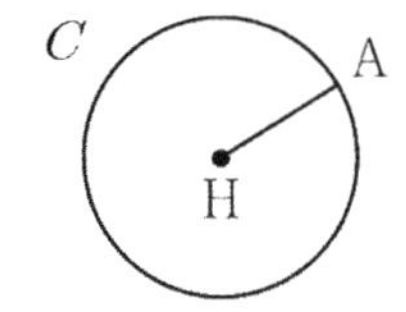

• 좌표공간에서 구의 방정식

예제 1

좌표공간에서 중심이 $\mathrm{C}(a,\ b,\ c)$이고, xy평면, yz평면, zx평면에 모두 접하는 구의 방정식을 구하시오.
(단, $a>0,\ b>0,\ c>0$)

풀이

문제에서 주어진 구의 반지름의 길이를 r이라고 하자.
문제에서 주어진 구가 점 P에서 xy평면에 접하고, 점 Q에서 yz평면에 접하고, 점 R에서 zx평면에 접한다고 하자.
이때, 다음이 성립한다.
$\overline{\mathrm{CP}} \perp (xy\text{평면})$, $\overline{\mathrm{CQ}} \perp (yz\text{평면})$, $\overline{\mathrm{CR}} \perp (zx\text{평면})$

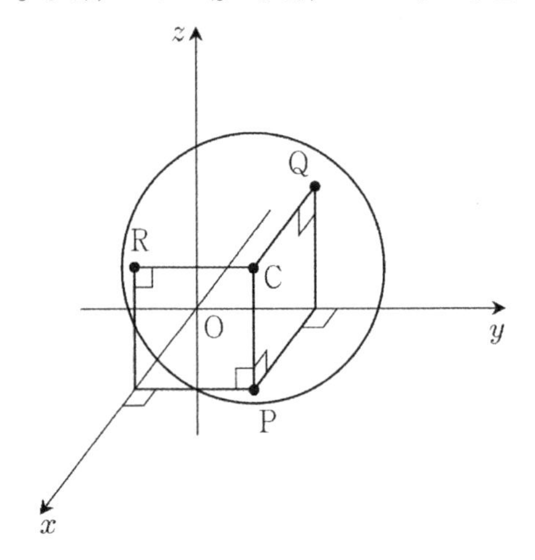

세 점 P, Q, R의 좌표는 각각
$\mathrm{P}(a,\ b,\ 0)$, $\mathrm{Q}(0,\ b,\ c)$, $\mathrm{R}(a,\ 0,\ c)$
이므로
$\overline{\mathrm{CP}}=c$, $\overline{\mathrm{CQ}}=a$, $\overline{\mathrm{CR}}=b$
그런데 세 선분 CP, CQ, CR의 길이는 구의 반지름의 길이 r과 같으므로
$a=b=c=r$ 즉, $\mathrm{C}(r,\ r,\ r)$
구하는 구의 방정식은
$(x-r)^2+(y-r)^2+(z-r)^2=r^2$

답 $(x-r)^2+(y-r)^2+(z-r)^2=r^2$

예제 2

좌표공간에서 중심이 $\mathrm{C}(a,\ b,\ c)$이고, x축, y축, z축에 모두 접하는 구의 방정식을 구하시오. (단, $a>0$, $b>0$, $c>0$)

풀이

문제에서 주어진 구의 반지름의 길이를 r이라고 하자.
문제에서 주어진 구가 점 Q에서 x축에 접하고, 점 R에서 y축에 접하고, 점 S에서 z축에 접한다고 하자. 이때, 다음이 성립한다.
$\overline{\mathrm{CQ}}\perp(x축)$, $\overline{\mathrm{CR}}\perp(y축)$, $\overline{\mathrm{CS}}\perp(z축)$
점 C에서 xy평면에 내린 수선의 발을 P라고 하자.

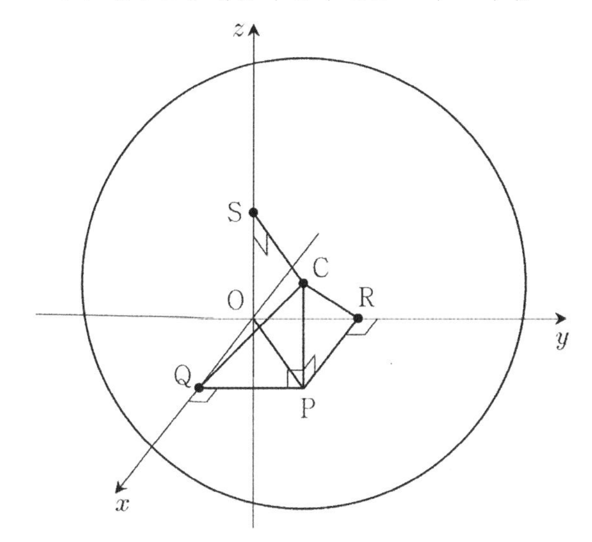

네 점 P, Q, R, S의 좌표는 각각
$\mathrm{P}(a,\ b,\ 0)$, $\mathrm{Q}(a,\ 0,\ 0)$, $\mathrm{R}(0,\ b,\ 0)$, $\mathrm{S}(0,\ 0,\ c)$
이므로 $\overline{\mathrm{CP}}=c$, $\overline{\mathrm{PQ}}=b$, $\overline{\mathrm{PR}}=a$
서로 RHS합동인 두 직각삼각형 CPQ, CPR에 대하여
$\overline{\mathrm{PQ}}=\overline{\mathrm{PR}}$ 즉, $a=b$이고, $\mathrm{C}(a,\ a,\ c)$이다.
직각삼각형 OQP에서 피타고라스의 정리에 의하여
$\overline{\mathrm{OP}}=\sqrt{2}a$

그런데 $\overline{\mathrm{OP}}=\overline{\mathrm{SC}}$이므로 $\sqrt{2}a=r$ 즉, $a=\dfrac{r}{\sqrt{2}}$

직각삼각형 CQP에서 피타고라스의 정리에 의하여

$r^2=a^2+c^2$, $r^2=\left(\dfrac{r}{\sqrt{2}}\right)^2+c^2$ 풀면 $c=\dfrac{r}{\sqrt{2}}$

문제에서 주어진 구의 중심의 좌표는

$\mathrm{C}\left(\dfrac{r}{\sqrt{2}},\ \dfrac{r}{\sqrt{2}},\ \dfrac{r}{\sqrt{2}}\right)$

구하는 구의 방정식은

$$\left(x-\frac{r}{\sqrt{2}}\right)^2+\left(y-\frac{r}{\sqrt{2}}\right)^2+\left(z-\frac{r}{\sqrt{2}}\right)^2=r^2$$

답 $\left(x-\dfrac{r}{\sqrt{2}}\right)^2+\left(y-\dfrac{r}{\sqrt{2}}\right)^2+\left(z-\dfrac{r}{\sqrt{2}}\right)^2=r^2$

이동훈 기출문제집

저자 소개

이동훈

연세대 수학과 졸업
고등부 학원 강사 / 대학입시 수학 콘텐츠 개발자
이동훈 기출문제집 네이버 카페 활동 중 (닉네임: 이동훈t)
cafe.naver.com/2math

빠른 답지

단원별 알파벳구성

과목	대단원	알파벳	과목	대단원	알파벳
수학 Ⅰ	지수함수와 로그함수	A	기하	이차곡선	M
	삼각함수	B		평면벡터	N
	수열	C		공간도형과 공간좌표	P
수학 Ⅱ	함수의 극한과 연속	D	수학	다항식	Q
	미분	E		방정식과 부등식	R
	적분	F		도형의 방정식	S
미적분	수열의 극한	G		집합과 명제	T
	미분법	H		함수	U
	적분법	I		순열과 조합	V
확률과 통계	경우의 수	J	교육과정 外		Z
	확률	K			
	통계	L			

M 이차곡선 (평가원)

1	②	2	①	3	④	4	①	5	③
6	①	7	①	8	128	9	8	10	③
11	③	12	90	13	①	14	①	15	⑤
16	80	17	136	18	13	19	6	20	③
21	⑤	22	23	23	32	24	①	25	6
26	41	27	⑤	28	⑤	29	①	30	④
31	22	32	③	33	④	34	14	35	③
36	29	37	⑤	38	②	39	12	40	103
41	①	42	39	43	104	44	51	45	④
46	④	47	④	48	③	49	②	50	32
51	180	52	②	53	105	54	11	55	17
56	③	57	①	58	④	59	19	60	⑤
61	④	62	④	63	⑤	64	④	65	12
66	②	67	①	68	13	69	③	70	④
71	11	72	80	73	⑤	74	④	75	②
76	①	77	116	78	③	79	③	80	10
81	④	82	①	83	①	84	①	85	②
86	③	87	②	88	12	89	②	90	14
91	③	92	②	93	⑤	94	17	95	⑤
96	②	97	①	98	④	99	①	100	32
101	④	102	③	103	⑤	104	④	105	③
106	①	107	②	108	②	109	①	110	④
111	③	112	②	113	52	114	15	115	③
116	32	117	⑤						

N 평면 벡터 (평가원)

1	②	2	③	3	15	4	③	5	①
6	③	7	①	8	13	9	53	10	④
11	⑤	12	⑤	13	③	14	①	15	147
16	8	17	⑤	18	③	19	④	20	③
21	②	22	②	23	②	24	④	25	③
26	①	27	⑤	28	⑤	29	⑤	30	12
31	⑤	32	27	33	100	34	⑤	35	⑤
36	⑤	37	17	38	7	39	③	40	24
41	48	42	45	43	②	44	17	45	19
46	31	47	7	48	52	49	⑤	50	⑤
51	9	52	①	53	④	54	10	55	③
56	②	57	②	58	48				

P 공간도형과 공간좌표 (평가원)

1	③	2	⑤	3	①	4	③	5	12
6	④	7	②	8	①	9	①	10	⑤
11	①	12	11	13	②	14	③	15	③
16	20	17	②	18	①	19	③	20	⑤
21	①	22	⑤	23	24	24	12	25	⑤
26	25	27	40	28	30	29	10	30	15
31	②	32	④	33	40	34	⑤	35	8
36	①	37	30	38	34	39	③	40	⑤
41	45	42	③	43	162	44	27	45	⑤
46	⑤	47	15	48	32	49	11	50	127
51	24	52	④	53	①	54	①	55	②
56	②	57	20	58	④	59	①	60	10
61	⑤	62	④	63	①	64	②	65	②
66	④	67	13	68	②	69	③	70	②
71	13	72	11	73	④	74	⑤	75	①
76	9	77	23						

M 이차곡선 (교사경)

1	13	2	②	3	9	4	①	5	②
6	④	7	14	8	③	9	50	10	④
11	⑤	12	③	13	23	14	8	15	①
16	①	17	④	18	⑤	19	④	20	①
21	④	22	⑤	23	384	24	15	25	③
26	④	27	96	28	④	29	③	30	32
31	③	32	②	33	⑤	34	50	35	③
36	③	37	③	38	①	39	②	40	②
41	192	42	④	43	③	44	④	45	66
46	14	47	36	48	26	49	④	50	②
51	⑤	52	8	53	④	54	③	55	63
56	8	57	⑤	58	③	59	④	60	③
61	②	62	⑤	63	⑤	64	18	65	①
66	②	67	④	68	⑤	69	④	70	12
71	⑤	72	⑤	73	②	74	128	75	②
76	②	77	32	78	100	79	22	80	①
81	②	82	18	83	②	84	54	85	64
86	③	87	32	88	55	89	③	90	128
91	⑤	92	21	93	⑤	94	54	95	④
96	⑤	97	③	98	⑤	99	②	100	⑤
101	③	102	16	103	18	104	③	105	④
106	13	107	①	108	④	109	①	110	③
111	①	112	171						

N 평면 벡터 (교사경)

1	③	2	③	3	④	4	④	5	③
6	③	7	②	8	④	9	①	10	③
11	24	12	②	13	②	14	④	15	115
16	②	17	④	18	④	19	⑤	20	①
21	120	22	50	23	③	24	①	25	37
26	②	27	⑤	28	①	29	⑤	30	⑤
31	①	32	⑤	33	7	34	60	35	④
36	27	37	80	38	15	39	⑤	40	180
41	40	42	486	43	108	44	①	45	37
46	15	47	⑤	48	⑤	49	20		

P 공간도형과 공간좌표 (교사경)

1	7	2	③	3	⑤	4	②	5	④
6	③	7	60	8	①	9	②	10	④
11	②	12	②	13	②	14	45	15	28
16	④	17	8	18	②	19	16	20	④
21	④	22	25	23	⑤	24	60	25	②
26	⑤	27	②	28	②	29	⑤	30	④
31	③	32	④	33	⑤	34	⑤	35	③
36	③	37	①	38	④	39	47	40	④
41	⑤	42	②	43	450	44	7	45	13
46	20	47	50	48	261	49	15	50	48
51	27	52	③	53	②	54	⑤	55	⑤
56	④	57	①	58	350	59	③	60	③
61	②	62	⑤	63	14	64	15	65	17

해설 목차

기하

M 이차곡선

1	②	2	①	3	④	4	①	5	③
6	①	7	①	8	128	9	8	10	③
11	③	12	90	13	①	14	①	15	⑤
16	80	17	136	18	13	19	6	20	③
21	⑤	22	23	23	32	24	①	25	6
26	41	27	⑤	28	⑤	29	①	30	④
31	22	32	③	33	④	34	14	35	③
36	29	37	⑤	38	②	39	12	40	103
41	①	42	39	43	104	44	51	45	④
46	④	47	④	48	③	49	②	50	32
51	180	52	②	53	105	54	11	55	17
56	③	57	①	58	④	59	19	60	⑤
61	④	62	④	63	⑤	64	④	65	12
66	②	67	①	68	13	69	③	70	④
71	11	72	80	73	⑤	74	④	75	②
76	①	77	116	78	③	79	③	80	10
81	④	82	①	83	①	84	①	85	②
86	③	87	②	88	12	89	②	90	14
91	③	92	②	93	⑤	94	17	95	⑤
96	②	97	①	98	④	99	①	100	32
101	④	102	③	103	⑤	104	④	105	③
106	①	107	②	108	②	109	①	110	④
111	③	112	②	113	52	114	15	115	③
116	32	117	⑤						

M001 | 답 ②

[풀이]

문제에서 주어진 포물선의 방정식을 정리하면

$(y-2)^2 = ax$, 즉 $(y-2)^2 = 4 \cdot \frac{a}{4} \cdot x$

이 포물선의 초점은 포물선 $y^2 = 4 \cdot \frac{a}{4} \cdot x$의 초점 $\left(\frac{a}{4},\ 0\right)$을 y축의 방향으로 2만큼 평행이동한 것이다.

따라서 문제에서 주어진 포물선의 초점의 좌표는

$\left(\frac{a}{4},\ 2\right)$

이므로 $\frac{a}{4} = 3$, $2 = b$, 즉 $a = 12$, $b = 2$

$\therefore\ a + b = 14$

답 ②

M002 | 답 ①

[풀이]

$y^2 = 4 \times \frac{1}{4} \times x$에서 주어진 포물선의 초점의 좌표는

$\left(\frac{1}{4},\ 0\right)$

주어진 포물선의 준선의 방정식은

$x = -\frac{1}{4}$

주어진 로그함수의 그래프의 점근선은

$x = -a$

주어진 로그함수의 점근선이 주어진 포물선의 점근선과 일치하므로

$-a = -\frac{1}{4}$ 즉, $a = \frac{1}{4}$

주어진 로그함수의 방정식은

$y = \log_2\left(x + \frac{1}{4}\right) + b$

이 로그함수의 그래프가 포물선의 초점을 지나므로

$0 = \log_2\left(\frac{1}{4} + \frac{1}{4}\right) + b$

로그의 정의에 의하여

$0 = -1 + b$ 즉, $b = 1$

$\therefore\ a + b = \frac{5}{4}$

답 ①

M003 | 답 ④

[풀이1]

$y^2 = 4 \times 2 \times x$이므로 초점 F의 좌표는 $(2,\ 0)$이고,

준선의 방정식은 $x = -2$이다.

점 P에서 준선 $x = -2$에 내린 수선의 발을 H라고 하자.

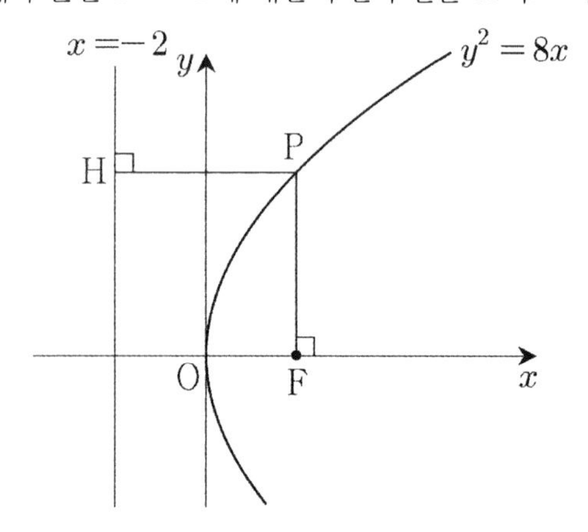

포물선의 정의에 의하여

$\overline{PH}=\overline{PF}=4$
이므로 점 P의 x좌표는 $2(=4-2)$이다.
즉, $a=2$
이를 포물선의 방정식에 대입하면
$y^2=16$에서 $y=4$ 즉, $b=4$
$\therefore\ a+b=6$
답 ④

[참고] (교육과정 외)
공식
$\overline{PF}=\dfrac{2p}{1-\cos\theta}$ (단, θ는 직선 PF가 x축과 이루는 양의 방향과 이루는 각의 크기)
를 이용하여 직선 PF가 y축에 평행함을 보일 수 있다.
$\overline{PF}=\dfrac{2\times2}{1-\cos\theta}=4$, $\cos\theta=0$, $\theta=90^\circ$
따라서 직선 PF는 y축에 평행하다.

[풀이2]
$y^2=4\times2\times x$이므로 문제에서 주어진 포물선의 초점의 좌표는 $F(2,\ 0)$이다.
문제에서 주어진 포물선은 제1사분면과 제4사분면을 지나고, $b>0$이므로 점 P는 제1사분면에 속한다. 따라서 $a>0$이다.
점 P는 포물선 위에 있으므로
$b^2=8a$ …㉠
두 점 사이의 거리 공식에 의하여
$\overline{PF}=\sqrt{(a-2)^2+b^2}=4$
양변을 제곱하여 정리하면
$(a-2)^2+b^2=16$ …㉡
㉠을 ㉡에 대입하면
$(a-2)^2+8a=16$
정리하면
$a^2+4a-12=0$
좌변을 인수분해하면
$(a+6)(a-2)=0$
풀면
$a=2(\because a>0)$
이를 ㉠에 대입하면 $b=4(\because b>0)$
$\therefore\ a+b=6$
답 ④

M004 | 답 ①

[풀이1]
$y^2=4\times3\times x$이므로
이 포물선의 초점은 $F(3,\ 0)$이고,
준선은 $x=-3$이다.
점 P에서 두 직선 $x=-3$, $y=0$(x축)에 내린 수선의 발을 각각 H, Q, 직선 $x=-3$이 x축과 만나는 점을 R이라고 하자.
아래 그림처럼 점 P의 y좌표를 양수로 두자. (점 P의 y좌표가 음수인 경우에도 동일한 결과를 얻는다.)

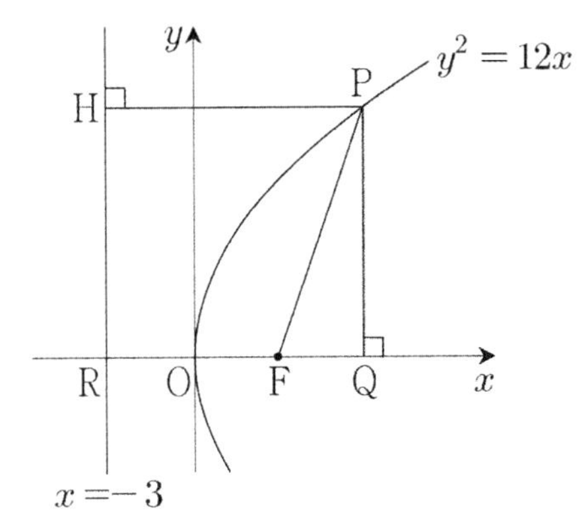

포물선의 정의에 의하여
$\overline{PH}=\overline{PF}=9$
이므로
$\overline{PH}=\overline{RO}+\overline{OQ}=3+\overline{OQ}=9$
에서 $\overline{OQ}=6$
$\therefore$ (점 P의 x좌표)$=\overline{OQ}=6$
답 ①

[풀이2]
$y^2=4\times3\times x$이므로
이 포물선의 초점은 $F(3,\ 0)$이다.
점 P의 좌표를 $(s,\ t)$로 두자.
점 P는 문제에서 주어진 포물선 위에 있으므로
$t^2=12s$
두 점 사이의 거리 공식에 의하여
$\overline{PF}=\sqrt{(s-3)^2+t^2}$
$=\sqrt{(s-3)^2+12s}\ (\because t^2=12s)$
$=\sqrt{(s+3)^2}$
$=s+3=9$에서 $s=6$
따라서 점 P의 x좌표는 6이다.
답 ①

[풀이3] (교육과정 외)
공식

$\overline{\mathrm{PF}}=\dfrac{2p}{1-\cos\theta}$ (단, θ는 직선 PF가 x축과 이루는 양의 방향과 이루는 각의 크기)

를 이용하여 문제를 해결하자.

$y^2=4\cdot3\cdot x$에서 $p=3$, 즉 F$(3,\ 0)$

점 P에서 x축에 내린 수선의 발을 Q라고 하자.

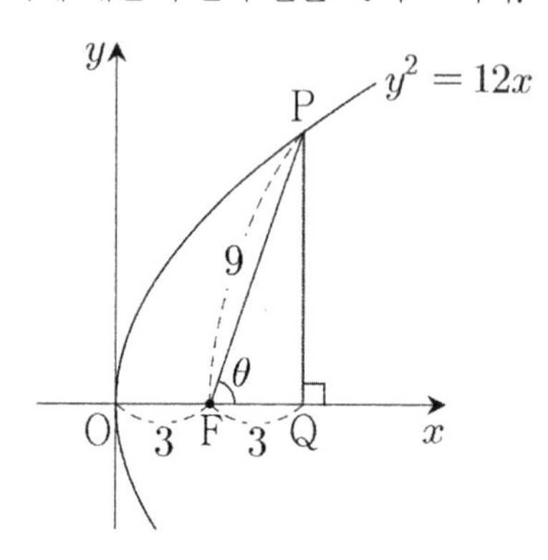

$\overline{\mathrm{PF}}=\dfrac{2p}{1-\cos\theta}$, 즉 $9=\dfrac{2\cdot3}{1-\cos\theta}$, $\cos\theta=\dfrac{1}{3}$

직각삼각형 PFQ에서

$\overline{\mathrm{FQ}}=3$

$\therefore$ (점 P의 x좌표)$=3+3=6$

답 ①

M005 | 답 ③

[풀이]

문제에서 주어진 포물선의 준선은 $x=-p$이고,

초점은 F$(p,\ 0)$이다.

세 점 P_1, P_2, P_3에서 직선 $x=-p$에 내린 수선의 발을 각각 H_1, H_2, H_3이라고 하자.

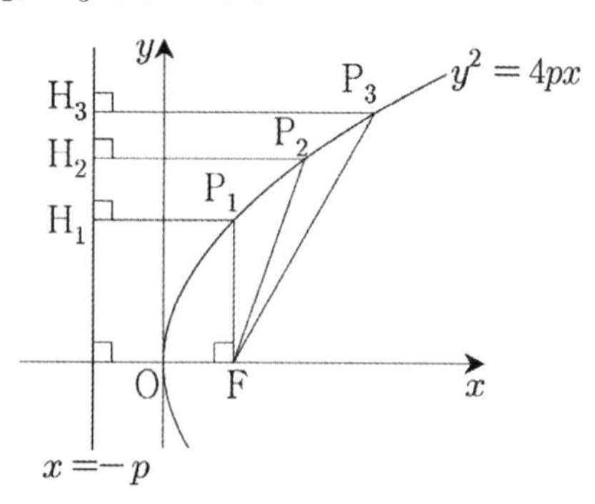

포물선의 정의에 의하여

$\overline{\mathrm{FP}_1}+\overline{\mathrm{FP}_2}+\overline{\mathrm{FP}_3}$

$=\overline{\mathrm{P}_1\mathrm{H}_1}+\overline{\mathrm{P}_2\mathrm{H}_2}+\overline{\mathrm{P}_3\mathrm{H}_3}$

$=2p+3p+4p=9p=27$

$\therefore\ p=3$

답 ③

M006 | 답 ①

[풀이]

점 A에서 '포물선 C_1의 준선 $x=-1$'에 내린 수선의 발을 H라고 하자.

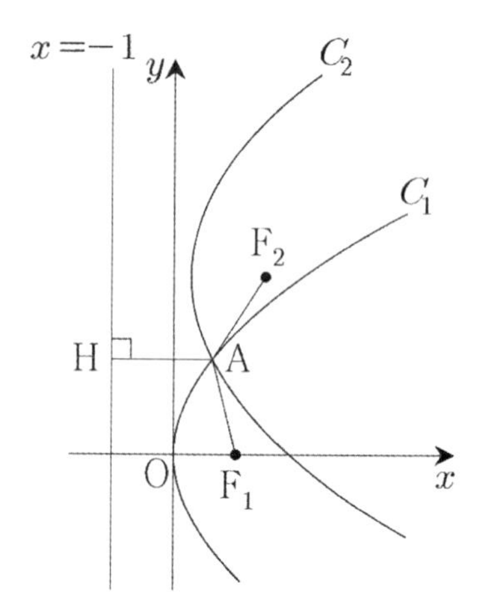

포물선의 정의와 문제에서 주어진 조건에서

$\overline{\mathrm{AF}_1}=\overline{\mathrm{AF}_2}=\overline{\mathrm{AH}}$

이므로 포물선 C_2의 준선은 $x=-1$이다.

$\mathrm{F}_2(p+f(p),\ 3)$

그리고 포물선 C_2의 꼭짓점의 좌표는

$(f(p),\ 3)$이므로

$\dfrac{\{p+f(p)\}-1}{2}=f(p)$, $f(p)-p+1=0$,

$(p+a)^2-p+1=0$, $p^2+(2a-1)p+a^2+1=0$

그런데 이 p에 대한 이차방정식은 중근을 가지므로

(판별식)$=(2a-1)^2-4\times(a^2+1)=0$

$\therefore\ a=-\dfrac{3}{4}$

답 ①

M007 | 답 ①

[풀이1]

$y^2=4\times\dfrac{1}{4}\times x$에서 포물선의 초점은

F$\left(\dfrac{1}{4},\ 0\right)$

포물선의 준선의 방정식은

$x=-\dfrac{1}{4}$

점 P에서 x축과 직선 $x=-\dfrac{1}{4}$에 내린 수선의 발을 각각 P′과 H, 점 Q에서 x축에 내린 수선의 발을 Q′이라고 하자.

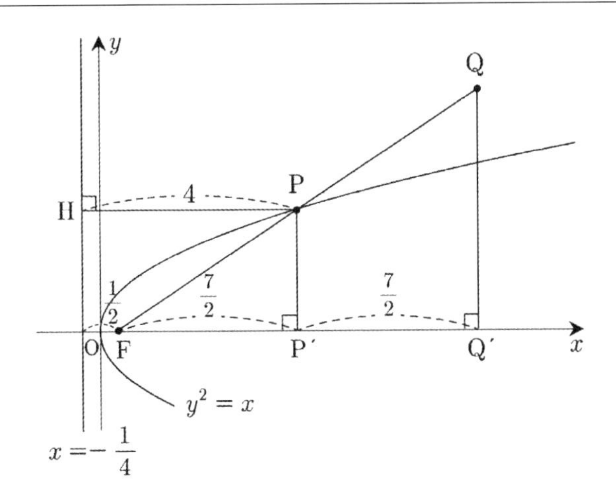

포물선의 정의에 의하여

$\overline{FP}=\overline{PH}$, $\overline{FO}$=(원점에서 준선까지의 거리)

이므로

$\overline{FP'}=\overline{HP}-2\overline{OF}$

$=\overline{FP}-2\overline{OF}=\dfrac{7}{2}$ …㉠

서로 닮은 두 삼각형 PFP′, QFQ′에 대하여

$\overline{FP}:\overline{FQ}=1:2=\overline{FP'}:\overline{FQ'}$

이므로

$\overline{FP'}=\overline{P'Q'}$ …㉡

점 Q의 x좌표를 q라고 하면

$\therefore\ q=\overline{OF}+\overline{FP'}+\overline{P'Q'}$

$=\overline{OF}+2\overline{FP'}$ ($\because$ ㉡)

$=\dfrac{1}{4}+2\times\dfrac{7}{2}=\dfrac{29}{4}$ ($\because$ ㉠)

답 ①

[풀이2] (선택)

$y^2=4\times\dfrac{1}{4}\times x$에서 포물선의 초점은

$F\left(\dfrac{1}{4},\ 0\right)$

포물선의 준선의 방정식은

$x=-\dfrac{1}{4}$

점 P의 좌표를 $P(p^2,\ p)$로 두자. (단, $p>0$)

두 점 사이의 거리 공식에 의하여

$\overline{FP}=\sqrt{\left(p^2-\dfrac{1}{4}\right)^2+(p-0)^2}=4$

정리하면

$\sqrt{\left(p^2+\dfrac{1}{4}\right)^2}=4$

$p^2+\dfrac{1}{4}>0$이므로 $p^2+\dfrac{1}{4}=4$

$p^2=\dfrac{15}{4}$

점 Q의 x좌표를 q로 두자.

점 $P\left(\dfrac{15}{4},\ \dfrac{\sqrt{15}}{2}\right)$는 선분 FQ의 중점이므로 내분점의 공식에서

(점 P의 x좌표)$=\dfrac{\frac{1}{4}+q}{2}=\dfrac{15}{4}$

방정식을 풀면

$\therefore\ q=\dfrac{29}{4}$

답 ①

[풀이3] (교육과정 외)

공식

$\overline{PF}=\dfrac{2p}{1-\cos\theta}$ (단, θ는 직선 PF가 x축과 이루는 양의 방향과 이루는 각의 크기)

를 이용하여 문제를 해결하자.

두 점 P, Q에서 x축에 내린 수선의 발을 각각 P′, Q′라고 하자.

조건 $\overline{FP}=\overline{PQ}$에서 $\overline{FP'}=\overline{P'Q'}$이다.

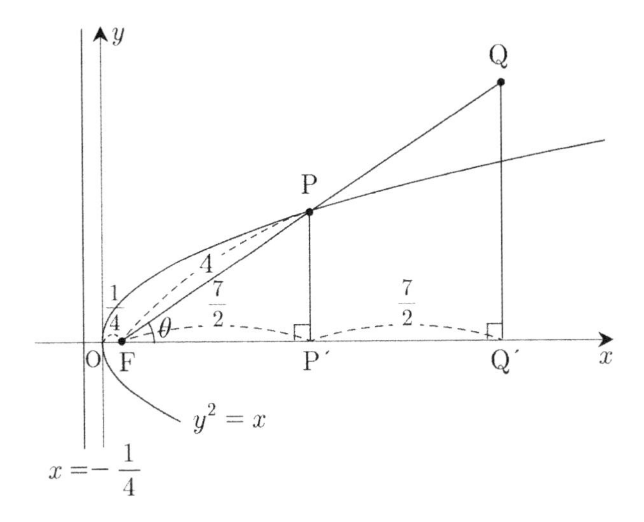

$y^2=4\cdot\dfrac{1}{4}\cdot x$에서 $p=\dfrac{1}{4}$이므로

$4=\dfrac{2\cdot\frac{1}{4}}{1-\cos\theta}$, $\cos\theta=\dfrac{7}{8}$

직각삼각형 PFP′에서

$\overline{FP'}=4\times\dfrac{7}{8}=\dfrac{7}{2}$이므로 $\overline{P'Q'}=\dfrac{7}{2}$

$\therefore$ (점 Q의 x좌표)

$=\overline{OF}+\overline{FP'}+\overline{P'Q'}=\dfrac{1}{4}+\dfrac{7}{2}+\dfrac{7}{2}=\dfrac{29}{4}$

답 ①

M008 | 답 128

[풀이1]

두 점 A, B에서 문제에서 주어진 포물선의 준선에 내린 수선의 발을 각각 D, C, 두 점 F, B에서 선분 AD에 내린 수선의 발을 각각 G, H라고 하자. 그리고 $\overline{FB}=x$로 두자.

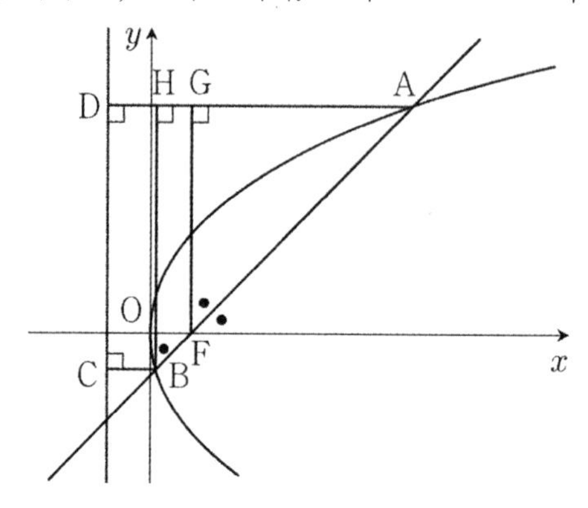

(단, •$=45°$ 이다.)

포물선의 정의에 의하여

$\overline{BC}=x$ 즉, $\overline{HD}=x$ …㉠

정사각형의 정의에 의하여

삼각형 AFG는 직각이등변삼각형이므로

$\angle AFG=45°$

$\overline{FG}//\overline{BH}$이므로 평행선의 성질에 의하여

$\angle ABH=\angle AFG=45°$ (동위각)

직각삼각형의 특수각의 삼각비에 의하여

$\dfrac{\overline{GH}}{\overline{BF}}=\sin 45°$ 이므로 $\overline{GH}=\dfrac{x}{\sqrt{2}}$ …㉡

그리고 문제에서 주어진 조건에 의하여

$\overline{AG}=2$ …㉢

포물선의 정의에 의하여

$\overline{AD}=\overline{AF}=$(한 변의 길이가 2인 정사각형의 대각선의 길이)$=2\sqrt{2}$

이고, ㉠, ㉡, ㉢에 의하여

$\overline{AG}+\overline{GH}+\overline{HD}=2+\dfrac{x}{\sqrt{2}}+x$

이므로

$2+\dfrac{x}{\sqrt{2}}+x=2\sqrt{2}$

풀면

$x=6\sqrt{2}-8$

따라서 선분 AB의 길이는 $8\sqrt{2}-8$이다.

$a=-8$, $b=8$이므로

$\therefore\ a^2+b^2=128$

답 128

[풀이2]

두 점 A, B에서 포물선의 준선에 내린 수선의 발을 각각 C, D, 점 B에서 직선 AC에 내린 수선의 발을 P라고 하자.

$\overline{BF}=x$로 두자.

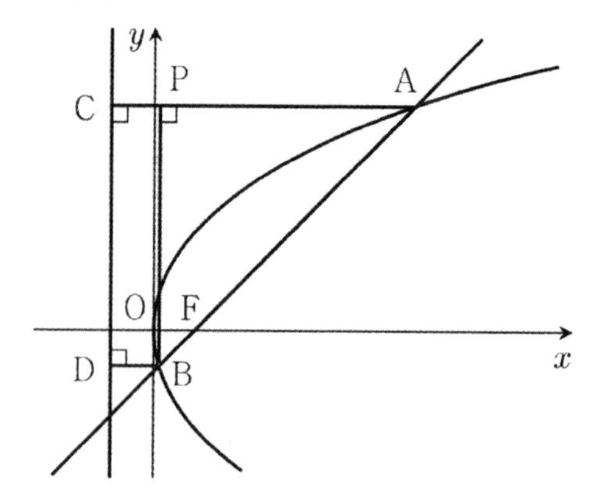

포물선의 정의에 의하여

$\overline{AC}=\overline{AF}=2\sqrt{2}$, $\overline{BD}=\overline{BF}=x$

이므로

$\overline{AP}=2\sqrt{2}-x$

PA//(x축)이므로

$\angle BAP=$(직선 AB가 x축의 양의 방향과 이루는 각의 크기) $=45°$

따라서 APB는 직각이등변삼각형이다.

직각삼각형 APB에서 삼각비의 정의에 의하여

$\dfrac{\overline{AP}}{\overline{BA}}=\cos 45°$

대입하면

$\dfrac{2\sqrt{2}-x}{2\sqrt{2}+x}=\dfrac{\sqrt{2}}{2}$

풀면

$x=6\sqrt{2}-8$

따라서 선분 AB의 길이는 $8\sqrt{2}-8$이다.

$a=-8$, $b=8$

$\therefore\ a^2+b^2=128$

답 128

[풀이3] (선택)

점 A에서 x축에 내린 수선의 발을 H라고 하자.

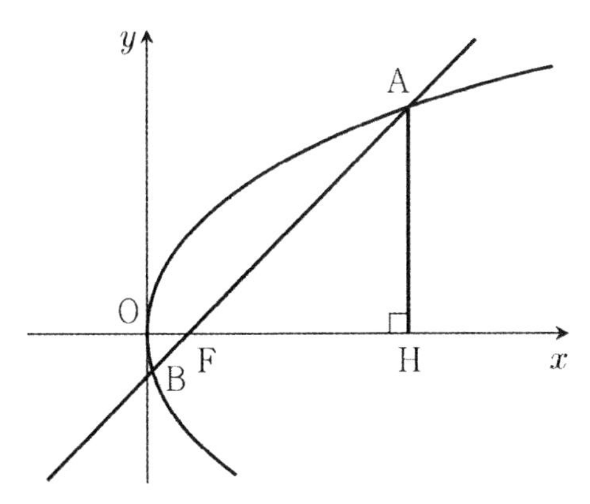

주어진 포물선의 방정식을

$y^2 = 4px(p > 0)$

초점 F의 좌표는

$F(p,\ 0)$

점 A의 y좌표는 2이므로

$A\left(\frac{1}{p},\ 2\right)$

(직선 AB의 기울기)$= \frac{\overline{HA}}{\overline{FH}} = \frac{2}{\frac{1}{p} - p} = 1$

정리하면

$p^2 + 2p - 1 = 0$

풀면

$p = -1 + \sqrt{2}$

직선 AB의 방정식은

$y = x - p$

포물선의 방정식과 직선 AB의 방정식을 연립하면

$(x-p)^2 = 4px$

정리하면

$x^2 - 6px + p^2 = 0$

근의 공식에 의하여

$\beta = (3 - 2\sqrt{2})p$

(단, β는 점 B의 x좌표이다.)

$\overline{BF} = |$두 점 B, F의 x좌표의 차이$| \times \frac{1}{\cos\frac{\pi}{4}}$

$= 2(2 - \sqrt{2})p = -8 + 6\sqrt{2}$

$\overline{AB} = \overline{AF} + \overline{BF} = -8 + 8\sqrt{2}$

$a = -8,\ b = 8$

$\therefore\ a^2 + b^2 = 128$

답 128

[풀이4] (교육과정 외)

공식

$\overline{PF} = \frac{2p}{1 - \cos\theta}$ (단, θ는 직선 PF가 x축과 이루는 양의 방향과 이루는 각의 크기)

를 이용하여 문제를 해결하자.

문제에서 주어진 포물선의 초점 F의 x좌표를 p라고 하자.

$\overline{AF} = \frac{2p}{1 - \cos 45^\circ} = 2\sqrt{2},\ p = \sqrt{2} - 1$

$\overline{BF} = \frac{2p}{1 - \cos 225^\circ} = \frac{2(\sqrt{2}-1)}{1 + \frac{\sqrt{2}}{2}} = 6\sqrt{2} - 8$

$\therefore\ \overline{AB} = \overline{AF} + \overline{BF} = 8\sqrt{2} - 8$

$\therefore\ a^2 + b^2 = 128$

답 128

M009 | 답 8

[풀이1]

점 P에서 주어진 포물선의 준선에 내린 수선의 발을 Q라고 하자.

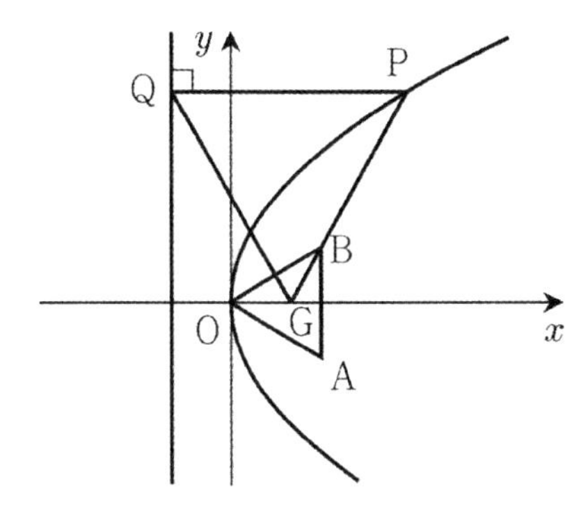

정삼각형 OAB의 꼭짓점 O와 무게중심 G가 x축 위에 있으므로

$\angle BOG = \frac{1}{2}\angle BOA = 30^\circ$

무게중심 G는 정삼각형 OAB의 외심이므로

$\overline{OG} = \overline{GB}$

이등변삼각형 OGB에 대하여

$\angle OBG = 30^\circ$

삼각형 OGB에 대하여 $\angle$G의 외각의 크기는 60°이므로

직선 GP가 x축의 양의 방향과 이루는 각의 크기는 60°이다.

정삼각형 OAB의 높이가 3이므로

$\overline{OG} = 2$

주어진 포물선의 초점의 좌표는

$G(2,\ 0)$

주어진 포물선의 준선의 방정식은

$x = -2$

포물선의 정의에 의하여

$\overline{GP} = \overline{PQ}$

QP$//x$축이므로

$\angle \mathrm{QPG}=60^{\circ}$
이므로 QPG는 정삼각형이다.
$\overline{\mathrm{GP}}=\overline{\mathrm{PQ}}$
$=2\times$(점 G에서 준선까지의 거리)$=8$
답 8

[풀이2]
정삼각형 OAB의 꼭짓점 O와 무게중심 G가 x축 위에 있으므로
$\angle \mathrm{BOG}=\frac{1}{2}\angle \mathrm{BOA}=30^{\circ}$
무게중심 G는 정삼각형 OAB의 외심이므로
$\overline{\mathrm{OG}}=\overline{\mathrm{GB}}$
이등변삼각형 OGB에 대하여
$\angle \mathrm{OBG}=30^{\circ}$
삼각형 OGB에 대하여 $\angle$ G의 외각은 60° 이므로
직선 GP가 x축의 양의 방향과 이루는 각은 60° 이다.
정삼각형 OAB의 높이가 3이므로
$\overline{\mathrm{OG}}=2$
주어진 포물선의 초점의 좌표는
G$(2,\ 0)$
직선 GP의 방정식은
$y=\sqrt{3}(x-2)$ $\cdots$ ㉠
주어진 포물선의 방정식은
$y^2=8x$ $\cdots$ ㉡
㉠과 ㉡을 연립하면
$3(x-2)^2=8x$
정리하면
$3x^2-20x+12=0$
좌변을 인수분해하면
$(3x-2)(x-6)=0$
$x=\frac{2}{3}$ 또는 $x=6$
주어진 그림에서 점 P의 x좌표는 2보다 크므로
P$(6,\ 4\sqrt{3})$
두 점 사이의 거리 공식에 의하여
$\overline{\mathrm{GP}}=\sqrt{(6-2)^2+(4\sqrt{3}-0)^2}=8$
답 8

[풀이3] 시험장
점 P에서 포물선의 준선과 x축에 내린 수선의 발을 각각 Q, R이라고 하자.
$\overline{\mathrm{GP}}=x$로 두면 포물선의 정의에 의하여
$\overline{\mathrm{PQ}}=x$

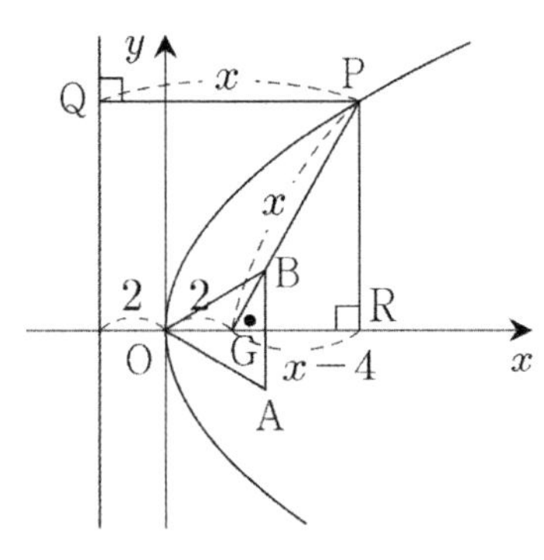

(단, $\bullet=60^{\circ}$)
정삼각형 OAB의 높이가 3이고, 점 G는 이 삼각형의 무게중심이므로 $\overline{\mathrm{OG}}=2\left(=\frac{2}{3}\times 3\right)$
직각삼각형 PGR에서
$\frac{x-4}{x}=\cos 60^{\circ}$ 풀면 $x=8$
$\therefore\ \overline{\mathrm{GP}}=8$
답 8

[풀이4] (교육과정 외)
공식
$\overline{\mathrm{PG}}=\frac{2p}{1-\cos\theta}$ (단, θ는 직선 PG가 x축과 이루는 양의 방향과 이루는 각의 크기)
를 이용하여 문제를 해결하자.

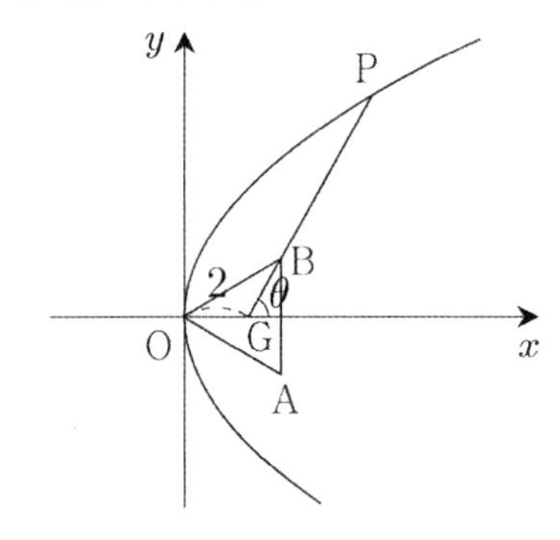

(단, $\theta=60^{\circ}$)
정삼각형 OAB의 높이가 3이고, 점 G는 이 삼각형의 무게중심이므로 $\overline{\mathrm{OG}}=2\left(=\frac{2}{3}\times 3\right)$, 즉 $p=2$
$p=2,\ \theta=60^{\circ}$ 이므로
$\therefore\ \overline{\mathrm{PG}}=\frac{2p}{1-\cos\theta}=\frac{2\times 2}{1-\cos 60^{\circ}}=8$
답 8

M010 | 답 ③

[풀이]
포물선 $y^2=4\times 2\times x$의 초점과 준선은 각각

$F(2,\ 0)$, $x=-2$

두 점 C, D에서 직선 $x=-2$에 내린 수선의 발을 각각 C′, D′, 직선 $x=-2$가 x축과 만나는 점을 E라고 하자.

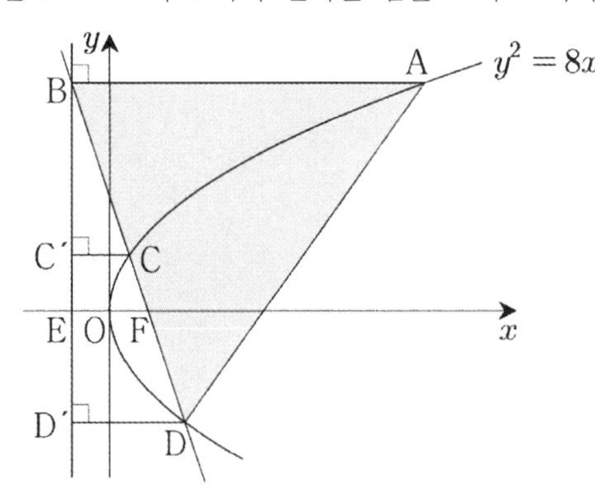

포물선의 정의에 의하여

$\overline{CF}=\overline{CC'}(=a)$, $\overline{DF}=\overline{DD'}(=b)$

$\overline{BC}=\overline{CD}=a+b$

서로 닮음인 두 직각삼각형 BCC′, BDD′에 대하여

$a+b:a=2(a+b):b$, $2a^2+ab-b^2=0$,

$(2a-b)(a+b)=0$, $b=2a$

직각삼각형 BFE의 세 변의 길이의 비는

$3:1:2\sqrt{2}(=\overline{BF}:\overline{FE}:\overline{BE})$

$(\because \triangle BCC' \sim \triangle BFE)$

이므로 $\overline{FE}=4$에서

$\overline{BE}=8\sqrt{2}=$(점 A의 y좌표)

$(8\sqrt{2})^2=8x$, $x=16$, $A(16,\ 8\sqrt{2})$

$\therefore$ ($\triangle$ABD의 넓이)

$=\dfrac{1}{2}\times 18\times 12\sqrt{2}=108\sqrt{2}$

답 ③

M011 | 답 ③

[풀이]

점 C에서 준선 $x=-p$에 내린 수선의 발을 H, 직선 $x=-p$가 x축과 만나는 점을 D라고 하자.

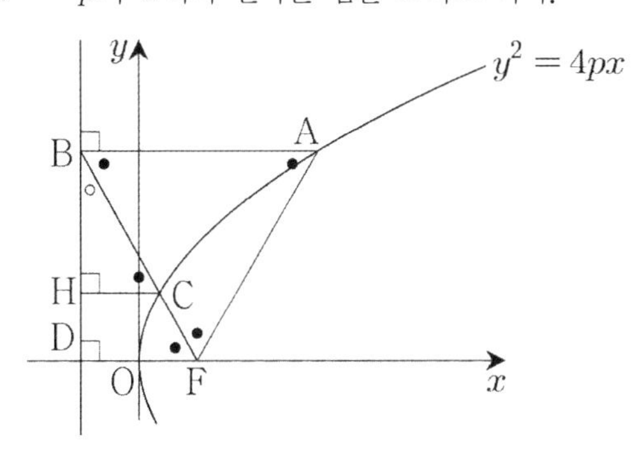

(단, ●$=60°$, ○$=30°$)

포물선의 정의에 의하여

$\overline{FA}=\overline{AB}$

이므로 삼각형 ABF는 정삼각형이다.

그리고 '삼각형의 세 내각의 합은 180°이다.', 평행선의 성질에 의하여 위의 그림처럼 각(●, ○)이 결정된다.

$\overline{AB}=2\overline{DF}=4p$이므로 정삼각형 ABF의 한 변의 길이는 $4p$이다.

직각삼각형 BCH에서 삼각비의 정의에 의하여

$\dfrac{\overline{CH}}{\overline{BC}}=\cos 60°=\dfrac{1}{2}$, 즉

$\overline{BC}=2\overline{CH}=2\overline{CF}$ ($\because$ 포물선의 정의) …㉠

문제에서 주어진 등식

$\overline{BC}+3\overline{CF}=6$ …㉡

㉠, ㉡을 연립하면

$\overline{CF}=\dfrac{6}{5}$, $\overline{BF}=3\overline{CF}=\dfrac{18}{5}=4p$

$\therefore\ p=\dfrac{9}{10}$

답 ③

M012 | 답 90

[풀이]

$y^2=4\times 1\times x(p=1)$이므로 이 포물선의 초점의 좌표는 $F(1,\ 0)$

이고, 준선의 방정식은 $x=-1$이다.

삼각형 AFB의 무게중심을 G, 두 점 A, B에서 직선 $x=-1$(준선)에 내린 수선의 발을 각각 A′, B′라고 하자.

그리고 $\overline{AF}=a$, $\overline{BF}=b$라고 하자.

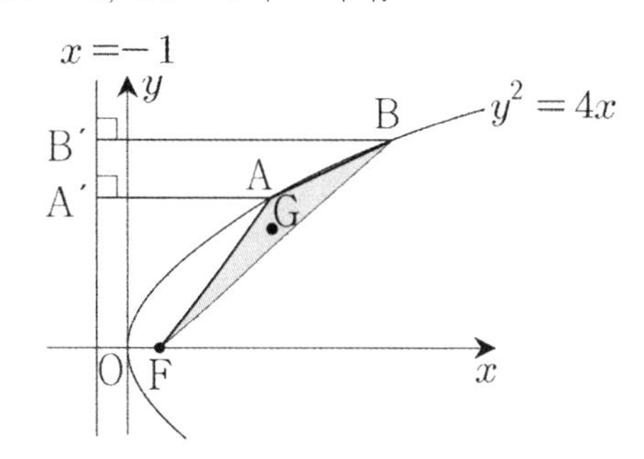

(점 A의 x좌표)$=\overline{A'A}-1=\overline{AF}-1=a-1$,

(점 B의 x좌표)$=\overline{B'B}-1=\overline{BF}-1=b-1$

이므로

(점 G의 x좌표)$=\dfrac{(a-1)+(b-1)+1}{3}$

$=\dfrac{a+b-1}{3}=6$, 즉 $a+b=19$

이제 ab의 최댓값을 구하면 된다.

$ab=a(19-a)$ …(*)

이차함수 $y=a(19-a)$의 대칭축은

$a=\frac{19}{2}=9.5$

이므로 (*)는

$a=9(b=10)$ 또는 $a=10(b=9)$

일 때 최댓값 90을 갖는다.

답 90

M013 | 답 ①

[풀이1]

$y^2=4\times\frac{1}{4n}\times x$이므로

주어진 포물선의 초점의 좌표는

$\mathrm{F}\left(\frac{1}{4n},\ 0\right)$

주어진 포물선의 준선의 방정식은

$y=-\frac{1}{4n}$

두 점 P, Q에서 준선에 내린 수선의 발을 각각 A, B, 점 Q에서 선분 AP에 내린 수선의 발을 D라고 하자. 이때, 직선 DQ와 x축의 교점을 C라고 하자.

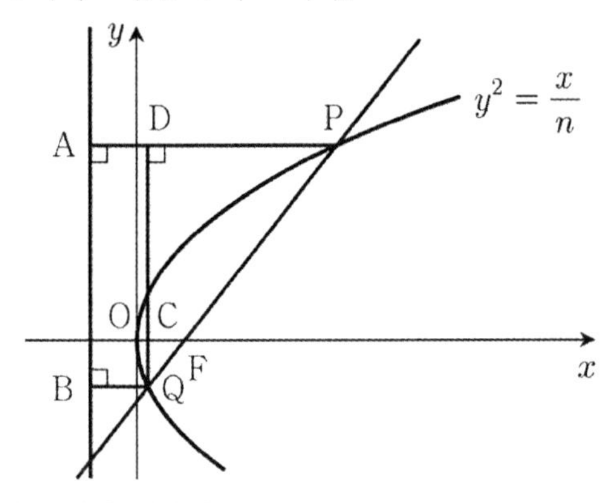

포물선의 정의에 의하여

$\overline{\mathrm{AP}}=\overline{\mathrm{PF}}=1$, $\overline{\mathrm{BQ}}=\overline{\mathrm{QF}}=a_n$

이므로

$\overline{\mathrm{DP}}=1-a_n$, $\overline{\mathrm{PQ}}=1+a_n$

서로 닮은 두 삼각형 QFC, QPD에 대하여

$\overline{\mathrm{FC}}:\overline{\mathrm{PD}}=\overline{\mathrm{QF}}:\overline{\mathrm{QP}}$

대입하면

$\overline{\mathrm{FC}}:(1-a_n)=a_n:(1+a_n)$

정리하면

$\overline{\mathrm{FC}}=\frac{a_n(1-a_n)}{1+a_n}$ $\cdots$ ㉠

한편

$\overline{\mathrm{FC}}=$(점 F에서 준선까지의 거리)$-\overline{\mathrm{BQ}}$

$=\frac{1}{2n}-a_n$ $\cdots$ ㉡

㉠과 ㉡을 연립하면

$\frac{1}{a_n}=4n-1$

시그마의 기본 성질에 의하여

$\therefore \sum_{n=1}^{10}\frac{1}{a_n}=\sum_{n=1}^{10}(4n-1)$

$=4\times\frac{10\times11}{2}-10=210$

답 ①

[풀이2]

$y^2=4\times\frac{1}{4n}\times x$이므로

주어진 포물선의 초점의 좌표는

$\mathrm{F}\left(\frac{1}{4n},\ 0\right)$

주어진 포물선의 준선의 방정식은

$y=-\frac{1}{4n}$

점 P에서 x축과 준선에 내린 수선의 발을 각각 C, A, 점 Q에서 x축과 준선에 내린 수선의 발을 각각 D, B라고 하자.

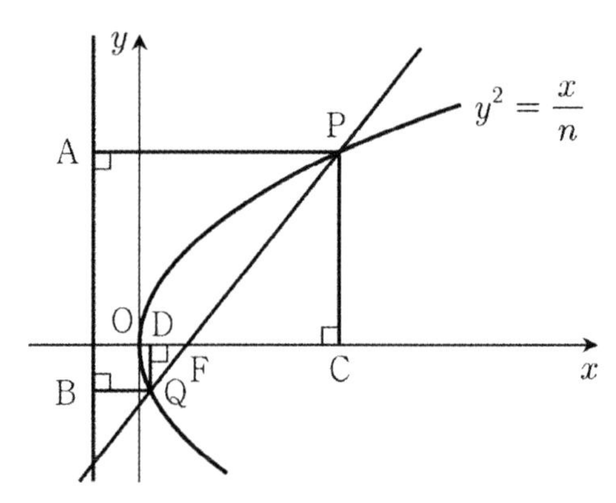

포물선의 정의에 의하여

$\overline{\mathrm{AP}}=\overline{\mathrm{PF}}=1$, $\overline{\mathrm{BQ}}=\overline{\mathrm{QF}}=a_n$

$\overline{\mathrm{FC}}=\overline{\mathrm{AP}}-$(점 F에서 준선까지의 거리)$=1-\frac{1}{2n}$

$\overline{\mathrm{DF}}=$(점 F에서 준선까지의 거리)$-\overline{\mathrm{BQ}}=\frac{1}{2n}-a_n$

서로 닮은 두 직각삼각형 PFC, QFD에 대하여

$\overline{\mathrm{PF}}:\overline{\mathrm{FC}}=\overline{\mathrm{QF}}:\overline{\mathrm{FD}}$

대입하면

$1:1-\frac{1}{2n}=a_n:\frac{1}{2n}-a_n$

정리하면

$\frac{1}{a_n}=4n-1$

시그마의 기본 성질에 의하여

$\therefore \sum_{n=1}^{10} \frac{1}{a_n} = \sum_{n=1}^{10} (4n-1)$

$= 4 \times \frac{10 \times 11}{2} - 10 = 210$

답 ①

[참고]
다음과 같은 방법으로 일반항 a_n을 구할 수도 있다.
점 P에서 x축과 준선에 내린 수선의 발을 각각 C, A, 점 Q에서 준선에 내린 수선의 발을 B, 두 직선 PC, BQ가 만나는 점을 D라고 하자.

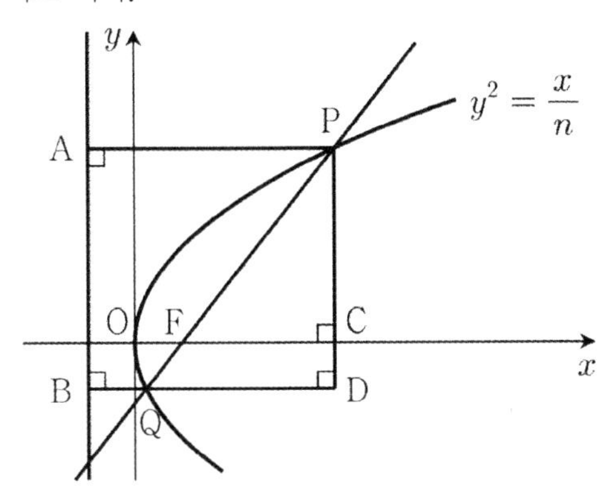

포물선의 정의에 의하여
$\overline{AP} = \overline{PF} = 1$, $\overline{BQ} = \overline{QF} = a_n$

$\overline{FC} = \overline{AP} -$(점 F에서 준선까지의 거리)$= 1 - \frac{1}{2n}$

$\overline{QD} = \overline{BD} - \overline{BQ} = \overline{AP} - \overline{BQ} = 1 - a_n$

서로 닮은 두 직각삼각형 PFC, PQD에 대하여
$\overline{PF} : \overline{FC} = \overline{PQ} : \overline{QD}$
대입하면

$1 : 1 - \frac{1}{2n} = 1 + a_n : 1 - a_n$

정리하면

$a_n = \frac{1}{4n-1}$

[풀이3] ★
아래의 정리를 이용하여 일반항 a_n을 구하자.
(정리) 포물선 $y^2 = 4px$의 초점을 F라고 하자. 포물선의 초점 F를 지나는 직선이 포물선과 만나는 두 점을 각각 P, Q라고 할 때,

$\frac{1}{\overline{OF}} = \frac{1}{\overline{PF}} + \frac{1}{\overline{QF}}$ $\cdots(*)$

이 항상 성립한다.
(*)에 의하여

$\frac{1}{\frac{1}{4n}} = \frac{1}{1} + \frac{1}{a_n}$

정리하면

$a_n = \frac{1}{4n-1}$

시그마의 기본 성질에 의하여

$\therefore \sum_{n=1}^{10} \frac{1}{a_n} = \sum_{n=1}^{10} (4n-1)$

$= 4 \times \frac{10 \times 11}{2} - 10 = 210$

답 ①

M014 | 답 ①

[풀이1]
$y^2 = 4 \times 3 \times x$에서
주어진 포물선의 초점의 좌표는
F$(3, 0)$
주어진 포물선의 준선의 방정식은
$x = -3$
점 A를 지나고 y축과 평행한 직선이 x축, 선분 BD와 만나는 점을 각각 E, G라고 하자.

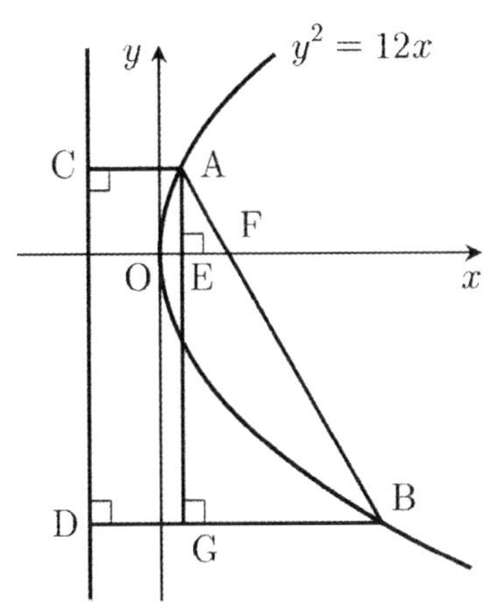

$\overline{BD} = k$라고 하자.
포물선의 정의에 의하여
$\overline{FA} = \overline{AC} = 4$, $\overline{FB} = \overline{BD} = k$
두 직각삼각형 AFE, ABG는 서로 닮음이므로
$\overline{AF} : \overline{FE} = \overline{AB} : \overline{BG}$
대입하면
$4 : 2 = 4 + k : k - 4$
일차방정식을 풀면
$\therefore k = 12$

답 ①

[풀이2]
주어진 포물선의 방정식
$y^2 = 4 \times 3 \times x$에서

주어진 포물선의 초점의 좌표는

$F(3,\ 0)$

주어진 포물선의 준선의 방정식은

$x=-3$

두 점 A, B에서 x축에 내린 수선의 발을 각각 P, Q라고 하자.

그리고 $\overline{BD}=x$로 두자.

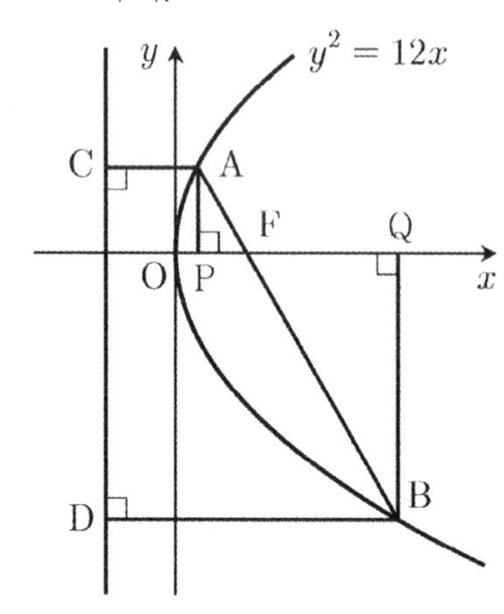

포물선의 정의에 의하여

$\overline{FA}=\overline{AC}=4,\ \overline{FB}=\overline{BD}=x$

$\overline{FP}=$(점 F에서 준선까지의 거리)$-\overline{AC}$

$=6-4=2$

$\overline{FQ}=\overline{BD}-$(점 F에서 준선까지의 거리)$=x-6$

서로 닮음인 두 직각삼각형 AFP, BFQ에 대하여

$\overline{AF}:\overline{FP}=\overline{BF}:\overline{FQ}$

대입하면

$4:2=x:x-6$

풀면

$x=12$

따라서 선분 BD의 길이는 12이다.

답 ①

[참고] (선택)

다음의 정리를 이용하여 선분 BD의 길이를 구해도 좋다.

(정리) 포물선 $y^2=4px\,(p>0)$의 초점을 F라고 하자. 포물선의 초점 F를 지나는 직선이 포물선과 만나는 두 점을 각각 A, B라고 할 때, 세 점 A, F, B의 x좌표는 이 순서대로 등비수열을 이룬다.

(점 A의 x좌표)$=1$, (점 F의 x좌표)$=3$,

(점 B의 x좌표)$=b$

$1,\ 3,\ b$는 이 순서대로 등비수열을 이루므로

등비중항의 정의에 의하여

$b=9$

$\therefore\ \overline{BD}=9+3=12$

[풀이3] (선택)

$y^2=4\times3\times x$에서

주어진 포물선의 초점의 좌표는

$F(3,\ 0)$

주어진 포물선의 준선의 방정식은

$x=-3$

포물선의 정의에 의하여

$\overline{FA}=\overline{AC}=4$

점 A의 x좌표는 1이므로 점 A의 좌표는

$A(1,\ 2\sqrt{3})$

직선 AF의 방정식은

$y=-\sqrt{3}x+3\sqrt{3}$

직선 AF의 방정식과 포물선의 방정식을 연립하면

$(-\sqrt{3}x+3\sqrt{3})^2=12x$

정리하면

$x^2-10x+9=0$

좌변을 인수분해하면

$(x-1)(x-9)=0$ 풀면 $x=1$ 또는 $x=9$

점 B의 x좌표는 9이므로

$\therefore\ \overline{BD}=12$

답 ①

[풀이4] 시험장

$y^2=4\cdot3\cdot x$에서 $p=3$, 즉 $F(3,\ 0)$

준선 l이 x축과 만나는 점을 $G(-3,\ 0)$이라고 하자.

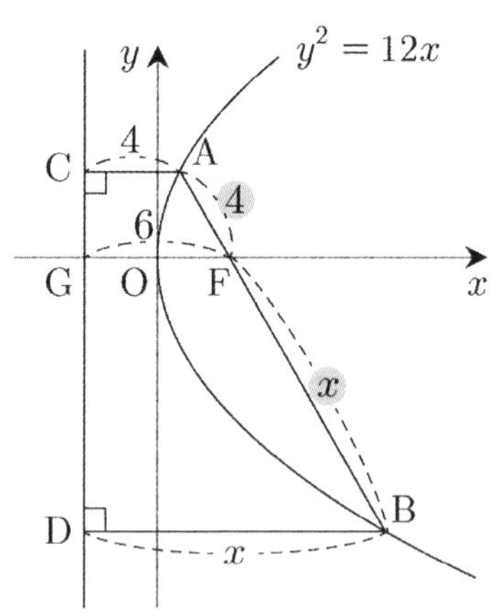

사다리꼴 ACDB에서 다음의 등식이 성립한다.

$\overline{FG}=\dfrac{x\overline{AC}+4\overline{BD}}{x+4}$, (←내분점의 공식)

즉 $6=\dfrac{4x+4x}{x+4}$

$\therefore\ x=12(=\overline{BD})$

답 ①

M015 | 답 ⑤

[풀이1]

$y^2 = 4 \times 1 \times x$이므로

주어진 포물선의 초점의 좌표는

$F(1, 0)$

주어진 포물선의 준선의 방정식은

$x = -1$

점 P의 좌표는

$P(-1, 0)$

두 점 A, B에서 준선에 내린 수선의 발을 각각 Q, R이라고 하자.

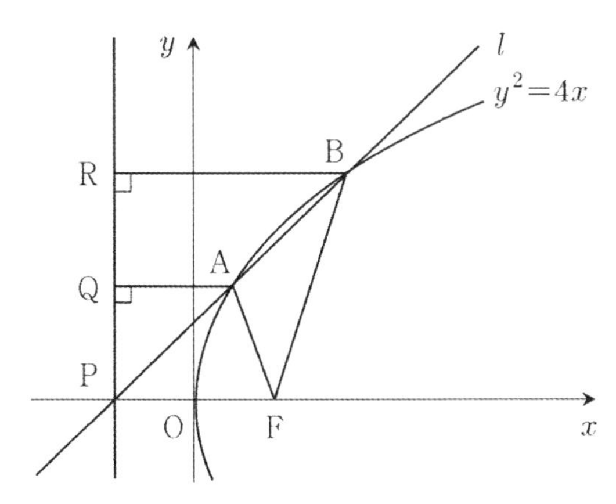

포물선의 정의에 의하여

$\overline{FA} = \overline{AQ}$, $\overline{FB} = \overline{BR}$

이므로

$\overline{AQ} : \overline{BR} = 1 : 2$

서로 닮음인 두 직각삼각형 PAQ, PBR에 대하여

$\overline{PQ} : \overline{PR} = 1 : 2$

점 A의 y좌표를 t로 두면 점 B의 y좌표는 $2t$이다.

두 점 A와 B의 좌표는 각각

$A\left(\frac{t^2}{4}, t\right)$, $B(t^2, 2t)$

(직선 PA의 기울기)$= \dfrac{t-0}{\frac{t^2}{4}-(-1)}$

(직선 PB의 기울기)$= \dfrac{2t-0}{t^2-(-1)}$

세 점 P, A, B가 한 직선 위에 있으므로

$$\frac{t}{\frac{t^2}{4}+1} = \frac{2t}{t^2+1}$$

풀면

$t = \sqrt{2}$

두 점 A와 B의 좌표는 각각

$A\left(\frac{1}{2}, \sqrt{2}\right)$, $B(2, 2\sqrt{2})$

(직선 l의 기울기)$= \dfrac{2\sqrt{2}-\sqrt{2}}{2-\frac{1}{2}} = \dfrac{2\sqrt{2}}{3}$

답 ⑤

[풀이2]

점 A에서 x축과 준선에 내린 수선의 발을 각각 C, Q, 점 B에서 x축과 준선에 내린 수선의 발을 각각 D, R이라고 하자.

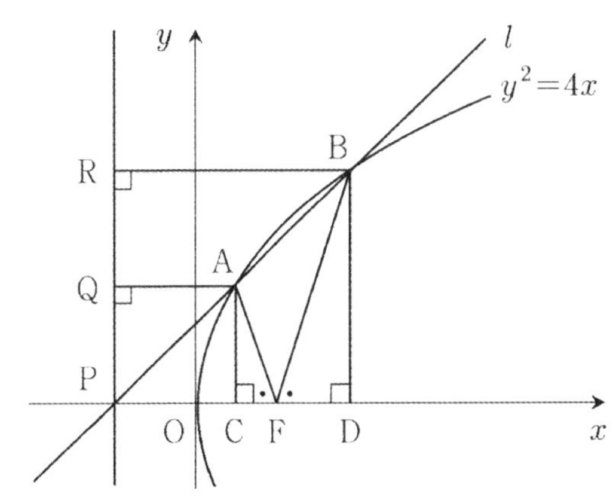

포물선의 정의에 의하여

$\overline{FA} = \overline{AQ}$, $\overline{FB} = \overline{BR}$

이므로

$\overline{AQ} : \overline{BR} = 1 : 2$

서로 닮음인 두 직각삼각형 PAQ, PBR에 대하여

$\overline{PQ} : \overline{PR} = 1 : 2$

서로 닮음인 두 직각삼각형 APC, BPD에 대하여

$\overline{PC} : \overline{PD} = 1 : 2$

$\overline{PC} = a$, $\overline{PQ} = b$로 두면 $\overline{PD} = 2a$, $\overline{PR} = 2b$이다.

두 직각삼각형 FAC, FBD에 대하여

$\sin(\angle CFA) = \dfrac{\overline{AC}}{\overline{FA}} = \dfrac{b}{a}$

$\sin(\angle DFB) = \dfrac{\overline{BD}}{\overline{FB}} = \dfrac{2b}{2a} = \dfrac{b}{a}$

즉, $\angle CFA = \angle DFB$이므로

두 직각삼각형 FAC, FBD는 서로 닮음이다.

서로 닮음인 두 직각삼각형 FAC, FBD에 대하여

$\overline{FC} : \overline{FD} = 1 : 2$

$\overline{CF} = c$로 두면 $\overline{FD} = 2c$이다.

직사각형 RPDB에서

$\overline{RB} = \overline{PC} + \overline{CF} + \overline{FD}$ 즉, $2a = a + c + 2c$

정리하면 $c = \dfrac{a}{3}$

직각삼각형 ACF에서 피타고라스의 정리에 의하여

$\overline{AC} = \sqrt{\overline{FA}^2 - \overline{FC}^2} = \dfrac{2\sqrt{2}}{3}a$ 즉, $b = \dfrac{2\sqrt{2}}{3}a$

$\therefore$ (직선 l의 기울기)$=\dfrac{\overline{\mathrm{CA}}}{\overline{\mathrm{PC}}}=\dfrac{b}{a}=\dfrac{2\sqrt{2}}{3}$

답 ⑤

[풀이3] (선택)

직선 l의 방정식을

l: $y=mx+n$(단, $m>0$, $n>0$)

직선 l은 점 $(-1,\ 0)$을 지나므로

$x=-1$, $y=0$을 직선 l의 방정식에 대입하면

$m=n$ …㉠

문제에서 주어진 포물선의 방정식과 직선 l의 방정식을 연립하면

$(mx+n)^2=4x$

정리하면

$m^2x^2+2(mn-2)x+n^2=0$

두 점 A, B의 x좌표를 각각 α, β라고 하면

이차방정식의 근과 계수와의 관계에 의하여

$\alpha\beta=\dfrac{n^2}{m^2}$ …㉡

㉠을 ㉡에 대입하면

$\alpha\beta=1$ 즉, $\beta=\dfrac{1}{\alpha}$

두 점 A, B에서 x축에 내린 수선의 발을 C, D라고 하자.

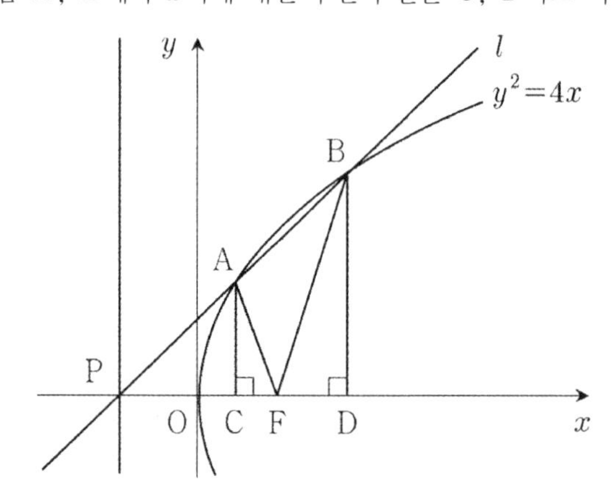

서로 닮음인 두 직각삼각형 APC, BPD에 대하여

$\overline{\mathrm{PC}}:\overline{\mathrm{PD}}=1:2$

대입하면

$(\alpha+1):\left(\dfrac{1}{\alpha}+1\right)=1:2$

정리하면

$2\alpha^2+\alpha-1=0$

좌변을 인수분해하면

$(2\alpha-1)(\alpha+1)=0$

α는 양수이므로 $\alpha=\dfrac{1}{2}$

점 A의 좌표는 $\left(\dfrac{1}{2},\ \sqrt{2}\right)$이므로

(직선 l의 기울기)$=\dfrac{\overline{\mathrm{CA}}}{\overline{\mathrm{PC}}}=\dfrac{2\sqrt{2}}{3}$

답 ⑤

[풀이4]

$y^2=4\times1\times x$에서 문제에서 주어진 포물선의 준선의 방정식은 $x=-1$이다. 그리고 F$(1,\ 0)$이다.

두 점 A, B에서 준선에 내린 수선의 발을 각각 Q, R, 선분 BF의 중점을 M, 점 F에서 선분 AM에 내린 수선의 발을 H라고 하자.

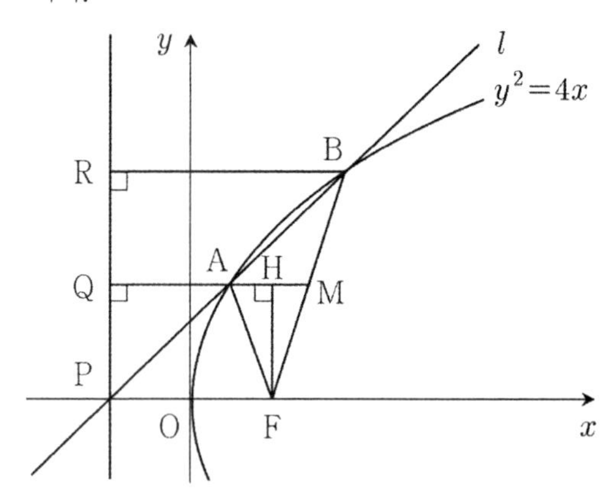

포물선의 정의에 의하여

$\overline{\mathrm{QA}}=\overline{\mathrm{AF}}$, $\overline{\mathrm{RB}}=\overline{\mathrm{BF}}$

이므로 문제에서 주어진 조건에 의하여

$\overline{\mathrm{QA}}:\overline{\mathrm{RB}}=1:2$

두 직각삼각형 PAQ, PBR의 닮음비가 $1:2$이므로

$\overline{\mathrm{PQ}}=\overline{\mathrm{QR}}$

점 M이 선분 FB의 중점이므로

세 직선 PF(x축), QM, RB 중에서 어느 두 직선도 서로 평행하다.

$\overline{\mathrm{AF}}=a$로 두면 $\overline{\mathrm{BF}}=2a$이고,

$\overline{\mathrm{QA}}=a$, $\overline{\mathrm{RB}}=2a$이다.

사다리꼴 PFBR에서 내분점의 공식에 의하여

$\overline{\mathrm{QM}}=\dfrac{\overline{\mathrm{PF}}+\overline{\mathrm{RB}}}{2}=\dfrac{2+2a}{2}=a+1$

그런데

$\overline{\mathrm{AM}}=\overline{\mathrm{QM}}-\overline{\mathrm{QA}}=(a+1)-a=1$

이므로 $\overline{\mathrm{AH}}=\dfrac{1}{2}$이다.

($\because$ 삼각형 AFM은 $\overline{\mathrm{AF}}=\overline{\mathrm{FM}}$인 이등변삼각형이다.)

$\overline{\mathrm{PF}}=\overline{\mathrm{QA}}+\overline{\mathrm{AH}}$

즉, $2=a+\dfrac{1}{2}$에서 $a=\dfrac{3}{2}$

직각삼각형 AFH에서 피타고라스의 정리에 의하여

$\overline{\mathrm{HF}}=\sqrt{\left(\dfrac{3}{2}\right)^2-\left(\dfrac{1}{2}\right)^2}=\sqrt{2}$

이므로 $\overline{RP}=2\sqrt{2}$

(직선 l의 기울기)$=\dfrac{\overline{RP}}{\overline{RB}}=\dfrac{2\sqrt{2}}{2a}=\dfrac{2\sqrt{2}}{3}$

답 ⑤

[풀이5]

$y^2=4\times1\times x$에서

$\mathrm{F}(1,\ 0)$ (즉, $p=1$), $\mathrm{P}(-1,\ 0)$

점 A에서 x축과 준선 $x=-1$에 내린 수선의 발을 각각 A′, Q, 점 B에서 x축과 준선 $x=-1$에 내린 수선의 발을 각각 B′, R이라고 하자.

그리고 $\overline{AF}=a$로 두면 $\overline{BF}=2a$이고,

$\overline{AQ}=a$, $\overline{BR}=2a$(∵ 포물선의 정의)

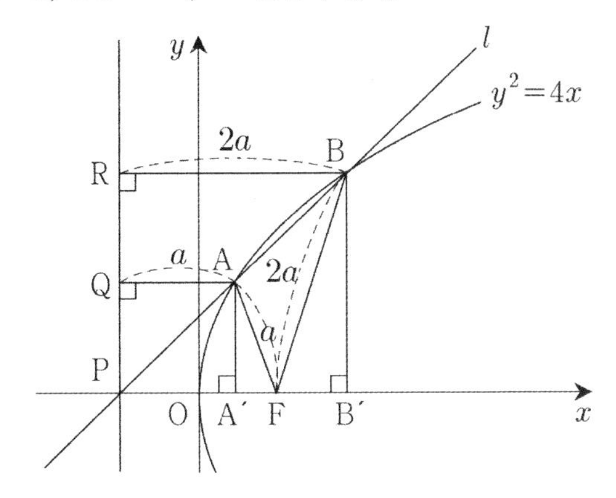

두 점 A, B의 좌표는 각각

$\mathrm{A}(a-1,\ 2\sqrt{a-1})$, $\mathrm{B}(2a-1,\ 2\sqrt{2a-1})$

두 직각삼각형 APA′, BPB′의 닮음비가 1 : 2이므로

$\overline{AA'}:\overline{BB'}=1:2$, 즉 $2\times2\sqrt{a-1}=2\sqrt{2a-1}$

양변을 제곱하여 풀면

$a=\dfrac{3}{2}$, $\mathrm{A}\left(\dfrac{1}{2},\ \sqrt{2}\right)$

∴ (직선 l의 기울기)=(직선 AP의 기울기)

$=\dfrac{\sqrt{2}}{\dfrac{1}{2}+1}=\dfrac{2}{3}\sqrt{2}$

답 ⑤

[풀이6] (교육과정 외)

$y^2=4\times1\times x$에서

$\mathrm{F}(1,\ 0)$ (즉, $p=1$), $\mathrm{P}(-1,\ 0)$

점 A에서 x축과 준선 $x=-1$에 내린 수선의 발을 각각 A′, Q, 점 B에서 x축과 준선 $x=-1$에 내린 수선의 발을 각각 B′, R라고 하자.

그리고 $\overline{AF}=a$로 두면 $\overline{BF}=2a$이고,

$\overline{AQ}=a$, $\overline{BR}=2a$(∵ 포물선의 정의)

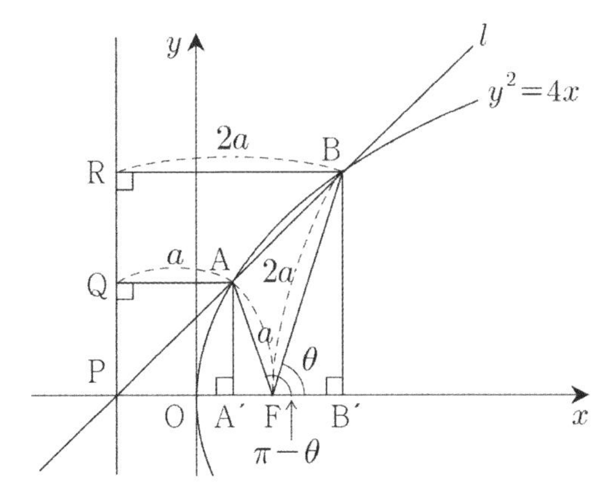

두 직각삼각형 PAQ, PBR의 닮음비가 1 : 2이므로

$\overline{PQ}:\overline{QR}=1:1$, 즉 $\overline{AA'}:\overline{BB'}=1:2$

두 직각삼각형 FAA′, FBB′는 서로 닮음이므로

$\angle\mathrm{BFB'}=\theta$로 두면 $\angle\mathrm{AFA'}=\theta$

즉, 직선 AF가 x축의 양의 방향과 이루는 각의 크기는 $\pi-\theta$이다.

$\overline{BF}=\dfrac{2p}{1-\cos\theta}$, $\overline{AF}=\dfrac{2p}{1-\cos(\pi-\theta)}$

즉, $2a=\dfrac{2}{1-\cos\theta}$, $a=\dfrac{2}{1+\cos\theta}$

연립하면

$\cos\theta=\dfrac{1}{3}$, $a=\dfrac{3}{2}$

점 B의 좌표는 $(2,\ 2\sqrt{2})$이므로

∴ (직선 l의 기울기)=(직선 BP의 기울기)

$=\dfrac{2\sqrt{2}}{2-(-1)}=\dfrac{2}{3}\sqrt{2}$

답 ⑤

M016 | 답 80

[풀이]

$y^2=8x=4\times2\times x$에서 포물선의 초점의 좌표는 $\mathrm{F}(2,\ 0)$이다. (그런데 직선 $y=2x-4$가 이 점을 지난다.) 그리고 준선의 방정식은 $x=-2$이다.

직선 $y=2x-4$가 포물선 $y^2=8x$와 만나는 두 점 중에서 점 A가 아닌 점을 P, 점 P에서 포물선의 준선에 내린 수선의 발을 Q라 하자. 아래 그림처럼 $\angle\mathrm{PJB}=90°$가 되도록 점 J를 잡고, 점 A에서 두 직선 BJ, PJ에 내린 수선의 발을 각각 I, H라고 하자.

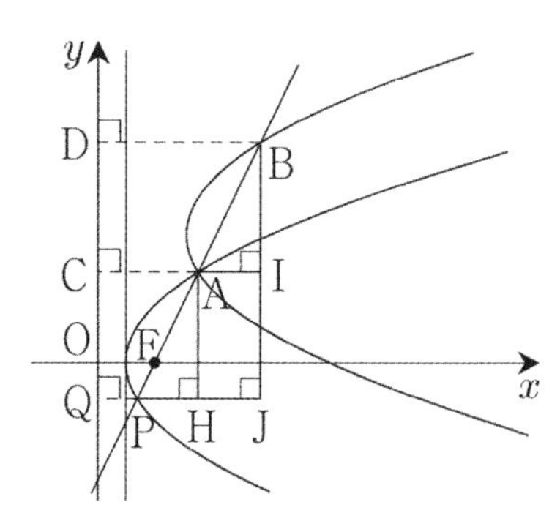

포물선 $y^2=8x$를 x축의 방향으로 a만큼, y축의 방향으로 $2a$만큼 평행이동 하면 포물선 $(y-2a)^2=8(x-a)$와 일치한다.
이때, 동일한 평행이동에 의하여 두 점 P, A는 각각 두 점 A, B로 이동한다.
(즉, $\overline{AI}=a=\overline{PH}=\overline{HJ}$,
$\overline{BI}=2a=\overline{AH}=\overline{IJ}$)
포물선의 정의에 의하여
$\overline{PQ}+\overline{AC}-\overline{PA}=0$
($\because \overline{FP}=\overline{PQ}$, $\overline{FA}=\overline{AC}$)
이므로
$k=\overline{AC}+\overline{BD}-\overline{AB}$
$=\overline{PQ}+\overline{AC}-\overline{PA}+2a=2a$
($\because \overline{AC}=\overline{PQ}+a$, $\overline{BD}=\overline{AC}+a$, $\overline{AB}=\overline{PA}$)
이제 a의 값을 구하자.
두 점 A, P의 x좌표를 각각 α, β로 두면
$\alpha-\beta=a$
포물선과 직선의 방정식을 연립하면
$(2x-4)^2=8x$, $x^2-6x+4=0$
근과 계수와의 관계에 의하여
$\alpha+\beta=6$, $\alpha\beta=4$
$\therefore\ k^2=4a^2=4(\alpha-\beta)^2$
$=4\{(\alpha+\beta)^2-4\alpha\beta\}=4\times20=80$
답 80

M017 | 답 136

[풀이1]
※ 점 A를 제1사분면 위의 점으로 두어도 풀이의 일반성을 잃지 않는다.
문제에서 주어진 포물선의 방정식은
$x^2=4\times1\times y$
이므로 이 포물선의 초점과 준선의 방정식은 각각
F$(0,\ 1)$, $y=-1$
점 A에서 준선 $y=-1$에 내린 수선의 발을 C, 점 F에서 선분 AC에 내린 수선의 발을 D라고 하자. 점 B는 준선 $y=-1$ 위의 점이다.

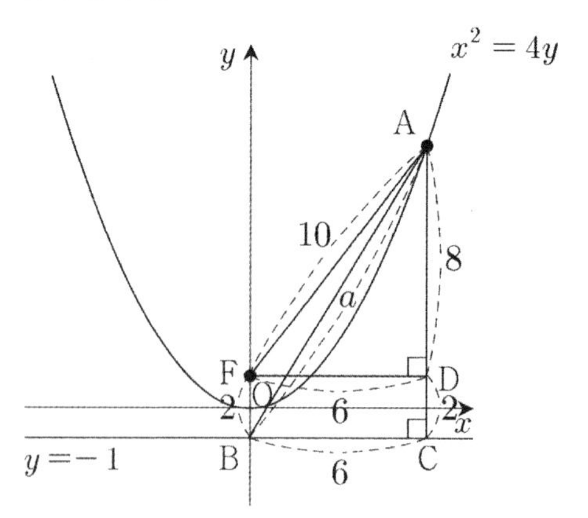

포물선의 정의에 의하여 $\overline{AC}=\overline{AF}=10$
포물선 위의 점 O에서 준선 $y=-1$에 내린 수선의 발은 점 B이므로 포물선의 정의에 의하여
$\overline{OB}=\overline{OF}=1$, $\overline{FB}=\overline{FO}+\overline{OB}=2$
직사각형 BCDF에서 $\overline{DC}=\overline{FB}=2$이므로
$\overline{AD}=\overline{AC}-\overline{DC}=8$
직각삼각형 AFD에서 피타고라스의 정리에 의하여
$\overline{FD}=\sqrt{\overline{AF}^2-\overline{AD}^2}=6$
직사각형 BCDF에서 $\overline{BC}=\overline{FD}=6$
직각삼각형 ABC에서 피타고라스의 정리에 의하여
$\therefore\ a^2=\overline{AB}^2=\overline{AC}^2+\overline{BC}^2=136$
답 136

[풀이2] (선택)
※ 점 A를 제1사분면 위의 점으로 두어도 풀이의 일반성을 잃지 않는다. 문제에서 주어진 포물선의 방정식은
$x^2=4\times1\times y$
이므로 이 포물선의 초점의 좌표는 F$(0,\ 1)$이다.
점 A의 좌표를 $\left(t,\ \dfrac{t^2}{4}\right)$으로 두자.(단, $t>0$)
두 점 사이의 거리 공식에 의하여
$\overline{AF}=\sqrt{t^2+\left(\dfrac{t^2}{4}-1\right)^2}=10$
식을 변형하면 $\sqrt{\left(\dfrac{t^2}{4}+1\right)^2}=10$ 즉, $\dfrac{t^2}{4}+1=10$
이차방정식을 풀면 $t=6$
점 A의 좌표는 A$(6,\ 9)$이다.
두 점 사이의 거리 공식에 의하여
$\therefore\ a^2=\overline{AB}^2=6^2+(9+1)^2=136$
답 136

M018 | 답 13

[풀이1]

※ 점 B가 일사분면에 있다고 가정해도 풀이의 일반성을 잃지 않는다.

주어진 포물선의 초점의 좌표는

$F(p,\ 0)$

주어진 포물선의 준선의 방정식은

$x=-p$

점 B에서 x축과 준선에 내린 수선의 발을 각각 C, D라고 하자.

- (1) 점 B의 x좌표가 p보다 작은 경우

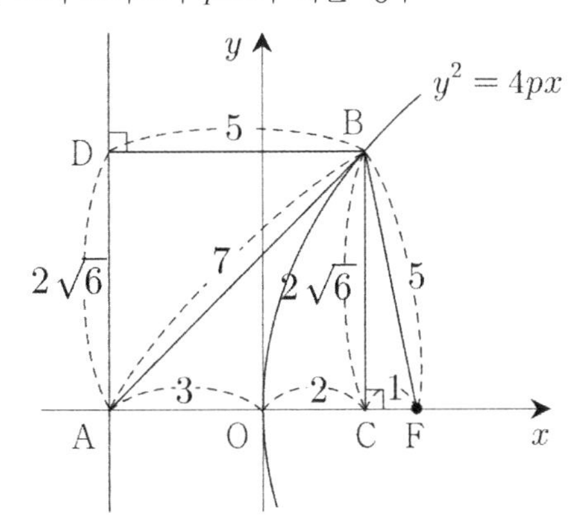

포물선의 정의에 의하여

$\overline{FB}=\overline{BD}$이므로 $\overline{BD}=5$

직각삼각형 BAC에서 피타고라스의 정리에 의하여

$\overline{BC}=\sqrt{\overline{BA}^2-\overline{AC}^2}=2\sqrt{6}$

직각삼각형 BCF에서 피타고라스의 정리에 의하여

$\overline{CF}=\sqrt{\overline{BF}^2-\overline{BC}^2}=1$

포물선의 정의에 의하여

$p=\overline{OF}=\dfrac{1}{2}\overline{AF}=3$

- (2) 점 B의 x좌표가 p보다 큰 경우

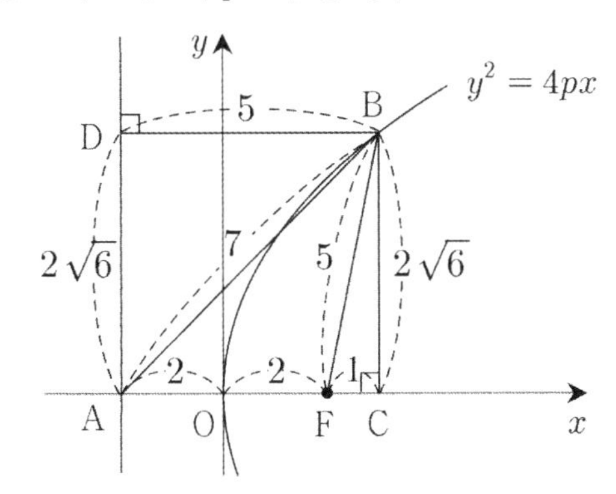

포물선의 정의에 의하여

$\overline{FB}=\overline{BD}$이므로 $\overline{BD}=5$

직각삼각형 BAC에서 피타고라스의 정리에 의하여

$\overline{BC}=\sqrt{\overline{BA}^2-\overline{AC}^2}=2\sqrt{6}$

직각삼각형 BFC에서 피타고라스의 정리에 의하여

$\overline{FC}=\sqrt{\overline{BF}^2-\overline{BC}^2}=1$

포물선의 정의에 의하여

$p=\overline{OF}=\dfrac{1}{2}(\overline{DB}-\overline{FC})=2$

(1), (2)에서

$p=2$ 또는 $p=3$

$\therefore\ a^2+b^2=13$

답 13

[풀이2] (선택)

※ 점 B가 일사분면에 있다고 가정해도 풀이의 일반성을 잃지 않는다.

주어진 포물선의 초점의 좌표는

$F(p,\ 0)$

주어진 포물선의 준선의 방정식은

$x=-p$

점 A의 좌표는 $A(-p,\ 0)$

점 B의 좌표를 $B(t,\ 2\sqrt{pt})$로 두자.

두 점 사이의 거리 공식에 의하여

$\overline{AB}=\sqrt{(t+p)^2+4pt}=7$

정리하면

$t^2+6pt+p^2-49=0$ $\cdots㉠$

두 점 사이의 거리 공식에 의하여

$\overline{BF}=\sqrt{(t-p)^2+4pt}=5$

정리하면

$t^2+2pt+p^2-25=0$ $\cdots㉡$

㉠에서 ㉡을 변변히 빼서 정리하면

$t=\dfrac{6}{p}$ $\cdots㉢$

㉢을 ㉠에 대입하여 정리하면

$p^4-13p^2+36=0$

좌변을 인수분해하면

$(p^2-4)(p^2-9)=0$

풀면

$p^2=4$ 또는 $p^2=9$

$\therefore\ a^2+b^2=13$

답 13

M019 | 답 6

[풀이]

점 P에서 직선 $x=-p$(준선)에 내린 수선의 발을 H라고 하자. 그리고 정삼각형 PQR의 한 변의 길이를 $2t$라고 하자. 이때, $\overline{QF}=t$이다.

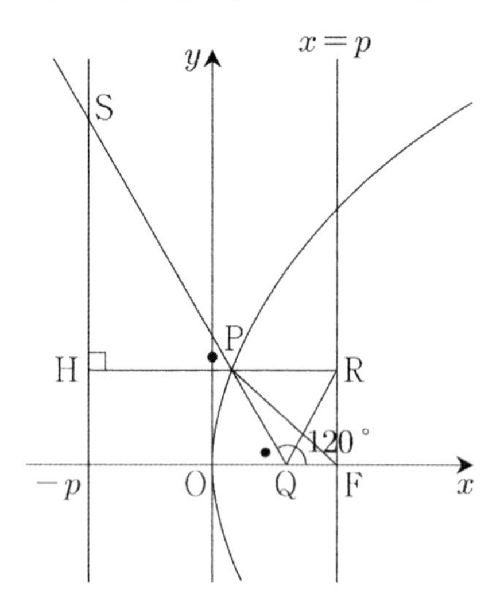

(단, ●$=60°$)

삼각형 PQF에서 코사인법칙에 의하여

$\overline{PF}^2=\overline{PQ}^2+\overline{QF}^2-2\overline{PQ}\,\overline{QF}\cos 120°$

$=5t^2-2\times 2t^2\times\left(-\frac{1}{2}\right)=7t^2$

$\overline{PF}=\sqrt{7}t$

포물선의 정의에 의하여

$\overline{PH}=\sqrt{7}t$

직각삼각형 SHP에서 삼각비의 정의에 의하여

$\frac{\sqrt{21}-\sqrt{3}t}{\sqrt{7}t}=\tan 60°$,

(이때, $\sqrt{3}t$는 정삼각형 PQR의 높이이다.)

즉 $t=\frac{7-\sqrt{7}}{6}(=\overline{QF})$

$\therefore\ a=7,\ b=-1,\ a+b=6$

답 6

[참고]

다음과 같은 방법으로 선분 PF의 길이를 구해도 좋다.
점 P에서 x축에 내린 수선의 발을 A라고 하자.

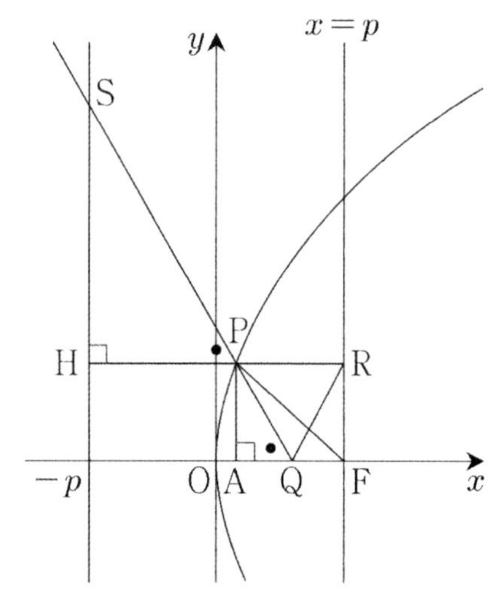

(단, ●$=60°$)

직각삼각형 PAQ에서 특수각의 삼각비에 의하여

$\overline{PA}=\sqrt{3}t$

직각삼각형 PAF에서 피타고라스의 정리에 의하여

$\overline{PF}=\sqrt{(2t)^2+(\sqrt{3}t)^2}=\sqrt{7}t$

M020 | 답 ③

[풀이1]

두 포물선 p_1, p_2의 준선이 x축과 만나는 점을 각각 E, F라고 하자.

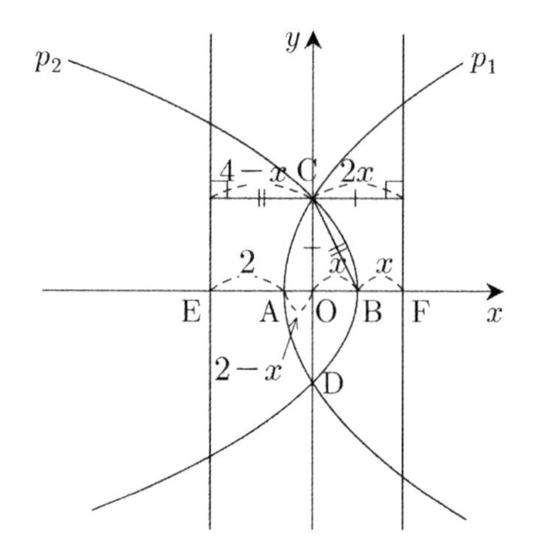

$\overline{OB}=x$로 두면 $\overline{AB}=2$이므로

$\overline{AO}=2-x$

포물선의 정의에 의하여

포물선 p_1에서 $\overline{EA}=\overline{AB}$이므로

$\overline{EA}=2$

포물선 p_2에서 $\overline{OB}=\overline{BF}$이므로

$\overline{BF}=x$

포물선의 정의에 의하여

포물선 p_1에서

$\overline{BC}=$(점 C에서 포물선 p_1의 준선까지의 거리)

$=4-x$

포물선 p_2에서

$\overline{CO}=$(점 C에서 포물선 p_2의 준선까지의 거리)

$=2x$

직각삼각형 OBC에서 피타고라스의 정리에 의하여

$\overline{BC}^2=\overline{CO}^2+\overline{OB}^2$

대입하면

$(4-x)^2=(2x)^2+x^2$

정리하면

$x^2+2x-4=0$

이차방정식의 근의 공식에 의하여

$x=-1+\sqrt{5}$

구하는 넓이를 S라고 하자.

삼각형의 넓이를 구하는 공식에 의하여

$S=\frac{1}{2}\times\overline{AB}\times\overline{OC}=\frac{1}{2}\times 2\times 2x=2(\sqrt{5}-1)$

답 ③

[풀이2] (선택)

$\overline{AO}=k$로 두고 두 포물선의 방정식을 구하자.

포물선 p_1의 초점과 준선은 각각

$B(2-k,\ 0)$, $x=-2-k$이므로

$p_1\ :\ y^2=8(x+k)$ …㉠

포물선 p_2의 초점과 준선은 각각

$O(0,\ 0)$, $x=4-2k$이므로

$p_2\ :\ y^2=(4k-8)(x-2+k)$ …㉡

㉠에 $x=0$을 대입하면

$y=\pm 2\sqrt{2k}$이므로 점 C의 좌표는

$C(0,\ 2\sqrt{2k})$

㉡에 $x=0$과 $y=2\sqrt{2k}$를 대입하여 정리하면

$k^2-6k+4=0$

풀면

$k=3-\sqrt{5}\ (\because 0<k<2)$

두 포물선의 방정식은

$p_1\ :\ y^2=8(x+3-\sqrt{5})$

$p_2\ :\ y^2=(4-4\sqrt{5})(x+1-\sqrt{5})$

점 C의 좌표는

$C(0,\ 2\sqrt{5}-2)$

구하는 넓이를 S라고 하자.

삼각형의 넓이를 구하는 공식에 의하여

$\therefore\ S=\frac{1}{2}\times\overline{AB}\times\overline{OC}=\frac{1}{2}\times 2\times(2\sqrt{5}-2)$

$=2(\sqrt{5}-1)$

답 ③

M021 ㅣ답 ⑤

[풀이1]

포물선 $(y-a)^2=4px$의 초점과 준선은 각각

$F_1(p,\ a)$, $x=-p$

포물선 $y^2=-4x$의 초점과 준선은 각각

$F_2(-1,\ 0)$, $x=1$

아래 그림처럼 점 F_1에서 x축에 내린 수선의 발을 A라 하고, PQR이 직각삼각형이 되도록 점 R을 잡자. 그리고 두 점 P, Q의 x좌표를 각각 x_1, x_2라고 하자.

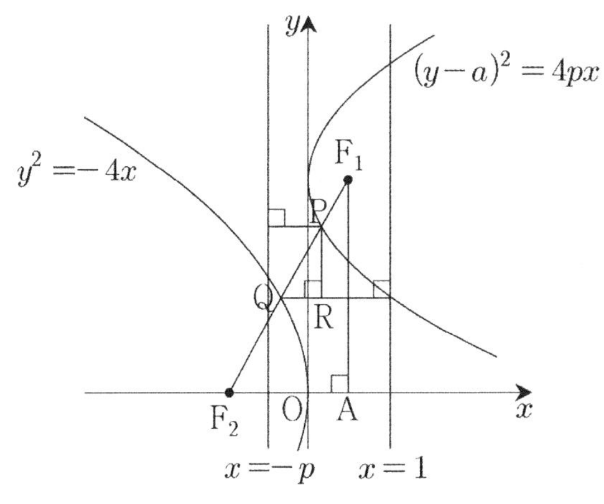

삼각형 F_1F_2A에서

$\overline{F_2A}=p+1$, $\overline{F_1A}=a$

이므로 직선 $PQ(F_1F_2)$의 기울기는 $\frac{a}{p+1}$이다.

서로 닮음인 두 직각삼각형 F_1F_2A, PQR의 닮음비가 3 : 1이므로

$\overline{QR}=\frac{1}{3}(p+1)$ 즉, $x_1-x_2=\frac{1}{3}(p+1)$ …㉠

포물선의 정의에 의하여

$\overline{PF_1}=p+x_1$, $\overline{QF_2}=1-x_2$

이므로

$\overline{PF_1}+\overline{QF_2}=p+x_1+1-x_2=2$,

$x_1-x_2=1-p$ …㉡

㉠, ㉡에 의하여

$\frac{1}{3}(p+1)=1-p$, $p=\frac{1}{2}$

직각삼각형 F_1F_2A에서 피타고라스의 정리에 의하여

$a^2=3^2-(p+1)^2=9-\frac{9}{4}=\frac{27}{4}$

$\therefore\ a^2+p^2=7$

답 ⑤

[풀이2]

포물선 $(y-a)^2=4px$의 초점과 준선은 각각

$F_1(p,\ a)$, $x=-p$

포물선 $y^2=-4x$의 초점과 준선은 각각

$F_2(-1,\ 0)$, $x=1$

점 F_1에서 x축에 내린 수선의 발을 A, 두 점 P, Q에서 선분 F_1A에 내린 수선의 발을 각각 C, D, 직선 $x=1$이 x축과 만나는 점을 B라고 하자.

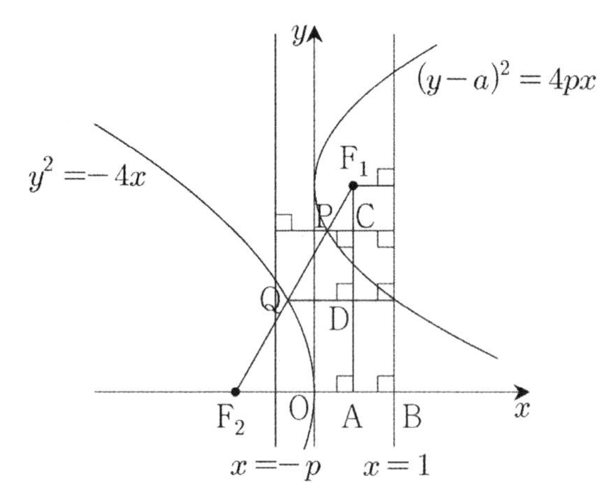

포물선의 정의에 의하여

$\overline{PC}=(1+p)-b-(1-p)=2p-b$

$(\because \overline{AB}=1-p)$

$\overline{QD}=c-(1-p)=1-b+p$

$(\because c=2-b)$

$\triangle F_1F_2A \sim \triangle F_1PC \sim \triangle F_1QD$이므로

$\overline{F_1P}:\overline{PC}=\overline{F_1F_2}:\overline{F_2A}$ 즉, $b:2p-b=3:1+p$

$\overline{F_1Q}:\overline{QD}=\overline{F_1F_2}:\overline{F_2A}$ 즉, $b+1:1-b+p=3:p+1$

위의 두 비례식을 정리하면

$b=\dfrac{6p}{p+4}=\dfrac{2+2p}{p+4}$, $\therefore\ p=\dfrac{1}{2}$

직각삼각형 F_1F_2A에서 피타고라스의 정리에 의하여

$a^2=3^2-(p+1)^2=9-\dfrac{9}{4}=\dfrac{27}{4}$

$\therefore\ a^2+p^2=7$

답 ⑤

M022 | 답 23

[풀이]

포물선 $y^2=8x(=4\times2\times x)$의 초점은 $F(2,\ 0)$이고, 준선은 $x=-2$이다.

초점이 F'인 포물선의 준선을 l, 점 P에서 직선 l에 내린 수선의 발을 H, 점 Q에서 두 직선 $x=-2$, l에 내린 수선의 발을 각각 I, J라고 하자.

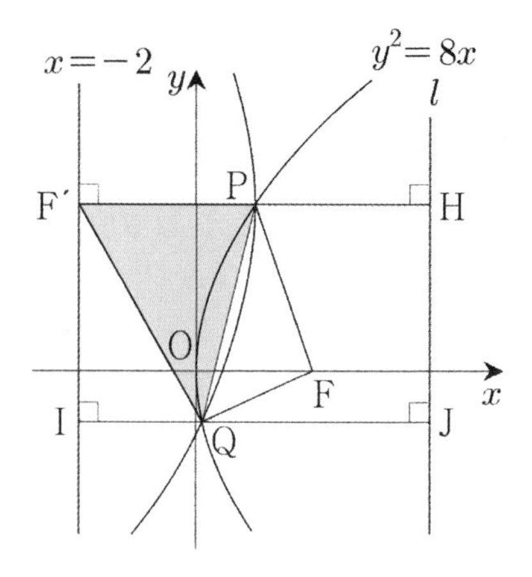

포물선의 정의에 의하여

$\overline{PF}=\overline{PF'}(=a)$, $\overline{QF}=\overline{QI}(=b)$,

$\overline{QF'}=\overline{QJ}(=c)$

(□PF′QF의 둘레의 길이)

$=2a+b+c=12$

$\overline{F'H}=\overline{IJ}$ 즉, $2a=b+c$

연립하면 $a=3$, $b+c=6$

점 P의 x좌표가 1이므로

이를 포물선 $y^2=8x$의 방정식에 대입하면

$x=2\sqrt{2}$ 즉, $P(1,\ 2\sqrt{2})$

F′를 초점으로 하는 포물선의 방정식은

$(y-2\sqrt{2})^2=-4\times3\times(x-1)$

두 포물선의 방정식을 연립하면

$(y-2\sqrt{2})^2=-12\left(\dfrac{y^2}{8}-1\right)$, $5y^2-8\sqrt{2}y-8=0$,

$(y-2\sqrt{2})(5y+2\sqrt{2})=0$,

$y=-\dfrac{2\sqrt{2}}{5}$ 또는 $y=2\sqrt{2}$

즉, 점 Q의 y좌표는 $-\dfrac{2\sqrt{2}}{5}$이다.

($\triangle PF'Q$의 넓이)$=\dfrac{1}{2}\times3\times\dfrac{12\sqrt{2}}{5}=\dfrac{18\sqrt{2}}{5}$

$\therefore\ p+q=23$

답 23

M023 | 답 32

[풀이]

주어진 타원의 방정식은

$\dfrac{x^2}{9}+y^2=1$

타원의 두 초점을 각각

$F(c,\ 0)$, $F'(-c,\ 0)$

이라고 하면

$c = \sqrt{3^2 - 1^2} = 2\sqrt{2}$

$d = |c - (-c)| = 4\sqrt{2}$

$\therefore\ d^2 = 32$

답 32

M024 | 답 ①

[풀이]

타원

$$\frac{x^2}{a} + \frac{y^2}{4} = 1 \qquad \cdots (*)$$

의 두 초점의 좌표는 각각

$(-\sqrt{a-4},\ 0),\ (\sqrt{a-4},\ 0)$

문제에서 주어진 타원은 타원 (*)를 x축의 방향으로 2만큼, y축의 방향으로 2만큼 평행이동한 것이므로, 아래 그림과 같다.

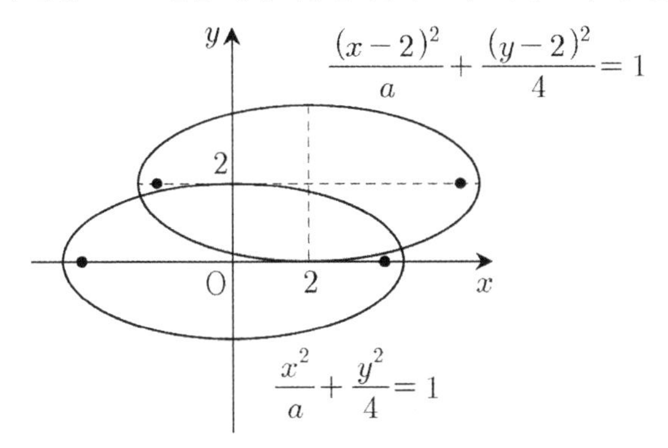

문제에서 주어진 타원의 두 초점의 좌표는 각각

$(2-\sqrt{a-4},\ 2),\ (2+\sqrt{a-4},\ 2)$

이므로

$2-\sqrt{a-4} = -2,\ 2+\sqrt{a-4} = 6,\ 2 = b$

정리하면

$\sqrt{a-4} = 4,\ b = 2$

왼쪽의 등식의 양변을 제곱하면

$a - 4 = 16,\ a = 20$

$\therefore\ ab = 40$

답 ①

M025 | 답 6

[풀이]

문제에서 주어진 타원의 방정식을 변형하면

$$\frac{x^2}{3^2} + \frac{(y-1)^2}{2^2} = 1$$

이 타원은 타원 $\frac{x^2}{3^2} + \frac{y^2}{2^2} = 1$을 y축의 방향으로 1만큼 평행이동한 것으로, 아래 그림과 같다.

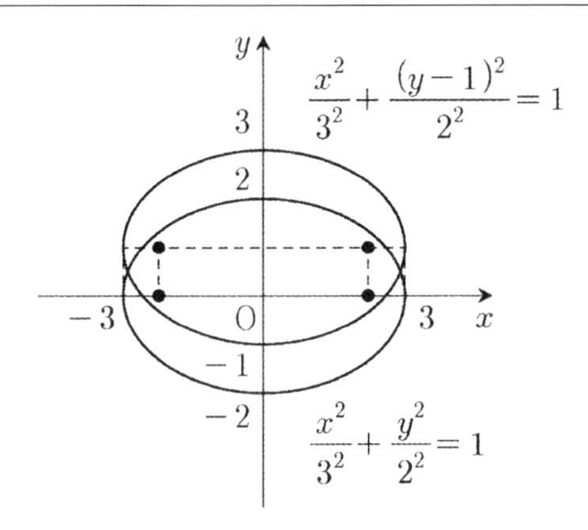

문제에서 주어진 타원의 두 초점의 좌표는

$(-\sqrt{5},\ 1),\ (\sqrt{5},\ 1)$

$p = -\sqrt{5},\ q = 1$이면 $p^2 + q^2 = 6$

$p = \sqrt{5},\ q = 1$이면 $p^2 + q^2 = 6$

$\therefore\ p^2 + q^2 = 6$

답 6

M026 | 답 41

[풀이]

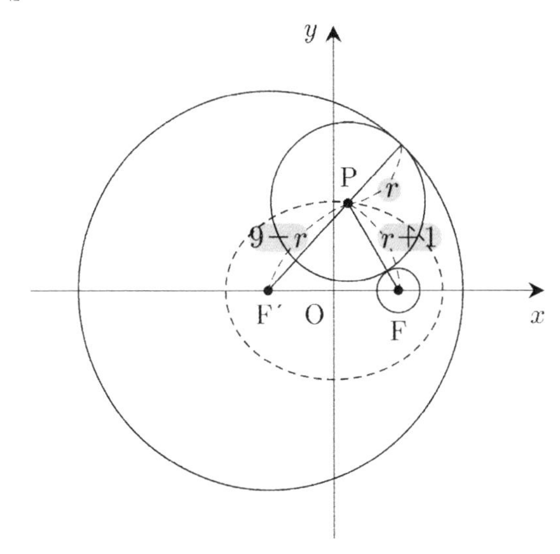

점 P가 중심인 원의 반지름의 길이를 r이라고 하자.

$\overline{PF} = r + 1,\ \overline{PF'} = 9 - r$

변변히 더하면

$\overline{PF} + \overline{PF'} = 10$

타원의 정의에 의하여 점 P의 자취는 두 점 $F(3,\ 0),\ F'(-3,\ 0)$을 초점으로 하는 타원이다.

타원의 정의에 의하여 점 P의 자취(타원)의 장축의 길이는 5 $(= \frac{10}{2})$이다. 즉, $a = 5$

타원의 정의에 의하여

$b = \sqrt{a^2 - 3^2} = 4$

$\therefore\ a^2 + b^2 = 41$

답 41

[참고]
다음과 같이 a, b의 값을 구해도 좋다.
타원의 정의에 의하여 점 P의 자취는 두 점 $\mathrm{F}(3,\ 0)$, $\mathrm{F}'(-3,\ 0)$을 초점으로 하는 타원이다.
$\sqrt{a^2-b^2}=3$ …㉠

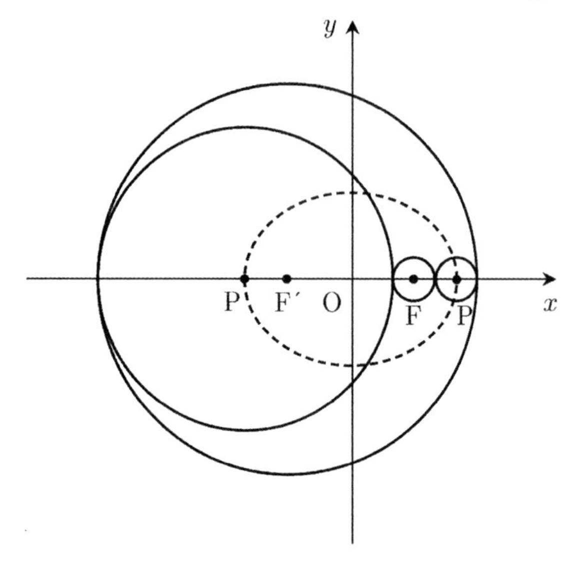

점 P가 x축 위에 있으면
$\overline{\mathrm{OP}}=5$
($\because$ $\overline{\mathrm{OP}}=\overline{\mathrm{OF}}+$(원 F의 반지름의 길이)
$+$(작은 원 P의 반지름의 길이)$=3+1+1=5$)
이므로 주어진 타원의 x축 위의 두 꼭짓점의 좌표는 각각 $(5,\ 0)$, $(-5,\ 0)$
$a=5$ …㉡
㉠과 ㉡을 연립하면
$a=5$, $b=4$

M027 | 답 ⑤

[풀이]
점 Q를 지나고 직선 AP에 평행한 직선이 x축과 만나는 점을 R이라고 하자.
$\angle \mathrm{OQR}=\alpha$로 두면
조건 (나)에 의하여
$\angle \mathrm{AQR}=\alpha$

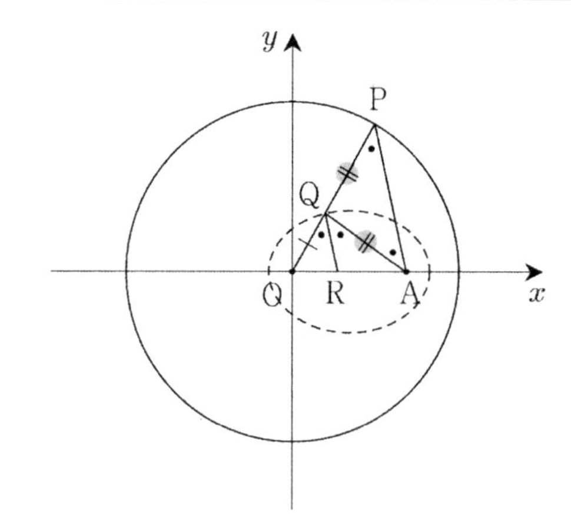

조건 (나)에 의하여
두 직선 AP, RQ가 서로 평행하므로
$\angle \mathrm{OQR}=\alpha=\angle \mathrm{OPA}$ (동위각)
$\angle \mathrm{RQA}=\alpha=\angle \mathrm{PAQ}$ (엇각)
이등변삼각형 AQP에서
$\overline{\mathrm{AQ}}=\overline{\mathrm{QP}}$
원의 정의에 의하여
$\overline{\mathrm{OP}}=\overline{\mathrm{OQ}}+\overline{\mathrm{QP}}=\overline{\mathrm{OQ}}+\overline{\mathrm{QA}}=6$
타원의 정의에 의하여 점 Q의 자취는 두 점 O, A를 두 초점으로 하는 타원의 일부이다.
이 타원의 중심은 $(2,\ 0)$이고, 장축의 길이는 6이므로
타원의 방정식은
$$\frac{(x-2)^2}{3^2}+\frac{y^2}{3^2-2^2}=1$$
따라서
$$X\subset\left\{(x,\ y)\ \middle|\ \frac{(x-2)^2}{9}+\frac{y^2}{5}=1\right\}$$
답 ⑤

[참고1]
$b\neq 0$이므로 점 Q의 y좌표는 0이 아니다.
구한 타원의 방정식에 $y=0$을 대입하여
x의 값을 구하면 $x=-1$ 또는 $x=5$이다.
두 점 $(-1,\ 0)$, $(5,\ 0)$는 집합 X의 원소가 아니다.

[참고2] (선택)
두 점 O, A를 두 초점으로 하고 장축의 길이가 6인 타원의 방정식을 다음과 같이 유도할 수도 있다.
$\overline{\mathrm{OQ}}+\overline{\mathrm{AQ}}=6$
두 점 사이의 거리 공식에 의하여
$\sqrt{x^2+y^2}+\sqrt{(x-4)^2+y^2}=6$
식을 변형하면
$\sqrt{(x-4)^2+y^2}=6-\sqrt{x^2+y^2}$
양변을 제곱하여 정리하면

$3\sqrt{x^2+y^2}=2x+5$

양변을 제곱하여 정리하면

$\dfrac{(x-2)^2}{9}+\dfrac{y^2}{5}=1$

M028 | 답 ⑤

[풀이1]

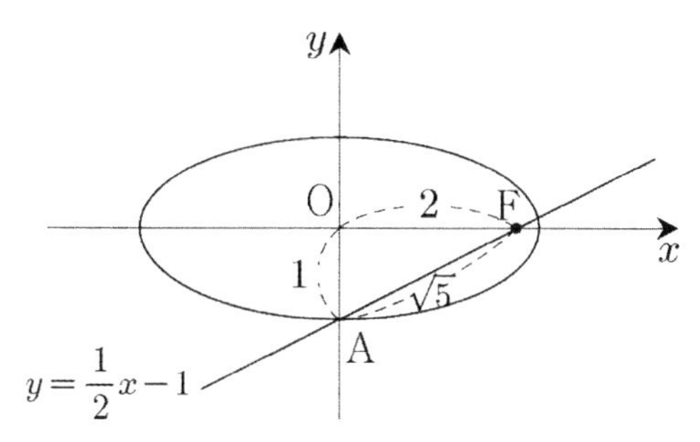

주어진 직선의 x절편과 y절편이 각각 2와 -1이므로

두 점 F, A의 좌표는 각각

$F(2,\ 0)$, $A(0,\ -1)$

두 점 사이의 거리 공식에 의하여

$\overline{AF}=\sqrt{(2-0)^2+(0-(-1))^2}=\sqrt{5}$

타원의 정의에 의하여

$\therefore$ (타원의 장축의 길이)$=2\overline{AF}=2\sqrt{5}$

답 ⑤

[풀이2]

주어진 직선의 x절편과 y절편이 각각 2와 -1이므로

두 점 F, A의 좌표는 각각

$F(2,\ 0)$, $A(0,\ -1)$

주어진 타원의 방정식을 $\dfrac{x^2}{a^2}+\dfrac{y^2}{b^2}=1$로 두자.

주어진 타원은 점 $A(0,\ -1)$을 지나므로

$\dfrac{0^2}{a^2}+\dfrac{(-1)^2}{b^2}=1$에서 $b^2=1$

주어진 타원의 두 초점 중에서 한 초점이 $F(2,\ 0)$이므로

$\sqrt{a^2-b^2}=2$에서 $a^2=5$

주어진 타원의 방정식은

$\dfrac{x^2}{5}+y^2=1$

따라서 주어진 타원의 장축의 길이는

$2a=2\sqrt{5}$

답 ⑤

M029 | 답 ①

[풀이]

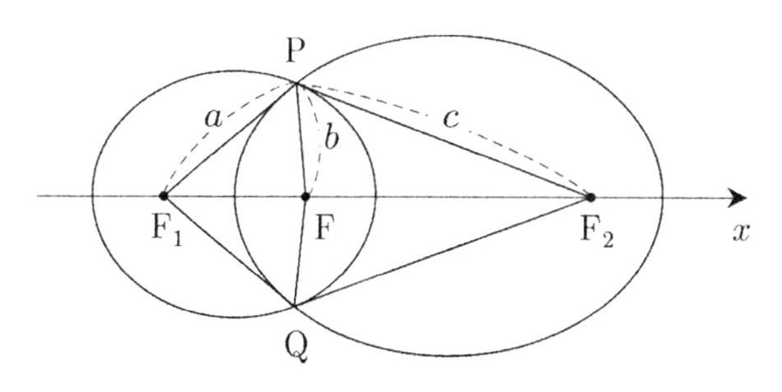

타원의 정의에 의하여

$\overline{PF}+\overline{PF_1}=16$, 즉 $a+b=16$ $\cdots$㉠

$\overline{QF}+\overline{QF_1}=16$, 즉 $a+b=16$ $\cdots$㉡

타원의 정의에 의하여

$\overline{PF}+\overline{PF_2}=24$, 즉 $b+c=24$ $\cdots$㉢

$\overline{QF}+\overline{QF_2}=24$, 즉 $b+c=24$ $\cdots$㉣

㉠$-$㉢을 하면

$\overline{PF_1}-\overline{PF_2}=-8$, 즉 $a-c=-8$

㉡$-$㉣을 하면

$\overline{QF_1}-\overline{QF_2}=-8$, 즉 $a-c=-8$

$\therefore\ |\overline{PF_1}-\overline{PF_2}|+|\overline{QF_1}-\overline{QF_2}|=16$

답 ①

[참고]

$a-b=(a+c)-(b+c)$로 계산하는 것은 수능에서 자주 출제되므로 이를 반드시 기억해두어야 한다. 이때, 우변에서 c는 소거된다.

M030 | 답 ④

[풀이1]

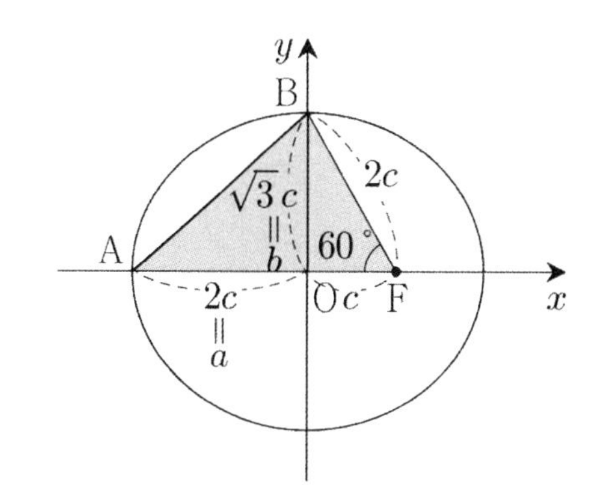

직각삼각형 BOF에서 삼각비의 정의에 의하여

$\overline{BF}=2c=a$ ($\because$ 타원의 정의),

$\overline{BO}=\sqrt{3}c=b$

($\triangle$AFB의 넓이)$=\frac{1}{2}\times 3c\times\sqrt{3}c=6\sqrt{3}$

풀면 $c=2$, $b=2\sqrt{3}$, $a=4$

$\therefore\ a^2+b^2=28$

답 ④

[풀이2]

계산과정을 달리하면 아래와 같이 풀이도 가능하다. 다만 앞선 풀이가 좀 더 자연스럽다.

$a>0$, $b>0$으로 두자.

두 꼭짓점 A, B의 좌표는 $\mathrm{A}(-a,\ 0)$, $\mathrm{B}(0,\ b)$

초점 F의 좌표는 $\mathrm{F}(\sqrt{a^2-b^2},\ 0)$

직각삼각형 OFB에서

$\frac{\overline{\mathrm{BO}}}{\overline{\mathrm{FB}}}=\sin\frac{\pi}{3}$ 즉, $\frac{b}{a}=\frac{\sqrt{3}}{2}$ $\cdots$㉠

주어진 조건에 의하여

($\triangle$AFB의 넓이)

$=\frac{1}{2}\times\overline{\mathrm{AF}}\times\overline{\mathrm{BO}}$

$=\frac{1}{2}(\sqrt{a^2-b^2}+a)b=6\sqrt{3}$ $\cdots$㉡

㉠과 ㉡을 연립하면

$a=4$

이를 ㉠에 대입하면 $b=2\sqrt{3}$

$\therefore\ a^2+b^2=28$

답 ④

M031 | 답 22

[풀이]

문제에서 주어진 타원의 방정식에서

$\mathrm{F'}(-\sqrt{36-27},\ 0)$, $\mathrm{F}(\sqrt{36-27},\ 0)$

즉, $\mathrm{F'}(-3,\ 0)$, $\mathrm{F}(3,\ 0)$

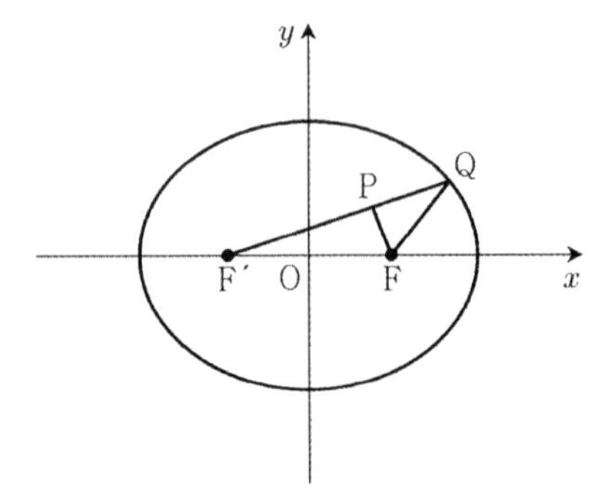

점 Q는 문제에서 주어진 타원 위의 점이므로

타원의 정의에 의하여

$\overline{\mathrm{QF'}}+\overline{\mathrm{QF}}=$(타원의 장축의 길이)$=12$

$\therefore$ ($\triangle$PFQ의 둘레의 길이)+($\triangle$PF′F의 둘레의 길이)

$=\overline{\mathrm{QF'}}+\overline{\mathrm{QF}}+2\overline{\mathrm{PF}}+\overline{\mathrm{F'F}}$

$=12+2\times 2+6=22$

답 22

M032 | 답 ③

[풀이1]

아래 그림처럼 마름모 ABCD의 중점을 O, 타원의 두 초점 중 한 초점을 F라고 하자.

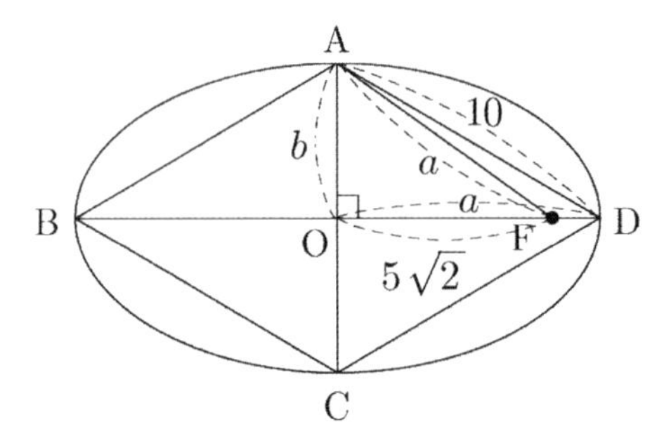

마름모의 정의에 의하여

$\overline{\mathrm{AC}}\perp\overline{\mathrm{BD}}$, $\overline{\mathrm{OA}}=\overline{\mathrm{OC}}$, $\overline{\mathrm{OB}}=\overline{\mathrm{OD}}$

이므로 타원의 중심은 O이다.

$\overline{\mathrm{OD}}=a$, $\overline{\mathrm{OA}}=b$로 두자.

직각삼각형 AOD에서 피타고라스의 정리에 의하여

$a^2+b^2=10^2$ $\cdots$㉠

타원의 정의에 의하여

$\overline{\mathrm{AF}}=\overline{\mathrm{OD}}=a$

직각삼각형 AOF에서 피타고라스의 정리에 의하여

$(5\sqrt{2})^2+b^2=a^2$ $\cdots$㉡

㉠과 ㉡을 연립하면

$a=5\sqrt{3}$, $b=5$

구하는 넓이를 S라고 하면

$\therefore\ S=2\times a\times b=50\sqrt{3}$

답 ③

[풀이2]

마름모 ABCD의 중점을 O, 타원의 두 초점 중 한 초점을 F라고 하자.

마름모의 정의에 의하여

$\overline{\mathrm{AC}}\perp\overline{\mathrm{BD}}$, $\overline{\mathrm{OA}}=\overline{\mathrm{OC}}$, $\overline{\mathrm{OB}}=\overline{\mathrm{OD}}$

이므로 타원의 중심은 O이다.

이제 $\mathrm{O}(0,\ 0)$, $\mathrm{D}(a,\ 0)$, $\mathrm{A}(0,\ b)$인 좌표평면을 도입하자.

(단, $a>0$, $b>0$)

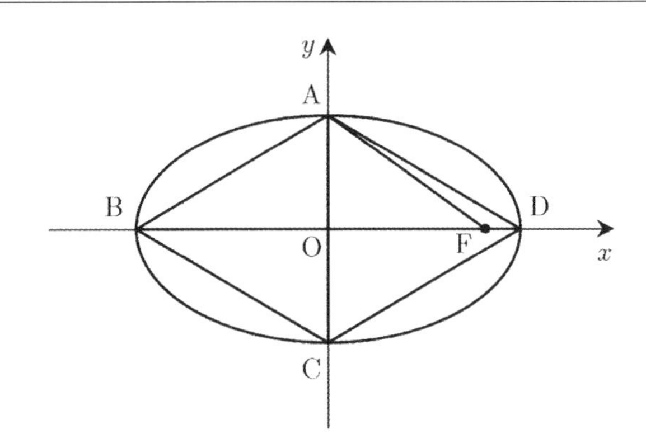

타원의 방정식은

$$\frac{x^2}{a^2}+\frac{y^2}{b^2}=1$$

주어진 조건에서 $\overline{OF}=5\sqrt{2}$이므로

$a^2-b^2=(5\sqrt{2})^2$ 즉, $a^2-b^2=50$ $\cdots$ ㉠

주어진 조건에서 $\overline{AD}=10$이므로 두 점 사이의 거리 공식에 의하여

$\sqrt{(a-0)^2+(0-b)^2}=10$

$a^2+b^2=100$ $\cdots$ ㉡

㉠과 ㉡을 연립하면 $a=5\sqrt{3}$, $b=5$

구하는 넓이를 S라고 하면

$\therefore$ $S=2\times a\times b=50\sqrt{3}$

답 ③

M033 | 답 ④

[풀이]

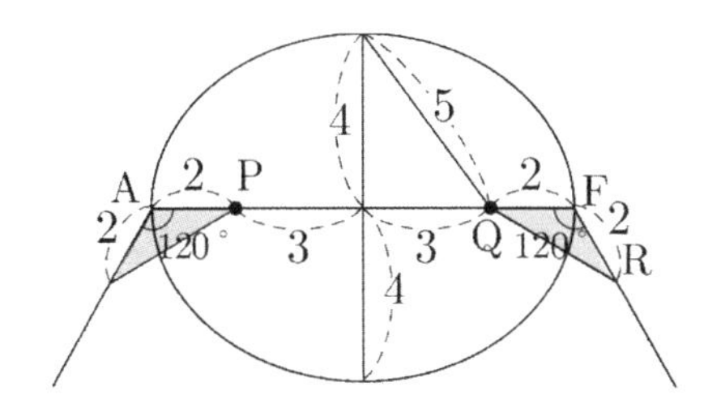

위의 그림과 같이 주어진 12개의 초점 중에서 3개의 초점을 각각 P, Q, R이라고 하자.

타원의 성질에 의하여

$\overline{QF}=\overline{FR}$

정육각형의 성질의 의하여

$\angle QFR=120°$

삼각형 QFR은 $\angle QFR=120°$인 이등변삼각형이며, 나머지 5개의 삼각형은 모두 삼각형 QFR과 합동이다.

주어진 6개의 삼각형의 넓이의 합이 $6\sqrt{3}$이므로, 1개의 삼각형의 넓이는 $\sqrt{3}$이다.

$\overline{QF}=a$로 두면

삼각형의 넓이를 구하는 공식에 의하여

($\triangle$QFR의 넓이)

$=\frac{1}{2}\overline{QF}\,\overline{FR}\sin\frac{2}{3}\pi=\frac{\sqrt{3}}{4}a^2=\sqrt{3}$

풀면

$a=2$

타원의 장축의 길이가 10, 타원의 중심에서 한 초점까지의 거리가 3이므로 타원의 정의에 의하여

$\therefore$ (단축의 길이)$=2\sqrt{5^2-3^2}=8$

답 ④

M034 | 답 14

[풀이]

점 F의 x좌표를 $c(>0)$라고 하면 점 F′의 x좌표는 $-c$이다.

문제에서 주어진 타원의 방정식에서

$16=7+c^2$이므로 $c=3$

두 점 F, F′의 좌표는 각각 $(3,\ 0)$, $(-3,\ 0)$이다.

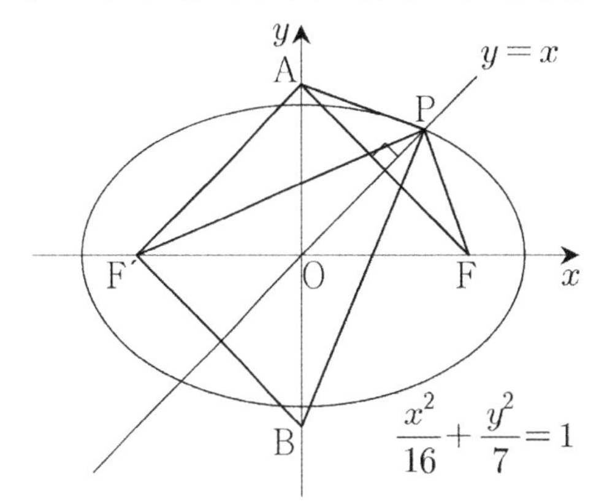

$\overline{AP}=\overline{PF}$이므로 삼각형 PAF는 이등변삼각형이다.

이등변삼각형의 성질에 의하여

$\angle P$의 이등분선은 밑변 AF를 수직이등분한다.

다시 말하면 선분 AF의 수직이등분선은 점 P를 지난다.

선분의 내분점의 정의에 의하여 선분 AF의 중점은 $\left(\frac{3}{2},\ \frac{3}{2}\right)$이다.

직선 AF의 기울기가 -1이므로 선분 AF의 수직이등분선의 기울기는 1이다.

선분 AF의 수직이등분선의 방정식은

$y=x-\frac{3}{2}+\frac{3}{2}$ 즉, $y=x$

점 P는 직선 $y=x$ 위에 있고, 두 점 F′, B는 직선 $y=x$에 대하여 서로 대칭이므로

$\overline{PF'}=\overline{PB}$ $\cdots$ ㉠

타원의 정의에 의하여

$\overline{\mathrm{PF'}}+\overline{\mathrm{PF}}=8$ …㉡

두 점 사이의 거리 공식에 의하여

$\overline{\mathrm{AF'}}=\overline{\mathrm{F'B}}=3\sqrt{2}$ …㉢

$\therefore$ (□AF′BP의 둘레의 길이)

$=\overline{\mathrm{AF'}}+\overline{\mathrm{F'B}}+\overline{\mathrm{BP}}+\overline{\mathrm{PA}}$

$=\overline{\mathrm{AF'}}+\overline{\mathrm{F'B}}+\overline{\mathrm{PF'}}+\overline{\mathrm{PA}}$ (∵ ㉠)

$=\overline{\mathrm{AF'}}+\overline{\mathrm{F'B}}+\overline{\mathrm{PF'}}+\overline{\mathrm{PF}}$ $(\because \overline{\mathrm{AP}}=\overline{\mathrm{PF}})$

$=6\sqrt{2}+8$ (∵ ㉡, ㉢)

$a=8,\ b=6$

$\therefore\ a+b=14$

답 14

[참고]

문제에서 주어진 타원의 방정식과 직선 $y=x$의 방정식을 연립하면 점 P의 좌표 $\left(4\sqrt{\frac{7}{23}},\ 4\sqrt{\frac{7}{23}}\right)$을 구할 수 있다. 두 점 사이의 거리 공식을 이용하여 두 선분 $\overline{\mathrm{AP}}$, $\overline{\mathrm{BP}}$의 길이를 구하면 이중근호가 발생한다. 그런데 이중근호는 교육과정 외이므로 이는 의도된 풀이가 아니다.

M035 | 답 ③

[풀이]

포물선 $(y-2)^2=4\times2\times(x+2)$의 준선과 초점은 각각

$x=-2-2=-4$, $(2-2,\ 0+2)$(즉, $\mathrm{A}(0,\ 2)$)

점 P에서 직선 $x=-4$에 내린 수선의 발을 H,

직선 $x=-4$가 x축과 만나는 점을 $\mathrm{H_0}$라고 하자.

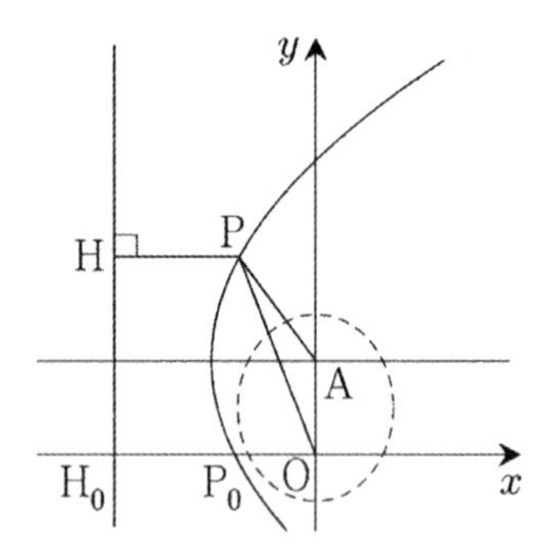

$\overline{\mathrm{OP}}+\overline{\mathrm{PA}}=\overline{\mathrm{OP}}+\overline{\mathrm{PH}}\ge\overline{\mathrm{OH_0}}$

(단, 등호는 세 점 O, P, H가 한 직선 위에 있을 때 성립한다.)

포물선의 방정식에 $y=0$을 대입하면

$x=-\frac{3}{2}$, 즉 $\mathrm{P_0}\left(-\frac{3}{2},\ 0\right)$

$\overline{\mathrm{OQ}}+\overline{\mathrm{QA}}=\overline{\mathrm{OP_0}}+\overline{\mathrm{P_0A}}=\frac{3}{2}+\frac{5}{2}=4$

(∵ 직각삼각형 $\mathrm{AP_0O}$의 세 변의 길이의 비는 $5:3:4$이다.)

즉, $\overline{\mathrm{OQ}}+\overline{\mathrm{QA}}=4$

점 Q는 두 점 O, A를 초점으로 하고 장축의 길이가 4인 타원 위에 있다.

$M=1+2=3$, $m=1-2=-1$

$\therefore\ M^2+m^2=3^2+(-1)^2=10$

답 ③

M036 | 답 29

[풀이]

문제에서 주어진 포물선의 준선은 $x=-a$이다.

점 P에서 x축과 준선 $x=-a$에 내린 수선의 발을 각각 $\mathrm{H_1}$, $\mathrm{H_2}$, 준선 $x=-a$가 x축과 만나는 점을 B라고 하자.

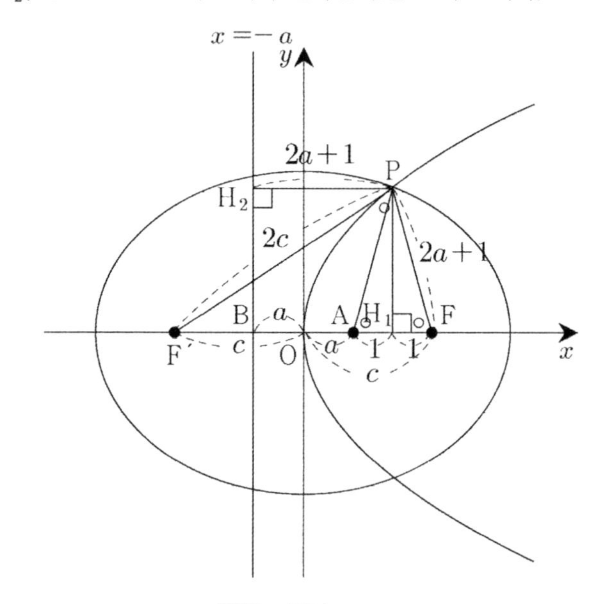

문제에서 주어진 조건 $\overline{\mathrm{PA}}=\overline{\mathrm{PF}}$에 의하여

두 직각삼각형 $\mathrm{PAH_1}$, $\mathrm{PFH_1}$은 서로 RHS합동이므로

$\overline{\mathrm{AH_1}}=\overline{\mathrm{FH_1}}=1$

선분 $\mathrm{PH_2}$의 길이는

$\overline{\mathrm{PH_2}}=\overline{\mathrm{BH_1}}=\overline{\mathrm{BO}}+\overline{\mathrm{OA}}+\overline{\mathrm{AH_1}}=2a+1$

포물선의 정의에 의하여

$\overline{\mathrm{PA}}=\overline{\mathrm{PH_2}}=2a+1$

문제에서 주어진 조건에 의하여

$\overline{\mathrm{PF'}}=\overline{\mathrm{F'F}}=2c$

서로 닮음인 두 삼각형 PAF, F′FP에서

$\overline{\mathrm{PA}}:\overline{\mathrm{AF}}=\overline{\mathrm{F'F}}:\overline{\mathrm{FP}}$ 즉, $2a+1:2=2c:2a+1$

그런데

$\overline{\mathrm{OF}}=c=a+2$ …㉠

이므로

$(2a+1)^2=4(a+2)$

정리하면

$a^2=\frac{7}{4}$ 풀면 $a=\frac{\sqrt{7}}{2}$

이를 ㉠에 대입하면

$c=2+\frac{\sqrt{7}}{2}$

타원의 정의에 의하여

(타원의 장축의 길이)

$=\overline{PF}+\overline{PF'}=2a+1+2c=4a+5=2\sqrt{7}+5$

$p=5$, $q=2$이므로

$\therefore\ p^2+q^2=29$

답 29

[참고1]

피타고라스의 정리를 이용하여 a의 값을 구해도 좋다.

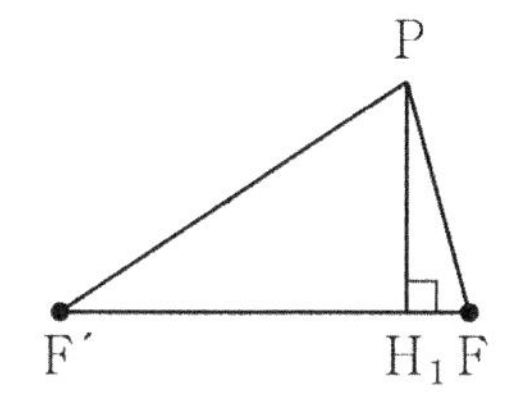

두 직각삼각형 $PF'H_1$, PFH_1에서 피타고라스의 정리에 의하여

$\overline{PH_1}=\sqrt{\overline{PF'}^2-\overline{F'H_1}^2}=(2c)^2-(2c-1)^2$,

$\overline{PH_1}=\sqrt{\overline{PF}^2-\overline{FH_1}^2}=(2a+1)^2-1^2$

이므로

$(2c)^2-(2c-1)^2=(2a+1)^2-1^2$

$c=a+2$를 대입하여 정리하면

$a^2=\frac{7}{4}$ 풀면 $a=\frac{\sqrt{7}}{2}$

[참고2]

서로 닮음인 두 직각삼각형에서 유도되는 비례식을 이용하여 a의 값을 구해도 좋다.

점 F'에서 선분 PF에 내린 수선의 발을 H_3이라고 하자.

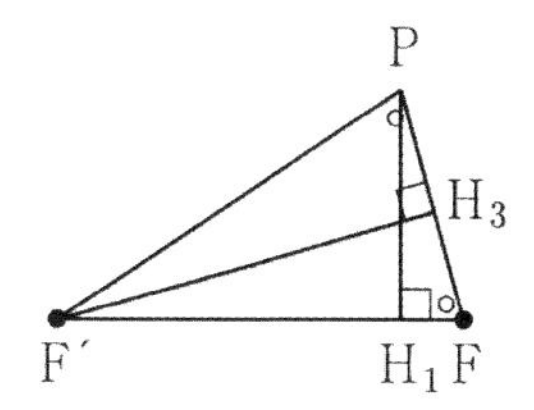

서로 닮음인 두 직각삼각형 PH_1F, $F'H_3P$에서

$\frac{\overline{FH_1}}{\overline{PF}}=\frac{\overline{PH_3}}{\overline{F'P}}$ 즉, $\frac{1}{2a+1}=\frac{a+\frac{1}{2}}{2c}$

정리하면

$2c=\frac{1}{2}(2a+1)^2$

$c=a+2$를 대입하여 정리하면

$a^2=\frac{7}{4}$ 풀면 $a=\frac{\sqrt{7}}{2}$

[참고3]

코사인법칙을 이용하여 $c(a)$의 값을 구할 수도 있다.

$c=a+2$임을 이용하면 다음을 얻는다.

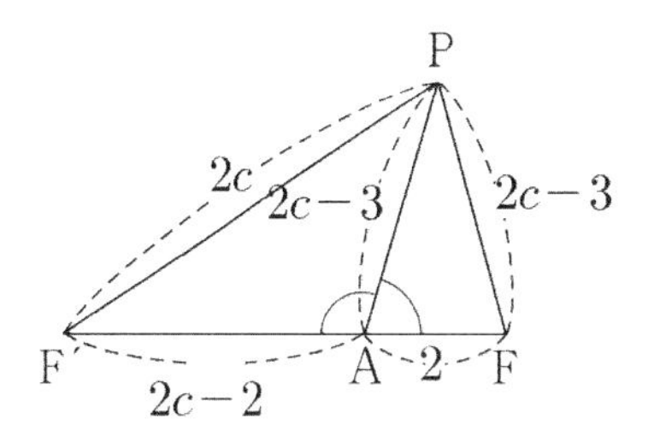

두 삼각형 $PF'A$, PAF에서 코사인법칙을 적용하면

$\cos(\angle F'AP)=\frac{(2c-2)^2+(2c-3)^2-(2c)^2}{2(2c-2)(2c-3)}$

$=\frac{4c^2-20c+13}{2(2c-2)(2c-3)}$

$\cos(\angle PAF)=\frac{(2c-3)^2+2^2-(2c-3)^2}{2(2c-3)2}$

$=\frac{4}{2(2c-3)2}$

그런데 $\cos(\angle PAF)=-\cos(\angle F'AP)$이므로

$\frac{4c^2-20c+13}{2(2c-2)(2c-3)}=-\frac{4}{2(2c-3)2}$

정리하면

$4c^2-16c+9=0$ 풀면 $c=2+\frac{\sqrt{7}}{2}$

$\therefore\ a=\frac{\sqrt{7}}{2}$

M037 | 답 ⑤

[풀이]

직각삼각형 $AF'F$에서 피타고라스의 정리에 의하여

$\overline{F'F}=\sqrt{5^2-3^2}=4$, $c=2=\sqrt{a^2-5}$, $a=3$

타원의 정의에 의하여

$\therefore$ ($\triangle PF'F$의 둘레의 길이)$=2a+4=10$

답 ⑤

M038 | 답 ②

[풀이]

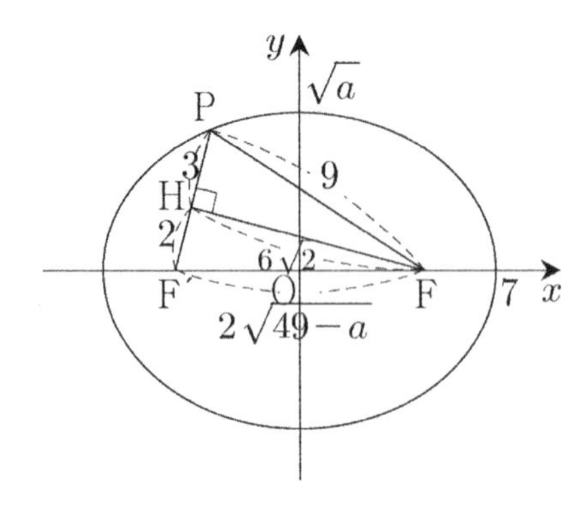

타원의 정의에 의하여

$\overline{PF}+\overline{PF'}=14$

주어진 조건에서 $\overline{PF}=9$이므로

$\overline{PF'}=14-\overline{PF}=5$ … ㉠

주어진 타원의 두 초점의 좌표는

$F(\sqrt{49-a},\ 0)$, $F'(-\sqrt{49-a},\ 0)$

$\overline{FF'}=2\sqrt{49-a}$

직각삼각형 FPH에서 피타고라스의 정리에 의하여

$\overline{PH}=\sqrt{\overline{FP}^2-\overline{FH}^2}=3$ … ㉡

㉠과 ㉡에 의하여

$\overline{HF'}=\overline{PF'}-\overline{PH}=2$

직각삼각형 FHF′에서 피타고라스의 정리에 의하여

$\overline{FF'}^2=\overline{FH}^2+\overline{HF'}^2$

대입하면

$4(49-a)=72+4$

풀면

$\therefore\ a=30$

답 ②

M039 | 답 12

[풀이1]

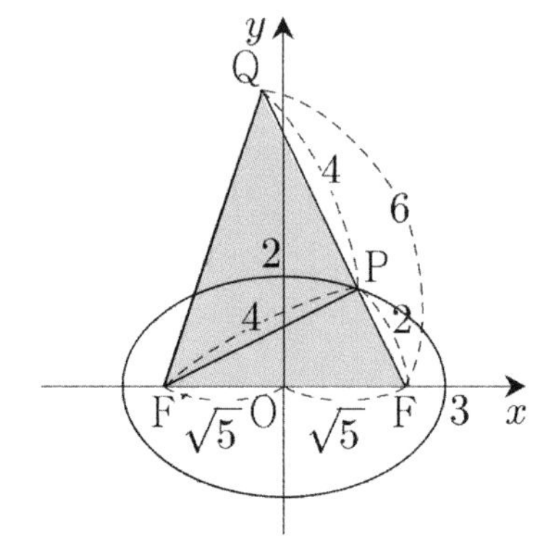

타원의 방정식에서

$\sqrt{9-4}=\sqrt{5}$

주어진 타원의 초점의 좌표는

$F(\sqrt{5},\ 0)$, $F'(-\sqrt{5},\ 0)$

$\overline{PF}=a$로 두자.

타원의 정의에 의하여

$\overline{PF'}=$(타원의 장축의 길이)$-\overline{PF}=6-a$

직각삼각형 FPF′에서 피타고라스의 정리에 의하여

$\overline{F'F}^2=\overline{FP}^2+\overline{PF'}^2$

대입하면

$(2\sqrt{5})^2=a^2+(6-a)^2$

정리하면

$a^2-6a+8=0$

좌변을 인수분해하면

$(a-2)(a-4)=0$

만약 $a=4$이면 점 P는 제2사분면의 점이므로 주어진 조건을 만족시키지 않는다.

$a=2$ 즉, $\overline{PF}=2$

주어진 조건에서

$\overline{PQ}=\overline{FQ}-\overline{FP}=4$ … ㉠

타원의 정의에 의하여

$\overline{PF'}=6-\overline{PF}=4$ … ㉡

㉠과 ㉡에서 $\triangle F'PQ$는 직각이등변삼각형이다.

($\triangle QF'F$의 넓이)

$=$($\triangle FPF'$의 넓이)$+$($\triangle F'PQ$의 넓이)

$=4+8=12$

답 12

[풀이2] (선택)

타원의 방정식에서

$\sqrt{9-4}=\sqrt{5}$

주어진 타원의 초점의 좌표는

$F(\sqrt{5},\ 0)$, $F'(-\sqrt{5},\ 0)$

$\angle FPF'=\dfrac{\pi}{2}$이므로 원의 성질에 의하여

세 점 F, P, F′은 중심이 원점이고 반지름의 길이가 $\sqrt{5}$인 원 위에 있다.

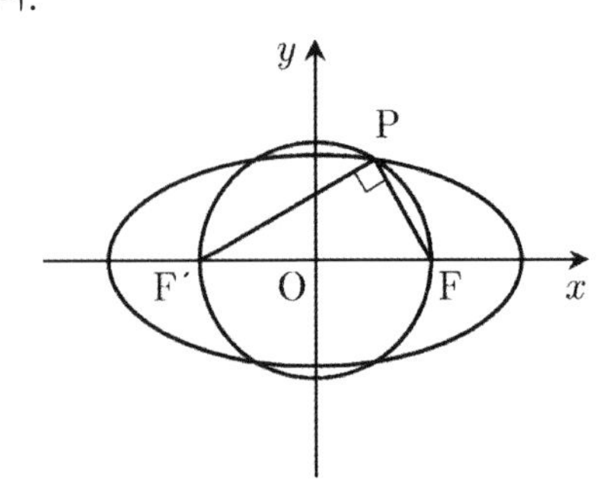

원과 타원의 방정식을 연립하면

$$\frac{x^2}{9}+\frac{5-x^2}{4}=1$$

풀면

$$x=\pm\frac{3\sqrt{5}}{5}$$

점 P의 좌표는

$$P\left(\frac{3\sqrt{5}}{5},\ \frac{4\sqrt{5}}{5}\right)$$

두 점 사이의 거리 공식에 의하여

$$\overline{FP}=\sqrt{\left(\sqrt{5}-\frac{3\sqrt{5}}{5}\right)^2+\left(0-\frac{4\sqrt{5}}{5}\right)^2}=2$$

주어진 조건에서

$\overline{PQ}=\overline{FQ}-\overline{FP}=4$ …㉠

타원의 정의에 의하여

$\overline{PF'}=6-\overline{PF}=4$ …㉡

㉠과 ㉡에서 $\triangle F'PQ$는 직각이등변삼각형이다.

($\triangle QF'F$의 넓이)

$=$($\triangle FPF'$의 넓이)$+$($\triangle F'PQ$의 넓이)

$=4+8=12$

답 12

M040 | 답 103

[풀이]

점 P에서 주어진 포물선의 준선에 내린 수선의 발을 H라고 하자.

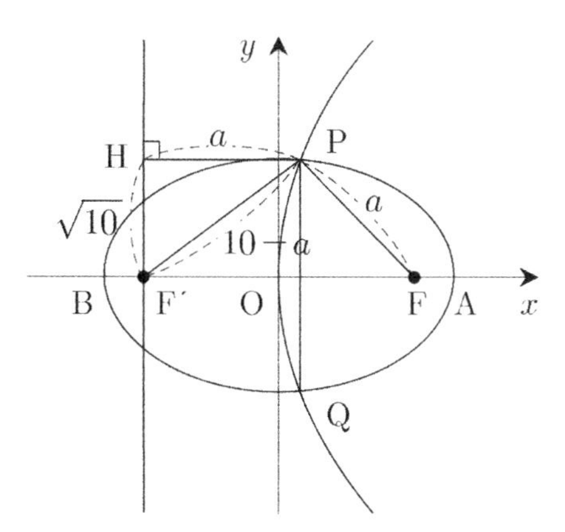

$\overline{PF}=a$로 두자.

타원의 정의에 의하여

$\overline{PF'}=$(장축의 길이)$-\overline{PF}=10-a$

포물선의 정의에 의하여

$\overline{FP}=\overline{PH}$

포물선의 축이 x축이므로

$$\overline{HF'}=\frac{1}{2}\overline{PQ}=\sqrt{10}$$

직각삼각형 PHF'에서 피타고라스의 정리에 의하여

$$\overline{PF'}^2=\overline{PH}^2+\overline{HF'}^2$$

대입하면

$$(10-a)^2=a^2+(\sqrt{10})^2$$

풀면

$$a=\frac{9}{2}$$

$$\therefore\ \overline{PF}\times\overline{PF'}=\frac{9}{2}\times\frac{11}{2}=\frac{99}{4}$$

답 103

M041 | 답 ①

[풀이]

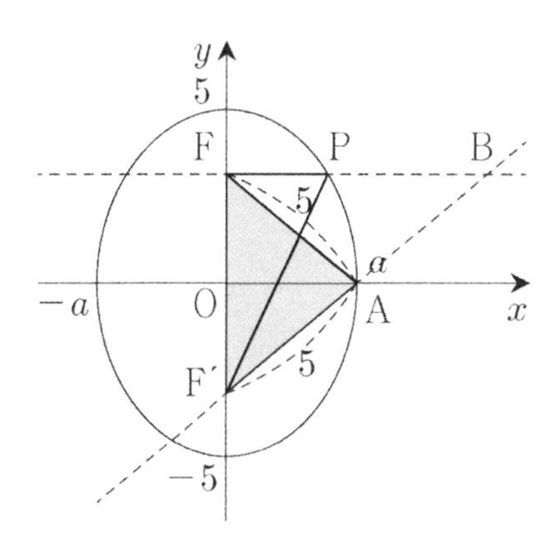

타원의 방정식에서

$a^2+c^2=25$ …㉠

점 A는 타원의 꼭짓점이므로

$\overline{AF}=\overline{AF'}=5$ …㉡

(∵ 타원의 장축의 길이는 10)

문제에서 주어진 조건에서

($\triangle BPF'$의 둘레의 길이)$-$($\triangle BFA$의 둘레의 길이)

$=\boxed{\overline{BP}}+\overline{PF'}+\overline{F'A}+\boxed{\overline{AB}}$

$-(\boxed{\overline{BP}}+\overline{PF}+\overline{FA}+\boxed{\overline{AB}})$

$=\overline{PF'}+\overline{F'A}-\overline{PF}-\overline{FA}$

$=\overline{PF'}-\overline{PF}$ (∵ ㉡)

$=10-2\overline{PF}$ (∵ $\overline{PF}+\overline{PF'}=10$)

$=4$, 즉 $\overline{PF}=3$, $\overline{PF'}=7$

직각삼각형 PFF'에서 피타고라스의 정리에 의하여

$\overline{PF'}^2=\overline{PF}^2+\overline{FF'}^2$, 즉

$7^2=3^2+(2c)^2$, $c^2=10$ …㉢

㉢을 ㉠에 대입하면 $a^2=15$, $a=\sqrt{15}$

$$\therefore\ (\triangle AFF'\text{의 넓이})=\frac{1}{2}a(2c)=5\sqrt{6}$$

답 ①

M042 | 답 39

[풀이1]

타원의 두 초점은 각각

$F(\sqrt{36-20},\ 0)$, $F'(-\sqrt{36-20},\ 0)$

즉, $F(4,\ 0)$, $F'(-4,\ 0)$

$\overline{PF}=a$로 두자.

타원의 정의에서

$\overline{PF}+\overline{PF'}=12$

이므로 $\overline{PF'}=12-a$

삼각형 F'FP에서 코사인법칙에 의하여

$$\overline{PF'}^2=\overline{F'F}^2+\overline{FP}^2-2\overline{F'F}\,\overline{FP}\cos\frac{\pi}{3}$$

대입하면

$$(12-a)^2=8^2+a^2-2\times8\times a\times\cos\frac{\pi}{3}$$

a에 대한 일차방정식을 풀면

$a=5$

점 P에서 x축에 내린 수선의 발을 H라고 하자.

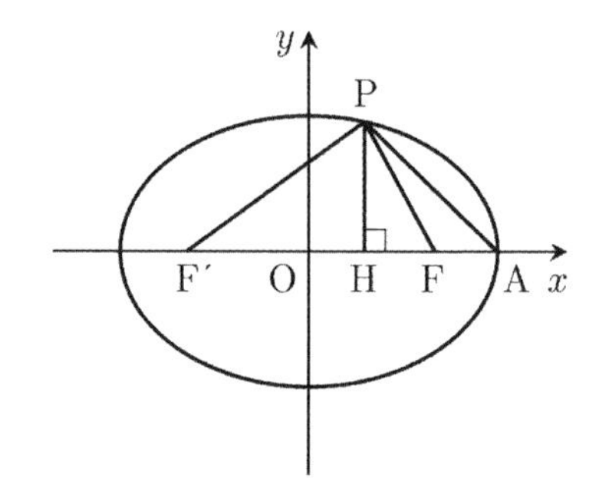

직각삼각형 FPH에서

$\overline{PH}=\frac{5\sqrt{3}}{2}$, $\overline{HF}=\frac{5}{2}$

직각삼각형 APH에서 피타고라스의 정리에 의하여

$\overline{AP}^2=\overline{PH}^2+\overline{HF}^2=39$

$\therefore$ 39

[풀이2]

주어진 타원의 방정식에서

$a=6$, $b=2\sqrt{5}$이므로

$c=\sqrt{a^2-b^2}=4$

주어진 타원의 두 초점은 각각

$F(4,\ 0)$, $F'(-4,\ 0)$

$\overline{PF}=t$로 두자.

타원의 정의에 의하여

$\overline{PF}+\overline{PF'}=12$이므로

$\overline{PF'}=12-t$

점 P에서 x축에 내린 수선의 발을 H라고 하자.

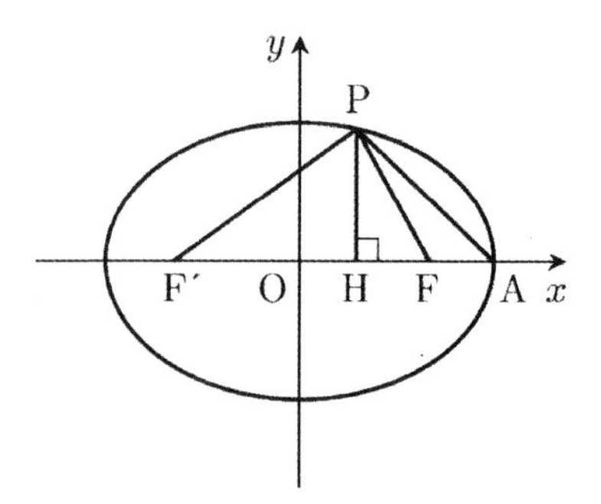

두 직각삼각형 FPH, F'PH에서 피타고라스의 정리에 의하여

$$\overline{PH}^2=\overline{PF}^2-\overline{FH}^2=t^2-\left(\frac{t}{2}\right)^2=\frac{3}{4}t^2$$

$$\overline{PH}^2=\overline{PF'}^2-\overline{F'H}^2=(12-t)^2-\left(8-\frac{t}{2}\right)^2$$

$$=\frac{3}{4}t^2-16t+80$$

이므로

$$\frac{3}{4}t^2=\frac{3}{4}t^2-16t+80$$

풀면 $t=5$ 즉, $\overline{PF}=5$

직각삼각형 PFH에서 삼각비의 정의에 의하여

$\overline{PH}=\frac{5\sqrt{3}}{2}$, $\overline{HF}=\frac{5}{2}$

그리고 $\overline{HA}=\frac{9}{2}$이므로

직각삼각형 APH에서 피타고라스의 정리에 의하여

$\overline{AP}^2=\overline{PH}^2+\overline{HA}^2=39$

답 39

[풀이3] (선택)

주어진 타원의 방정식에서

$a=6$, $b=2\sqrt{5}$이므로

$c=\sqrt{a^2-b^2}=4$

주어진 타원의 두 초점은 각각

$F(4,\ 0)$, $F'(-4,\ 0)$

점 P에서 x축에 내린 수선의 발을 H라고 하자.

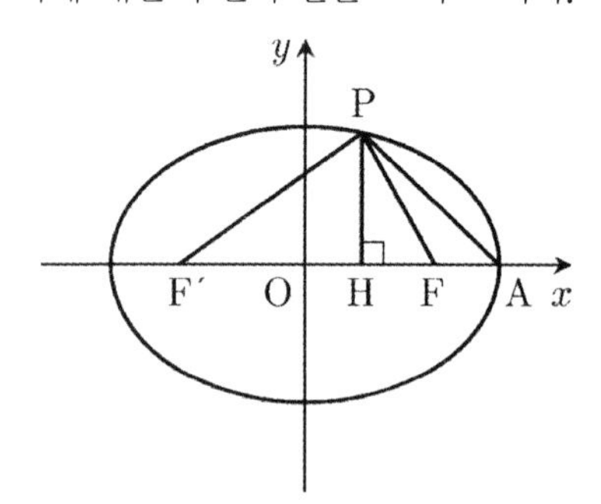

점 P의 좌표를

$$P\left(6\sqrt{1-\frac{t^2}{20}},\ t\right)$$

으로 두면

$\overline{PH}=t$, $\overline{HF}=4-6\sqrt{1-\frac{t^2}{20}}$

직각삼각형 FPH에서

$\frac{\overline{HP}}{\overline{FH}}=\tan\frac{\pi}{3}$

대입하면

$\frac{t}{4-6\sqrt{1-\frac{t^2}{20}}}=\sqrt{3}$

정리하면

$6\sqrt{3-\frac{3}{20}t^2}=4\sqrt{3}-t$

양변을 제곱하여 정리하면

$8t^2-10\sqrt{3}t-75=0$

이차방정식의 근의 공식에 의하여

$t=\frac{5\sqrt{3}}{2}$ 또는 $t=-\frac{5\sqrt{3}}{4}$

t는 양수이므로 $t=\frac{5\sqrt{3}}{2}$

직각삼각형 FPH에서 $\overline{PH}=\frac{5\sqrt{3}}{2}$, $\overline{HF}=\frac{5}{2}$

$\overline{HA}=\frac{9}{2}$이므로 직각삼각형 APH에서 피타고라스의 정리에 의하여

$\overline{AP}^2=\overline{PH}^2+\overline{HA}^2=39$

답 39

M043 | 답 104

[풀이1]

$\angle RPQ=\theta(=\angle FPF')$로 두자.

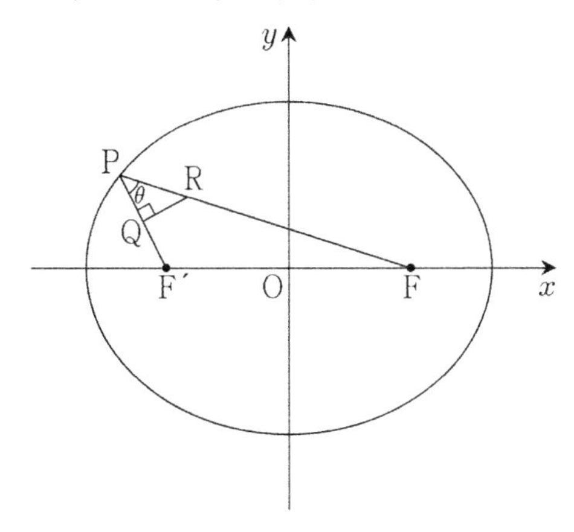

$\overline{PR}:\overline{RF}=1:3$이므로 $\overline{PR}=3$

직각삼각형 PQR에서 피타고라스의 정리에 의하여

$\overline{PQ}=2$이므로 $\overline{PF'}=4$

직각삼각형 PQR에서 삼각비에 의하여

$\cos\theta=\frac{2}{3}$

삼각형 PF′F에서 코사인법칙에 의하여

$\cos\theta=\frac{4^2+12^2-(2c)^2}{2\times4\times12}$ 풀면 $c=2\sqrt{6}$ …㉠

타원의 정의에 의하여

$2a=\overline{PF}+\overline{PF'}=16$, $a=8$ …㉡

타원의 방정식에서

$a^2=b^2+c^2$이므로 $b^2=40$

$\therefore\ a^2+b^2=104$

답 104

[풀이2] 교육과정 외 (삼각함수의 배각의 공식)

문제에서 주어진 타원의 방정식에서

$c=\sqrt{a^2-b^2}$ …㉠

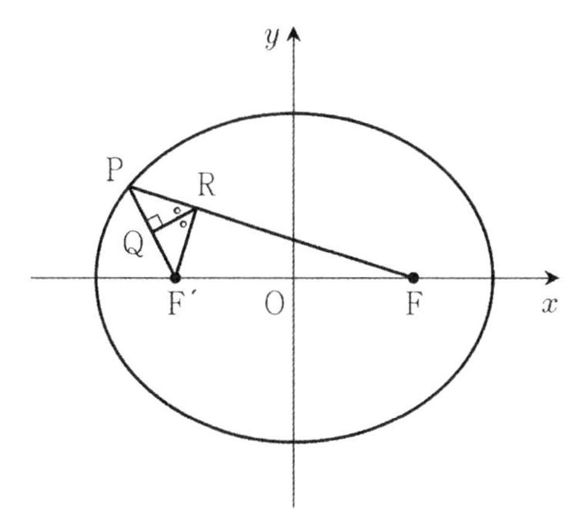

주어진 조건에 의하여

$\overline{PR}:\overline{RF}=1:3$이므로 $\overline{PR}=\frac{1}{3}\overline{RF}=3$

직각삼각형 PQR에서 피타고라스의 정리에 의하여

$\overline{PQ}=\sqrt{\overline{PR}^2-\overline{RQ}^2}=2$

$\angle PRQ=\theta$로 두자.

직각삼각형 PQR에서 삼각비에 의하여

$\cos\theta=\frac{\sqrt{5}}{3}$

주어진 조건에 의하여

$\overline{PQ}=\overline{QF'}$

SAS합동에 의하여 두 삼각형 PQR, F′QR은 서로 합동이므로

$\overline{RF'}=3$, $\angle F'RQ=\theta$, $\angle FRF'=\pi-2\theta$

타원의 정의에 의하여

(장축의 길이)$=2a=12+4=\overline{PF}+\overline{PF'}$

풀면

$a=8$ …㉡

삼각형 RF′F에서 코사인법칙에 의하여

$\cos(\pi-2\theta)=-\cos 2\theta$

$=\dfrac{\overline{\mathrm{RF'}}^2+\overline{\mathrm{RF}}^2-\overline{\mathrm{F'F}}^2}{2\overline{\mathrm{RF'}}\,\overline{\mathrm{RF}}}$

$=\dfrac{3^2+9^2-(2c)^2}{2\times3\times9}=\dfrac{90-4c^2}{54}$

삼각함수의 배각의 공식에 의하여

$\cos 2\theta=2\cos^2\theta-1=\dfrac{1}{9}$

$-\dfrac{90-4c^2}{54}=\dfrac{1}{9}$

풀면

$c=2\sqrt{6}$ …㉢

㉡, ㉢을 ㉠에 대입하면

$b=2\sqrt{10}$

$\therefore\ a^2+b^2=104$

답 104

[참고]

아래와 같은 방법으로 c의 값을 구할 수도 있다.

삼각형 PF′F에서 코사인법칙에 의하여

$\cos\left(\dfrac{\pi}{2}-\theta\right)=\dfrac{\overline{\mathrm{PF'}}^2+\overline{\mathrm{PF}}^2-\overline{\mathrm{F'F}}^2}{2\overline{\mathrm{PF'}}\,\overline{\mathrm{PF}}}$

$=\dfrac{4^2+12^2-(2c)^2}{2\times4\times12}=\dfrac{160-4c^2}{96}$

그런데 $\cos\left(\dfrac{\pi}{2}-\theta\right)=\sin\theta=\dfrac{2}{3}$이므로

$\dfrac{160-4c^2}{96}=\dfrac{2}{3}$

풀면

$c=2\sqrt{6}$

[풀이3]

문제에서 주어진 타원의 방정식에서

$c=\sqrt{a^2-b^2}$ …㉠

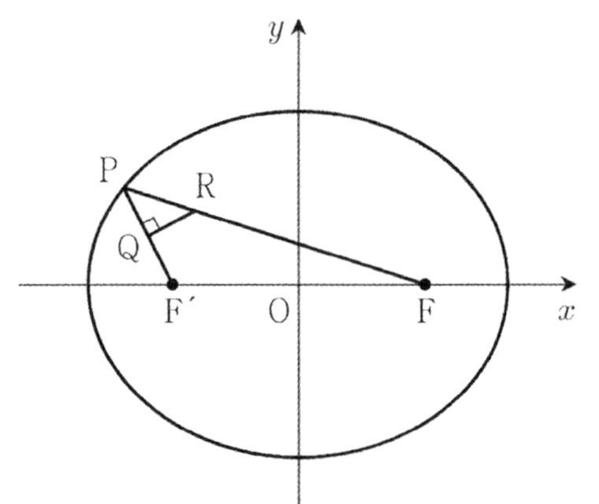

주어진 조건에 의하여

$\overline{\mathrm{PR}}:\overline{\mathrm{RF}}=1:3$이므로 $\overline{\mathrm{PR}}=\dfrac{1}{3}\overline{\mathrm{RF}}=3$

직각삼각형 PQR에서 피타고라스의 정리에 의하여

$\overline{\mathrm{PQ}}=\sqrt{\overline{\mathrm{PR}}^2-\overline{\mathrm{RQ}}^2}=2$

$\angle\mathrm{RPQ}=\theta$로 두자.

직각삼각형 PQR에서 삼각비에 의하여

$\cos\theta=\dfrac{2}{3},\ \sin\theta=\dfrac{\sqrt{5}}{3}$

점 F′에서 선분 PF에 내린 수선의 발을 H라고 하자.

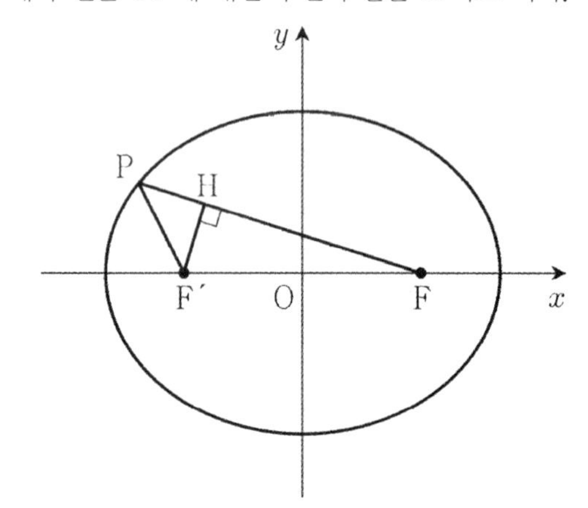

직각삼각형 F′PH에서 삼각비의 정의에 의하여

$\overline{\mathrm{PH}}=\overline{\mathrm{F'P}}\times\cos\theta=\dfrac{8}{3}\,(\because\ \overline{\mathrm{PF'}}=2\overline{\mathrm{PQ}})$

$\overline{\mathrm{F'H}}=\overline{\mathrm{PF'}}\times\sin\theta=\dfrac{4\sqrt{5}}{3}$

직각삼각형 HF′F에서 피타고라스의 정리에 의하여

$\overline{\mathrm{F'F}}=\sqrt{\overline{\mathrm{F'H}}^2+\overline{\mathrm{HF}}^2}=4\sqrt{6}$

즉, $c=2\sqrt{6}$ …㉡

한편 타원의 정의에 의하여

(장축의 길이)$=2a=12+4=\overline{\mathrm{PF}}+\overline{\mathrm{PF'}}$

풀면

$a=8$ …㉢

㉡, ㉢을 ㉠에 대입하면 $b=2\sqrt{10}$

$\therefore\ a^2+b^2=104$

답 104

M044 | 답 51

[풀이]

주어진 타원의 네 꼭짓점의 좌표는 각각

$(10,\ 0),\ (0,\ 6),\ (-10,\ 0),\ (0,\ -6)$

주어진 타원의 두 초점의 좌표는 각각

$\mathrm{F}(\sqrt{10^2-6^2},\ 0),\ \mathrm{F'}(-\sqrt{10^2-6^2},\ 0)$

즉, $\mathrm{F}(8,\ 0),\ \mathrm{F'}(-8,\ 0)$

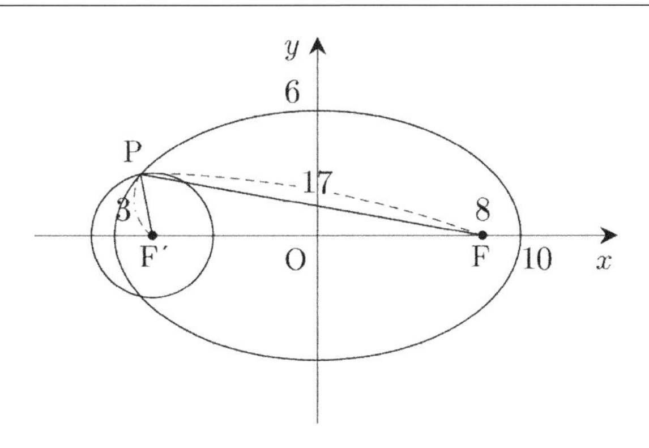

원의 정의에 의하여

$\overline{PF'}=3$

타원의 정의에 의하여

$\overline{PF}+\overline{PF'}=20$

이므로

$\overline{PF}=17$

$\therefore\ \overline{PF}\cdot\overline{PF'}=51$

답 51

M045 | 답 ④

[풀이]

원의 중점 F에서 직선 PF′에 내린 수선의 발은 점 P이다.

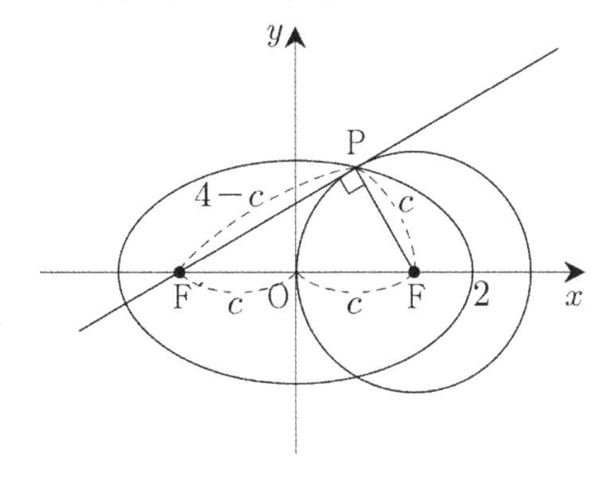

원의 정의에 의하여

$\overline{PF}=c$

타원의 정의에 의하여

$\overline{PF'}=4-\overline{PF}=4-c$

주어진 조건에 의하여

$\overline{F'F}=2\overline{OF}=2c$

직각삼각형 PF′F에서 피타고라스의 정리에 의하여

$\overline{F'F}^2=\overline{FP}^2+\overline{PF'}^2$

대입하면

$(2c)^2=c^2+(4-c)^2$

정리하면

$c^2+4c-8=0$

이차방정식의 근의 공식에 의하여

$\therefore\ c=2\sqrt{3}-2$

답 ④

M046 | 답 ④

[풀이]

주어진 타원의 장축이 x축 위에 있고,

타원의 중심이 원점이라고 하자.

이 타원의 방정식은

$$\frac{x^2}{25}+\frac{y^2}{9}=1$$

$a=5,\ b=3$에서

$c=\sqrt{25-9}=4$이므로

두 초점의 좌표는 각각

$F(4,\ 0),\ F'(-4,\ 0)$

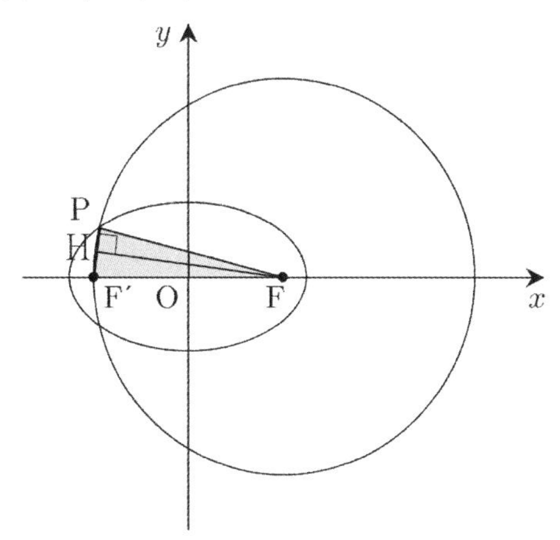

$\overline{F'F}=8$이므로 원의 정의에 의하여

$\overline{PF}=8$

타원의 정의에 의하여

$\overline{PF'}=$(장축의 길이)$-\overline{PF}=2$

점 F에서 선분 PF′에 내린 수선의 발을 H라고 하자.

직각삼각형 FPH에서 피타고라스의 정리에 의하여

$\overline{PF}^2=\overline{PH}^2+\overline{HF}^2$

대입하면

$8^2=1^2+\overline{HF}^2$

풀면

$\overline{HF}=\sqrt{63}=3\sqrt{7}$

삼각형의 넓이를 구하는 공식에 의하여

(삼각형 PFF′의 넓이)

$=\dfrac{1}{2}\times\overline{FH}\times\overline{PF'}=3\sqrt{7}$

답 ④

[참고] (교육과정 외)

헤론의 공식을 이용하면 삼각형의 넓이를 좀 더 빠르게 계산할 수 있다.

$\overline{FP}=a$, $\overline{PF'}=b$, $\overline{FF'}=c$로 두자.

이때, $a=c=8$, $b=2$

헤론의 공식에 의하여

($\triangle PFF'$의 넓이)

$=\sqrt{s(s-a)(s-b)(s-c)}$ (단, $s=\frac{a+b+c}{2}$)

$=\sqrt{9\times1\times1\times7}=3\sqrt{7}$

M047 |답 ④

[풀이]

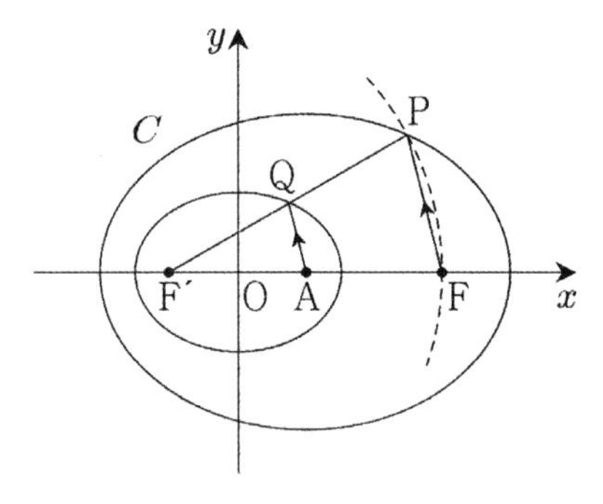

선분 $\overline{F'F}$의 중점을 A라고 하면

$A(4,\ 0)$

이때, 점 A는 타원 $\frac{x^2}{a^2}+\frac{y^2}{b^2}=1$의 한 초점이다.

타원 C에서 타원의 정의에 의하여

$\overline{PF}+\overline{PF'}=24$, $\overline{PF}=24-16=8$

서로 닮음인 두 삼각형 PF′F, QF′A의 닮음비는 $2:1$이므로

$\overline{QA}=4$, $\overline{QF'}=8$

타원 $\frac{x^2}{a^2}+\frac{y^2}{b^2}=1$의 장축의 길이는 12이므로

$a=6$, $b^2=a^2-c^2=36-16=20$

$\therefore\ \overline{PF}+a^2+b^2=8+36+20=64$

답 ④

M048 |답 ③

[풀이]

아래 그림과 같이 타원의 네 꼭짓점을 각각 A, B, C, D라고 하자. 그리고 두 선분 AB, CD의 교점을 E라고 하자.

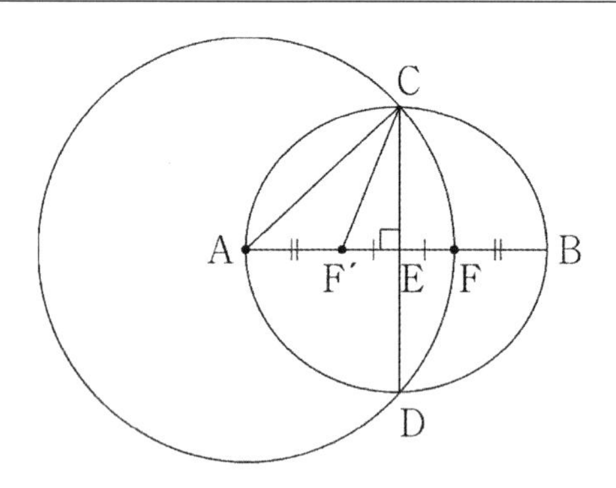

타원의 정의에 의하여

$\overline{CF'}=a$ ($\because\ \overline{CF}+\overline{CF'}=2\overline{CF'}=2a$)

$\overline{AF'}=\overline{BF}=\overline{AB}-\overline{AF}=2a-1$

$\overline{F'E}=\overline{AE}-\overline{AF'}=a-(2a-1)=1-a$

두 직각삼각형 CAE, CF′E에서 피타고라스의 정리에 의하여

$\overline{CE}^2=1^2-a^2=a^2-(a-1)^2$

$a^2+2a-2=0$

$\therefore\ a=\sqrt{3}-1$

답 ③

M049 |답 ②

[풀이1]

주어진 타원의 방정식을 정리하면

$\frac{(x-2)^2}{3^2}+y^2=1$

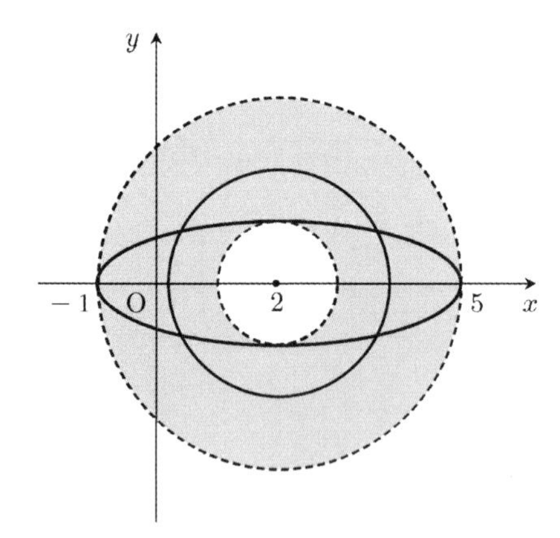

중심이 $(2,\ 0)$이고 반지름의 길이가 a인 원이 두 원

$(x-2)^2+y^2=1$, $(x-2)^2+y^2=9$

로 둘러싸인 영역(단, 경계제외)에 속하면 주어진 타원과 원은 서로 다른 네 점에서 만난다.

$\therefore\ 1<a<3$

답 ②

[풀이2] (선택)

주어진 타원의 방정식은

$x^2-4x+9y^2-5=0$ $\cdots㉠$

주어진 원의 방정식은

$x^2-4x+y^2-a^2+4=0$ $\cdots$ ㉡

㉠$-$㉡을 하면

$8y^2=9-a^2$

주어진 타원의 방정식을 정리하면

$\dfrac{(x-2)^2}{3^2}+y^2=1$

y의 범위는 $-1\le y\le 1$이므로

$0\le 8y^2\le 8$

대입하면

$0\le 9-a^2\le 8$

양수 a에 대한 연립부등식을 풀면

$1\le a\le 3$

$a=1$이면

$(x,\ y)=(2,\ 1),\ (2,\ -1)$

이므로 타원과 원은 서로 다른 두 점에서 만난다.

$a=3$이면

$(x,\ y)=(-1,\ 0),\ (5,\ 0)$

이므로 타원과 원은 서로 다른 두 점에서 만난다.

$1<a<3$이면

$(x,\ y)=\left(\dfrac{3\sqrt{2a^2-2}}{4}+2,\ \dfrac{\sqrt{18-2a^2}}{4}\right)$,

$\left(\dfrac{3\sqrt{2a^2-2}}{4}+2,\ -\dfrac{\sqrt{18-2a^2}}{4}\right)$,

$\left(-\dfrac{3\sqrt{2a^2-2}}{4}+2,\ \dfrac{\sqrt{18-2a^2}}{4}\right)$,

$\left(-\dfrac{3\sqrt{2a^2-2}}{4}+2,\ -\dfrac{\sqrt{18-2a^2}}{4}\right)$

이므로 타원과 원은 서로 다른 네 점에서 만난다.

$\therefore\ 1<a<3$

답 ②

M050 | 답 32

[풀이1]

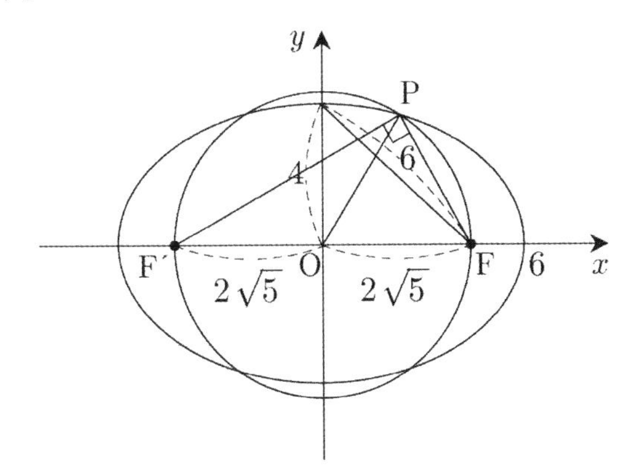

타원의 초점의 좌표를 구하면

$F(\sqrt{36-16},\ 0),\ F'(-\sqrt{36-16},\ 0)$

즉, $F(2\sqrt{5},\ 0),\ F'(-2\sqrt{5},\ 0)$

타원의 정의에 의하여

$\overline{PF}+\overline{PF'}=12$ $\cdots$ ㉠

문제에서 주어진 타원의 중심은 원점이므로

$\overline{OF}=\overline{OF'}$

주어진 조건에 의하여

$\overline{OP}=\overline{OF}$

이므로 세 점 F, F′, P는 중심이 원점이고 반지름의 길이가 $2\sqrt{5}$인 원 위에 있다.

원주각의 성질에 의하여

$\angle FPF'=90^\circ$

피타고라스의 정리에 의하여

$\overline{F'F}^2=\overline{PF}^2+\overline{PF'}^2$

대입하면

$\overline{PF}^2+\overline{PF'}^2=80$ $\cdots$ ㉡

㉠의 양변을 제곱하면

$\overline{PF}^2+2\overline{PF}\times\overline{PF'}+\overline{PF'}^2=144$ $\cdots$ ㉢

㉢$-$㉡을 하여 정리하면

$\overline{PF}\times\overline{PF'}=32$

답 32

[풀이2]

타원의 중심이 원점이므로

$\overline{OF}=\overline{OF'}$

주어진 조건에 의하여

$\overline{OP}=\overline{OF}=\overline{OF'}$

원의 정의에 의하여 세 점 F, P, F′은 원점을 중심으로 하는 원 위에 있다.

원점에서 선분 PF에 내린 수선의 발을 H라고 하자.

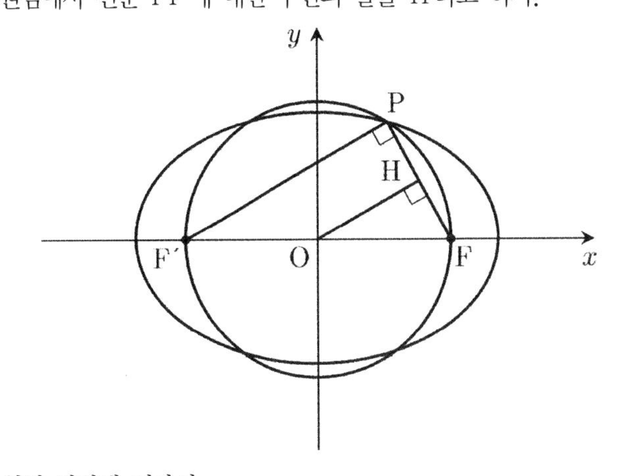

원의 성질에 의하여

$\angle FPF'=\dfrac{\pi}{2}$

두 직선 OH, F′P는 서로 평행하므로

$\angle \mathrm{FHO}=\dfrac{\pi}{2}$

그리고 $\angle \mathrm{OFH}=\angle \mathrm{F'FP}$이므로

두 삼각형 FHO, FPF′은 서로 닮음이다.

타원의 장축의 길이가 12이므로

타원의 정의에 의하여

$\overline{\mathrm{PF}}+\overline{\mathrm{PF'}}=12$

$\overline{\mathrm{PF}}=x$로 두면 $\overline{\mathrm{PF'}}=12-x$

이등변삼각형 POF에서 직선 OH는 선분 PF의 수직이등분선이므로

$\overline{\mathrm{HF}}=\dfrac{1}{2}\times\overline{\mathrm{PF}}=\dfrac{x}{2}$

두 삼각형 FHO, FPF′은 서로 닮음이다.

$\overline{\mathrm{OF}} : \overline{\mathrm{F'F}}=\overline{\mathrm{OH}} : \overline{\mathrm{F'P}}$

정리하면

$\overline{\mathrm{OH}}=6-\dfrac{x}{2}$

타원의 초점 F의 좌표를 구하면

$\mathrm{F}(2\sqrt{5},\ 0)$이므로 $\overline{\mathrm{OF}}=2\sqrt{5}$

직각삼각형 OFH에서 피타고라스의 정리에 의하여

$\overline{\mathrm{OF}}^2=\overline{\mathrm{OH}}^2+\overline{\mathrm{HF}}^2$

대입하면

$(2\sqrt{5})^2=\left(\dfrac{x}{2}\right)^2+\left(6-\dfrac{x}{2}\right)^2$

정리하면

$x^2-12x+32=0$

좌변을 인수분해하면

$(x-4)(x-8)=0$

$0<x<6$이므로

$x=4$

$\therefore\ \overline{\mathrm{PF}}\cdot\overline{\mathrm{PF'}}=4\times 8=32$

답 32

[풀이3] (선택)

타원의 중심이 원점이므로

$\overline{\mathrm{OF}}=\overline{\mathrm{OF'}}$

주어진 조건에 의하여

$\overline{\mathrm{OP}}=\overline{\mathrm{OF}}=\overline{\mathrm{OF'}}$

원의 정의에 의하여 세 점 F, P, F′은 원점을 중심으로 하는 원 위에 있다.

타원의 초점 F의 좌표를 구하면

$\mathrm{F}(2\sqrt{5},\ 0)$이므로 $\overline{\mathrm{OF}}=2\sqrt{5}$

세 점 F, P, F′을 지나는 원의 방정식은

$x^2+y^2=20$

이 원의 방정식과 타원의 방정식을 연립하면

$\dfrac{x^2}{36}+\dfrac{20-x^2}{16}=1$

풀면

$x=\pm\dfrac{6\sqrt{5}}{5},\ y=\pm\dfrac{8\sqrt{5}}{5}$

점 P는 제1사분면 위에 있으므로

$\mathrm{P}\left(\dfrac{6\sqrt{5}}{5},\ \dfrac{8\sqrt{5}}{5}\right)$

두 점 사이의 거리 공식에 의하여

$\overline{\mathrm{PF}}=\sqrt{\left(\dfrac{6\sqrt{5}}{5}-2\sqrt{5}\right)^2+\left(\dfrac{8\sqrt{5}}{5}\right)^2}=4$

$\overline{\mathrm{PF'}}=\sqrt{\left(\dfrac{6\sqrt{5}}{5}+2\sqrt{5}\right)^2+\left(\dfrac{8\sqrt{5}}{5}\right)^2}=8$

이므로

$\therefore\ \overline{\mathrm{PF}}\cdot\overline{\mathrm{PF'}}=32$

답 32

M051 | 답 180

[풀이1]

주어진 조건에서 $\overline{\mathrm{PH}}=\overline{\mathrm{FH}}$, $\angle \mathrm{PHO}=\angle \mathrm{FHO}=90^\circ$

두 삼각형 PHO, FHO는 서로 합동이므로

$\overline{\mathrm{OP}}=\overline{\mathrm{OF}}$

마찬가지의 방법으로

$\overline{\mathrm{OQ}}=\overline{\mathrm{OF'}}$

타원의 정의에 의하여

$\overline{\mathrm{OF}}=\overline{\mathrm{OF'}}$

따라서 네 점 F, P, F′, Q는 원점을 중심으로 하고 반지름의 길이가 5인 원 위에 있다. 이때, $\overline{\mathrm{F'F}}$는 원의 지름이다.

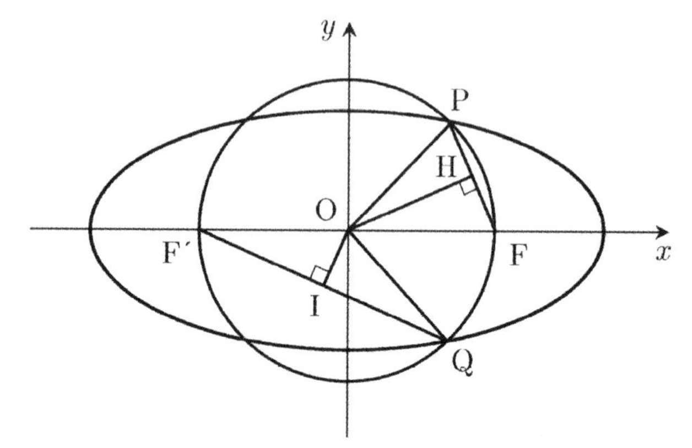

원의 성질에 의하여

$\angle \mathrm{FPF'}=90^\circ$, $\angle \mathrm{FQF'}=90^\circ$

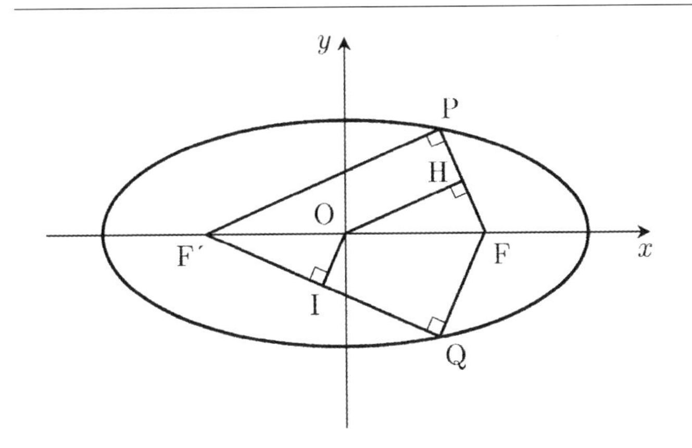

$\overline{OH}=a$, $\overline{OI}=b$로 두자.

서로 닮은 두 삼각형 FPF′, FHO에 대하여

$\overline{OH}:\overline{F'P}=\overline{FH}:\overline{FP}$

정리하면

$\overline{F'P}=2a$

마찬가지의 방법으로

$\overline{FQ}=2b$

주어진 타원과 원은 각각 원점에 대하여 대칭이므로 두 점 P, Q는 x축에 대하여 대칭이다.

서로 합동인 두 삼각형 FPF′, FQF′에 대하여

$\overline{FP}=\overline{FQ}=2b$

직각삼각형 FPF′에서

$\overline{FF'}^2=\overline{FP}^2+\overline{PF'}^2$

대입하면

$(2a)^2+(2b)^2=10^2$ …㉠

주어진 조건에서

$ab=10$ …㉡

㉠과 ㉡을 연립하면

$a=2\sqrt{5}$, $b=\sqrt{5}$

$\therefore\ l^2=(2a+2b)^2=180$

답 180

[풀이2] (선택)

주어진 조건에서

$\overline{PH}=\overline{FH}$, $\angle PHO=\angle FHO=90^\circ$

두 삼각형 PHO, FHO는 서로 합동이므로

$\overline{OP}=\overline{OF}$

마찬가지의 방법으로

$\overline{OQ}=\overline{OF'}$

타원의 정의에 의하여

$\overline{OF}=\overline{OF'}$

따라서 네 점 F, P, F′, Q는 원점을 중심으로 하고 반지름의 길이가 5인 원 위에 있다.

이때, $\overline{F'F}$는 원의 지름이다.

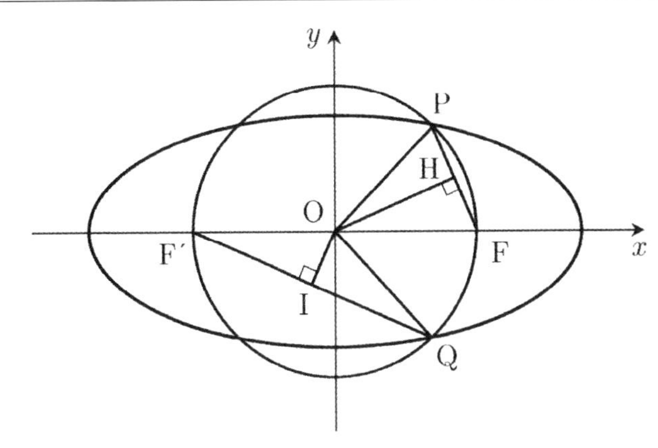

원의 성질에 의하여

$\angle FPF'=90^\circ$, $\angle FQF'=90^\circ$

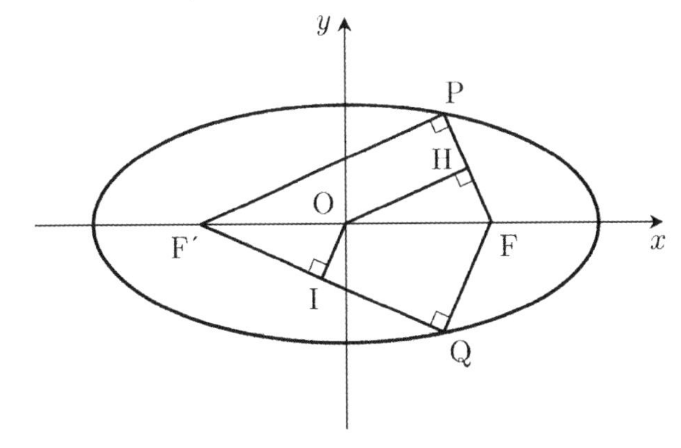

서로 닮은 두 삼각형 FPF′, FHO에 대하여

$\overline{OH}:\overline{F'P}=\overline{FH}:\overline{FP}$

이므로

$\overline{F'P}=2\overline{OH}$ …㉠

마찬가지의 방법으로

$\overline{FQ}=2\overline{OI}$ …㉡

주어진 타원과 원은 각각 원점에 대하여 대칭이므로

두 점 P, Q는 x축에 대하여 대칭이다.

점 P의 좌표를

$P(5\cos\theta,\ 5\sin\theta)$

라고 하면 점 Q의 좌표는

$Q(5\cos\theta,\ -5\sin\theta)$

(단, $0<\theta<\frac{\pi}{2}$)

두 점 사이의 거리 공식에 의하여

$\overline{F'P}=\sqrt{(5\cos\theta+5)^2+(5\sin\theta)^2}=5\sqrt{2+2\cos\theta}$

$\overline{FQ}=\sqrt{(5\cos\theta-5)^2+(5\sin\theta)^2}=5\sqrt{2-2\cos\theta}$

이므로

$\overline{OH}\times\overline{OI}=\frac{1}{4}\times\overline{F'P}\times\overline{FQ}$ ($\because$ ㉠, ㉡)

$=\frac{25\sqrt{1-\cos^2\theta}}{2}=\frac{25\sin\theta}{2}=10$

풀면

$\cos\theta=\dfrac{3}{5}$, $\sin\theta=\dfrac{4}{5}$

점 P의 좌표는

$P(3,\ 4)$

두 점 사이의 거리 공식에 의하여

$l=\overline{FP}+\overline{F'P}=2\sqrt{5}+4\sqrt{5}=6\sqrt{5}$

$\therefore\ l^2=180$

답 180

M052 | 답 ②

[풀이]

점 B에서 두 접선의 내린 수선의 발을 각각 H, I라고 하자. (아래 그림) 그리고 원 C의 반지름의 길이를 r이라고 하자.

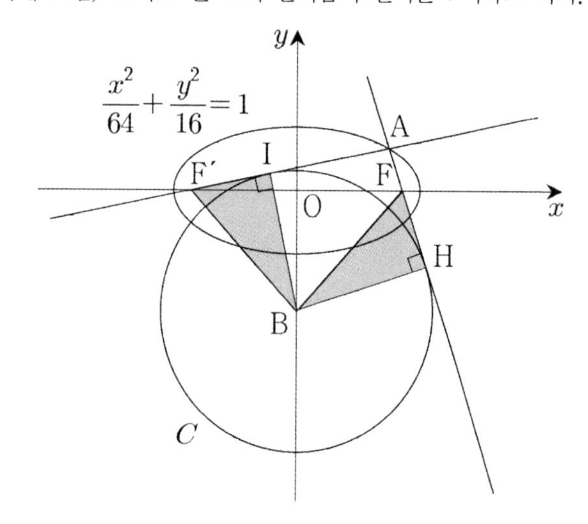

$\overline{BH}=\overline{BI}$ (원의 정의)

$\overline{BF}=\overline{BF'}$ ($\because$ 두 점 F, F′는 y축에 대하여 서로 대칭이다.)

이므로 두 직각삼각형 FBH, F′BI는 서로 합동이다.

이때, $\overline{F'I}=\overline{FH}$ $\cdots$㉠

타원의 정의에 의하여

$\overline{AF'}+\overline{AF}=16$

이므로

$\overline{AI}+\overline{AH}=16$ ($\because$ ㉠)

그런데 원 밖의 한 점에서 그은 두 접선의 길이는 같으므로

$\overline{AI}=\overline{AH}=8$

($\square$AFBF′의 넓이)$=8\times r=72$

$\therefore\ r=9$

답 ②

M053 | 답 105

[풀이]

주어진 타원의 방정식에서 타원의 장축의 길이는 10이다.

타원의 정의에 의하여

$\overline{PF}+\overline{PF'}=10$

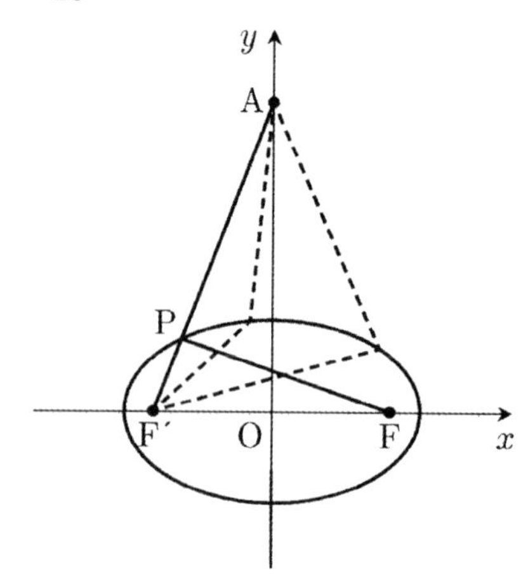

$\overline{AP}-\overline{FP}$

$=\overline{AP}+\overline{PF'}-(\overline{FP}+\overline{PF'})$

$=\overline{AP}+\overline{PF'}-10$

$\geq\overline{AF'}-10$

(단, 등호는 세 점 A, P, F′가 한 직선 위에 있을 때 성립한다.)

두 초점 F, F′의 좌표는

$F(4,\ 0)$, $F'(-4,\ 0)$

두 점 사이의 거리 공식에 의하여

$\overline{AF'}=\sqrt{(0+4)^2+(a-0)^2}=\sqrt{16+a^2}$

이므로

$\overline{AP}-\overline{FP}$의 최솟값은 1이므로

$\sqrt{16+a^2}-10=1$

풀면

$\therefore\ a^2=105$

답 105

[참고]

$\overline{AP}=a$, $\overline{PF}=b$, $\overline{PF'}=c$로 두자.

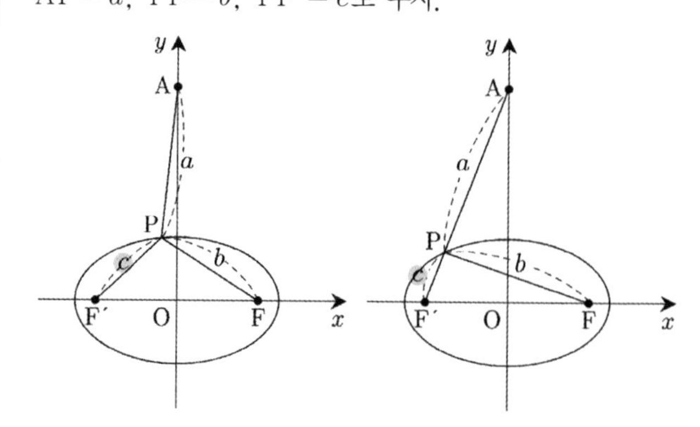

$\overline{AP}-\overline{FP}=a-b$

$=\underbrace{(a+c)}_{\text{변수}}-\underbrace{(b+c)}_{\text{상수}}$ (이때, 타원의 정의 이용)

위와 같이 $a-b$를 $(a+c)-(b+c)$으로 변형하는 것은 수능에서 자주 출제되므로 이를 기억해둘 필요가 있다.

M054 | 답 11

[풀이]

문제에서 주어진 원의 중심을 C, 직선 CF′가 타원과 만나는 두 점 중에서 y좌표가 양수인 점을 Q_0, 직선 CF′가 원과 만나는 두 점 중에서 y좌표가 작은 점을 P_0이라고 하자.

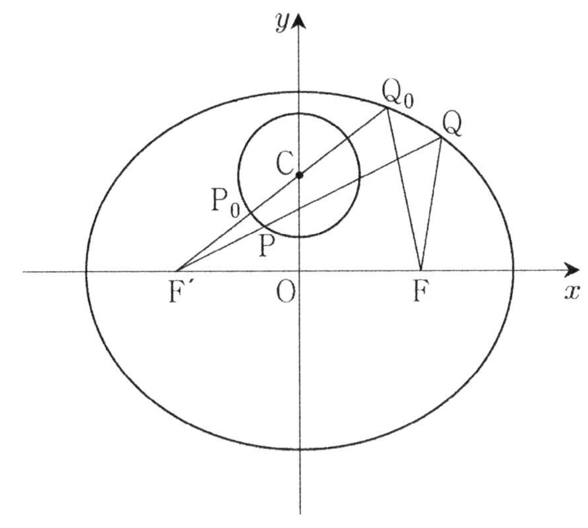

문제에서 주어진 타원의 방정식에서

(타원의 장축의 길이)$=2a=14$, $a=7$

그리고

$c=\sqrt{a^2-b^2}=\sqrt{49-33}=4$

이므로 $F(4, 0)$, $F'(-4, 0)$이다.

타원의 정의에 의하여

$\overline{QF}+\overline{QF'}=14$ 즉, $\overline{QF}+\overline{QP}+\overline{PF'}=14$

이므로

$\overline{PQ}+\overline{FQ}=14-\overline{PF'}\le 14-\overline{P_0F'}$

(단, 등호는 두 점 P, Q가 각각 P_0, Q_0 위에 올 때 성립한다.)

그런데

$\overline{P_0F'}=\overline{CF'}-$(원의 반지름의 길이)

$=\sqrt{4^2+3^2}-2=5-2=3$

이므로 $\overline{PQ}+\overline{FQ}$의 최댓값은 11이다.

답 11

M055 | 답 17

[풀이]

점 $(2, 3)$을 C라고 하자.

주어진 타원의 나머지 한 초점을 F′라고 하면

$F(2, 0)$, $F'(-2, 0)$

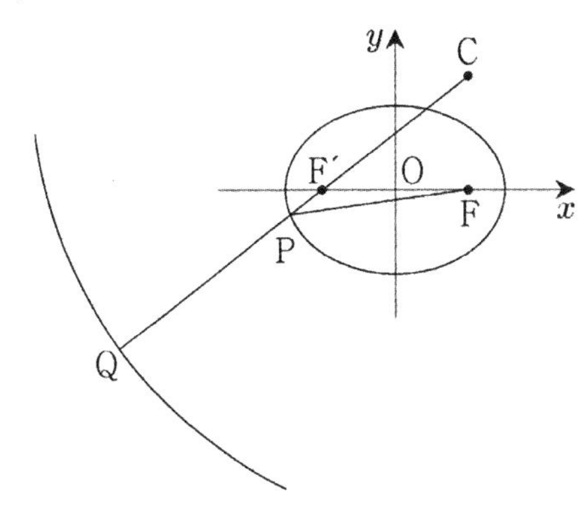

$\overline{PQ}-\overline{PF}$

$=\overline{PQ}+\overline{PF'}-6$ (∵ 타원의 정의)

$\ge\overline{F'Q}-6=r-5-6=r-11=6$

(∵ 선분 PQ의 길이는 세 점 C, P, Q가 한 직선 위에 있을 때 최소가 된다.

두 선분 PQ, PF′의 길이의 합은 세 점 F′, P, Q가 한 직선 위에 있을 때 최소가 된다.

이때, 네 점 C, F′, P, Q는 한 직선 위에 있다.)

∴ $r=17$

답 17

M056 | 답 ③

[풀이]

문제에서 주어진 쌍곡선의 두 초점을 각각

$F(c, 0)$, $F'(-c, 0)$

으로 두자. (단, $c>0$)

$c=\sqrt{a^2+36}=3\sqrt{6}$

양변을 제곱하여 정리하면

∴ $a^2=18$

답 ③

M057 | 답 ①

[풀이1]

주어진 쌍곡선의 방정식을 정리하면

$x^2-(y-1)^2=-1-a$

주어진 쌍곡선은

$-1-a>0$일 때, x축에 평행한 주축을 갖고

$-1-a<0$일 때, y축에 평행한 주축을 갖는다.

$\therefore\ a<-1$

답 ①

[풀이2]

문제에서 주어진 도형의 방정식을 변형하면

$x^2-(y-1)^2=-a-1$ $\cdots(*)$

만약 $-a-1=0$ 즉, $a=-1$이면 (*)은

$x^2-(y-1)^2=0$

좌변을 인수분해하면

$(x+y-1)(x-y+1)=0$

$y=-x+1$ 또는 $y=x+1$

(*)은 쌍곡선이 아니므로 $a\neq-1$이다.

쌍곡선 (*)이 x축에 평행한 주축을 가지면 모든 실수 k에 대하여 쌍곡선과 직선 $y=k$는 서로 다른 두 점에서 만난다. 그리고 이 역도 성립한다.

쌍곡선과 직선의 방정식을 연립하면

$x^2-k^2+2k+a=0$

이 이차방정식은 서로 다른 두 실근을 가져야 한다.

$x^2=k^2-2k-a=(k-1)^2-a-1>0$

모든 실수 k에 대하여 위의 부등식이 성립하기 위해서는

$-a-1>0$

$\therefore\ a<-1$

답 ①

M058 | 답 ④

[풀이]

※ $a>0$, $b>0$으로 가정해도 풀이의 일반성을 잃지 않는다.

주어진 쌍곡선의 방정식에 $y=0$을 대입하여

두 꼭짓점의 좌표를 구하면

$(-a,\ 0)$, $(a,\ 0)$

주어진 타원의 두 초점의 좌표는 각각

$(-\sqrt{13-b^2},\ 0)$, $(\sqrt{13-b^2},\ 0)$

주어진 조건에서

$\sqrt{13-b^2}=a$

양변을 제곱하여 정리하면

$\therefore\ a^2+b^2=13$

답 ④

M059 | 답 19

[풀이]

$a>1$이므로 타원의 장축과 두 초점은 y축 위에 있다.

타원의 두 초점은 각각

$(0,\ \sqrt{a^2-1})$, $(0,\ -\sqrt{a^2-1})$

쌍곡선의 두 초점은

$(\sqrt{2},\ 0)$, $(-\sqrt{2},\ 0)$

사각형의 넓이를 S라고 하면

$S=2\sqrt{2a^2-2}=12$ 풀면 $\therefore\ a^2=19$

답 19

M060 | 답 ⑤

[풀이]

$a>0$, $b>0$으로 두어도 풀이의 일반성을 잃지 않는다.

문제에서 주어진 쌍곡선의 주축의 길이가 4이므로

$a=2$ $\cdots$㉠

문제에서 주어진 쌍곡선의 점근선의 방정식을 구하면

$\frac{x^2}{a^2}-\frac{y^2}{b^2}=0$ 즉, $y=\pm\frac{b}{a}x$

문제에서 주어진 조건에 의하여 $\frac{b}{a}=\frac{5}{2}$ $\cdots$㉡

㉠, ㉡을 연립하면

$a=2$, $b=5$

$\therefore\ a^2+b^2=29$

답 ⑤

M061 | 답 ④

[풀이]

주어진 타원의 두 초점을 각각 F, F′이라고 하면

$\mathrm{F}(\sqrt{5^2-4^2},\ 0)$, $\mathrm{F}'(-\sqrt{5^2-4^2},\ 0)$

즉, $\mathrm{F}(3,\ 0)$, $\mathrm{F}'(-3,\ 0)$

주어진 쌍곡선의 방정식을

$\frac{x^2}{a^2}-\frac{y^2}{b^2}=1$(단, $a>0$, $b>0$)

점 F가 쌍곡선의 한 초점이므로

$\sqrt{a^2+b^2}=3$ $\cdots$㉠

쌍곡선의 점근선의 방정식은

$y=\frac{b}{a}x$ 또는 $y=-\frac{b}{a}x$

주어진 조건에서

$\frac{b}{a} = \sqrt{35}$ $\cdots$ ㉡

㉠과 ㉡을 연립하면 $a = \frac{1}{2}$

따라서 쌍곡선의 두 꼭짓점 사이의 거리는

$2a = 1$

답 ④

M062 | 답 ④

[풀이]

조건 (가)에 의하여 쌍곡선의 두 초점이 x축 위에 있고,

두 초점을 연결한 선분의 중점이 원점이므로

쌍곡선의 방정식을 다음과 같이 둘 수 있다.

$\frac{x^2}{a^2} - \frac{y^2}{b^2} = 1$ (단, $a > 0$, $b > 0$) $\cdots$ (*)

이 쌍곡선의 점근선의 방정식은

$y = \frac{b}{a}x$, $y = -\frac{b}{a}x$

조건 (나)에 의하여 두 점근선이 서로 수직이므로

$\frac{b}{a} \times \left(-\frac{b}{a}\right) = -1$ 정리하면 $b = a$

이를 (*)에 대입하면

$\frac{x^2}{a^2} - \frac{y^2}{a^2} = 1$

조건 (가)에 의하여

$a^2 + a^2 = 5^2$ 풀면 $a = \frac{5\sqrt{2}}{2}$

$\therefore$ (쌍곡선의 주축의 길이)$= 2a = 5\sqrt{2}$

답 ④

M063 | 답 ⑤

[풀이]

주어진 쌍곡선의 방정식은

$\frac{x^2}{16} - \frac{y^2}{9} = 1$

쌍곡선의 두 초점을 각각 F, F′이라고 하면

$\mathrm{F}(\sqrt{16+9},\ 0)$, $\mathrm{F'}(-\sqrt{16+9},\ 0)$

즉, $\mathrm{F}(5,\ 0)$, $\mathrm{F'}(-5,\ 0)$

쌍곡선의 점근선의 방정식은 $y = \frac{3}{4}x$ 또는 $y = -\frac{3}{4}x$

점 F를 지나고 점근선과 평행한 2개의 직선의 방정식은 각각

$y = \frac{3}{4}x - \frac{15}{4}$ $\cdots$ ㉠

$y = -\frac{3}{4}x + \frac{15}{4}$ $\cdots$ ㉡

점 F′을 지나고 점근선과 평행한 2개의 직선의 방정식은 각각

$y = \frac{3}{4}x + \frac{15}{4}$ $\cdots$ ㉢

$y = -\frac{3}{4}x - \frac{15}{4}$ $\cdots$ ㉣

㉠, ㉣을 연립하면 $x = 0$, $y = -\frac{15}{4}$

㉡, ㉢을 연립하면 $x = 0$, $y = \frac{15}{4}$

두 점 $\left(0,\ \frac{15}{4}\right)$, $\left(0,\ -\frac{15}{4}\right)$를 각각 A, B라고 하자.

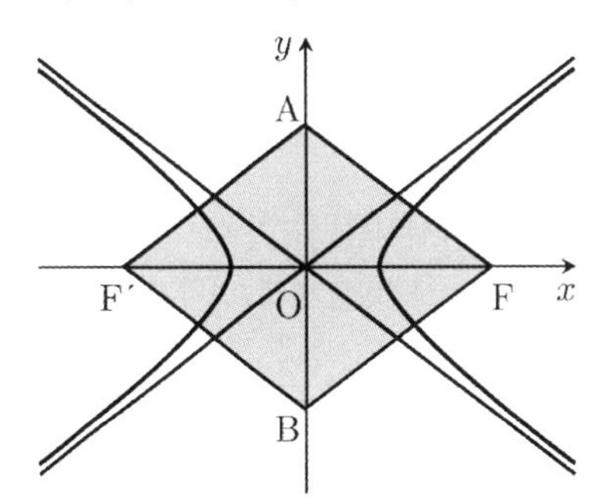

$\therefore$ (마름모 AF′BF의 넓이)$= \frac{1}{2} \times \overline{\mathrm{FF'}} \times \overline{\mathrm{AB}} = \frac{75}{2}$

답 ⑤

M064 | 답 ④

[풀이1]

쌍곡선의 방정식은

$\frac{x^2}{3} - \frac{(y-3)^2}{9} = -1$

쌍곡선의 점근선의 방정식은

$y = \sqrt{3}x + 3$, $y = -\sqrt{3}x + 3$

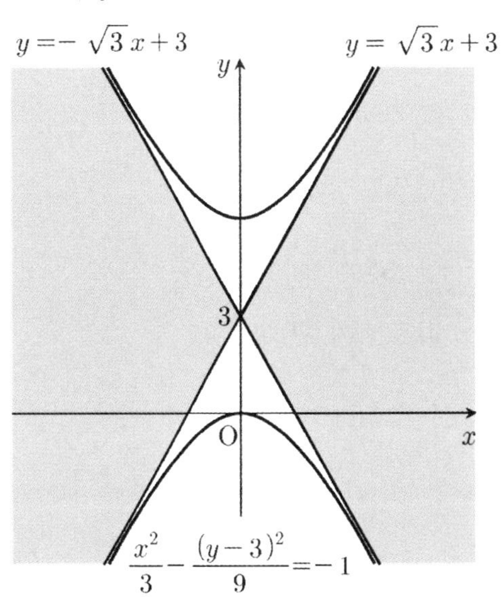

점 $(0,\ 3)$을 지나고 기울기가 m인 직선이 색칠된 영역에 속하면 이 직선은 쌍곡선과 만나지 않는다.(단, 경계포함)
기울기 m의 범위는
$\therefore\ -\sqrt{3} \le m \le \sqrt{3}$
답 ④

[풀이2] (선택)
점 $(0,\ 3)$을 지나고 기울기가 m인 직선의 방정식은
$y = mx + 3$
쌍곡선과 직선의 방정식을 연립하면
$3x^2 - (mx+3)^2 + 6(mx+3) = 0$
정리하면
$(3-m^2)x^2 + 9 = 0$
• (1) $m^2 = 3$인 경우
$0 \times x^2 + 9 = 0$을 만족시키는 실수 x는 존재하지 않는다.
쌍곡선과 직선 $y = mx + 3$은 서로 만나지 않는다.
• (2) $m^2 \ne 3$인 경우
이차방정식 $(3-m^2)x^2 + 9 = 0$이 허근을 가지면
쌍곡선과 직선 $y = mx + 3$은 서로 만나지 않는다.
(판별식)$= 0^2 - 4(3-m^2) \times 9 < 0$
풀면 $-\sqrt{3} < m < \sqrt{3}$
(1), (2)에서 m의 범위는
$\therefore\ -\sqrt{3} \le m \le \sqrt{3}$
답 ④

M065 | 답 12

[풀이]
주어진 쌍곡선의 두 초점이 x축 위에 있으므로
쌍곡선의 방정식을 다음과 같이 두자.
$\frac{x^2}{a^2} - \frac{y^2}{b^2} = 1$(단, $a > 0,\ b > 0$)
이 쌍곡선의 점근선의 방정식을 유도하면
$\frac{x^2}{a^2} - \frac{y^2}{b^2} = 0$에서 $y = \pm \frac{b}{a}x$
문제에서 주어진 조건에 의하여 $\frac{b}{a} = \frac{4}{3}$이므로
$a = 3k,\ b = 4k$로 두자.(단, $k > 0$)

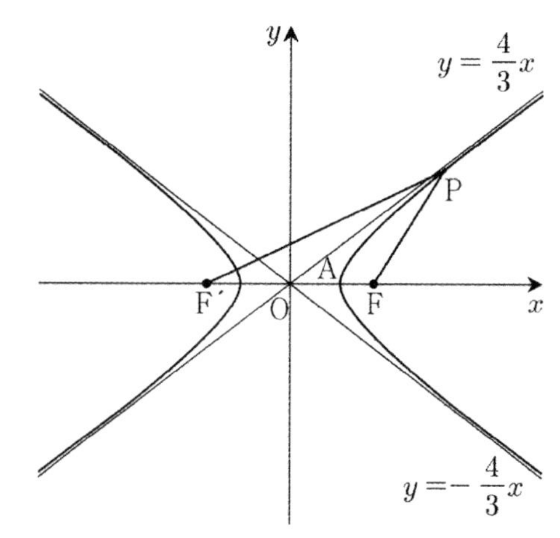

쌍곡선의 방정식은
$\frac{x^2}{(3k)^2} - \frac{y^2}{(4k)^2} = 1$ …㉠
쌍곡선의 초점 F에 대하여
$c = \sqrt{a^2 + b^2} = 5k$
㉠에 $y = 0$을 대입하여 점 A의 좌표를 구하면
$\mathrm{A}(3k,\ 0)$
조건 (나)에 의하여
$\overline{\mathrm{AF}} = \overline{\mathrm{OF}} - \overline{\mathrm{OA}} = 5k - 3k = 2k =$(자연수) …㉡
쌍곡선의 정의에 의하여
$\overline{\mathrm{PF'}} - \overline{\mathrm{PF}} =$(주축의 길이)$= 6k$
이므로
$\overline{\mathrm{PF}} = 30 - 6k$
조건 (가)에 의하여
$16 \le 30 - 6k \le 20$
정리하면
$\frac{10}{3} \le 2k \le \frac{14}{3}$
㉡에서 $2k$는 자연수이므로
$2k = 4$ 즉, $k = 2$
쌍곡선의 주축의 길이는
$\therefore\ 6k = 12$
답 12

M066 | 답 ②

[풀이]
선분 PP′가 y축과 만나는 점을 B,
$\overline{\mathrm{AP}} = 5k,\ \overline{\mathrm{PP'}} = 6k$라고 하자.

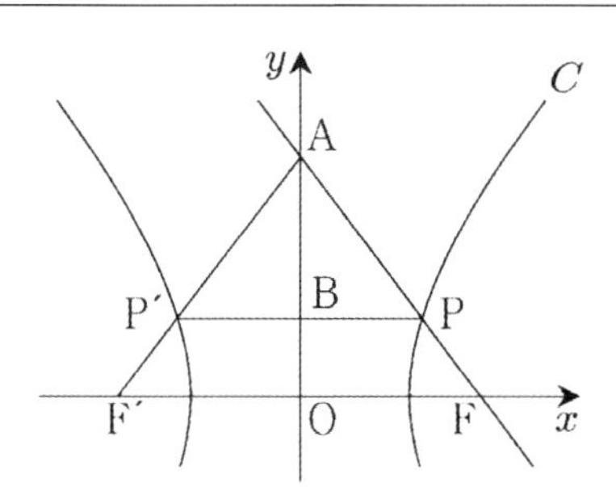

쌍곡선 C는 y축에 대하여 대칭이므로

$\overline{BP}=\overline{BP'}=3k$

직각삼각형 ABP에서 피타고라스의 정리에 의하여

$\overline{AB}=4k$

서로 닮음인 두 직각삼각형 ABP, AOF에서

$\overline{AP}:\overline{PB}=\overline{AF}:\overline{FO}$, $5k:3k=(5k+1):\overline{OF}$

$\overline{OF}=\dfrac{15k+3}{5}(=c)$ …㉠

그리고 쌍곡선 C의 방정식을

$\dfrac{x^2}{a^2}-\dfrac{y^2}{b^2}=1$로 두면 점근선의 방정식은

$y=\pm\dfrac{b}{a}x=\pm\dfrac{4}{3}x$, 즉 $a:b:c=3:4:5$

($\because$ 직선 AP의 기울기는 $-\dfrac{4}{3}$이다.)

$a=3l$, $b=4l$, $c=5l$로 두자.

점 $\mathrm{P}\left(3k,\ \dfrac{4}{5}\right)$는 쌍곡선 C 위에 있으므로

$\dfrac{9k^2}{9l^2}-\dfrac{\frac{16}{25}}{16l^2}=1$, $k^2-\dfrac{1}{25}=l^2$ …㉡

㉠, ㉡에 의하여

$15k+3=25l\left(\dfrac{15k+3}{5}=5l\right)$, $k^2-\dfrac{1}{25}=l^2$

연립하면

$\left(\dfrac{25l-3}{15}\right)^2-\dfrac{1}{25}=l^2$, $l=\dfrac{3}{8}$

$\therefore\ 2a=2\times 3l=\dfrac{9}{4}$

답 ②

M067 | 답 ①

[풀이]

점 $\mathrm{P}(a,\ b)$가 주어진 쌍곡선 위의 점이므로

$\dfrac{a^2}{5}-\dfrac{b^2}{4}=1$ …㉠

쌍곡선의 두 초점의 좌표는 각각

$\mathrm{F}(\sqrt{5+4},\ 0)$, $\mathrm{F'}(-\sqrt{5+4},\ 0)$

즉, $\mathrm{F}(3,\ 0)$, $\mathrm{F'}(-3,\ 0)$

이므로

$\overline{FF'}=6$

한편 두 점 P, Q가 원점에 대하여 대칭이므로

두 삼각형 PF′F, QFF′는 서로 합동이다.

주어진 조건에서

(□PF′QF 의 넓이)

=(△PF′F 의 넓이)+(△QFF′의 넓이)

$=2\times\left(\dfrac{1}{2}\times 6\times|b|\right)=6|b|=24$

풀면

$|b|=4$ …㉡

㉠과 ㉡을 연립하면

$|a|=5$

$\therefore\ |a|+|b|=9$

답 ①

M068 | 답 13

[풀이]

주어진 쌍곡선의 두 꼭짓점이 각각 $(4,\ 0)$, $(-4,\ 0)$이므로,

쌍곡선의 주축의 길이는 8이다.

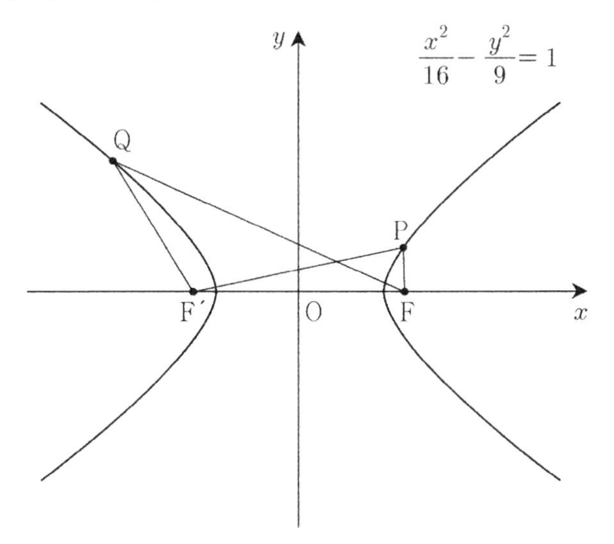

쌍곡선의 정의에서

$\overline{PF'}-\overline{PF}=8$, $\overline{QF}-\overline{QF'}=8$

두 식을 변변히 더하면

$\overline{QF}-\overline{PF}+\overline{PF'}-\overline{QF'}=16$

주어진 조건에서 $\overline{PF'}-\overline{QF'}=3$이므로

$\therefore\ \overline{QF}-\overline{PF}=13$

답 13

M069 | 답 ③

[풀이1]

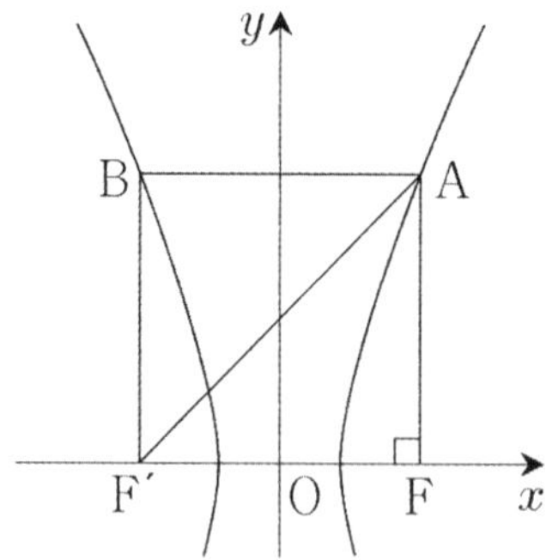

정사각형의 성질과 정의에 의하여

$\angle \mathrm{F'FA}=90^{\circ}$, $\overline{\mathrm{F'F}}=\overline{\mathrm{FA}}$

즉, 삼각형 AF′F는 직각이등변삼각형이다.

정사각형 ABF′F의 한 변의 길이를 t로 두면

$\overline{\mathrm{AF'}}=\sqrt{2}t$, $\overline{\mathrm{AF}}=t$

쌍곡선의 정의에 의하여

$\overline{\mathrm{AF'}}-\overline{\mathrm{AF}}=2$(=주축의 길이)

즉, $\sqrt{2}t-t=2$

풀면 $t=2(\sqrt{2}+1)$

따라서 정사각형 ABF′F의 대각선의 길이는

$\overline{\mathrm{AF'}}=\sqrt{2}\cdot 2(\sqrt{2}+1)=4+2\sqrt{2}$

답 ③

[풀이2]

쌍곡선의 방정식은

$\frac{x^2}{1^2}-\frac{y^2}{b^2}=1$ (단, $c^2=1+b^2$)

즉, $x^2-\frac{y^2}{c^2-1}=1$

이 방정식에 $x=c$를 대입하여 정리하면

$y^2=(c^2-1)^2$, $y=c^2-1(\because c>1)$

점 A의 좌표는 $(c,\ c^2-1)$이므로

$\overline{\mathrm{AF}}=c^2-1=2c=\overline{\mathrm{F'F}}$

($\because$ 사각형 ABF′F가 정사각형이다.)

$c^2-2c-1=0$

이차방정식의 근의 공식에 의하여

$c=1+\sqrt{2}(\because c>1)$

(정사각형 ABF′F의 대각선의 길이)

$=\sqrt{2}\times\overline{\mathrm{FF'}}$

$=\sqrt{2}(2+2\sqrt{2})=4+2\sqrt{2}$

답 ③

M070 | 답 ④

[풀이1]

주어진 두 쌍곡선은 각각 원점에 대하여 대칭이므로

두 점 P, Q는 서로 원점에 대하여 대칭이다.

$\overline{\mathrm{PF}}=a$, $\overline{\mathrm{PG}}=b$로 두자.

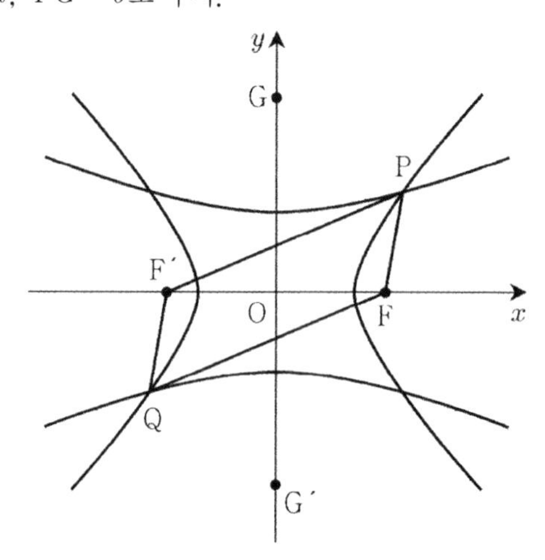

쌍곡선의 정의에 의하여

$\overline{\mathrm{PF'}}=a+2$

두 점 F, F′은 서로 원점에 대하여 대칭이고,

두 점 P, Q는 서로 원점에 대하여 대칭이므로

두 삼각형 PF′F, QFF′은 서로 합동이다.

$\overline{\mathrm{QF}}=\overline{\mathrm{PF'}}=a+2$

주어진 등식에 대입하면

$\overline{\mathrm{PF}}\times\overline{\mathrm{QF}}=a(a+2)=4$

정리하면

$a^2+2a-4=0$

이차방정식의 근의 공식에 의하여

$a=-1+\sqrt{5}\,(a>0)$

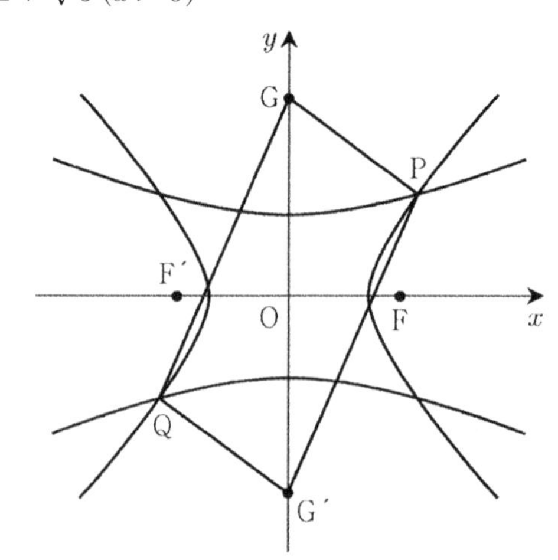

마찬가지의 방법으로

$\overline{\mathrm{QG}}=\overline{\mathrm{PG'}}=2+b$

주어진 등식에 대입하면

$\overline{\mathrm{PG}}\times\overline{\mathrm{QG}}=b(b+2)=8$

정리하면

$b^2+2b-8=0$
좌변을 인수분해하면
$(b+4)(b-2)=0$
풀면
$b=2(b>0)$
$\therefore$ (□PGQF의 둘레의 길이)
$=2(a+b)+4=6+2\sqrt{5}$
답 ④

[풀이2]
주어진 두 쌍곡선은 각각 원점에 대하여 대칭이므로
두 점 P, Q는 서로 원점에 대하여 대칭이다.
$\overline{PG}=a$, $\overline{QG}=b$, $\overline{PF}=c$, $\overline{QF}=d$로 두자.
(단, $0<a<b$, $0<c<d$이다.)
주어진 조건에 의하여
$ab=8$, $cd=4$

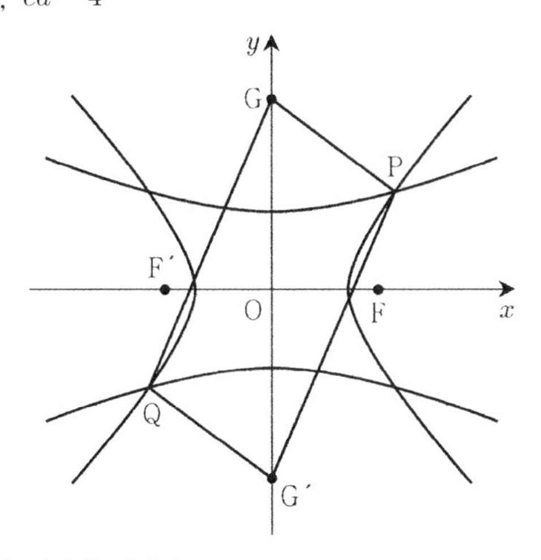

쌍곡선의 정의에 의하여
$\overline{QG}-\overline{QG'}=2$ 즉, $\overline{QG'}=b-2$ …㉠
두 점 G, G′은 서로 원점에 대하여 대칭이고,
두 점 P, Q는 서로 원점에 대하여 대칭이므로
두 삼각형 PGG′, QG′G는 서로 합동이다.
$\overline{QG'}=\overline{GP}=a$ …㉡
㉠, ㉡에 의하여
$b-a=2$
양변을 제곱하면
$b^2-2ab+a^2=4$
좌변을 변형하면
$(a+b)^2-4ab=4$
$ab=8$을 대입하면
$(a+b)^2=36$
풀면
$a+b=6$

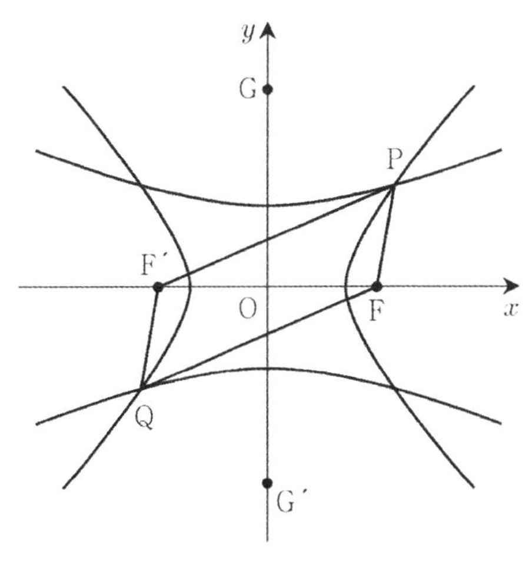

쌍곡선의 정의에 의하여
$\overline{PF'}-\overline{PF}=2$ 즉, $\overline{PF'}=c+2$ …㉢
두 점 F, F′은 서로 원점에 대하여 대칭이고,
두 점 P, Q는 서로 원점에 대하여 대칭이므로
두 삼각형 PF′F, QFF′은 서로 합동이다.
$\overline{PF'}=\overline{FQ}=d$ …㉣
㉢, ㉣에 의하여
$d-c=2$
양변을 제곱하면
$d^2-2cd+c^2=4$
좌변을 변형하면
$(c+d)^2-4cd=4$
$cd=4$를 대입하면
$(c+d)^2=20$
풀면
$c+d=2\sqrt{5}$
$\therefore$ (□PGQF의 둘레의 길이)$=6+2\sqrt{5}$
답 ④

M071 |답 11

[풀이]
$\overline{PF}=p$, $\overline{PQ}=q$, $\overline{QF'}=r$, $\overline{QF}=s$
라고 하자.
쌍곡선의 정의에 의하여
$q+r-p=6(\cdots㉠)$, $s-r=6(\cdots㉡)$
(다): $p+q+s=28(\cdots㉢)$
위의 세 등식을 연립하면
㉠+㉡: $-p+q+s=12$
이를 ㉢과 연립하면
$p=8$, $s=20-q$, $r=s-6=14-q$
(나): 다음의 두 경우가 가능하다.
(1) $\overline{PF'}=\overline{F'F}$인 경우

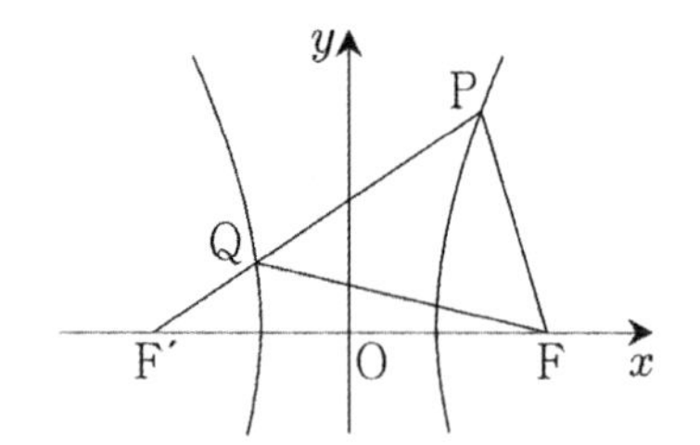

$\overline{PF}=8$, $\overline{PF'}=14(=2c=\overline{F'F})$

$\therefore\ c=7$

(2) $\overline{PF}=\overline{FF'}$인 경우

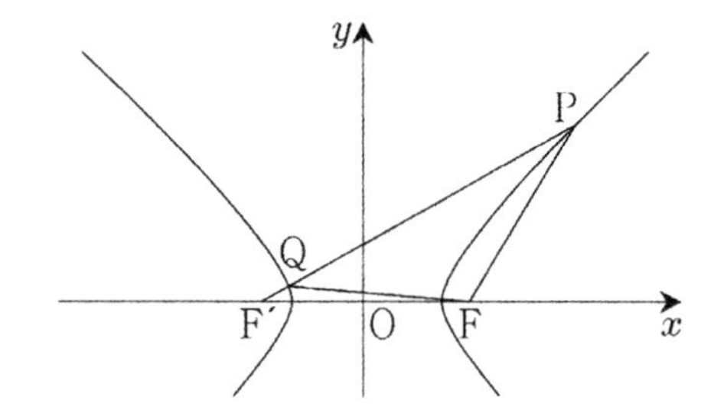

$\overline{PF}=8(=2c=\overline{F'F})$

$\therefore\ c=4$

(1), (2)에서 구하는 값은

$7+4=11$

답 11

M072 | 답 80

[풀이]

$c=\sqrt{1+24}=5$

$\overline{PF}=p$, $\overline{PQ}=q$, $\overline{QF'}=r$, $\overline{QF}=s$

라고 하자.

쌍곡선의 정의에 의하여

$p-(q+r)=2$, $s-r=4$ $\cdots$ ㉠

$\overline{PQ}+\overline{QF}=q+s$,

$2\overline{PF'}=2(q+r)$,

$\overline{PF}+\overline{PF'}=p+q+r$

이므로 등차중항의 정의에 의하여

$4(q+r)=q+s+p+q+r$, 즉

$p-2q-3r+s=0$ $\cdots$ ㉡

㉠, ㉡을 연립하면

$(p-q-r)+(s-r)-q-r=0$,

$q+r=6$, $p=8$

$\overline{PF'}=6$, $\overline{F'F}=10$, $\overline{PF}=8$이므로

삼각형 PF′F는 $\angle FPF'=90°$ 인 직각삼각형이다.

$m=$(직선 PF′의 기울기)$=\dfrac{\overline{PF}}{\overline{F'P}}=\dfrac{8}{6}=\dfrac{4}{3}$

$\therefore\ 60m=80$

답 80

M073 | 답 ⑤

[풀이1]

쌍곡선의 초점의 좌표는

$F(\sqrt{1+3},\ 0)$, $F'(-\sqrt{1+3},\ 0)$

즉, $F(2,\ 0)$, $F'(-2,\ 0)$

쌍곡선의 방정식에 $y=0$을 대입하여

쌍곡선의 두 꼭짓점의 좌표를 구하면

$(1,\ 0)$, $(-1,\ 0)$

이므로 쌍곡선의 주축의 길이는 2이다.

쌍곡선의 정의에 의하여

$|\overline{PF}-\overline{PF'}|=2$

이므로 $\overline{PF}\neq\overline{PF'}$이다.

- $\overline{PF'}=\overline{F'F}$인 경우

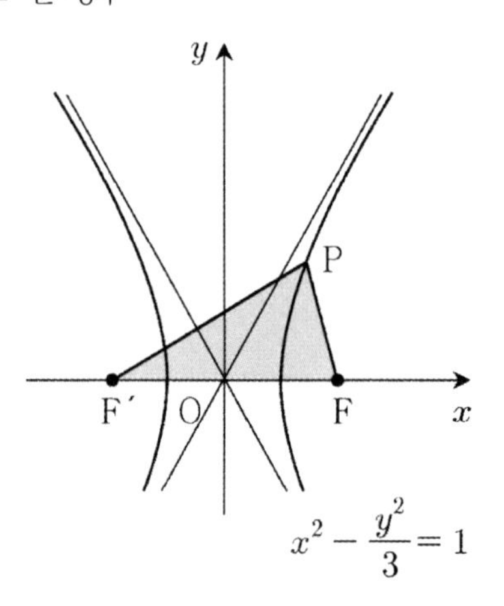

$\overline{PF'}=\overline{F'F}=4$

쌍곡선의 정의에 의하여

$\overline{PF}=\overline{PF'}-2=2$

이등변삼각형 PF′F의 꼭짓점 F′에서 변 PF까지의 거리는 $\sqrt{15}$ 이므로

삼각형 PF′F의 넓이는 $\sqrt{15}$ 이다.

- $\overline{PF}=\overline{FF'}$인 경우

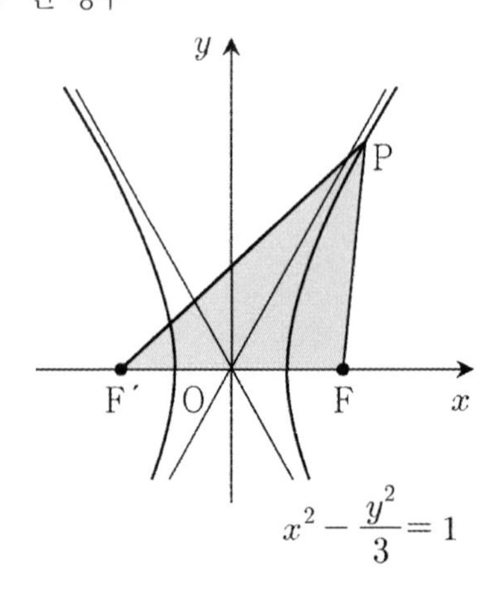

$\overline{PF}=\overline{FF'}=4$
쌍곡선의 정의에 의하여
$\overline{PF'}=\overline{PF}+2=6$
이등변삼각형 PF′F의 꼭짓점 F에서 변 PF′까지의 거리는 $\sqrt{7}$ 이므로
삼각형 PF′F의 넓이는 $3\sqrt{7}$ 이다.
따라서 구하는 값은
$\therefore\ a=\sqrt{15}\times 3\sqrt{7}=3\sqrt{105}$
답 ⑤

[풀이2] (선택)
쌍곡선의 초점의 좌표는
$F(\sqrt{1+3},\ 0),\ F'(-\sqrt{1+3},\ 0)$
즉, $F(2,\ 0),\ F'(-2,\ 0)$
쌍곡선의 방정식에 $y=0$을 대입하여
쌍곡선의 두 꼭짓점의 좌표를 구하면
$(1,\ 0),\ (-1,\ 0)$
이므로 쌍곡선의 주축의 길이는 2이다.
쌍곡선의 정의에 의하여
$|\overline{PF}-\overline{PF'}|=2$
이므로 $\overline{PF}\neq\overline{PF'}$ 이다.
- $\overline{PF'}=\overline{F'F}$ 인 경우

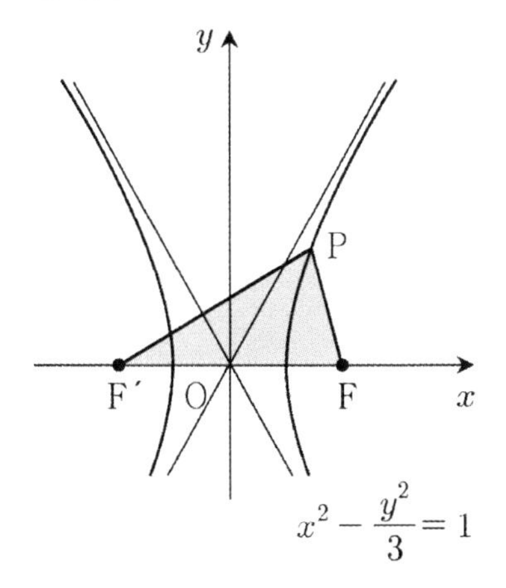

점 P의 좌표를 $P(x,\ y)$로 두자.
(단, $x>0,\ y>0$)
점 P는 쌍곡선 위에 있으므로
$$x^2-\frac{y^2}{3}=1 \quad \cdots ㉠$$
두 점 사이의 거리 공식에 의하여
$\overline{PF'}=\sqrt{(x+2)^2+y^2}=4=\overline{FF'}$
정리하면
$$(x+2)^2+y^2=16 \quad \cdots ㉡$$
㉠과 ㉡을 연립하면
$(x+2)^2+3x^2-3=16$
정리하면
$x^2+x-\frac{15}{4}=0$
좌변을 인수분해하면
$\left(x+\frac{5}{2}\right)\left(x-\frac{3}{2}\right)=0$
$x>0$이므로 $x=\frac{3}{2}$
이를 쌍곡선의 방정식에 대입하면
$y=\frac{\sqrt{15}}{2}$
점 P의 좌표는 $P\left(\frac{3}{2},\ \frac{\sqrt{15}}{2}\right)$이다.
삼각형의 넓이를 구하는 공식에 의하여
(△PF′F의 넓이)
$=\frac{1}{2}\times\overline{F'F}\times$(점 P의 y좌표)
$=\sqrt{15}$
- $\overline{PF}=\overline{FF'}$ 인 경우

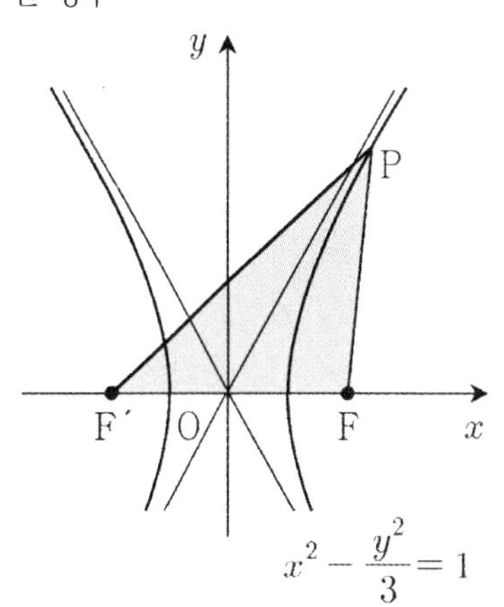

점 P의 좌표를 $P(x,\ y)$로 두자.
(단, $x>0,\ y>0$)
점 P는 쌍곡선 위에 있으므로
$$x^2-\frac{y^2}{3}=1 \quad \cdots ㉢$$
두 점 사이의 거리 공식에 의하여
$\overline{PF}=\sqrt{(x-2)^2+y^2}=4=\overline{F'F}$
정리하면
$$(x-2)^2+y^2=16 \quad \cdots ㉣$$
㉢과 ㉣을 연립하면
$(x-2)^2+3x^2-3=16$
정리하면
$x^2-x-\frac{15}{4}=0$
좌변을 인수분해하면
$\left(x+\frac{3}{2}\right)\left(x-\frac{5}{2}\right)=0$

$x > 0$이므로 $x = \dfrac{5}{2}$

이를 쌍곡선의 방정식에 대입하면 $y = \dfrac{3\sqrt{7}}{2}$

점 P의 좌표는 $\mathrm{P}\left(\dfrac{5}{2},\ \dfrac{3\sqrt{7}}{2}\right)$이다.

삼각형의 넓이를 구하는 공식에 의하여

($\triangle$PF′F의 넓이)$= \dfrac{1}{2} \times \overline{\mathrm{F'F}} \times$(점 P의 y좌표)$= 3\sqrt{7}$

따라서 구하는 값은

$\therefore\ a = \sqrt{15} \times 3\sqrt{7} = 3\sqrt{105}$

 ⑤

M074 | 답 ④

[풀이]

$\overline{\mathrm{PF}} = 3k(k > 0)$로 두면 $\overline{\mathrm{QP}} = 5k$, $\overline{\mathrm{QF}} = 8k$이다.

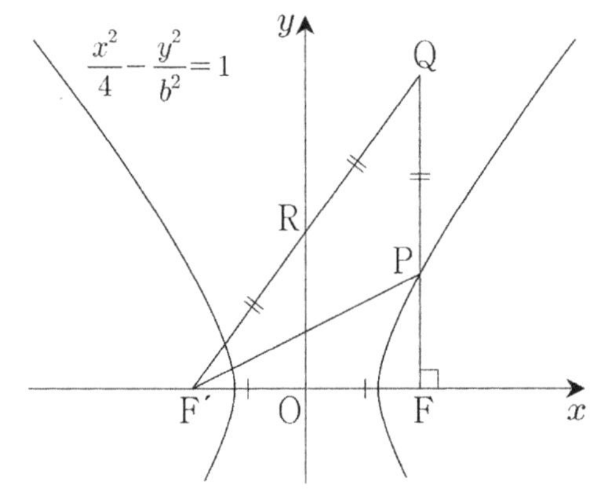

$\overline{\mathrm{F'O}} = \overline{\mathrm{OF}}$에서 $\overline{\mathrm{F'R}} = \overline{\mathrm{RQ}} = 5k$

($\because$ $\overline{\mathrm{RO}} \mathbin{/\!/} \overline{\mathrm{QF}}$이므로 $\overline{\mathrm{F'O}} : \overline{\mathrm{OF}} = \overline{\mathrm{F'R}} : \overline{\mathrm{RQ}}$)

직각삼각형 QF′F에서 피타고라스의 정리에 의하여

$\overline{\mathrm{F'F}} = 6k$, 즉 $2c = 6k$에서 $c = 3k$

직각삼각형 PF′F에서 피타고라스의 정리에 의하여

$\overline{\mathrm{PF'}} = 3\sqrt{5}k$

쌍곡선의 정의에 의하여

$\overline{\mathrm{PF'}} - \overline{\mathrm{PF}} = 4(=2a)$

즉, $3\sqrt{5}k - 3k = 4$

풀면 $k = \dfrac{\sqrt{5}+1}{3}$

$\therefore\ b^2 = c^2 - a^2 = (3k)^2 - 4 = 2 + 2\sqrt{5}$

답 ④

M075 | 답 ②

[풀이]

양수 r의 값을 크게 하면서 원과 쌍곡선의 위치관계를 관찰하자.

- (1) 원과 쌍곡선의 교점의 개수가 0인 경우

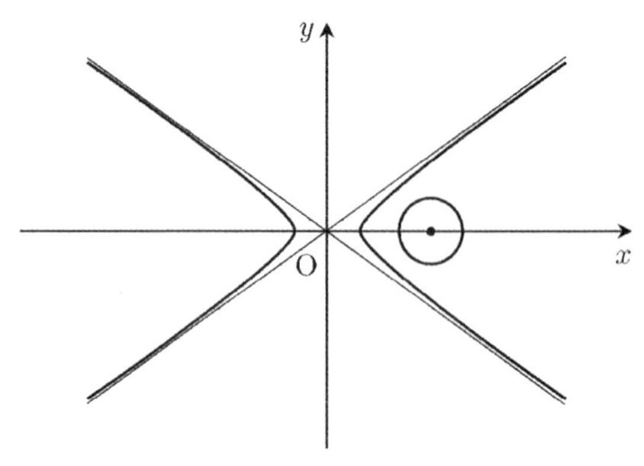

- (2) 원과 쌍곡선의 교점의 개수가 2인 경우

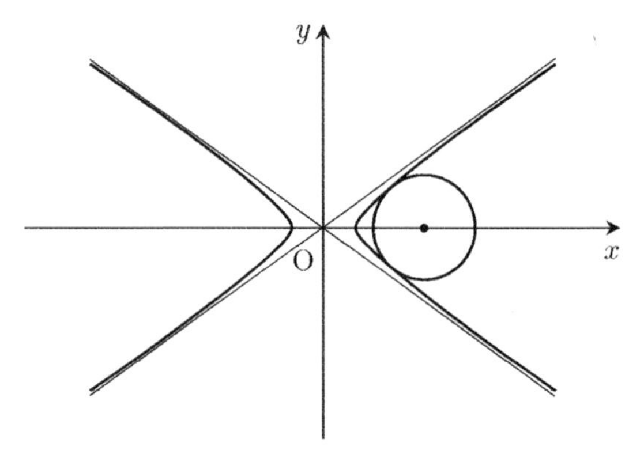

이때, 접점의 개수는 2이다.

- (3) 원과 쌍곡선의 교점의 개수가 4인 경우

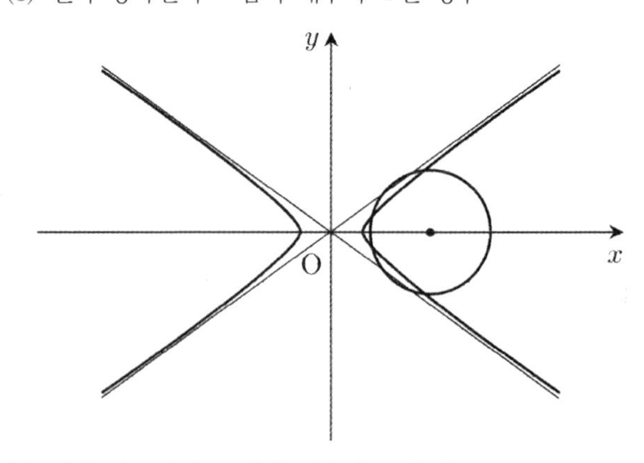

- (4) 원과 쌍곡선의 교점의 개수가 3인 경우

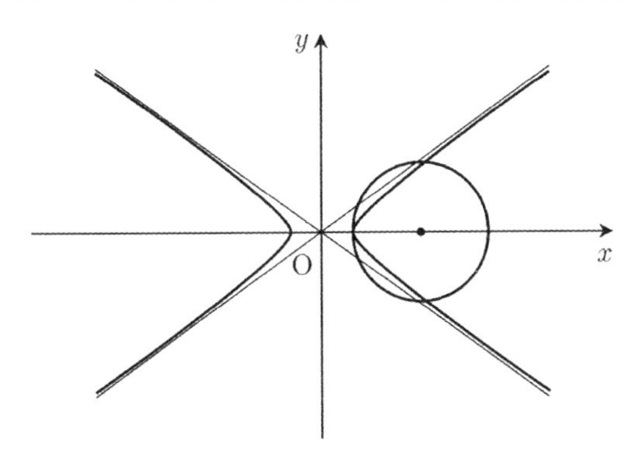

이때, 접점의 개수는 1이다.

• (5) 원과 쌍곡선의 교점의 개수가 2인 경우

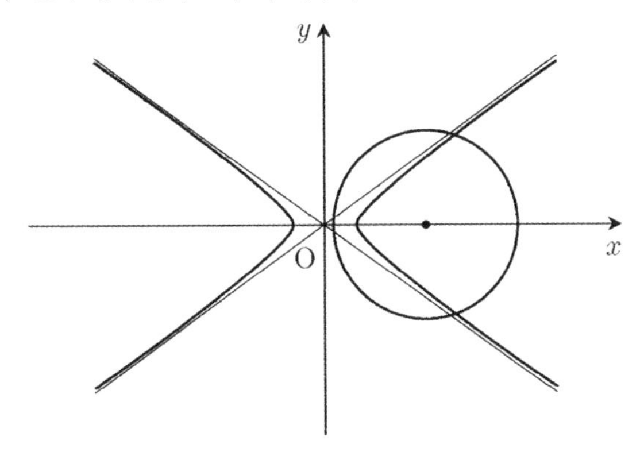

• (6) 원과 쌍곡선의 교점의 개수가 3인 경우

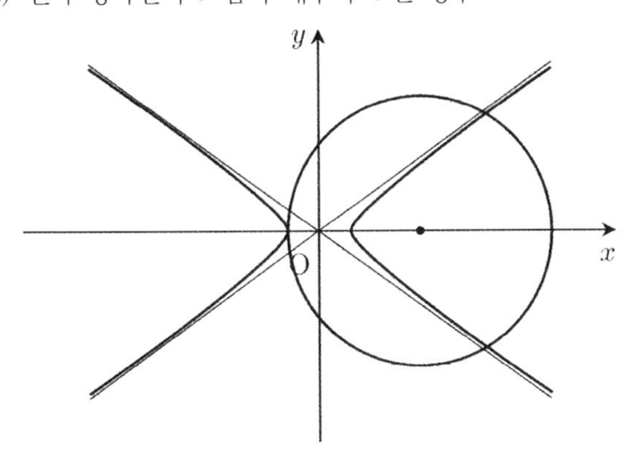

이때, 접점의 개수는 1이다.

• (7) 원과 쌍곡선의 교점의 개수가 4인 경우

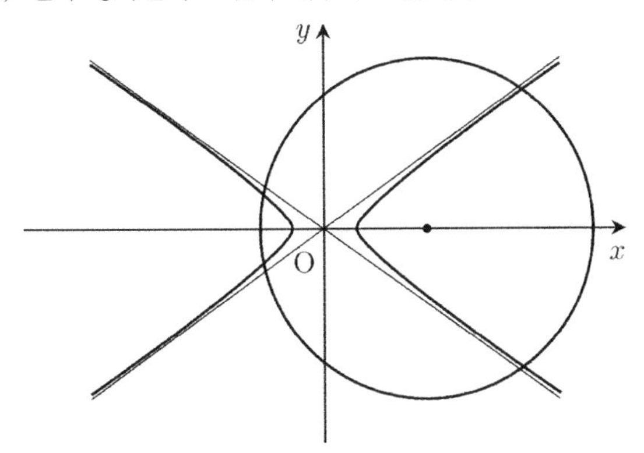

원과 쌍곡선이 서로 다른 세 점에서 만날 경우는 (4), (6)뿐이다.

쌍곡선의 두 꼭짓점의 좌표는

$(1,\ 0)$, $(-1,\ 0)$

원이 꼭짓점 $(1,\ 0)$을 지날 때, $r=3$

원이 꼭짓점 $(-1,\ 0)$을 지날 때, $r=5$

따라서 r의 최댓값은 5이다.

답 ②

[참고]

문제에서 주어진 원과 쌍곡선의 방정식을 연립하면

$\frac{3}{2}x^2-8x+\frac{31}{2}=r^2$(단, $x^2 \geq 1$)

($\because$ 쌍곡선의 방정식에서

$x^2=1+2y^2 \geq 1$(단, 등호는 $y=0$일 때 성립한다.))

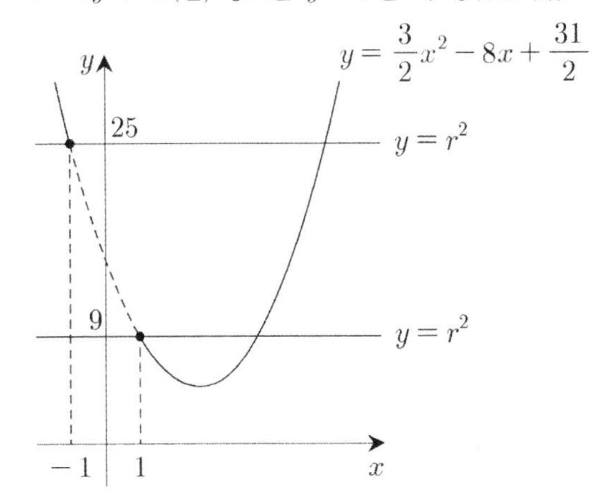

위의 그림에서 $r=3$ 또는 $r=5$일 때, 원과 쌍곡선의 교점의 x좌표만을 원소로 하는 집합의 원소의 개수가 2임을 알 수 있다. $r=3$인 경우는 (4), $r=5$인 경우는 (6)이다. 따라서 r의 최댓값은 5이다.

M076 | 답 ①

[풀이]

쌍곡선의 두 꼭짓점의 좌표는 각각

$\left(\frac{3}{2},\ 0\right)$, $\left(-\frac{3}{2},\ 0\right)$

쌍곡선의 두 초점의 좌표는 각각

$\mathrm{F}\left(\frac{13}{2},\ 0\right)$, $\mathrm{F}'\left(-\frac{13}{2},\ 0\right)$

원 C는 쌍곡선의 꼭짓점 $\left(\frac{3}{2},\ 0\right)$에서 쌍곡선과 만난다.

이때, 이 교점(접점)을 A라고 하자.

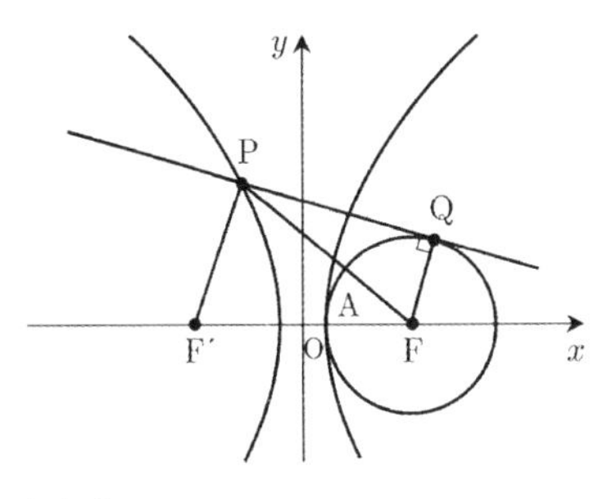

원의 정의에 의하여

$\overline{FQ}=\overline{FA}=5$

직각삼각형 PFQ에서 피타고라스의 정리에 의하여

$\overline{PF}=\sqrt{\overline{FQ}^2+\overline{QP}^2}=13$

쌍곡선의 정의에 의하여

$\therefore\ \overline{PF'}=\overline{PF}-(\text{주축의 길이})=10$

답 ①

M077 | 답 116

[풀이]

아래 그림처럼 원 C의 중심을 C, 점 F에서 원 C에 두 개의 접선을 그었을 때 생기는 두 접점 중에서 한 접점을 R이라고 하자. 이때, 점 R은 선분 FP 위에 있다.

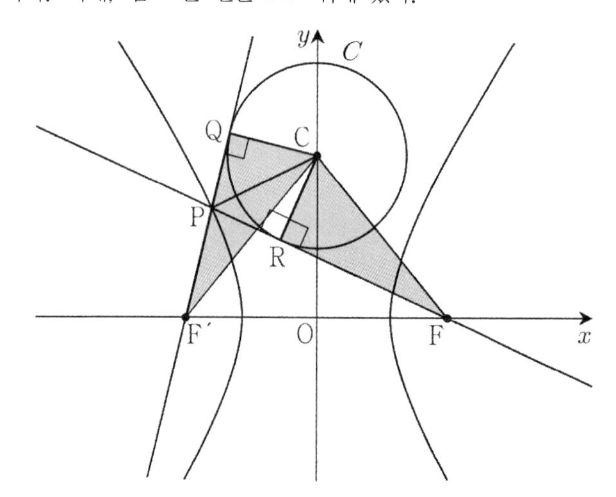

$\overline{F'P}=x$로 두자. …㉠

점 P에서 원 C에 그은 두 접선의 길이는 같으므로

$\overline{PR}=\overline{PQ}=\overline{F'Q}-\overline{F'P}=5\sqrt{2}-x$ …㉡

두 초점 F, F′는 y축에 대하여 서로 대칭이므로

$\overline{F'C}=\overline{FC}$

그리고 원의 정의에 의하여

$\overline{CQ}=\overline{CR}$

이므로 두 직각삼각형 CQF′, CRF는 서로 RHS합동이다.

그러므로 $\overline{F'Q}=\overline{FR}=5\sqrt{2}$이다. …㉢

㉠, ㉡, ㉢을 정리하면

$\overline{F'P}=x,\ \overline{FP}=\overline{FR}+\overline{RP}=10\sqrt{2}-x$

쌍곡선의 방정식에 $y=0$을 대입하면

$x=\pm2\sqrt{2}$

이므로, 쌍곡선의 주축의 길이는 $4\sqrt{2}$이다.

쌍곡선의 정의에 의하여

$\overline{FP}-\overline{F'P}=(\text{주축의 길이})$

대입하면

$10\sqrt{2}-2x=4\sqrt{2}$ 풀면 $x=3\sqrt{2}$

$\therefore\ \overline{FP}^2+\overline{F'P}^2=(7\sqrt{2})^2+(3\sqrt{2})^2=116$

답 116

M078 | 답 ③

[풀이]

주어진 쌍곡선의 두 꼭짓점은 각각

$(3,\ 0),\ (-3,\ 0)$

이므로, 쌍곡선의 주축의 길이는 6이다.

쌍곡선의 정의에서 $\overline{F'P}-\overline{FP}=6$

주어진 조건에서 $\overline{FP}=\overline{PQ}$이므로

$\overline{F'P}-\overline{FP}=\overline{F'P}-\overline{PQ}=\overline{F'Q}=6$

점 Q의 자취는 정점 F′을 중심으로 하고 반지름의 길이가 6인 원의 일부이다.

한편 쌍곡선의 점근선의 방정식은

$y=-\dfrac{\sqrt{3}}{3}x$ 또는 $y=\dfrac{\sqrt{3}}{3}x$

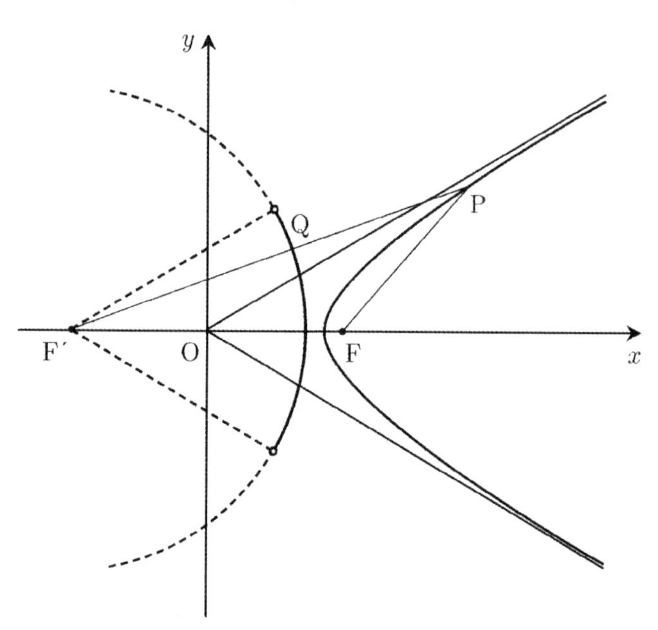

점 P에 대하여 y좌표가 양수이고 (x좌표)$\to\infty$이면

(직선 F′P의 기울기)$\to\dfrac{\sqrt{3}}{3}$

이때, 직선 F′P가 x축과 이루는 예각의 크기는 30°에 수렴한다.

점 P에 대하여 y좌표가 음수이고 (x좌표)$\to\infty$이면

(직선 F′P의 기울기)$\to-\dfrac{\sqrt{3}}{3}$

이때, 직선 F′P가 x축과 이루는 예각의 크기는 30°에 수렴한다.

위의 그림에서 점 Q의 자취는 반지름의 길이가 6이고 중심각의 크기가 60°인 부채꼴의 호이다. 이때, 호의 양 끝점은 제외된다.

따라서 점 Q의 자취의 길이를 l이라고 하면

$l=6\times\dfrac{\pi}{3}=2\pi$

답 ③

[참고]

직선 PF′의 기울기가 $\pm\dfrac{\sqrt{3}}{3}$에 수렴하는 이유는 다음과 같다.

두 점 P, F′의 좌표는 각각

$P\left(x,\ \pm\sqrt{3\left(\dfrac{x^2}{9}-1\right)}\right)$, $F'(-2\sqrt{3},\ 0)$

(직선 PF′의 기울기의 극한값)

$$=\lim_{x\to\infty}\frac{\pm\sqrt{3\left(\dfrac{x^2}{9}-1\right)}}{x+2\sqrt{3}}=\pm\frac{\sqrt{3}}{3}$$

M079 | 답 ③

[풀이]

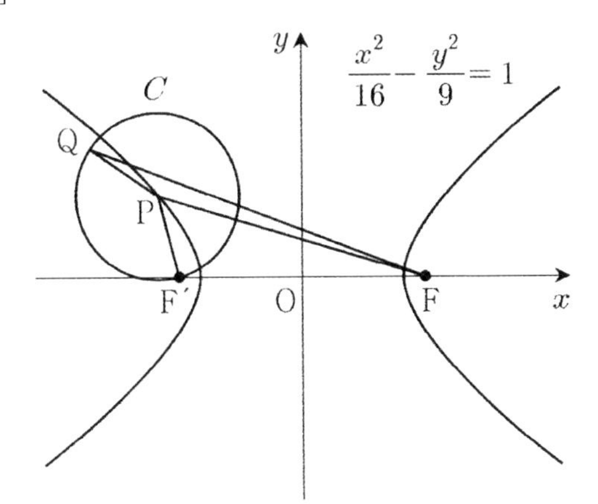

위의 그림에서

$\overline{FQ}\le\overline{FP}+\overline{PQ}$ (단, 등호는 세 점 F, P, Q가 한 직선 위에 있을 때 성립한다.)

세 점 F, P, Q가 한 직선 위에 있을 때

점 Q가 놓이는 점을 R이라고 하자.

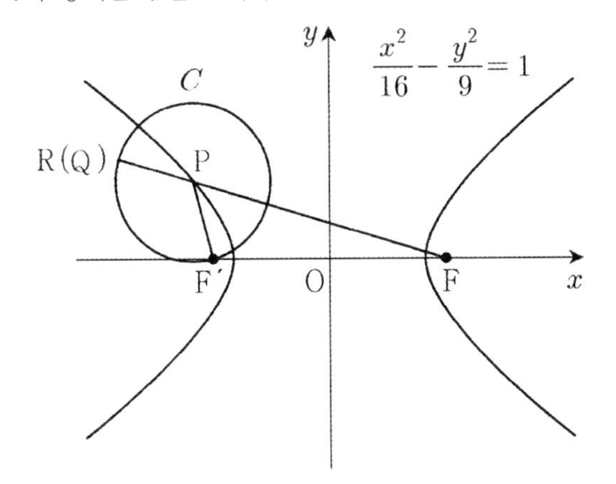

쌍곡선의 정의에 의하여

$\overline{FP}-\overline{F'P}=$(쌍곡선의 주축의 길이)$=8$

이고, 원의 정의에 의하여 $\overline{PF'}=\overline{PR}$이므로

$\overline{FP}-\overline{PR}=8$ …㉠

문제에서 주어진 조건에 의하여

$\overline{FQ}\le\overline{FR}=\overline{FP}+\overline{PR}=14$ …㉡

㉠, ㉡을 연립하면 $\overline{FP}=11$, $\overline{PR}=3$

원 C의 반지름의 길이는 3이므로 원 C의 넓이는 9π이다.

답 ③

M080 | 답 10

[풀이1]

기울기가 m이고 포물선 $y^2=4px$에 접하는 접선의 방정식은

$y=mx+\dfrac{p}{m}$

이므로

$y=\dfrac{1}{2}x+\dfrac{5}{\frac{1}{2}}=\dfrac{1}{2}x+10$

이 직선의 y절편은 10이다.

답 10

[풀이2] (교육과정 외)

음함수의 미분법에 의하여

$2y\dfrac{dy}{dx}=20$ 즉, $\dfrac{dy}{dx}=\dfrac{10}{y}$

$\dfrac{dy}{dx}=\dfrac{1}{2}$이면 $y=20$

$y=20$을 포물선의 방정식에 대입하면

$x=20$

접선의 방정식은

$y=\dfrac{1}{2}(x-20)+20$ 정리하면 $y=\dfrac{1}{2}x+10$

이 직선의 방정식에 $x=0$을 대입하면

∴ (접선의 y절편)$=10$

답 10

M081 | 답 ④

[풀이1]

문제에서 주어진 이차방정식은

$(2x-1)(x-1)=0$, $x=\dfrac{1}{2}$ 또는 $x=1$

$m_1=\dfrac{1}{2}$, $m_2=1$로 두어도 풀이의 일반성을 잃지 않는다.

기울기가 m이고 포물선 $y^2=4px$에 접하는 접선의 방정식은

$y=mx+\frac{p}{m}$

이므로

l_1: $y=\frac{1}{2}x+\frac{2}{\frac{1}{2}}$, $y=\frac{1}{2}x+4$

l_2: $y=x+\frac{2}{1}$, $y=x+2$

두 직선 l_1, l_2의 방정식을 연립하면

$\therefore\ x=4$

답 ④

[풀이2] (교육과정 외)

주어진 이차방정식을 인수분해하면

$(2x-1)(x-1)=0$

풀면

$x=\frac{1}{2}$ 또는 $x=1$

• (1) $m_1=\frac{1}{2}$, $m_2=1$인 경우

주어진 포물선의 방정식에서

음함수의 미분법을 적용하면

$2y\frac{dy}{dx}=8$ 즉, $\frac{dy}{dx}=\frac{4}{y}(y\neq 0)$

$\frac{dy}{dx}=\frac{4}{y}=m_1$에서 $y=8$

이를 주어진 포물선의 방정식에 대입하면

$x=8$

직선 l_1의 방정식은

$y=\frac{1}{2}x+4$

마찬가지의 방법으로 직선 l_2의 방정식은

$y=x+2$

두 직선 l_1, l_2의 방정식을 연립하면

$x=4$

• (2) $m_1=1$, $m_2=\frac{1}{2}$인 경우

(1)과 마찬가지의 방법으로

두 직선 l_1, l_2의 방정식을 연립하면

$x=4$

(1), (2)에서 두 직선 l_1, l_2의 교점의 x좌표는 4이다.

답 ④

M082 | 답 ①

[풀이1]

기울기가 3이고 문제에서 주어진 포물선에 접하는 직선의 방정식은

$y=3x+\frac{1}{3}\left(y=mx+\frac{p}{m}\right)$ …㉠

직선 $y=3x+2$를 x축의 방향으로 k만큼 평행이동시킨 직선의 방정식은

$y=3(x-k)+2$, 즉 $y=3x+2-3k$ …㉡

㉠, ㉡이 일치해야 하므로

$2-3k=\frac{1}{3}$

$\therefore\ k=\frac{5}{9}$

답 ①

[풀이2]

주어진 직선을 x축의 방향으로 k만큼 평행이동한 직선의 방정식은

$y=3(x-k)+2$

이 직선의 방정식과 주어진 포물선의 방정식을 연립하면

$(3x-3k+2)^2=4x$

정리하면

$9x^2+2(4-9k)x+9k^2-12k+4=0$

이 이차방정식의 판별식을 D라고 하면

$D/4=(4-9k)^2-9(9k^2-12k+4)=0$

풀면

$\therefore\ k=\frac{5}{9}$

답 ①

[풀이3] (교육과정 외)

$y^2=4x$에서

음함수의 미분법에 의하여

$2y\frac{dy}{dx}=4$ 즉, $\frac{dy}{dx}=\frac{2}{y}(y\neq 0)$

주어진 포물선 위의 점 $\left(\frac{t^2}{4},\ t\right)(t>0)$에서의 접선의 기울기가 3이면

$\frac{2}{t}=3$에서 $t=\frac{2}{3}$

포물선 위의 점 $\left(\frac{1}{9},\ \frac{2}{3}\right)$에서의 접선의 방정식은

$y-\frac{2}{3}=3\left(x-\frac{1}{9}\right)$ 즉, $y=3x+\frac{1}{3}$ …㉠

주어진 직선을 x축의 방향으로 k만큼 평행이동한 직선의 방정식

식은

$y=3(x-k)+2$ …ⓛ

두 직선 ㉠과 ⓛ이 같아야 하므로

$\frac{1}{3}=-3k+2$

풀면

$\therefore\ k=\frac{5}{9}$

답 ①

M083 |답 ①

[풀이]

기울기가 m이고 포물선 $y^2=4px$에 접하는 접선의 방정식은

$y=mx+\frac{p}{m}$

이므로

$y=nx+(n+1)=nx+\frac{a_n}{n}$

$\therefore\ a_n=n(n+1)$

시그마의 기본 성질과 연속하는 자연수의 거듭제곱의 합의 공식에 의하여

$\therefore\ \sum_{n=1}^{5}a_n=\sum_{n=1}^{5}n^2+\sum_{n=1}^{5}n=\frac{5\times6\times11}{6}+\frac{5\times6}{2}=70$

답 ①

[참고] (교육과정 외)

다음과 같이 일반항 a_n을 유도해도 좋다.

주어진 포물선의 방정식은

$y^2=4a_nx$ …(*)

음함수의 미분법에 의하여

$2y\frac{dy}{dx}=4a_n$ 즉, $\frac{dy}{dx}=\frac{2a_n}{y}(y\neq0)$

$\frac{dy}{dx}=\frac{2a_n}{y}=n$이면 $y=\frac{2a_n}{n}$

이를 (*)에 대입하면

$x=\frac{a_n}{n^2}$

주어진 조건에 의하여

$\frac{2a_n}{n}=n\times\frac{a_n}{n^2}+(n+1)$

일반항 a_n은

$a_n=n^2+n(n\geq1)$

M084 |답 ①

[풀이1]

선분 PQ가 x축과 만나는 점을 R이라고 하자. 이때, x축은 선분 PQ의 수직이등분선이다.

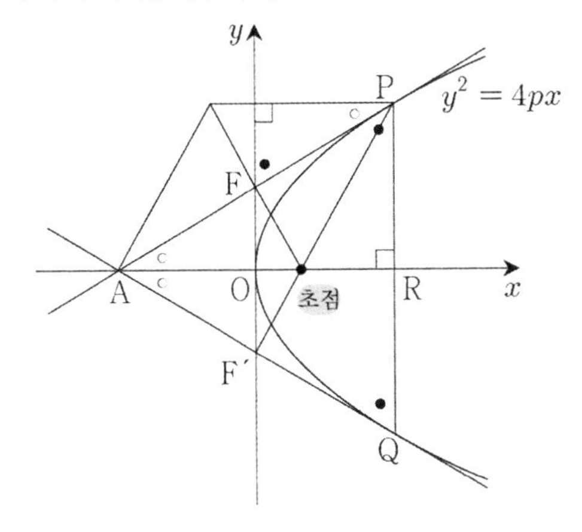

(단, ○$=30°$, ●$=60°$)

$\overline{AO}:\overline{OR}=1:1$이므로 점 P의 x좌표는 k이다.

직각삼각형 PAR에서 삼각비의 정의에 의하여

$\overline{PR}=\frac{2}{\sqrt{3}}k(=\sqrt{4pk})$, $k=3p$, $P\left(k,\ \frac{2}{\sqrt{3}}k\right)$

두 직각삼각형 FAO, PAR의 닮음비는 $1:2$이므로

$\overline{FO}=\frac{k}{\sqrt{3}}$

타원의 정의에 의하여

$\overline{PF}+\overline{PF'}=4\sqrt{3}+12$

즉, $\frac{2}{\sqrt{3}}k+2k=4\sqrt{3}+12$

($\because$ $\overline{PF}(=\overline{PR})$는 (위의 그림처럼) 직각삼각형의 높이, $\overline{PF'}=\overline{AR}$)

$\therefore\ k=6,\ p=2$

$\therefore\ p+k=8$

답 ①

[참고1]

k와 p 사이의 관계식은 다음과 같이 유도해도 좋다.

기울기가 m이고 포물선 $y^2=4px$에 접하는 접선의 방정식은

$y=mx+\frac{p}{m}$

이므로

$y=\pm\frac{1}{\sqrt{3}}x\pm p\sqrt{3}$

이 두 직선이 모두 $(-k,\ 0)$을 지나므로

$0=\mp\frac{1}{\sqrt{3}}k\pm p\sqrt{3}$

$\therefore\ k=3p$

[풀이2] (교육과정 외)

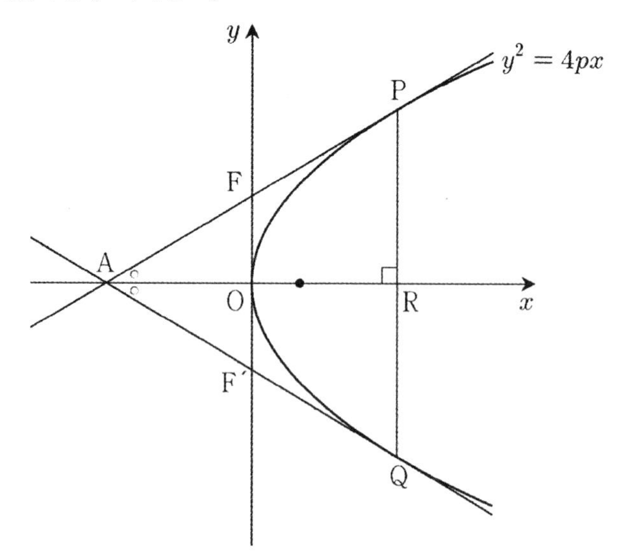

점 P의 좌표를 $P(x_1,\ y_1)$으로 두자. (단, $x_1>0,\ y_1>0$)

점 P는 문제에서 주어진 포물선 위에 있으므로

$y_1^2=4px_1$ …㉠

포물선의 방정식에서 음함수의 미분법에 의하여

$2y\dfrac{dy}{dx}=4p$ 즉, $\dfrac{dy}{dx}=\dfrac{2p}{y}$ …㉡

포물선 위의 점 P에서의 접선의 방정식은

$y=\dfrac{2p}{y_1}(x-x_1)+y_1$ 즉, $y=\dfrac{2p}{y_1}x+\dfrac{2px_1}{y_1}$

이 접선이 점 $A(-k,\ 0)$을 지나므로

$0=\dfrac{2p}{y_1}\times(-k)+\dfrac{2px_1}{y_1}$ 즉, $x_1=k$

이를 ㉠에 대입하여 점 P의 좌표를 구하면

$P(k,\ 2\sqrt{pk})$

마찬가지의 방법으로 점 Q의 좌표를 구하면

$Q(k,\ -2\sqrt{pk})$이므로 직선 PQ는 x축에 수직이다.

직선 PQ가 x축과 만나는 점을 R이라고 하면

두 직각삼각형 APR, AQR은 서로 합동이므로

$\angle PAR=\angle QAR=\dfrac{\pi}{6}$

포물선 위의 점 P에서의 접선이 x축의 양의 방향과 이루는 예각의 크기는 $\dfrac{\pi}{6}$이므로

$\dfrac{dy}{dx}=\dfrac{2p}{y_1}=\tan\dfrac{\pi}{6}=\dfrac{\sqrt{3}}{3}$ ($\because$ ㉡)

$y_1=2\sqrt{pk}$이므로 대입하여 정리하면

$k=3p$ …㉢

포물선 위의 점 P에서의 접선의 방정식에

$x=0$을 대입하면 $y=\dfrac{2px_1}{y_1}=\dfrac{2pk}{2\sqrt{pk}}=\sqrt{pk}$이므로

점 F의 좌표는 $F(0,\ \sqrt{pk})$이다.

두 점 F, F′는 원점에 대하여 대칭이므로

점 F′의 좌표는 $F'(0,\ -\sqrt{pk})$이다.

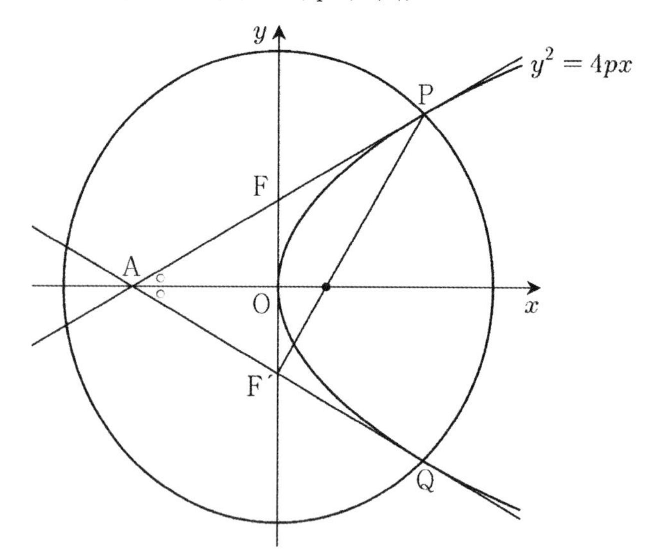

두 점 사이의 거리 공식에 의하여

$\overline{PF}=\sqrt{k^2+pk}$, $\overline{PF'}=\sqrt{k^2+9pk}$

㉢을 위의 식에 대입하면

$\overline{PF}=2\sqrt{3}p$, $\overline{PF'}=6p$

타원의 정의에 의하여

$\overline{PF}+\overline{PF'}=2\sqrt{3}p+6p=4\sqrt{3}+12$ 풀면 $p=2$

이를 ㉢에 대입하면 $k=6$

$\therefore\ k+p=8$

답 ①

[참고2]

포물선 위의 점 P에서의 접선의 방정식을 구할 때,

아래의 공식을 이용해도 좋다.

문제에서 주어진 포물선 $y^2=4px$ 위의

점 $P(x_1,\ y_1)$에서의 접선의 방정식은

$y_1y=2p(x+x_1)$ 즉, $y=\dfrac{2p}{y_1}x+\dfrac{2px_1}{y_1}$

[참고3]

k, p 사이의 관계식을 다음과 같이 구해도 좋다.

점 $A(-k,\ 0)$을 지나고 기울기가 $\tan\dfrac{\pi}{6}$인 직선의 방정식은

$y=\dfrac{\sqrt{3}}{3}(x+k)$

이 직선은 포물선 위의 점 P에서의 접선과 일치하므로

이 직선의 방정식과 포물선의 방정식을 연립하면

$y^2=4p(\sqrt{3}y-k)$ 정리하면 $y^2-4\sqrt{3}py+4pk=0$

이 이차방정식의 판별식을 D라고 하면

$D/4=(-2\sqrt{3}p)^2-4pk=0$

정리하면

$\therefore \ k=3p$

[풀이3]

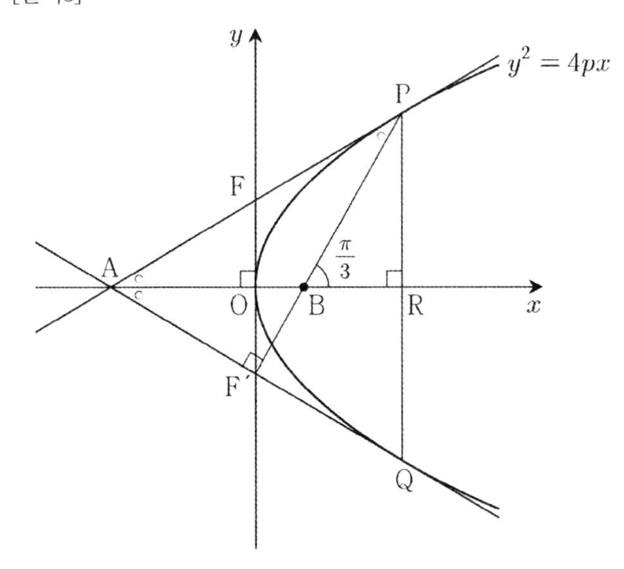

포물선의 축이 x축이므로 포물선은 x축에 대하여 대칭이다. 따라서 x축 위의 점 A에서 포물선의 그은 두 접선은 x축에 대하여 대칭이고 두 접점 P, Q도 x축에 대하여 대칭이다.

$\overline{AP}=\overline{AQ}$이고 $\angle PAQ=\frac{\pi}{3}$이므로 삼각형 PAQ는 정삼각형이다. 문제에서 주어진 포물선의 초점을 $B(p,\ 0)$,

점 P의 좌표를 $P(x_1,\ y_1)$으로 두자. (단, $x_1>0,\ y_1>0$)

포물선 위의 점 P에서의 접선의 방정식은

$y_1y=2p(x+x_1)$

이 접선이 점 $A(-k,\ 0)$을 지나므로

$y_1\times 0=2p(-k+x_1)$ 즉, $x_1=k$

점 P의 x좌표는 k이므로 점 Q의 x좌표는 k이다.

x축 위의 점 $(k,\ 0)$을 R이라고 하자.

서로 닮음인 두 직각삼각형 AOF′, ARQ에 대하여

$\overline{AO}:\overline{AR}=1:2=\overline{AF'}:\overline{AQ}$

이므로 F′는 선분 AQ의 중점이다.

정삼각형 PAQ에서 $\overline{PF'}\perp\overline{AQ}$이므로

삼각형 PAF′는 직각삼각형이다.

삼각형 PAF′의 세 내각의 합은 π이므로

$\angle BPA=\pi-\angle PAF'-\angle AF'P=\frac{\pi}{6}$

$\angle BAP=\angle BPA$이므로 삼각형 ABP는 $\overline{AB}=\overline{BP}$인 이등변삼각형이다.

삼각형 ABP의 각 $\angle B$에 대한 외각은 $\angle PBR=\frac{\pi}{3}$

직각삼각형 PBR에서 특수각의 삼각비에 의하여

$\cos\frac{\pi}{3}=\frac{\overline{PB}}{\overline{BR}}=\frac{\overline{AB}}{\overline{BR}}$ 즉, $\frac{1}{2}=\frac{p-(-k)}{k-p}$

정리하면 $k=3p$ $\cdots$ ㉠

점 P의 좌표는 $P(3p,\ 2\sqrt{3}p)$이므로

점 F의 좌표는 $F(0,\ \sqrt{3}p)$이다.

왜냐하면 점 F는 선분 AP의 중점이기 때문이다.

점 P에서 y축에 내린 수선의 발을 S라고 하자.

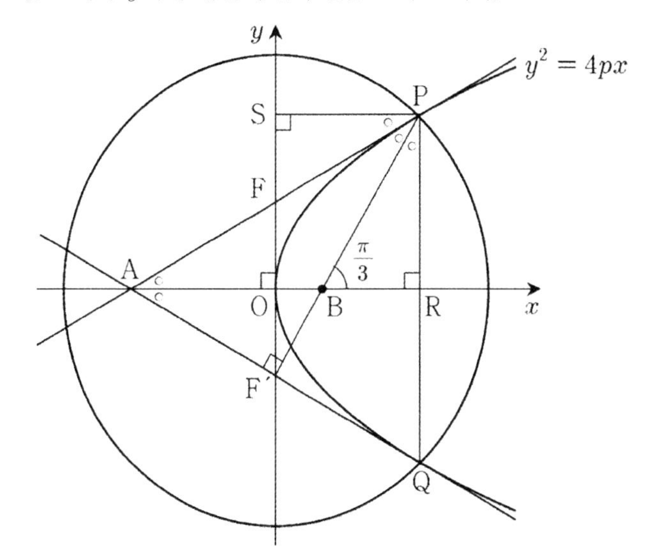

$\overline{SP}\,//\,\overline{AR}$이므로 평행선의 성질에 의하여

$\angle FPS=\frac{\pi}{6}=\angle PAR$(엇각)

직각삼각형 FPS에서 특수각의 삼각비에 의하여

$\overline{PF}=\frac{\overline{SP}}{\cos\frac{\pi}{6}}=\frac{\overline{OR}}{\cos\frac{\pi}{6}}=2\sqrt{3}p$

직각삼각형 F′PS에서 특수각의 삼각비에 의하여

$\overline{PF'}=\frac{\overline{SP}}{\cos\frac{\pi}{3}}=\frac{\overline{OR}}{\cos\frac{\pi}{3}}=6p$

타원의 정의에 의하여

$\overline{PF}+\overline{PF'}=2\sqrt{3}p+6p=4\sqrt{3}+12$

풀면

$p=2$

이를 ㉠에 대입하면

$k=6$

$\therefore \ k+p=8$

답 ①

[참고4]

k, p 사이의 관계식을 다음과 같이 구해도 좋다.

점 F′는 선분 AQ의 중점이고,

점 R은 선분 PQ의 중점이므로

두 선분 PF′, AR의 교점인 B는

정삼각형 PAQ의 무게중심이다.

삼각형의 무게중심의 좌표를 구하는 공식에 의하여

(점 B의 x좌표)$=\frac{1}{3}\times$(세 점 A, P, Q의 x좌표의 합)

대입하면

$p=\dfrac{-k+k+k}{3}$

정리하면

$\therefore\ k=3p$

M085 | 답 ②

[풀이] ★

〈증명〉

점 P의 좌표를 $(x_1,\ y_1)$이라고 하자.

접선의 방정식은

$\boxed{y_1y=\dfrac{1}{2}(x+x_1)}$

이 식에 $y=0$을 대입하면 교점 T의 좌표는

$\mathrm{T}(-x_1,\ 0)$

$y^2=4\times\dfrac{1}{4}\times x$에서 초점 F의 좌표는

$\mathrm{F}\boxed{\left(\dfrac{1}{4},\ 0\right)}$

이므로

$\overline{\mathrm{FT}}=\boxed{x_1+\dfrac{1}{4}}$

한편

$\overline{\mathrm{FP}}=\sqrt{\left(x_1-\dfrac{1}{4}\right)^2+y_1^2}$

$=\sqrt{\left(x_1-\dfrac{1}{4}\right)^2+x_1}\ (\because y_1^2=x_1)$

$=\sqrt{\left(x_1+\dfrac{1}{4}\right)^2}=\boxed{x_1+\dfrac{1}{4}}$

따라서 $\overline{\mathrm{FP}}=\overline{\mathrm{FT}}$ 이다.

(가): $y_1y=\dfrac{1}{2}(x+x_1)$ (나): $\left(\dfrac{1}{4},\ 0\right)$ (다): $x_1+\dfrac{1}{4}$

답 ②

[참고] (교육과정 외)

점 P는 포물선 $y^2=x$ 위의 점이므로

$y_1^2=x_1$ …㉠

음함수의 미분법에 의하여

$2y\dfrac{dy}{dx}=1$ 즉, $\dfrac{dy}{dx}=\dfrac{1}{2y}$

포물선 $y^2=x$ 위의 점 P에서의 접선의 방정식은

$y=\dfrac{1}{2y_1}(x-x_1)+y_1$ 즉, $y=\dfrac{1}{2y_1}x-\dfrac{x_1-2y_1^2}{2y_1}$

접선의 방정식에 ㉠을 대입하면

$y=\dfrac{1}{2y_1}x+\dfrac{x_1}{2y_1}$

정리하면

$2y_1y=x+x_1$

M086 | 답 ③

[풀이1]

주어진 포물선의 방정식은 $y^2=4\times1\times x$

이므로 준선의 방정식은 $x=-1$

접선 l의 방정식은

$4y=4\times\dfrac{x+4}{2}$ 즉, $y=\dfrac{1}{2}x+2$ …(*)

(*)에 $y=0$을 대입하면 $x=-4$이므로

점 C의 좌표는 $\mathrm{C}(-4,\ 0)$

(*)에 $x=-1$을 대입하면 $y=\dfrac{3}{2}$이므로

점 B의 좌표는 $\mathrm{B}\left(-1,\ \dfrac{3}{2}\right)$

삼각형의 넓이를 구하는 공식에 의하여

($\triangle$BCD의 넓이)$=\dfrac{1}{2}\times\overline{\mathrm{CD}}\times\overline{\mathrm{DB}}=\dfrac{1}{2}\times3\times\dfrac{3}{2}=\dfrac{9}{4}$

답 ③

[참고] (교육과정 외)

접선 l의 방정식은 아래의 방법으로도 구할 수 있다.

- 음함수의 미분법

주어진 포물선의 방정식을 미분하면

$2y\dfrac{dy}{dx}=4$ 즉, $\dfrac{dy}{dx}=\dfrac{2}{y}$

접선 l의 방정식은

$y=\dfrac{2}{4}(x-4)+4$ 정리하면 l: $y=\dfrac{1}{2}x+2$

- 이차방정식의 판별식

접선 l의 기울기를 $m(>0)$이라고 하면

$l:y=m(x-4)+4$

주어진 포물선의 방정식과 직선 l의 방정식을 연립하면

$my^2-4y+16(1-m)=0$

이 이차방정식의 판별식을 D라고 하면

$D/4=(-2)^2-m\times16(1-m)=0$ 정리하면

$(2m-1)^2=0$ 풀면 $m=\dfrac{1}{2}$

l: $y=\dfrac{1}{2}x+2$

[풀이2] 시험장

문제에서 주어진 포물선의 준선은 $x=-1$이고,
초점은 $\mathrm{F}(1,\ 0)$이다.

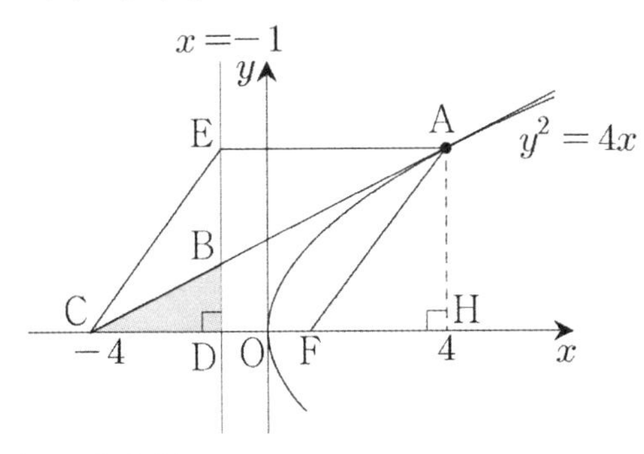

(단, $\mathrm{H}(4,\ 0)$이다.)
위의 그림처럼 사각형 AECF가 마름모가 되도록 하는 점 E는 직선 $x=-1$ 위에 있다.
두 직각삼각형 ACH, BCD의 닮음비가 $8:3$이므로

$\therefore$ ($\triangle$BCD의 넓이)$=\left(\dfrac{3}{8}\right)^2\left(\dfrac{1}{2}\times 8\times 4\right)=\dfrac{9}{4}$

답 ③

M087 | 답 ②

[풀이1]
만약 $b=0$이면 $a=0$이고 점 P는 원점이다.
이때, 주어진 포물선 위의 점 P에서의 접선은 y축이므로 점 Q는 원점이다.
이는 가정에 모순이므로 $b\neq 0$이다.
주어진 포물선 위의 점 P에서의 접선의 방정식은

$by=2(x+a)$ 즉, $y=\dfrac{2}{b}x+\dfrac{2a}{b}$

접선의 방정식에 $y=0$을 대입하면

$0=\dfrac{2}{b}x+\dfrac{2a}{b}$에서 $x=-a$

점 Q의 좌표는 $\mathrm{Q}(-a,\ 0)$
두 점 사이의 거리의 공식에 의하여

$\overline{\mathrm{PQ}}=\sqrt{(a-(-a))^2+(b-0)^2}$
$=\sqrt{4a^2+b^2}=4\sqrt{5}$

양변을 제곱하면

$4a^2+b^2=80$ …㉠

한편 점 P는 주어진 포물선 위의 점이므로

$b^2=4a$ …㉡

㉠과 ㉡을 연립하면

$a^2+a-20=0$

좌변을 인수분해하면

$(a+5)(a-4)=0$

$a>0$이므로 $a=4$
이를 ㉡에 대입하면

$b=\pm 4$

$\therefore\ a^2+b^2=32$

답 ②

[참고] (교육과정 외)
점 P는 포물선 $y^2=4x$ 위의 점이므로

$b^2=4a$ …㉢

음함수의 미분법에 의하여

$2y\dfrac{dy}{dx}=4$ 즉, $\dfrac{dy}{dx}=\dfrac{2}{y}$

포물선 $y^2=4x$ 위의 점 P에서의 접선의 방정식은

$y=\dfrac{2}{b}(x-a)+b$ 즉, $y=\dfrac{2}{b}x-\dfrac{2a-b^2}{b}$

접선의 방정식에 ㉢을 대입하면

$y=\dfrac{2}{b}x+\dfrac{2a}{b}$

[풀이2] 시험장 ★
주어진 포물선의 초점을 $\mathrm{F}(1,\ 0)$, 점 P에서 주어진 포물선의 준선과 x축에 내린 수선의 발을 각각 R, H라고 하자.

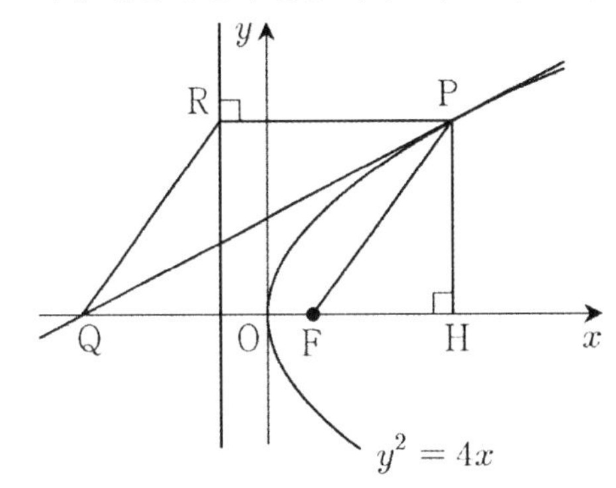

□PRQF는 마름모이므로

$\overline{\mathrm{QF}}=\overline{\mathrm{RP}}=a+1$

이고

$\overline{\mathrm{FH}}=a-1$

이므로

$\overline{\mathrm{QH}}=\overline{\mathrm{QF}}+\overline{\mathrm{FH}}=2a$

직각삼각형 PQH에서 피타고라스의 정리에 의하여

$\overline{\mathrm{PQ}}^2=\overline{\mathrm{QH}}^2+\overline{\mathrm{HP}}^2$

대입하여 정리하면

$4a^2+b^2=80$ …㉠

점 P는 주어진 포물선 위의 점이므로

$b^2=4a$ …㉡

㉠과 ㉡을 연립하면

$a=b=4$

$\therefore\ a^2+b^2=32$

답 ②

M088 | 답 12

[풀이]

$y^2 = 4\times\frac{n}{4}\times x$에서 포물선의 초점의 좌표는

$\left(\frac{n}{4},\ 0\right)$

포물선 위의 점 $(n,\ n)$에서의 접선의 방정식은

$ny = n\times\frac{x+n}{2}$ 즉, $x-2y+n=0$

점과 직선 사이의 거리 공식에 의하여

$$d=\frac{\left|\frac{n}{4}-2\times0+n\right|}{\sqrt{1^2+(-2)^2}}=\frac{\sqrt{5}}{4}n$$

주어진 조건에서

$d^2=\frac{5}{16}n^2\geq 40$

부등식을 풀면

$n\geq\sqrt{128}$

그런데 $11<\sqrt{128}<12$이므로

자연수 n의 최솟값은 12이다.

답 12

[참고1] (교육과정 외)

음함수의 미분법에 의하여

$2y\frac{dy}{dx}=n$ 즉, $\frac{dy}{dx}=\frac{n}{2y}$

포물선 $y^2=nx$ 위의 점 $(n,\ n)$에서의 접선의 방정식은

$y=\frac{1}{2}(x-n)+n$ 즉, $y=\frac{1}{2}x+\frac{n}{2}$

[참고2] ★

주어진 포물선의 초점을 F, 점 $(n,\ n)$을 P, 점 P에서의 접선이 x축, y축과 만나는 점을 각각 Q, R이라고 하자.

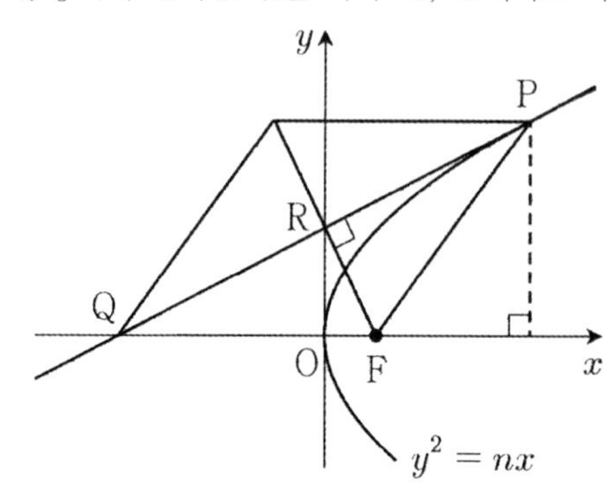

두 점 Q, R의 좌표는 각각

$Q(-n,\ 0)$, $R\left(0,\ \frac{n}{2}\right)$

두 점 사이의 거리 공식에 의하여

$d=\overline{FR}=\frac{\sqrt{5}}{4}n$

M089 | 답 ②

[풀이1]

점 P의 좌표를 $P(x_1,\ y_1)$이라고 하자.

점 P는 포물선 위에 있으므로

$y_1^2=4x_1$ …㉠

주어진 포물선 위의 점 P에서의 접선의 방정식은

$y_1y=2(x+x_1)$

이 직선이 점 $(-2,\ 0)$을 지나므로

$0\times y_1=2(-2+x_1)$ 즉, $x_1=2$

이를 ㉠에 대입하면

$y_1=2\sqrt{2}$ ($\because$ 주어진 그림에서 $y_1>0$)

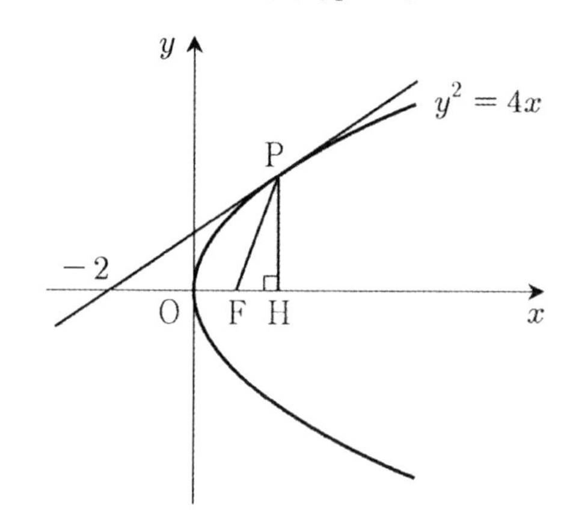

점 P에서 x축에 내린 수선의 발을 H라고 하자.

$y^2=4\times1\times x$에서 주어진 포물선의 초점의 좌표는

$F(1,\ 0)$이므로 $\overline{FH}=1$

직각삼각형 PFH에서 피타고라스의 정리에 의하여

$\overline{PF}=\sqrt{\overline{FH}^2+\overline{HP}^2}=3$

직각삼각형 PFH에서

$\cos(\angle PFH)=\frac{\overline{FH}}{\overline{PF}}=\frac{1}{3}$

$\therefore\ \cos(\angle PFO)=\cos(\pi-\angle PFH)$

$=-\cos(\angle PFH)=-\frac{1}{3}$

답 ②

[참고] (교육과정 외)

음함수의 미분법에 의하여

$2y\frac{dy}{dx}=4$ 즉, $\frac{dy}{dx}=\frac{2}{y}$

포물선 $y^2=4x$ 위의 점 P에서의 접선의 방정식은

$y=\frac{2}{y_1}(x-x_1)+y_1$ 즉, $y=\frac{2}{y_1}x-\frac{2x_1-y_1^2}{y_1}$

정리하면

$y=\frac{2}{y_1}x+\frac{2x_1}{y_1}$

[풀이2] 시험장 ★

점 P에서 주어진 포물선의 준선과 x축에 내린 수선의 발을 각각 Q, H라고 하자. 그리고 주어진 접선이 x축과 만나는 점을 R이라고 하자.

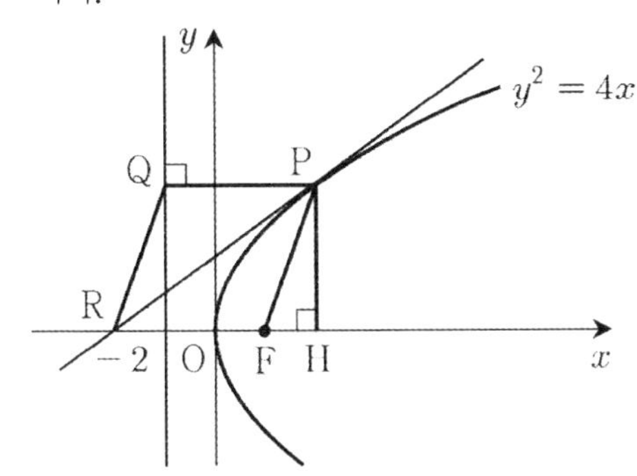

$y^2=4\times1\times x$에서 주어진 포물선의 초점의 좌표는

F$(1, 0)$이고 $\overline{OH}=\overline{OR}=2$이므로 $\overline{FH}=1$

사각형 PQRF는 마름모이므로

마름모의 정의에 의하여

$\overline{PF}=\overline{FR}=3$

직각삼각형 PFH에서

$\cos(\angle PFH)=\frac{\overline{FH}}{\overline{PF}}=\frac{1}{3}$

$\therefore\ \cos(\angle PFO)=\cos(\pi-\angle PFH)$

$=-\cos(\angle PFH)=-\frac{1}{3}$

답 ②

M090 | 답 14

[풀이]

점 A의 좌표를 (a, b)로 두면

$b^2=16a$ …㉠

포물선 $y^2=16x$ 위의 점 A에서의 접선의 방정식은

$by=8(x+a)(a\neq0)$

이 접선과 y축의 교점은 $\left(0, \frac{8a}{b}\right)$

점 B의 좌표를 (X, Y)로 두자.

조건 (나)에 의하여

$X=\frac{a+0+0}{3}$, $Y=\frac{b+0+\frac{8a}{b}}{3}$

첫 번째 식을 정리하면

$a=3X$ …㉡

두 번째 식을 정리하면

$Y=\frac{b^2+8a}{3b}=\frac{16a+8a}{3b}=\frac{8a}{b}=\frac{24X}{b}$

이므로 $b=\frac{24X}{Y}$ …㉢

㉡, ㉢을 ㉠에 대입하여 정리하면

$Y^2=12X(X\neq0)$

만약 $a=0$이면 $X=Y=0$이므로

점 B의 자취의 방정식은

$C: y^2=12x$

포물선 C의 초점을 F라고 하면

$y^2=4\times3\times x$에서 F$(3, 0)$

두 점 P, Q에서 포물선 C의 준선에 내린 수선의 발을 각각 R, S라고 하자.

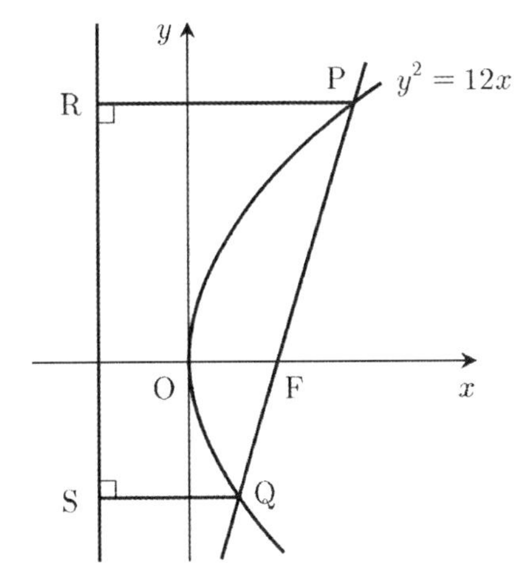

포물선의 정의에 의하여

$\overline{FP}=\overline{PR}=$(점 P의 x좌표)$+3$

$\overline{FQ}=\overline{QS}=$(점 Q의 x좌표)$+3$

주어진 조건에서

$\overline{PQ}=\overline{PF}+\overline{FQ}=\overline{PR}+\overline{QS}=20$

따라서 구하는 값은

(점 P의 x좌표)+(점 Q의 x좌표)$=14$

답 14

[참고] (교육과정 외)

점 A(a, b)는 포물선 $y^2=16x$ 위의 점이므로

$b^2=16a$

음함수의 미분법에 의하여

$2y\frac{dy}{dx}=16$ 즉, $\frac{dy}{dx}=\frac{8}{y}$

포물선 $y^2=16x$ 위의 점 A에서의 접선의 방정식은

$y=\frac{8}{b}(x-a)+b$ 즉, $y=\frac{8}{b}x-\frac{8a-b^2}{b}$

정리하면

$$y=\frac{8}{b}x+\frac{8a}{b}$$

M091 | 답 ③

[풀이1]

포물선 $x^2=2y$ 위의 점 $(x_0,\ y_0)$에서의 접선의 방정식은

$$x_0x=2\times\frac{y+y_0}{2}$$

즉, $y=x_0x-\frac{1}{2}x_0^2(\because x_0^2=2y_0)$ … ㉠

이 직선이 포물선

$$\left(y+\frac{1}{2}\right)^2=4px \quad \cdots ㉡$$

에 접한다고 하자.

㉠과 ㉡의 방정식을 연립하면

$$\left(y+\frac{1}{2}\right)^2=4p\left(\frac{y}{x_0}+\frac{x_0}{2}\right)$$

각 변을 전개하여 정리하면

$$y^2+\left(1-\frac{4p}{x_0}\right)y+\frac{1}{4}-2px_0=0$$

이 이차방정식의 판별식을 D라고 하자.

$$D=\left(1-\frac{4p}{x_0}\right)^2-4\left(\frac{1}{4}-2px_0\right)=0$$

정리하면

$x_0^3-x_0+2p=0$ (단, $p\neq 0$, $x_0\neq 0$)

만약 $x_0=0$이면 $y_0=0$이고, 포물선 $x^2=2y$ 위의 원점에서 그은 접선은 x축이다. 그런데 x축은 포물선 ㉡이 접선이 될 수 없으므로 이는 가정에 모순이다. 따라서 $x_0\neq 0$인 것이다.

이제 곡선 $y=x_0^3-x_0(x_0\neq 0)$와 직선 $y=-2p$의 위치관계를 생각하자.

함수 $y=x_0^3-x_0$의 도함수는

$$y'=3x_0^2-1=3\left(x_0+\frac{\sqrt{3}}{3}\right)\left(x_0-\frac{\sqrt{3}}{3}\right)(\text{단, } x_0\neq 0)$$

방정식 $y'=0$을 풀면

$$x_0=-\frac{\sqrt{3}}{3} \text{ 또는 } x_0=\frac{\sqrt{3}}{3}$$

함수 $y=x_0^3-x_0$의 증가와 감소를 표로 정리하면 다음과 같다.

x_0	$\cdots$	$-\frac{\sqrt{3}}{3}$	$\cdots$	0	$\cdots$	$\frac{\sqrt{3}}{3}$	$\cdots$
y'	+	0	−	╳	−	0	+
y	↗	$\frac{2\sqrt{3}}{9}$ 극대	↘	╳	↘	$-\frac{2\sqrt{3}}{9}$ 극소	↗

함수 $y=x_0^3-x_0$의 그래프는 다음과 같다.

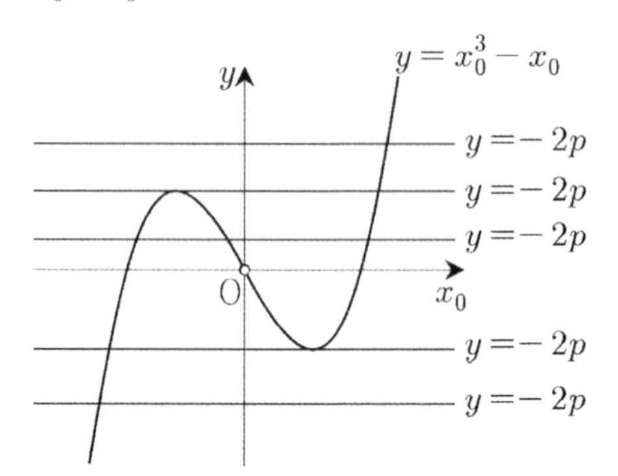

$-2p>\frac{2\sqrt{3}}{9}$ 또는 $-2p<-\frac{2\sqrt{3}}{9}$일 때,

$f(p)=1$

$-2p=\frac{2\sqrt{3}}{9}$ 또는 $-2p=-\frac{2\sqrt{3}}{9}$일 때,

$f(p)=2$

$-\frac{2\sqrt{3}}{9}<-2p<0$ 또는 $0<-2p<\frac{2\sqrt{3}}{9}$일 때,

$f(p)=3$

이므로 함수 $f(p)$의 그래프는 다음과 같다.

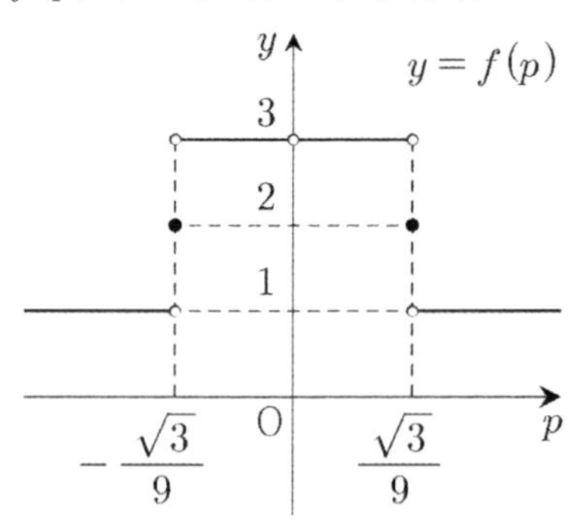

$$\lim_{p\to-\frac{\sqrt{3}}{9}+}f(p)=3>2=f\left(-\frac{\sqrt{3}}{9}\right)$$

이고, $k\neq-\frac{\sqrt{3}}{9}$일 때 문제에서 주어진 부등식은 성립하지 않으므로 $k=-\frac{\sqrt{3}}{9}$이다.

답 ③

[참고1] (교육과정 외)

포물선 $x^2=2y$ 위의 점 $(x_0,\ y_0)$에서의 접선의 방정식을 유도하는 과정은 다음과 같다.

점 $(x_0,\ y_0)$은 포물선 $x^2=2y$ 위에 있으므로

$x_0^2=2y_0$

음함수의 미분법에 의하여

$2x=2\dfrac{dy}{dx}$ 즉, $\dfrac{dy}{dx}=x$

접선의 기울기는 x_0이므로 접선의 방정식은

$y=x_0(x-x_0)+y_0=x_0x-x_0^2+y_0$

정리하면

$y=x_0x-\dfrac{1}{2}x_0^2$

[참고2]

포물선 $x^2=2y$ 위의 접점의 x좌표와 상수 p 사이의 관계식을 다음과 같이 유도해도 좋다.

문제에서 주어진 두 포물선에 동시에 접하는 직선의 방정식을

$y=ax+b$ (단, $a\neq0$) $\cdots(*)$

로 두자. ($\leftarrow y$축에 평행한 직선은 포물선 $x^2=2y$에 접하지 않으므로 제외한 것이다. 그리고 x축에 평행한 직선은 포물선 $\left(y+\dfrac{1}{2}\right)^2=4px$에 접하지 않으므로 $a\neq0$으로 둔 것이다.)

두 포물선의 방정식과 직선 (*)의 방정식을 연립하면

$x^2=2(ax+b)$,

$\left(ax+b+\dfrac{1}{2}\right)^2=4px$

각각을 정리하면

$x^2-2ax-2b=0$, $\cdots$ ㄷ

$a^2x^2+(2ab+a-4p)x+\left(b+\dfrac{1}{2}\right)^2=0$ $\cdots$ ㄹ

두 이차방정식의 판별식을 각각 D_1, D_2라고 하자.

$D_1/4=(-a)^2-(-2b)=0$

즉, $a^2+2b=0$ $\cdots$ ㅁ

$D_2=(2ab+a-4p)^2-4a^2\left(b+\dfrac{1}{2}\right)^2$

$=\left\{2a\left(b+\dfrac{1}{2}\right)-4p\right\}^2-4a^2\left(b+\dfrac{1}{2}\right)^2$

$=-16ap\left(b+\dfrac{1}{2}\right)+16p^2=0$

즉, $p=a\left(b+\dfrac{1}{2}\right)$ $\cdots$ ㅂ

ㅁ을 ㄷ에 대입하여 정리하면 $x=a$이고,

ㅂ을 ㄹ에 대입하여 정리하면 $x=\dfrac{p}{a^2}$이다.

직선 $y=ax+b$가 두 포물선에 모두 접할 때,

포물선 $x^2=2y$ 위의 접점의 좌표는

$\left(a,\ \dfrac{a^2}{2}\right)$이고,

포물선 $\left(y+\dfrac{1}{2}\right)^2=4px$ 위의 접점의 좌표는

$\left(\dfrac{p}{a^2},\ 2b+\dfrac{1}{2}\right)$ 또는 $\left(\dfrac{p}{a^2},\ -2b-\dfrac{3}{2}\right)$이다.

ㅁ과 ㅂ을 연립하면

$a^2+2\left(\dfrac{p}{a}-\dfrac{1}{2}\right)=0$

정리하면

$a^3-a=-2p$(단, $a\neq0$, $p\neq0$)

[참고3]

다음과 같은 접근도 가능하다.

기울기가 $\dfrac{1}{m}$이고 포물선 $y^2=4px$에 접하는 접선의 방정식은

$y=\dfrac{1}{m}x+pm$

이므로 기울기가 $\dfrac{1}{m}$이고 포물선 $y^2=2x$에 접하는 접선의 방정식은

$y=\dfrac{1}{m}x+\dfrac{m}{2}$

이다. 이 함수의 역함수는

$y=mx-\dfrac{m^2}{2}$ $\cdots$ ㄱ

이고, 이 직선은 포물선 $x^2=2y$에 접한다.

기울기가 m이고 포물선 $\left(y+\dfrac{1}{2}\right)^2=4px$에 접하는 직선의 방정식은

$y=mx+\dfrac{p}{m}-\dfrac{1}{2}$ $\cdots$ ㄴ

ㄱ=ㄴ: $-\dfrac{1}{2}m^2=\dfrac{p}{m}-\dfrac{1}{2}$

$p=-\dfrac{1}{2}(m^3-m)$

이제 곡선 $y=-\dfrac{1}{2}(m^3-m)$와 직선 $y=p$의 위치 관계를 밝히면 된다.

[풀이2] (교육과정 외)

p의 절댓값 $|p|$의 값이 클수록 포물선

$\left(y+\dfrac{1}{2}\right)^2=4px$

의 폭은 넓어진다.

문제에서 주어진 두 포물선의 위치 관계는 다음과 같이 세 경우로 구분할 수 있다.

▸ (경우1) 만나지 않는 경우

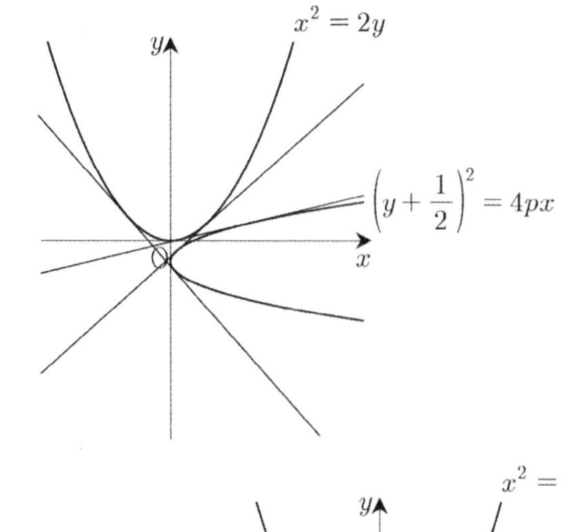

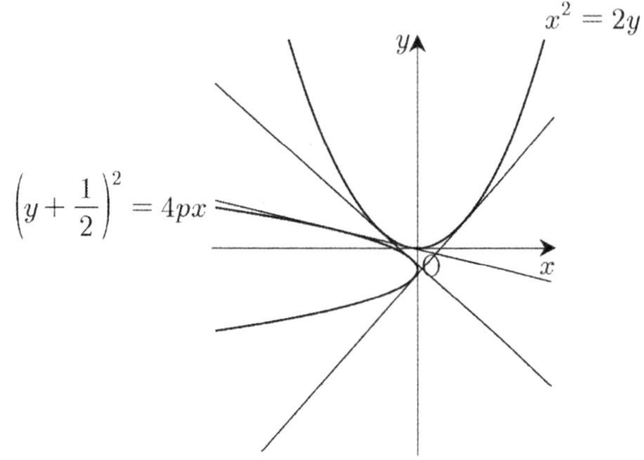

(단, 위는 p가 양수, 아래는 p가 음수)

두 포물선에 동시에 접하는 직선의 개수는 3이다.

▸ (경우2) 오직 한 점에서만 만나는 경우

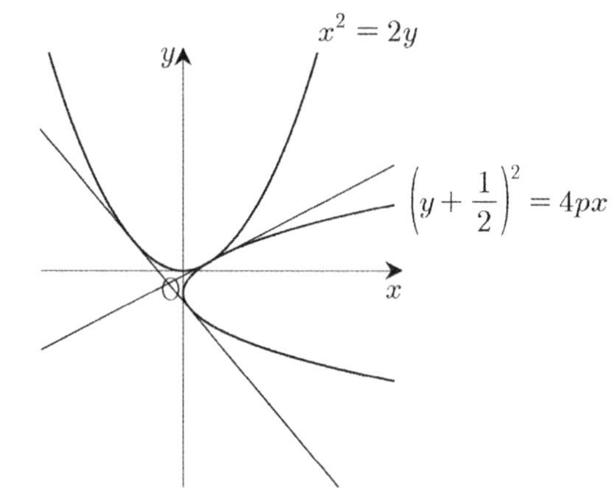

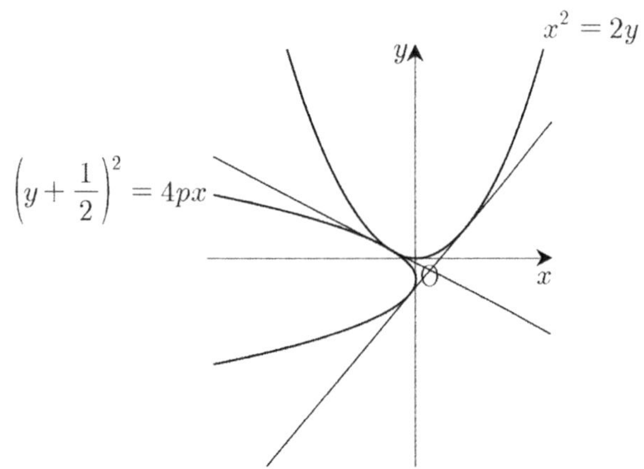

(단, 위는 p가 양수, 아래는 p가 음수)

두 포물선에 동시에 접하는 직선의 개수는 2이다.

▸ (경우3) 서로 다른 두 점에서 만나는 경우

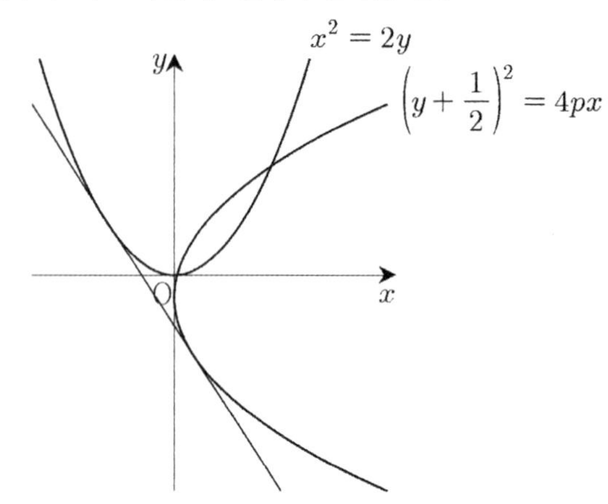

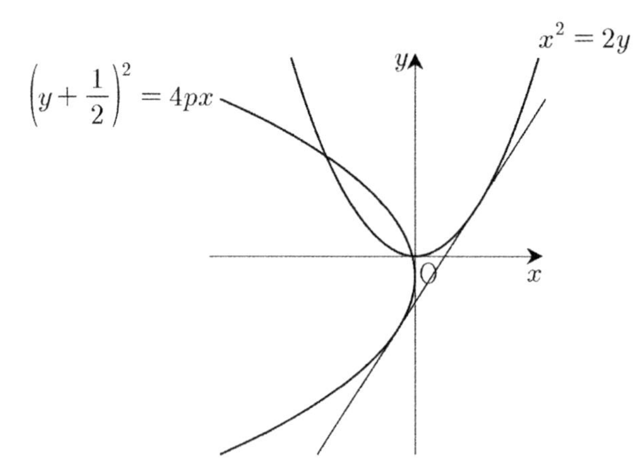

(단, 위는 p가 양수, 아래는 p가 음수)

두 포물선에 동시에 접하는 직선의 개수는 1이다.

(경우2)를 만족시키는 p 중에서 양수를 p_0라고 하자.

함수 $f(p)$의 그래프의 개형은 다음과 같다.

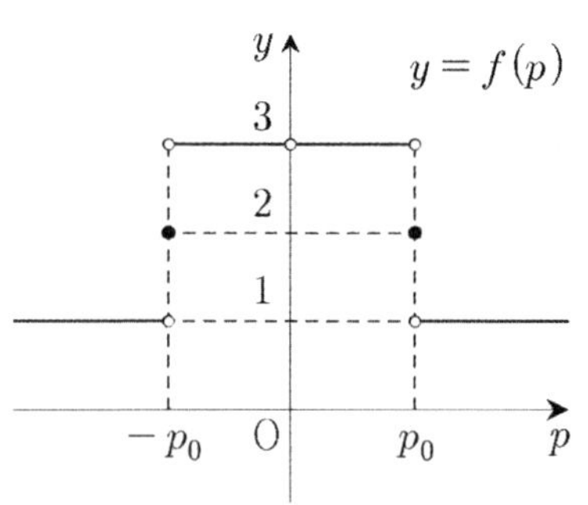

$$\lim_{p \to -p_0+} f(p) = 3 > 2 = f(-p_0)$$

이고, $k \neq -p_0$일 때 문제에서 주어진 부등식은 성립하지 않으므로 $k = -p_0$이다.

이제 (경우2)에서 $p = -p_0$일 때, 두 포물선이 동시에 접하는 접선의 접점을 $(x_0,\ y_0)$이라고 하자. (단, $x_0 < 0,\ y_0 > 0$)

점 $(x_0,\ y_0)$은 두 포물선 위에 있으므로

$$x_0^2 = 2y_0 \qquad \cdots ㉠$$

$\left(y_0+\frac{1}{2}\right)^2=-4p_0x_0$ … ㉡

음함수의 미분법을 이용하여 두 포물선 각각에 대하여 $\frac{dy}{dx}$를 구하자.

$2x=2\frac{dy}{dx}$에서 $\frac{dy}{dx}=x$

$2\left(y+\frac{1}{2}\right)\frac{dy}{dx}=-4p_0$에서 $\frac{dy}{dx}=-\frac{2p_0}{y+\frac{1}{2}}$

두 포물선 위의 점 $(x_0,\ y_0)$에서 각각 그은 두 접선의 기울기는 같으므로

$x_0=-\frac{2p_0}{y_0+\frac{1}{2}}$ … ㉢

㉢의 양변을 제곱하여 정리하면

$\left(y_0+\frac{1}{2}\right)^2=\frac{4p_0^2}{x_0^2}$

이를 ㉡에 대입하면

$\frac{4p_0^2}{x_0^2}=-4p_0x_0$

정리하면

$x_0^3=-p_0$

이를 ㉢에 대입하여 정리하면

$y_0+\frac{1}{2}=2x_0^2$

이를 ㉠에 대입하여 정리하면

$y_0=\frac{1}{6},\ x_0=-\frac{\sqrt{3}}{3}$

$\therefore\ k=-p_0=x_0^3=-\frac{\sqrt{3}}{9}$

답 ③

[참고4]

다음과 같이 k의 값을 구해도 좋다. (※ 2005학년도 9월 평가원 모의고사 가형 15번 증명 문제의 결과를 이용한 것이다.)

포물선 $x^2=2y$의 초점을 F,

포물선 $\left(y+\frac{1}{2}\right)^2=4px$의 꼭짓점과 초점을 각각 A, F′라고 하자.

$p=-p_0$일 때, 두 포물선의 접점을 P, 점 P에서 두 포물선에 동시에 접하는 직선이 y축과 만나는 점을 Q, 직선 $y=-\frac{1}{2}$과 만나는 점을 R이라고 하자. 그리고 점 P에서 y축에 내린 수선의 발을 H, 직선 $y=-\frac{1}{2}$에 내린 수선의 발을 I라고 하자.

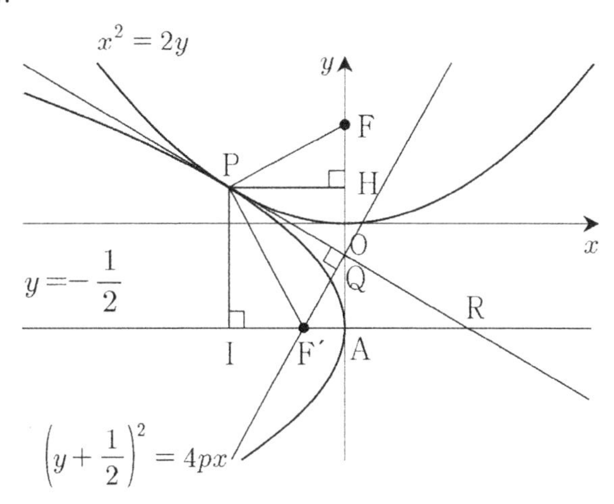

점 P의 좌표가 $\left(x_0,\ \frac{x_0^2}{2}\right)$이므로

두 점 H, I의 좌표는 각각

$\left(0,\ \frac{x_0^2}{2}\right)$, $\left(x_0,\ -\frac{1}{2}\right)$이다.

$\overline{HO}=\overline{OQ}$이므로 점 Q의 좌표는

$\left(0,\ -\frac{x_0^2}{2}\right)$

$\overline{IA}=\overline{AR}$이므로 점 R의 좌표는

$\left(-x_0,\ -\frac{1}{2}\right)$

세 점 P, Q, R은 한 직선 위에 있으므로

(직선 PQ의 기울기)=(직선 QR의 기울기)

즉, $\frac{-x_0^2}{-x_0}=\frac{-\frac{1}{2}+\frac{x_0^2}{2}}{-x_0}$

풀면 $x_0=-\frac{\sqrt{3}}{3}\ (\because x_0<0)$

두 포물선에 동시에 접하는 접선의 기울기는

직선 PQ의 기울기 $-\frac{\sqrt{3}}{3}$과 같다.

점 Q를 지나고 직선 PQ에 수직인 직선의 방정식은

$y=\sqrt{3}x-\frac{1}{6}$

이 직선과 직선 $y=-\frac{1}{2}$의 교점이 포물선 $\left(y+\frac{1}{2}\right)^2=4px$의 초점이다.

두 직선 $y=\sqrt{3}x-\frac{1}{6}$, $y=-\frac{1}{2}$의 방정식을 연립하면

$x=-\frac{\sqrt{3}}{9}$이므로 $k=-p_0=-\frac{\sqrt{3}}{9}$이다.

M092 | 답 ②

[풀이]

주어진 타원의 방정식을

$\frac{x^2}{a^2}+\frac{y^2}{b^2}=1$ (단, $a>0$, $b>0$)

타원의 방정식에서

$(\sqrt{3})^2=a^2-b^2$ …㉠

주어진 타원이 점 $(0,\ 1)$을 지나므로

$\frac{0^2}{a^2}+\frac{1^2}{b^2}=1$에서 $b^2=1$ …㉡

㉠과 ㉡을 연립하면 $a^2=4$

타원의 방정식은

$\frac{x^2}{4}+y^2=1$

이제 $x+y=k$(k는 상수)로 두자.

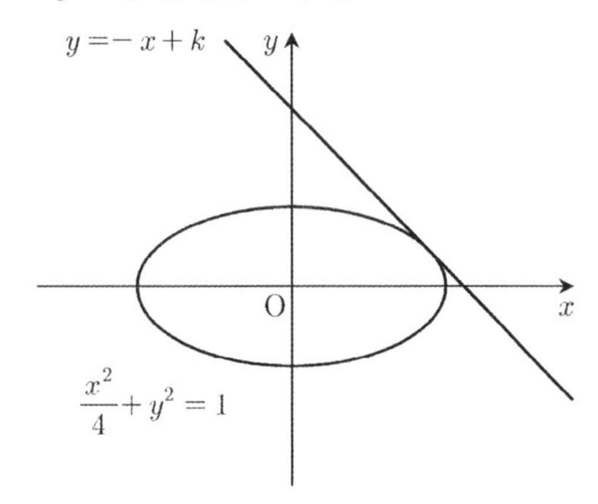

위의 그림처럼

직선 $y=-x+k$가 주어진 타원에 접할 때,

k는 최댓값을 갖는다.

기울기가 -1이고 문제에서 주어진 타원에 접하는 직선의 방정식은

$y=-x\pm\sqrt{5}$ $(y=mx\pm\sqrt{a^2m^2+b^2})$

즉, $x+y=\pm\sqrt{5}$

따라서 구하는 최댓값은 $\sqrt{5}$이다.

답 ②

[참고1] (교육과정 외)

다음과 같은 방법으로 k의 최댓값을 구해도 좋다.

타원의 방정식 $\frac{x^2}{4}+y^2=1$을 유도한 상태라고 하자.

타원의 방정식에서

음함수의 미분법에 의하여

$\frac{x}{2}+2y\frac{dy}{dx}=0$ 즉, $\frac{dy}{dx}=-\frac{x}{4y}(y\neq 0)$

접점의 x좌표를 t로 두면

$\frac{dy}{dx}=-\frac{t}{4y}=-1$에서 $y=\frac{t}{4}$

$x=t$, $y=\frac{t}{4}$를 타원의 방정식에 대입하면

$\frac{t^2}{4}+\left(\frac{t}{4}\right)^2=1$

풀면

$t=\frac{4\sqrt{5}}{5}$ 또는 $t=-\frac{4\sqrt{5}}{5}$

접점의 좌표는 $\left(\frac{4\sqrt{5}}{5},\ \frac{\sqrt{5}}{5}\right)$이다.

주어진 타원에 접하고, 기울기가 -1인 두 접선 중에서 y절편이 양수인 접선은

$y=-x+\sqrt{5}$

$\therefore\ k\leq\sqrt{5}$

답 ②

[참고2]

다음과 같은 방법으로 k의 최댓값을 구해도 좋다.

타원의 방정식 $\frac{x^2}{4}+y^2=1$을 유도한 상태라고 하자.

$x+y=k$(k는 상수)로 두자.

주어진 타원의 방정식과 직선 $y=-x+k$의 방정식을 연립하면

$\frac{x^2}{4}+(-x+k)^2=1$

정리하면

$5x^2-8kx+4k^2-4=0$

이차방정식의 판별식을 D라고 하면

$D/4=(-4k)^2-5(4k^2-4)\geq 0$

정리하면

$k^2\leq 5$

풀면

$-\sqrt{5}\leq k\leq\sqrt{5}$

따라서 $x+y$의 최댓값은 $\sqrt{5}$이다.

답 ②

M093 | 답 ⑤

[풀이]

(□ABCD의 넓이)=(△ABC의 넓이)+(△CDA의 넓이)

$=\frac{1}{2}\overline{\mathrm{AC}}\times$(두 점 B, D에서 직선 AC에 이르는 거리의 합)

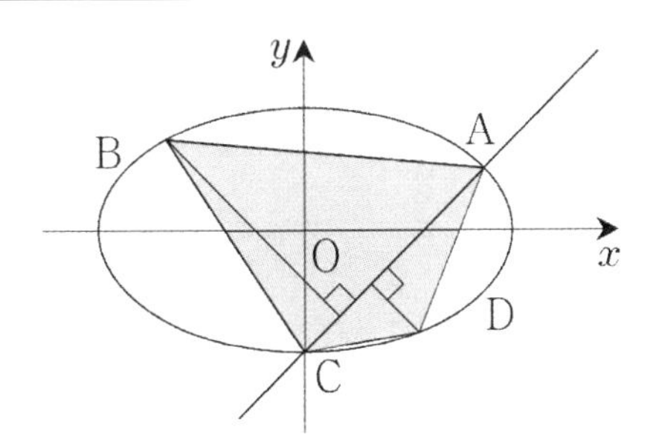

아래 그림처럼 두 점 B, D에서의 접선의 기울기가 직선 AC의 기울기와 같을 때, 사각형 ABCD의 넓이가 최대가 된다.

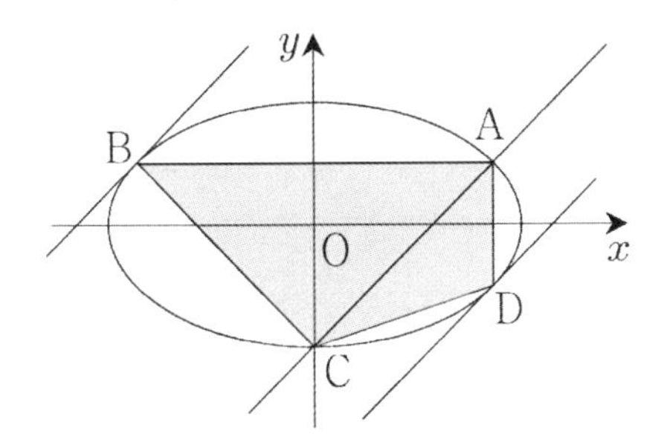

접선의 방정식은

$y=x\pm\sqrt{3\times1+1}=x\pm2$

(두 점 B, D에서 직선 AC에 이르는 거리의 합)

$=2\times$(원점 O에서 직선 $y=x-2$에 이르는 거리의 합)

$=2\times\dfrac{2}{\sqrt{2}}=2\sqrt{2}$

이제 선분 AC의 길이를 구하자.

타원과 직선 $y=x-1$의 방정식을 연립하면

$\dfrac{x^2}{3}+(x-1)^2=1$, $4x^2-6x=0$, $x=\dfrac{3}{2}$

$\overline{\mathrm{AC}}=\dfrac{3}{2}\sqrt{2}$

$\therefore$ (□ABCD의 넓이) $\le\dfrac{1}{2}\times\dfrac{3}{2}\sqrt{2}\times2\sqrt{2}=3$

답 ⑤

M094 | 답 17

[풀이1]

기울기가 m이고 타원 $\dfrac{x^2}{a^2}+\dfrac{y^2}{b^2}=1$에 접하는 직선의 방정식은

$y=mx\pm\sqrt{a^2m^2+b^2}$

이다. 이를 이용하여 문제를 풀어보자.

접점이 제1사분면에 있는 직선의 방정식은

$y=-\dfrac{1}{2}x+1$ … ㉠

기울기가 $-\dfrac{1}{2}$이고 타원 $\dfrac{x^2}{a^2}+\dfrac{y^2}{b^2}=1$에 접하는 직선의 방정식은

$y=-\dfrac{1}{2}x\pm\sqrt{\dfrac{1}{4}a^2+b^2}$ … ㉡

㉠=㉡: $\sqrt{\dfrac{1}{4}a^2+b^2}=1$, $a^2+4b^2=4$

그런데 $a^2=b^2+c^2=b^2+b^2=2b^2$,

$a=\sqrt{2}b$이므로

$(\sqrt{2}b)^2+4b^2=4$, $b^2=\dfrac{2}{3}$, $a^2=\dfrac{4}{3}$

$\therefore\ a^2b^2=\dfrac{8}{9}$

$\therefore\ p+q=17$

답 17

[풀이2] (교육과정 외)

타원 $\dfrac{x^2}{4}+y^2=1$의 네 꼭짓점은

$(2,\ 0)$, $(0,\ 1)$, $(-2,\ 0)$, $(0,\ -1)$

타원 $\dfrac{x^2}{a^2}+\dfrac{y^2}{b^2}=1$ … (*)

은 두 꼭짓점 $(2,\ 0)$, $(0,\ 1)$을 지나는

직선 $y=-\dfrac{1}{2}x+1$에 접한다.

이때, 접점의 좌표를 $(t,\ s)$로 두면

접선의 방정식은

$\dfrac{tx}{a^2}+\dfrac{sy}{b^2}=1$ (←[참고])

정리하면

$y=-\dfrac{b^2tx}{a^2s}+\dfrac{b^2}{s}$

$-\dfrac{b^2t}{a^2s}=-\dfrac{1}{2}$, $\dfrac{b^2}{s}=1$

연립방정식을 풀면

$t=\dfrac{a^2}{2}$, $s=b^2$

접점 $\left(\dfrac{a^2}{2},\ b^2\right)$은 접선 위의 점이므로

$b^2=-\dfrac{a^2}{4}+1$ … ㉠

한편 타원 (*)의 한 초점이 $\mathrm{F}(b,\ 0)$이므로

$b^2=a^2-b^2$

정리하면

$a^2=2b^2$ … ㉡

㉠과 ㉡을 연립하면

$a^2=\dfrac{4}{3}$, $b^2=\dfrac{2}{3}$

따라서 $a^2b^2 = \frac{8}{9}$이다.

$\therefore\ p+q=17$

답 17

[참고] (교육과정 외)

타원 위의 점 $(t,\ s)$에 대하여

$\frac{t^2}{a^2}+\frac{s^2}{b^2}=1$ 즉, $b^2t^2+a^2s^2=a^2b^2$

음함수의 미분법에 의하여

$\frac{2}{a^2}x+\frac{2}{b^2}y\frac{dy}{dx}=0$ 즉, $\frac{dy}{dx}=-\frac{b^2x}{a^2y}$

문제에서 주어진 타원 위의 점 $(t,\ s)$에서의 접선의 방정식은

$y=-\frac{b^2t}{a^2s}(x-t)+s$ 즉, $y=-\frac{b^2t}{a^2s}x+\frac{b^2t^2+a^2s^2}{a^2s}$

정리하면

$y=-\frac{b^2t}{a^2s}x+\frac{b^2}{s}$

[풀이3]

타원 $\frac{x^2}{4}+y^2=1$의 네 꼭짓점은

$(2,\ 0)$, $(0,\ 1)$, $(-2,\ 0)$, $(0,\ -1)$

타원 $\frac{x^2}{a^2}+\frac{y^2}{b^2}=1$ $\cdots(*)$

은 두 꼭짓점 $(2,\ 0)$, $(0,\ 1)$을 지나는

직선 $y=-\frac{1}{2}x+1$에 접한다.

타원 (*)의 한 초점이 $\mathrm{F}(b,\ 0)$이므로

$b^2=a^2-b^2$ 즉, $a^2=2b^2$ $\cdots$㉠

타원 (*)의 방정식은

$\frac{x^2}{2b^2}+\frac{y^2}{b^2}=1$

이 타원과 직선 $y=-\frac{1}{2}x+1$의 방정식을 연립하면

$\frac{(2-2y)^2}{2b^2}+\frac{y^2}{b^2}=1$

정리하면

$3y^2-4y+2-b^2=0$

이 이차방정식의 판별식을 D라고 하면

$D/4=(-2)^2-3(2-b^2)=0$

풀면

$b^2=\frac{2}{3}$

이를 ㉠에 대입하면

$a^2=\frac{4}{3}$

따라서 $a^2b^2=\frac{8}{9}$이다.

$\therefore\ p+q=17$

답 17

M095 | 답 ⑤

[풀이1]

기울기가 m이고, 타원 $\frac{x^2}{a^2}+\frac{y^2}{b^2}=1$에 접하는 직선의 방정식은

$y=mx\pm\sqrt{a^2m^2+b^2}$

문제에서 주어진 타원에서 $a^2=19$, $b^2=\frac{19}{3}$이므로

$y=mx\pm\sqrt{19m^2+\frac{19}{3}}$

점과 직선 사이의 거리 공식에 의하여

$\frac{\sqrt{19m^2+\frac{19}{3}}}{\sqrt{m^2+1}}=\frac{19}{5}$

양변을 제곱하여 정리하면

$m^2=\frac{16}{9}$

$\therefore\ m=-\frac{4}{3}$

($\because$ 직선 l은 제1사분면에서 타원에 접하므로 $m<0$)

답 ⑤

[풀이2]

접점의 좌표를 $(x_0,\ y_0)$라고 하자.

이 점은 주어진 타원 위에 있으므로

$x_0^2+3y_0^2=19$ $\cdots$㉠

접선의 방정식은

$x_0x+3y_0y=19$

점과 직선 사이의 거리 공식에 의하여

$\frac{19}{\sqrt{x_0^2+(3y_0)^2}}=\frac{19}{5}$, 즉

$x_0^2+9y_0^2=25$ $\cdots$㉡

㉠, ㉡을 연립하면

$y_0=1$, $x_0=4$ $(y_0>0,\ x_0>0)$

$\therefore$ (직선 l의 기울기)$=-\frac{x_0}{3y_0}=-\frac{4}{3}$

답 ⑤

M096 | 답 ②

[풀이1]

기울기가 m이고, 주어진 타원에 접하는 직선의 방정식은

$y=mx\pm\sqrt{m^2+2}$

이 직선이 점 $\mathrm{P}(k,\ 2)$를 지나므로

$2=mk\pm\sqrt{m^2+2}$

양변에서 mk를 빼면

$2-mk=\pm\sqrt{m^2+2}$

양변을 제곱하여 정리하면

$(1-k^2)m^2+4km-2=0$

이차방정식의 서로 다른 두 실근을 $\alpha,\ \beta$라고 하면, 주어진 조건에서 $\alpha\beta=\dfrac{1}{3}$이다.

이차방정식의 근과 계수와의 관계에서

$\dfrac{-2}{1-k^2}=\dfrac{1}{3}$

풀면

$\therefore\ k^2=7$

답 ②

[풀이2]

점 P에서 주어진 타원에 그은 접선과 타원의 접점의 좌표를 $(s,\ t)$이라고 하자.

접선의 방정식은

$sx+\dfrac{ty}{2}=1$

접선이 점 $(k,\ 2)$를 지나므로

$ks+t=1$ …㉠

점 $(s,\ t)$가 타원 위의 점이므로

$s^2+\dfrac{t^2}{2}=1$ …㉡

㉠과 ㉡을 연립하면

$s^2+\dfrac{(1-ks)^2}{2}=1$

정리하면

$(2+k^2)s^2-2ks-1=0$

이차방정식의 두 실근을 각각 $x_1,\ x_2$라고 하면

이차방정식의 근과 계수와의 관계에 의하여

$x_1+x_2=\dfrac{2k}{2+k^2},\ x_1x_2=-\dfrac{1}{2+k^2}$ …㉢

이제 두 접점의 좌표를 각각 $(x_1,\ y_1),\ (x_2,\ y_2)$라고 하면

㉠에 의하여

$y_1=1-kx_1,\ y_2=1-kx_2$ …㉣

두 접선의 기울기의 곱은

$\left(-\dfrac{2x_1}{y_1}\right)\left(-\dfrac{2x_2}{y_2}\right)=\dfrac{1}{3}$

㉣에 의하여

$\dfrac{4x_1x_2}{1-k(x_1+x_2)+k^2x_1x_2}=\dfrac{1}{3}$

㉢을 대입하면

$\dfrac{-\dfrac{4}{2+k^2}}{1-\dfrac{2k^2}{2+k^2}-\dfrac{k^2}{2+k^2}}=\dfrac{1}{3}$

정리하면

$\dfrac{-2}{1-k^2}=\dfrac{1}{3}$

풀면

$\therefore\ k^2=7$

답 ②

[참고] (교육과정 외)

점 $(s,\ t)$는 문제에서 주어진 타원 위의 점이므로

$s^2+\dfrac{t^2}{2}=1$ 즉, $2s^2+t^2=2$

음함수의 미분법에 의하여

$2x+y\dfrac{dy}{dx}=0$ 즉, $\dfrac{dy}{dx}=-\dfrac{2x}{y}$

타원 위의 점 $(s,\ t)$에서의 접선의 방정식은

$y=-\dfrac{2s}{t}(x-s)+t$ 즉, $y=-\dfrac{2s}{t}x+\dfrac{2s^2+t^2}{t}$

정리하면

$y=-\dfrac{2s}{t}x+\dfrac{2}{t}$

M097 | 답 ①

[풀이1]

쌍곡선 $\dfrac{x^2}{a^2}-\dfrac{y^2}{b^2}=1$의 점근선의 방정식은 $y=\pm\dfrac{b}{a}x$이다.

$y=\dfrac{b}{a}x$에 평행하고 타원 $\dfrac{x^2}{8a^2}+\dfrac{y^2}{b^2}=1$에 접하는 직선 l의 방정식은

$y=\dfrac{b}{a}x+3b$ 즉, $bx-ay+3ab=0$

주어진 조건에서 원점과 직선 l 사이의 거리가 1이므로

$$\frac{|3ab|}{\sqrt{b^2+(-a)^2}}=1$$

양변을 제곱하면

$$\frac{9a^2b^2}{a^2+b^2}=1$$

좌변의 분자, 분모를 각각 a^2b^2으로 나누면

$$\frac{9}{\frac{1}{b^2}+\frac{1}{a^2}}=1$$

정리하면 $\frac{1}{a^2}+\frac{1}{b^2}=9$이다.

한편 $y=-\frac{b}{a}x$에 평행하고 타원 $\frac{x^2}{8a^2}+\frac{y^2}{b^2}=1$에 접하는 직선 l의 방정식은

$$y=-\frac{b}{a}x+3b \text{ 즉, } bx+ay-3ab=0$$

주어진 조건에서 원점과 직선 l 사이의 거리가 1이므로

$$\frac{|-3ab|}{\sqrt{b^2+a^2}}=1$$

양변을 제곱하면

$$\frac{9a^2b^2}{a^2+b^2}=1$$

좌변의 분자, 분모를 각각 a^2b^2으로 나누면

$$\frac{9}{\frac{1}{b^2}+\frac{1}{a^2}}=1$$

정리하면 $\frac{1}{a^2}+\frac{1}{b^2}=9$이다.

위의 두 경우에서

$$\therefore\ \frac{1}{a^2}+\frac{1}{b^2}=9$$

답 ①

[풀이2]

쌍곡선 $\frac{x^2}{a^2}-\frac{y^2}{b^2}=1$의 점근선의 방정식은

$$y=\frac{b}{a}x,\ y=-\frac{b}{a}x$$

• (1) 직선 l이 $y=\frac{b}{a}x$에 평행한 경우

접점의 좌표를 $(s,\ t)$라고 두자.

직선 l의 방정식은

$$\frac{sx}{8a^2}+\frac{ty}{b^2}=1 \text{ 즉, } y=-\frac{b^2s}{8a^2t}x+\frac{b^2}{t}$$

주어진 조건에서

$$-\frac{b^2s}{8a^2t}=\frac{b}{a} \text{ 즉, } \frac{s}{8a}=-\frac{t}{b} \quad \cdots ㉠$$

점 $(s,\ t)$은 타원 위의 점이므로

$$\frac{s^2}{8a^2}+\frac{t^2}{b^2}=1 \quad \cdots ㉡$$

㉠을 ㉡에 대입하면

$$\frac{8t^2}{b^2}+\frac{t^2}{b^2}=1 \text{ 즉, } \frac{t^2}{b^2}=\frac{1}{9} \quad \cdots ㉢$$

㉠과 ㉢을 연립하면

$$\frac{s^2}{a^2}=\frac{64}{9} \quad \cdots ㉣$$

점과 직선 사이의 거리 공식에 의하여

$$\frac{1}{\sqrt{\left(\frac{s}{8a^2}\right)^2+\left(\frac{t}{b^2}\right)^2}}=1$$

정리하면

$$\left(\frac{s}{8a^2}\right)^2+\left(\frac{t}{b^2}\right)^2=1 \quad \cdots ㉤$$

㉤에 ㉢과 ㉣을 대입하여 정리하면

$$\frac{1}{a^2}+\frac{1}{b^2}=9$$

• (2) 직선 l이 $y=-\frac{b}{a}x$에 평행한 경우

(1)과 마찬가지의 방법으로

$$\frac{1}{a^2}+\frac{1}{b^2}=9$$

(1), (2)에 의하여 구하는 값은 9이다.

답 ①

[참고] (교육과정 외)

점 $(s,\ t)$는 문제에서 주어진 타원 위에 있으므로

$$\frac{s^2}{8a^2}+\frac{t^2}{b^2}=1 \text{ 즉, } b^2s^2+8a^2t^2=8a^2b^2$$

음함수의 미분법에 의하여

$$\frac{x}{4a^2}+\frac{2y}{b^2}\frac{dy}{dx}=0 \text{ 즉, } \frac{dy}{dx}=-\frac{b^2x}{8a^2y}$$

타원 위의 점 $(s,\ t)$에서의 접선의 방정식은

$$y=-\frac{b^2s}{8a^2t}(x-s)+t \text{ 즉, } y=-\frac{b^2s}{8a^2t}x+\frac{b^2s^2+8a^2t^2}{8a^2t}$$

정리하면

$$y=-\frac{b^2s}{8a^2t}x+\frac{b^2}{t}$$

M098 | 답 ④

[풀이]

점 (2, 1)이 주어진 포물선 위에 있으므로

$$\frac{4}{a^2}+\frac{1}{b^2}=1 \quad \cdots ㉠$$

접선의 방정식은

$$\frac{2x}{a^2}+\frac{y}{b^2}=1$$

$$(\text{기울기})=-\frac{2b^2}{a^2}=-\frac{1}{2}, \text{ 즉 } a^2=4b^2 \quad \cdots ㉡$$

㉠, ㉡을 연립하면

$$\frac{4}{4b^2}+\frac{1}{b^2}=1,\ b^2=2,\ a^2=8$$

따라서 두 초점 사이의 거리는

$$2\sqrt{a^2-b^2}=2\sqrt{6}$$

답 ④

M099 | 답 ①

[풀이]

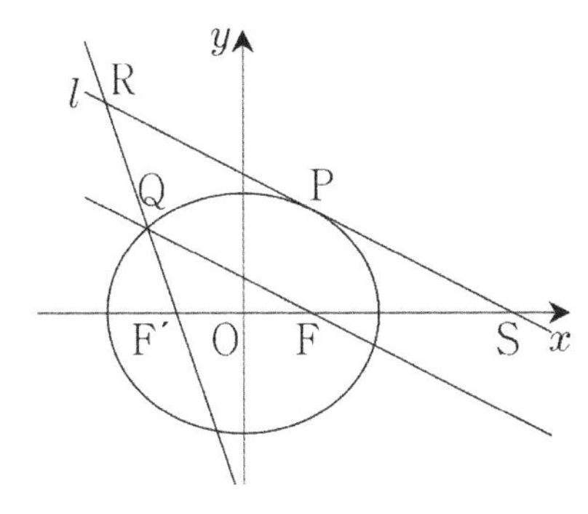

직선 l의 방정식은

$$\frac{2x}{16}+\frac{3y}{12}=1, \text{ 즉 } \frac{x}{8}+\frac{y}{4}=1$$

점 S의 좌표는 S(8, 0)이다.

타원의 두 초점의 좌표는 각각

F(2, 0), F′(−2, 0)

이므로

$\overline{\mathrm{F'F}}=4$, $\overline{\mathrm{F'S}}=10$

두 직선 l, FQ가 서로 평행하므로

두 삼각형 RF′S, QF′F은 서로 닮음이다.

이때, 닮음비는 10 : 4 = 5 : 2이다.

∴ (△SRF′의 둘레의 길이)

$$=\frac{5}{2}\times(\overline{\mathrm{QF}}+\overline{\mathrm{QF'}}+\overline{\mathrm{F'F}})$$

$$=\frac{5}{2}\times(8+4)=30$$

답 ①

M100 | 답 32

[풀이]

주어진 타원의 나머지 한 초점을 F′이라고 하자.

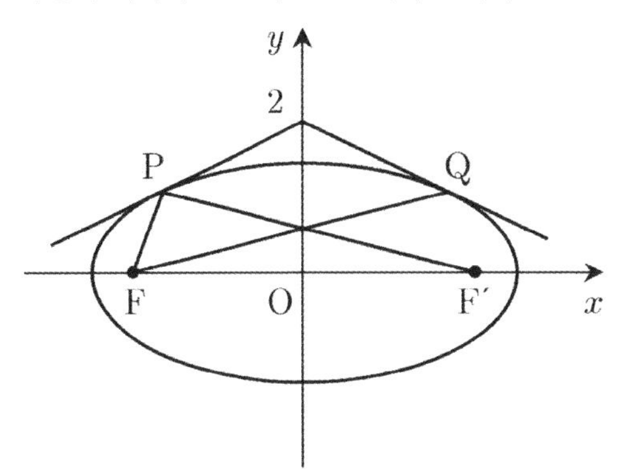

주어진 타원은 y축에 대하여 대칭이므로

두 점 P, Q는 y축에 대하여 대칭이다.

두 초점 F, F′이 y축에 대하여 대칭이므로

$\overline{\mathrm{QF}}=\overline{\mathrm{PF'}}$

타원의 정의에 의하여

$\overline{\mathrm{PF}}+\overline{\mathrm{PF'}}=4\sqrt{2}$

이므로

$$\overline{\mathrm{PF}}+\overline{\mathrm{QF}}=4\sqrt{2} \quad \cdots ㉠$$

점 (0, 2)에서 주어진 타원에 그은 두 접선의 방정식을 구하자.

접점을 $(x_1,\ y_1)$으로 두면 접선의 방정식은

$$\frac{x_1x}{8}+\frac{y_1y}{2}=1 \quad (\leftarrow[\text{참고}1])$$

접선이 (0, 2)를 지나므로

$$\frac{x_1}{8}\times 0+\frac{y_1}{2}\times 2=1$$

풀면

$$y_1=1 \quad \cdots ㉡$$

접점 $(x_1,\ y_1)$은 주어진 타원 위의 점이므로

$$\frac{x_1^2}{8}+\frac{y_1^2}{2}=1 \quad \cdots ㉢$$

㉡을 ㉢에 대입하면

$x_1=2$ 또는 $x_1=-2$

따라서 두 접점의 좌표는 각각

P(−2, 1), Q(2, 1)

$$\overline{\mathrm{PQ}}=4 \quad \cdots ㉣$$

㉠, ㉣에 의하여

(삼각형 PFQ의 둘레의 길이)$=4\sqrt{2}+4$

∴ $a^2+b^2=32$

답 32

[참고1] (교육과정 외)

문제에서 주어진 타원 위의 점 $(x_1,\ y_1)$에 대하여

$\dfrac{x_1^2}{8}+\dfrac{y_1^2}{2}=1$ 즉, $x_1^2+4y_1^2=8$

음함수의 미분법에 의하여

$\dfrac{x}{4}+y\dfrac{dy}{dx}=0$ 즉, $\dfrac{dy}{dx}=-\dfrac{x}{4y}$

타원 위의 점 $(x_1,\ y_1)$에서의 접선의 방정식은

$y=-\dfrac{x_1}{4y_1}(x-x_1)+y_1$ 즉, $y=-\dfrac{x_1}{4y_1}x+\dfrac{x_1^2+4y_1^2}{4y_1}$

정리하면

$y=-\dfrac{x_1}{4y_1}x+\dfrac{2}{y_1}$

[참고2]

이차방정식의 판별식을 이용하여 두 접점의 좌표를 구할 수도 있다.

기울기가 m이고 점 $(0,\ 2)$를 지나는 직선의 방정식은

$y=mx+2$ …㉠

이 직선과 문제에서 주어진 타원의 방정식을 연립하면

$\dfrac{x^2}{8}+\dfrac{(mx+2)^2}{2}=1$

정리하면

$(4m^2+1)x^2+16mx+8=0$ …㉡

이 이차방정식의 판별식을 D라고 하면

$D/4=(8m)^2-(4m^2+1)\times 8=0$

풀면

$m=\dfrac{1}{2}$ 또는 $m=-\dfrac{1}{2}$

각각의 m의 값을 ㉡에 대입하여 정리하면

$m=\dfrac{1}{2}$: $(x+2)^2=0$ 풀면 $x=-2$

$m=-\dfrac{1}{2}$: $(x-2)^2=0$ 풀면 $x=2$

이를 ㉠에 대입하여 두 접점의 좌표를 구하면

$\mathrm{P}(-2,\ 1)$, $\mathrm{Q}(2,\ 1)$

[참고3]

두 점 P, Q에서의 접선의 방정식을 다음과 같이 유도할 수도 있다.

기울기가 m이고 타원 $\dfrac{x^2}{a^2}+\dfrac{y^2}{b^2}=1$에 접하는 직선의 방정식은

$y=mx\pm\sqrt{a^2m^2+b^2}$

이므로 접선의 방정식은

$y=mx\pm\sqrt{8m^2+2}$

이 직선이 점 $(0,\ 2)$를 지나므로

$2=\sqrt{8m^2+2}$, $m=\pm\dfrac{1}{2}$

두 접선의 방정식은

$y=\pm\dfrac{1}{2}x+2$

[풀이2] 시험장

문제에서 주어진 타원을 x축의 방향으로 $\dfrac{1}{2}$배 (즉, 축소)하면 원 $x^2+y^2=2$와 일치한다. 이때, 두 점 P, Q가 각각 두 점 P′, Q′로 이동한다고 하자.

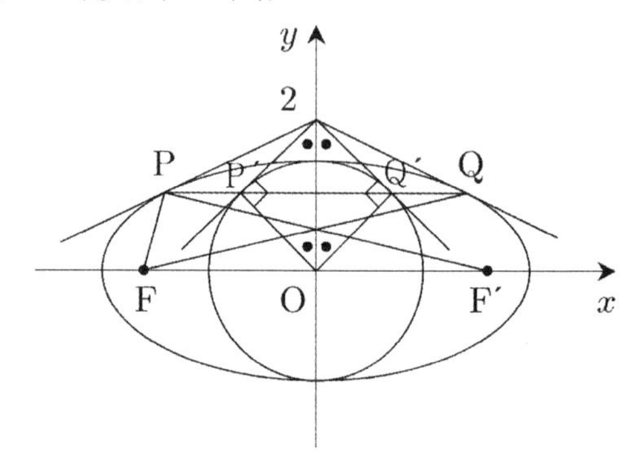

(단, ●$=45°$)

위의 그림에서

$\overline{\mathrm{P'Q'}}=2$이므로 $\overline{\mathrm{PQ}}=4$

타원의 정의와 대칭성에 의하여

$\overline{\mathrm{PF}}+\overline{\mathrm{QF}}=\overline{\mathrm{PF}}+\overline{\mathrm{PF'}}=4\sqrt{2}$

($\triangle$PFQ의 둘레의 길이)$=4+4\sqrt{2}$

$\therefore\ a^2+b^2=32$

답 32

M101 | 답 ④

[풀이]

반직선 AP가 지나는 영역은 아래 그림에서 색칠된 부분이다. (단, 경계선포함)

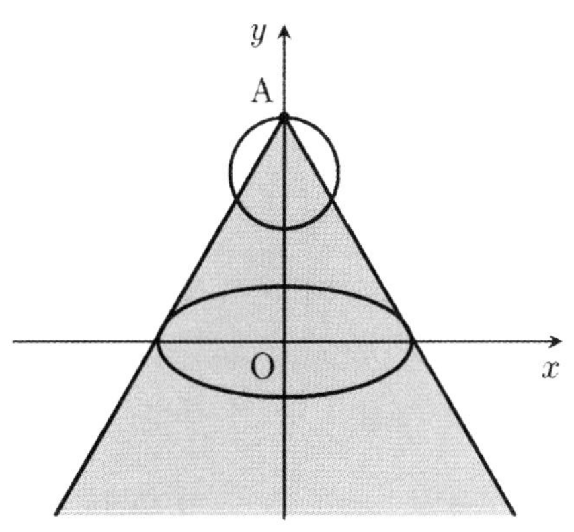

점 A에서 주어진 타원에 그은 두 접선의 방정식을 구하자.
타원 위의 점 $(x_1,\ y_1)$에서의 접선의 방정식은

$\frac{x_1 x}{5}+y_1 y=1$ (←[참고1])

접선이 점 A를 지나므로

$\frac{x_1}{5}\times 0+4y_1=1$

풀면

$y_1=\frac{1}{4}$ …㉠

점 $(x_1,\ y_1)$은 타원 위의 점이므로

$\frac{x_1^2}{5}+y_1^2=1$ …㉡

㉠을 ㉡에 대입하면

$x_1=\frac{5}{4}\sqrt{3}$ 또는 $x_1=-\frac{5}{4}\sqrt{3}$

접선의 방정식은

$y=-\sqrt{3}x+4$ 또는 $y=\sqrt{3}x+4$

접선 $y=-\sqrt{3}x+4$이 x축의 양의 방향과 이루는 각의 크기는 $\frac{2}{3}\pi$, 접선 $y=\sqrt{3}x+4$이 x축의 양의 방향과 이루는 각의 크기는 $\frac{\pi}{3}$이므로 두 접선이 이루는 예각의 크기는 $\frac{\pi}{3}$이다.

점 Q의 자취는 아래 그림과 같이 호 BC이다.
(단, 두 점 B, C는 접선과 원의 교점이다.)

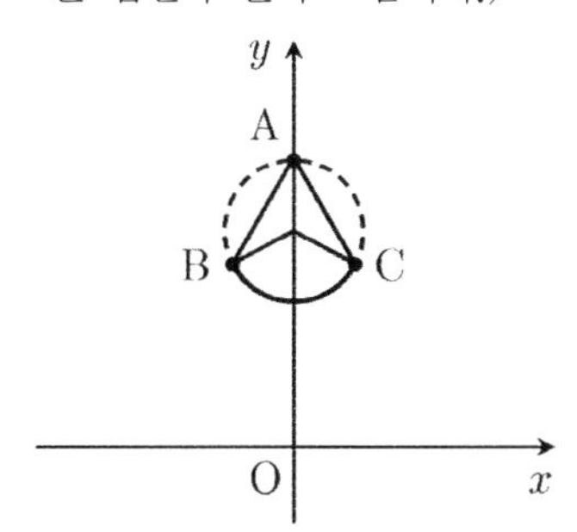

원주각과 중심각의 관계에 의하여 점 Q의 자취는 반지름의 길이가 1이고, 중심각의 크기가 $\frac{2}{3}\pi$인 부채꼴의 호 BC이다.

점 Q의 자취의 길이를 l이라고 하면

$l=1\times\frac{2}{3}\pi=\frac{2}{3}\pi$

답 ④

[참고1] (교육과정 외)
문제에서 주어진 타원 위의 점 $(x_1,\ y_1)$에 대하여

$\frac{x_1^2}{5}+y_1^2=1$ 즉, $x_1^2+5y_1^2=5$

음함수의 미분법에 의하여

$\frac{2}{5}x+2y\frac{dy}{dx}=0$ 즉, $\frac{dy}{dx}=-\frac{x}{5y}$

타원 위의 점 $(x_1,\ y_1)$에서의 접선의 방정식은

$y=-\frac{x_1}{5y_1}(x-x_1)+y_1$ 즉, $y=-\frac{x_1}{5y_1}x+\frac{x_1^2+5y_1^2}{5y_1}$

정리하면

$y=-\frac{x_1}{5y_1}x+\frac{1}{y_1}$

[참고2]
이차방정식의 판별식을 이용하여 접선의 방정식을 구할 수도 있다.
기울기가 m이고 점 A$(0,\ 4)$를 지나는 직선의 방정식은
$y=mx+4$
이 직선과 문제에서 주어진 타원의 방정식을 연립하면

$\frac{x^2}{5}+(mx+4)^2=1$

정리하면

$(5m^2+1)x^2+40mx+75=0$

이 이차방정식의 판별식을 D라고 하면

$D/4=(20m)^2-(5m^2+1)\times 75=0$

풀면

$m=-\sqrt{3}$ 또는 $m=\sqrt{3}$

두 접선의 방정식은

$y=-\sqrt{3}x+4$ 또는 $y=\sqrt{3}x+4$

[참고3]
다음과 같이 접선의 방정식을 유도해도 좋다.
기울기가 m이고 타원 $\frac{x^2}{a^2}+\frac{y^2}{b^2}=1$에 접하는 직선의 방정식은

$y=mx\pm\sqrt{a^2m^2+b^2}$

이므로 접선의 방정식은

$y=mx\pm\sqrt{5m^2+1}$

이 직선이 점 A$(0,\ 4)$를 지나므로

$4=\sqrt{5m^2+1}$, $m=\pm\sqrt{3}$

따라서 접선의 방정식은

$y=\pm\sqrt{3}x+4$

M102 | 답 ③

[풀이1]

직선 OP가 x축과 이루는 예각의 크기를 θ라고 하면

두 점 P, P′의 좌표는 각각

$\mathrm{P}(\cos\theta,\ \sin\theta)$, $\mathrm{P}'(\cos\theta,\ 0)$

타원의 방정식을

$x^2+\dfrac{y^2}{b^2}=1$(단, $0<b<1$)

타원의 방정식에서

$\sqrt{1-b^2}=\cos\theta$ 즉, $b=\sin\theta$

타원의 방정식은

$x^2+\dfrac{y^2}{\sin^2\theta}=1$

직선 l의 방정식은

$l:\ y=-\dfrac{3}{2}(x-\cos\theta)+\sin\theta$ … ㉠

직선 l과 타원의 접점의 좌표를 $(x_1,\ y_1)$으로 두면

접선 l의 방정식은

$x_1x+\dfrac{y_1y}{\sin^2\theta}=1$

정리하면

$l:\ y=-\dfrac{x_1\sin^2\theta}{y_1}x+\dfrac{\sin^2\theta}{y_1}$ … ㉡

㉠, ㉡에 의하여

$-\dfrac{x_1\sin^2\theta}{y_1}=-\dfrac{3}{2}$, $\dfrac{\sin^2\theta}{y_1}=\dfrac{3}{2}\cos\theta+\sin\theta$

연립하면

$x_1=\dfrac{\dfrac{3}{2}}{\dfrac{3}{2}\cos\theta+\sin\theta}$, $y_1=\dfrac{\sin^2\theta}{\dfrac{3}{2}\cos\theta+\sin\theta}$

점 $(x_1,\ y_1)$은 타원 위의 점이므로

$x_1^2+\dfrac{y_1^2}{\sin^2\theta}=1$

대입하여 정리하면

$\dfrac{9}{4}+\sin^2\theta=\left(\dfrac{3}{2}\cos\theta+\sin\theta\right)^2$

우변을 전개하여 정리하면

$\dfrac{3}{4}\sin^2\theta-\sin\theta\cos\theta=0$

$\sin\theta\neq0$이므로 $\tan\theta=\dfrac{4}{3}$

따라서 직선 OP의 기울기는 $\dfrac{4}{3}$이다.

답 ③

[참고]

접선의 방정식을 다음과 같이 유도한 것이다.

기울기가 m이고 타원 $\dfrac{x^2}{a^2}+\dfrac{y^2}{b^2}=1$에 접하는 직선의 방정식은

$y=mx\pm\sqrt{a^2m^2+b^2}$

이므로 접선의 방정식은

$y=-\dfrac{3}{2}x\pm\sqrt{\dfrac{9}{4}+\sin^2\theta}$

[풀이2]

직선 OP가 x축과 이루는 예각의 크기를 θ라고 하면

두 점 P, P′의 좌표는 각각

$\mathrm{P}(\cos\theta,\ \sin\theta)$, $\mathrm{P}'(\cos\theta,\ 0)$

타원의 방정식을

$x^2+\dfrac{y^2}{b^2}=1$(단, $0<b<1$)

타원의 방정식에서

$\sqrt{1-b^2}=\cos\theta$ 즉, $b=\sin\theta$

타원의 방정식은

$x^2+\dfrac{y^2}{\sin^2\theta}=1$

접선 l의 방정식은

$y=-\dfrac{3}{2}(x-\cos\theta)+\sin\theta$

타원과 접선 l의 방정식을 연립하면

$\left(\dfrac{9}{4}+\sin^2\theta\right)x^2-3\left(\dfrac{3}{2}\cos\theta+\sin\theta\right)x$

$+\dfrac{9}{4}\cos^2\theta+3\cos\theta\sin\theta=0$

이 이차방정식의 판별식을 D라고 하면

$D=9\left(\dfrac{3}{2}\cos\theta+\sin\theta\right)^2$

$-4\left(\dfrac{9}{4}+\sin^2\theta\right)\left(\dfrac{9}{4}\cos^2\theta+3\cos\theta\sin\theta\right)=0$

정리하면

$3\sin^3\theta\cos\theta(3\tan\theta-4)=0$

$\sin\theta>0$, $\cos\theta>0$이므로

$3\tan\theta-4=0$ 즉, $\tan\theta=\dfrac{4}{3}$

따라서 직선 OP의 기울기는 $\frac{4}{3}$이다.

답 ③

M103 | 답 ⑤

[풀이]

$\overline{PA}+\overline{PB}=2k$ $\cdots(*)$

로 두자. (단, $k>0$)

점 P의 자취는 두 점 A, B를 초점으로 하고 장축의 길이가 $2k$인 타원이다.

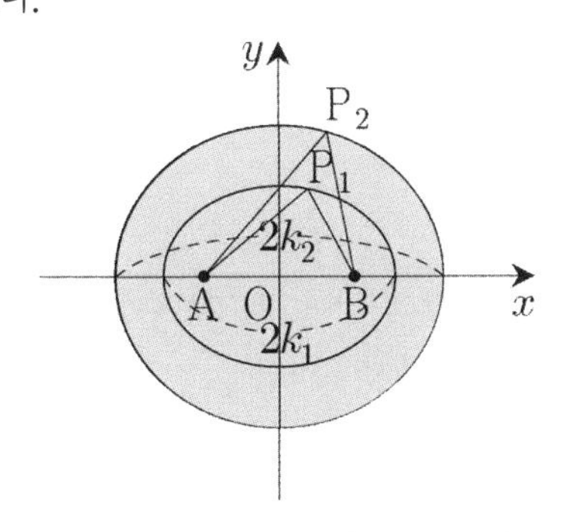

서로 다른 두 양수 k_1, $k_2(k_1<k_2)$에 대하여

$\overline{PA}+\overline{PB}=2k_1$ $\cdots$ ㉠

인 타원은

$\overline{PA}+\overline{PB}=2k_2$ $\cdots$ ㉡

인 타원의 내부에 존재한다.

이유는 다음과 같다.

두 타원 ㉠과 ㉡이 교점을 갖는다고 가정하고, 이 교점을 Q라고 하자. 타원의 정의에 의하여

㉠: $\overline{QA}+\overline{QB}=2k_1$, ㉡: $\overline{QA}+\overline{QB}=2k_2$

에서 $2k_1=2k_2$, 즉 $k_1=k_2$이다. 이는 가정에 모순이다.

따라서 두 타원 ㉠과 ㉡은 교점을 가질 수 없다. 그런데 타원 ㉠의 장축의 길이가 타원 ㉡의 장축의 길이보다 짧으므로, 즉 타원 ㉡의 장축이 타원 ㉠의 장축을 포함하므로 타원 ㉠은 타원 ㉡의 내부에 있다.

문제에서 주어진 두 점 $(0,\ 6)$, $\left(\frac{5}{2},\ \frac{3}{2}\right)$을 각각 C, D라고 하자.

점 C를 지나는 타원 (*)의 방정식을 구하자.

$$\frac{x^2}{a^2}+\frac{y^2}{b^2}=1\ (단,\ 2^2=a^2-b^2)$$

이 타원이 점 C를 지나므로

$$\frac{0^2}{a^2}+\frac{6^2}{b^2}=1,\ 즉\ b^2=36$$

연립하면 $a^2=40$이므로

$$\frac{x^2}{40}+\frac{y^2}{36}=1 \quad \cdots ㉢$$

점 D를 지나는 타원 (*)의 방정식을 구하자.

$$\frac{x^2}{c^2}+\frac{y^2}{d^2}=1\ (단,\ 2^2=c^2-d^2)$$

이 타원이 점 D를 지나므로

$$\frac{\left(\frac{5}{2}\right)^2}{c^2}+\frac{\left(\frac{3}{2}\right)^2}{d^2}=1,\ 즉\ \frac{25}{c^2}+\frac{9}{d^2}=4$$

연립하면

$$\frac{25}{c^2}+\frac{9}{c^2-4}=4$$

양변에 $c^2(c^2-4)(\neq 0)$를 곱한 후 정리하면

$2c^4-25c^2+50=0$, $(2c^2-5)(c^2-10)=0$

풀면 $c^2=10$

$(\because d^2=c^2-4>0$에서 $c^2>4)$

$d^2=6$이므로

$$\frac{x^2}{10}+\frac{y^2}{6}=1 \quad \cdots ㉣$$

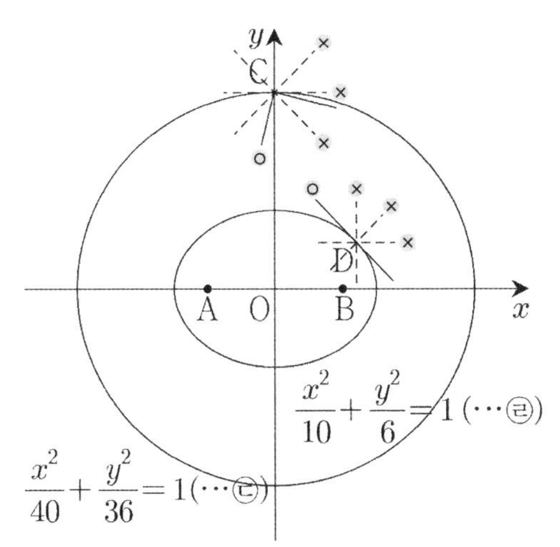

위의 그림처럼 점 C가 직사각형의 꼭짓점이 아니면 $2k$의 값이 최대가 되는 점 P는 점 C일 수 없다. 귀류법에 의하여 점 C는 직사각형의 꼭짓점이 되어야 한다.

위의 그림처럼 직사각형의 한 변이 점 D에서 타원 ㉣에 접하지 않으면 $2k$의 값이 최소가 되는 점 P는 점 D일 수 없다. 귀류법에 의하여 타원 ㉣ 위의 점 D에서의 접선은 직사각형의 한 변을 포함한다.

이 두 조건을 모두 만족시키도록 직사각형을 그리면 아래 그림과 같다.

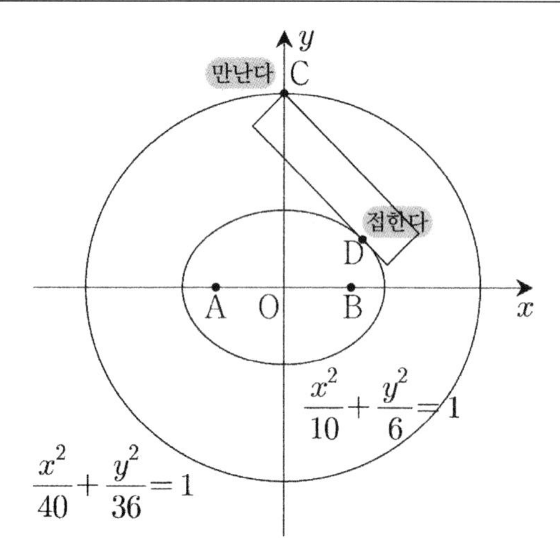

직사각형을 넓이가 최대가 되도록 그리면 아래 그림과 같다.

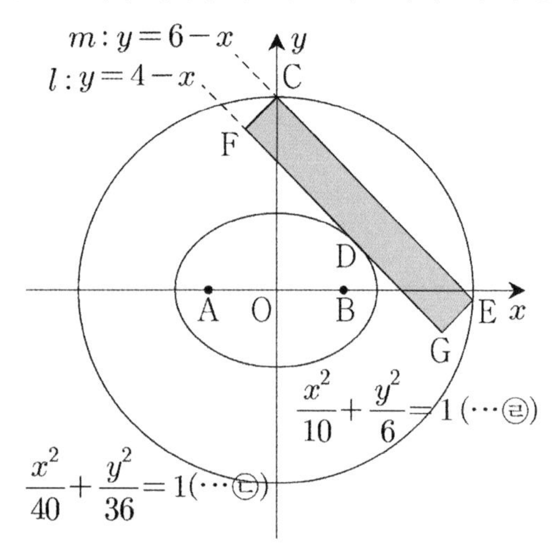

타원 ㉣ 위의 점 D에서의 접선을 l, 점 C를 지나고 직선 l에 평행한 직선을 m이라고 하자. 그리고 직선 m이 타원 ㉢과 만나는 점을 E라 하고, 두 점 C, E가 아닌 직사각형의 나머지 두 꼭짓점을 F, G라고 하자.

직선 l의 방정식은

$$\frac{\frac{5}{2}\times x}{10}+\frac{\frac{3}{2}\times y}{6}=1, \text{ 즉 } y=4-x$$

직선 m의 방정식은

$y=6-x$

($\because$ 기울기가 -1이고, y절편이 6이다.)

타원 ㉢의 방정식과 직선 m의 방정식을 연립하면

$$\frac{x^2}{40}+\frac{(6-x)^2}{36}=1$$

정리하면

$$19x^2-120x=0, \ x=\frac{120}{19}$$

이를 직선 m의 방정식에 대입하면

$$y=-\frac{6}{19}$$

이므로 점 E의 좌표는

$$\mathrm{E}\left(\frac{120}{19}, \ -\frac{6}{19}\right)$$

두 점 사이의 거리 공식에 의하여

$$\overline{\mathrm{CE}}=\frac{120}{19}\sqrt{2}$$

이고,

$\overline{\mathrm{CF}}=$(두 직선 l, m 사이의 거리)

$=\frac{1}{\sqrt{2}}\times$(두 직선 l, m의 y절편의 차이)

$=\sqrt{2}$

이므로 직사각형의 넓이의 최댓값은

$$\overline{\mathrm{CF}}\times\overline{\mathrm{CE}}=\frac{240}{19}$$

답 ⑤

[참고1] (교육과정 외)

직선 l의 방정식은 다음과 같이 유도할 수 있다.

㉣의 양변을 x에 대하여 미분하면

$$\frac{2x}{10}+\frac{2y}{6}\frac{dy}{dx}=0, \text{ 즉 } \frac{dy}{dx}=-\frac{3x}{5y}$$

$$\left.\frac{dy}{dx}\right|_{x=\frac{5}{2},\ y=\frac{3}{2}}=-1$$

이므로 직선 l의 방정식은

$$y=-\left(x-\frac{5}{2}\right)+\frac{3}{2}, \text{ 즉 } y=-x+4$$

[참고2]

두 직선 l, m 사이의 거리를 다음과 같이 구해도 좋다.

점과 직선 사이의 거리 공식에 의하여

$$\overline{\mathrm{CF}}=\frac{|0+6-4|}{\sqrt{1^2+1^2}}=\sqrt{2}$$

M104 | 답 ④

[풀이1]

기울기가 m이고 쌍곡선 $\frac{x^2}{a^2}-\frac{y^2}{b^2}=1$에 접하는 직선의 방정식은

$$y=mx\pm\sqrt{a^2m^2-b^2}$$

이므로 접선의 방정식은

$$y=3x\pm\sqrt{9a-2}=3x+5$$

$$\sqrt{9a-2}=5, \ a=3$$

따라서 쌍곡선의 두 초점 사이의 거리는

$$2\sqrt{a+2}=2\sqrt{5}$$

답 ④

[풀이2]

주어진 직선과 쌍곡선의 접점의 좌표를 $(s,\ t)$라고 하자.

접선의 방정식은

$\frac{sx}{a}-\frac{ty}{2}=1$ 즉, $y=\frac{2s}{at}x-\frac{2}{t}$

$\frac{2s}{at}=3,\ -\frac{2}{t}=5$

풀면

$t=-\frac{2}{5},\ s=-\frac{3}{5}a$

점 $(s,\ t)$는 직선 $y=3x+5$ 위의 점이므로

$-\frac{2}{5}=-\frac{3}{5}a\times3+5$

풀면

$a=3$

주어진 쌍곡선의 방정식은

$\frac{x^2}{3}-\frac{y^2}{2}=1$

두 초점의 좌표는 각각

$(\sqrt{3+2},\ 0),\ (-\sqrt{3+2},\ 0)$

즉, $(\sqrt{5},\ 0),\ (-\sqrt{5},\ 0)$

따라서 두 초점 사이의 거리를 d라고 하면

$\therefore\ d=\sqrt{5}-(-\sqrt{5})=2\sqrt{5}$

답 ④

[참고] (교육과정 외)

점 $(s,\ t)$는 문제에서 주어진 쌍곡선 위의 점이므로

$\frac{s^2}{a}-\frac{t^2}{2}=1$ 즉, $2s^2-at^2=2a$

음함수의 미분법에 의하여

$\frac{2x}{a}-y\frac{dy}{dx}=0$ 즉, $\frac{dy}{dx}=\frac{2x}{ay}$

쌍곡선 위의 점 $(s,\ t)$에서의 접선의 방정식은

$y=\frac{2s}{at}(x-s)+t$ 즉, $y=\frac{2s}{at}x-\frac{2s^2-at^2}{at}$

정리하면

$y=\frac{2s}{at}x-\frac{2}{t}$

[풀이3]

주어진 직선과 쌍곡선의 방정식을 연립하면

$\frac{x^2}{a}-\frac{(3x+5)^2}{2}=1$

정리하면

$(2-9a)x^2-30ax-27a=0$

이 이차방정식은 중근을 가져야 한다.

판별식을 D라고 하면

$D/4=(-15a)^2-(2-9a)(-27a)=0$

정리하면

$18a^2-54a=0$

좌변을 인수분해하면

$18a(a-3)=0$

풀면

$a=3$

주어진 쌍곡선의 방정식은

$\frac{x^2}{3}-\frac{y^2}{2}=1$

두 초점의 좌표는 각각

$(\sqrt{3+2},\ 0),\ (-\sqrt{3+2},\ 0)$

즉, $(\sqrt{5},\ 0),\ (-\sqrt{5},\ 0)$

따라서 두 초점 사이의 거리를 d라고 하면

$\therefore\ d=\sqrt{5}-(-\sqrt{5})=2\sqrt{5}$

답 ④

M105 | 답 ③

[풀이1]

▸ ㄱ. (참)

$x^2-y^2=0$에서 점근선의 방정식은 $y=\pm x$이다.

▸ ㄴ. (거짓)

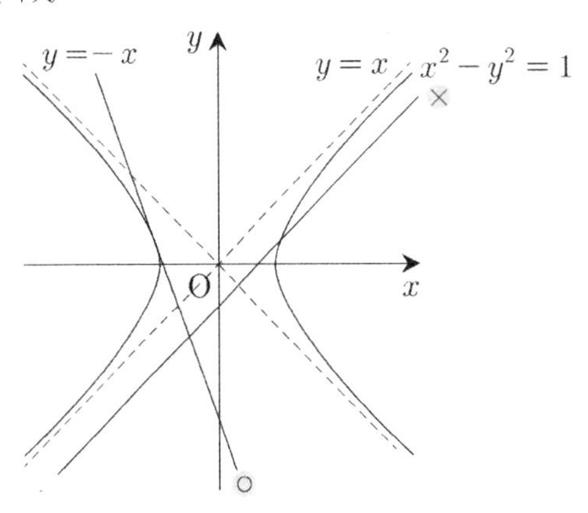

위의 그림처럼 기울기가 $1(-1)$인 직선은 쌍곡선 $x^2-y^2=1$과 오직 하나의 점에서만 만나거나 만나지 않는다. (후자는 직선이 점근선인 경우)

▸ ㄷ. (참)

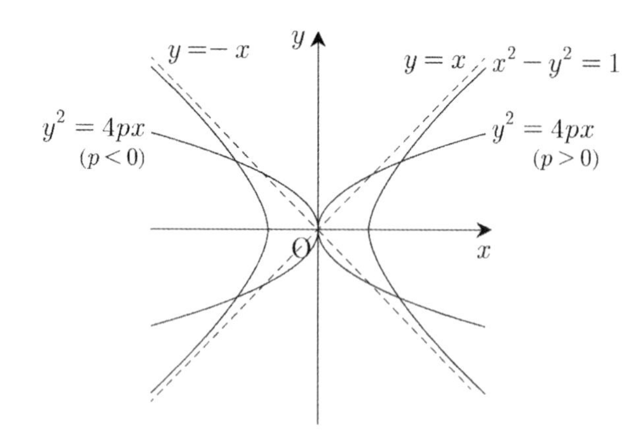

위의 그림처럼 포물선과 쌍곡선은 항상 서로 다른 2개의 점에서 만난다.

이상에서 옳은 것은 ㄱ, ㄷ이다.

답 ③

[풀이2]

▶ ㄱ. (참)

쌍곡선 $\frac{x^2}{a^2}-\frac{y^2}{b^2}=1$의 점근선의 방정식은

$y=\frac{b}{a}x$, $y=-\frac{b}{a}x$

$a=b=1$일 때, 주어진 쌍곡선의 점근선의 방정식은

$y=x$, $y=-x$

▶ ㄴ. (거짓)

주어진 쌍곡선 위의 점 (s, t)에서의 접선의 방정식은

$sx-ty=1$

이 직선의 기울기가 ±1이면 $s=\pm t$ …㉠

점 (s, t)는 쌍곡선 위의 점이므로

$s^2-t^2=1$ …㉡

㉠과 ㉡을 동시에 만족시키는 실수 s, t는 존재하지 않는다.

이는 가정에 모순이다.

따라서 쌍곡선 위의 점에서 그은 접선 중 점근선 $y=\pm x$와 평행한 접선은 존재하지 않는다.

▶ ㄷ. (참)

쌍곡선의 방정식에서 x, y는 실수이므로

$y^2=x^2-1\ge0$

즉, $x\le-1$ 또는 $x\ge1$ …㉢

문제에서 주어진 쌍곡선과 포물선의 방정식을 연립하면

$x^2-4px-1=0$ …(*)

이제 $f(x)=x^2-4px-1$로 두자.

• (1) $p>0$인 경우

$f(0)=-1<0$이므로 함수 $f(x)$의 그래프의 개형은

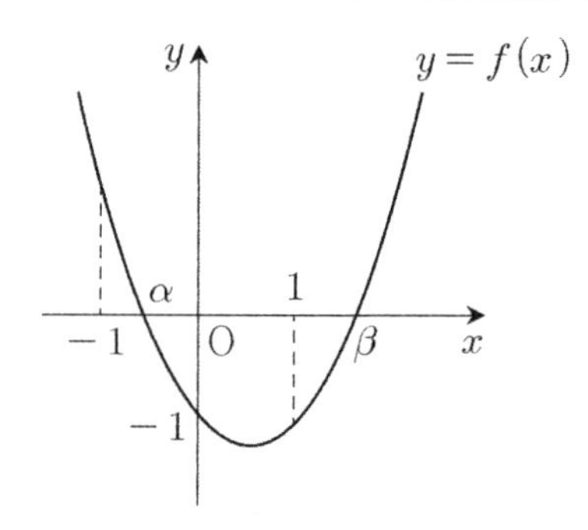

(단, $\alpha<0<\beta$, $f(\alpha)=f(\beta)=0$)

사이값 정리에 의하여

$f(-1)=4p>0$에서 $-1<\alpha<0$이고,

$f(1)=-4p<0$에서 $\beta>1$이다.

$x=\alpha$는 ㉢을 만족시키지 않는다.

$x=\beta$는 ㉢, (*)을 모두 만족시킨다.

아래 그림처럼 문제에서 주어진 쌍곡선과 포물선의 방정식은 서로 다른 두 점에서 만난다. 이때, 두 교점의 x좌표는 β이다.

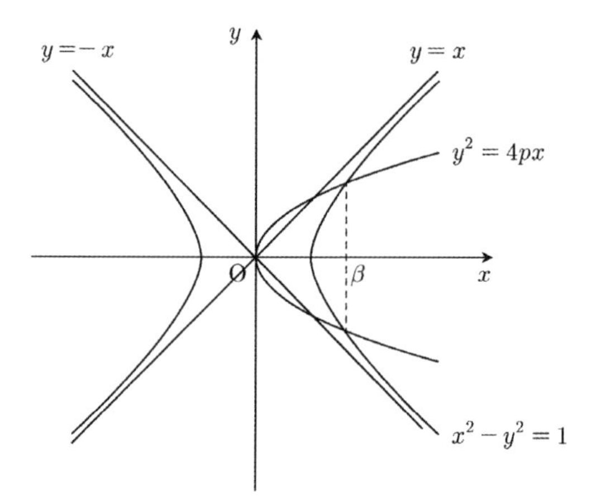

• (2) $p<0$인 경우

$f(0)=-1<0$이므로 함수 $f(x)$의 그래프의 개형은

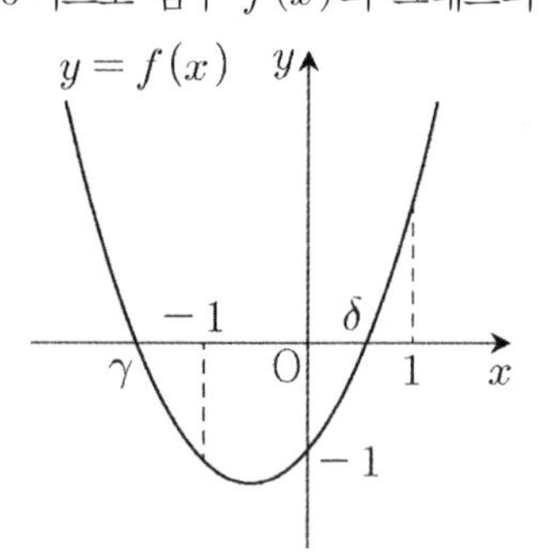

(단, $\gamma<0<\delta$, $f(\gamma)=f(\delta)=0$)

사이값 정리에 의하여

$f(-1)=4p<0$에서 $\gamma<-1$이고,

$f(1)=-4p>0$에서 $0<\delta<1$이다.

$x=\delta$는 ㉢을 만족시키지 않는다.

$x=\gamma$는 ㉢, (*)을 모두 만족시킨다.

아래 그림처럼 문제에서 주어진 쌍곡선과 포물선의 방정식은 서로 다른 두 점에서 만난다. 이때, 두 교점의 x좌표는 γ이다.

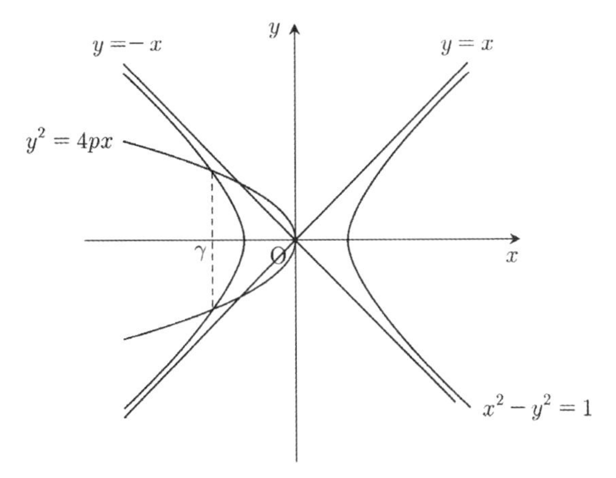

이상에서 옳은 것은 ㄱ, ㄷ이다.

답 ③

M106 | 답 ①

[풀이]

$\overline{PB}-\overline{PA}=k$로 두면 점 P는 두 점 A, B를 초점으로 하는 쌍곡선 위에 있다.

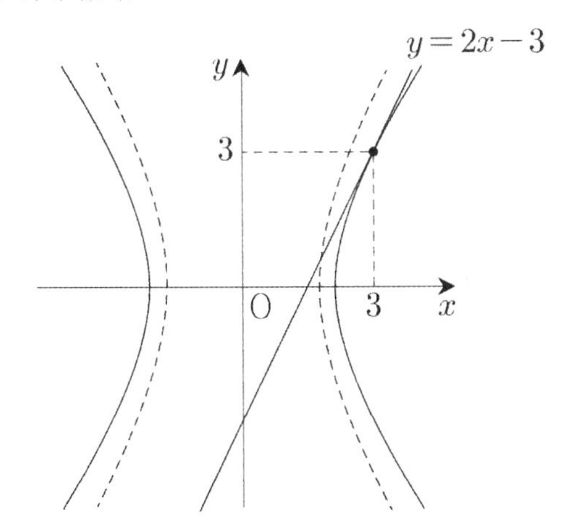

위의 그림처럼 쌍곡선이 점 $(3,\ 3)$에서 직선 $y=2x-3$에 접할 때, k의 값은 최대가 된다. (그렇지 않으면 장축의 길이가 짧아진다.)

기울기가 2인 접선의 방정식이

$y=2x-\sqrt{4a^2-b^2}$에서 $4a^2-b^2=9$ …㉠

점 $(3,\ 3)$은 쌍곡선 위에 있으므로

$\dfrac{9}{a^2}-\dfrac{9}{b^2}=1$ …㉡

㉠, ㉡을 연립하면

$\dfrac{9}{a^2}-\dfrac{9}{4a^2-9}=1$, $4a^4-36a^2+81=0$,

$(2a^2-9)^2=0$, $a^2=\dfrac{9}{2}$, $b^2=9$

$\therefore\ c=\sqrt{a^2+b^2}=\dfrac{3\sqrt{6}}{2}$

답 ①

M107 | 답 ②

[풀이]

접선의 방정식은

$\dfrac{2ax}{a^2}-\sqrt{3}\,y=1$

이 직선의 기울기는 $\dfrac{2}{\sqrt{3}\,a}$이므로

$\dfrac{2}{\sqrt{3}\,a}\times(-\sqrt{3})=-1$

$\therefore\ a=2$

답 ②

M108 | 답 ②

[풀이1]

접선의 방정식은

$\dfrac{2x}{2}-1y=1$

정리하면

$y=x-1$

이 직선의 y절편은 -1이다.

답 ②

[풀이2] (교육과정 외)

주어진 쌍곡선의 방정식에서

음함수의 미분법에 의하여

$x-2y\dfrac{dy}{dx}=0$ 즉, $\dfrac{dy}{dx}=\dfrac{x}{2y}\,(y\neq 0)$

주어진 쌍곡선 위의 점 $(2,\ 1)$에서의 접선의 기울기는

$\dfrac{dy}{dx}=\dfrac{2}{2\times 1}=1$

접선의 방정식은

$y=x-1$

이 직선의 y절편은 -1이다.

답 ②

M109 | 답 ①

[풀이]

쌍곡선의 점근선의 방정식은

$y=\dfrac{1}{2}x$, $y=-\dfrac{1}{2}x$

쌍곡선 위의 점 $(b,\ 1)$에서의 접선의 방정식은

$bx-4y=a$ 즉, $y=\frac{b}{4}x-\frac{a}{4}$

주어진 조건에 의하여

$\frac{b}{4}\times\left(-\frac{1}{2}\right)=-1$ 즉, $b=8$ ⋯㉠

점 $(b,\ 1)$이 쌍곡선 위의 점이므로

$b^2-4=a$ ⋯㉡

㉠을 ㉡에 대입하면

$a=60$

$\therefore\ a+b=68$

답 ①

[참고] (교육과정 외)

점 $(b,\ 1)$은 문제에서 주어진 쌍곡선 위의 점이므로

$b^2-4=a$

음함수의 미분법에 의하여

$2x-8y\frac{dy}{dx}=0$ 즉, $\frac{dy}{dx}=\frac{x}{4y}$

쌍곡선 위의 점 $(b,\ 1)$에서의 접선의 방정식은

$y=\frac{b}{4}(x-b)+1$ 즉, $y=\frac{b}{4}x-\frac{b^2-4}{4}$

정리하면

$y=\frac{b}{4}x-\frac{a}{4}$

M110 | 답 ④

[풀이1]

주어진 쌍곡선 위의 점 $(s,\ t)$에서의 접선의 방정식은

$sx-ty=2$

이 접선이 점 $(-1,\ 0)$을 지난다고 하면

$-s-0=2$ 즉, $s=-2$ ⋯㉠

점 $(s,\ t)$는 주어진 쌍곡선 위의 점이므로

$s^2-t^2=2$ ⋯㉡

㉠과 ㉡을 연립하면

$s=-2,\ t=\pm\sqrt{2}$

접선의 방정식은

$y=\sqrt{2}x+\sqrt{2},\ y=-\sqrt{2}x-\sqrt{2}$

$\therefore\ m^2+n^2=4$

답 ④

[참고] (교육과정 외)

쌍곡선 위의 점 $(s,\ t)$에 대하여

$s^2-t^2=2$

음함수의 미분법에 의하여

$2x-2y\frac{dy}{dx}=0$ 즉, $\frac{dy}{dx}=\frac{x}{y}$

쌍곡선 위의 점 $(s,\ t)$에서의 접선의 방정식은

$y=\frac{s}{t}(x-s)+t$ 즉, $y=\frac{s}{t}x-\frac{s^2-t^2}{t}$

정리하면

$y=\frac{s}{t}x-\frac{2}{t}$

[풀이2]

주어진 접선이 점 $(-1,\ 0)$을 지나므로

$-m+n=0$ 즉, $m=n$

접선의 방정식은

$y=mx+m$

주어진 쌍곡선의 방정식과 접선의 방정식을 연립하면

$x^2-(mx+m)^2=2$

정리하면

$(1-m^2)x^2-2m^2x-m^2-2=0$

이 이차방정식의 판별식을 D라고 하면

$D/4=(-m^2)^2+(1-m^2)(m^2+2)=0$

풀면

$m^2=2$

$\therefore\ m^2+n^2=4$

답 ④

M111 | 답 ③

[풀이]

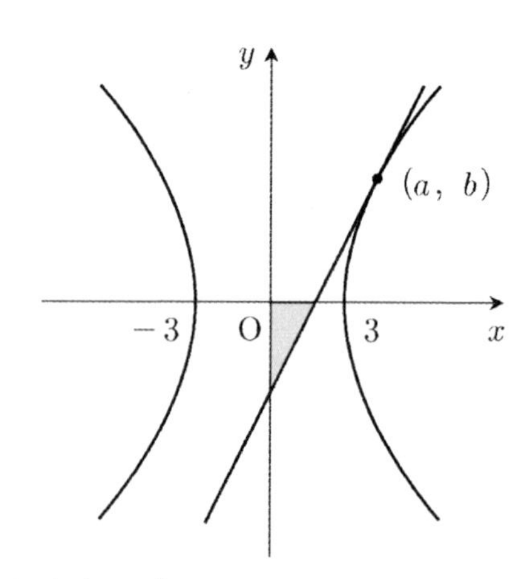

쌍곡선 위의 점 $(a,\ b)$에서의 접선의 방정식은

$\frac{ax}{9}-\frac{by}{16}=1$

이 직선의 x절편과 y절편은 각각

$\frac{9}{a},\ -\frac{16}{b}$

구하는 삼각형의 넓이를 S라고 하면

$$S=\frac{1}{2}\times\frac{9}{a}\times\frac{16}{b}=\frac{72}{ab}$$

답 ③

[참고] (교육과정 외)

점 $(a,\ b)$는 문제에서 주어진 쌍곡선 위의 점이므로

$\frac{a^2}{9}-\frac{b^2}{16}=1$ 즉, $16a^2-9b^2=144$

음함수의 미분법에 의하여

$\frac{2x}{9}-\frac{y}{8}\frac{dy}{dx}=0$ 즉, $\frac{dy}{dx}=\frac{16x}{9y}$

쌍곡선 위의 점 $(a,\ b)$에서의 접선의 방정식은

$y=\frac{16a}{9b}(x-a)+b$ 즉, $y=\frac{16a}{9b}x-\frac{16a^2-9b^2}{9b}$

정리하면

$$y=\frac{16a}{9b}x-\frac{16}{b}$$

M112 |답 ②

[풀이]

주어진 쌍곡선 위의 점 A에서의 접선의 방정식은

$$\frac{1}{2}x-y=1$$

$y=0$을 대입하면 $x=2$이므로

B$(2,\ 0)$

쌍곡선의 방정식에서

F$(\sqrt{8+1},\ 0)$ 즉, F$(3,\ 0)$

점 A에서 x축에 내린 수선의 발을 H라고 하자.

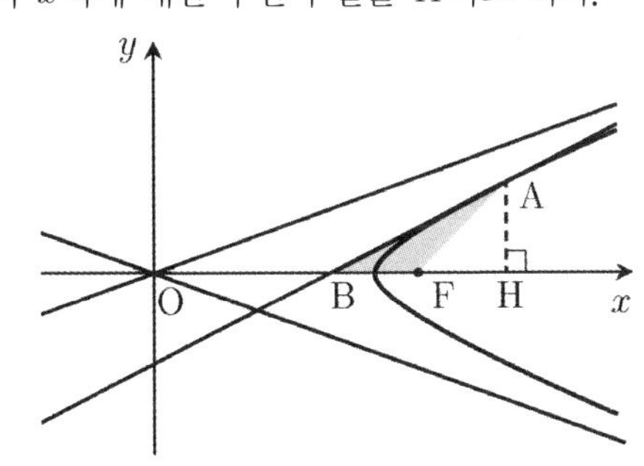

$\therefore$ ($\triangle$FAB의 넓이)$=\frac{1}{2}\times\overline{\mathrm{BF}}\times\overline{\mathrm{AH}}=\frac{1}{2}$

답 ②

[참고] (교육과정 외)

음함수의 미분법에 의하여

$\frac{x}{4}-2y\frac{dy}{dx}=0$ 즉, $\frac{dy}{dx}=\frac{x}{8y}$

접선의 방정식은

$y=\frac{1}{2}(x-4)+1$ 즉, $y=\frac{1}{2}x-1$

M113 |답 52

[풀이]

주어진 쌍곡선 위의 점 $(a,\ b)$에서의 접선의 방정식은

$$\frac{ax}{12}-\frac{by}{8}=1$$

주어진 타원의 중심은 $(2,\ 0)$이므로

접선이 $(2,\ 0)$을 지날 때, 접선은 주어진 타원의 넓이를 이등분한다.

$\frac{2a}{12}-\frac{b\times 0}{8}=1$에서 $a=6$

$(6,\ b)$는 주어진 쌍곡선 위의 점이므로

$\frac{36}{12}-\frac{b^2}{8}=1$에서 $b^2=16$

$\therefore\ a^2+b^2=52$

답 52

[참고] (교육과정 외)

점 $(a,\ b)$는 문제에서 주어진 쌍곡선 위의 점이므로

$\frac{a^2}{12}-\frac{b^2}{8}=1$ 즉, $2a^2-3b^2=24$

음함수의 미분법에 의하여

$\frac{x}{6}-\frac{y}{4}\frac{dy}{dx}=0$ 즉, $\frac{dy}{dx}=\frac{2x}{3y}$

쌍곡선 위의 점 $(a,\ b)$에서의 접선의 방정식은

$y=\frac{2a}{3b}(x-a)+b$ 즉, $y=\frac{2a}{3b}x-\frac{2a^2-3b^2}{3b}$

정리하면

$$y=\frac{2a}{3b}x-\frac{8}{b}$$

M114 |답 15

[풀이]

※ $a>0,\ b>0$으로 두어도 풀이의 일반성을 잃지 않는다.

쌍곡선의 방정식에서

$\sqrt{a^2+b^2}=3$ $\cdots$ ㉠

점 P에서의 접선의 방정식은

$$\frac{4x}{a^2}-\frac{ky}{b^2}=1$$

$y=0$을 대입하면 $x=\frac{a^2}{4}$

접선이 x축과 만나는 점을 A라고 하면

$A\left(\frac{a^2}{4}, 0\right)$

점 A는 선분 FF′의 1 : 2 내분점이므로

내분점의 공식에 의하여

$\frac{a^2}{4}=\frac{-3\times1+3\times2}{3}$

풀면

$a=2$

이를 ㉠에 대입하면

$b=\sqrt{5}$

타원의 방정식은

$\frac{x^2}{4}-\frac{y^2}{5}=1$

점 $P(4, k)$는 타원 위의 점이므로

$\frac{4^2}{4}-\frac{k^2}{5}=1$

풀면

$\therefore k^2=15$

답 15

[참고] (교육과정 외)

점 P는 문제에서 주어진 쌍곡선 위의 점이므로

$\frac{16}{a^2}-\frac{k^2}{b^2}=1$ 즉, $16b^2-k^2a^2=a^2b^2$

음함수의 미분법에 의하여

$\frac{2x}{a^2}-\frac{2y}{b^2}\frac{dy}{dx}=0$ 즉, $\frac{dy}{dx}=\frac{b^2x}{a^2y}$

쌍곡선 위의 점 P에서의 접선의 방정식은

$y=\frac{4b^2}{ka^2}(x-4)+k$ 즉, $y=\frac{4b^2}{ka^2}x-\frac{16b^2-k^2a^2}{ka^2}$

정리하면

$y=\frac{4b^2}{ka^2}x-\frac{b^2}{k}$

M115 | 답 ③

[풀이]

점 P에서의 접선의 방정식은

$\frac{4x}{a^2}-\frac{ky}{b^2}=1$

두 점 Q, R의 좌표는 각각

$Q\left(\frac{a^2}{4}, 0\right)$, $R\left(0, -\frac{b^2}{k}\right)$

$A_1=\frac{a^2b^2}{8k}$, $A_2=2k$

$A_1 : A_2=\frac{a^2b^2}{8k} : 2k=9 : 4$

정리하면

$a^2b^2=36k^2$, $ab=6k$ …㉠

그런데 점 P는 쌍곡선 위에 있으므로

$\frac{4^2}{a^2}-\frac{k^2}{b^2}=1$, $\frac{4^2}{a^2}-\frac{k^2}{b^2}=1$ …㉡

㉠을 ㉡에 대입하면

$\frac{4^2}{a^2}-\frac{a^2}{6^2}=1$, $4t-\frac{1}{9t}=1$ (이때, $\frac{4}{a^2}=t$)

$36t^2-9t-1=0$, $(3t-1)(12t+1)=0$

$t=\frac{1}{3}\left(=\frac{4}{a^2}\right)$, $a=2\sqrt{3}$

쌍곡선의 주축의 길이는 $4\sqrt{3}$이다.

답 ③

M116 | 답 32

[풀이1]

접선 l의 방정식은

$-6x-2y=32$

정리하면

$3x+y+16=0$

점과 직선 사이의 거리 공식에 의하여

$\overline{OH}=\frac{|0+0+16|}{\sqrt{3^2+1^2}}=\frac{16}{\sqrt{10}}$ …㉠

한편 원점을 지나고 직선 l에 수직인 직선 OQ의 방정식은

$y=\frac{1}{3}x$

주어진 쌍곡선과 직선 $y=\frac{1}{3}x$의 방정식을 연립하면

$x^2-\left(\frac{x}{3}\right)^2=32$ 풀면 $x=6$ 또는 $x=-6$

그런데 점 Q는 제1사분면 위의 점이므로

점 Q의 좌표는

$Q(6, 2)$

두 점 사이의 거리 공식에 의하여

$\overline{OQ}=\sqrt{6^2+2^2}=\sqrt{40}$ …㉡

㉠, ㉡에서

$\therefore \overline{OH}\cdot\overline{OQ}=32$

답 32

[참고1] (교육과정 외)

음함수의 미분법에 의하여

$2x-2y\frac{dy}{dx}=0$ 즉, $\frac{dy}{dx}=\frac{x}{y}$

쌍곡선 위의 점 P에서의 접선의 방정식은

$y=-3(x+6)+2$ 즉, $y=-3x-16$

[참고2]

다음과 같은 방법으로 두 선분 OH, OQ의 길이를 구할 수도 있다.

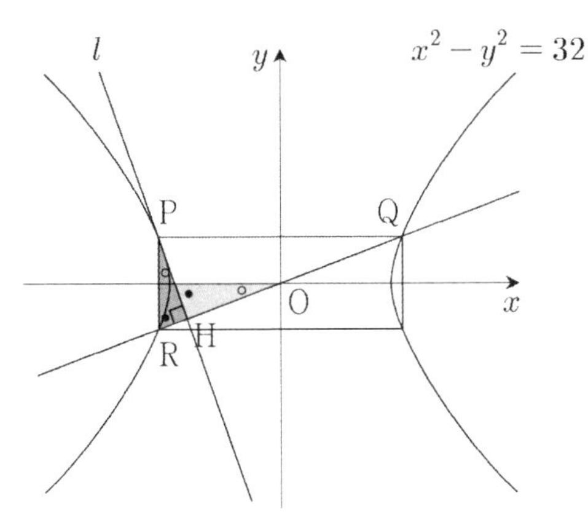

(단, ○+●=90°)

위의 그림에서 어둡게 색칠된 두 직각삼각형은 서로 닮음이므로 두 점 P, R은 x축에 대하여 서로 대칭이다.

(좀 더 자세하게 설명하면 다음과 같다. 점 P를 지나고 x축에 수직인 직선이 직선 OH와 만나는 점을 R′라고 하자. 이때, ∠HPR′=○, ∠PR′H=●이다. 그런데 쌍곡선은 x축에 대하여 대칭이므로 두 점 R, R′는 일치한다.)

그런데 두 점 Q, R은 원점에 대하여 서로 대칭이므로

두 점 P, Q는 y축에 대하여 서로 대칭이다.

그러므로 두 점 P, Q는 y축에 대하여 대칭이다.

직각삼각형 QPR에서 피타고라스의 정리에 의하여

$\overline{QR}=\sqrt{\overline{QP}^2+\overline{PR}^2}=\sqrt{12^2+4^2}=4\sqrt{10}$

서로 닮은 두 삼각형 QPR, PHR에 대하여

$\overline{QR}:\overline{RP}=\overline{PR}:\overline{RH}$

대입하면

$4\sqrt{10}:4=4:\overline{RH}$ 에서 $\overline{RH}=\frac{2\sqrt{10}}{5}$

$\overline{OQ}=2\sqrt{10}$, $\overline{OH}=\frac{8\sqrt{10}}{5}$

[풀이2] (벡터의 내적) (교육과정 외)

접선 l의 방정식은

l: $3x+y=-16$

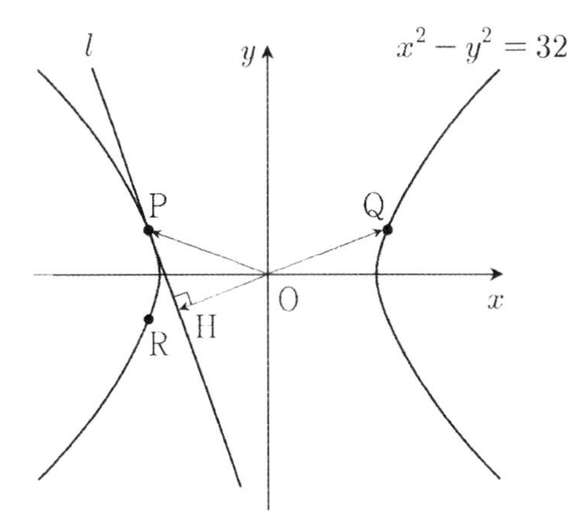

직선 l의 법선벡터를

$\vec{n}=(3,\ 1)$

세 점 H, O, Q는 한 직선 위에 있으므로

점 Q의 좌표를 Q$(3t,\ t)$로 두면

$\overrightarrow{OQ}=(3t,\ t)$

점 Q는 주어진 쌍곡선 위의 점이므로

$(3t)^2-t^2=32$

풀면

$t=2$

점 Q의 좌표는 Q$(6,\ 2)$이다.

성분으로 주어진 벡터의 내적을 하면

$\overrightarrow{OP}\cdot\overrightarrow{OQ}=(-6,\ 2)\cdot(6,\ 2)=-32$ …㉠

벡터의 내적의 성질에 의하여

$\overrightarrow{OP}\cdot\overrightarrow{OQ}=(\overrightarrow{OH}+\overrightarrow{HP})\cdot\overrightarrow{OQ}$

$=\overrightarrow{OH}\cdot\overrightarrow{OQ}+\overrightarrow{HP}\cdot\overrightarrow{OQ}$

$=\overrightarrow{OH}\cdot\overrightarrow{OQ}+0$

$=-\overline{OH}\cdot\overline{OQ}$ …㉡

㉠, ㉡에 의하여

∴ $\overline{OH}\cdot\overline{OQ}=32$

답 32

M117 | 답 ⑤

[풀이]

세 점 A, B, C의 좌표가 각각

$(0,\ 5\sqrt{3})$, $(-5,\ 0)$, $(5,\ 0)$

가 되도록 좌표평면을 도입하자.

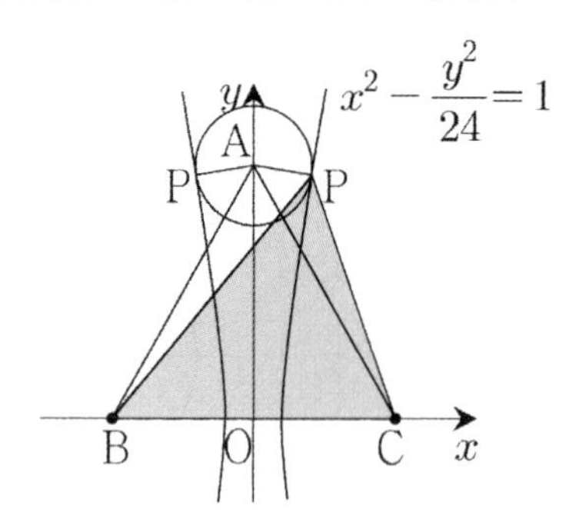

$\overline{PB}-\overline{PC}=2$이므로 쌍곡선의 정의에 의하여 점 P의 자취는 '두 점 B, C를 초점으로 하고, 두 꼭짓점 사이의 거리가 2인 쌍곡선' 이다. 이 쌍곡선의 방정식을

$x^2-\frac{y^2}{a^2}=1$

으로 두면

$5^2=1^2+a^2$, $a=2\sqrt{6}$

쌍곡선의 방정식을 다시 쓰면

$x^2-\frac{y^2}{24}=1$

이 쌍곡선 위의 점 P의 좌표를 $(s,\ t)$로 두면

$s^2-\frac{t^2}{24}=1$, $s^2=1+\frac{t^2}{24}$ $\cdots$ ㉠

이므로

$\overline{PA}=\sqrt{s^2+(t-5\sqrt{3})^2}$

$=\sqrt{1+\frac{t^2}{24}+(t-5\sqrt{3})^2}=\sqrt{f(t)}$

함수 $f(t)$의 도함수는

$f'(t)=\frac{t}{12}+2(t-5\sqrt{3})$

방정식 $f'(t)=0$을 풀면

$t=\frac{24\sqrt{3}}{5}$

$\therefore$ ($\triangle$PBC의 넓이)

$=\frac{1}{2}\overline{BC}\times$(점 P의 y좌표)

$=24\sqrt{3}$

답 ⑤

[참고]

다음과 같이 t의 값을 기하학적인 방법으로 구할 수도 있다.

점 P에서의 접선의 방정식은

$sx-\frac{ty}{24}=1$, (기울기)$=\frac{24s}{t}$

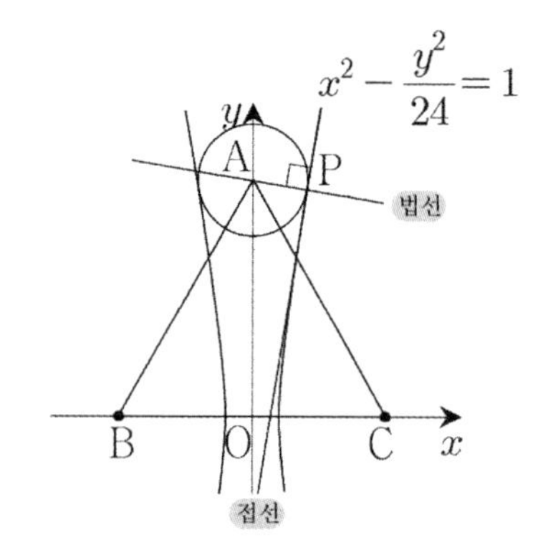

점 P에서의 접선과 직선 AP(법선)이 서로 수직이면 선분 PA의 길이가 최소가 된다.

(점 P에서의 접선의 기울기)

$\times$(직선 AP의 기울기)

$=\frac{24s}{t}\times\frac{t-5\sqrt{3}}{s}=-1$

풀면

$\therefore\ t=\frac{24\sqrt{3}}{5}$

N 평면벡터

1	②	2	③	3	15	4	③	5	①
6	③	7	①	8	13	9	53	10	④
11	⑤	12	⑤	13	③	14	①	15	147
16	8	17	⑤	18	③	19	④	20	③
21	②	22	②	23	②	24	④	25	③
26	①	27	⑤	28	⑤	29	⑤	30	12
31	⑤	32	27	33	100	34	⑤	35	⑤
36	⑤	37	17	38	7	39	③	40	24
41	48	42	45	43	②	44	17	45	19
46	31	47	7	48	52	49	⑤	50	⑤
51	9	52	①	53	④	54	10	55	③
56	②	57	②	58	48				

N001 | 답 ②

[풀이]

두 직선 AE, CD의 교점을 G라고 하자.

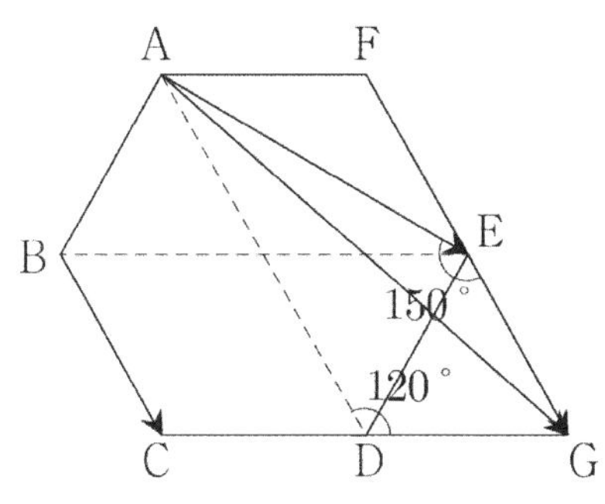

위의 그림에서 $\overrightarrow{BC}=\overrightarrow{EG}$이므로

$\overrightarrow{AE}+\overrightarrow{BC}=\overrightarrow{AE}+\overrightarrow{EG}=\overrightarrow{AG}$

삼각형 ADG에서 코사인법칙에 의하여

$\overline{AG}^2=2^2+1^2-2\times2\times1\times\cos120^\circ=7$

$\therefore\ |\overrightarrow{AE}+\overrightarrow{BC}|=\sqrt{7}$

답 ②

[참고]

선분 AG의 길이는 삼각형 AGE에서 코사인법칙을 사용해서 구해도 좋고, 직각삼각형 ACG에서 피타고라스의 정리를 사용해서 구해도 좋다.

N002 | 답 ③

[풀이1]

문제에서 주어진 식에 의하여

$\overrightarrow{PB}=-\overrightarrow{PC}$

두 벡터 $\overrightarrow{PB}$와 $\overrightarrow{PC}$는 크기는 같지만 방향은 정반대이다.

다시 말하면 세 점 B, P, C는 한 직선 위에 있고, 점 P는 선분 $\overline{BC}$의 중점이다.

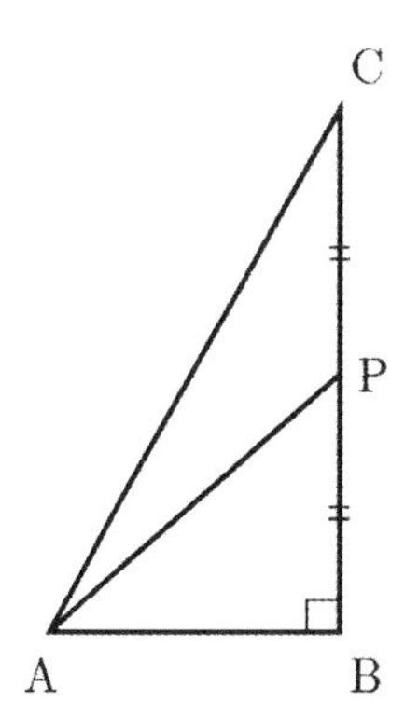

직각삼각형 ABC에서 삼각비의 정의에 의하여

$\overline{BC}=\overline{AB}\times\tan60^\circ=2\sqrt{3}$이므로 $\overline{BP}=\frac{1}{2}\times\overline{BC}=\sqrt{3}$

피타고라스의 정리에 의하여

$\therefore\ |\overrightarrow{PA}|^2=\overline{PA}^2=\overline{AB}^2+\overline{BP}^2$

$=2^2+(\sqrt{3})^2=7$

답 ③

[풀이2] (벡터의 내적)

문제에서 주어진 식에 의하여

$\overrightarrow{PB}=-\overrightarrow{PC}$

두 벡터 $\overrightarrow{PB}$와 $\overrightarrow{PC}$는 크기는 같지만 방향은 정반대이다.

다시 말하면 세 점 B, P, C는 한 직선 위에 있고, 점 P는 선분 $\overline{BC}$의 중점이다.

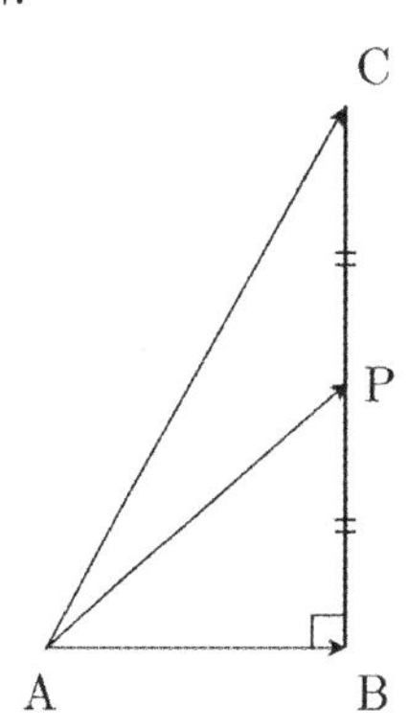

점 P는 선분 $\overline{BC}$의 중점이므로

$\overrightarrow{AP}=\frac{1}{2}\overrightarrow{AB}+\frac{1}{2}\overrightarrow{AC}$

벡터의 내적의 성질에 의하여

$\therefore\ |\overrightarrow{PA}|^2=|\overrightarrow{AP}|^2=\left|\frac{1}{2}\overrightarrow{AB}+\frac{1}{2}\overrightarrow{AC}\right|^2$

$=\left(\frac{1}{2}\overrightarrow{AB}+\frac{1}{2}\overrightarrow{AC}\right)\cdot\left(\frac{1}{2}\overrightarrow{AB}+\frac{1}{2}\overrightarrow{AC}\right)$

$=\frac{1}{4}|\overrightarrow{AB}|^2+\frac{1}{2}\overrightarrow{AB}\cdot\overrightarrow{AC}+\frac{1}{4}|\overrightarrow{AC}|^2$

$=\frac{3}{4}|\overrightarrow{AB}|^2+\frac{1}{4}|\overrightarrow{AC}|^2(\because \overrightarrow{AB}\cdot\overrightarrow{AC}=|\overrightarrow{AB}|^2)$

$=\frac{3}{4}\times 2^2+\frac{1}{4}\times 4^2=7$

답 ③

[풀이3] (벡터의 내적)

문제에서 주어진 등식을 변형하면

$-\overrightarrow{BP}+\overrightarrow{BC}-\overrightarrow{BP}=\vec{0}$ 정리하면 $\overrightarrow{BP}=\frac{1}{2}\overrightarrow{BC}$

벡터의 내적의 성질에 의하여

$\therefore\ |\overrightarrow{PA}|^2=|\overrightarrow{BA}-\overrightarrow{BP}|^2=\left|\overrightarrow{BA}-\frac{1}{2}\overrightarrow{BC}\right|^2$

$=|\overrightarrow{BA}|^2-\overrightarrow{BA}\cdot\overrightarrow{BC}+\frac{1}{4}|\overrightarrow{BC}|^2$

$=2^2-0+\frac{1}{4}\times(2\sqrt{3})^2=7$

($\because \overline{BA}\perp\overline{BC}$이므로 $\overrightarrow{BA}\cdot\overrightarrow{BC}=0$)

답 ③

[풀이4] (위치벡터) (선택)

직각삼각형 ABC에서 삼각비의 정의에 의하여

$\overline{BC}=\overline{AB}\times\tan 60^\circ=2\sqrt{3}$

세 점 A, B, C의 좌표가 각각

$A(-2,\ 0)$, $B(0,\ 0)$, $C(0,\ 2\sqrt{3})$

이 되도록 좌표평면을 도입하자.

점 P의 좌표를 $P(x,\ y)$로 두면

$\overrightarrow{PB}=-\overrightarrow{BP}=(-x,\ -y)$

$\overrightarrow{PC}=\overrightarrow{BC}-\overrightarrow{BP}=(-x,\ 2\sqrt{3}-y)$

문제에서 주어진 등식에 의하여

$\overrightarrow{PB}+\overrightarrow{PC}$

$=(-x,\ -y)+(-x,\ 2\sqrt{3}-y)$

$=(-2x,\ 2\sqrt{3}-2y)=(0,\ 0)$

벡터의 상등의 정의에 의하여

$-2x=0$, $2\sqrt{3}-2y=0$ 풀면 $x=0$, $y=\sqrt{3}$

점 P의 좌표는 $P(0,\ \sqrt{3})$이다.

두 점 사이의 거리 공식에 의하여

$\therefore\ |\overrightarrow{PA}|^2=7$

답 ③

N003 | 답 15

[풀이1] ★

벡터 $\overrightarrow{OP}+\overrightarrow{OF}$의 종점을 Q라고 하자.

문제에서 주어진 등식에서 $|\overrightarrow{OQ}|=1$

이므로 점 Q는 원점을 중심으로 하는 단위원 위의 점이다.

두 점 P, Q를 사각형 OFQP가 평행사변형이 되도록 잡자.

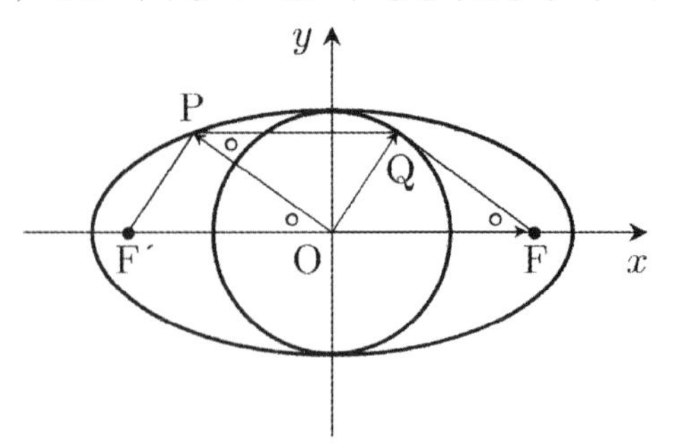

평행사변형의 성질과 평행선의 성질에 의하여

$\overline{PO}=\overline{QF}$, $\angle POF'=\angle QFO$

타원의 중심이 원점이므로 $\overline{FO}=\overline{OF'}$

두 삼각형 POF', QFO는 SAS합동이다.

타원의 정의에 의하여 $\overline{PF}+\overline{PF'}=4$

그런데 $\overline{PF'}=\overline{QO}=1$이므로 $\overline{PF}=3$

$\therefore\ 5k=15$

답 15

[풀이2] (벡터의 연산)

벡터 $\overrightarrow{OP}+\overrightarrow{OF}$의 종점을 Q, 선분 OQ의 중점을 R이라고 하자.

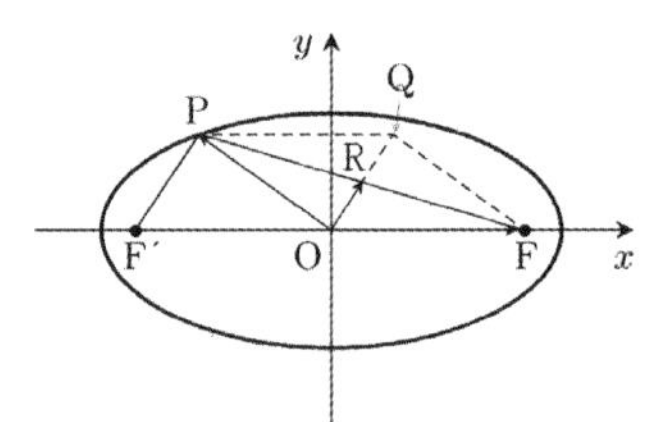

주어진 조건에 의하여

$|\overrightarrow{OR}|=\left|\frac{1}{2}\overrightarrow{OQ}\right|=\left|\frac{\overrightarrow{OP}+\overrightarrow{OF}}{2}\right|=\frac{1}{2}$

평면사변형의 성질에 의하여

점 R은 선분 PF의 중점이다.

타원의 정의에 의하여

점 O는 선분 F'F의 중점이다.

서로 닮은 두 삼각형 PF'F, ROF에 대하여

$\overline{PF'}:\overline{F'F}=\overline{RO}:\overline{OF}$

이므로 $\overline{PF'}=1$

타원의 정의에 의하여

$\overline{PF}+\overline{PF'}=4$

이므로 $\overline{PF}=3$

$\therefore\ 5k=15$

답 15

[풀이3] (벡터의 연산)

주어진 타원의 두 초점의 좌표는 각각

$F(\sqrt{2^2-1^2},\ 0)$, $F'(-\sqrt{2^2-1^2},\ 0)$

즉, $F(\sqrt{3},\ 0)$, $F'(-\sqrt{3},\ 0)$

벡터의 실수배의 정의에 의하여

$\overrightarrow{OF}=-\overrightarrow{OF'}$

벡터의 뺄셈의 정의에 의하여

$\overrightarrow{OP}+\overrightarrow{OF}=\overrightarrow{OP}-\overrightarrow{OF'}=\overrightarrow{F'P}$

문제에서 주어진 등식

$|\overrightarrow{OP}+\overrightarrow{OF}|=1$에서 $|\overrightarrow{F'P}|=1$

점 P는 주어진 타원과 중심이 F′인 단위원의 교점이다.

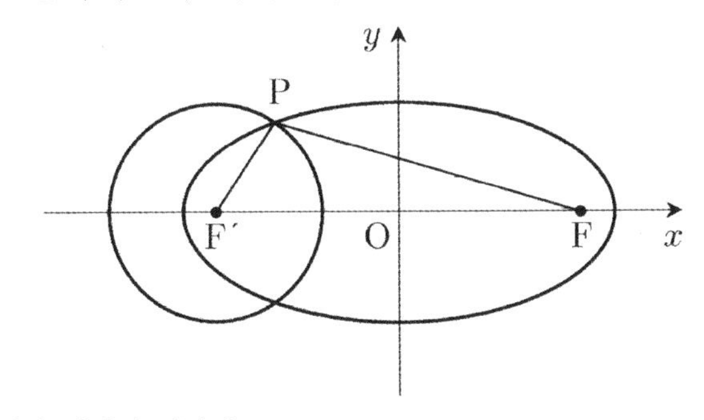

타원의 정의에 의하여

$\overline{PF}+\overline{PF'}=4$

그런데 $\overline{PF'}=1$이므로 $\overline{PF}=3$

$\therefore\ 5k=15$

답 15

[풀이4] (위치벡터) (선택)

주어진 타원의 두 초점의 좌표는 각각

$F(\sqrt{2^2-1^2},\ 0)$, $F'(-\sqrt{2^2-1^2},\ 0)$

즉, $F(\sqrt{3},\ 0)$, $F'(-\sqrt{3},\ 0)$

점 P의 좌표를 $P(a,\ b)$로 두자.

점 P는 타원 위의 점이므로

$$\frac{a^2}{4}+b^2=1 \qquad \cdots ㉠$$

평면벡터의 성분에 의한 연산에 의하여

$\overrightarrow{OP}+\overrightarrow{OF}=(a+\sqrt{3},\ b)$

문제에서 주어진 등식

$|\overrightarrow{OP}+\overrightarrow{OF}|=1$

에 의하여

$$(a+\sqrt{3})^2+b^2=1 \qquad \cdots ㉡$$

㉠, ㉡을 연립하면

$(\sqrt{3}a+2)(a+2\sqrt{3})=0$

그런데 $-2\le a\le 2$이므로

$$a=-\frac{2\sqrt{3}}{3} \qquad \cdots ㉢$$

㉢을 ㉠에 대입하면 $b=\pm\dfrac{\sqrt{6}}{3}$

점 P의 좌표는

$\left(-\dfrac{2\sqrt{3}}{3},\ \dfrac{\sqrt{6}}{3}\right)$ 또는 $\left(-\dfrac{2\sqrt{3}}{3},\ -\dfrac{\sqrt{6}}{3}\right)$

두 점 사이의 거리 공식에 의하여

$\overline{PF}=3$

$\therefore\ 5k=15$

답 15

[풀이5] (벡터의 연산) (선택)

주어진 타원의 두 초점의 좌표는 각각

$F(\sqrt{2^2-1^2},\ 0)$, $F'(-\sqrt{2^2-1^2},\ 0)$

즉, $F(\sqrt{3},\ 0)$, $F'(-\sqrt{3},\ 0)$

벡터의 실수배의 정의에 의하여

$\overrightarrow{OF}=-\overrightarrow{OF'}$

벡터의 뺄셈의 정의에 의하여

$\overrightarrow{OP}+\overrightarrow{OF}=\overrightarrow{OP}-\overrightarrow{OF'}=\overrightarrow{F'P}$

문제에서 주어진 등식

$|\overrightarrow{OP}+\overrightarrow{OF}|=1$에서 $|\overrightarrow{F'P}|=1$

점 P는 주어진 타원과 중심이 F′인 단위원의 교점이다.

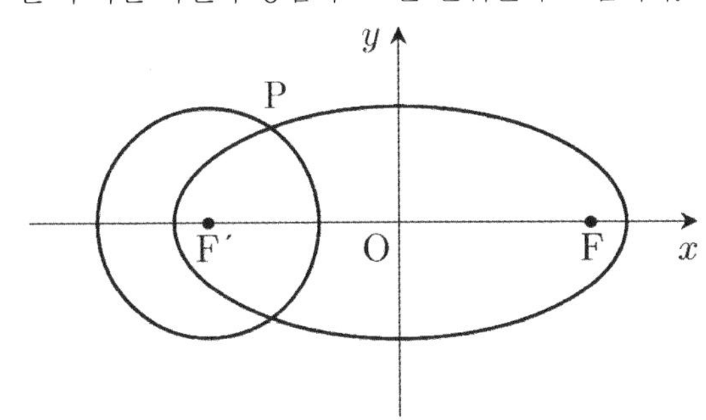

타원 $\dfrac{x^2}{4}+y^2=1$과 원 $(x+\sqrt{3})^2+y^2=1$의 방정식을 연립하면

$(\sqrt{3}x+2)(x+2\sqrt{3})=0$

그런데 $-2\le x\le 2$이므로

$$x=-\frac{2\sqrt{3}}{3} \qquad \cdots ㉢$$

타원의 방정식에 대입하면 $y=\pm\dfrac{\sqrt{6}}{3}$

점 P의 좌표는

$P\left(-\dfrac{2\sqrt{3}}{3},\ \dfrac{\sqrt{6}}{3}\right)$ 또는 $P\left(-\dfrac{2\sqrt{3}}{3},\ -\dfrac{\sqrt{6}}{3}\right)$

두 점 사이의 거리 공식에 의하여

$\overline{PF}=3$

$\therefore\ 5k=15$

답 15

[풀이6] (위치벡터)

주어진 타원의 두 초점의 좌표는 각각

$F(\sqrt{2^2-1^2},\ 0)$, $F'(-\sqrt{2^2-1^2},\ 0)$

즉, $F(\sqrt{3},\ 0)$, $F'(-\sqrt{3},\ 0)$

타원 $\dfrac{x^2}{4}+y^2=1$의 방정식을 매개변수 θ로 나타내면

$x=2\cos\theta,\ y=\sin\theta$

이제 점 P의 좌표를 $P(2\cos\theta,\ \sin\theta)$

성분에 의한 평면벡터의 연산에 의하여

$\overrightarrow{OP}+\overrightarrow{OF}=(\sqrt{3}+2\cos\theta,\ \sin\theta)$

성분에 의한 평면벡터의 크기를 구하는 공식에 의하여

$|\overrightarrow{OP}+\overrightarrow{OF}|=\sqrt{(\sqrt{3}+2\cos\theta)^2+\sin^2\theta}=1$

양변을 제곱하여 정리하면

$\sqrt{3}\cos^2\theta+4\cos\theta+\sqrt{3}=0$

좌변을 인수분해하면

$(\sqrt{3}\cos\theta+1)(\cos\theta+\sqrt{3})=0$ 풀면 $\cos\theta=-\dfrac{\sqrt{3}}{3}$

이므로

$\sin\theta=\pm\sqrt{1-\cos^2\theta}=\pm\dfrac{\sqrt{6}}{3}$

점 P의 좌표는

$\left(-\dfrac{2\sqrt{3}}{3},\ \dfrac{\sqrt{6}}{3}\right)$ 또는 $\left(-\dfrac{2\sqrt{3}}{3},\ -\dfrac{\sqrt{6}}{3}\right)$

두 점 사이의 거리 공식에 의하여

$\overline{PF}=3$

$\therefore\ 5k=15$

답 15

N004 | 답 ③

[풀이1]

$\overrightarrow{BA}=\vec{a}$, $\overrightarrow{BC}=\vec{b}$로 두자.

벡터의 연산법칙에 의하여

$\overrightarrow{BF}=\overrightarrow{BA}+\overrightarrow{AF}=\overrightarrow{BA}+\dfrac{1}{4}\overrightarrow{AC}$

$=\vec{a}+\dfrac{1}{4}(\vec{b}-\vec{a})=\dfrac{3}{4}\vec{a}+\dfrac{1}{4}\vec{b}$

벡터의 연산법칙에 의하여

$\overrightarrow{DE}=\overrightarrow{BE}-\overrightarrow{BD}$

$=\overrightarrow{BC}+\overrightarrow{CE}-\overrightarrow{BD}$

$=\overrightarrow{BC}+\dfrac{1}{4}\overrightarrow{CA}-\overrightarrow{BD}$

$=\vec{b}+\dfrac{1}{4}(\vec{a}-\vec{b})-\dfrac{1}{3}\vec{a}$

$=-\dfrac{1}{12}\vec{a}+\dfrac{3}{4}\vec{b}$

벡터의 연산법칙에 의하여

$\overrightarrow{BF}+\overrightarrow{DE}$

$=\dfrac{3}{4}\vec{a}+\dfrac{1}{4}\vec{b}-\dfrac{1}{12}\vec{a}+\dfrac{3}{4}\vec{b}$

$=\dfrac{2}{3}\vec{a}+\vec{b}$

벡터의 내적의 성질에 의하여

$\therefore\ |\overrightarrow{BF}+\overrightarrow{DE}|^2=\left|\dfrac{2}{3}\vec{a}+\vec{b}\right|^2$

$=\dfrac{4}{9}|\vec{a}|^2+\dfrac{4}{3}\vec{a}\cdot\vec{b}+|\vec{b}|^2$

$=\dfrac{4}{9}|\vec{a}|^2+\dfrac{4}{3}|\vec{a}||\vec{b}|\cos\dfrac{\pi}{3}+|\vec{b}|^2$

$=19$

답 ③

[풀이2]

$\overrightarrow{AB}=\vec{a}$, $\overrightarrow{AC}=\vec{b}$로 두자.

벡터의 연산법칙에 의하여

$\overrightarrow{BF}=\overrightarrow{AF}-\overrightarrow{AB}$

$=\dfrac{1}{4}\overrightarrow{AC}-\overrightarrow{AB}=\dfrac{1}{4}\vec{b}-\vec{a}$

벡터의 연산법칙에 의하여

$\overrightarrow{DE}=\overrightarrow{AE}-\overrightarrow{AD}$

$=\dfrac{3}{4}\overrightarrow{AC}-\dfrac{2}{3}\overrightarrow{AB}=\dfrac{3}{4}\vec{b}-\dfrac{2}{3}\vec{a}$

벡터의 연산법칙에 의하여

$\overrightarrow{BF}+\overrightarrow{DE}$

$=\dfrac{1}{4}\vec{b}-\vec{a}+\dfrac{3}{4}\vec{b}-\dfrac{2}{3}\vec{a}=-\dfrac{5}{3}\vec{a}+\vec{b}$

벡터의 내적의 성질에 의하여

$\therefore\ |\overrightarrow{BF}+\overrightarrow{DE}|^2=\left|-\dfrac{5}{3}\vec{a}+\vec{b}\right|^2$

$=\dfrac{25}{9}|\vec{a}|^2-\dfrac{10}{3}\vec{a}\cdot\vec{b}+|\vec{b}|^2$

$=\dfrac{25}{9}|\vec{a}|^2-\dfrac{10}{3}|\vec{a}||\vec{b}|\cos\dfrac{\pi}{3}+|\vec{b}|^2$

$=19$

답 ③

[풀이3]

세 점 A, B, C의 좌표가 각각

$A\left(0,\ \frac{3\sqrt{3}}{2}\right)$, $B\left(-\frac{3}{2},\ 0\right)$, $C\left(\frac{3}{2},\ 0\right)$

이 되도록 좌표평면을 도입하자.

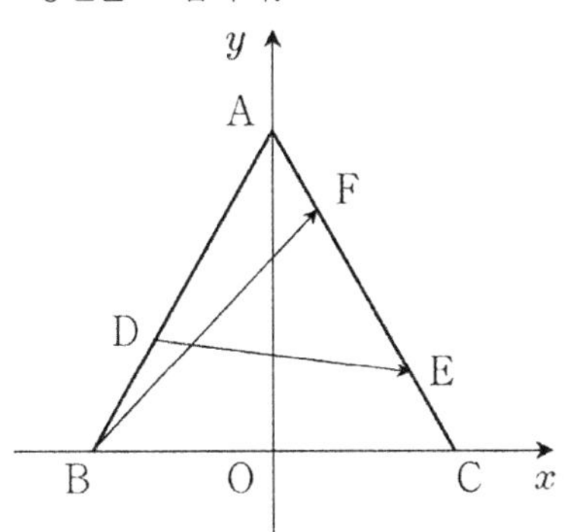

내분점의 공식에 의하여

$D\left(-1,\ \frac{\sqrt{3}}{2}\right)$, $E\left(\frac{9}{8},\ \frac{3\sqrt{3}}{8}\right)$, $F\left(\frac{3}{8},\ \frac{9\sqrt{3}}{8}\right)$

벡터의 성분에 의한 연산에 의하여

$\overrightarrow{BF}=\overrightarrow{OF}-\overrightarrow{OB}=\left(\frac{15}{8},\ \frac{9\sqrt{3}}{8}\right)$

$\overrightarrow{DE}=\overrightarrow{OE}-\overrightarrow{OD}=\left(\frac{17}{8},\ -\frac{\sqrt{3}}{8}\right)$

$\overrightarrow{BF}+\overrightarrow{DE}=(4,\ \sqrt{3})$

성분으로 주어진 벡터의 크기를 구하는 공식에 의하여

$\therefore\ |\overrightarrow{BF}+\overrightarrow{DE}|^2=4^2+(\sqrt{3})^2=19$

답 ③

[풀이4] **시험장**

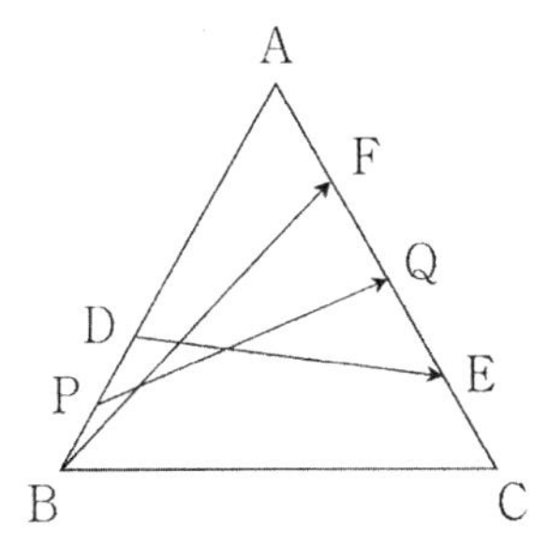

두 선분 BD, EF의 중점을 각각 P, Q라고 하면

$\overrightarrow{BF}+\overrightarrow{DE}=2\overrightarrow{PQ}$

$\overline{AP}=\frac{5}{2}$, $\overline{AQ}=\frac{3}{2}$이므로

삼각형 APQ에서 코사인법칙에 의하여

$\overline{PQ}^2=\left(\frac{5}{2}\right)^2+\left(\frac{3}{2}\right)^2-2\times\frac{5}{2}\times\frac{3}{2}\times\cos 60^\circ$

$=\frac{19}{4}$

$\therefore$ (주어진 식)$=4|\overrightarrow{PQ}|^2=19$

답 ③

[풀이5] **시험장**

사각형 ABCG가 평행사변형이 되도록 점 G를 잡자.

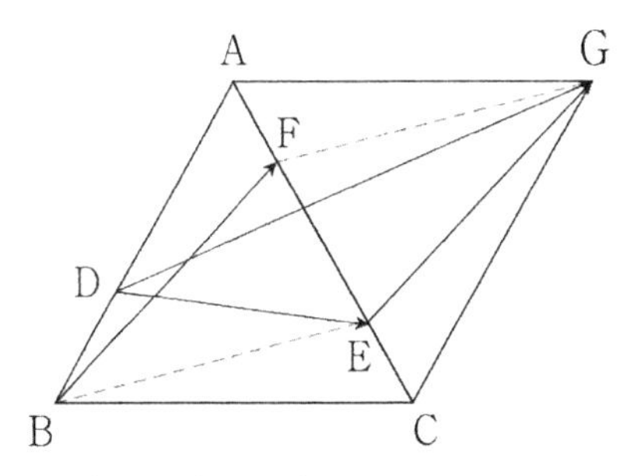

$\overrightarrow{BF}+\overrightarrow{DE}=\overrightarrow{EG}+\overrightarrow{DE}=\overrightarrow{DG}$

삼각형 ADG에서 코사인법칙에 의하여

$\overline{DG}^2=2^2+3^2-2\times2\times3\times\cos 120^\circ$

$=19$

$\therefore$ (주어진 식)$=|\overrightarrow{DG}|^2=19$

답 ③

N005 | 답 ①

[풀이] ★

점 P의 위치벡터를 $\vec{p}$라고 하자.

벡터의 빼셈의 정의에 의하여

$\overrightarrow{AP}=\overrightarrow{OP}-\overrightarrow{OA}$

주어진 등식은

$\vec{p}-\vec{a}=(\vec{c}-\vec{b}-\vec{a})t$

정리하면

$\vec{p}=\vec{a}+(\vec{c}-\vec{b}-\vec{a})t$

점 P의 자취는 점 A를 지나고 벡터 $\vec{c}-\vec{b}-\vec{a}$에 평행한 직선이다.

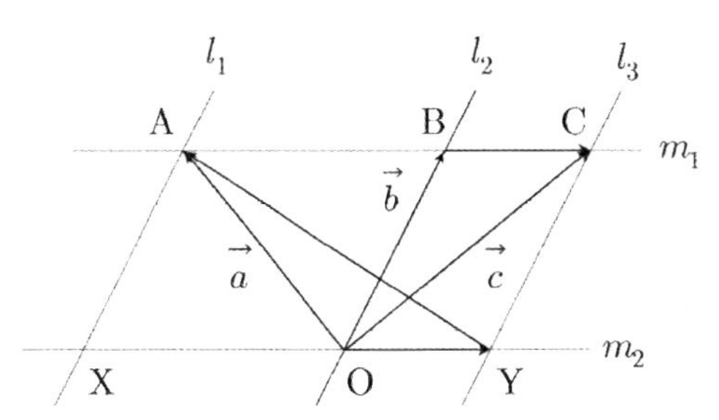

벡터의 빼셈의 정의에 의하여

$\vec{c}-\vec{b}=\overrightarrow{BC}$

벡터의 상등의 정의에 의하여

$\overrightarrow{BC}=\overrightarrow{OY}$

벡터의 빼셈의 정의에 의하여

$\vec{c}-\vec{b}-\vec{a}=\overrightarrow{OY}-\overrightarrow{OA}=\overrightarrow{AY}$

점 P의 자취는 직선 AY이다.

답 ①

N006 | 답 ③

[풀이]

선분 PQ의 중점을 M이라고 하자.

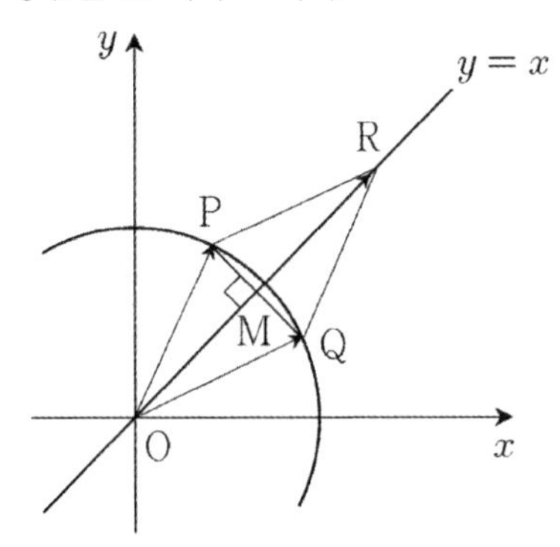

조건 (가)에 의하여

$\overline{PM}=\overline{QM}$이고 $\angle OMP=\angle OMQ=90°$

두 직각삼각형 POM와 QOM에서

피타고라스의 정리에 의하여

$\overline{OP}=\overline{OQ}$ …㉠

벡터의 덧셈의 정의에 의하여

사각형 RPOQ는 평행사변형이다.

㉠에 의하여 사각형 RPOQ는 마름모이다.

마름모의 성질에 의하여

마름모 RPOQ의 두 대각선은 서로 다른 것을 수직이등분하므로

점 R은 직선 $y=x$ 위에 있다.(②, ④, ⑤는 답일 수 없다.)

두 점 P, Q가 일치할 때 점 R의 x좌표는 최대 또는 최소가 된다. 이때, 최댓값과 최솟값은 각각 $\sqrt{2}$, $-\sqrt{2}$이다.(①은 답일 수 없다.)

답 ③

N007 | 답 ①

[풀이]

$\frac{1}{|\overrightarrow{OA}|}>0$이므로

벡터의 실수배의 정의에 의하여

두 벡터 $\overrightarrow{OA}$, $\overrightarrow{OB}$의 방향은 같다.

$|\overrightarrow{OB}|=\frac{|\overrightarrow{OA}|}{|\overrightarrow{OA}|}=1$이므로 벡터 $\overrightarrow{OB}$의 크기는 1이다.

좌표평면에서 벡터 $\overrightarrow{OB}$의 종점 B는 중심이 원점인 단위원 위에 있다.

동경 OA(OB)가 나타내는 각의 크기를 θ라고 하자.

(단, $0\le\theta<2\pi$)

함수 $y=\frac{1}{4}x^2+3$의 도함수는

$y'=\frac{1}{2}x$

곡선 $y=\frac{1}{4}x^2+3$ 위의 점 $\left(t,\ \frac{t^2}{4}+3\right)$에서의 접선의 방정식은

$y=\frac{t}{2}x-\frac{t^2}{4}+3$

이 접선이 원점을 지나면

$0=-\frac{t^2}{4}+3$

이차방정식을 풀면

$t=2\sqrt{3}$ 또는 $t=-2\sqrt{3}$

원점에서 곡선 $y=\frac{1}{4}x^2+3$에 그은 두 접선의 방정식은 각각

$y=\sqrt{3}x$, $y=-\sqrt{3}x$이므로 $\frac{\pi}{3}\le\theta\le\frac{2}{3}\pi$

좌표평면에서 점 B의 자취는 아래 그림과 같다.

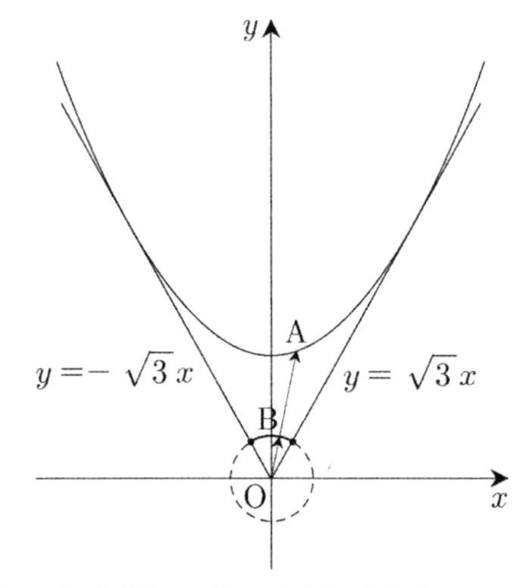

부채꼴의 호의 길이를 구하는 공식에 의하여

$\therefore$ (점 B의 자취의 길이)$=1\times\frac{\pi}{3}=\frac{\pi}{3}$

답 ①

N008 | 답 13

[풀이]

타원의 방정식은

$\frac{x^2}{\frac{3}{2}}+\frac{y^2}{3}=1$

기울기가 -2이고 타원에 접하는 접선의 방정식은

$y=-2x\pm\sqrt{\frac{3}{2}\times(-2)^2+3}$, 즉 $y=-2x\pm3$

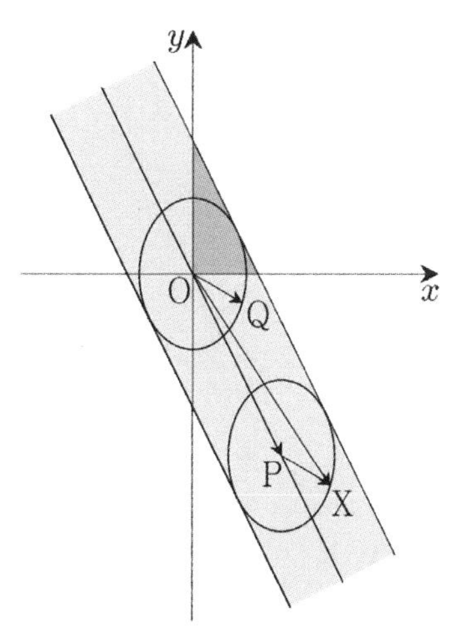

위의 그림에서 점 X는 두 직선

$y=-2x+3$, $y=-2x-3$

사이의 영역이다. (단, 경계 포함)

이때, 제1사분면에 그려지는 직각삼각형의 넓이를 S라고 하면

$\therefore\ S=\frac{1}{2}\times\frac{3}{2}\times3=\frac{9}{4}$

$\therefore\ p+q=13$

답 13

N009

| 답 53

[풀이1] ★

두 선분 AB, AC의 중점을 각각 M, N, 두 선분 AM, AN의 중점을 각각 M′, N′라고 하자.

그리고 사각형 AM′DN′가 평행사변형이 되도록 선분 MN 위의 점 D를 잡자.

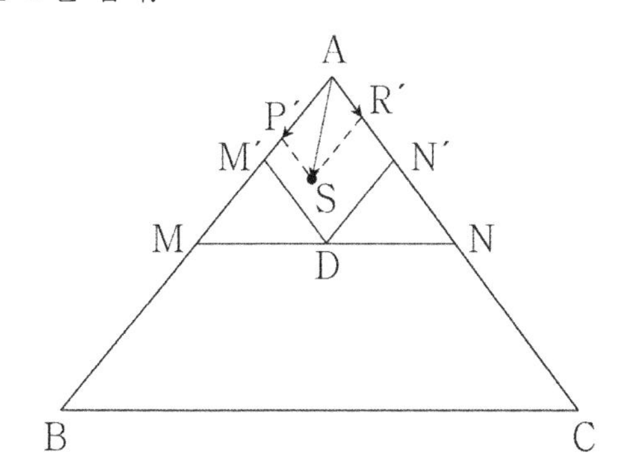

선분 AB 위의 점 P′에 대하여

$\overrightarrow{AP'}=\frac{1}{4}\overrightarrow{AP}$

라고 하자. 점 P가 선분 AB 위의 움직이므로 점 P′는 선분 AM′ 위를 움직인다.

선분 AC 위의 점 R′에 대하여

$\overrightarrow{AR'}=\frac{1}{4}\overrightarrow{AR}$

라고 하자. 점 R이 선분 AC 위의 움직이므로 점 R′는 선분 AN′ 위를 움직인다.

사각형 AP′SQ′가 평행사변형이 되도록 점 S를 잡자.

벡터의 실수배의 성질과

벡터의 덧셈의 정의에 의하여

$\frac{1}{4}(\overrightarrow{AP}+\overrightarrow{AR})=\frac{1}{4}\overrightarrow{AP}+\frac{1}{4}\overrightarrow{AR}$

$=\overrightarrow{AP'}+\overrightarrow{AR'}=\overrightarrow{AS}$

이므로

점 S의 자취는 사각형 AM′DN′의 내부와 둘레이다.

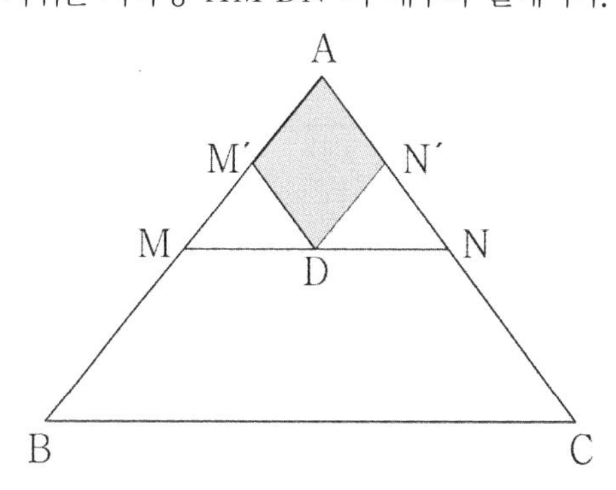

점 Q′에 대하여

$\overrightarrow{AQ'}=\frac{1}{2}\overrightarrow{AQ}$

라고 하자. 점 Q가 선분 BC 위의 움직이므로 점 Q′는 선분 MN 위를 움직인다.

사각형 ASTQ′가 평행사변형이 되도록 점 T를 잡자.

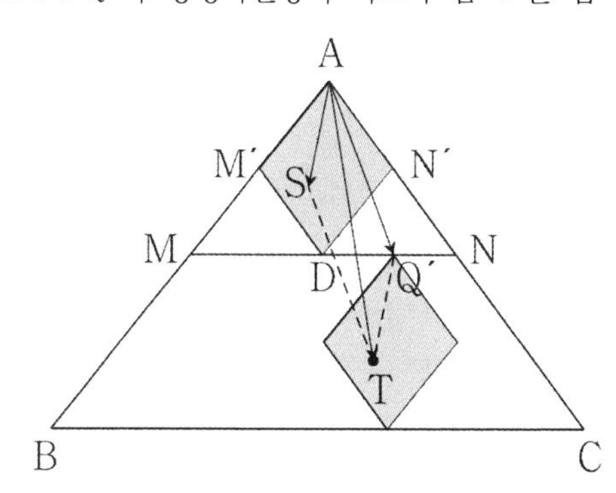

벡터의 덧셈의 정의에 의하여

$\overrightarrow{AS}+\overrightarrow{AQ'}=\overrightarrow{AT}$

벡터의 덧셈을 평행이동의 관점에서 해석하자.

점 S의 자취를 $\overrightarrow{AQ'}$의 방향으로 $|\overrightarrow{AQ'}|$만큼 평행이동하면 점 T의 자취와 일치한다.

점 Q′는 선분 MN 위를 움직이므로 점 T의 자취는 아래 그림과 같다.

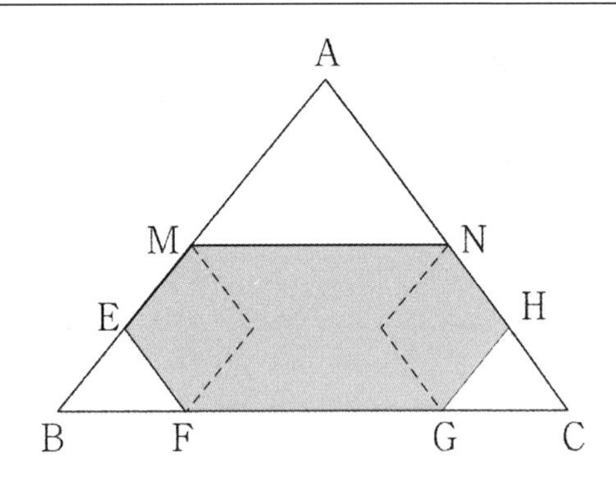

(단, E, F, G, H는 삼각형 ABC의 둘레 위의 점이다.)

$\overrightarrow{AX}=\frac{1}{4}(\overrightarrow{AP}+\overrightarrow{AR})+\frac{1}{2}\overrightarrow{AQ}$

$=\overrightarrow{AS}+\overrightarrow{AQ'}=\overrightarrow{AT}$

이므로 두 점 T, X는 서로 일치한다.

따라서 점 T가 나타내는 영역의 넓이를 구하면 된다. 이 영역의 넓이를 S라고 하자.

$S=\frac{3}{4}\times(\triangle ABC$의 넓이$)$

$-2\times\left(\frac{1}{4}\right)^2\times(\triangle ABC$의 넓이$)$

$=\frac{5}{8}\times 9=\frac{45}{8}$

$\therefore\ p+q=53$

답 53

[풀이2] 시험장

아래 그림처럼 삼각형 ABC가 $\angle CAB=90°$인 직각삼각형이어도 풀이의 일반성을 잃지 않는다.

선분 AB의 1 : 3, 1 : 1내분점을 각각 B′, B″라 하고,

선분 AC의 1 : 3, 1 : 1내분점을 각각 C′, C″라 하고,

선분 AQ의 중점을 Q′라고 하자.

그리고 사각형 AB′DC′가 직사각형이 되도록 점 D를 잡자.

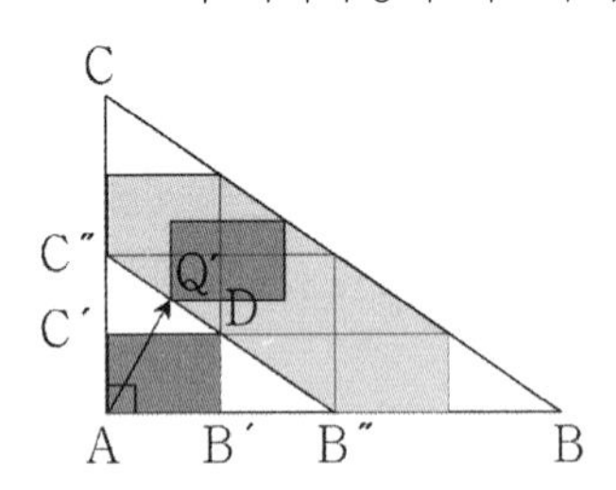

두 점 P, R이 각각 B, C일 때,

벡터 $\frac{1}{4}(\overrightarrow{AP}+\overrightarrow{AR})$의 종점은 D이다.

그러므로 벡터 $\frac{1}{4}(\overrightarrow{AP}+\overrightarrow{AR})$의 종점은 직사각형 AB′DC′의 경계 또는 내부에 있다. (그리고 이 역도 성립한다.)

$\overrightarrow{AX}=\frac{1}{4}(\overrightarrow{AP}+\overrightarrow{AR})+\overrightarrow{AQ'}$

위의 등식에서 점 X는 직사각형 AB′DC′의 경계 또는 내부의 점을 벡터 $\overrightarrow{AQ'}$의 방향으로 $|\overrightarrow{AQ'}|$만큼 평행이동한 것이다.

따라서 위의 그림에서 덜 어둡게 색칠된 육각형이 점 X의 자취이다.

$\therefore\ \frac{q}{p}=9\times\left(\frac{1}{4}\right)^2\times 10=\frac{45}{8}$

$\therefore\ p+q=53$

답 53

N010 | 답 ④

[풀이]

$\overrightarrow{AB}=\vec{a}$, $\overrightarrow{AC}=\vec{b}$로 두자.

$2\vec{a}+p(\vec{b}-\vec{a})=-q\vec{b}$,

$(2-p)\vec{a}+(p+q)\vec{b}=\vec{0}$

두 벡터 $\vec{a}$, $\vec{b}$는 서로 평행하지 않으므로

$2-p$, $p+q=0$, 즉 $p=2$, $q=-2$

$\therefore\ p-q=4$

답 ④

N011 | 답 ⑤

[풀이1]

문제에서 주어진 조건에 의하여

$\vec{a}//\vec{v}+\vec{b}$

벡터의 평행의 필요충분조건에 의하여

$\vec{v}+\vec{b}=k\vec{a}$ (단, $k\neq 0$인 실수)

이제 $\vec{v}=(x,\ y)$로 두자.

성분으로 주어진 벡터의 연산에 의하여

$\vec{v}+\vec{b}=(x+4,\ y-2)$, $k\vec{a}=(3k,\ k)$

이므로

$(x+4,\ y-2)=(3k,\ k)$

성분으로 주어진 벡터의 상등의 정의에 의하여

$x=3k-4$, $y=k+2$

성분으로 주어진 벡터의 크기를 구하는 공식에 의하여

$|\vec{v}|^2=(3k-4)^2+(k+2)^2=10k^2-20k+20$

$=10(k-1)^2+10\geq 10$

(단, 등호는 $k=1$일 때 성립한다.)

답 ⑤

[풀이2] ★

문제에서 주어진 조건에 의하여

$\vec{a}//\vec{v}+\vec{b}$

벡터의 평행의 필요충분조건에 의하여

$\vec{v}+\vec{b}=k\vec{a}$ (단, $k \neq 0$인 실수)
정리하면
$\vec{v}=-\vec{b}+k\vec{a}$ $\cdots(*)$
벡터 $\vec{v}$의 종점의 자취는 벡터 $-\vec{b}$의 종점을 지나고 벡터 $\vec{a}$에 평행한 직선이다.
원점 O에서 이 직선에 내린 수선의 발을 H, $\overrightarrow{OH}=\overrightarrow{v_0}$라고 하자.
그리고 $\vec{v}=\overrightarrow{v_0}$일 때, (*)를 만족시키는 k의 값을 k_0라고 하자.

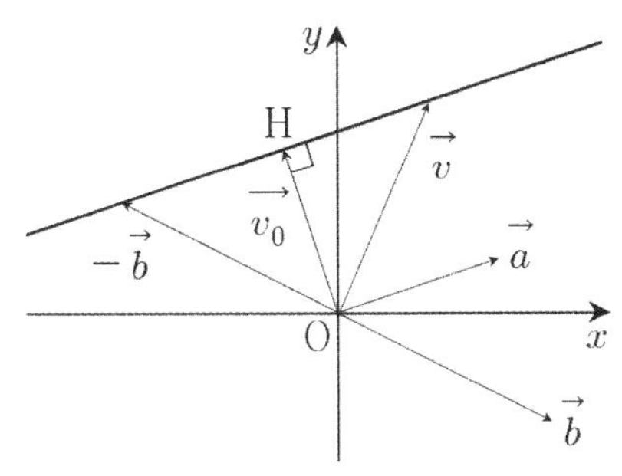

$\overrightarrow{v_0} \perp \vec{a}$이므로 $\overrightarrow{v_0} \cdot \vec{a}=0$이다.
벡터의 내적의 성질에 의하여
$\overrightarrow{v_0} \cdot \vec{a}=(-\vec{b}+k_0\vec{a}) \cdot \vec{a}=-\vec{a} \cdot \vec{b}+k_0|\vec{a}|^2=0$
정리하면
$k_0=\dfrac{\vec{a} \cdot \vec{b}}{|\vec{a}|^2}=\dfrac{10}{10}=1$이므로 $\overrightarrow{v_0}=\vec{a}-\vec{b}$이다.
성분으로 주어진 벡터의 크기를 구하는 공식에 의하여
$\therefore\ |\vec{v}|^2 \geq |\overrightarrow{v_0}|^2=|\vec{a}-\vec{b}|^2=10$

답 ⑤

[참고]
$|\overrightarrow{v_0}|$의 값을 다음과 같은 방법으로 구할 수도 있다.
벡터 $\vec{v}$의 종점의 자취는 점 $(-4,\ 2)$를 지나고 기울기가 $\dfrac{1}{3}$인 직선이다.
이 직선의 방정식은
$x-3y+10=0$
원점 O에서 이 직선까지의 거리가 $|\overrightarrow{v_0}|$이므로
점과 직선 사이의 거리 공식에 의하여
$|\overrightarrow{v_0}|=\dfrac{10}{\sqrt{10}}=\sqrt{10}$

N012 | 답 ⑤

[풀이1]
네 점 A, B, C, D의 좌표가 각각
$A(0,\ 0)$, $B(b,\ 0)$, $C(b,\ d)$, $D(0,\ d)$
가 되도록 좌표평면을 도입하자.
(단, $b>0$, $d>0$)

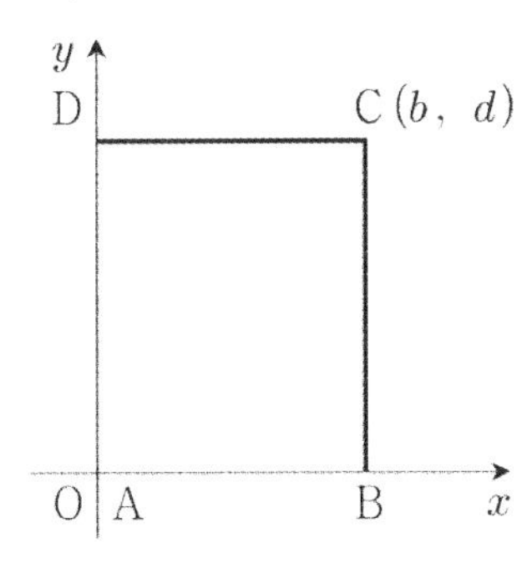

$P(x,\ y)$로 두면
(단, $0<x<b$, $0<y<d$)
$\overrightarrow{PA}=\overrightarrow{OA}-\overrightarrow{OP}=(-x,\ -y)$
$\overrightarrow{PB}=\overrightarrow{OB}-\overrightarrow{OP}=(b-x,\ -y)$
$\overrightarrow{PC}=\overrightarrow{OC}-\overrightarrow{OP}=(b-x,\ d-y)$
$\overrightarrow{PD}=\overrightarrow{OD}-\overrightarrow{OP}=(-x,\ d-y)$
$\overrightarrow{CA}=\overrightarrow{OA}-\overrightarrow{OC}=(-b,\ -d)$
이를 문제에서 주어진 등식에 대입하여 정리하면
$(2b-4x,\ 2d-4y)=(-b,\ -d)$
성분으로 주어진 벡터의 상등의 정의에 의하여
$2b-4x=-b$, $2d-4y=-d$
풀면
$x=\dfrac{3}{4}b$, $y=\dfrac{3}{4}d$
점 P의 좌표는 $\left(\dfrac{3}{4}b,\ \dfrac{3}{4}d\right)$이므로
점 P는 선분 $\overline{AC}$의 $3:1$내분점이다.

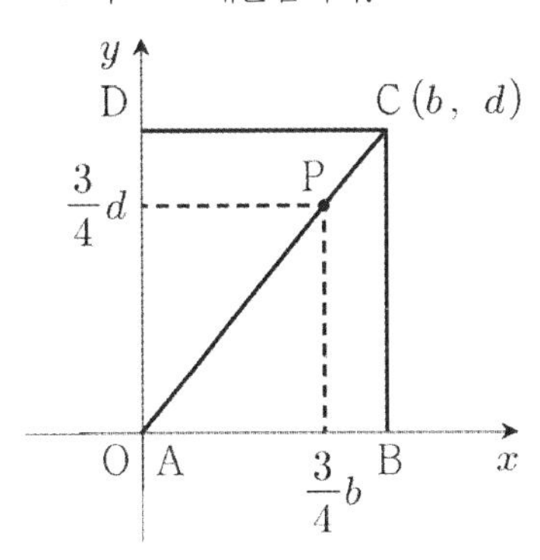

▸ ㄱ. (참)
$\overrightarrow{PB}=\overrightarrow{OB}-\overrightarrow{OP}=\left(\dfrac{b}{4},\ -\dfrac{3}{4}d\right)$
$\overrightarrow{PD}=\overrightarrow{OD}-\overrightarrow{OP}=\left(-\dfrac{3}{4}b,\ \dfrac{d}{4}\right)$
성분으로 주어진 벡터의 연산에 의하여
$\overrightarrow{PB}+\overrightarrow{PD}=\left(-\dfrac{b}{2},\ -\dfrac{d}{2}\right)$
성분으로 주어진 벡터의 연산에 의하여
$2\overrightarrow{CP}=2(\overrightarrow{OP}-\overrightarrow{OC})=\left(-\dfrac{b}{2},\ -\dfrac{d}{2}\right)$

성분으로 주어진 벡터의 상등의 정의에 의하여

$\overrightarrow{PB}+\overrightarrow{PD}=2\overrightarrow{CP}$

▸ ㄴ. (참)

성분으로 주어진 벡터의 연산에 의하여

$\overrightarrow{AP}=\overrightarrow{OP}-\overrightarrow{OA}=\left(\frac{3}{4}b,\ \frac{3}{4}d\right)$

성분으로 주어진 벡터의 연산에 의하여

$\frac{3}{4}\overrightarrow{AC}=\frac{3}{4}(\overrightarrow{OC}-\overrightarrow{OA})=\left(\frac{3}{4}b,\ \frac{3}{4}d\right)$

성분으로 주어진 벡터의 상등의 정의에 의하여

$\overrightarrow{AP}=\frac{3}{4}\overrightarrow{AC}$

혹은 벡터의 실수배의 정의에 의하여 위의 등식이 성립함을 보여도 좋다.

▸ ㄷ. (참)

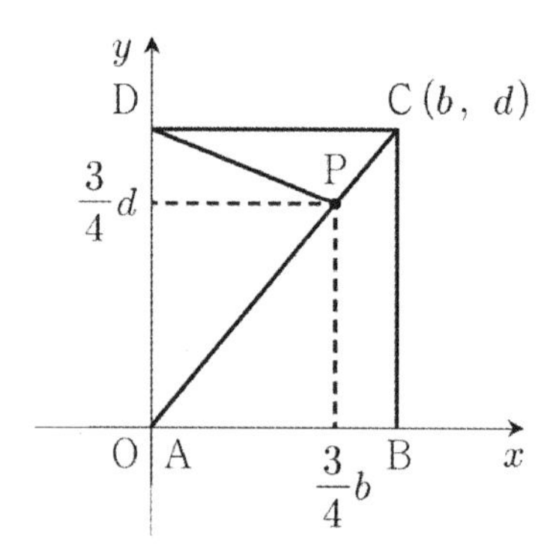

삼각형의 넓이를 구하는 공식에 의하여

(△ADP의 넓이)$=\frac{1}{2}\times\overline{AD}\times$(점 P의 x좌표)

$=\frac{3}{8}bd=3$에서 $bd=8$

직사각형의 넓이를 구하는 공식에 의하여

(□ABCD의 넓이)$=bd=8$

이상에서 옳은 것은 ㄱ, ㄴ, ㄷ이다.

답 ⑤

[풀이2]

▸ ㄱ. (참)

$\overrightarrow{CA}=\overrightarrow{PA}-\overrightarrow{PC}$이므로 문제에서 주어진 등식은

$\overrightarrow{PA}+\overrightarrow{PB}+\overrightarrow{PC}+\overrightarrow{PD}=\overrightarrow{PA}-\overrightarrow{PC}$

정리하면

$\overrightarrow{PB}+\overrightarrow{PD}=-2\overrightarrow{PC}=2\overrightarrow{CP}$

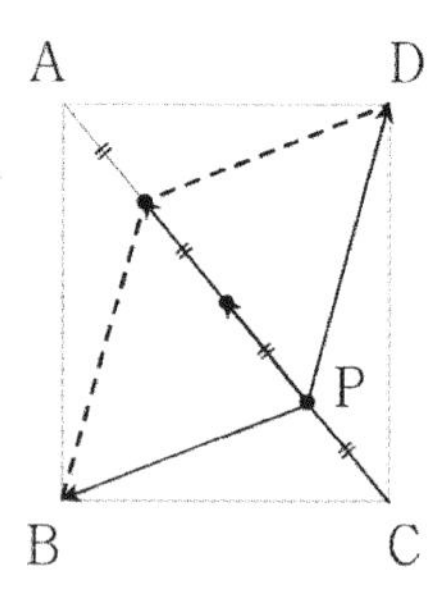

▸ ㄴ. (참)

$\overrightarrow{PB}=\overrightarrow{AB}-\overrightarrow{AP}$, $\overrightarrow{PD}=\overrightarrow{AD}-\overrightarrow{AP}$

$\overrightarrow{CP}=\overrightarrow{AP}-\overrightarrow{AC}$이므로

ㄱ에서 주어진 등식은

$\overrightarrow{AB}-\overrightarrow{AP}+\overrightarrow{AD}-\overrightarrow{AP}=2(\overrightarrow{AP}-\overrightarrow{AC})$

정리하면

$\overrightarrow{AB}+\overrightarrow{AD}+2\overrightarrow{AC}=4\overrightarrow{AP}$

그런데 벡터의 합의 정의에 의하여

$\overrightarrow{AB}+\overrightarrow{AD}=\overrightarrow{AC}$이므로

$3\overrightarrow{AC}=4\overrightarrow{AP}$

정리하면

$\overrightarrow{AP}=\frac{3}{4}\overrightarrow{AC}$

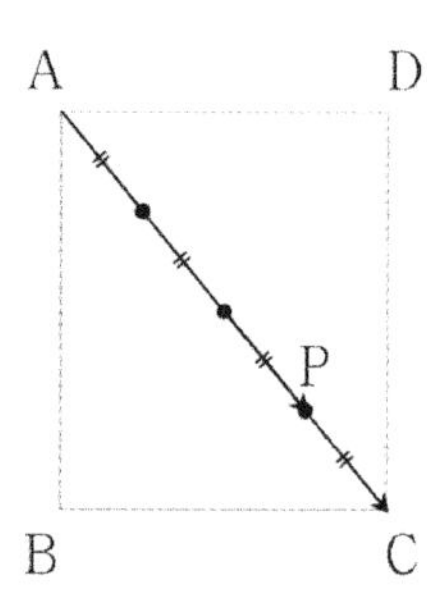

▸ ㄷ. (참)

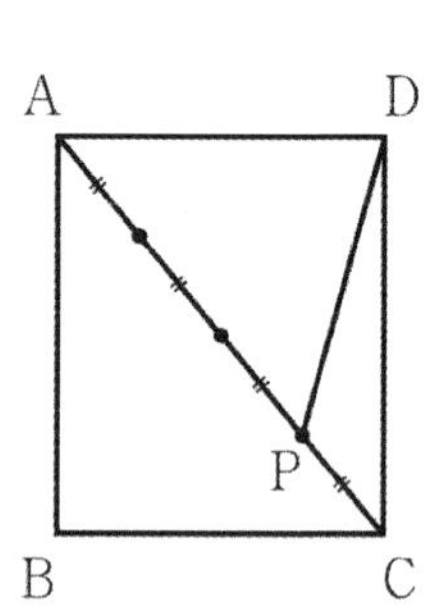

(△ADP의 넓이):(△DPC의 넓이)

$=\overline{AP}:\overline{PC}=3:1$이므로

(△DPC의 넓이)$=1$

(△ACD의 넓이)

$=$(△ADP의 넓이)$+$(△DPC의 넓이)$=4$

(□ABCD의 넓이)$=2\times$(△ACD의 넓이)$=8$

이상에서 옳은 것은 ㄱ, ㄴ, ㄷ이다.

답 ⑤

[참고1]

점 P의 위치를 다음의 방법으로도 결정할 수 있다.
직사각형 ABCD의 두 대각선의 교점을 E라고 하자.
문제에서 주어진 등식에서 아래의 등식을 유도할 수 있다.

$\frac{1}{4}\overrightarrow{AP}+\frac{1}{4}\overrightarrow{BP}+\frac{1}{4}\overrightarrow{CP}+\frac{1}{4}\overrightarrow{DP}=\frac{1}{4}\overrightarrow{AC}$

(좌변)$=\frac{1}{4}\overrightarrow{AP}+\frac{1}{4}\overrightarrow{BP}+\frac{1}{4}\overrightarrow{CP}+\frac{1}{4}\overrightarrow{DP}=\overrightarrow{EP}$

이므로

$\overrightarrow{EP}=\frac{1}{4}\overrightarrow{AC}$

벡터의 실수배의 정의에 의하여 점 P는 선분 $\overline{AC}$의 3 : 1내분점이다.

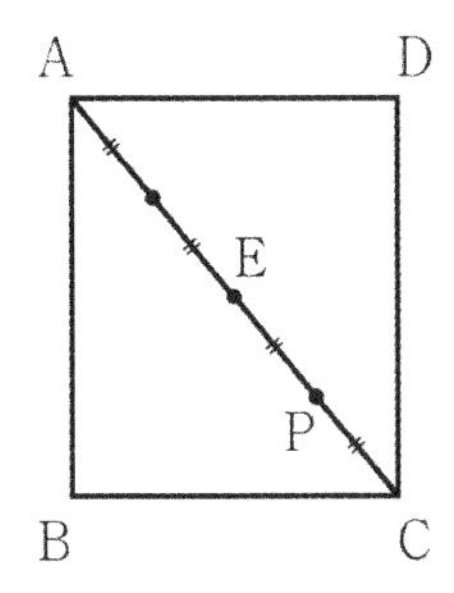

벡터의 실수배의 정의에 의하여

$\overrightarrow{AP}=\frac{3}{4}\overrightarrow{AC}$

이므로 보기 ㄴ은 참이다.

[참고2]
보기 ㄱ이 참임을 다음의 방법으로도 보일 수 있다.

$\frac{1}{2}\overrightarrow{PB}+\frac{1}{2}\overrightarrow{PD}=\overrightarrow{PE}$

벡터의 상등의 정의에 의하여

$\overrightarrow{PE}=\overrightarrow{CP}$

위의 두 등식에 의하여

$\frac{1}{2}\overrightarrow{PB}+\frac{1}{2}\overrightarrow{PD}=\overrightarrow{CP}$

정리하면

$\overrightarrow{PB}+\overrightarrow{PD}=2\overrightarrow{CP}$

N013 | 답 ③

[풀이1]
시점이 원점인 위치벡터 $\overrightarrow{OP}+\overrightarrow{OQ}$의 종점을 R이라고 하자.
즉, $\overrightarrow{OP}+\overrightarrow{OQ}=\overrightarrow{OR}$로 두자.

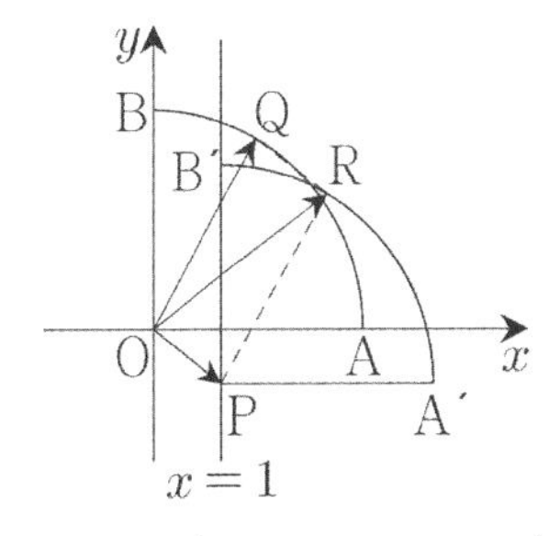

점 R은 점 Q를 벡터 $\overrightarrow{OP}$의 방향으로 $|\overrightarrow{OP}|$만큼 평행이동한 것이다.
다시 말하면 점 Q를 x축의 방향으로 1만큼, y축의 방향으로 a만큼 평행이동하면 점 R과 일치한다.
위의 그림처럼 점 R의 자취는 사분원의 호이며, 이 사분원의 양 끝점을

A′$(4,\ a)$, B′$(1,\ 3+a)$

라고 하자.

• (1) $a \geq 0$인 경우

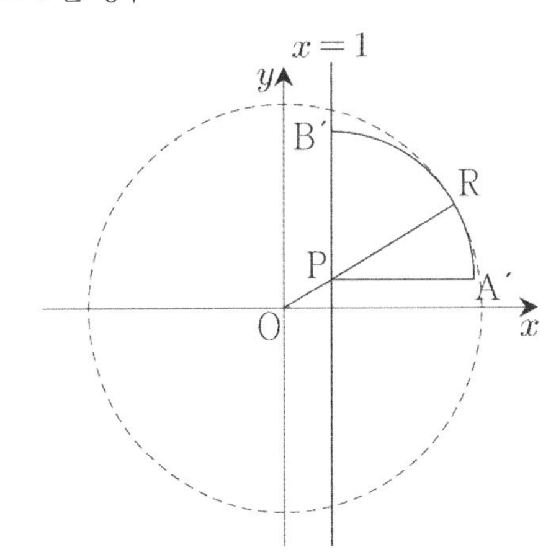

$|\overrightarrow{OP}+\overrightarrow{OQ}|=|\overrightarrow{OR}|\leq\overline{OP}+3$

$=\sqrt{1^2+a^2}+3=5=f(a)$

(단, 등호는 세 점 O, P, R이 한 직선 위에 있을 때 성립한다.)

풀면

$a=\sqrt{3}$

• (2) $a<0$인 경우

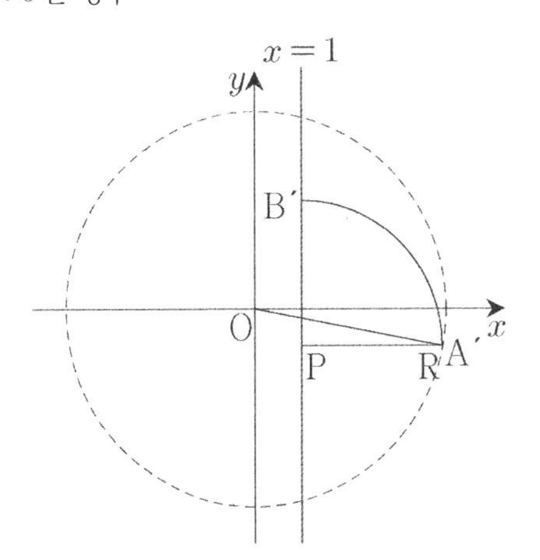

$|\overrightarrow{OP}+\overrightarrow{OQ}|=|\overrightarrow{OR}|\leq\overline{OA'}$

$= \sqrt{4^2+a^2} = 5 = f(a)$

(단, 등호는 점 R이 점 A′ 위에 올 때 성립한다.)

풀면

$a = -3$

(1), (2)에서 구하는 값은

$-3 \times \sqrt{3} = -3\sqrt{3}$

답 ③

[풀이2]

점 P를 원점에 대하여 대칭이동한 점을 P′라고 하면, 점 P′ $(-1,\ -a)$는 직선 $x=-1$ 위에 있다.

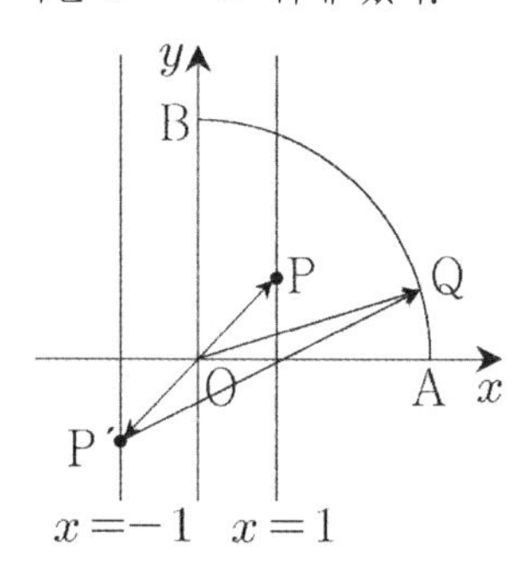

$\overrightarrow{OP} = -\overrightarrow{OP'}$

이므로

$|\overrightarrow{OP}+\overrightarrow{OQ}| = |\overrightarrow{OQ}-\overrightarrow{OP'}| = |\overrightarrow{P'Q}|$

• (1) $a \geq 0$인 경우

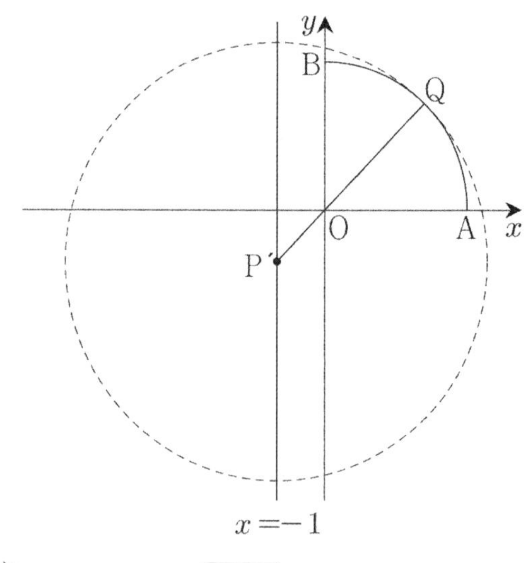

$|\overrightarrow{P'Q}| \leq \overline{P'O}+3 = \sqrt{1+a^2}+3 = 5 = f(a)$

(단, 등호는 세 점 P′, O, Q가 한 직선 위에 있을 때 성립한다.)

풀면

$a = \sqrt{3}$

• (2) $a < 0$인 경우

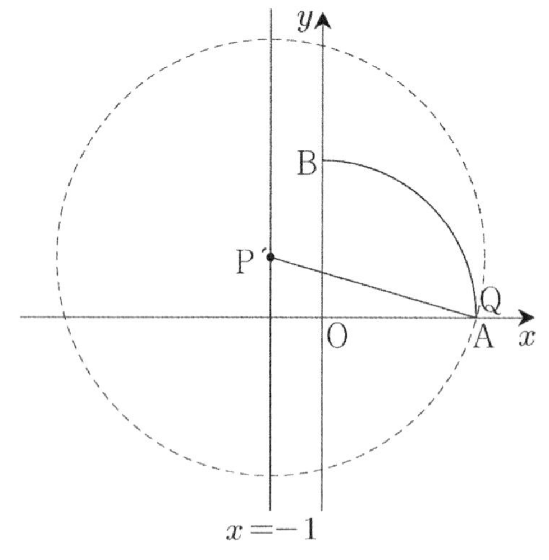

$|\overrightarrow{P'Q}| \leq \overline{P'A} = \sqrt{4^2+a^2} = 5 = f(a)$

(단, 등호는 점 Q가 점 A 위에 있을 때 성립한다.)

풀면

$a = -3$

(1), (2)에서 구하는 값은

$-3 \times \sqrt{3} = -3\sqrt{3}$

답 ③

[풀이3]

점 Q의 좌표를 다음과 같이 두자.

$Q(3\cos\theta,\ 3\sin\theta)$ (단, $0 \leq \theta \leq \frac{\pi}{2}$)

$\overrightarrow{OP}+\overrightarrow{OQ} = (1+3\cos\theta,\ a+3\sin\theta)$

$|\overrightarrow{OP}+\overrightarrow{OQ}|$

$= \sqrt{(1+3\cos\theta)^2+(a+3\sin\theta)^2}$

$= 3\sqrt{\left(\cos\theta+\frac{1}{3}\right)^2+\left(\sin\theta+\frac{a}{3}\right)^2}$

$= 3 \times$(두 점 $(\cos\theta,\ \sin\theta)$, $\left(-\frac{1}{3},\ -\frac{a}{3}\right)$ 사이의 거리)

$= 3d$(로 두자.)

두 점 $\left(-\frac{1}{3},\ -\frac{a}{3}\right)$, $(\cos\theta,\ \sin\theta)$를 각각 R, S라고 하자.

점 R은 직선 $x=-\frac{1}{3}$ 위에 있고, 점 S는 중심이 원점이고 반지름의 길이가 1인 사분원 위에 있다. 이때, 이 사분원은 x축, y축과 만나며 제1사분면에 속한다.

• (1) $a < 0$인 경우

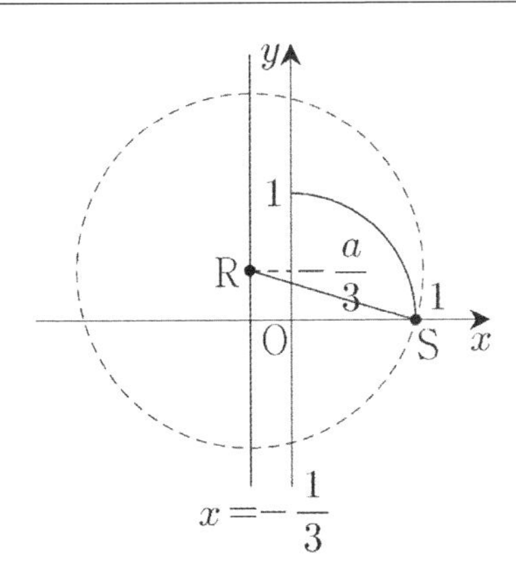

위의 그림에서

$d=\overline{\mathrm{RS}} \le$ (두 점 R, (1, 0) 사이의 거리)

$=\sqrt{\left(\frac{4}{3}\right)^2+\left(\frac{a}{3}\right)^2}=\frac{5}{3}=\frac{f(a)}{3}$

(단, 등호는 점 S가 점 (1, 0) 위에 올 때 성립한다.)

풀면

$a=-3$

• (2) $a \ge 0$인 경우

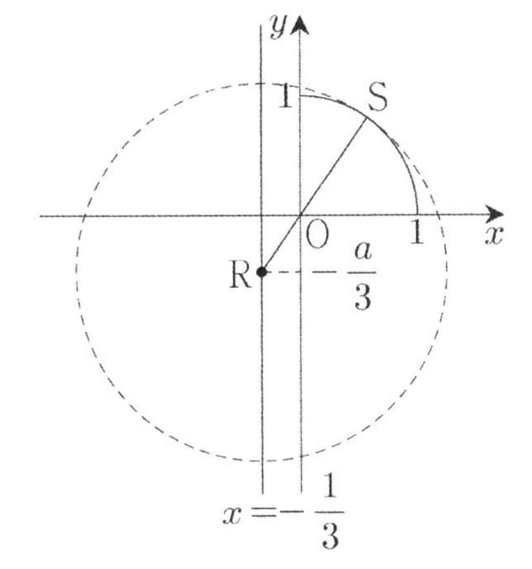

위의 그림에서

$d=\overline{\mathrm{RS}} \le \overline{\mathrm{RO}}+1$

$=\sqrt{\left(\frac{1}{3}\right)^2+\left(\frac{a}{3}\right)^2}+1=\frac{5}{3}=\frac{f(a)}{3}$

(단, 등호는 세 점 R, O, S가 한 직선 위에 있을 때 성립한다.)

풀면

$a=\sqrt{3}$

(1), (2)에서 구하는 값은

$-3\times\sqrt{3}=-3\sqrt{3}$

답 ③

N014 | 답 ①

[풀이1]

점 X를 원점에 대하여 대칭이동시킨 점을 X′라고 하면

$\overrightarrow{\mathrm{OX}}=-\overrightarrow{\mathrm{OX'}}$

두 점 A, B를 원점에 대하여 대칭이동시킨 점을 각각 A′ (−1, 0), B′(0, −1)이라고 하면 점 X′는 호 A′B′ 위를 움직인다.

$\overrightarrow{\mathrm{OP}}=\overrightarrow{\mathrm{OY}}+\overrightarrow{\mathrm{OX'}}$

평행이동의 관점에서 위의 등식을 해석하면 다음과 같다.

'점 P는 점 Y를 벡터 $\overrightarrow{\mathrm{OX'}}$의 방향으로 $|\overrightarrow{\mathrm{OX'}}|$만큼 평행이동한 점이다.'

(& '점 P는 점 X′를 벡터 $\overrightarrow{\mathrm{OY}}$의 방향으로 $|\overrightarrow{\mathrm{OY}}|$만큼 평행이동한 점이다.')

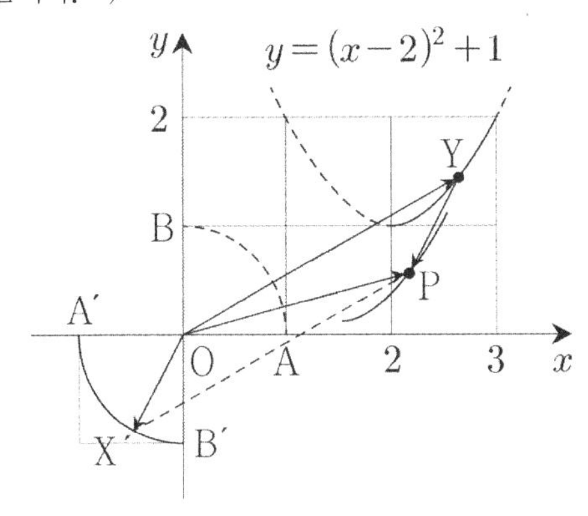

곡선 $y=(x-2)^2+1(2\le x\le 3)$을 l, 호 A′B′를 m이라고 하자.

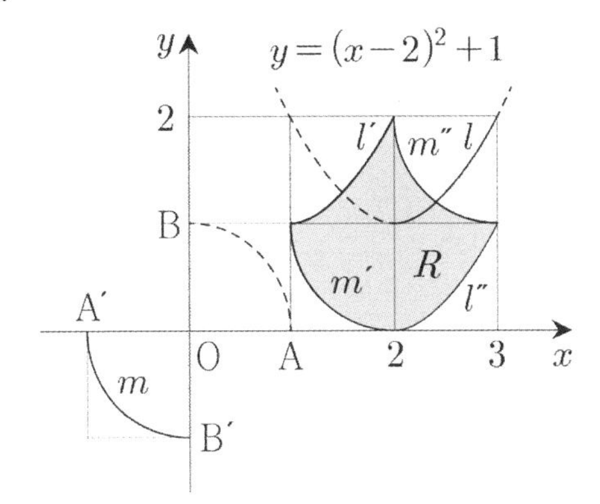

위의 그림에서

l': X′가 A′일 때, l이 평행이동하여 생긴 곡선 (이차곡선의 일부)

l'': X′가 B′일 때, l이 평행이동하여 생긴 곡선 (이차곡선의 일부)

m': Y가 (2, 1)일 때, m이 평행이동하여 생긴 곡선 (원의 일부)

m'': Y가 (3, 2)일 때, m이 평행이동하여 생긴 곡선 (원의 일부)

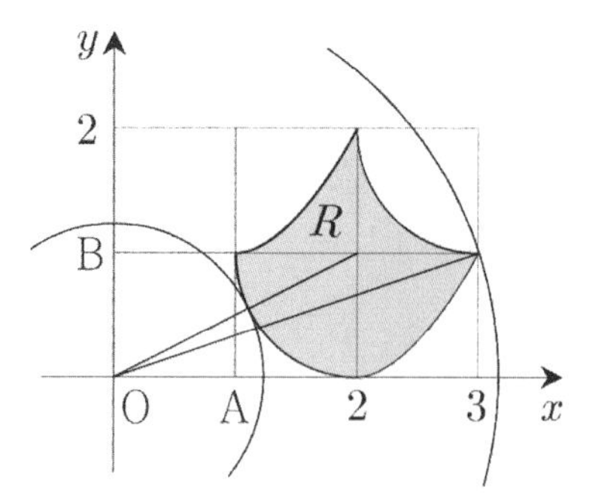

위의 그림에서

$m=$(두 점 O, (2, 1) 사이의 거리)-1

$=\sqrt{5}-1$,

$M=$(두 점 O, (3, 1) 사이의 거리)$=\sqrt{10}$

$\therefore\ M^2+m^2=16-2\sqrt{5}$

답 ①

[풀이2]

벡터의 뺄셈의 정의에 의하여

$\overrightarrow{OP}=\overrightarrow{XY}$

이때, $|\overrightarrow{XY}|$의 최댓값과 최솟값은 각각 M, m이다.

좌표평면에서 두 점 (2, 1), (3, 2)를 각각 C, D라고 하자.

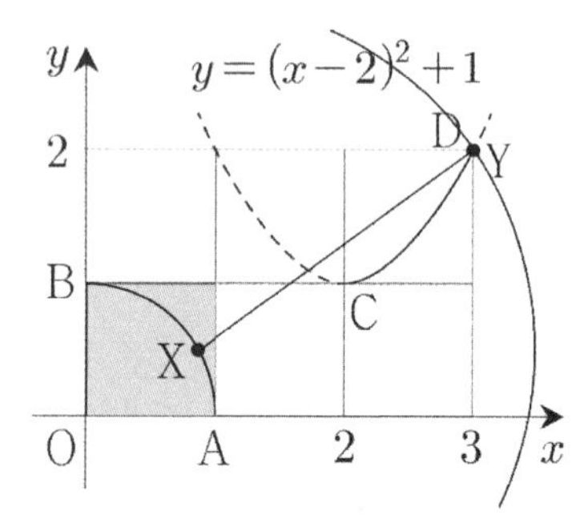

위의 그림에서 어둡게 색칠된 영역에 속한 임의의 점 X에 대하여

$\overline{XY}\le\overline{XD}$ ⋯㉠

(단, 등호는 점 Y가 점 D 위에 있을 때 성립한다.)

왜냐하면 임의의 점 X에 대하여 점 Y가 점 D일 때,

(두 점 X, Y의 x좌표의 차)와

(두 점 X, Y의 y좌표의 차)가

모두 최대가 되기 때문이다.

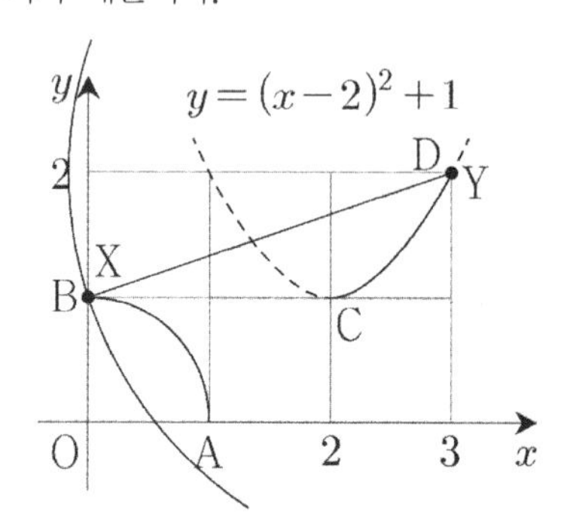

$\overline{XD}\le\overline{BD}$ ⋯㉡

(단, 등호는 점 X가 점 B 위에 있을 때 성립한다.)

㉠, ㉡에 의하여

$\overline{XY}\le\overline{BD}(=M)$

(단, 등호는 점 X가 점 B 위에, 점 Y가 점 D 위에 있을 때 성립한다.)

따라서 $M=\sqrt{10}$이다.

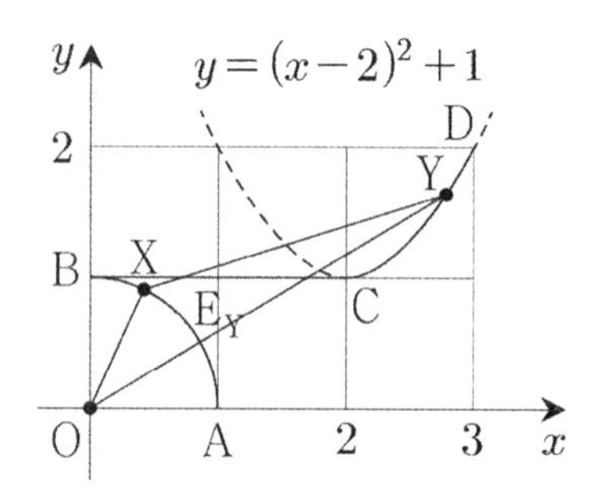

위의 그림처럼 직선 OY가 호 AB와 만나는 점을 E_Y라고 하자.

$\overline{XY}\ge\overline{E_YY}=\overline{OY}-\overline{OE_Y}=\overline{OY}-1$

(단, 등호는 점 X가 점 E_Y 위에 있을 때 성립한다.)

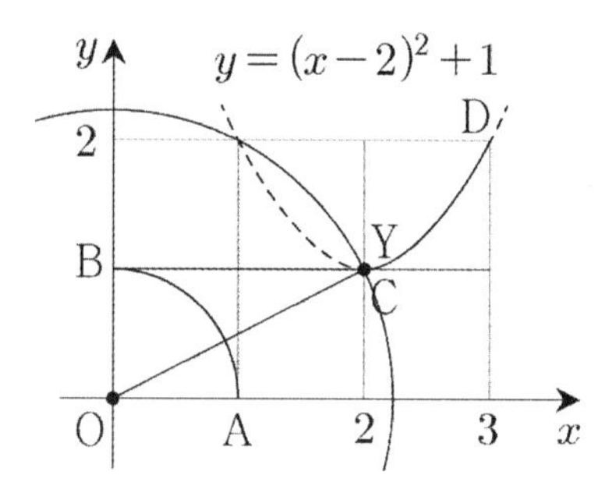

위의 그림처럼 점 Y가 점 C 위에 있을 때 선분 OY의 길이는 최소가 된다.

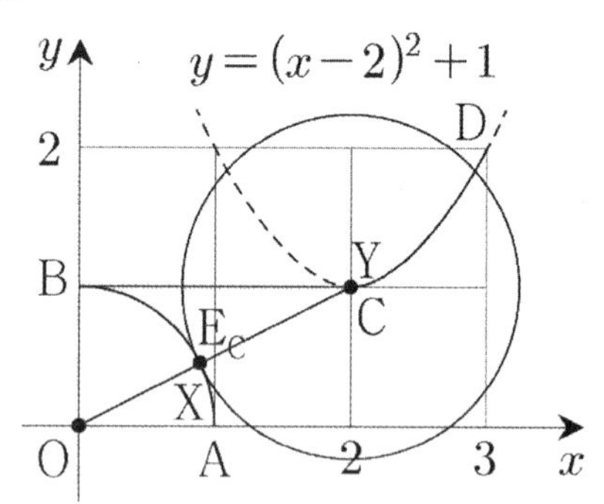

$\overline{XY}\ge\overline{E_CC}=\overline{OC}-\overline{OE_C}=\sqrt{5}-1(=m)$

(단, 등호는 점 Y가 점 C 위에, 점 X가 점 E_C 위에 있을 때 성립한다.)

따라서 $m=\sqrt{5}-1$이다.

$\therefore\ M^2+m^2=16-2\sqrt{5}$

답 ①

[참고]

부등식

$\overline{\mathrm{XD}} \le \overline{\mathrm{BD}}$

(단, 등호는 점 X가 점 B 위에 있을 때 성립한다.)

이 성립함을 다음과 같이 증명해도 좋다.

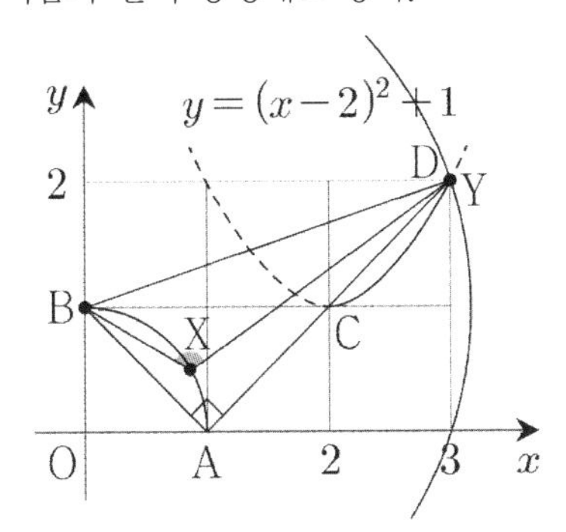

점 X는 '점 A' 또는 '점 B' 또는 '$\angle \mathrm{BAD}=\frac{\pi}{2}$인 직각삼각형 BAD의 내부의 점' 이므로

$\angle \mathrm{BXD} \ge \angle \mathrm{BAD}(=\frac{\pi}{2})$

(단, 등호는 점 X가 점 A 위에 있을 때 성립한다.)

즉, $\angle \mathrm{BXD}$가 직각 또는 둔각이므로

$\overline{\mathrm{XD}} \le \overline{\mathrm{BD}}$

(단, 등호는 점 X가 점 B 위에 있을 때 성립한다.)

N015 | 답 147

[풀이]

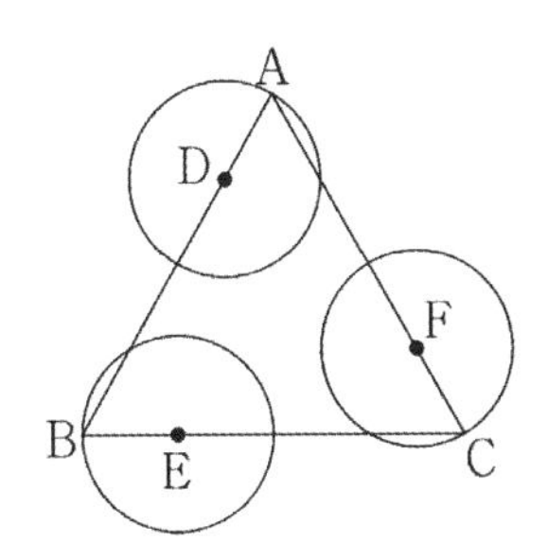

(가): 점 P는 중심이 D이고, 반지름의 길이가 1인 원 위에 있다.

점 Q는 중심이 E이고, 반지름의 길이가 1인 원 위에 있다.

점 R는 중심이 F이고, 반지름의 길이가 1인 원 위에 있다.

(나): $\overrightarrow{\mathrm{PB}}=\overrightarrow{\mathrm{PD}}+\overrightarrow{\mathrm{DB}}$,

$\overrightarrow{\mathrm{QC}}=\overrightarrow{\mathrm{QE}}+\overrightarrow{\mathrm{EC}}$,

$\overrightarrow{\mathrm{RA}}=\overrightarrow{\mathrm{RF}}+\overrightarrow{\mathrm{FA}}$

위의 세 등식을 변변히 더하면

$\overrightarrow{\mathrm{PB}}+\overrightarrow{\mathrm{QC}}+\overrightarrow{\mathrm{RA}}$

$=(\overrightarrow{\mathrm{PD}}+\overrightarrow{\mathrm{QE}}+\overrightarrow{\mathrm{RF}})+(\overrightarrow{\mathrm{DB}}+\overrightarrow{\mathrm{EC}}+\overrightarrow{\mathrm{FA}})$

$=\overrightarrow{\mathrm{PD}}+\overrightarrow{\mathrm{QE}}+\overrightarrow{\mathrm{RF}}(=\overrightarrow{\mathrm{AX}})$

$(\because \overrightarrow{\mathrm{DB}}+\overrightarrow{\mathrm{EC}}+\overrightarrow{\mathrm{FA}}=\vec{0})$

이므로

$|\overrightarrow{\mathrm{AX}}|=|\overrightarrow{\mathrm{PD}}+\overrightarrow{\mathrm{QE}}+\overrightarrow{\mathrm{RF}}|$

$=|\overrightarrow{\mathrm{DP}}+\overrightarrow{\mathrm{EQ}}+\overrightarrow{\mathrm{FR}}| \le 3$

(단, 등호는 세 벡터 $\overrightarrow{\mathrm{DP}}$, $\overrightarrow{\mathrm{EQ}}$, $\overrightarrow{\mathrm{FR}}$의 방향이 모두 같을 때 성립한다.(아래 그림))

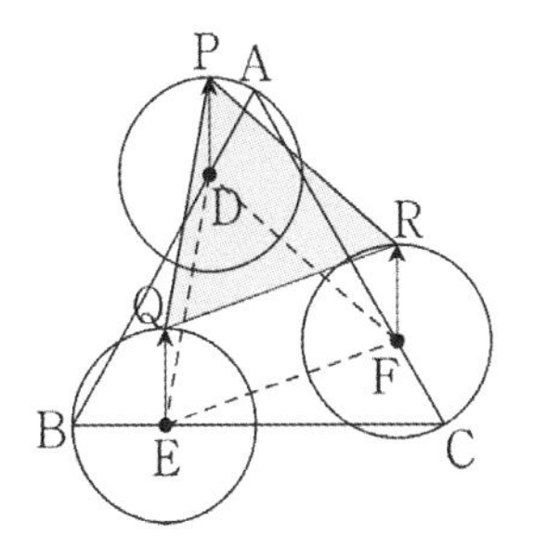

위의 그림처럼 두 삼각형 DEF, PQR은 서로 합동이다.

삼각형 ADF에서 코사인법칙에 의하여

$\overline{\mathrm{DF}}^2=1^2+3^2-2\times1\times3\times\cos60^\circ$

$=7$, $\overline{\mathrm{DF}}=\sqrt{7}$

$\therefore\ 16S^2=16\times\left(\frac{7\sqrt{3}}{4}\right)^2=147$

답 147

N016 | 답 8

[풀이]

(가):

두 점 P′, Q′에 대하여

$\frac{1}{2}\overrightarrow{\mathrm{CP}}=\overrightarrow{\mathrm{CP'}}$, $\overrightarrow{\mathrm{CQ}}=\overrightarrow{\mathrm{P'Q'}}$

라고 하면

$\overrightarrow{\mathrm{CX}}=\overrightarrow{\mathrm{CQ'}}$

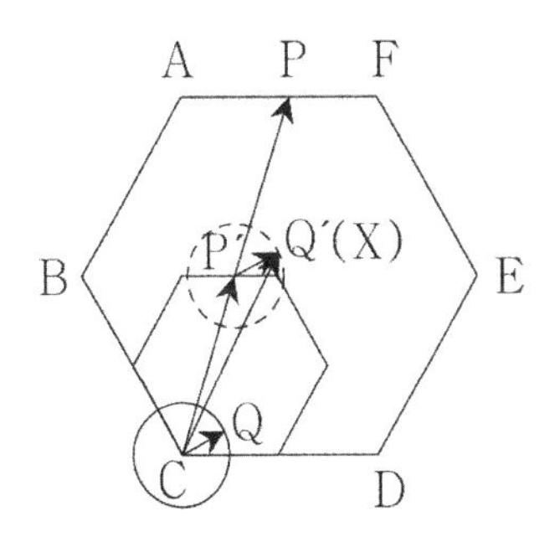

점 X의 자취는 아래 그림과 같다.

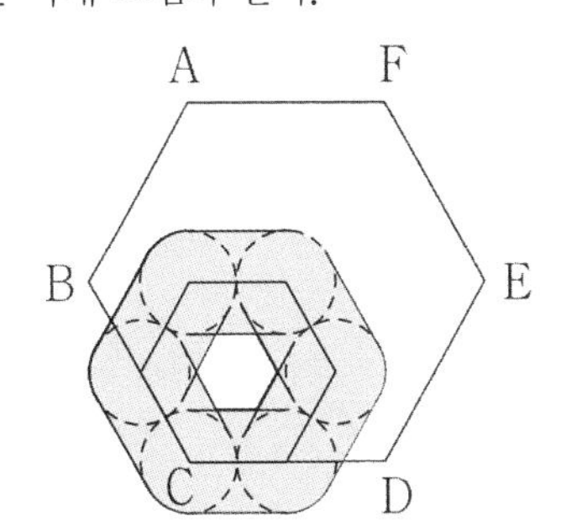

(나): 시점이 C가 되도록 식을 정리하자.

$(\overrightarrow{CA}-\overrightarrow{CX})-\overrightarrow{CX}+2(\overrightarrow{CD}-\overrightarrow{CX})=k\overrightarrow{CD}$

$\overrightarrow{CX}=\frac{1}{4}\overrightarrow{CA}+\frac{2-k}{4}\overrightarrow{CD}$

두 점 A′, D′에 대하여

$\frac{1}{4}\overrightarrow{CA}=\overrightarrow{CA'}$, $\frac{2-k}{4}\overrightarrow{CD}=\overrightarrow{CD'}$

라고 하면

$\overrightarrow{CX}=\overrightarrow{CA'}+\overrightarrow{CD'}$

점 X의 자취는 아래 그림과 같이 직선이다. (선분 AC의 3 : 1 내분점을 지나고 직선 CD에 평행한 직선)

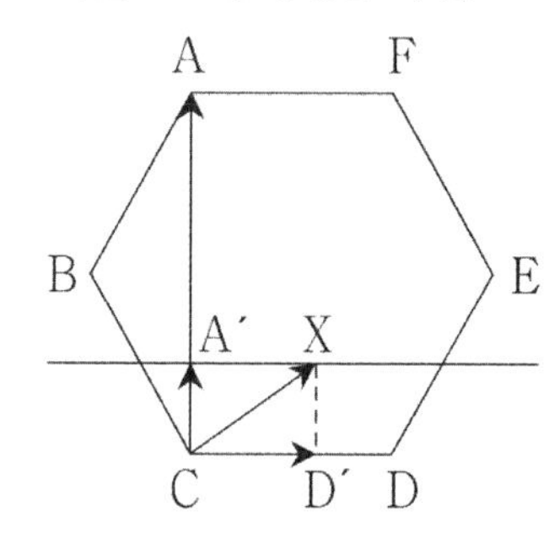

(가), (나)를 모두 만족시키는 점 X의 자취는 두 개의 선분이다.

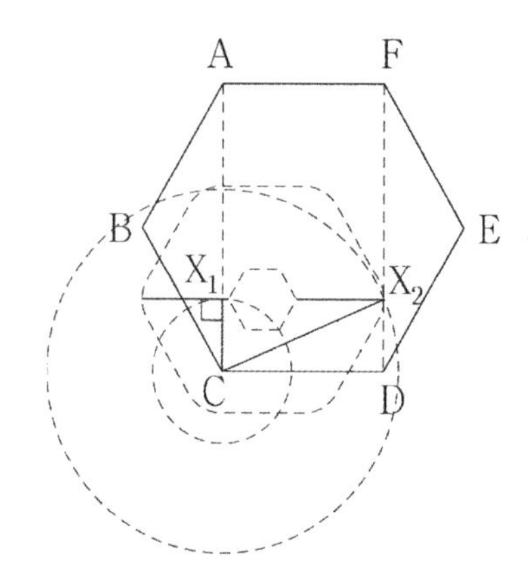

위의 그림에서

$\overline{CX_1}\le|\overrightarrow{CX}|\le\overline{CX_2}$

이때, $\overline{CX_1}=\sqrt{3}$, $\overline{CX_2}=\sqrt{4^2+(\sqrt{3})^2}=\sqrt{19}$

(점 X_1은 선분 AC의 3 : 1내분점이고,

점 X_2는 선분 FD의 3 : 1내분점이다.)

$\alpha=2$, $\beta=-2$ $(\because \frac{2-k}{4}=1)$

$\therefore\ \alpha^2+\beta^2=8$

답 8

N017 | 답 ⑤

[풀이]

벡터의 내적의 성질에 의하여

$|\vec{a}-2\vec{b}|^2=(\vec{a}-2\vec{b})\cdot(\vec{a}-2\vec{b})$

$=|\vec{a}|^2-4\vec{a}\cdot\vec{b}+4|\vec{b}|^2$

$=2^2-4\vec{a}\cdot\vec{b}+4\times3^2$

$=40-4\vec{a}\cdot\vec{b}=36$

$\therefore\ \vec{a}\cdot\vec{b}=1$

답 ⑤

N018 | 답 ③

[풀이]

주어진 조건에서

$|\vec{b}|=1$

벡터의 내적의 정의에 의하여

$\vec{a}\cdot\vec{b}=|\vec{a}||\vec{b}|\cos\frac{\pi}{3}=\frac{|\vec{a}|}{2}$

주어진 조건에서

$|\vec{a}-3\vec{b}|=\sqrt{13}$

벡터의 내적의 성질에 의하여

$|\vec{a}-3\vec{b}|^2=(\vec{a}-3\vec{b})\cdot(\vec{a}-3\vec{b})$

$=|\vec{a}|^2-6\vec{a}\cdot\vec{b}+9|\vec{b}|^2$

$=|\vec{a}|^2-3|\vec{a}|+9=13$

정리하면

$|\vec{a}|^2-3|\vec{a}|-4=0$

좌변을 인수분해하면

$(|\vec{a}|-4)(|\vec{a}|+1)=0$

$|\vec{a}|$는 양수이므로

$\therefore\ |\vec{a}|=4$

답 ③

N019 | 답 ④

[풀이]

주어진 조건에 의하여 $\vec{a}\perp\vec{b}$이므로

$\vec{a}\cdot\vec{b}=0$

벡터의 내적의 성질에 의하여

$|3\vec{a}-2\vec{b}|^2=(3\vec{a}-2\vec{b})\cdot(3\vec{a}-2\vec{b})$

$=9|\vec{a}|^2-12\vec{a}\cdot\vec{b}+4|\vec{b}|^2$

$=9\times2^2-12\times0+4\times3^2$

$=72$

$\therefore\ |3\vec{a}-2\vec{b}|=6\sqrt{2}$

답 ④

답 ②

N020 | 답 ③

[풀이]

벡터의 내적의 정의와 성질에 의하여

$|\vec{a}-\vec{b}|^2=(\vec{a}-\vec{b})\cdot(\vec{a}-\vec{b})$

$=|\vec{a}|^2-2\vec{a}\cdot\vec{b}+|\vec{b}|^2=1$

$|\vec{a}|=|\vec{b}|=1$을 대입하여 정리하면

$\vec{a}\cdot\vec{b}=\frac{1}{2}$

벡터의 내적의 정의에 의하여

$\vec{a}\cdot\vec{b}=|\vec{a}||\vec{b}|\cos\theta$

대입하면

$\frac{1}{2}=1\times1\times cos\theta$

정리하면

$\cos\theta=\frac{1}{2}$

방정식을 풀면

$\therefore\ \theta=\frac{\pi}{3}$

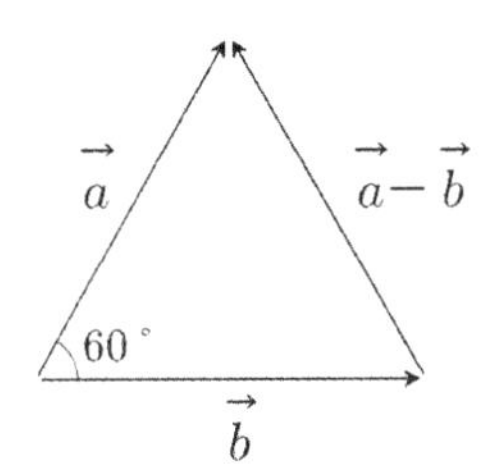

답 ③

N021 | 답 ②

[풀이]

벡터의 내적의 성질에 의하여

$\vec{a}\cdot(\vec{a}-t\vec{b})=|\vec{a}|^2-t\vec{a}\cdot\vec{b}=4-2t=0$

$\therefore\ t=2$

답 ②

N022 | 답 ②

[풀이]

두 벡터 $6\vec{a}+\vec{b}$와 $\vec{a}-\vec{b}$가 서로 수직이므로

$(6\vec{a}+\vec{b})\cdot(\vec{a}-\vec{b})=6|\vec{a}|^2-5\vec{a}\cdot\vec{b}-|\vec{b}|^2$

$=-3-5\vec{a}\cdot\vec{b}=0$

$\therefore\ \vec{a}\cdot\vec{b}=-\frac{3}{5}$

N023 | 답 ②

[풀이]

정사각형의 모든 내각의 크기는 90° 이다.

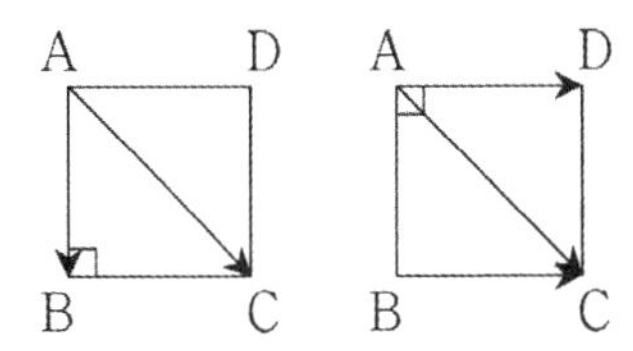

$(\overrightarrow{AB}+k\overrightarrow{BC})\cdot(\overrightarrow{AC}+3k\overrightarrow{CD})$

$=\underbrace{\overrightarrow{AB}\cdot\overrightarrow{AC}}_{|\overrightarrow{AB}|^2}+3k\underbrace{\overrightarrow{AB}\cdot\overrightarrow{CD}}_{\text{정반대 방향}}+k\underbrace{\overrightarrow{BC}\cdot\overrightarrow{AC}}_{|\overrightarrow{AD}|^2}+3k^2\underbrace{\overrightarrow{BC}\cdot\overrightarrow{CD}}_{90°}$

($\because$ 세 번째 항에서 $\overrightarrow{BC}=\overrightarrow{AD}$)

$=1+3k\times(-1)+k\times1+3k^2\times0$

$=1-2k=0$

$\therefore\ k=\frac{1}{2}$

답 ②

N024 | 답 ④

[풀이1]

점 E에서 선분 BC에 내린 수선의 발을 I라고 하자. 이때, 점 I는 선분 BC의 중점이다.

아래 그림처럼 한 변의 길이가 1인 정사각형 4개를 그리자.

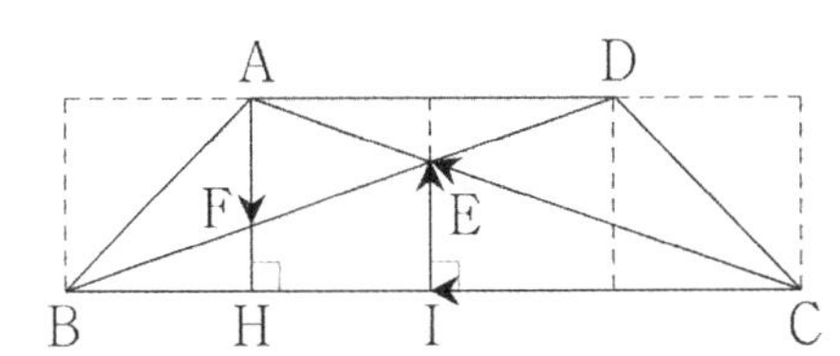

$\overrightarrow{AF}\cdot\overrightarrow{CE}$

$=\overrightarrow{AF}\cdot(\overrightarrow{CI}+\overrightarrow{IE})$

$=\overrightarrow{AF}\cdot\overrightarrow{CI}+\overrightarrow{AF}\cdot\overrightarrow{IE}$

$=0+\overrightarrow{AF}\cdot\overrightarrow{IE}$ ($\because\ \overrightarrow{AF}\perp\overrightarrow{CI}$)

$=-\left(\frac{2}{3}\right)^2=-\frac{4}{9}$

($\because\ \overline{AF}=1\times\frac{2}{3}=\frac{2}{3}(=\overline{IE})$)

답 ④

[풀이2]

점 E에서 선분 BC에 내린 수선의 발을 I라고 하자. 이때, 점

I는 선분 BC의 중점이다.
아래 그림처럼 한 변의 길이가 1인 정사각형 4개를 그리고, 좌표평면을 도입하자.

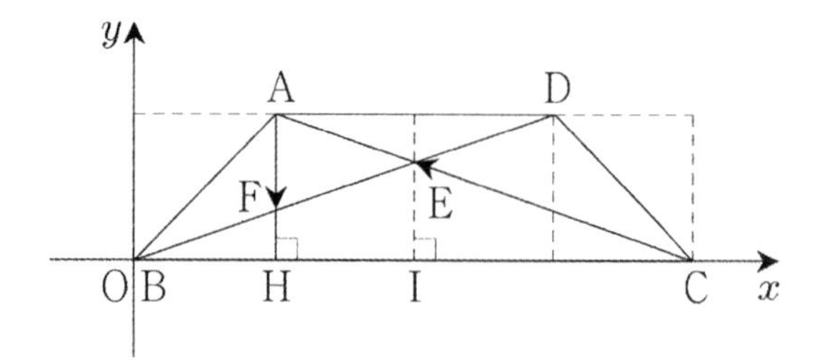

$A(1,\ 1)$, $F\left(1,\ \frac{1}{3}\right)$, $E\left(2,\ \frac{2}{3}\right)$, $C(4,\ 0)$

이므로

$\overrightarrow{AF}\cdot\overrightarrow{CE}=\left(0,\ -\frac{2}{3}\right)\cdot\left(-2,\ \frac{2}{3}\right)=-\frac{4}{9}$

답 ④

N025 | 답 ③

[풀이1] ★

▸ ㄱ. (참)

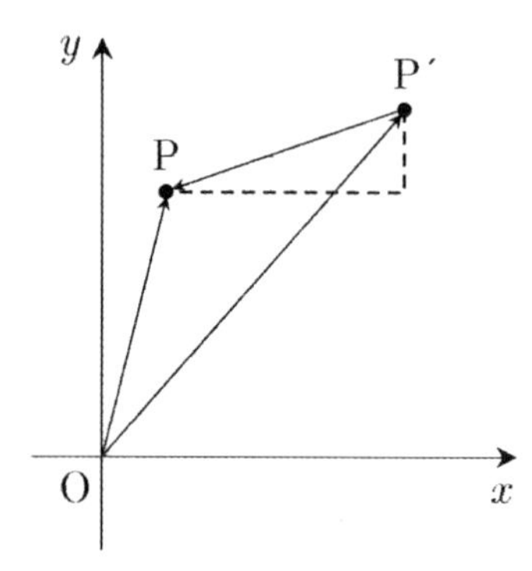

벡터의 뺄셈의 정의에 의하여

$\overrightarrow{OP}-\overrightarrow{OP'}=\overrightarrow{P'P}$

피타고라스의 정리에 의하여

$|\overrightarrow{OP}-\overrightarrow{OP'}|=|\overrightarrow{P'P}|=\sqrt{3^2+1^2}=\sqrt{10}$

▸ ㄴ. (참)

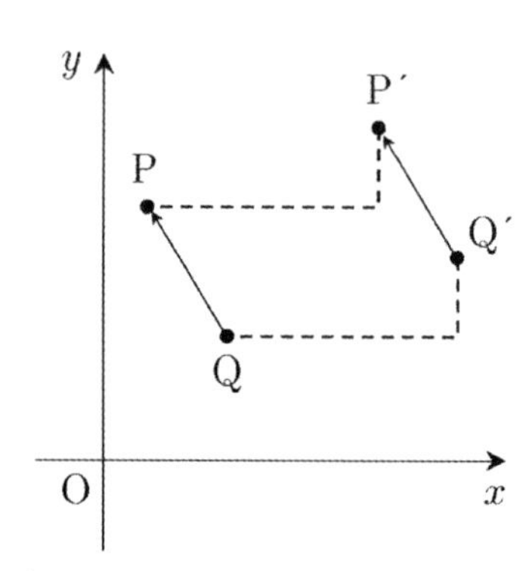

벡터의 뺄셈의 정의에 의하여

$\overrightarrow{OP}-\overrightarrow{OQ}=\overrightarrow{QP}$, $\overrightarrow{OP'}-\overrightarrow{OQ'}=\overrightarrow{Q'P'}$

벡터의 상등의 정의에 의하여

$\overrightarrow{QP}=\overrightarrow{Q'P'}$

$\therefore\ |\overrightarrow{OP}-\overrightarrow{OQ}|=|\overrightarrow{OP'}-\overrightarrow{OQ'}|$

▸ ㄷ. (거짓)

(반례)

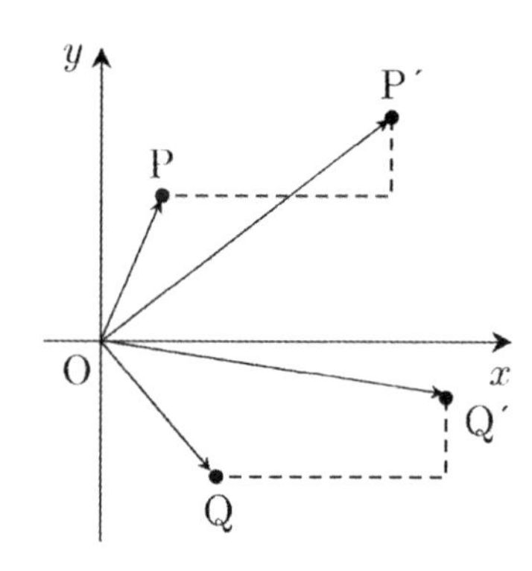

위의 그림에서

$|\overrightarrow{OP'}|>|\overrightarrow{OP}|$, $|\overrightarrow{OQ'}|>|\overrightarrow{OQ}|$

두 벡터 $\overrightarrow{OP}$, $\overrightarrow{OQ}$가 이루는 각의 크기를 θ_1,

두 벡터 $\overrightarrow{OP'}$, $\overrightarrow{OQ'}$이 이루는 각의 크기를 θ_2라고 하면

$0<\theta_2<\theta_1<\frac{\pi}{2}$이므로 $\cos\theta_1<\cos\theta_2$

벡터의 내적의 정의에 의하여

$\overrightarrow{OP}\cdot\overrightarrow{OQ}<\overrightarrow{OP'}\cdot\overrightarrow{OQ'}$

이상에서 옳은 것은 ㄱ, ㄴ이다.

답 ③

[풀이2]

두 벡터 $\overrightarrow{OP}$와 $\overrightarrow{OQ}$를 각각

$\overrightarrow{OP}=(p_1,\ p_2)$, $\overrightarrow{OQ}=(q_1,\ q_2)$

벡터의 성분에 의한 연산에 의하여

$\overrightarrow{OP'}=\overrightarrow{OP}+(3,\ 1)=(p_1+3,\ p_2+1)$

$\overrightarrow{OQ'}=\overrightarrow{OQ}+(3,\ 1)=(q_1+3,\ q_2+1)$

▸ ㄱ. (참)

벡터의 성분에 의한 연산에 의하여

$\overrightarrow{OP}-\overrightarrow{OP'}$

$=(p_1,\ p_2)-(p_1+3,\ p_2+1)=(-3,\ -1)$

성분으로 주어진 벡터의 크기를 구하는 공식에 의하여

$\therefore\ |\overrightarrow{OP}-\overrightarrow{OP'}|=\sqrt{10}$

▸ ㄴ. (참)

벡터의 성분에 의한 연산에 의하여

$\overrightarrow{OP}-\overrightarrow{OQ}=(p_1,\ p_2)-(q_1,\ q_2)$

$=(p_1-q_1,\ p_2-q_2)$

성분으로 주어진 벡터의 크기를 구하는 공식에 의하여

$|\overrightarrow{OP}-\overrightarrow{OQ}|=\sqrt{(p_1-q_1)^2+(p_2-q_2)^2}$

벡터의 성분에 의한 연산에 의하여

$\overrightarrow{OP'}-\overrightarrow{OQ'}=(p_1+3,\ p_2+1)-(q_1+3,\ q_2+1)$

$=(p_1-q_1,\ p_2-q_2)$

성분으로 주어진 벡터의 크기를 구하는 공식에 의하여

$|\overrightarrow{OP'}-\overrightarrow{OQ'}|=\sqrt{(p_1-q_1)^2+(p_2-q_2)^2}$

$\therefore\ |\overrightarrow{OP}-\overrightarrow{OQ}|=|\overrightarrow{OP'}-\overrightarrow{OQ'}|$

▸ ㄷ. (거짓)

(반례)

성분에 의한 벡터의 내적을 하면

$\overrightarrow{OP}\cdot\overrightarrow{OQ}=(p_1,\ p_2)\cdot(q_1,\ q_2)=p_1q_1+p_2q_2$

$\overrightarrow{OP'}\cdot\overrightarrow{OQ'}=(p_1+3,\ p_2+1)\cdot(q_1+3,\ q_2+1)$

$=(p_1+3)(q_1+3)+(p_2+1)(q_2+1)$

만약 $p_1=q_2=0,\ p_2=q_1=1$이라고 하면

$\overrightarrow{OP}\cdot\overrightarrow{OQ}=0,\ \overrightarrow{OP'}\cdot\overrightarrow{OQ'}=14$

$\therefore\ \overrightarrow{OP}\cdot\overrightarrow{OQ}\neq\overrightarrow{OP'}\cdot\overrightarrow{OQ'}$

이상에서 옳은 것은 ㄱ, ㄴ이다.

답 ③

N026 | 답 ①

[풀이]

〈증명〉

$\overrightarrow{AB}=\vec{a},\ \overrightarrow{AC}=\vec{b}$로 놓자.

벡터의 뺄셈의 정의에 의하여

$\overrightarrow{BC}=\overrightarrow{AC}-\overrightarrow{AB}=\vec{b}-\vec{a}$

점 D는 선분 BC의 1 : 2내분점이므로

$\overrightarrow{AD}=\boxed{\dfrac{2}{3}\vec{a}+\dfrac{1}{3}\vec{b}}$

점 E는 선분 BC의 2 : 1내분점이므로

$\overrightarrow{AE}=\boxed{\dfrac{1}{3}\vec{a}+\dfrac{2}{3}\vec{b}}$

벡터의 실수배의 정의에 의하여

$\overrightarrow{DE}=\dfrac{1}{3}\overrightarrow{BC}=\dfrac{1}{3}(\vec{b}-\vec{a})$

벡터의 내적의 성질에 의하여

$|\overrightarrow{AD}|^2=\left(\dfrac{2}{3}\vec{a}+\dfrac{1}{3}\vec{b}\right)\cdot\left(\dfrac{2}{3}\vec{a}+\dfrac{1}{3}\vec{b}\right)$

$=\boxed{\dfrac{1}{9}(4|\vec{a}|^2+4\vec{a}\cdot\vec{b}+|\vec{b}|^2)}$

$|\overrightarrow{AE}|^2=\left(\dfrac{1}{3}\vec{a}+\dfrac{2}{3}\vec{b}\right)\cdot\left(\dfrac{1}{3}\vec{a}+\dfrac{2}{3}\vec{b}\right)$

$=\boxed{\dfrac{1}{9}(|\vec{a}|^2+4\vec{a}\cdot\vec{b}+4|\vec{b}|^2)}$

$|\overrightarrow{DE}|^2=\left(\dfrac{1}{3}\vec{b}-\dfrac{1}{3}\vec{a}\right)\cdot\left(\dfrac{1}{3}\vec{b}-\dfrac{1}{3}\vec{a}\right)$

$=\dfrac{1}{9}(|\vec{a}|^2-2\vec{a}\cdot\vec{b}+|\vec{b}|^2)$

$|\overrightarrow{AD}|^2+|\overrightarrow{AE}|^2+|\overrightarrow{DE}|^2$

$=\dfrac{2}{3}(|\vec{a}|^2+|\vec{b}|^2+\vec{a}\cdot\vec{b})$

벡터의 내적의 성질에 의하여

$|\overrightarrow{BC}|^2=(\vec{b}-\vec{a})\cdot(\vec{b}-\vec{a})$

$=|\vec{b}|^2+|\vec{a}|^2-2\vec{a}\cdot\vec{b}$

이때, $\vec{a}\perp\vec{b}$이므로 $\vec{a}\cdot\vec{b}=0$이고 다음이 성립한다.

$|\overrightarrow{AD}|^2+|\overrightarrow{AE}|^2+|\overrightarrow{DE}|^2=\dfrac{2}{3}|\overrightarrow{BC}|^2$

따라서 $\overline{AD}^2+\overline{AE}^2+\overline{DE}^2=\dfrac{2}{3}\overline{BC}^2$이다.

답 ①

N027 | 답 ⑤

[풀이]

문제에서 주어진 원의 중심을 O라고 하자.

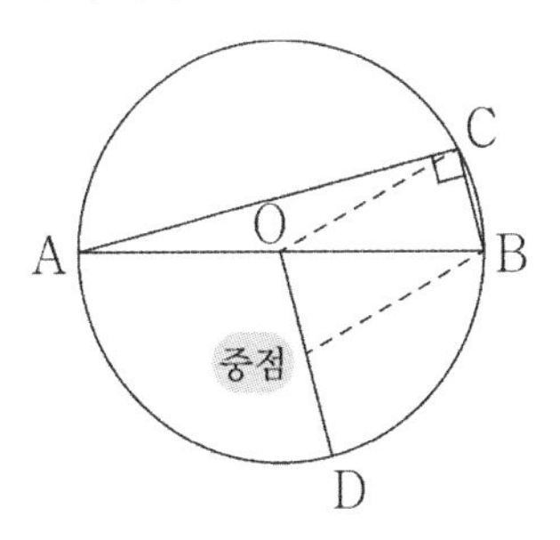

조건 (가)에서

$\overline{AB}=8,\ \overline{AC}\perp\overline{BC}$

이므로 선분 AB는 원 O의 지름이고, 두 점 C, D는 선분 AB를 지름으로 하는 원 위에 있다.

조건 (나)에서 주어진 등식을 변형하면

$\overrightarrow{AD}=\overrightarrow{AO}-2\overrightarrow{BC},\ \overrightarrow{AD}-\overrightarrow{AO}=-2\overrightarrow{BC},$

$\overrightarrow{OD}=2\overrightarrow{CB}$

이때, 선분 BC의 길이는 2이고, 두 직선 OD, CB는 평행하다.

이제 $\angle OBC=\theta,\ \overrightarrow{OA}=\vec{a},\ \overrightarrow{OD}=\vec{d}$로 두자.

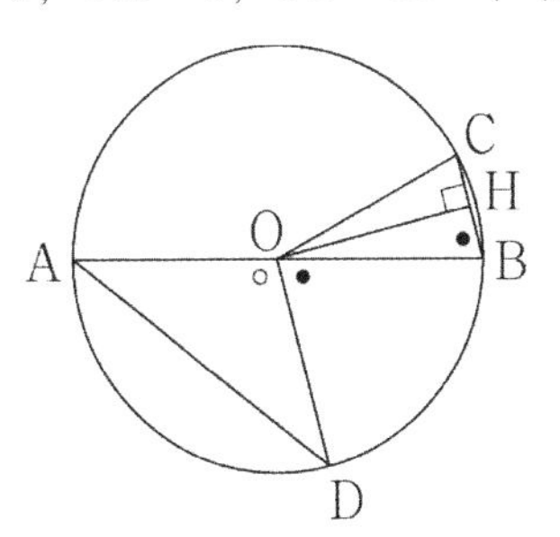

(단, $\bullet=\theta,\ \circ=\pi-\theta$)

평행선의 성질에 의하여

$\angle BOD=\theta$(엇각)

이므로 $\angle \mathrm{DOA}=\pi-\theta$

이등변삼각형 OBC의 꼭짓점 O에서 선분 BC에 내린 수선의 발을 H라고 하면, 직각삼각형 OBH에서

$\cos\theta=\frac{1}{4}$

벡터의 내적의 성질에 의하여

$\therefore\ |\overrightarrow{\mathrm{AD}}|^2=|\overrightarrow{\mathrm{OD}}-\overrightarrow{\mathrm{OA}}|^2$

$=|\vec{d}-\vec{a}|^2=|\vec{d}|^2-2\vec{d}\cdot\vec{a}+|\vec{a}|^2$

$=4^2-2\times4\times4\times\left(-\frac{1}{4}\right)+4^2$

$(\because \cos(\pi-\theta)=-\cos\theta=-\frac{1}{4})$

$=40$

답 ⑤

[참고1]

선분 AD의 길이를 코사인법칙을 이용하여 구할 수도 있다.

$\overline{\mathrm{AD}}=\sqrt{4^2+4^2-2\times4\times4\times\left(-\frac{1}{4}\right)}$

$(\because \cos(\pi-\theta)=-\cos\theta=-\frac{1}{4})$

$=2\sqrt{10}$

[참고2] 교육과정 외 (삼각함수의 반각의 공식)

선분 AD의 길이를 삼각함수의 반각의 공식을 이용하여 구할 수도 있다.

점 O에서 선분 AD에 내린 수선의 발을 H라고 하자.

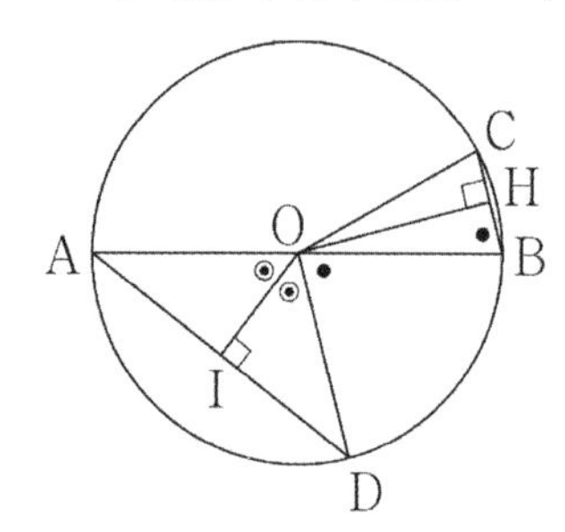

(단, $\bullet=\theta$, $\odot=\frac{\pi}{2}-\frac{\theta}{2}$)

직각삼각형 OAI에서

$\overline{\mathrm{AI}}=\overline{\mathrm{OA}}\sin\left(\frac{\pi}{2}-\frac{\theta}{2}\right)=4\cos\frac{\theta}{2}=\sqrt{10}$

$(\because \cos\theta=2\cos^2\frac{\theta}{2}-1=\frac{1}{4})$

$\overline{\mathrm{AD}}=2\overline{\mathrm{AI}}=2\sqrt{10}$

[참고3]

선분 AD의 길이를 좌표평면을 도입하여 구할 수도 있다.

세 점 O, A, B의 좌표가 각각

$(0,\ 0)$, $(-4,\ 0)$, $(4,\ 0)$

이 되도록 좌표평면을 도입하자.

이때, 점 D의 y좌표가 음수가 되도록 하자.

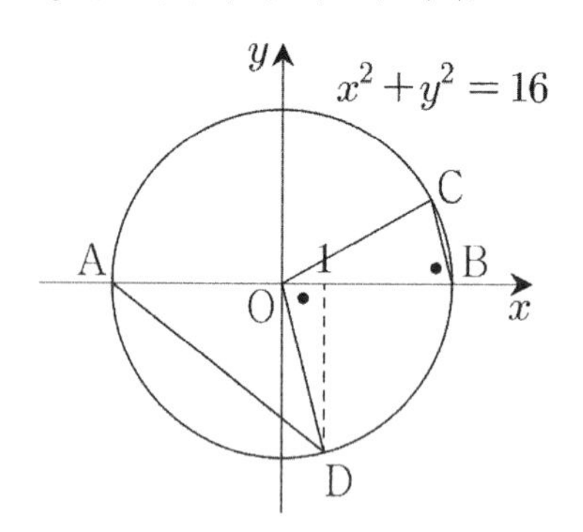

(단, $\bullet=\theta$)

$\cos\theta=\frac{1}{4}$이므로 점 D의 x좌표는 1이다.

점 D는 원 $x^2+y^2=16$ 위에 있으므로

(점 D의 y좌표)$=-\sqrt{15}$

두 점 사이의 거리 공식에 의하여

$\overline{\mathrm{AD}}=\sqrt{5^2+(\sqrt{15})^2}=2\sqrt{10}$

[참고4]

점 O에서 선분 AC에 내린 수선의 발을 J라고 하자.

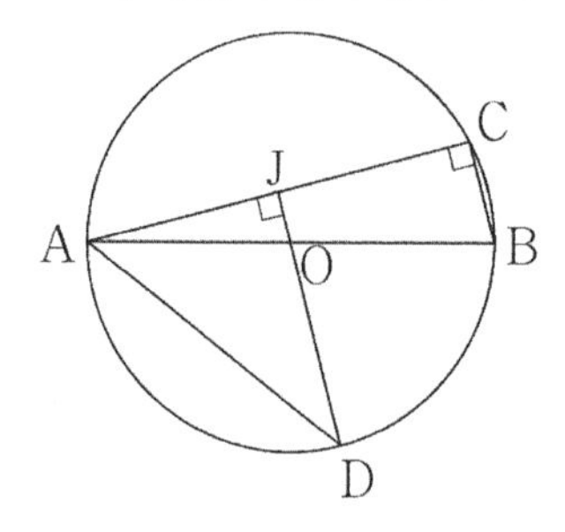

직각삼각형 ABC에서 피타고라스의 정리에 의하여

$\overline{\mathrm{AC}}=2\sqrt{15}$이므로 $\overline{\mathrm{AJ}}=\sqrt{15}$

서로 닮음인 두 직각삼각형 ABC, AOJ의 닮음비가 $2:1$이므로

$\overline{\mathrm{OJ}}=1$

직각삼각형 ADJ에서 피타고라스의 정리에 의하여

$\overline{\mathrm{AD}}=\sqrt{(\sqrt{15})^2+5^2}=2\sqrt{10}$

N028 | 답 ⑤

[풀이1]

▸ ㄱ. (참)

벡터의 뺄셈의 정의에 의하여

$\overrightarrow{\mathrm{CB}}-\overrightarrow{\mathrm{CP}}=\overrightarrow{\mathrm{PB}}$

이므로

$|\overrightarrow{\mathrm{CB}}-\overrightarrow{\mathrm{CP}}|=|\overrightarrow{\mathrm{PB}}|=$(선분 PB의 길이)

점 P가 점 A에 오면 선분 PB의 길이는 최소가 되고, 점 P가 점 E에 오면 선분 PB의 길이는 최대가 된다.

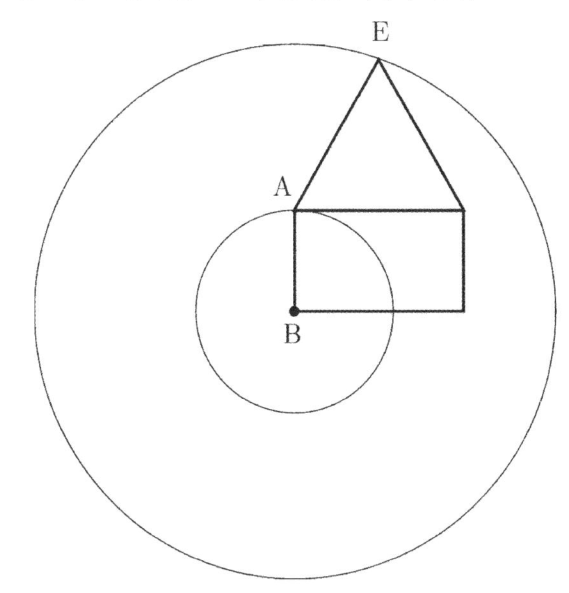

$\therefore\ 1 \le |\overrightarrow{CB} - \overrightarrow{CP}| \le \sqrt{7}$

▸ ㄴ. (참)

정삼각형 EAD에서 $\angle EAD = 60°$

주어진 조건에서 $\tan(\angle DAC) = \dfrac{\overline{DC}}{\overline{AD}} = \dfrac{\sqrt{3}}{3}$

$\angle DAC = 30°$

$\angle EAC = \angle EAD + \angle DAC = 90°$

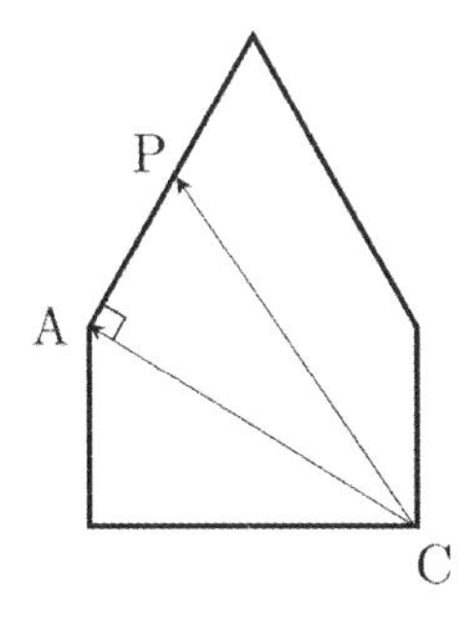

점 P의 위치에 관계없이 점 P에서 직선 AC에 내린 수선의 발은 항상 점 A이다.

벡터의 내적의 정의에 의하여

$\therefore\ \overrightarrow{CA} \cdot \overrightarrow{CP} = |\overrightarrow{CA}|^2 = 2^2 = 4$

▸ ㄷ. (참)

종점이 C이고 벡터 $\overrightarrow{DA}$와 같은 벡터의 시점을 O라고 하자.

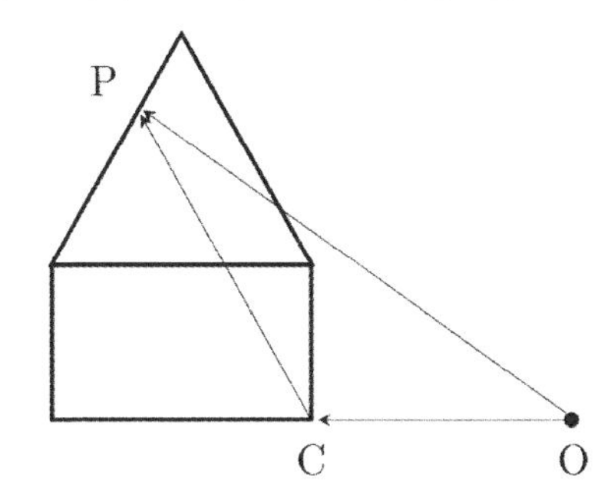

벡터의 덧셈의 정의에 의하여

$\overrightarrow{DA} + \overrightarrow{CP} = \overrightarrow{OC} + \overrightarrow{CP} = \overrightarrow{OP}$

$|\overrightarrow{DA} + \overrightarrow{CP}| = |\overrightarrow{OP}| =$(선분 OP의 길이)

선분 AE의 중점을 F라고 하자.

정삼각형 ADE에서 $\angle ADF = \dfrac{1}{2}\angle ADE = 30°$

평행사변형 ACOD에서 $\angle COD = \angle DAC = 30°$

따라서 $\angle ADF = \angle COD$이므로

세 점 O, D, F는 한 직선 위에 있다.

원의 성질에 의하여 선분 AE의 수직이등분선은 OF이다.

점 P가 점 F에 오면 선분 OP의 길이는 최소가 되고, 점 P가 점 A 또는 점 E에 오면 선분 OP의 길이는 최대가 된다.

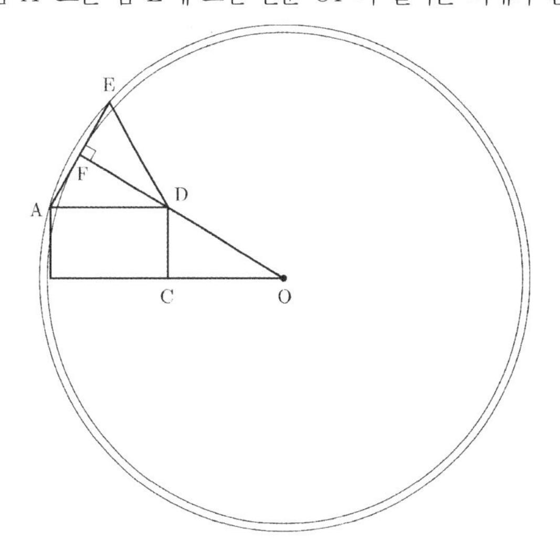

$\therefore\ \dfrac{7}{2} \le |\overrightarrow{DA} + \overrightarrow{CP}| \le \sqrt{13}$

이상에서 옳은 것은 ㄱ, ㄴ, ㄷ이다.

답 ⑤

[참고]

보기 ㄷ이 참임을 아래와 같은 방법으로도 보일 수 있다.

벡터의 상등의 정의에 의하여

$\overrightarrow{DA} = \overrightarrow{CB}$

벡터의 덧셈의 정의에 의하여

$\overrightarrow{CP} = \overrightarrow{CA} + \overrightarrow{AP}$

벡터의 덧셈의 정의에 의하여

$\overrightarrow{DA} + \overrightarrow{CP} = \overrightarrow{CB} + \overrightarrow{CA} + \overrightarrow{AP}$

$\overline{AP} = t$로 두자.(단, $0 \le t \le \sqrt{3}$)

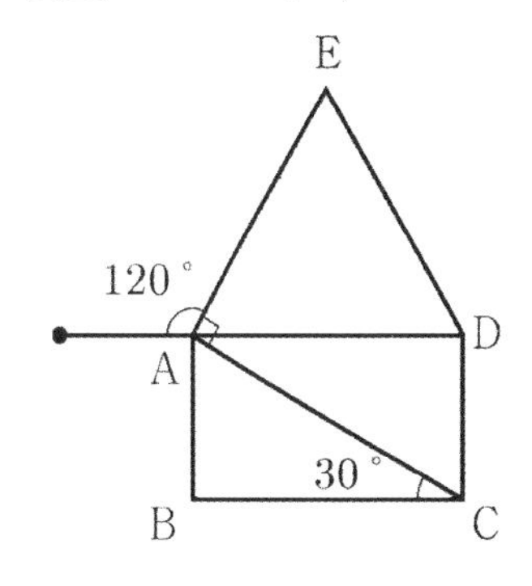

벡터의 내적의 성질에 의하여

$|\overrightarrow{DA}+\overrightarrow{CP}|^2=|\overrightarrow{CB}+\overrightarrow{CA}+\overrightarrow{AP}|^2$

$=|\overrightarrow{CB}|^2+|\overrightarrow{CA}|^2+|\overrightarrow{AP}|^2$

$+2\overrightarrow{CB}\cdot\overrightarrow{CA}+2\overrightarrow{CA}\cdot\overrightarrow{AP}+2\overrightarrow{AP}\cdot\overrightarrow{CB}$

$=(\sqrt{3})^2+2^2+t^2+2\times\sqrt{3}\times2\times\cos30^\circ$

$+2\times2\times t\times\cos90^\circ+2\times t\times\sqrt{3}\times\cos120^\circ$

$=t^2-\sqrt{3}t+13$

$=\left(t-\frac{\sqrt{3}}{2}\right)^2+\frac{49}{4}\geq\frac{49}{4}$

(단, 등호는 $t=\frac{\sqrt{3}}{2}$일 때 성립한다.)

$\therefore\ |\overrightarrow{DA}+\overrightarrow{CP}|\geq\frac{7}{2}$

(단, 등호는 점 P가 선분 AE의 중점일 때 성립한다.)

[풀이2]

세 점 A, B, C의 좌표가 각각

$A(0,\ 1)$, $B(0,\ 0)$, $C(\sqrt{3},\ 0)$

이 되도록 좌표평면을 도입하자.

이때, 두 점 D, E의 좌표는 각각

$D(\sqrt{3},\ 1)$, $E\left(\frac{\sqrt{3}}{2},\ \frac{5}{2}\right)$

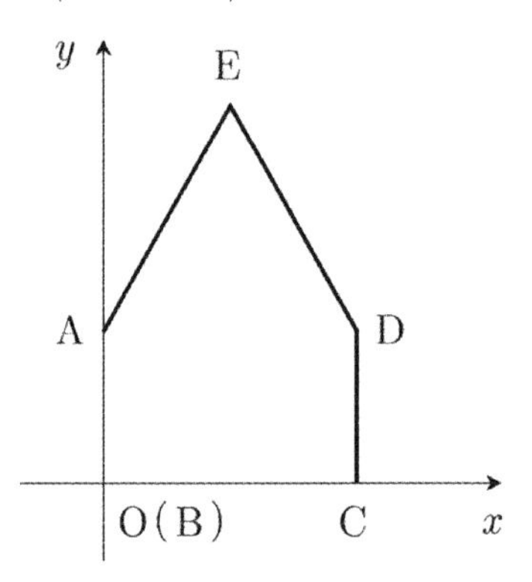

점 P의 자취의 방정식은

$y=\sqrt{3}x+1\left(0\leq x\leq\frac{\sqrt{3}}{2}\right)$ $\cdots(*)$

점 P의 좌표를 $P(x,\ y)$로 두자.

▸ ㄱ. (참)

벡터의 뺄셈의 정의에 의하여

$\overrightarrow{CB}-\overrightarrow{CP}=\overrightarrow{PB}=-\overrightarrow{BP}=(-x,\ -y)$

성분으로 주어진 벡터의 크기를 구하는 공식에 의하여

$\therefore\ |\overrightarrow{CB}-\overrightarrow{CP}|=\sqrt{(-x)^2+(-y)^2}$

$=\sqrt{x^2+(\sqrt{3}x+1)^2}$ ($\because$ (*))

$=\sqrt{4x^2+2\sqrt{3}x+1}$

$=\sqrt{4\left(x+\frac{\sqrt{3}}{4}\right)^2+\frac{1}{4}}\geq1$

(단, 등호는 $x=0$일 때 성립한다.)

▸ ㄴ. (참)

성분에 의한 벡터의 연산에 의하여

$\overrightarrow{CA}=\overrightarrow{BA}-\overrightarrow{BC}$

$=(0,\ 1)-(\sqrt{3},\ 0)=(-\sqrt{3},\ 1)$

$\overrightarrow{CP}=\overrightarrow{BP}-\overrightarrow{BC}$

$=(x,\ y)-(\sqrt{3},\ 0)=(x-\sqrt{3},\ y)$

성분에 의한 벡터의 내적에 의하여

$\therefore\ \overrightarrow{CA}\cdot\overrightarrow{CP}$

$=(-\sqrt{3},\ 1)\cdot(x-\sqrt{3},\ y)$

$=-\sqrt{3}x+y+3=1+3=4$ ($\because$ (*))

▸ ㄷ. (참)

성분에 의한 벡터의 연산에 의하여

$\overrightarrow{DA}=\overrightarrow{BA}-\overrightarrow{BD}$

$=(0,\ 1)-(\sqrt{3},\ 1)=(-\sqrt{3},\ 0)$

$\overrightarrow{CP}=\overrightarrow{BP}-\overrightarrow{BC}$

$=(x,\ y)-(\sqrt{3},\ 0)=(x-\sqrt{3},\ y)$

성분에 의한 벡터의 연산에 의하여

$\overrightarrow{DA}+\overrightarrow{CP}=(x-2\sqrt{3},\ y)$

성분에 의한 벡터의 내적에 의하여

$\therefore\ |\overrightarrow{DA}+\overrightarrow{CP}|$

$=\sqrt{(x-2\sqrt{3})^2+y^2}$

$=\sqrt{(x-2\sqrt{3})^2+(\sqrt{3}x+1)^2}$ ($\because$ (*))

$=\sqrt{4x^2-2\sqrt{3}x+13}$

$=\sqrt{4\left(x-\frac{\sqrt{3}}{4}\right)^2+\frac{49}{4}}\geq\frac{7}{2}$

(단, 등호는 $x=\frac{\sqrt{3}}{4}$일 때 성립한다.)

이상에서 옳은 것은 ㄱ, ㄴ, ㄷ이다.

답 ⑤

N029 | 답 ⑤

[풀이1] ★

▸ ㄱ. (참)

사각형 ABFE가 평행사변형이 되도록 점 F를 잡자.

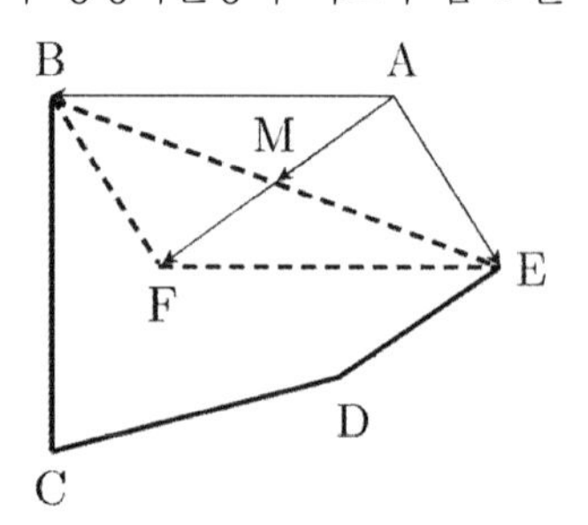

평행사변형의 성질에 의하여
평행사변형 ABFE에서 점 M은 대각선 AF의 중점이다.
벡터의 실수배의 정의에 의하여
$\overrightarrow{AF}=2\overrightarrow{AM}$
벡터의 덧셈의 정의에 의하여
$\overrightarrow{AB}+\overrightarrow{AE}=\overrightarrow{AF}$
위의 두 식에 의하여
$\overrightarrow{AB}+\overrightarrow{AE}=2\overrightarrow{AM}$
벡터의 실수배의 정의에 의하여
두 벡터 $\overrightarrow{AB}+\overrightarrow{AE}$, $\overrightarrow{AM}$은 서로 평행하다.
▸ ㄴ. (참)
두 반직선 BC, ED의 교점을 G라고 하자.

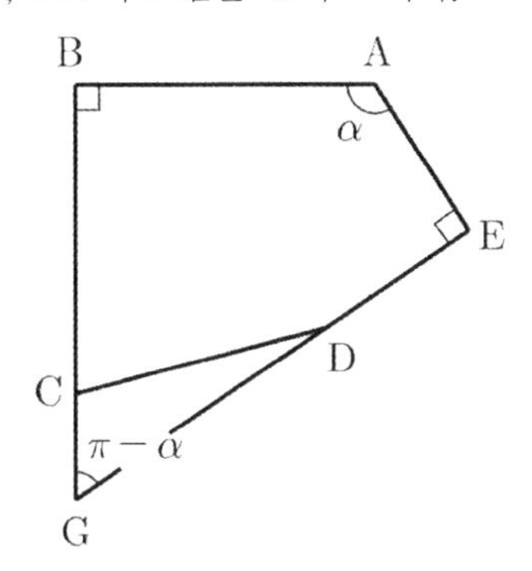

$\angle EAB=\alpha$라고 하면 $\angle CGD=\pi-\alpha$
이때, 각 α는 오각형 ABCDE가 결정되는 범위에 속한다.
벡터의 내적의 정의에 의하여
$\overrightarrow{AB}\cdot\overrightarrow{AE}=|\overrightarrow{AB}||\overrightarrow{AE}|\cos\alpha$
$\overrightarrow{BC}\cdot\overrightarrow{ED}=|\overrightarrow{BC}||\overrightarrow{ED}|\cos(\pi-\alpha)$
문제에서 주어진 조건에 의하여
$|\overrightarrow{AB}|=|\overrightarrow{BC}|$, $|\overrightarrow{AE}|=|\overrightarrow{ED}|$
이고, $\cos(\pi-\alpha)=-\cos\alpha$이므로
$\therefore\ \overrightarrow{AB}\cdot\overrightarrow{AE}=-\overrightarrow{BC}\cdot\overrightarrow{ED}$
▸ ㄷ. (참)
시점이 B이고 벡터 $\overrightarrow{ED}$와 같은 벡터의 종점을 E′이라고 하자.

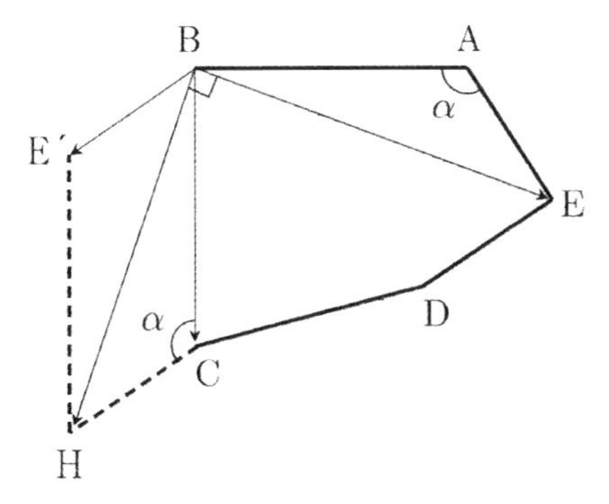

사각형 BE′HC가 평행사변형이 되도록 점 H를 잡자.
벡터의 덧셈의 정의에 의하여
$\overrightarrow{BC}+\overrightarrow{ED}=\overrightarrow{BC}+\overrightarrow{BE'}=\overrightarrow{BH}$
두 벡터 $\overrightarrow{BC}$, $\overrightarrow{BE'}(\overrightarrow{ED})$가 이루는 각은 $\pi-\alpha$이므로
$\angle CBE'=\pi-\alpha$
평행사변형 BE′HC에서
$\angle CBE'+\angle HCB=\pi$이므로
$\angle HCB=\alpha$
$\overline{AB}=\overline{CB}$, $\overline{EA}=\overline{HC}$, $\angle EAB=\angle HCB$
이므로 두 삼각형 ABE, CBH는 SAS합동이다.
두 선분 $\overline{BE}$, $\overline{BH}$의 길이가 서로 같으므로
$|\overrightarrow{BH}|=|\overrightarrow{BE}|$
$\therefore\ |\overrightarrow{BC}+\overrightarrow{ED}|=|\overrightarrow{BE}|$
이상에서 옳은 것은 ㄱ, ㄴ, ㄷ이다.
답 ⑤

[참고]
보기 ㄷ이 참임을 다음과 같이 보여도 좋다.
벡터의 내적의 성질에 의하여
$|\overrightarrow{BE}|^2=|\overrightarrow{AE}-\overrightarrow{AB}|^2$
$=|\overrightarrow{AE}|^2-2\overrightarrow{AE}\cdot\overrightarrow{AB}+|\overrightarrow{AB}|^2$
$=|\overrightarrow{AE}|^2-2|\overrightarrow{AE}||\overrightarrow{AB}|\cos\alpha+|\overrightarrow{AB}|^2$
$|\overrightarrow{BC}+\overrightarrow{ED}|^2$
$=|\overrightarrow{BC}|^2+2\overrightarrow{BC}\cdot\overrightarrow{ED}+|\overrightarrow{ED}|^2$
$=|\overrightarrow{BC}|^2+2|\overrightarrow{BC}||\overrightarrow{ED}|\cos(\pi-\alpha)+|\overrightarrow{ED}|^2$
$=|\overrightarrow{BC}|^2-2|\overrightarrow{BC}||\overrightarrow{ED}|\cos\alpha+|\overrightarrow{ED}|^2$
그런데 문제에서 주어진 조건에 의하여
$|\overrightarrow{AE}|=|\overrightarrow{ED}|$, $|\overrightarrow{AB}|=|\overrightarrow{BC}|$
이므로 $|\overrightarrow{BC}+\overrightarrow{ED}|^2=|\overrightarrow{BE}|^2$이다.
$\therefore\ |\overrightarrow{BC}+\overrightarrow{ED}|=|\overrightarrow{BE}|$

[풀이2] (선택)
세 점 A, B, C의 좌표가 각각
$A(a,\ 0)$, $B(0,\ 0)$, $C(0,\ a)$
가 되도록 좌표평면을 도입하자.

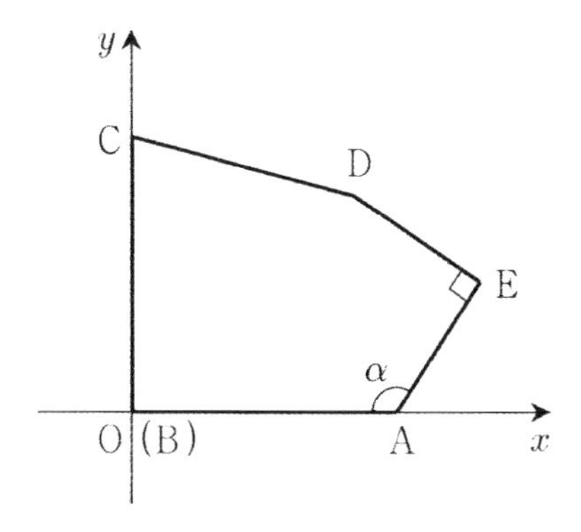

$\overline{AE}=b$, $\angle OAE=\alpha$라고 하자.
두 점 E, D의 좌표는 각각
$E(a-b\cos\alpha,\ b\sin\alpha)$

$\mathrm{D}(a-b\cos\alpha-b\sin\alpha,\ b\sin\alpha-b\cos\alpha)$

▸ ㄱ. (참)

내분점의 공식에 의하여

$\mathrm{M}\left(\dfrac{a-b\cos\alpha}{2},\ \dfrac{b\sin\alpha}{2}\right)$

성분에 의한 벡터의 연산에 의하여

$\overrightarrow{\mathrm{AB}}=-\overrightarrow{\mathrm{BA}}=(-a,\ 0)$

$\overrightarrow{\mathrm{AE}}=\overrightarrow{\mathrm{BE}}-\overrightarrow{\mathrm{BA}}=(-b\cos\alpha,\ b\sin\alpha)$

$\overrightarrow{\mathrm{AM}}=\overrightarrow{\mathrm{BM}}-\overrightarrow{\mathrm{BA}}=\left(\dfrac{-a-b\cos\alpha}{2},\ \dfrac{b\sin\alpha}{2}\right)$

성분에 의한 벡터의 연산에 의하여

$\overrightarrow{\mathrm{AB}}+\overrightarrow{\mathrm{AE}}$

$=(-a-b\cos\alpha,\ b\sin\alpha)$

$=2\overrightarrow{\mathrm{AM}}$

벡터의 실수배의 정의에 의하여

두 벡터 $\overrightarrow{\mathrm{AB}}+\overrightarrow{\mathrm{AE}}$, $\overrightarrow{\mathrm{AM}}$은 서로 평행하다.

▸ ㄴ. (참)

$\overrightarrow{\mathrm{BC}}=(0,\ a)$

성분에 의한 벡터의 연산에 의하여

$\overrightarrow{\mathrm{ED}}=\overrightarrow{\mathrm{BD}}-\overrightarrow{\mathrm{BE}}=(-b\sin\alpha,\ -b\cos\alpha)$

성분에 의한 벡터의 내적에 의하여

$\overrightarrow{\mathrm{AB}}\cdot\overrightarrow{\mathrm{AE}}=ab\cos\alpha$, $\overrightarrow{\mathrm{BC}}\cdot\overrightarrow{\mathrm{ED}}=-ab\cos\alpha$이므로

$\therefore\ \overrightarrow{\mathrm{AB}}\cdot\overrightarrow{\mathrm{AE}}=-\overrightarrow{\mathrm{BC}}\cdot\overrightarrow{\mathrm{ED}}$

▸ ㄷ. (참)

성분에 의한 벡터의 연산에 의하여

$\overrightarrow{\mathrm{BC}}+\overrightarrow{\mathrm{ED}}=(-b\sin\alpha,\ a-b\cos\alpha)$

$\overrightarrow{\mathrm{BE}}=(a-b\cos\alpha,\ b\sin\alpha)$

성분으로 주어진 벡터의 크기를 구하는 공식에 의하여

$|\overrightarrow{\mathrm{BC}}+\overrightarrow{\mathrm{ED}}|$

$=a^2-2ab\cos\alpha+b^2=|\overrightarrow{\mathrm{BE}}|$

$\therefore\ |\overrightarrow{\mathrm{BC}}+\overrightarrow{\mathrm{ED}}|=|\overrightarrow{\mathrm{BE}}|$

이상에서 옳은 것은 ㄱ, ㄴ, ㄷ이다.

답 ⑤

N030 | 답 12

[풀이]

선분 AC의 중점을 M이라고 하자.

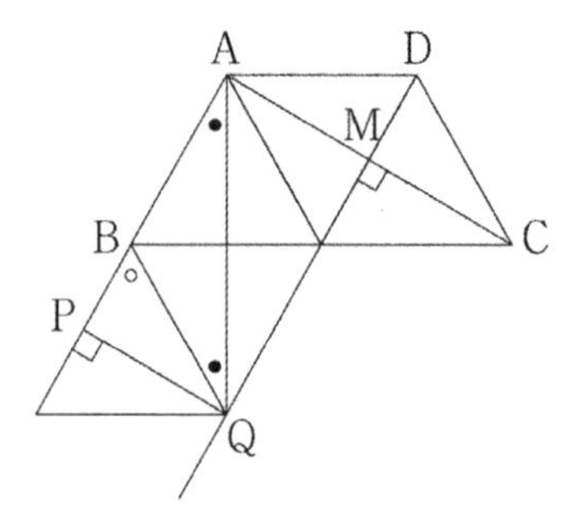

(단, ○$=60^\circ$, ●$=30^\circ$)

(가): $\overrightarrow{\mathrm{BP}}=\dfrac{1}{2}\overrightarrow{\mathrm{AC}}-\overrightarrow{\mathrm{AD}}=\overrightarrow{\mathrm{AM}}-\overrightarrow{\mathrm{AD}}=\overrightarrow{\mathrm{DM}}$

이므로 점 P의 위치는 위의 그림처럼 결정된다.

점 Q에서 직선 AC에 내린 수선의 발을 Q′라고 하자.

(나): $\overrightarrow{\mathrm{AC}}\cdot\overrightarrow{\mathrm{PQ}}$

$=|\overrightarrow{\mathrm{AC}}||\overrightarrow{\mathrm{AQ'}}|=2\sqrt{3}\,|\overrightarrow{\mathrm{AQ'}}|=6$,

$|\overrightarrow{\mathrm{AQ'}}|=\sqrt{3}$, 즉 점 Q′는 M이다.

따라서 점 Q는 직선 DM 위에 있다.

(다): 위의 그림처럼 각의 크기가 결정되면 성립한다.

$\therefore\ \overrightarrow{\mathrm{CP}}\cdot\overrightarrow{\mathrm{DQ}}$

$=(\overrightarrow{\mathrm{CB}}+\overrightarrow{\mathrm{BP}})\cdot\overrightarrow{\mathrm{DQ}}$

$=\overrightarrow{\mathrm{CB}}\cdot\overrightarrow{\mathrm{DQ}}+\overrightarrow{\mathrm{BP}}\cdot\overrightarrow{\mathrm{DQ}}$

$=4\times4\times\cos60^\circ+1\times4$

$=12$

답 12

N031 | 답 ⑤

[풀이] ★

좌표평면에서

$\overrightarrow{\mathrm{OP}}=2\overrightarrow{\mathrm{OP'}}$

인 점 P′는 단위원(반원) 위에 있다. (단, $x\geq0$)

문제에서 주어진 등식을 다음과 같이 변형하자.

$\overrightarrow{\mathrm{OP}}\cdot\overrightarrow{\mathrm{OQ}}=2 \Leftrightarrow \overrightarrow{\mathrm{OP'}}\cdot\overrightarrow{\mathrm{OQ}}=1$ …(*)

아래 그림처럼 두 반원에 동시에 접하는 접선을 긋고, 각 반원 위의 접점을 각각 $\mathrm{P_0}'$, $\mathrm{Q_0}$라고 하자. 그리고 반원 $(x+5)^2+y^2=16(y\geq0)$ 위의 $\mathrm{Q_0}$가 아닌 점 $\mathrm{Q_1}$, $\mathrm{Q_2}$, $\mathrm{Q_3}$, $\mathrm{Q_4}$를 아래 그림과 같이 잡고, 이 네 점에서 직선 $\mathrm{OP_0}'$에 내린 수선의 발을 각각 $\mathrm{H_1}$, $\mathrm{H_2}$, $\mathrm{H_3}$, $\mathrm{H_4}$라고 하자. (이때, 점 $\mathrm{Q_0}$에서 직선 $\mathrm{OP_0}'$에 내린 수선의 발은 $\mathrm{P_0}'$이다.)

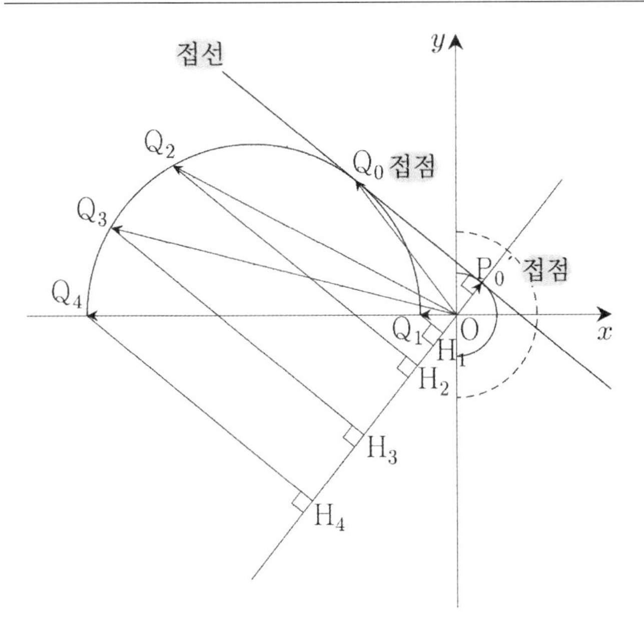

위의 그림에서 등식 (*)을 만족시키는 점 Q는 접점 Q_0뿐임을 알 수 있다.

왜냐하면

$\overrightarrow{OP_0'} \cdot \overrightarrow{OQ_0} = |\overrightarrow{OP_0'}|^2 = 1$

인 반면

$\overrightarrow{OP_0'} \cdot \overrightarrow{OQ_1} = -|\overrightarrow{OP_0'}||\overrightarrow{OH_1}| < 0$

이고, 다른 세 점 Q_2, Q_3, Q_4에 대해서도 마찬가지이기 때문이다.

(좀 더 부연설명을 하면, 점 Q가 점 $Q_1(-1,\ 0)$에서 $Q_4(-9,\ 0)$까지 호를 따라서 움직일 때, $\overrightarrow{OP_0'} \cdot \overrightarrow{OQ}$의 값은 음수(−) ⇨ 1(극대) ⇨ 음수(−)로 변한다. 이때, 값의 변화는 연속적이다.)

한편 접선의 방정식은

$\frac{a}{2}x + \frac{b}{2}y = 1$

이 직선이 반원 $(x+5)^2 + y^2 = 16(y \geq 0)$에 접하므로

$\frac{\frac{5}{2}a+1}{\sqrt{\frac{a^2}{4}+\frac{b^2}{4}}} = 4$, 즉 $\frac{5}{2}a+1=4$, $a=\frac{6}{5}$

(∵ 점 $(a,\ b)$는 반원 $x^2+y^2=4(x \geq 0)$ 위의 점이므로 $a^2+b^2=4$)

$b = \sqrt{4-a^2} = \frac{8}{5}$

정리하면

$a = \frac{6}{5}$, $b = \frac{8}{5}$

$\therefore\ a+b = \frac{14}{5}$

답 ⑤

[참고1]

공통외접선이 아닌 경우를 살펴보자.

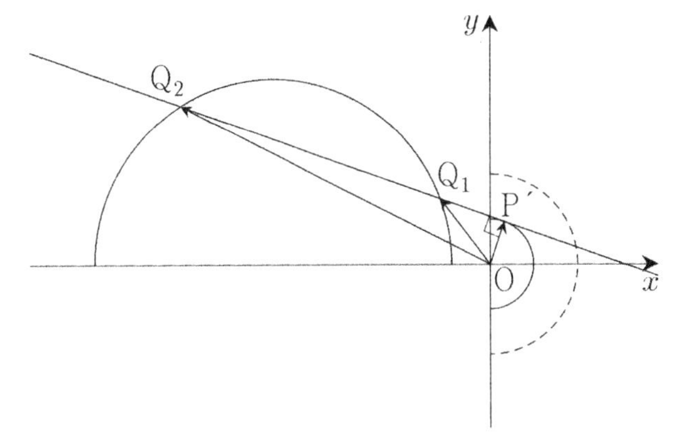

위의 그림처럼 점 P′에서의 접선이 제2사분면에 놓인 반원과 두 점에서 만나면 (*)을 만족시키는 점 Q가 2개 존재한다.

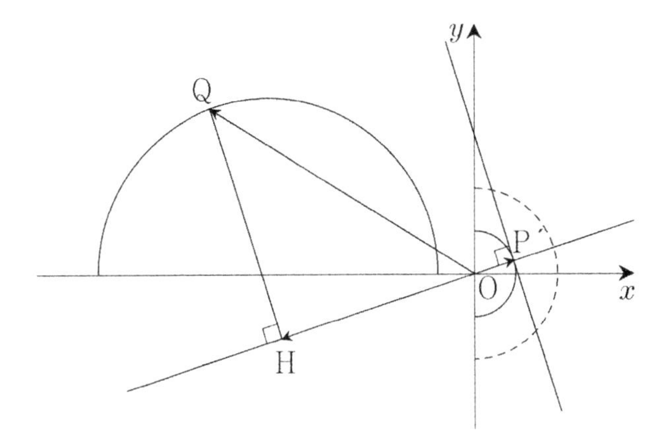

위의 그림처럼 점 P′에서의 접선이 제2사분면에 놓인 반원과 만나지 않으면 (*)을 만족시키는 점 Q는 존재하지 않는다.

[참고2]

점 P의 좌표를 기하학적으로 구해보자.

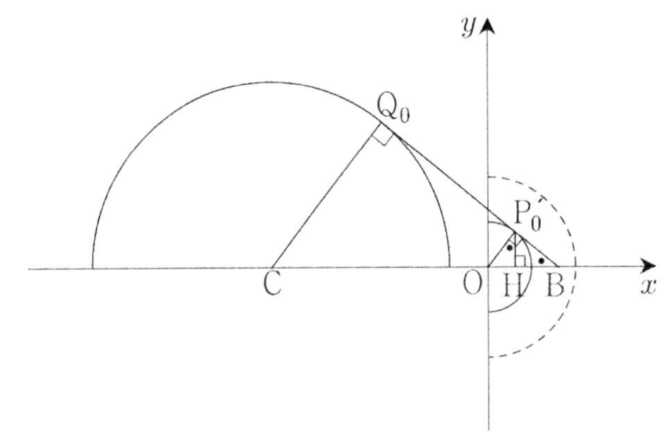

제2사분면에 놓인 반원의 중심을 C, 점 P'_0에서 x축에 내린 수선의 발을 H, 직선 $P_0'Q_0$가 x축과 만나는 점을 B라고 하자.

서로 닮음인 두 직각삼각형 BOP_0', BCQ_0에 대하여

$\overline{BO} : \overline{OP_0'} = \overline{BC} : \overline{CQ_0}$, 즉 $\overline{BO} : 1 = \overline{BO}+5 : 4$

풀면 $\overline{BO}=\frac{5}{3}$이므로

직각삼각형 BOP_0'의 세 변의 길이의 비는 $5:3:4$이다.

두 직각삼각형 BOP_0', $P_0'OH$는 서로 닮음이므로

$\overline{OH}=\frac{3}{5}$, $\overline{HP_0'}=\frac{4}{5}$, 즉 $P_0'\left(\frac{3}{5}, \frac{4}{5}\right)$

$\therefore\ P\left(\frac{6}{5}, \frac{8}{5}\right)$

N032 | 답 27

[풀이]

(가): 두 벡터 $\overrightarrow{PQ}$, $\overrightarrow{AB}$의 방향은 같다.

$|9|\overrightarrow{PQ}|\overrightarrow{PQ}|=|4|\overrightarrow{AB}|\overrightarrow{AB}|$

$9|\overrightarrow{PQ}|^2=4|\overrightarrow{AB}|^2$, $3|\overrightarrow{PQ}|=2|\overrightarrow{AB}|$, 즉

$\overline{PQ}:\overline{AB}=2:3$

(나): $\angle CAQ>90^\circ$

이제 아래의 그림을 그릴 수 있다. (선분 AB의 중점을 M, 점 M에서 선분 AQ에 내린 수선의 발을 H라고 하자.)

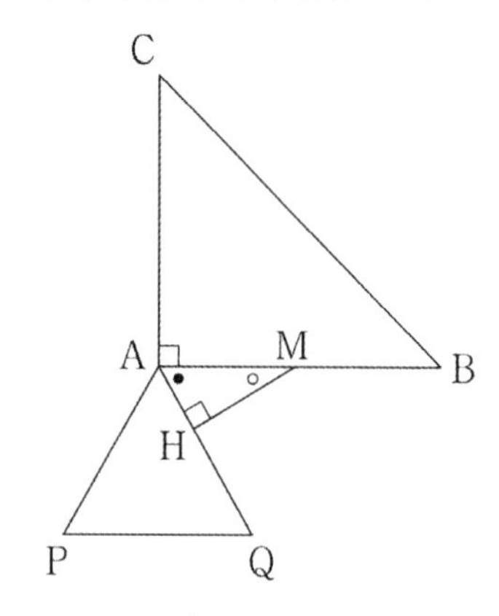

(단, $\bullet=60^\circ$, $\circ=30^\circ$)

(다): $\overrightarrow{PQ}\cdot\overrightarrow{CB}=\overrightarrow{PQ}\cdot(\overrightarrow{CA}+\overrightarrow{AB})$

$=\underbrace{\overrightarrow{PQ}\cdot\overrightarrow{CA}}_{90^\circ}+\underbrace{\overrightarrow{PQ}\cdot\overrightarrow{AB}}_{\text{방향 일치}}$

$=0+\frac{2}{3}|\overrightarrow{AB}|^2=24$, $|\overrightarrow{AB}|=6$ $(\overline{PQ}=4)$

$|\overrightarrow{XA}+\overrightarrow{XB}|=|\overrightarrow{OA}+\overrightarrow{OB}-2\overrightarrow{OX}|$

$=2\left|\frac{\overrightarrow{OA}+\overrightarrow{OB}}{2}-\overrightarrow{OX}\right|$

$=2|\overrightarrow{OM}-\overrightarrow{OX}|$

$=2|\overrightarrow{MX}|$

$\geq 2\overline{MH}=2\times3\times\frac{\sqrt{3}}{2}=3\sqrt{3}(=m)$

$\therefore\ m^2=27$

답 27

N033 | 답 100

[풀이]

점 B에서 선분 OA에 내린 수선의 발을 M, 선분 OC의 $1:3$내분점과 $3:1$내분점을 각각 P_0, Q_0, 선분 OA의 $3:2$ 외분점을 A'라고 하자. 그리고 중심이 O이고 점 A를 지나는 원이 선분 OC와 만나는 점을 X_1, 반직선 AO와 만나는 점을 X_2라고 하자.

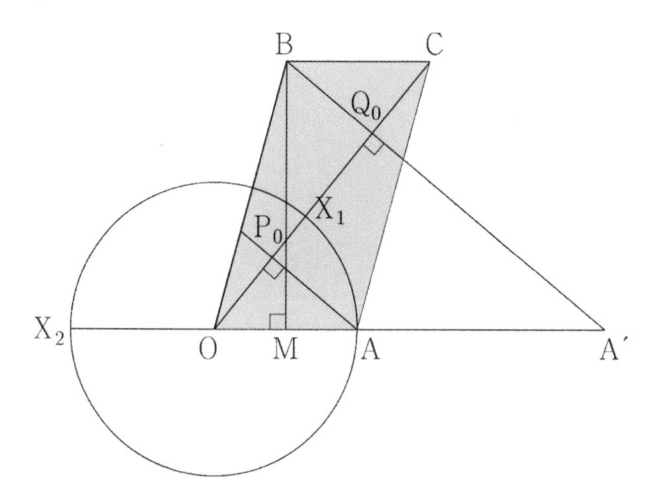

직각삼각형 BOM에서

$\overline{OM}=\overline{OB}\cos(\angle AOB)=\frac{\sqrt{2}}{2}$

이므로 점 M은 선분 OA의 중점이다.

조건 (가)에서 점 P는 평행사변형 OACB의 내부 또는 둘레 위에 있다.

조건 (나)에서 주어진 등식을 정리하자.

$\overrightarrow{OP}\cdot\overrightarrow{OB}+(\overrightarrow{OP}-\overrightarrow{OB})\cdot\overrightarrow{BC}$

$=\overrightarrow{OP}\cdot(\overrightarrow{OB}+\overrightarrow{BC})-\overrightarrow{OB}\cdot\overrightarrow{BC}$

$=\overrightarrow{OP}\cdot\overrightarrow{OC}-\overrightarrow{OB}\cdot\overrightarrow{BC}$

$=\overrightarrow{OP}\cdot\overrightarrow{OC}-\overrightarrow{OB}\cdot\overrightarrow{OA}(\because \overrightarrow{BC}=\overrightarrow{OA})$

$=\overrightarrow{OP}\cdot\overrightarrow{OC}-\frac{\sqrt{2}}{2}\times\sqrt{2}$

$(\because \overrightarrow{OB}\cdot\overrightarrow{OA}=\overrightarrow{OM}\cdot\overrightarrow{OA})$

$=2$

즉, $\overrightarrow{OP}\cdot\overrightarrow{OC}=3$

이때, 점 P에서 직선 OC에 내린 수선의 발을 P'라고 하면

$(\overrightarrow{OP'}+\overrightarrow{P'P})\cdot\overrightarrow{OC}$

$=\overrightarrow{OP'}\cdot\overrightarrow{OC}+\overrightarrow{P'P}\cdot\overrightarrow{OC}$

$=\overrightarrow{OP'}\cdot\overrightarrow{OC}$ $(\because \overline{P'P}\perp\overline{OC})$

$=|\overrightarrow{OP'}|2\sqrt{3}=3$

($\because$ 코사인법칙에 의하여

$|\overrightarrow{OC}|$

$= \sqrt{(\sqrt{2})^2 + (2\sqrt{2})^2 - 2\times\sqrt{2}\times 2\sqrt{2}\times\left(-\frac{1}{4}\right)}$

$= 2\sqrt{3}$)

즉, $|\overrightarrow{OP'}| = \frac{\sqrt{3}}{2} (= \overline{OP_0})$

점 P는 점 P_0을 지나고 직선 OC에 수직인 직선 위에 있다. 그런데 점 P는 평행사변형 OACB의 내부 또는 경계 위의 점이므로 점 P의 자취는 위의 그림처럼 선분이다. 이 선분의 한 끝점이 A임을 보이자.

$$\cos(\angle P_0OA) = \frac{\frac{\sqrt{3}}{2}}{\sqrt{2}} = \frac{\sqrt{6}}{4}$$

삼각형 COA에서 코사인법칙에 의하여

$$\cos(\angle COA) = \frac{(\sqrt{2})^2 + (2\sqrt{3})^2 - (2\sqrt{2})^2}{2\times\sqrt{2}\times 2\sqrt{3}} = \frac{\sqrt{6}}{4}$$

$\cos(\angle P_0OA) = \cos(\angle COA)$ (이로써 증명되었다.)

이제 벡터 $3\overrightarrow{OP}$의 끝점을 Q라고 하자.

점 Q는 위의 그림처럼 선분 $A'B$ 위에 있다.

두 점 Q, X가 각각 Q_0, X_1 위에 있으면 $|\overrightarrow{XQ}|$는 최솟값을 갖고, 두 점 Q, X가 각각 A', X_2 위에 있으면 $|\overrightarrow{XQ}|$는 최댓값을 갖는다.

$M = 4\sqrt{2}$, $m = \frac{3}{2}\sqrt{3} - \sqrt{2}$

$M\times m = 4\sqrt{2}\left(\frac{3}{2}\sqrt{3} - \sqrt{2}\right) = 6\sqrt{6} - 8$

$\therefore\ a^2 + b^2 = 36 + 64 = 100$

답 100

N034 | 답 ⑤

[풀이] ★

두 벡터 $\overrightarrow{OA}$와 $\overrightarrow{OB}$가 이루는 각의 크기를 $\theta(0 \le \theta \le \pi)$라고 하자.

벡터의 내적의 정의에 의하여

$\overrightarrow{OA}\cdot\overrightarrow{OB} = |\overrightarrow{OA}||\overrightarrow{OB}|\cos\theta \le 0$

$|\overrightarrow{OA}|$와 $|\overrightarrow{OB}|$이 음이 아닌 실수이므로

$\cos\theta \le 0$

삼각부등식을 풀면

$\frac{\pi}{2} \le \theta \le \pi$ $\cdots(*)$

• (1) 점 A가 원점 O인 경우

$\overrightarrow{OA}$는 영벡터이므로 $|\overrightarrow{OA}| = 0$

평면 위의 임의의 점 B에 대하여

$\overrightarrow{OA}\cdot\overrightarrow{OB} = 0$

좌표평면에서 점 B의 영역은 다음과 같다.

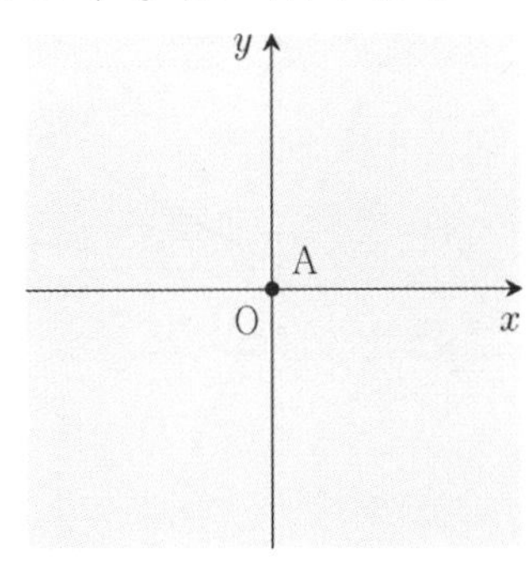

• (2) 점 A가 반직선 $y = 0(x > 0)$ 위에 있는 경우

점 B가 원점 O이면 $|\overrightarrow{OB}| = 0$이므로

$\overrightarrow{OA}\cdot\overrightarrow{OB} = 0$

점 B가 원점 O가 아닐 때, 동경 OB가 나타내는 각의 크기를 α라고 하자.

(단, 시초선은 x축의 양의 방향이고, $0 \le \alpha < 2\pi$)

(*)을 만족시키는 α의 범위는

$\frac{\pi}{2} \le \alpha \le \frac{3}{2}\pi$

좌표평면에서 점 B의 영역은 다음과 같다.

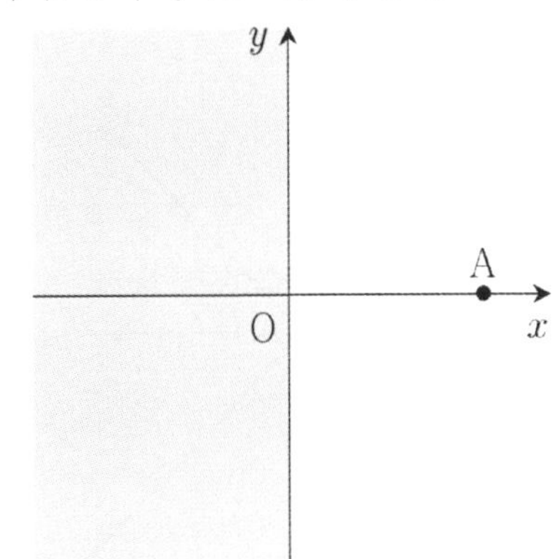

• (3) 점 A가 반직선 $y = (\tan\beta)x$ 위에 있는 경우

(단, $x > 0$, $0 < \beta < \frac{\pi}{4}$)

점 B가 원점 O이면 $|\overrightarrow{OB}| = 0$이므로

$\overrightarrow{OA}\cdot\overrightarrow{OB} = 0$

점 B가 원점 O가 아닐 때, 동경 OB가 나타내는 각의 크기를 γ라고 하자.

(단, 시초선은 x축의 양의 방향이고, $0 \le \gamma < 2\pi$)

(*)을 만족시키는 γ의 범위는

$\beta + \frac{\pi}{2} \le \gamma \le \beta + \frac{3}{2}\pi$

좌표평면에서 점 B의 영역은 다음과 같다.

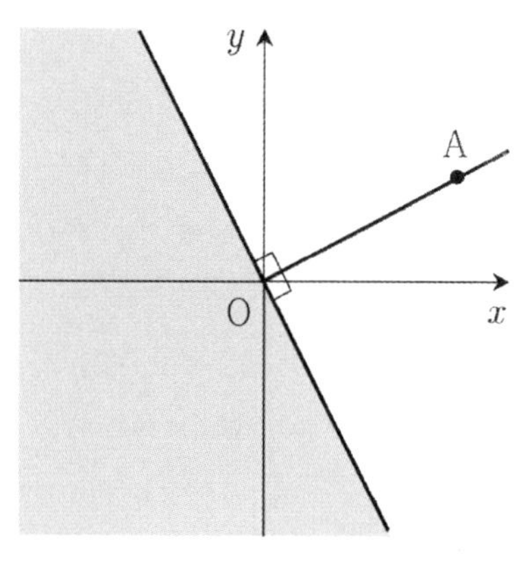

• (4) 점 A가 반직선 $y=x(x>0)$ 위에 있는 경우

점 B가 원점 O이면 $|\overrightarrow{OB}|=0$이므로

$\overrightarrow{OA}\cdot\overrightarrow{OB}=0$

점 B가 원점 O가 아닐 때, 동경 OB가 나타내는 각의 크기를 δ라고 하자.

(단, 시초선은 x축의 양의 방향이고, $0\le\delta<2\pi$)

(*)을 만족시키는 δ의 범위는

$\frac{3}{4}\pi\le\delta\le\frac{7}{4}\pi$

좌표평면에서 점 B의 영역은 다음과 같다.

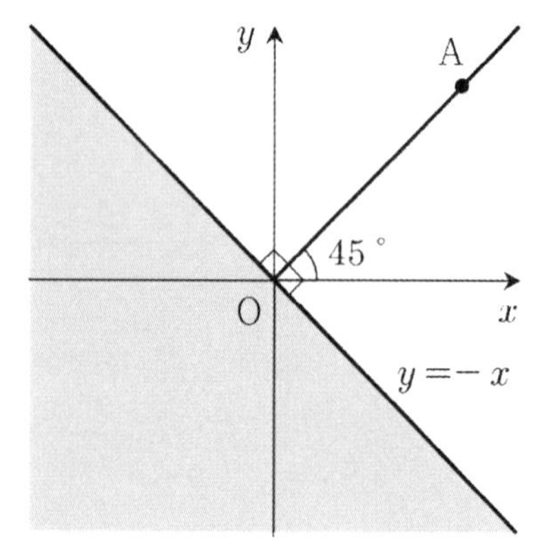

(1)~(4)에 의하여 좌표평면에서 점 B의 영역은

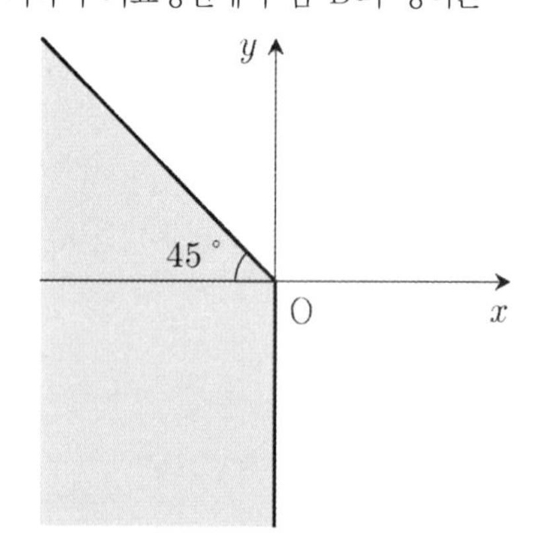

답 ⑤

N035 | 답 ⑤

[풀이]

(가): $(\overrightarrow{OX}-\overrightarrow{OD})\cdot\overrightarrow{OC}=0$ 또는 $|\overrightarrow{OX}-\overrightarrow{OC}|-3=0$

$\overrightarrow{DX}\cdot\overrightarrow{OC}=0$ 또는 $|\overrightarrow{CX}|=3$

점 X는 점 D를 지나고 직선 OC에 수직인 직선 위에 있거나, 중심이 C이고 반지름의 길이가 3인 원 위에 있다. (아래 그림)

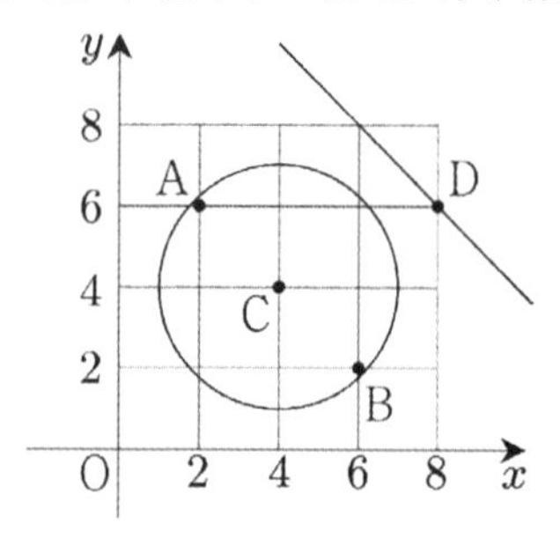

(나): $\overrightarrow{PX}//\overrightarrow{OC}$인 점 P가 선분 AB 위에 존재한다.

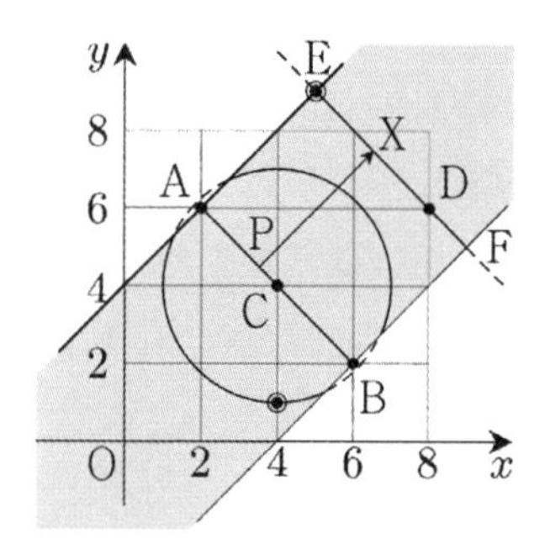

(단, E(5, 9), F(9, 5)이다.)

위의 그림처럼 점 X의 자취는 선분 EF와 검게 칠한 영역 안의 두 호이다. (단, 양 끝점은 포함)

Q(5, 9), R(4, 1)

이므로

$\therefore\ \overrightarrow{OQ}\cdot\overrightarrow{OR}=29$

답 ⑤

N036 | 답 ⑤

[풀이1]

좌표평면에서 부등식

$|\overrightarrow{OX}|\le 1$ …㉠

을 만족시키는 모든 점 X만의 집합이 나타내는 도형은

아래 그림처럼 중심이 원점이고,

반지름의 길이가 1인 원의 둘레 및 내부이다.

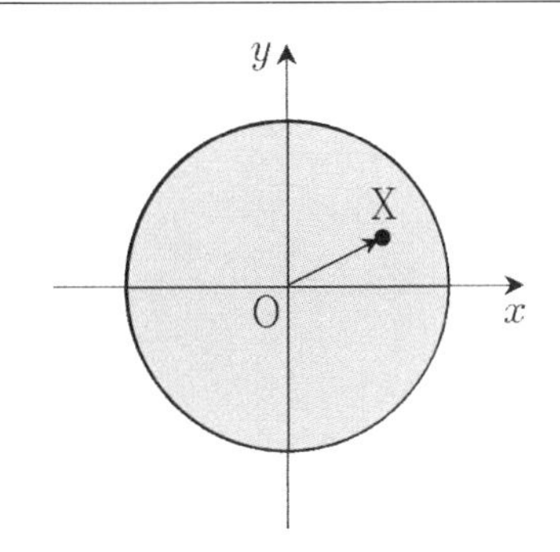

좌표평면에서 점 B는 중심이 원점이고,
반지름의 길이가 1인 원 위의 점이라고 하자.

- 점 X가 원점이 아닌 경우

두 벡터 $\overrightarrow{OX}$, $\overrightarrow{OB}$가 이루는 각의 크기를 θ라고 하자.
(단, $0 \le \theta \le \pi$)
벡터의 내적의 정의에 의하여
$\overrightarrow{OX} \cdot \overrightarrow{OB} = |\overrightarrow{OX}||\overrightarrow{OB}|\cos\theta \ge 0$ …㉡
$|\overrightarrow{OX}| > 0$, $|\overrightarrow{OB}| = 1 > 0$이므로
$\cos\theta \ge 0$에서 $0 \le \theta \le \frac{\pi}{2}$이다.

- 점 X가 원점인 경우에는 ㉡이 항상 성립한다.

좌표평면에서 두 부등식 ㉠, ㉡을 동시에 만족시키는
모든 점 X만의 집합이 나타내는 도형은
아래 그림처럼 중심이 원점이고,
반지름의 길이가 1인 반원의 둘레 및 내부이다.

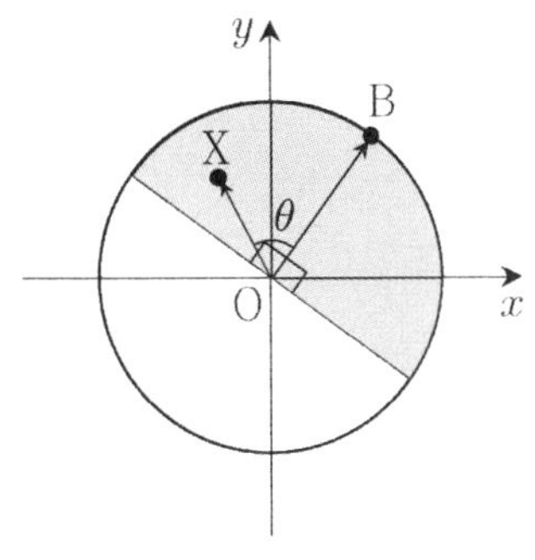

점 B 대신에 점 A_1 또는 점 A_2 또는 점 A_3이 와도
동일한 결과를 얻는다.
각각의 k의 값에 대하여
문제에서 주어진 두 부등식을 동시에 만족시키는
모든 점 X만의 집합이 나타내는 도형을 D_k라고 하자.
이때, $D = D_1 \cap D_2 \cap D_3$이다.

▸ ㄱ. (참)
문제에서 주어진 등식에 의하여
세 벡터 $\overrightarrow{OA_1}$, $\overrightarrow{OA_2}$, $\overrightarrow{OA_3}$의 종점은 같다.
즉, 세 점 A_1, A_2, A_3은 일치한다.
이때, 세 점이 일치하는 점을 $(1,\ 0)$으로 두어도 풀이의 일반성을 잃지 않는다.

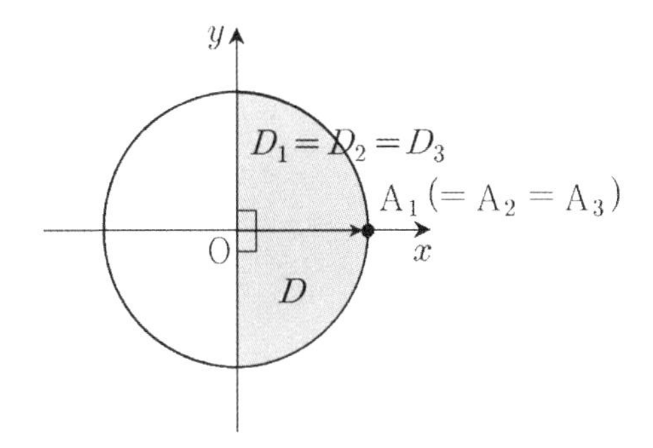

위의 그림처럼 도형 D는 두 점 $(0,\ 1)$, $(0,\ -1)$을 연결한 선분을 지름으로 하는 반원의 둘레 및 내부이다. 이때, 점 $(1,\ 0)$은 반원의 둘레 위에 있다.

따라서 도형 D의 넓이는 $\frac{\pi}{2}$이다.

▸ ㄴ. (참)
문제에서 주어진 두 등식에 의하여
두 벡터 $\overrightarrow{OA_1}$, $\overrightarrow{OA_2}$의 두 종점을 연결한
선분 A_1A_2의 중점은 원점 O이고,
두 벡터 $\overrightarrow{OA_1}$, $\overrightarrow{OA_3}$의 종점은 같다.
이때, 두 점 A_1, A_3이 일치하는 점을 $(1,\ 0)$, 점 A_2를 $(-1,\ 0)$으로 두어도 풀이의 일반성을 잃지 않는다.

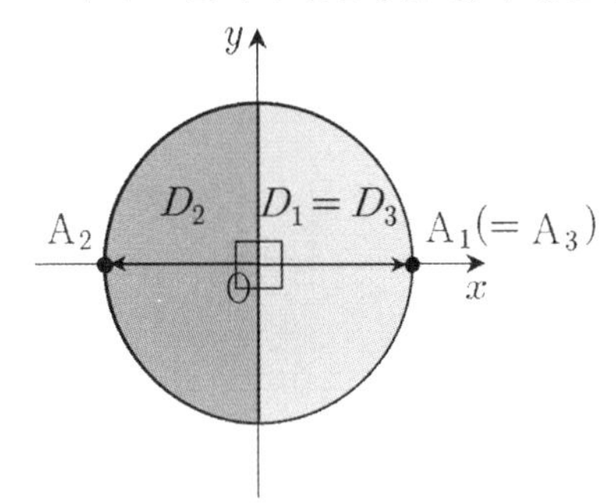

위의 그림처럼 도형 D는 두 반원이 만나서 생기는 y축 위의 선분이다. 이때, 선분의 양 끝점은 각각 $(0,\ 1)$, $(0,\ -1)$이다. 따라서 도형 D의 길이는 2이다.

▸ ㄷ. (참)
문제에서 주어진 등식에 의하여
두 벡터 $\overrightarrow{OA_1}$, $\overrightarrow{OA_2}$는 서로 수직이다.
이때, 두 점 A_1, A_2를 각각 $(1,\ 0)$, $(0,\ 1)$로 두어도 풀이의 일반성을 잃지 않는다.

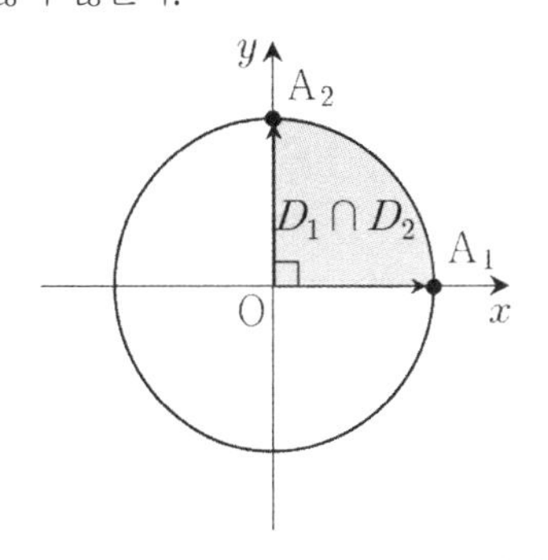

동경 OA_3이 나타내는 각의 크기를 α라고 하자.

(단, $0 \le \alpha < 2\pi$)

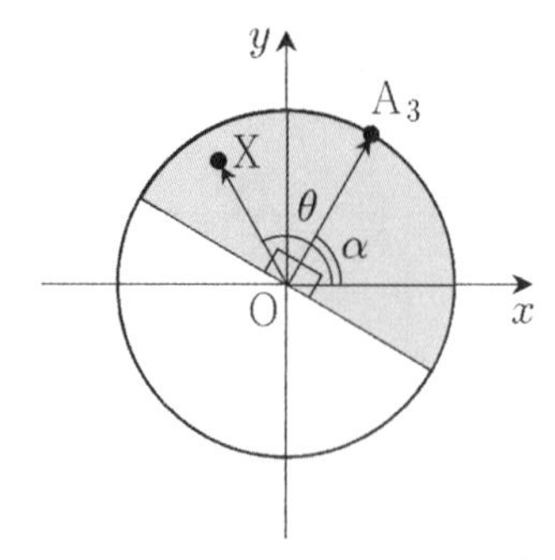

도형 D_3에 속하는 임의의 점 X에 대하여
동경 OX가 나타내는 각의 크기를 θ라고 하면
(단, $0 \le \theta < 2\pi$)

$\alpha - \frac{\pi}{2} \le \theta \le \alpha + \frac{\pi}{2}$

그런데 $D_1 \cap D_2 \subset D_3$이므로

$\alpha - \frac{\pi}{2} \le 0$, $\frac{\pi}{2} \le \alpha + \frac{\pi}{2}$

정리하면

$0 \le \alpha \le \frac{\pi}{2}$

즉, 아래 그림처럼 점 A_3은 중심각의 크기가 $\frac{\pi}{2}$인 부채꼴 OA_1A_2의 호 A_1A_2 위의 점이다.

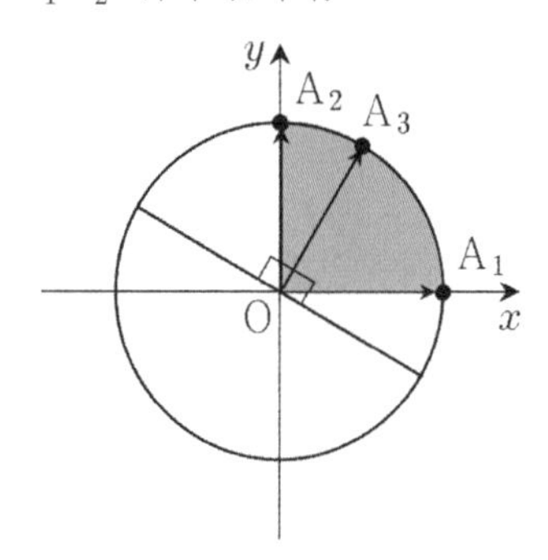

만약 점 A_3이 중심각의 크기가 $\frac{\pi}{2}$인 부채꼴 OA_1A_2의 호 A_1A_2 위의 점이 아니라면, 아래 그림과 같이 D의 넓이는 $\frac{\pi}{4}$보다 작다.

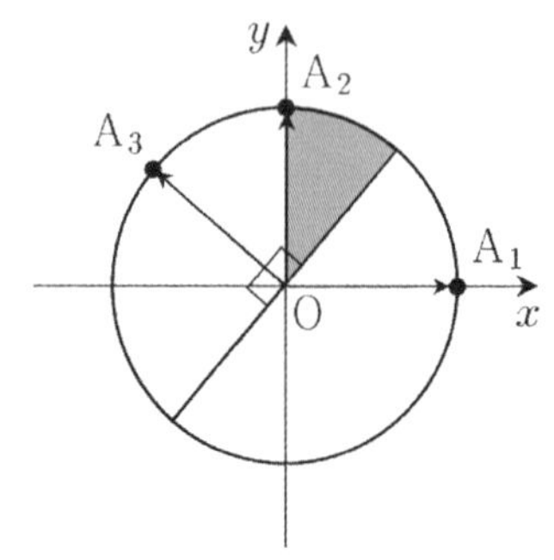

이상에서 옳은 것은 ㄱ, ㄴ, ㄷ이다.

답 ⑤

N037 | 답 17

[풀이]

$(|\overrightarrow{AX}|-2)(|\overrightarrow{BX}|-2)=0$

$\Leftrightarrow$ $|\overrightarrow{AX}|=2$ 또는 $|\overrightarrow{BX}|=2$

$\Leftrightarrow$ 점 X는 중심이 A이고 반지름의 길이가 2인 원 위의 점이거나, 중심이 B이고 반지름의 길이가 2인 원 위의 점이다.

$|\overrightarrow{OX}| \ge 2$

$\Leftrightarrow$ 점 X는 중심이 O이고 반지름의 길이가 2인 원의 둘레 또는 외부의 점이다.

따라서 점 X의 자취는 아래 그림과 같다. (4분원 6개의 합)

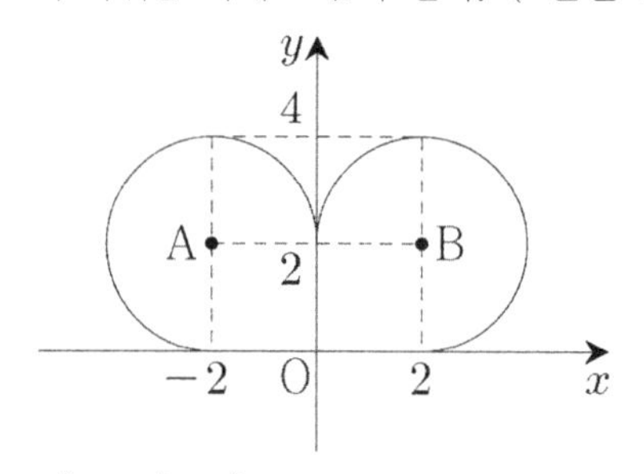

(가): $(\overrightarrow{OP} \cdot \vec{u})(\overrightarrow{OQ} \cdot \vec{u}) \ge 0$

$\Leftrightarrow$ $\overrightarrow{OP} \cdot \vec{u} > 0$, $\overrightarrow{OQ} \cdot \vec{u} > 0$

또는 $\overrightarrow{OP} \cdot \vec{u} < 0$, $\overrightarrow{OQ} \cdot \vec{u} < 0$

또는 두 점 P, Q 중 한 점이 $(0,\ 2)$ 위에 온다.

$\Leftrightarrow$ 두 점 P, Q의 x좌표의 부호가 같거나

두 점 P, Q 중 한 점이 $(0,\ 2)$ 위에 온다.

(나): 선분 PQ의 길이는 2이다.

이제 점 Y의 자취를 그려보자.

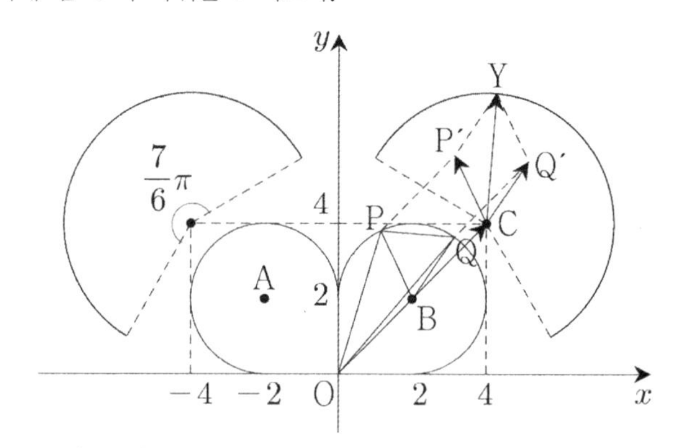

(단, C$(4,\ 4)$이다.)

우선 두 점 P, Q의 x좌표가 모두 양수인 경우를 생각하자.

$\overrightarrow{OY} = \overrightarrow{OP} + \overrightarrow{OQ} = 2\overrightarrow{OB} + \overrightarrow{BP} + \overrightarrow{BQ}$

$= \overrightarrow{OC} + \overrightarrow{CP'} + \overrightarrow{CQ'}$

(이때, $\overrightarrow{BP} = \overrightarrow{CP'}$, $\overrightarrow{BQ} = \overrightarrow{CQ'}$가 되도록 두 점 P′, Q′를 잡자.)

즉, $\overrightarrow{CY} = \overrightarrow{CP'} + \overrightarrow{CQ'}$이므로 점 Y는 중심이 C이고 반지름의 길이가 $2\sqrt{3}$인 부채꼴 위에 있다.

($\because$ 세 삼각형 PBQ, P′CQ′, Q′YP′는 모두 한 변의 길이가

2인 정삼각형이다.)

이 부채꼴의 중심각의 크기는 $\frac{7}{6}\pi$이다.

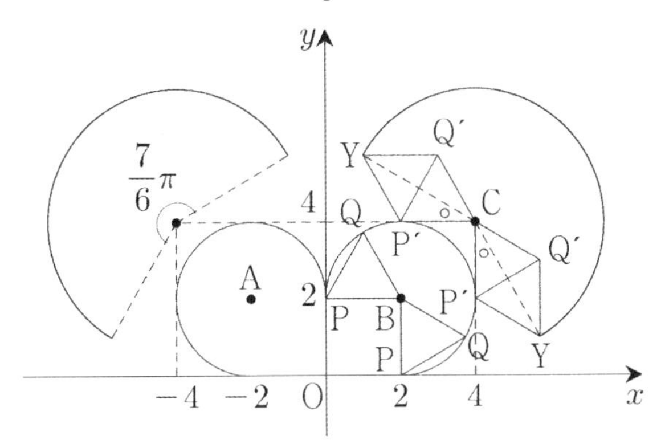

(단, ○ = 30°)

왜냐하면 P(0, 2)이고 점 Q의 x좌표가 양수일 때, $\overrightarrow{\mathrm{CY}}$가 x축의 음의 방향과 이루는 각의 크기는 30°이고, P(2, 0) (또는 Q(2, 0))일 때, $\overrightarrow{\mathrm{CY}}$가 x축의 y축의 음의 방향과 이루는 각의 크기는 30°이기 때문이다.

두 점 P, Q의 x좌표가 모두 음수인 경우도 마찬가지의 방법으로 생각할 수 있다. (제2사분면의 부채꼴)

따라서 점 Y의 집합이 나타내는 도형의 길이는

$2\times2\sqrt{3}\times\frac{7}{6}\pi=\frac{14\sqrt{3}}{3}\pi$

$\therefore\ p+q=17$

답 17

N038 | 답 7

[풀이1]

$\overline{\mathrm{AP}}=x$로 두자. (단, $0\le x\le\sqrt{3}$)

벡터의 내적의 정의에 의하여

$\overrightarrow{\mathrm{PA}}\cdot\overrightarrow{\mathrm{PB}}=-|\overrightarrow{\mathrm{PA}}||\overrightarrow{\mathrm{PH}}|$

이므로

$|\overrightarrow{\mathrm{PA}}\cdot\overrightarrow{\mathrm{PB}}|=|\overrightarrow{\mathrm{PA}}||\overrightarrow{\mathrm{PH}}|$

$=x(\sqrt{3}-x)$

$=-\left(x-\frac{\sqrt{3}}{2}\right)^2+\frac{3}{4}\le\frac{3}{4}$

(단, 등호는 $x=\frac{\sqrt{3}}{2}$일 때 성립한다.)

$\therefore\ p+q=7$

답 7

[참고]

산술기하절대부등식을 이용하여 최댓값을 구해도 좋다.

• 점 P가 점 A 혹은 점 H에 오는 경우

$|\overrightarrow{\mathrm{PA}}|=0$ 또는 $|\overrightarrow{\mathrm{PH}}|=0$이므로

$|\overrightarrow{\mathrm{PA}}\cdot\overrightarrow{\mathrm{PB}}|=|\overrightarrow{\mathrm{PA}}||\overrightarrow{\mathrm{PH}}|=0$

• 점 P가 점 A와 점 H에 오지 않는 경우

$|\overrightarrow{\mathrm{PA}}|>0$, $|\overrightarrow{\mathrm{PH}}|>0$

산술기하절대부등식에 의하여

$\sqrt{|\overrightarrow{\mathrm{PA}}\cdot\overrightarrow{\mathrm{PB}}|}=\sqrt{|\overrightarrow{\mathrm{PA}}||\overrightarrow{\mathrm{PH}}|}$

$\le\frac{|\overrightarrow{\mathrm{PA}}|+|\overrightarrow{\mathrm{PH}}|}{2}=\frac{\sqrt{3}}{2}$

(단, 등호는 $|\overrightarrow{\mathrm{PA}}|=|\overrightarrow{\mathrm{PH}}|=\frac{\sqrt{3}}{2}$일 때 성립한다.)

따라서 $|\overrightarrow{\mathrm{PA}}\cdot\overrightarrow{\mathrm{PB}}|$의 최댓값은 $\frac{3}{4}$이다.

$\therefore\ p+q=7$

[풀이2]

세 점 A, B, C의 좌표가 각각

A(0, $\sqrt{3}$), B(−1, 0), C(1, 0)

이 되도록 좌표평면을 도입하자.

점 P의 좌표를 P(0, y)로 두자.

(단, $0\le y\le\sqrt{3}$)

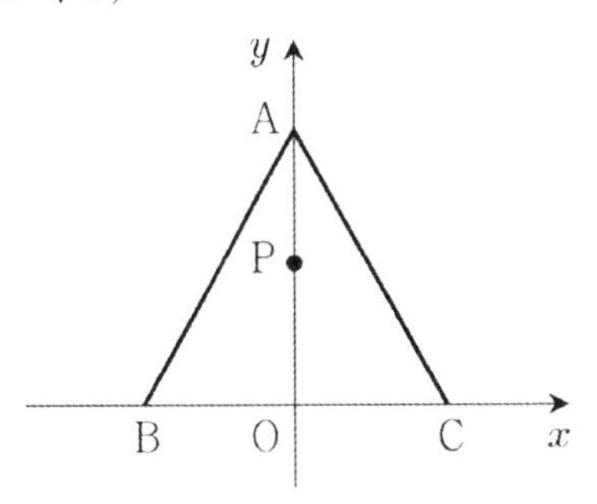

성분에 의한 벡터의 연산에 의하여

$\overrightarrow{\mathrm{PA}}=\overrightarrow{\mathrm{OA}}-\overrightarrow{\mathrm{OP}}=(0,\ \sqrt{3}-y)$

$\overrightarrow{\mathrm{PB}}=\overrightarrow{\mathrm{OB}}-\overrightarrow{\mathrm{OP}}=(-1,\ -y)$

성분에 의한 벡터의 내적에 의하여

$\overrightarrow{\mathrm{PA}}\cdot\overrightarrow{\mathrm{PB}}=y^2-\sqrt{3}y$

이므로

$|\overrightarrow{\mathrm{PA}}\cdot\overrightarrow{\mathrm{PB}}|$

$=-\left(y-\frac{\sqrt{3}}{2}\right)^2+\frac{3}{4}\le\frac{3}{4}$

(단, 등호는 $y=\frac{\sqrt{3}}{2}$일 때 성립한다.)

$\therefore\ p+q=7$

답 7

[풀이3]

$\overline{\mathrm{AP}}=x$로 두자. (단, $0\le x\le\sqrt{3}$)

벡터의 덧셈의 정의에 의하여

$\overrightarrow{PB}=\overrightarrow{PH}+\overrightarrow{HB}$

두 벡터 $\overrightarrow{PA}$, $\overrightarrow{HB}$가 서로 수직이므로

$\overrightarrow{PA}\cdot\overrightarrow{HB}=0$

벡터의 내적의 성질에 의하여

$\overrightarrow{PA}\cdot\overrightarrow{PB}=\overrightarrow{PA}\cdot(\overrightarrow{PH}+\overrightarrow{HB})$

$=\overrightarrow{PA}\cdot\overrightarrow{PH}+\overrightarrow{PA}\cdot\overrightarrow{HB}$

$=\overrightarrow{PA}\cdot\overrightarrow{PH}=-|\overrightarrow{PA}||\overrightarrow{PH}|$

이므로

$|\overrightarrow{PA}\cdot\overrightarrow{PB}|=|\overrightarrow{PA}||\overrightarrow{PH}|$

$=x(\sqrt{3}-x)$

$=-\left(x-\frac{\sqrt{3}}{2}\right)^2+\frac{3}{4}\le\frac{3}{4}$

(단, 등호는 $x=\frac{\sqrt{3}}{2}$일 때 성립한다.)

$\therefore\ p+q=7$

답 7

[풀이4]

선분 AB의 중점을 M이라고 하자.

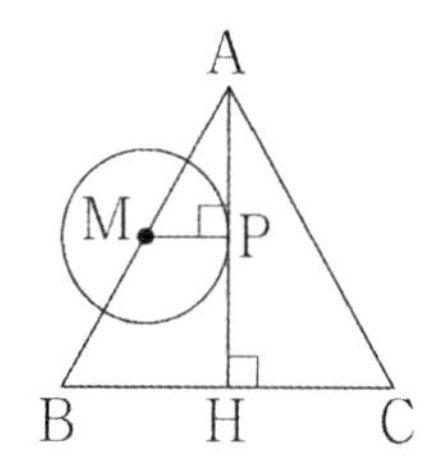

$|\overrightarrow{PA}-\overrightarrow{PB}|^2=|\overrightarrow{PA}|^2-2\overrightarrow{PA}\cdot\overrightarrow{PB}+|\overrightarrow{PB}|^2$

이므로

$|\overrightarrow{PA}\cdot\overrightarrow{PB}|=\left|\frac{\overline{PA}^2+\overline{PB}^2-\overline{AB}^2}{2}\right|$

$=\left|\frac{\overline{PA}^2+\overline{PB}^2}{2}-2\right|$

$=|\overline{PM}^2+1^2-2|$

($\because$ 삼각형의 중선정리)

$=|\overline{PM}^2-1|$

$\le 1-\left(\frac{1}{2}\right)^2=\frac{3}{4}$

(단, 등호는 점 P가 '점 M에서 선분 AH에 내린 수선의 발' 일 때 성립한다.)

$\therefore\ p+q=7$

답 7

N039 | 답 ③

[풀이1]

벡터의 뺄셈의 정의에 의하여

$\overrightarrow{PA}=\overrightarrow{OA}-\overrightarrow{OP}$, $\overrightarrow{PB}=\overrightarrow{OB}-\overrightarrow{OP}$

이를 문제에서 주어진 등식에 대입하여 정리하면

$|\overrightarrow{PA}+\overrightarrow{PB}|=|2\overrightarrow{OP}-(\overrightarrow{OA}+\overrightarrow{OB})|=\sqrt{10}$

양변을 2로 나누면

$$\left|\overrightarrow{OP}-\frac{1}{2}(\overrightarrow{OA}+\overrightarrow{OB})\right|=\frac{\sqrt{10}}{2}\quad\cdots㉠$$

선분 AB의 중점은 M이므로

벡터의 덧셈의 정의와 평행사변형의 성질에 의하여

$$\overrightarrow{OA}+\overrightarrow{OB}=2\overrightarrow{OM}\quad\cdots㉡$$

㉡을 ㉠에 대입하면

$|\overrightarrow{OP}-\overrightarrow{OM}|=\frac{\sqrt{10}}{2}$ 즉, $|\overrightarrow{MP}|=\frac{\sqrt{10}}{2}$

벡터의 크기의 정의에 의하여

좌표평면에서 점 P의 자취는 중심이 M이고 반지름의 길이가 $\frac{\sqrt{10}}{2}$인 원이다. 이 원을 C라고 하자.

점 M을 지나고 직선 OB와 평행한 직선이 원 C와 만나는 두 점 중에서 원점에서 거리가 먼 점을 Q라고 하자.

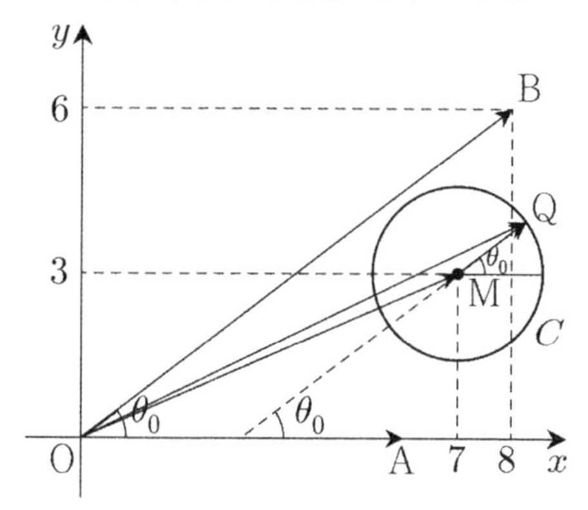

벡터의 덧셈의 정의에 의하여

$\overrightarrow{OP}=\overrightarrow{OM}+\overrightarrow{MP}$

벡터의 내적의 성질에 의하여

$\overrightarrow{OB}\cdot\overrightarrow{OP}=\overrightarrow{OB}\cdot(\overrightarrow{OM}+\overrightarrow{MP})$

$=\underbrace{\overrightarrow{OB}\cdot\overrightarrow{OM}}_{\text{일정하다(상수)}}+\underbrace{\overrightarrow{OB}\cdot\overrightarrow{MP}}_{\text{변한다(변수)}}$

$\le\overrightarrow{OB}\cdot\overrightarrow{OM}+\overrightarrow{OB}\cdot\overrightarrow{MQ}$

(단, 등호는 점 P가 점 Q 위에 있을 때 성립한다.)

직선 OB가 x축의 양의 방향과 이루는 예각의 크기를 θ_0라고 하면

삼각비의 정의에 의하여

$\cos\theta_0=\frac{8}{10}=\frac{4}{5}$

두 직선 OB, MQ가 서로 평행하므로

두 벡터 $\overrightarrow{OA}$, $\overrightarrow{MQ}$가 이루는 각의 크기는 θ_0이다.
벡터의 내적의 정의에 의하여
$\overrightarrow{OA}\cdot\overrightarrow{MQ}=|\overrightarrow{OA}||\overrightarrow{MQ}|\cos\theta_0$
$=6\times\frac{\sqrt{10}}{2}\times\frac{4}{5}=\frac{12\sqrt{10}}{5}$

 ③

[참고1]
두 벡터 $\overrightarrow{PA}$, $\overrightarrow{PB}$의 두 시점을 잇는 선분의 중점은 P이고,
두 벡터 $\overrightarrow{PA}$, $\overrightarrow{PB}$의 두 종점을 잇는 선분의 중점은 M이므로
$\frac{\overrightarrow{PA}+\overrightarrow{PB}}{2}=\overrightarrow{PM}$
임을 바로 알 수 있다.

[풀이2]
좌표평면에서 내분점의 공식에 의하여
M$(7,\ 3)$
점 P의 좌표를 $(x,\ y)$로 두자.
성분으로 주어진 벡터의 연산에 의하여
$\overrightarrow{PA}=\overrightarrow{OA}-\overrightarrow{OP}=(6-x,\ -y)$
$\overrightarrow{PB}=\overrightarrow{OB}-\overrightarrow{OP}=(8-x,\ 6-y)$
$\overrightarrow{PA}+\overrightarrow{PB}=(14-2x,\ 6-2y)$
성분으로 주어진 벡터의 크기에 대한 정의에 의하여
$|\overrightarrow{PA}+\overrightarrow{PB}|=\sqrt{(14-2x)^2+(6-2y)^2}=\sqrt{10}$
양변을 제곱하여 정리하면
$(x-7)^2+(y-3)^2=\left(\frac{\sqrt{10}}{2}\right)^2$
좌표평면에서 점 P의 자취는 중심이 M이고 반지름의 길이가 $\frac{\sqrt{10}}{2}$인 원이다. 이 원을 C라고 하자.
성분으로 주어진 벡터의 내적에 의하여
$\overrightarrow{OB}\cdot\overrightarrow{OP}$
$=(8,\ 6)\cdot(x,\ y)=8x+6y=k$
(단, k는 상수)
정리하면
$y=-\frac{4}{3}x+\frac{k}{6}$ (←직선 l)

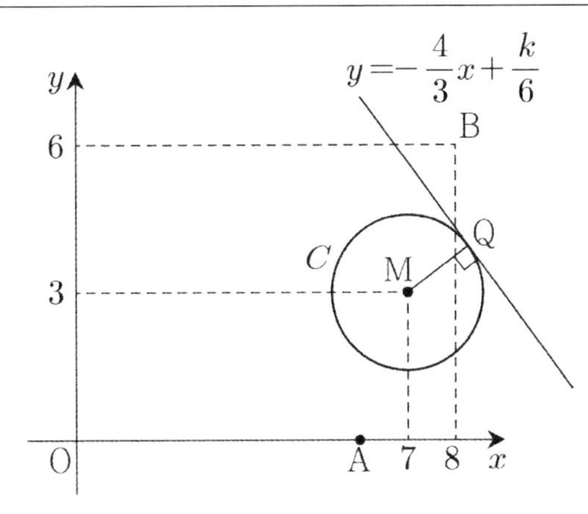

직선 l의 y절편 $\frac{k}{6}$가 최대일 때, k는 최댓값을 갖는다.
직선 l이 원 C에 접할 때, 두 개의 k 값을 각각 k_1, k_2라고 하자. (단, $k_1<k_2$)
(즉, k의 최솟값과 최댓값은 각각 k_1, k_2이다.)
$k=k_2$일 때, 직선 l은 원 C 위의 점 Q에서 접한다.
두 직선 l, MQ는 점 Q에서 서로 수직으로 만나므로 원 C와 직선 MQ의 방정식을 연립하면 점 Q의 좌표를 구할 수 있다.
이때, 점 Q의 x좌표는 7보다 크다.
$\overline{MQ}\perp l$이므로 직선 MQ의 기울기는 $\frac{3}{4}$이다.

직선 MQ: $y=\frac{3}{4}(x-7)+3$
원 C와 직선 MQ의 방정식을 연립하면
$(x-7)^2+\left(\frac{3}{4}x-\frac{21}{4}\right)^2=\frac{5}{2}$
정리하면
$\frac{25}{16}(x-7)^2=\frac{5}{2}$
풀면
$x=7+\frac{2\sqrt{10}}{5}\ (\because x>7)$
이를 직선 MQ의 방정식에 대입하면
$y=3+\frac{3\sqrt{10}}{10}$
점 Q의 좌표는
$\left(7+\frac{2\sqrt{10}}{5},\ 3+\frac{3\sqrt{10}}{10}\right)$
(※ 점 Q의 y좌표를 구하지 않아도 답을 구할 수 있다.)
성분으로 주어진 벡터의 연산에 의하여
$\overrightarrow{MQ}=\overrightarrow{OQ}-\overrightarrow{OM}=\left(\frac{2\sqrt{10}}{5},\ \frac{3\sqrt{10}}{10}\right)$
성분으로 주어진 벡터의 내적에 의하여
$\overrightarrow{OA}\cdot\overrightarrow{MQ}$
$=(6,\ 0)\cdot\left(\frac{2\sqrt{10}}{5},\ \frac{3\sqrt{10}}{10}\right)$

$= \frac{12\sqrt{10}}{5}$

답 ③

[참고2]
다음과 같은 방법으로 k의 값과 점 Q의 좌표를 구할 수도 있다. 하지만 계산이 복잡하므로 실전에서 가능한 방법은 아니다.
원 C와 직선 l의 방정식을 연립하여 이차방정식을 유도한다.
이차방정식의 판별식을 이용하여 k의 값을 구한다. 2개의 k의 값 중에서 큰 값을 k_0라고 하자.
$k=k_0$일 때, 원 C와 직선 l의 방정식을 연립하여 점 Q의 좌표를 구한다. 이때, 점 Q의 x좌표는 7보다 크다.

[참고3]
다음과 같은 방법으로 k의 값과 점 Q의 좌표를 구할 수도 있다. 하지만 계산이 복잡하므로 실전에서 가능한 방법은 아니다.
원의 중심 M과 직선 l 사이의 거리가 원 C의 반지름의 길이와 같음을 이용하여 k의 값을 구한다. 2개의 k의 값 중에서 큰 값을 k_0라고 하자.
$k=k_0$일 때, 원 C와 직선 l의 방정식을 연립하여 점 Q의 좌표를 구한다. 이때, 점 Q의 x좌표는 7보다 크다.

N040 | 답 24

[풀이]
곡선 C의 방정식의 양변을 제곱하여 정리하면
C: $x^2+y^2=(2\sqrt{2})^2$
(단, $2 \le x \le 2\sqrt{2}$, $y \ge 0$)
좌표평면에서 두 점 A$(2, 2)$, B$(2\sqrt{2}, 0)$에 대하여 곡선 C는 호 AB이다. 이때, 부채꼴 AOB의 중심각의 크기는 $\frac{\pi}{4}$이다.
좌표평면에서 두 점 $(2, 0)$, $(\sqrt{2}, -\sqrt{2})$를 각각 C, D라고 하자.

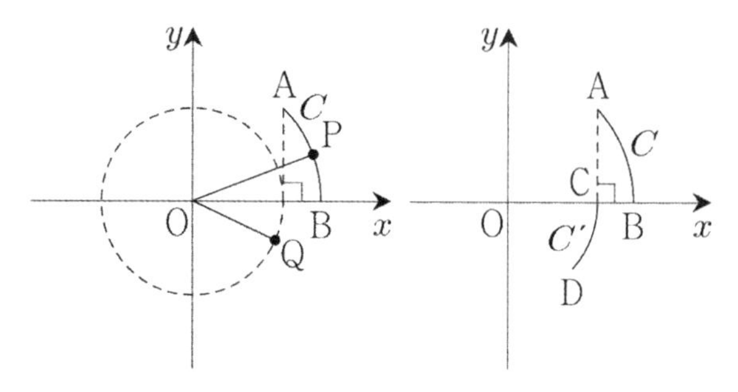

$\overline{OQ}=2$에서 점 Q는 중심이 원점이고 반지름의 길이가 2인 원 위에 있다.
점 P가 점 A에서 출발하여 호 AB를 따라 점 B까지 움직일 때, 점 Q는 점 C에서 출발하여 호 CD를 따라 점 D까지 움직인다. 이때, 점 Q의 자취인 호 CD를 C'라고 하자.
사각형 POQT가 평행사변형이 되도록 점 T를 잡자.

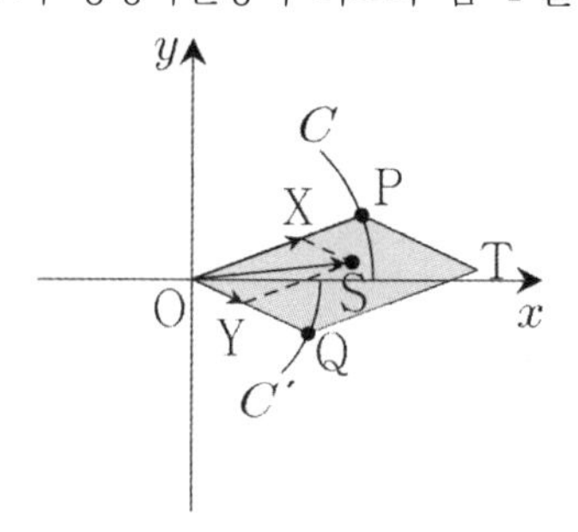

두 점 X, Y가 각각 두 선분 OP, OQ 위에 있으므로
$\overrightarrow{OX}=k\overrightarrow{OP}$, $\overrightarrow{OY}=l\overrightarrow{OQ}$
(단, $0 \le k \le 1$, $0 \le l \le 1$)
시점이 원점인 위치벡터 $\overrightarrow{OX}+\overrightarrow{OY}$의 종점을 S라고 하면 점 S의 자취는 평행사변형 POQT의 내부 또는 둘레이다.

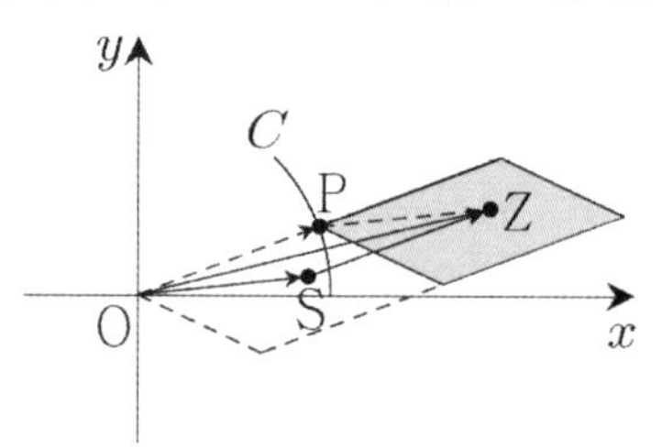

위의 그림에서
$\overrightarrow{OZ}=\overrightarrow{OP}+\overrightarrow{OX}+\overrightarrow{OY}$
$=\overrightarrow{OP}+\overrightarrow{OS}$
이므로 점 S를 벡터 $\overrightarrow{OP}$의 방향으로 $|\overrightarrow{OP}|$만큼 평행이동하면 점 Z와 일치한다. 즉, 점 Z의 자취는 평행사변형 POQT의 내부와 둘레를 벡터 $\overrightarrow{OP}$의 방향으로 $|\overrightarrow{OP}|$만큼 평행이동한 것이다. 이때, 점 Z의 자취는 평행사변형의 내부 또는 둘레이다.
점 P가 점 A를 출발하여 호 AB를 따라 점 B까지 움직일 때, 점 Z의 자취가 지나는 영역을 어둡게 색칠하면 아래 그림과 같다.

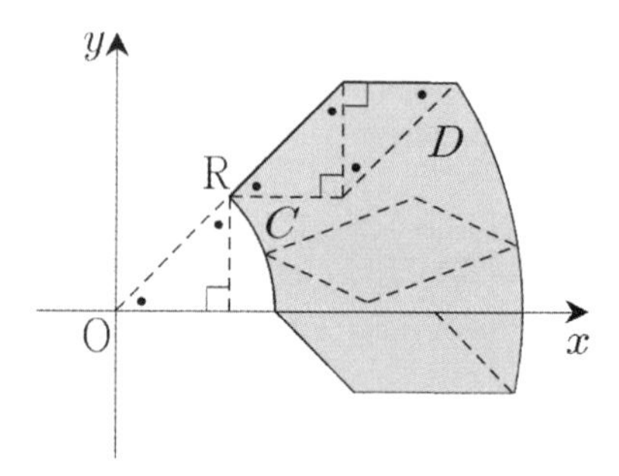

(단, ● $=45°$)
위의 그림에서 점 R의 좌표는 $(2, 2)$이다. 왜냐하면 점 R은 점 A이기 때문이다.
좌표평면에서 두 점 $(2\sqrt{2}, 0)$, $(6, 4)$를 각각 E, F라고 하자. 그리고 두 점 E, F에서 직선 OR에 내린 수선의 발을 각각 E', F'라고 하자.

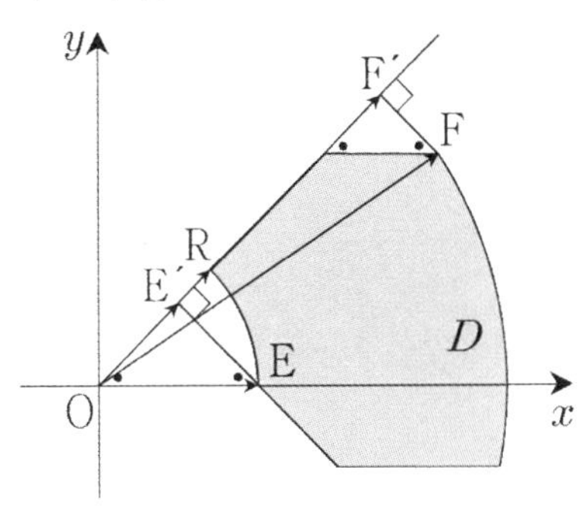

(단, ●$=45°$)

$\overrightarrow{OR}\cdot\overrightarrow{OE}\le\overrightarrow{OR}\cdot\overrightarrow{OZ}\le\overrightarrow{OR}\cdot\overrightarrow{OF}$

(단, 왼쪽 등호는 점 Z가 점 E 위에 올 때 성립하고, 오른쪽 등호는 점 Z가 점 F 위에 올 때 성립한다.)

$\overrightarrow{OR}\cdot\overrightarrow{OE'}\le\overrightarrow{OR}\cdot\overrightarrow{OZ}\le\overrightarrow{OR}\cdot\overrightarrow{OF'}$

$2\sqrt{2}\times2\le\overrightarrow{OR}\cdot\overrightarrow{OZ}\le2\sqrt{2}\times5\sqrt{2}$

$4\sqrt{2}\le\overrightarrow{OR}\cdot\overrightarrow{OZ}\le20$

두 벡터의 내적 $\overrightarrow{OR}\cdot\overrightarrow{OZ}$의 최솟값과 최댓값의 합은

$4\sqrt{2}+20$

이므로 $a=20$, $b=4$이다.

$\therefore\ a+b=24$

답 24

[참고1]

두 벡터의 내적 $\overrightarrow{OR}\cdot\overrightarrow{OZ}$의 최댓값과 최솟값을 다음과 같이 구해도 좋다.

최솟값: $\overrightarrow{OR}\cdot\overrightarrow{OE}$

$=(2,\ 2)\cdot(2\sqrt{2},\ 0)=4\sqrt{2}$

최댓값: $\overrightarrow{OR}\cdot\overrightarrow{OF}$

$=(2,\ 2)\cdot(6,\ 4)=20$

[참고2]

영역 D를 다음과 같이 찾아도 좋다.

점 X는 선분 OP 위에 있으므로

$\overrightarrow{OX}=k\overrightarrow{OP}$ (단, $0\le k\le1$)

시점이 원점인 위치벡터 $\overrightarrow{OP}+\overrightarrow{OX}$의 종점을 X'라고 하자.

$\overrightarrow{OX'}=\overrightarrow{OP}+\overrightarrow{OX}=(1+k)\overrightarrow{OP}$

점 X'의 자취는 아래 그림과 같다.

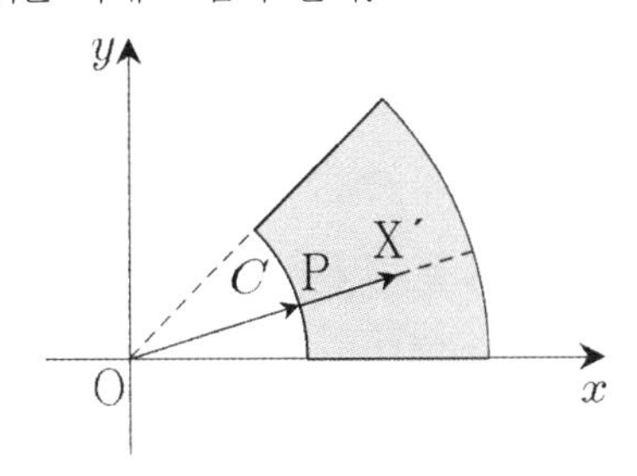

좌표평면에서 $\overrightarrow{OY}=\overrightarrow{X'Y'}$이 되도록 점 Y'을 잡자.

$\overrightarrow{OZ}=\overrightarrow{OP}+\overrightarrow{OX}+\overrightarrow{OY}$

$=\overrightarrow{OX'}+\overrightarrow{X'Y'}$

$=\overrightarrow{OY'}$

영역 D는 아래 그림과 같다.

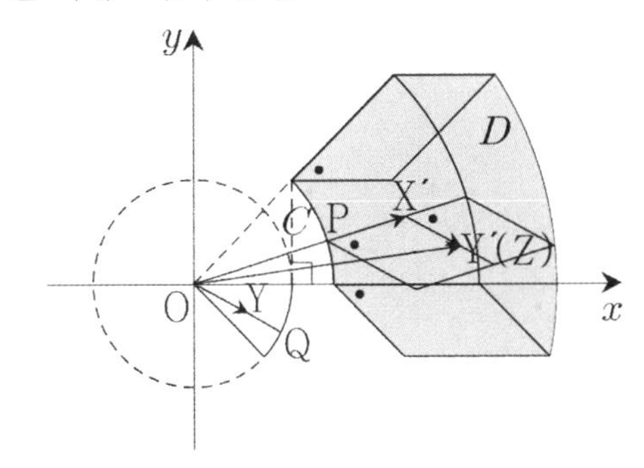

(단, ●$=45°$)

N041 | 답 48

[풀이]

(가): $\overrightarrow{PQ}\cdot\overrightarrow{AB}=0$ 또는 $\overrightarrow{PQ}\cdot\overrightarrow{AD}=0$

$\overrightarrow{PQ}\perp\overrightarrow{AB}$(⋯(경우1))

또는

$\overrightarrow{PQ}\perp\overrightarrow{AD}$(⋯(경우2))

두 점 P, Q의 좌표를 각각 $(p,\ q)$, $(r,\ s)$라고 하자.

(나): $2p\ge-2$, $2q\ge0$, 즉 $p\ge-1$, $q\ge0$

점 P는 아래 그림에서 굵은 선 위를 움직이다.

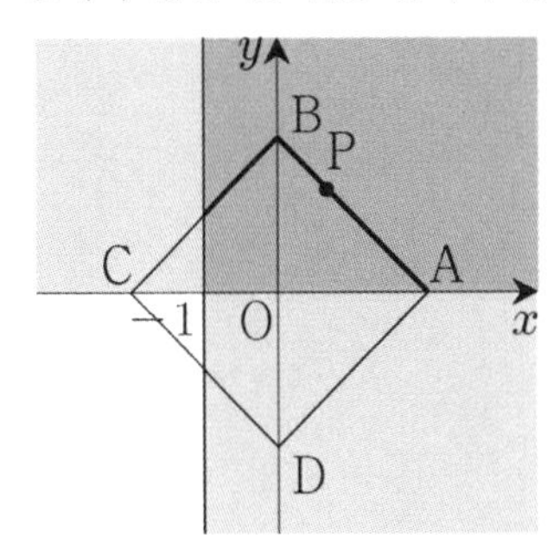

(다): $2r\ge-2$, $2s\le0$, 즉 $r\ge-1$, $s\le0$

점 Q는 아래 그림에서 굵은 선 위를 움직이다.

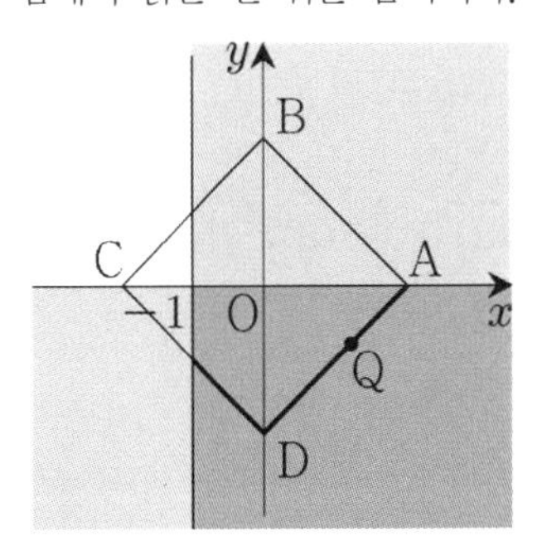

• (경우1)

직선 $y=x$가 정사각형 ABCD와 만나는 두 점을 각각 E, F

라고 하자.

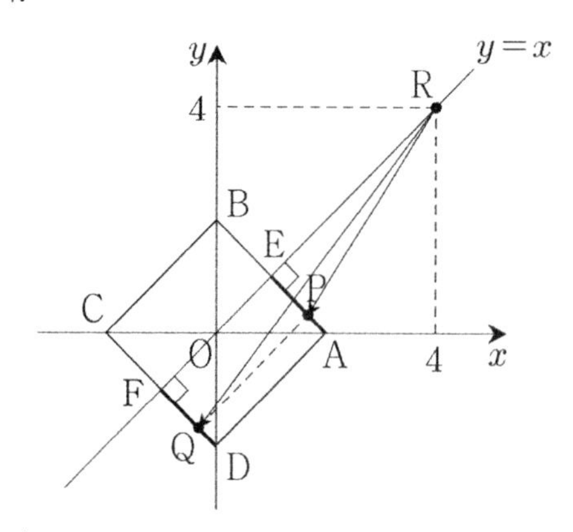

$\overrightarrow{RP} \cdot \overrightarrow{RQ}$

$= (\overrightarrow{RE} + \overrightarrow{EP}) \cdot (\overrightarrow{RF} + \overrightarrow{FQ})$

$= \overrightarrow{RE} \cdot \overrightarrow{RF} + \overrightarrow{EP} \cdot \overrightarrow{FQ}$

$(\because \overrightarrow{RE} \cdot \overrightarrow{FQ} = \overrightarrow{RF} \cdot \overrightarrow{EP} = 0)$

$= 30 + \overrightarrow{EP} \cdot \overrightarrow{FQ}$

그런데 $0 \le \overrightarrow{EP} \cdot \overrightarrow{FQ} \le 2$이므로

$30 \le \overrightarrow{RP} \cdot \overrightarrow{RQ} \le 32$

(단, 왼쪽 등호는 두 점 P, Q가 각각 두 점 E, F 위에 있을 때 성립하고 오른쪽 등호는 두 점 P, Q가 각각 두 점 A, D 위에 있을 때 성립한다.)

- (경우2)

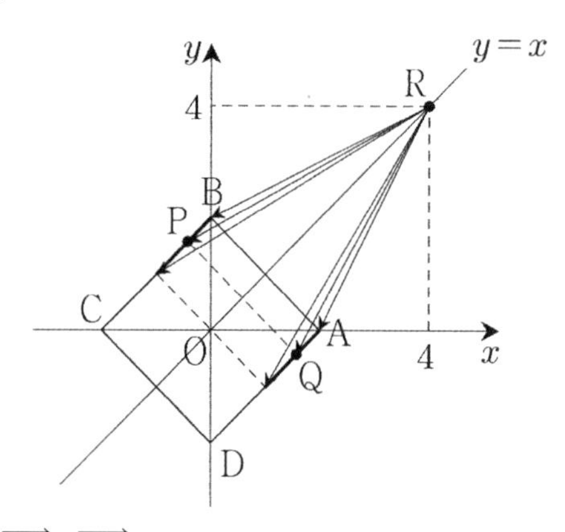

두 벡터 $\overrightarrow{RP}$, $\overrightarrow{RQ}$가 이루는 각의 크기를 θ라고 하자.

$\overrightarrow{RP} \cdot \overrightarrow{RQ} = |\overrightarrow{RP}||\overrightarrow{RQ}|\cos\theta$

두 점 P, Q가 각각 두 점 A, B 위에 있을 때

세 수 $|\overrightarrow{RP}|$, $|\overrightarrow{RQ}|$, $\cos\theta$의 값은 모두 최소이다.

두 점 P, Q가 각각 두 점 $(-1,\ 1)$, $(1,\ -1)$ 위에 있을 때

세 수 $|\overrightarrow{RP}|$, $|\overrightarrow{RQ}|$, $\cos\theta$의 값은 모두 최대이다.

그러므로

$16 \le \overrightarrow{RP} \cdot \overrightarrow{RQ} \le 30$

이상에서 $M = 32$, $m = 16$이므로

$\therefore\ M + m = 48$

답 48

N042 | 답 45

[풀이]

$|\overrightarrow{AP}| = 1 \Leftrightarrow$ 점 P는 중심이 A이고, 반지름의 길이가 1인 원 위에 있다.

$|\overrightarrow{BQ}| = 2 \Leftrightarrow$ 점 Q는 중심이 B이고, 반지름의 길이가 2인 원 위에 있다.

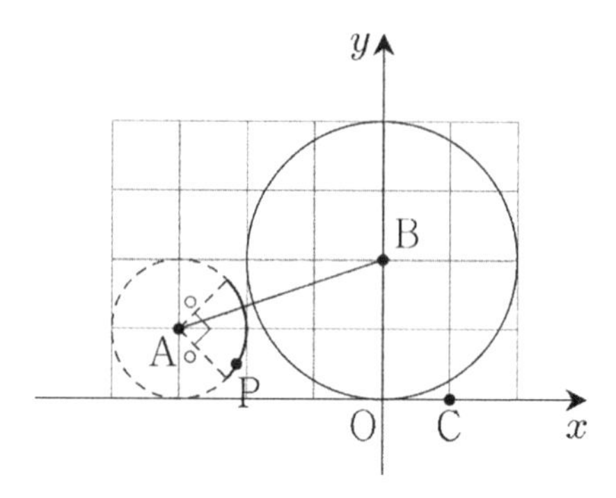

(단, ○ = 45°)

점 P의 좌표를 $(x,\ y)$로 두면

$\overrightarrow{AP} \cdot \overrightarrow{OC} = (x+3,\ y-1) \cdot (1,\ 0)$

$= x + 3 \ge \dfrac{\sqrt{2}}{2}$, 즉 $x \ge -3 + \dfrac{\sqrt{2}}{2}$

점 P의 자취는 위의 그림에서 굵은 실선(사분원)이다.

아래 그림처럼 점 A를 지나고 기울기가 -1인 직선이 작은 원과 만나는 두 점 중에서 x축에 가까운 점을 P_0, 점 B를 지나고 기울기가 -1인 직선이 큰 원과 만나는 두 점 중에서 x축과 먼 점을 Q_0이라고 하자.

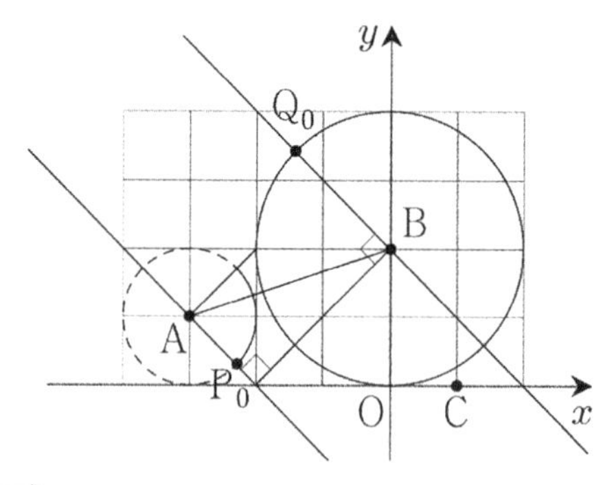

$\overrightarrow{AP} \cdot \overrightarrow{AQ}$

$= \overrightarrow{AP} \cdot (\overrightarrow{AB} + \overrightarrow{BQ})$

$= \overrightarrow{AP} \cdot \overrightarrow{AB} + \overrightarrow{AP} \cdot \overrightarrow{BQ}$

$\ge \overrightarrow{AP_0} \cdot \overrightarrow{AB} + \overrightarrow{AP_0} \cdot \overrightarrow{BQ_0}$

(단, 등호는 점 P가 점 P_0일 때 성립한다.)

($\because$ 두 벡터 $\overrightarrow{AP}$, $\overrightarrow{AB}$의 크기가 일정하므로

$\overrightarrow{AP} \cdot \overrightarrow{AB}$은 $\angle BAP$가 최대일 때 최소가 된다.

두 벡터 $\overrightarrow{AP}$, $\overrightarrow{BQ}$의 크기가 일정하므로

$\overrightarrow{AP} \cdot \overrightarrow{BQ}$은 두 벡터가 서로 정반대 방향일 때 최소가 된다.)

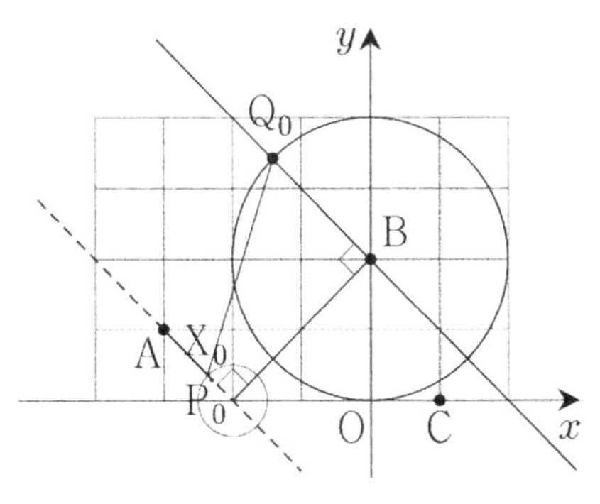

(위의 그림에서 점 P_0은 작게 그려진 원 내부에 있다. 이를 주의하자.

그리고 작게 그려진 원의 방정식은 $(x+2)^2+y^2=\frac{1}{4}$이다.)

점 $(-2,\ 0)$을 D라고 하자.

$\overrightarrow{BX}\cdot\overrightarrow{BQ_0}$

$=(\overrightarrow{BD}+\overrightarrow{DX})\cdot\overrightarrow{BQ_0}$

$=\overrightarrow{BD}\cdot\overrightarrow{BQ_0}+\overrightarrow{DX}\cdot\overrightarrow{BQ_0}$

$=0+\overrightarrow{DX}\cdot\overrightarrow{BQ_0}\geq 1$에서 $|\overrightarrow{DX}|\geq\frac{1}{2}$

선분 AD와 원 $(x+2)^2+y^2=\frac{1}{4}$의 교점을 X_0라고 하자.

$X_0\left(-2-\frac{\sqrt{2}}{4},\ \frac{\sqrt{2}}{4}\right)$, $Q_0(-\sqrt{2},\ 2+\sqrt{2})$

이므로

$|\overrightarrow{Q_0X}|^2\leq|\overrightarrow{Q_0X_0}|^2$

$=\left(2-\frac{3}{4}\sqrt{2}\right)^2+\left(2+\frac{3}{4}\sqrt{2}\right)^2=\frac{41}{4}$

(단, 등호는 점 X가 점 X_0일 때 성립한다.)

$\therefore\ p+q=45$

답 45

N043 | 답 ②

[풀이]

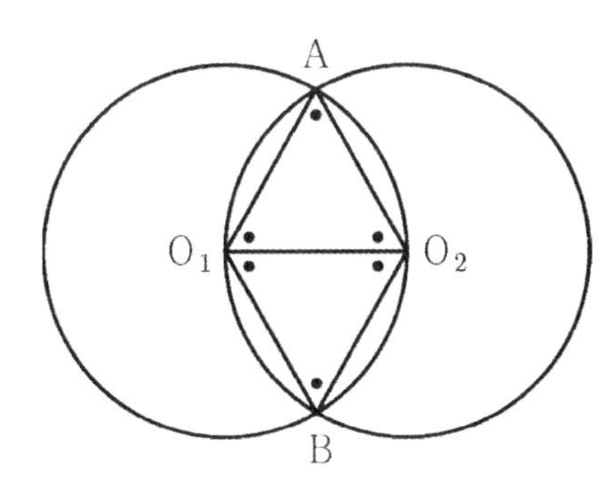

원의 정의에 의하여

$\overline{AO_1}=\overline{O_1O_2}=\overline{O_2A}=1$

이므로 AO_1O_2는 정삼각형이다.

마찬가지의 방법으로 BO_2O_1은 정삼각형이다.

$\angle AO_1B=\angle AO_2B=120^\circ$

시점이 O_1이고 벡터 $\overrightarrow{O_2Q}$와 같은 벡터의 종점을 Q'이라고 하자. 그리고 두 벡터 $\overrightarrow{O_1P}$, $\overrightarrow{O_1Q'}$가 이루는 각의 크기를 θ라고 하자. (단, $\frac{\pi}{3}\leq\theta\leq\pi$이다.)

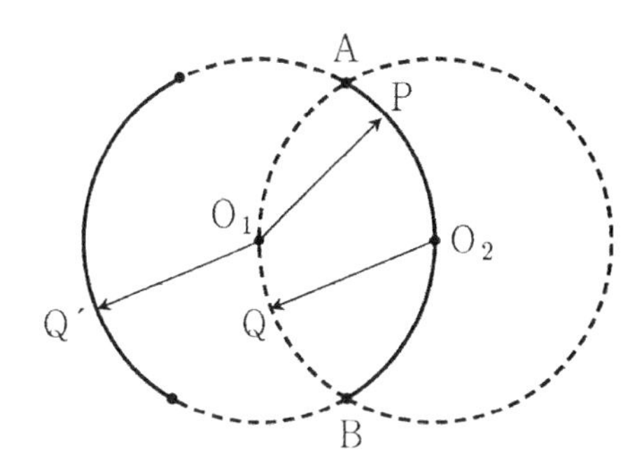

벡터의 내적의 정의에 의하여

$\overrightarrow{O_1P}\cdot\overrightarrow{O_2Q}=\overrightarrow{O_1P}\cdot\overrightarrow{O_1Q'}=|\overrightarrow{O_1P}||\overrightarrow{O_1Q'}|\cos\theta$

$=\cos\theta$ $\cdots(*)$

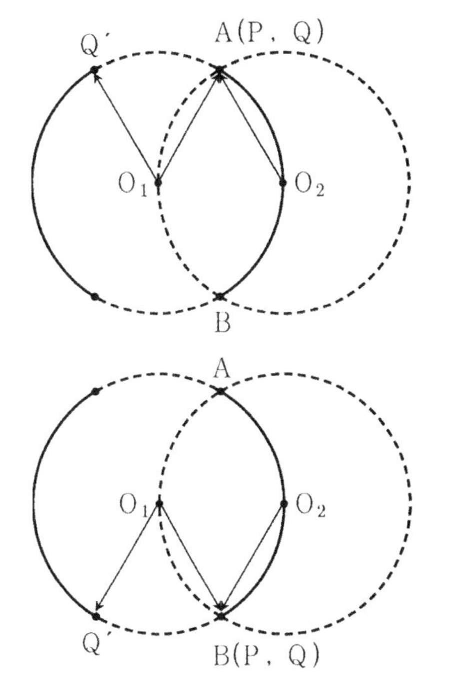

(*)은 두 점 P와 Q가 각각 점 A이거나 각각 점 B일 때 최댓값을 갖는다.

$M=\frac{1}{2}$(단, $\theta=\frac{\pi}{3}$)

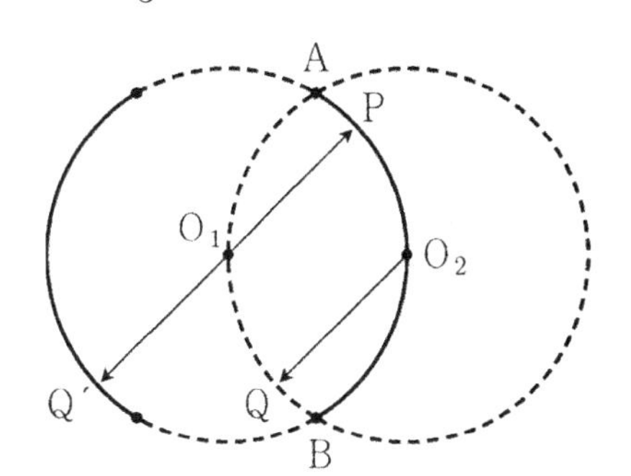

(*)은 두 벡터 $\overrightarrow{O_1P}$와 $\overrightarrow{O_2Q}$가 서로 평행할 때 최솟값을 갖는다.

$m=-1$(단, $\theta=\pi$)

$\therefore\ M+m=-\frac{1}{2}$

답 ②

N044 | 답 17

[풀이1] ★

원 O의 반지름의 길이를 1로 두어도 풀이의 일반성을 잃지 않는다.

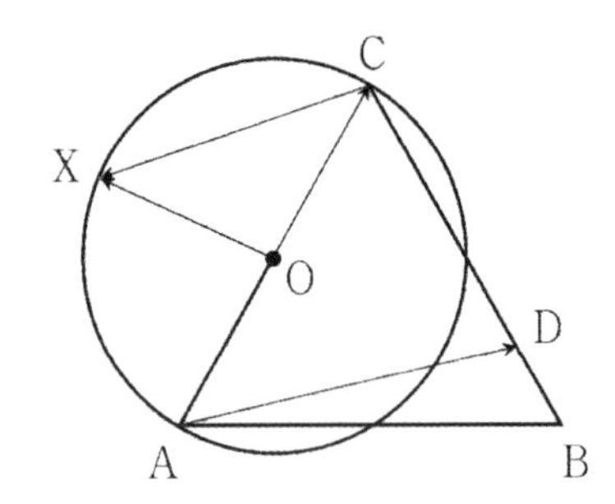

벡터의 뺄셈의 정의에 의하여

$\overrightarrow{CX}=\overrightarrow{OX}-\overrightarrow{OC}$

벡터의 내적의 성질에 의하여

$\overrightarrow{AD}\cdot\overrightarrow{CX}$

$=\overrightarrow{AD}\cdot(\overrightarrow{OX}-\overrightarrow{OC})$

$=\overrightarrow{AD}\cdot\overrightarrow{OX}-\overrightarrow{AD}\cdot\overrightarrow{OC}$

점 X의 위치에 관계없이 $\overrightarrow{AD}\cdot\overrightarrow{OC}$의 값은 일정하므로 $\overrightarrow{AD}\cdot\overrightarrow{OX}$가 최소일 때, $\overrightarrow{AD}\cdot\overrightarrow{CX}$는 최소이다.

두 벡터 $\overrightarrow{AD}$, $\overrightarrow{OX}$가 이루는 각의 크기를 θ라고 하자.

(단, $0\le\theta\le\pi$)

벡터의 내적의 정의에 의하여

$\overrightarrow{AD}\cdot\overrightarrow{OX}=|\overrightarrow{AD}||\overrightarrow{OX}|\cos\theta$

$=|\overrightarrow{AD}|\cos\theta$

($\because$ 원의 정의에 의하여 $|\overrightarrow{OX}|=1$)

$\cos\theta=-1(\theta=\pi)$일 때, $\overrightarrow{AD}\cdot\overrightarrow{OX}$는 최소이다.

시점이 O이고 벡터 $\overrightarrow{DA}$와 방향이 정반대인 단위벡터의 종점을 P라고 하자.

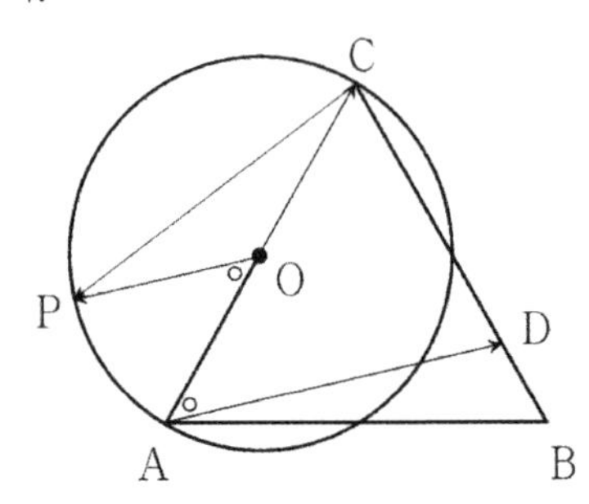

평행선의 성질에 의하여

$\angle AOP=\angle CAD=\frac{\pi}{3}-\angle DAB=\frac{4}{15}\pi$

원주각의 성질에 의하여

$\angle ACP=\frac{1}{2}\angle AOP=\frac{2}{15}\pi$

$p=15,\ q=2$

$\therefore\ p+q=17$

답 17

[풀이2] ★

시점이 A이고 벡터 $\overrightarrow{CX}$와 같은 벡터의 종점을 X′, 점 X′에서 반직선 DA에 내린 수선의 발을 H라고 하자.

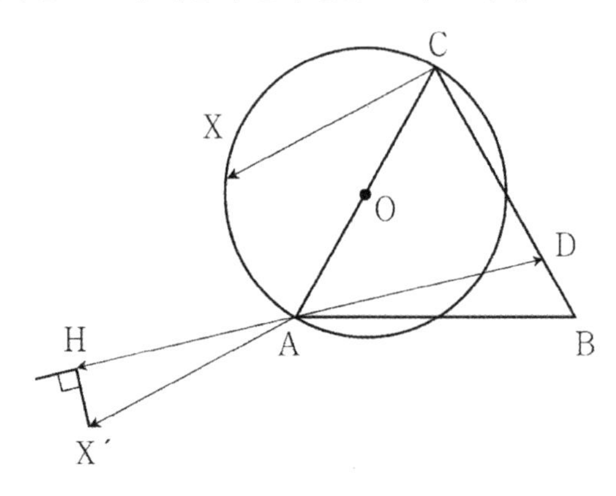

벡터의 내적의 정의에 의하여

$\overrightarrow{AD}\cdot\overrightarrow{CX}=\overrightarrow{AD}\cdot\overrightarrow{AX'}$

$=\overrightarrow{AD}\cdot\overrightarrow{AH}=-|\overrightarrow{AD}||\overrightarrow{AH}|$

선분 $\overline{AD}$의 길이가 일정하므로 선분 $\overline{AH}$의 길이가 최대일 때, 두 벡터의 내적 $\overrightarrow{AD}\cdot\overrightarrow{CX}$는 최솟값을 갖는다.

원 O와 합동이면서 점 A에서 원 O에 외접하는 원을 원 O′이라고 하자.

원 O′ 위의 점 Q에서 그은 접선이 직선 AD에 수직하고 원 O와 만나지 않는다고 하자. 이때, 점 Q에서 반직선 DA에 내린 수선의 발을 R이라고 하자.

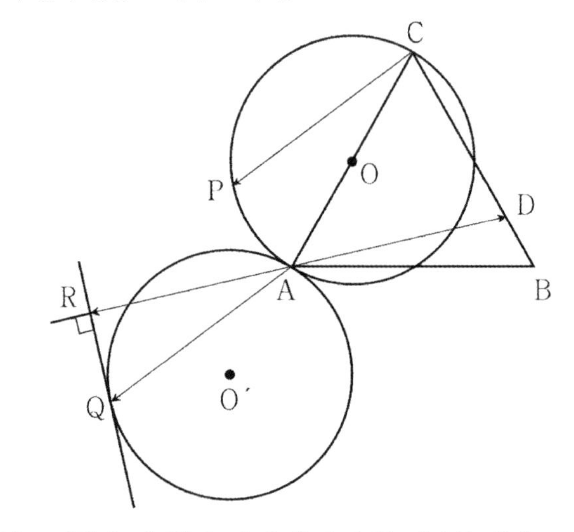

위의 그림처럼 점 X′가 점 Q에 오면 두 벡터의 내적

$\overrightarrow{AD} \cdot \overrightarrow{AX'}(=\overrightarrow{AD} \cdot \overrightarrow{CX})$

는 최솟값을 갖는다. 이때, 점 H는 점 R에 오며, 점 X는 점 P에 온다.

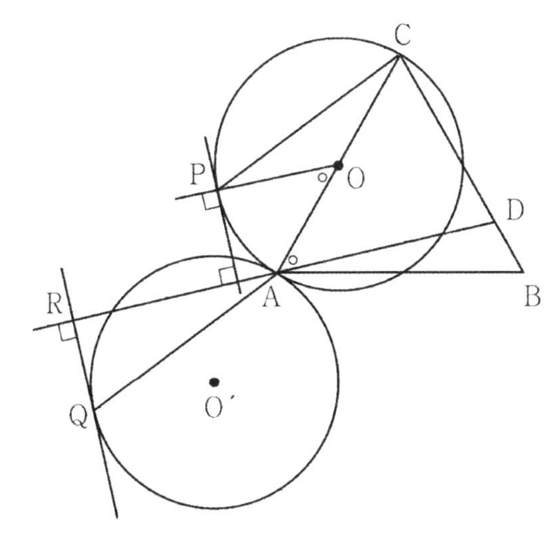

원 O 위의 점 P에서의 접선은 직선 AD에 수직이므로 두 직선 PO, AD는 서로 평행하다.

평행선의 성질에 의하여

$\angle AOP = \angle CAD = \dfrac{\pi}{3} - \angle DAB = \dfrac{4}{15}\pi$

원주각의 성질에 의하여

$\angle ACP = \dfrac{1}{2}\angle AOP = \dfrac{2}{15}\pi$

$p = 15,\ q = 2$

$\therefore\ p + q = 17$

답 17

N045 | 답 19

[풀이1]

$\overrightarrow{O_2Q} = \overrightarrow{O_1Q'}$가 되도록 반원 O_1 위에 점 Q′를 잡고, 선분 PQ′의 중점을 M이라고 하자.

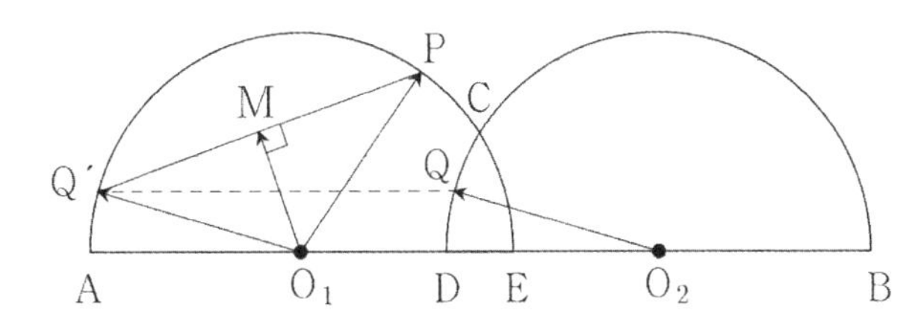

$\dfrac{1}{2}(\overrightarrow{O_1P} + \overrightarrow{O_2Q}) = \dfrac{1}{2}(\overrightarrow{O_1P} + \overrightarrow{O_1Q'}) = \overrightarrow{O_1M}$

직각삼각형 O_1PM에서 피타고라스의 정리에 의하여

$\overline{O_1M}^2 = 1^2 - \overline{MP}^2$

이므로 선분 MP의 길이가 최대가 되면 선분 O_1M의 길이는 최소가 된다.

즉, 선분 PQ′의 길이가 최대일 때($\angle Q'O_1P$의 크기가 최대일 때), 선분 O_1M의 길이는 최소이다.

아래 그림처럼 점 Q′가 점 A에 오고, 점 P가 점 C에 오면 선분 O_1M의 길이가 최소가 된다. 이때, 사각형 AO_1CR_0가 평행사변형이 되도록 점 R_0을 잡고, 점 C에서 선분 AB에 내린 수선의 발을 H라고 하자. 그리고 $\angle CO_1E = \theta_0$으로 두자.

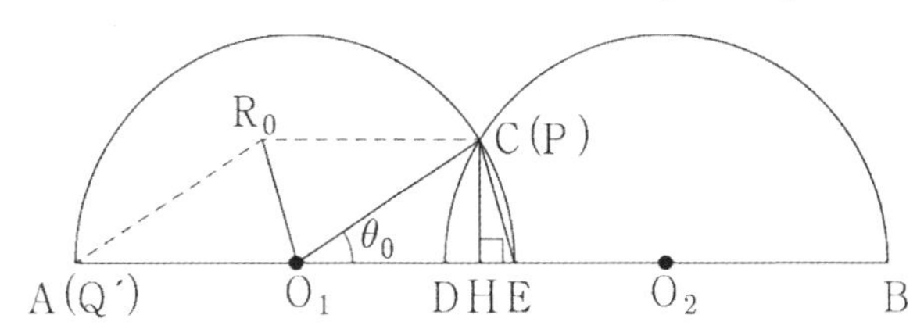

$\overline{O_1E} = \overline{R_0C} = 1$이므로 사각형 O_1ECR_0은 평행사변형이다.

이때, $\overline{CE} = \dfrac{1}{2}$

삼각형 CO_1E에서 코사인법칙에 의하여

$$\cos\theta_0 = \frac{1^2 + 1^2 - \left(\frac{1}{2}\right)^2}{2\times1\times1} = \frac{7}{8}$$

이므로 $\overline{O_1H} = \dfrac{7}{8}$

$\therefore\ \overline{AB} = 2\left(1 + \dfrac{7}{8}\right) = \dfrac{15}{4}$

$\therefore\ p + q = 19$

답 19

[풀이2]

시점이 O_1이고 벡터 $\overrightarrow{O_2Q}$와 같은 벡터의 종점을 Q′라고 하면

$\overrightarrow{O_1Q'} = \overrightarrow{O_2Q}$

점 C를 지나고 직선 AB에 평행한 직선이 호 AE와 만나는 두 점 중에서 점 C가 아닌 점을 C′라고 하면 점 Q′는 호 AC′ 위에 있다.

두 벡터 $\overrightarrow{O_1P}$, $\overrightarrow{O_1Q'}$가 이루는 각의 크기를 θ라고 하자.

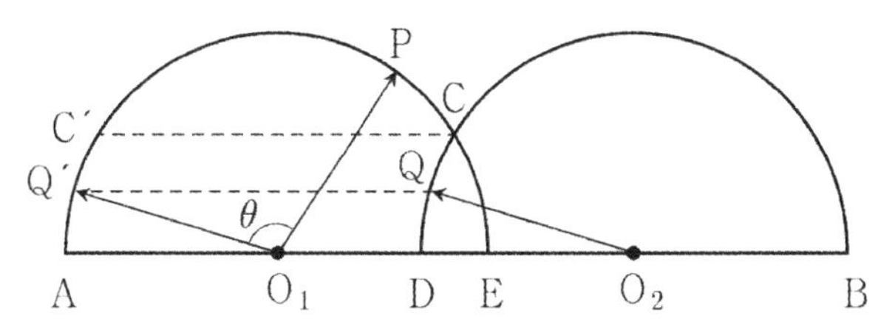

벡터의 내적의 성질에 의하여

$\left|\overrightarrow{O_1P} + \overrightarrow{O_2Q}\right|^2 = \left|\overrightarrow{O_1P} + \overrightarrow{O_1Q'}\right|^2$

$= \left|\overrightarrow{O_1P}\right|^2 + 2\overrightarrow{O_1P} \cdot \overrightarrow{O_1Q'} + \left|\overrightarrow{O_1Q'}\right|^2$

$= 1 + 2\left|\overrightarrow{O_1P}\right|\left|\overrightarrow{O_1Q'}\right|\cos\theta + 1$

$= 2 + 2\cos\theta \geq \dfrac{1}{4}$

(단, 등호는 $\theta = \angle AO_1C$일 때 성립한다.)

두 점 P, Q′가 각각 C, A일 때 θ의 값을 θ_0, 시점이 O_1인 벡터 $\overrightarrow{O_1A}+\overrightarrow{O_1C}$의 종점을 R_0라고 하자.

그리고 점 O_1에서 선분 CE에 내린 수선의 발을 H, 점 C에서 선분 AB에 내린 수선의 발을 I라고 하자.

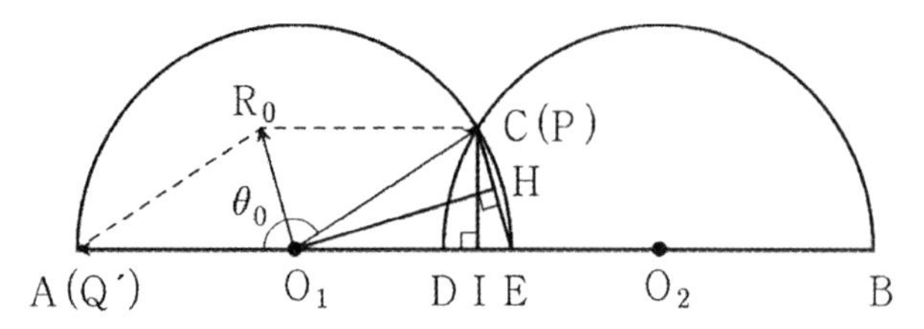

평행사변형의 성질에 의하여

$\overline{AR_0}=\overline{O_1C}$ …㉠

원의 정의에 의하여

$\overline{AO_1}=\overline{O_1E}$ …㉡

평행사변형의 성질에 의하여

$\overline{AR_0}//\overline{O_1C}$

평행선의 성질에 의하여

$\angle R_0AO_1=\angle CO_1E$(동위각) …㉢

㉠, ㉡, ㉢에 의하여

두 삼각형 R_0AO_1, CO_1E는 서로 SAS합동이므로

$\overline{CE}=\overline{R_0O_1}=\dfrac{1}{2}$

현의 수직이등분선의 성질에 의하여

$\overline{CH}=\overline{HE}=\dfrac{1}{4}$

직각삼각형 O_1HC에서 피타고라스의 정리에 의하여

$\overline{O_1H}=\sqrt{\overline{O_1C}^2-\overline{CH}^2}=\dfrac{\sqrt{15}}{4}$

삼각형의 넓이를 구하는 공식에 의하여

($\triangle CO_1E$의 넓이)$=\dfrac{1}{2}\overline{CE}\,\overline{O_1H}=\dfrac{1}{2}\overline{O_1E}\,\overline{CI}$

선분의 길이를 대입하면

$\dfrac{1}{2}\times\dfrac{1}{2}\times\dfrac{\sqrt{15}}{4}=\dfrac{1}{2}\times1\times\overline{CI}$ 즉, $\overline{CI}=\dfrac{\sqrt{15}}{8}$

직각삼각형 CIE에서 피타고라스의 정리에 의하여

$\overline{IE}=\sqrt{\overline{CE}^2-\overline{CI}^2}=\dfrac{1}{8}$

이므로

$\overline{O_1I}=\overline{O_1E}-\overline{IE}=\dfrac{7}{8}$

두 직각삼각형 CO_1I, CO_2I는 서로 RHS합동이므로

$\overline{IO_2}=\overline{IO_1}=\dfrac{7}{8}$

선분 $\overline{AB}$의 길이는

$\overline{AB}=\overline{AO_1}+\overline{O_1I}+\overline{IO_2}+\overline{O_2B}$

$=1+\dfrac{7}{8}+\dfrac{7}{8}+1=\dfrac{15}{4}$

이므로

$p=4$, $q=15$

$\therefore\ p+q=19$

답 19

[참고]

피타고라스의 정리를 이용하여 선분 IE의 길이를 구할 수도 있다.

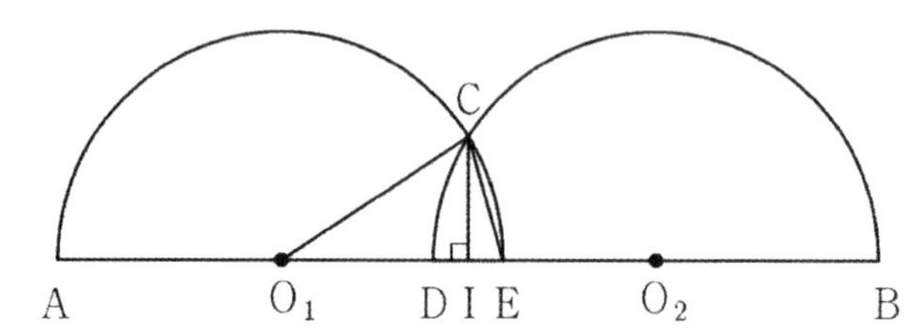

$\overline{IE}=x$로 두자. (단, $0<x<\dfrac{1}{2}$)

직각삼각형 CO_1I에서 피타고라스의 정리에 의하여

$\overline{CI}^2=\overline{CO_1}^2-\overline{O_1I}^2=1^2-(1-x)^2$

직각삼각형 CEI에서 피타고라스의 정리에 의하여

$\overline{CI}^2=\overline{CE}^2-\overline{EI}^2=\left(\dfrac{1}{2}\right)^2-x^2$

위의 두 등식에서 아래의 등식을 유도할 수 있다.

$1^2-(1-x)^2=\left(\dfrac{1}{2}\right)^2-x^2$

풀면

$x=\dfrac{1}{8}$ 즉, $\overline{IE}=\dfrac{1}{8}$

N046 | 답 31

[풀이1]

점 C에서 직선 AB에 내린 수선의 발을 H_1이라고 하자.

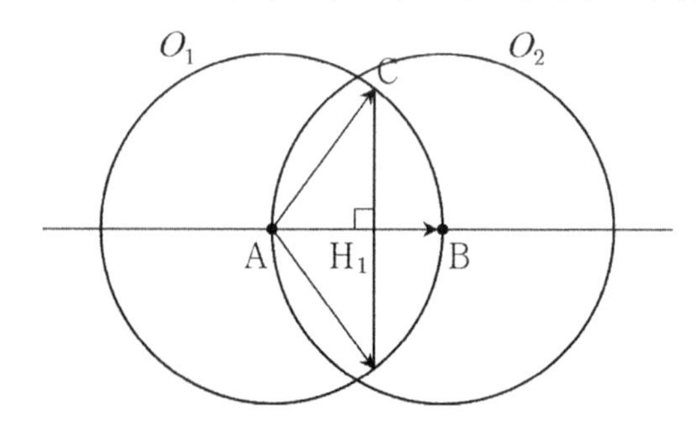

조건 (가)에서 삼각비의 정의에 의하여

$\cos(\angle CAB)=\dfrac{\overline{AH_1}}{\overline{CA}}=\dfrac{3}{5}$ …㉠

원의 정의에서 $\overline{AC}=5$이므로

$\overline{AH_1}=3$

직각삼각형 CAH_1에서 피타고라스의 정리에 의하여

$\overline{CH_1}=4$ … ㉡

㉠, ㉡을 모두 만족시키는 원 O_1 위의 점 C는 2개다. 이 중에서 한 점을 위의 그림처럼 C라고 하자. (다른 한 점을 C라고 해도 동일한 결과를 얻는다.)

직선 AC가 원 O_1과 만나는 두 점 중에서 점 C가 아닌 점을 C′, 점 C′에서 직선 AB에 내린 수선의 발을 H_1'라고 하자. 그리고 직선 AB가 원 O_2와 만나는 두 점 중에서 점 A가 아닌 점을 E라고 하자.

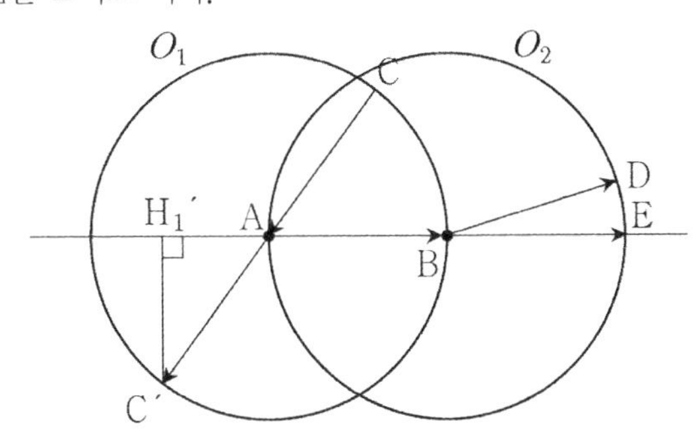

조건 (나)에서 주어진 등식을 변형하자.

벡터의 덧셈의 정의에 의하여

$\overrightarrow{CD}=\overrightarrow{CA}+\overrightarrow{AB}+\overrightarrow{BD}$

벡터의 내적의 성질에 의하여

$\overrightarrow{AB}\cdot\overrightarrow{CD}=\overrightarrow{AB}\cdot(\overrightarrow{CA}+\overrightarrow{AB}+\overrightarrow{BD})$

$=\overrightarrow{AB}\cdot\overrightarrow{CA}+\overrightarrow{AB}\cdot\overrightarrow{AB}+\overrightarrow{AB}\cdot\overrightarrow{BD}$

$=5\times5\times\cos(\pi-\angle CAB)$

$+5\times5+\overrightarrow{AB}\cdot\overrightarrow{BD}$

$=5\times5\times\left(-\dfrac{3}{5}\right)+5\times5+\overrightarrow{AB}\cdot\overrightarrow{BD}$

$=30$

(※ 두 벡터의 내적 $\overrightarrow{AB}\cdot\overrightarrow{CA}$을 다음과 같이 계산해도 좋다.

$\overrightarrow{AB}\cdot\overrightarrow{CA}=\overrightarrow{AB}\cdot\overrightarrow{AC'}$

$=\overrightarrow{AB}\cdot\overrightarrow{AH_1'}=-5\times3=-15$)

정리하면

$\overrightarrow{AB}\cdot\overrightarrow{BD}=20$

벡터의 내적의 정의에 의하여

$\overrightarrow{AB}\cdot\overrightarrow{BD}=\overrightarrow{BE}\cdot\overrightarrow{BD}$

$=5\times5\times\cos(\angle DBE)=20$

정리하면

$\cos(\angle DBE)=\dfrac{4}{5}$

이를 만족시키는 원 O_2 위의 점 D는 2개다. 이 두 점을 각각 D_1, D_2라 하고, 점 D_1에서 직선 AB에 내린 수선의 발을 H_2라 하자. 이때, 점 D_2에서 직선 AB에 내린 수선의 발은 H_2이다.

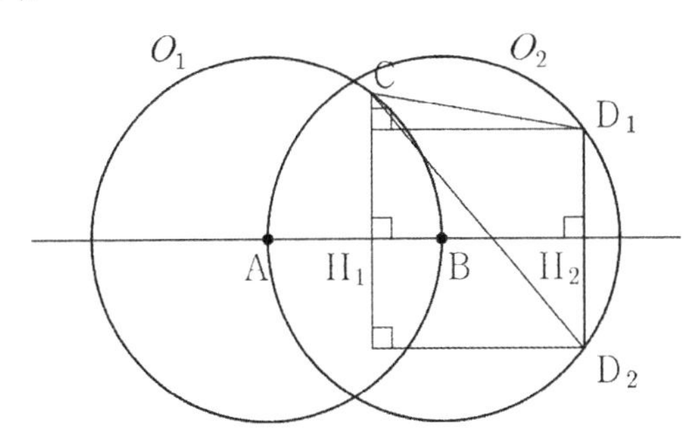

피타고라스의 정리에 의하여

$\overline{CD_1}=\sqrt{(4+2)^2+(4-3)^2}=\sqrt{37}<9$

$\overline{CD_2}=\sqrt{(4+2)^2+(4+3)^2}=\sqrt{85}>9$

이므로 조건 (나)를 만족시키는 점 D는 점 D_1뿐이다.

이제 점 D_1을 점 D라고 하자.

두 선분 AB, CD의 중점을 각각 M, N이라고 하자.

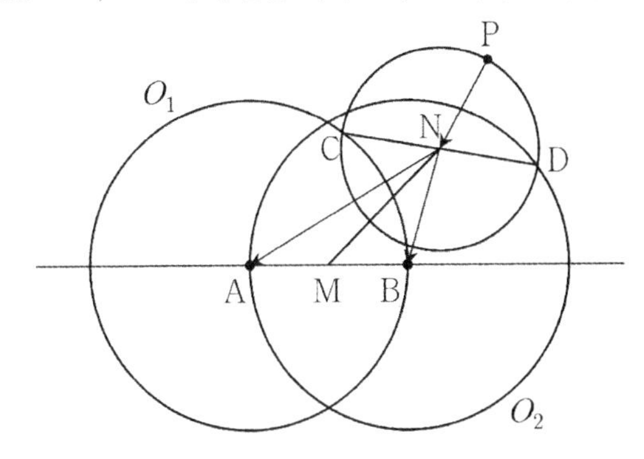

벡터의 덧셈의 정의에 의하여

$\overrightarrow{PA}=\overrightarrow{PN}+\overrightarrow{NA}$, $\overrightarrow{PB}=\overrightarrow{PN}+\overrightarrow{NB}$

벡터의 내적의 성질에 의하여

$\overrightarrow{PA}\cdot\overrightarrow{PB}=(\overrightarrow{PN}+\overrightarrow{NA})\cdot(\overrightarrow{PN}+\overrightarrow{NB})$

$=|\overrightarrow{PN}|^2+2\overrightarrow{PN}\cdot\dfrac{\overrightarrow{NA}+\overrightarrow{NB}}{2}+\overrightarrow{NA}\cdot\overrightarrow{NB}$

$=\underbrace{|\overrightarrow{PN}|^2+\overrightarrow{NA}\cdot\overrightarrow{NB}}_{\text{변하지 않는 값}}+\underbrace{2\overrightarrow{PN}\cdot\overrightarrow{NM}}_{\text{변하는 값}}$

(∵ 벡터의 내분점에 대한 공식에 의하여

$\dfrac{\overrightarrow{NA}+\overrightarrow{NB}}{2}=\overrightarrow{NM}$)

$\le|\overrightarrow{PN}|^2+\overrightarrow{NA}\cdot\overrightarrow{NB}+2\overrightarrow{PN}\cdot\overrightarrow{NM}$

(단, 등호는 세 점 M, N, P가 이 순서대로 일직선 위에 있을 때 성립한다.)

다시 말하면 아래 그림과 같이 세 점 M, N, P가 이 순서대로 일직선 위에 있을 때, 두 벡터의 내적 $\overrightarrow{PA}\cdot\overrightarrow{PB}$은 최댓값을 갖는다.

점 N에서 직선 AB에 내린 수선의 발을 I라고 하자.

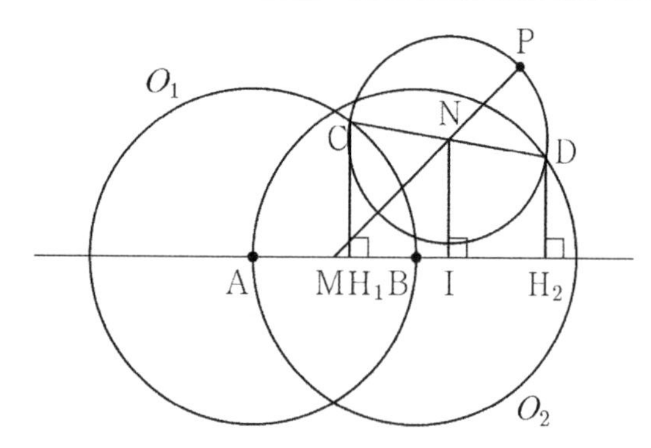

점 I는 선분 H_1H_2의 중점이므로

$\overline{H_1I}=\dfrac{\overline{H_1B}+\overline{BH_2}}{2}=\dfrac{2+4}{2}=3$

세 선분 $\overline{BI}$, $\overline{MI}$, $\overline{NI}$의 길이는 각각

$\overline{BI}=\overline{H_1I}-\overline{H_1B}=3-2=1$

$\overline{MI}=\overline{MB}+\overline{BI}=\dfrac{5}{2}+1=\dfrac{7}{2}$

$\overline{NI}=\dfrac{\overline{CH_1}+\overline{DH_2}}{2}=\dfrac{4+3}{2}=\dfrac{7}{2}$

직각삼각형 NMI에서 피타고라스의 정리에 의하여

$\overline{NM}=\dfrac{7}{2}\sqrt{2}$

벡터의 내적의 성질에 의하여

$\overrightarrow{NA}\cdot\overrightarrow{NB}=(\overrightarrow{NI}+\overrightarrow{IA})\cdot(\overrightarrow{NI}+\overrightarrow{IB})$

$=|\overrightarrow{NI}|^2+\overrightarrow{NI}\cdot\overrightarrow{IB}+\overrightarrow{IA}\cdot\overrightarrow{NI}+\overrightarrow{IA}\cdot\overrightarrow{IB}$

$=|\overrightarrow{NI}|^2+\overrightarrow{IA}\cdot\overrightarrow{IB}$

$(\because \overline{AI}\perp\overline{IN},\ \overline{BI}\perp\overline{IN})$

$=\left(\dfrac{7}{2}\right)^2+6\times1=\dfrac{73}{4}$

$2\overline{PN}\cdot\overline{NM}=2\times\dfrac{\sqrt{37}}{2}\times\dfrac{7}{2}\sqrt{2}=\dfrac{7}{2}\sqrt{74}$

$(\because\ \overline{CD}=\sqrt{37}$에서 $|\overrightarrow{PN}|=\dfrac{\sqrt{37}}{2})$

$\therefore\ \overrightarrow{PA}\cdot\overrightarrow{PB}\le\dfrac{37}{4}+\dfrac{73}{4}+\dfrac{7}{2}\sqrt{74}$

$=\dfrac{55}{2}+\dfrac{7}{2}\sqrt{74}$

(단, 등호는 세 점 M, N, P가 이 순서대로 일직선 위에 있을 때 성립한다.)

$a=\dfrac{55}{2}$, $b=\dfrac{7}{2}$이므로

$\therefore\ a+b=31$

답 31

[참고]

두 점 C, D의 상대적인 위치를 결정한 후에, 다음과 같이 두 벡터의 내적의 최댓값을 구해도 좋다.

두 선분 AB, CD의 중점을 각각 M, O라고 하자.

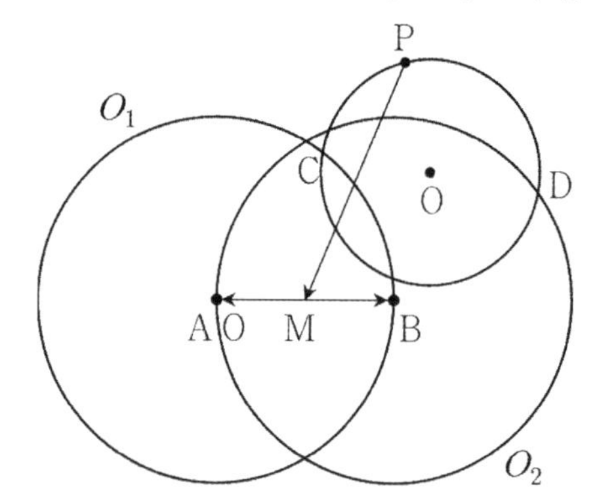

벡터의 덧셈의 정의에 의하여

$\overrightarrow{PA}=\overrightarrow{PM}+\overrightarrow{MA}$, $\overrightarrow{PB}=\overrightarrow{PM}+\overrightarrow{MB}$

벡터의 내적의 성질에 의하여

$\overrightarrow{PA}\cdot\overrightarrow{PB}=(\overrightarrow{PM}+\overrightarrow{MA})\cdot(\overrightarrow{PM}+\overrightarrow{MB})$

$=|\overrightarrow{PM}|^2+\overrightarrow{PM}\cdot(\overrightarrow{MA}+\overrightarrow{MB})+\overrightarrow{MA}\cdot\overrightarrow{MB}$

$=|\overrightarrow{PM}|^2-\dfrac{25}{4}(\because \overrightarrow{MA}=-\overrightarrow{MB})$

두 점 P, M 사이의 거리가 최대일 때, 두 벡터의 내적 $\overrightarrow{PA}\cdot\overrightarrow{PB}$은 최댓값을 갖는다.

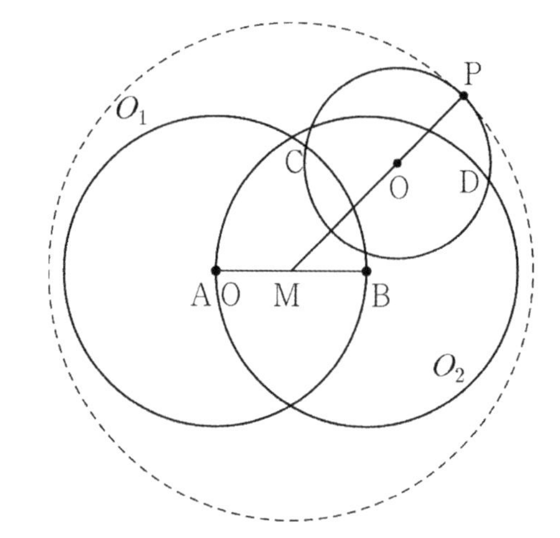

직선 MO가 원 O와 만나는 두 점 중에서 점 M에서 거리가 먼 점을 P라고 하자.

$\overline{MP}=\overline{MO}+\overline{OP}=\dfrac{7\sqrt{2}}{2}+\dfrac{\sqrt{37}}{2}$

(두 선분 MO, OP의 길이를 구하는 것은 위의 풀이를 참고하면 된다. 또는 네 점 A, B, C, D의 좌표가 각각 A(0, 0), B(5, 0), C(3, 4), D(9, 3)이 되도록 좌표평면을 도입하면 두 점 M, O의 좌표는 각각 $M\left(\dfrac{5}{2},\ 0\right)$, $O\left(6,\ \dfrac{7}{2}\right)$이므로 두 점 사이의 거리 공식에 의하여 $\overline{MO}=\dfrac{7\sqrt{2}}{2}$이다.)

$\therefore\ \overrightarrow{PA}\cdot\overrightarrow{PB}\le\dfrac{55}{2}+\dfrac{7}{2}\sqrt{74}$

(단, 등호는 세 점 M, O, P가 이 순서대로 일직선 위에 있을

때 성립한다.)

[풀이2] **시험장**

두 점 C, D에서 직선 AB에 내린 수선의 발을 각각 H, I라고 하자.

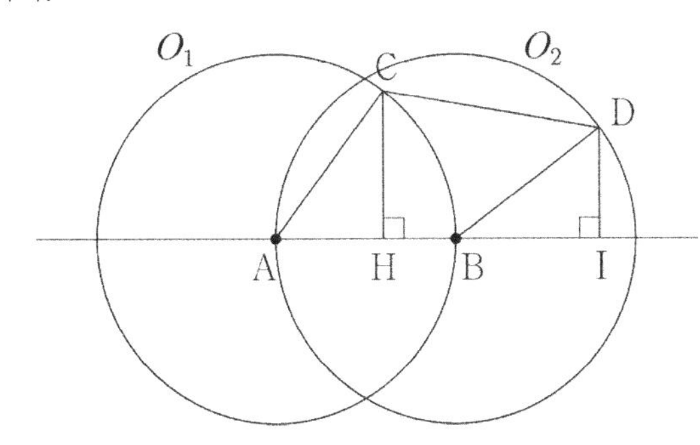

조건 (가)에서

$\overline{AH}=3$, $\overline{HB}=2$

조건 (나)에서

$\overrightarrow{AB}\cdot\overrightarrow{CD}=\overrightarrow{AB}\cdot\overrightarrow{HI}=5\times\overline{HI}=30$, $\overline{HI}=6$,

즉, $\overline{BI}=4$

선분 AB의 중점을 M, 선분 CD의 중점을 O라고 하자.

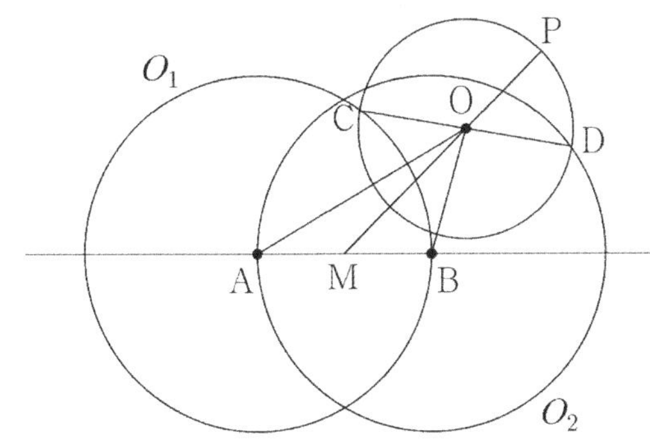

$|\overrightarrow{PA}-\overrightarrow{PB}|^2=|\overrightarrow{PA}|^2-2\overrightarrow{PA}\cdot\overrightarrow{PB}+|\overrightarrow{PB}|^2$

이므로

$\overrightarrow{PA}\cdot\overrightarrow{PB}$

$=\dfrac{\overline{PA}^2+\overline{PB}^2-\overline{AB}^2}{2}$

$=\overline{PM}^2+\overline{MA}^2-\dfrac{\overline{AB}^2}{2}$

($\because$ 삼각형의 중선정리)

$=\overline{PM}^2-\dfrac{25}{4}$

$\le(\overline{MO}+\overline{OP})^2-\dfrac{25}{4}$

$=\left(\sqrt{\left(3+\dfrac{1}{2}\right)^2+\left(\dfrac{7}{2}\right)^2}+\dfrac{\sqrt{37}}{2}\right)^2-\dfrac{25}{4}$

$=\dfrac{55}{2}+\dfrac{7}{2}\sqrt{74}$

(단, 등호는 세 점 P, O, M이 일직선 위에 있을 때 성립한다.)

$\therefore\ a+b=\dfrac{62}{2}=31$

답 31

N047 | 답 7

[풀이1] ★

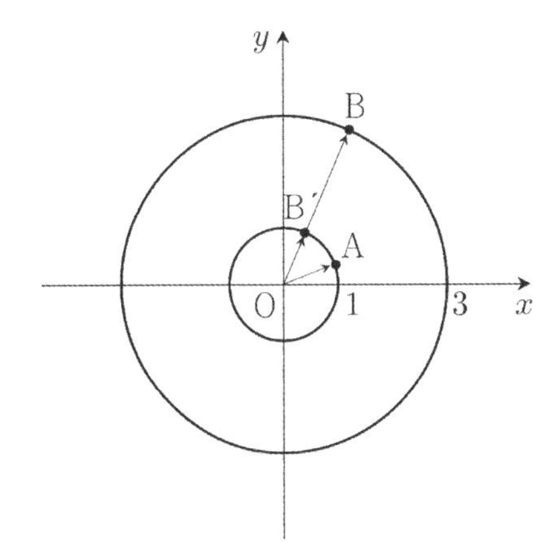

중심이 원점인 단위원 위의 점 B′에 대하여

$\overrightarrow{OB}=3\overrightarrow{OB'}$

라고 하자. 그리고

$\vec{a}=\overrightarrow{OA}$, $\vec{b}=\overrightarrow{OB'}$, $\vec{p}=\overrightarrow{OP}$

라고 하자.

조건 (가)에서 주어진 등식에서

$3\vec{b}\cdot\vec{p}=3\vec{a}\cdot\vec{p}$

정리하면

$(\vec{b}-\vec{a})\cdot\vec{p}=0$ 즉, $\overrightarrow{AB'}\cdot\overrightarrow{OP}=0$

두 벡터가 서로 수직일 필요충분조건에 의하여

$\overline{AB'}\perp\overline{OP}$ …㉠

벡터의 뺄셈의 정의에 의하여

$\overrightarrow{AP}=\overrightarrow{OP}-\overrightarrow{OA}=\vec{p}-\vec{a}$,

$\overrightarrow{BP}=\overrightarrow{OP}-\overrightarrow{OB}=\vec{p}-3\vec{b}$

이므로, 조건 (나)에서 주어진 등식에서

$|\vec{a}-\vec{p}|^2+|3\vec{b}-\vec{p}|^2=20$

벡터의 내적의 성질에 의하여

$|\vec{a}|^2+9|\vec{b}|^2-2\vec{a}\cdot\vec{p}-6\vec{b}\cdot\vec{p}+2|\vec{p}|^2$

$=20$ …㉡

벡터의 내적의 성질에 의하여

$\overrightarrow{PA}\cdot\overrightarrow{PB}=(\vec{p}-\vec{a})\cdot(\vec{p}-3\vec{b})$

$=|\vec{p}|^2-\vec{a}\cdot\vec{p}-3\vec{b}\cdot\vec{p}+3\vec{a}\cdot\vec{b}$ …㉢

㉡에서

$|\vec{p}|^2-\vec{a}\cdot\vec{p}-3\vec{b}\cdot\vec{p}=10-\dfrac{|\vec{a}|^2+9|\vec{b}|^2}{2}$

이를 ㉢에 대입하여 정리하면

$\overrightarrow{PA} \cdot \overrightarrow{PB} = 10 - \dfrac{|\vec{a}|^2 - 6\vec{a} \cdot \vec{b} + 9|\vec{b}|^2}{2}$

$= 10 - \dfrac{|\vec{a} - 3\vec{b}|^2}{2} = 10 - \dfrac{|\overrightarrow{AB}|^2}{2} \geq 10 - \dfrac{4^2}{2} = 2$

(단, 등호는 두 벡터 $\overrightarrow{OA}$, $\overrightarrow{OB}$의 방향이 정반대일 때 성립한다.)

따라서 $m = 2$이다.

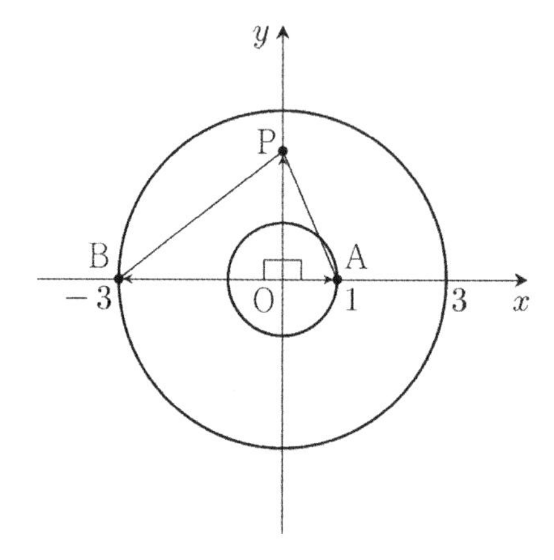

위의 그림처럼 두 점 A, B의 좌표를 각각

A$(1,\ 0)$, B$(-3,\ 0)$

으로 두어도 풀이의 일반성을 잃지 않는다.

㉠에서 두 직선 AB(AB′), OP가 서로 수직이므로

점 P는 y축 위에 있다.

이때, 점 P의 좌표를 P$(0,\ t)$로 두고, $t > 0$인 경우만을 생각해도 풀이의 일반성을 잃지 않는다.

조건 (나)에서

$|\overrightarrow{PA}|^2 + |\overrightarrow{PB}|^2$

$= 1^2 + t^2 + 3^2 + t^2 = 10 + 2t^2 = 20$

풀면 $t^2 = 5$

따라서 $k^2 = t^2 = 5$이다.

$\therefore\ m + k^2 = 7$

답 7

[풀이2] 시험장

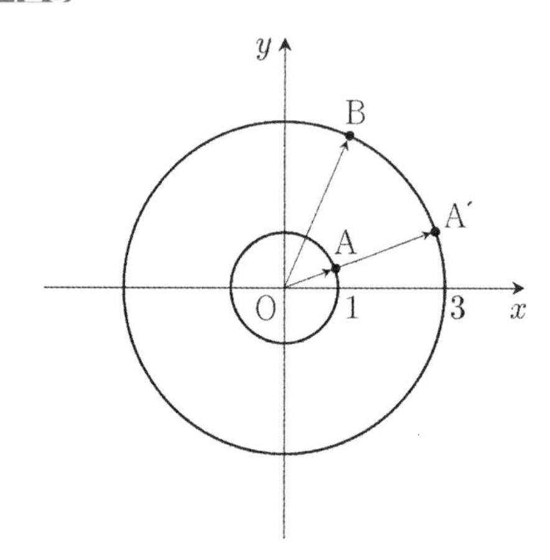

중심이 원점이고 반지름의 길이가 3인 원 위의 점 A′에 대하여

$\overrightarrow{OA'} = 3\overrightarrow{OA}$

라고 하자. 이를 조건 (가)에서 주어진 등식에 대입하여 정리하면

$\overrightarrow{OB} \cdot \overrightarrow{OP} = \overrightarrow{OA'} \cdot \overrightarrow{OP}$

벡터의 내적의 성질에 의하여

$(\overrightarrow{OB} - \overrightarrow{OA'}) \cdot \overrightarrow{OP} = 0$ 즉, $\overrightarrow{A'B} \cdot \overrightarrow{OP} = 0$

두 벡터가 서로 수직일 필요충분조건에 의하여

$\overline{A'B} \perp \overline{OP}$ $\cdots$(*)

벡터의 내적의 성질에 의하여

$|\overrightarrow{AB}|^2 = |\overrightarrow{PB} - \overrightarrow{PA}|^2$

$= |\overrightarrow{PA}|^2 + |\overrightarrow{PB}|^2 - 2\overrightarrow{PA} \cdot \overrightarrow{PB}$

$= 20 - 2\overrightarrow{PA} \cdot \overrightarrow{PB}$ ($\because$ 조건 (나))

위의 등식을 다시 쓰면

$\overrightarrow{PA} \cdot \overrightarrow{PB} = 10 - \dfrac{|\overrightarrow{AB}|^2}{2} \geq 10 - \dfrac{4^2}{2} = 2$

(단, 등호는 두 벡터 $\overrightarrow{OA}$, $\overrightarrow{OB}$의 방향이 정반대일 때 성립한다.)

따라서 $m = 2$이다.

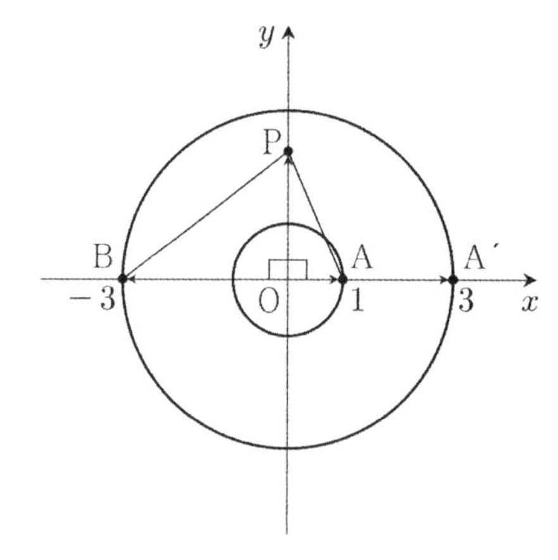

위의 그림처럼 두 점 A, B의 좌표를 각각

A$(1,\ 0)$, B$(-3,\ 0)$

으로 두어도 풀이의 일반성을 잃지 않는다.

(*)에서 두 직선 AB(A′B), OP가 서로 수직이므로

점 P는 y축 위에 있다.

이때, 점 P의 좌표를 P$(0,\ t)$로 두고, $t > 0$인 경우만을 생각해도 풀이의 일반성을 잃지 않는다.

조건 (나)에서

$|\overrightarrow{PA}|^2 + |\overrightarrow{PB}|^2$

$= 1^2 + t^2 + 3^2 + t^2 = 10 + 2t^2 = 20$

풀면 $t^2 = 5$

따라서 $k^2 = t^2 = 5$이다.

$\therefore\ m + k^2 = 7$

답 7

[참고]

다음과 같은 두 경우를 살펴보자.

$|\overrightarrow{AB}|^2=|\overrightarrow{PB}-\overrightarrow{PA}|^2$

$=|\overrightarrow{PA}|^2+|\overrightarrow{PB}|^2-2\overrightarrow{PA}\cdot\overrightarrow{PB}$

$=20-2\overrightarrow{PA}\cdot\overrightarrow{PB}$

에서

$\overrightarrow{PA}\cdot\overrightarrow{PB}=10-\frac{1}{2}|\overrightarrow{AB}|^2$ …㉠

$|\overrightarrow{PA}+\overrightarrow{PB}|^2=|\overrightarrow{PA}|^2+|\overrightarrow{PB}|^2+2\overrightarrow{PA}\cdot\overrightarrow{PB}$

$=20+2\overrightarrow{PA}\cdot\overrightarrow{PB}$

에서

$\overrightarrow{PA}\cdot\overrightarrow{PB}=\frac{1}{2}|\overrightarrow{PA}+\overrightarrow{PB}|^2-10$ …㉡

$\overrightarrow{PA}\cdot\overrightarrow{PB}$가 최솟값을 갖기 위해서는

㉠의 경우: 벡터 $\overrightarrow{AB}$의 크기가 최대여야 한다.

점 A의 위치를 고정시킨 상태에서, 점 B의 위치만을 결정하면 된다. 즉, 1개의 점의 위치만을 결정한다. (마치 한 변수 함수를 다루는 것과 같다.)

㉡의 경우: 벡터 $\overrightarrow{PA}+\overrightarrow{PB}$의 크기가 최소여야 한다.

점 A의 위치를 고정시킨 상태에서, 두 점 B, P의 위치를 결정해야 한다. 즉, 2개의 점의 위치를 결정해야 한다. (마치 두 변수 함수를 다루는 것과 같다.)

[풀이2]에서 ㉡이 아닌 ㉠을 사용한 이유이다.

이제 ㉡을 ㉠으로 바꾸어보자. (이는 마치 두 변수 함수를 한 변수 함수로 변형하는 것과 같다.)

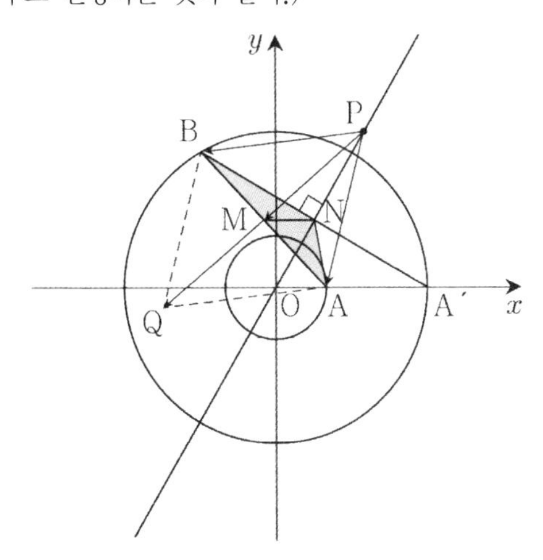

조건 (가)에서 직선 OP는 선분 A′B의 수직이등분선이다.

직선 OP와 선분 A′B의 교점을 N, 선분 AB의 중점을 M이라고 하자.

시점이 P인 벡터 $\overrightarrow{PA}+\overrightarrow{PB}$의 종점을 Q라고 하면

$\overrightarrow{PM}=\frac{1}{2}\overrightarrow{PQ}$

중선정리에 의하여

$|\overrightarrow{PA}|^2+|\overrightarrow{PB}|^2=2(|\overrightarrow{PM}|^2+|\overrightarrow{MA}|^2)$

식을 변형하면

$20=\frac{1}{2}|\overrightarrow{PQ}|^2+\frac{1}{2}|\overrightarrow{AB}|^2$

$(\because \overrightarrow{PQ}=2\overrightarrow{PM},\ \overrightarrow{AB}=2\overrightarrow{AM})$

정리하면

$|\overrightarrow{PQ}|^2=40-|\overrightarrow{AB}|^2$

이를 ㉡에 대입하여 정리하면

$\overrightarrow{PA}\cdot\overrightarrow{PB}=10-\frac{1}{2}|\overrightarrow{AB}|^2$

이는 ㉠과 같다.

[풀이3]

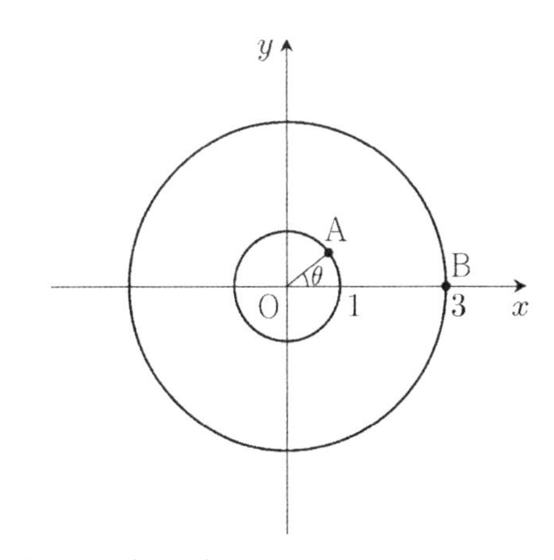

점 B의 좌표를 B(3, 0)으로 두어도 풀이의 일반성을 잃지 않는다.

두 점 A, P의 좌표를 각각

$A(\cos\theta,\ \sin\theta)$, $P(x,\ y)$

로 두자. (단, $0\le\theta<2\pi$)

조건 (가)에서 주어진 등식은

$(x,\ y)\cdot(3-3\cos\theta,\ -3\sin\theta)=0$

성분으로 주어진 벡터의 내적을 하면

$x(1-\cos\theta)-y\sin\theta=0$ …㉠

조건 (나)에서 주어진 등식은

$(x-\cos\theta)^2+(y-\sin\theta)^2+(x-3)^2+y^2=20$

좌변을 전개하여 정리하면

$x^2+y^2-(3+\cos\theta)x-y\sin\theta=5$ …㉡

㉠을 ㉡에 대입하여 정리하면

$x^2+y^2-4x=5$ 즉, $(x-2)^2+y^2=3^2$ …㉢

점 P는 중심이 (2, 0)이고 반지름의 길이가 3인 원 위에 있다.

성분에 의한 벡터의 내적을 하면

$\overrightarrow{PA}\cdot\overrightarrow{PB}=(x-\cos\theta,\ y-\sin\theta)\cdot(x-3,\ y)$

$=x^2-(3+\cos\theta)x+3\cos\theta+y^2-y\sin\theta$

$=x^2-4x+3\cos\theta+y^2(\because ㉠)$

$=(x-2)^2+y^2+3\cos\theta-4$

$=5+3\cos\theta(\because ㉢)$

≥ 2
(단, 등호는 $\theta=\pi$일 때 성립한다.
이때, 점 A의 좌표는 A$(-1,\ 0)$이다.)
따라서 $m=2$이다.

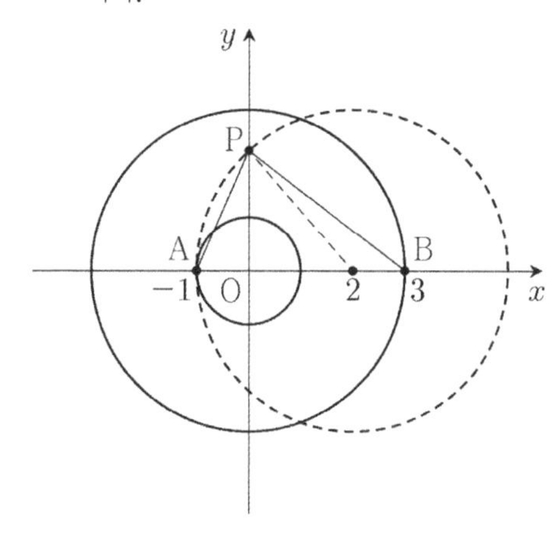

㉠에 $\theta=\pi$를 대입하면 $2x-0\times y=0$ 즉, $x=0$
이를 ㉢에 대입하면 $(-2)^2+y^2=3^2$ 즉, $y=\pm\sqrt{5}$
점 P의 좌표는 P$(0,\ \pm\sqrt{5})$이므로 $k=\sqrt{5}$
$\therefore\ m+k^2=7$
답 7

N048 | 답 52

[풀이]
문제에서 주어진 직선 위의 점을 $(x,\ y)$로 두면
$(x,\ y)=(6,\ 3)+t(2,\ 3)$ (단, t는 실수)
이 직선의 방정식을 매개변수 t로 나타내면
$x=6+2t,\ y=3+3t$
$y=0$일 때, $t=-1$이고 $x=4$이므로
점 A의 좌표는 A$(4,\ 0)$
$x=0$일 때, $t=-3$이고 $y=-6$이므로
점 B의 좌표는 B$(0,\ -6)$
두 점 사이의 거리 공식에 의하여
$\therefore\ \overline{\mathrm{AB}}^2=4^2+6^2=52$
답 52

[풀이2]
직선의 방정식은
$\dfrac{x-6}{2}=\dfrac{y-3}{3}(=t)$
$x=2t+6,\ y=3t+3$
$x=0,\ y=0$을 풀면 각각 $t=-3,\ t=-1$
$t=-1$일 때, A$(4,\ 0)$
$t=-3$일 때, B$(0,\ -6)$
$\therefore\ \overline{\mathrm{AB}}^2=52$
답 52

N049 | 답 ⑤

[풀이]
문제에서 주어진 왼쪽 직선의 방향벡터를 $\vec{u}$라고 하면
$\vec{u}=(4,\ 3)$
문제에서 주어진 오른쪽 직선의 방향벡터를 $\vec{v}$라고 하면
$\vec{v}=(-1,\ 3)$
두 직선이 이루는 각의 크기를 구하는 공식에 의하여
$\cos\theta=\dfrac{|\vec{u}\cdot\vec{v}|}{|\vec{u}||\vec{v}|}=\dfrac{\sqrt{10}}{10}$
답 ⑤

N050 | 답 ⑤

[풀이]
문제에서 주어진 두 직선의 방향벡터를 각각
$\overrightarrow{u_1}=(2,\ 1),\ \overrightarrow{u_2}=(1,\ 3)$
이라고 하면
$\therefore\ \cos\theta=\dfrac{\overrightarrow{u_1}\cdot\overrightarrow{u_2}}{|\overrightarrow{u_1}||\overrightarrow{u_2}|}=\dfrac{5}{\sqrt{5}\sqrt{10}}=\dfrac{\sqrt{2}}{2}$
답 ⑤

N051 | 답 9

[풀이]
문제에서 주어진 직선의 방정식을 세우면
$1\times(x-4)+2(y-1)=0$
정리하면
$x+2y-6=0$
$y=0$을 대입하면 $x=6$이므로 문제에서 주어진 직선은 x축 위의 점 $(6,\ 0)$을 지난다.
$x=0$을 대입하면 $y=3$이므로 문제에서 주어진 직선은 y축 위의 점 $(0,\ 3)$을 지난다.
따라서 $a=6,\ b=3$이다.
$\therefore\ a+b=9$
답 9

N052 | 답 ①

[풀이]

문제에서 주어진 등식의 좌변을 정리하면

$|\overrightarrow{AP}| = |\overrightarrow{AB}|$

점 P는 중심이 A이고 반지름이 $\overline{AB}(=5)$인 원 위에 있다.

따라서 점 P가 나타내는 자취인 원의 둘레의 길이는 10π이다.

답 ①

N053 | 답 ④

[풀이1]

점 P의 좌표를 $(x,\ y)$로 두고 원 C의 자취를 구하자.

문제에서 주어진 등식에서

$x^2+y^2-4x-6y=3$

정리하면

$(x-2)^2+(y-3)^2=4^2$

원 C의 반지름의 길이는 4이다.

답 ④

[풀이2]

문제에서 주어진 등식을 다음과 같이 변형할 수 있다.

$|\overrightarrow{OP}|^2-2\left(\frac{1}{2}\overrightarrow{OA}\right)\cdot\overrightarrow{OP}+\frac{1}{4}|\overrightarrow{OA}|^2=16$

$\left|\overrightarrow{OP}-\frac{1}{2}\overrightarrow{OA}\right|^2=4^2,\ \left|\overrightarrow{OP}-\frac{1}{2}\overrightarrow{OA}\right|=4$

즉, 점 P의 자취는 중심이 $(2,\ 3)$이고, 반지름의 길이가 4인 원이다.

따라서 원 C의 반지름의 길이는 4이다.

답 ④

N054 | 답 10

[풀이1]

주어진 조건에 의하여 $\overrightarrow{CA}\cdot\overrightarrow{CB}=0$이므로

$\overrightarrow{CA}\perp\overrightarrow{CB}$

원의 성질에 의하여 점 C는 선분 AB를 지름으로 하는 원 위에 있다.

선분 AB의 중점을 M이라고 하면

내분점의 공식에 의하여

$\mathrm{M}(3,\ 4)$

두 점 사이의 거리 공식에 의하여

$\overline{AM}=\sqrt{2}$

따라서 점 C의 자취는 중심이 $(3,\ 4)$이고 반지름의 길이가 $\sqrt{2}$인 원이다.

점 C의 자취(원)과 직선 $y=\frac{4}{3}x$의 두 교점 중에서 원점에 가장 가까운 점을 P, 나머지 한 점을 Q라고 하자.

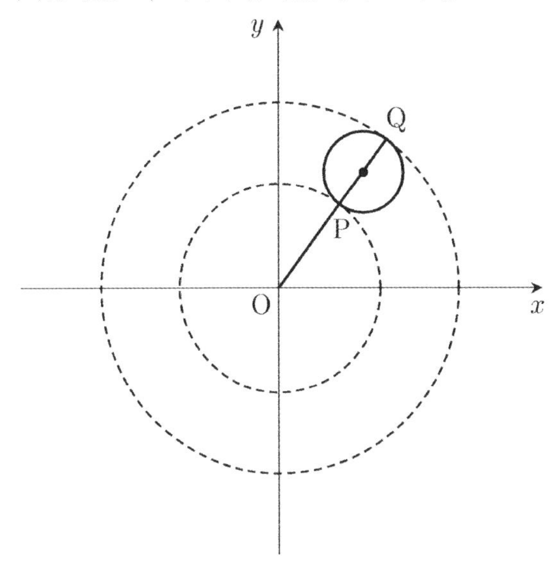

선분 OC의 길이는

점 C가 점 P일 때, 최솟값 $5-\sqrt{2}$를 갖고

점 C가 점 Q일 때, 최댓값 $5+\sqrt{2}$를 갖는다.

$5-\sqrt{2}\le|\overrightarrow{OC}|\le5+\sqrt{2}$

따라서 구하는 값은 10이다.

답 10

[풀이2]

점 C의 좌표를 $\mathrm{C}(x,\ y)$로 두자.

성분에 의한 벡터의 연산에 의하여

$\overrightarrow{CA}=\overrightarrow{OA}-\overrightarrow{OC}=(2-x,\ 5-y)$

$\overrightarrow{CB}=\overrightarrow{OB}-\overrightarrow{OC}=(4-x,\ 3-y)$

성분에 의한 벡터의 내적에 의하여

$\overrightarrow{CA}\cdot\overrightarrow{CB}$

$=(2-x,\ 5-y)\cdot(4-x,\ 3-y)$

$=(2-x)(4-x)+(5-y)(3-y)$

$=(x-3)^2+(y-4)^2-2=0$

정리하면

$(x-3)^2+(y-4)^2=2$

점 C의 자취는 중심이 $(3,\ 4)$이고 반지름의 길이가 $\sqrt{2}$인 원이다.

점 C의 자취(원)과 직선 $y=\frac{4}{3}x$의 두 교점 중에서 원점에 가까운 점을 P, 나머지 한 점을 Q라고 하자.

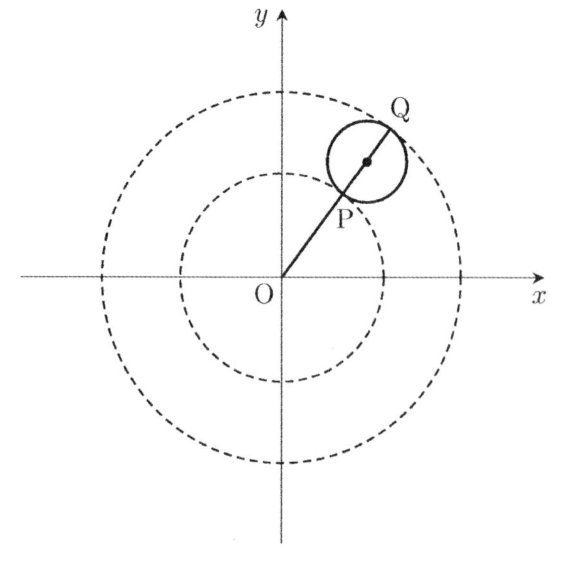

선분 OC의 길이는

점 C가 점 P일 때, 최솟값 $5-\sqrt{2}$를 갖고

점 C가 점 Q일 때, 최댓값 $5+\sqrt{2}$를 갖는다.

$5-\sqrt{2} \le |\overrightarrow{OC}| \le 5+\sqrt{2}$

따라서 구하는 값은 10이다.

답 10

N055 | 답 ③

[풀이]

문제에서 주어진 등식을 정리하면

$|\overrightarrow{AP}|^2=5$, 즉 $|\overrightarrow{AP}|=\sqrt{5}$

점 P의 자취는 중심이 A(3, 0)이고, 반지름의 길이가 $\sqrt{5}$인 원이다.

이 원과 주어진 직선이 오직 한 점에서 만나므로

(점 A에서 직선 $x-2y+2k=0$ 사이의 거리)$=\sqrt{5}$

즉, $\frac{|3+2k|}{\sqrt{5}}=\sqrt{5}$, $3+2k=5$

$\therefore\ k=1$

답 ③

N056 | 답 ②

[풀이]

다섯 개의 벡터 $\vec{a}$, $\vec{b}$, $\vec{c}$, $\vec{p}$, $\vec{q}$의 종점을 각각 A, B, C, P, Q라고 하자.

$(\vec{p}-\vec{a})\cdot(\vec{p}-\vec{b})=0$

⇔ 점 P의 자취는 선분 AB를 지름으로 하는 원이다. 이 원의 중심은 (2, 6)이고, 반지름의 길이는 2이다.

선분 OA의 중점을 A′라고 하자.

$\vec{q}=\frac{1}{2}\vec{a}+t\vec{c}$($t$는 실수)

⇔ 점 Q의 자취는 점 A′(1, 2)를 지나고 직선 OC에 평행한 직선이다.

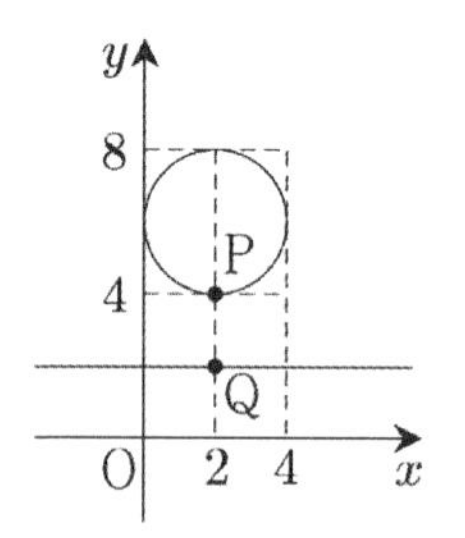

위의 그림처럼 두 점 P, Q의 좌표가 각각 (2, 4), (2, 2)이면 선분 PQ의 길이는 최솟값 2를 갖는다.

$\therefore\ |\vec{p}-\vec{q}| \le 2$

답 ②

N057 | 답 ②

[풀이]

다섯 개의 벡터 $\vec{a}$, $\vec{b}$, $\vec{c}$, $\vec{p}$, $\vec{q}$의 종점을 각각 A, B, C, P, Q라고 하자.

문제에서 주어진 두 등식을 정리하자.

$\vec{p}\cdot\vec{a}=\vec{a}\cdot\vec{b}$, $(\vec{p}-\vec{b})\cdot\vec{a}=0$, $\overrightarrow{BP}\cdot\overrightarrow{OA}=0$

$|\vec{q}-\vec{c}|=1$, $|\overrightarrow{CQ}|=1$

점 P의 자취는 점 B를 지나고 벡터 $\overrightarrow{OA}$에 수직인 직선이다.

점 Q의 자취는 점 C를 중심으로 하고 반지름의 길이가 1인 원이다.

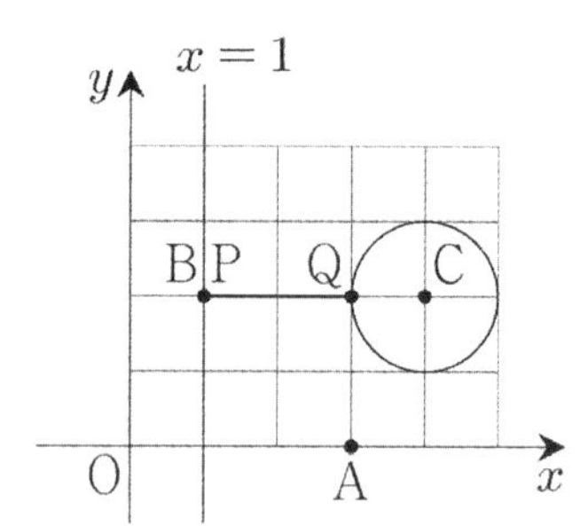

위의 그림처럼 두 점 P, Q의 좌표가 각각 (1, 2), (3, 2)일 때, 선분 PQ의 길이는 최소가 된다.

$\therefore\ |\vec{p}-\vec{q}|=|\overrightarrow{PQ}| \ge 2(=3-1)$

답 ②

N058 | 답 48

[풀이1]

점 P의 자취는 중심이 원점이고 반지름의 길이가 10인 원이다.

두 직선 l, m의 방향벡터를 각각

$\overrightarrow{u_1}=(c,\ d)$, $\overrightarrow{u_2}=(1,\ 1)$

로 두자.

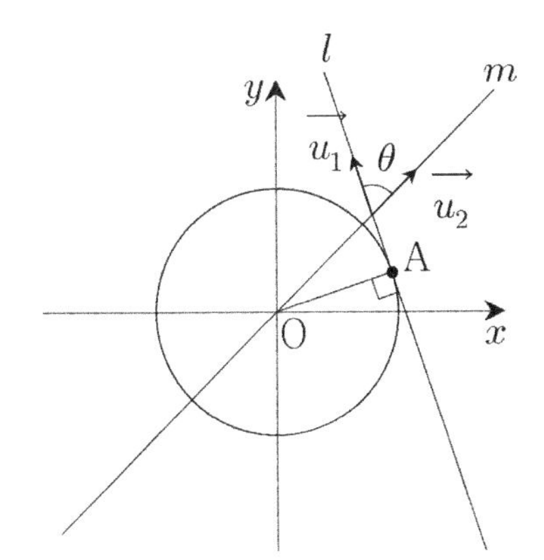

$\overrightarrow{OA} \perp \overrightarrow{u_1}$이므로

$\overrightarrow{OA} \cdot \overrightarrow{u_1}=(a,\ b)\cdot(c,\ d)=ac+bd=0$

이 방정식을 만족시키는 무수히 많은 해 중에서

$c=-b,\ d=a$

가 있다. 즉, $\overrightarrow{u_1}=(-b,\ a)$

두 벡터가 이루는 각의 크기를 구하는 공식에 의하여

$$\cos\theta=\frac{\overrightarrow{u_1}\cdot\overrightarrow{u_2}}{|\overrightarrow{u_1}||\overrightarrow{u_2}|}$$

$$=\frac{-b+a}{\sqrt{a^2+b^2}\sqrt{2}}=\frac{a-b}{10\sqrt{2}}=\frac{\sqrt{2}}{10}$$

$(\because\ a^2+b^2=10^2)$

정리하면

$a-b=2$

곱셈공식에 의하여

$(a-b)^2=a^2-2ab+b^2$

이므로

$2^2=100-2ab$

$\therefore\ ab=48$

답 48

[풀이2]

점 P의 자취는 중심이 원점이고 반지름의 길이가 10인 원이다.

두 직선 l, m의 법선벡터를 각각

$\overrightarrow{n_1}=(a,\ b)$, $\overrightarrow{n_2}=(c,\ d)$

로 두자. 그리고 직선 l의 방향벡터를

$\vec{u}=(1,\ 1)$

로 두자.

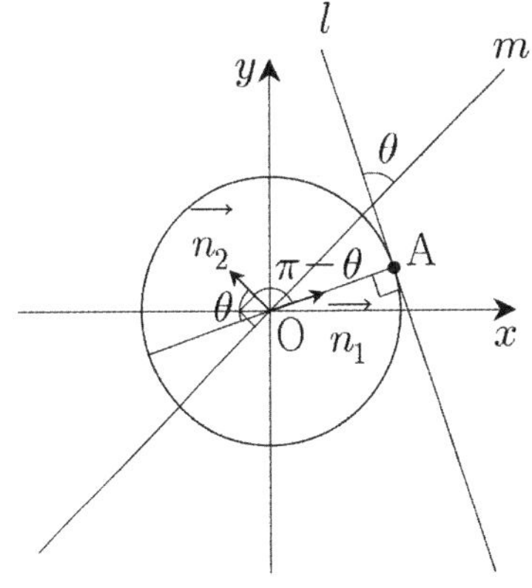

$\vec{u} \perp \overrightarrow{n_2}$이므로

$\vec{u}\cdot\overrightarrow{n_2}=(1,\ 1)\cdot(c,\ d)=c+d=0$

이 방정식을 만족시키는 무수히 많은 해 중에서

$c=-1,\ d=1$

이 있다. 즉, $\overrightarrow{n_2}=(-1,\ 1)$

두 벡터가 이루는 각의 크기를 구하는 공식에 의하여

$$\cos(\pi-\theta)=\frac{\overrightarrow{n_1}\cdot\overrightarrow{n_2}}{|\overrightarrow{n_1}||\overrightarrow{n_2}|}$$

$$=\frac{-a+b}{\sqrt{a^2+b^2}\sqrt{2}}=\frac{-a+b}{10\sqrt{2}}=-\frac{\sqrt{2}}{10}$$

$(\because\ a^2+b^2=10^2,\ \cos(\pi-\theta)=-\cos\theta)$

정리하면

$a-b=2$

곱셈공식에 의하여

$(a-b)^2=a^2-2ab+b^2$

이므로

$2^2=100-2ab$

$\therefore\ ab=48$

답 48

P 공간도형과 공간좌표

1	③	2	⑤	3	①	4	③	5	12
6	④	7	②	8	①	9	①	10	⑤
11	①	12	11	13	②	14	③	15	③
16	20	17	②	18	①	19	③	20	⑤
21	①	22	⑤	23	24	24	12	25	⑤
26	25	27	40	28	30	29	10	30	15
31	②	32	④	33	40	34	⑤	35	8
36	①	37	30	38	34	39	③	40	⑤
41	45	42	③	43	162	44	27	45	⑤
46	⑤	47	15	48	32	49	11	50	127
51	24	52	④	53	①	54	①	55	②
56	②	57	20	58	④	59	①	60	10
61	⑤	62	④	63	①	64	②	65	②
66	④	67	13	68	②	69	③	70	②
71	13	72	11	73	④	74	⑤	75	①
76	9	77	23						

P001 | 답 ③

[풀이] ★

▸ ㄱ. (꼬인 위치)

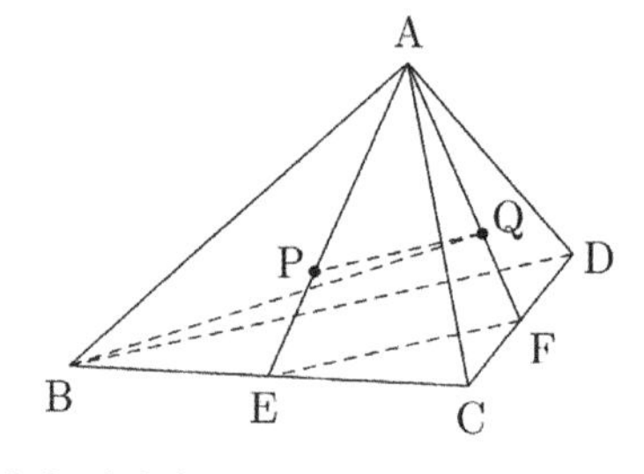

사면체의 정의에 의하여 두 평면 ACD, BCD는 서로 평행하지 않다. 이때, 두 평면 ACD, BCD의 교선은 CD이다.

삼각형의 무게중심의 정의에 의하여 점 Q는 모서리 CD 위의 점이 아니다.

따라서 점 Q는 평면 BCD 위에 있지 않다.

직선 CD는 평면 BCD에 포함되지만 직선 BQ는 평면 BCD에 포함되지 않는다.

따라서 두 직선 CD, BQ는 서로 꼬인 위치에 있다.

▸ ㄴ. (꼬인 위치)

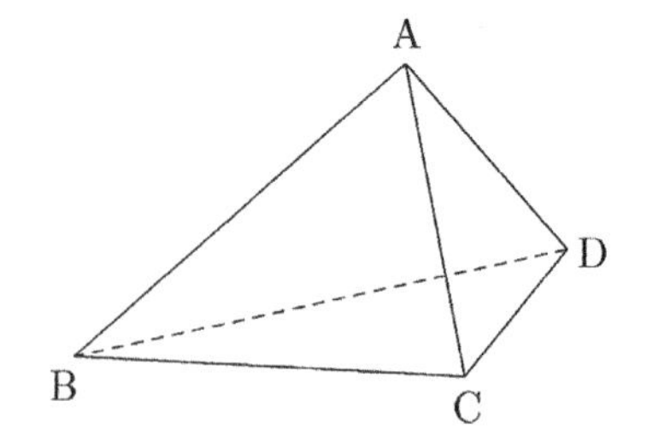

사면체의 정의에 의하여 두 평면 ABC, DBC는 서로 평행하지 않다. 이때, 두 평면 ABC, DBC의 교선은 BC이다.

삼각형의 정의에 의하여 꼭짓점 A는 모서리 BC 위의 점이 아니다.

따라서 점 A는 평면 DBC 위에 있지 않다.

직선 BC는 평면 DBC에 포함되지만 직선 AD는 평면 DBC에 포함되지 않는다.

따라서 두 직선 AD, BC는 서로 꼬인 위치에 있다.

▸ ㄷ. (평행)

직선 AP가 선분 BC와 만나는 점을 E, 직선 AQ가 선분 CD와 만나는 점을 F라고 하자.

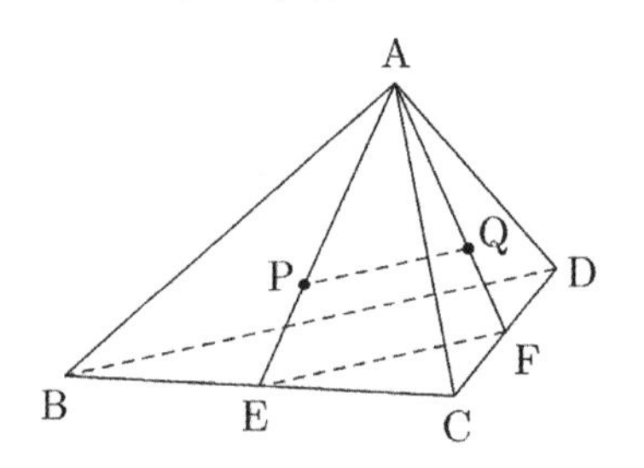

점 P가 삼각형 ABC의 무게중심이므로 점 E는 선분 BC의 중점이다. 그리고 점 Q가 삼각형 ACD의 무게중심이므로 점 F는 선분 CD의 중점이다.

삼각형 BCD에서

$\overline{CB}:\overline{CE}=\overline{CD}:\overline{CF}$

이므로 두 직선 EF, BD는 서로 평행하다.

삼각형 AEF에서

$\overline{AE}:\overline{AP}=\overline{AF}:\overline{AQ}$

이므로 두 직선 PQ, EF는 서로 평행하다.

따라서 두 직선 PQ, BD는 서로 평행하다.

답 ③

P002 | 답 ⑤

[풀이1]

문제에서 주어진 6개의 평면 도형이 모두 생긴다. (즉, 아래와 같이 그림을 그려서 평면 도형이 결정됨을 확인해도 좋다는 말이다.)

• 삼각형

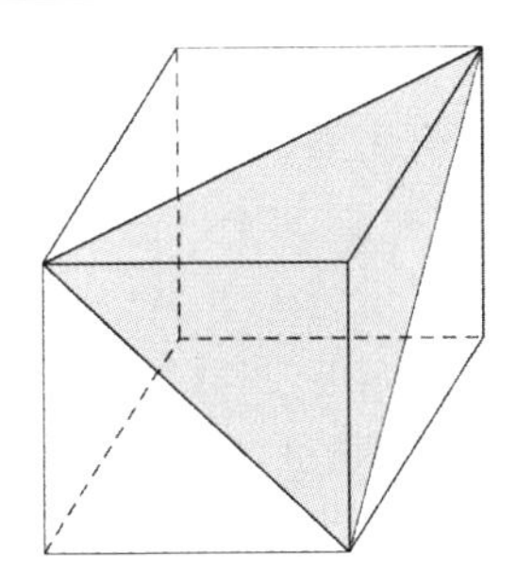

- 정사각형이 아닌 직사각형

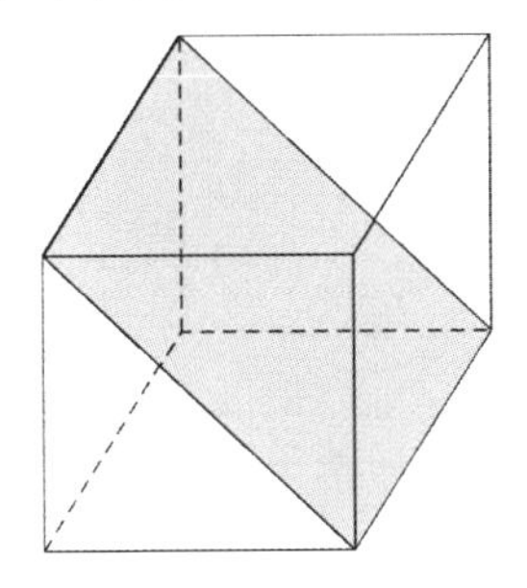

- 정사각형이 아닌 마름모

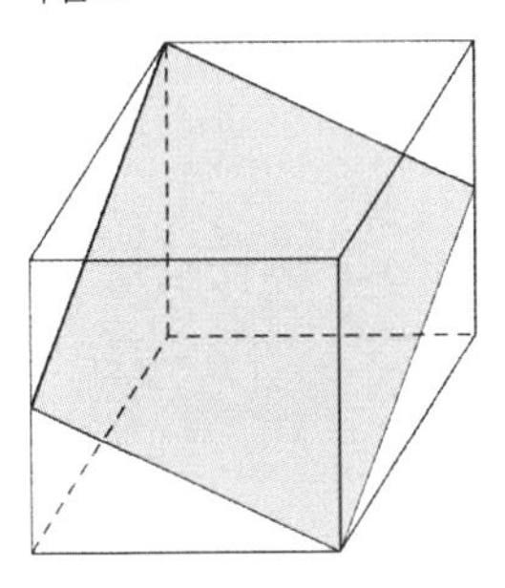

- 오각형

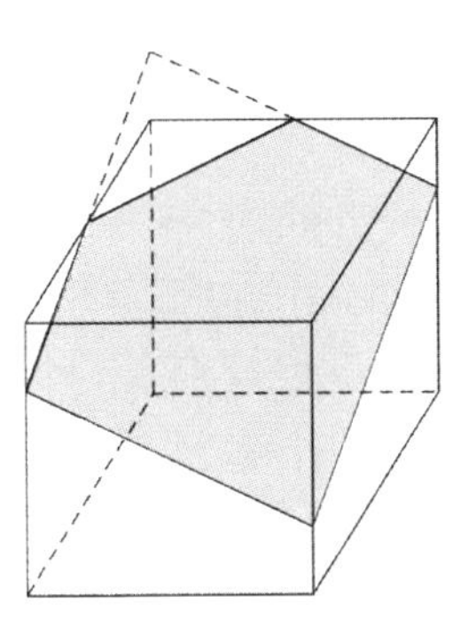

- 육각형

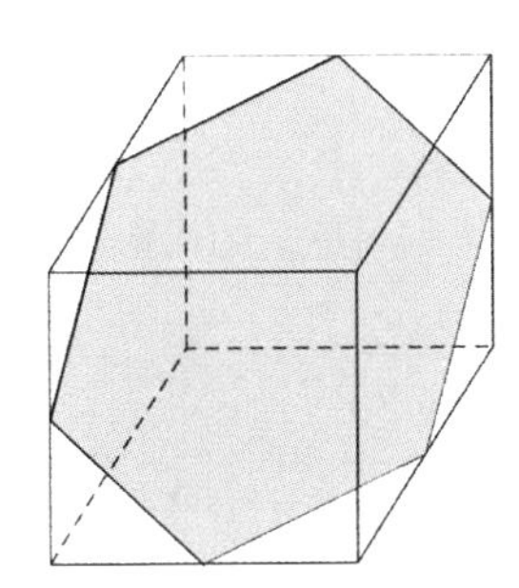

답 ⑤

[풀이2] ★

주어진 정육면체의 각 꼭짓점을 아래 그림과 같이 각각 A, B, C, D, E, F, G, H라고 하자.

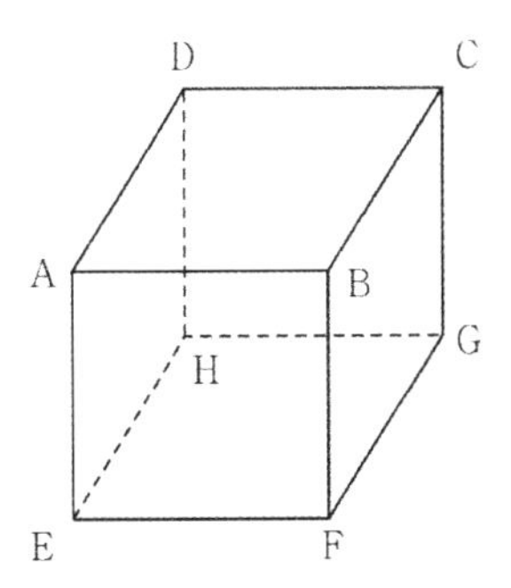

- (1) 삼각형

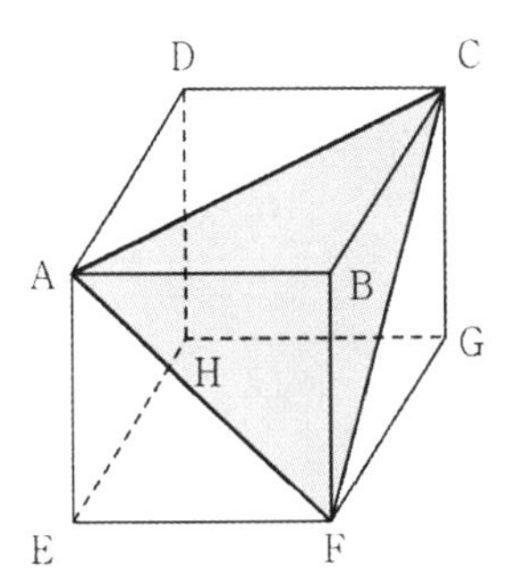

한 직선 위에 있지 않은 서로 다른 세 점 A, F, C로 한 평면이 결정된다.

주어진 정육면체의 한 모서리의 길이를 1로 두어도 풀이의 일반성을 잃지 않는다.

피타고라스의 정리에 의하여

$\overline{AF} = \overline{FC} = \overline{CA} = \sqrt{2}$

한 직선 위에 있지 않은 서로 다른 세 점 A, F, C로 결정되는 평면으로 주어진 정육면체를 자른 단면의 모양은 (정)삼각형이다.

- (2) 정사각형이 아닌 직사각형

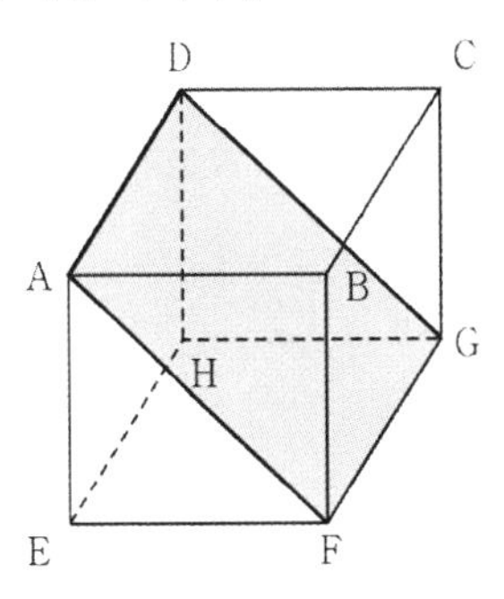

$\overline{AD} // \overline{EH}$이고 $\overline{EH} // \overline{FG}$이므로

$\overline{AD} // \overline{FG}$

네 점 A, F, G, D는 서로 평행한 두 직선 AD, FG로 결정되는 평면 위에 있다.

주어진 정육면체의 한 모서리의 길이를 1로 두어도 풀이의 일반성을 잃지 않는다.

$\overline{AD} \perp$ (평면 CDH)이므로

직선과 평면의 수직 관계에 의하여

$\overline{AD} \perp \overline{DG}$

마찬가지의 방법으로

$\overline{AF} \perp \overline{FG}$

그리고 $\overline{AD}=1<\sqrt{2}=\overline{DG}$이므로 서로 평행한 두 직선 AD, FG로 결정되는 평면으로 주어진 정육면체를 자른 단면의 모양은 정사각형이 아닌 직사각형이다.

• (3) 정사각형이 아닌 마름모

세 모서리 AE, CG, DH의 중점을 각각 I, J, K라고 하자.

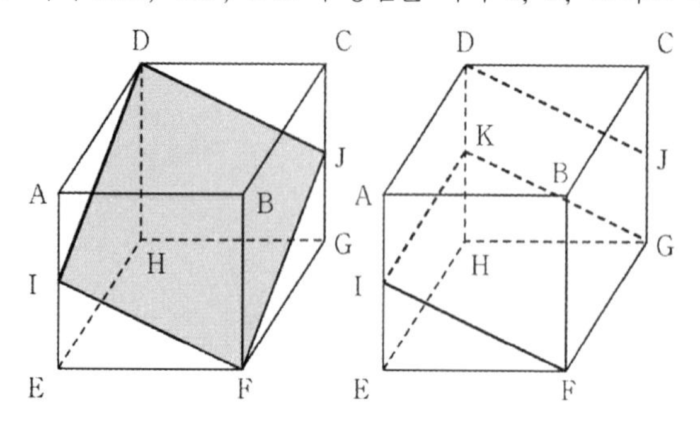

$\overline{DK}=\overline{JG}$이고 $\overline{DK}/\!/\overline{JG}$이므로

$\overline{DJ}/\!/\overline{KG}$ …㉠

$\overline{IK}=\overline{EH}=\overline{FG}$이고 $\overline{IK}/\!/\overline{EH}$, $\overline{EH}/\!/\overline{FG}$이므로

$\overline{KG}/\!/\overline{IF}$ …㉡

㉠, ㉡에 의하여

$\overline{DJ}/\!/\overline{IF}$

네 점 D, I, F, J는 서로 평행한 두 직선 DJ, IF로 결정되는 평면 위에 있다.

주어진 정육면체의 한 모서리의 길이를 2로 두어도 풀이의 일반성을 잃지 않는다.

피타고라스의 정리에 의하여

$\overline{DI}=\overline{IF}=\overline{FJ}=\overline{JD}=\sqrt{5}$ …㉢

$\overline{DF}=2\sqrt{3}$

삼각형 DIF에서

$\overline{DF}^2=12>10=\overline{DI}^2+\overline{IF}^2$이므로

$\angle DIF>90°$ …㉣

서로 평행한 두 직선 DJ, IF로 결정되는 평면으로 주어진 정육면체를 자른 단면의 모양은 ㉢, ㉣에 의하여 정사각형이 아닌 마름모이다.

• (4) 오각형

두 모서리 AE, CG의 1 : 3 내분점을 각각 T, Q, 모서리 BF의 3 : 1 내분점을 P, 두 모서리 AD, DC의 중점을 각각 S, R이라고 하자.

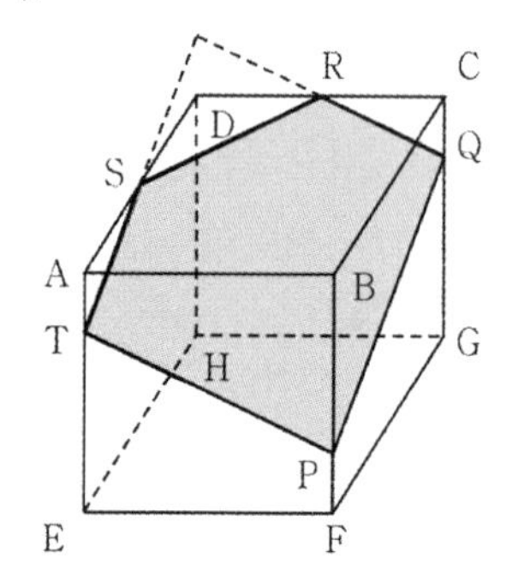

(3)에서 얻은 마름모를 평면 EFG에 수직인 방향으로 평행이동시키켜서 꼭짓점 F가 점 P에 오게 하자. 이때, (3)의 마름모의 두 꼭짓점 I, J는 각각 점 T, Q에 오며, 모서리 ID는 정육각형의 모서리 AD와 점 S에서 만나고 모서리 DJ는 정육각형의 모서리 DC와 점 R에서 만난다.

다섯 개의 점 P, Q, R, S, T는 한 평면 위에 있으며, 이 순서대로 점들을 모두 연결하면 오각형이 된다.

• (5) 육각형

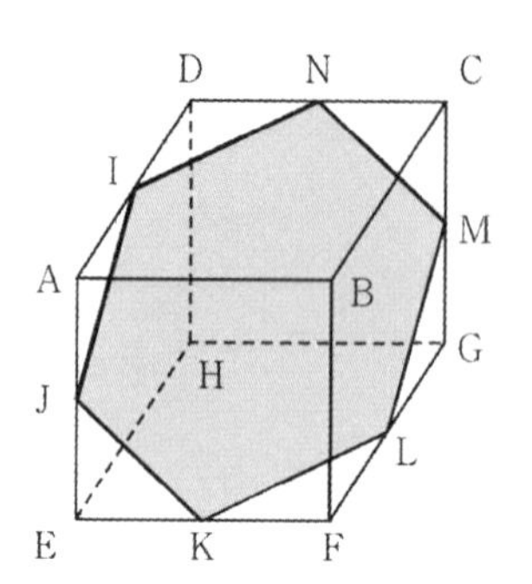

여섯 모서리 DA, AE, EF, FG, GC, CD의 중점을 각각 I, J, K, L, M, N이라고 하자.

$\overline{AI}=\overline{FL}$, $\overline{AI}/\!/\overline{FL}$이므로

$\overline{IL}/\!/\overline{AF}$ …㉠

$\overline{EJ}:\overline{EA}=\overline{EK}:\overline{EF}$이므로

$\overline{AF}/\!/\overline{JK}$ …㉡

㉠, ㉡에 의하여

$\overline{IL}/\!/\overline{JK}$

네 점 I, J, K, L은 평행한 두 직선 IL, JK에 의하여 결정되는 평면 위에 있다. 이 평면을 α라고 하자.

마찬가지의 방법으로

네 점 J, K, L, M은 평행한 두 직선 JM, KL에 의하여 결정되는 평면 위에 있다. 이 평면을 β라고 하자.

네 점 K, L, M, N은 평행한 두 직선 KN, LM에 의하여 결정되는 평면 위에 있다. 이 평면을 γ라고 하자.

두 평면 α, β는 세 점 J, K, L을 공유하고, 두 평면 β, γ는 세 점 K, L, M을 공유하므로 세 평면 α, β, γ는 같은 평면이다.

따라서 여섯 개의 점 I, J, K, L, M, N은 한 평면 위에 있다.

주어진 정육면체의 한 모서리의 길이를 2로 두어도 풀이의 일반성을 잃지 않는다.

피타고라스의 정리에 의하여

$\overline{IJ}=\overline{JK}=\overline{KL}=\overline{LM}=\overline{MN}=\overline{NI}=\sqrt{2}$

두 직선 IJ, LK의 교점을 P, 두 직선 KL, NM의 교점을 Q, 두 직선 MN, JI의 교점을 R이라고 하자.

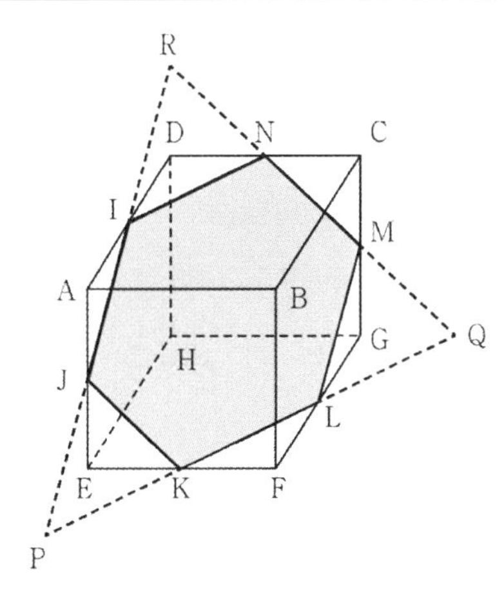

$\overline{IJ}//\overline{DE}$, $\overline{JK}//\overline{AF}//\overline{DG}$이므로

$\angle PJK = \angle EDG = 60^\circ$

$\angle IJK = 120^\circ$

마찬가지의 방법으로 육각형 IJKLMN의 내각의 크기는 모두 120°이다.

서로 평행한 두 직선 IJ, ML로 결정되는 평면으로 주어진 정육면체를 자른 단면의 모양은 (정)육각형이다.

답 ⑤

P003 | 답 ①

[풀이1]

삼각형 AOB의 각 변의 길이를 구하자.

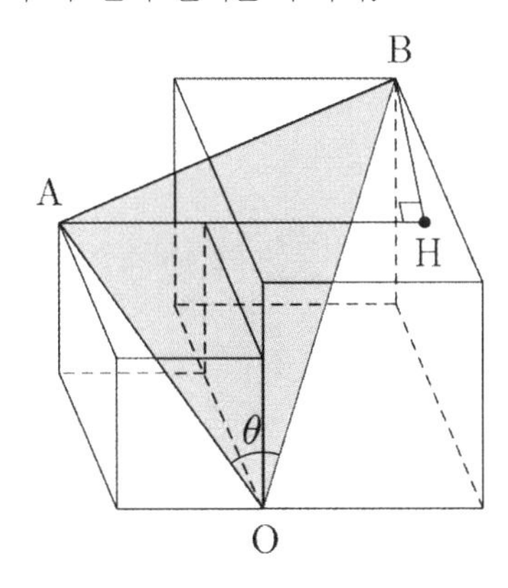

(단, 점 H는 점 A에서 큰 정육면체의 한 면에 내린 수선의 발이다.)

$\overline{OA} = \sqrt{2^2+2^2+2^2} = 2\sqrt{3}$,

$\overline{OB} = \sqrt{3^2+3^2+3^2} = 3\sqrt{3}$,

$\overline{AB} = \sqrt{5^2+1^2+1^2} = 3\sqrt{3}$

($\because \overline{AH} = 5$, $\overline{BH} = \sqrt{2}$)

이제 삼각형 AOB에서 코사인법칙을 적용하면

$$\cos\theta = \frac{\overline{OA}^2 + \overline{OB}^2 - \overline{AB}^2}{2\overline{OA}\,\overline{OB}} = \frac{1}{3}$$

답 ①

[풀이2]

선분 OA를 3 : 1로 외분하는 점을 A′라고 하자.

이때, $\angle A'OB = \theta$이다.

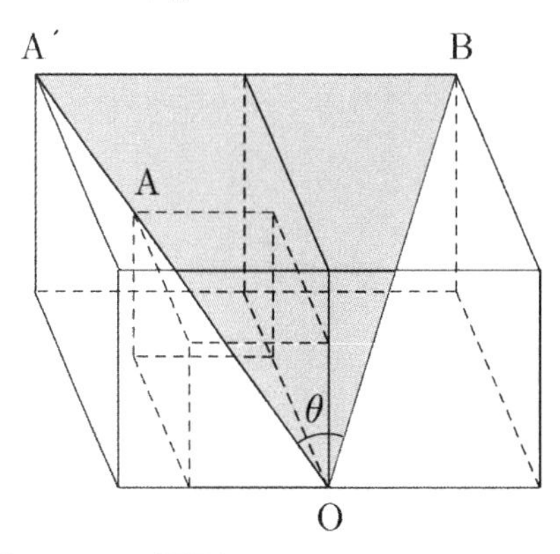

$\overline{OA'} = \overline{OB} = 3\sqrt{3}$, $\overline{A'B} = 6$

이등변삼각형 A′OB에서 코사인법칙을 적용하면

$$\therefore\ \cos\theta = \frac{\overline{OA'}^2 + \overline{OB}^2 - \overline{A'B}^2}{2\overline{OA'}\cdot\overline{OB}} = \frac{1}{3}$$

혹은 아래 그림을 이용하여 $\cos\theta$의 값을 구해도 좋다.

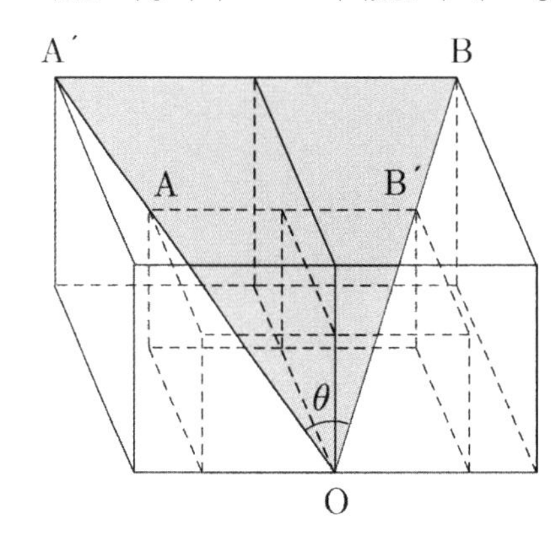

(단, 점 B′는 선분 OB의 2 : 1 내분점이다.)

답 ①

[참고]

$\cos\theta$의 값을 다음과 같이 구할 수도 있다.

($\triangle A'OB$의 넓이)

$$= \frac{1}{2}\times 3\sqrt{3}\times 3\sqrt{3}\times \sin\theta = \frac{1}{2}\times 6\times 3\sqrt{2}$$

$$\sin\theta = \frac{2\sqrt{2}}{3},\quad \therefore\ \cos\theta = \frac{1}{3}$$

[풀이3]

아래 그림과 같이 좌표공간을 도입하자.

이때,

O(0, 0, 0), A(−2, −2, 2), B(−3, 3, 3)

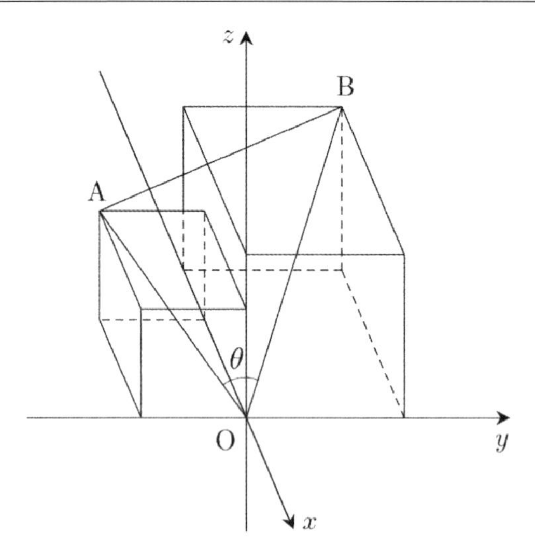

두 점 사이의 거리 공식에 의하여

$\overline{OA}=2\sqrt{3}$, $\overline{OB}=3\sqrt{3}$, $\overline{AB}=3\sqrt{3}$

이제 삼각형 AOB에서 코사인법칙을 적용하면

$$\cos\theta=\frac{\overline{OA}^2+\overline{OB}^2-\overline{AB}^2}{2\overline{OA}\,\overline{OB}}=\frac{1}{3}$$

답 ①

P004 | 답 ③

[풀이1]

직육면체의 정의에 의하여

$\overline{AB}\perp\overline{BE}$, $\overline{AB}\perp\overline{BC}$

직선과 평면의 수직에 대한 정의에 의하여

$\overline{AB}\perp$(평면 CBE)

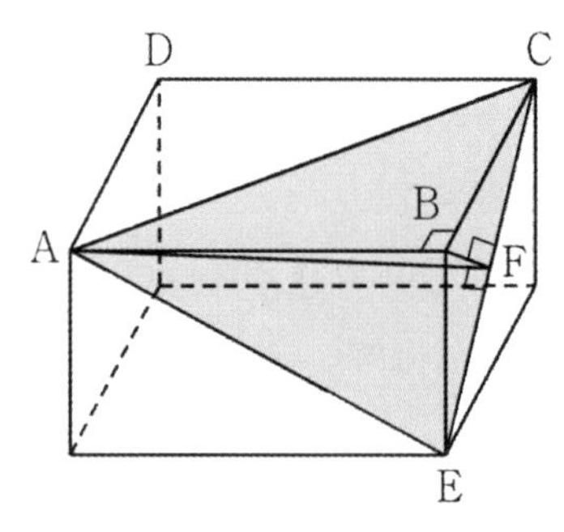

선분 CE의 중점을 F라고 하면

마름모의 성질에 의하여

$\overline{BF}\perp\overline{CE}$

삼수선의 정리에 의하여

$\overline{AF}\perp\overline{CE}$

직각삼각형 ABC에서 피타고라스의 정리에 의하여

$\overline{AC}=\sqrt{\overline{AB}^2+\overline{BC}^2}=\sqrt{5}$

직각삼각형 AEB, CBE에서 피타고라스의 정리에 의하여

$\overline{AE}=\sqrt{5}$, $\overline{CE}=\sqrt{2}$

△AEC는 $\overline{AC}=\overline{AE}$인 이등변삼각형이다.

직각삼각형 CAF에서 피타고라스의 정리에 의하여

$\overline{AF}=\sqrt{\overline{AC}^2-\overline{CF}^2}=\frac{3\sqrt{2}}{2}$

삼각형의 넓이를 구하는 공식에 의하여

$\therefore$ (△AEC의 넓이)$=\frac{1}{2}\times\overline{CE}\times\overline{AF}$

$=\frac{1}{2}\times\sqrt{2}\times\frac{3\sqrt{2}}{2}=\frac{3}{2}$

답 ③

[풀이2] (정사영)

직육면체의 정의에 의하여

$\overline{AB}\perp\overline{BE}$, $\overline{AB}\perp\overline{BC}$

직선과 평면의 수직에 대한 정의에 의하여

$\overline{AB}\perp$(평면 CBE)

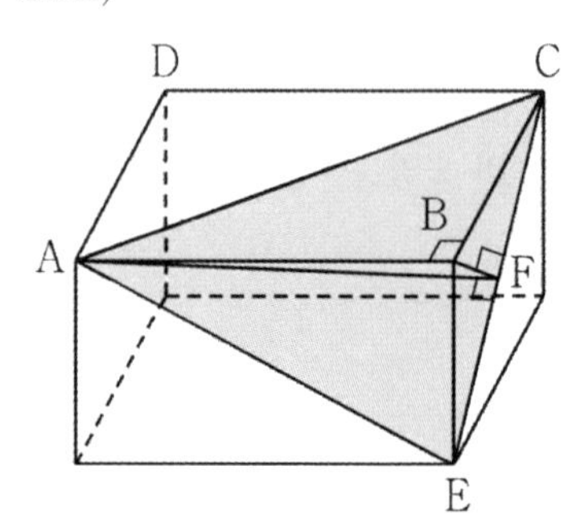

선분 CE의 중점을 F라고 하면

마름모의 성질에 의하여

$\overline{BF}\perp\overline{CE}$

삼수선의 정리에 의하여

$\overline{AF}\perp\overline{CE}$

두 평면 AEC, CBE가 이루는 예각의 크기를 θ라고 하자.

이면각의 정의에 의하여

$\angle AFB=\theta$

직각삼각형 AFB에서 피타고라스의 정리에 의하여

$\overline{AF}=\sqrt{\overline{AB}^2+\overline{BF}^2}=\frac{3\sqrt{2}}{2}$

직각삼각형 AFB에서 삼각비의 정의에 의하여

$\cos(\angle AFB)=\frac{1}{3}$

정사영의 넓이에 대한 공식에 의하여

(△CBE의 넓이)=(△AEC의 넓이)$\times\cos\theta$

대입하면

(△AEC의 넓이)$=\frac{3}{2}$

답 ③

[풀이3] 시험장

문제에서 주어진 사면체의 네 면 중에서 면 AEC의 넓이를 S,

나머지 세 면의 넓이를 각각 S_1, S_2, S_3이라고 하면

$S^2 = S_1^2 + S_2^2 + S_3^2$

이 성립한다.

$\therefore\ S = \sqrt{\left(\frac{1}{2}\right)^2 + 1^2 + 1^2} = \frac{3}{2}$

답 ③

P005 |답 12

[풀이1]

점 C에서 선분 AB에 내린 수선의 발을 H라고 하자.

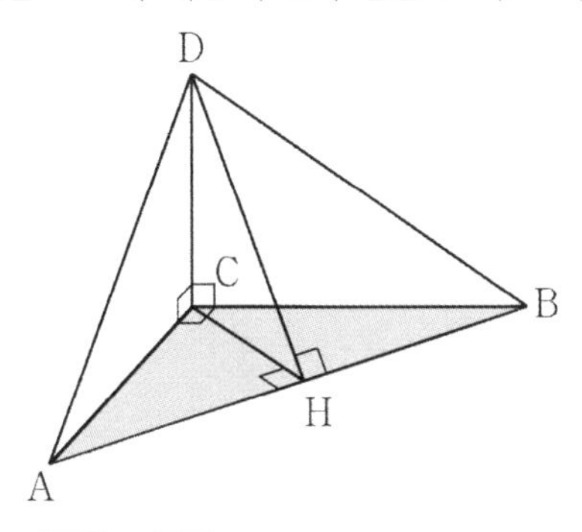

$\overline{DC} \perp ABC$, $\overline{CH} \perp \overline{AB}$이므로

삼수선의 정리❶에 의하여

$\overline{DH} \perp \overline{AB}$

삼각형의 넓이를 구하는 공식에 의하여

$(\triangle ABD의\ 넓이) = \frac{1}{2}\overline{AB}\,\overline{DH}$

$= \frac{1}{2} \times 8 \times \overline{DH} = 20$ 즉, $\overline{DH} = 5$

직각삼각형 DCH에서 피타고라스의 정리에 의하여

$\overline{CH} = \sqrt{\overline{DH}^2 - \overline{DC}^2} = \sqrt{5^2 - 4^2} = 3$

삼각형의 넓이를 구하는 공식에 의하여

$(\triangle ABC의\ 넓이) = \frac{1}{2}\overline{AB}\,\overline{CH} = \frac{1}{2} \times 8 \times 3 = 12$

답 12

[참고]

정사영의 넓이에 대한 공식을 이용하여 삼각형 ABC의 넓이를 구해도 좋다.

두 평면 ABD, ABC가 이루는 예각의 크기를 θ라고 하자.

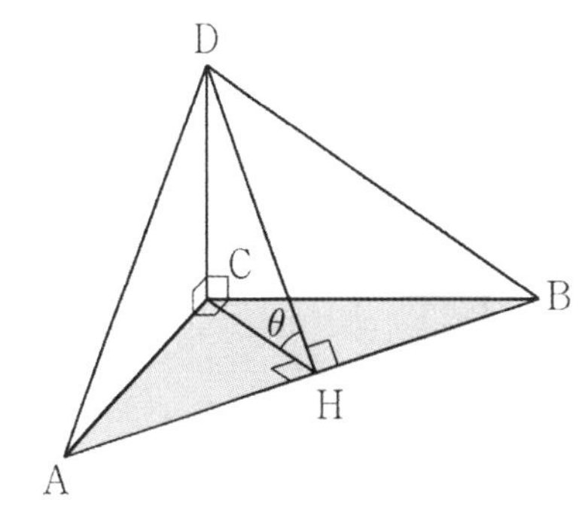

이면각의 정의에 의하여

$\angle DHC = \theta$

정사영의 넓이에 대한 공식에 의하여

$(\triangle ABC의\ 넓이) = (\triangle ABD의\ 넓이) \times \cos\theta$

$= 20 \times \frac{3}{5} = 12$

[풀이2] 교육과정 외

$\overline{AC} = a$, $\overline{BC} = b$으로 두자. (단, $a > 0$, $b > 0$)

네 삼각형 ABD, ACD, ABC, BDC의 넓이를 각각

S, S_1, S_2, S_3

으로 두면 아래의 등식이 성립한다.

$S^2 = S_1^2 + S_2^2 + S_3^2$ … ㉠

삼각형의 넓이를 구하는 공식에 의하여

$S_1 = \frac{1}{2}\overline{AC}\,\overline{CD} = 2a$, $S_3 = \frac{1}{2}\overline{BC}\,\overline{CD} = 2b$

이를 ㉠에 대입하면

$20^2 = (2a)^2 + S_2^2 + (2b)^2$ … ㉡

직각삼각형 ABC에서 피타고라스의 정리에 의하여

$\overline{AB} = \sqrt{a^2 + b^2} = 8$ 즉, $a^2 + b^2 = 64$ … ㉢

㉢을 ㉡에 대입하여 정리하면

$\therefore\ S_2 = \sqrt{20^2 - 4(a^2 + b^2)} = \sqrt{20^2 - 4 \times 64} = 12$

답 12

P006 |답 ④

[풀이]

점 M에서 평면 EFGH에 내린 수선의 발을 P, 점 P에서 선분 EG에 내린 수선의 발을 Q라고 하자. 이때, $\overline{MP} \perp \overline{EH}$

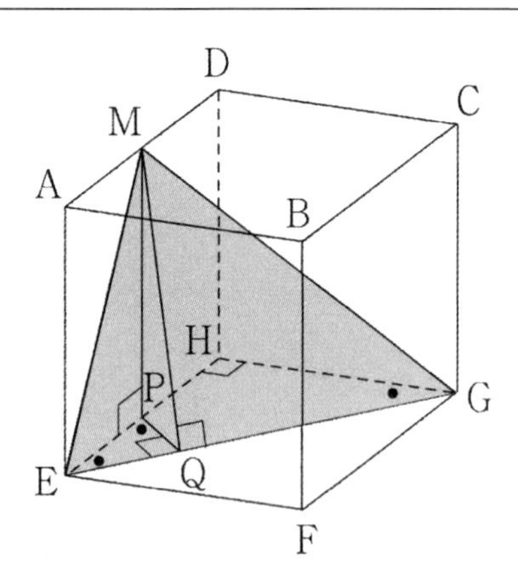

(단, ●$=45°$)

$\overline{MP}\perp$(평면 EFGH), $\overline{PQ}\perp\overline{EG}$

이므로 삼수선의 정리에 의하여

$\overline{MQ}\perp\overline{EG}$

직각이등변삼각형 PEQ의 빗변의 길이가 2이므로

$\overline{PQ}=\sqrt{2}$

직각삼각형 MPQ에서 피타고라스의 정리에 의하여

$\overline{MQ}=\sqrt{4^2+(\sqrt{2})^2}=3\sqrt{2}$

$\therefore$ ($\triangle$MEG의 넓이)$=\frac{1}{2}\times4\sqrt{2}\times3\sqrt{2}=12$

답 ④

[참고]

코사인법칙, 정사영의 넓이의 공식을 이용해서 삼각형 MEG의 넓이를 구할 수도 있다. 하지만 이는 출제의도와는 거리가 멀다.

P007 | 답 ②

[풀이1]

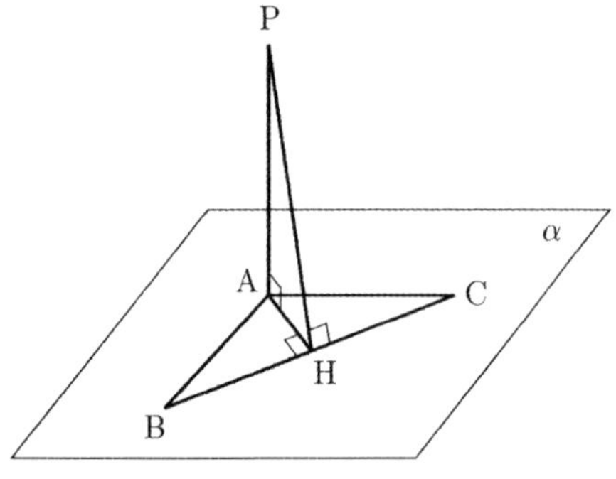

점 P에서 평면 α에 내린 수선의 발이 A이므로

$\overline{PA}\perp\alpha$

점 A에서 직선 BC에 내린 수선의 발을 H라고 하면

$\overline{AH}\perp\overline{BC}$

삼수선의 정리에 의하여

$\overline{PH}\perp\overline{BC}$

점 P와 직선 BC 사이의 거리는 선분 PH의 길이이다.

직각이등변삼각형 ABC에서

$\angle CAH+\angle HAB=\frac{\pi}{2}$, $\angle CAH=\angle HAB$

이므로 $\angle HAB=\frac{\pi}{4}$

점 H는 선분 BC의 중점이므로

$\overline{BH}=3$

직각삼각형 ABH에서 특수각의 삼각비에 의하여

$\frac{\overline{HB}}{\overline{AH}}=\tan\frac{\pi}{4}$ 즉, $\overline{AH}=3$

직각삼각형 PAH에서 피타고라스의 정리에 의하여

$\overline{PH}=\sqrt{\overline{PA}^2+\overline{AH}^2}=\sqrt{4^2+3^2}=5$

따라서 P와 직선 BC 사이의 거리는 5이다.

답 ②

P008 | 답 ①

[풀이1]

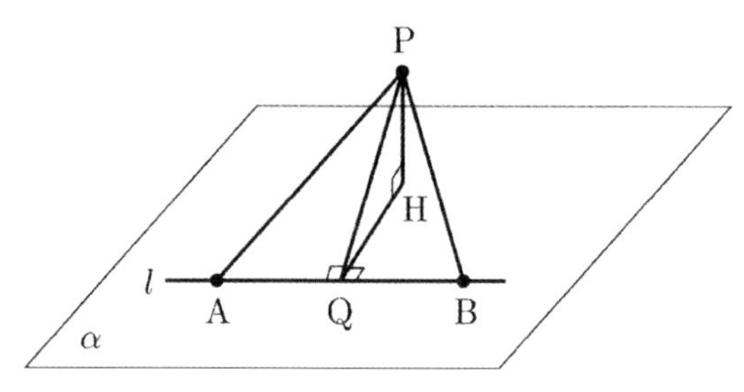

점 P에서 평면 α에 내린 수선의 발이 H이므로

$\overline{PH}\perp\alpha$

점 H에서 직선 l에 내린 수선의 발을 Q라고 하면

$\overline{HQ}\perp l$

삼수선의 정리에 의하여

$\overline{PQ}\perp l$

$\triangle$ABP는 정삼각형이므로 점 Q는 선분 AB의 중점이다.

직각삼각형 PAQ에서 특수각의 삼각비에 의하여

$\overline{PQ}=\overline{AQ}\times\tan\frac{\pi}{3}=3\sqrt{3}$

직각삼각형 PQH에서 피타고라스의 정리에 의하여

$\overline{HQ}=\sqrt{\overline{PQ}^2-\overline{PH}^2}=\sqrt{11}$

따라서 점 H와 직선 l 사이의 거리는 $\sqrt{11}$이다.

답 ①

[풀이2]

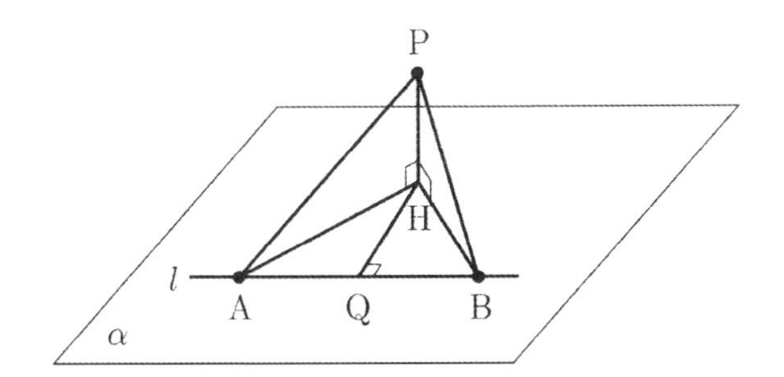

직선과 평면의 수직에 대한 정의에 의하여

$\overline{PH} \perp \overline{AH}$, $\overline{PH} \perp \overline{BH}$

두 직각삼각형 PAH, PBH에서 피타고라스의 정리에 의하여

$\overline{AH} = \sqrt{\overline{PA}^2 - \overline{PH}^2} = 2\sqrt{5}$

$\overline{BH} = \sqrt{\overline{PB}^2 - \overline{PH}^2} = 2\sqrt{5}$

점 H에서 직선 l에 내린 수선의 발을 Q라고 하자.

이등변삼각형 HAB에서

$\overline{AQ} = \overline{BQ} = 3$

직각삼각형 HAQ에서 피타고라스의 정리에 의하여

$\overline{HQ} = \sqrt{\overline{AH}^2 - \overline{AQ}^2} = \sqrt{11}$

따라서 점 H와 직선 l 사이의 거리는 $\sqrt{11}$이다.

답 ①

P009 | 답 ①

[풀이1]

점 O에서 직선 AB에 내린 수선의 발을 H라고 하자.

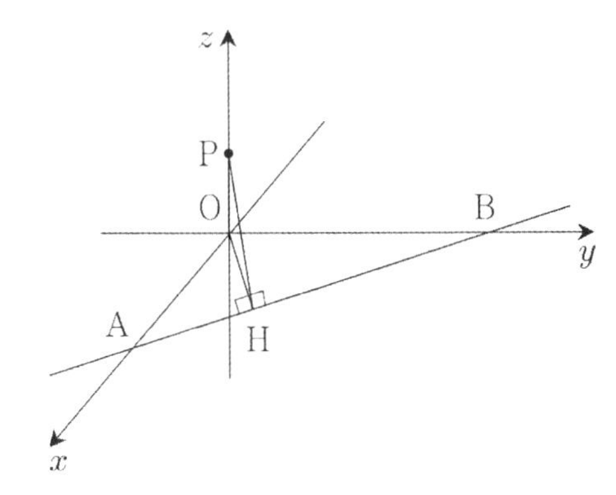

삼수선의 정리에 의하여

$\overline{PH} \perp \overline{AB}$

즉, 선분 PH의 길이는 점 P에서 직선 AB까지의 거리이다.

xy평면에서 직선 AB의 방정식은

$\frac{x}{1} + \frac{y}{\sqrt{3}} = 1$, 즉 $\sqrt{3}x + y = \sqrt{3}$

점과 직선 사이의 거리 공식에 의하여

$\overline{OH} = \frac{\sqrt{3}}{2}$

이므로 직각삼각형 POH에서 피타고라스의 정리에 의하여

$\therefore \ \overline{PH} = \sqrt{\left(\frac{\sqrt{3}}{2}\right)^2 + \left(\frac{1}{2}\right)^2} = 1$

답 ①

P010 | 답 ⑤

[풀이1]

점 $(0,\ 0,\ 4)$를 A라고 하자.

z축 위의 점 A에서 xy평면에 내린 수선의 발은 O이다.

점 A에서 직선 l에 내린 수선의 발을 H라고 하자.

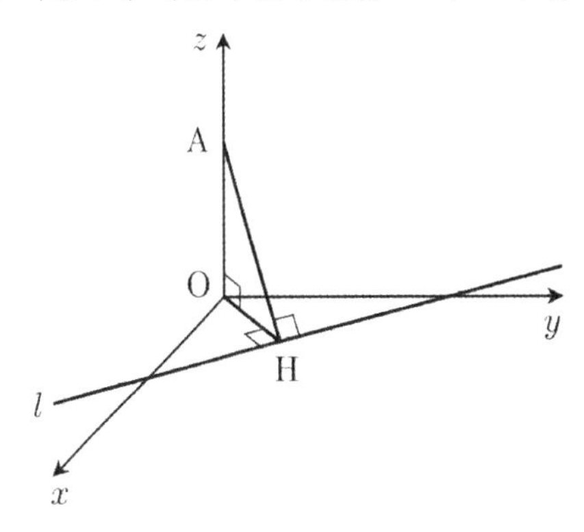

$\overline{OA} \perp (xy\text{평면})$, $\overline{AH} \perp l$

삼수선의 정리에 의하여

$\overline{OH} \perp l$

직각삼각형 AOH에서 피타고라스의 정리에 의하여

$\overline{OH} = \sqrt{\overline{AH}^2 - \overline{AO}^2} = 3$

원점 O와 직선 $6x + ay - 6a = 0$ 사이의 거리는 3이다.

점과 직선 사이의 거리 공식에 의하여

$\frac{|-6a|}{\sqrt{6^2 + a^2}} = 3$

양변을 제곱하여 정리하면

$\therefore \ a^2 = 12$

답 ⑤

P011 | 답 ①

[풀이]

점 A에서 선분 BC에 내린 수선의 발을 H라고 하자.

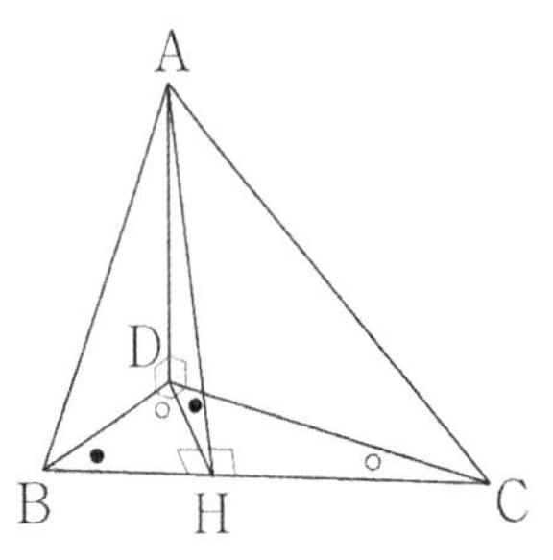

(단, ●$=60^\circ$, ○$=30^\circ$)

$\overline{AH} \perp \overline{BC}$, $\overline{AD} \perp$ (평면BCD)
이므로 삼수선의 정리에 의하여
$\overline{DH} \perp \overline{BC}$

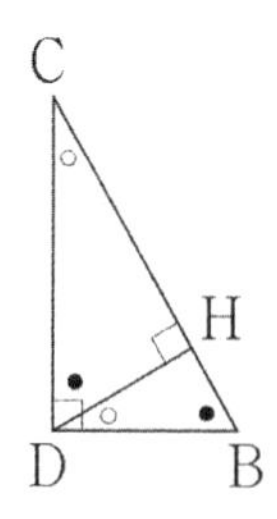

(단, ●$=60^\circ$, ○$=30^\circ$)
직각삼각형 DBC에서 특수각의 삼각비에 의하여
$\overline{BC}=4$, $\overline{DH}=\sqrt{3}$
직각삼각형 ADH에서 피타고라스의 정리에 의하여
$\overline{AH}=\sqrt{3^2+(\sqrt{3})^2}=2\sqrt{3}$
$\therefore$ $\overline{AP}+\overline{DP} \geq \overline{AH}+\overline{HP}=2\sqrt{3}+\sqrt{3}=3\sqrt{3}$
(단, 등호는 점 P가 점 H 위에 올 때 성립한다.)
답 ①

P012 | 답 11

[풀이]
점 O에서 선분 BD에 내린 수선의 발을 H라고 하자.

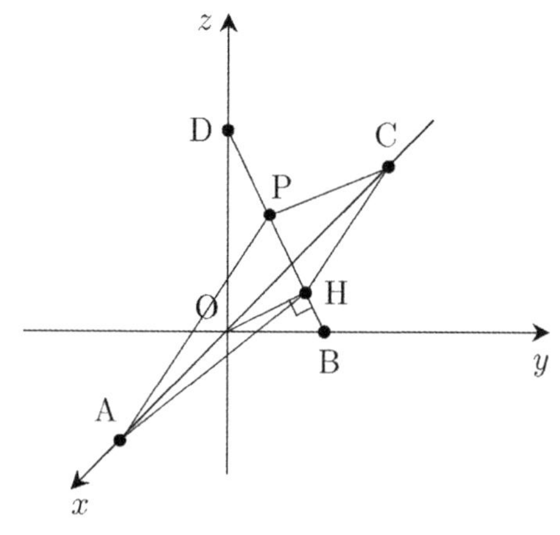

삼수선의 정리에 의하여
$\overline{AH} \perp \overline{BD}$, $\overline{CH} \perp \overline{BD}$
이므로
$\overline{PA}^2+\overline{PC}^2 \geq \overline{HA}^2+\overline{HC}^2$
(단, 등호는 점 P가 점 H 위에 올 때 성립한다.)
yz평면에서 직선 BD의 방정식은
$\frac{y}{1}+\frac{z}{2}=1$, 즉 $z=-2y+2$
yz평면에서 직선 OH의 방정식은
$z=\frac{1}{2}y$
위의 두 직선의 방정식을 연립하면
$y=\frac{4}{5}$, $z=\frac{2}{5}$, $P\left(0,\ \frac{4}{5},\ \frac{2}{5}\right)$
$\therefore$ $a+b+c=\frac{6}{5}$
$\therefore$ $p+q=11$
답 11

P013 | 답 ②

[풀이1] ★
선분 CH의 연장선이 선분 AB와 만나는 점을 R이라고 하자.

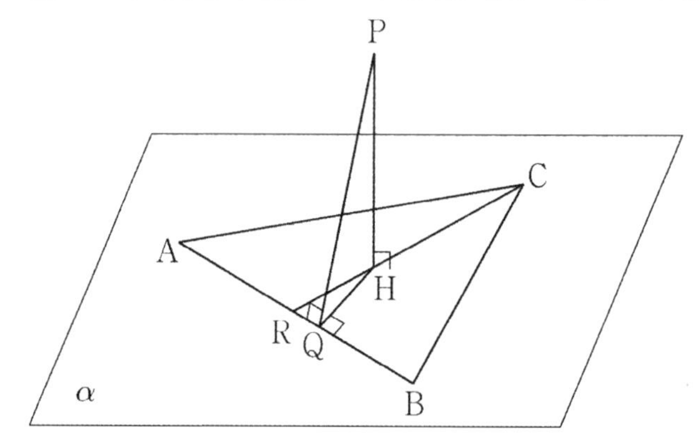

위의 그림처럼 두 점 R, Q가 일치하지 않을 수도 있다. (만약 삼각형 ABC가 $\overline{AC}=\overline{CB}$인 이등변삼각형이면 두 점 R, Q는 일치한다.)
평면 α에 수직인 방향에서 바라본 그림은 다음과 같다.
점 C에서 선분 AB에 내린 수선의 발을 I라고 하자.

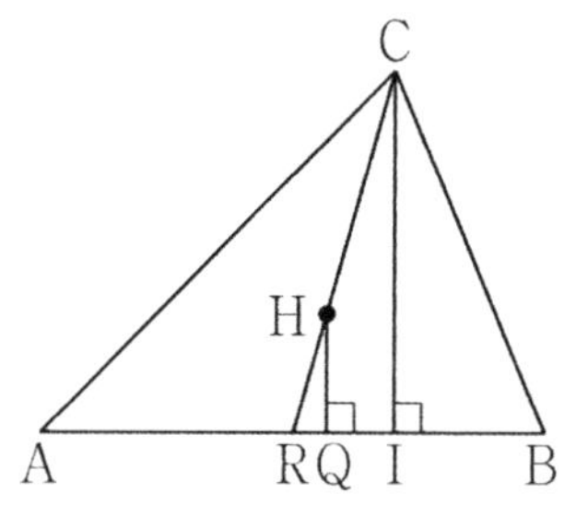

$\overline{PH} \perp \alpha$, $\overline{PQ} \perp \overline{AB}$이므로
삼수선의 정리❷에 의하여
$\overline{HQ} \perp \overline{AB}$
삼각형의 넓이를 구하는 공식에 의하여
($\triangle$ABC의 넓이)
$=\frac{1}{2}\overline{AB}\,\overline{CI}=4\overline{CI}=24$에서 $\overline{CI}=6$
무게중심의 성질에 의하여
$\overline{CH}:\overline{HR}=2:1$
두 삼각형 CRI, HRQ의 닮음비는 $3:1$이므로
$\overline{HQ}:\overline{CI}=1:3$
즉, $\overline{HQ}:6=1:3$에서 $\overline{HQ}=2$

직각삼각형 PQH에서 피타고라스의 정리에 의하여

$\overline{PQ}=\sqrt{\overline{PH}^2+\overline{HQ}^2}=\sqrt{4^2+2^2}=2\sqrt{5}$

답 ②

[풀이2]

세 점 A, B, C의 좌표가 각각

(0, 0, 0), (8, 0, 0), (c, 6, 0)이 되도록

좌표공간을 도입하자.

(평면 α는 xy평면과 일치하며, z축은 평면 α에 수직이다.)

이때, 점 C의 y좌표를 6으로 둘 수 있는 이유는 다음과 같다.

($\triangle$ABC의 넓이)$=\frac{1}{2}\overline{AB}\times$|점 C의 y좌표|

$=4$|점 C의 y좌표|$=24$ 즉, |점 C의 y좌표|$=6$

점 C의 y좌표는 6 또는 -6이므로

점 C의 y좌표를 6으로 두어도 풀이의 일반성을 잃지 않는다.

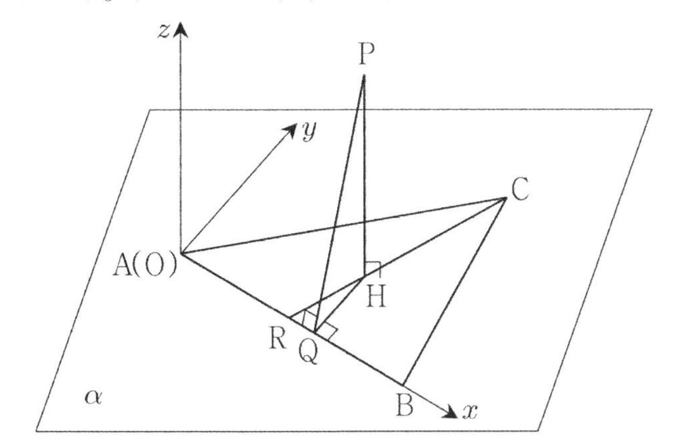

삼각형의 무게중심의 성질에 의하여

점 R은 선분 AB의 중점이고,

점 H는 선분 CR의 2 : 1내분점이다.

내분점의 공식에 의하여

R(4, 0, 0), H$\left(\frac{8+c}{3}, 2, 0\right)$

$\overline{PH}=4$에서 점 P의 z좌표는 4이므로

P$\left(\frac{8+c}{3}, 2, 4\right)$

x축 위의 점 Q의 x좌표, z좌표는 각각 점 H의 x좌표, z좌표와 같으므로

Q$\left(\frac{8+c}{3}, 0, 0\right)$

두 점 사이의 거리 공식에 의하여

$\overline{PQ}=\sqrt{0^2+2^2+4^2}=2\sqrt{5}$

답 ②

[풀이3] 시험장

삼각형 ABC가 $\overline{AC}=\overline{BC}$인 이등변삼각형이라고 해도 풀이의 일반성을 잃지 않는다.

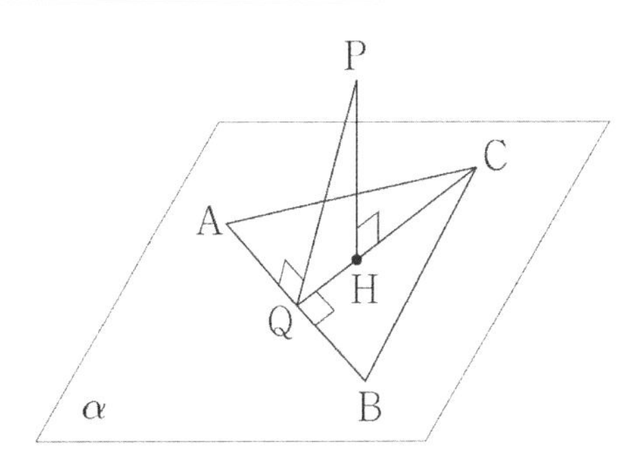

삼각형 ABC가 이등변삼각형이므로 직선 CH가 선분 AB와 만나는 점은 Q와 일치한다. (만약 삼각형 ABC가 이등변삼각형이 아니라면 두 점이 반드시 일치하는 것은 아니다.)

이등변삼각형 ABC의 넓이가 24이므로

$\overline{CQ}=6$, $\overline{HQ}=2$

직각삼각형 PHQ에서 피타고라스의 정리에 의하여

$\therefore\ \overline{PQ}=2\sqrt{5}$

답 ②

P014 | 답 ③

[풀이]

점 C(D)에서 밑면에 내린 수선의 발을 H(H′), 점 H(H′)에서 선분 AB에 내린 수선의 발을 I(I′)라고 하자. 그리고 밑면의 중심을 O라고 하자. 이때, 점 O는 선분 AB의 중점이다.

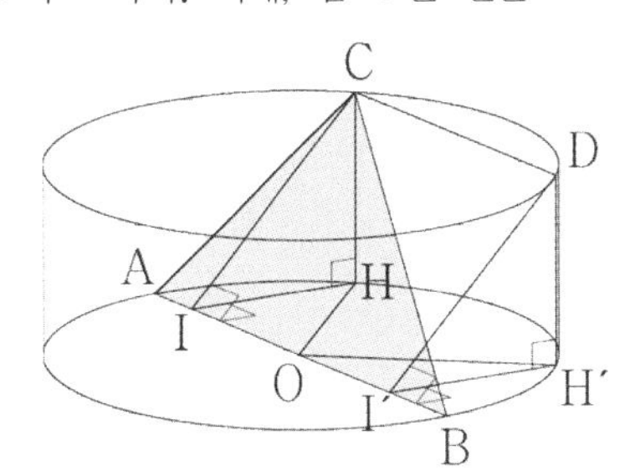

$\overline{CH}\perp$(밑면), $\overline{HI}\perp\overline{AB}$

이므로 삼수선의 정리에 의하여

$\overline{CI}\perp\overline{AB}$

마찬가지의 이유로

$\overline{DI'}\perp\overline{AB}$

조건 (가)에 의하여

($\triangle$ABC의 넓이)$=\frac{1}{2}\times8\times\overline{CI}=16$, $\overline{CI}=4$

두 직각삼각형 CIH, HIO에서 피타고라스의 정리에 의하여

$\overline{HI}=\sqrt{4^2-3^2}=\sqrt{7}$, $\overline{IO}=\sqrt{4^2-(\sqrt{7})^2}=3$

조건 (나)에 의하여 네 점 A, B, C, D는 한 평면 위에 있으므로

$\therefore\ \overline{CD}=\overline{II'}=2\overline{IO}=6$

답 ③

P015 | 답 ③

[풀이1]

점 H에서 세 선분 BC, CD, DB에 내린 수선의 발을 각각 E, F, G라고 하자.

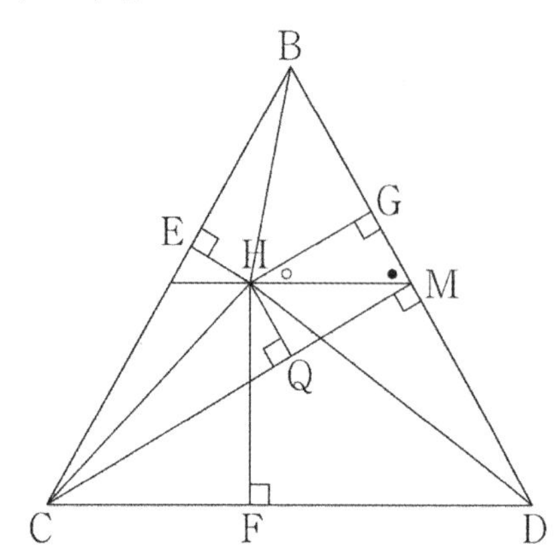

(단, ○ = 30°, ● = 60°)

세 삼각형 HBC, HCD, HDB의 넓이의 비가 1 : 3 : 2이므로

(△BCD의 넓이) = 2 × (△HCD의 넓이)

즉, $\overline{\mathrm{HF}} = \frac{1}{2} \times$(△BCD의 높이)

그런데 점 M은 선분 BD의 중점이므로

$\overline{\mathrm{HM}} // \overline{\mathrm{CD}}$

그러므로 위의 그림과 같이 두 각의 크기가 각각 ○, ●로 결정된다.

세 선분 HE, HF, HG의 길이는 각각

$\sqrt{3}$, $3\sqrt{3}$, $2\sqrt{3}$ $(= \overline{\mathrm{HG}})$

직각삼각형 HMG에서

$\overline{\mathrm{GM}} = 2 (= \overline{\mathrm{HQ}})$

직각삼각형 AHQ에서

$\therefore\ \overline{\mathrm{AQ}} = \sqrt{3^2 + 2^2} = \sqrt{13}$

답 ③

[풀이2]

점 H에서 세 선분 BC, CD, DB에 내린 수선의 발을 각각 E, F, G, 선분 MH의 연장선이 선분 BC와 만나는 점을 L이라고 하자.

$\overline{\mathrm{AH}} \perp$ (평면 BCD), $\overline{\mathrm{AQ}} \perp \overline{\mathrm{CM}}$

이므로 삼수선의 정리❷에 의하여

$\overline{\mathrm{HQ}} \perp \overline{\mathrm{CM}}$

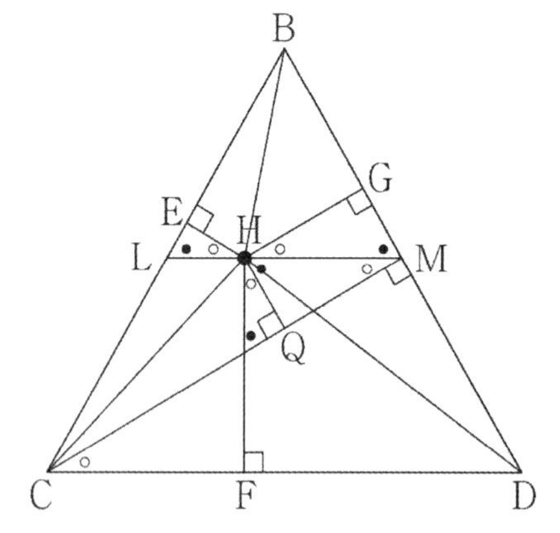

(단, ● = 60°, ○ = 30°)

세 삼각형 BCH의 넓이를 s라고 하면

두 삼각형 CDH, DBH의 넓이는 각각 $3s$, $2s$이다.

(△BCD의 넓이) $= s + 2s + 3s = 6s$

즉, (△BCD의 넓이) = 6 × (△BCH의 넓이)

삼각형의 넓이를 구하는 공식에 의하여

$$\frac{\sqrt{3}}{4} \times 12^2 = 6 \times \left(\frac{1}{2} \times 12 \times \overline{\mathrm{HE}}\right)$$

정리하면

$\overline{\mathrm{HE}} = \sqrt{3}$

이므로

$\overline{\mathrm{HG}} = 2\sqrt{3}$, $\overline{\mathrm{HF}} = 3\sqrt{3}$

(∵ 문제에서 주어진 세 삼각형의 넓이의 비에 의하여 $\overline{\mathrm{HE}} : \overline{\mathrm{HG}} : \overline{\mathrm{HF}} = 1 : 2 : 3$)

그런데 선분 HF의 길이는 정삼각형 BCD의 높이$(6\sqrt{3})$의 절반이므로

$\overline{\mathrm{LM}} // \overline{\mathrm{CD}}$

이제 다음이 성립함을 알 수 있다.

$\angle \mathrm{ELH} = 60° = \angle \mathrm{BCD}$(동위각),

$\angle \mathrm{GMH} = 60° = \angle \mathrm{BDC}$(동위각)

$\angle \mathrm{LHE} = \angle \mathrm{GHM} = 30°$

(∵ 삼각형의 세 내각의 합은 180° 이다.)

직각삼각형 GHM에서 특수각의 삼각비에 의하여

$\overline{\mathrm{HM}} = 4$

$\angle \mathrm{HMQ} = 30° = \angle \mathrm{MCD}$(엇각)

(←또한 ∠MHG의 엇각이기도 하다.)

직각삼각형 MHQ에서 특수각의 삼각비에 의하여

$\overline{\mathrm{HQ}} = 2$

(←물론 다음과 같이 선분 HQ의 길이를 구하는 것이 가장 빠르다.

직각삼각형 HMG에서 $\overline{\mathrm{MG}} = 2$이므로

직사각형 HQMG에서 $\overline{\mathrm{HQ}} = \overline{\mathrm{GM}} = 2$)

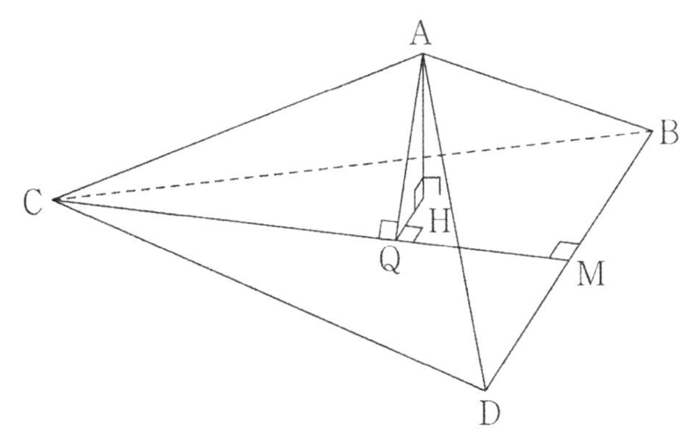

직선과 평면의 수직에 대한 정의에 의하여

$\overline{AH} \perp \overline{HQ}$

직각삼각형 AQH에서 피타고라스의 정리에 의하여

$\overline{AQ} = \sqrt{3^2+2^2} = \sqrt{13}$

답 ③

[참고1] ★

다음과 같은 성질을 이용하여 세 선분 HE, HF, HG의 길이를 빠르게 구할 수 있다.

'정삼각형의 내부의 임의의 점에서 이 정삼각형의 세 변에 내린 세 수선의 길이의 합은 이 정삼각형의 높이와 같다.'

위의 성질에 의하여

$\overline{HE} + \overline{HF} + \overline{HG} = 6\sqrt{3}$

그런데 세 삼각형 BCH, CDH, DBH의 넓이의 비는 1 : 3 : 2이므로

$\overline{HE} : \overline{HG} : \overline{HF} = 1 : 2 : 3$

$\therefore\ \overline{HE} = \sqrt{3},\ \overline{HG} = 2\sqrt{3},\ \overline{HF} = 3\sqrt{3}$

[참고2] [참고1]에 대한 증명(1) ★

높이가 h인 정삼각형의 세 꼭짓점을 각각 A, B, C라고 하자. 점 P에서 세 변 AB, BC, CA에 이르는 거리를 각각 a, b, c라고 하자.

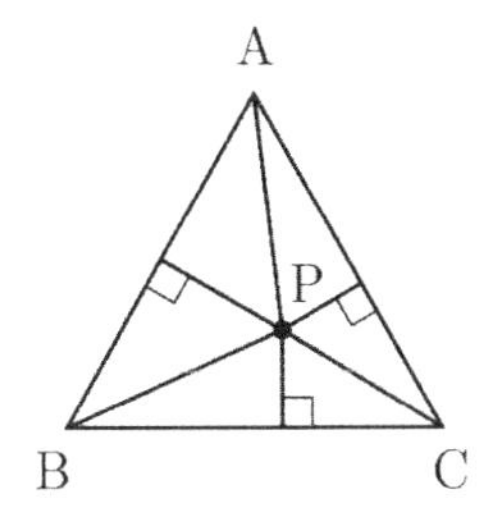

삼각형의 넓이를 구하는 공식에 의하여

(△ABC의 넓이)

$= \frac{1}{2} \times \frac{2\sqrt{3}}{3}h \times h = \frac{\sqrt{3}}{3}h^2$ …㉠

(△ABC의 넓이)

$=$(△PAB의 넓이)$+$(△PBC의 넓이)

$+$(△PCA의 넓이)

$= \frac{1}{2} \times \frac{2\sqrt{3}}{3}h \times a + \frac{1}{2} \times \frac{2\sqrt{3}}{3}h \times b$

$+ \frac{1}{2} \times \frac{2\sqrt{3}}{3}h \times c = \frac{\sqrt{3}}{3}h(a+b+c)$ …㉡

㉠, ㉡에서 $h = a+b+c$

[참고3] [참고1]에 대한 증명(2) ★

높이가 h인 정삼각형의 세 꼭짓점을 각각 A, B, C라고 하자. 점 P에서 세 변 AB, BC, CA에 내린 수선의 발을 각각 D, E, F, 점 P를 지나고 직선 BC에 평행한 직선이 선분 AB와 만나는 점을 G, 점 G를 지나고 직선 AC에 평행한 직선이 선분 BC와 만나는 점을 H, 점 P에서 선분 GH에 내린 수선의 발을 D′라고 하자. 이때, 두 점 D, D′는 직선 GP에 대하여 서로 대칭이다.

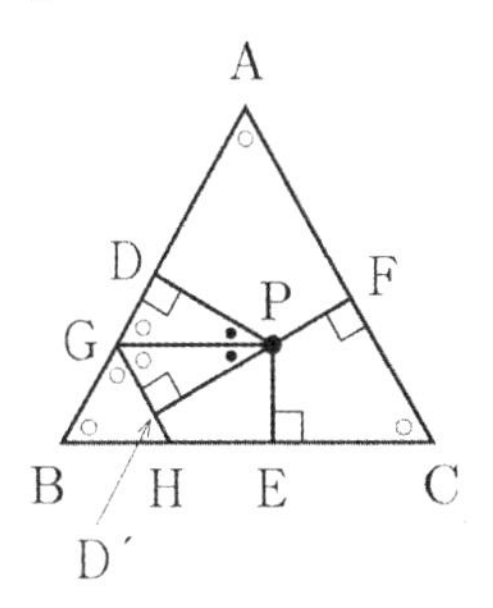

두 직선 GP, BC가 서로 평행하므로

평행선의 성질에 의하여

$\angle DGP = \angle ABC = 60°$ (동위각)

두 직선 GH, AC가 서로 평행하므로

평행선의 성질에 의하여

$\angle BGH = \angle BAC = 60°$ (동위각)

$\angle PGH = 180° - \angle DGP - \angle HGB = 60°$

두 직각삼각형 PGD, PGD′는 서로 합동이므로

$\overline{PD} = \overline{PD'}$ …㉠

$\overline{PD} + \overline{PE} + \overline{PF}$

$= \overline{PD'} +$(정삼각형 GBH의 높이)$+ \overline{PF}$

$=$(점 B와 직선 AC 사이의 거리)$= h$

[참고4]

다음과 같이 선분 HQ의 길이를 구해도 좋다.

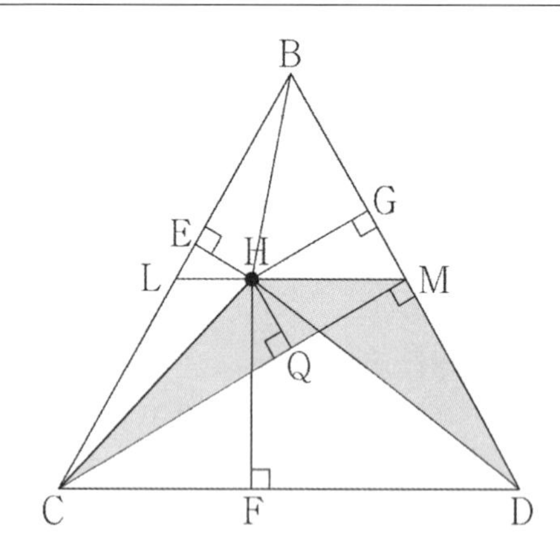

$\overline{HF}=3\sqrt{3}=$(정삼각형 BCD의 높이의 절반)

이므로

$\overline{HM}//\overline{CD}$

두 삼각형 HCM, HDM의 넓이가 같으므로

$\frac{1}{2}\overline{HM}\,\overline{HF}=\frac{1}{2}\overline{DM}\,\overline{HG}$

즉, $\frac{1}{2}\overline{HM}\times3\sqrt{3}=\frac{1}{2}\times6\times2\sqrt{3}$

정리하면

$\overline{HM}=4$

직각삼각형 HMG에서 피타고라스의 정리에 의하여

$\overline{GM}=\sqrt{4^2-(2\sqrt{3})^2}=2$

직사각형 HQMG에서

$\overline{HQ}=\overline{GM}=2$

P016 |답 20

[풀이]

점 D에서 평면 ABC에 내린 수선의 발을 E, 점 E에서 직선 AB에 내린 수선의 발을 F라고 하자.

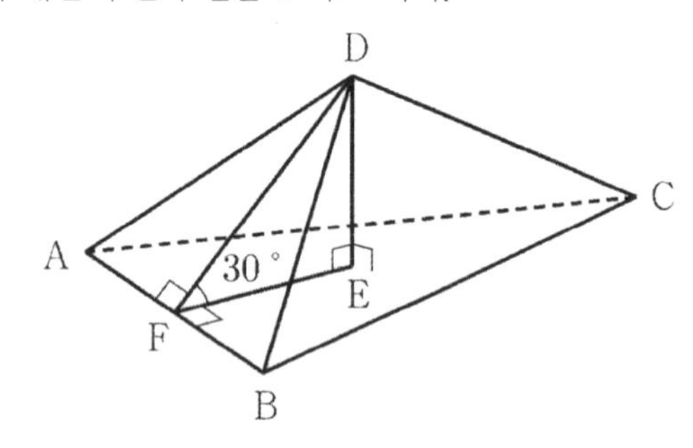

$\overline{DE}\perp$(평면 ABC), $\overline{EF}\perp\overline{AB}$

삼수선의 정리에 의하여

$\overline{DF}\perp\overline{AB}$

삼각형의 넓이를 구하는 공식에 의하여

($\triangle$ABD의 넓이)$=\frac{1}{2}\times\overline{AB}\times\overline{DF}=15$ 풀면 $\overline{DF}=6$

직각삼각형 DFE에서 삼각비의 정의에 의하여

$\overline{DE}=\overline{FD}\sin30^\circ=3$

각뿔의 부피를 구하는 공식에 의하여

$\therefore$ (사면체 ABCD의 부피)

$=\frac{1}{3}\times$($\triangle$ABC의 넓이)$\times\overline{DE}$

$=\frac{1}{3}\times20\times3=20$

답 20

P017 |답 ②

[풀이]

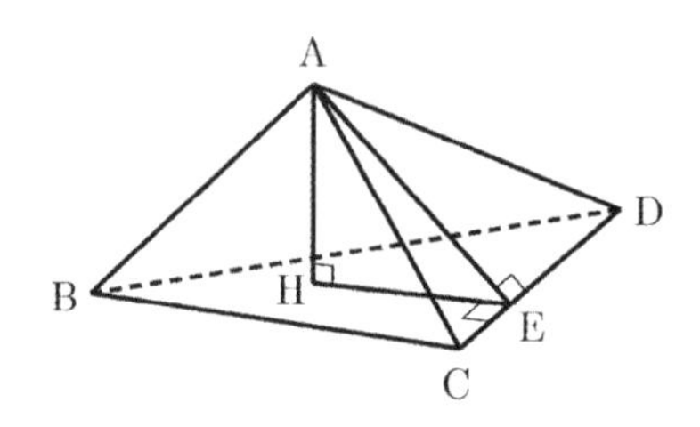

점 A에서 평면 BCD에 내린 수선의 발은 H이다.

$\overline{AH}\perp$ BCD

점 A에서 직선 CD에 내린 수선의 발을 E라고 하자.

$\overline{AE}\perp\overline{CD}$

삼수선의 정리에 의하여

$\overline{HE}\perp\overline{CD}$

이면각의 정의에 의하여 두 평면 ACD, BCD가 이루는 각의 크기는 $\angle$AEH이다.

문제에서 주어진 조건에 의하여

$\angle\text{AEH}=\frac{\pi}{6}$

삼각형의 넓이를 구하는 공식에 의하여

($\triangle$ACD의 넓이)$=\frac{1}{2}\times\overline{AE}\times\overline{CD}=40$

$\overline{CD}=10$이므로 $\overline{AE}=8$

직각삼각형 AEH에서 특수각의 삼각비에 의하여

$\therefore\ \overline{AH}=\overline{EA}\times\sin\frac{\pi}{6}=4$

답 ②

P018 |답 ①

[풀이]

점 C에서 평면 α에 내린 수선의 발을 H, 점 H에서 직선 AB에 내린 수선의 발을 I라고 하자.

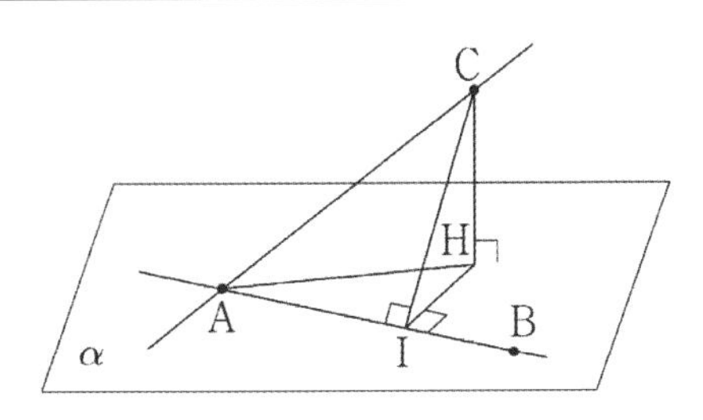

$\overline{CH} \perp \alpha$, $\overline{HI} \perp \overline{AB}$
이므로 삼수선의 정리에 의하여
$\overline{CI} \perp \overline{AB}$
위의 그림에서

$\angle CAB = \theta_1$, $\angle CAH = \frac{\pi}{2} - \theta_1$, $\angle HCA = \theta_1$

이다.
$\overline{CA} = 5k$로 두자.
두 직각삼각형 CAI, CAH에서 삼각비의 정의에 의하여
$\overline{CI} = 4k$, $\overline{AI} = 3k$, $\overline{CH} = 3k$, $\overline{AH} = 4k$
직각삼각형 HAI에서 피타고라스의 정리에 의하여
$\overline{HI} = \sqrt{(4k)^2 - (3k)^2} = \sqrt{7}k$
이면각의 정의에 의하여

$\therefore \cos\theta_2 = \cos(\angle CIH) = \frac{\overline{IH}}{\overline{CI}} = \frac{\sqrt{7}}{4}$

답 ①

P019 | 답 ③

[풀이1]
정육면체의 정의에 의하여
$\overline{AD} // \overline{FG}$
평면의 결정 조건에 의하여 점 D는 평면 AFG 위에 있다.
즉, 네 점 A, F, G, D는 한 평면 위에 있다.

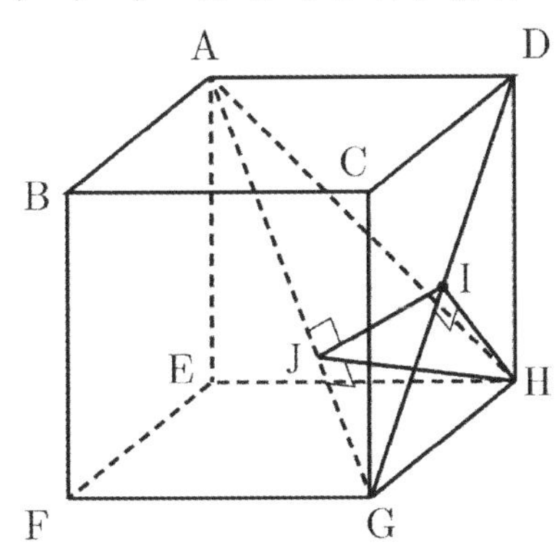

정육면체의 정의에 의하여
$\overline{AD} \perp$ CGHD
평면 CGHD에 수직인 직선 AD를 포함하는 평면 AFGD에 대하여
AFGD $\perp$ CGHD
점 H에서 두 평면 AFGD, CGHD의 교선 GD에 내린 수선의 발을 I라고 하면
$\overline{HI} \perp$ AFGD
점 I에서 선분 AG에 내린 수선의 발을 J라고 하면
삼수선의 정리에 의하여
$\overline{HJ} \perp \overline{AG}$
이면각의 정의에 의하여
$\angle HJI = \theta$
정육면체의 정의에 의하여
$\overline{GH} \perp$ AEHD
직선과 평면의 수직에 대한 정의에 의하여
$\overline{GH} \perp \overline{AH}$
삼각형의 넓이를 구하는 공식에 의하여
(△AGH의 넓이)

$= \frac{1}{2} \times \overline{AH} \times \overline{HG} = \frac{1}{2} \times \overline{AG} \times \overline{HJ}$

대입하여 정리하면

$\overline{HJ} = \frac{\sqrt{6}}{3}$

점 I는 정사각형 CGHD의 두 대각선의 교점이므로

$\overline{HI} = \frac{\sqrt{2}}{2}$

직각삼각형 HJI에서 피타고라스의 정리에 의하여

$\overline{JI} = \sqrt{\overline{HJ}^2 - \overline{HI}^2} = \frac{\sqrt{6}}{6}$

직각삼각형 HJI에서 삼각비의 정의에 의하여

$\cos\theta = \frac{\overline{JI}}{\overline{HJ}} = \frac{1}{2}$

$\therefore \cos^2\theta = \frac{1}{4}$

답 ③

[풀이2] (정사영)

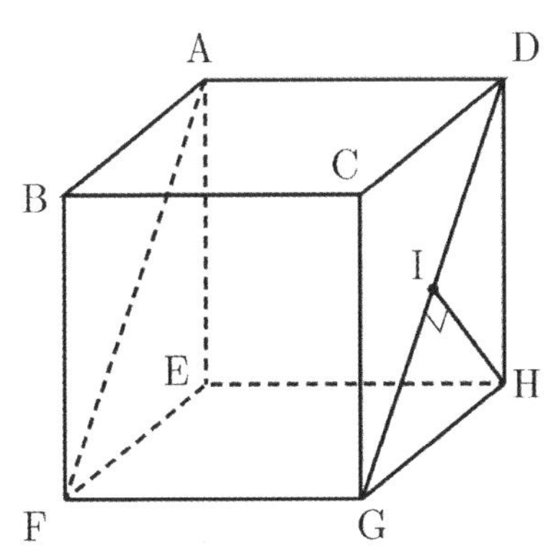

정육면체의 정의에 의하여
$\overline{AD} \perp$ CGHD
평면 CGHD에 수직인 직선 AD를 포함하는 평면 AFGD에

대하여

AFGD ⊥ CGHD

점 H에서 두 평면 AFGD, CGHD의 교선 GD에 내린 수선의 발을 I라고 하면

$\overline{HI} \perp$ AFGD

점 H에서 평면 AFGD에 내린 수선의 발은 I이므로 삼각형 AGH의 평면 AFGD 위로의 정사영은 삼각형 AGI이다.

두 삼각형 AGH, AGI의 넓이를 각각 S, T라고 하자.

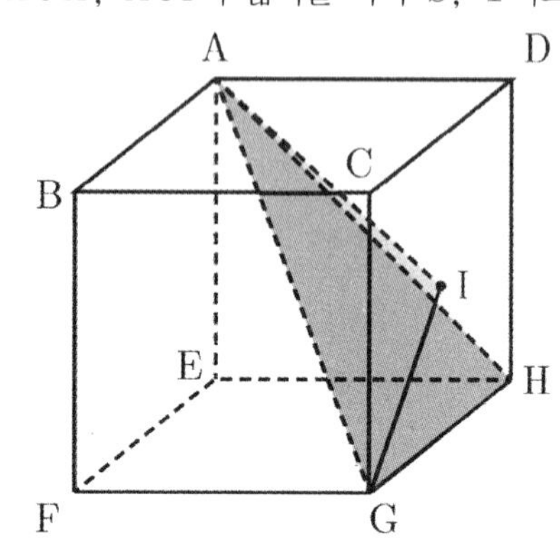

정육면체의 정의에 의하여

$\overline{GH} \perp$ AEHD

직선과 평면의 수직에 대한 정의에 의하여

$\overline{GH} \perp \overline{HA}$

삼각형 AGH는 ∠GHA = 90° 인 직각삼각형이다.

삼각형의 넓이를 구하는 공식에 의하여

$$S = \frac{1}{2} \times \overline{GH} \times \overline{HA} = \frac{\sqrt{2}}{2}$$

점 I는 정사각형 CGHD의 대각선 GD의 중점이므로

$$T = \frac{1}{2} \times (\triangle \text{AGD의 넓이}) = \frac{\sqrt{2}}{4}$$

정사영의 넓이에 대한 공식에 의하여

$$\cos\theta = \frac{T}{S} = \frac{1}{2}$$

$$\therefore \ \cos^2\theta = \frac{1}{4}$$

답 ③

P020 | 답 ⑤

[풀이1] ★

두 직선 PQ, DQ′이 서로 평행하도록 모서리 BC 위에 점 Q′을 잡자. 이때, 두 직선 QR, Q′G도 서로 평행하다.

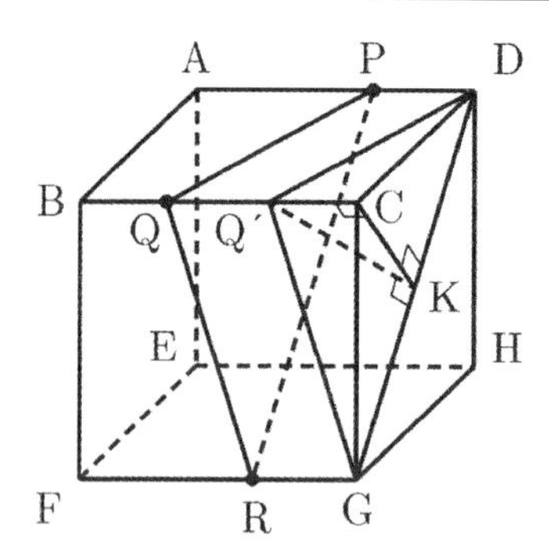

정육면체의 정의에 의하여

직선 BC가 평면 CGHD에 수직이므로

$\overline{Q'C} \perp$ CGHD

점 C에서 선분 GD에 내린 수선의 발을 K라고 하면

$\overline{CK} \perp \overline{GD}$

삼수선의 정리에 의하여

$\overline{Q'K} \perp \overline{GD}$

두 평면 PQR, DQ′G는 서로 평행하므로

두 평면 DQ′G, CGHD가 이루는 각의 크기는 θ이다.

두 평면 DQ′G, CGHD의 교선은 GD이고

두 선분 CK, Q′K는 각각 직선 GD에 수직이므로

이면각의 정의에 의하여

$\angle Q'KC = \theta$

정사각형 CGHD의 두 대각선의 교점이 K이므로

$$\overline{CK} = \frac{3\sqrt{2}}{2}$$

평행사변형 PQQ′D에서

$\overline{QQ'} = \overline{PD} = 1$이므로

$\overline{Q'C} = \overline{BC} - \overline{BQ} - \overline{QQ'} = 1$

직각삼각형 Q′KC에서 피타고라스의 정리에 의하여

$$\overline{Q'K} = \sqrt{\overline{Q'C}^2 + \overline{CK}^2} = \frac{\sqrt{22}}{2}$$

$$\therefore \ \cos\theta = \frac{\overline{KC}}{\overline{Q'K}} = \frac{3\sqrt{11}}{11}$$

답 ⑤

[풀이2] (정사영) ★

점 P에서 모서리 BC에 내린 수선의 발을 I, 점 Q에서 선분 PR에 내린 수선의 발을 J라고 하자.

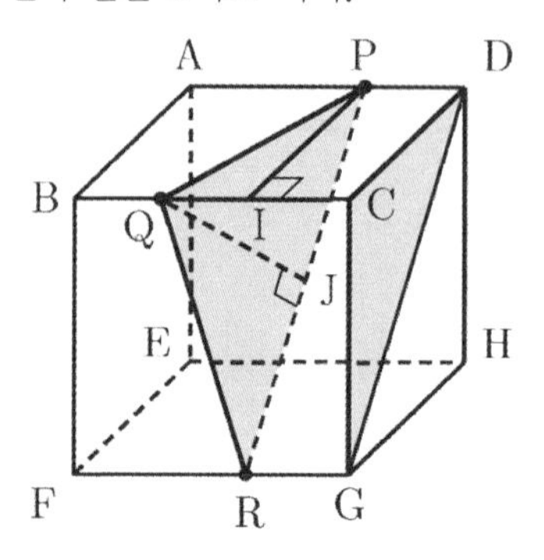

정육면체의 정의에 의하여
직선 AD가 평면 CGHD에 수직이므로
점 P에서 평면 CGHD에 내린 수선의 발은 D이다.
마찬가지의 이유로 두 점 Q, R에서 평면 CGHD에 내린 수선의 발은 각각 C, G이다.
그러므로 삼각형 PQR의 평면 CGHD 위로의 정사영은 삼각형 DCG이다.
두 삼각형 PQR, DCG의 넓이를 각각 S, T라고 하자.
직각삼각형 PQI에서 피타고라스의 정리에 의하여
$\overline{PQ}=\sqrt{\overline{QI}^2+\overline{IP}^2}=\sqrt{10}$
마찬가지의 방법으로
$\overline{QR}=\sqrt{10}$
삼각형 PQR은 $\overline{PQ}=\overline{QR}$인 이등변삼각형이다.
직각삼각형 PRGD에서
$\overline{PR}=\overline{DG}=3\sqrt{2}$
직각삼각형 PQJ에서 피타고라스의 정리에 의하여
$\overline{QJ}=\sqrt{\overline{PQ}^2-\overline{PJ}^2}=\dfrac{\sqrt{22}}{2}$
삼각형의 넓이를 구하는 공식에 의하여
$S=\dfrac{1}{2}\times\overline{PR}\times\overline{QJ}=\dfrac{3\sqrt{11}}{2}$
$T=\dfrac{1}{2}\times\overline{DC}\times\overline{CG}=\dfrac{9}{2}$
정사영의 넓이에 대한 공식에 의하여
$\therefore\ \cos\theta=\dfrac{T}{S}=\dfrac{3\sqrt{11}}{11}$
답 ⑤

P021 | 답 ①

[풀이1]
점 P에서 직선 AB와 평면 AEFB에 내린 수선의 발을 각각 R, S라고 하자.

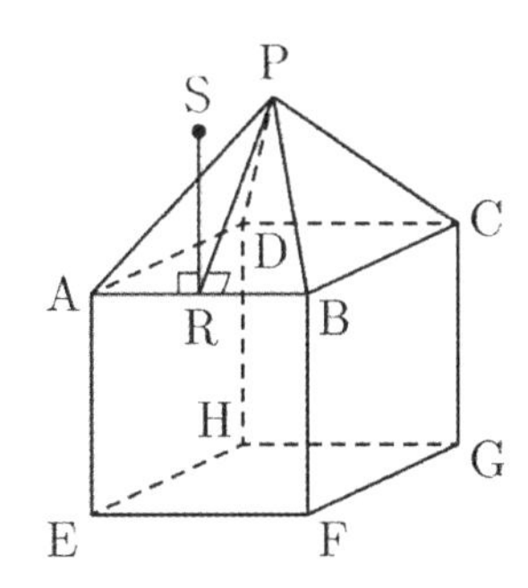

$\overline{PS}\perp$(평면 AEFB), $\overline{PR}\perp\overline{AB}$
이므로 삼수선의 정리에 의하여
$\overline{AB}\perp\overline{RS}$
두 평면 PAB, AEFB의 교선이 AB이고,
두 선분 PR, RS가 각각 선분 AB에 수직이므로
이면각의 정의에 의하여
$\angle PRS=\theta$
정삼각형 PAB의 한 변의 길이가 2이므로
$\overline{PR}=\sqrt{3}$
$\overline{PS}$=(점 P에서 평면 AEFB에 이르는 거리)
$=\dfrac{1}{2}\overline{BC}=1$
직각삼각형 PRS에서 삼각비의 정의에 의하여
$\sin\theta=\dfrac{\overline{PS}}{\overline{RP}}=\dfrac{\sqrt{3}}{3}$ 즉, $\sin\theta=\dfrac{\sqrt{3}}{3}$
$\therefore\ \cos\theta=\dfrac{\sqrt{6}}{3}$
답 ①

[풀이2]
점 P에서 평면 ABCD와 직선 AB에 내린 수선의 발을 각각 Q, R이라고 하자.

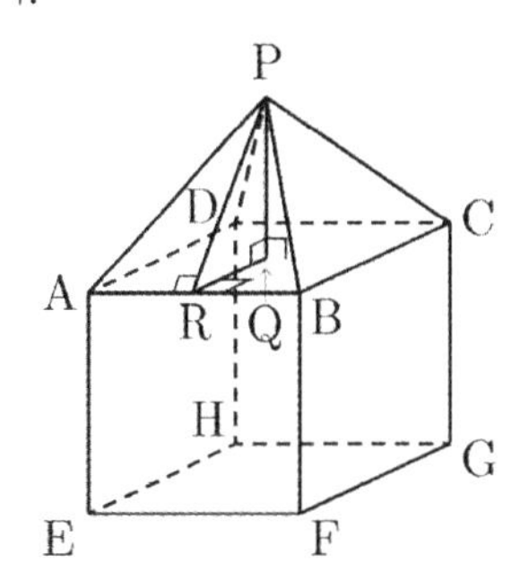

$\overline{PQ}\perp$(평면ABCD), $\overline{PR}\perp\overline{AB}$
이므로 삼수선의 정리에 의하여
$\overline{AB}\perp\overline{QR}$
두 평면 PAB, AEFB의 교선이 AB이고,
두 선분 PR, RQ가 각각 선분 AB에 수직이므로
이면각의 정의에 의하여
$\angle PRQ=\dfrac{\pi}{2}-\theta$
정삼각형 PAB의 한 변의 길이가 2이므로
$\overline{PR}=\sqrt{3}$
점 Q는 정사각형 ABCD의 두 대각선의 교점이므로
$\overline{RQ}=\dfrac{1}{2}\overline{BC}=1$
직각삼각형 PRQ에서 삼각비의 정의에 의하여
$\cos\left(\dfrac{\pi}{2}-\theta\right)=\dfrac{\overline{RQ}}{\overline{PR}}=\dfrac{\sqrt{3}}{3}$ 즉, $\sin\theta=\dfrac{\sqrt{3}}{3}$
$\therefore\ \cos\theta=\dfrac{\sqrt{6}}{3}$
답 ①

[풀이3] (정사영)
점 P에서 평면 ABCD와 직선 AB에 내린 수선의 발을 각각 Q, R이라고 하자.

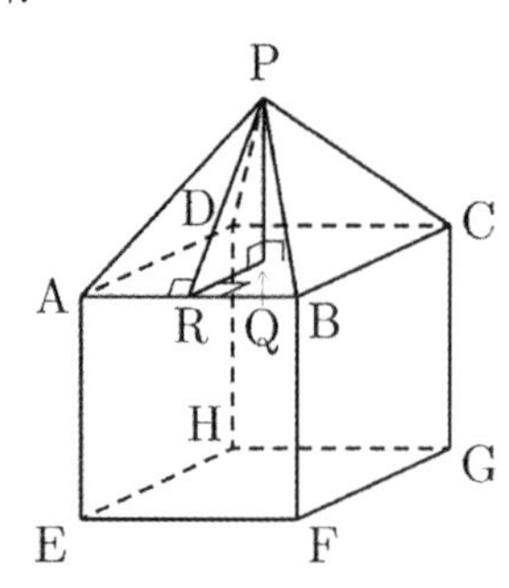

$\overline{PQ} \perp$(평면ABCD), $\overline{PR} \perp \overline{AB}$
이므로 삼수선의 정리에 의하여
$\overline{AB} \perp \overline{QR}$
두 평면 PAB, AEFB의 교선이 AB이고,
두 선분 PR, RQ가 각각 선분 AB에 수직이므로
이면각의 정의에 의하여
$\angle PRQ = \frac{\pi}{2} - \theta$

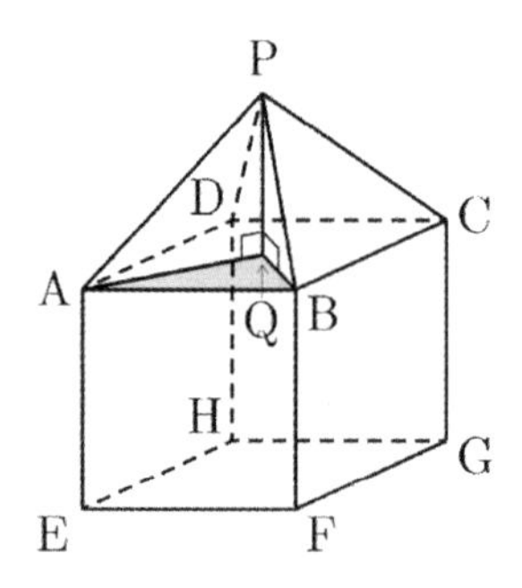

두 삼각형 PAB, QAB의 넓이를 각각 S, T라고 하자.
정삼각형의 넓이를 구하는 공식에 의하여
$S = \frac{\sqrt{3}}{4} \times 2^2 = \sqrt{3}$
점 Q는 정사각형 ABCD의 두 대각선의 교점이므로
점 Q에서 직선 AB에 이르는 거리는 $1\left(= \frac{1}{2}\overline{BC}\right)$이다.
삼각형의 넓이를 구하는 공식에 의하여
$T = \frac{1}{2} \times 2 \times 1 = 1$
정사영의 넓이에 대한 공식에 의하여
$\cos\left(\frac{\pi}{2} - \theta\right) = \frac{T}{S} = \frac{\sqrt{3}}{3}$ 즉, $\sin\theta = \frac{\sqrt{3}}{3}$
$\therefore \cos\theta = \frac{\sqrt{6}}{3}$

답 ①

P022 | 답 ⑤

[풀이1]
정사면체 OABC의 한 모서리의 길이를 3으로 두어도 풀이의 일반성을 잃지 않는다.
두 선분 QR, AP의 중점을 각각 D, E라고 하자. 그리고 두 평면 ABC, PQR이 이루는 각의 크기를 θ라고 하자.

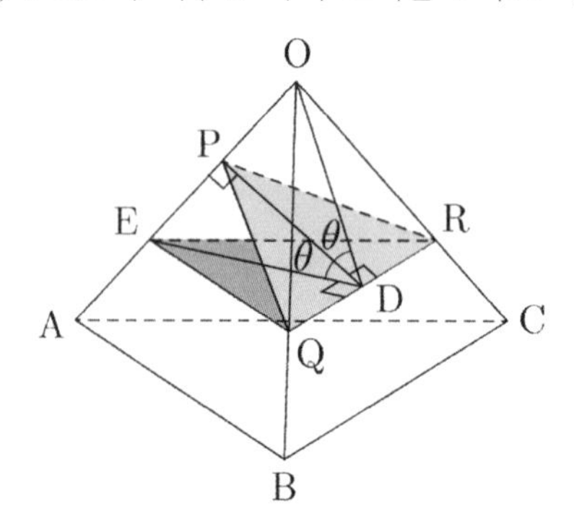

위의 그림과 같이 두 평면 ABC, EQR은 서로 평행하므로 두 평면 ABC, EQR이 이루는 각의 크기는 θ이다.
정사면체 OEQR에서
$\overline{PD} \perp \overline{QR}$, $\overline{ED} \perp \overline{QR}$
이므로 이면각의 정의에 의하여
$\angle PDE = \theta$ (그리고 $\angle ODP = \theta$)
$\overline{OD} = \overline{DE}$인 이등변삼각형 OED에서
$\overline{PE} = 1$, $\overline{ED} = \sqrt{3}$, $\overline{PD} = \sqrt{2}$
$\therefore \cos\theta = \frac{\sqrt{2}}{\sqrt{3}} = \frac{\sqrt{6}}{3}$

답 ⑤

[풀이2] ★
정사면체 OABC의 한 모서리의 길이를 3으로 두어도 풀이의 일반성을 잃지 않는다.
주어진 조건에서
$\overline{OP} = 1$, $\overline{OQ} = 2$, $\angle QOP = 60°$
이므로 $\triangle OPQ$는 $\angle OPQ = 90°$ 인 직각삼각형이다.
마찬가지의 방법으로
$\triangle OPR$은 $\angle OPR = 90°$ 인 직각삼각형이다.
$\overline{OP} \perp \overline{PQ}$, $\overline{OP} \perp \overline{PR}$
이므로 직선과 평면의 수직에 대한 정의에 의하여
$\overline{OP} \perp$(평면 PQR)
선분 AP의 중점을 E, 이등변삼각형 PQR에서 $\angle P$의 이등분선과 변 QR의 교점을 D라고 하자. 이등변삼각형의 성질에 의하여 선분 PD는 선분 QR을 수직이등분한다. 이때, 점 D는 이등변삼각형 EQR에서 $\angle E$의 이등분선과 변 QR의 교점이기도 하다.

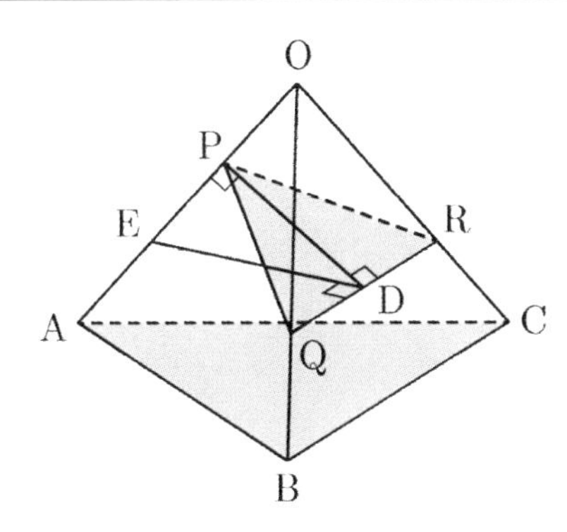

서로 닮은 두 삼각형 OAB, OEQ에 대하여

$\overline{OA}:\overline{OE}=\overline{OB}:\overline{OQ}$이므로 $\overline{EQ}//\overline{AB}$

직선 AB를 포함하고 직선 EQ를 포함하지 않는

평면 ABC에 대하여 $\overline{EQ}//\overline{AB}$이므로

(평면 ABC)//$\overline{EQ}$ …㉠

마찬가지의 방법으로

(평면 ABC)//$\overline{ER}$ …㉡

㉠, ㉡에 의하여

(평면 ABC)//(평면 EQR)

두 평면 PQR과 EQR이 이루는 각의 크기는 θ이다.

$\overline{EP}\perp$(평면 PQR), $\overline{PD}\perp\overline{QR}$이므로

삼수선의 정리에 의하여

$\overline{ED}\perp\overline{QR}$

두 평면 PQR과 EQR의 교선은 QR이고

$\overline{PD}\perp\overline{QR}$, $\overline{ED}\perp\overline{QR}$

이므로 이면각의 정의에 의하여

$\angle EDP=\theta$

직각삼각형 PQD에서 피타고라스의 정리에 의하여

$\overline{PD}=\sqrt{\overline{PQ}^2-\overline{QD}^2}=\sqrt{(\sqrt{3})^2-1^2}=\sqrt{2}$

직각삼각형 EDP에서 피타고라스의 정리에 의하여

$\overline{ED}=\sqrt{\overline{DP}^2+\overline{PE}^2}=\sqrt{(\sqrt{2})^2+1^2}=\sqrt{3}$

직각삼각형 EDP에서 삼각비의 정의에 의하여

$\cos\theta=\dfrac{\overline{DP}}{\overline{ED}}=\dfrac{\sqrt{2}}{\sqrt{3}}=\dfrac{\sqrt{6}}{3}$

답 ⑤

[풀이3]

정사면체 OABC의 한 모서리의 길이를 3으로 두어도 풀이의 일반성을 잃지 않는다.

주어진 조건에서

$\overline{OP}=1$, $\overline{OQ}=2$, $\angle QOP=60^\circ$

이므로 $\triangle OPQ$는 $\angle OPQ=90^\circ$ 인 직각삼각형이다.

마찬가지의 방법으로

$\triangle OPR$은 $\angle OPR=90^\circ$ 인 직각삼각형이다.

$\overline{OP}\perp\overline{PQ}$, $\overline{OP}\perp\overline{PR}$

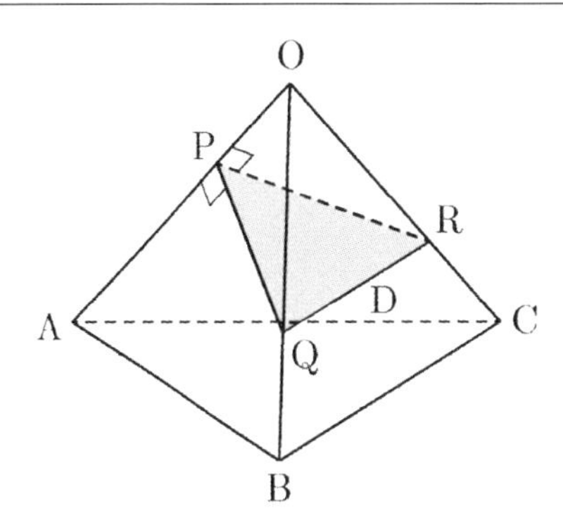

직선과 평면의 수직에 대한 정의에 의하여

$\overline{OP}\perp$(평면 PQR)

점 O에서 평면 ABC에 내린 수선의 발을 H라고 하자.

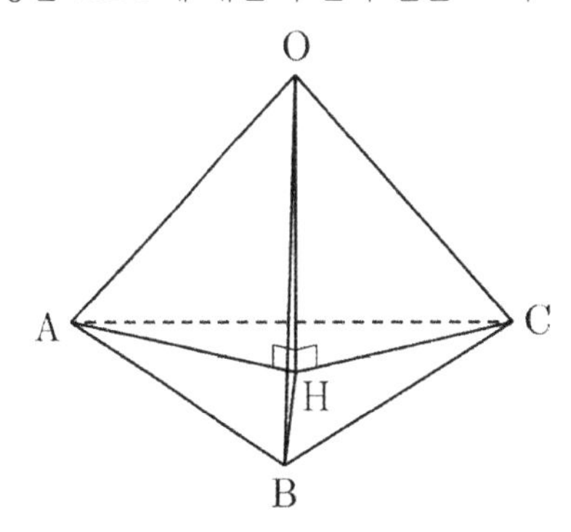

직선과 평면의 수직에 대한 정의에 의하여

$\overline{OH}\perp\overline{HA}$, $\overline{OH}\perp\overline{HB}$, $\overline{OH}\perp\overline{HC}$

세 직각삼각형 OHA, OHB, OHC에서 피타고라스의 정리에 의하여

$\overline{OA}^2=\overline{OH}^2+\overline{HA}^2$

$\overline{OB}^2=\overline{OH}^2+\overline{HB}^2$

$\overline{OC}^2=\overline{OH}^2+\overline{HC}^2$

정사면체의 정의에 의하여

$\overline{OA}=\overline{OB}=\overline{OC}$

이므로

$\overline{HA}=\overline{HB}=\overline{HC}$

정삼각형 ABC에서 점 H는 외심이다. 그런데 정삼각형에서는 외심과 무게중심이 일치하므로 점 H는 삼각형 ABC의 무게중심이다.

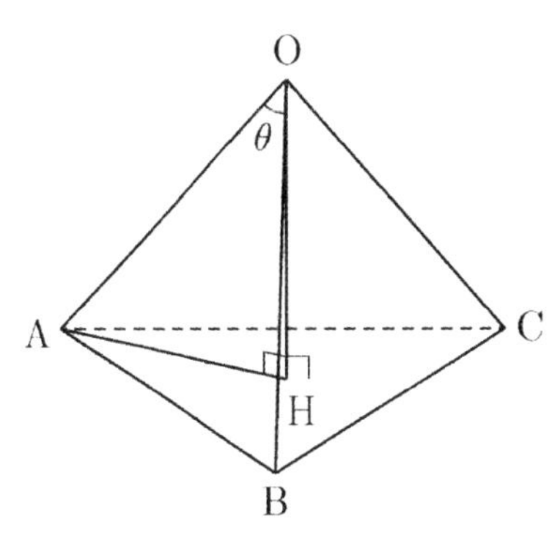

$\overline{OA}\perp$(평면 PQR), $\overline{OH}\perp$(평면 ABC)

이므로

$\angle \mathrm{AOH}=\theta$

직각삼각형 AOH에서 삼각비의 정의에 의하여

$\cos\theta=\dfrac{\overline{\mathrm{OH}}}{\overline{\mathrm{AO}}}=\dfrac{\sqrt{6}}{3}$

답 ⑤

[풀이4] (정사영)

점 O에서 평면 ABC에 내린 수선의 발을 O′이라고 하자. 이때, 점 O′은 삼각형 ABC의 무게중심이다. 그리고 점 P에서 선분 AO′에 내린 수선의 발을 P′이라고 하자.

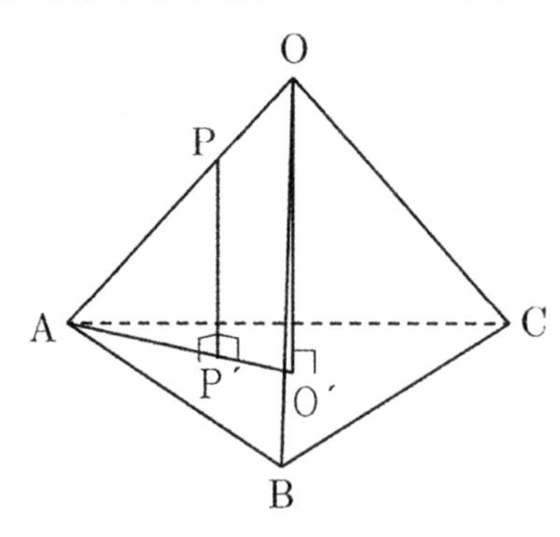

$\overline{\mathrm{OO'}}\perp$(평면 ABC)이므로

직선 OO′을 포함하는 평면 OAO′에 대하여

(평면 OAO′)⊥(평면 ABC)

두 평면 OAO′과 ABC가 서로 수직이므로

$\overline{\mathrm{PP'}}\perp$(평면 ABC)

점 P에서 평면 ABC에 내린 수선의 발은 P′이다.

서로 닮은 두 직각삼각형 OAO′과 PAP′에 대하여

$\overline{\mathrm{AP}}:\overline{\mathrm{PO}}=\overline{\mathrm{AP'}}:\overline{\mathrm{P'O'}}$이므로 $\overline{\mathrm{AP'}}:\overline{\mathrm{P'O'}}=2:1$

두 점 Q, R에서 평면 ABC에 내린 수선의 발을 각각 Q′, R′이라고 하면

마찬가지의 방법으로

$\overline{\mathrm{BQ'}}:\overline{\mathrm{Q'O'}}=1:2$, $\overline{\mathrm{CR'}}:\overline{\mathrm{R'O'}}=1:2$

정사면체 OABC의 한 모서리의 길이를 3으로 두어도 풀이의 일반성을 잃지 않는다.

두 삼각형 PQR, P′Q′R′의 넓이를 각각 S, T라고 하자.

우선 삼각형 PQR의 넓이를 구하자.

주어진 조건에서

$\overline{\mathrm{OP}}=1$, $\overline{\mathrm{OQ}}=2$, $\angle \mathrm{QOP}=60^\circ$

이므로 $\triangle\mathrm{OPQ}$는 $\angle \mathrm{OPQ}=90^\circ$ 인 직각삼각형이다.

마찬가지의 방법으로

$\triangle\mathrm{OPR}$은 $\angle \mathrm{OPR}=90^\circ$ 인 직각삼각형이다.

서로 합동인 두 직각삼각형 OPQ, OPR에서

특수각의 삼각비에 의하여

$\overline{\mathrm{PQ}}=\sqrt{3}$, $\overline{\mathrm{PR}}=\sqrt{3}$

이등변삼각형 PQR에서 ∠P의 이등분선과 변 QR의 교점을 D라고 하자.

이등변삼각형의 성질에 의하여 선분 PD는 선분 QR을 수직이등분한다.

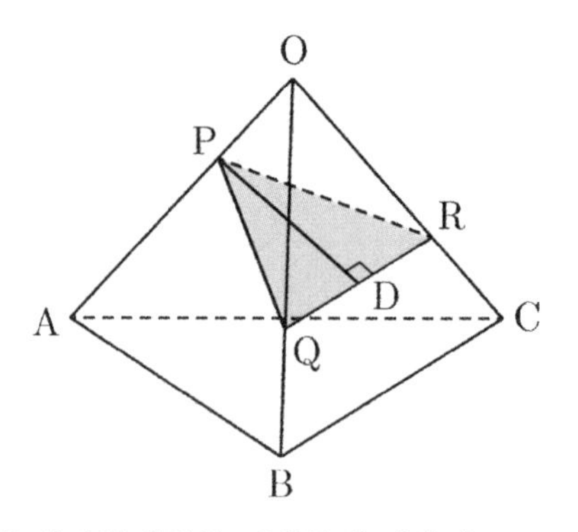

서로 닮은 두 삼각형 OBC, OQR에 대하여

$\overline{\mathrm{OB}}:\overline{\mathrm{BC}}=\overline{\mathrm{OQ}}:\overline{\mathrm{QR}}$이므로 $\overline{\mathrm{QR}}=2$

직각삼각형 PQD에서 피타고라스의 정리에 의하여

$\overline{\mathrm{PD}}=\sqrt{\overline{\mathrm{PQ}}^2-\overline{\mathrm{QD}}^2}=\sqrt{(\sqrt{3})^2-1^2}=\sqrt{2}$

삼각형의 넓이를 구하는 공식에 의하여

$S=\dfrac{1}{2}\times\overline{\mathrm{PD}}\times\overline{\mathrm{QR}}=\sqrt{2}$

이제 삼각형 P′Q′R′의 넓이를 구하자.

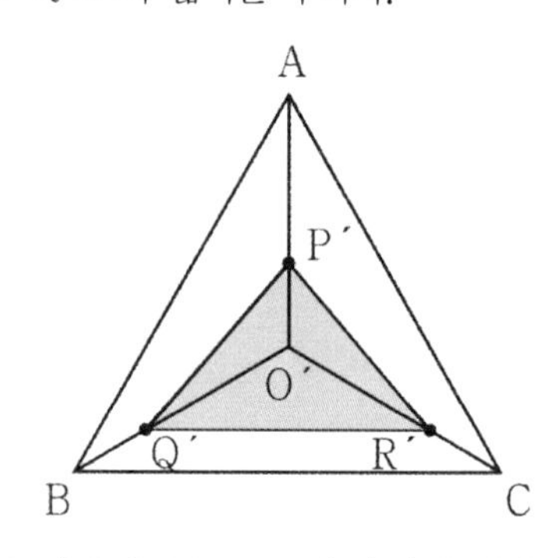

서로 닮음인 두 삼각형 O′BC, O′Q′R′에 대하여

$\overline{\mathrm{O'Q'}}:\overline{\mathrm{O'B}}=\overline{\mathrm{Q'R'}}:\overline{\mathrm{BC}}$이므로 $\overline{\mathrm{Q'R'}}=2$

(점 P′과 직선 Q′R′ 사이의 거리)

$=\overline{\mathrm{P'O'}}+$(점 O′과 직선 Q′R′ 사이의 거리)

$=\dfrac{1}{3}\overline{\mathrm{AO'}}+\dfrac{2}{3}\times$(점 O′과 직선 BC 사이의 거리)

$=\dfrac{1}{3}\times\sqrt{3}+\dfrac{2}{3}\times\dfrac{\sqrt{3}}{2}=\dfrac{2\sqrt{3}}{3}$

삼각형의 넓이를 구하는 공식에 의하여

$T=\dfrac{1}{2}\times\overline{\mathrm{Q'R'}}\times$(점 P′과 직선 Q′R′ 사이의 거리)

$=\dfrac{2\sqrt{3}}{3}$

정사영의 넓이에 대한 공식에 의하여

$\cos\theta=\dfrac{T}{S}=\dfrac{\sqrt{6}}{3}$

혹은 다음과 같이 $\cos\theta$의 값을 구할 수도 있다.

점 P′에서 직선 Q′R′에 내린 수선의 발을 H라고 하면

정사영의 길이에 대한 공식에 의하여

$\cos\theta = \frac{\overline{\mathrm{HP'}}}{\overline{\mathrm{PD}}} = \frac{\sqrt{6}}{3}$

답 ⑤

P023 | 답 24

[풀이1] ★

주어진 반구의 중심을 C, 평면 α와 주어진 반구의 접점을 A, y축 위의 점 $(0,\ 4,\ 0)$을 B라고 하자.

문제에서 주어진 도형들을 평면 ABC로 자른 단면을 관찰하자.

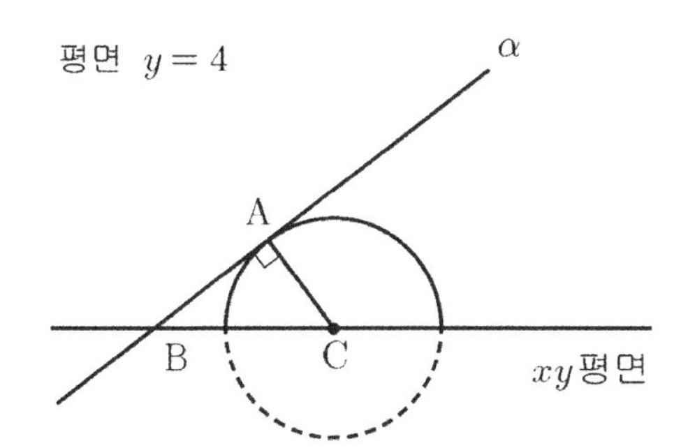

주어진 조건에서

$\overline{\mathrm{BC}} =$(점 C의 x좌표)$=5$

$\overline{\mathrm{CA}} =$(구의 반지름의 길이)$=3$

직각삼각형 ABC에서 피타고라스의 정리에 의하여

$\overline{\mathrm{AB}}=4$

평면 ABC는 y축에 수직이므로

직선과 평면의 수직에 대한 정의에 의하여

$\overline{\mathrm{CB}} \perp (y축)$, $\overline{\mathrm{AB}} \perp (y축)$

이면각의 정의에 의하여

$\angle \mathrm{CBA} = \theta$

직각삼각형 ABC에서

$\cos\theta = \frac{\overline{\mathrm{BA}}}{\overline{\mathrm{CB}}} = \frac{4}{5}$

$\therefore\ 30\cos\theta = 24$

답 24

P024 | 답 12

[풀이1]

점 A에서 평면 β에 내린 수선의 발을 P, 점 P에서 선분 BD에 내린 수선의 발을 Q라고 하자.

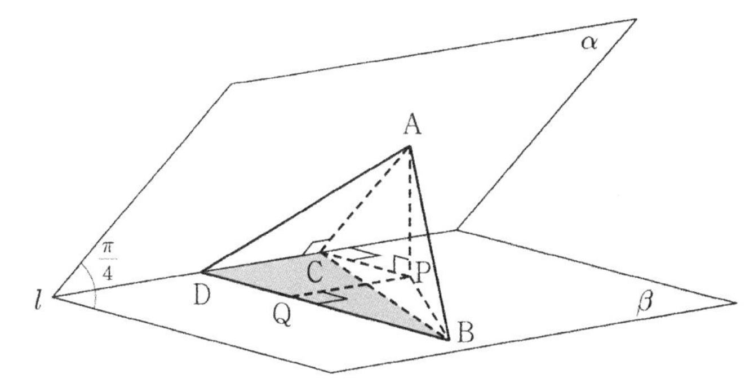

직선과 평면의 수직 관계에 의하여

$\overline{\mathrm{AP}} \perp \overline{\mathrm{PB}}$

직선과 평면이 이루는 각에 대한 정의에 의하여

$\angle \mathrm{ABP} = \frac{\pi}{6}$

직각삼각형 ABP에서 삼각비의 정의에 의하여

$\overline{\mathrm{AP}} = \overline{\mathrm{AB}} \times \sin\frac{\pi}{6} = 1$, $\overline{\mathrm{BP}} = \overline{\mathrm{AB}} \times \cos\frac{\pi}{6} = \sqrt{3}$

$\overline{\mathrm{AP}} \perp \beta$, $\overline{\mathrm{AC}} \perp \overline{\mathrm{CD}}$이므로

삼수선의 정리에 의하여

$\overline{\mathrm{PC}} \perp \overline{\mathrm{CD}}$

이면각의 정의에 의하여

$\angle \mathrm{ACP} =$(두 평면 α, β가 이루는 각의 크기)$= \frac{\pi}{4}$

직각삼각형 ACP에서 삼각비의 정의에 의하여

$\overline{\mathrm{AC}} = \frac{\overline{\mathrm{AP}}}{\sin\frac{\pi}{4}} = \sqrt{2}$

직각삼각형 ADC에서 피타고라스의 정리에 의하여

$\overline{\mathrm{DC}} = \sqrt{\overline{\mathrm{AD}}^2 - \overline{\mathrm{AC}}^2} = 1$

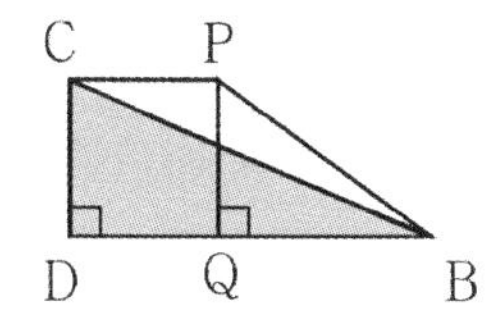

정사각형 CDQP에서

$\overline{\mathrm{PQ}} = \overline{\mathrm{CD}} = 1$

직각삼각형 BPQ에서 피타고라스의 정리에 의하여

$\overline{\mathrm{QB}} = \sqrt{\overline{\mathrm{PB}}^2 - \overline{\mathrm{PQ}}^2} = \sqrt{2}$

삼각형의 넓이를 구하는 공식에 의하여

($\triangle$CDB의 넓이)$= \frac{1}{2}\overline{\mathrm{CD}}\,\overline{\mathrm{DB}} = \frac{1+\sqrt{2}}{2}$

이므로

(사면체 ABCD의 부피)

$= \frac{1}{3} \times$($\triangle$CDB의 넓이)$\times \overline{\mathrm{AP}}$

$= \frac{1}{3} \times \frac{1+\sqrt{2}}{2} \times 1 = \frac{1+\sqrt{2}}{6}$

$a=b=\frac{1}{6}$ 이므로

$\therefore\ 36(a+b)=12$

답 12

[풀이2]

점 A에서 평면 β에 내린 수선의 발을 P, 점 P에서 선분 BD에 내린 수선의 발을 Q, 점 B에서 평면 α에 내린 수선의 발을 R이라고 하자.

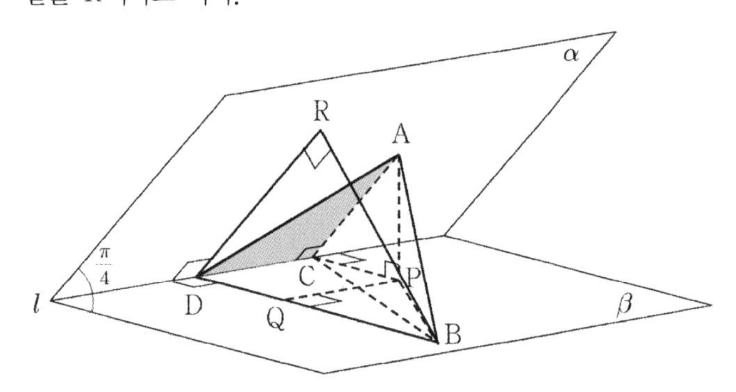

직선과 평면의 수직 관계에 의하여

$\overline{AP}\perp\overline{PB}$

직선과 평면이 이루는 각에 대한 정의에 의하여

$\angle ABP=\frac{\pi}{6}$

직각삼각형 ABP에서 삼각비의 정의에 의하여

$\overline{AP}=\overline{AB}\times\sin\frac{\pi}{6}=1$

$\overline{AP}\perp\beta$, $\overline{AC}\perp\overline{CD}$ 이므로

삼수선의 정리에 의하여

$\overline{PC}\perp\overline{CD}$

이면각의 정의에 의하여

$\angle ACP=$(두 평면 α, β가 이루는 각의 크기)$=\frac{\pi}{4}$

직각삼각형 ACP에서 삼각비의 정의에 의하여

$\overline{AC}=\frac{\overline{AP}}{\sin\frac{\pi}{4}}=\sqrt{2}$

직각삼각형 ADC에서 피타고라스의 정리에 의하여

$\overline{DC}=\sqrt{\overline{AD}^2-\overline{AC}^2}=1$

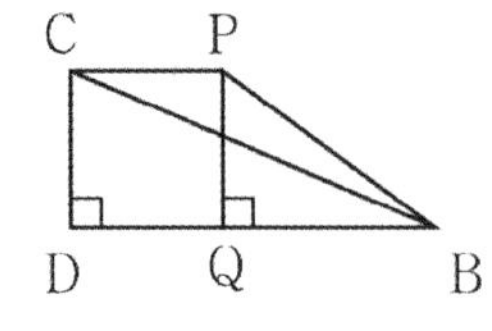

정사각형 CDQP에서

$\overline{PQ}=\overline{CD}=1$

직각삼각형 BPQ에서 피타고라스의 정리에 의하여

$\overline{QB}=\sqrt{\overline{PB}^2-\overline{PQ}^2}=\sqrt{2}$

이므로

$\overline{DB}=\overline{DQ}+\overline{QB}=1+\sqrt{2}$

$\overline{BR}\perp\alpha$, $\overline{BD}\perp\overline{DC}$ 이므로

삼수선의 정리에 의하여

$\overline{RD}\perp\overline{DC}$

이면각의 정의에 의하여

$\angle RDB=$(두 평면 α, β가 이루는 각의 크기)$=\frac{\pi}{4}$

직각삼각형 RDB에서 삼각비의 정의에 의하여

$\overline{BR}=\overline{BD}\times\sin\frac{\pi}{4}=\frac{2+\sqrt{2}}{2}$

이므로

(사면체 ABCD의 부피)

$=\frac{1}{3}\times(\triangle ADC$의 넓이$)\times\overline{BR}$

$=\frac{1}{3}\times\frac{\sqrt{2}}{2}\times\frac{2+\sqrt{2}}{2}=\frac{1+\sqrt{2}}{6}$

$a=b=\frac{1}{6}$ 이므로

$\therefore\ 36(a+b)=12$

답 12

[풀이3]

점 A에서 평면 β에 내린 수선의 발을 P, 점 P에서 선분 BD에 내린 수선의 발을 Q, 점 P에서 선분 AQ에 내린 수선의 발을 R이라고 하자.

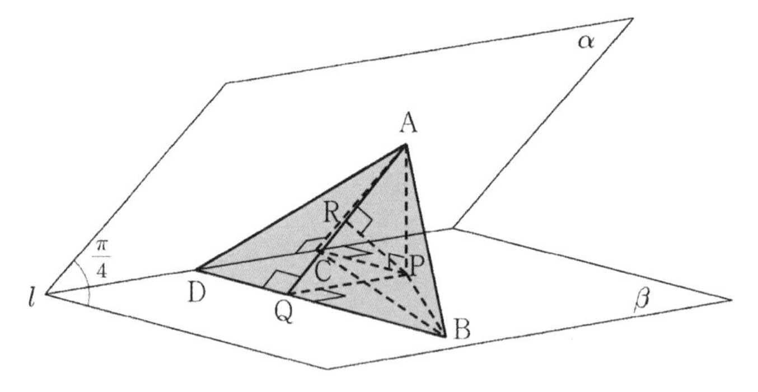

직선과 평면의 수직 관계에 의하여

$\overline{AP}\perp\overline{PB}$

직선과 평면이 이루는 각에 대한 정의에 의하여

$\angle ABP=\frac{\pi}{6}$

직각삼각형 ABP에서 삼각비의 정의에 의하여

$\overline{AP}=\overline{AB}\times\sin\frac{\pi}{6}=1$, $\overline{BP}=\overline{AB}\times\cos\frac{\pi}{6}=\sqrt{3}$

$\overline{AP}\perp\beta$, $\overline{AC}\perp\overline{CD}$ 이므로

삼수선의 정리에 의하여

$\overline{PC}\perp\overline{CD}$

이면각의 정의에 의하여

$\angle ACP=$(두 평면 α, β가 이루는 각의 크기)$=\frac{\pi}{4}$

직각삼각형 ACP에서 삼각비의 정의에 의하여

$\overline{AC}=\frac{\overline{AP}}{\sin\frac{\pi}{4}}=\sqrt{2}$

직각삼각형 ADC에서 피타고라스의 정리에 의하여

$\overline{DC}=\sqrt{\overline{AD}^2-\overline{AC}^2}=1$

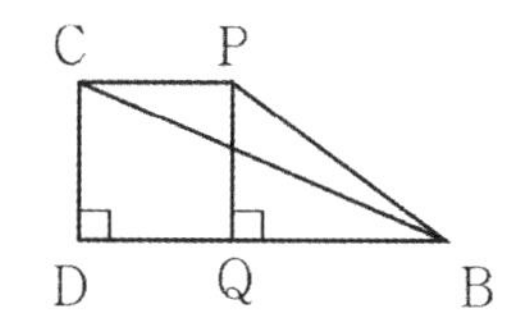

정사각형 CDQP에서

$\overline{PQ}=\overline{CD}=1$

직각삼각형 BPQ에서 피타고라스의 정리에 의하여

$\overline{QB}=\sqrt{\overline{PB}^2-\overline{PQ}^2}=\sqrt{2}$

이므로

$\overline{DB}=\overline{DQ}+\overline{QB}=1+\sqrt{2}$

$\overline{AP}\perp\beta$, $\overline{PQ}\perp\overline{QD}$ 이므로

삼수선의 정리에 의하여

$\overline{AQ}\perp\overline{QD}$

직각삼각형 ADQ에서 피타고라스의 정리에 의하여

$\overline{AQ}=\sqrt{\overline{AD}^2-\overline{DQ}^2}=\sqrt{2}$

삼각형의 넓이를 구하는 공식에 의하여

($\triangle$ADB의 넓이)$=\frac{1}{2}\overline{AQ}\,\overline{DB}=\frac{2+\sqrt{2}}{2}$

$\overline{PQ}\perp\overline{QD}$, $\overline{RQ}\perp\overline{QD}$, $\overline{PR}\perp\overline{RQ}$ 이므로

삼수선의 정리에 의하여

$\overline{PR}\perp$ 평면ADB

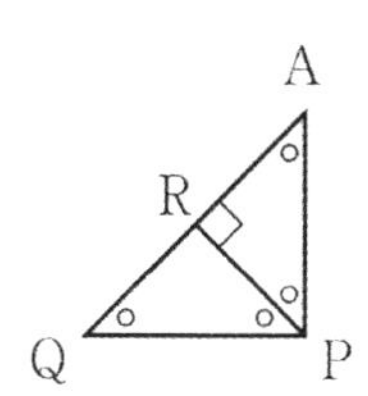

이등변삼각형의 성질에 의하여

직각이등변삼각형 AQP의 빗변의 중점은 R이다.

직각이등변삼각형 APR에서 삼각비의 정의에 의하여

$\overline{PR}=\overline{AP}\times\cos\frac{\pi}{4}=\frac{\sqrt{2}}{2}$

이므로

(사면체 ABCD의 부피)

$=\frac{1}{3}\times$($\triangle$ADB의 넓이)$\times\overline{PR}$

$=\frac{1}{3}\times\frac{2+\sqrt{2}}{2}\times\frac{\sqrt{2}}{2}=\frac{1+\sqrt{2}}{6}$

$a=b=\frac{1}{6}$ 이므로

$\therefore\ 36(a+b)=12$

답 12

P025 | 답 ⑤

[풀이]

타원의 중심을 O, 점 H에서 직선 AB에 내린 수선의 발을 H′라고 하자.

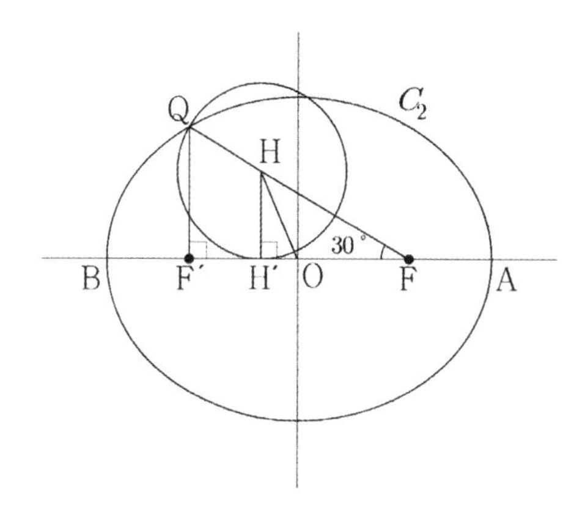

직각삼각형 HH′F에서 삼각비의 정의에 의하여

$\overline{HF}=8$

타원의 정의에 의하여

$\overline{QF}+\overline{QF'}=12+\overline{QF'}=18$, $\overline{QF'}=6$

(이때, $\angle QF'F=90°$)

그리고

$\overline{H'O}=\overline{F'F}-\overline{F'H}-\overline{OF}$

$=6\sqrt{3}-2\sqrt{3}-3\sqrt{3}=\sqrt{3}$

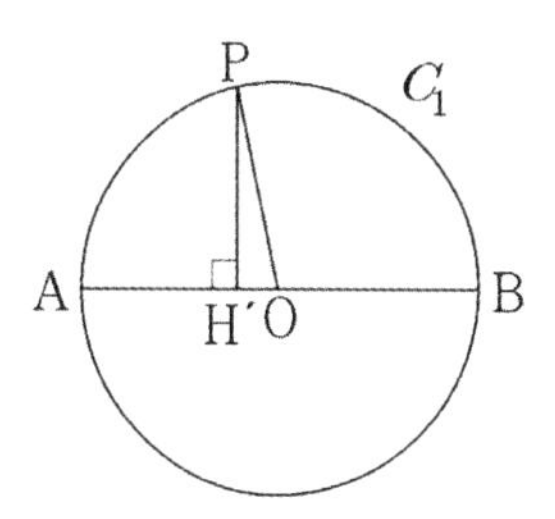

한편 $\overline{PH}\perp\beta$, $\overline{HH'}\perp\overline{AB}$

이므로 삼수선의 정리에 의하여

$\overline{PH'}\perp\overline{AB}$ (위의 그림)

직각삼각형 PH′O에서 피타고라스의 정리에 의하여

$\overline{PH'}=\sqrt{9^2-(\sqrt{3})^2}=\sqrt{78}$

이면각의 정의에 의하여

$\therefore\ \cos\theta=\frac{\overline{HH'}}{\overline{PH'}}=\frac{4}{\sqrt{78}}=\frac{2\sqrt{78}}{39}$

답 ⑤

P026 | 답 25

[풀이1]

평면 α와 만나는 세 원기둥의 밑면의 중심을 각각 P′, Q′, R′, 점 P에서 두 선분 QQ′, RR′에 내린 수선의 발을 각각 Q″, R″, 선분 PR의 중점을 각각 M, 점 M에서 선분 RR′에 내린 수선의 발을 H라고 하자.

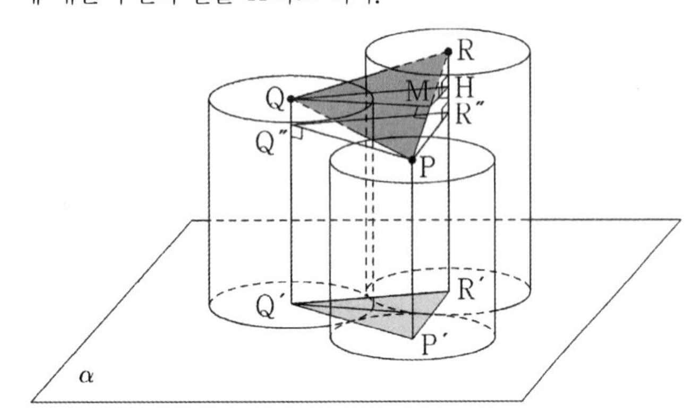

두 직각삼각형 PQQ″, PRR″의 밑면의 길이는 같지만, 높이가 다르므로 빗변의 길이가 같을 수 없다. 즉, $\overline{PQ} \neq \overline{PR}$

마찬가지의 방법으로

$\overline{QR} \neq \overline{PR}$

귀류법에 의하여

$\overline{PQ} = \overline{QR}$

이등변삼각형 PQR에서 직선 QM은 선분 PR의 수직이등분선이다.

8, a, b는 이 순서대로 등차수열을 이루므로

$2a = 8 + b$ ⋯㉠

$(\because \overline{QQ''} = \overline{RH} = \overline{HR''})$

$\overline{MH} // \overline{PR''} // \overline{P'R'}$, $\overline{QH} // \overline{Q'R'}$

이므로

(평면 QMH)$//\alpha$

이때, 직선 QM은 두 평면 PQR, α의 교선이고,

이면각의 정의에 의하여

$\angle \text{RPR}'' = 60°$

직각삼각형 RPR″에서

$\dfrac{\overline{R''R}}{\overline{PR''}} = \tan 60°$, 즉 $\dfrac{b-8}{2\sqrt{3}} = \sqrt{3}$, $b = 14$ ⋯㉡

㉠, ㉡에서

$a = 11$

$\therefore\ a + b = 25$

답 25

[풀이2]

세 점 P, Q, R에서 평면 α에 내린 수선의 발을 각각 P′, Q′, R′, 점 P에서 두 선분 QQ′, RR′에 내린 수선의 발을 각각 A, B, 점 Q에서 선분 RR′에 내린 수선의 발을 C라고 하자.

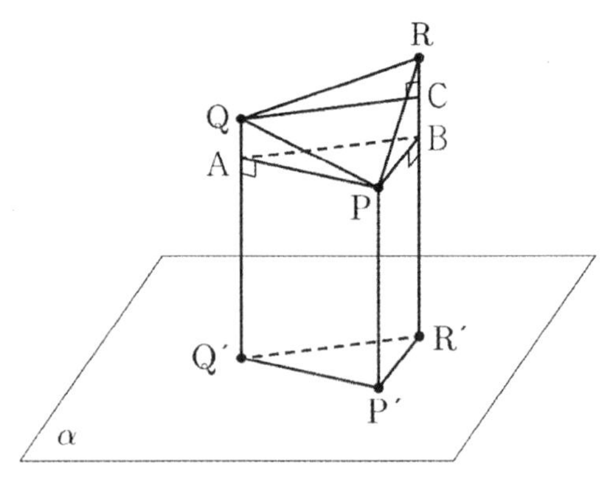

세 점 P′, Q′, R′은 각각 세 원기둥의 밑면의 중심이므로 P′Q′R′은 정삼각형이다.

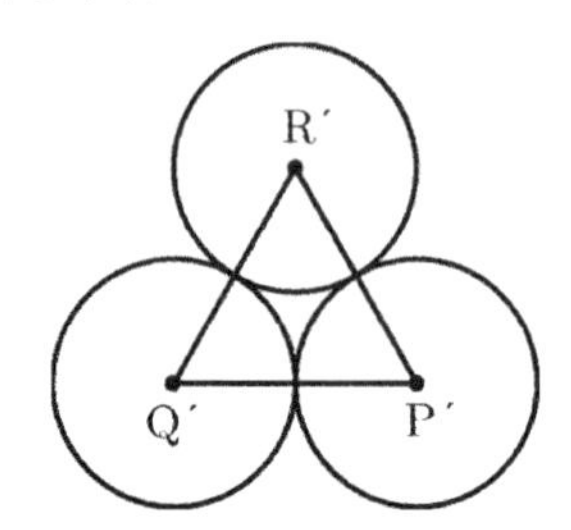

정삼각형의 정의에 의하여

$\overline{P'Q'} = \overline{Q'R'} = \overline{R'P'}$

피타고라스의 정리에 의하여

$\overline{PQ}^2 = \overline{AP}^2 + \overline{AQ}^2 = \overline{AP}^2 + (a-8)^2$

$\overline{QR}^2 = \overline{QC}^2 + \overline{CR}^2 = \overline{QC}^2 + (b-a)^2$

$\overline{PR}^2 = \overline{PB}^2 + \overline{BR}^2 = \overline{PB}^2 + (b-8)^2$

$\overline{QR} = \overline{RP}$라고 가정하면

$(b-a)^2 = (b-8)^2$

정리하면

$(8-a)(2b-a-8) = 0$

풀면

$a = 8$ 또는 $2b = a + 8$

$a = 8$은 주어진 조건 $a > 8$에 모순이다.

$2b = a + 8$이면 $a + 8 = 2b > 2a$에서 $a < 8$이므로 주어진 조건 $a > 8$에 모순이다.

따라서 $\overline{QR} \neq \overline{RP}$

$\overline{PQ} = \overline{RP}$라고 가정해도 마찬가지 방법으로 주어진 조건에 모순임을 보일 수 있다.

따라서 $\overline{PQ} \neq \overline{RP}$

그러므로

$\overline{PQ} = \overline{QR}$

$(a-8)^2 = (b-a)^2$

정리하면

$(2a-8-b)(b-8) = 0$

주어진 조건에서 $8 > b$이므로

$a = \dfrac{b+8}{2}$ ⋯㉠

두 직각삼각형 PAQ, QCR은 서로 RHS합동이므로

$\overline{QA} = \overline{RC}$

직사각형 QABC에서 $\overline{QA} = \overline{CB}$이므로 $\overline{RC} = \overline{CB}$

선분 RP의 중점을 H라고 하면 점 H는 이등변삼각형 PQR의 꼭짓점 Q에서 변 RP에 내린 수선의 발이다.

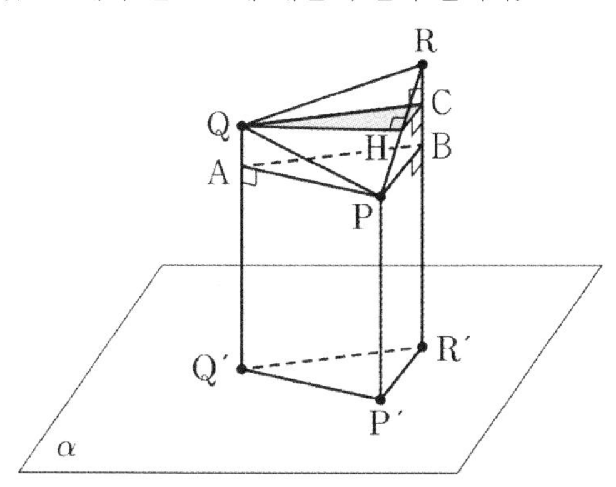

직각삼각형 RPB에서

$\overline{RH} : \overline{HP} = \overline{RC} : \overline{CB}$이므로

$\overline{HC} // \overline{PB} (// \overline{P'R'})$

그리고 $\overline{QC} // \overline{Q'R'}$이므로

평면 QHC는 평면 α와 평행하다.

$\overline{RC} \perp$ QHC, $\overline{RH} \perp \overline{HQ}$

이므로 삼수선의 정리에 의하여

$\overline{CH} \perp \overline{HQ}$

이면각의 정의에 의하여

두 평면 QRP와 QHC($//\alpha$)가 이루는

이면각의 크기는 $\angle$RHC이다.

주어진 조건에 의하여

$\angle RHC = 60^\circ$

평행선의 성질에 의하여

$\angle RPB = 60^\circ$ (동위각)

직각삼각형 RPB에서 삼각비의 정의에 의하여

$\dfrac{\overline{BR}}{\overline{PB}} = \tan 60^\circ$

대입하면

$\dfrac{b-8}{2\sqrt{3}} = \tan 60^\circ$ 즉, $b = 14$ ⋯㉡

㉡을 ㉠에 대입하면 $a = 11$ ∴ $a + b = 25$

답 25

[참고]

이면각을 다음과 같이 찾을 수 있다.

직선 RQ가 평면 PAB와 만나는 점을 D라고 하자.

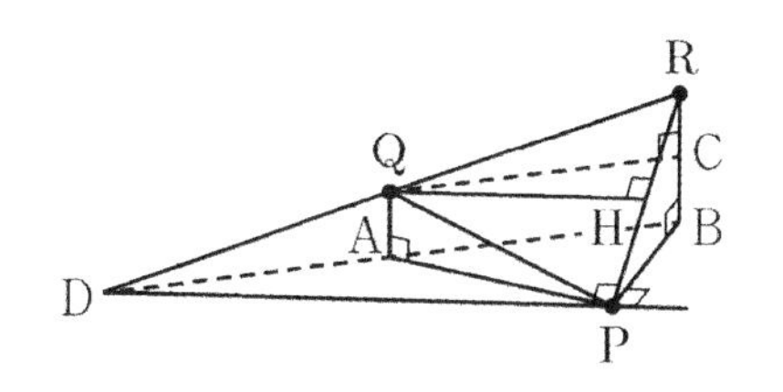

$\overline{PA} // \alpha$, $\overline{PB} // \alpha$이므로 PAB$//\alpha$

두 평면 PQR, PAB가 이루는 각의 크기는 60°이다.

서로 닮은 두 직각삼각형 RDB, RQC에 대하여

$\overline{RQ} : \overline{QD} = \overline{RC} : \overline{CB}$이므로 $\overline{RQ} = \overline{QD}$

삼각형 RDP에서

$\overline{RQ} : \overline{QD} = \overline{RH} : \overline{HP}$이므로 $\overline{QH} // \overline{DP}$

평행선의 성질에 의하여

$\angle DPR = \angle QHR = 90^\circ$ (동위각)

$\overline{RB} \perp$ PAB, $\overline{DP} \perp \overline{PR}$이므로

삼수선의 정리에 의하여

$\overline{DP} \perp \overline{PB}$

이면각의 정의에 의하여 두 평면 PQR, PAB가 이루는 각의 크기는 $\angle$RPB이다.

∴ $\angle RPB = 60^\circ$

[풀이3] (선택)

세 점 P, Q, R에서 평면 α에 내린 수선의 발을 각각 P′, Q′, R′이라고 하자.

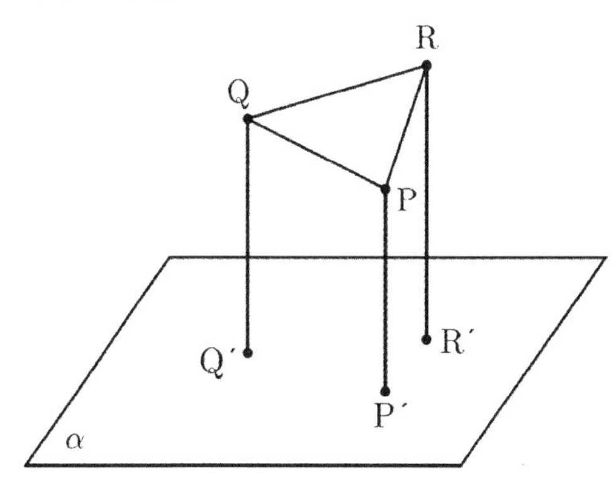

세 점 P′, Q′, R′은 각각 세 원기둥의 밑면의 중심이므로 P′Q′R′은 정삼각형이다.

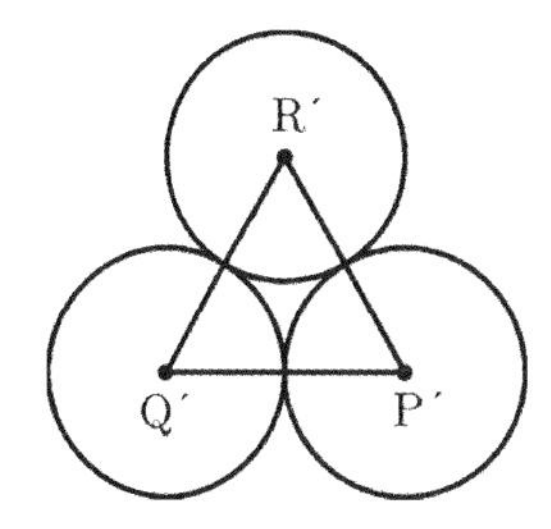

정삼각형의 정의에 의하여

$\overline{P'Q'} = \overline{Q'R'} = \overline{R'P'}$

피타고라스의 정리에 의하여

$\overline{PQ}^2 = \overline{P'Q'}^2 + (a-8)^2$

$\overline{QR}^2 = \overline{Q'R'}^2 + (b-a)^2$

$\overline{RP}^2 = \overline{R'P'}^2 + (b-8)^2$

$\overline{QR} = \overline{RP}$ 라고 가정하면

$(b-a)^2 = (b-8)^2$

정리하면

$(8-a)(2b-a-8) = 0$

풀면

$a = 8$ 또는 $2b = a+8$

$a = 8$은 주어진 조건 $a > 8$에 모순이다.

$2b = a+8$이면 $a+8 = 2b > 2a$에서 $a < 8$이므로 주어진 조건 $a > 8$에 모순이다.

따라서 $\overline{QR} \neq \overline{RP}$

$\overline{PQ} = \overline{RP}$ 라고 가정해도 마찬가지 방법으로 주어진 조건에 모순임을 보일 수 있다.

따라서 $\overline{PQ} \neq \overline{RP}$

그러므로

$\overline{PQ} = \overline{QR}$

$(a-8)^2 = (b-a)^2$

정리하면

$(2a-8-b)(b-8) = 0$

주어진 조건에서 $8 > b$이므로

$a = \dfrac{b+8}{2}$ $\cdots$ ㉠

이제 선분 RP의 중점을 H, 점 H에서 평면 α에 내린 수선의 발을 H′라고 하자. 이때, H는 이등변삼각형 PQR의 꼭짓점 Q에서 변 RP에 내린 수선의 발이다.

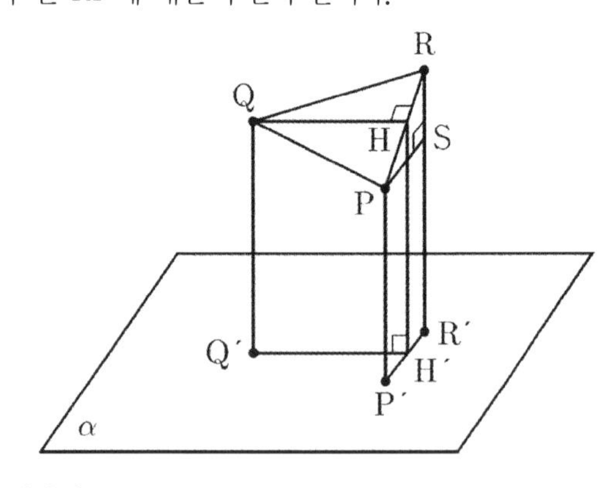

㉠에 의하여

$\overline{QQ'} = \overline{HH'}$

□QQ′H′H는 직사각형이므로

$\overline{QH} // \overline{Q'H'}$

평면 α에 직선 HH′이 수직이므로

$\alpha \perp$ (평면 PHH′)

평면 PHH′에 직선 QH가 수직이므로

(평면 PQR) $\perp$ (평면 PHH′)

이면각의 정의에 의하여 두 평면 PQR, α가 이루는 각의 크기는 두 직선 PR, P′R′이 이루는 각의 크기와 같다.

점 P에서 선분 RR′에 내린 수선의 발을 S라고 하자.

직각삼각형 PSR에서

$\dfrac{\overline{SR}}{\overline{PS}} = \tan\dfrac{\pi}{3}$

대입하면

$\dfrac{b-8}{2\sqrt{3}} = \tan\dfrac{\pi}{3}$ 즉, $b = 14$ $\cdots$ ㉡

㉡을 ㉠에 대입하면 $a = 11$

$\therefore\ a+b = 25$

답 25

[풀이4] (정사영)

세 점 P, Q, R에서 평면 α에 내린 수선의 발을 각각 P′, Q′, R′, 점 P에서 두 선분 QQ′, RR′에 내린 수선의 발을 각각 A, B, 점 Q에서 선분 RR′에 내린 수선의 발을 C라고 하자.

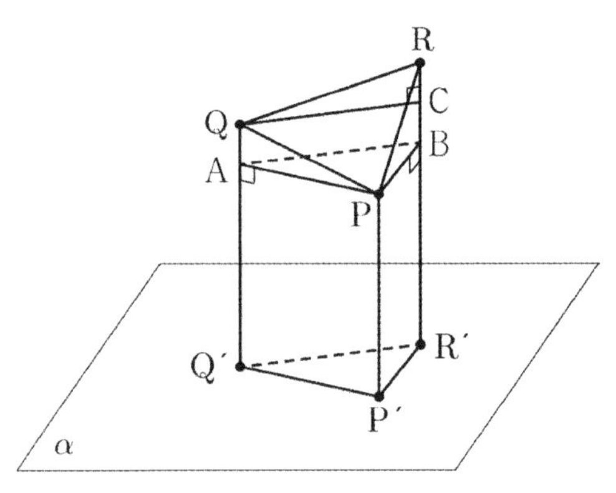

세 점 P′, Q′, R′은 각각 세 원기둥의 밑면의 중심이므로 P′Q′R′은 정삼각형이다.

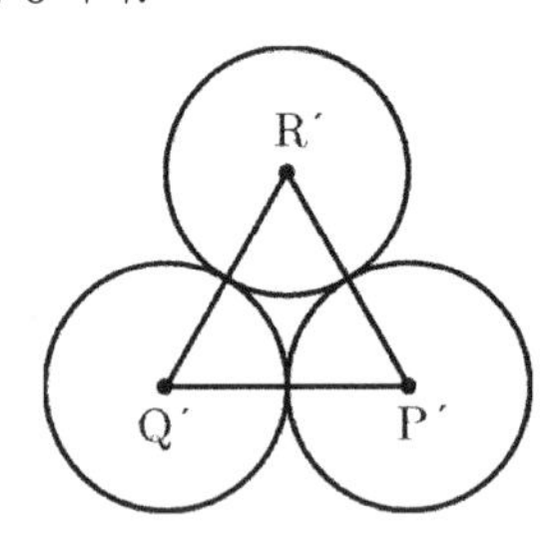

정삼각형의 정의에 의하여

$\overline{P'Q'} = \overline{Q'R'} = \overline{R'P'}$

피타고라스의 정리에 의하여

$\overline{PQ}^2 = \overline{AP}^2 + \overline{AQ}^2 = \overline{AP}^2 + (a-8)^2$

$\overline{QR}^2 = \overline{QC}^2 + \overline{CR}^2 = \overline{QC}^2 + (b-a)^2$

$\overline{PR}^2 = \overline{PB}^2 + \overline{BR}^2 = \overline{PB}^2 + (b-8)^2$

$\overline{QR} = \overline{RP}$ 라고 가정하면

$(b-a)^2 = (b-8)^2$

정리하면

$(8-a)(2b-a-8) = 0$

풀면

$a=8$ 또는 $2b=a+8$

$a=8$은 주어진 조건 $a>8$에 모순이다.

$2b=a+8$이면 $a+8=2b>2a$에서 $a<8$이므로 주어진 조건 $a>8$에 모순이다.

따라서 $\overline{QR}\neq\overline{RP}$

$\overline{PQ}=\overline{RP}$라고 가정해도 마찬가지 방법으로 주어진 조건에 모순임을 보일 수 있다.

따라서 $\overline{PQ}\neq\overline{RP}$

그러므로

$\overline{PQ}=\overline{QR}$

$(a-8)^2=(b-a)^2$

정리하면

$(2a-8-b)(b-8)=0$

주어진 조건에서 $8>b$이므로

$a=\frac{b+8}{2}$ ⋯㉠

선분 RP의 중점을 H라고 하면 점 H는 이등변삼각형 PQR의 꼭짓점 Q에서 변 RP에 내린 수선의 발이다.

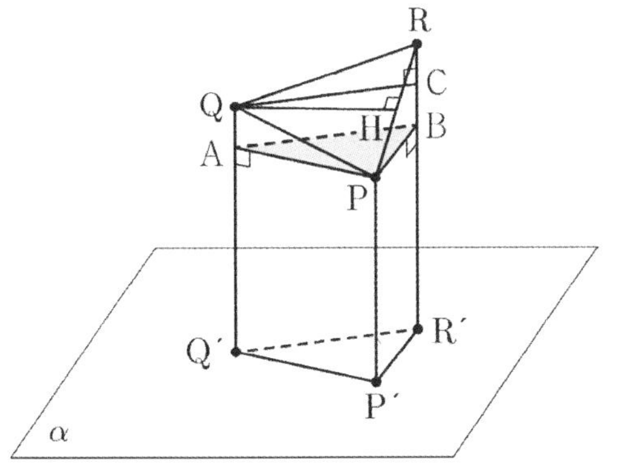

두 직각삼각형 PAQ, PBR, QPH에서

피타고라스의 정리에 의하여

$\overline{PQ}=\sqrt{\overline{PA}^2+\overline{AQ}^2}=\sqrt{12+(a-8)^2}$

$\overline{PR}=\sqrt{\overline{PB}^2+\overline{BR}^2}=\sqrt{12+(b-8)^2}$

$=2\sqrt{3+(a-8)^2}$ ($\because$ ㉠)

$\overline{QH}=\sqrt{\overline{PQ}^2-\overline{PH}^2}=3$

두 삼각형 PQR, PAB의 넓이를 각각 S, S'라고 하자.

삼각형의 넓이를 구하는 공식에 의하여

$S=\frac{1}{2}\times\overline{PR}\times\overline{QH}=3\sqrt{3+(a-8)^2}$

$S'=\frac{\sqrt{3}}{4}\times\overline{PA}^2=3\sqrt{3}$

넓이의 정사영에 대한 공식에 의하여

$\frac{S'}{S}=\cos60^\circ$

대입하면

$\frac{3\sqrt{3}}{3\sqrt{3+(a-8)^2}}=\frac{1}{2}$

양변을 제곱하여 풀면

$a=11$ ($\because a>8$)

이를 ㉠에 대입하면

$b=14$

$\therefore\ a+b=25$

답 25

P027 | 답 40

[풀이1]

점 P에서 선분 AB에 내린 수선의 발을 E, 점 Q에서 선분 BC에 내린 수선의 발을 I, 점 G에서 선분 BC에 내린 수선의 발을 F라고 하자. 그리고 아래 그림처럼 두 반원의 중심을 각각 O, O′라고 하자.

입체도형을 그리면 아래 그림과 같다.

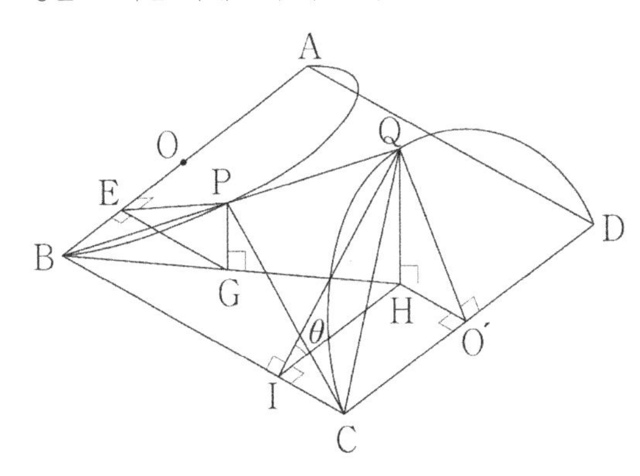

전개도를 그리면 아래 그림과 같다.

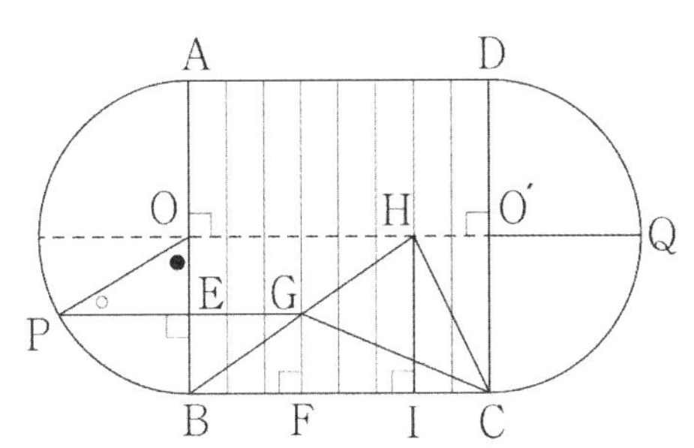

(단, ●$=60^\circ$, ○$=30^\circ$)

$\overline{PE}\perp\overline{AB}$, $\overline{PG}\perp$(평면ABCD)

이므로 삼수선의 정리에 의하여

$\overline{EG}\perp\overline{AB}$

마찬가지의 방법으로

$\overline{HO'}\perp\overline{CD}$

직각삼각형 OPE에서 삼각비의 정의에 의하여

$\overline{OE}=2$, $\overline{PE}=2\sqrt{3}$

직각삼각형 PEG에서 피타고라스의 정리에 의하여

$\overline{EG}=\sqrt{(2\sqrt{3})^2-(\sqrt{3})^2}=3$

마찬가지의 방법으로

$\overline{HO'}=\sqrt{4^2-(2\sqrt{3})^2}=2$

정리하면

$\overline{BI}=6$, $\overline{HI}=4$, $\overline{BF}=3$, $\overline{GF}=2$

이므로 두 직각삼각형 HBI, GBF는 서로 닮음이다.

이때, 직선 QP가 평면 ABCD와 만나는 점은 B이다.

즉, 두 평면 PCQ(QBC), ABCD의 교선은 BC이다.

이면각의 정의에 의하여

$\angle QIH=\theta$

이므로

$$\cos\theta=\frac{\overline{IH}}{\overline{QI}}=\frac{4}{\sqrt{4^2+(2\sqrt{3})^2}}=\frac{2}{\sqrt{7}}$$

$\therefore\ 70\cos^2\theta=70\times\frac{4}{7}=40$

답 40

[풀이2]

아래 그림처럼 점 P에서 선분 AB에 내린 수선의 발을 E, 두 반원의 중심을 각각 O, O′라고 하자. 그리고 C가 원점이고, 반직선 CD, CB가 각각 x축, y축이 되도록 공간좌표를 도입하자.

입체도형을 그리면 아래 그림과 같다.

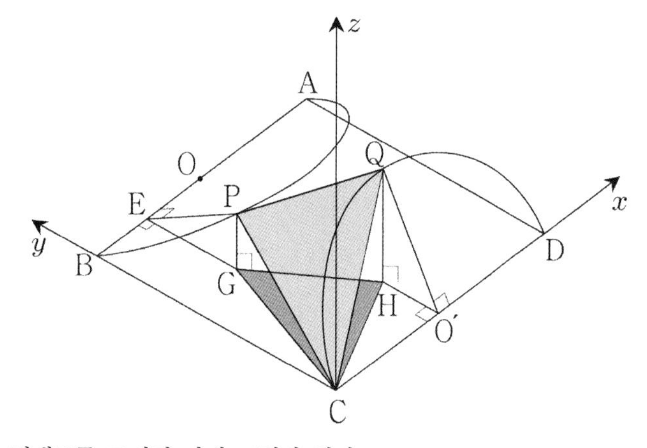

전개도를 그리면 아래 그림과 같다.

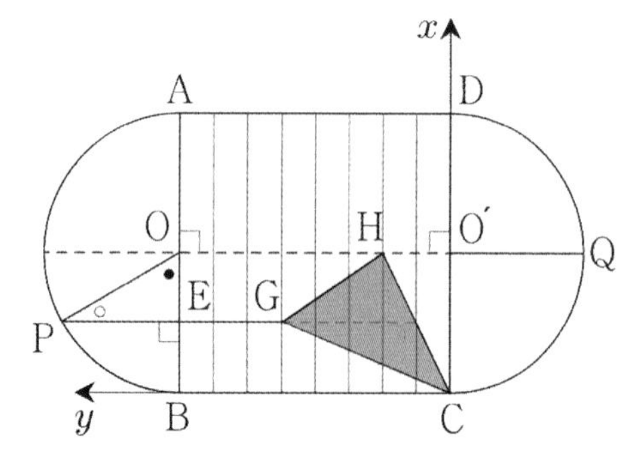

(단, ● = 60°, ○ = 30°)

$\overline{PE}\perp\overline{AB}$, $\overline{PG}\perp$(평면ABCD)

이므로 삼수선의 정리에 의하여

$\overline{EG}\perp\overline{AB}$

마찬가지의 방법으로

$\overline{HO'}\perp\overline{CD}$

직각삼각형 OPE에서 삼각비의 정의에 의하여

$\overline{OE}=2$, $\overline{PE}=2\sqrt{3}$

직각삼각형 PEG에서 피타고라스의 정리에 의하여

$\overline{EG}=\sqrt{(2\sqrt{3})^2-(\sqrt{3})^2}=3$

마찬가지의 방법으로

$\overline{HO'}=\sqrt{4^2-(2\sqrt{3})^2}=2$

이상에서 다음의 결과를 얻는다.

C(0, 0, 0), H(4, 2, 0), G(2, 5, 0),

P(2, 5, $\sqrt{3}$), Q(4, 2, $2\sqrt{3}$)

두 점 사이의 거리 공식에 의하여

$\overline{CP}=4\sqrt{2}$, $\overline{CQ}=4\sqrt{2}$, $\overline{PQ}=4$

이므로 삼각형 CPQ는 이등변삼각형이다.

($\triangle$CPQ의 넓이)$=\frac{1}{2}\times4\times2\sqrt{7}=4\sqrt{7}$

그리고 위의 그림에서

($\triangle$CGH의 넓이)$=\frac{1}{2}\times4\times4=8$

넓이의 정사영의 공식에 의하여

$$\cos\theta=\frac{8}{4\sqrt{7}}=\frac{2}{\sqrt{7}}$$

$\therefore\ 70\cos^2\theta=70\times\frac{4}{7}=40$

답 40

P028 | 답 30

[풀이1]

점 A에서 직선 n, 평면 α, 직선 CD에 내린 수선의 발을 각각 E, H, I라고 하자. 그리고 $\angle ACD=\delta$라고 하자.

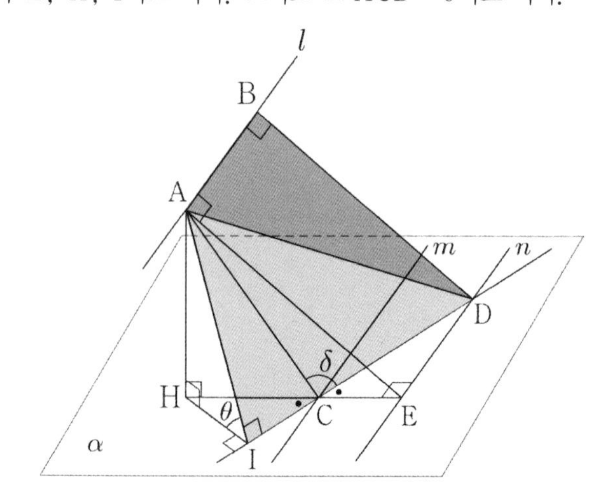

삼각형 ADB에서 피타고라스의 정리에 의하여

$\overline{AD} = \sqrt{(2\sqrt{2})^2 + (4\sqrt{2})^2} = 2\sqrt{10}$

삼각형 ACD에서 코사인법칙에 의하여

$\cos\delta = \dfrac{5^2 + 3^2 - (2\sqrt{10})^2}{2 \times 5 \times 3} = -\dfrac{1}{5}$

이므로 $\cos(\angle ACI) = \dfrac{1}{5}$, $\sin(\angle ACI) = \dfrac{2\sqrt{6}}{5}$

직각삼각형 ACI에서

$\overline{AI} = 2\sqrt{6}$, $\overline{CI} = 1$

직각삼각형 CED에서 피타고라스의 정리에 의하여

$\overline{CE} = \sqrt{3^2 - (2\sqrt{2})^2} = 1$

($\because$ 직사각형 AEDB에서 $\overline{ED} = \overline{AB} = 2\sqrt{2}$)

서로 합동인 두 직각삼각형 CED, CIH의 세 변의 길이는 각각 1, $2\sqrt{2}$, 3이다.

이때, $\overline{IH} = 2\sqrt{2}$이므로 직각삼각형 AHI에서

$\overline{AH} = \sqrt{(2\sqrt{6})^2 - (2\sqrt{2})^2} = 4$

$\angle AIH = \theta$(이면각)이므로

$\tan\theta = \dfrac{4}{2\sqrt{2}} = \sqrt{2}$

$\therefore\ 15\tan^2\theta = 30$

답 30

[풀이2] ★

서로 평행한 두 직선 m, n으로 결정되는 평면을 α라고 하자.
점 A에서 직선 n과 평면 α에 내린 수선의 발을 각각 E, G,
점 B에서 직선 m과 평면 α에 내린 수선의 발을 각각 F, H
라고 하자.

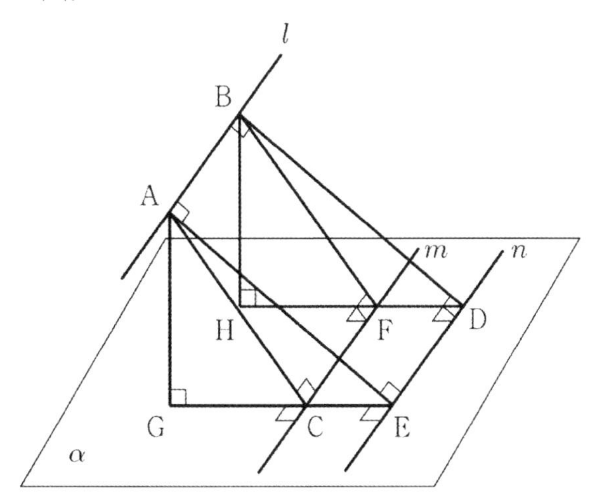

네 점 A, E, D, B는 서로 평행한 두 직선 l, n으로 결정되는 평면 위에 있다.

$\angle DBA = \angle AED = 90^\circ$

$\overline{AB} // \overline{ED}$이므로 평행선의 성질에 의하여

$\angle EDB = \angle BAE = 90^\circ$

직사각형의 정의에 의하여 □AEDB는 직사각형이다.

마찬가지의 방법으로 □ACFB는 직사각형이다.

$\overline{AG} \perp \alpha$, $\overline{AE} \perp n$

이므로 삼수선의 정리에 의하여

$\overline{EG} \perp n$ …㉠

마찬가지의 방법으로

$\overline{CG} \perp m$ …㉡

㉠, ㉡에 의하여 세 점 G, C, E는 한 직선 위에 있다.

마찬가지의 방법으로

세 점 H, F, D는 한 직선 위에 있다.

□CEDF의 네 내각의 크기가 모두 같으므로

직사각형의 정의에 의하여 □CEDF는 직사각형이다.

직사각형 AEDB에서 $\overline{DE} = \overline{BA} = 2\sqrt{2}$이므로

직각삼각형 DCE에서 피타고라스의 정리에 의하여

$\overline{CE} = \sqrt{\overline{DC}^2 - \overline{DE}^2} = 1$

직사각형 AEDB에서

$\overline{AE} = \overline{BD} = 4\sqrt{2}$

$\overline{AG} = a$, $\overline{GC} = b$로 두자.

직각삼각형 AGC에서 피타고라스의 정리에 의하여

$5^2 = a^2 + b^2$

직각삼각형 AGE에서 피타고라스의 정리에 의하여

$(4\sqrt{2})^2 = a^2 + (b+1)^2$

a, b에 대한 연립방정식을 풀면

$a = 4$, $b = 3$

점 A에서 직선 CD에 내린 수선의 발을 I라고 하자.

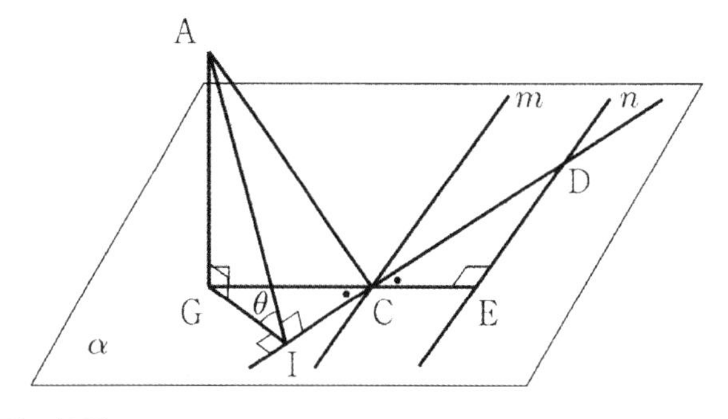

$\overline{CG} = \overline{CD}$, $\angle GCI = \angle DCE$(맞꼭지각)

이므로 RHA합동 조건에 의하여

두 직각삼각형 GCI, DCE는 서로 합동이다.

$\overline{IG} = \overline{ED} = 2\sqrt{2}$

$\overline{AI} \perp \overline{CD}$, $\overline{AG} \perp \alpha$

이므로 삼수선의 정리에 의하여

$\overline{IG} \perp \overline{CD}$

두 평면 α, ACD가 이루는 각의 크기는 θ이므로

이면각의 정의에 의하여

$\angle AIG = \theta$

직각삼각형 AIG에서 삼각비의 정의에 의하여

$\tan\theta = \dfrac{\overline{GA}}{\overline{IG}} = \sqrt{2}$

$\therefore\ 15\tan^2\theta=30$

답 30

[풀이3] (정사영)

서로 평행한 두 직선 m, n으로 결정되는 평면을 α라고 하자.
점 A에서 직선 n과 평면 α에 내린 수선의 발을 각각 E, G,
점 B에서 직선 m과 평면 α에 내린 수선의 발을 각각 F, H
라고 하자.

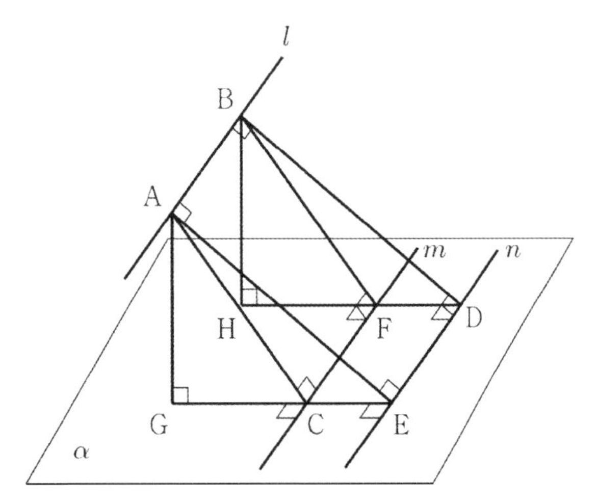

네 점 A, E, D, B는 서로 평행한 두 직선 l, n으로 결정되는 평면 위에 있다.

$\angle\mathrm{DBA}=\angle\mathrm{AED}=90^\circ$

$\overline{\mathrm{AB}}//\overline{\mathrm{ED}}$이므로 평행선의 성질에 의하여

$\angle\mathrm{EDB}=\angle\mathrm{BAE}=90^\circ$

직사각형의 정의에 의하여

□AEDB는 직사각형이다.

마찬가지의 방법으로

□ACFB는 직사각형이다.

$\overline{\mathrm{AG}}\perp\alpha$, $\overline{\mathrm{AE}}\perp n$

이므로 삼수선의 정리에 의하여

$\overline{\mathrm{EG}}\perp n$ …㉠

마찬가지의 방법으로

$\overline{\mathrm{CG}}\perp m$ …㉡

㉠, ㉡에 의하여 세 점 G, C, E는 한 직선 위에 있다.

마찬가지의 방법으로

세 점 H, F, D는 한 직선 위에 있다.

□CEDF의 네 내각의 크기가 모두 같으므로

직사각형의 정의에 의하여 □CEDF는 직사각형이다.

직사각형 AEDB에서 $\overline{\mathrm{DE}}=\overline{\mathrm{BA}}=2\sqrt{2}$이므로

직각삼각형 DCE에서 피타고라스의 정리에 의하여

$\overline{\mathrm{CE}}=\sqrt{\overline{\mathrm{DC}}^2-\overline{\mathrm{DE}}^2}=1$

직사각형 AEDB에서

$\overline{\mathrm{AE}}=\overline{\mathrm{BD}}=4\sqrt{2}$

$\overline{\mathrm{AG}}=a$, $\overline{\mathrm{GC}}=b$로 두자.

직각삼각형 AGC에서 피타고라스의 정리에 의하여

$5^2=a^2+b^2$

직각삼각형 AGE에서 피타고라스의 정리에 의하여

$(4\sqrt{2})^2=a^2+(b+1)^2$

a, b에 대한 연립방정식을 풀면

$a=4$, $b=3$

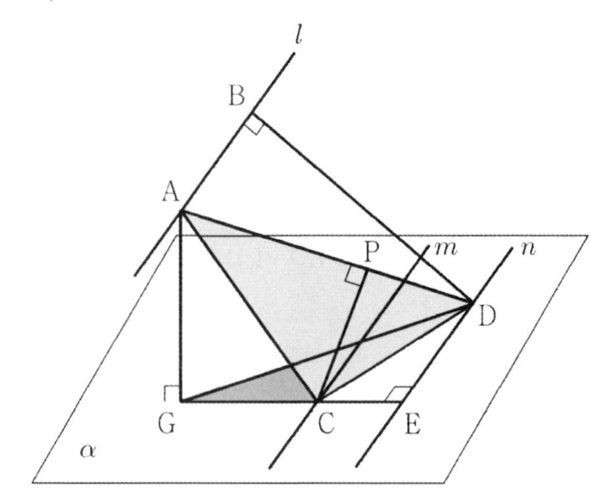

삼각형 ACD의 평면 α 위로의 정사영은 삼각형GCD이다.

두 삼각형 ACD, GCD의 넓이를 각각 S, T라고 하자.

직각삼각형 ADB에서 피타고라스의 정리에 의하여

$\overline{\mathrm{AD}}=\sqrt{\overline{\mathrm{AB}}^2+\overline{\mathrm{BD}}^2}=2\sqrt{10}$

점 C에서 선분 AD에 내린 수선의 발을 P,

$\overline{\mathrm{CP}}=c$, $\overline{\mathrm{AP}}=d$라고 하자.

직각삼각형 ACP에서 피타고라스의 정리에 의하여

$5^2=c^2+d^2$

직각삼각형 CDP에서 피타고라스의 정리에 의하여

$3^2=c^2+(2\sqrt{10}-d)^2$

c, d에 대한 연립방정식을 풀면

$c=\dfrac{3\sqrt{15}}{5}$, $d=\dfrac{7\sqrt{10}}{5}$

삼각형의 넓이를 구하는 공식에 의하여

$S=\dfrac{1}{2}\times\overline{\mathrm{AD}}\times\overline{\mathrm{CP}}=3\sqrt{6}$

$T=\dfrac{1}{2}\times\overline{\mathrm{GC}}\times\overline{\mathrm{ED}}=3\sqrt{2}$

두 평면 ACD, α가 이루는 각의 크기가 θ이므로

정사영의 넓이에 대한 공식에 의하여

$\cos\theta=\dfrac{T}{S}=\dfrac{\sqrt{3}}{3}$

θ는 예각이므로

$\tan\theta=\sqrt{2}$

$\therefore\ 15\tan^2\theta=30$

답 30

P029 ㅣ답 10

[풀이1]

문제에서 주어진 그림에서 관찰을 하면 아래의 기하적인 상황을 빠르게 파악할 수 있다.

$\overline{OA} \perp \beta$이므로 조건 (나)에서

$\overline{OP} \perp \overline{OA}$

이때, 네 점 A, Q, P, O는 한 평면 위에 있다.

만약 두 직선 OP, OA가 서로 수직이 아니면 두 직선 OP, AQ는 서로 꼬인 위치에 있게 된다.

문제에서 주어진 그림에서 두 직선 AQ, OP가 모두 '두 평면 α, β의 교선' 에 평행하면 $\overline{OP} \perp \overline{OA}$임을 알 수 있다.

문제에서 주어진 그림에서

$\overline{OA}=\sqrt{3}$ 이므로

$\overline{AQ}=\overline{AR}=\sqrt{2^2-(\sqrt{3})^2}=1$

그리고 $\overline{OP}=2$이다.

아래 그림처럼 점 Q에서 직선 OP에 내린 수선의 발은 선분 OP의 중점이고, 세 개의 각의 크기가 ● 또는 ○로 결정된다. 그리고 점 R에서 직선 PQ에 내린 수선의 발을 S라고 하자. 이때, 삼수선의 정리와 이면각의 정의에 의해서 $\angle RSA=\theta$이다.

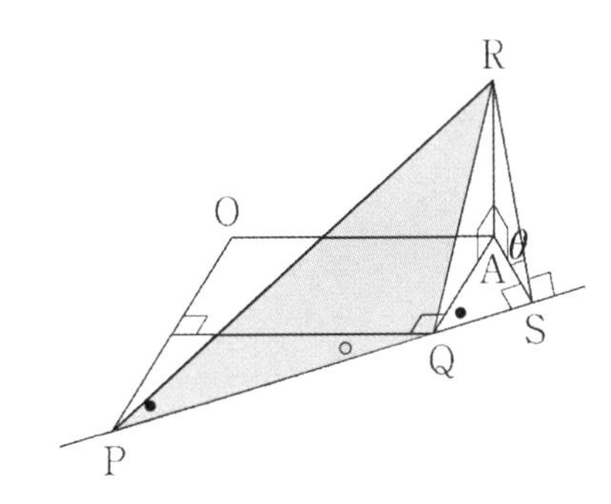

(단, ●$=60^\circ$, ○$=30^\circ$)

$\overline{AS}=\dfrac{\sqrt{3}}{2}$, $\overline{AR}=1$이므로

$\overline{RS}=\dfrac{\sqrt{7}}{2}$, $\cos\theta=\dfrac{\sqrt{3}}{\sqrt{7}}$

$\therefore\ \cos^2\theta=\dfrac{3}{7}$

$\therefore\ p+q=10$

답 10

[풀이2]

두 평면 α와 β의 교선을 l, 점 A에서 평면 α에 내린 수선의 발을 B, 점 B에서 직선 l에 내린 수선의 발을 H라고 하자.

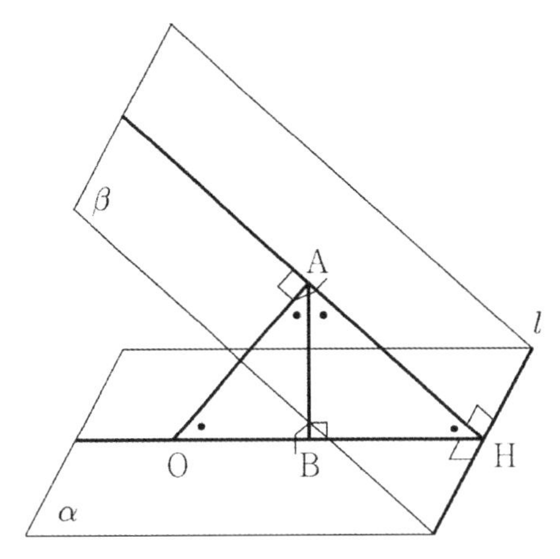

$\overline{AB} \perp \alpha$, $\overline{BH} \perp l$

이므로 삼수선의 정리에 의하여

$\overline{AH} \perp l$ …㉠

점 A는 주어진 구를 잘라서 생긴 원 C_2의 중심이므로

$\overline{OA} \perp \beta$ …㉡

㉠, ㉡에서 삼수선의 정리에 의하여

$\overline{OH} \perp l$

두 직선 OH, BH는 각각 직선 l에 수직이므로

세 점 O, B, H는 한 직선 위에 있다.

평면 ABH는 직선 BH를 포함하므로 점 O는 평면 ABH 위에 있다.

직각삼각형 ABH의 세 내각의 합은 180° 이므로

$\angle HAB=45^\circ$

$\angle HAO=90^\circ$ 이므로 $\angle BAO=45^\circ$

직각삼각형 AOB의 세 내각의 합은 180° 이므로

$\angle AOB=45^\circ$

직각삼각형 AOB에서 특수각의 삼각비에 의하여

$\overline{OA}=\sqrt{3}$ …㉢

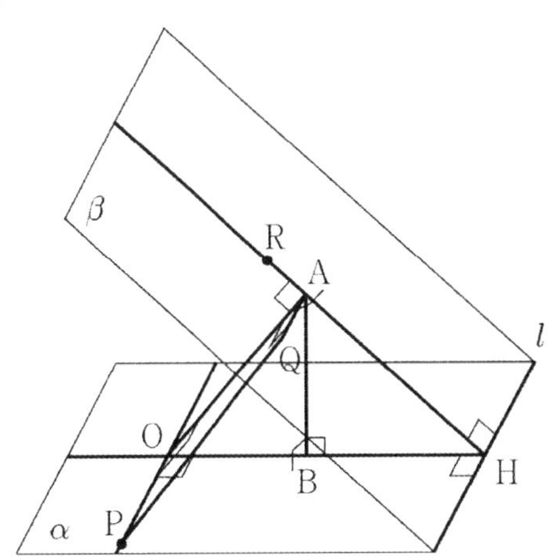

직선과 평면의 수직에 대한 정의에 의하여

$\overline{OA} \perp \beta$에서 $\overline{OA} \perp \overline{AQ}$

조건 (나)에서 OP//AQ이므로

$\angle POA=90^\circ$

한편

$\overline{AB} \perp \alpha$, $\overline{AO} \perp \overline{OP}$

이므로 삼수선의 정리에 의하여

$\overline{BO} \perp \overline{OP}$

이를 만족시키는 원 C_1 위의 점 P의 개수는 2이다.

이 두 점 중에서 어떤 점을 잡아도 풀이의 일반성을 잃지 않는다.

$OH(OB) \perp l$이므로

$OP // l$

조건 (나)에서 $OP // AQ$이므로

$AQ // l$

즉, 세 직선 l, OP, AQ는 평행하다. 이때, 네 점 A, Q, P, O는 한 평면 위에 있다.

점 R에서 직선 PQ에 내린 수선의 발을 S, 점 P를 지나고 직선 OA에 평행한 직선과 직선 AQ의 교점을 D라고 하자.

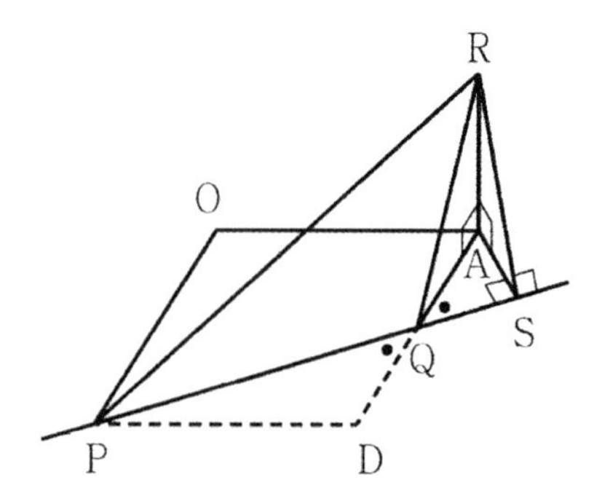

직각삼각형 OAQ에서 피타고라스의 정리에 의하여

$\overline{AQ} = \sqrt{\overline{OQ}^2 - \overline{OA}^2} = 1$(∵ ㉢)

직각삼각형 PDQ에서 삼각비의 정의에 의하여

$\tan(\angle DQP) = \dfrac{\overline{DP}}{\overline{QD}} = \sqrt{3}$

이므로 특수각의 삼각비에 의하여

$\angle DQP = 60°$

맞꼭지각의 성질에 의하여

$\angle AQS = 60°$

직각삼각형 AQS에서 특수각의 삼각비에 의하여

$\overline{AS} = \dfrac{\sqrt{3}}{2}$

직각삼각형 RSA에서 피타고라스의 정리에 의하여

$\overline{RS} = \sqrt{\overline{SA}^2 + \overline{AR}^2} = \dfrac{\sqrt{7}}{2}$

한편

$\overline{RA} \perp \overline{AQ}$(∵ 조건(가)), $\overline{RA} \perp \overline{OA}$(∵ $\overline{OA} \perp \beta$)

직선과 평면의 수직에 대한 정리에 의하여

$\overline{RA} \perp AOPQ$

삼수선의 정리에 의하여

$\overline{AS} \perp \overline{PQ}$

이면각의 정의에 의하여

$\angle RSA = \theta$

직각삼각형 RSA에서 삼각비의 정의에 의하여

$\cos\theta = \dfrac{\overline{SA}}{\overline{RS}} = \dfrac{\sqrt{21}}{7}$

$\cos^2\theta = \dfrac{3}{7}$이므로 $p = 7$, $q = 3$

$\therefore\ p + q = 10$

답 10

[풀이3] (정사영)

두 평면 α와 β의 교선을 l, 점 A에서 평면 α에 내린 수선의 발을 B, 점 B에서 직선 l에 내린 수선의 발을 H라고 하자.

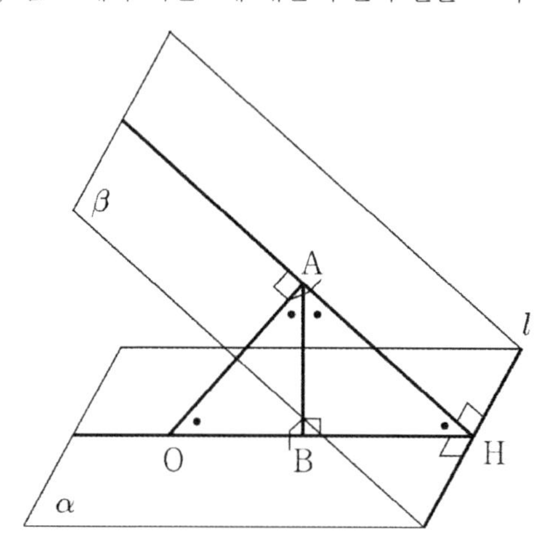

$\overline{AB} \perp \alpha$, $\overline{BH} \perp l$

이므로 삼수선의 정리에 의하여

$\overline{AH} \perp l$ …㉠

점 A는 주어진 구를 잘라서 생긴 원 C_2의 중심이므로

$\overline{OA} \perp \beta$ …㉡

㉠, ㉡에서 삼수선의 정리에 의하여

$\overline{OH} \perp l$

두 직선 OH, BH는 각각 직선 l에 수직이므로

세 점 O, B, H는 한 직선 위에 있다.

평면 ABH가 직선 BH를 포함하므로 점 O는 평면 ABH 위에 있다.

직각삼각형 ABH의 세 내각의 합은 180° 이므로

$\angle HAB = 45°$

$\angle HAO = 90°$ 이므로 $\angle BAO = 45°$

직각삼각형 AOB의 세 내각의 합은 180° 이므로

$\angle AOB = 45°$

직각삼각형 AOB에서 특수각의 삼각비에 의하여

$\overline{OA} = \sqrt{3}$ …㉢

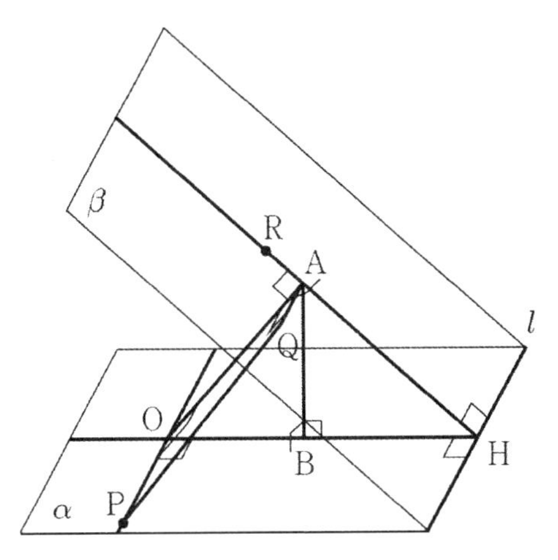

직선과 평면의 수직에 대한 정의에 의하여

$\overline{OA} \perp \beta$에서 $\overline{OA} \perp \overline{AQ}$

조건 (나)에서 OP//AQ이므로

$\angle POA = 90°$

한편

$\overline{AB} \perp \alpha$, $\overline{AO} \perp \overline{OP}$

이므로 삼수선의 정리에 의하여

$\overline{BO} \perp \overline{OP}$

이를 만족시키는 원 C_1 위의 점 P의 개수는 2이다.

이 두 점 중에서 어떤 점을 잡아도 풀이의 일반성을 잃지 않는다.

OH(OB)$\perp l$이므로

OP//l

조건 (나)에서 OP//AQ이므로

AQ//l

즉, 세 직선 l, OP, AQ는 평행하다. 이때, 네 점 A, Q, P, O는 한 평면 위에 있다.

점 Q에서 직선 PR에 내린 수선의 발을 S, 점 P를 지나고 직선 OA에 평행한 직선과 직선 AQ의 교점을 D라고 하자.

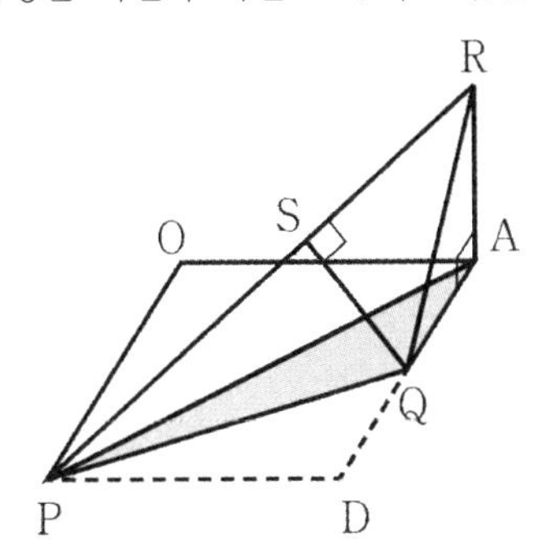

두 삼각형 PQR, PQA의 넓이를 각각 S, T라고 하자.

직각삼각형 OAQ에서 피타고라스의 정리에 의하여

$\overline{AQ} = \sqrt{\overline{OQ}^2 - \overline{OA}^2} = 1$(∵ ㉢)

삼각형의 넓이를 구하는 공식에 의하여

$T = \dfrac{1}{2} \times \overline{AQ} \times \overline{DP} = \dfrac{\sqrt{3}}{2}$

한편

$\overline{RA} \perp \overline{AQ}$(∵ 조건(가)), $\overline{RA} \perp \overline{OA}$(∵ $\overline{OA} \perp \beta$)

직선과 평면의 수직에 대한 정리에 의하여

$\overline{RA} \perp$ AOPQ

직선과 평면의 수직에 대한 정의에 의하여

$\overline{RA} \perp \overline{AP}$

직각삼각형 PDA에서 피타고라스의 정리에 의하여

$\overline{PA} = \sqrt{\overline{PD}^2 + \overline{DA}^2} = \sqrt{7}$

직각삼각형 PAR에서 피타고라스의 정리에 의하여

$\overline{PR} = \sqrt{\overline{PA}^2 + \overline{AR}^2} = 2\sqrt{2}$

$\overline{QS} = a$, $\overline{SP} = b$로 두자.

두 직각삼각형 PQS, QRS에서 피타고라스의 정리에 의하여

$a^2 + b^2 = 2^2$, $a^2 + (2\sqrt{2} - b)^2 = (\sqrt{2})^2$

a, b에 대한 연립방정식을 풀면

$a = \dfrac{\sqrt{14}}{4}$, $b = \dfrac{5\sqrt{2}}{4}$

삼각형의 넓이를 구하는 공식에 의하여

$S = \dfrac{1}{2} \times \overline{PR} \times \overline{QS} = \dfrac{\sqrt{7}}{2}$

점 R에서 평면 AOPQ에 내린 수선의 발은 A이므로 삼각형 PQR의 평면 AOPQ 위로의 정사영은 삼각형 PQA이다. 정사영의 넓이에 대한 공식에 의하여

$\cos\theta = \dfrac{T}{S} = \dfrac{\sqrt{21}}{7}$

$\cos^2\theta = \dfrac{3}{7}$이므로 $p = 7$, $q = 3$

$\therefore\ p + q = 10$

답 10

P030 | 답 15

[풀이1]

두 평면 α와 β의 교선을 l이라고 하자.

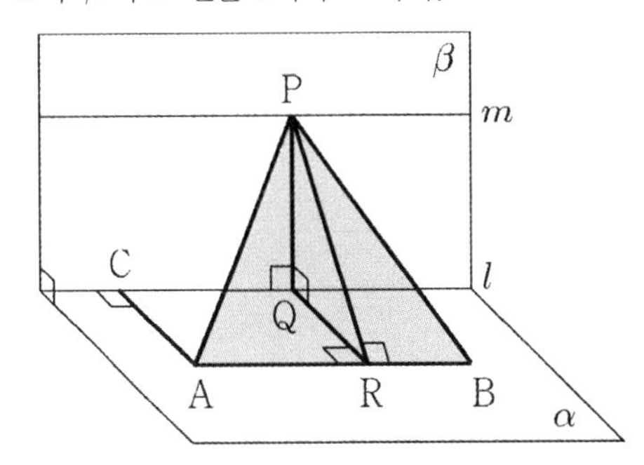

문제에서 주어진 조건에 의하여

AB//β이므로 AB//l

점 A에서 교선 l에 내린 수선의 발을 C라고 하자.

$\alpha \perp \beta$이므로 $\overline{AC} \perp \beta$

점 A와 평면 β 사이의 거리가 2이므로

$\overline{AC}=2$

점 P에서 교선 l에 내린 수선의 발을 Q라고 하자.

$\alpha\perp\beta$이므로 $\overline{PQ}\perp\alpha$

점 P와 평면 α 사이의 거리가 4이므로

$\overline{PQ}=4$

점 Q에서 직선 AB에 내린 수선의 발을 R이라고 하자.

$\overline{PQ}\perp\alpha$, $\overline{QR}\perp\overline{AB}$이므로

삼수선의 정리에 의하여

$\overline{PR}\perp\overline{AB}$

직각삼각형 PQR에서 피타고라스의 정리에 의하여

$\overline{PR}=\sqrt{\overline{PQ}^2+\overline{QR}^2}=\sqrt{4^2+2^2}=2\sqrt{5}$

($\because$ □ARQC가 직사각형이므로 $\overline{QR}=\overline{CA}$)

삼각형의 넓이를 구하는 공식에 의하여

$(\triangle\text{PAB의 넓이})=\frac{1}{2}\times\overline{AB}\times\overline{PR}$

$=\frac{1}{2}\times3\sqrt{5}\times2\sqrt{5}=15$

※ 점 P의 자취를 m이라고 할 때, 삼각형 PAB는 두 직선 m과 AB로 결정되는 평면 위에 있다.

답 15

[풀이2] 시험장

점 P에서 평면 α에 내린 수선의 발을 C라고 하자. 점 C에서 직선 AB에 내린 수선의 발을 A라고 해도 풀이의 일반성을 잃지 않는다. 이때, 삼수선의 정리에 의하여

$\overline{PA}\perp\overline{AB}$

이다. 그리고 두 평면 α, β의 교선을 l이라고 하면 점 C는 직선 l 위에 있다.

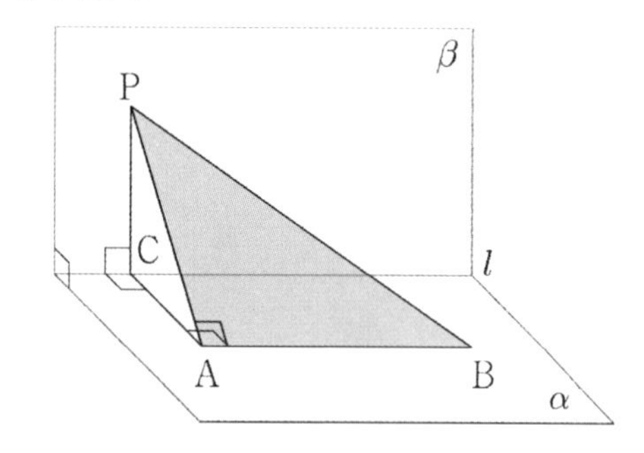

문제에서 주어진 조건에 의하여

$\overline{AC}=2$, $\overline{PC}=4$

이므로 직각삼각형 PCA에서

$\overline{PA}=2\sqrt{5}$

$\therefore$ $(\triangle\text{PAB의 넓이})=\frac{1}{2}\times3\sqrt{5}\times2\sqrt{5}=15$

답 15

P031 | 답 ②

[풀이1]

점 A에서 직선 n에 내린 수선의 발을 H라고 하자.

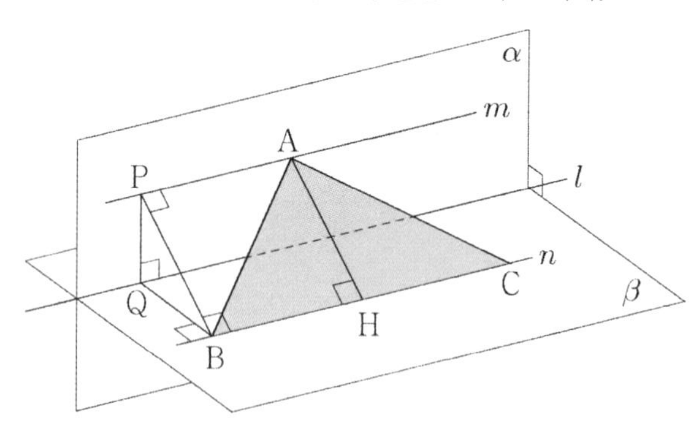

$\overline{PQ}\perp\beta(\because\overline{PQ}\perp l)$, $\overline{QB}\perp n$

이므로 삼수선의 정리에 의하여

$\overline{PB}\perp n$

그리고 $m\,/\!/\,n(\because l\,/\!/\,m,\ l\,/\!/\,n)$이므로

$\angle\text{APB}=90^\circ$

직각삼각형 PQB에서 피타고라스의 정리에 의하여

$\overline{PB}=5$

$\therefore$ $(\triangle\text{ABC의 넓이})=\frac{1}{2}\overline{BC}\,\overline{AH}$

$=\frac{1}{2}(2\overline{AP})\overline{PB}=4\times5=20$

답 ②

[풀이2]

아래 그림처럼 좌표공간을 도입하자.

그리고 점 A에서 직선 n에 내린 수선의 발을 H라고 하자.

이때, 이등변삼각형의 성질에 의하여 점 H는 선분 BC의 중점이다.

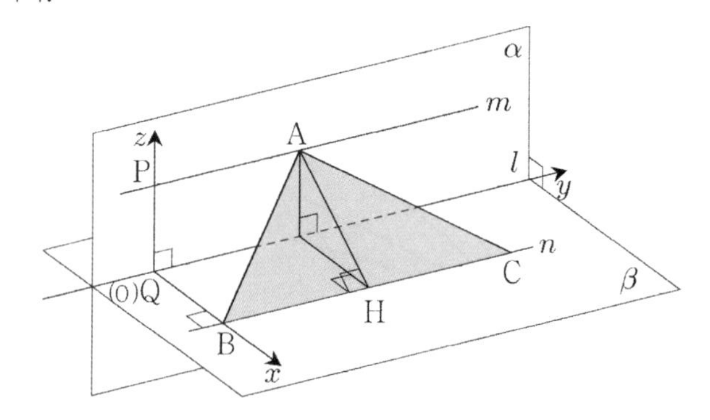

각 점의 좌표는

Q(O)(0, 0, 0), B(4, 0, 0), P(0, 0, 3),

A(0, 4, 3), H(4, 4, 0)

$\therefore$ $(\triangle\text{ABC의 넓이})=\overline{AH}\,\overline{BH}=5\times4=20$

답 ②

P032 | 답 ④

[풀이] ★

▶ ㄱ. (거짓)

모서리 CD의 중점을 M이라고 하자.

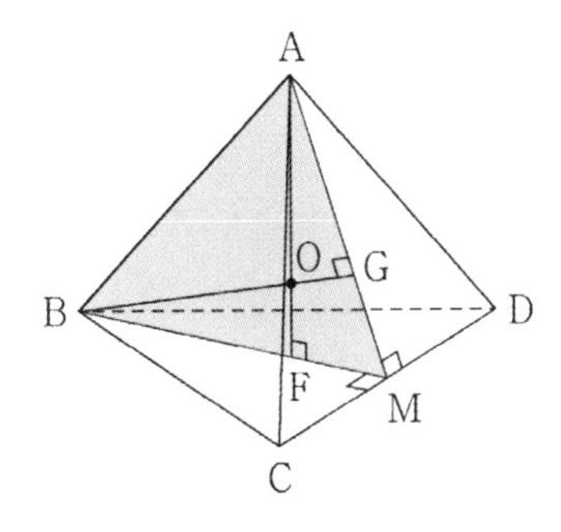

삼각형의 무게중심의 정의에 의하여

점 G는 선분 AM 위에 있고 점 F는 선분 BM 위에 있다.

한 점 M에서 만나는 두 직선 AM과 BM은 한 평면을 결정한다.

평면 ABM은 두 직선 AF, BG를 포함하므로

두 직선 AF, BG는 꼬인 위치에 있지 않다. (만난다.)

▶ ㄴ. (참)

점 O를 지나는 평면으로 주어진 구를 잘라서 생기는 원에 내접하는 정삼각형의 넓이를 S라고 하자.

반지름의 길이가 1인 원에 내접하는 정삼각형의 한 변의 길이는 $\sqrt{3}$이므로

정삼각형의 넓이를 구하는 공식에 의하여

$$S=\frac{\sqrt{3}}{4}\times(\sqrt{3})^2=\frac{3\sqrt{3}}{4}$$

삼각형 ABC는 주어진 구의 중심 O를 지나지 않으므로

($\triangle$ABC의 넓이)$< S$

▶ ㄷ. (참)

정사면체 ABCD를 평면 ABM으로 잘라서 생긴 평면도형에서 문제를 해결하자. 이때, 세 점 O, F, G는 평면 ABM 위의 점이다.

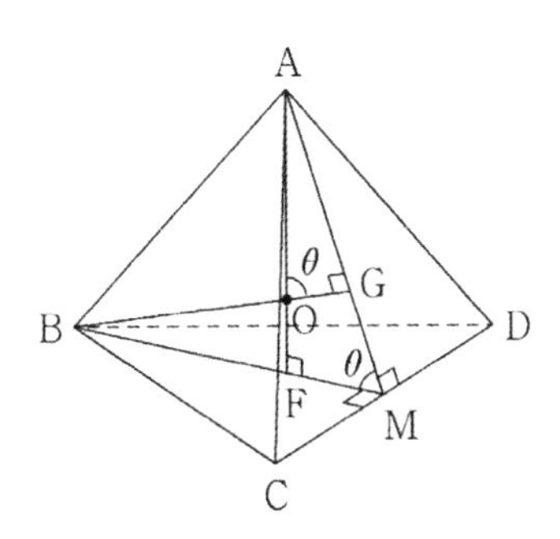

$\angle \mathrm{AOG}+\angle \mathrm{GOF}=\pi$, $\angle \mathrm{GOF}+\angle \mathrm{FMG}=\pi$

이므로 $\angle \mathrm{FMG}=\theta$

$\overline{\mathrm{AM}}\perp\overline{\mathrm{CD}}$, $\overline{\mathrm{BM}}\perp\overline{\mathrm{CD}}$

이므로 이면각의 정의에 의하여

두 평면 ACD, BCD가 이루는 각의 크기는 θ이다.

두 정삼각형 ACD, BCD는 서로 합동이므로

$\overline{\mathrm{AM}}=\overline{\mathrm{BM}}$

그런데 점 F는 삼각형 BCD의 무게중심이므로

$$\overline{\mathrm{FM}}=\frac{1}{3}\overline{\mathrm{BM}}$$

직각삼각형 AMF에서 삼각비의 정의에 의하여

$$\cos\theta=\frac{\overline{\mathrm{FM}}}{\overline{\mathrm{AM}}}=\frac{\frac{1}{3}\overline{\mathrm{BM}}}{\overline{\mathrm{AM}}}=\frac{1}{3}$$

이상에서 옳은 것은 ㄴ, ㄷ이다.

답 ④

[참고1]

두 직선 AF, BG의 교점이 O임을 증명하자.

점 A에서 선분 BM에 내린 수선의 발을 H라고 하자.

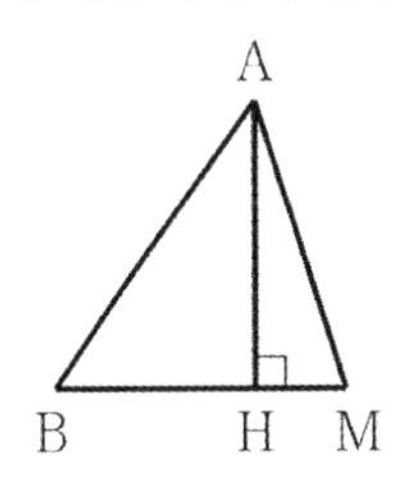

정사면체 ABCD의 한 모서리의 길이를 a라고 하면

$$\overline{\mathrm{AB}}=a,\ \overline{\mathrm{AM}}=\overline{\mathrm{BM}}=\frac{\sqrt{3}}{2}a$$

$\overline{\mathrm{HM}}=x$로 두자.

직각삼각형 AHM에서 피타고라스의 정리에 의하여

$$\overline{\mathrm{AH}}=\sqrt{\overline{\mathrm{AM}}^2-\overline{\mathrm{MH}}^2}=\sqrt{\frac{3}{4}a^2-x^2}$$

직각삼각형 ABH에서 피타고라스의 정리에 의하여

$$\overline{\mathrm{AB}}^2=\overline{\mathrm{BH}}^2+\overline{\mathrm{HA}}^2$$

대입하면

$$a^2=\left(\frac{\sqrt{3}}{2}a-x\right)^2+\frac{3}{4}a^2-x^2$$

풀면

$$x=\frac{\sqrt{3}}{6}a \text{ 즉, } \overline{\mathrm{HM}}=\frac{\sqrt{3}}{6}a$$

$$\overline{\mathrm{BH}}=\overline{\mathrm{BM}}-\overline{\mathrm{HM}}=\frac{\sqrt{3}}{3}a$$

$\overline{\mathrm{BH}}:\overline{\mathrm{HM}}=2:1$이므로 삼각형의 무게중심의 정의에 의하여

점 H는 점 F이다.

이등변삼각형의 성질에 의하여

$\overline{\mathrm{AM}}\perp\overline{\mathrm{CD}}$, $\overline{\mathrm{BM}}\perp\overline{\mathrm{CD}}$

그리고 $\overline{\mathrm{AF}}\perp\overline{\mathrm{BM}}$이므로

삼수선의 정리에 의하여

$\overline{\mathrm{AF}}\perp\mathrm{BCD}$

정사면체 ABCD의 외접구의 중심 O는 선분 AF 위에 있다.
마찬가지의 방법으로 점 O는 선분 BG 위에 있다.
두 직선 AF, BG는 점 O에서 만난다.

[참고2]
삼각형 ACD의 넓이를 구하자.
직각삼각형 AOG에서 삼각비의 정의에 의하여
$\overline{OG}=\overline{AO}\times\cos\theta=\frac{1}{3}$
직각삼각형 AOG에서 피타고라스의 정리에 의하여
$\overline{AG}=\sqrt{\overline{AO}^2-\overline{OG}^2}=\frac{2\sqrt{2}}{3}$
점 G는 선분 AM의 2 : 1내분점이므로
$\overline{AM}=\sqrt{2}$
직각삼각형 ACM에서 특수각의 삼각비에 의하여
$\overline{AC}=\frac{2\sqrt{6}}{3}$
정삼각형의 넓이를 구하는 공식에 의하여
(△ACD의 넓이)$=\frac{\sqrt{3}}{4}\left(\frac{2\sqrt{6}}{3}\right)^2=\frac{2\sqrt{3}}{3}$

[참고3] (정사영) ★
점 A에서 평면 BCD에 내린 수선의 발이 F이므로
삼각형 ACD의 평면 BCD 위로의 정사영은 삼각형 FCD이다.
두 삼각형 ACD, FCD의 넓이를 각각 S, T라고 하자.
삼각형의 무게중심의 정의에 의하여
점 F는 선분 BM의 2 : 1내분점이므로
$T=\frac{1}{3}$(△BCD의 넓이)$=\frac{1}{3}$(△ACD의 넓이)$=\frac{S}{3}$
정사영의 넓이에 대한 공식에 의하여
$\cos\theta=\frac{T}{S}=\frac{1}{3}$

P033 | 답 40

[풀이1]
문제에서 주어진 조건에 의하여 점 B에서 평면 AEF에 내린 수선의 발은 D이다.
점 D에서 직선 EF에 내린 수선의 발을 G라고 하자.

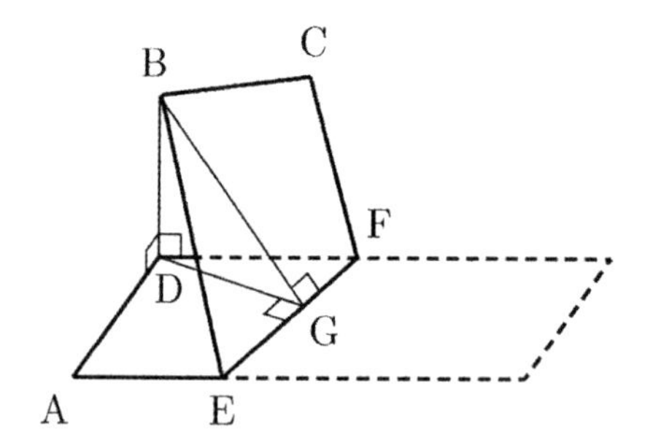

$\overline{BD}\perp$ AEF, $\overline{DG}\perp\overline{EF}$
이므로 삼수선의 정리에 의하여
$\overline{BG}\perp\overline{EF}$
이제 종이를 다시 펼쳐서 직사각형 모양으로 만들면 아래 그림과 같다.

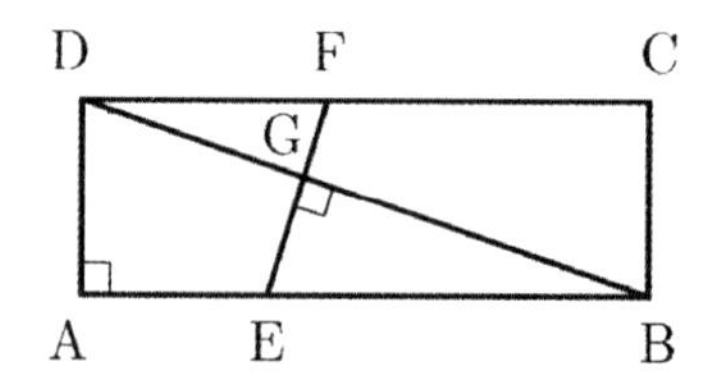

서로 닮음인 두 직각삼각형 BDA, BEG에 대하여
$\overline{AB}:\overline{BD}=\overline{GB}:\overline{BE}$ 즉, $9:3\sqrt{10}=\overline{GB}:6$
정리하면
$\overline{GB}=\frac{9}{5}\sqrt{10}$
이므로
$\overline{GD}=\overline{BD}-\overline{BG}=\frac{6}{5}\sqrt{10}$
길이의 정사영에 대한 공식에 의하여
$\cos\theta=\frac{\overline{GD}}{\overline{BG}}=\frac{2}{3}$
∴ $60\cos\theta=40$
답 40

[풀이2]
두 선분 DB, EF의 교점을 G, 점 E에서 선분 DC에 내린 수선의 발을 H라고 하자.

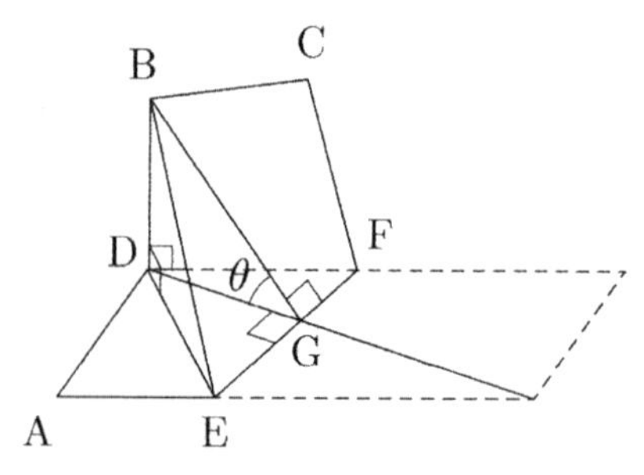

점 D에서 선분 EF에 내린 수선의 발을 G′라고 하면 삼수선의 정리에 의하여
$\overline{BG'}\perp\overline{EF}$
이때, 평면 ABCD에서 두 직선 DB, EF는 점 G′에서 수직

으로 만난다. 그러므로 점 G'는 점 G이다.
그리고 이면각의 정의에 의하여
$\angle BGD = \theta$
아래의 그림처럼 여러 각의 크기가 ●, ○로 결정된다.

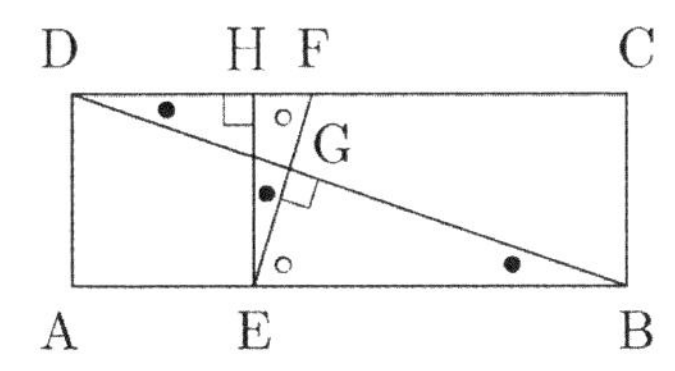

(단, ●+○=90°)

삼각형 DAB에서 $\tan$ ●$=\frac{1}{3}$이므로

삼각형 FHE에서 $\overline{FH}=1$이다.
두 직각삼각형 DFG, BEG의 닮음비는
$\overline{DF}:\overline{BE}=4:6$
이므로

$\cos\theta = \frac{\overline{GD}}{\overline{BG}} = \frac{4}{6} = \frac{2}{3}$

$\therefore\ 60\cos\theta = 40$

답 40

[풀이3]
문제에서 주어진 조건에 의하여 점 B에서 평면 AEF에 내린 수선의 발이 D이므로
$\overline{BD} \perp AEF$
직선과 평면의 수직에 대한 정의에 의하여
$\overline{BD} \perp \overline{DE}$, $\overline{BD} \perp \overline{DF}$

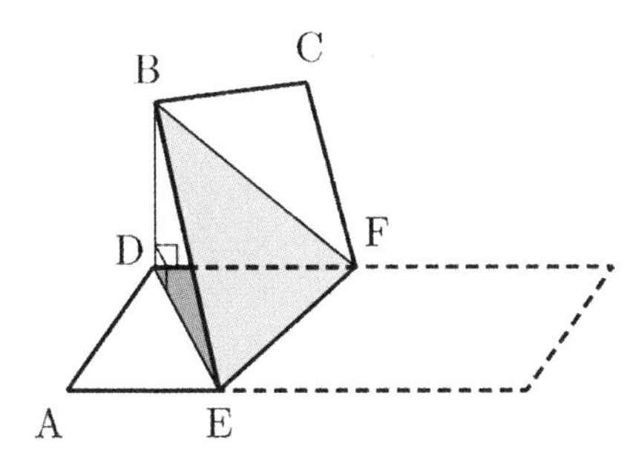

직각삼각형 DAE에서 특수각의 삼각비에 의하여
$\overline{DE}=3\sqrt{2}$
$\overline{DF}=x$라고 하자. 직각삼각형 BDE, BDF에서
피타고라스의 정리에 의하여
$\overline{BD}=\sqrt{\overline{BE}^2-\overline{ED}^2}=3\sqrt{2}$
$\overline{BF}=\sqrt{\overline{BD}^2+\overline{DF}^2}=\sqrt{18+x^2}$
직각삼각형 BCF에서 피타고라스의 정리에 의하여
$\overline{BF}=\sqrt{\overline{BC}^2+\overline{CF}^2}=\sqrt{3^2+(9-x)^2}$이므로
$\sqrt{18+x^2}=\sqrt{3^2+(9-x)^2}$
양변을 제곱하여 정리하면 $x=4$

점 B에서 평면 AEF에 내린 수선의 발이 D이므로
$\triangle BEF$의 평면 AEF 위로의 정사영은 $\triangle DEF$이다.

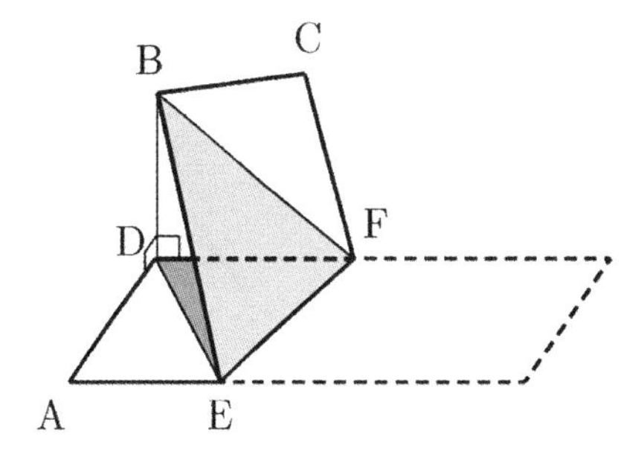

이제 종이를 다시 펼쳐서 직사각형 모양으로 만들면 아래 그림과 같다.

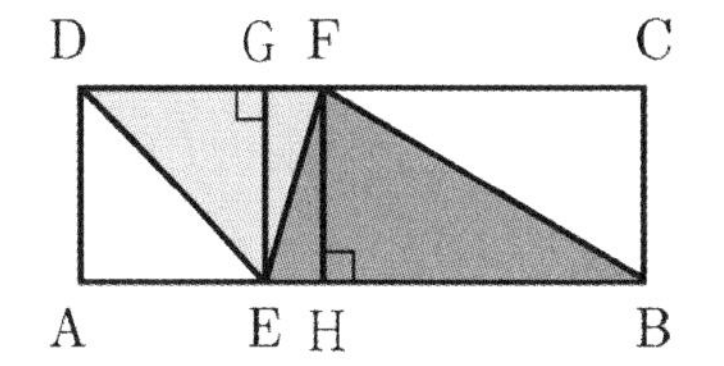

점 E에서 선분 CD에 내린 수선의 발을 G,
점 F에서 선분 AB에 내린 수선의 발을 H,
두 삼각형 BEF, DEF의 넓이를 각각
S, S'라고 하자.

$S=\frac{1}{2}\overline{EB}\,\overline{FH}$, $S'=\frac{1}{2}\overline{DF}\,\overline{EG}$

넓이의 정사영에 대한 공식에 의하여

$\cos\theta = \frac{S'}{S} = \frac{\overline{DF}}{\overline{EB}} = \frac{2}{3}$

$\therefore\ 60\cos\theta = 40$

답 40

P034 | 답 ⑤

[풀이1] ★
주어진 전개도를 접어서 사면체를 만들 수 있으므로 다음이 성립한다.

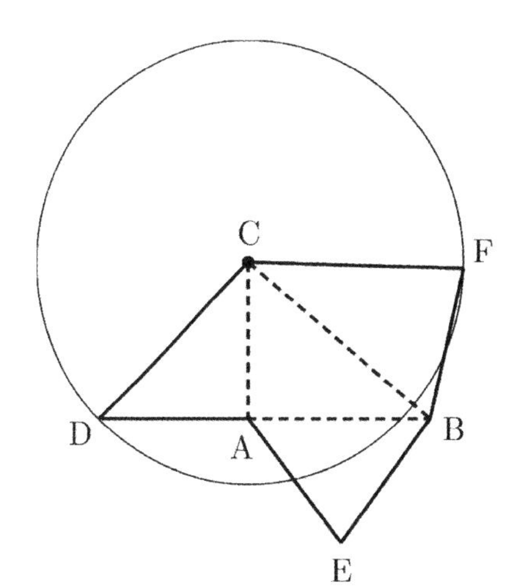

위의 그림에서 $\overline{CD}=\overline{CF}$이다.

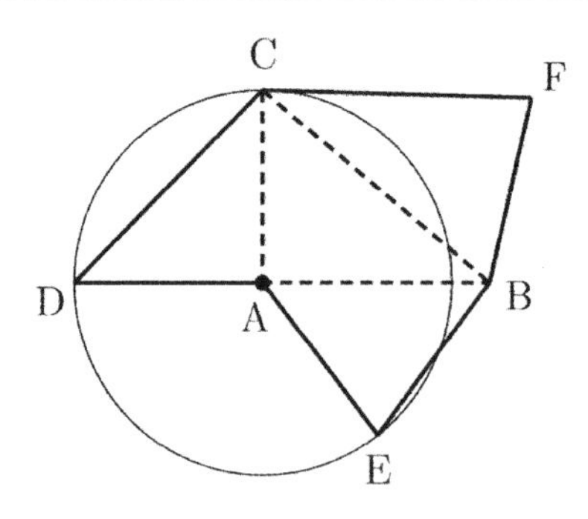

위의 그림에서 $\overline{AE}=\overline{AD}=\overline{AC}$이다.

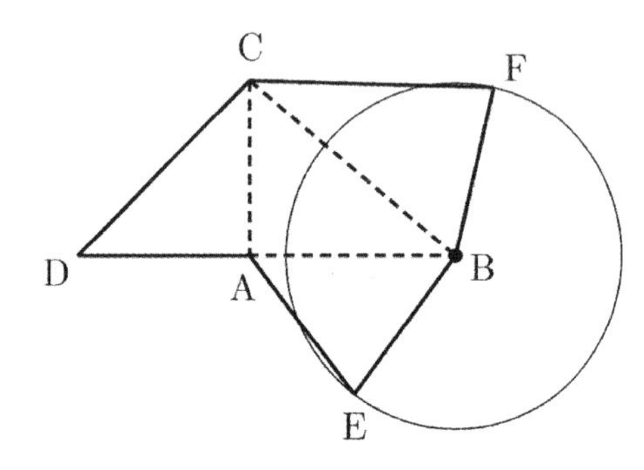

위의 그림에서 $\overline{BE}=\overline{BF}$이다.
사면체 PABC는 다음과 같다.

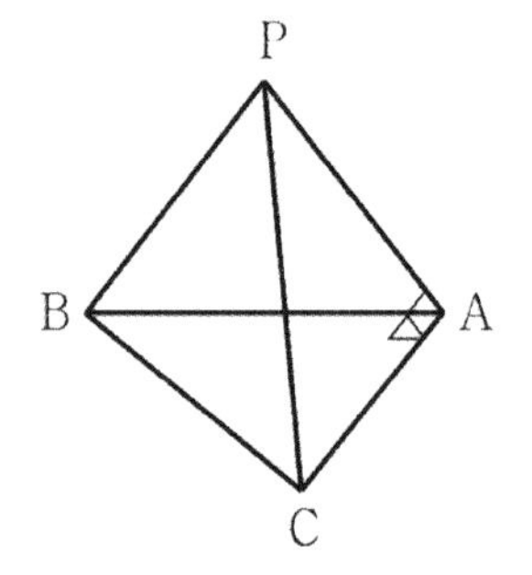

▸ ㄱ. (참)
주어진 조건에 의하여
$\overline{AC}=\overline{AP}(=\overline{AD})$
이므로 $\triangle PCA$는 $\angle A=90^\circ$ 인 직각이등변삼각형이다.
직각삼각형 PCA에서 피타고라스의 정리에 의하여
$\overline{CP}=\sqrt{\overline{CA}^2+\overline{AP}^2}=\sqrt{2}\,\overline{AC}$
그런데 주어진 조건에서
$\overline{AC}=\overline{BE}(=\overline{BP})$이므로 $\overline{CP}=\sqrt{2}\,\overline{BP}$
▸ ㄴ. (참)
점 P가 평면 ABC 위에 있으면 사면체 PABC가 만들어지지 않으므로 점 P는 평면 ABC 위에 있지 않다.
두 직선 AB, CP는 한 평면 위에 있지 않으므로 두 직선 AB, CP는 꼬인 위치에 있다.
▸ ㄷ. (참)

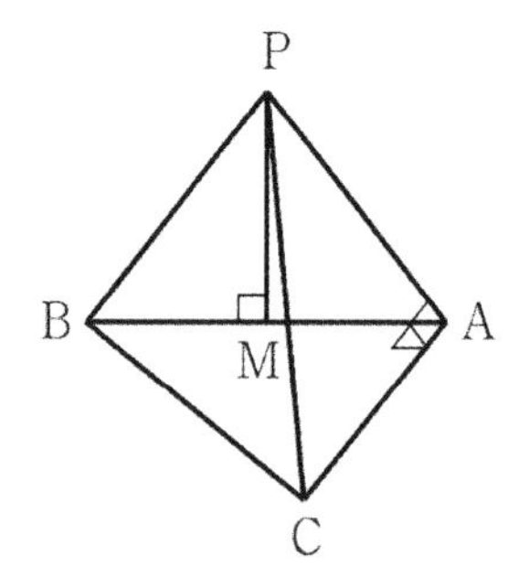

이등변삼각형의 성질에 의하여
$\overline{PM}\perp\overline{AB}$ …㉠
주어진 조건에 의하여
$\overline{AB}\perp\overline{AC}$, $\overline{AP}\perp\overline{AC}$
삼수선의 정리에 의하여
$\overline{PM}\perp ABC$
직선과 평면의 수직에 대한 정의에 의하여
$\overline{PM}\perp\overline{AC}$ …㉡
직선과 평면의 수직에 대한 정리에 의하여
$\overline{PM}\perp ABC$($\because$ ㉠, ㉡)
직선과 평면의 수직에 대한 정의에 의하여
$\overline{BC}\perp\overline{PM}$
이상에서 옳은 것은 ㄱ, ㄴ, ㄷ이다.
답 ⑤

[참고]

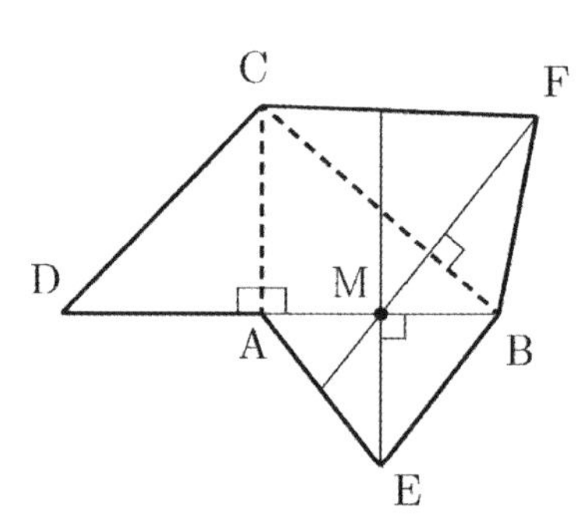

점 P에서 평면 ABC에 내린 수선의 발은 M이다.
이때, M은 점 E를 지나고 직선 AB에 수직인 직선과 점 F를 지나고 직선 BC에 수직인 직선의 교점이다. 점 D를 지나고 직선 CA에 수직인 직선도 점 M을 지난다.

[풀이2] **시험장**
입체를 만들지 않고 문제를 해결해보자.

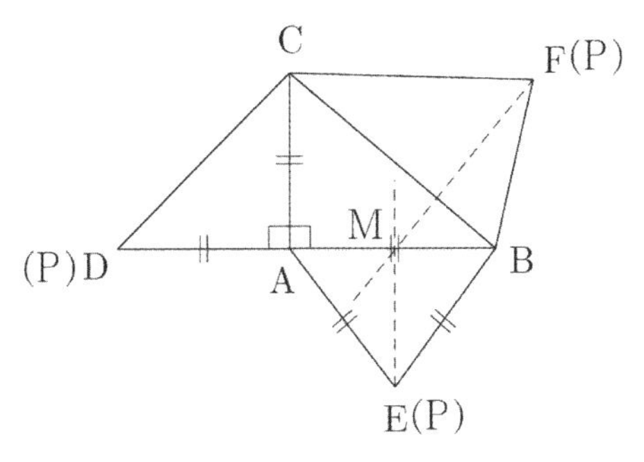

세 선분 AC, AD, AE는 서로 만나므로
위의 그림처럼 네 선분의 길이는 서로 같다.

▸ ㄱ. (참)

$\overline{CP}=\overline{CD}=\sqrt{2}\,\overline{AD}=\sqrt{2}\,\overline{BE}=\sqrt{2}\,\overline{BP}$

▸ ㄴ. (참)

점 P는 평면 ABC 위에 있지 않다. 만약 점 P가 평면 ABC 위에 있으면 사면체가 만들어지지 않기 때문이다.
따라서 두 직선 AB, CP는 서로 꼬인 위치에 있다.

▸ ㄷ. (참)

평면 ABC에서 세 직선
'점 E를 지나고 직선 AB에 수직인 직선',
'점 D를 지나고 직선 AC에 수직인 직선',
'점 F를 지나고 직선 CB에 수직인 직선'
이 만나는 교점은 M이다.
이때, M은 점 P에서 평면 ABC에 내린 수선의 발이다.

$\therefore\ \overline{PM}\perp\overline{BC}$

이상에서 옳은 것은 ㄱ, ㄴ, ㄷ이다.

답 ⑤

P035 | 답 8

[풀이]

점 P에서 평면 AMN에 내린 수선의 발을 Q, 점 Q에서 직선 AM에 내린 수선의 발을 R이라고 하자. 이때, 점 Q는 직선 AC 위에 있다. (왜냐하면 점 B를 지나고 직선 AM에 수직인 직선과 점 D를 지나고 직선 AN에 수직인 직선의 교점은 직선 AC 위에 있기 때문이다.)

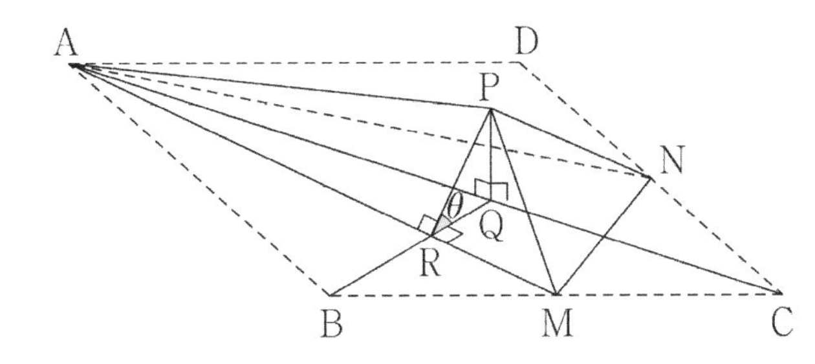

$\overline{PQ}\perp$(평면 AMN), $\overline{QR}\perp\overline{AM}$(⋯㉠)
이므로 삼수선의 정리에 의하여
$\overline{PR}\perp\overline{AM}$(⋯㉡)

㉠, ㉡에서 이면각의 정의에 의하여
$\angle PRQ(=\theta)$
는 두 평면 AMN, PAM이 이루는 각의 크기이다.
이제 $\cos\theta$의 값을 구하자.
우선 두 선분 PR(BR), RQ의 길이를 구하자.
두 대각선 AC, BD의 교점을 O, 두 선분 AC, NM의 교점을 L이라고 하자. 이때, 점 L은 선분 OC의 중점이다. 그리고 두 선분 AM, BD의 교점을 S라고 하자.

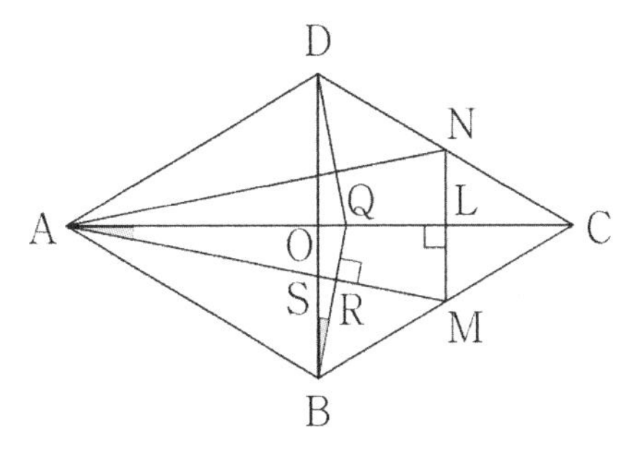

(단, 위의 그림에서 색칠된 두 각의 크기는 서로 같다.)
서로 닮음인 두 직각삼각형 ALM, BOQ에 대하여

$\overline{AL}:\overline{LM}=\overline{BO}:\overline{OQ}$, 즉 $3\sqrt{3}:1=2:\overline{OQ}$

$\overline{OQ}=\dfrac{2}{3\sqrt{3}}$

직각삼각형 BOQ에서 피타고라스의 정리에 의하여

$\overline{BQ}=\dfrac{4\sqrt{7}}{3\sqrt{3}}$ ⋯㉢

서로 닮음인 두 직각삼각형 ALM, AOS의 닮음비는 3 : 2이므로

$\overline{OS}=\dfrac{2}{3}\overline{LM}=\dfrac{2}{3}$, $\overline{SB}=\dfrac{4}{3}$

직각삼각형 SBR에서 삼각비의 정의에 의하여

$\overline{BR}=\overline{SB}\times\cos(\angle SBR)$

$=\dfrac{4}{3}\times\dfrac{3\sqrt{3}}{2\sqrt{7}}=\dfrac{2\sqrt{3}}{\sqrt{7}}$ ⋯㉣

$\left(\because\ \cos(\angle MAL)=\dfrac{3\sqrt{3}}{2\sqrt{7}}\right)$

㉢, ㉣에 의하여

$\overline{RQ}=\overline{BQ}-\overline{BR}=\dfrac{10\sqrt{21}}{63}$ ⋯㉤

㉣, ㉤에 의하여

$\cos\theta=\dfrac{\overline{RQ}}{\overline{PR}}=\dfrac{5}{9}$

이므로

$\dfrac{q}{p}\sqrt{3}=$(△AMN의 넓이)$\times\cos\theta$

$=3\sqrt{3}\times\dfrac{5}{9}=\dfrac{5\sqrt{3}}{3}$, $q=5$, $p=3$

$\therefore\ p+q=8$

답 8

[참고1]
다음과 같이 $\cos\theta$의 값을 구해도 좋다.
우선 선분 AM의 길이를 구하자.

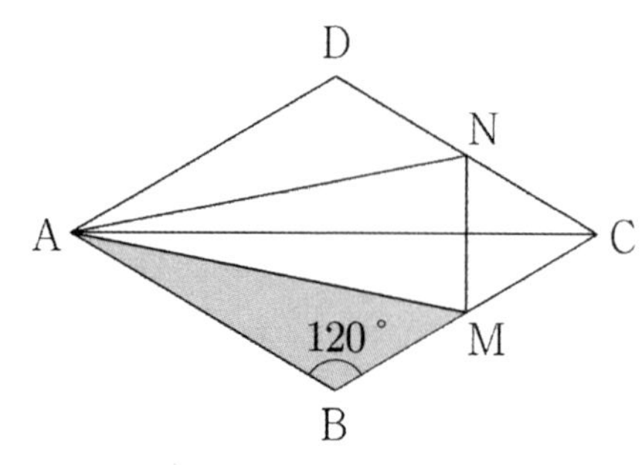

삼각형 ABM에서 코사인법칙에 의하여
$\overline{AM}=\sqrt{4^2+2^2-2\times4\times2\times\cos120^\circ}$
$=2\sqrt{7}$

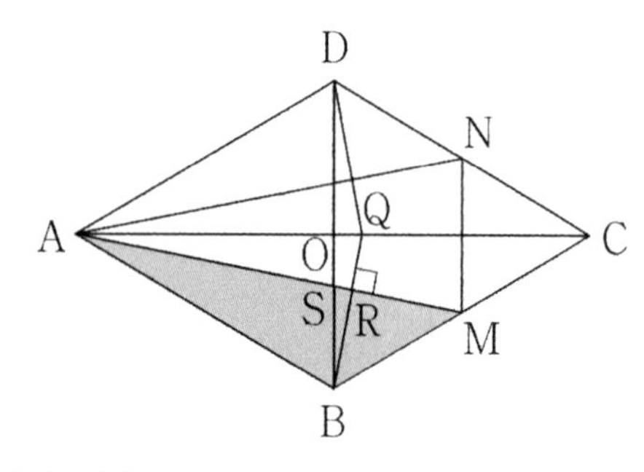

($\triangle$ABM의 넓이)
$=\dfrac{1}{2}\overline{AM}\,\overline{BR}=\dfrac{1}{2}\overline{AB}\,\overline{BM}\sin120^\circ$

즉, $\sqrt{7}\,\overline{BR}=2\sqrt{3}$, $\overline{BR}=\dfrac{2\sqrt{3}}{\sqrt{7}}(=\overline{PR})$

서로 닮음인 두 직각삼각형 BQO, BSR에 대하여
$\overline{OB}:\overline{BQ}=\overline{RB}:\overline{BS}$, 즉

$2:\dfrac{2\sqrt{3}}{\sqrt{7}}+\overline{RQ}=\dfrac{2\sqrt{3}}{\sqrt{7}}:\dfrac{4}{3}$, $\overline{RQ}=\dfrac{10\sqrt{21}}{63}$

$\therefore\ \cos\theta=\dfrac{\overline{RQ}}{\overline{PR}}=\dfrac{5}{9}$

[참고2]
다음과 같이 $\cos\theta$의 값을 구해도 좋다.
이미 선분 PR(BR)의 길이를 구한 상태라고 하자.

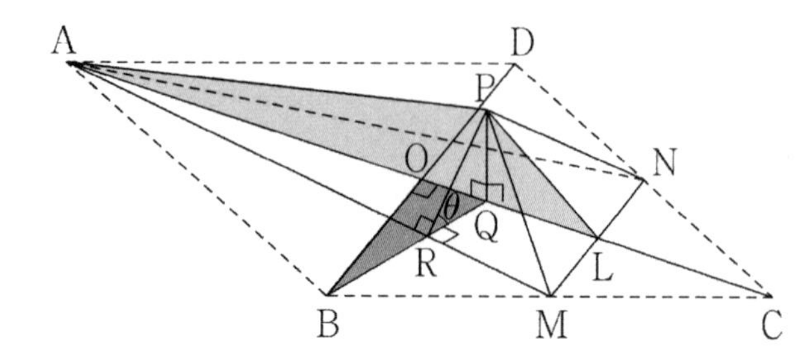

$\overline{AQ}=x$로 두자.

두 직각삼각형 PAQ, PLQ에서 피타고라스의 정리에 의하여
$\overline{PQ}=\sqrt{\overline{AP}^2-\overline{AQ}^2}=\sqrt{\overline{PL}^2-\overline{LQ}^2}$

즉, $\sqrt{16-x^2}=\sqrt{3-(3\sqrt{3}-x)^2}$

양변을 제곱하여 풀면

$x=\dfrac{20}{3\sqrt{3}}(=\overline{AQ})$, $\overline{OQ}=\dfrac{2\sqrt{3}}{9}$

직각삼각형 BQO에서 피타고라스의 정리에 의하여

$\overline{BQ}=\dfrac{4\sqrt{7}}{3\sqrt{3}}$

$\therefore\ \cos\theta=\dfrac{\overline{RQ}}{\overline{PR}}=\dfrac{5}{9}$

[참고3]
다음과 같이 $\cos\theta$의 값을 구해도 좋다.
네 점 A, B, C, D의 좌표가 각각
$(-2\sqrt{3},\ 0)$, $(0,\ -2)$, $(2\sqrt{3},\ 0)$, $(0,\ 2)$
가 되도록 좌표평면을 도입하자.
이때, 마름모의 두 대각선의 교점은 원점 O와 일치한다.
그리고 점 M의 좌표는 $(\sqrt{3},\ -1)$이다.

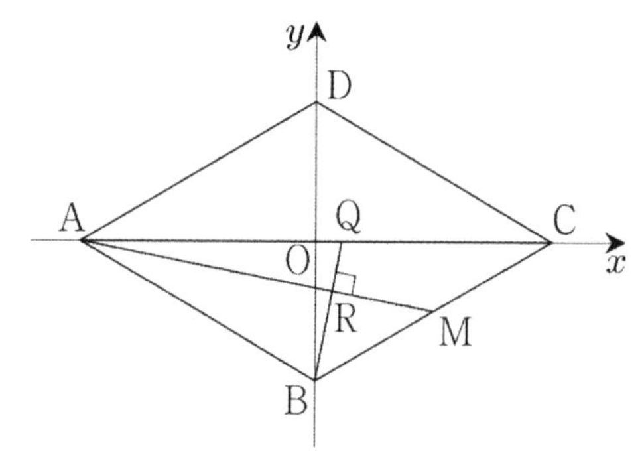

직선 AM: $x+3\sqrt{3}y+2\sqrt{3}=0$
점과 직선 사이의 거리 공식에 의하여

$\overline{BR}=\dfrac{2\sqrt{3}}{\sqrt{7}}$

직선 BQ: $y=3\sqrt{3}x-2$

점 Q의 좌표는 $\left(\dfrac{2}{3\sqrt{3}},\ 0\right)$

두 점 사이의 거리 공식에 의하여

$\overline{BQ}=\dfrac{4\sqrt{7}}{3\sqrt{3}}$

$\overline{RQ}=\overline{BQ}-\overline{BR}=\dfrac{10\sqrt{21}}{63}$

$\therefore\ \cos\theta=\dfrac{\overline{RQ}}{\overline{PR}}=\dfrac{5}{9}$

P036 | 답 ①

[풀이]

막대의 양 끝 점 중에서 점 A가 아닌 점을 B, 햇빛에 의한 점 B의 그림자를 점 C라고 하자.

- (1) 막대의 그림자가 수평면에만 생기는 경우

(단, $0 \le x \le \frac{\pi}{6}$)

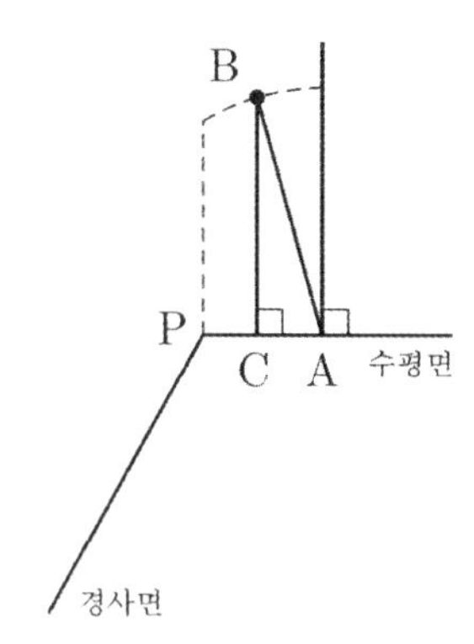

직각삼각형 ABC에서 삼각비의 정의에 의하여

(그림자의 길이)$= \overline{AC} = \overline{AB} \times \cos\left(\frac{\pi}{2} - x\right) = 2\sin x$

함수 $f(x)$의 방정식은

$f(x) = 2\sin x$(단, $0 \le x \le \frac{\pi}{6}$)

- (2) 막대의 그림자가 수평면과 경사면에 모두 생기는 경우

(단, $\frac{\pi}{6} < x < \frac{\pi}{2}$)

점 P를 지나고 수평면에 수직인 직선이 선분 AB와 만나는 점을 Q, 두 직선 AP, BC의 교점을 H라고 하자.

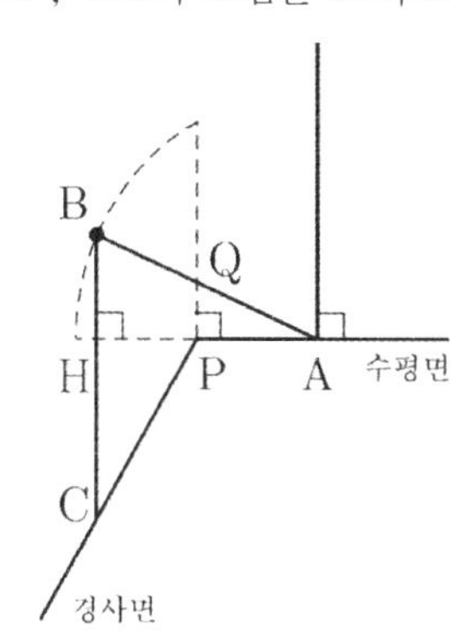

직각삼각형 AQP에서 삼각비의 정의에 의하여

$$\overline{AQ} = \overline{AP} \times \frac{1}{\cos\left(\frac{\pi}{2} - x\right)} = \frac{1}{\sin x}$$

이므로

$$\overline{QB} = 2 - \overline{AQ} = 2 - \frac{1}{\sin x}$$

위의 그림에서 삼각비의 정의에 의하여

$$\overline{PH} = \overline{QB} \times \cos\left(\frac{\pi}{2} - x\right) = 2\sin x - 1$$

직각삼각형 CPH에서 삼각비의 정의에 의하여

(경사면에 생기는 그림자의 길이)

$$= \overline{PC} = \overline{PH} \times \frac{1}{\cos\frac{\pi}{3}} = 4\sin x - 2$$

함수 $f(x)$의 방정식은

$f(x) = 4\sin x - 1$(단, $\frac{\pi}{6} \le x < \frac{\pi}{2}$)

(1), (2)에서 함수 $f(x)$의 방정식은

$$f(x) = \begin{cases} 2\sin x & \left(0 \le x \le \frac{\pi}{6}\right) \\ 4\sin x - 1 & \left(\frac{\pi}{6} < x < \frac{\pi}{2}\right) \end{cases}$$

함수 $f(x)$의 그래프는

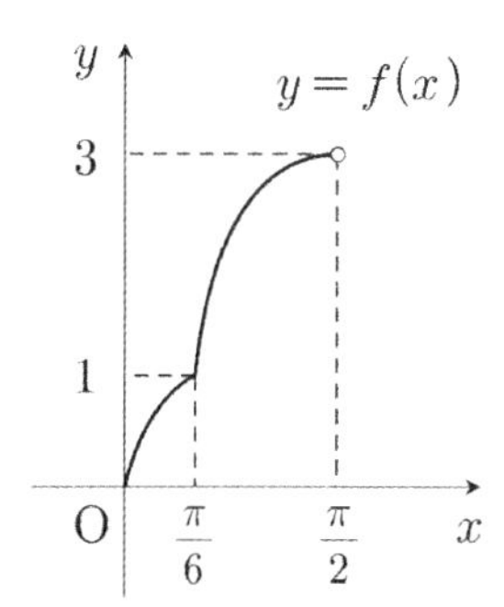

답 ①

P037 | 답 30

[풀이1]

지면과 판의 교선에 수직인 평면으로 자른 단면이 아래 그림과 같다고 하자.

(단, T, T'는 각각 판의 넓이, 판의 그림자의 넓이이다.)

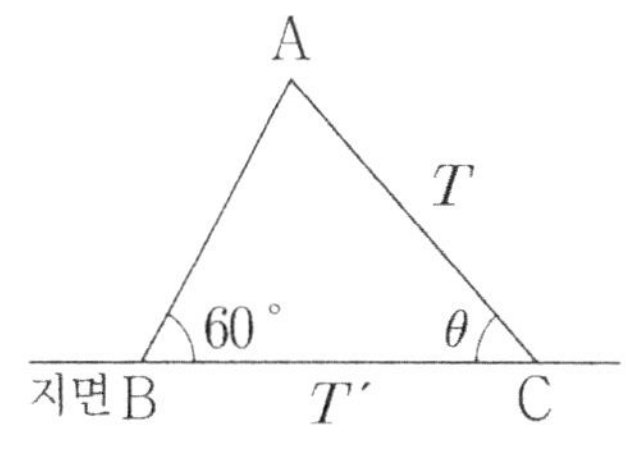

삼각형 ABC에서 사인법칙에 의하여

$$\frac{T}{\sin 60^\circ} = \frac{T'}{\sin(120^\circ - \theta)}$$

$$T' = \frac{2T}{\sqrt{3}} \sin(120^\circ - \theta)$$

T'는 $120^\circ - \theta = 90^\circ$, 즉 $\theta = 30^\circ$일 때 최댓값을 갖는다.

$$\therefore\ S = \frac{2}{\sqrt{3}}(16 - \pi) = \frac{\sqrt{3}(32 - 2\pi)}{3}$$

$\therefore\ a + b = 30$

답 30

[참고1]
θ의 값이 변할 때, 그림자의 길이를 관찰하면 다음과 같다.

• $\theta = 0$인 경우

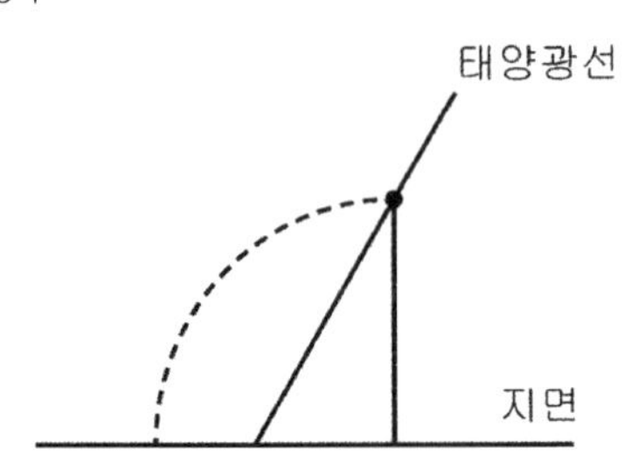

• $0 < \theta < \frac{\pi}{3}$인 경우

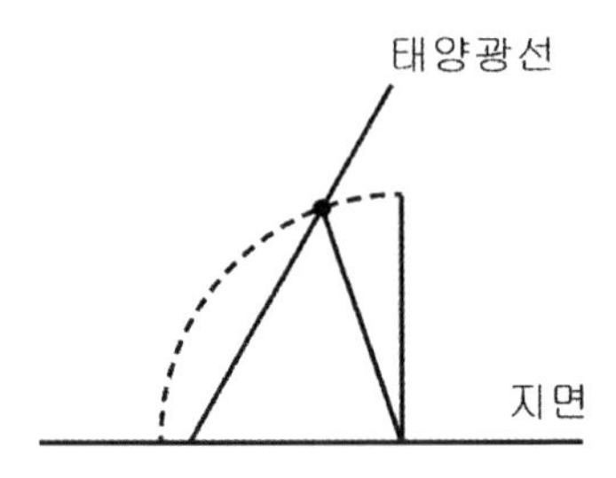

• $\theta = \frac{\pi}{3}$인 경우

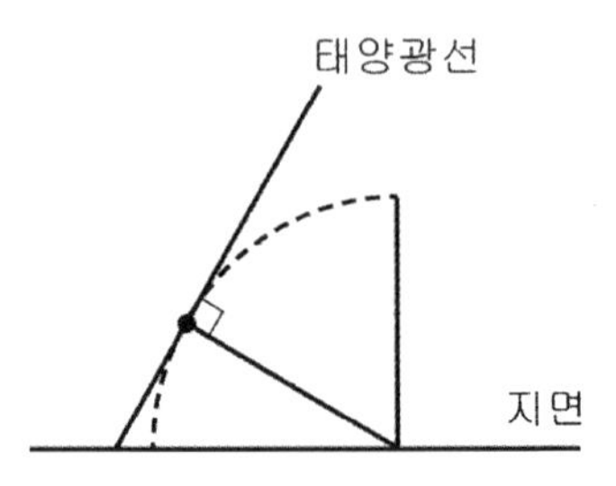

• $\frac{\pi}{3} < \theta < \frac{\pi}{2}$인 경우

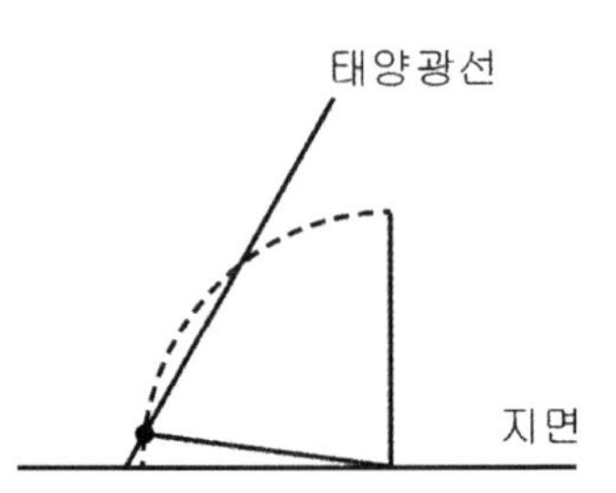

• $\theta = \frac{\pi}{2}$인 경우

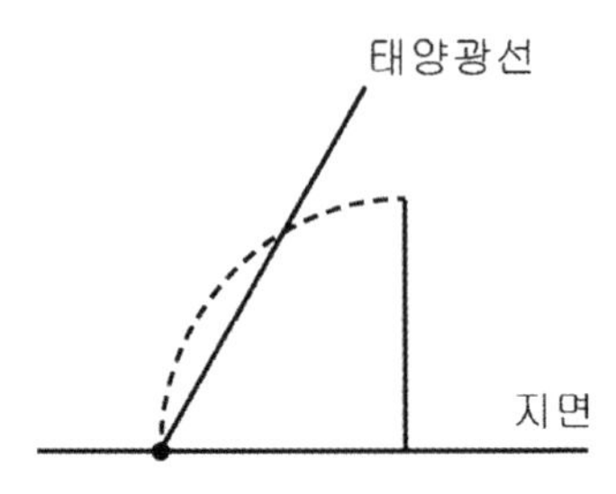

θ가 0에서 $\frac{\pi}{3}$까지 변할 때, 그림자의 길이는 길어진다.

θ가 $\frac{\pi}{3}$에서 $\frac{\pi}{2}$까지 변할 때, 그림자의 길이는 짧아진다.

$\theta = \frac{\pi}{3}$일 때, 그림자의 길이는 최대(극대)이다.

즉, 태양광선이 직사각형(판)에 수직일 때, 그림자의 길이는 최대가 된다.

[참고2]
문제에서 주어진 기하적인 상황을 풀어 설명하면 다음과 같다.
지면과 판의 교선에 수직인 평면으로 자른 단면은 아래 그림과 같다.

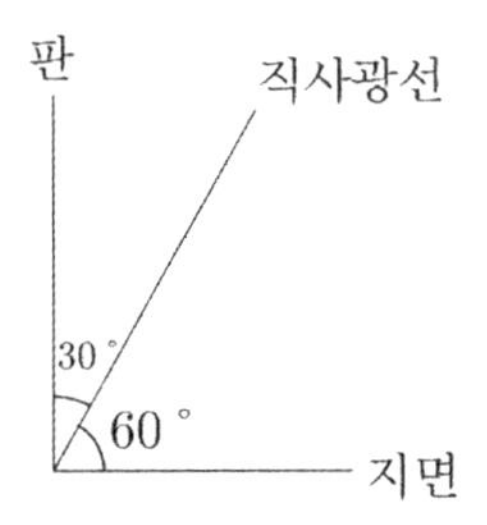

문제에서 주어진 조건에 의하여
$30° + 60° = 90°$
이므로 직사광선은 판과 지면의 교선에 수직이다.

P038 | 답 34

[풀이]
주어진 원판의 중심을 O, 원판이 두 평면 α, β와 만나는(접하는) 두 점을 각각 A, B라고 하자.
점 O를 지나고 직선 l에 수직인 평면으로 문제에서 주어진 도형들을 자른 단면은 아래와 같다. 이때, 두 점 A, B는 단면 위에 있다.

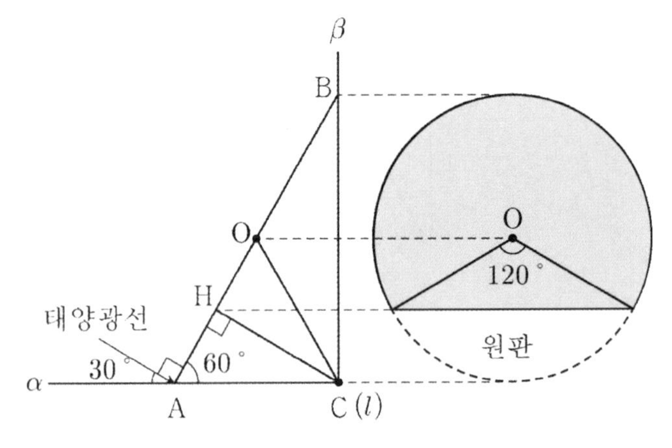

태양광선이 평면 α, 원판과 이루는 각의 크기가 각각 $30°$, $90°$이므로 위의 그림처럼 평면 α와 원판이 이루는 예각의 크기는 $60°$이다.
직선 l과 단면이 만나는 점을 C, 점 C에서 원판에 내린 수선의 발을 H라고 하자.
직각삼각형 BAC에서 특수각의 삼각비에 의하여
$\overline{AC} = 6$

직각삼각형 HAC에서 특수각의 삼각비에 의하여

$\overline{AH}=3$

이므로 위의 그림에서 원판의 색칠된 부분이 태양광선에 의하여 평면 β에 그림자(정사영X)로 나타난다.

원판의 색칠된 부분의 넓이를 T라고 하자.

부채꼴의 넓이를 구하는 공식과 삼각형의 넓이를 구하는 공식에 의하여

$$T=\frac{1}{2}\times 6^2\times\frac{4}{3}\pi+\frac{1}{2}\times 6^2\times\sin\frac{2}{3}\pi$$

$=24\pi+9\sqrt{3}$

원판과 평면 β가 이루는 각의 크기는 $30°$ 이므로

삼각비의 정의에 의하여

$$\frac{T}{S}=\frac{\overline{BH}}{\overline{CB}}=\cos\frac{\pi}{6}$$

이므로

$$S=\frac{T}{\cos\frac{\pi}{6}}=\frac{24\pi+9\sqrt{3}}{\frac{\sqrt{3}}{2}}=18+16\sqrt{3}\pi$$

$a=18,\ b=16$

$\therefore\ a+b=34$

답 34

[참고]

문제에서 주어진 기하적인 상황을 풀어 설명하면 다음과 같다.

문제에서 주어진 원을 포함하는 평면을 γ, 두 평면 α, γ의 교선을 n, 두 평면 β, γ의 교선을 m이라고 하자. 이때, 원이 점 P에서 직선 m에 접하고, 점 Q에서 직선 n에 접한다고 하자. 그러면 원의 중심은 선분 PQ의 중점이다.

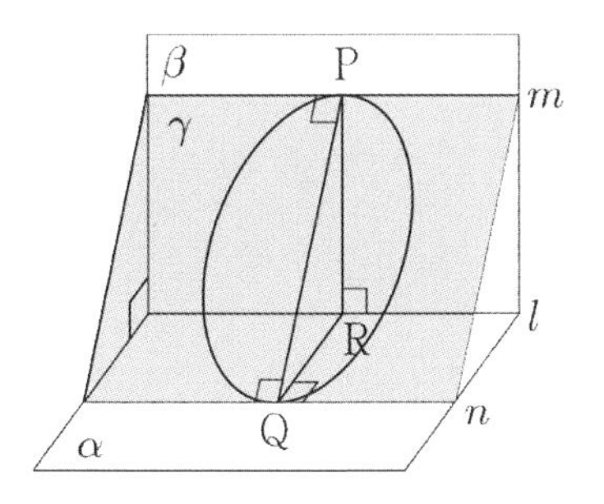

$l//\gamma$이므로 $m//l$, $n//l$이다.

그러므로 $m//n$이다.

점 P에서 직선 l에 내린 수선의 발을 R이라고 하면

$\overline{PR}\perp\alpha$

그런데 $\overline{PQ}\perp n$이므로

삼수선의 정리❷에 의하여

$\overline{RQ}\perp n$

따라서 이면각의 정의에 의하여

$\angle PQR=60°$

P039

| 답 ③

[풀이] ★

▸ ㄱ. (참)

문제에서 주어진 구(공)의 중심을 O, 점 O에서 지면과 직선 l에 내린 수선의 발을 각각 H, P라고 하자.

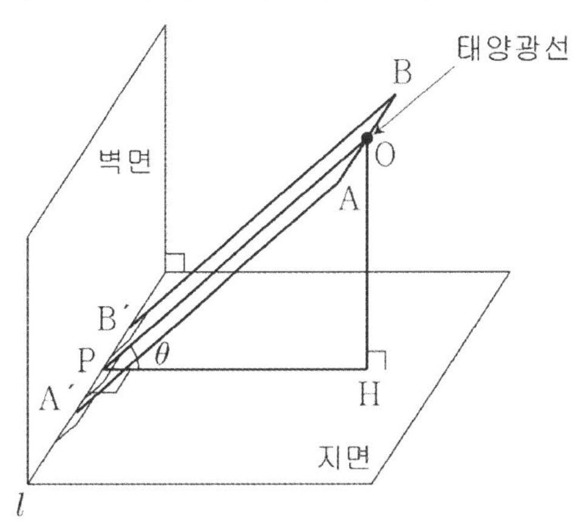

구의 중심 O를 지나고 직선 l과 평행한 직선을 m이라고 하자.

직선 m이 구와 만나는 두 점을 각각 A, B, 두 점 A, B에서 직선 l에 내린 수선의 발을 각각 A′, B′라고 하자. 선분 AB의 직선 l 위로의 정사영은 A′B′이고, 두 직선 l, m이 서로 평행하므로 $\overline{AB}=\overline{A'B'}$

따라서 그림자와 교선 l의 공통부분의 길이는 구의 지름의 길이($2r$)과 같다.

▸ ㄴ. (거짓)

구의 중심을 지나고 직선 l에 수직인 평면으로 주어진 도형들을 자른 단면은 아래와 같다.

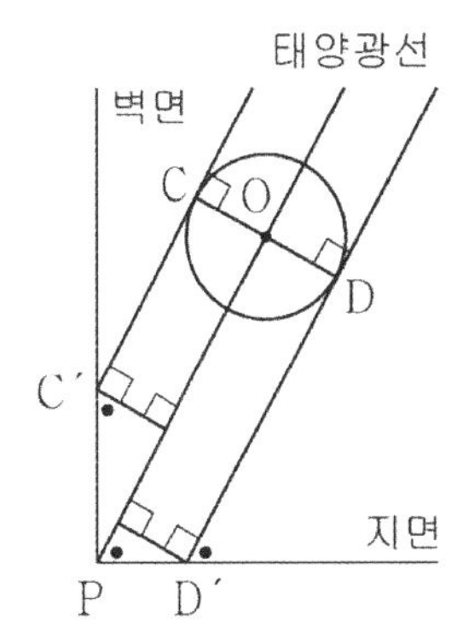

구의 중심 O를 지나고 평면 ABP에 수직인 직선이 구와 만나는 두 점을 각각 C, D, 두 점 C, D의 태양광선에 의한 그림자(정사영X)를 각각 C′, D′라고 하자.

직선과 평면이 이루는 각에 대한 정의에 의하여

$\angle OPH=\theta$ (그리고 •는 모두 θ이다.)

직각삼각형의 삼각비에 의하여

$$\frac{\overline{CO}}{\overline{PC'}}=\cos\theta\ \text{즉, }\frac{r}{a}=\cos\theta,\ \frac{\overline{DO}}{\overline{PD'}}=\sin\theta\ \text{즉, }\frac{r}{b}=\sin\theta$$

정리하면 $a=\dfrac{r}{\cos\theta}$, $b=\dfrac{r}{\sin\theta}$

$\theta=60^\circ$ 일 때, $a=2r$, $b=\dfrac{2\sqrt{3}}{3}r$이므로

$\therefore\ b<a$

▸ ㄷ. (참)

보기 ㄴ의 결과에 의하여 $\dfrac{1}{a^2}=\dfrac{\cos^2\theta}{r^2}$, $\dfrac{1}{b^2}=\dfrac{\sin^2\theta}{r^2}$이므로

$\dfrac{1}{a^2}+\dfrac{1}{b^2}=\dfrac{\cos^2\theta+\sin^2\theta}{r^2}=\dfrac{1}{r^2}$

이상에서 옳은 것은 ㄱ, ㄷ이다.

답 ③

P040 | 답 ⑤

[풀이]

$\overline{AB}=\overline{A'B'}=6$

이므로

$\overline{AB}$//(평면 α), (평면 AA′B′B)⊥(평면 α)

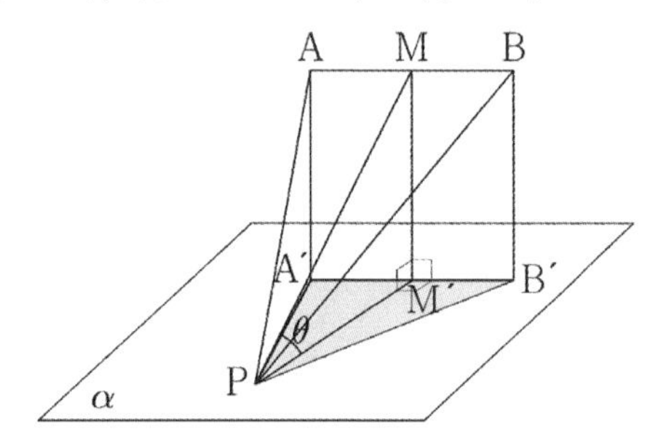

$\overline{MM'}\perp\overline{A'B'}$, $\overline{PM'}\perp\overline{A'B'}$

이므로 삼각형 PM′M은 $\angle PM'M=90^\circ$ 인 직각삼각형이다.

이때, $\angle MPM'=\theta$로 두자.

($\triangle$A′B′P의 넓이)$\times\cos\theta=\dfrac{9}{2}$,

$\cos\theta=\dfrac{9}{2}\times\dfrac{1}{\frac{1}{2}\times6\times6}=\dfrac{1}{4}$

$\therefore\ \overline{PM}=\dfrac{6}{\cos\theta}=24$

답 ⑤

P041 | 답 45

[풀이1] ★

직선 CB가 평면 α와 만나는 점을 D, 두 점 B, C에서 평면 α에 내린 수선의 발을 B′, C′라고 하자. 이때, 두 직선 BB′, CC′는 서로 평행하므로 평면의 결정 조건에 의하여 네 점 B, B′, C, C′는 한 평면 위에 있다.

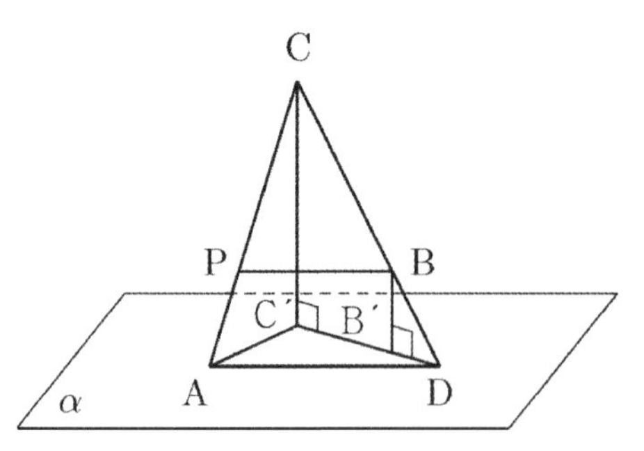

문제에서 주어진 조건에 의하여

$\overline{BB'}:\overline{CC'}=1:3$이므로 $\overline{DB}:\overline{DC}=1:3$

즉, $\overline{DB}:\overline{BC}=1:2$ …㉠

문제에서 주어진 조건에 의하여

$\overline{AP}:\overline{PC}=1:2$ …㉡

㉠, ㉡에 의하여 $\overline{AD}$//$\overline{PB}$이므로 평면의 결정 조건에 의하여 평면 ABC 위에 두 점 D, P가 있다.

점 C에서 직선 AD에 내린 수선의 발을 Q, 두 직선 PB, CQ가 만나서 생기는 점을 R이라고 하자. 이때, 두 직선 AD, PB가 서로 평행하므로 두 직선 PB, CQ는 서로 수직으로 만난다.

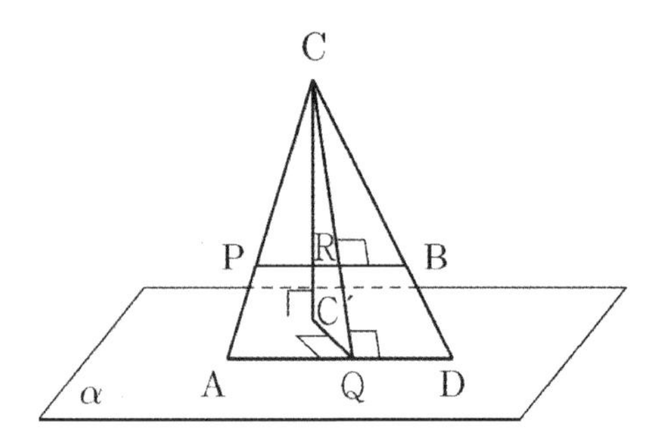

삼각형의 넓이를 구하는 공식에 의하여

($\triangle$ABC의 넓이)

=($\triangle$PBC의 넓이)+($\triangle$ABP의 넓이)

$=\dfrac{1}{2}\times\overline{CR}\times\overline{PB}+\dfrac{1}{2}\times\overline{RQ}\times\overline{PB}$

$=2(\overline{CR}+\overline{RQ})\ (\because\ \overline{PB}=4)$

$=2\overline{CQ}=9$ 즉, $\overline{CQ}=\dfrac{9}{2}$

직선과 평면의 수직에 대한 정의에 의하여

$\overline{CC'}\perp\overline{C'Q}$

이므로 삼각형 CC′Q는 $\angle CC'Q=90^\circ$ 인 직각삼각형이다.

직각삼각형 CC′Q에서 피타고라스의 정리에 의하여

$\overline{C'Q}=\sqrt{\overline{CQ}^2-\overline{CC'}^2}=\dfrac{3}{2}\sqrt{5}$

두 평면 ABC, α가 이루는 예각의 크기를 θ라고 하자.

$\overline{CC'}\perp\alpha$, $\overline{CQ}\perp\overline{AD}$

이므로 삼수선의 정리에 의하여

$\overline{C'Q}\perp\overline{AD}$

이면각의 정의에 의하여

$\angle \mathrm{CQC'}=\theta$

삼각비의 정의에 의하여

$\cos\theta=\dfrac{\overline{\mathrm{QC'}}}{\overline{\mathrm{CQ}}}=\dfrac{\sqrt{5}}{3}$

넓이의 정사영의 공식에 의하여

$S=9\times\dfrac{\sqrt{5}}{3}=3\sqrt{5}$

$\therefore\ S^2=45$

답 45

[참고1] ★

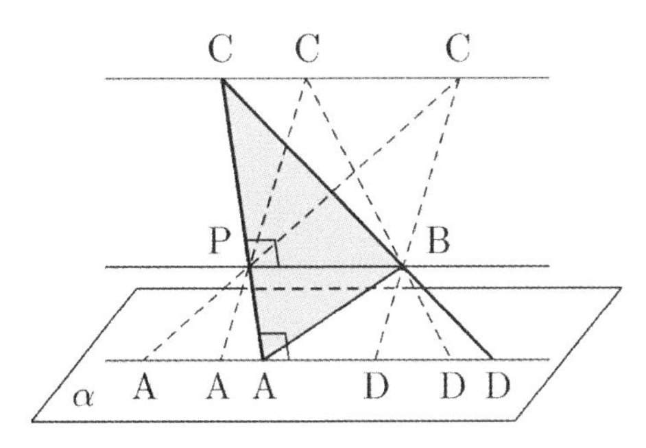

두 정점 B, P에 대하여 점 C의 위치에 따라 두 점 A, D의 위치가 결정된다.

이때, 삼각형 ABC의 넓이는 항상 일정하다. (카발리에리의 원리)

그러므로 두 직선 AC, BP가 서로 수직이라고 두고 선분 AC의 길이를 구해도 좋다.

삼각형의 넓이를 구하는 공식에 의하여

$(\triangle\mathrm{ABC}$의 넓이$)=\dfrac{1}{2}\times\overline{\mathrm{AC}}\times\overline{\mathrm{BP}}=2\overline{\mathrm{AC}}=9$

$\therefore\ \overline{\mathrm{AC}}=\dfrac{9}{2}$

[풀이2] (직선의 방정식)

직선 CB가 평면 α와 만나는 점을 D, 두 점 B, C에서 평면 α에 내린 수선의 발을 B′, C′라고 하자. 이때, 두 직선 BB′, CC′는 서로 평행하므로 평면의 결정 조건에 의하여 네 점 B, B′, C, C′는 한 평면 위에 있다.

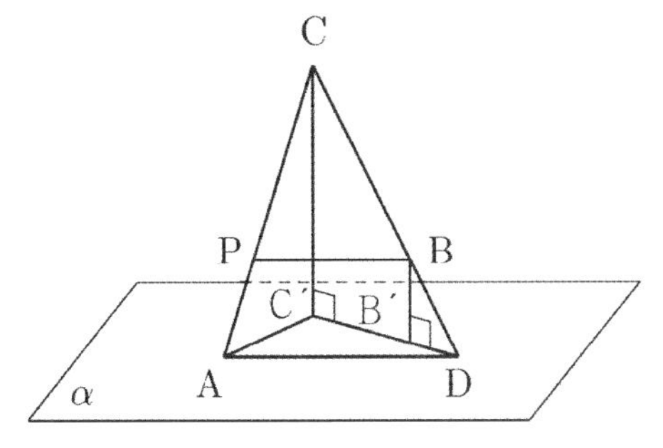

문제에서 주어진 조건에 의하여

$\overline{\mathrm{BB'}}:\overline{\mathrm{CC'}}=1:3$이므로 $\overline{\mathrm{DB}}:\overline{\mathrm{DC}}=1:3$

즉, $\overline{\mathrm{DB}}:\overline{\mathrm{BC}}=1:2$ …㉠

문제에서 주어진 조건에 의하여

$\overline{\mathrm{AP}}:\overline{\mathrm{PC}}=1:2$ …㉡

㉠, ㉡에 의하여 $\overline{\mathrm{AD}}//\overline{\mathrm{PB}}$이므로 평면의 결정 조건에 의하여 평면 ABC 위에 두 점 D, P가 있다.

이제 세 점 A, P, B의 좌표가 각각

$\mathrm{A}(a,\ b,\ 0)$, $\mathrm{P}(0,\ 0,\ 1)$, $\mathrm{B}(0,\ 4,\ 1)$

이 되도록 좌표공간을 도입하자. (단, $a>0$)

이때, 평면 α는 xy평면과 일치한다.

그리고 점 C의 좌표를 $\mathrm{C}(c,\ d,\ 3)$으로 두자.

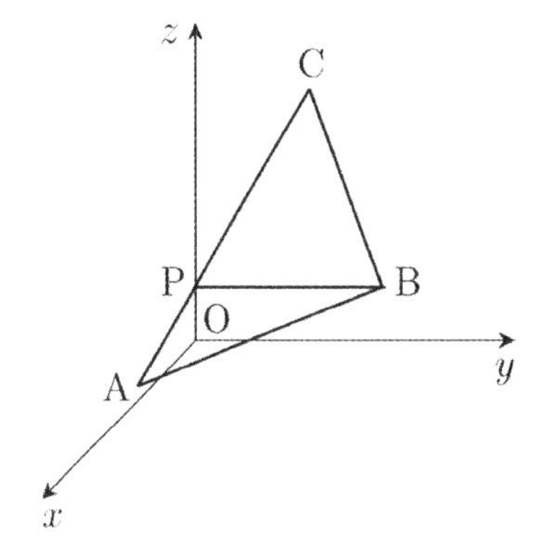

문제에서 주어진 조건에서

점 P는 선분 AC의 $1:2$내분점이므로

내분점의 공식에 의하여

(점 P의 x좌표)$=\dfrac{2a+c}{3}=0$ 즉, $c=-2a$

(점 P의 y좌표)$=\dfrac{2b+d}{3}=0$ 즉, $d=-2b$

점 C의 좌표는 $\mathrm{C}(-2a,\ -2b,\ 3)$이다.

두 점 사이의 거리 공식에 의하여

(점 A에서 직선 PB$(x=0,\ z=1)$까지의 거리)

$=$(두 점 $\mathrm{A}(a,\ b,\ 0)$, $(0,\ b,\ 1)$ 사이의 거리)

$=\sqrt{a^2+1}$

(점 C에서 직선 PB$(x=0,\ z=1)$까지의 거리)

$=$(두 점 $\mathrm{C}(-2a,\ -2b,\ 3)$, $(0,\ -2b,\ 1)$ 사이의 거리)

$=2\sqrt{a^2+1}$

삼각형의 넓이를 구하는 공식에 의하여

$(\triangle\mathrm{ABC}$의 넓이$)$

$=(\triangle\mathrm{ABP}$의 넓이$)+(\triangle\mathrm{PBC}$의 넓이$)$

$=\dfrac{1}{2}\times4\times\sqrt{a^2+1}+\dfrac{1}{2}\times4\times2\sqrt{a^2+1}$

$=6\sqrt{a^2+1}=9$ 풀면 $a=\dfrac{\sqrt{5}}{2}$

두 점 A, C의 좌표는 각각

$\mathrm{A}\left(\dfrac{\sqrt{5}}{2},\ b,\ 0\right)$, $\mathrm{C}(-\sqrt{5},\ -2b,\ 3)$

세 점 A, B, C의 xy평면 위로의 정사영을 각각 A′, B′,

C′라고 하면

$A'\left(\frac{\sqrt{5}}{2},\ b,\ 0\right)$, $B'(0,\ 4,\ 0)$, $C'(-\sqrt{5},\ -2b,\ 0)$

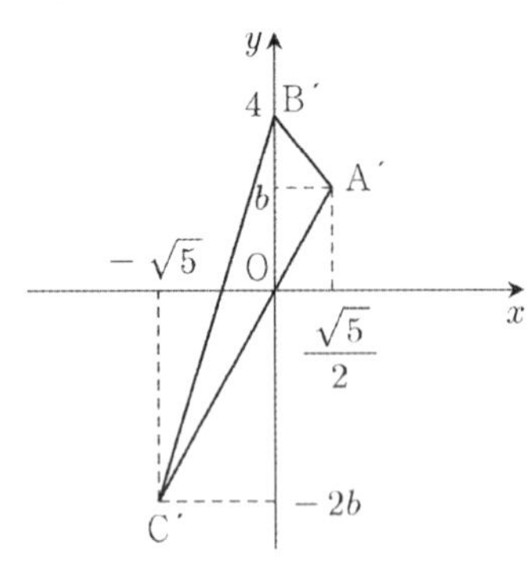

(위의 그림은 $b>0$인 경우이며 $b\le 0$인 경우에도 마찬가지 결과를 얻는다.)

삼각형 ABC의 xy평면 위로의 정사영은 삼각형 A′B′C′이다.

삼각형의 넓이를 구하는 공식에 의하여

$S=$(△A′B′C′의 넓이)

$=$(△A′B′O의 넓이)$+$(△OB′C′의 넓이)

$=\frac{1}{2}\times\overline{OB'}\times|$점 A′의 x좌표$|+\frac{1}{2}\times\overline{OB'}\times|$점 C′의 x좌표$|$

$=\frac{1}{2}\times 4\times\left(\frac{\sqrt{5}}{2}+\sqrt{5}\right)=3\sqrt{5}$

$\therefore\ S^2=45$

답 45

[풀이3] 시험장

$\angle CPB=90^\circ$로 두어도 풀이의 일반성을 잃지 않는다.

직선 CB가 평면 α와 만나는 점을 B′, 점 C에서 평면 α에 내린 수선의 발을 H라고 하자.

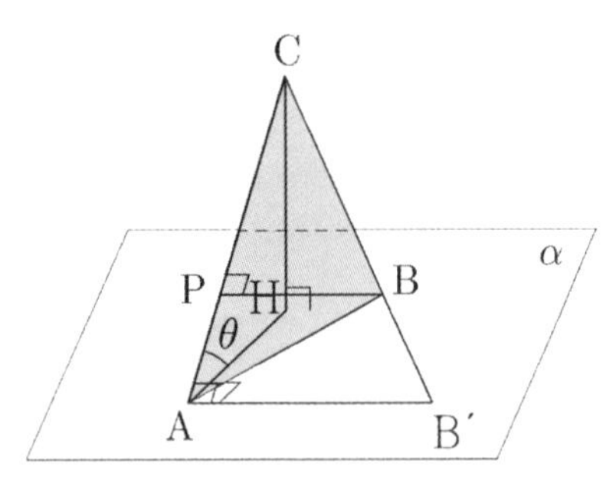

(점 B에서 평면 α까지의 거리):(점 C에서 평면 α까지의 거리)

$=1:3=\overline{AP}:\overline{AC}$

이므로 직선 PB는 직선 AB′와 평면 α에 각각 평행하다.

이때, $\angle CAB'=90^\circ$

삼수선의 정리에 의하여

$\overline{HA}\perp\overline{AB'}$

이면각의 정의에 의하여

$\angle CAH=\theta$

(단, θ는 두 평면 ABC, α가 이루는 각의 크기)

한편 (△ABC의 넓이)$=\frac{1}{2}\overline{AC}\,\overline{BP}=2\overline{AC}=9$

에서 $\overline{AC}=\frac{9}{2}$

직각삼각형 AHC에서

$\sin\theta=\frac{2}{3}$, $\cos\theta=\frac{\sqrt{5}}{3}$

$\therefore\ S=9\cos\theta=3\sqrt{5}$

$\therefore\ S^2=45$

답 45

P042 |답 ③

[풀이1]

정사면체의 두 면이 이루는 각의 크기가 θ일 때, $\cos\theta=\frac{1}{3}$임을 알고 있다면 문제를 빠르게 해결할 수 있다.

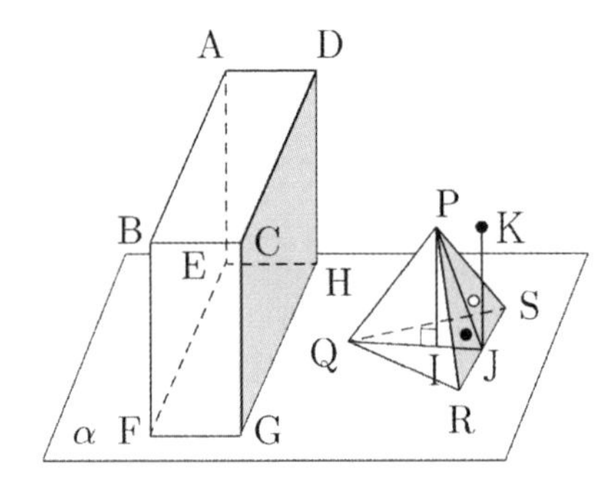

(단, $\bullet=\theta$, $\circ=90^\circ-\theta$)

점 P에서 평면 α에 내린 수선의 발을 I, 점 I에서 선분 RS에 내린 수선의 발을 J라고 하면 삼수선의 정리에 의하여

$\overline{PJ}\perp\overline{RS}$

이면각의 정의에 의하여

$\angle PJI=\theta$, $\angle PJK=90^\circ-\theta$

(단, K는 위의 그림처럼 점 J를 지나고 평면 α에 수직인 직선 위의 점)

이때, $\cos\theta=\frac{1}{3}$이므로

$\cos(90^\circ-\theta)=\sin\theta=\frac{2\sqrt{2}}{3}$

두 평면 PRS, CGHD가 이루는 각의 크기는 ○이므로

구하는 정사영의 넓이는

$\frac{\sqrt{3}}{4}\cos(90^\circ-\theta)=\frac{\sqrt{6}}{6}$

답 ③

[풀이2]

점 P에서 평면 α, 선분 RS에 내린 수선의 발을 각각 M,

N, 직선 PM을 포함하고 평면 CGHD에 평행한 평면을 β라고 하자. 평면 PMN으로 주어진 도형들을 자른 단면은 아래와 같다.

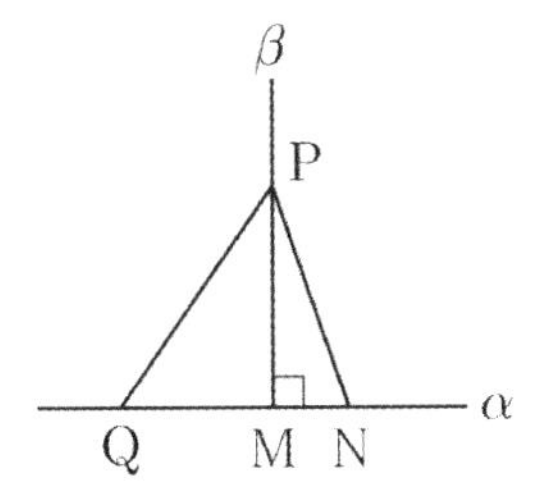

우선 점 Q가 평면 PMN 위에 있음을 보이자.
이등변삼각형 PRS의 꼭짓점 P에서 선분 RS에 내린 수선의 발이 N이므로 점 N은 선분 RS의 중점이다. 이등변삼각형 QRS의 꼭짓점 Q에서 선분 RS에 내린 수선의 발은 선분 RS의 중점 N이므로

$\overline{QN} \perp \overline{RS}$ …㉠

그리고

$\overline{PM} \perp \alpha$, $\overline{PN} \perp \overline{RS}$

이므로 삼수선의 정리에 의하여

$\overline{MN} \perp \overline{RS}$ …㉡

㉠, ㉡에 의하여 점 Q는 직선 MN 위에 있다.
평면 PMN은 직선 MN을 포함하므로 점 Q는 평면 PMN 위에 있다.
이제 정사영의 넓이를 구하자.
두 평면 CGHD와 β가 서로 평행하므로 삼각형 PRS의 평면 CGHD 위로의 정사영과 삼각형 PRS의 평면 β 위로의 정사영은 서로 합동이다. 따라서 삼각형 PRS의 평면 β 위로의 정사영의 넓이를 구해도 좋다.

$\overline{PN} \perp \overline{RS}$, $\overline{QN} \perp \overline{RS}$

이므로 두 평면 PRS와 α가 이루는 이면각의 크기를 θ라고 하면 이면각의 정의에 의하여

$\angle PNQ = \theta$(단, θ는 예각)

길이의 정사영의 공식에 의하여

$$\cos\theta = \frac{\overline{NM}}{\overline{PN}} = \frac{\frac{1}{3}\overline{NQ}}{\overline{PN}} = \frac{1}{3}$$

($\because$ $\overline{PN} = \overline{NQ}$, 점 M은 삼각형 QRS의 무게중심이다.)

$\cos^2\theta + \sin^2\theta = 1$이므로

$$\sin\theta = \sqrt{1 - \left(\frac{1}{3}\right)^2} = \frac{2\sqrt{2}}{3}$$

삼각형 PRS의 넓이를 S, 삼각형 PRS의 평면 β 위로의 정사영의 넓이를 T라고 하자.
넓이의 정사영의 공식에 의하여

$$\therefore\ T = S \times \cos\left(\frac{\pi}{2} - \theta\right)$$

$$= S \times \sin\theta = \frac{\sqrt{3}}{4} \times \frac{2\sqrt{2}}{3} = \frac{\sqrt{6}}{6}$$

답 ③

[참고1]
다음과 같은 방법으로 정사영의 넓이를 구해도 좋다.
직각삼각형 PMN에서 삼각비의 정의에 의하여

$$\overline{PM} = \overline{PN} \times \sin\theta = \frac{\sqrt{3}}{2} \times \frac{2\sqrt{2}}{3} = \frac{\sqrt{6}}{3}$$

직선 RS가 평면 β에 평행하므로 삼각형 PRS의 평면 β 위로의 정사영은 밑변의 길이가 1이고, 높이가 $\frac{\sqrt{6}}{3}$인 이등변삼각형이다.
삼각형의 넓이를 구하는 공식에 의하여

$$(\text{정사영의 넓이}) = \frac{1}{2} \times 1 \times \frac{\sqrt{6}}{3} = \frac{\sqrt{6}}{6}$$

[참고2] (점의 좌표)
정사영의 넓이를 다음과 같이 구할 수도 있다.

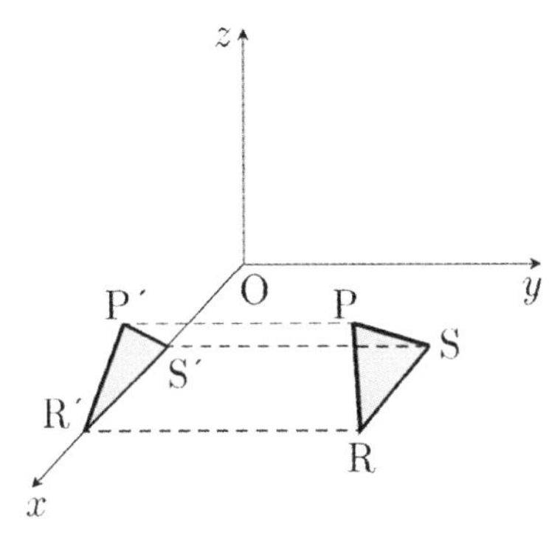

세 점 P, R, S에서 zx평면에 내린 수선의 발을 각각 P′, R′, S′라고 하면

$$P'\left(\frac{3}{2},\ 0,\ \frac{\sqrt{6}}{3}\right),\ R'(2,\ 0,\ 0),\ S'(1,\ 0,\ 0)$$

삼각형의 넓이를 구하는 공식에 의하여

$$(\text{정사영의 넓이}) = \frac{1}{2} \times \overline{R'S'} \times (\text{점 P}'\text{의 } z\text{좌표})$$

$$= \frac{1}{2} \times 1 \times \frac{\sqrt{6}}{3} = \frac{\sqrt{6}}{6}$$

P043 | 답 162

[풀이1]
삼각형 ABC의 넓이를 S라고 하자.
주어진 조건에서

$$\sin(\angle ABC) = \sqrt{1 - \cos^2(\angle ABC)} = \frac{\sqrt{6}}{3}$$

삼각형의 넓이를 구하는 공식에 의하여

$S = \frac{1}{2}\overline{AB}\,\overline{BC}\sin(\angle ABC) = 18\sqrt{6}$

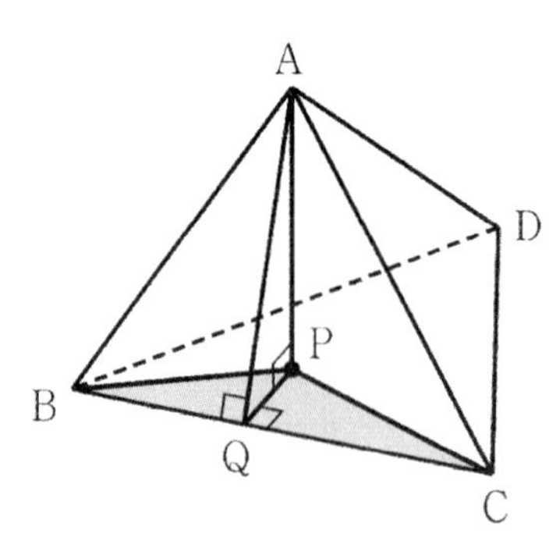

$\overline{AP} \perp$ (평면BCD), $\overline{AQ} \perp \overline{BC}$

삼수선의 정리에 의하여

$\overline{PQ} \perp \overline{BC}$

이면각의 정의에 의하여

두 평면 ABC, BCD의 이면각의 크기는 $\angle AQP$이다.

삼각형 BCP의 넓이를 S'라고 하면

정사영의 넓이의 공식에 의하여

$S' = S \times \cos(\angle AQP) = 9\sqrt{2}$

$\therefore\ k^2 = 162$

답 162

[참고]

삼각형 ABC의 넓이를 다음과 같이 구할 수도 있다.

직각삼각형 ABQ에서 삼각비의 정의에 의하여

$\overline{BQ} = \overline{AB} \times \cos(\angle ABC) = 3\sqrt{3}$

직각삼각형 ABQ에서 피타고라스의 정리에 의하여

$\overline{AQ} = \sqrt{\overline{AB}^2 - \overline{BQ}^2} = 3\sqrt{6}$

삼각형의 넓이를 구하는 공식에 의하여

($\triangle$ABC의 넓이)$= \frac{1}{2}\overline{AQ}\,\overline{BC} = 18\sqrt{6}$

[풀이2]

삼수선의 정리에 의하여

$\overline{PQ} \perp \overline{BC}$ (아래 그림)

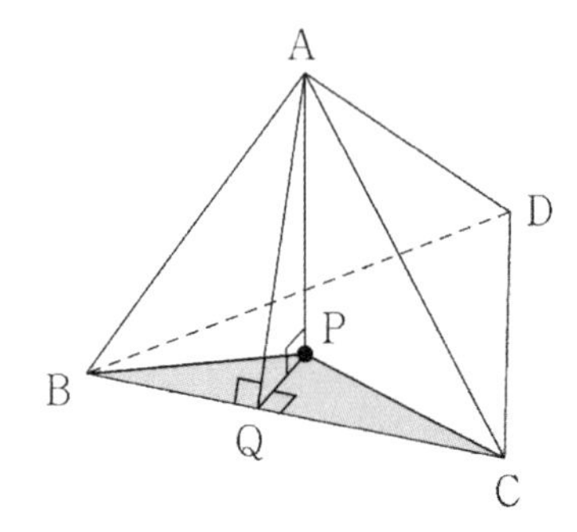

직각삼각형 ABQ에서

$\overline{AQ} = \overline{AB}\sin(\angle ABC) = 9 \times \frac{\sqrt{6}}{3} = 3\sqrt{6}$

직각삼각형 AQP에서

$\overline{QP} = \overline{AQ}\cos(\angle AQP) = 3\sqrt{6} \times \frac{\sqrt{3}}{6} = \frac{3}{\sqrt{2}}$

$\therefore$ ($\triangle$ BCP의 넓이)$= \frac{1}{2} \times 12 \times \frac{3}{\sqrt{2}} = 9\sqrt{2}$

$\therefore\ k^2 = 162$

답 162

P044 | 답 27

[풀이] ★

꼭짓점 O에서 평면 ABC와 모서리 AB에 내린 수선의 발을 각각 H, D라고 하자. 이때, 점 H는 삼각형 ABC의 무게중심이며, 이등변삼각형의 성질에 의하여 점 D는 선분 AB의 중점이다.

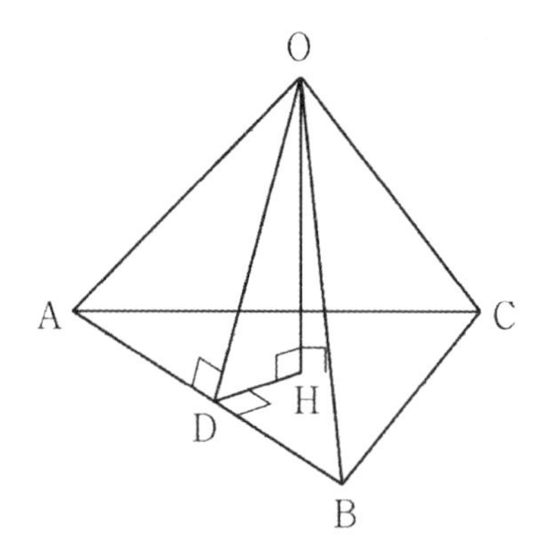

$\overline{OH} \perp ABC$, $\overline{OD} \perp \overline{AB}$

이므로 삼수선의 정리에 의하여

$\overline{HD} \perp \overline{AB}$

정삼각형 OAB의 한 변의 길이가 6이므로

$\overline{OD} = 3\sqrt{3}$

정삼각형 CAB의 무게중심이 점 H이므로

$\overline{HD} = \frac{1}{3} \times \overline{CD} = \sqrt{3}$ ($\because \overline{CD} = \overline{OD}$)

두 평면 OAB, CAB가 이루는 예각의 크기를 θ라고 하자.

이면각의 정의에 의하여 $\angle ODH = \theta$이므로

$\cos\theta = \frac{\overline{DH}}{\overline{OD}} = \frac{1}{3}$

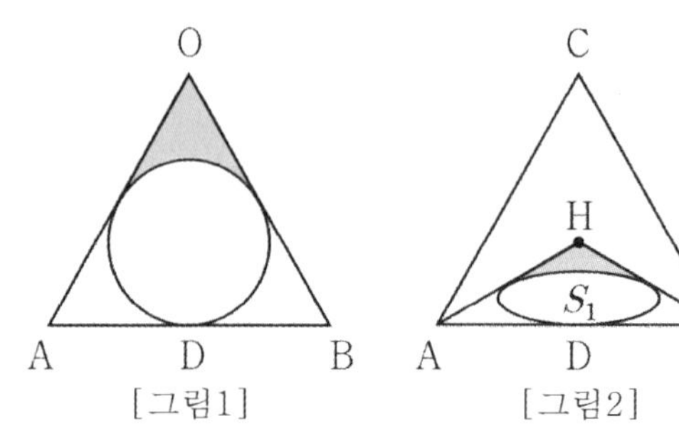

[그림1] [그림2]

위의 그림처럼 삼각형 OAB와 이 삼각형에 내접하는 원으로

둘러싸인 세 부분 중에서 색칠된 부분을 평면 ABC 위에 정사영하면 삼각형 HAB와 곡선 S_1으로 둘러싸인 세 부분 중에서 색칠된 부분과 일치한다. 이때, S_1은 타원이다.
[그림1], [그림2]에서 색칠된 부분의 넓이를 각각 T, T'라고 하자.
넓이의 정사영의 공식에 의하여
$T' = T\cos\theta$
$= \frac{1}{3}\left\{\frac{\sqrt{3}}{4}\times 6^2 - \pi(\sqrt{3})^2\right\}\times\frac{1}{3} = \sqrt{3}-\frac{\pi}{3}$
정사면체의 세 면 OAB, OBC, OAC는 모두 합동이고 정사면체의 이웃한 두 면이 이루는 각의 크기는 모두 같으므로
$S = 3T' = 3\sqrt{3}-\pi$
$\therefore\ (S+\pi)^2 = 27$
답 27

[참고] ★
넓이의 정사영의 공식에 의하여 $\cos\theta$의 값을 구할 수도 있다.
삼각형 OAB의 평면 ABC 위로의 정사영은 삼각형 HAB이다. 그런데 점 H는 삼각형 CAB의 무게중심으로 삼각형 HAB의 넓이는 삼각형 OAB의 넓이의 $\frac{1}{3}$배이다.
넓이의 정사영의 공식에 의하여
$\cos\theta = \frac{1}{3}$

P045 | 답 ⑤

[풀이1]
문제에서 주어진 조건에 의하여 평면 α와 xy평면의 교선은 y축이다.
y축 위의 점 O(원점)을 지나고 y축에 수직인 직선 l, m을 각각 xy평면, 평면 α에 그리자.

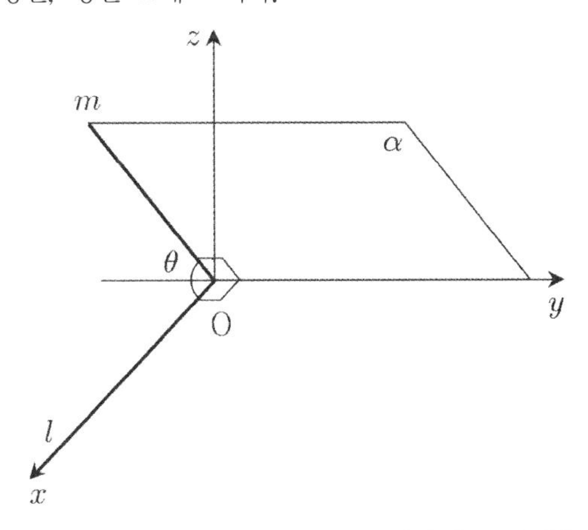

한 점에서 만나는 두 직선 l, m으로 결정되는 평면은 원점을 지나고 y축에 수직이다.
그런데 원점을 지나고 y축에 수직인 평면은 zx평면이므로 두 직선 l, m으로 결정되는 평면은 zx평면이다. 즉, 직선 l(x축), 직선 m, z축은 한 평면 위에 있다.
두 직선 l, m이 이루는 예각의 크기를 θ라고 하면 이면각의 정의에 의하여 평면 α와 xy평면이 이루는 각의 크기는 θ이다. 이때, 평면 α와 yz평면이 이루는 예각의 크기는 $\frac{\pi}{2}-\theta$이다.

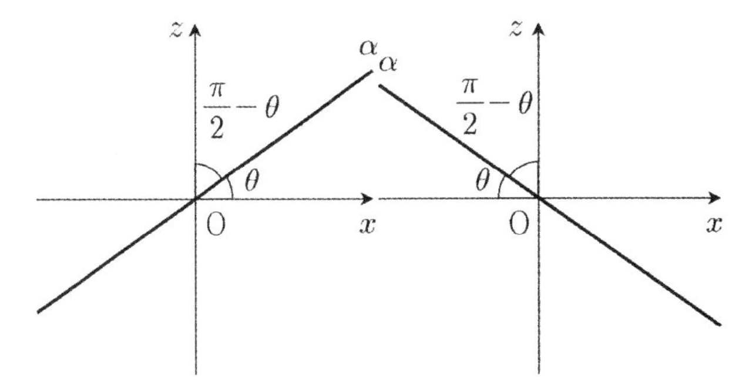

xy평면 위의 원 C_1의 넓이는 3π이다.
원 C_1의 평면 α 위로의 정사영의 넓이는 S이므로
정사영의 넓이에 대한 공식에 의하여
$\frac{S}{3\pi} = \cos\theta$ $\cdots$ ㉠
yz평면 위의 원 C_2의 넓이는 π이다.
원 C_2의 평면 α 위로의 정사영의 넓이는 S이므로
정사영의 넓이에 대한 공식에 의하여
$\frac{S}{\pi} = \cos\left(\frac{\pi}{2}-\theta\right)$ 즉, $\frac{S}{\pi} = \sin\theta$ $\cdots$ ㉡
$\cos^2\theta+\sin^2\theta = 1$에 ㉠과 ㉡을 대입하면
$\left(\frac{S}{3\pi}\right)^2 + \left(\frac{S}{\pi}\right)^2 = 1$
정리하면
$\therefore\ S = \frac{3\sqrt{10}}{10}\pi$
답 ⑤

P046 | 답 ⑤

[풀이] ★
주어진 두 원의 중심을 각각 C_1, C_2라고 하자. 단, 점 C_2가 C_1보다 지면에서 더 멀리 떨어져있다.
주어진 조건에서 직선 l이 두 원 각각에 수직이므로 두 원은 서로 평행하다. 원 C_2를 평면 α에 수직인 방향으로 평행이동시켜서 원 C_1과 만나도록(같은 평면에 포함되도록) 하자. 이때, 평행이동시킨 원의 중심을 C_2'이라고 하자.

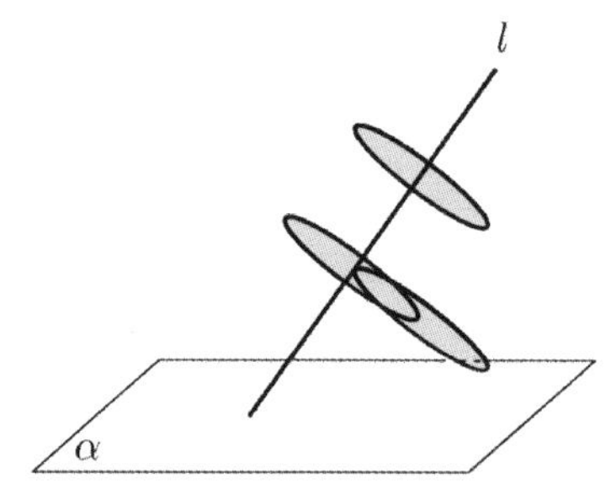

평면 $C_2C_1C_2'$로 자른 단면은 아래 그림과 같다.

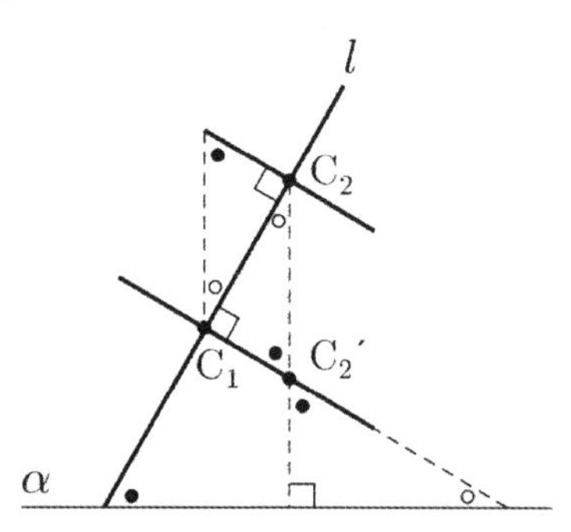

직선 l이 평명 α와 이루는 각의 크기가 $60°$ 이므로 두 직선 l, C_2C_2'가 이루는 예각의 크기는 $30°$ 이다.

($\because$ 평행선의 성질, 맞꼭지각의 성질)

직각삼각형 $C_2C_1C_2'$에서 삼각비의 정의에 의하여

$\overline{C_1C_2'}=\overline{C_2C_1}\times\tan\frac{\pi}{6}=1$

원의 정의에서 점 C_2'는 원 C_1 위에 있다.

두 원 C_1, C_2'의 두 교점을 각각 A, B라고 하자.

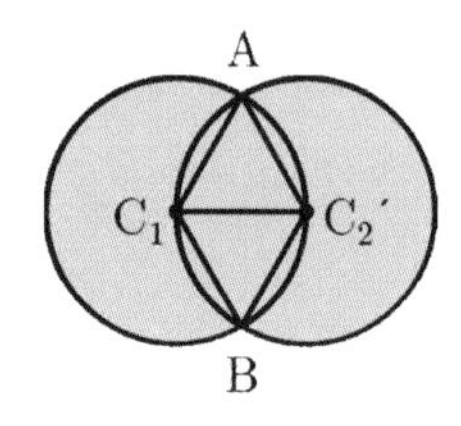

원의 정의에서

$\overline{AC_1}=\overline{C_1C_2'}=\overline{C_2'A}$

삼각형 AC_1C_2'는 한 변의 길이가 1인 정삼각형이다.

마찬가지로 이유로

삼각형 BC_1C_2'는 한 변의 길이가 1인 정삼각형이다.

$\triangle AC_1C_2'=\triangle BC_1C_2'=\frac{\sqrt{3}}{4}$

$\angle AC_1B=\frac{4}{3}\pi$인 부채꼴의 넓이는

(부채꼴 AC_1B의 넓이)$=\frac{2}{3}\pi$

$\angle AC_2'B=\frac{4}{3}\pi$인 부채꼴의 넓이는

(부채꼴 $AC_2'B$의 넓이)$=\frac{2}{3}\pi$

두 원 C_1, C_2'로 둘러싸인 도형의 넓이는

$\frac{4}{3}\pi+\frac{\sqrt{3}}{2}$

구하는 그림자의 넓이를 S라고 하자.

두 원 C_1, C_2에 의해 평면 α에 생기는 그림자(정사영◯)의 넓이는 두 원 C_1, C_2'에 의해 평면 α에 생기는 그림자(정사영◯)의 넓이와 같다.

넓이의 정사영의 공식에 의하여

$S=\left(\frac{4}{3}\pi+\frac{\sqrt{3}}{2}\right)\times\cos\frac{\pi}{6}=\frac{2\sqrt{3}}{3}\pi+\frac{3}{4}$

답 ⑤

P047 | 답 15

[풀이]

문제에서 주어진 '반구에 나타나는 단면' 위의 점 중에서 평면 α에서 가장 멀리 떨어진 점을 A, '반구에 나타나는 단면' 이 평면 α와 만나서 생기는 선분의 양 끝점을 각각 B, C라고 하자. 그리고 점 O에서 '반구에 나타나는 단면' 에 내린 수선의 발을 H, 두 직선 AH, BC의 교점을 D라고 하자.

평면 AOH로 문제에서 주어진 도형들을 자른 단면은 아래 그림과 같다.

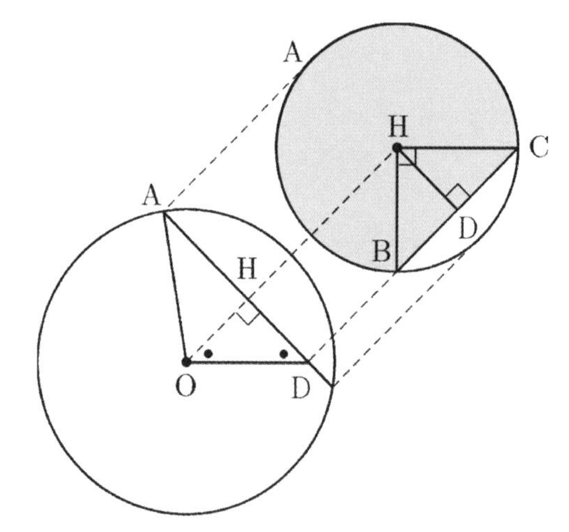

직각삼각형 AOH에서 피타고라스의 정리에 의하여

$\overline{AH}=\sqrt{\overline{OA}^2-\overline{OH}^2}=\sqrt{6^2-(2\sqrt{3})^2}=2\sqrt{6}$

점 H는 단면에 나타난 원의 중심이므로

$\overline{HB}=\overline{HC}=\overline{HA}=2\sqrt{6}$

직각이등변삼각형 ODH에서

$\overline{HD}=\overline{OH}=2\sqrt{3}$

두 직각삼각형 HBD, HCD에서 특수각의 삼각비에 의하여

$\angle HBD=45°$, $\angle HCD=45°$

이므로 삼각형 CHB는 $\angle CHB=90°$ 인 직각삼각형이다.

'반구에 나타내는 단면' 의 넓이를 S라고 하자.

부채꼴의 넓이를 구하는 공식과 삼각형의 넓이를 구하는 공식에 의하여

$S=\frac{1}{2}\times(2\sqrt{6})^2\times\frac{3}{2}\pi+\frac{1}{2}(2\sqrt{6})^2=12+18\pi$

구하는 정사영의 넓이를 S'라고 하자.

넓이의 정사영에 대한 공식에 의하여

$S'=S\times\cos\frac{\pi}{4}=\sqrt{2}(6+9\pi)$

$a=6,\ b=9$

$\therefore\ a+b=15$

답 15

P048 | 답 32

[풀이]

조건 (가)에서 구 S는 원기둥의 옆면에 접하므로 점 B에서 원기둥의 옆면까지의 최단거리는 항상 4이다.

점 B′에서 원기둥의 밑면의 둘레(원)까지의 최단거리는 항상 4이므로 점 B′는 점 O를 중심으로 하고 반지름의 길이가 3인 원 위에 있다.

원기둥의 밑면, 원뿔의 밑면, 점 B′의 자취는 아래 그림과 같다.

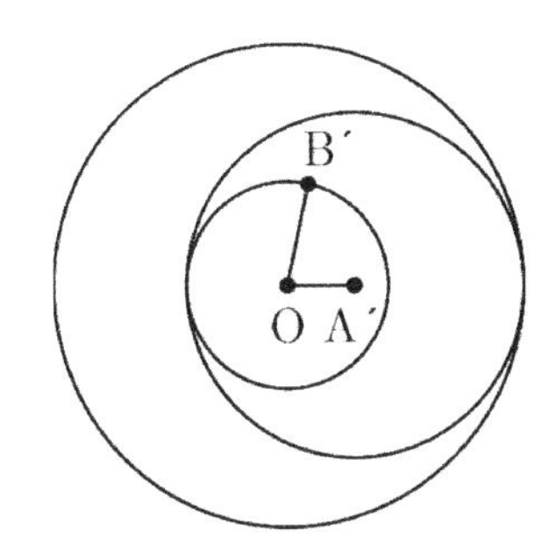

조건 (나)에서 세 점 B′, O, A′는 이 순서대로 한 직선 위에 놓여야 한다.

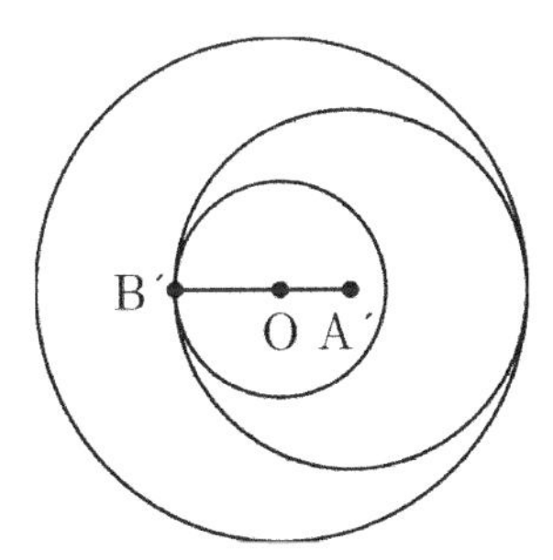

문제에서 주어진 도형들을 평면 AOA′로 자른 단면은 아래와 같다.

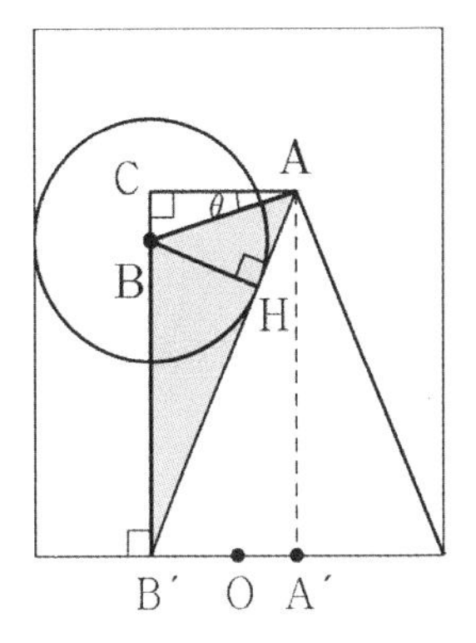

점 B에서 선분 AB′에 내린 수선의 발을 H, 점 A에서 직선 BB′에 내린 수선의 발을 C라고 하자. (←구가 원뿔 위의 점 H에서 원뿔에 접할 때, 구는 모선 AB′ 위의 점 H에서 직선 AB′에 접한다. 이에 대한 증명(논증기하)은 가능하다. 하지만 이를 반드시 증명할 필요는 없으며, 그림을 통해 직관적으로 받아들여도 좋다. 왜냐하면 고등학교 교육과정에서는 지나친 수준의 논증기하는 지양하고 있기 때문이다.)

직각삼각형 AB′A′에서 피타고라스의 정리에 의하여

$\overline{AB'}=\sqrt{\overline{AA'}^2+\overline{A'B'}^2}=\sqrt{12^2+5^2}=13$

삼각형의 넓이를 구하는 공식에 의하여

$(\triangle ABB'\text{의 넓이})=\frac{1}{2}\times\overline{AB'}\times\overline{BH}$

$=\frac{1}{2}\times13\times4=\frac{1}{2}\times5\times\overline{BB'}$

$=\frac{1}{2}\times\overline{AC}\times\overline{BB'}$

풀면

$\overline{BB'}=\frac{52}{5}$

직선과 평면이 이루는 각에 대한 정의와 평행선의 성질에 의하여

$\angle BAC=\theta$(엇각)

직각삼각형 BAC에서 삼각비의 정의에 의하여

$p=\tan\theta=\frac{\overline{CB}}{\overline{AC}}=\frac{\frac{8}{5}}{5}=\frac{8}{25}$

$\therefore\ 100p=32$

답 32

[참고]

좌표평면을 도입하여 $\tan\theta$의 값을 구해도 좋다.

점 A의 좌표가 A$(9,\ 12)$이고 원뿔의 밑면의 둘레와 원기둥의 밑면의 둘레가 접하는 점의 좌표가 $(14,\ 0)$이 되도록 좌표평면을 도입하자.

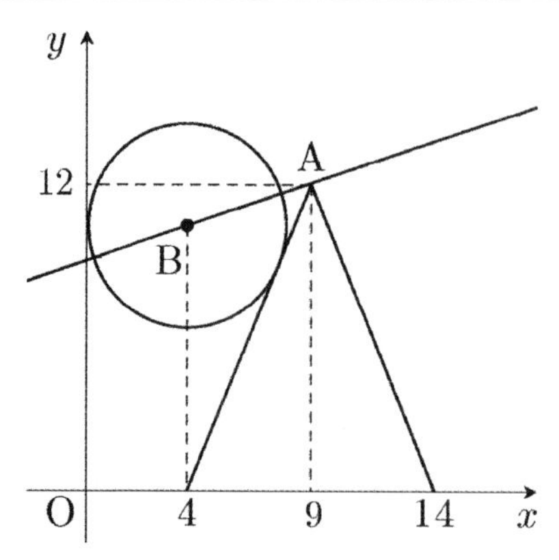

점 B의 좌표를 B$(4,\ t)$으로 두자. (단, $t>0$)

두 점 A$(9,\ 12)$, $(4,\ 0)$을 지나는 직선의 방정식은

$12x-5y-48=0$

두 점 사이의 거리 공식에 의하여

(점 B$(4,\ t)$에서 직선 $12x-5y-48=0$까지의 거리)

$=\dfrac{|12\times4-5\times t-48|}{\sqrt{12^2+(-5)^2}}=4$

=(구의 반지름의 길이)

풀면

$t=\dfrac{52}{5}$

두 점 A, B의 좌표는 각각

A$(9,\ 12)$, B$\left(4,\ \dfrac{52}{5}\right)$

$p=\tan\theta=$(직선 AB의 기울기)$=\dfrac{8}{25}$

$\therefore\ 100p=32$

답 32

P049 | 답 11

[풀이]

구 S의 중심을 O, 두 점 O, O_1에서 평면 α에 내린 수선의 발을 각각 H, H_1, 점 O_1에서 선분 OH에 내린 수선의 발을 C라고 하자.

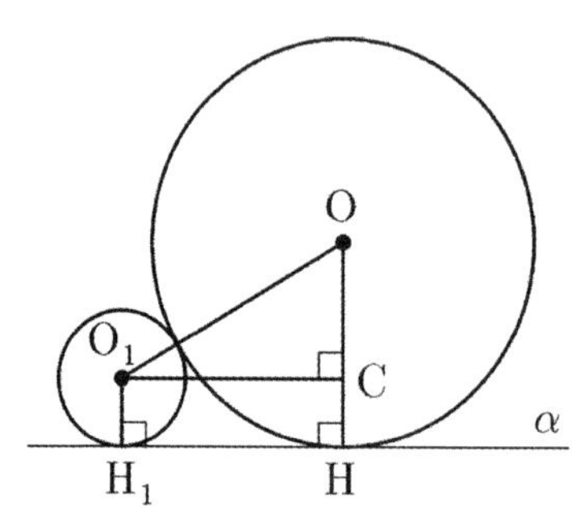

직각삼각형 OO_1C에서 피타고라스의 정리에 의하여

$\overline{OO_1}^2=\overline{OC}^2+\overline{CO_1}^2$

대입하면

$(3+1)^2=(3-1)^2+\overline{CO_1}^2$

정리하면

$\overline{CO_1}=2\sqrt{3}$

마찬가지의 방법으로

$\overline{CO_2}=\overline{CO_3}=2\sqrt{3}$

세 점 O_1, O_2, O_3에서 평면 α까지의 거리는 1로 모두 같으므로 두 직선 O_1O_2, O_2O_3은 평면 α에 평행하다. 따라서 두 직선 O_1O_2, O_2O_3으로 결정되는 평면 $O_1O_2O_3$은 평면 α에 평행하다.

원의 정의에 의하여 세 점 O_1, O_2, O_3은 점 C를 중심으로 하고 반지름의 길이가 $2\sqrt{3}$인 원 위에 있다.

두 점 O_2, O_3을 지나고 평면 α에 수직인 평면을 γ, 두 평면 β, γ가 이루는 예각의 크기를 θ라고 하자. 문제에서 주어진 도형들을 평면 $O_1O_2O_3$으로 자른 단면은 아래 그림과 같다.

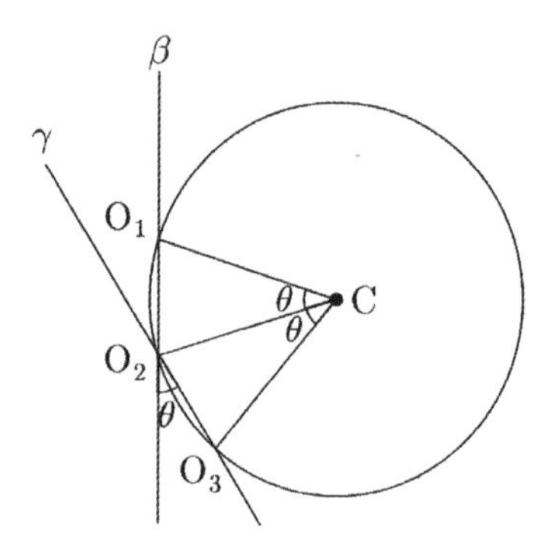

두 이등변삼각형 CO_1O_2, CO_2O_3은 서로 합동이므로

$\angle CO_2O_3=\dfrac{\pi-\theta}{2}$에서 $\angle O_3CO_2=\theta(=\angle O_2CO_1)$

삼각형 CO_2O_3에서 코사인법칙에 의하여

$\cos\theta=\dfrac{(2\sqrt{3})^2+(2\sqrt{3})^2-2^2}{2\times2\sqrt{3}\times2\sqrt{3}}=\dfrac{5}{6}$

평면 γ는 구 S_3의 중심을 지나므로 단면 D는 반지름의 길이가 1인 원이다.

원 D의 넓이는 π이므로 넓이의 정사영을 구하는 공식에 의하여

$\dfrac{q}{p}\pi=\pi\times\cos\theta=\dfrac{5}{6}\pi$, $p=6$, $q=5$

$\therefore\ p+q=11$

답 11

[참고1]

두 평면 $O_1O_2O_3$, α가 서로 평행한 이유를 풀어서 설명하면 다음과 같다.

세 점 O_1, O_2, O_3에서 평면 α에 내린 수선의 발을 각각 O_1', O_2', O_3'라고 하자.

문제에서 주어진 조건에 의하여

$\overline{O_1O_1{}'} = \overline{O_2O_2{}'} = \overline{O_3O_3{}'} = 1$
이므로 서로 합동인 두 직사각형
$O_1O_1{}'O_2{}'O_2$, $O_2O_2{}'O_3{}'O_3$의 이웃한 두 변의 길이는 각각 1, 2이다. 이때, 이 두 직사각형 모두 평면 α에 수직이다.
직사각형의 성질에 의하여
$\overline{O_1O_2} // \overline{O_1{}'O_2{}'}$, $\overline{O_2O_3} // \overline{O_2{}'O_3{}'}$
그러므로
$\overline{O_1O_2} // \alpha$, $\overline{O_2O_3} // \alpha$
따라서 두 평면 $O_1O_2O_3$, α는 서로 평행하다.

[참고2]
점 O는 평면 $O_1O_2O_3$ 위에 있지 않다. 왜냐하면 두 평면 $O_1O_2O_3$, α가 서로 평행한데, 점 O가 점 O_1 보다 평면 α에서 더 멀리 떨어져있기 때문이다. 그러므로 두 평면 OO_1O_2, OO_2O_3은 서로 일치하지 않는다.

[참고3]
다음과 같이 $\cos\theta$의 값을 구해도 좋다.
두 점 O_2, O_3을 지나고 평면 α에 수직인 평면을 γ, 두 평면 β, γ가 이루는 예각의 크기를 θ, 점 C에서 선분 O_2O_3에 내린 수선의 발을 A라고 하자. 문제에서 주어진 도형들을 평면 $O_1O_2O_3$으로 자른 단면은 아래 그림과 같다. (점 A는 두 구 S_2, S_3의 접점이다.)

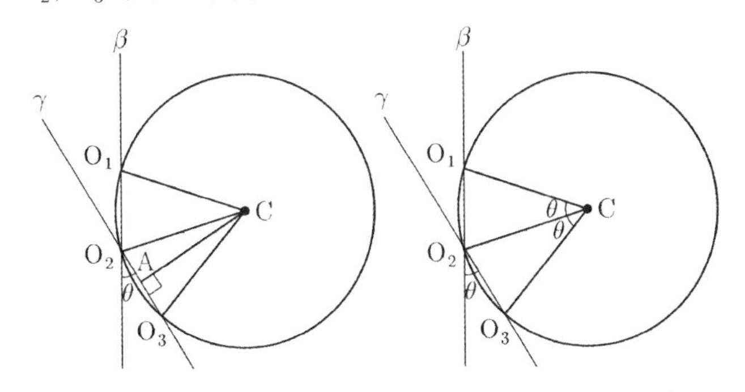

서로 합동인 두 이등변삼각형 CO_1O_2, CO_2O_3에 대하여
$\angle CO_2O_1 = \angle CO_2O_3$이고,
$\angle CO_2O_1 + \angle CO_2O_3 = \pi - \theta$이므로
$\angle CO_2O_3 = \frac{\pi}{2} - \frac{\theta}{2}$
이등변삼각형 CO_2O_3의 세 내각의 합은 180°이므로
$\angle O_3CO_2 = \theta$
삼각형의 넓이를 구하는 공식에 의하여
($\triangle CO_2O_3$의 넓이)$= \frac{1}{2} \times \overline{CO_2} \times \overline{CO_3} \times \sin\theta$
$= \frac{1}{2} \times 2\sqrt{3} \times 2\sqrt{3} \times \sin\theta = \frac{1}{2} \times \sqrt{11} \times 2$
$= \frac{1}{2} \times \overline{CA} \times \overline{O_2O_3}$
정리하면
$\sin\theta = \frac{\sqrt{11}}{6}$
$\cos^2\theta + \sin^2\theta = 1$이므로
$\cos\theta = \sqrt{1 - \sin^2\theta} = \frac{5}{6}$

P050 | 답 127

[풀이]
zx평면으로 자른 단면에서 문제를 해결하자.
두 구 S_1, S_2의 중심을 각각 C_1, C_2, 두 점 C_1, C_2에서 평면 α에 내린 수선의 발을 각각 H, I, 평면 α가 z축과 만나는 점을 D라고 하자.
그리고 두 평면 α, β가 이루는 각의 크기를 θ라고 하면 아래 그림처럼
$\angle BC_2I = \angle CC_2I = \theta$
이다. (왜냐하면 $\theta + \circ = 90^\circ$)

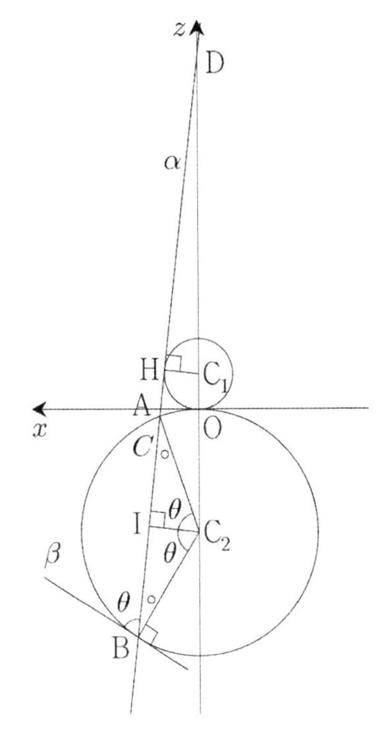

$\overline{DC_1} = t$로 두자.
서로 닮음인 두 직각삼각형 DC_1H, DAO에서
$\overline{AO} : \overline{OD} = \overline{C_1H} : \overline{HD}$ 즉,
$\sqrt{5} : (2+t) = 2 : \sqrt{t^2 - 2^2}$
$2(t+2) = \sqrt{5(t^2-4)}$, $t^2 - 16t - 36 = 0$,
$(t-18)(t+2) = 0$, $t = 18 (>0)$
서로 닮음인 두 직각삼각형 DC_1H, DC_2I에서

$\overline{DC_1}:\overline{C_1H}=\overline{DC_2}:\overline{C_2I}$ 즉,

$18:2=27:\overline{C_2I}$, $\overline{C_2I}=3$,

$\overline{CI}=\sqrt{7^2-3^2}=2\sqrt{10}$, $\cos\theta=\frac{3}{7}$

원 C의 넓이는 $\pi(2\sqrt{10})^2=40\pi$이므로
구하는 정사영의 넓이는

$40\pi\times\cos\theta=\frac{120}{7}\pi$

$\therefore\ p+q=127$

답 127

P051 | 답 24

[풀이]
구의 중심을 O라 하고, 평면 ABO로 잘린 단면을 그려보자.
이때, $\overline{OP}\perp\alpha$
점 O에서 선분 AB에 내린 수선의 발을 H, 두 선분 CD, QR의 중점을 각각 M, N, 삼각형 PQR의 무게중심을 G라고 하자.

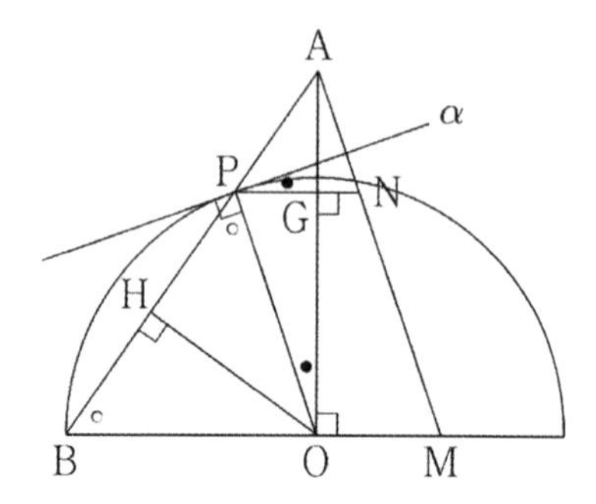

(단, ●$=\theta$, $\cos\circ=\frac{\sqrt{3}}{3}$)

구 S의 반지름의 길이가 6이므로 정삼각형 BCD의 한 변의 길이는 $6\sqrt{3}$이고,

$\overline{BO}=6$, $\overline{OM}=3$

삼각형 BOH에서

$\overline{BH}=\overline{BO}\cos(\angle OBH)=2\sqrt{3}$,

$\overline{BP}=4\sqrt{3}$, $\overline{AP}=2\sqrt{3}$

두 삼각형 PQR, ABC의 넓이의 비는

$1:9(=\overline{AP}^2:\overline{AB}^2)$이므로

($\triangle$PQR의 넓이)$=\frac{1}{9}\times$($\triangle$ABC의 넓이)

$=\frac{1}{9}\times\frac{\sqrt{3}}{4}(6\sqrt{3})^2=3\sqrt{3}$

위의 그림에서 두 평면 α, PQR이 이루는 각의 크기는 θ(=●)이다.

$\cos\theta=\frac{\overline{OG}}{\overline{PO}}=\frac{4\sqrt{2}}{6}=\frac{2\sqrt{2}}{3}$

($\because$ $\cos(\angle AMO)=\frac{1}{3}$에서

$\overline{AO}:\overline{OM}=2\sqrt{2}:1$이므로 $\overline{OG}=\frac{2}{3}\overline{OA}=4\sqrt{2}$)

$k=3\sqrt{3}\cos\theta=3\sqrt{3}\times\frac{2\sqrt{2}}{3}=2\sqrt{6}$

$\therefore\ k^2=24$

답 24

P052 | 답 ④

[풀이]

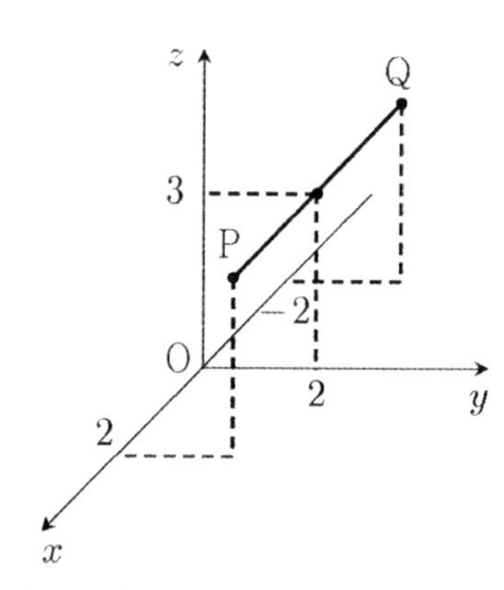

두 점 P와 Q가 yz평면에 대하여 대칭이므로
(점 Q의 x좌표)$=-$(점 P의 x좌표)
(점 Q의 y좌표)$=$(점 P의 y좌표)
(점 Q의 z좌표)$=$(점 P의 z좌표)
점 Q의 좌표는 Q$(-2,\ 2,\ 3)$
두 점 사이의 거리 공식에 의하여

$\overline{PQ}=\sqrt{(2-(-2))^2+(2-2)^2+(3-3)^2}=4$

혹은 아래의 방법으로 선분의 길이를 구해도 좋다.

$\overline{PQ}=|$(점 P의 x좌표)$-$(점Q의 x좌표)$|=4$

답 ④

P053 | 답 ①

[풀이]
점 Q의 좌표는 $(1,\ -3,\ 4)$이므로

$\overline{PQ}=|3-(-3)|=6$

답 ①

P054 | 답 ①

[풀이]

두 점 사이의 거리 공식에 의하여

$\overline{PA}=\sqrt{(-1-0)^2+(1-3)^2+(a-0)^2}=\sqrt{5+a^2}$

$\overline{PB}=\sqrt{(1-0)^2+(2-3)^2+(-1-0)^2}=\sqrt{3}$

$\overline{PA}=2\overline{PB}$이므로 $\sqrt{5+a^2}=2\sqrt{3}$

양변을 제곱하여 정리하면 $a^2=7$

a는 양수이므로

$\therefore\ a=\sqrt{7}$

답 ①

P055 | 답 ②

[풀이]

점 P에서 x축에 내린 수선의 발을 H라고 하면

점 H의 좌표는 $\mathrm{H}(x,\ 0,\ 0)$이다.

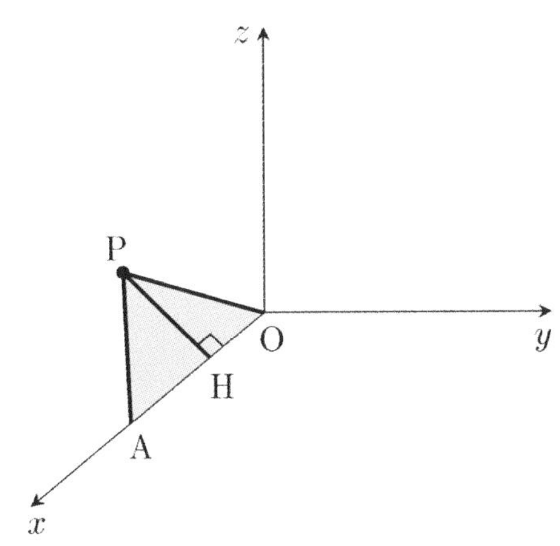

삼각형의 넓이를 구하는 공식에 의하여

($\triangle$OAP의 넓이)$=\dfrac{1}{2}\times\overline{OA}\times\overline{PH}$

$=\dfrac{1}{2}\times1\times\overline{PH}=2$이므로 $\overline{PH}=4$

두 점 사이의 거리 공식에 의하여

$\overline{PH}=\sqrt{(x-x)^2+(y-0)^2+(z-0)^2}=4$

정리하면

$y^2+z^2=16$ (단, $0\le x\le1$)

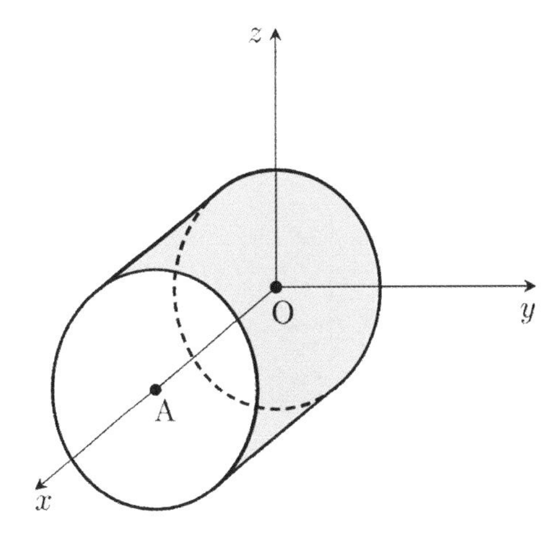

점 P의 자취는 밑면의 반지름의 길이가 4이고, 높이가 1인 원기둥의 옆면이다.

이 도형을 평면 위에 펼치면 이웃한 두 변의 길이가 각각 8π, 1인 직사각형이다.

구하는 도형의 넓이를 S라고 하면

$\therefore\ S=8\pi$

답 ②

P056 | 답 ②

[풀이1]

두 점 사이의 거리 공식에 의하여

$\overline{AB}=\sqrt{(a-b)^2+(0-a)^2+(b-0)^2}$

$=\sqrt{2a^2-2ab+2b^2}$

$\overline{BC}=\sqrt{(b-0)^2+(a-b)^2+(0-a)^2}$

$=\sqrt{2a^2-2ab+2b^2}$

$\overline{CA}=\sqrt{(0-a)^2+(b-0)^2+(a-b)^2}$

$=\sqrt{2a^2-2ab+2b^2}$

삼각형 ABC의 세 변의 길이가 같으므로

삼각형 ABC는 정삼각형이다.

정삼각형 ABC의 넓이를 S라고 하자.

삼각형의 넓이를 구하는 공식에 의하여

$S=\dfrac{\sqrt{3}}{4}\left(\sqrt{2a^2-2ab+2b^2}\right)^2$

$=\dfrac{\sqrt{3}}{2}(4-ab)(\because a^2+b^2=4)$

$\ge\sqrt{3}$

($\because$ 산술기하절대부등식 $2=\dfrac{a^2+b^2}{2}\ge ab$)

(단, 등호는 $a=b=\sqrt{2}$일 때 성립한다.)

답 ②

[풀이2]

좌표공간에서 세 점 P, Q, R의 좌표를 각각
P$(a+b,\ 0,\ 0)$, Q$(0,\ a+b,\ 0)$, R$(0,\ 0,\ a+b)$

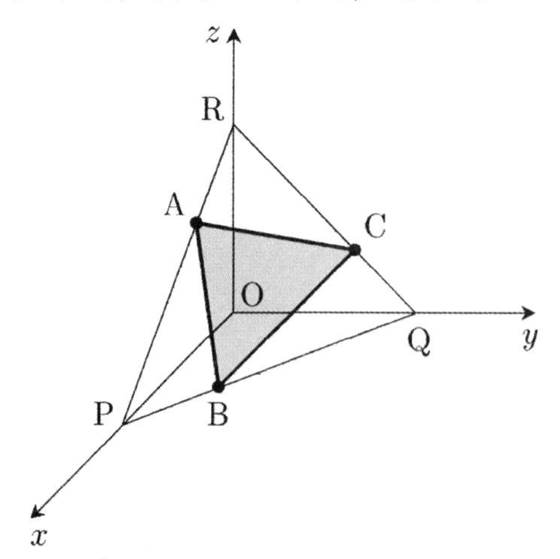

선분의 내분점의 공식에 의하여
세 점 A, B, C는 각각 세 선분 RP, PQ, QR의 $a:b$ 내분점이다.
정삼각형 PQR의 넓이를 S라고 하면

$S=\frac{\sqrt{3}}{2}(a+b)^2$

서로 SAS합동인 세 삼각형 APB, BQC, CRA에 대하여
(△APB의 넓이)=(△BQC의 넓이)

$=$(△CRA의 넓이)$=S\times\frac{ab}{(a+b)^2}$

(△ABC의 넓이)$=S\times\left\{1-\frac{3ab}{(a+b)^2}\right\}$

$=\frac{\sqrt{3}}{2}(a+b)^2\times\left\{1-\frac{3ab}{(a+b)^2}\right\}$

$=2\sqrt{3}-\frac{\sqrt{3}}{2}ab(\because a^2+b^2=4)$

$\geq\sqrt{3}$

($\because$ 산술기하절대부등식 $2=\frac{a^2+b^2}{2}\geq ab$)

(단, 등호는 $a=b=\sqrt{2}$일 때 성립한다.)
기하적인 관찰을 통해서 세 점 A, B, C가 각각 세 선분 RP, PQ, QR의 중점일 때 삼각형 ABC의 넓이가 최소임을 알 수 있긴 하다.

답 ②

P057 | 답 20

[풀이]
평면 α가 xy평면이고, 점 A의 z좌표가 양수가 되도록 좌표공간을 도입하자.
주어진 조건에 의하여 세 점 A, B, C의 z좌표는 각각 9, 15, 36이다.
내분점의 공식에 의하여

(△ABC의 무게중심의 z좌표)$=\frac{9+15+36}{3}=20$

따라서 △ABC의 무게중심으로부터 평면 α까지의 거리는 20이다.

답 20

P058 | 답 ④

[풀이]
선분 AB를 2 : 1로 내분하는 점을 C라고 하자.
내분점의 공식에 의하여

$C\left(\frac{2\times5+1\times2}{2+1},\ \frac{2\times(-3)+1\times a}{2+1},\ \frac{2\times b+1\times(-2)}{2+1}\right)$

점 C는 x축 위에 있으므로

(점 C의 y좌표)$=\frac{a-6}{3}=0$

(점 C의 z좌표)$=\frac{2b-2}{3}=0$

일차방정식을 풀면
$a=6,\ b=1$
$\therefore\ a+b=7$

답 ④

P059 | 답 ①

[풀이]
선분 AB의 3:2 외분점을 C라고 하자.
점 C가 x축 위에 있으므로 점 C의 y좌표와 z좌표는 모두 0이다.
외분점의 공식에 의하여

(점 C의 y좌표)$=\frac{3\times2-2\times a}{3-2}=0$

(점 C의 z좌표)$=\frac{3\times b-2\times(-6)}{3-2}=0$

a, b에 대한 일차방정식을 풀면
$a=3,\ b=-4$
$\therefore\ a+b=-1$

답 ①

P060 | 답 10

[풀이]

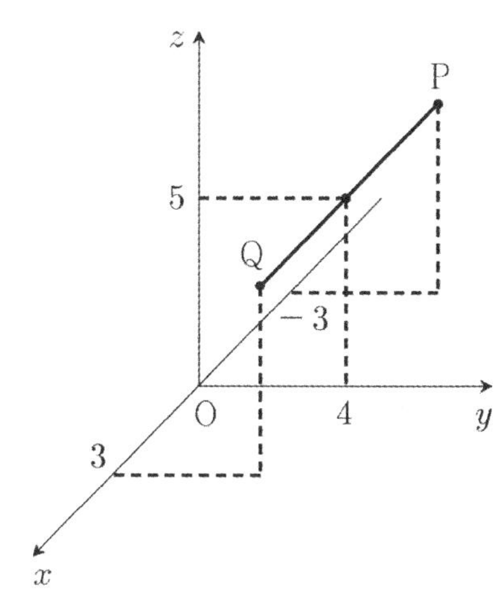

두 점 P와 Q가 yz평면에 대하여 서로 대칭이므로

(점 Q의 x좌표)$=-$(점 P의 x좌표)

(점 Q의 y좌표)$=$(점 P의 y좌표)

(점 Q의 z좌표)$=$(점 P의 z좌표)

점 Q의 좌표는 Q$(3,\ 4,\ 5)$

내분점의 공식에 의하여

$$\mathrm{R}\left(\frac{2\times3+1\times(-3)}{2+1},\ \frac{2\times4+1\times4}{2+1},\ \frac{2\times5+1\times5}{2+1}\right)$$

즉, R$(1,\ 4,\ 5)$

$\therefore\ a+b+c=10$

답 10

P061 | 답 ⑤

[풀이]

외분점의 공식에 의하여

$$\frac{2\times b-1\times7}{2-1}=5,\ \frac{2\times9-1\times a}{2-1}=14$$

일차방정식을 풀면

$a=4,\ b=6$

$\therefore\ a+b=10$

답 ⑤

P062 | 답 ④

[풀이]

삼각형 ABC의 무게중심을 G하고 하면

(점 G의 x좌표)$=\dfrac{a+1+1}{3}=2$

(점 G의 y좌표)$=\dfrac{0+b+1}{3}=2$

a, b에 대한 일차방정식을 풀면

$a=4,\ b=5$

$\therefore\ a+b=9$

답 ④

P063 | 답 ①

[풀이1]

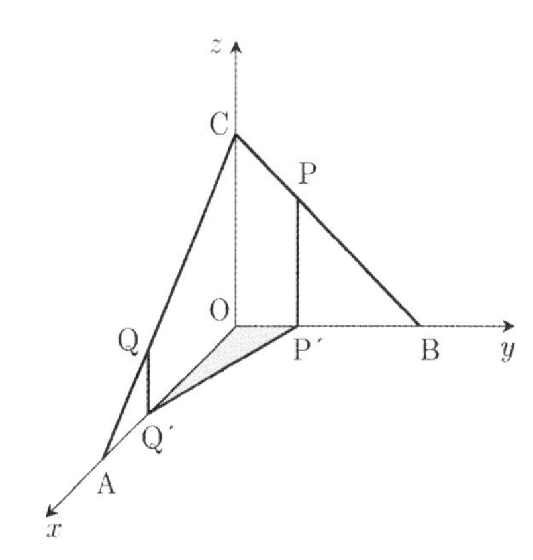

내분점의 공식에 의하여

$$\mathrm{P}\left(\frac{2\times0+1\times0}{2+1},\ \frac{2\times0+1\times3}{2+1},\ \frac{2\times3+1\times0}{2+1}\right)$$

점 P$(0,\ 1,\ 2)$의 xy평면 위로의 정사영은 P$'(0,\ 1,\ 0)$

내분점의 공식에 의하여

$$\mathrm{Q}\left(\frac{1\times0+2\times3}{1+2},\ \frac{1\times0+2\times0}{1+2},\ \frac{1\times3+2\times0}{1+2}\right)$$

점 Q$(2,\ 0,\ 1)$의 xy평면 위로의 정사영은 Q$'(2,\ 0,\ 0)$

구하는 넓이를 S라고 하자.

삼각형의 넓이를 구하는 공식에 의하여

$$\therefore\ S=\frac{1}{2}\times\overline{\mathrm{OP'}}\times\overline{\mathrm{OQ'}}=1$$

답 ①

[풀이2]

점 C의 xy평면 위로의 정사영은 원점(O)이다.

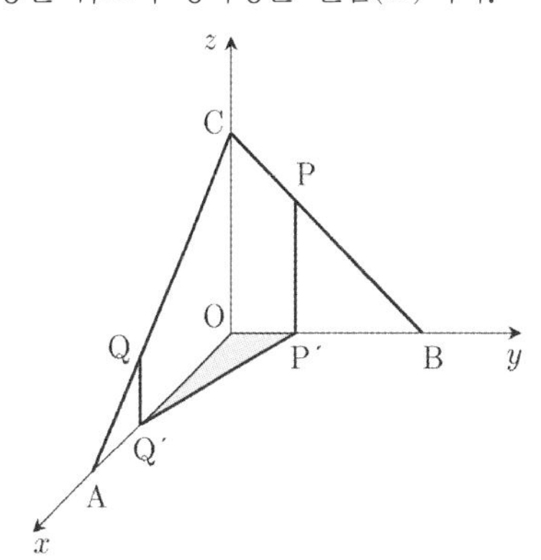

선분 BC의 xy평면 위로의 정사영은 BO이다.

서로 닮은 두 직각삼각형 COB, PP$'$B에서

$\overline{BP}:\overline{PC}=\overline{BP'}:\overline{P'O}$이므로

점 P′은 선분 BO의 2 : 1 내분점이다.

내분점의 공식에 의하여 P′(0, 1, 0)이다.

선분 AC의 xy평면 위로의 정사영은 AO이다.

서로 닮은 두 직각삼각형 COA, QQ′A에서

$\overline{AQ}:\overline{QC}=\overline{AQ'}:\overline{Q'O}$이므로

점 Q′은 선분 AO의 1 : 2 내분점이다.

내분점의 공식에 의하여 Q′(2, 0, 0)이다.

구하는 넓이를 S라고 하자.

삼각형의 넓이를 구하는 공식에 의하여

$\therefore\ S=\frac{1}{2}\times\overline{OP'}\times\overline{OQ'}=1$

답 ①

P064 | 답 ②

[풀이1]

점 H를 원점 O, 세 반직선 OE, OG, OD가 각각 x축, y축, z축의 양의 방향이 되도록 좌표공간을 도입하자.

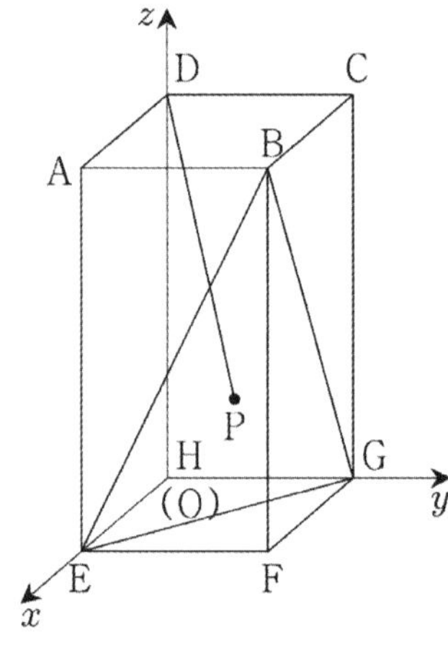

B(3, 3, 6), E(3, 0, 0), G(0, 3, 0)

이므로

$$G\left(\frac{3+3+0}{3},\ \frac{3+0+3}{3},\ \frac{6+0+0}{3}\right)$$

즉, G(2, 2, 2)

D(0, 0, 6)이므로

$\therefore\ \overline{DP}=\sqrt{2^2+2^2+4^2}=2\sqrt{6}$

답 ②

[풀이2]

정사각형 ABCD의 두 대각선의 교점을 M, 정사각형 EFGH의 두 대각선의 교점을 N, 점 P에서 두 평면 ABCD, EFGH와 직선 BF에 내린 수선의 발을 각각 P′, P″, Q라고 하자.

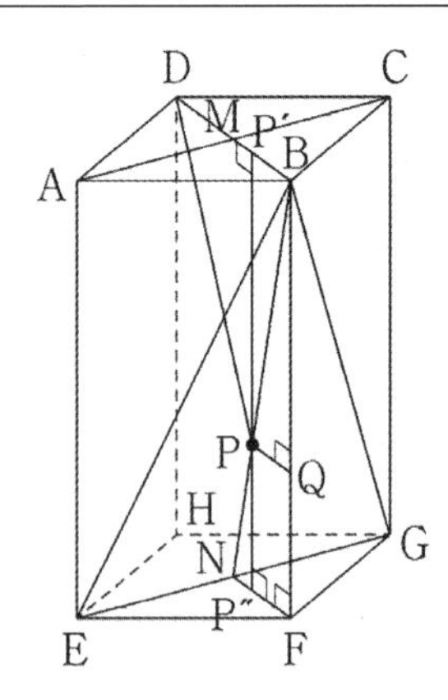

점 P는 삼각형 BEG의 무게중심이므로

$\overline{PP'}=\frac{2}{3}\overline{BF}=4$

($\because\ \overline{PP'}=\overline{BQ}$이고, 서로 닮음인 두 직각삼각형 BPQ, BNF의 닮음비는 2 : 3이다.)

$\overline{P'M}=\frac{1}{3}\overline{BM}=\frac{1}{\sqrt{2}}$

($\because\ \overline{P'M}=\overline{P''N}$이고, 서로 닮음인 두 직각삼각형 PNP″, BNF의 닮음비는 1 : 3이다.)

직각삼각형 DPP′에서 피타고라스의 정리에 의하여

$\therefore\ \overline{DP}=\sqrt{(2\sqrt{2})^2+4^2}=2\sqrt{6}$

답 ②

P065 | 답 ②

[풀이1]

점 A에서 xy평면에 내린 수선의 발을 A′이라고 하면 직선 AB의 xy평면 위로의 정사영은 직선 A′B이다. 이때, 점 A′의 좌표는 A′(0, −1, 0)이다.

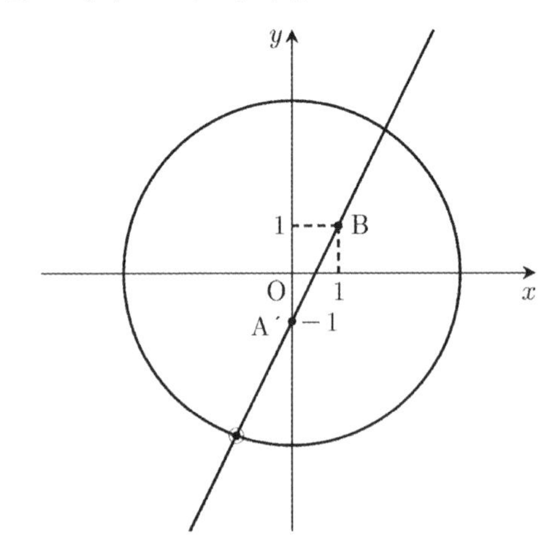

직선 A′B의 방정식 $y=2x-1$과 문제에서 주어진 원의 방정식을 연립하면

$x^2+(2x-1)^2=13$

정리하면

$5x^2-4x-12=0$

좌변을 인수분해하면

$(5x+6)(x-2)=0$

$x<0$이므로 $x=-\frac{6}{5}$

$x=-\frac{6}{5}$을 직선 A'B의 방정식에 대입하면

$y=-\frac{17}{5}$

$\therefore\ a+b=-\frac{23}{5}$

답 ②

P066 | 답 ④

[풀이]

직선 l과 구 S를 xy평면에 정사영시켜 얻은 두 도형을 각각 l'(직선), S'(원의 경계 및 내부)라고 하자. 점 P의 xy평면 위로의 정사영은 원점 O이고, 점 Q의 xy평면 위로의 정사영을 Q'이라고 하자. 그리고 도형 S'의 중심을 C라고 하자.

두 점 Q', C의 좌표는 각각 Q'$(a,\ b,\ 0)$, C$(1,\ 2,\ 0)$

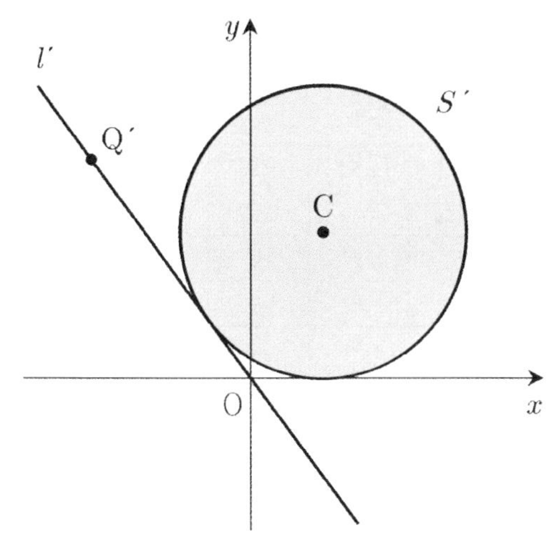

직선 l'의 방정식은

$bx-ay=0$

도형 S'의 경계(원)의 방정식은

$(x-1)^2+(y-2)^2=4$

주어진 조건에 의하여

직선 l'은 도형 S'의 경계(원)에 접한다.

점과 직선 사이의 거리 공식에 의하여

(점 C에서 직선 l'까지의 거리)

$=\frac{|b-2a|}{\sqrt{b^2+(-a)^2}}$

$=2=$(도형 S'의 반지름의 길이)

정리하면

$|b-2a|=2\sqrt{b^2+a^2}$

양변을 제곱하여 정리하면

$4ab+3b^2=0$

양변을 $b^2(\neq 0)$로 나누고 정리하면

$\therefore\ \frac{a}{b}=-\frac{3}{4}$

답 ④

P067 | 답 13

[풀이1]

점 A에서 xy평면에 내린 수선의 발을 H라고 하면

점 H의 좌표는 H$(9,\ 0,\ 0)$

직선과 평면의 수직에 대한 정의에 의하여

$\overline{\mathrm{AH}}\perp\overline{\mathrm{HP}}$

직각삼각형 AHP에서 피타고라스의 정리에 의하여

$\overline{\mathrm{AP}}^2=\overline{\mathrm{AH}}^2+\overline{\mathrm{HP}}^2=25+\overline{\mathrm{HP}}^2$

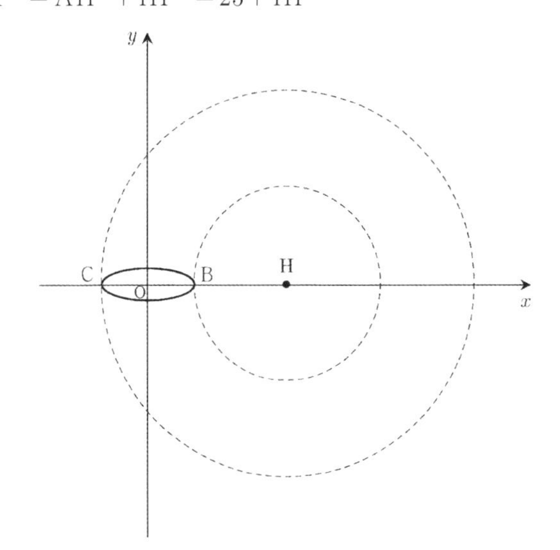

주어진 타원의 x축 위의 두 꼭짓점을 각각

B$(3,\ 0)$, C$(-3,\ 0)$

라고 하자.

$6=\overline{\mathrm{HB}}\leq\overline{\mathrm{HP}}\leq\overline{\mathrm{HC}}=12$

이므로

$\sqrt{61}\leq\overline{\mathrm{AP}}\leq 13$

(단, 왼쪽 등호는 점 P가 점 B일 때 성립하고, 오른쪽 등호는 점 P가 점 C일 때 성립한다.)

따라서 $\overline{\mathrm{AP}}$의 최댓값은 13이다.

답 13

[풀이2] (선택)

타원의 방정식을 매개변수로 표현하면

$x=3\cos\theta,\ y=\sin\theta$

점 P의 좌표를 다음과 같이 두자.

P$(3\cos\theta,\ \sin\theta,\ 0)$(단, $0\leq\theta<2\pi$)

두 점 사이의 거리 공식에 의하여

$\overline{\mathrm{AP}}=\sqrt{(3\cos\theta-9)^2+(\sin\theta-0)^2+(0-5)^2}$

$=\sqrt{8\cos^2\theta-54\cos\theta+107}$

$=\sqrt{8\left(\cos\theta-\frac{27}{8}\right)^2+\frac{127}{8}}$

$\overline{\mathrm{AP}}$는 $\cos\theta=1(\theta=0)$일 때, 최솟값을 갖고

$\cos\theta=-1(\theta=\pi)$일 때, 최댓값을 갖는다.

$\sqrt{61}\le\overline{\mathrm{AP}}\le13$

따라서 $\overline{\mathrm{AP}}$의 최댓값은 13이다.

답 13

P068 | 답 ②

[풀이]

세 정육면체 A, B, C 안에 내접하는 구의 중심을 각각 O_1, O_2, O_3이라고 하자.

구 O_1의 xy평면 위로의 정사영은 아래 그림과 같다.

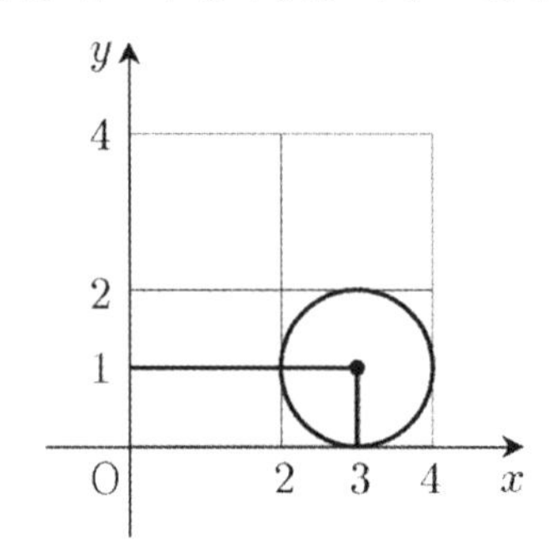

구 O_1의 yz평면 위로의 정사영은 아래 그림과 같다.

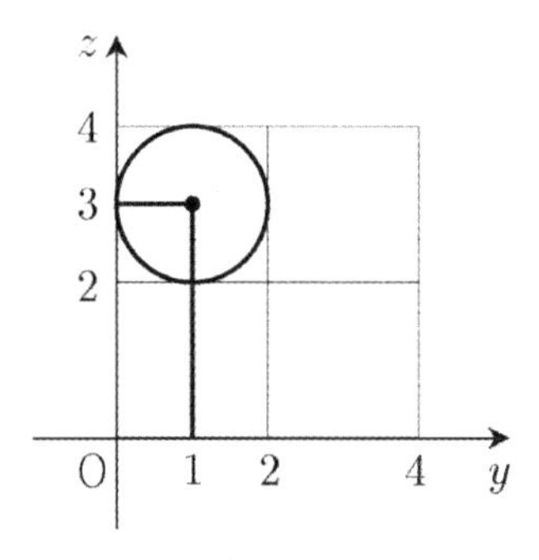

구 O_1의 중심의 좌표는 $\mathrm{O}_1(3,\ 1,\ 3)$이다.

마찬가지의 방법으로 두 구 O_2, O_3의 중심을 구하면

$\mathrm{O}_2(3,\ 3,\ 1)$, $\mathrm{O}_3(1,\ 3,\ 1)$

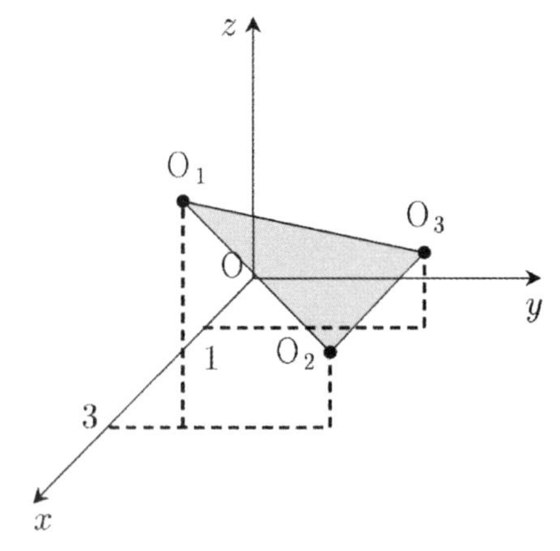

$\triangle\mathrm{O}_1\mathrm{O}_2\mathrm{O}_3$의 무게중심의 좌표는

$\left(\frac{3+3+1}{3},\ \frac{1+3+3}{3},\ \frac{3+1+1}{3}\right)$ 즉, $\left(\frac{7}{3},\ \frac{7}{3},\ \frac{5}{3}\right)$

$\therefore\ p+q+r=\frac{19}{3}$

답 ②

P069 | 답 ③

[풀이1] ★

좌표공간은 xy평면, yz평면, zx평면에 의하여 다음과 같이 8개의 영역으로 나누어진다.

영역	x의 부호	y의 부호	z의 부호
영역①	+	+	+
영역②	−	+	+
영역③	−	−	+
영역④	+	−	+
영역⑤	+	+	−
영역⑥	−	+	−
영역⑦	−	−	−
영역⑧	+	−	−

문제에서 주어진 구를 S라고 하자.

구 S의 중심 $(-2,\ 3,\ 4)$는 영역②에 속하는 점이므로 구 S는 영역②를 지난다.

• (1) 구 S를 xy평면으로 자른 단면을 관찰하자.

구 S의 방정식에 $z=0$을 대입하면

$(x+2)^2+(y-3)^2=(2\sqrt{2})^2$

$2<2\sqrt{2}<3$이므로 구 S를 xy평면으로 자른 단면은 아래 그림과 같다.

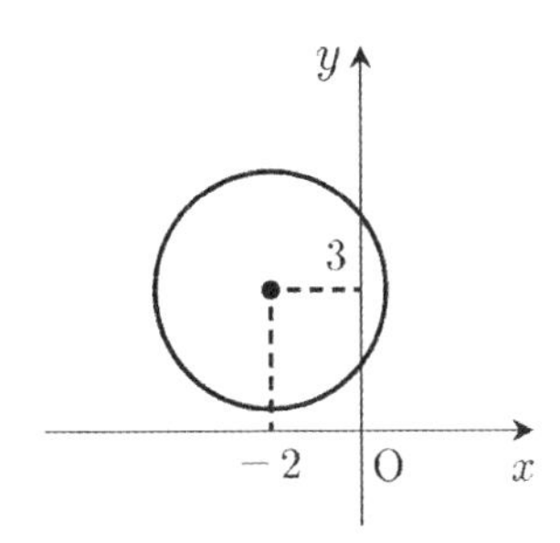

위의 그림에서 구 S는 영역①, 영역②, 영역⑤, 영역⑥을 지난다.

• (2) 구 S를 yz평면으로 자른 단면을 관찰하자.

구 S의 방정식에 $x=0$을 대입하면

$(y-3)^2+(z-4)^2=(\sqrt{20})^2$

$3<4<\sqrt{20}<5$이므로 구 S를 yz평면으로 자른 단면은 아래 그림과 같다.

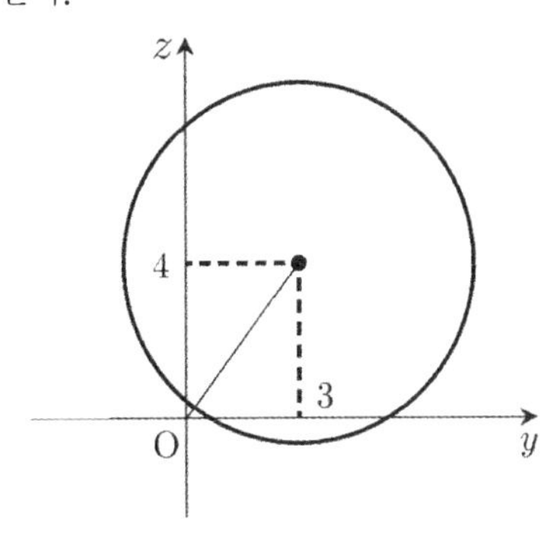

위의 그림에서 구 S는 영역①, 영역②, 영역③, 영역④, 영역⑤, 영역⑥을 지난다. 즉, 구 S는 영역 ⑦, 영역⑧을 지나지 않는다.

• (3) 구 S를 zx평면으로 자른 단면을 관찰하자.

구 S의 방정식에 $y=0$을 대입하면

$(x+2)^2+(z-4)^2=(\sqrt{15})^2$

$2<\sqrt{15}<4$이므로 구 S를 zx평면으로 자른 단면은 아래 그림과 같다.

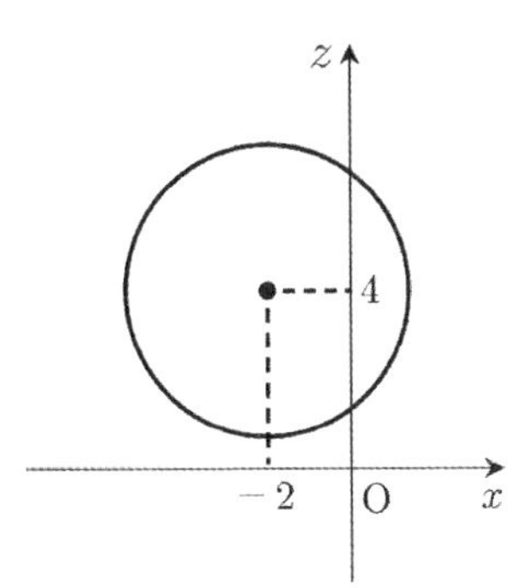

위의 그림에서 구 S는 영역①, 영역 ②, 영역③, 영역④를 지난다.

(1), (2), (3)에서 구 S가 지나는 영역의 개수는 6이다.

답 ③

[풀이2]

좌표공간은 xy평면, yz평면, zx평면에 의하여 다음과 같이 8개의 영역으로 나누어진다.

영역	x의 부호	y의 부호	z의 부호
영역①	+	+	+
영역②	−	+	+
영역③	−	−	+
영역④	+	−	+
영역⑤	+	+	−
영역⑥	−	+	−
영역⑦	−	−	−
영역⑧	+	−	−

문제에서 주어진 구를 S라고 하자.

구 S의 중심 $(-2, 3, 4)$는 영역②에 속하는 점이므로 구 S는 영역②를 지난다.

구 S의 방정식에 $y=0$, $z=0$을 대입하면

$(x+2)^2=-1$

이 이차방정식은 서로 다른 두 허근을 가지므로 구 S는 x축과 만나지 않는다.

구 S의 방정식에 $x=0$, $z=0$을 대입하면

$(y-3)^2=4$

이 이차방정식을 풀면

$y=1$ 또는 $y=5$

구 S는 y축과 서로 다른 두 점에서 만나며, 두 교점의 좌표는 각각

$(0, 1, 0)$, $(0, 5, 0)$

구 S의 방정식에 $x=0$, $y=0$을 대입하면

$(z-4)^2=11$

이 이차방정식을 풀면

$z=4-\sqrt{11}$ 또는 $z=4+\sqrt{11}$

구 S는 z축과 서로 다른 두 점에서 만나며, 두 교점의 좌표는 각각

$(0, 0, 4-\sqrt{11})$, $(0, 0, 4+\sqrt{11})$

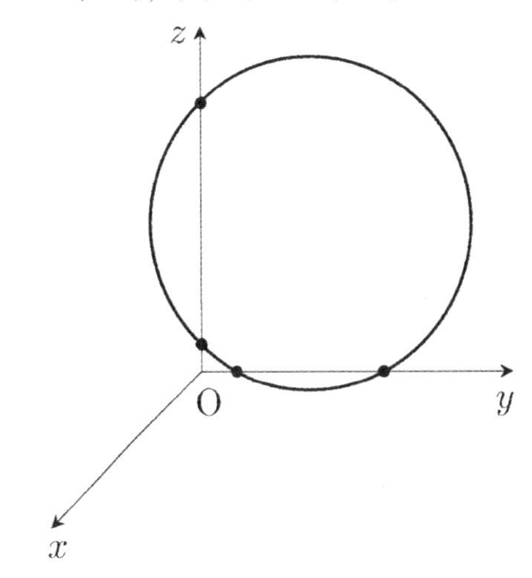

위의 그림에서 구 S는 영역⑦, 영역⑧을 제외한 나머지 6개의

영역을 모두 지난다.

답 ③

P070 | 답 ②

[풀이1]

주어진 구 S의 중심을 A, 점 A에서 x축, y축, z축, xy평면에 내린 수선의 발을 각각 B, C, D, G, 구 S가 z축과 만나는 두 점을 각각 E, F라고 하자. (단, $\overline{OE} > \overline{OF}$)

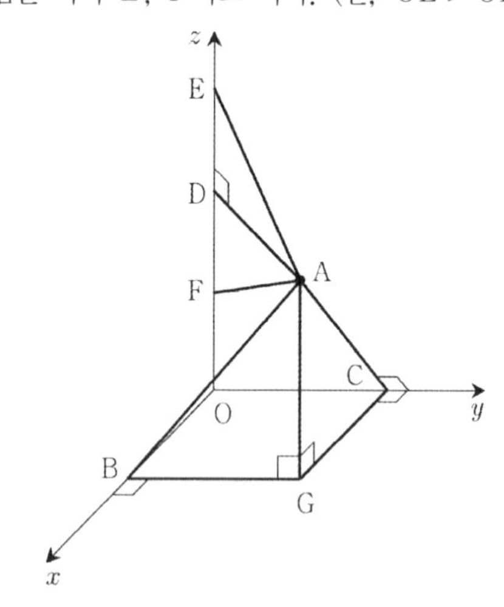

직선과 평면의 수직에 대한 정의에 의하여

$\overline{AG} \perp (xy\text{평면})$

구 S는 점 B에서 x축에 접하므로

$\overline{AB} \perp (x\text{축})$

삼수선의 정리에 의하여

$\overline{GB} \perp (x\text{축})$

마찬가지의 이유로

$\overline{GC} \perp (y\text{축})$

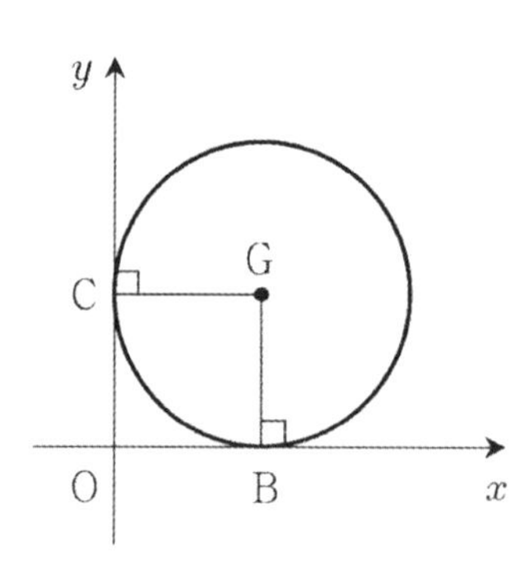

구 S가 xy평면과 만나서 생기는 원의 넓이가 64π이므로, 이 원의 반지름의 길이는 8이다.

구 S가 xy평면과 만나서 생기는 원의 중심은 G이고, 이 원은 두 점 B, C를 지나므로 원의 정의에 의하여

$\overline{GB} = \overline{GC} = 8$

직각삼각형 OBG에서 피타고라스의 정리에 의하여

$\overline{GO} = 8\sqrt{2}$

직사각형 ADOG에서

$\overline{AD} = 8\sqrt{2} = \overline{GO}$

두 직각삼각형 ADE, ADF는 서로 RHS합동이므로

$\overline{DE} = 4 = \overline{DF}$ ($\because$ $\overline{EF} = 8$)

직각삼각형 ADE에서 피타고라스의 정리에 의하여

$\overline{AE} = \sqrt{\overline{AD}^2 + \overline{DE}^2} = 12$

따라서 구 S의 반지름의 길이는 12이다.

답 ②

P071 | 답 13

[풀이1]

구 S의 중심을 C, 원점 O를 중심으로 하고 반지름의 길이가 $r(0 < r < 4)$인 구를 S'이라 하고, 점 Q가 구 S' 위를 움직인다고 하자. 점 Q에서 구 S'에 접하는 평면이 점 P에서 구 S에 접하는 상황을 생각하자.

- $0 < r < 2 - \sqrt{3}$ 인 경우

점 Q에서 구 S'에 접하는 평면 중에서 구 S에 접하는 평면은 없다.

- $r = 2 - \sqrt{3}$ 인 경우

r=(구 S의 반지름의 길이)$-\overline{OC}$인 경우이다.

점 Q에서 구 S'에 접하는 평면 중에서 점 P에서 구 S에 접하는 평면은 오직 하나다. 이때, 두 점 P, Q는 일치한다.

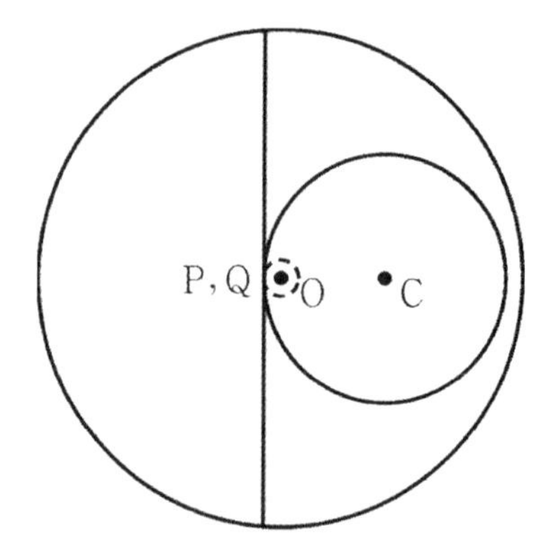

- $2 - \sqrt{3} < r < 2 + \sqrt{3}$ 인 경우

점 Q에서 구 S'에 접하는 평면 중에서 점 P에서 구 S에 접하는 평면은 무수히 많다. 이때, 두 점 P, Q는 일치하지 않는다.

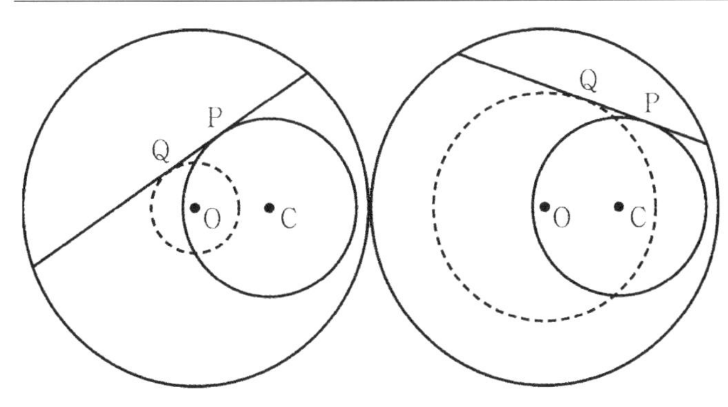

• $r=2+\sqrt{3}$ 인 경우

$r=$(구 S의 반지름의 길이)$+\overline{\mathrm{OC}}$인 경우이다.

점 Q에서 구 S'에 접하는 평면 중에서 점 P에서 구 S에 접하는 평면은 오직 하나다. 이때, 두 점 P, Q는 일치한다.

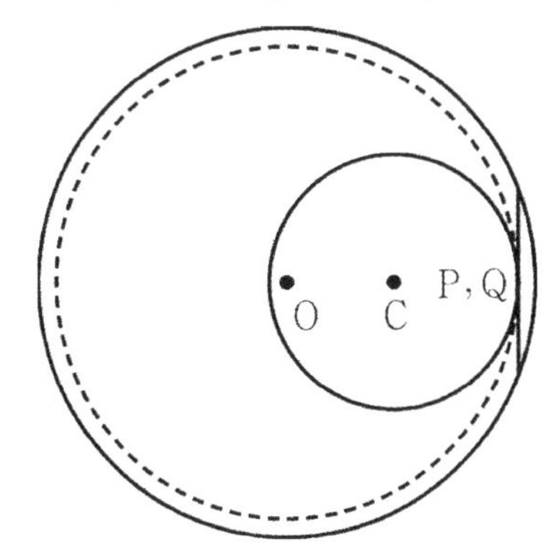

• $r>2+\sqrt{3}$ 인 경우

점 Q에서 구 S'에 접하는 평면 중에서 구 S에 접하는 평면은 없다.

이상에서 $r=2-\sqrt{3}$ 일 때, 점 Q에서 구 S'에 접하는 평면(즉, 점 P에서 구 S에 접하는 평면)이 구 $x^2+y^2+z^2=16$과 만나서 생기는 도형(원)의 넓이는 최대가 된다. 구하는 최댓값은 $(9+4\sqrt{3})\pi$이다.

$a=9,\ b=4$

$\therefore\ a+b=13$

답 13

P072 | 답 11

[풀이1]

문제에서 주어진 구의 중심을 C라고 하자.

문제에서 주어진 구와 원을 yz평면으로 자른 단면은

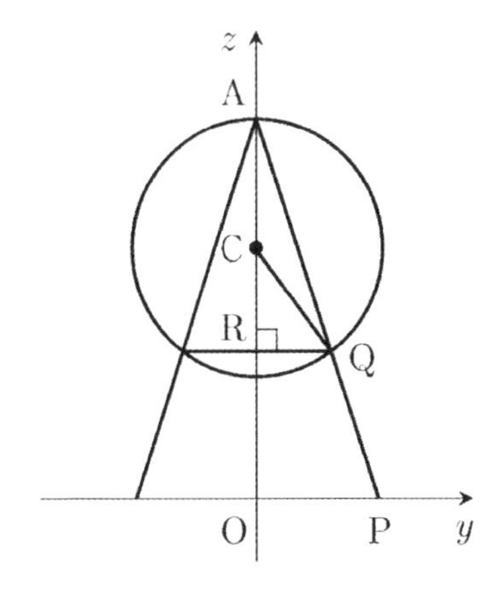

위의 그림처럼 점 P가 y축 위에 있을 때, 점 Q에서 z축에 내린 수선의 발을 R이라고 하자.

$\overline{\mathrm{QR}}=t(0<t<1)$라고 하자.

직각삼각형 CRQ에서 피타고라스의 정리에 의하여

$\overline{\mathrm{CR}}=\sqrt{\overline{\mathrm{CQ}}^2-\overline{\mathrm{QR}}^2}=\sqrt{1-t^2}$

서로 닮은 두 직각삼각형 ARQ, AOP에 대하여

$\overline{\mathrm{AR}}:\overline{\mathrm{RQ}}=\overline{\mathrm{AO}}:\overline{\mathrm{OP}}$

대입하면

$1+\sqrt{1-t^2}:t=3:1$

정리하면

$3t-1=\sqrt{1-t^2}$

양변을 제곱하여 정리하면

$10t^2-6t=0$

$0<t<1$이므로 $t=\dfrac{3}{5}$ 즉, $\overline{\mathrm{QR}}=\dfrac{3}{5}$

점 Q의 자취는 중심이 $\left(0,\ 0,\ \dfrac{6}{5}\right)$이고 반지름의 길이가 $\dfrac{3}{5}$인 원이다.

점 Q의 자취의 길이는

$2\pi\times\dfrac{3}{5}=\dfrac{6}{5}\pi$

$\therefore\ a+b=11$

답 11

P073 | 답 ④

[풀이1] ★

구 S의 중심을 $\mathrm{S}(0,\ 0,\ 1)$, 구 S와 점 P에서 접하는 평면을 α, 평면 α와 z축의 교점을 A라고 하자. 이때, 평면 α와 xy평면의 교선은 QR이다.

한 직선 위에 있지 않은 세 점 P, S, O로 유일하게 결정되는 평면 PSO로 문제에서 주어진 도형들을 자른 단면은 아래 그림과 같다.

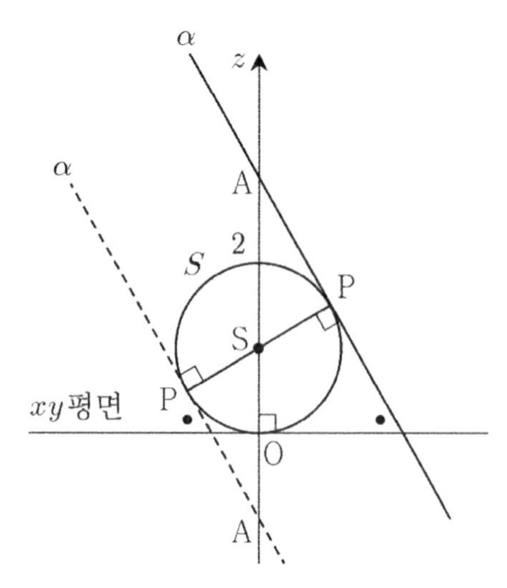

(단, ●=60° 이다.)

만약 점 A의 z좌표가 음수이면 점 P의 z좌표는 1보다 작다. 이는 문제에서 주어진 조건을 만족시키지 않으므로 점 A의 z좌표는 양수이다.

점 O에서 직선 QR에 내린 수선의 발을 M, 점 S에서 직선 AM에 내린 수선의 발을 H라고 하자.

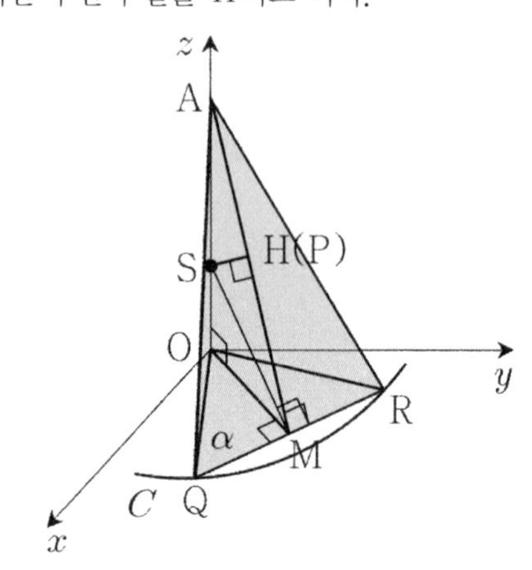

$\overline{SO} \perp (xy평면)$, $\overline{OM} \perp \overline{QR}$

이므로 삼수선의 정리❶에 의하여

$\overline{SM} \perp \overline{QR}$ (그리고 $\overline{AM} \perp \overline{QR}$)

$\overline{SM} \perp \overline{QR}$, $\overline{MA} \perp \overline{QR}$, $\overline{SH} \perp \overline{MA}$

이므로 삼수선의 정리❸에 의하여

$\overline{SH} \perp \alpha$

그런데 평면 α는 점 P에서 구 S에 접하므로

두 점 H, P는 일치한다.

한 직선 위에 있지 않은 세 점 A, O, M으로 유일하게 결정되는 평면 AMO로 문제에서 주어진 도형들을 자른 단면은 아래 그림과 같다. 이때, 두 점 S, P는 평면 AMO 위에 있다.

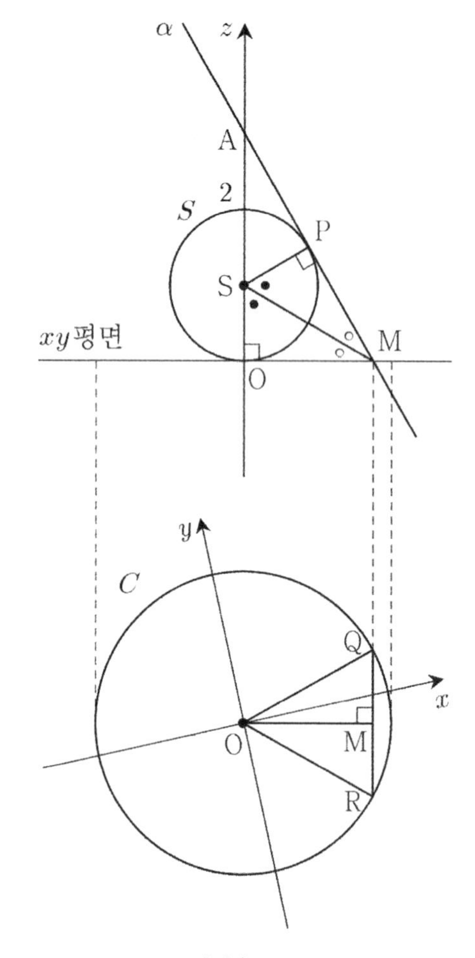

(단, ●=60°, ○=30° 이다.)

원(구)의 정의에 의하여 $\overline{SP}=\overline{SO}$이므로

두 직각삼각형 SPM, SOM은 서로 RHS합동이다.

두 직각삼각형 SPM, SOM의 내각의 크기는 각각

$\angle SMP=\angle SMO=\frac{\pi}{6}$, $\angle MSP=\angle MSO=\frac{\pi}{3}$

직각삼각형 SOM에서 특수각의 삼각비에 의하여

$\overline{OM}=\sqrt{3}$

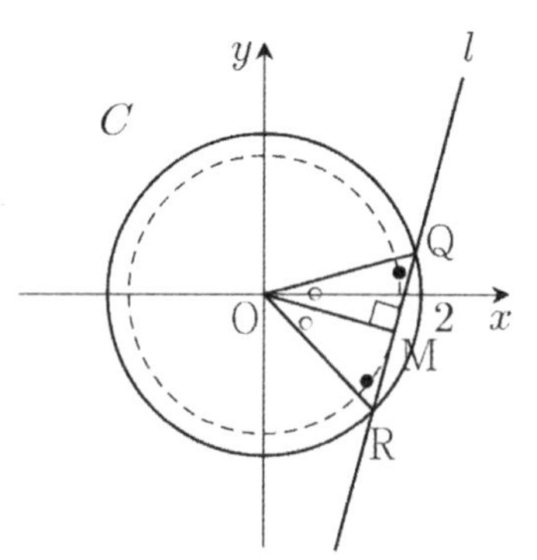

(단, ●=60°, ○=30° 이다.)

원의 정의에 의하여 $\overline{OQ}=\overline{OR}$이므로

두 직각삼각형 OMQ, OMR은 서로 RHS합동이다.

직각삼각형 OMQ에서 특수각의 삼각비에 의하여

$\angle OQM=\frac{\pi}{3}$, $\angle QOM=\frac{\pi}{6}$, $\overline{MQ}=1$

마찬가지의 방법으로 $\overline{MR}=1$이므로

$\therefore\ \overline{QR}=\overline{QM}+\overline{MR}=2$

답 ④

[풀이2]

구 S의 중심을 $S(0,\ 0,\ 1)$, 구 S와 점 P에서 접하는 평면을 α, 평면 α와 xy평면의 교선을 l이라고 하자.

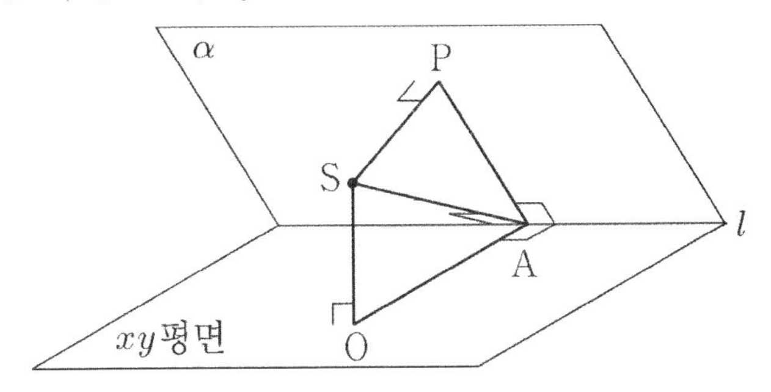

점 O에서 직선 l에 내린 수선의 발을 A라고 하자.

$\overline{SO}\perp(xy$평면$)$, $\overline{OA}\perp l$이므로

삼수선의 정리❶에 의하여 $\overline{SA}\perp l$이다.

평면 α가 점 P에서 구 S에 접하므로

$\overline{SP}\perp\alpha$

삼수선의 정리❷에 의하여 $\overline{PA}\perp l$이다.

$\overline{OA}\perp l$, $\overline{PA}\perp l$이므로

이면각의 정의에 의하여 $\angle PAO$는

평면 α와 xy평면이 이루는 이면각의 크기이므로

$\angle PAO=\dfrac{\pi}{3}$

$\overline{PA}\perp l$, $\overline{SA}\perp l$이므로 한 점에서 만나는 두 직선 PA, SA로 결정되는 평면 PSA는 직선 l에 수직이다.

$\overline{SA}\perp l$, $\overline{OA}\perp l$이므로 한 점에서 만나는 두 직선 SA, OA로 결정되는 평면 SOA는 직선 l에 수직이다.

점 A를 지나고 직선 l에 수직인 평면은 유일하게 결정되므로 두 평면 PSA, SOA는 일치한다.

즉, 네 점 P, S, O, A는 한 평면 위에 있다.

그리고 $PSO\perp\alpha$, $PSO\perp(xy$평면$)$이다.

평면 PSO로 문제에서 주어진 도형들을 자른 단면은 다음과 같다. 이때, 평면 α, xy평면, 평면 PSO는 한 점에서 만나고, 이 점이 바로 A이다. (점 A는 직선 l(QR)과 평면 PSO의 교점이기도 하다.)

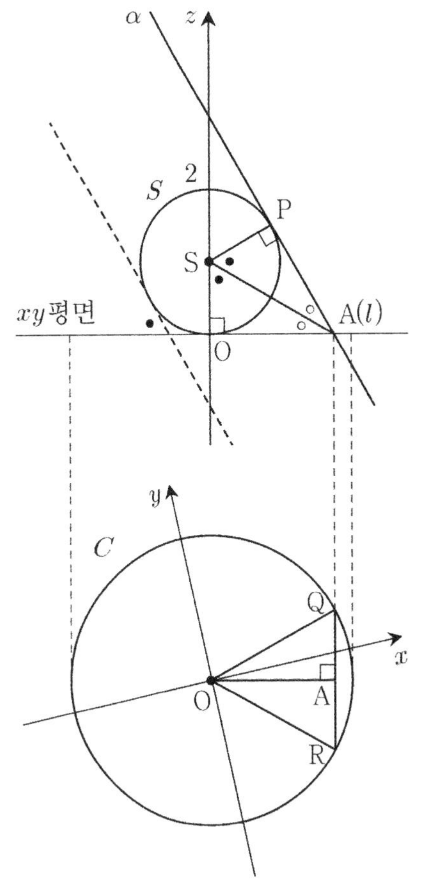

(단, ●$=60^\circ$, ○$=30^\circ$ 이다.)

점 P의 z좌표가 점 S의 z좌표$(=1)$보다 크므로,

위의 그림처럼 평면 α와 z축의 교점의 z좌표는 양수이다.

(만약 평면 α와 z축의 교점의 z좌표가 음수라고 가정하면 점 P의 z좌표는 1보다 작다. 이는 가정에 모순이다.)

원(구)의 정의에 의하여 $\overline{SP}=\overline{SO}$이므로

두 직각삼각형 SPA, SOA는 서로 RHS합동이다.

두 직각삼각형 SPA, SOA의 내각의 크기는 각각

$\angle SAP=\angle SAO=\dfrac{\pi}{6}$, $\angle ASP=\angle ASO=\dfrac{\pi}{3}$

직각삼각형 SOA에서 특수각의 삼각비에 의하여

$\overline{OA}=\sqrt{3}$

평면 α와 xy평면의 교선은 l이므로

직선 l과 xy평면 위의 원 C가 만나는 두 점은 각각 Q, R이다.

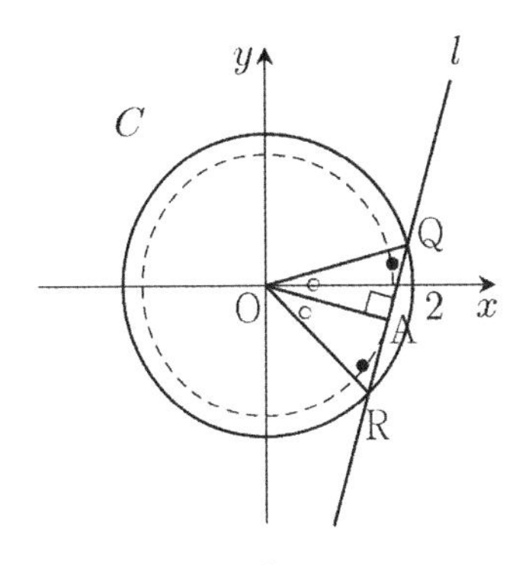

(단, ●$=60^\circ$, ○$=30^\circ$ 이다.)

원의 정의에 의하여 $\overline{OQ}=\overline{OR}$이므로
두 직각삼각형 OAQ, OAR은 서로 RHS합동이다.
직각삼각형 OAQ에서 특수각의 삼각비에 의하여

$\angle OQA=\frac{\pi}{3}$, $\angle QOA=\frac{\pi}{6}$, $\overline{AQ}=1$

마찬가지의 방법으로 $\overline{AR}=1$이므로

∴ $\overline{QR}=\overline{QA}+\overline{AR}=2$

답 ④

P074 | 답 ⑤

[풀이]

구 $x^2+y^2+z^2=1$의 중심은 O(0, 0, 0)이고, 반지름의 길이는 1이다.

구 $(x-2)^2+(y+1)^2+(z-2)^2=4$의 중심을 A라고 하면

이 구의 중심은 A(2, −1, 2)이고, 반지름의 길이는 2이다.

두 점 사이의 거리 공식에 의하여

$\overline{OA}=\sqrt{2^2+(-1)^2+2^2}=3$

$=1+2=$(두 구의 반지름의 길이의 합)

문제에서 주어진 두 구은 서로 외접한다.

점 P에서 직선 OA에 내린 수선의 발을 H, 점 O에서 직선 AP에 내린 수선의 발을 B라고 하자. 이때, 두 점 H, B는 평면 OAP 위에 있다.

그리고 점 B는 선분 AP의 중점이다. 왜냐하면 삼각형 OAP는 $\overline{OA}=\overline{OP}(=3)$인 이등변삼각형이기 때문이다.

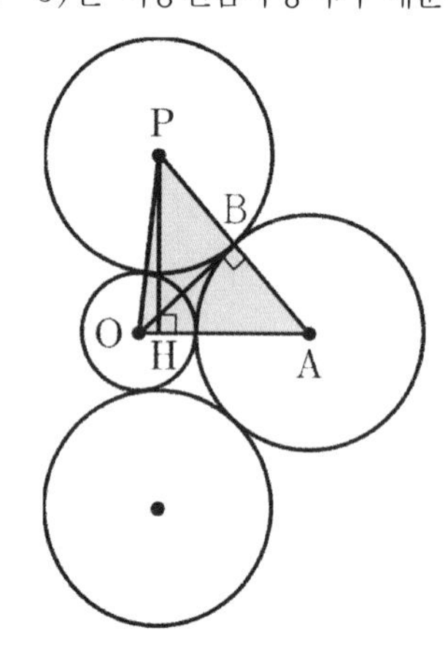

직각삼각형 OAB에서 피타고라스의 정리에 의하여

$\overline{OB}=\sqrt{\overline{OA}^2-\overline{AB}^2}=\sqrt{5}$

삼각형의 넓이를 구하는 공식에 의하여

$(\triangle OAP$의 넓이$)=\frac{1}{2}\times\overline{OA}\times\overline{PH}$

$=\frac{3}{2}\times\overline{PH}=2\sqrt{5}=\frac{1}{2}\times\overline{AP}\times\overline{OB}$

$\overline{PH}=\frac{4}{3}\sqrt{5}$

점 P의 자취는 중심이 H이고 반지름의 길이가 $\frac{4}{3}\sqrt{5}$인 원이다.

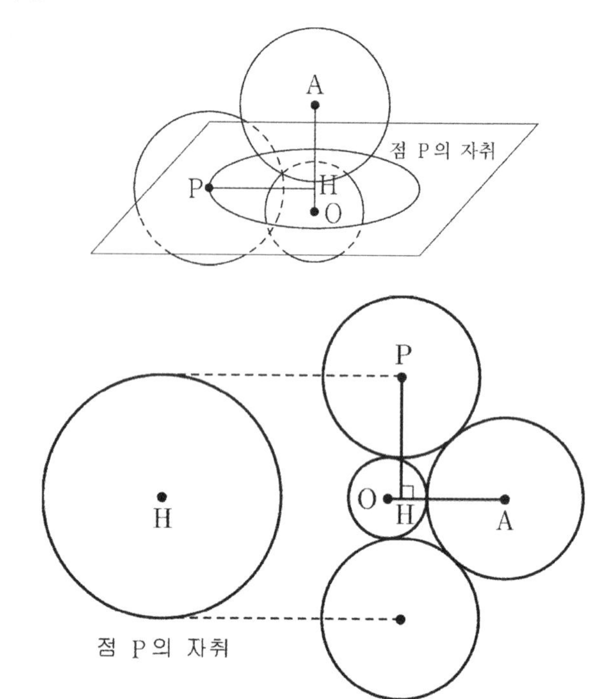

따라서 점 P의 자취(원)의 둘레의 길이는

$2\times\frac{4}{3}\sqrt{5}\times\pi=\frac{8\sqrt{5}}{3}\pi$

답 ⑤

P075 | 답 ①

[풀이]

점 A에서 xy평면과 직선 PQ에 내린 수선의 발을 각각 H, M이라고 하자.

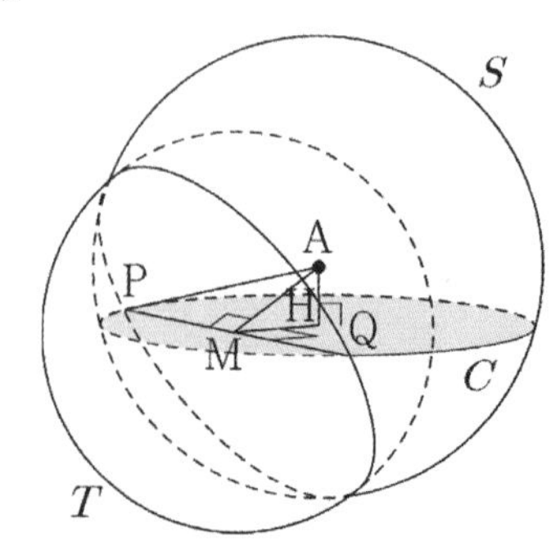

삼수선의 정리에 의하여

$\overline{HM}\perp\overline{PQ}$

이때, 점 M은 선분 PQ의 중점이다. (∵ 원의 성질)

직각삼각형 AMH에서 피타고라스의 정리에 의하여

$\overline{HM}=\sqrt{2^2-1^2}=\sqrt{3}$

직각삼각형 APM에서 파티고라스의 정리에 의하여

$\overline{PM}=\sqrt{4^2-2^2}=2\sqrt{3}(=\overline{BM})$

점 B 중에서 z좌표가 가장 큰 점을 B_0라고 하자. 이때, 점 B_0는 점 A를 지나고 선분 PQ를 수직이등분하는 평면 위에 있다.

삼각비의 정의에 의하여 각의 크기(●, ○)가 아래 그림처럼 결정된다.

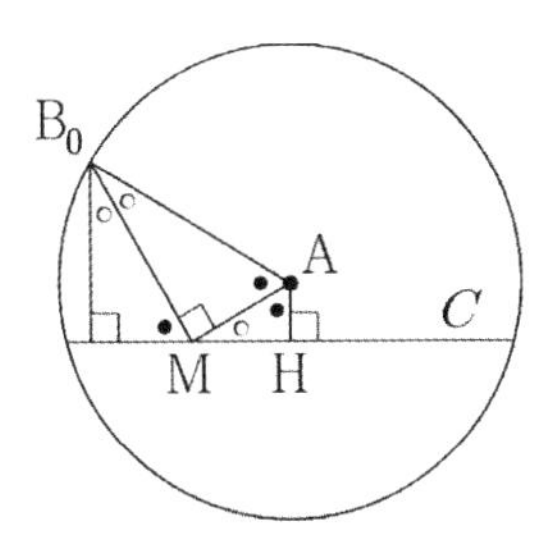

(단, ●$=60^\circ$, ○$=30^\circ$)

$\triangle BPQ$의 xy평면 위로의 정사영의 넓이의 최댓값은

($\triangle B_0PQ$의 넓이)$\times\cos 60^\circ$

$=\left(\dfrac{1}{2}\times4\sqrt{3}\times2\sqrt{3}\right)\times\dfrac{1}{2}$

$=6$

답 ①

P076 | 답 9

[풀이] ★

두 점 A, C를 z축의 양의 방향으로 -1만큼 평행이동한 두 점을 각각

O$(0,\ 0,\ 0)$(즉, 원점), C$'(3,\ 4,\ 4)$

라고 하자.

그리고 점 C$'$에서 xy평면에 내린 수선의 발을 H, 직선 OC$'$가 xy평면과 이루는 각 $\angle$C$'$OH의 크기를 θ_0라고 하자.

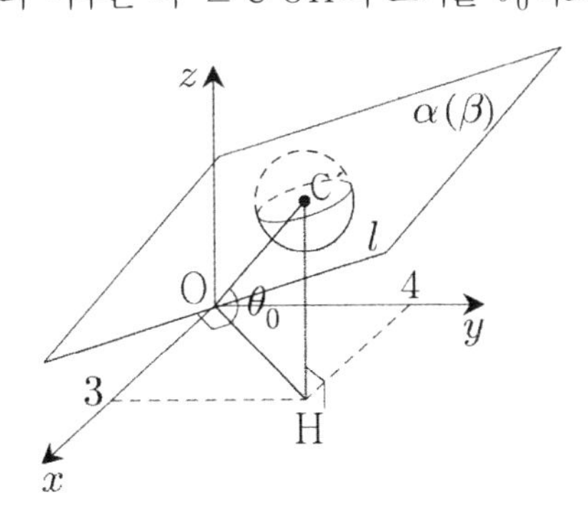

좌표공간에서 직선 OC$'$를 포함한 평면을 α, 평면 α와 xy평면의 교선을 l, 평면 α와 xy평면이 이루는 이면각의 크기를 θ라고 하자.

아래는 '점 H에서 직선 l에 내린 수선의 발이 O인 경우'와 '점 H에서 직선 l에 내린 수선의 발이 O가 아닌 경우(이때, 수선의 발을 I라고 하자.)'를 모두 그린 것이다. 후자에 대하여 이면각의 크기를 θ_1이라고 하자.

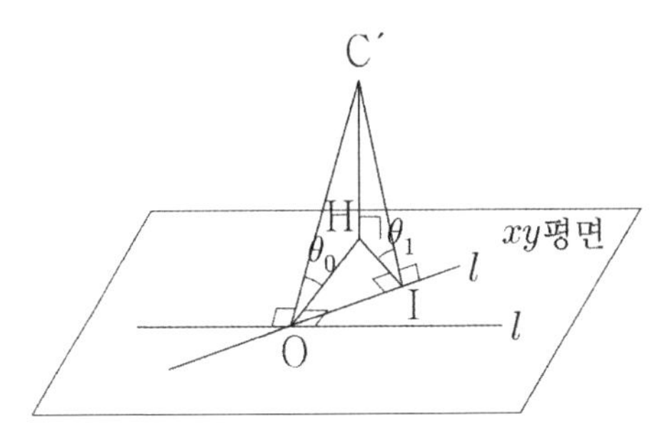

xy평면에서

(점 H에서 직선 l까지의 거리)$\le\overline{HO}$

(단, 등호는 점 H에서 직선 l에 내린 수선의 발이 O일 때 성립한다.)

이므로

$\overline{HI}<\overline{HO}$

그런데 두 직각삼각형 C$'$HO, C$'$HI에 대하여

$\tan\theta_0=\dfrac{\overline{HC'}}{\overline{OH}}$, $\tan\theta_1=\dfrac{\overline{HC'}}{\overline{IH}}$

이므로 $\tan\theta_0<\tan\theta_1$, 즉 $\theta_0<\theta_1$

따라서 $\theta\ge\theta_0$이다. 즉, 평면 α와 xy평면이 이루는 이면각의 크기의 최솟값은 θ_0이다. $\theta=\theta_0$일 때, 평면 α를 평면 β라고 하자.

이제 평면 β로 구가 잘린 단면(원)을 생각하자.

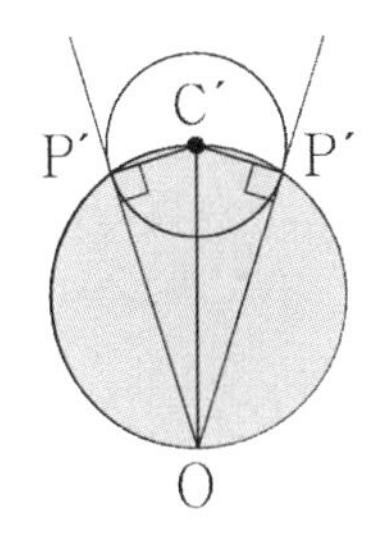

위의 그림처럼 평면 β 위의 점 O에서 원($\subset\beta$)에 그은 접선의 접점은 P$'$이다. (이때, 점 P$'$는 점 P를 z축의 양의 방향으로 -1만큼 평행이동한 것이다.)

두 점 사이의 거리 공식에 의하여

$\overline{OC'}=\sqrt{41}$

이므로 세 점 O, C$'$, P$'$을 지나는 원의 넓이는 $\dfrac{41}{4}\pi$이다.

따라서 구하는 정사영의 넓이의 최댓값은

$\dfrac{41}{4}\pi\times\cos\theta_0=\dfrac{5}{4}\sqrt{41}\pi$

$\left(\because \cos\theta_0=\dfrac{\overline{OH}}{\overline{C'O}}=\dfrac{5}{\sqrt{41}}\right)$

$\therefore\ p=4,\ q=5,\ p+q=9$

답 9

P077 | 답 23

[풀이]

점 C에서 xy 평면에 내린 수선의 발을 $C'(2,\ \sqrt{5},\ 0)$, 구 S의 xy평면 위로의 정사영(원)을 S'라고 하자. 이때, '구 S와 평면 OPC가 만나서 생기는 원의 xy평면 위로의 정사영'은 '직선 OC′와 원 S'의 두 교점을 연결하는 선분' 이다. (아래 그림)

아래 그림처럼 직선 OC′와 원 S'의 두 교점 중 원점에서 더 먼 교점을 Q′라 하고, $\angle R'C'Q'=90°$가 되도록 원 S' 위에 점 R′을 잡자. (단, 점 R′은 제2사분면 위에 있다.)

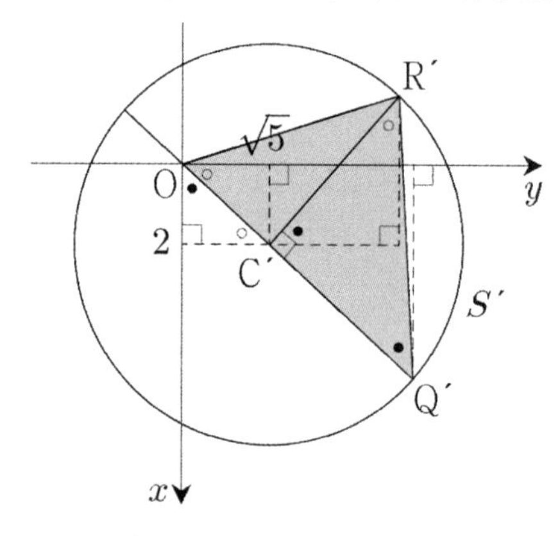

(단, ●+○=90°)

위의 그림처럼 두 점 Q_1, R_1이 각각 점 Q′, R′ 위에 오면 삼각형 OQ_1R_1의 넓이가 최대가 된다.

이때, $(\triangle OQ'R'\text{의 넓이})=\dfrac{1}{2}\times 8\times 5=20$

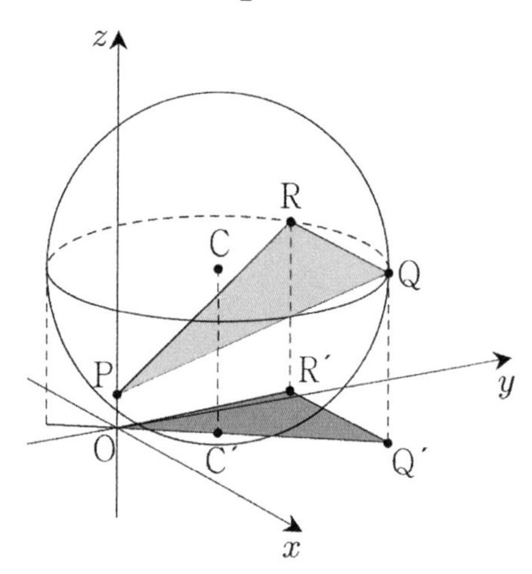

위의 그림처럼

$\overline{QQ'}\perp(xy\text{평면})$, $\overline{RR'}\perp(xy\text{평면})$,

$\overline{QR}//\overline{Q'R'}$

이므로

$Q\left(\dfrac{16}{3},\ \dfrac{8\sqrt{5}}{3},\ 5\right)$, $R\left(2-\dfrac{5\sqrt{5}}{3},\ \sqrt{5}+\dfrac{10}{3},\ 5\right)$

두 점 사이의 거리 공식에 의하여

$\overline{PR}=\overline{QR}=5\sqrt{2}$, $\overline{PQ}=4\sqrt{5}$

점 R에서 선분 PQ에 내린 수선의 발을 H라고 하자.

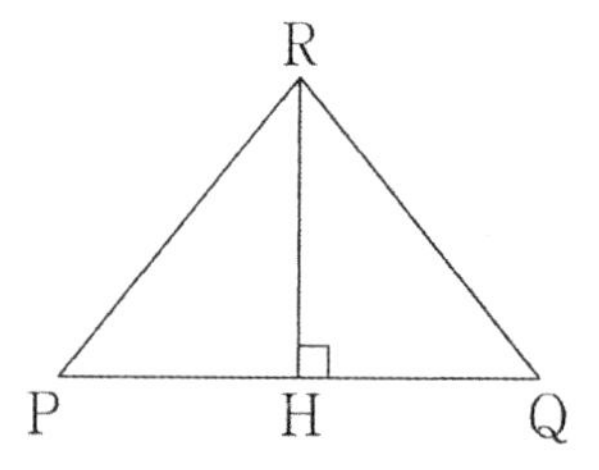

$\overline{RH}=\sqrt{30}$

$(\triangle PQR\text{의 넓이})=\dfrac{1}{2}\times 4\sqrt{5}\times\sqrt{30}=10\sqrt{6}$

두 평면 OQ′R′, PQR이 이루는 이면각의 크기를 θ라고 하면 정사영의 넓이의 공식에 의하여

$\cos\theta=\dfrac{20}{10\sqrt{6}}=\dfrac{\sqrt{6}}{3}$

따라서 삼각형 OQ′R′의 평면 PQR 위로의 정사영의 넓이는

$20\times\dfrac{\sqrt{6}}{3}=\dfrac{20\sqrt{6}}{3}$

$\therefore\ p+q=23$

답 23

[참고]

$\cos\theta$의 값을 다음과 같이 구해도 좋다.

점 P를 지나고 xy평면에 평행한 평면이 두 선분 QQ′, RR′와 만나서 생기는 점을 각각 Q″, R″라고 하자. 그리고 점 P에서 두 선분 QR, Q″R″에 내린 수선의 발을 각각 S, S″라고 하자. 이때, 평면 PQ″R″은 xy평면(평면OQ′R′)에 평행하다.

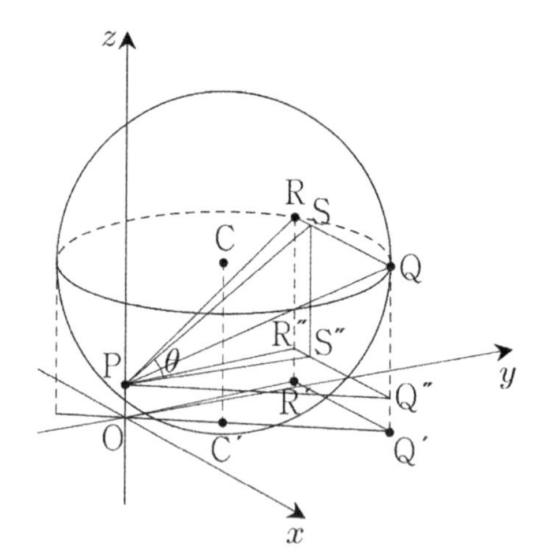

이면각의 정의에 의하여

$\angle SPS''=\theta$

이제 $\cos\theta$의 값을 구하자.

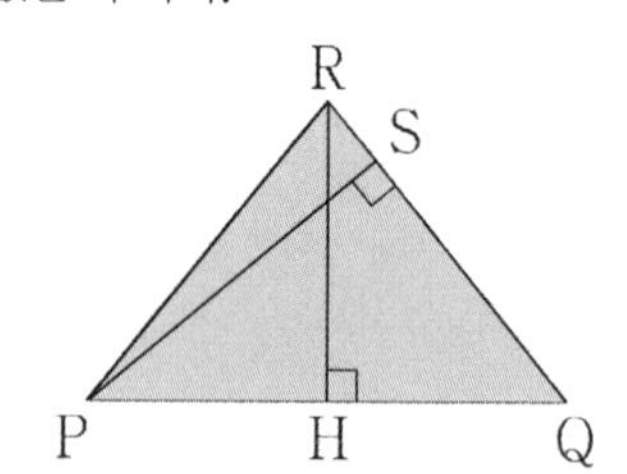

삼각형 PQR에서

$\overline{PQ}=4\sqrt{5}$, $\overline{QR}=\overline{RP}=5\sqrt{2}$, $\overline{RH}=\sqrt{30}$

($\triangle$PQR의 넓이)

$=\frac{1}{2}\times 4\sqrt{5}\times\sqrt{30}=\frac{1}{2}\times 5\sqrt{2}\times\overline{PS}$

$\overline{PS}=4\sqrt{3}$

직각삼각형 SPS″에서 피타고라스의 정리에 의하여

$\overline{PS''}=\sqrt{(4\sqrt{3})^2-4^2}=4\sqrt{2}$

$\therefore\ \cos\theta=\frac{4\sqrt{2}}{4\sqrt{3}}=\frac{\sqrt{6}}{3}$

M 이차곡선

1	13	2	②	3	9	4	①	5	②
6	④	7	14	8	③	9	50	10	④
11	⑤	12	③	13	23	14	8	15	①
16	①	17	④	18	⑤	19	④	20	①
21	④	22	⑤	23	384	24	15	25	③
26	④	27	96	28	④	29	③	30	32
31	③	32	②	33	⑤	34	50	35	③
36	③	37	③	38	①	39	②	40	②
41	192	42	④	43	③	44	④	45	66
46	14	47	36	48	26	49	④	50	②
51	⑤	52	8	53	④	54	③	55	63
56	8	57	⑤	58	③	59	④	60	③
61	②	62	⑤	63	⑤	64	18	65	①
66	②	67	④	68	⑤	69	④	70	12
71	⑤	72	⑤	73	②	74	128	75	②
76	②	77	32	78	100	79	22	80	①
81	②	82	18	83	②	84	54	85	64
86	③	87	32	88	55	89	③	90	128
91	⑤	92	21	93	⑤	94	54	95	④
96	⑤	97	③	98	⑤	99	②	100	⑤
101	③	102	16	103	18	104	③	105	④
106	13	107	①	108	④	109	①	110	③
111	①	112	171						

M001 | 답 13

[풀이]

포물선 $y^2 = 4\times2\times x$의 초점과 준선은 각각 $\mathrm{F}(2,\ 0)$, $x=-2$이다.

점 P, Q에서 준선에 내린 수선의 발을 각각 H, I라고 하자.

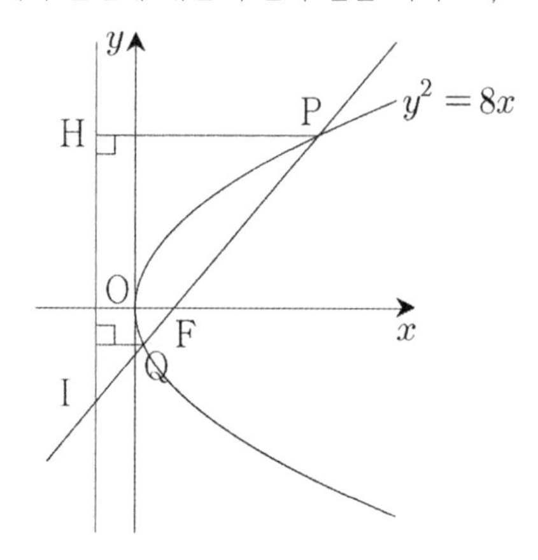

두 점 P, Q의 x좌표를 각각 p, q라고 하자.

포물선의 정의에 의하여

$\overline{\mathrm{PQ}} = \overline{\mathrm{PH}} + \overline{\mathrm{QI}}$

$=(p+2)+(q+2)=17$

$\therefore\ p+q=13$

답 13

M002 | 답 ②

[풀이]

포물선 $(y-2)^2 = 4\times1\times(x+2)$의 준선과 초점은 각각 $x=-1-2=-3$, $\mathrm{F}(1-2,\ 2)$(즉 $(-1,\ 2)$)

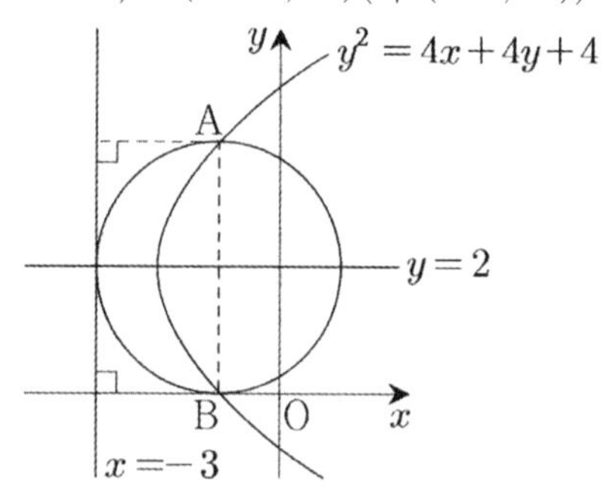

위의 그림에서

$\mathrm{A}(-1,\ 4)$, $\mathrm{B}(-1,\ 0)$

$\therefore\ a+b+c+d=2$

답 ②

M003 | 답 9

[풀이]

점 P에서 x축에 내린 수선의 발을 H라고 하자. 그리고 선분 PQ가 y축과 만나는 점을 M이라고 하자. 이때, 이등분삼각형의 성질에 의하여 선분 PH는 선분 OF의 수직이등분선이다.

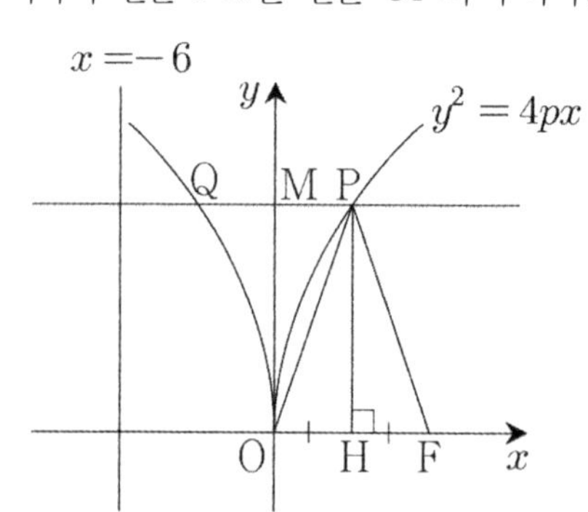

위의 그림에서

$\overline{\mathrm{OF}} = \overline{\mathrm{PQ}} = 6$이므로 $\mathrm{F}(6,\ 0)$, $p=6$이다.

그리고 문제에서 주어진 포물선의 준선의 방정식은 $x=-6$이다.

포물선의 정의에 의하여

$\therefore\ \overline{\mathrm{PF}}=$(점 P와 직선 $x=-6$ 사이의 거리)

$= \frac{3}{2}\overline{OF} = 9$

답 9

M004 | 답 ①

[풀이]

점 Q에서 포물선의 준선에 내린 수선의 발을 H′라고 하자.

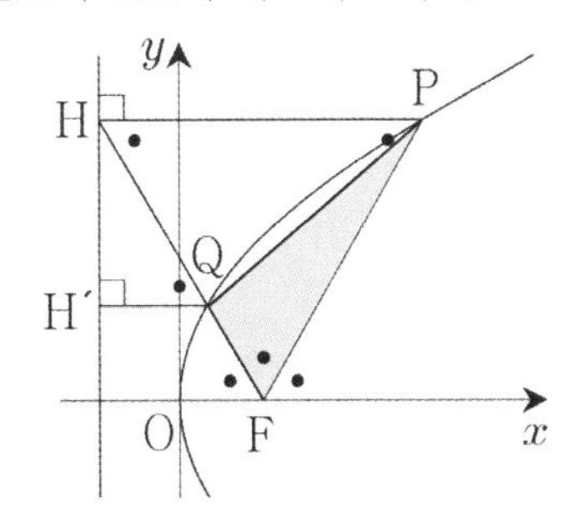

(단, ● = 60°)

포물선의 정의에 의하여

$\overline{QH'} = \overline{QF}$ 이므로 $\frac{\overline{QH'}}{\overline{HQ}} = \frac{1}{2}$

즉, $\angle HQH' = 60°$ (= ●)

평행선의 성질에 의하여

$\angle PHF = \angle HQH' = 60°$ (= ●) (엇각)

포물선의 정의에 의하여

$\overline{PH} = \overline{PF}$ 이므로 $\angle PFH = 60°$ (= ●)

(∵ 이등변삼각형의 성질)

평행선의 성질과 '삼각형의 세 내각의 합은 180°이다.'를 이용하면 나머지 각의 크기(●)를 결정할 수 있다. (위의 그림)

정삼각형 PHF의 한 변의 길이를 a라고 하자.

($\triangle$PHF의 넓이)$=3\times$($\triangle$PQF의 넓이)

$= 8\sqrt{3} \left(= \frac{\sqrt{3}}{4}a^2\right),\ a = 4\sqrt{2}$

$\therefore\ p = \frac{1}{4} \times 4\sqrt{2} = \sqrt{2}$

답 ①

M005 | 답 ②

[풀이1]

문제에서 주어진 포물선의 방정식에서 F$(p,\ 0)$이다.

두 점 P, Q에서 직선 l에 내린 수선의 발을 각각 H, I, 점 P에서 선분 IQ에 내린 수선의 발을 J라고 하자.

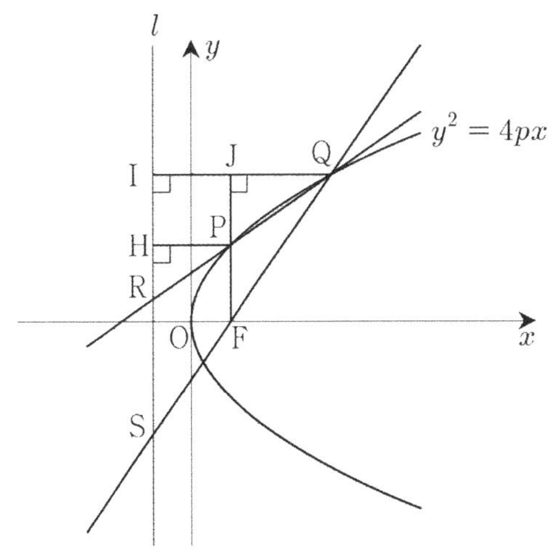

문제에서 주어진 비례식에서

$\overline{PF} = 2k,\ \overline{QF} = 5k$ (단, $k > 0$)

포물선의 정의에 의하여

$\overline{HP} = 2k,\ \overline{IQ} = 5k$

$\overline{JQ} = \overline{IQ} - \overline{HP} = 3k$

$\overline{FS} : \overline{QF} = \overline{PH} : \overline{QJ} = 2 : 3$

$\therefore\ \frac{\overline{QF}}{\overline{FS}} = \frac{3}{2}$

답 ②

[풀이2]

문제에서 주어진 포물선의 방정식에서 F$(p,\ 0)$이다.

두 점 P, Q에서 직선 l에 내린 수선의 발을 각각 H, I, 점 P에서 선분 IQ에 내린 수선의 발을 J라고 하자.

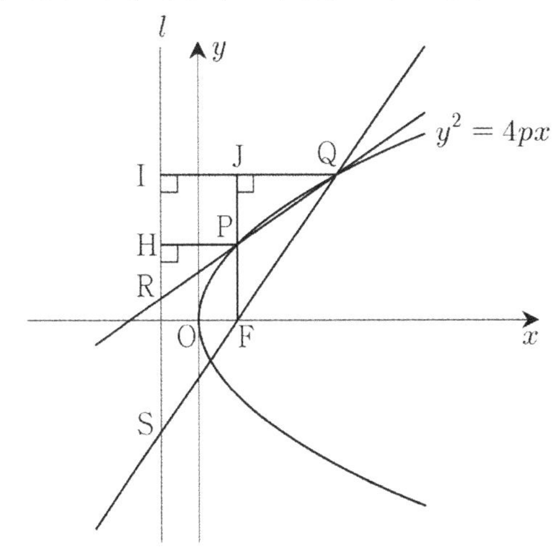

문제에서 주어진 비례식에서

$\overline{PF} = 2k,\ \overline{QF} = 5k$ (단, $k > 0$)

포물선의 정의에 의하여

$\overline{HP} = 2k,\ \overline{IQ} = 5k$

그런데 $\overline{HP} = 2\overline{OF} = 2p$이므로 $k = p$이다.

즉, $\overline{HP} = 2p,\ \overline{IQ} = 5p$

$\overline{JQ} = \overline{IQ} - \overline{HP} = 3p$

직각삼각형 FQJ에서 피타고라스의 정리에 의하여

$\overline{\mathrm{JF}}=4p$

직선 FQ의 기울기는 $\dfrac{\overline{\mathrm{JF}}}{\overline{\mathrm{QJ}}}=\dfrac{4}{3}$이다.

점 S의 좌표를 $(-p,\ r)$로 두면

$\dfrac{-r}{2p}=\dfrac{4}{3}$에서 $r=-\dfrac{8p}{3}$이므로

$\mathrm{S}\left(-p,\ -\dfrac{8p}{3}\right)$

두 점 사이의 거리 공식에 의하여

$\overline{\mathrm{FS}}=\sqrt{(2p)^2+\left(\dfrac{8p}{3}\right)^2}=\dfrac{10}{3}p$

$\therefore\ \dfrac{\overline{\mathrm{QF}}}{\overline{\mathrm{FS}}}=\dfrac{5p}{\dfrac{10}{3}p}=\dfrac{3}{2}$

답 ②

[풀이3] (교육과정 외)

공식

$\overline{\mathrm{PF}}=\dfrac{2p}{1-\cos\theta}$ (단, θ는 직선 PF가 x축과 이루는 양의 방향과 이루는 각의 크기)

를 이용하여 문제를 해결하자.

점 Q에서 x축, y축에 내린 수선의 발을 각각 H, I, 직선 l이 x축과 만나는 점을 T라고 하자. 그리고 직선 QF가 x축의 양의 방향과 이루는 각의 크기를 θ라고 하자.

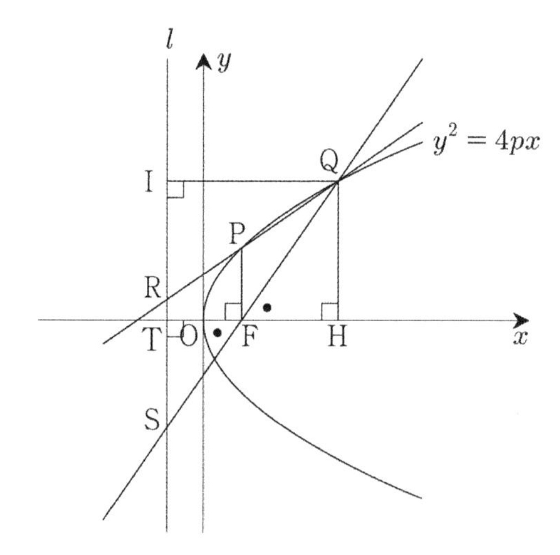

(단, $\bullet=\theta$)

$\overline{\mathrm{PF}}=\dfrac{2p}{1-\cos90^\circ}=2p$, $\overline{\mathrm{QF}}=\dfrac{2p}{1-\cos\theta}(=5p)$

이므로

$2p:\dfrac{2p}{1-\cos\theta}=2:5$, $\cos\theta=\dfrac{3}{5}$

직각삼각형 QFH에서

$\overline{\mathrm{FH}}=3p$

이므로

$\overline{\mathrm{TF}}=\overline{\mathrm{IQ}}-\overline{\mathrm{FH}}=5p-3p=2p$

서로 닮음인 두 직각삼각형 QFH, SFT의 닮음비는 $3:2$이므로

$\therefore\ \dfrac{\overline{\mathrm{QF}}}{\overline{\mathrm{FS}}}=\dfrac{3}{2}$

답 ②

M006 | 답 ④

[풀이]

문제에서 주어진 포물선의 초점의 좌표는

$\mathrm{F}(p,\ 0)$, 준선은 $x=-p$이다.

두 점 A, B에서 준선 $x=-p$에 내린 수선의 발을 각각 P, Q, 점 A에서 선분 QB에 내린 수선의 발을 R이라고 하자.

포물선 위의 점 A를 중심으로 하는 원이 초점 F에서 x축에 접하므로, 이 원은 준선 $x=-p$에 접한다.

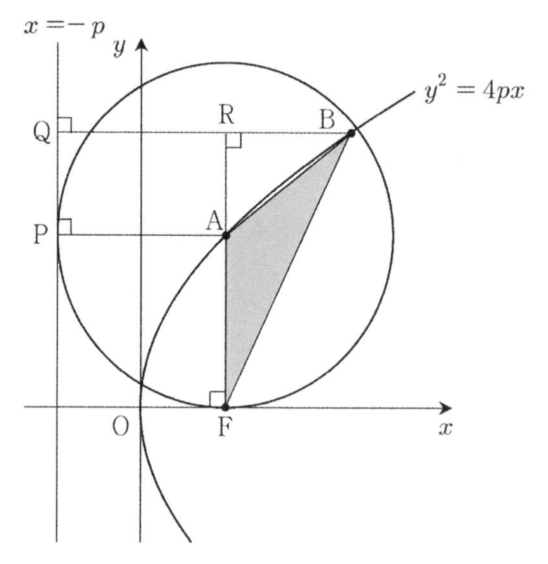

$\overline{\mathrm{AF}}=4k(>0)$로 두면 $\overline{\mathrm{BF}}=7k$

포물선의 정의에 의하여

$\overline{\mathrm{AP}}=\overline{\mathrm{AF}}=4k$, $\overline{\mathrm{BQ}}=\overline{\mathrm{BF}}=7k$

이므로

$\overline{\mathrm{RB}}=\overline{\mathrm{QB}}-\overline{\mathrm{QR}}=7k-4k=3k$

삼각형의 넓이를 구하는 공식에 의하여

(삼각형 AFB의 넓이)

$=\dfrac{1}{2}\overline{\mathrm{AF}}\,\overline{\mathrm{BR}}=\dfrac{1}{2}\times4k\times3k=24$ 풀면 $k=2$

$\overline{\mathrm{OF}}=\dfrac{1}{2}\overline{\mathrm{PA}}=4$이므로

$\therefore\ p=4$

답 ④

M007 | 답 14

[풀이]

문제에서 주어진 포물선의 준선의 방정식은 $x=-p$이다.

문제에서 주어진 포물선의 초점을 $F(p,\ 0)$, 점 A에서 x축과 준선에 내린 수선의 발을 각각 H, I라고 하자. 그리고 직선 $y=m(x-4)$가 x축과 만나는 점을 $P(4,\ 0)$이라고 하자.

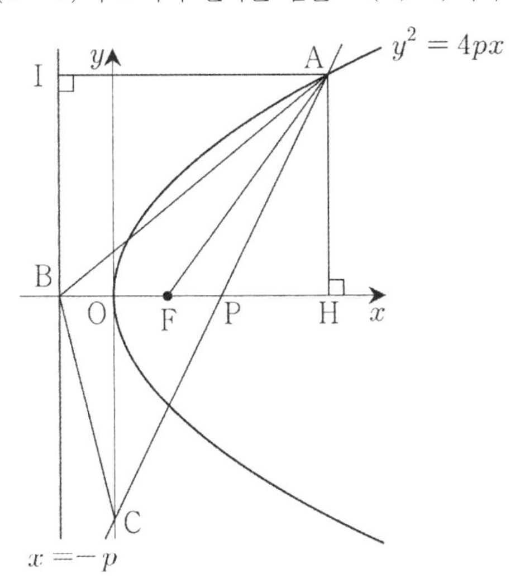

삼각형의 무게중심의 성질에 의하여

$\overline{BF}:\overline{FP}=2:1$

즉, $2p:\overline{FP}=2:1$에서 $\overline{FP}=p$

$\overline{OP}=\overline{OF}+\overline{FP}=2p=4$에서 $p=2$

삼각형의 무게중심의 정의에 의하여

$\overline{AP}:\overline{PC}=1:1$

서로 합동인 두 직각삼각형 APH, CPO에 대하여

$\overline{PH}:\overline{PO}=1:1$

즉, $\overline{PH}:4=1:1$에서 $\overline{PH}=4$

직사각형의 정의와 포물선의 정의에 의하여

$\overline{AF}=\overline{IA}=\overline{BH}=\overline{BF}+\overline{FP}+\overline{PH}$

$=4+2+4=10$

$\therefore\ \overline{AF}+\overline{BF}=10+4=14$

답 14

M008 | 답 ③

[풀이]

$y^2=4\times3\times x$이므로, 포물선의 초점의 좌표는 $F(3,\ 0)$, 준선의 방정식은 $x=-3$이다.

준선이 x축과 만나는 점을 C, 두 점 A, B에서 준선에 내린 수선의 발을 각각 P, Q, 점 F에서 선분 QB에 내린 수선의 발을 R, 점 A에서 x축에 내린 수선의 발을 S라고 하자.

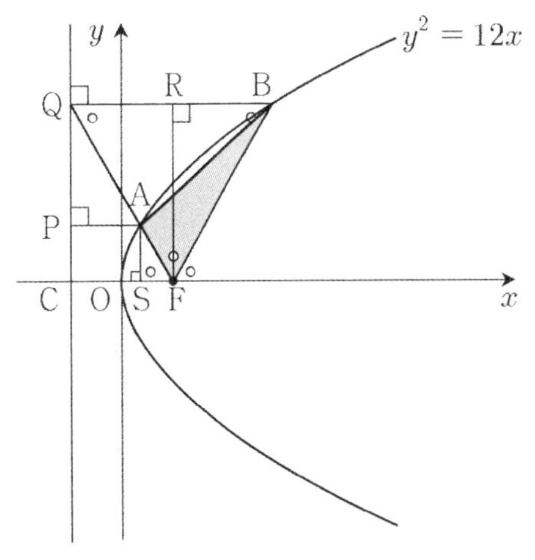

x축과 직선 QB가 서로 평행하므로

$\angle\,\mathrm{QBF}=\dfrac{\pi}{3}$(엇각)

삼각형 BQF의 세 내각의 합이 π이므로

$\angle\,\mathrm{BQF}=\dfrac{\pi}{3}$

삼각형 BQF는 정삼각형이다.

$\overline{QR}=\overline{CF}=2\,\overline{OF}=6$이므로 $\overline{QB}=12$

포물선의 정의에 의하여

$\overline{FB}=\overline{BQ}=12$

이제 $\overline{AF}=x$로 두자.

포물선의 정의에 의하여

$\overline{PA}=\overline{AF}=x$이므로 $\overline{SF}=\overline{CF}-\overline{PA}=6-x$

직각삼각형 AFS에서 특수각의 삼각비에 의하여

$\dfrac{\overline{FS}}{\overline{AF}}=\cos\dfrac{\pi}{3}$ 즉, $\dfrac{6-x}{x}=\dfrac{1}{2}$ 풀면 $x=4$

삼각형의 넓이를 구하는 공식에 의하여

(삼각형 AFB의 넓이)

$=\dfrac{1}{2}\overline{FA}\,\overline{FB}\sin\dfrac{\pi}{3}=\dfrac{1}{2}\times4\times12\times\dfrac{\sqrt{3}}{2}=12\sqrt{3}$

답 ③

[풀이2] (교육과정 외)

공식

$\overline{PF}=\dfrac{2p}{1-\cos\theta}$ (단, θ는 직선 PF가 x축과 이루는 양의 방향과 이루는 각의 크기)

를 이용하여 문제를 해결하자.

두 직선 AF, BF가 x축의 양의 방향과 이루는 각의 크기는 각각 120°, 60°이므로

$\overline{AF}=\dfrac{2\times3}{1-\cos120^\circ}=4$, $\overline{BF}=\dfrac{2\times3}{1-\cos60^\circ}=12$

$\therefore$ ($\triangle$AFB의 넓이)

$=\dfrac{1}{2}\times4\times12\times\sin60^\circ=12\sqrt{3}$

답 ③

M009 | 답 50

[풀이]

두 포물선 P_1, P_2의 준선은 각각 $x=-1$, $x=-4$이다.

두 점 A, B에서 직선 $x=-1$에 내린 수선의 발을 각각 E, F, 두 점 C, D에서 직선 $x=-4$에 내린 수선의 발을 각각 G, H라고 하자.

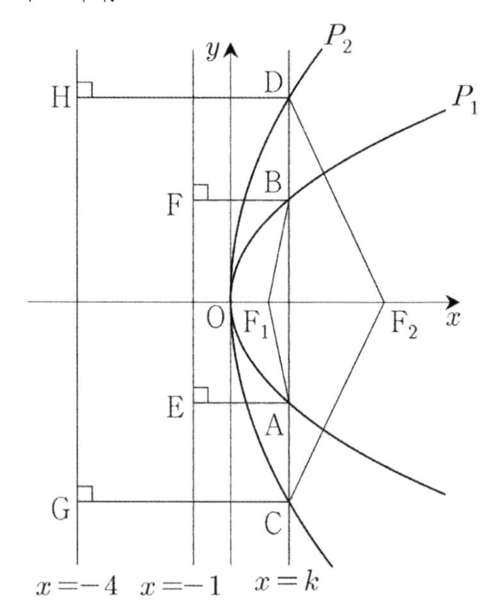

두 포물선 P_1, P_2의 방정식은

P_1: $y^2=4x$

P_2: $y^2=16x$

포물선의 정의에 의하여

$\overline{F_1A}=\overline{AE}=1+k$, $\overline{F_1B}=\overline{BF}=1+k$

$\overline{F_2C}=\overline{CG}=4+k$, $\overline{F_2D}=\overline{DH}=4+k$

네 점 A, B, C, D의 y좌표는 각각

$-2\sqrt{k}$, $2\sqrt{k}$, $-4\sqrt{k}$, $4\sqrt{k}$

이므로

$\overline{AB}=4\sqrt{k}$, $\overline{CD}=8\sqrt{k}$

$l_1=2+2k+4\sqrt{k}$, $l_2=8+2k+8\sqrt{k}$

$l_2-l_1=6+4\sqrt{k}=11$

정리하면

$\sqrt{k}=\dfrac{5}{4}$ 양변을 제곱하면 $k=\dfrac{25}{16}$

풀면

$\therefore$ $32k=50$

답 50

M010 | 답 ④

[풀이]

$y^2=4\times2\times x$에서 이 포물선의 초점은 F$(2,\ 0)$이고, 준선은 $x=-2$이다.

점 A에서 x축과 직선 $x=-2$에 내린 수선의 발을 각각 C, $\mathrm{H_1}$, 점 B에서 x축과 직선 $x=-2$에 내린 수선의 발을 각각 D, $\mathrm{H_2}$라고 하자.

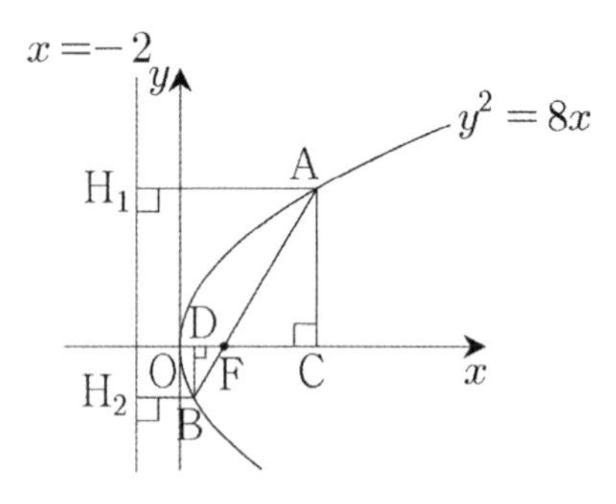

$\overline{AF}=3k$, $\overline{BF}=k$로 두면

포물선의 정의에 의하여

$\overline{AH_1}=3k$, $\overline{BH_2}=k$

$\overline{FC}=3k-4$, $\overline{FD}=4-k$

그런데 두 직각삼각형 AFC, BFD의 닮음비는 $3:1$이므로

$\overline{FC}:\overline{FD}=3:1$ 즉, $\overline{FC}=3\overline{FD}$

$3k-4=3(4-k)$, $6k=16$, $k=\dfrac{8}{3}$

$\therefore$ $\overline{AB}=4k=\dfrac{32}{3}$

답 ④

M011 | 답 ⑤

[풀이]

포물선의 방정식 $y^2=4\times2\times x$에서 초점의 좌표는 F$(2,\ 0)$, 준선의 방정식은 $x=-2$이다.

두 점 B, D에서 직선 $x=-2$에 내린 수선의 발을 각각 B$'$, D$'$, 직선 $x=-2$가 x축과 만나는 점을 G라고 하자. 그리고 $\overline{BF}=x$로 두자.

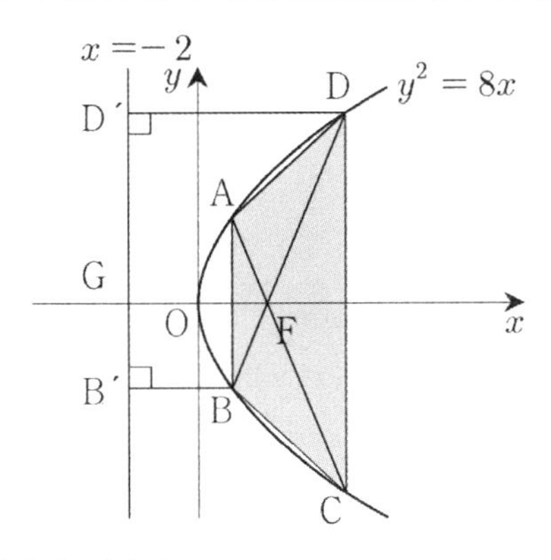

포물선의 정의에 의하여

$\overline{FD}=\overline{DD'}=6$, $\overline{FB}=\overline{BB'}=x$

사다리꼴 DD′B′B에서

$$\frac{6\times\overline{BB'}+x\times\overline{DD'}}{6+x}=\overline{FG}$$

즉, $\dfrac{6\times x+x\times 6}{6+x}=4$

풀면

$x=3$

두 점 A, D의 x좌표는 각각

(점 A의 x좌표)$=3-2=1$

(점 D의 x좌표)$=6-2=4$

두 점 A, B의 좌표는

$A(1,\ 2\sqrt{2})$, $D(4,\ 4\sqrt{2})$

따라서 사다리꼴 ABCD의 넓이는

$$\frac{4\sqrt{2}+8\sqrt{2}}{2}\times 3=18\sqrt{2}$$

답 ⑤

[풀이2] (교육과정 외)

공식

$\overline{PF}=\dfrac{2p}{1-\cos\theta}$ (단, θ는 직선 PF가 x축과 이루는 양의 방향과 이루는 각의 크기)

를 이용하여 문제를 해결하자.

직선 BD가 x축의 양의 방향과 이루는 각의 크기를 θ라고 하자.

$\overline{FD}=\dfrac{2\times 2}{1-\cos\theta}=6$, $\cos\theta=\dfrac{1}{3}$ $\left(\sin\theta=\dfrac{2\sqrt{2}}{3}\right)$

$\overline{BF}=\dfrac{2\times 2}{1-\cos(180^\circ+\theta)}=3$

이므로

$\overline{CD}=2\times\overline{FD}\sin\theta=8\sqrt{2}$,

$\overline{AB}=\dfrac{1}{2}\overline{CD}=4\sqrt{2}$

이고, 사다리꼴 ABCD의 높이는 $3(=1+2)$이다.

∴ (□ABCD의 넓이)$=\dfrac{8\sqrt{2}+4\sqrt{2}}{2}\times 3==18\sqrt{2}$

답 ⑤

M012 | 답 ③

[풀이]

점 B에서 y축(준선)에 내린 수선의 발을 I라고 하자.

$\overline{AF}=\overline{AH}$이므로 y축은 준선이다.

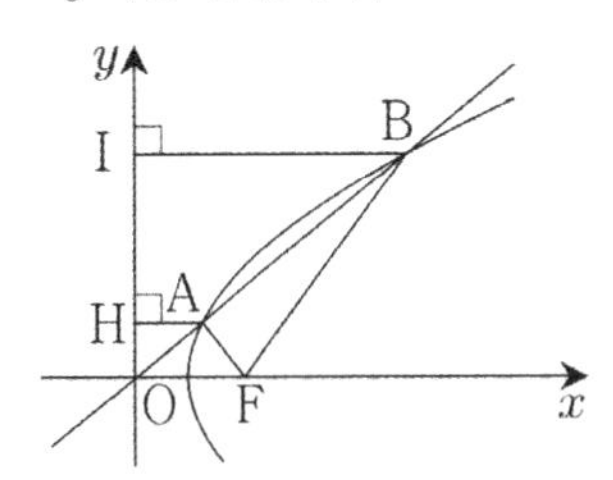

포물선의 정의에 의하여

$\overline{BF}=\overline{BI}$

이므로

$\overline{AH}:\overline{BI}=1:4=\overline{OH}:\overline{OI}$

$=$(점 A의 y좌표):(점 B의 y좌표)

(∵ 두 직각삼각형 OAH, OBI의 닮음비는 $1:4$이다.)

두 점 A, B의 y좌표를 각각 k, $4k$로 두면

$A\left(\dfrac{k^2}{4}+1,\ k\right)$, $B(4k^2+1,\ 4k)$

(∵ 포물선의 방정식은 $y^2=4(x-1)$)

세 점 O, A, B는 한 직선 위에 있으므로

$$\frac{k}{\frac{k^2}{4}+1}=\frac{4k}{4k^2+1},\ k^2=1,\ k=1$$

$$\therefore\ \overline{AF}=\sqrt{\left(-\frac{3}{4}\right)^2+1^2}=\frac{5}{4}$$

답 ③

M013 | 답 23

[풀이]

문제에서 주어진 포물선의 준선과 초점은 각각

$F(p,\ 0)$, $x=-p$

두 점 A, B에서 직선 $x=-p$에 내린 수선의 발을 각각 C, D라 하자.

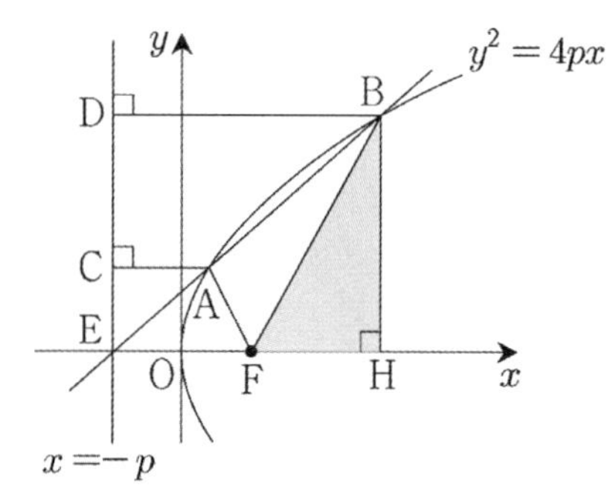

(단, E$(-p,\ 0)$이다.)

포물선의 정의에 의하여

$\overline{FA}=\overline{AC}$, $\overline{FB}=\overline{BD}$

$\overline{AC}:\overline{BD}=1:3$

서로 닮음인 두 직각삼각형 EAC, EBD의 닮음비는 $1:3$이므로

두 점 A, B의 y좌표를 각각 k, $3k$로 두자.

$\mathrm{A}\left(\dfrac{k^2}{4p},\ k\right)$, $\mathrm{B}\left(\dfrac{9k^2}{4p},\ 3k\right)$

세 점 E, A, B는 한 직선 위에 있으므로

(직선 EA의 기울기)=(직선 EB의 기울기), 즉

$$\frac{k}{\frac{k^2}{4p}+p}=\frac{3k}{\frac{9k^2}{4p}+p},\ k=\frac{2}{\sqrt{3}}p$$

($\triangle$BFH의 넓이)$=\dfrac{1}{2}\times2p\times2\sqrt{3}p=46\sqrt{3}$

$\therefore\ p^2=23$

답 23

M014 | 답 8

[풀이]

$y^2=4\times2\times x$에서 초점은 F$(2,\ 0)$이고, 준선은 $x=-2$이다. 이때, 점 P는 직선 $x=-2$ 위에 있다.

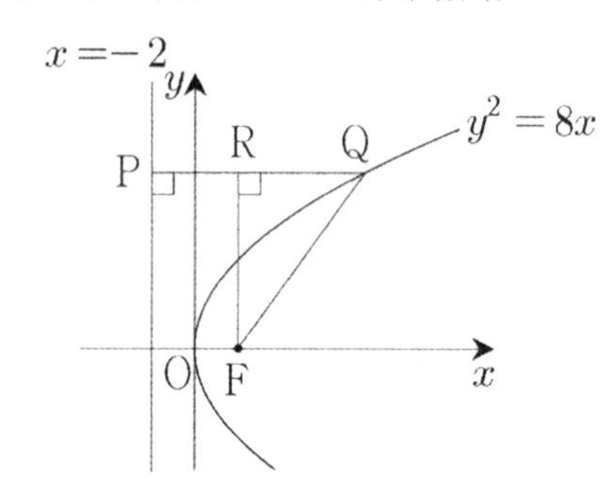

포물선의 정의에 의하여

점 Q에서 직선 $x=-2$에 내린 수선의 발은 P이다.

점 F에서 선분 PQ에 내린 수선의 발을 R이라고 하면

$\overline{FQ}=10$, $\overline{QR}=10-4=6$

직각삼각형 FQR에서 피타고라스의 정리에 의하여

$\overline{FR}=8$

$\therefore\ k=8$

답 8

M015 | 답 ①

[풀이]

포물선 $x^2=4\times2(y-(-2))$의 꼭짓점, 초점과 준선은 각각 $(-2,\ 0)$, F$(0,\ 0)$, $y=-4$이다.

선분 PH가 x축과 만나는 점을 I라고 하자.

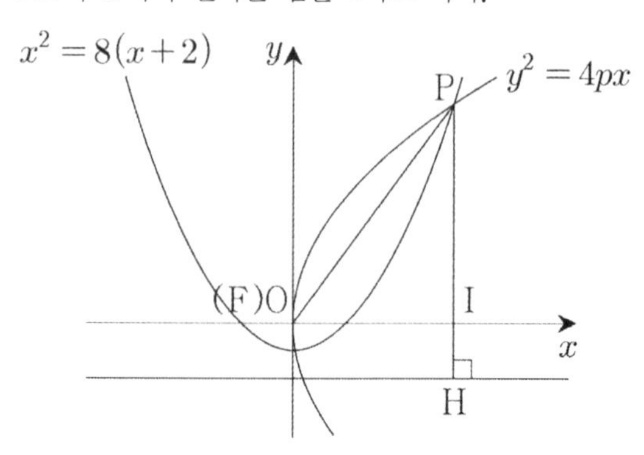

포물선의 정의에 의하여 $\overline{PH}=\overline{PF}$이므로

$\overline{PH}+\overline{PF}=2\overline{PH}=40$, 즉 $\overline{PH}=20(=\overline{PF})$

직각삼각형 POI에서

$\overline{OI}=\sqrt{20^2-16^2}=12$, 즉 P$(12,\ 16)$

점 P는 포물선 $y^2=4px$ 위에 있으므로

$16^2=4p\times12$

$\therefore\ p=\dfrac{16}{3}$

답 ①

M016 | 답 ①

[풀이]

$y^2=4\times1\times x$이므로 포물선의 초점의 좌표와 준선의 방정식은 각각

F$(1,\ 0)$, $x=-1$

점 A에서 직선 $x=-1$에 내린 수선의 발을 B라고 하자.

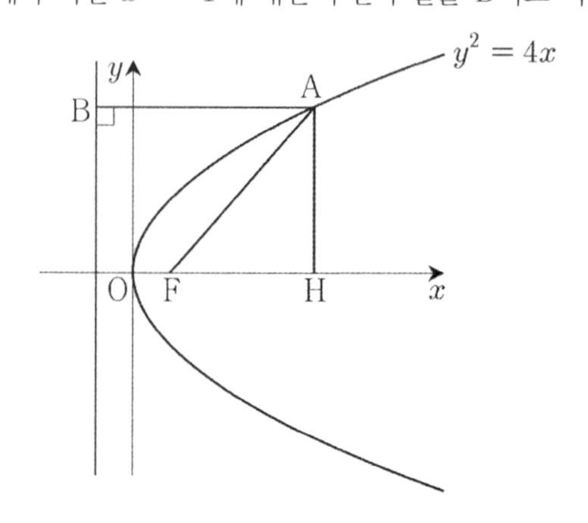

$\overline{FH}=\overline{BA}-2\overline{OF}=5-2=3$
직각삼각형 AFH에서 피타고라스의 정리에 의하여
$\overline{AH}=4$
따라서 삼각형 AFH의 넓이는
$\frac{1}{2}\times3\times4=6$

답 ①

[풀이2] (교육과정 외)
공식
$\overline{PF}=\frac{2p}{1-\cos\theta}$ (단, θ는 직선 PF가 x축과 이루는 양의 방향과 이루는 각의 크기)
를 이용하여 문제를 해결하자.
직선 AF가 x축의 양의 방향과 이루는 각의 크기를 θ라고 하면
$\overline{AF}=\frac{2}{1-\cos\theta}=5$, $\cos\theta=\frac{3}{5}$
직각삼각형 AFH에서
$\overline{AH}=4$, $\overline{FH}=3$
$\therefore$ ($\triangle$AFH의 넓이)$=\frac{1}{2}\times4\times3=6$

답 ①

M017 | 답 ④

[풀이]
점 A에서 포물선의 준선에 내린 수선의 발을 H라고 하자.

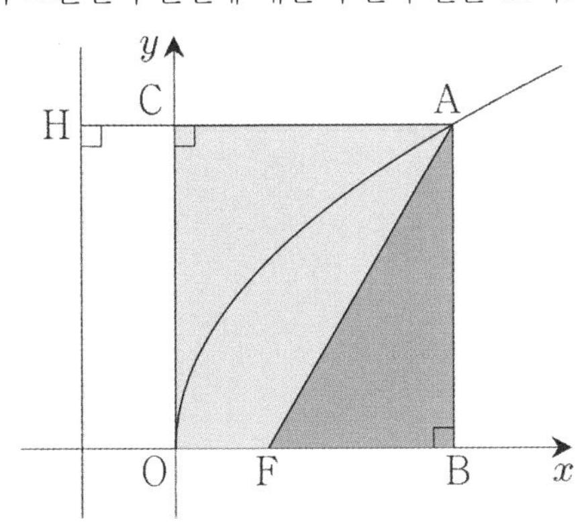

포물선의 정의에 의하여
$\overline{HA}=\overline{AF}=8$이고, $\overline{HC}=p$이므로
$\overline{CA}=8-p$, (그리고 $\overline{FB}=8-2p$)
(□OFAC의 넓이)$=2\times$($\triangle$FBA의 넓이)
이므로
$\frac{8-p+p}{2}=2\times\frac{8-2p}{2}$, $p=2$
직각삼각형 AFB에서 피타고라스의 정리에 의하여
$\overline{AB}=\sqrt{8^2-4^2}=4\sqrt{3}$
$\therefore$ ($\triangle$ACF의 넓이)$=\frac{1}{2}\times6\times4\sqrt{3}=12\sqrt{3}$

답 ④

M018 | 답 ⑤

[풀이]
포물선 $y^2=4\times\frac{1}{2}\times x$의 초점은 $F\left(\frac{1}{2},\ 0\right)$이고,
준선은 $x=-\frac{1}{2}$이다.
점 P_n에서 직선 $x=-\frac{1}{2}$에 내린 수선의 발을 H_n이라고 하자.

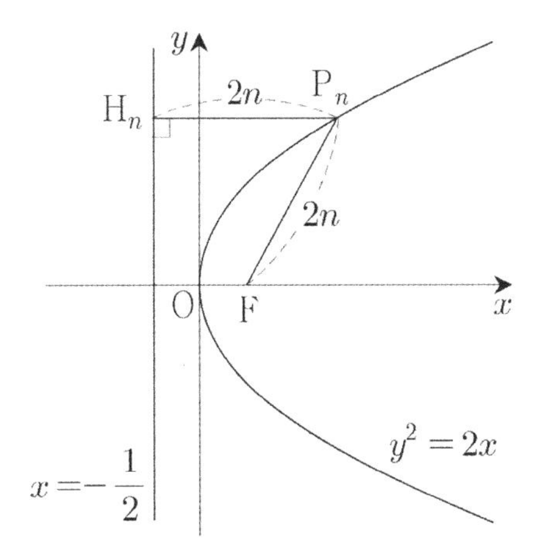

포물선의 정의에 의하여
$\overline{FP_n}=\overline{P_nH_n}=2n$
점 P_n의 x좌표는 $2n-\frac{1}{2}$이다.
이를 포물선의 방정식에 대입하면
$y^2=2\left(2n-\frac{1}{2}\right)$, $y=\sqrt{4n-1}$
$\overline{OP_n}^2=\left(2n-\frac{1}{2}\right)^2+(\sqrt{4n-1})^2$
$=4n^2+2n-\frac{3}{4}$
$\therefore\ \sum_{n=1}^{8}\overline{OP_n}^2=\sum_{n=1}^{8}\left(4n^2+2n-\frac{3}{4}\right)$
$=4\times\frac{8\times9\times17}{6}+2\times\frac{8\times9}{2}-\frac{3}{4}\times8$
$=882$

답 ⑤

M019 | 답 ④

[풀이1] ★

$y^2=4\times3\times x$이므로 이 포물선의 초점의 좌표와 준선의 방정식은 각각

$F(3,\ 0)$, $x=-3$

두 점 A, B에서 직선 $x=-3$에 내린 수선의 발을 각각 P, Q, 점 A에서 직선 QB에 내린 수선의 발을 C라고 하자.

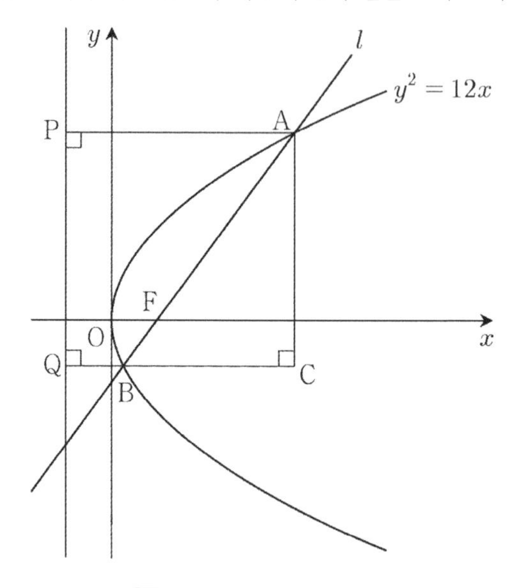

양수 k에 대하여 $\overline{BF}=k$로 두면

$\overline{AF}=4k$이므로 $\overline{AB}=5k$

포물선의 정의에 의하여

$\overline{AP}=\overline{AF}=4k$, $\overline{BQ}=\overline{BF}=k$

이므로

$\overline{BC}=\overline{PA}-\overline{QB}=3k$

직각삼각형 ABC에서 피타고라스의 정리에 의하여

$\overline{AC}=\sqrt{\overline{AB}^2-\overline{BC}^2}=4k$

이므로

(직선 l의 기울기)$=\dfrac{\overline{CA}}{\overline{BC}}=\dfrac{4k}{3k}=\dfrac{4}{3}$

직선 l의 방정식은

$y=\dfrac{4}{3}(x-3)$ 정리하면 $4x-3y=12$

$a=4$, $b=-3$

$\therefore\ a-b=7$

답 ④

[풀이2]

$y^2=4\times3\times x$이므로 이 포물선의 초점의 좌표는

$F(3,\ 0)$

양수 k에 대하여 $\overline{BF}=k$로 두면 $\overline{AF}=4k$이므로

$\dfrac{1}{3}=\dfrac{1}{4k}+\dfrac{1}{k}$ 풀면 $k=\dfrac{15}{4}$ 즉, $\overline{AF}=15$

점 A의 좌표를 $A(t,\ 2\sqrt{3t})$로 두자. (단, $t>0$)

두 점 사이의 거리 공식에 의하여

$\overline{AF}=\sqrt{(t-3)^2+(2\sqrt{3t})^2}=15$

양변을 제곱하여 정리하면

$t^2+6t-12\times18=0$, $(t-12)(t+18)=0$

풀면 $t=12$ 즉, $A(12,\ 12)$

(직선 l의 기울기)=(직선 AF의 기울기)$=\dfrac{12-0}{12-3}=\dfrac{4}{3}$

직선 l의 방정식은

$y=\dfrac{4}{3}(x-3)$ 정리하면 $4x-3y=12$

$a=4$, $b=-3$

$\therefore\ a-b=7$

답 ④

[풀이3] (교육과정 외)

공식

$\overline{PF}=\dfrac{2p}{1-\cos\theta}$ (단, θ는 직선 PF가 x축과 이루는 양의 방향과 이루는 각의 크기)

를 이용하여 문제를 해결하자.

직선 l이 x축의 양의 방향과 이루는 각의 크기를 θ라고 하자.

$\overline{AF}=\dfrac{2\times3}{1-\cos\theta}$, $\overline{BF}=\dfrac{2\times3}{1-\cos(\pi+\theta)}$

이므로

$\dfrac{6}{1-\cos\theta}:\dfrac{6}{1+\cos\theta}=4:1$, 즉 $\cos\theta=\dfrac{3}{5}$

(직선 l의 기울기)$=-\dfrac{a}{b}=\tan\theta=\dfrac{4}{3}$ …㉠

직선 l은 점 $F(3,\ 0)$을 지나므로

$3a=12$, $a=4$, $b=-3$ ($\because$ ㉠)

$\therefore\ a-b=7$

답 ④

M020 | 답 ①

[풀이]

주어진 포물선의 초점과 준선은 각각

$x=-p$, $F(p,\ 0)$

점 B에서 선분 AC에 내린 수선의 발을 H라고 하자.

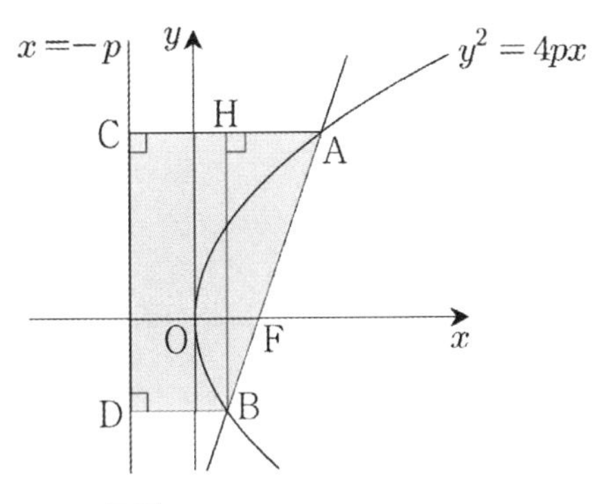

$\overline{BD}=a$로 두면 $\overline{AC}=2a$이고,
$\overline{AB}=3a$ (∵ 포물선의 정의)
직각삼각형 AHB에서 피타고라스의 정리에 의하여
$\overline{BH}=\sqrt{(3a)^2-a^2}=2\sqrt{2}a$
(□ACDB의 넓이)
$=\dfrac{a+2a}{2}\times 2\sqrt{2}a=3\sqrt{2}a^2=12\sqrt{2}$, $a=2$
∴ $\overline{AB}=6$
답 ①

$\overline{PF}:\overline{FD}=\overline{PQ}:\overline{QC}$ 즉, $5:3=(5+t):(5-t)$
$3(5+t)=5(5-t)$ 풀면 $t=\dfrac{5}{4}$
직각삼각형 PQC에서 피타고라스의 정리에 의하여
$\overline{PC}=\sqrt{\overline{PQ}^2-\overline{QC}^2}=\sqrt{\left(\dfrac{25}{4}\right)^2-\left(\dfrac{15}{4}\right)^2}=5$
이므로 $\overline{AB}=\overline{PC}=5$이다.
(사각형 ABQP의 넓이)$=\dfrac{\overline{AP}+\overline{BQ}}{2}\times\overline{AB}=\dfrac{125}{8}$
답 ④

[참고]
선분 QF의 길이를 다음과 같이 구해도 좋다.
$\dfrac{1}{\overline{OF}}=\dfrac{1}{\overline{PF}}+\dfrac{1}{\overline{QF}}$ 즉, $\dfrac{1}{1}=\dfrac{1}{5}+\dfrac{1}{\overline{QF}}$
∴ $\overline{QF}=\dfrac{5}{4}$

M021 | 답 ④

[풀이]
점 P에서 직선 BQ에 내린 수선의 발을 C, 직선 PC가 x축과 만나는 점을 D라고 하자.

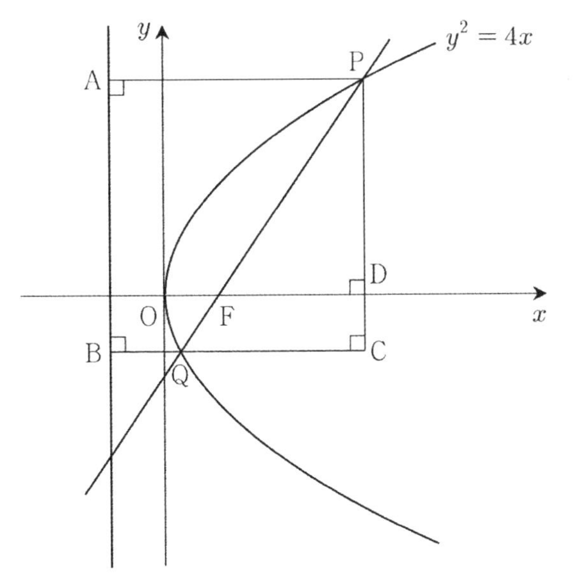

$y^2=4\times1\times x$이므로 이 포물선의 초점의 좌표와 준선의 방정식은 각각
F$(1, 0)$, $x=-1$
$\overline{QF}=t(t>0)$으로 두면 포물선의 정의에 의하여
$\overline{QB}=t$이다.
$\overline{FD}=\overline{AP}-2\overline{OF}=5-2=3$,
$\overline{QC}=\overline{AP}-\overline{BQ}=5-t$
서로 닮음인 두 직각삼각형 PFD, PQC에 대하여

M022 | 답 ⑤

[풀이]

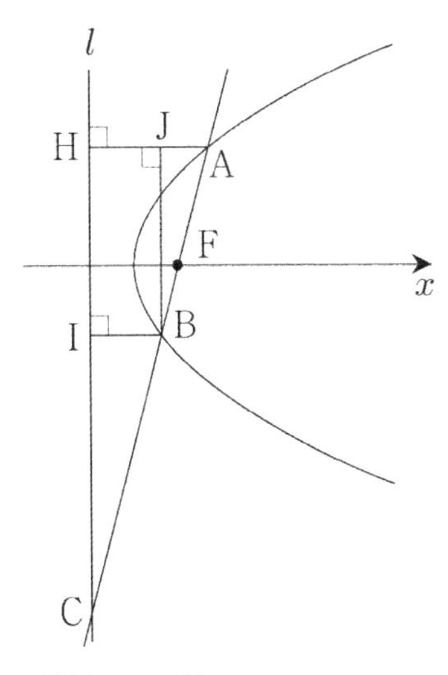

$\overline{BF}=a$로 두면 $\overline{AF}=8\sqrt{5}-a$이고,
$\overline{AJ}=\overline{AH}-\overline{BI}=8\sqrt{5}-2a$,
(∵ 포물선의 정의)
$\overline{BJ}=\dfrac{2\sqrt{15}}{3}a$이므로 직각삼각형 AJB에서 피타고라스의 정리에 의하여
$(8\sqrt{5})^2=\left(\dfrac{2\sqrt{15}}{3}a\right)^2+(8\sqrt{5}-2a)^2$
풀면 $a=3\sqrt{5}(=\overline{BF})$, $\overline{AF}=5\sqrt{5}$
서로 닮음인 두 직각삼각형 AHC, BIC의 닮음비는 $5:3$이므로

$\therefore\ \overline{\mathrm{HC}}=\frac{5}{2}\overline{\mathrm{HI}}=\frac{5}{2}\times 10\sqrt{3}=25\sqrt{3}$

답 ⑤

M023 | 답 384

[풀이]

선분 $\mathrm{F_1F_2}$의 중점을 M이라 하자.

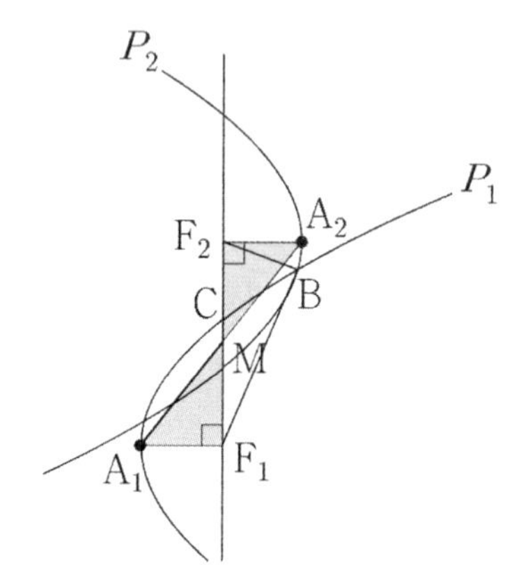

두 선분 $\mathrm{A_1A_2}$, $\mathrm{F_1F_2}$의 중점이 서로 일치하므로 두 직각삼각형 $\mathrm{MA_1F_1}$, $\mathrm{MA_2F_2}$는 서로 합동이다. 이때, 포물선 P_1을 대칭이동, 평행이동하여 포물선 P_2와 일치시킬 수 있다.

두 포물선 P_1, P_2의 준선을 각각 l_1, l_2, 점 B에서 직선 $\mathrm{F_1F_2}$에 내린 수선의 발을 J라고 하자. 그리고 두 포물선 P_1, P_2 위의 점 $\mathrm{A_1}$, $\mathrm{A_2}$, B, C에서 준선 l_1, l_2에 내린 수선의 발이 아래 그림과 같다고 하자.

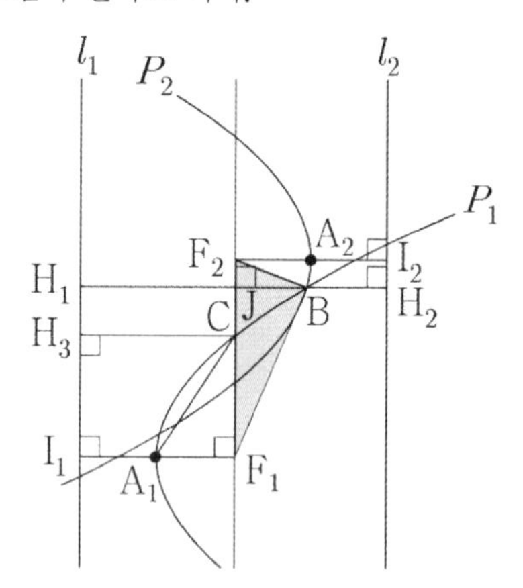

포물선의 정의에 의하여

$\overline{\mathrm{F_1C}}=\overline{\mathrm{CH_3}}$, $\overline{\mathrm{A_1F_1}}=\overline{\mathrm{A_1I_1}}\left(=\frac{1}{2}\overline{\mathrm{CH_3}}\right)$

직각삼각형 $\mathrm{CA_1F_1}$에서

$\overline{\mathrm{CA_1}}:\overline{\mathrm{A_1F_1}}:\overline{\mathrm{F_1C}}=\sqrt{5}:1:2$

이므로 $\overline{\mathrm{A_1F_1}}=5$, $\overline{\mathrm{CF_1}}=10$ (∵ (가))

한편 포물선의 정의에서

$\overline{\mathrm{BF_1}}=\overline{\mathrm{BH_1}}$, $\overline{\mathrm{BF_2}}=\overline{\mathrm{BH_2}}$

이므로

$\overline{\mathrm{BF_1}}+\overline{\mathrm{BF_2}}=\overline{\mathrm{H_1H_2}}=20(=4\overline{\mathrm{A_1F_1}})$

$\overline{\mathrm{BF_1}}-\overline{\mathrm{BF_2}}=\frac{48}{5}$ (조건 (나))

위의 두 등식을 연립하면

$\overline{\mathrm{BF_1}}=\frac{74}{5}$, $\overline{\mathrm{BF_2}}=\frac{26}{5}$

$\overline{\mathrm{BJ}}=\overline{\mathrm{BH_1}}-10=\overline{\mathrm{BF_1}}-10=\frac{24}{5}$

두 직각삼각형 $\mathrm{BF_1J}$, $\mathrm{BF_2J}$에서 피타고라스의 정리에 의하여

$\overline{\mathrm{F_1J}}=14$, $\overline{\mathrm{F_2J}}=2$

$\therefore\ 10S=10\times\left(\frac{1}{2}\times 16\times\frac{24}{5}\right)=384$

답 384

M024 | 답 15

[풀이]

점 P에서 x축에 내린 수선의 발을 H라고 하자.

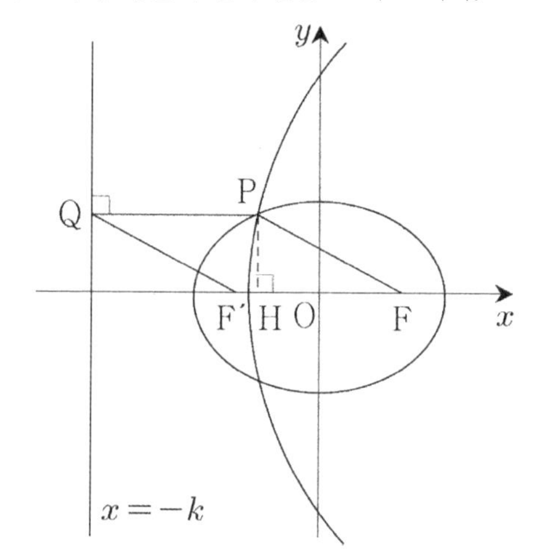

조건 (나)에서

$\overline{\mathrm{FP}}-\overline{\mathrm{F'Q}}=\overline{\mathrm{PQ}}-\overline{\mathrm{FF'}}$

이므로

$\overline{\mathrm{F'Q}}=\overline{\mathrm{FF'}}$

(∵ 포물선의 정의에서 $\overline{\mathrm{FP}}=\overline{\mathrm{PQ}}$)

두 삼각형 FPQ, QF′F는 각각 이등변삼각형이므로

$\angle\mathrm{PQF'}=\angle\mathrm{F'FP}$

그리고 $\overline{\mathrm{PQ}}/\!/\overline{\mathrm{FF'}}$이므로 $\overline{\mathrm{PF}}/\!/\overline{\mathrm{QF'}}$

따라서 사각형 PQF′F는 마름모이다.

삼각형 PF′F에서 코사인법칙에 의하여

$(12-2c)^2=(2c)^2+(2c)^2-2(2c)(2c)\frac{7}{8}$

$c^2-16c+48=0$, $(c-4)(c-12)=0$

$\therefore\ c=4$

조건 (가)에 의하여

$\overline{HF}=\frac{7}{8}\times 2c=7$,

점 P의 x좌표는 -3이므로

$k=3+2c=11$

$\therefore\ c+k=4+11=15$

답 15

M025 | 답 ③

[풀이]

포물선 $y^2=4x$의 초점은 F$(1,\ 0)$이고, 준선은 $x=-1$이다.

두 점 C, D에서 직선 $x=-1$에 내린 수선의 발을 각각 P, Q라 하고, $\angle$CRD$=90^\circ$이 되도록 점 R을 아래 그림처럼 잡자.

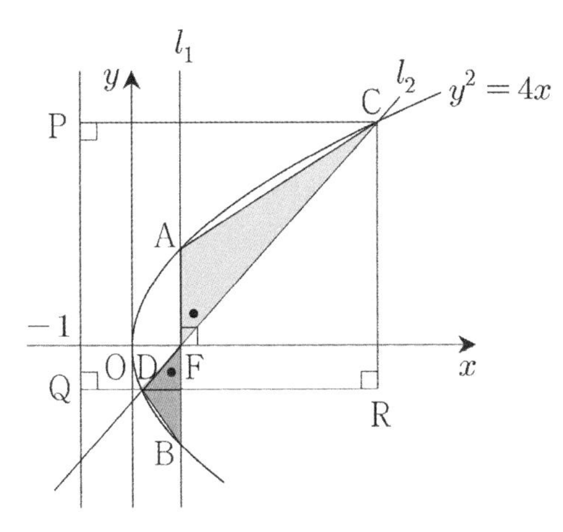

($\triangle$FCA의 넓이)$=5\times$($\triangle$FDB의 넓이)

$\frac{1}{2}\overline{AF}\,\overline{FC}\sin(\angle AFC)=5\times\frac{1}{2}\overline{DF}\,\overline{FB}\sin(\angle DFB)$

$\overline{FC}=5\overline{DF}$

($\because$ $\overline{AF}=\overline{FB}$, 맞꼭지각의 성질)

$\overline{DF}=s$로 두면 $\overline{FC}=5s$이고,

$\overline{DR}=\overline{QR}-\overline{QD}=5s-s=4s$

($\because$ 포물선의 정의)

$\overline{CD}=5s+s=6s$

직각삼각형 CDR에서 피타고라스의 정리에 의하여

$\overline{RC}=\sqrt{(6s)^2-(4s)^2}=2\sqrt{5}s$

$\therefore\ m=\frac{\overline{RC}}{\overline{DR}}=\frac{2\sqrt{5}s}{4s}=\frac{\sqrt{5}}{2}$

답 ③

M026 | 답 ④

[풀이]

점 P에서 x축에 내린 수선의 발을 H, 주어진 원의 반지름의 길이를 r이라고 하자.

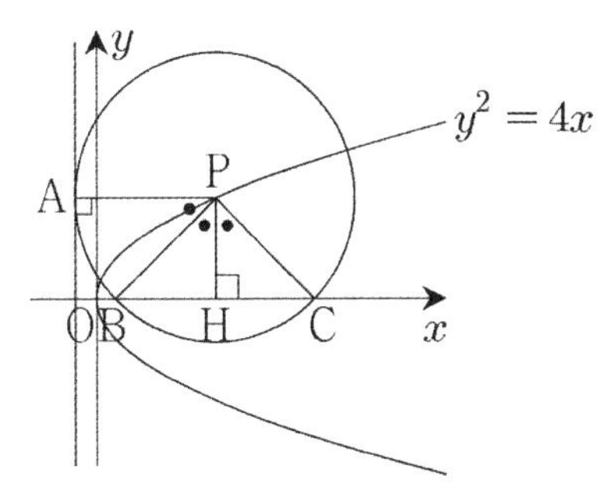

(단, $\bullet=45^\circ$)

부채꼴 PBC의 넓이가 부채꼴 PAB의 넓이의 2배이므로 부채꼴 PBC의 중심각의 크기는 부채꼴 PAB의 중심각의 크기의 2배이다.

위의 그림에서

$\angle$APH$=90^\circ=\bullet+\bullet$

이므로 $\bullet=45^\circ$이다.

$\overline{AP}=2p+\overline{BH}=2+\overline{BH}$

($\because$ 포물선 $y^2=4\times1\times x=4px$에서 $p=1$)

$=2+\frac{r}{\sqrt{2}}=r$

$\therefore\ r=4+2\sqrt{2}$

답 ④

M027 | 답 96

[풀이]

원 C의 중심을 C라 하고, 점 C에서 준선에 내린 수선의 발을 I라고 하자. 점 P에서 x축과 준선에 내린 수선의 발을 H, J, 준선이 x축과 만나는 점을 A라고 하자.

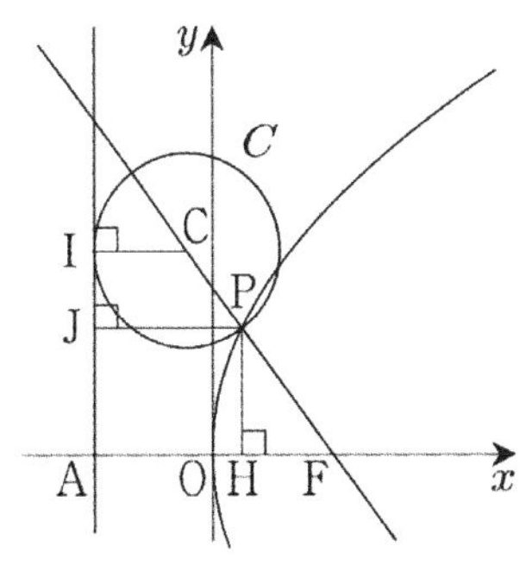

포물선의 정의에 의하여

$\overline{PF}=\overline{PJ}$($=a$라고 하자.)

직각삼각형 PHF에서

$$\frac{\overline{FH}}{\overline{PF}}=\frac{2p-a}{a}=\frac{3}{5},\ a=\frac{5}{4}p \qquad \cdots ㉠$$

($\because$ 직각삼각형 PHF의 세 변의 길이의 비는 $4:3:5$이다.)

마름모 CIAF에서

$$\overline{JP}=\frac{3\overline{AF}+a\overline{IC}}{3+a},\ 즉\ a=\frac{6p+3a}{3+a} \qquad \cdots ㉡$$

㉠을 ㉡에 대입하면

$$\frac{5}{4}p=\frac{6p+3\times\frac{5}{4}p}{3+\frac{5}{4}p},\ p=\frac{96}{25}$$

$\therefore\ 25p=96$

답 96

M028 | 답 ④

[풀이]

포물선 C의 초점과 준선은 각각

F$(1,\ 0)$, $x=-1$

점 Q에서 직선 $x=-1$에 내린 수선의 발을 I, 점 Q에서 선분 PH에 내린 수선의 발을 J라고 하자.

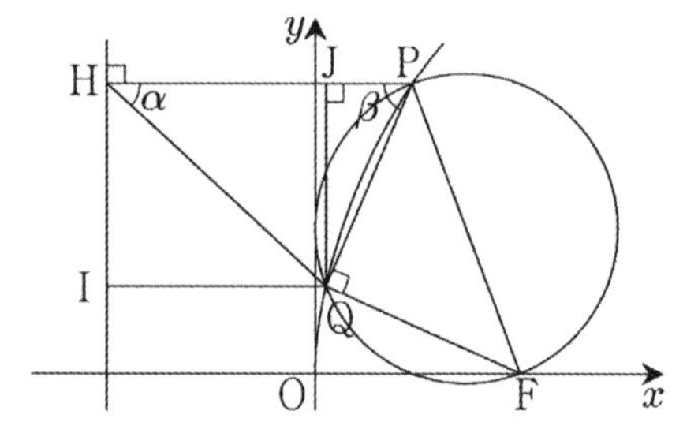

선분 PF가 원 O의 지름이므로

$\angle PQF=90°$

$$\frac{\tan\beta}{\tan\alpha}=\frac{\frac{\overline{JQ}}{\overline{PJ}}}{\frac{\overline{JQ}}{\overline{HJ}}}=\frac{\overline{HJ}}{\overline{PJ}}=3,\ \overline{HJ}=3\overline{PJ}$$

포물선의 정의에 의하여

$\overline{FP}=\overline{PH}$, $\overline{FQ}=\overline{QI}$

이므로

$\overline{FP}:\overline{FQ}=\overline{PH}:\overline{QI}=4:3$

직각삼각형 PQF의 세 변의 길이의 비는

$\overline{FP}:\overline{PQ}:\overline{QF}=4:\sqrt{7}:3$

$\overline{PQ}=\sqrt{7}k$로 두면

직각삼각형 PJQ에서 피타고라스의 정리에 의하여

$\overline{JQ}=\sqrt{(\sqrt{7}k)^2-k^2}=\sqrt{6}k$

직각삼각형 HJQ에서 피타고라스의 정리에 의하여

$\overline{QH}=\sqrt{(3k)^2+(\sqrt{6}k)^2}=\sqrt{15}k$

$$\therefore\ \frac{\overline{QH}}{\overline{PQ}}=\frac{\sqrt{15}k}{\sqrt{7}k}=\frac{\sqrt{105}}{7}$$

답 ④

M029 | 답 ③

[풀이]

주어진 포물선의 초점은 F$(1,\ 0)$이고, 준선은 $x=-1$이다.

점 P에서 두 직선 $x=-4$, $x=-1$에 내린 수선의 발을 각각 R, S라고 하자.

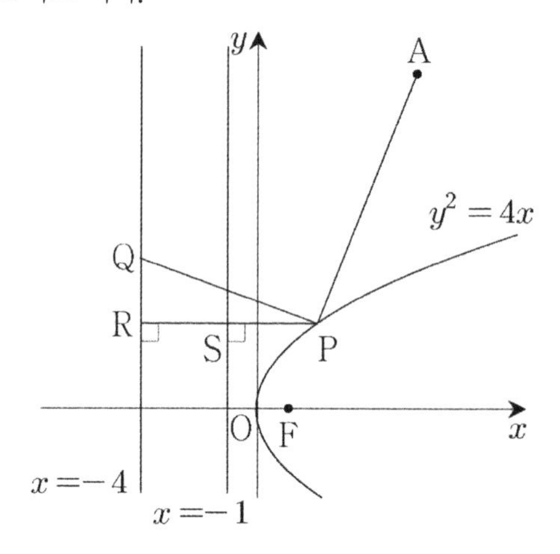

위의 그림에서

$\overline{AP}+\overline{PQ}$

$\geq\overline{AP}+\overline{PR}$

$=\overline{AP}+\overline{PS}+\overline{SR}$

$=\overline{AP}+\overline{PS}+3$

$=\overline{AP}+\overline{PF}+3$

$\geq\sqrt{5^2+12^2}+3=13+3=16$

(단, 등호는 세 점 A, P, F가 일직선 위에 있을 때 성립한다.)

답 ③

M030 | 답 32

[풀이]

타원의 방정식에서

$$a^2=c^2+16 \qquad \cdots ㉠$$

점 A의 좌표는 $A\left(c,\ 4\sqrt{1-\frac{c^2}{a^2}}\right)$이고,

두 점 A, B는 x축에 대하여 대칭이므로

$$\overline{AB}=8\sqrt{1-\frac{c^2}{a^2}}=\frac{32}{a}\ (\because ㉠)$$

$\therefore$ (□ADBC의 넓이)$=\frac{1}{2}\times\frac{32}{a}\times 2a$

$=32$

답 32

M031 | 답 ③

[풀이]

타원의 방정식을

$\frac{x^2}{a^2}+y^2=1$

로 두자. (단, $a>1$)

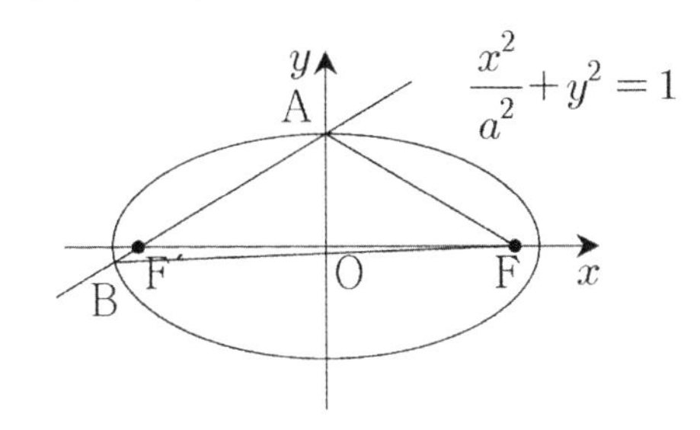

타원의 정의에 의하여

($\triangle$ABF의 둘레의 길이)

$=\overline{AF'}+\overline{AF}+\overline{BF'}+\overline{BF}$

$=2a+2a=4a=16$, 즉 $a=4$

$\overline{FF'}=2c=2\sqrt{a^2-b^2}=2\sqrt{15}$

답 ③

M032 | 답 ②

[풀이]

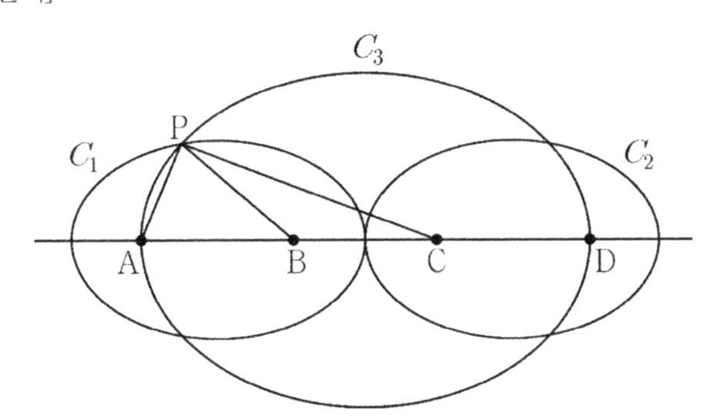

타원 C_3의 장축의 길이는

$\overline{AD}=\overline{AB}+\overline{BC}+\overline{CD}=8+6+8=22$

타원의 정의에 의하여

$\overline{BP}+\overline{CP}=22$ …㉠

타원 C_1의 장축의 길이는

$\overline{AB}+\overline{BC}=14$

타원의 정의에 의하여

$\overline{AP}+\overline{BP}=14$ …㉡

㉠−㉡: $\overline{CP}-\overline{AP}=8$

답 ②

M033 | 답 ⑤

[풀이]

점 F의 좌표는

F$(\sqrt{a^2-b^2},\ 0)$

직각삼각형 AOF에서 특수각의 삼각비의 정의에 의하여

$\tan\frac{\pi}{6}=\frac{\overline{OF}}{\overline{AO}}=\frac{\sqrt{a^2-b^2}}{b}$

즉, $\frac{\sqrt{a^2-b^2}}{b}=\frac{1}{\sqrt{3}}$

양변을 제곱하여 정리하면

$\therefore\ \frac{b}{a}=\frac{\sqrt{3}}{2}$

답 ⑤

M034 | 답 50

[풀이]

문제에서 주어진 조건에 의하여 아래의 그림을 얻는다.

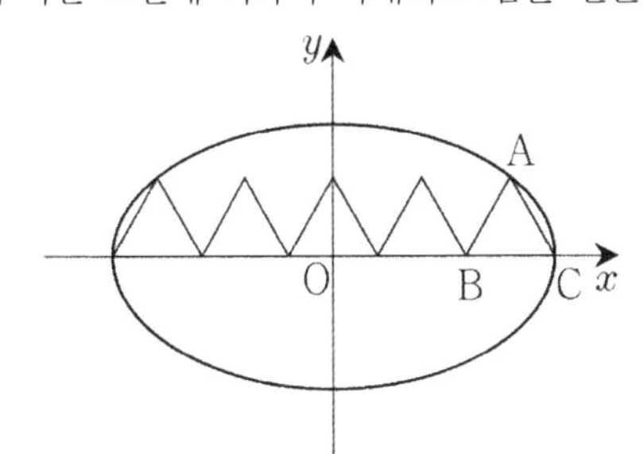

(타원의 장축의 길이)$=5\times2=10$

이므로 타원의 정의에 의하여 $a=5$이다.

점 C의 좌표가 C$(5,\ 0)$일 때,

점 A의 좌표는 A$(4,\ \sqrt{3})$이다.

($\because$ 특수각의 삼각비의 정의)

이를 타원의 방정식에 대입하면

$\frac{16}{25}+\frac{3}{b^2}=1$ 풀면 $b=\frac{5}{\sqrt{3}}$

$\therefore\ a^2+3b^2=25+25=50$

답 50

M035 | 답 ③

[풀이]

직선 BF가 선분 PF′와 만나는 점을 C라고 하자.

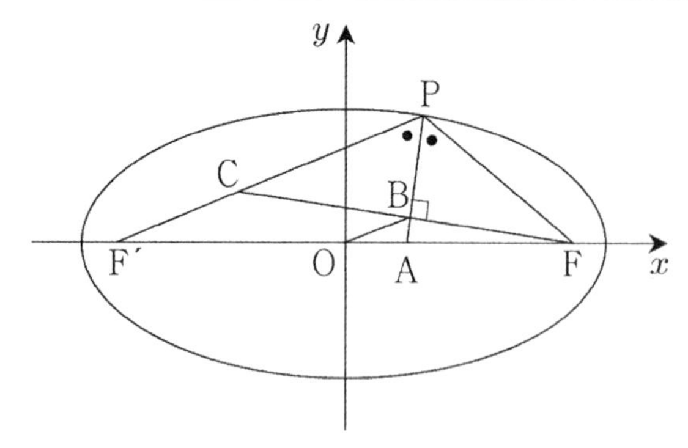

서로 합동인 두 직각삼각형 PCB, PFB에서

$\overline{FB}=\overline{BC}$

그리고 $\overline{FO}=\overline{OF'}$이므로

두 삼각형 FOB, FF′C는 서로 닮음이다.

이때, 닮음비는 $1:2$이다.

각의 이등분선의 성질에 의하여

$\overline{PF'}:\overline{PF}=\overline{F'A}:\overline{AF}=5:3$

타원의 정의에 의하여

$\overline{PF}+\overline{PF'}=2a$이므로 $\overline{PF}=\frac{5}{4}a$, $\overline{PF'}=\frac{3}{4}a$

$\overline{PC}=\overline{PF}$이므로 $\overline{PC}=\frac{3}{4}a$, $\overline{CF'}=\frac{1}{2}a$

서로 닮음인 두 삼각형 FOB, FF′C에서

$\overline{OB}:\overline{F'C}=1:2$, 즉, $\overline{CF'}=2\sqrt{3}$, $a=4\sqrt{3}$

$b^2=a^2-c^2=12$, $b=2\sqrt{3}$

$\therefore\ a\times b=24$

답 ③

M036 |답 ③

[풀이]

점 P에서 x축에 내린 수선의 발을 H라고 하자.

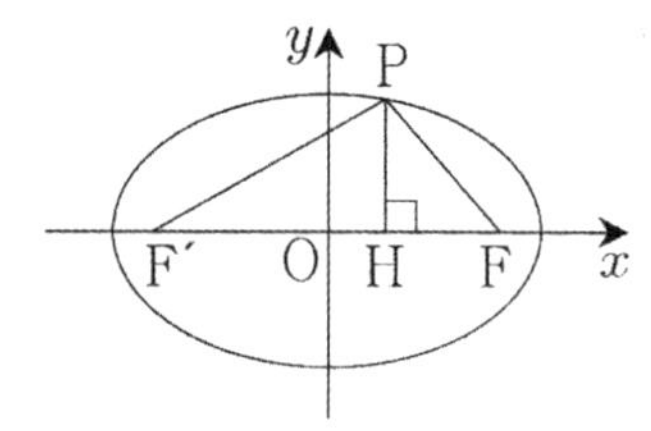

$\overline{PF}=a$로 두면 $\overline{PF'}=10-a$ (∵ 타원의 정의)

$c=\sqrt{25-9}=4$에서 $\overline{FF'}=8$

$\overline{HF}=b$로 두면 $\overline{F'H}=8-b$

등차중항의 정의에 의하여

$2\overline{PF'}=\overline{PF}+\overline{FF'}$ 즉, $2(10-a)=a+8$, $a=4$

두 직각삼각형 PF′H, PFH에서 피타고라스의 정리에 의하여

$(10-a)^2-(8-b)^2=a^2-b^2(=\overline{PH}^2)$

$6^2-(8-b)^2=4^2-b^2$, $b=\frac{11}{4}$

따라서 점 P의 x좌표는

$4-\frac{11}{4}=\frac{5}{4}$

답 ③

M037 |답 ③

[풀이]

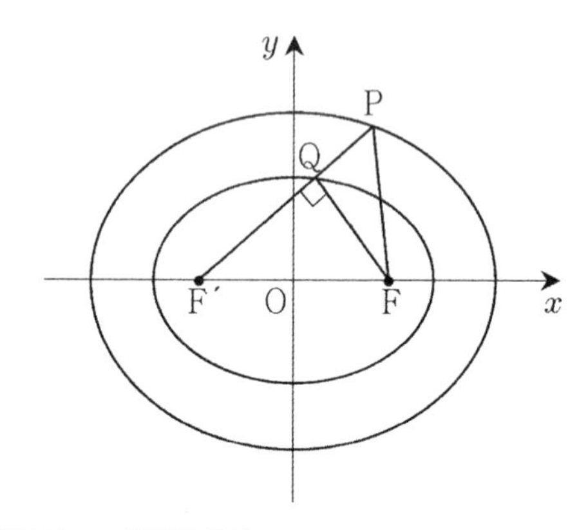

$\sqrt{100-75}=\sqrt{49-24}=5$

이므로 문제에서 주어진 두 타원의 초점은 일치한다.

두 점 F, F′의 좌표는 각각

$F(5,\ 0)$, $F'(-5,\ 0)$

타원의 정의에 의하여

$\overline{QF}+\overline{QF'}=14$ 즉, $\overline{QF}=6$

삼각형 QF′F에서 피타고라스의 정리에 의하여

$\overline{FQ}^2+\overline{QF'}^2=\overline{F'F}^2$ $(6^2+8^2=10^2)$

이므로 $\angle FQF'=90°$이다.

타원의 정의에 의하여

$\overline{PF}+\overline{PF'}=20$

그런데 $\overline{QF'}=8$이므로

$\overline{PQ}+\overline{PF}=12$ $\cdots$ ㉠

직각삼각형 PQF에서 피타고라스의 정리에 의하여

$\overline{PF}^2=\overline{PQ}^2+\overline{QF}^2$

즉, $\overline{PF}^2=\overline{PQ}^2+36$ $\cdots$ ㉡

㉠, ㉡을 연립하면

$\therefore\ \overline{PF}=\frac{15}{2}$

답 ③

M038 | 답 ①

[풀이]

점 P에서 x축에 내린 수선의 발을 H라고 하자.

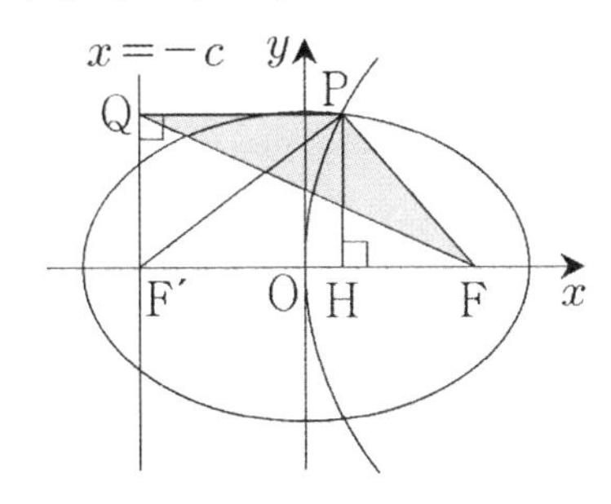

포물선의 정의에서

$\overline{PQ}=\overline{PF}=8$

$(\triangle FPQ$의 넓이$)=\dfrac{1}{2}\times 8\times\overline{PH}=24$, $\overline{PH}=6$

직각삼각형 PF′H에서 피타고라스의 정리에 의하여

$\overline{PF'}=\sqrt{6^2+8^2}=10$

타원의 정의에 의하여

$\therefore$ (타원의 장축의 길이)$=\overline{PF}+\overline{PF'}=10+8=18$

답 ①

M039 | 답 ②

[풀이]

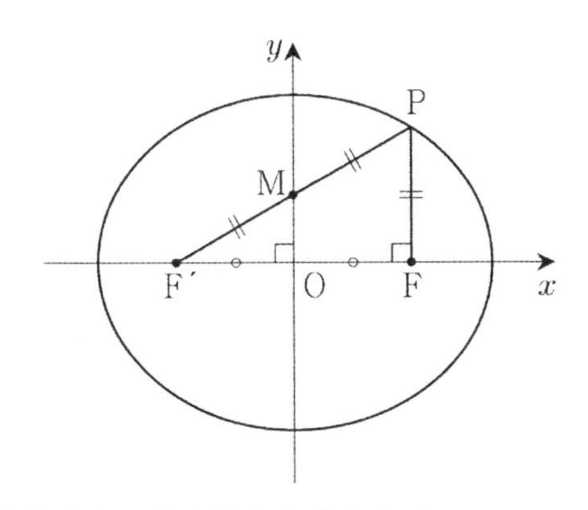

문제에서 주어진 타원의 중심이 원점이므로

$\overline{F'O}=\overline{OF}$

선분 PF′의 중점이 M이므로

$\overline{F'M}=\overline{MP}$

정리하면

$\overline{F'O}:\overline{OF}=\overline{F'M}:\overline{MP}=1:1$

이므로 $\overline{MO}//\overline{PF}$이다.

그런데 직선 MO(y축)은 x축에 수직이므로

$\angle PFF'=\dfrac{\pi}{2}$

서로 닮음인 두 직각삼각형 MOF′, PFF′에 대하여

$\overline{F'M}:\overline{F'P}=\overline{MO}:\overline{PF}$

즉, $1:2=1:\overline{PF}$에서 $\overline{PF}=2$

타원의 정의에 의하여

$2a=\overline{PF'}+\overline{PF}=3\overline{PF}=6$ 즉, $a=3$ $\cdots$ ㉠

직각삼각형 F′OM에서 피타고라스의 정리에 의하여

$\overline{F'O}=\sqrt{\overline{MF'}^2-\overline{MO}^2}=\sqrt{2^2-1^2}=\sqrt{3}$

이므로

$\sqrt{a^2-b^2}=\sqrt{3}$ $\cdots$ ㉡

㉠, ㉡을 연립하면

$b=\sqrt{6}$

$\therefore\ a^2+b^2=15$

답 ②

M040 | 답 ②

[풀이]

문제에서 주어진 타원의 장축의 길이를 $2a$라고 하면

$a^2=n^2+n^2$에서 $a=\sqrt{2}n$

$\overline{QF}=p$로 두면 타원의 정의에 의하여

$\overline{QF'}=2\sqrt{2}n-p$

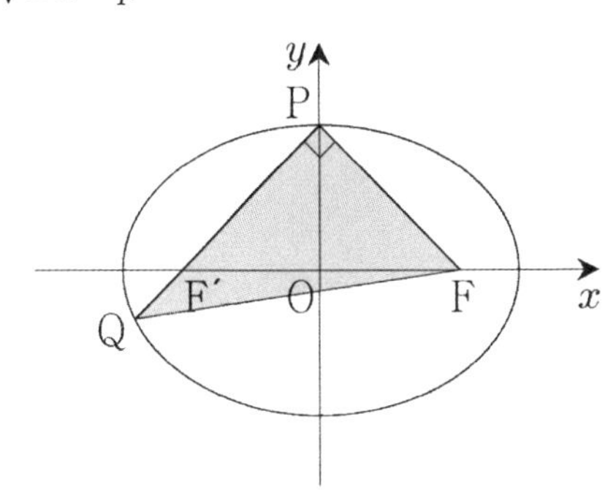

타원의 정의에 의하여

$(\triangle FPQ$의 둘레의 길이$)$

$=\sqrt{2}n+\sqrt{2}n+\overline{QF}+\overline{QF'}$

$=4\sqrt{2}n=12\sqrt{2}$에서 $n=3$

즉, $\overline{QF}=p$, $\overline{QF'}=6\sqrt{2}-p$

직각삼각형 PQF에서 피타고라스의 정리에 의하여

$p^2=(3\sqrt{2})^2+(9\sqrt{2}-p)^2$

정리하면

$p=5\sqrt{2}$

$\therefore$ $(\triangle FPQ$의 넓이$)$

$=\dfrac{1}{2}\times 3\sqrt{2}\times 4\sqrt{2}=12$

답 ②

M041 | 답 192

[풀이]

주어진 타원의 두 초점의 좌표는

$F(\sqrt{25-16},\ 0)$, $F'(-\sqrt{25-16},\ 0)$

즉, $F(3,\ 0)$, $F'(-3,\ 0)$, $\overline{FF'}=6$

문제에서 주어진 비례식에서

$\overline{PF}=2k$로 두면 $\overline{PF'}=3k$이다.

주어진 타원의 장축의 길이가 $10(=2\times5)$이므로

$2k+3k=10$, $k=2$

즉, $\overline{PF}=4$, $\overline{PF'}=6$

점 F′에서 선분 PF에 내린 수선의 발을 H, $\angle PFF'=\theta$로 두자.

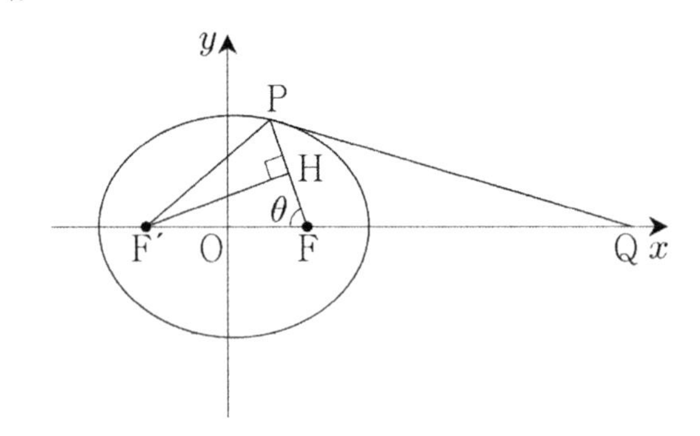

$\cos\theta=\frac{2}{6}=\frac{1}{3}$

문제에서 주어진 비례식에서

$\overline{QF}=2l$이면 $\overline{QF'}=3l$이다.

$3l=2l+6$에서 $l=6$

삼각형 PFQ에서 코사인법칙에 의하여

$\therefore\ \overline{PQ}^2=4^2+12^2-2\times4\times12\times\cos(\pi-\theta)$

$=160+32=192$ ($\because \cos(\pi-\theta)=-\cos\theta$)

답 192

M042 | 답 ④

[풀이]

점 P에서 x축에 내린 수선의 발을 H라고 하자.

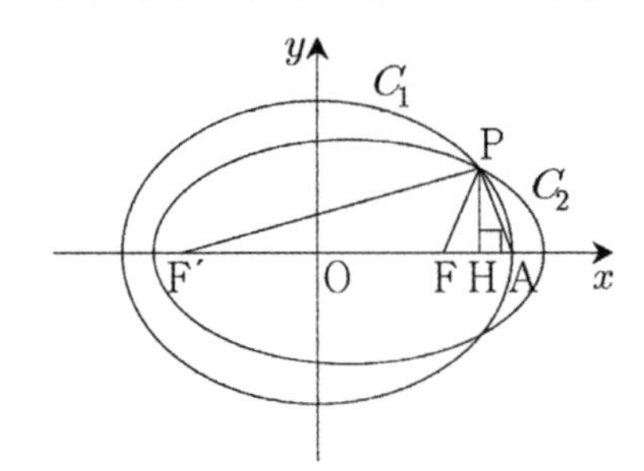

타원의 정의에 의하여

$\overline{PF}+\overline{PF'}=6$, $\overline{PA}+\overline{PF'}=6$

위의 두 등식에서

$\overline{PF}=\overline{PA}$

직각삼각형 PFH에서

$\frac{\overline{FH}}{\overline{PF}}=\frac{3}{8}$, $\overline{PF}=\frac{4}{3}(3-c)$, $\overline{PF'}=\frac{4}{3}c+2$

($\because \overline{FH}=\frac{3-c}{2}$)

삼각형 PF′F에서 코사인법칙에 의하여

$\left(\frac{4}{3}c+2\right)^2=\left(4-\frac{4}{3}c\right)^2+(2c)^2$

$-2\times2c\left(4-\frac{4}{3}c\right)\cos(\angle PFF')$

(이때, $\cos(\angle PFF')=-\frac{3}{8}$)

정리하면

$c^2-5c+6=0$, $(c-2)(c-3)=0$,

$c=2$ ($\because c<3$)

$\therefore$ ($\triangle$PFA의 둘레의 길이)$=\frac{11}{3}$

답 ④

M043 | 답 ③

[풀이]

$\angle QPF=\frac{\pi}{2}$이므로 직각이등변삼각형 PFQ에서

$\overline{QP}=\overline{PF}$

타원의 정의에 의하여

$\overline{PF'}+\overline{PF}=2\sqrt{a}$ …㉠

문제에서 주어진 조건에 의하여

$\overline{F'P}+\overline{PQ}=\overline{F'P}+\overline{PF}=10$ …㉡

㉠, ㉡에서

$2\sqrt{a}=10$에서 $a=25$

문제에서 주어진 타원의 두 초점의 좌표는 각각

$F'(-\sqrt{13},\ 0)$, $F(\sqrt{13},\ 0)$

직각삼각형 PF′F에서 피타고라스의 정리에 의하여

$\overline{F'F}^2=\overline{F'P}^2+\overline{PF}^2$

즉, $\overline{F'P}^2+\overline{PF}^2=52$ …㉢

㉡, ㉢에서

$\overline{F'P}\times\overline{PF}=\frac{10^2-52}{2}=24$ …㉣

㉡, ㉣에서 이차방정식의 근과 계수와의 관계에 의하여

두 선분 F′P, PF의 길이는 이차방정식

$x^2-10x+24=0$의 서로 다른 두 실근이다.

따라서 $\overline{F'P}=6$, $\overline{PF}=4$이다.

$\therefore$ ($\triangle$QF′F의 넓이)

$=\frac{1}{2}\times\overline{F'Q}\times\overline{FP}=\frac{1}{2}\times10\times4=20$

답 ③

M044 | 답 ④

[풀이]

문제에서 주어진 포물선의 방정식은

$y^2 = 12x$

이고, 이 포물선의 준선의 방정식은

$x = -3$

이다. 점 P에서 포물선의 준선과 x축에 내린 수선의 발을 각각 H, I라고 하자.

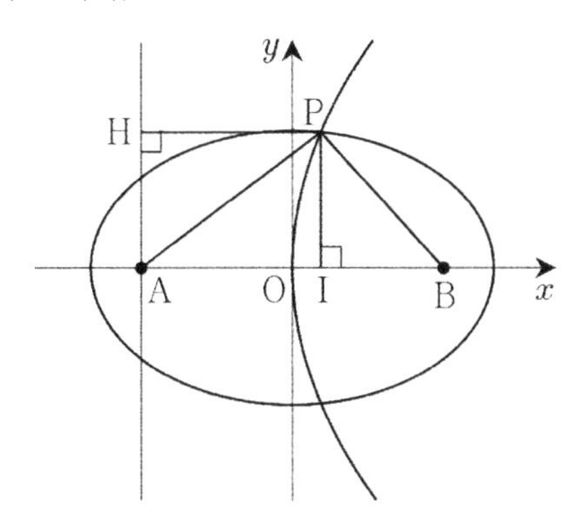

$\overline{\mathrm{PB}} = t$로 두자.

타원의 정의에 의하여

$\overline{\mathrm{PA}} = 8 - t$

두 직각삼각형 PHA, PIB에서 피타고라스의 정리에 의하여

$\overline{\mathrm{HA}} = \sqrt{(8-t)^2 - t^2}$,

($\because$ 포물선의 정의에서 $\overline{\mathrm{PH}} = t$)

$\overline{\mathrm{PI}} = \sqrt{t^2 - (6-t)^2}$

$\sqrt{(8-t)^2 - t^2} = \sqrt{t^2 - (6-t)^2}$

양변을 제곱하여 정리하면

$\therefore \ t = \dfrac{25}{7}$

답 ④

M045 | 답 66

[풀이]

포물선 $y^2 = 4 \times 4 \times x$의 초점은 F(4, 0), 준선은 $x = -4$이다. 점 B에서 x축과 직선 $x = -4$에 내린 수선의 발을 각각 H, I라고 하자. 그리고 타원의 한 꼭짓점을 C라고 하자.

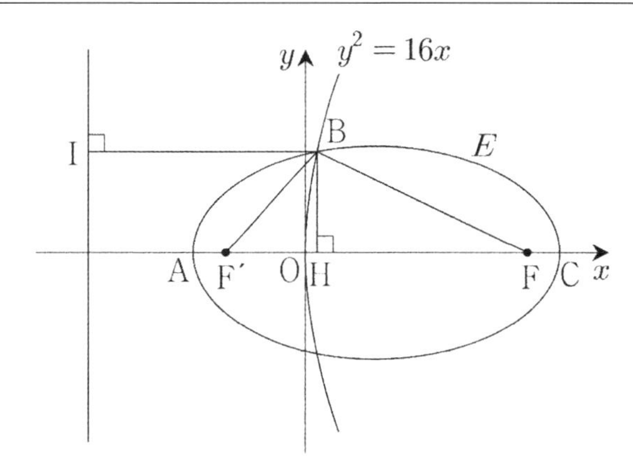

포물선의 정의에 의하여

$\overline{\mathrm{BI}} = \dfrac{21}{5} (= \overline{\mathrm{BF}})$이므로 $\overline{\mathrm{OH}} = \overline{\mathrm{BI}} - 4 = \dfrac{1}{5}$

점 B는 포물선 위에 있으므로

$\overline{\mathrm{BH}} = \dfrac{4}{\sqrt{5}}$

타원의 정의에 의하여

$\overline{\mathrm{BF'}} = k - \dfrac{21}{5}$, $\overline{\mathrm{FC}} = k - 6 (= \overline{\mathrm{AF'}})$,

$\overline{\mathrm{F'H}} = 2 - (k-6) + \dfrac{1}{5} = \dfrac{41}{5} - k$

직각삼각형 BF′H에서 피타고라스의 정리에 의하여

$$\left(k - \frac{21}{5}\right)^2 = \left(\frac{41}{5} - k\right)^2 + \left(\frac{4}{\sqrt{5}}\right)^2$$

정리하면

$\therefore \ 10k = 66$

답 66

M046 | 답 14

[풀이]

문제에서 주어진 원의 반지름의 길이를 r이라고 하자.

타원의 방정식을

$\dfrac{x^2}{a^2} + \dfrac{y^2}{b^2} = 1$ (단, $a > 0$, $b > 0$)

으로 두자.

$a = 10 - r$, $b = 6 - r$ $\cdots$ ㉠

타원의 두 초점 사이의 거리가 $4\sqrt{10}$이므로

두 초점의 좌표는 각각 $(2\sqrt{10}, 0)$, $(-2\sqrt{10}, 0)$이다.

$a^2 = b^2 + (2\sqrt{10})^2$

㉠을 대입하면

$(10 - r)^2 = (6 - r)^2 + (2\sqrt{10})^2$

풀면

$r = 3$

타원의 장축의 길이는

$\therefore\ 2a=14$

답 14

M047 | 답 36

[풀이]

타원의 장축의 길이는 10이고,

$\sqrt{25-9}=4$이므로 $c=4$이다.

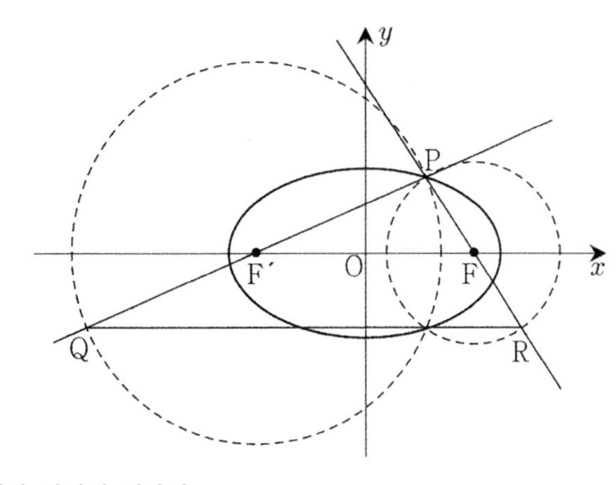

원의 정의에 의하여

$\overline{PF'}=\overline{F'Q},\ \overline{PF}=\overline{FR}$

타원의 정의에 의하여

$\overline{PF'}+\overline{PF}=10$

이므로

$\overline{F'Q}+\overline{FR}=10$

$\overline{PF'}:\overline{F'Q}=\overline{PF}:\overline{FR}=1:1$

이므로

$\overline{F'F}:\overline{QR}=1:2$ 즉, $\overline{QR}=16$

따라서 삼각형 PQR의 둘레의 길이는

$10+10+16=36$이다.

답 36

M048 | 답 26

[풀이]

$\sqrt{25-16}=3$이므로 점 B는 문제에서 주어진 타원의 한 초점이다. 나머지 한 초점을 $F'(-3,\ 0)$이라고 하자. 그리고 점 P에서 x축에 내린 수선의 발을 H라고 하자.

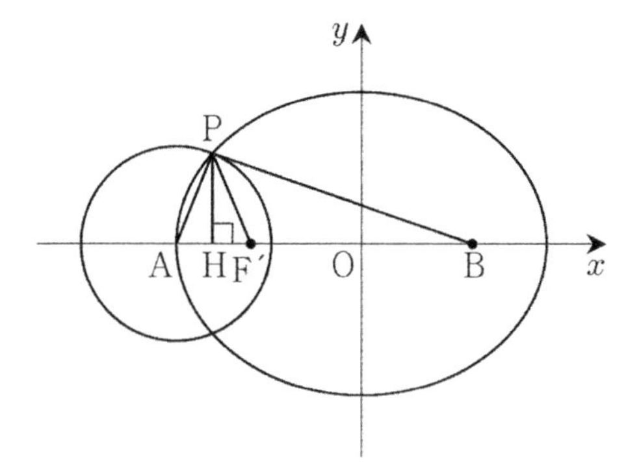

원의 정의에 의하여

$\overline{AP}=r$

타원의 정의에 의하여

$\overline{PF'}+\overline{PB}=10$ $\cdots㉠$

문제에서 주어진 등식은

$\overline{PA}+\overline{PB}=10$ $\cdots㉡$

㉠$-$㉡: $\overline{PF'}=\overline{PA}=r$

이를 ㉠에 대입하면

$\overline{PB}=10-r$

그리고

$\overline{AH}=\overline{HF'}=1,\ \overline{F'B}=6$

직각삼각형 PAH, PBH에서 피타고라스의 정리에 의하여

$\overline{PH}=\sqrt{r^2-1}=\sqrt{(10-r)^2-7^2}$

양변을 제곱하여 풀면

$r=\dfrac{13}{5}$

$\therefore\ 10r=26$

답 26

M049 | 답 ④

[풀이]

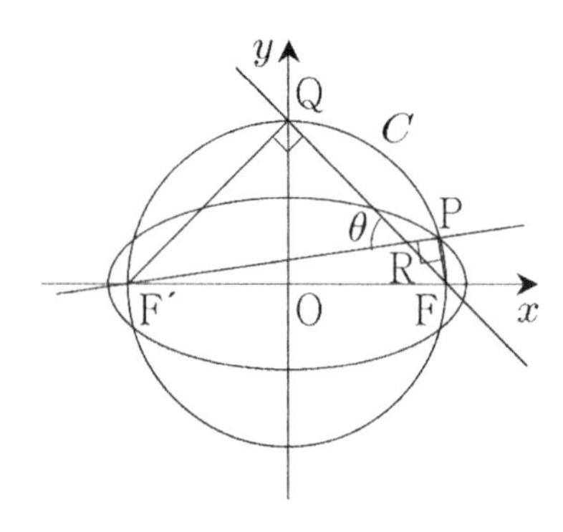

두 점 P, Q는 원 C 위에 있으므로

$\angle FPF'=\angle FQF'=90°$

직각삼각형 F′RQ에서 각 변의 길이를 다음과 같이 둘 수 있다.

$\overline{F'R}=5k,\ \overline{RQ}=3k,\ \overline{QF'}=4k$

직각삼각형 QF′F에서

$\overline{FF'}=4\sqrt{2}k$

직각삼각형 FPR에서

$\overline{FR}=k(=\overline{FQ}-\overline{RQ})$, $\overline{RP}=\frac{3}{5}k$, $\overline{PF}=\frac{4}{5}k$

($\because$ △QRF′ ~ △PRF)

타원의 정의에 의하여

$\overline{PF}+\overline{PF'}=\frac{4}{5}k+\frac{3}{5}k+5k=\frac{32}{5}k=2a$,

$a=\frac{16}{5}k$

$\overline{FF'}=2\sqrt{a^2-b^2}=4\sqrt{2}k$, $a^2-b^2=8k^2$

$b^2=\frac{56}{25}k^2$

$\therefore \frac{b^2}{a^2}=\frac{7}{32}$

답 ④

M050 | 답 ②

[풀이] ★

문제에서 주어진 원 위의 점 P에서의 접선이 x축과 만나는 점을 Q, 점 O에서 선분 PF′에 내린 수선의 발을 H라고 하자.

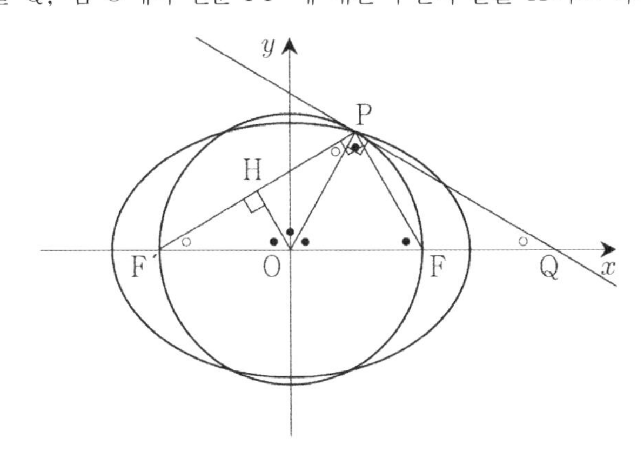

(단, ●$=60^\circ$, ○$=30^\circ$)

원의 접선 PQ는 접점 P를 지나는 반지름과 수직이므로

$\angle QPO=90^\circ$

직각삼각형 OQP의 세 내각의 합은 180°이므로

$\angle POQ=60^\circ$

원의 정의에 의하여 $\overline{OF}=\overline{OP}$이므로

삼각형 OPF는 이등변삼각형이다. 그러므로

$\angle FPO=\angle OFP=60^\circ$

정삼각형 POF의 꼭짓점 O에서의 외각의 크기는 120°이므로

$\angle F'OP=120^\circ$

원의 정의에 의하여 $\overline{OP}=\overline{OF'}$이므로

삼각형 F′OP는 이등변삼각형이다. 그러므로

$\angle OF'H=\angle OPH=30^\circ$

직각삼각형 OF′H에서 특수각의 삼각비의 정의에 의하여

$\overline{F'H}=\overline{OF'}\cos 30^\circ=3\sqrt{3}$

직각삼각형 OPH에서 마찬가지의 방법으로

$\overline{PH}=3\sqrt{3}$

타원의 정의에 의하여

$\therefore$ (타원의 장축의 길이)$=\overline{F'P}+\overline{PF}=6\sqrt{3}+6$

답 ②

M051 | 답 ⑤

[풀이]

주어진 타원에서 $\sqrt{25-9}=4$이므로

A$(-4,\ 0)$, B$(4,\ 0)$

점 $(0,\ 3)$을 C, $\overline{PA}=a$, $\overline{PB}=b$라고 하자.

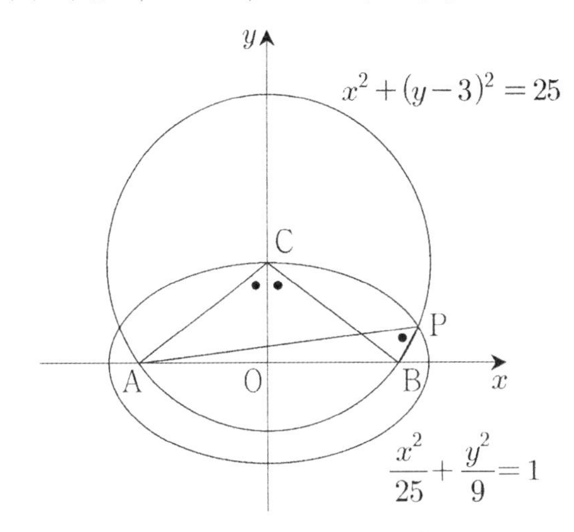

(단, ●$=\theta$)

호 AB의 중심각을 2θ라고 하면

중심각과 원주각의 관계에 의하여

$\angle BPA=\theta(=$●$)$이다.

그리고 두 직각삼각형 CAO, CBO는 서로 합동이므로

$\angle OCA=\angle OCB=\theta(=$●$)$

직각삼각형 CAO에서

$\cos\theta=\frac{3}{5}$

이므로 삼각형 ABP에서 코사인법칙을 적용하면

$8^2=a^2+b^2-2ab\cos\theta$, 즉

$64=(a+b)^2-\frac{16}{5}ab$

$\therefore ab=\frac{45}{4}$

($\because$ 타원의 정의에 의하여 $a+b=10$)

답 ⑤

M052 | 답 8

[풀이]

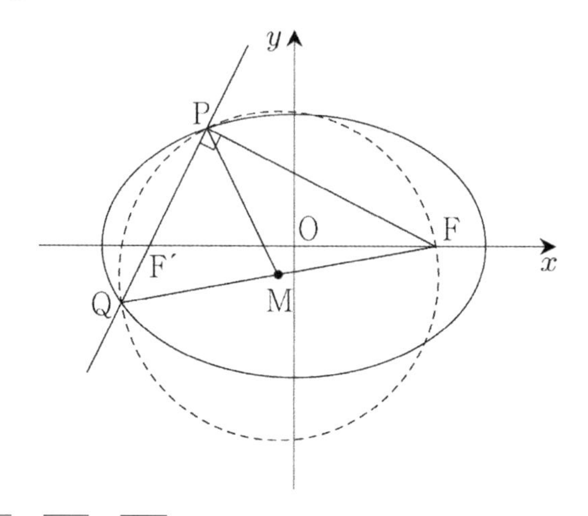

$\overline{\text{FM}} = \overline{\text{PM}} = \overline{\text{QM}}$

이므로 원의 정의에 의하여 세 점 F, P, Q는 지름이 $\overline{\text{QF}}$인 원 위에 있다. 이때, 원의 중심은 M이다.

원의 성질에 의하여

$\angle \text{FPQ} = \dfrac{\pi}{2}$

직각삼각형 FPQ에서 피타고라스의 정리에 의하여

$\overline{\text{FP}} = \sqrt{\overline{\text{FQ}}^2 - \overline{\text{QP}}^2} = \sqrt{10^2 - 6^2} = 8$

한편 타원의 정의에 의하여

$\overline{\text{PF}} + \overline{\text{PF}'} = \overline{\text{QF}} + \overline{\text{QF}'}$

이고,

($\triangle$PQF의 둘레의 길이)

$= \overline{\text{PQ}} + \overline{\text{QF}} + \overline{\text{FP}}$

$= \overline{\text{PF}'} + \overline{\text{F}'\text{Q}} + \overline{\text{QF}} + \overline{\text{FP}}$

$= (\overline{\text{PF}} + \overline{\text{PF}'}) + (\overline{\text{QF}} + \overline{\text{QF}'})$

$= 24$

이므로

$\overline{\text{PF}} + \overline{\text{PF}'} = 12$, $\overline{\text{QF}} + \overline{\text{QF}'} = 12$

즉, $8 + \overline{\text{PF}'} = 12$, $10 + \overline{\text{QF}'} = 12$

이므로 $\overline{\text{PF}'} = 4$, $\overline{\text{QF}'} = 2$

직각삼각형 FPF′에서 피타고라스의 정리에 의하여

$\overline{\text{FF}'} = \sqrt{8^2 + 4^2} = 4\sqrt{5}$ 이므로 $c = 2\sqrt{5}$

타원의 정의에 의하여

$\overline{\text{PF}} + \overline{\text{PF}'} = 12 = 2a$에서 $a = 6$

$\therefore$ (타원의 단축의 길이)$= 2\sqrt{a^2 - c^2} = 8$

답 8

M053 | 답 ④

[풀이]

점 F에서 직선 QF′에 내린 수선의 발을 H라고 하자. 그리고 원 C의 반지름의 길이를 r이라고 하자.

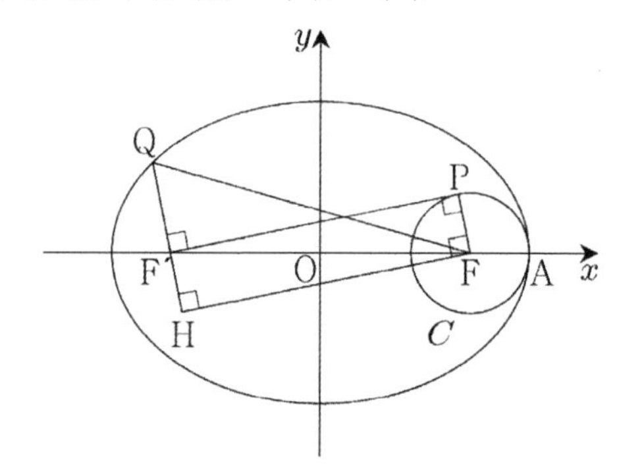

원의 접선의 성질, 평행선의 성질을 이용하면 위와 같이 직각을 결정할 수 있다.

타원의 정의에 의하여

$\overline{\text{QF}} + \overline{\text{QF}'} = 10 + 2r$,

$\overline{\text{QF}} = 10 + \dfrac{r}{2} \left(\because \overline{\text{QF}'} = \dfrac{3}{2}\overline{\text{PF}}\right)$

직각삼각형 QHF에서 피타고라스의 정리에 의하여

$\left(10 + \dfrac{r}{2}\right)^2 = \left(\dfrac{5}{2}r\right)^2 + 100 - r^2$

($\because \overline{\text{HF}} = 10^2 - r^2$(피타고라스의 정리))

$r = 2$

따라서 이 타원의 장축의 길이는

$\therefore\ 10 + 2r = 14$

답 ④

M054 | 답 ③

[풀이]

내접원의 중심에서 세 선분 PF′, F′Q, PQ에 내린 수선의 발을 각각 A, B, C라고 하자. 그리고 $\overline{\text{FQ}} = k$, $\overline{\text{F}'\text{Q}} = 4k$, $\overline{\text{PF}} = l$, $\overline{\text{PF}'} = 5k - l$($\because$ 타원의 정의)로 두자.

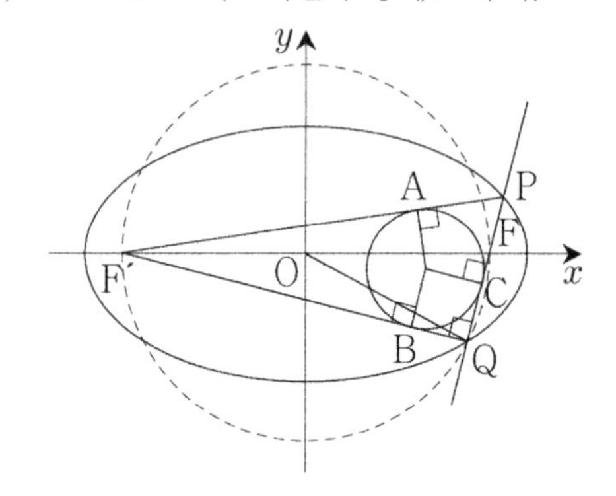

$\overline{\text{OF}} = \overline{\text{OQ}} = \overline{\text{OF}'}$이므로 세 점 F, F′, Q는 중심이 O이고, 반지름의 길이가 $\overline{\text{OF}}$인 원 위에 있다. 이때, $\angle \text{F}'\text{QP} = 90°$이다.

$\overline{PF'} = \overline{PA} + \overline{AF'}$
$= \overline{PC} + \overline{BF'}$
$= (k+l-2) + (4k-2)$
$= 5k+l-4$
$= 5k-l$, 즉 $l=2$
$\overline{PF'} = 5k-2$, $\overline{F'Q} = 4k$, $\overline{PQ} = k+2$
이므로 직각삼각형 PF′Q에서 피타고라스의 정리에 의하여
$(5k-2)^2 = (4k)^2 + (k+2)^2$,
$k^2 - 3k = 0$, $k=3$
직각삼각형 FF′Q에서 피타고라스의 정리에 의하여
$(2c)^2 = 12^2 + 3^2$
$\therefore\ c = \frac{3\sqrt{17}}{2}$
답 ③

M055 |답 63

[풀이]
점 C에서 직선 PF에 내린 수선의 발을 R이라 하자.

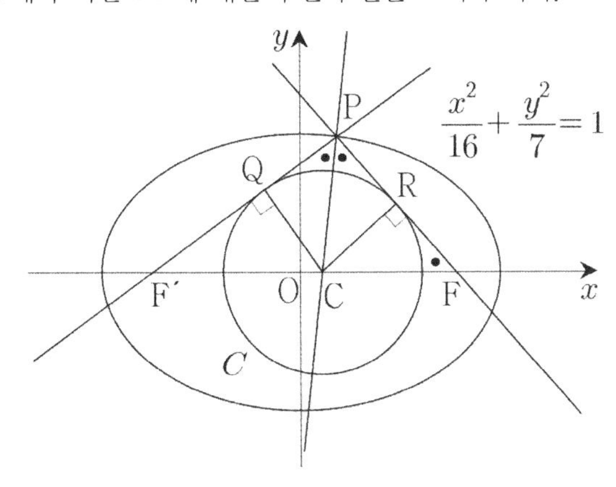

$\overline{PQ} = a$로 두면
$\overline{PR} = \overline{RF} = a$
이므로 타원의 정의에 의하여
$\overline{QF'} = 8-3a$
$F(3,\ 0)$, $F'(-3,\ 0)$이므로
$\overline{CF} = b$로 두면 $\overline{F'C} = 6-b$
직선 PC는 $\angle F'PF$의 이등분선이므로
$\overline{PF'} : \overline{PF} = \overline{F'C} : \overline{CF}$ 즉, $8-2a : 2a = 6-b : b$
정리하면
$b = \frac{3}{2}a$
두 직각삼각형 QF′C, RCF에서 피타고라스의 정리에 의하여
$\overline{QC}^2 = (6-b)^2 - (8-3a)^2$
$\overline{RC}^2 = b^2 - a^2$
그런데 원의 정의에 의하여 두 선분 QC, RC의 길이는 같으므로
$(6-b)^2 - (8-3a)^2 = b^2 - a^2$
$4a^2 - 15a + 14 = 0$, $(a-2)(4a-7) = 0$,
$a = \frac{7}{4}\ (a \neq 2)$, $b = \frac{21}{8}$
$\therefore\ 24 \times \overline{CP} = 24 \times \frac{21}{8} = 63$
답 63

M056 |답 8

[풀이]
$a>0$, $b>0$으로 두어도 풀이의 일반성을 잃지 않는다.
주어진 쌍곡선이 점 $(5,\ 3)$을 지나므로
$\frac{25}{a^2} - \frac{9}{b^2} = 1$ $\cdots$ ㉠
주어진 쌍곡선의 점근선의 방정식은
$\frac{x^2}{a^2} - \frac{y^2}{b^2} = 0$에서 $y = \pm\frac{b}{a}x$이므로 $a=b$ $\cdots$ ㉡
㉡을 ㉠에 대입하면
$\frac{25}{a^2} - \frac{9}{a^2} = 1$, $a=4$
따라서 주어진 쌍곡선의 주축의 길이는 $8(=2a)$이다.
답 8

M057 |답 ⑤

[풀이]
주어진 쌍곡선의 점근선의 방정식은
$y = \pm\frac{2\sqrt{2}}{a}x$
이므로
$\frac{2\sqrt{2}}{a} = \sqrt{2}$, $a=2$
주어진 쌍곡선의 두 초점을 $(-c,\ 0)$, $(c,\ 0)$이라고 하면 (단, $c>0$)
구하는 값은
$\therefore\ 2c = 2\sqrt{4+8} = 4\sqrt{3}$
답 ⑤

M058 |답 ③

[풀이]
초점: $\sqrt{a^2+b^2} = 3$
주축: $2a = 4$, 즉 $a=2$, $b=\sqrt{5}$
점근선 l: $y = \frac{b}{a}x = \frac{\sqrt{5}}{2}x$, 즉 $\sqrt{5}x - 2y = 0$
구하는 거리를 d라고 하면

$\therefore\ d=\dfrac{3\sqrt{5}}{3}=\sqrt{5}$

답 ③

M059 | 답 ④

[풀이]

문제에서 주어진 두 쌍곡선을 좌표평면에 그리면

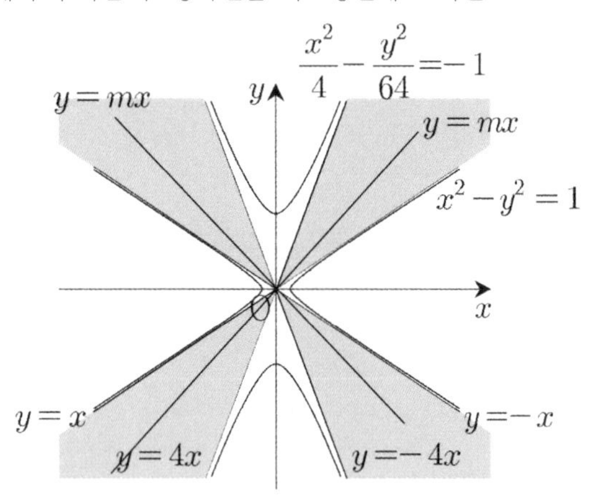

문제에서 주어진 두 쌍곡선의 점근선의 방정식은 각각

$y=\pm x$, $y=\pm 4x$

$1\le|m|\le 4$이면 직선 $y=mx$는 문제에서 주어진 두 쌍곡선과 만나지 않는다.

따라서 정수 m의 개수는 8이다.

답 ④

M060 | 답 ③

[풀이]

아래 그림처럼 문제에서 주어진 원과 쌍곡선이 만나는 4개의 점을 각각 A, B, C, D라고 하자. 그리고 동경 OA가 x축의 양의 방향과 이루는 각의 크기를 α라고 하자. 이때, 직선 OA와 y축이 이루는 예각의 크기는 $\dfrac{\pi}{2}-\alpha$이다.

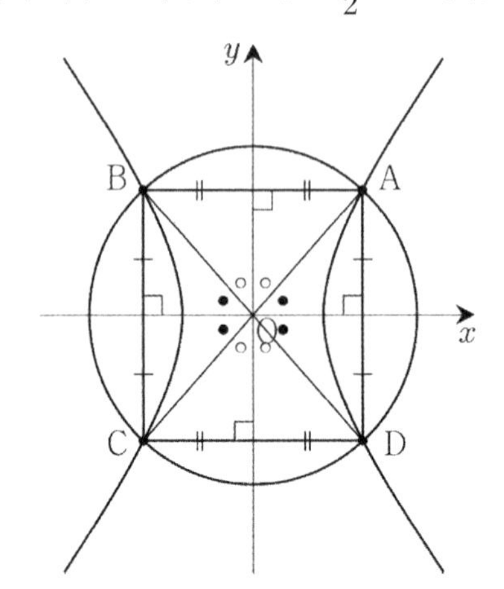

(단, $\bullet=\alpha$, $\circ=\dfrac{\pi}{2}-\alpha$)

원과 쌍곡선은 모두 x축, y축, 원점에 대하여 대칭이므로 다음이 성립한다.

두 점 A, D는 x축에 대하여 서로 대칭이므로

직선 OD와 x축이 이루는 예각의 크기는 α이다.

문제에서 주어진 조건에 의하여

$2\alpha=2\pi\times\dfrac{1}{4}$ 즉, $\alpha=\dfrac{\pi}{4}$

따라서 두 직선 OA, OB의 기울기는 각각 1, -1이다.

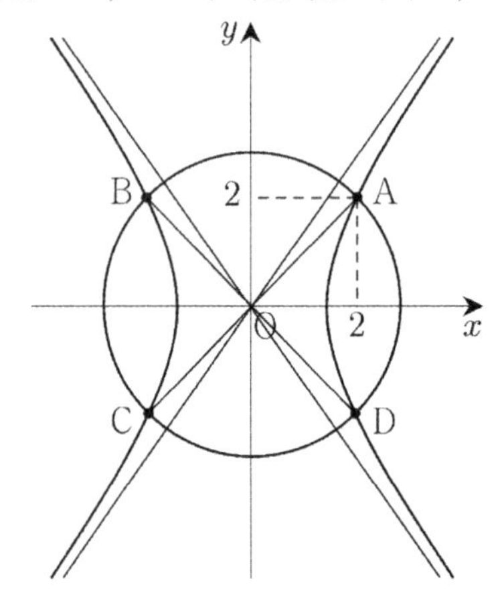

원과 직선 $y=x$의 교점의 좌표는 A$(2,\ 2)$이므로 쌍곡선은 점 A$(2,\ 2)$를 지난다.

쌍곡선의 점근선의 방정식은

$y=\dfrac{b}{a}x$ 또는 $y=-\dfrac{b}{a}x$

(단, $a>0$, $b>0$)(←풀이의 일반성을 잃지 않는다.)

($\because$ $\dfrac{x^2}{a^2}-\dfrac{y^2}{b^2}=0$에서 유도함.)

문제에서 주어진 조건에 의하여

$\dfrac{b}{a}=\sqrt{2}$ 즉, $b^2=2a^2$

쌍곡선의 방정식은

$\dfrac{x^2}{a^2}-\dfrac{y^2}{2a^2}=1$

쌍곡선이 점 A$(2,\ 2)$를 지나므로

$\dfrac{2^2}{a^2}-\dfrac{2^2}{2a^2}=1$

풀면

$a^2=2$, $b^2=4$

$\therefore\ a^2+b^2=6$

답 ③

M061 | 답 ②

[풀이]

A(3, 0), B(−2, 0)으로 두자.

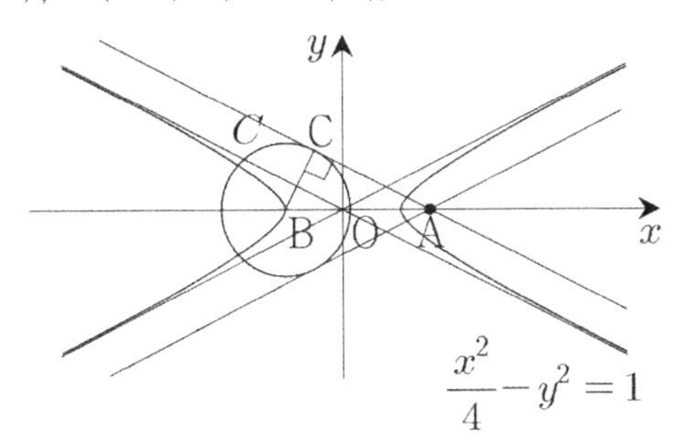

(단, C는 접점이다.)

문제에서 주어진 쌍곡선의 점근선의 방정식은

$y=\pm\frac{1}{2}x$

위의 그림처럼 점 A에서 원의 그은 접선의 기울기가 $\pm\frac{1}{2}$이면 문제에서 주어진 조건을 모두 만족시킨다.

$\tan(\angle BAC)=\frac{1}{2}$에서

$\sin(\angle BAC)=\frac{r}{5}=\frac{1}{\sqrt{5}}$, 즉 $\therefore\ r=\sqrt{5}$

답 ②

M062 | 답 ⑤

[풀이]

문제에서 주어진 두 쌍곡선의 방정식을 정리하면

$(x-1)^2-\frac{(y+1)^2}{\frac{1}{9}}=1$,

$(x-1)^2-\frac{(y+1)^2}{\frac{1}{9}}=-1$

이 두 쌍곡선은 두 개의 점근선을 공유한다.

이 두 점근선의 방정식을 유도하면

$(x-1)^2-\frac{(y+1)^2}{\frac{1}{9}}=0$,

$y+1=\pm\frac{1}{3}(x-1)$

즉, $y=\frac{1}{3}x-\frac{4}{3}$, $y=-\frac{1}{3}x-\frac{2}{3}$

$\therefore\ ac+bd=-\frac{1}{9}+\frac{8}{9}=\frac{7}{9}$

답 ⑤

M063 | 답 ⑤

[풀이] ★

우선 문제에서 주어진 쌍곡선의 점근선의 방정식을 구하자.

$\frac{x^2}{2}-\frac{y^2}{18}=0$

정리하면

$y=3x$ 또는 $y=-3x$

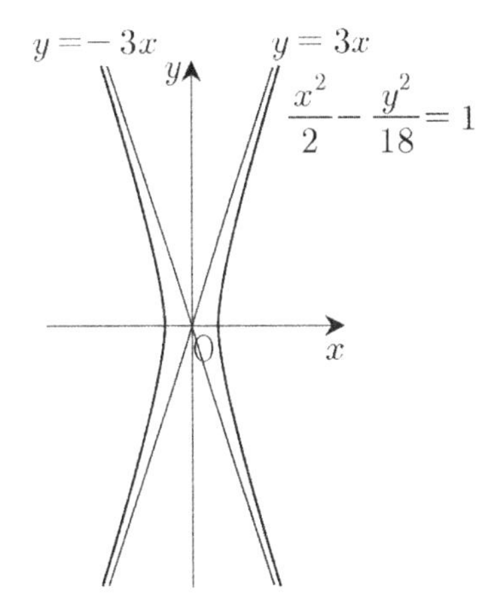

▸ ㄱ. (참)

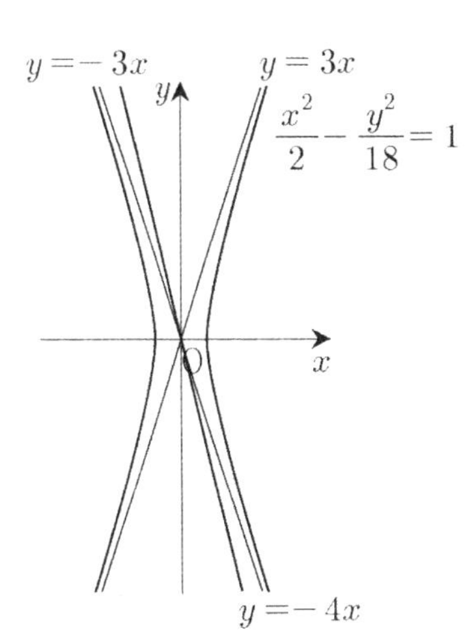

문제에서 주어진 쌍곡선과 직선 $y=-4x$는 만나지 않는다.

▸ ㄴ. (참)

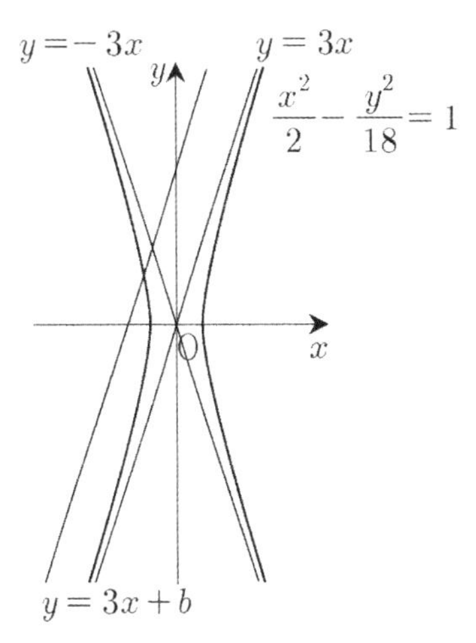

문제에서 주어진 쌍곡선과 직선 $y=3x+b(b>0)$은 오직 한 점에서만 만난다.

▸ ㄷ. (참)

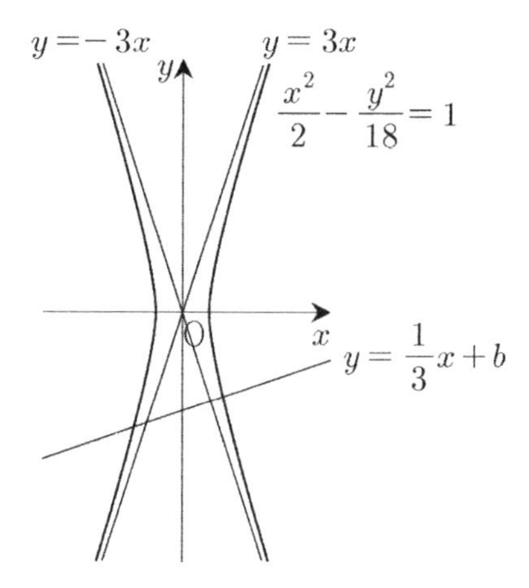

문제에서 주어진 쌍곡선과 직선 $y=\frac{1}{3}x+b(b<0)$은 서로 다른 두 점에서 만난다.

이상에서 옳은 것은 ㄱ, ㄴ, ㄷ이다.

답 ⑤

M064 | 답 18

[풀이]

문제에서 주어진 쌍곡선의 x절편은 -2, 2이므로

쌍곡선의 주축의 길이는 4이다.

두 초점 F, F′의 좌표는

$F(\sqrt{4+5},\ 0)$, $F'(-\sqrt{4+5},\ 0)$

즉, $F(3,\ 0)$, $F'(-3,\ 0)$

쌍곡선의 정의에 의하여

$\overline{PF'}-\overline{PF}=4$ …㉠

문제에서 주어진 조건에 의하여

$\overline{PF'}:\overline{PF}=\overline{F'A}:\overline{FA}=2:1$

즉, $\overline{PF'}=2\overline{PF}$ …㉡

㉠, ㉡을 연립하면

$\overline{PF}=4$, $\overline{PF'}=8$

따라서 삼각형 PF′F의 둘레의 길이는

$8+4+6=18$

답 18

M065 | 답 ①

[풀이]

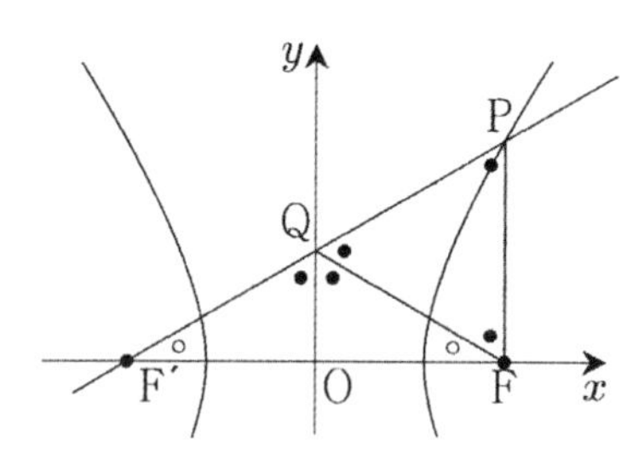

(단, ●$=60^\circ$, ○$=30^\circ$)

$\overline{OF}=\overline{OF'}$이므로

두 직각삼각형 QOF, QOF′는 서로 합동이다.

정삼각형의 정의, '삼각형의 세 내각의 합은 180°이다.' 임을 이용하면 위와 같이 각의 크기가 결정된다.

쌍곡선의 정의에 의하여

∴ (쌍곡선의 주축의 길이)

$=\overline{PF'}-\overline{PF}=\overline{QF'}$

=(정삼각형 PQF의 한 변의 길이)

$=\frac{3\sqrt{3}}{\sqrt{3}}\times 2=6$

답 ①

M066 | 답 ②

[풀이]

$c=\sqrt{9+16}=5$, $c=-5$, $\overline{FF'}=10$

쌍곡선이 정의에 의하여

$\overline{PF'}=\overline{PF}+6=10+6=16$

따라서 삼각형 PF′F의 둘레의 길이는

$16+10+10=36$

답 ②

M067 | 답 ④

[풀이]

문제에서 주어진 쌍곡선의 주축의 길이는 4이고,

$c=\sqrt{12+4}=4$

$\overline{PF}=a$, $\overline{PF'}=b$, $\overline{QF}=c$, $\overline{QF'}=d$라고 하자.

쌍곡선의 정의에 의하여

$b-a=4(\cdots㉠)$, $c-d=4(\cdots㉡)$

문제에서 주어진 조건에 의하여

$b-d=5$, $a=\frac{2}{3}c$ …㉢

㉡, ㉢을 연립하면

$c-d=\frac{3}{2}a+5-b=4$, 즉 $\frac{3}{2}a-b=-1$

이 등식을 ㉠과 연립하면

$a=6$, $b=10$, $c=9$, $d=5$

$\therefore\ \overline{PF}+\overline{QF}=a+c=15$

답 ④

M068 | 답 ⑤

[풀이]

타원의 정의에 의하여

$\overline{PF}+\overline{PF'}=2a,\ \overline{PF'}=2a-3$

쌍곡선의 정의에 의하여

$\overline{PF'}-\overline{PF}=4,\ \overline{PF'}=7$

$2a-3=7,\ a=5$

타원과 쌍곡선에서

$a^2=7+c^2,\ c^2=4+b^2$

$c^2=18,\ b^2=14$

$\therefore\ a^2+b^2=25+14=39$

답 ⑤

M069 | 답 ④

[풀이]

쌍곡선의 정의에 의하여

$|\overline{PF}-\overline{PF'}|=2a=10$ 즉, $a=5$

$y^2=4\times14(x+c)$에서 $\overline{AF}=14$

$\overline{AF'}:\overline{FF'}=1:6$에서 $\overline{FF'}=6\overline{AF'}$

$\overline{AF}=\overline{AF'}+\overline{F'F}=7\overline{AF'}=14$

$\overline{AF'}=2,\ \overline{FF'}=12$

$\overline{OF}=6$이므로

$b^2=k^2-a^2=36-25=11$

포물선의 꼭짓점의 좌표는 $A(-c,\ 0)$이므로

$-c=-8$에서 $c=8$

$\therefore\ \dfrac{c^2}{a^2-b^2}=\dfrac{64}{25-11}=\dfrac{32}{7}$

답 ④

M070 | 답 12

[풀이]

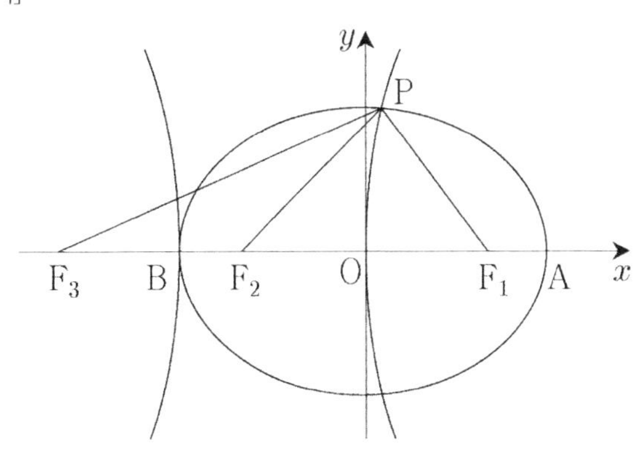

타원의 정의에 의하여

$\overline{PF_1}+\overline{PF_2}=6$

쌍곡선의 정의에 의하여

$\overline{PF_3}-\overline{PF_1}=3$

위의 두 등식을 연립하면

$\overline{PF_2}+\overline{PF_3}=9$

그런데

$\overline{F_3B}=\overline{OF_1},\ \overline{BF_2}=\overline{F_1A}$

이므로

$\overline{F_3F_2}=\overline{OA}=3$

따라서 삼각형 PF_3F_2의 둘레의 길이는 $9+3=12$이다.

답 12

M071 | 답 ⑤

[풀이]

세 점 A, B, D의 좌표가 각각

$A(2,\ 0),\ B(1,\ \sqrt{3}),\ D(-2,\ 0)$

이 되도록 좌표평면을 도입하자.

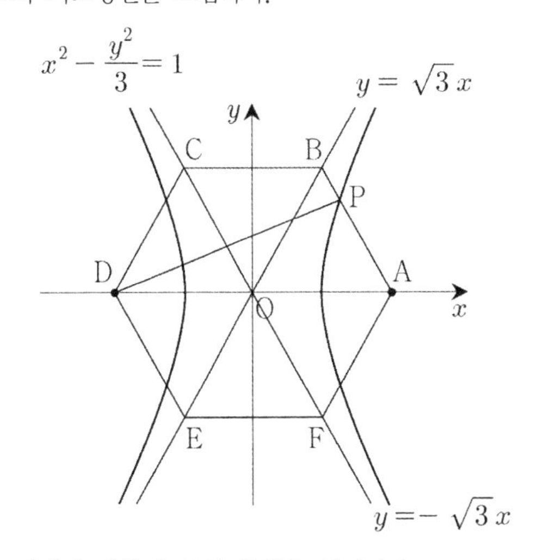

위의 그림처럼 쌍곡선 H의 중심은 원점이다.

두 직선 BE, CF의 기울기가 각각 $\sqrt{3}$, $-\sqrt{3}$이므로
쌍곡선 H의 두 점근선의 방정식은 각각
$y=\sqrt{3}x$, $y=-\sqrt{3}x$
이제 쌍곡선 H의 방정식을 다음과 같이 두자.
H: $\frac{x^2}{k^2}-\frac{y^2}{3k^2}=1$(단, $k>0$)
점 A$(2, 0)$이 쌍곡선 H의 한 초점이므로
$\sqrt{k^2+3k^2}=2$ 즉, $k=1$
쌍곡선 H의 방정식은
H: $x^2-\frac{y^2}{3}=1$
쌍곡선 H는 x축 위의 두 점 $(-1, 0)$, $(1, 0)$을 지나므로,
쌍곡선 H의 주축의 길이는 2이다.
쌍곡선의 정의에 의하여
$\therefore$ $\overline{\text{DP}}-\overline{\text{AP}}=$(쌍곡선 H의 주축의 길이)$=2$
답 ⑤

M072 | 답 ⑤

[풀이]
$16+9=5^2$이므로
F$(5, 0)$, F$'(-5, 0)$, 즉 $\overline{\text{FF}'}=10$
$\overline{\text{PF}}=p$, $\overline{\text{PF}'}=q$라고 하자.

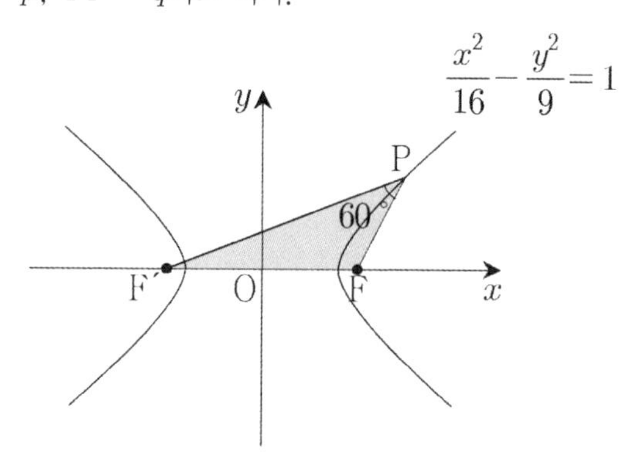

코사인법칙에 의하여
$10^2=p^2+q^2-2pq\cos60^\circ$, 즉
$p^2+q^2=100+pq$
쌍곡선의 정의에 의하여
$q-p=8$
곱셈공식에 의하여
$(q-p)^2=p^2+q^2-2pq$
즉, $8^2=100+pq-2pq$, $pq=36$
$\therefore$ ($\triangle$PFF$'$의 넓이)$=\frac{1}{2}pq\sin60^\circ$
$=9\sqrt{3}$
답 ⑤

M073 | 답 ②

[풀이]
문제에서 주어진 쌍곡선의 방정식을 정리하면
$\frac{x^2}{1^2}-\frac{y^2}{\frac{a}{4}}=1$

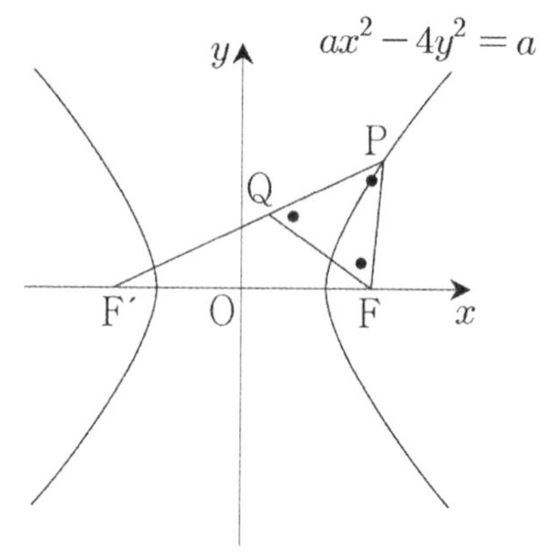

(단, ●$=60^\circ$)
쌍곡선의 정의에 의하여
$\overline{\text{PF}'}=\overline{\text{PF}}+2=\sqrt{6}+1$
이고,
$\overline{\text{PF}}=\sqrt{6}-1$, $\overline{\text{FF}'}=2\sqrt{1+\frac{a}{4}}$
이므로 삼각형 PF$'$F에서 코사인법칙에 의하여
$4+a$
$=(\sqrt{6}+1)^2+(\sqrt{6}-1)^2-2(\sqrt{6}+1)(\sqrt{6}-1)\cos60^\circ$
$\therefore$ $a=5$
답 ②

M074 | 답 128

[풀이]

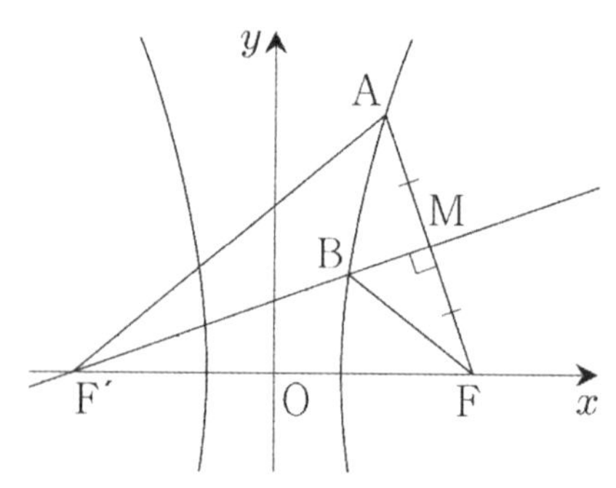

$c=\sqrt{4+32}=6$, $\overline{\text{F}'\text{F}}=12$
쌍곡선의 정의에 의하여
$\overline{\text{AF}'}-\overline{\text{AF}}=4$, $\overline{\text{AF}}=8$, $\overline{\text{MF}}=4$

(나): $\triangle AF'F$는 $\overline{AF'}=\overline{F'F}(=12)$인 이등변삼각형이다.
직각삼각형 $MF'F$에서 피타고라스의 정리에 의하여
$\overline{MF'}=\sqrt{12^2-4^2}=8\sqrt{2}$
쌍곡선의 정의에 의하여
$\overline{BF}=b$로 두면 $\overline{BF'}=b+4$이고,
$\overline{BM}=8\sqrt{2}-b-4$
$\therefore$ ($\triangle BFM$의 둘레의 길이)
$=b+4+(8\sqrt{2}-b-4)=8\sqrt{2}=k$
$\therefore\ k^2=128$
답 128

M075 | 답 ②

[풀이]
쌍곡선의 나머지 한 초점을 F′, 선분 PF의 중점을 H라고 하자.

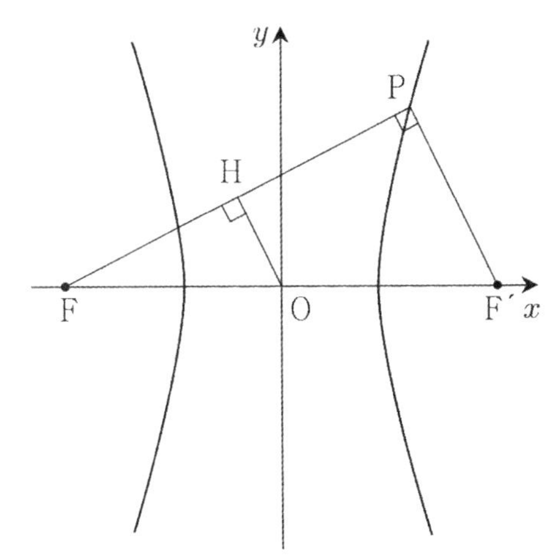

$\overline{FH}:\overline{HP}=\overline{FO}:\overline{OF'}(=1:1)$이므로
두 직선 OH, F′P는 서로 평행하다.
평행선의 성질에 의하여
$\angle FPF'=\angle FHO=90°$
서로 닮음인 두 직각삼각형 FHO, FPF′에 대하여
$\overline{HO}:\overline{PF'}=1:2$이므로 $\overline{PF'}=6$
쌍곡선의 정의에 의하여
(쌍곡선의 주축의 길이)$=\overline{PF}-\overline{PF'}=12-6=6$
즉, $2a=6$ 풀면 $a=3$
직각삼각형 PFF′에서 피타고라스의 정리에 의하여
$\overline{FF'}=\sqrt{\overline{PF}^2+\overline{PF'}^2}=6\sqrt{5}$ 즉, $\overline{OF}=3\sqrt{5}$
$\overline{OF}=\sqrt{3^2+b^2}=3\sqrt{5}$에서 $b=6$
$\therefore\ ab=18$
답 ②

M076 | 답 ②

[풀이]
포물선 $y^2=4px$의 준선은 $x=-p$이다.
점 A에서 준선 $x=-p$과 x축에 내린 수선의 발을 각각 P, Q라고 하자.

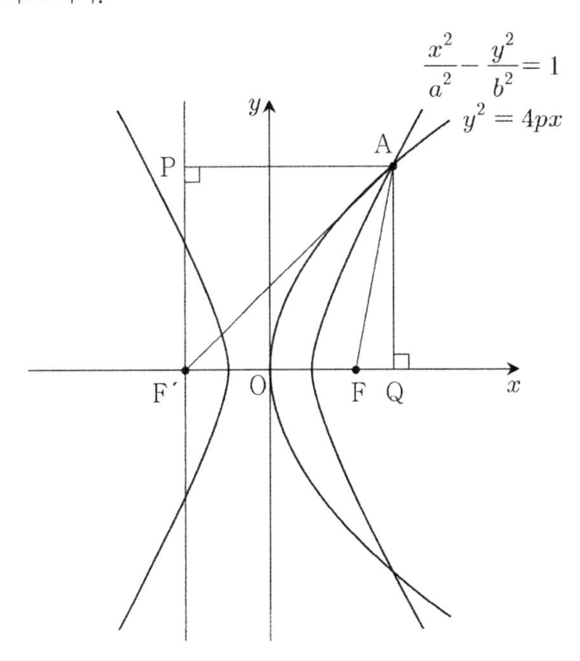

포물선의 정의에 의하여
$\overline{AP}=\overline{AF}=5$
$\angle AFQ=\pi-\angle AFF'$이므로
$\cos(\angle AFQ)=-\cos(\angle AFF')=\frac{1}{5}$
직각삼각형 AFQ에서 삼각비의 정의에 의하여
$\overline{FQ}=1$
직각삼각형 AFQ에서 피타고라스의 정리에 의하여
$\overline{AQ}=\sqrt{\overline{AF}^2-\overline{FQ}^2}=2\sqrt{6}$이므로 $\overline{PF'}=2\sqrt{6}$
직각삼각형 APF′에서 피타고라스의 정리에 의하여
$\overline{AF'}=\sqrt{\overline{AP}^2+\overline{PF'}^2}=7$
$\overline{OF}=\frac{1}{2}(\overline{PA}-\overline{FQ})=2$이므로 $p=2$, $F(2,\ 0)$
쌍곡선의 정의에 의하여
$2a=\overline{AF'}-\overline{AF}=2$ 즉, $a=1$
$2^2=a^2+b^2$에서 $b=\sqrt{3}$
$\therefore\ ab=\sqrt{3}$
답 ②

[참고] (교육과정 외)
p의 값을 다음과 같이 구할 수도 있다.
공식
$\overline{PF}=\frac{2p}{1-\cos\theta}$ (단, θ는 직선 PF가 x축과 이루는 양의

방향과 이루는 각의 크기)
를 이용하여 p의 값을 구하자.
직선 AF가 x축의 양의 방향과 이루는 각의 크기를 θ라고 하면

$$\cos\theta=\cos(180^\circ-\angle\mathrm{AFF'})=-\cos(\angle\mathrm{AFF'})=\frac{1}{5}$$

이므로

$$\overline{\mathrm{AF}}=\frac{2p}{1-\cos\theta}=5,\ \text{즉}\ \frac{2p}{1-\frac{1}{5}}=5$$

$\therefore\ p=2$

M077 | 답 32

[풀이]

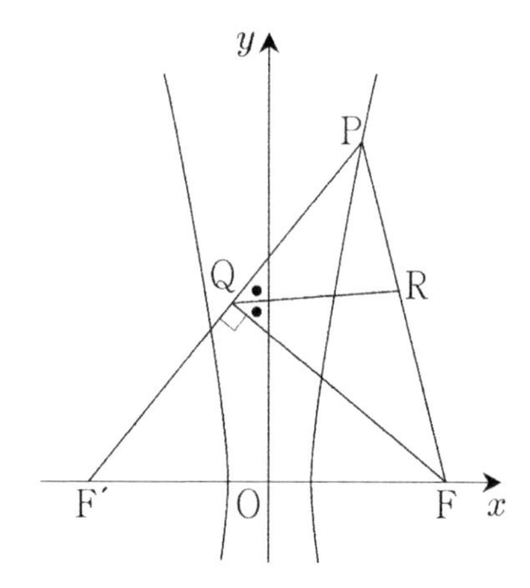

(단, $\bullet=45^\circ$)
문제에서 주어진 조건에서
$\overline{\mathrm{PR}}:\overline{\mathrm{RF}}=3:4(=3k:4k)$
직선 QR이 $\angle\mathrm{PQF}$의 이등분선이므로
$\overline{\mathrm{PQ}}:\overline{\mathrm{QF}}=3:4(=3l:4l)$, 즉 $\overline{\mathrm{QF}}=4l$
직각삼각형 PQF에서 피타고라스의 정리에 의하여

$$\overline{\mathrm{PF}}=5l=3k+4k,\ k=\frac{5}{7}l$$

쌍곡선의 정의에 의하여

$$\overline{\mathrm{PF'}}-\overline{\mathrm{PF}}=3l+\overline{\mathrm{QF'}}-5l=2$$

$$\overline{\mathrm{QF'}}=2+2l$$

직각삼각형 QF′F에서 피타고라스의 정리에 의하여

$$(2\sqrt{17})^2=(4l)^2+(2+2l)^2,\ 5l^2+2l-16=0,$$

$$(5l-8)(l+2)=0,\ l=\frac{8}{5}$$

$$\therefore\ (\triangle\mathrm{PF'F}\text{의 넓이})=\frac{1}{2}\times(5l+2)\times4l$$

$$=\frac{1}{2}\times10\times\frac{32}{5}=32$$

답 32

M078 | 답 100

[풀이]
조건 (가)에 의하여 직선 BA는 선분 PF의 수직이등분선이다.

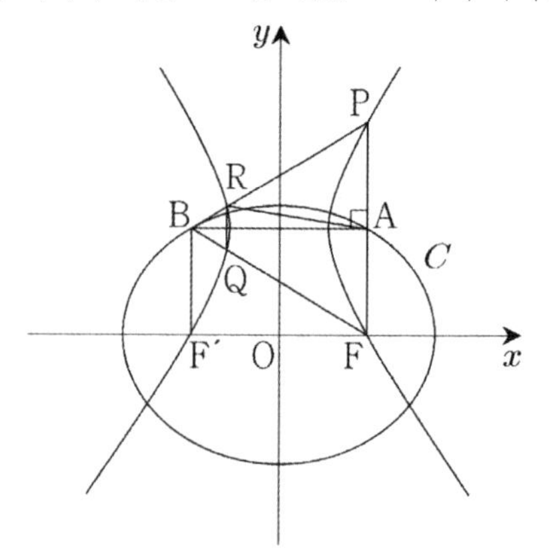

$\overline{\mathrm{AB}}=2c$(높이)이므로 정삼각형 BFP의 한 변의 길이는 $\frac{4}{\sqrt{3}}c$이다.
타원의 정의에 의하여

$$\overline{\mathrm{BF}}+\overline{\mathrm{BF'}}=\frac{6}{\sqrt{3}}c=(\text{타원 } C\text{의 장축의 길이})$$

쌍곡선의 정의에 의하여

$$\overline{\mathrm{RA}}-\overline{\mathrm{RB}}=\overline{\mathrm{PB}}-\overline{\mathrm{PA}}=\frac{2}{\sqrt{3}}c \qquad \cdots㉠$$

(나): $\frac{6}{\sqrt{3}}c-3\times\overline{\mathrm{BR}}=3$, 즉

$$\overline{\mathrm{BR}}=\frac{2}{\sqrt{3}}c-1 \qquad \cdots㉡$$

㉠, ㉡을 연립하면

$$\overline{\mathrm{RA}}=\frac{4}{\sqrt{3}}c-1$$

삼각형 PRA에서 코사인법칙에 의하여

$$\left(\frac{4}{\sqrt{3}}c-1\right)^2$$

$$=\left(\frac{2}{\sqrt{3}}c+1\right)^2+\left(\frac{2}{\sqrt{3}}c\right)^2$$

$$-2\times\left(\frac{2}{\sqrt{3}}c+1\right)\left(\frac{2}{\sqrt{3}}c\right)\cos60^\circ$$

정리하면

$$c=\frac{5\sqrt{3}}{6}$$

$$\therefore\ 60\times\overline{\mathrm{AF}}=60\times\frac{5}{3}=100$$

답 100

M079 | 답 22

[풀이]
문제에서 주어진 원과 쌍곡선은 모두 y축에 대하여 대칭이고

점 P는 y축 위에 있으므로 두 직선 AB, CD도 y축에 대하여 대칭이다.

$\sqrt{9+16}=5$이므로 점 F$(5,\ 0)$는 문제에서 주어진 쌍곡선의 두 초점 중에서 하나이다. 나머지 하나를 F$'$라고 하면

F$'(-5,\ 0)$

이고, 직선 CD가 x축과 만나서 생기는 점이다.

쌍곡선의 정의에 의하여

$\overline{\text{CF}}-\overline{\text{CF}'}=6$, $\overline{\text{DF}}-\overline{\text{DF}'}=6$

두 식을 변변히 더하면

$\overline{\text{CF}}+\overline{\text{DF}}-(\overline{\text{CF}'}+\overline{\text{DF}'})=12$

그런데 $\overline{\text{CF}'}+\overline{\text{DF}'}=\overline{\text{CD}}=\overline{\text{AB}}=10$이므로

$\therefore\ \overline{\text{CF}}+\overline{\text{DF}}=22$

답 22

M080 | 답 ①

[풀이]

$c=\sqrt{4+6}=\sqrt{10}$

$\overline{\text{PF}}=t$로 두자.

쌍곡선의 정의에 의하여

$\overline{\text{PF}'}=t+4$

직각삼각형 PF$'$F에서 피타고라스의 정리에 의하여

$(2\sqrt{10})^2=(t+4)^2+t^2$

정리하면

$t^2+4t-12=0$, $(t-2)(t+6)=0$

풀면 $t=2$이므로

$\overline{\text{PF}}=2$, $\overline{\text{PF}'}=6$

$\therefore\ \cos(\angle\text{PFF}')=\dfrac{2}{2\sqrt{10}}=\dfrac{\sqrt{10}}{10}$

답 ①

M081 | 답 ②

[풀이]

$4+12=4^2$이므로 주어진 쌍곡선의 두 초점의 좌표는

A$(-4,\ 0)$, B$(4,\ 0)$

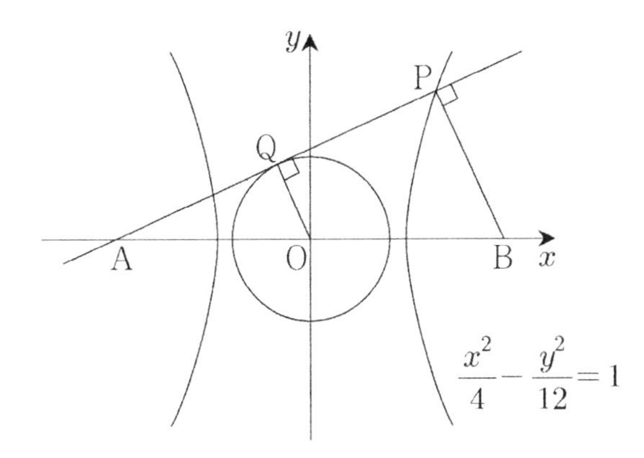

$\overline{\text{PA}}=a$, $\overline{\text{PB}}=b$로 두자.

직각삼각형 PAB에서 피타고라스의 정리에 의하여

$8^2=a^2+b^2$

쌍곡선의 정의에 의하여

$a-b=4$

위의 두 등식을 연립하면

$8^2=a^2+(a-4)^2$, $a^2-4a-24=0$

$a=2+2\sqrt{7}$, $b=2\sqrt{7}-2$

$\overline{\text{AO}}=\overline{\text{OB}}$이므로 두 직각삼각형 PAB, QAO의 닮음비는 $2:1$이다.

$\therefore\ \overline{\text{OQ}}=\dfrac{1}{2}b=\sqrt{7}-1$

답 ②

M082 | 답 18

[풀이] ★

$\sqrt{9+16}=5$이므로 주어진 쌍곡선의 두 초점의 좌표는

F$(5,\ 0)$, F$'(-5,\ 0)$, 즉 $\overline{\text{FF}'}=10$

아래 그림처럼 내접원 위의 세 접점을 각각 A, B, C라고 하자.

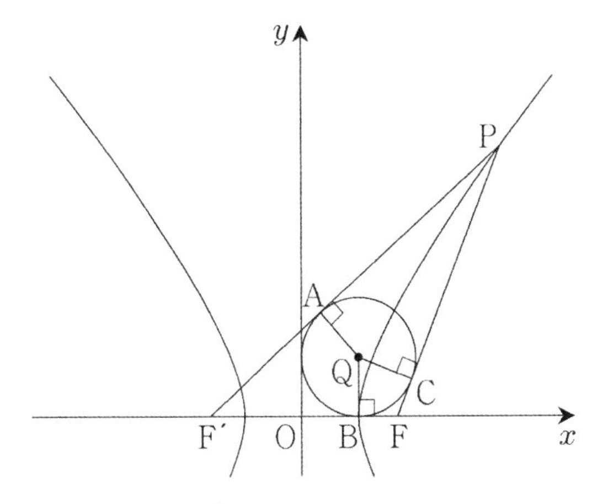

쌍곡선의 정의에 의하여

$\overline{\text{PF}'}-\overline{\text{PF}}=\overline{\text{AF}'}-\overline{\text{CF}}$

$(\because\ \overline{\text{PA}}=\overline{\text{PC}})$

$=\overline{\mathrm{BF'}}-\overline{\mathrm{BF}}$

$(\because\ \overline{\mathrm{F'A}}=\overline{\mathrm{F'B}},\ \overline{\mathrm{FC}}=\overline{\mathrm{FB}})$

$=6$

이상을 정리하면

$\overline{\mathrm{BF'}}+\overline{\mathrm{BF}}=10$

$\overline{\mathrm{BF'}}-\overline{\mathrm{BF}}=6$

풀면

$\overline{\mathrm{BF'}}=8,\ \overline{\mathrm{BF}}=2$

점 B의 x좌표가 3이므로 원은 y축에 접한다.

이때, 직선 OQ가 x축의 양의 방향과 이루는 각의 크기는 45° 이므로

(즉, 점 Q의 좌표는 $(3,\ 3)$이므로)

$\overline{\mathrm{OQ}}=3\sqrt{2}$

$\therefore\ \overline{\mathrm{OQ}}^{2}=18$

답 18

M083 | 답 ②

[풀이]

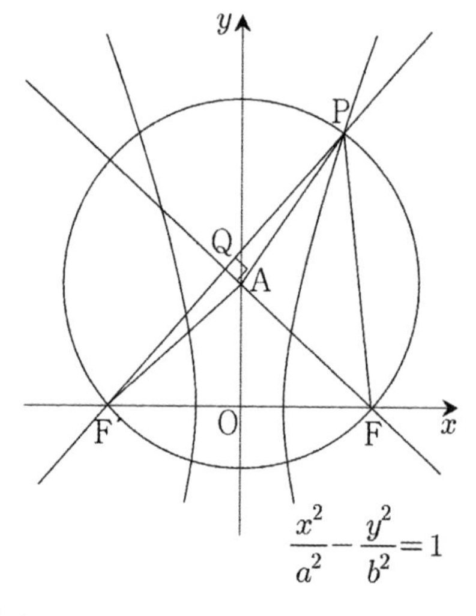

$\overline{\mathrm{PQ}}=\overline{\mathrm{QF'}}$ ($\because$ 현의 수직이등분선)

이므로

$\overline{\mathrm{FP}}=\overline{\mathrm{FF'}}(=3k),\ \overline{\mathrm{PF'}}=4k$

직각삼각형 PQF에서 피타고라스의 정리에 의하여

$\overline{\mathrm{FQ}}=\sqrt{(3k)^2-(2k)^2}=\sqrt{5}k$

$\tan(\angle\mathrm{AFF'})=\dfrac{\overline{\mathrm{QF'}}}{\overline{\mathrm{FQ}}}=\dfrac{2}{\sqrt{5}}$

이므로 직각삼각형 AOF에서

$\dfrac{\overline{\mathrm{OA}}}{\overline{\mathrm{FO}}}=\dfrac{2}{\sqrt{5}},$

$\overline{\mathrm{OF}}=3\sqrt{5}\left(=c=\dfrac{3}{2}k\right),\ k=2\sqrt{5}$

쌍곡선의 정의에서

$4k-3k=k=2a,\ a=\sqrt{5}$

쌍곡선의 방정식에서

$a^2+b^2=c^2=45,\ b^2=40$

$\therefore\ b^2-a^2=40-5=35$

답 ②

M084 | 답 54

[풀이] ★

문제에서 주어진 쌍곡선의 방정식에서

$2a=6$에서 $a=3$ …㉠

선분 AP가 문제에서 주어진 원과 만나는 점을 R이라고 하자.

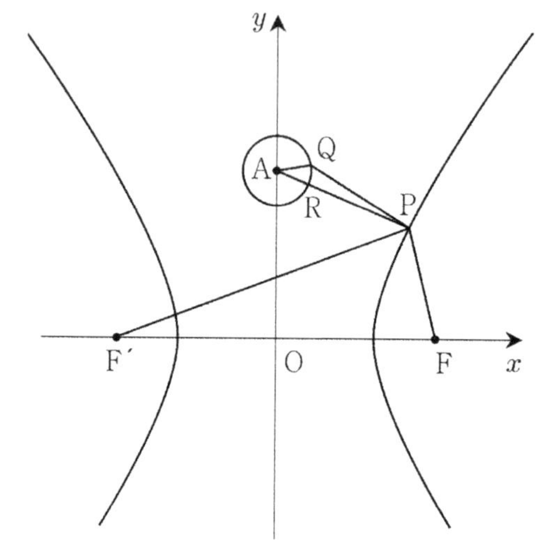

쌍곡선의 정의에 의하여

$\overline{\mathrm{PF'}}-\overline{\mathrm{PF}}=6$ 즉, $\overline{\mathrm{PF'}}=\overline{\mathrm{PF}}+6$

이므로

$\overline{\mathrm{PQ}}+\overline{\mathrm{PF'}}=\overline{\mathrm{PQ}}+\overline{\mathrm{PF}}+6$

$\geq\overline{\mathrm{PR}}+\overline{\mathrm{PF}}+6=\overline{\mathrm{PA}}+\overline{\mathrm{PF}}+5$

(단, 등호는 점 Q가 점 R 위에 있을 때 성립한다.)

$\geq\overline{\mathrm{AF}}+5=\sqrt{a^2+b^2+25}+5=12$

(단, 등호는 세 점 A, P, F가 일직선 위에 있을 때 성립한다.)

정리하면

$a^2+b^2=24$ …㉡

㉠을 ㉡에 대입하면

$b^2=15$

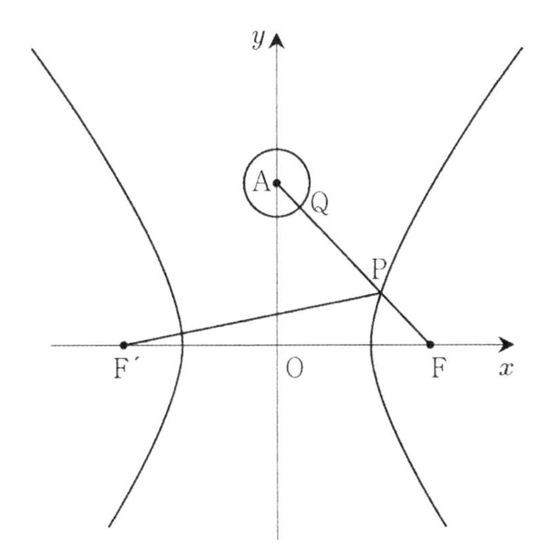

$\therefore\ a^2+3b^2=54$

답 54

M085 | 답 64

[풀이]

기울기가 m이고, 포물선 $y^2=4px$에 접하는 접선의 방정식은

$$y=mx+\frac{p}{m}$$

이다. 이 공식을 이용하면 접선의 방정식은

$$y=\frac{1}{2}x+8$$

이 직선의 x절편과 y절편은 각각 -16, 8이므로 구하는 삼각형의 넓이는

$$\frac{1}{2}\times16\times8=64$$

답 64

[참고] (교육과정 외)

음함수의 미분법에 의하여

$$2yy'=16,\ \text{즉 } y'=\frac{8}{y}$$

$y'=\frac{1}{2}$이면 $y=16$이고, $x=16$이다.

접선의 방정식은

$$y=\frac{1}{2}(x-16)+16,\ \text{즉 } y=\frac{1}{2}x+8$$

M086 | 답 ③

[풀이1]

기울기가 m이면서 포물선 $y^2=4px$에 접하는 접선의 방정식은

$$y=mx+\frac{p}{m}$$

이다. 위의 공식을 이용하면 접선의 방정식은

$$y=mx+\frac{1}{m}$$

이 직선이 점 $A(-2,\ 4)$를 지나므로

$$4=-2m+\frac{1}{m},\ 2m^2+4m-1=0$$

이차방정식의 근과 계수와의 관계에 의하여 구하는 값은

$$\frac{-1}{2}=-\frac{1}{2}$$

답 ③

[풀이2]

접점의 좌표를 $(s,\ t)$로 두면 접선의 방정식은

$$ty=4\times\frac{x+s}{2},\ \text{즉 } y=\frac{2}{t}x+\frac{2s}{t}$$

이 직선이 점 $A(-2,\ 4)$를 지나므로

$$4=\frac{2}{t}(-2)+\frac{2s}{t},\ \text{즉 } s=2t+2 \qquad \cdots ㉠$$

그런데 점 $(s,\ t)$는 포물선 위에 있으므로

$$t^2=4s \qquad \cdots ㉡$$

㉠, ㉡을 연립하면

$$t^2=4(2t+2),\ t^2-8t-8=0$$

양변을 t^2으로 나누어 정리하면

$$2\left(\frac{2}{t}\right)^2+4\times\frac{2}{t}-1=0$$

이 이차방정식의 두 실근은 두 접선의 기울기이다.

따라서 이차방정식의 근과 계수와의 관계에 의하여 구하는 값은

$$\frac{-1}{2}=-\frac{1}{2}$$

답 ③

[참고] (교육과정 외)

접선의 방정식을 다음과 같이 유도해도 좋다.

접점의 좌표를 $(s,\ t)$로 두자.

$$2y\frac{dy}{dx}=4,\ \frac{dy}{dx}=\frac{2}{y}$$

이므로 접선의 방정식은

$$y-t=\frac{2}{t}(x-s),\ \text{즉 } y=\frac{2}{t}x+\frac{t^2-2s}{t}$$

$$\therefore\ y=\frac{2}{t}x+\frac{2s}{t}\ \ (\because\ t^2=4s)$$

M087 | 답 32

[풀이]

$y^2 = 4\times 3\times x$에서 $p=3$이므로

포물선의 준선의 방정식은 $x=-3$이다.

점 A에서 준선에 내린 수선의 발을 H라고 하자.

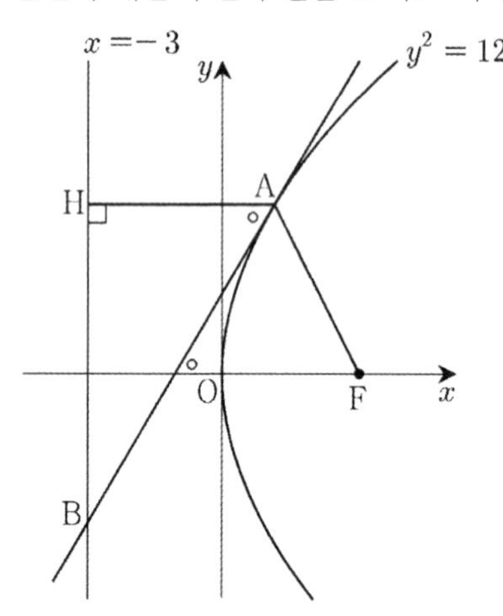

(단, $\circ = \frac{\pi}{3}$이다.)

포물선의 정의에 의하여

$\overline{\mathrm{AH}} = \overline{\mathrm{AF}}$

문제에서 주어진 조건에 의하여

$\overline{\mathrm{AB}} = 2\overline{\mathrm{AH}}$ 즉, $\frac{\overline{\mathrm{AH}}}{\overline{\mathrm{BA}}} = \frac{1}{2}$

직각삼각형 AHB에서 특수각의 삼각비의 정의에 의하여

$\angle \mathrm{BAH} = \frac{\pi}{3}$

x축과 직선 AH가 서로 평행하므로

직선 AB가 x축의 양의 방향과 이루는 각의 크기는 $\frac{\pi}{3}$이다.

(엇각으로 같다.)

접선(AB)의 방정식은

$y = \sqrt{3}x + \sqrt{3}$ $(\because y = mx + \frac{p}{m})$

포물선의 방정식과 직선 AB의 방정식을 연립하면

$(\sqrt{3}x + \sqrt{3})^2 = 12x$, $(x-1)^2 = 0$, $x = 1$

즉, 점 A의 좌표는 $(1,\ 2\sqrt{3})$이다.

$\overline{\mathrm{AF}} = \overline{\mathrm{AH}} = 3+1 = 4$이므로

$\overline{\mathrm{AB}} = 2\overline{\mathrm{AF}} = 8$

$\therefore\ \overline{\mathrm{AB}} \times \overline{\mathrm{AF}} = 32$

답 32

[참고] (교육과정 외)

점 A의 x좌표를 다음과 같이 구해도 좋다.

점 A의 좌표를 $(a,\ 2\sqrt{3a})$라고 하면

점 A에서의 접선의 방정식은

$2\sqrt{3a}\,y = 12\times\frac{x+a}{2}$

이 직선의 기울기는

$\frac{6}{2\sqrt{3a}} = \sqrt{3}$ 풀면 $a=1$

M088 | 답 55

[풀이]

접점의 좌표를 $(x_0,\ y_0)$라고 하자.

접선의 방정식은

$y_0 y = 2(x + x_0)$ (기울기: $\frac{2}{y_0}$)

이 직선이 점 $(-n,\ 0)$을 지나므로

$0 = 2(-n + x_0)$에서 $x_0 = n$

점 $(x_0,\ y_0)$은 포물선 $y^2 = 4x$ 위에 있으므로

$y_0^2 = 4n$, 즉 $y_0 = 2\sqrt{n}$ $(\because y_0 > 0)$

$a_n = \frac{2}{2\sqrt{n}} = \frac{1}{\sqrt{n}}$

$\therefore\ \sum_{n=1}^{10}\left(\frac{1}{a_n}\right)^2 = \sum_{n=1}^{10} n = \frac{1+10}{2}\times 10 = 55$

답 55

M089 | 답 ③

[풀이]

포물선 $y^2 = 4x$의 그래프를 x축의 방향으로 1만큼 평행이동하면 문제에서 주어진 포물선의 그래프가 된다.

문제에서 주어진 포물선의 준선의 방정식은

$x = -1 + 1 = 0$

이다. 즉, y축이 준선이다.

점 P에서 y축(준선)에 내린 수선의 발을 Q라고 하자.

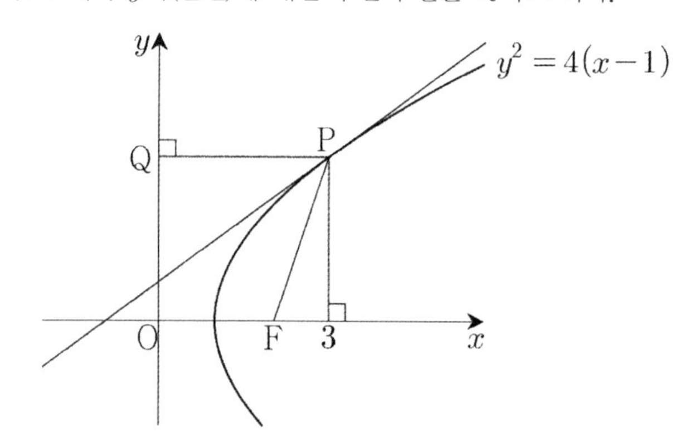

포물선의 정의에 의하여

$\overline{PQ}=\overline{PF}=3$
이므로 점 P의 x좌표는 3이다.
$x=3$을 문제에서 주어진 포물선의 방정식에 대입하여 y의 값을 구하면
$y=2\sqrt{2}$
점 P의 좌표는 $(3,\ 2\sqrt{2})$이다.
점 $P(3,\ 2\sqrt{2})$에서의 접선의 방정식은
$2\sqrt{2}y=4\times\dfrac{x-1+2}{2}$, 즉 $y=\dfrac{\sqrt{2}}{2}(x+1)$
이때, 점 P에서의 접선의 기울기는 $\dfrac{\sqrt{2}}{2}$이다.

답 ③

[참고] (교육과정 외)
다음과 같이 접선의 기울기를 구해도 좋다.
문제에서 주어진 포물선의 방정식에서 음함수의 미분법에 의하여
$2yy'=4$ 즉, $y'=\dfrac{2}{y}$
이므로
$\therefore\ y'|_{y=2\sqrt{2}}=\dfrac{\sqrt{2}}{2}$

[풀이2] (교육과정 외)
공식
$\overline{PF}=\dfrac{2p}{1-\cos\theta}$ (단, θ는 직선 PF가 x축과 이루는 양의 방향과 이루는 각의 크기)
를 이용하여 문제를 해결하자.
직선 PF가 x축의 양의 방향과 이루는 각의 크기를 θ라고 하자.
$\overline{PF}=\dfrac{2\times1}{1-\cos\theta}=3$, $\cos\theta=\dfrac{1}{3}$
이므로
(점 P의 x좌표)$=\overline{OF}+1=2+1=3$
점 $P(3,\ 2\sqrt{2})$에서의 접선의 방정식은
$2\sqrt{2}y=4\times\dfrac{x-1+2}{2}$, 즉 $y=\dfrac{\sqrt{2}}{2}(x+1)$
이때, 점 P에서의 접선의 기울기는 $\dfrac{\sqrt{2}}{2}$이다.

답 ③

M090 | 답 128

[풀이]
두 포물선의 꼭짓점의 사이의 거리가 4이므로, 두 포물선의 꼭짓점의 좌표는 각각 $(-2,\ 0)$, $(2,\ 0)$이다. 두 포물선의 준선이 y축이므로, 두 포물선의 초점의 좌표는 각각 $(-4,\ 0)$, $(4,\ 0)$이다. 두 포물선의 방정식은
$y^2=4\times2\times(x-2)$
즉, $y^2=8(x-2)$
$y^2=4\times(-2)\times(x+2)$
즉, $y^2=-8(x+2)$
두 포물선은 원점에 대하여 대칭이므로, 접선은 원점을 지나야 한다.
포물선 $y^2=8(x-2)$ 위의 점 $\left(2+\dfrac{t^2}{8},\ t\right)$(단, $t>0$)에서의 접선의 방정식은
$$ty=8\left(\dfrac{x+2+\dfrac{t^2}{8}}{2}-2\right)$$
이 접선이 원점을 지나므로, $x=y=0$을 대입하여 정리하면
$t=4$
접점의 좌표는 $(4,\ 4)$이다.
이 접선은 점 $(-4,\ -4)$에서 포물선 $y^2=-8(x+2)$에 접한다.
두 점 사이의 거리의 공식에 의하여
$d=8\sqrt{2}$이므로
$\therefore\ d^2=128$

답 128

M091 | 답 ⑤

[풀이]
주어진 포물선의 방정식
$y^2=4\times4\times x$에서
준선의 방정식은 $x=-4$이다.

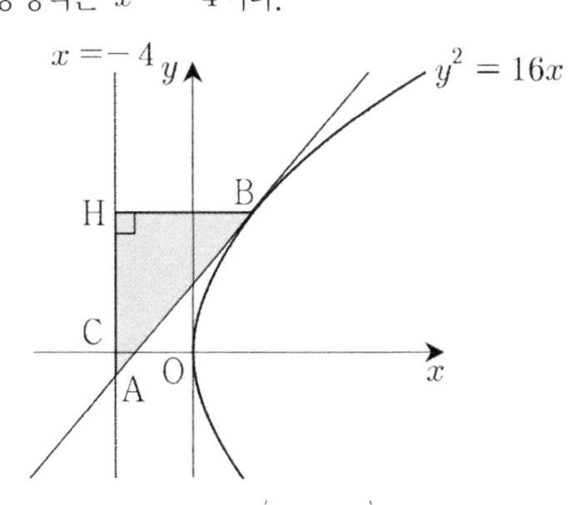

점 B의 좌표를 $B\left(\frac{t^2}{16},\ t\right)$로 두자.

포물선 위의 점 B에서의 접선의 방정식은

$ty=16\dfrac{x+\frac{t^2}{16}}{2}$

정리하면

$y=\frac{8}{t}x+\frac{t}{2}$

접선과 준선의 방정식을 연립하여 점 A의 좌표를 구하면

$A\left(-4,\ -\frac{32}{t}+\frac{t}{2}\right)$

두 점 C, H의 좌표는

$C(-4,\ 0)$, $H(-4,\ t)$

$\overline{AC}=\frac{32}{t}-\frac{t}{2}$, $\overline{CH}=t$

문제에서 주어진 조건에 의하여

$\left(\frac{32}{t}-\frac{t}{2}\right)\times t=8$

풀면

$t=4\sqrt{3}$

세 점 A, B, H의 좌표는 각각

$A\left(-4,\ -\frac{2}{3}\sqrt{3}\right)$, $B(3,\ 4\sqrt{3})$, $H(-4,\ 4\sqrt{3})$

$\therefore$ ($\triangle ABH$의 넓이)

$=\frac{1}{2}\times 7\times\frac{14}{3}\sqrt{3}=\frac{49}{3}\sqrt{3}$

답 ⑤

M092 | 답 21

[풀이]

문제에서 주어진 조건을 모두 만족시키도록 그림을 그리자.

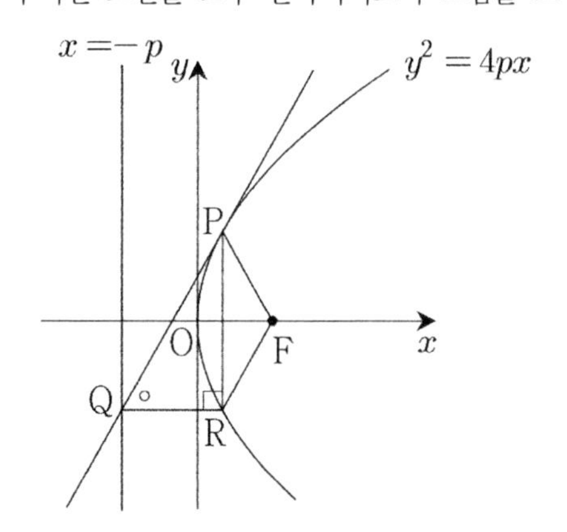

(단, ○$=60^\circ$)

점 P의 좌표를 $(k,\ 2\sqrt{pk})$로 두면

$R(k,\ -2\sqrt{pk})$이고,

점 P에서의 접선의 방정식은

$2\sqrt{pk}\,y=2p(x+k)$

$x=-p$를 대입하면

$2\sqrt{pk}\,y=2p(-p+k)$, $y=\frac{-p^2+pk}{\sqrt{pk}}$

(점 Q의 y좌표)$=\frac{-p^2+pk}{\sqrt{pk}}=-2\sqrt{pk}$

$p=3k$,

$\overline{QR}=4k$, $\overline{PR}=4\sqrt{3}k$, $\overline{PQ}=8k(\because \angle PQR=60^\circ)$,

$\overline{PF}=\overline{RF}=4k$ ($\because$ 포물선의 정의)

(□PQRF의 둘레의 길이)

$=8k+4k+4k+4k=140$, $k=7$

$\therefore\ p=21$

답 21

M093 | 답 ⑤

[풀이]

포물선 $y^2=4\times\frac{9}{4}\times x$의 초점은 F이고, 준선은 $x=-\frac{9}{4}$이다.

점 P에서 포물선의 준선에 내린 수선의 발을 H, 점 F에서 선분 PH에 내린 수선의 발을 I라고 하자.

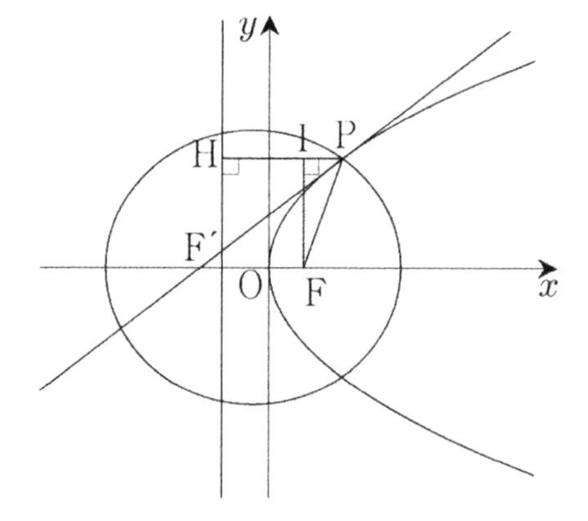

포물선의 정의에 의하여

$\overline{HP}=\overline{PF}=\frac{25}{4}$

이므로

$\overline{IP}=\frac{25}{4}-2\times\frac{9}{4}=\frac{7}{4}$

직각삼각형 IFP에서 피타고라스의 정리에 의하여

$\overline{IF}=\sqrt{\left(\frac{25}{4}\right)^2-\left(\frac{7}{4}\right)^2}=6=$(점 P의 y좌표)

점 $P(4,\ 6)$에서의 접선의 방정식은

$6y=9\times\frac{x+4}{2}$

$y=0$을 대입하면 $x=-4$, $F'(-4,\ 0)$, $\overline{PF'}=10$
타원의 장축의 길이는

$2a=\frac{65}{4}$이므로 $a=\frac{65}{8}$

$2b=2\sqrt{a^2-\left(\frac{25}{8}\right)^2}=2\sqrt{\left(\frac{65}{8}\right)^2-\left(\frac{25}{8}\right)^2}=15$

답 ⑤

M094 | 답 54

[풀이]
포물선 $y^2=4\times4x$의 초점과 준선은 각각 $F_1(4,\ 0)$, $x=-4$이다.
점 P에서 x축과 준선에 내린 수선의 발을 각각 H, I라고 하자.

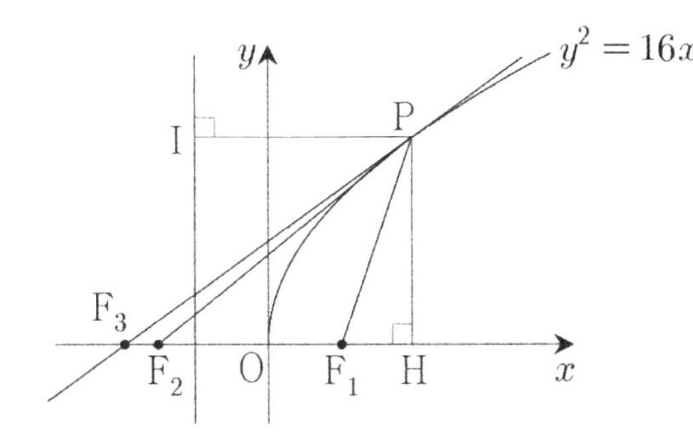

$\overline{F_1H}=k$로 두면
$\overline{PF_1}=\overline{IP}=4+4+k=k+8$ (∵ 포물선의 정의)
$\overline{PF_2}=\overline{PF_1}+6=k+14$
$\overline{F_2F_1}=10$
두 직각삼각형 PF_2H, PF_1H에서 피타고라스의 정리에 의하여
$\overline{PH}=\sqrt{(k+14)^2-(10+k)^2}=\sqrt{(k+8)^2-k^2}$
풀면 $k=4$
(이때, $P(8,\ 8\sqrt{2})$, PF_3: $8\sqrt{2}y=8(x+8)$)
그런데 $\overline{OF_3}=\overline{OH}=4+4=8$, $F_3(-8,\ 0)$
두 점 F_1, F_3의 중점은 $(-2,\ 0)$이므로
점 $(-2,\ 3\sqrt{2})$는 타원의 한 꼭짓점이므로
$\therefore\ a^2=6^2+(3\sqrt{2})^2=54$

답 54

M095 | 답 ④

[풀이]
문제에서 주어진 모든 조건을 만족시키는 점 P의 개수가 3인 경우는 아래 그림뿐이다. (아니면 점 P의 개수가 2 또는 4이다.)

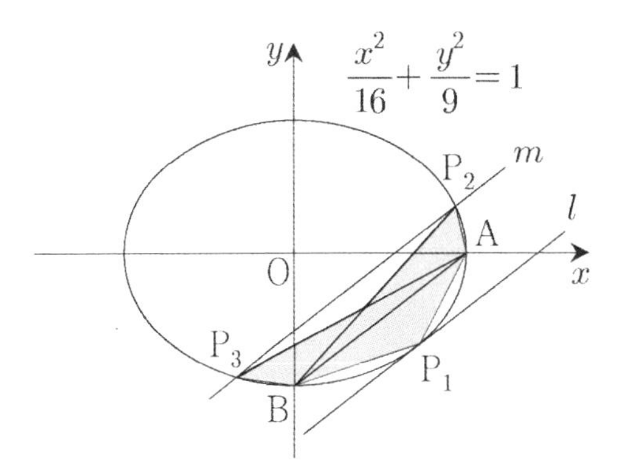

주어진 타원에 접하면서 직선 AB에 평행한 두 직선 중에서 제4사분면을 지나는 것을 l이라고 하자. 이때, 접점을 P_1이라 하자.
그리고 (점 A에서 직선 l에 이르는 거리)=(점 A에서 직선 m에 이르는 거리)이면서 직선 AB에 평행한 직선을 m이라고 하자. 이때, 직선 m이 타원과 만나는 두 점을 P_2, P_3라고 하자.
위의 그림처럼 세 삼각형 ABP_1, ABP_2, ABP_3의 넓이는 같다. 이때, 세 삼각형의 넓이는 k이다.

l: $y=\frac{3}{4}x-\sqrt{16\times\left(\frac{3}{4}\right)^2+9}=\frac{3}{4}x-3\sqrt{2}$

즉, $3x-4y-12\sqrt{2}=0$
(점 A에서 직선 l에 이르는 거리)

$=\frac{12\sqrt{2}-12}{5}$

$\therefore\ k=\frac{1}{2}\times5\times\frac{12\sqrt{2}-12}{5}=6\sqrt{2}-6$

답 ④

M096 | 답 ⑤

[풀이]
타원이 y축에 대하여 대칭이고, 점 A가 y축 위에 있으므로 두 직선 l_1, l_2는 y축에 대하여 대칭이다. 이때, 두 직선 l_1, l_2가 x축의 양의 방향과 이루는 각의 크기는 각각 $45°$, $135°$이다. 그리고 두 점 P, Q는 y축에 대하여 대칭이다.

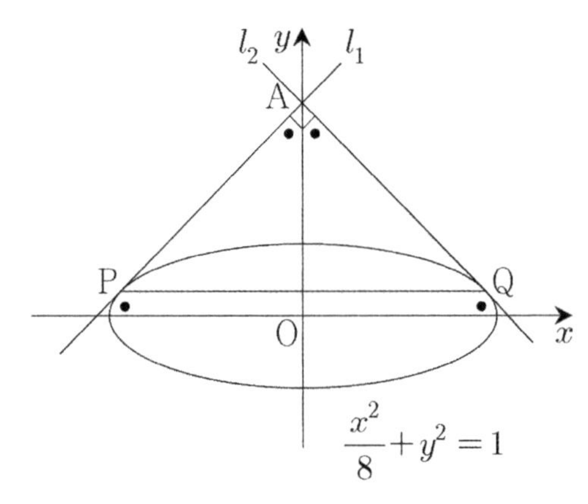

(단, ● = 45°)

l_1: $y=x+\sqrt{8\times1^2+1}=x+3$

l_2: $y=-x+3$

직선 l_1과 타원의 방정식을 연립하면

$\frac{x^2}{8}+(x+3)^2=1$, $9x^2+48x+64=0$,

$(3x+8)^2=0$, $x=-\frac{8}{3}$

$\therefore\ \overline{PQ}=\frac{8}{3}\times2=\frac{16}{3}$

답 ⑤

M097 | 답 ③

[풀이]

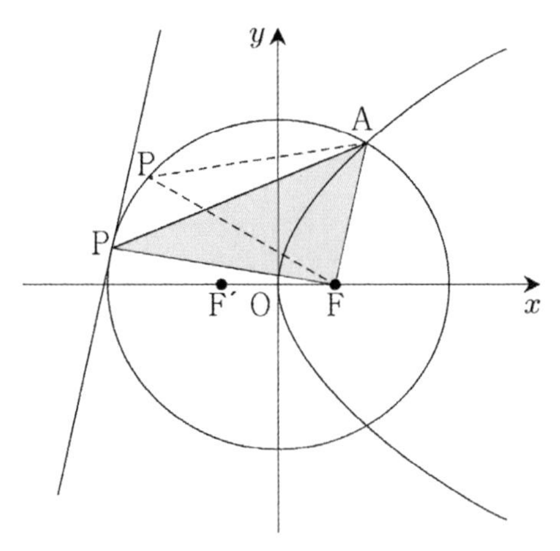

위의 그림처럼 제2사분면 위의 점 P에서의 접선의 기울기가 직선 AF의 기울기와 같으면 삼각형의 넓이가 최대가 된다.

타원과 포물선의 방정식은 각각

$\frac{x^2}{6^2}+\frac{y^2}{32}=1$, $y^2=8x$

연립하면

$\frac{x^2}{6^2}+\frac{8x}{32}=1$, $x^2+9x-36=0$,

$(x+12)(x-3)=0$, $x=3$, $A(3,\ 2\sqrt{6})$

(직선 AF의 기울기)$=2\sqrt{6}$

점 P에서의 접선의 기울기가 $2\sqrt{6}$이므로

$y=2\sqrt{6}x+8\sqrt{14}$

구하는 넓이의 최댓값은

$\frac{1}{2}\times5\times\frac{4\sqrt{6}+8\sqrt{14}}{5}=2\sqrt{6}+4\sqrt{14}$

답 ③

M098 | 답 ⑤

[풀이]

$c=\sqrt{40-15}=5$, 즉 $F(5,\ 0)$

이므로 $Q(10,\ 0)$

직선 PQ의 기울기가 m이라고 하면

$y=m(x-10)$

$=mx-10m=mx-\sqrt{m^2\times40+15}$

에서 $10m=\sqrt{m^2\times40+15}$

양변을 제곱하여 정리하면

$m=-\frac{1}{2}$, PQ: $x+2y-10=0$

타원과 직선 PQ의 방정식을 연립하면

$\frac{(10-2y)^2}{40}+\frac{y^2}{15}=1$, $(y-3)^2=0$, $y=3$

$\therefore$ ($\triangle$POQ의 넓이)$=\frac{1}{2}\times10\times3=15$

답 ⑤

M099 | 답 ②

[풀이]

타원에 접하는 직선의 방정식은

$y=\frac{1}{2}x\pm\sqrt{36\times\frac{1}{4}+16}=\frac{1}{2}x\pm5$

포물선에 접하는 직선의 방정식은

$y=\frac{1}{2}x+\frac{\frac{a}{4}}{\frac{1}{2}}=\frac{1}{2}x+\frac{a}{2}$

위의 두 직선의 방정식에서

$\frac{a}{2}=5$, 즉 $a=10$

따라서 포물선 $y^2=10x=4\times\frac{5}{2}\times x$의 초점의 x좌표는 $\frac{5}{2}$

이다.

답 ②

M100 | 답 ⑤

[풀이]

$k>1$이므로 문제에서 주어진 타원의 장축은 x축 위에 있다.
아래 그림처럼 문제에서 주어진 타원과 함수 $f(x)$의 그래프는 y축에 대하여 대칭이다.

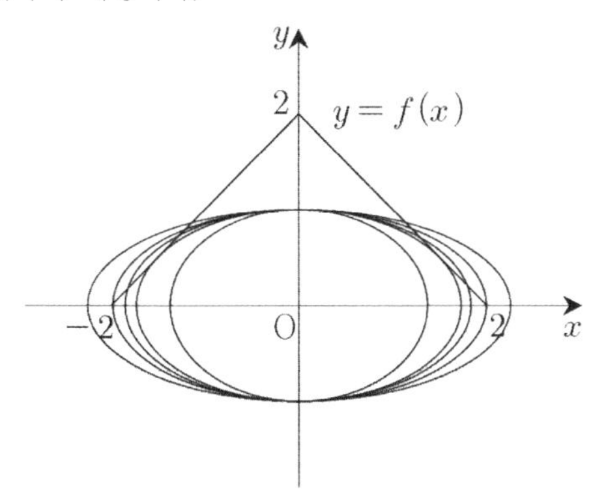

직선 $y=-x+2$가 타원에 접할 때의 k의 값을 k_1, 타원이 점 $(2,\ 0)$을 지날 때의 k의 값을 k_2라고 하자. 두 상수 k_1, k_2의 값을 구하자.

기울기가 -1이고, 타원에 접하는 직선의 방정식은

$y=-x+\sqrt{k^2+1}$

접선이 점 $(2,\ 0)$을 지나므로

$0=-2+\sqrt{k^2+1}$

풀면

$k=\sqrt{3}\,(\because k>1)$

따라서 k_1의 값은 $\sqrt{3}$이다.

타원이 점 $(2,\ 0)$을 지나면

$\dfrac{2^2}{k^2}+0^2=1$에서 $k=2(\because k>1)$

따라서 k_2의 값은 2이다.

함수 $g(k)$의 방정식은

$$g(k)=\begin{cases}0 & (1<k<\sqrt{3})\\ 2 & (k=\sqrt{3})\\ 4 & (\sqrt{3}<k\le 2)\\ 2 & (k>2)\end{cases}$$

함수 $g(k)$가 불연속이 되는 모든 k의 값들의 제곱의 합은

$(\sqrt{3})^2+2^2=7$

답 ⑤

[참고] (교육과정 외)

다음과 같이 접선의 방정식을 유도해도 좋다.

음함수의 미분법에 의하여

$\dfrac{dy}{dx}=-\dfrac{x}{k^2y}$

제1사분면에서 접점의 좌표를 $(x_1,\ y_1)$이라고 하면

$-\dfrac{x_1}{k^2y_1}=-1$에서 $x_1=k^2y_1$ … ㉠

점 $(x_1,\ y_1)$은 타원 위에 있으므로

$\dfrac{x_1^2}{k^2}+y_1^2=1$ … ㉡

㉠, ㉡을 연립하면

$x_1=\dfrac{k^2}{\sqrt{k^2+1}},\ y_1=\dfrac{1}{\sqrt{k^2+1}}$

접선의 방정식은 $y=-x+\sqrt{k^2+1}$

M101 | 답 ③

[풀이]

정삼각형의 성질과 이등변삼각형의 성질을 이용하면 아래 그림과 같이 각의 크기를 결정할 수 있다.

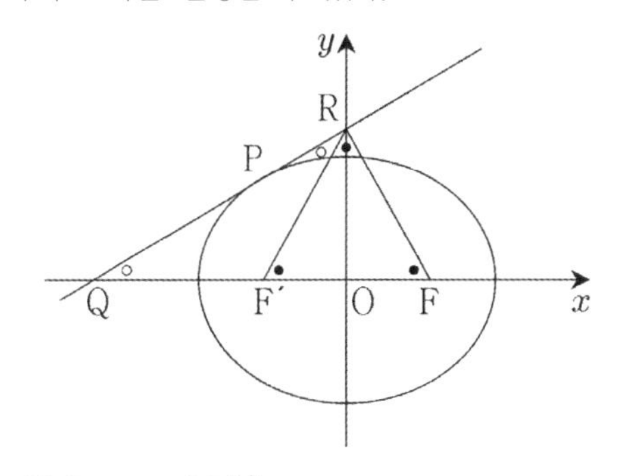

(단, ●$=60^\circ$, ○$=30^\circ$)

타원의 방정식에서

$a^2-18=c^2$ … ㉠

점 R의 좌표는 $(0,\ \sqrt{3}c)$

직선 PQ의 방정식은

$y=\dfrac{\sqrt{3}}{3}x+\sqrt{\dfrac{a^2}{3}+18}$

($\because$ 기울기가 $\tan 30^\circ=\dfrac{\sqrt{3}}{3}$)

이 직선이 점 R을 지나므로

$\sqrt{3}c=\sqrt{\dfrac{a^2}{3}+18}$

양변을 제곱하여 정리하면

$9c^2=a^2+54$ … ㉡

㉠, ㉡을 연립하면

$\therefore\ c^2=9$

답 ③

M102 | 답 16

[풀이]

접선의 방정식은

$$\frac{3x}{25}+\frac{\frac{16}{5}y}{16}=1,\ \text{즉}\ l:\ 3x+5y=25$$

$F(\sqrt{25-16},\ 0)$, $F'(-\sqrt{25-16},\ 0)$

즉, $F(3,\ 0)$, $F'(-3,\ 0)$

점과 직선 사이의 거리 공식에 의하여

$$d=\frac{16}{\sqrt{34}},\ d'=\frac{34}{\sqrt{34}}$$

$\therefore\ dd'=16$

답 16

M103 | 답 18

[풀이]

아래 그림처럼 $B(0,\ 4)$이다.

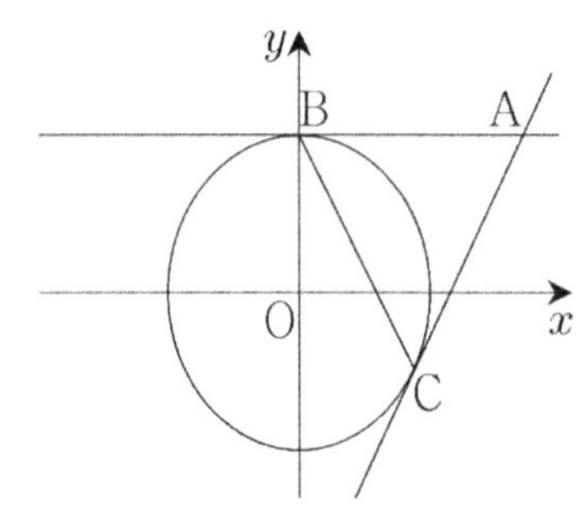

점 C의 좌표를 $C(x_1,\ y_1)$으로 두자.

점 C는 주어진 타원 위에 있으므로

$$\frac{x_1^2}{12}+\frac{y_1^2}{16}=1 \quad \cdots ㉠$$

점 C에서의 접선의 방정식은

$$\frac{x_1x}{12}+\frac{y_1y}{16}=1$$

이 직선과 직선 $y=4$의 방정식을 연립하면

$$\frac{x_1x}{12}+\frac{y_1}{4}=1,\ \text{즉}\ x=\frac{12-3y_1}{x_1}=6\text{에서}$$

$$2x_1+y_1=4 \quad \cdots ㉡$$

㉠, ㉡을 연립하면

$$\frac{\left(\frac{4-y_1}{2}\right)^2}{12}+\frac{y_1^2}{16}=1,\ y_1^2-2y_1-8=0,$$

$(y_1-4)(y_1+2)=0$, $y_1=-2$

$\therefore$ ($\triangle$ABC의 넓이)

$=\frac{1}{2}\times(4-y_1)\times 6$

$=18$

답 18

M104 | 답 ③

[풀이]

접선의 방정식은

$$\frac{ax}{32}+\frac{by}{8}=1$$

이 직선이 점 $(8,\ 0)$을 지나므로

$$\frac{8a}{32}+\frac{b\times 0}{8}=1,\ a=4$$

점 $(4,\ b)$는 주어진 타원 위에 있으므로

$$\frac{16}{32}+\frac{b^2}{8}=1,\ b=2$$

$\therefore\ a+b=6$

답 ③

M105 | 답 ④

[풀이]

타원 $\frac{x^2}{4}+\frac{y^2}{3}=1$의 두 초점의 좌표는

$F(1,\ 0)$, $F'(-1,\ 0)$

점 P의 좌표를 $P(x_1,\ y_1)$으로 두자.

접선의 방정식은

$l:\ 3x_1x+4y_1y=12$ (기울기: $-\frac{3x_1}{4y_1}$)

점 Q의 좌표는 $Q\left(\frac{4}{x_1},\ 0\right)$

점 P를 지나고 직선 l에 수직인 직선의 방정식은

$$PR:\ y=\frac{4y_1}{3x_1}(x-x_1)+y_1$$

점 R의 좌표는 $R\left(\frac{x_1}{4},\ 0\right)$

문제에서 주어진 삼각형의 넓이에 대한 조건에 의하여

세 선분 $\overline{RF}$, $\overline{F'R}$, $\overline{FQ}$의 길이는 이 순서대로 등차수열을 이룬다.

$$\overline{F'R}=\frac{x_1}{4}+1,\ \overline{RF}=1-\frac{x_1}{4},\ \overline{FQ}=\frac{4}{x_1}-1$$

등차중항의 정의에 의하여

$$2\left(\frac{x_1}{4}+1\right)=1-\frac{x_1}{4}+\frac{4}{x_1}-1$$

정리하면

$3x_1^2+8x_1-16=0$, $(3x_1-4)(x_1+4)=0$,

$\therefore\ x_1=\frac{4}{3}$ ($\because\ 0<x_1<2$)

답 ④

M106 | 답 13

[풀이]

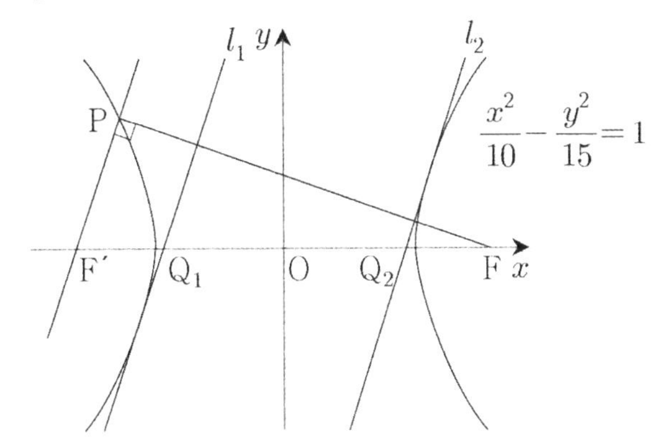

$\overline{PF}=k$로 두면 $\overline{PF'}=k-2\sqrt{10}$ ($\because$ 쌍곡선의 정의)

($\triangle PF'F$의 넓이)$=\frac{1}{2}k(k-2\sqrt{10})=15$,

$k^2-2\sqrt{10}k-30=0$, $(k-3\sqrt{10})(k+\sqrt{10})=0$,

$k=3\sqrt{10}(=\overline{PF})$, $\overline{PF'}=\sqrt{10}$

(직선 PF'의 기울기)$=\frac{\overline{PF}}{\overline{F'P}}=3$

즉, 두 직선 l_1, l_2의 기울기는 각각 3이다.

직각삼각형 $PF'F$에서 피타고라스의 정리에 의하여

$(2\sqrt{10+a^2})^2=(\sqrt{10})^2+(3\sqrt{10})^2$, $a^2=15$

이제 두 직선 l_1, l_2의 방정식은

$y=3x\pm\sqrt{9\times10-15}$,

l_1: $y=3x+5\sqrt{3}$, l_2: $y=3x-5\sqrt{3}$

$Q_1\left(-\frac{5\sqrt{3}}{3},\ 0\right)$, $Q_2\left(\frac{5\sqrt{3}}{3},\ 0\right)$, $\overline{Q_1Q_2}=\frac{10\sqrt{3}}{3}$

$\therefore\ p+q=13$

답 13

M107 | 답 ①

[풀이]

접선의 방정식은

$2x-y=1$

이 직선의 y절편은 -1이다.

답 ①

[참고] (교육과정 외)

접선의 방정식은 다음과 같이 구하면 된다.

음함수의 미분법에 의하여

$2x-\frac{2}{3}yy'=0$, $y'=\frac{3x}{y}$

접선의 기울기는 $y'=\frac{3\times2}{3}=2$이므로

접선의 방정식은

$y=2(x-2)+3=2x-1$

M108 | 답 ④

[풀이]

점 $P(a,\ b)$에서 x축에 내린 수선의 발을 H라고 하자.

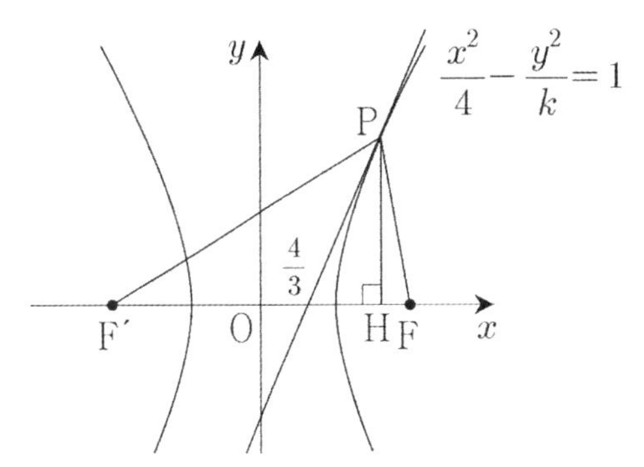

접선 $\frac{ax}{4}-\frac{by}{k}=1$의 x절편이 $\frac{4}{3}$이므로

$\frac{a\times\frac{4}{3}}{4}-\frac{b\times0}{k}=1$, $a=3$, $H(3,\ 0)$

쌍곡선의 정의에 의하여

$\overline{PF'}-\overline{PF}=2c-\overline{PF}=4$, 즉 $\overline{PF}=2c-4$

그리고 $\overline{F'H}=c+3$, $\overline{HF}=c-3$이므로

두 직각삼각형 $PF'H$, PFH에서 파타고라스의 정리에 의하여

$(2c)^2-(c+3)^2=(2c-4)^2-(c-3)^2$, $c=4$

$c^2=4+k$에서

$\therefore\ k=12$

답 ④

M109 | 답 ①

[풀이]

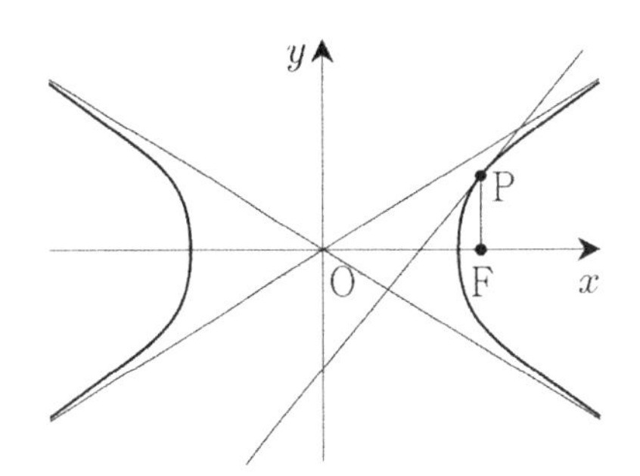

$a>0$, $b>0$로 두어도 풀이의 일반성을 잃지 않는다.

쌍곡선의 방정식에서 점근선의 방정식을 유도하자.

$\frac{x^2}{a^2}-\frac{y^2}{b^2}=0$에서 $y=\pm\frac{b}{a}x$
문제에서 주어진 조건에 의하여
$\frac{b}{a}=\frac{\sqrt{3}}{3}$ 즉, $a=\sqrt{3}b$ …㉠
쌍곡선의 방정식에서
$4\sqrt{3}=\sqrt{a^2+b^2}$ 즉, $a^2+b^2=48$ …㉡
㉠, ㉡을 연립하면
$a=6,\ b=2\sqrt{3}$
쌍곡선의 방정식은
$\frac{x^2}{36}-\frac{y^2}{12}=1$
점 $\mathrm{P}(4\sqrt{3},\ 2)$에서의 접선의 방정식은
$\frac{4\sqrt{3}x}{36}-\frac{2y}{12}=1$, 즉 $\frac{\sqrt{3}x}{9}-\frac{y}{6}=1$
이때, 이 직선의 기울기는 $\frac{2\sqrt{3}}{3}$이다.
답 ①

[참고] (교육과정 외)
음함수의 미분법에 의하여
$\frac{x}{18}-\frac{y}{6}\frac{dy}{dx}=0$ 즉, $\frac{dy}{dx}=\frac{x}{3y}$
따라서 접선의 기울기는
$\frac{4\sqrt{3}}{3\times 2}=\frac{2\sqrt{3}}{3}$

M110 | 답 ③

[풀이]
접선 l의 방정식은
$l:\ 4\sqrt{2}x-2y=4$ ($\because 4x_1x-y_1y=4$)
두 점근선의 방정식은
$4x^2-y^2=0$에서 $y=\pm 2x$
이때, $m:\ y=2x,\ n:\ y=-2x$
두 직선 $l,\ m$의 방정식을 연립하면
$4\sqrt{2}x-4x=4,\ x=\sqrt{2}+1$,
$\mathrm{Q}(\sqrt{2}+1,\ 2\sqrt{2}+2)$
두 직선 $l,\ n$의 방정식을 연립하면
$4\sqrt{2}x+4x=4,\ x=\sqrt{2}-1$,
$\mathrm{R}(\sqrt{2}-1,\ 2-2\sqrt{2})$
$\overline{\mathrm{QR}}=\sqrt{2^2+(4\sqrt{2})^2}=6$,
$\overline{\mathrm{PQ}}=\sqrt{1^2+(2\sqrt{2})^2}=3$
이므로 $\overline{\mathrm{QR}}=2\overline{\mathrm{PQ}}$

$\therefore\ k=2$
답 ③

M111 | 답 ①

[풀이]
쌍곡선의 점근선의 방정식은
$y=\pm x$
접선의 방정식은
$ax-by=1$
이 직선의 방정식에 $y=0$을 대입하면 $x=\frac{1}{a}$이므로
$\mathrm{A}\left(\frac{1}{a},\ 0\right)$
접선과 기울기가 양수인 쌍곡선의 점근선의 방정식을 연립하면
$ax-bx=1$에서 $x=\frac{1}{a-b}$
$\mathrm{B}\left(\frac{1}{a-b},\ \frac{1}{a-b}\right)$
삼각형의 넓이를 구하는 공식에 의하여
$S(a)=\frac{1}{2a(a-b)}=\frac{1}{2a(a-\sqrt{a^2-1})}$
($\because$ 점 P는 쌍곡선 위의 점이므로 $a^2-b^2=1$)
함수의 극한에 대한 성질에 의하여
$\lim_{a\to\infty}S(a)=\lim_{a\to\infty}\frac{1}{2a(a-\sqrt{a^2-1})}$
$=\lim_{a\to\infty}\frac{a+\sqrt{a^2-1}}{2a}=\frac{1+1}{2}=1$
답 ①

M112 | 답 171

[풀이]
점 P에서의 접선: $\frac{\frac{9}{2}x}{a^2}-\frac{ky}{27}=1$
$y=0$을 대입하면 $x=\frac{2}{9}a^2$, $\mathrm{Q}\left(\frac{2}{9}a^2,\ 0\right)$
$\overline{\mathrm{RS}}=p,\ \overline{\mathrm{SF}}=q,\ \overline{\mathrm{RF}}=r,\ \overline{\mathrm{SF'}}=s$라고 하자.
$p+q=r+8$ …㉠
쌍곡선의 정의에 의하여
$\overline{\mathrm{RF'}}-\overline{\mathrm{RF}}=\overline{\mathrm{SF}}-\overline{\mathrm{SF'}}=\frac{4}{9}a^2$, 즉
$p+s-r=q-s=\frac{4}{9}a^2$ …㉡
㉠에서 $p-r=8-q$
이를 ㉡에 대입하면
$8-q+s=q-s,\ q-s=4$

이를 ㉡에 대입하면

$4=\frac{4}{9}a^2$, $a=3$

점 P는 쌍곡선 $\frac{x^2}{9}-\frac{y^2}{27}=1$ 위에 있으므로

$\frac{\left(\frac{9}{2}\right)^2}{9}-\frac{k^2}{27}=1$, $k^2=\frac{135}{4}$

$\therefore\ 4\times(a^2+k^2)=171$

답 171

N 평면 벡터

1	③	2	③	3	④	4	④	5	③
6	③	7	②	8	④	9	①	10	③
11	24	12	②	13	②	14	④	15	115
16	②	17	④	18	④	19	⑤	20	①
21	120	22	50	23	③	24	①	25	37
26	②	27	⑤	28	①	29	⑤	30	⑤
31	①	32	⑤	33	7	34	60	35	④
36	27	37	80	38	15	39	⑤	40	180
41	40	42	486	43	108	44	①	45	37
46	15	47	⑤	48	⑤	49	20		

N001 | 답 ③

[풀이]

두 직선 AF, DE의 교점을 E′라고 하자.

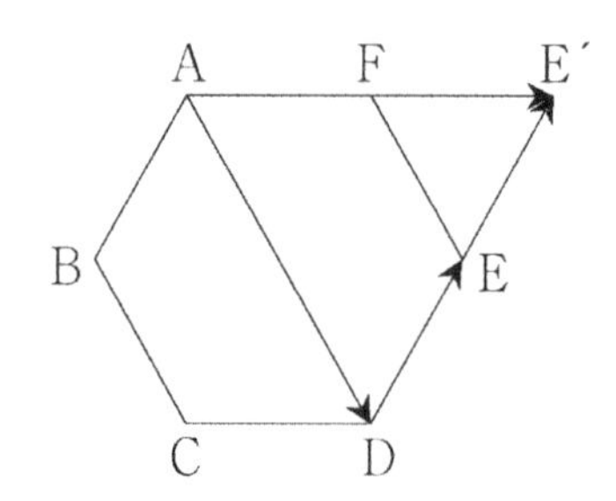

$\overrightarrow{AD}+2\overrightarrow{DE}=\overrightarrow{AD}+\overrightarrow{DE'}=\overrightarrow{AE'}$

$\therefore\ |\overrightarrow{AD}+2\overrightarrow{DE}|=|\overrightarrow{AE'}|=2$

($\because$ 삼각형 ADE′는 한 변의 길이가 2인 정삼각형이다.)

답 ③

N002 | 답 ③

[풀이]

정사각형의 두 대각선의 교점을 O라고 하자.

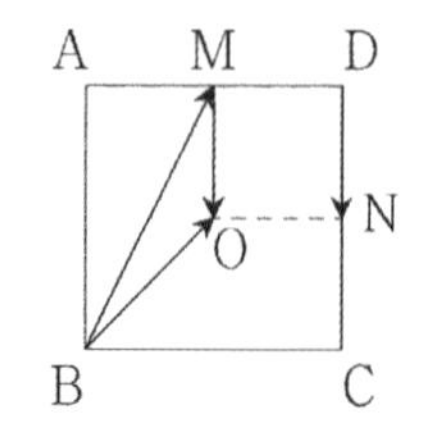

$\overrightarrow{BM}+\overrightarrow{DN}=\overrightarrow{BM}+\overrightarrow{MO}=\overrightarrow{BO}$

$\therefore\ |\overrightarrow{BM}+\overrightarrow{DN}|=|\overrightarrow{BO}|=\sqrt{2}$

답 ③

N003 | 답 ④

[풀이]

(가): 두 선분 AB, CD의 길이는 모두 2이고, 두 벡터 $\overrightarrow{AB}$, $\overrightarrow{CD}$의 방향은 서로 다르다.

(나): $|\overrightarrow{BD}|=|\overrightarrow{CA}|=6$에서 두 선분 BD, AC의 길이는 모두 6이다.

위의 두 조건을 모두 만족시키는 도형을 그리면 다음과 같다.

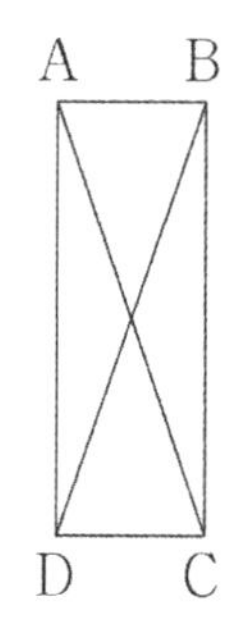

직사각형 ADCB에서

$\therefore\ \overline{AD}=\sqrt{6^2-2^2}=4\sqrt{2}$

답 ④

N004 | 답 ④

[풀이]

점 A에서 선분 BC에 내린 수선의 발을 H, 선분 BC의 중점을 M이라 하고, ABEC가 평행사변형이 되도록 점 E를 잡자. 이때, 세 점 A, M, E는 한 직선 위에 있다.

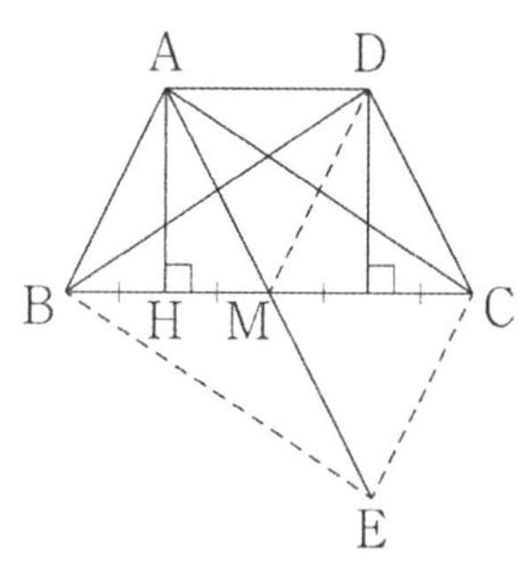

$\overrightarrow{AB}+\overrightarrow{AC}=\overrightarrow{AE}=2\overrightarrow{AM}$이므로

$\overline{AM}=\sqrt{5}$

위의 그림처럼 $\overline{HM}=1$이므로

$\overline{AH}=\sqrt{(\sqrt{5})^2-1^2}=2$

직각삼각형 AHC에서

$\overline{AC}=\sqrt{3^2+2^2}=\sqrt{13}$

$\therefore\ \overline{BD}=\sqrt{13}$

답 ④

N005 | 답 ③

[풀이]

원의 중심을 O라고 하자.

삼각형 ABC가 정삼각형이므로 아래 그림과 같이 각의 크기 (●, ○)가 결정된다.

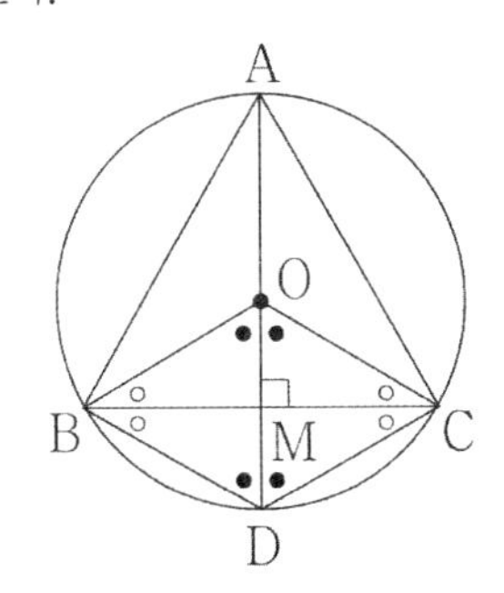

(단, ● = 60°, ○ = 30°)

$m\overrightarrow{AB}+n\overrightarrow{AC}$

$=m(\overrightarrow{AM}+\overrightarrow{MB})+n(\overrightarrow{AM}+\overrightarrow{MC})$

$=(m+n)\overrightarrow{AM}+(m-n)\overrightarrow{MB}$

$(\because \overrightarrow{MB}=-\overrightarrow{MC})$

$=(m+n)\dfrac{3}{4}\overrightarrow{AD}+(m-n)\overrightarrow{MB}$

$(\because \overline{AO}:\overline{OM}:\overline{MD}=2:1:1)$

$=\overrightarrow{AD}$

위의 등식을 정리하면

$\left(\dfrac{3}{4}m+\dfrac{3}{4}n-1\right)\overrightarrow{AD}+(m-n)\overrightarrow{MB}=\vec{0}$

두 벡터 $\overrightarrow{AD}$, $\overrightarrow{MB}$가 서로 평행하지 않으므로

$\dfrac{3}{4}m+\dfrac{3}{4}n-1=0$, $m-n=0$

풀면 $m=n=\dfrac{2}{3}$

$\therefore\ m+n=\dfrac{4}{3}$

답 ③

N006 | 답 ③

[풀이] ★

〈증명〉

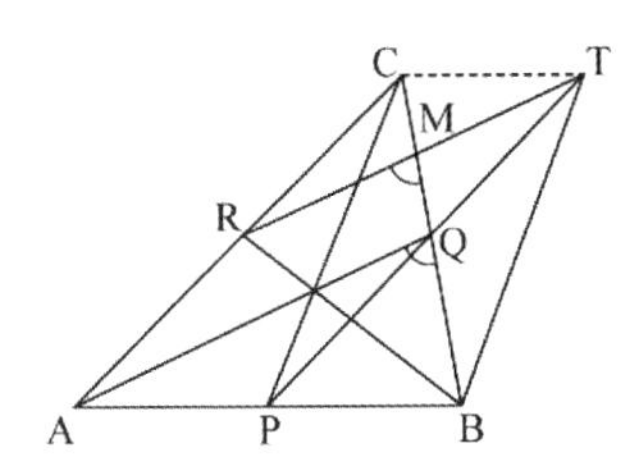

$\triangle ABC$의 각 변의 중점을 P, Q, R로 놓고 그림과 같이 $\overrightarrow{PC}=\overrightarrow{BT}$가 되도록 점 T를 잡는다.

점 Q는 평행사변형 PBTC의 대각선 BC의 중점이므로

$\overrightarrow{PQ}=\overrightarrow{QT}$ … ㉠

또 삼각형의 중점연결정리에 의하여

$\overrightarrow{PQ}=\dfrac{1}{2}\overrightarrow{AC}$이므로 $\overrightarrow{PQ}=\overrightarrow{AR}$ … ㉡

㉠, ㉡에서 $\overrightarrow{AR}=\overrightarrow{QT}$

평행사변형의 정의에 의하여

사각형 AQTR은 평행사변형이므로

$\therefore$ $\boxed{\overrightarrow{AQ}=\overrightarrow{RT}}$

따라서 $\triangle RBT$는 $\triangle ABC$의 세 중선의 길이를 각 변의 길이로 하는 삼각형이다.

한편, 두 선분 BC와 RT의 교점을 M이라고 하면,

$\overline{AQ}//\overline{RT}$이고 점 R가 선분 AC의 중점이므로 점 M은 선분 CQ의 중점이다.

$\angle RMB=\angle AQB$이므로

$\triangle RBT=\dfrac{1}{2}\overline{RT}\times\overline{MB}\times\sin(\angle RMB)$

$=\dfrac{1}{2}\overline{AQ}\times\dfrac{3}{4}\overline{CB}\times\sin(\angle RMB)$

$=\dfrac{3}{4}\left(\dfrac{1}{2}\overline{AQ}\,\overline{CB}\sin(\angle RMB)\right)$

$=\boxed{\dfrac{3}{4}}\triangle ABC$

이상에서 (가), (나)에 알맞은 것은 각각

(가): $\overrightarrow{AQ}=\overrightarrow{RT}$, (나): $\dfrac{3}{4}$

답 ③

N007 | 답 ②

[풀이]

문제에서 주어진 타원의 중심이 원점이므로

$\overline{F'O}:\overline{OF}=1:1$

내분점의 공식에 의하여

$\dfrac{\overrightarrow{PF}+\overrightarrow{PF'}}{2}=\overrightarrow{PO}$

$\therefore\ |\overrightarrow{PF}+\overrightarrow{PF'}|=2|\overrightarrow{PO}|$

$\le$ (타원의 장축의 길이)$=6$

(단, 등호는 점 P가 타원의 꼭짓점 $(-3,\ 0)$ 또는 $(3,\ 0)$ 위에 있을 때 성립한다.)

답 ②

N008 | 답 ④

[풀이]

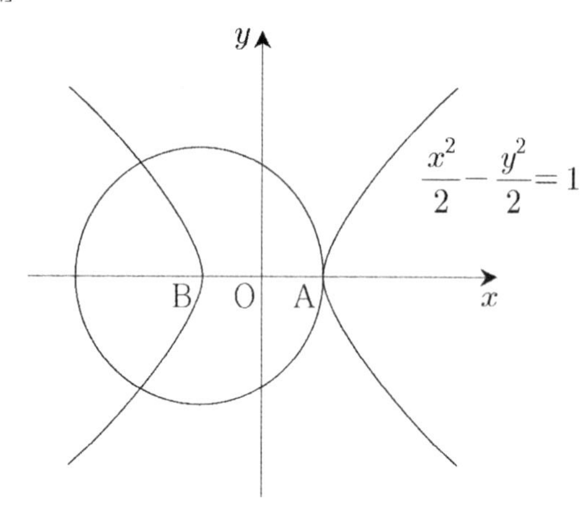

쌍곡선의 또 다른 한 꼭짓점을 B라고 하자.
이때, 두 점 A, B는 y축에 대하여 서로 대칭이므로

$\overrightarrow{OA}=-\overrightarrow{OB}$

$\overrightarrow{OA}+\overrightarrow{OP}=-\overrightarrow{OB}+\overrightarrow{OP}=\overrightarrow{BP}$

$|\overrightarrow{OA}+\overrightarrow{OP}|=|\overrightarrow{BP}|=k$

점 P는 점 B를 중심으로 하고 반지름의 길이가 k인 원 위에 있다.
이 원이 점 A를 지나면 쌍곡선과 서로 다른 세 점에서 만난다.

$\therefore\ k=\overline{AB}=2\sqrt{2}$

답 ④

N009 | 답 ①

[풀이1] ★

▸ ㄱ. (참)

$s+t=1$이므로

$\overrightarrow{OP}=s\overrightarrow{OA}+t\overrightarrow{OB}$

$=\frac{s}{s+t}\overrightarrow{OA}+\frac{t}{s+t}\overrightarrow{OB}$

(단, $s+t=1$, $0\le t\le 1$, $0\le s\le 1$)

벡터의 내분점의 공식에 의하여
점 P는 선분 AB의 $t:s$내분점이다.

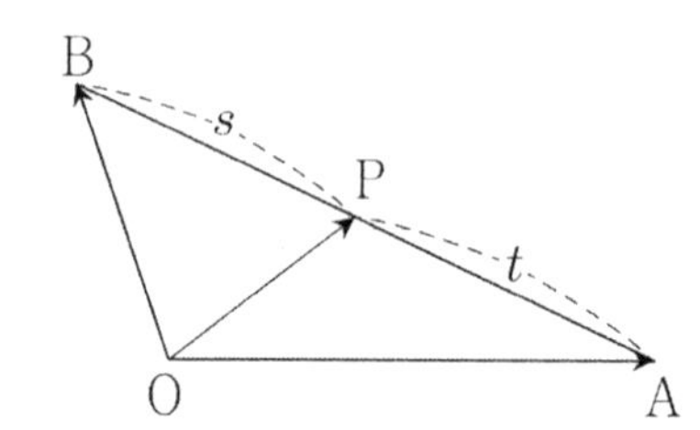

따라서 점 P가 그리는 도형은 선분 AB이다.

▸ ㄴ. (거짓)

선분 OB의 중점을 B′라고 하자.

$s+2t=1$이므로

$\overrightarrow{OP}=s\overrightarrow{OA}+2t\left(\frac{1}{2}\overrightarrow{OB}\right)$

$=\frac{s}{s+2t}\overrightarrow{OA}+\frac{2t}{s+2t}\left(\frac{1}{2}\overrightarrow{OB}\right)$

$=\frac{s}{s+2t}\overrightarrow{OA}+\frac{2t}{s+2t}\overrightarrow{OB'}$

(단, $s+2t=1$, $0\le 2t\le 1$, $0\le s\le 1$)

벡터의 내분점의 공식에 의하여
점 P는 선분 AB′의 $2t:s$내분점이다.

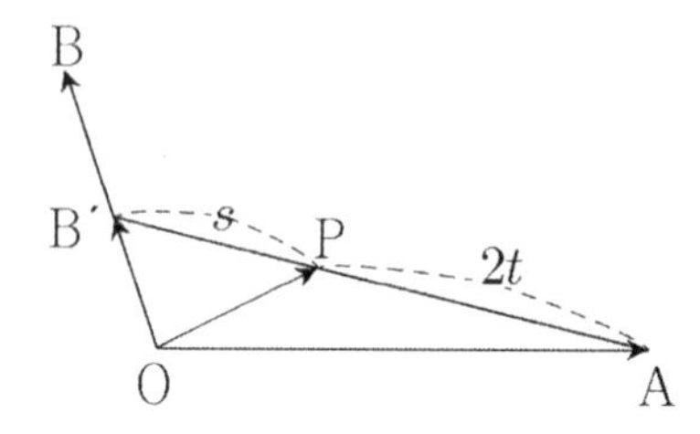

위의 그림처럼 선분 AB′의 길이가 선분 AB의 길이보다 짧은 경우도 있다.(←반례)

▸ ㄷ. (거짓)

선분 AB′의 $2t:s$내분점을 Q라고 하자.
$s+2t=r$로 두자. (단, $0\le r\le 1$)

$\overrightarrow{OP}=s\overrightarrow{OA}+2t\left(\frac{1}{2}\overrightarrow{OB}\right)$

$=r\left(\frac{s}{r}\overrightarrow{OA}+\frac{2t}{r}\overrightarrow{OB'}\right)$

$=r\overrightarrow{OQ}$

(단, $0\le r\le 1$)

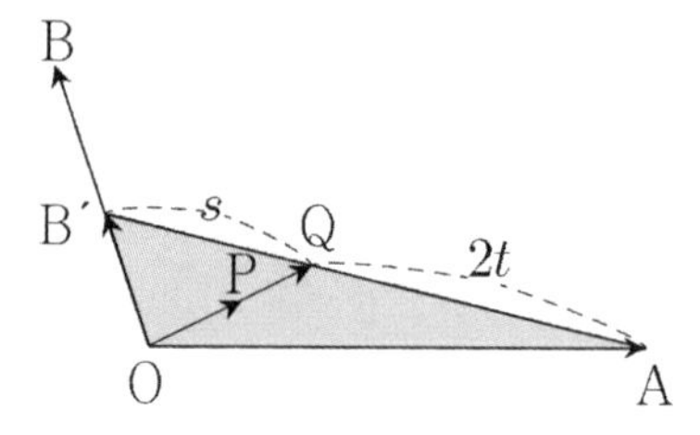

점 Q는 선분 AB′ 위의 모든 점이고, 점 P는 선분 OQ 위의 모든 점이므로 점 P의 자취는 삼각형 OAB′의 경계와 내부이다. 따라서 점 P가 그리는 영역은 삼각형 OAB를 모두 포함하는 것은 아니다.
이상에서 옳은 것은 ㄱ이다.

답 ①

[풀이2] (교육과정 외)

다음과 같이 좌표평면에서 생각해볼 수도 있다.
세 점 O, A, B를 각각 좌표평면 위의 세 점
O(0, 0), A(1, 0), B(0, 1)
에 대응시키자.

▸ ㄱ. (참)

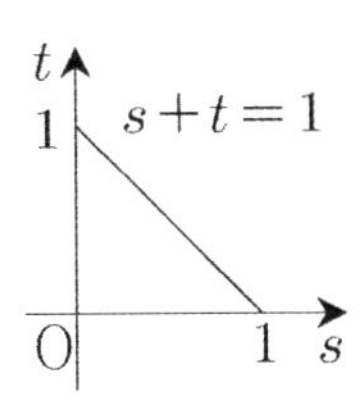

위의 그림에서 점 P의 자취는 선분 AB이다.

▸ ㄴ. (거짓)

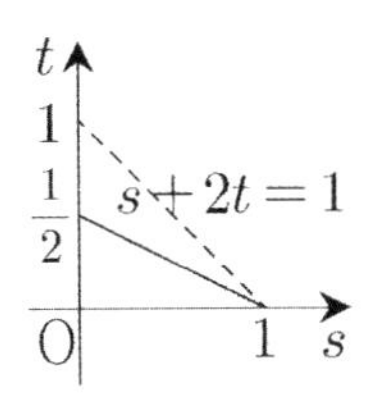

위의 그림에서 점 P의 자취(선분)는 선분 AB의 길이보다 짧다.

▸ ㄷ. (거짓)

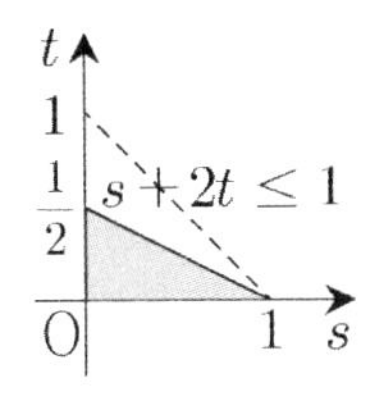

위의 그림에서 점 P의 자취는 삼각형 OAB에 포함된다. (즉, 포함하지 않는다.)

이상에서 옳은 것은 ㄱ뿐이다.

답 ①

N010 | 답 ③

[풀이]

벡터의 덧셈을 점의 평행이동의 관점에서 해석하자.

벡터의 덧셈

$\overrightarrow{OR} = \overrightarrow{OP} + \overrightarrow{OQ}$

에서 점 R의 자취는 점 P의 자취를 벡터 $\overrightarrow{OQ}$의 방향으로 $|\overrightarrow{OQ}|$만큼 평행이동시킨 것이다.

점 Q가 점 M일 때, 점 R의 자취는 아래 그림과 같다.

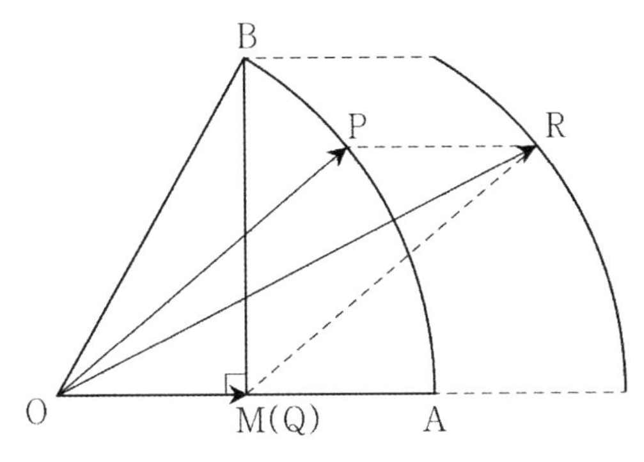

점 Q가 점 O에서 점 M까지 움직일 때, 점 R의 자취는 아래 그림과 같다.

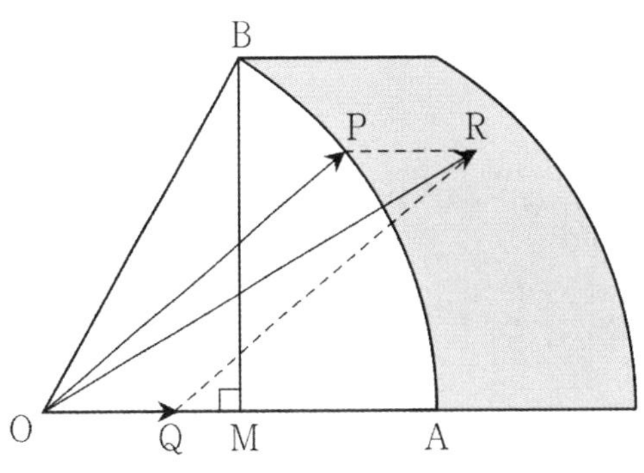

점 Q가 점 M에서 점 B까지 움직일 때, 점 R의 자취는 아래 그림과 같다.

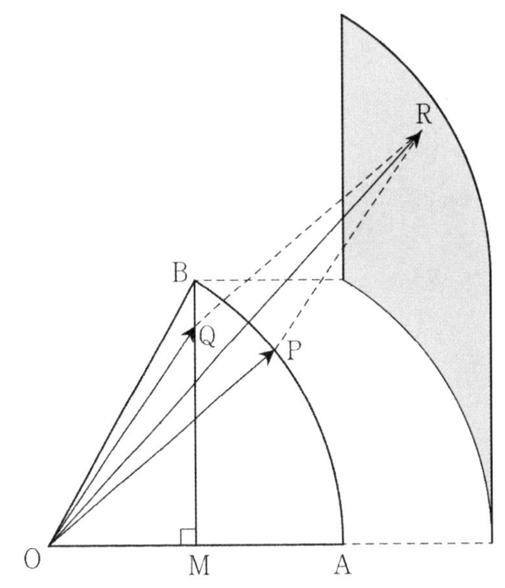

점 R의 자취는 아래 그림과 같다.

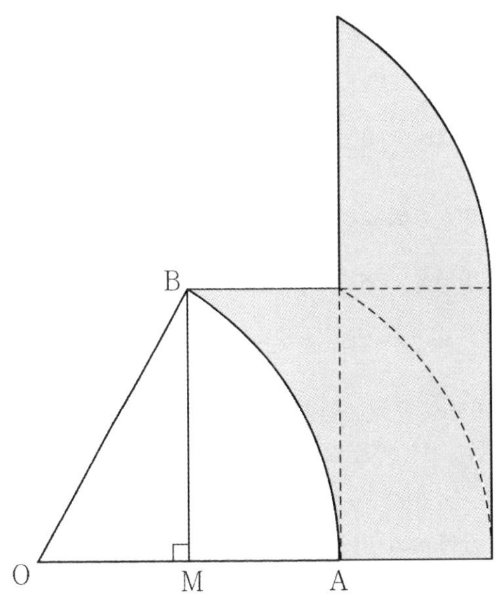

점 R이 나타내는 영역의 넓이는 이웃한 두 변의 길이가 각각 2, $\sqrt{3}$인 직사각형의 넓이와 같다.

따라서 구하는 값은 $2\sqrt{3}$이다.

답 ③

N011 | 답 24

[풀이]

$\overrightarrow{AX}=\dfrac{k}{|\overrightarrow{OP}|}\overrightarrow{OP}$ 에서

$|\overrightarrow{AX}|=k\left|\dfrac{\overrightarrow{OP}}{|\overrightarrow{OP}|}\right|=k\times1=k$

이므로 벡터 $\overrightarrow{AX}$의 방향은 벡터 $\overrightarrow{OP}$의 방향과 같고,

벡터 $\overrightarrow{AX}$의 크기는 k이다.

즉, 점 X는 중심이 A이고 반지름의 길이가 k인 호 위에 있다.

이때, 호는 아래 그림에서 어둡게 색칠된 영역에 포함된다. (단, 경계 포함)

아래 그림에서 $\overrightarrow{OX'}=\overrightarrow{AX}$이다.

즉, X′는 벡터 $\dfrac{k}{|\overrightarrow{OP}|}\overrightarrow{OP}$의 종점이다.

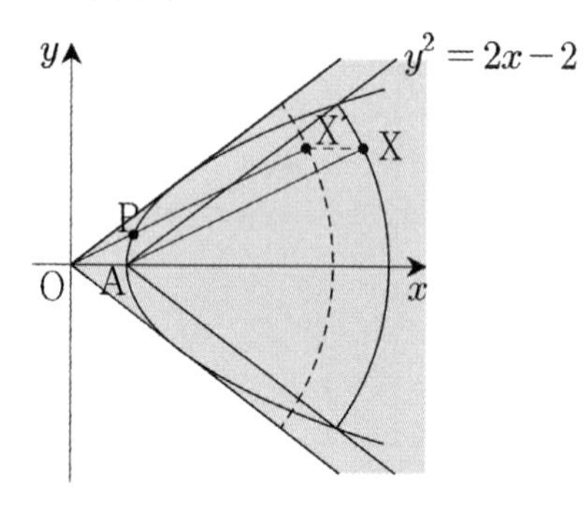

위의 그림에서 접선의 방정식을 $y=nx$라고 하자.

이 직선의 방정식과 포물선의 방정식을 연립하면

$n^2x^2-2x+2=0$

$D/4=1-2n^2=0$, $n=\pm\dfrac{\sqrt{2}}{2}$

점 A를 지나고 기울기가 $\dfrac{\sqrt{2}}{2}$인 직선과

포물선의 방정식을 연립하면

$\dfrac{1}{2}(x-1)^2=2x-2$, $x^2-6x+5=0$,

$(x-1)(x-5)=0$, $x=5$

두 점 A$(1,\ 0)$, $(5,\ 2\sqrt{2})$ 사이의 거리는

$2\sqrt{6}$

이고, 이 값이 k의 최솟값이다.

$\therefore\ m^2=24$

답 24

N012 | 답 ②

[풀이]

문제에서 주어진 원의 중심을 O, $\overrightarrow{GI}=\overrightarrow{HO}$가 되도록 점 I를 잡자. 이때, 점 I는 선분 DF의 중점이다.

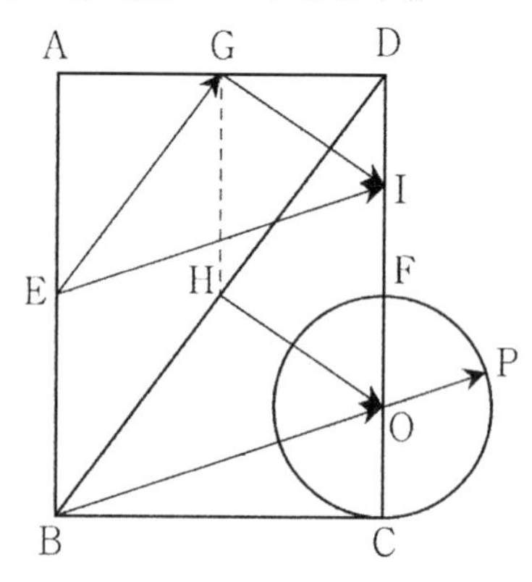

벡터의 덧셈의 정의에 의하여

$\overrightarrow{EG}+\overrightarrow{HP}$

$=\overrightarrow{EG}+\overrightarrow{HO}+\overrightarrow{OP}$

$=\overrightarrow{EG}+\overrightarrow{GI}+\overrightarrow{OP}$

$=\overrightarrow{EI}+\overrightarrow{OP}$

$=\overrightarrow{BO}+\overrightarrow{OP}$

$=\overrightarrow{BP}$

이므로

$|\overrightarrow{EG}+\overrightarrow{HP}|=|\overrightarrow{BP}|$

$\le\overline{BO}+2=2\sqrt{10}+2$

(단, 등호는 세 점 B, O, P가 일직선 위에 있을 때 성립한다. 이때, 점 P는 직사각형 ABCD 외부의 점이다.)

답 ②

[참고]

다음과 같은 계산도 가능하다.

원의 중심을 O라고 하자.

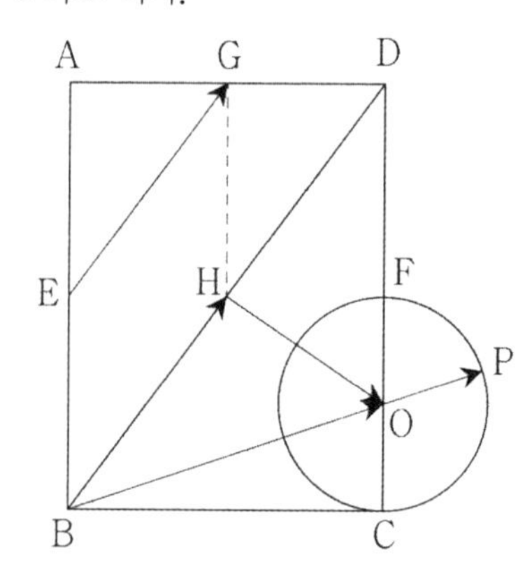

$\overrightarrow{EG}+\overrightarrow{HP}$

$=\overrightarrow{BH}+\overrightarrow{HO}+\overrightarrow{OP}$

$=\overrightarrow{BO}+\overrightarrow{OP}$ $\cdots(*)$

이때, 세 점 B, O, P가 이 순서대로 한 직선 위에 있으면 (*)의 크기는 최대가 된다.

N013 | 답 ②

[풀이1] ★

네 개의 원 C_1, C_2, C_3, C_4의 중심을 각각 C_1, C_2, C_3, C_4, 두 개의 원 C_3, C_4의 교점을 B라고 하자.

그리고 $\overrightarrow{\mathrm{C_3Q'}}=\overrightarrow{\mathrm{C_4Q}}$가 되도록 원 C_3 위에 점 Q′를 잡고, 선분 PQ′의 중점을 R이라고 하자.

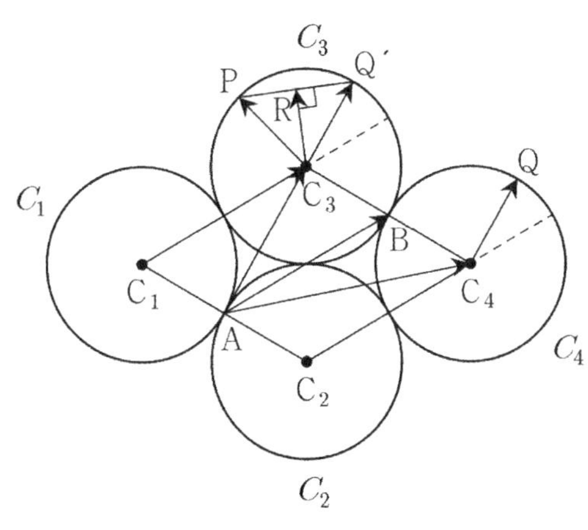

원의 정의에 의하여 사각형 $\mathrm{C_1C_2C_4C_3}$의 모든 변의 길이는 2로 같다. 즉, 사각형 $\mathrm{C_1C_2C_4C_3}$은 마름모이다.

벡터의 덧셈의 정의와 벡터의 상등의 정의에 의하여

$\overrightarrow{\mathrm{AC_3}}+\overrightarrow{\mathrm{AC_4}}=2\overrightarrow{\mathrm{AB}}=2\overrightarrow{\mathrm{C_1C_3}}$

이므로

$\overrightarrow{\mathrm{AP}}+\overrightarrow{\mathrm{AQ}}$

$=\overrightarrow{\mathrm{AC_3}}+\overrightarrow{\mathrm{C_3P}}+\overrightarrow{\mathrm{AC_4}}+\overrightarrow{\mathrm{C_4Q}}$

$=(\overrightarrow{\mathrm{AC_3}}+\overrightarrow{\mathrm{AC_4}})+(\overrightarrow{\mathrm{C_3P}}+\overrightarrow{\mathrm{C_4Q}})$

$=2\overrightarrow{\mathrm{C_1C_3}}+(\overrightarrow{\mathrm{C_3P}}+\overrightarrow{\mathrm{C_3Q'}})$

$=2\overrightarrow{\mathrm{C_1C_3}}+2\overrightarrow{\mathrm{C_3R}}$

$\therefore\ |\overrightarrow{\mathrm{AP}}+\overrightarrow{\mathrm{AQ}}|\le 2\times 3=6$

(단, 등호는 점 P가 '직선 $\mathrm{C_1C_3}$과 원 C_3이 만나는 두 점 중에서 점 C_1에서 거리가 먼 점' 위에 있을 때에 성립한다. 이때, 세 점 P, Q′, R은 서로 일치한다.(아래 그림))

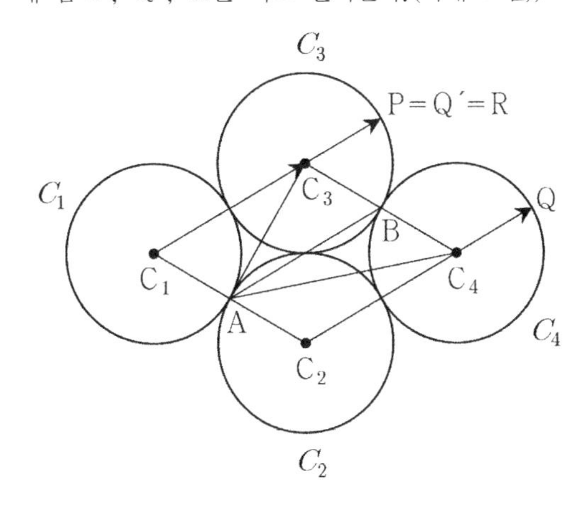

답 ②

[참고]

$|\overrightarrow{\mathrm{AP}}+\overrightarrow{\mathrm{AQ}}|$의 최댓값을 다음과 같은 방법으로 구해도 좋다.

$\frac{1}{4}|\overrightarrow{\mathrm{AP}}+\overrightarrow{\mathrm{AQ}}|^2$

$=|\overrightarrow{\mathrm{C_1C_3}}+\overrightarrow{\mathrm{C_3R}}|^2$

$=|\overrightarrow{\mathrm{C_1C_3}}|^2+2\overrightarrow{\mathrm{C_1C_3}}\cdot\overrightarrow{\mathrm{C_3R}}+|\overrightarrow{\mathrm{C_3R}}|^2$

$\le 4+2\times 2\times 1+1^2=9$

(단, 등호는 점 P가 '직선 $\mathrm{C_1C_3}$과 원 C_3이 만나는 두 점 중에서 점 C_1에서 거리가 먼 점' 위에 있을 때에 성립한다. 이때, 세 점 P, Q′, R은 서로 일치한다.)

$\therefore\ |\overrightarrow{\mathrm{AP}}+\overrightarrow{\mathrm{AQ}}|\le 6$

[풀이2]

아래 그림처럼 반지름의 길이가 1인 원 C_0가 두 원 C_1, C_2에 외접하도록 원 C_0을 그리자. 원 C_0의 중심을 C_0, 직선 AP가 원 C_0와 만나는 점을 P′라고 하자. 이때, 두 점 P, P′가 점 A에 대하여 대칭이 되도록 하자. 그리고 직선 $\mathrm{C_0C_4}$가 두 원 C_0, C_4와 만나는 점을 각각 $\mathrm{P'_0}$, $\mathrm{Q_0}$라고 하자. 이때, 선분 $\mathrm{P'_0Q_0}$의 길이가 최대가 되도록 하자.

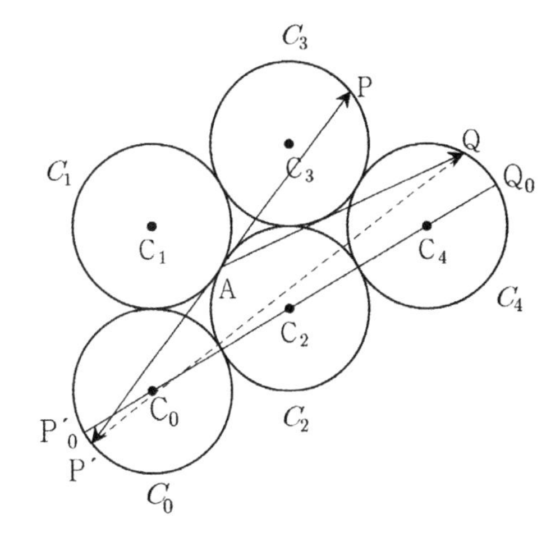

벡터의 실수배의 정의에 의하여

$\overrightarrow{\mathrm{AP'}}=-\overrightarrow{\mathrm{AP}}$

벡터의 뺄셈의 정의에 의하여

$\overrightarrow{\mathrm{AP}}+\overrightarrow{\mathrm{AQ}}=-\overrightarrow{\mathrm{AP'}}+\overrightarrow{\mathrm{AQ}}=\overrightarrow{\mathrm{P'Q}}$

점 P′는 원 C_0 위를 움직이므로

$|\overrightarrow{\mathrm{P'Q}}|\le|\overrightarrow{\mathrm{P'_0Q_0}}|=6$

(단, 등호는 두 점 P′, Q가 각각 $\mathrm{P'_0}$, $\mathrm{Q_0}$ 위에 있을 때 성립한다.)

답 ②

N014 | 답 ④

[풀이]

아래 그림처럼 직선 l 위의 점 A′가 $\overline{\mathrm{A'A}}=4$가 되도록 잡자. 그리고 원의 중심을 O라 하고, 직선 A′O가 원과 만나는 두 점을 $\mathrm{P_1}$, $\mathrm{P_2}$라고 하자. 이때, 점 $\mathrm{P_2}$는 점 $\mathrm{P_1}$보다 직선 l에서 더 멀다.

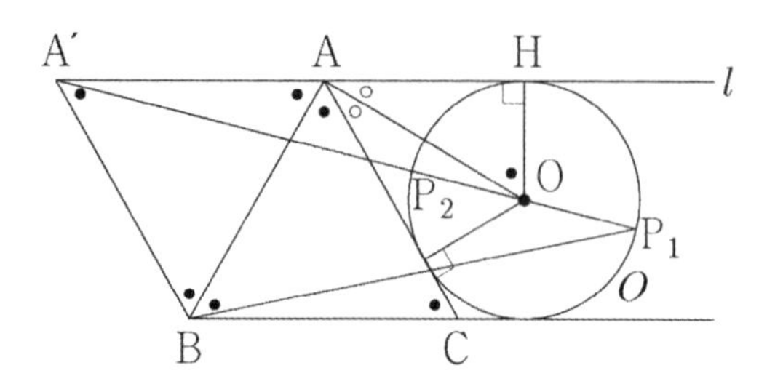

(단, ●$=60°$, ○$=30°$)

$\overrightarrow{\mathrm{AC}}+\overrightarrow{\mathrm{BP}}=\overrightarrow{\mathrm{A'B}}+\overrightarrow{\mathrm{BP}}=\overrightarrow{\mathrm{A'P}}$

$\overline{\mathrm{A'P_2}}\le|\overrightarrow{\mathrm{A'P}}|\le\overline{\mathrm{A'P_1}}$

(단, 왼쪽 등호는 점 P가 점 $\mathrm{P_2}$에 올 때, 오른쪽 등호는 점 P가 점 $\mathrm{P_1}$에 올 때 성립한다.)

한편 점 O에서 직선 l에 내린 수선의 발을 H라고 하면

직각삼각형 AOH에서

$\overline{\mathrm{OH}}=\sqrt{3}$, $\overline{\mathrm{AH}}=3$

이므로

$M=\sqrt{7^2+(\sqrt{3})^2}=2\sqrt{13}+\sqrt{3}$

$m=2\sqrt{13}-\sqrt{3}$

$\therefore\ Mm=52-3=49$

답 ④

N015 | 답 115

[풀이]

우선 $\overrightarrow{\mathrm{OP}}=\overrightarrow{\mathrm{QP'}}$인 점 P′의 자취를 그려보자.

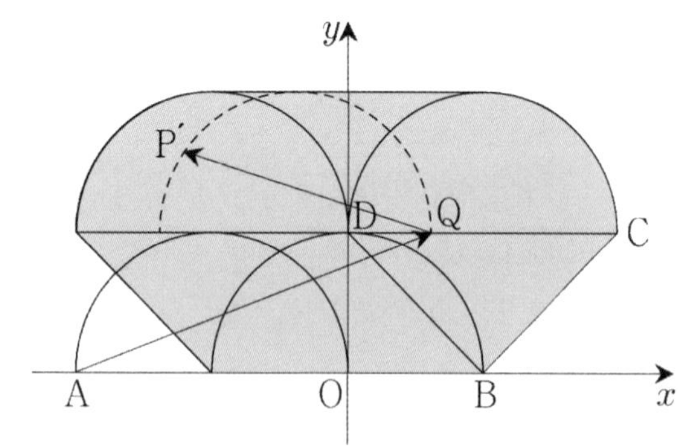

$\overrightarrow{\mathrm{OP}}+\overrightarrow{\mathrm{AQ}}=\overrightarrow{\mathrm{AQ}}+\overrightarrow{\mathrm{QP'}}=\overrightarrow{\mathrm{AP'}}$

이므로 점 P′의 자취는 위의 그림과 같다.

점 A에서 직선 $y=-x-1$에 내린 수선의 발을 $\mathrm{P_1}$,

선분 CD의 중점을 $\mathrm{O_0}$,

직선 $\mathrm{AO_0}$가 반원 $(x-1)^2+(y-1)^2=1\ (1\le y\le 2)$와 만나는 점을 $\mathrm{P_2}$라고 하자.

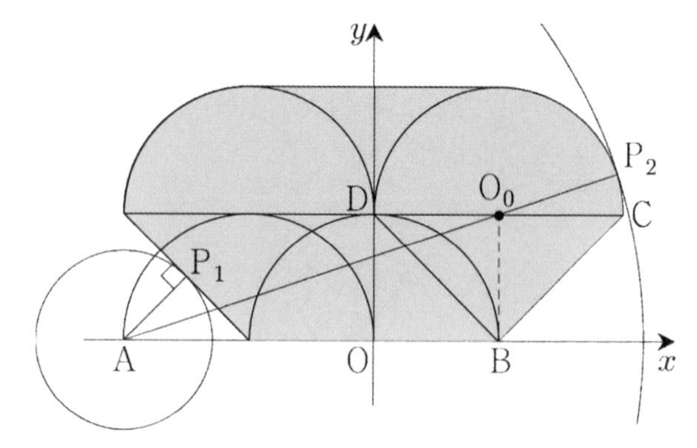

$\overline{\mathrm{AP_1}}\le|\overrightarrow{\mathrm{OP}}+\overrightarrow{\mathrm{AQ}}|\le\overline{\mathrm{AP_2}}$

(단, 왼쪽 등호는 점 P가 점 $\mathrm{P_1}$ 위에 있을 때, 오른쪽 등호는 점 P가 점 $\mathrm{P_2}$ 위에 있을 때 성립한다.)

$M=\sqrt{10}+1$

$m=\dfrac{\sqrt{2}}{2}$

$\therefore\ M^2+m^2=\dfrac{23}{2}+2\sqrt{10}$

$\therefore\ pq=115$

답 115

N016 | 답 ②

[풀이]

$\angle\mathrm{AOB}=\theta$로 두자.

조건 (가), (나)에서

$\cos\theta=\dfrac{\vec{a}\cdot\vec{b}}{|\vec{a}||\vec{b}|}=\dfrac{1}{3}$, $\sin\theta=\dfrac{2\sqrt{2}}{3}$

구하는 넓이를 S라고 하면

$S=|\vec{a}||\vec{b}|\sin\theta=2\times3\times\dfrac{2\sqrt{2}}{3}=4\sqrt{2}$

답 ②

N017 | 답 ④

[풀이]

사각형 ABDC가 평행사변형이 되도록 점 D를 잡자.

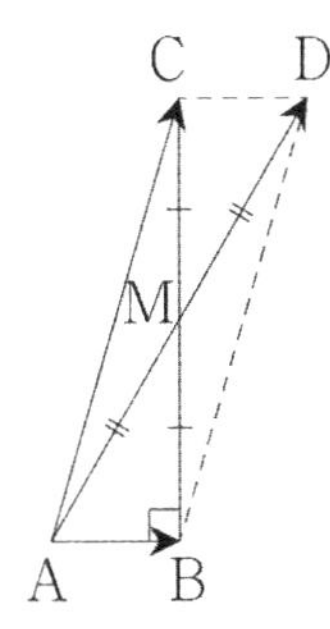

$\overrightarrow{AB} \cdot \overrightarrow{BC} = 0 \Leftrightarrow \overline{AB} \perp \overline{BC}$

평행사변형의 성질에 의하여

사각형 ABDC의 두 대각선은 서로를 이등분하므로

점 M은 선분 AD의 중점이다.

$|\overrightarrow{AB}+\overrightarrow{AC}| = |\overrightarrow{AD}| = 2|\overrightarrow{AM}| = 4$, 즉 $\overline{AM} = 2$

직각삼각형 ABM에서 피타고라스의 정리에 의하여

$\overline{BM} = \sqrt{2^2 - 1^2} = \sqrt{3}$

$\therefore\ |\overrightarrow{BC}| = 2|\overrightarrow{BM}| = 2\sqrt{3}$

답 ④

N018 | 답 ④

[풀이]

▸ ㄱ. (거짓)

선분 BC의 중점을 M이라고 하자.

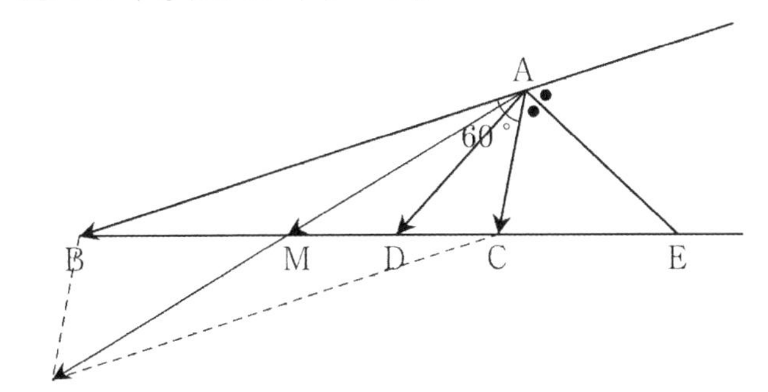

(단, ●=60° 이다.)

벡터의 덧셈의 정의에 의하여

$\dfrac{\overrightarrow{AB}+\overrightarrow{AC}}{2} = \overrightarrow{AM} \neq \overrightarrow{AD}$

▸ ㄴ. (참)

$\overline{AB} > \overline{AE}$, $\overline{AD} > \overline{AC}$이고,

$\angle BAD < \angle EAC$이므로

$\therefore\ \overrightarrow{AB} \cdot \overrightarrow{AD} > \overrightarrow{AC} \cdot \overrightarrow{AE}$

▸ ㄷ. (참)

$\angle BAC = \dfrac{\pi}{3} > 0$이므로

$\overrightarrow{AB} \cdot \overrightarrow{AC} > 0$이다.

$\angle EAD = \dfrac{\pi}{2}$이므로

$\overrightarrow{AD} \cdot \overrightarrow{AE} = 0$이다.

$\therefore\ \overrightarrow{AB} \cdot \overrightarrow{AC} > \overrightarrow{AD} \cdot \overrightarrow{AE}$

이상에서 옳은 것은 ㄴ, ㄷ이다.

답 ④

N019 | 답 ⑤

[풀이]

벡터의 덧셈의 정의에 의하여

$\overrightarrow{AD} = \overrightarrow{AB} + \overrightarrow{BD}$

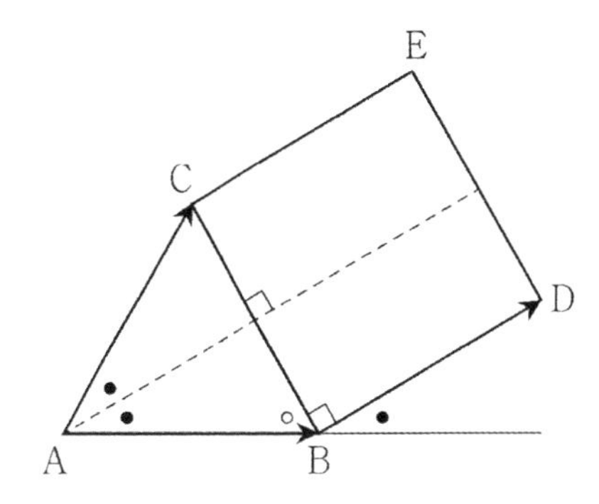

(단, ●=30°, ○=60°)

벡터의 내적의 성질에 의하여

$\overrightarrow{AC} \cdot \overrightarrow{AD}$

$= \overrightarrow{AC} \cdot (\overrightarrow{AB} + \overrightarrow{BD})$

$= \overrightarrow{AC} \cdot \overrightarrow{AB} + \overrightarrow{AC} \cdot \overrightarrow{BD}$

$= 1 \times 1 \times \cos\dfrac{\pi}{3} + 1 \times 1 \times \cos\dfrac{\pi}{6}$

$= \dfrac{1+\sqrt{3}}{2}$

답 ⑤

N020 | 답 ①

[풀이]

조건 (가)에 의하여

$\overline{AH} = 2k$, $\overline{HB} = 3k$(단, $k > 0$)

조건 (나)에 의하여

$\overrightarrow{AB} \cdot \overrightarrow{AC} = \overline{AB} \times \overline{AH} = 10k^2 = 40$

풀면 $k = 2$

조건 (다)에 의하여

$(\triangle ABC$의 넓이$) = \dfrac{1}{2} \times 10 \times \overline{CH} = 30$

$\overline{CH} = 6$

벡터의 내적의 정의에 의하여

$\therefore\ \overrightarrow{CA} \cdot \overrightarrow{CH} = \overline{CH}^2 = 36$

답 ①

N021 | 답 120

[풀이]

점 I에서 선분 AB에 내린 수선의 발을 H라고 하자.

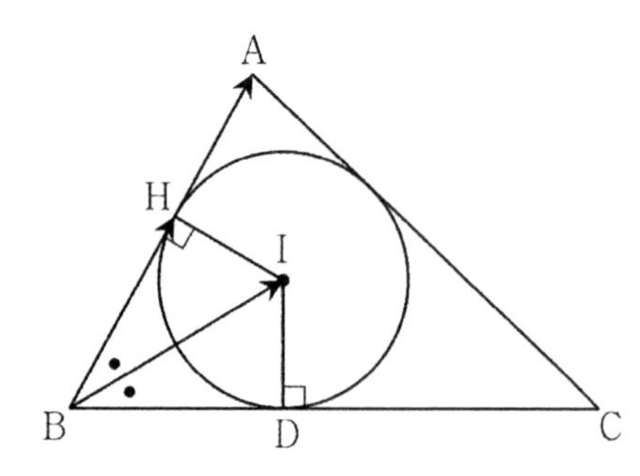

내심의 정의에 의하여

$\angle \mathrm{IBH} = \angle \mathrm{IBD}$

두 직각삼각형 IBD, IBH는 서로 RHA 합동이므로

$\overline{\mathrm{BD}} = \overline{\mathrm{BH}}$

벡터의 내적의 정의에 의하여

$\therefore\ \overrightarrow{\mathrm{BA}} \cdot \overrightarrow{\mathrm{BI}}$

$= \overrightarrow{\mathrm{BA}} \cdot \overrightarrow{\mathrm{BH}}$

$= 15 \times 8 = 120$

답 120

N022 | 답 50

[풀이]

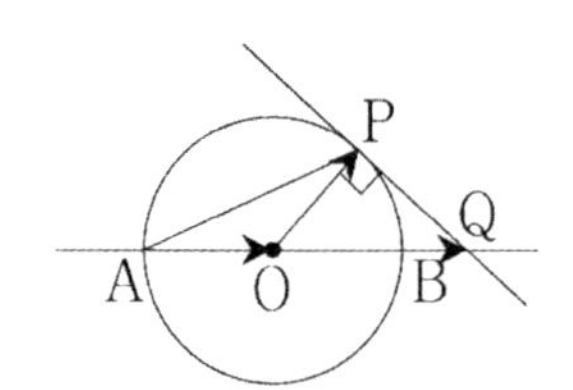

점 B는 선분 AQ의 4 : 1 내분점이므로

$\overline{\mathrm{AB}} = 4\sqrt{3}$

즉, 주어진 원의 반지름의 길이는 $2\sqrt{3}$이다.

$\therefore\ \overrightarrow{\mathrm{AP}} \cdot \overrightarrow{\mathrm{AQ}}$

$= (\overrightarrow{\mathrm{AO}} + \overrightarrow{\mathrm{OP}}) \cdot \overrightarrow{\mathrm{AQ}}$

$= \overrightarrow{\mathrm{AO}} \cdot \overrightarrow{\mathrm{AQ}} + \overrightarrow{\mathrm{OP}} \cdot \overrightarrow{\mathrm{AQ}}$

$= 2\sqrt{3} \times 5\sqrt{3} + \overrightarrow{\mathrm{OP}} \cdot \frac{5}{3}\overrightarrow{\mathrm{OQ}}$

$= 30 + \frac{5}{3}|\overrightarrow{\mathrm{OP}}|^2$

$= 30 + \frac{5}{3}(2\sqrt{3})^2$

$= 50$

답 50

N023 | 답 ③

[풀이]

〈과정〉

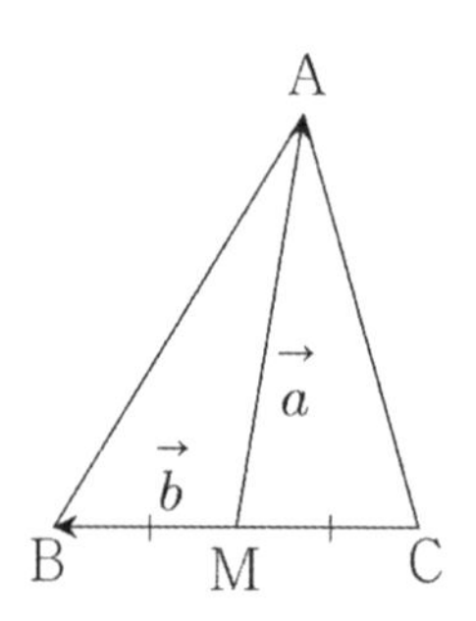

위의 그림과 같이

$\overrightarrow{\mathrm{MA}} = \vec{a},\ \overrightarrow{\mathrm{MB}} = \vec{b}$

라 하면

$\overrightarrow{\mathrm{BA}} = \vec{a} - \vec{b}$

$\overrightarrow{\mathrm{CA}} = \overrightarrow{\mathrm{MA}} - \overrightarrow{\mathrm{MC}} = \boxed{\vec{a} + \vec{b}}$

$\therefore\ \overline{\mathrm{AB}}^2 + \overline{\mathrm{AC}}^2$

$= |\vec{a} - \vec{b}|^2 + |\boxed{\vec{a} + \vec{b}}|^2$

$= |\vec{a}|^2 - 2\boxed{\vec{a} \cdot \vec{b}} + |\vec{b}|^2$

$+ |\vec{a}|^2 + 2\boxed{\vec{a} \cdot \vec{b}} + |\vec{b}|^2$

$= 2(|\vec{a}|^2 + |\vec{b}|^2)$

$= 2(\overline{\mathrm{AM}}^2 + \overline{\mathrm{BM}}^2)$

(가): $\vec{a} + \vec{b}$

(나): $\vec{a} \cdot \vec{b}$

답 ③

N024 | 답 ①

[풀이]

벡터의 덧셈의 정의에 의하여

$\overrightarrow{\mathrm{BC}} + \overrightarrow{\mathrm{CA}} + \overrightarrow{\mathrm{AB}} = \overrightarrow{\mathrm{BB}} = \vec{0}$

즉, $\vec{a} + \vec{b} + \vec{c} = \vec{0}$이다.

$\vec{c} = \boxed{-\vec{a} - \vec{b}}$를 주어진 조건식에 대입하여 정리하면

$(\vec{b} \cdot \boxed{(-\vec{a} - \vec{b})})\vec{a} + (\boxed{(-\vec{a} - \vec{b})} \cdot \vec{a})\vec{b} + (\vec{a} \cdot \vec{b})\boxed{(-\vec{a} - \vec{b})}$

$= (\boxed{-2\vec{a} \cdot \vec{b}} - \vec{b} \cdot \vec{b})\vec{a} + (\boxed{-2\vec{a} \cdot \vec{b}} - \vec{a} \cdot \vec{a})\vec{b} = \vec{0}$

$\vec{a}$와 $\vec{b}$는 평행하지 않으므로

$\boxed{-2\vec{a} \cdot \vec{b}} - \vec{b} \cdot \vec{b} = 0$

$\boxed{-2\vec{a}\cdot\vec{b}}-\vec{a}\cdot\vec{a}=0$

위의 두 식에서 $\vec{a}\cdot\vec{a}=\vec{b}\cdot\vec{b}$

$\therefore\ |\vec{a}|=|\vec{b}|$

같은 방법으로, $\vec{b}=\boxed{-\vec{a}-\vec{c}}$를 주어진 조건식에 대입하여 정리하면 $|\vec{a}|=|\vec{c}|$가 얻어진다.

따라서 △ABC는 정삼각형이다.

(가): $-\vec{a}-\vec{b}$

(나): $-2\vec{a}\cdot\vec{b}$

(다): $-\vec{a}-\vec{c}$

답 ①

N025 | 답 37

[풀이] ★

$\overrightarrow{BA}=\vec{a}$, $\overrightarrow{BC}=\vec{b}$로 두자.

점 G를 선분 BE의 $t:1-t$내분점,

점 G를 선분 FD의 $s:1-s$내분점이라고 하자.

(단, $0<t<1$, $0<s<1$)

점 E는 선분 AC의 $2:1$내분점이므로

벡터의 내분점에 대한 공식에 의하여

$\overrightarrow{BE}=\frac{1}{3}\vec{a}+\frac{2}{3}\vec{b}$,

$\overrightarrow{AG}=t\overrightarrow{AE}+(1-t)\overrightarrow{AB}$

$=t\left(-\frac{2}{3}\vec{a}+\frac{2}{3}\vec{b}\right)+(1-t)(-\vec{a})$

$=\left(\frac{t}{3}-1\right)\vec{a}+\frac{2}{3}t\vec{b}$, $\cdots$ ㉠

$\overrightarrow{AG}=s\overrightarrow{AD}+(1-s)\overrightarrow{AF}$

$=s\left(\frac{1}{3}\vec{b}-\frac{1}{3}\vec{a}\right)+(1-s)\left(-\vec{a}+\frac{1}{2}\vec{b}\right)$

$=\left(\frac{2}{3}s-1\right)\vec{a}+\left(\frac{1}{2}-\frac{s}{6}\right)\vec{b}$ $\cdots$ ㉡

㉠, ㉡에서

$\frac{t}{3}-1=\frac{2}{3}s-1$, $\frac{2}{3}t=\frac{1}{2}-\frac{s}{6}$

연립방정식을 풀면

$t=\frac{2}{3}$, $s=\frac{1}{3}$

이를 ㉠에 대입하면

$\overrightarrow{AG}=-\frac{7}{9}\vec{a}+\frac{4}{9}\vec{b}$

문제에서 주어진 조건에 의하여

$\overrightarrow{AG}\cdot\overrightarrow{BE}$

$=\left(-\frac{7}{9}\vec{a}+\frac{4}{9}\vec{b}\right)\cdot\left(\frac{1}{3}\vec{a}+\frac{2}{3}\vec{b}\right)$

$=-\frac{7}{27}|\vec{a}|^2-\frac{10}{27}\vec{a}\cdot\vec{b}+\frac{8}{27}|\vec{b}|^2$

$=-\frac{7}{3}-\frac{10}{27}\vec{a}\cdot\vec{b}+\frac{128}{27}=0$

$(\because |\vec{a}|=3,\ |\vec{b}|=4)$

정리하면

$\vec{a}\cdot\vec{b}=\frac{13}{2}$

벡터의 내적의 정의에 의하여

$\vec{a}\cdot\vec{b}=|\vec{a}||\vec{b}|\cos\theta=12\cos\theta=\frac{13}{2}$

$\cos\theta=\frac{13}{24}$

$\therefore\ p+q=37$

답 37

N026 | 답 ②

[풀이1] ★

벡터의 내적의 정의에 의하여

$\vec{a}\cdot\vec{b}=|\vec{a}||\vec{b}|\cos(\angle BAD)$

$=|\vec{a}|^2$

($\because$ 직각삼각형 BAD에서 삼각비의 정의에 의하여

$\cos(\angle BAD)=\frac{|\vec{a}|}{|\vec{b}|}$)

$=1$

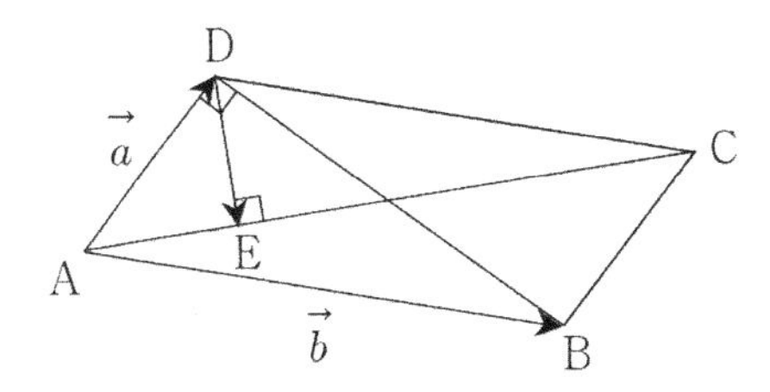

점 E가 선분 AD의 $k:1-k$의 내분점이라고 하자.

(단, $0<k<1$)

내분점의 공식에 의하여

$\overrightarrow{DE}=(1-k)\overrightarrow{DA}+k\overrightarrow{DC}$

$=(k-1)\vec{a}+k\vec{b}$

$(\because\ \vec{a}=-\overrightarrow{DA},\ \overrightarrow{DC}=\overrightarrow{AB})$

두 벡터 $\overrightarrow{DE}$, $\overrightarrow{AE}$가 서로 수직이므로

$\overrightarrow{DE}\cdot\overrightarrow{AE}=((k-1)\vec{a}+k\vec{b})\cdot(k\vec{a}+k\vec{b})$

$=k(k-1)|\vec{a}|^2+(2k^2-k)\vec{a}\cdot\vec{b}+k^2|\vec{b}|^2$

$=9k^2-2k=0$에서 $k=\frac{2}{9}(\because k>0)$

답 ②

[참고]
다음과 같은 방법으로 $\vec{a}\cdot\vec{b}=1$임을 보여도 좋다.
두 벡터 $\overrightarrow{AD}$, $\overrightarrow{DB}$가 서로 수직이므로
$\overrightarrow{AD}\cdot\overrightarrow{DB}=\vec{a}\cdot(\vec{b}-\vec{a})=\vec{a}\cdot\vec{b}-|\vec{a}|^2=0$
$\therefore\ \vec{a}\cdot\vec{b}=1$

[풀이2] (교육과정 외)
아래 그림에서 ●$=\theta$로 두자. 이때, ○$=180^\circ-\theta$이다.
그리고 평행사변형 ABCD의 두 대각선의 교점을 M이라고 하자.

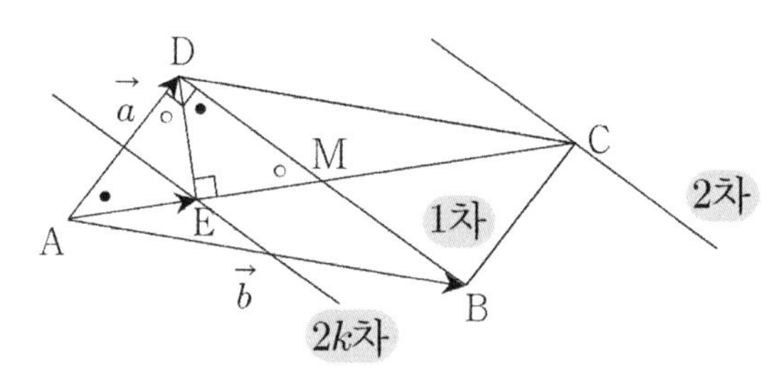

직각삼각형 ABD에서 피타고라스의 정리에 의하여
$\overline{BD}=\sqrt{5}$, $\overline{DM}=\dfrac{\sqrt{5}}{2}$
직각삼각형 AMD에서
$\tan\theta=\dfrac{\sqrt{5}}{2}$이므로 $\cos\theta=\dfrac{2}{3}$, $\overline{AE}=\dfrac{2}{3}$, $\overline{AM}=\dfrac{3}{2}$
$2k:1=\dfrac{2}{3}:\dfrac{3}{2}$, $\therefore\ k=\dfrac{2}{9}$
답 ②

N027 | 답 ⑤

[풀이]

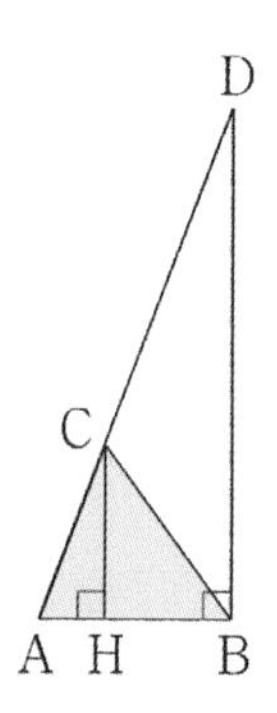

점 C에서 직선 AB에 내린 수선의 발을 H, 두 벡터 $\overrightarrow{AB}$, $\overrightarrow{AC}$가 이루는 각의 크기를 θ라고 하자.
(가): $\overrightarrow{AB}\cdot\overrightarrow{AC}$의 값이 양수이므로 θ는 예각이다.
$\overrightarrow{AB}\cdot\overrightarrow{AC}=|\overrightarrow{AB}||\overrightarrow{AH}|=\dfrac{1}{3}|\overrightarrow{AB}|^2$,
$|\overrightarrow{AH}|=\dfrac{1}{3}|\overrightarrow{AB}|$, 즉
점 H는 선분 AB의 $1:2$내분점이다.
(나): $\overrightarrow{AB}\cdot\overrightarrow{CB}$
$=\overrightarrow{AB}\cdot(\overrightarrow{AB}-\overrightarrow{AC})$
$=|\overrightarrow{AB}|^2-\dfrac{1}{3}|\overrightarrow{AB}|^2$
$=\dfrac{2}{3}|\overrightarrow{AB}|^2=\dfrac{2}{5}|\overrightarrow{AC}|^2$, 즉
$\overline{AB}:\overline{AC}=\sqrt{3}:\sqrt{5}$에서
$\overline{AB}=\sqrt{3}k$, $\overline{AC}=\sqrt{5}k$로 두자.
직각삼각형 CAH에서 피타고라스의 정리에 의하여
$\overline{CH}=\dfrac{\sqrt{14}}{\sqrt{3}}k$
두 직각삼각형 CAH, DAB의 닮음비는 $1:3$이므로
$\overline{BD}=3\times\dfrac{\sqrt{14}}{\sqrt{3}}k=\sqrt{42}$, $k=1$
$\therefore$ ($\triangle$ABC의 넓이)$=\dfrac{1}{2}\times\sqrt{3}\times\dfrac{\sqrt{14}}{\sqrt{3}}=\dfrac{\sqrt{14}}{2}$
답 ⑤

N028 | 답 ①

[풀이]

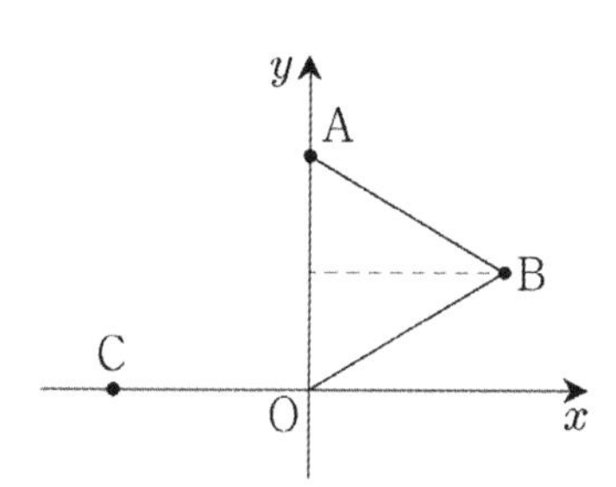

B$(\sqrt{3},\ 1)$이므로
$\overrightarrow{BC}=(-2\sqrt{3},\ -1)$,
$\therefore\ |\overrightarrow{OA}+\overrightarrow{BC}|=|(-2\sqrt{3},\ 1)|=\sqrt{13}$
답 ①

N029 | 답 ⑤

[풀이] ★
문제에서 주어진 조건에 의하여
벡터 $\vec{x}$의 시점과 종점은 서로 다르고, 벡터 $\vec{y}$의 시점과 종점은 서로 다르다.
즉, $\vec{x}\neq\vec{0}$, $\vec{y}\neq\vec{0}$
▸ ㄱ. (거짓)
(반례)

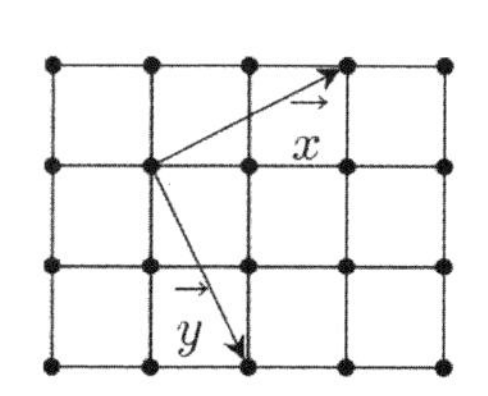

두 벡터 $\vec{x}$, $\vec{y}$가 위의 그림과 같으면

$|\vec{x}|=\sqrt{5}$, $|\vec{y}|=\sqrt{5}$

이지만

$\vec{x}\cdot\vec{y}=0$

이다.

▸ ㄴ. (참)

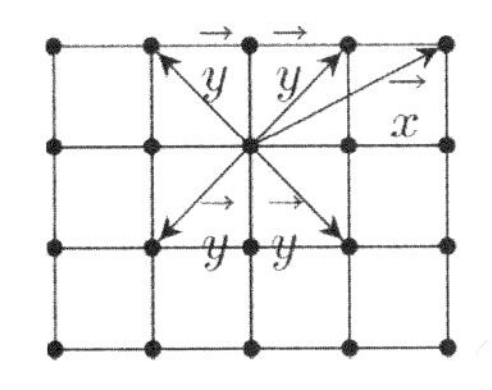

위의 그림처럼

$|\vec{x}|=\sqrt{5}$, $|\vec{y}|=\sqrt{2}$

일 때, 두 벡터 $\vec{x}$, $\vec{y}$는 서로 수직이 아니므로

$\therefore\ \vec{x}\cdot\vec{y}\neq 0$

▸ ㄷ. (참)

$\vec{x}=(a,\ b)$, $\vec{x}=(c,\ d)$로 두자.

(단, $-4\le a\le 4$, $-3\le b\le 3$,

$-4\le c\le 4$, $-3\le d\le 3$이고,

a, b, c, d는 정수이다.)

$\vec{x}\cdot\vec{y}=ac+bd$

두 정수의 합과 곱은 정수이므로

두 수 $ac+bd$는 정수이다.

이상에서 옳은 것은 ㄴ, ㄷ이다.

답 ⑤

N030 | 답 ⑤

[풀이]

A를 원점으로 두고, 두 점 B, D의 좌표를 $(0,\ 4)$, $(6,\ 0)$이 되도록 좌표평면을 도입하자.

이때, 삼각형 ABD의 넓이는 12이다. (이렇게 두어도 풀이의 일반성을 잃지 않는다.)

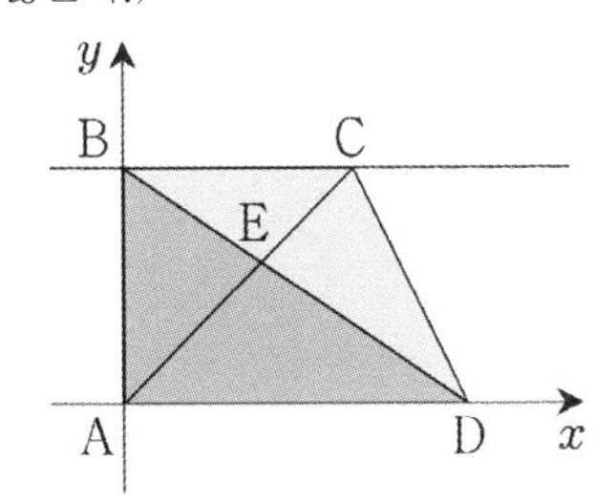

(가): 점 C의 좌표를 $(c,\ 4)$로 두자.

(나): $t(c,\ 4)=3(0,\ 4)+2(6,\ 0)$, 즉

$(tc,\ 4t)=(12,\ 12)$, $t=3$, $c=4$

$\therefore$ (□ABCD의 넓이)$=\dfrac{4+6}{2}\times 4=20$

답 ⑤

N031 | 답 ①

[풀이] ★

원점 O에서 두 직선 l, l_1에 내린 수선의 발을 각각 A, B라고 하자. 세 직선 l, l_1, l_2가 서로 평행하므로, 네 점 O, A, B, P_2는 한 직선 위에 있다.

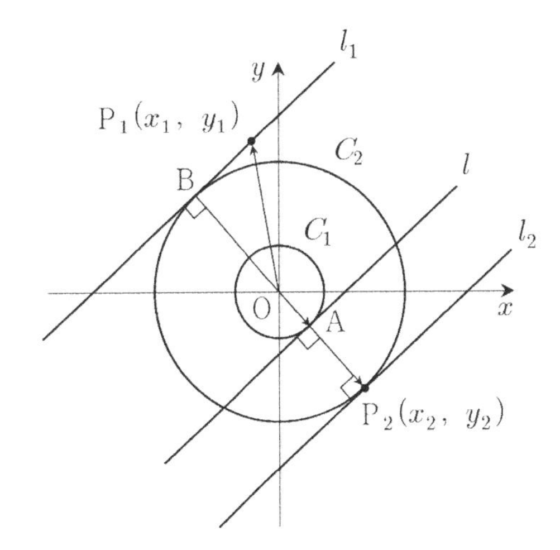

직선 l의 방정식이 $ax+by=1$

즉, $(a,\ b)\cdot(x,\ y)=1$이므로

점 A의 좌표는 $A(a,\ b)$이다.

성분에 의한 벡터의 내적에 의하여

$ax_1+by_1+1=(a,\ b)\cdot(x_1,\ y_1)+1$

$=\overrightarrow{OA}\cdot\overrightarrow{OP_1}+1=-|\overrightarrow{OA}||\overrightarrow{OB}|+1$

$=-2\sqrt{2}+1$

$ax_2+by_2+1=(a,\ b)\cdot(x_2,\ y_2)+1$

$=\overrightarrow{OA}\cdot\overrightarrow{OP_2}+1=|\overrightarrow{OA}||\overrightarrow{OP_2}|+1$

$=2\sqrt{2}+1$

$\therefore\ (ax_1+by_1+1)(ax_2+by_2+1)$

$=(-2\sqrt{2}+1)(2\sqrt{2}+1)=-7$

답 ①

N032 | 답 ⑤

[풀이1]

▸ ㄱ. (참)

$\overrightarrow{OP}+\overrightarrow{OQ}=\overrightarrow{OR}$이라고 하자.

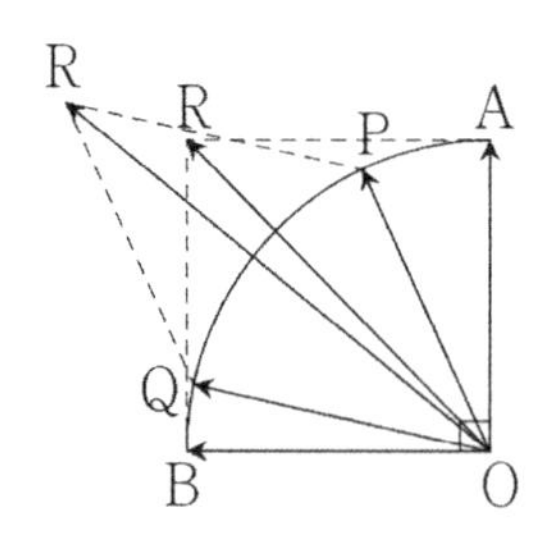

위의 그림처럼 두 점 P, Q가 각각 A(B), B(A)에 올 때, $|\overrightarrow{OR}|$의 값은 최소가 된다. 이때, 최솟값은 $\sqrt{2}$이다.

▸ ㄴ. (참)

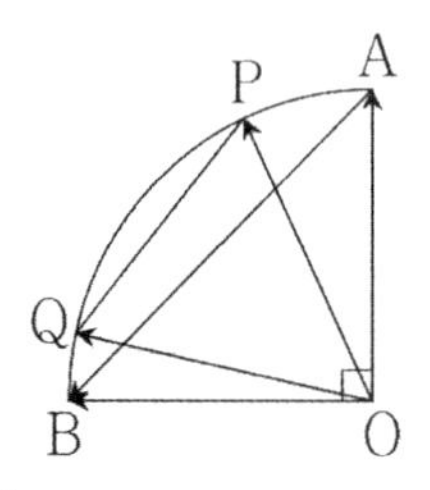

$|\overrightarrow{OP}-\overrightarrow{OQ}|=|\overrightarrow{PQ}|$이므로 위의 그림처럼 두 점 P, Q가 각각 A(B), B(A)에 올 때, $|\overrightarrow{PQ}|$의 값은 최대가 된다. 이때, 최댓값은 $\sqrt{2}$이다.

▸ ㄷ. (참)

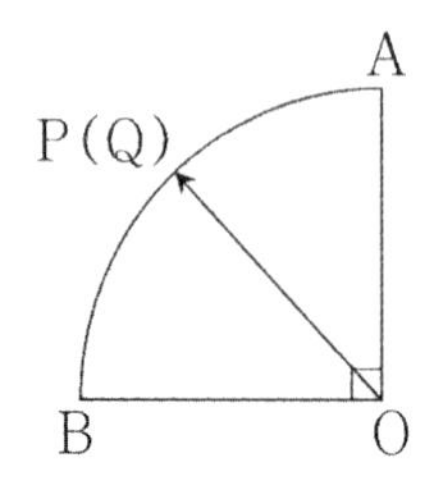

위의 그림처럼 두 벡터 $\overrightarrow{OP}$, $\overrightarrow{OQ}$가 서로 일치할 때 (즉, 두 벡터가 이루는 각의 크기가 $0°$일 때), 이 두 벡터의 내적은 최대이다. 이때, 최댓값은 1이다. ($\because$ 두 벡터의 크기가 일정하다.)

이상에서 옳은 것은 ㄱ, ㄴ, ㄷ이다.

답 ⑤

[풀이2]

▸ ㄱ. (참)

벡터의 내적의 성질에 의하여

$|\overrightarrow{OP}+\overrightarrow{OQ}|^2$

$=|\overrightarrow{OP}|^2+2\overrightarrow{OP}\cdot\overrightarrow{OQ}+|\overrightarrow{OQ}|^2$

$=2+2|\overrightarrow{OP}||\overrightarrow{OQ}|\cos\theta$

$=2+2\cos\theta$

(단, $0\le\theta\le\frac{\pi}{2}$)

이므로

$|\overrightarrow{OP}+\overrightarrow{OQ}|=\sqrt{2+2\cos\theta}\ge\sqrt{2}$

(단, 등호는 $\theta=\frac{\pi}{2}$일 때 성립한다.)

▸ ㄴ. (참)

벡터의 내적의 성질에 의하여

$|\overrightarrow{OP}-\overrightarrow{OQ}|^2$

$=|\overrightarrow{OP}|^2-2\overrightarrow{OP}\cdot\overrightarrow{OQ}+|\overrightarrow{OQ}|^2$

$=2-2|\overrightarrow{OP}||\overrightarrow{OQ}|\cos\theta$

$=2-2\cos\theta$ (단, $0\le\theta\le\frac{\pi}{2}$)

이므로

$|\overrightarrow{OP}-\overrightarrow{OQ}|=\sqrt{2-2\cos\theta}\le\sqrt{2}$

(단, 등호는 $\theta=\frac{\pi}{2}$일 때 성립한다.)

▸ ㄷ. (참)

$\overrightarrow{OP}\cdot\overrightarrow{OQ}=|\overrightarrow{OP}||\overrightarrow{OQ}|\cos\theta$

$=\cos\theta\le1$

(단, 등호는 $\theta=0$일 때 성립한다.)

이상에서 옳은 것은 ㄱ, ㄴ, ㄷ이다.

답 ⑤

N033 | 답 7

[풀이]

$\overrightarrow{OA}=\vec{a}$, $\overrightarrow{OB}=\vec{b}$, $\overrightarrow{OC}=\vec{c}$, $\overrightarrow{OP}=\vec{p}$로 두고,

점 P의 좌표를 $(x,\ y)$로 두자.

우선 조건 (가)에서 주어진 등식을 정리하자.

$5(\vec{a}-\vec{b})\cdot\vec{p}-\vec{b}\cdot(\vec{p}-\vec{a})=\vec{a}\cdot\vec{b}$

$(5\vec{a}-6\vec{b})\cdot\vec{p}=0$, $18(1,\ -2)\cdot(x,\ y)=0$,

$x-2y=0$

즉, 점 P는 직선 $y=\frac{1}{2}x$ 위에 있다.

그리고 점 C는 직선 $y=-2x$ 위에 있다. 이때, 두 직선 $y=\frac{1}{2}x$, $y=-2x$는 서로 수직이다.

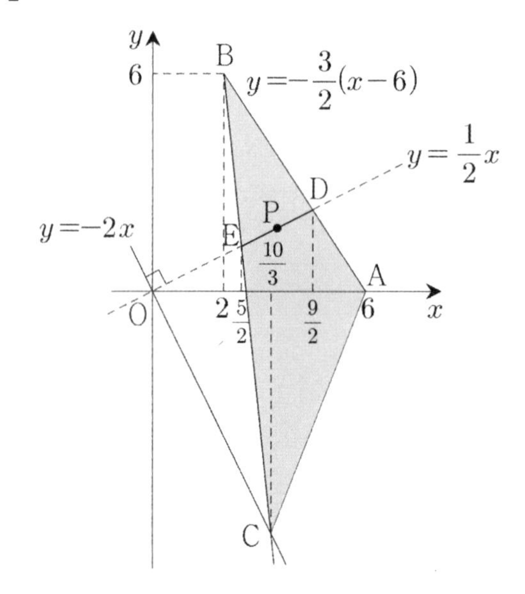

위의 그림처럼 점 P가 나타내는 선분의 양 끝점을 D, E라고 하자.

두 직선 $y=\frac{1}{2}x$, $y=-\frac{3}{2}(x-6)$(AB)의 교점을 D라고 하면, 점 D의 x좌표는 $\frac{9}{2}$이다.

조건 (나)에서 $\overline{\mathrm{ED}}=\sqrt{5}$이므로 점 E의 x좌표는 $\frac{5}{2}\left(=\frac{9}{2}-2\right)$이다.

점 C는 두 직선 $y=-\frac{19}{2}(x-2)+6$(BE), $y=-2x$의 교점이므로 점 C의 x좌표는 $\frac{10}{3}$이다.

$\overrightarrow{\mathrm{OA}}\cdot\overrightarrow{\mathrm{CP}}$

$=\vec{a}\cdot(\vec{p}-\vec{c})$

$=\vec{a}\cdot\vec{p}-\vec{a}\cdot\vec{c}$

$\le 6\times\frac{9}{2}-6\times\frac{10}{3}$

(단, 등호는 점 P가 점 D 위에 있을 때 성립한다.)

$=7$

답 7

N034 | 답 60

[풀이]

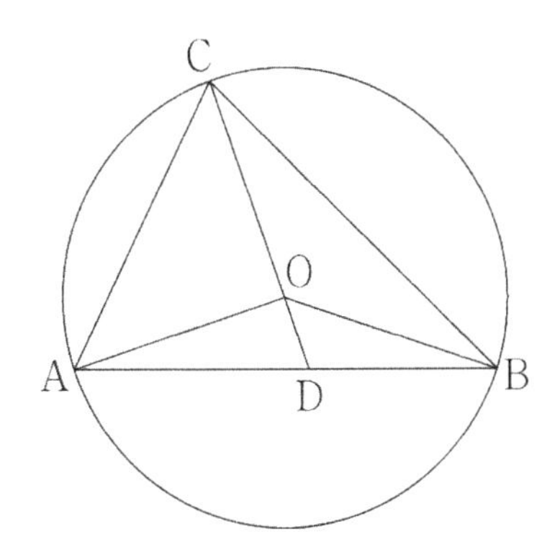

주어진 등식에서

$|3\vec{c}|=|-x\vec{a}-5\vec{b}|$

양변을 제곱하여 정리하면

$9=x^2+25+10x\vec{a}\cdot\vec{b}$ …㉠

$\vec{a}\cdot\vec{b}=-\frac{1}{10}\left(x+\frac{16}{x}\right)$

$\le -\frac{2}{10}\sqrt{x\times\frac{16}{x}}=-\frac{4}{5}$

(단, 등호는 $x=4$일 때 성립한다.)

$x=4$일 때, 두 벡터 $\vec{a}$, $\vec{b}$가 이루는 각의 크기를 α라고 하자.

$\vec{a}\cdot\vec{b}=|\vec{a}||\vec{b}|\cos\alpha=-\frac{4}{5}$, 즉

$\cos\alpha=-\frac{4}{5}$, $\sin\alpha=\frac{3}{5}$

($\triangle$OAB의 넓이)$=\frac{1}{2}\times1^1\times\frac{3}{5}=\frac{3}{10}$

한편 $\vec{c}=-3\times\frac{4\vec{a}+5\vec{b}}{9}=-3\vec{d}$

(이때, $\vec{d}=\overrightarrow{\mathrm{OD}}$이고, 점 D는 선분 AB의 5 : 4내분점이다.)

점 O는 선분 CD의 3 : 1내분점이므로

$S=$($\triangle$ABC의 넓이)$=4\times$($\triangle$OAB의 넓이)$=\frac{6}{5}$

$\therefore\ 50S=60$

답 60

N035 | 답 ④

[풀이]

원의 중심을 O, 점 O를 지나고 직선 AC에 평행한 직선이 원과 만나는 두 점 중에서 직사각형 ABCD 외부에 있는 점을 Q라고 하자.

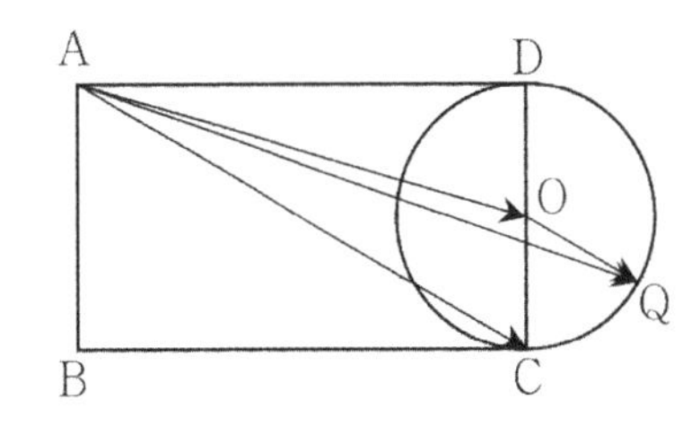

벡터의 내적의 성질에 의하여

$\overrightarrow{\mathrm{AC}}\cdot\overrightarrow{\mathrm{AP}}$

$=\overrightarrow{\mathrm{AC}}\cdot(\overrightarrow{\mathrm{AO}}+\overrightarrow{\mathrm{OP}})$

$=\overrightarrow{\mathrm{AC}}\cdot\overrightarrow{\mathrm{AO}}+\overrightarrow{\mathrm{AC}}\cdot\overrightarrow{\mathrm{OP}}$

점 P의 위치에 관계없이

$\overrightarrow{\mathrm{AC}}\cdot\overrightarrow{\mathrm{AO}}$의 값은 일정하다.

점 P가 점 Q 위에 있을 때,

$\overrightarrow{\mathrm{AC}}\cdot\overrightarrow{\mathrm{OP}}$의 값은 최대가 된다.

$\overrightarrow{\mathrm{AC}}\cdot\overrightarrow{\mathrm{AO}}=(\overrightarrow{\mathrm{AD}}+\overrightarrow{\mathrm{DC}})\cdot(\overrightarrow{\mathrm{AD}}+\overrightarrow{\mathrm{DO}})$

$=|\overrightarrow{\mathrm{AD}}|^2+2|\overrightarrow{\mathrm{DO}}|^2=14$

이므로

$\overrightarrow{\mathrm{AC}}\cdot\overrightarrow{\mathrm{AP}}\le 14+4=18$

(단, 등호는 점 P가 점 Q 위에 있을 때 성립한다.)

답 ④

N036 | 답 27

[풀이]

원 C_2의 중심을 O_2, 점 O_2를 지나고 직선 PC에 평행한 직선이 원 O_2와 만나는 두 점 중에서 선분 CD에 가까운 점을 Q_0라고 하자.

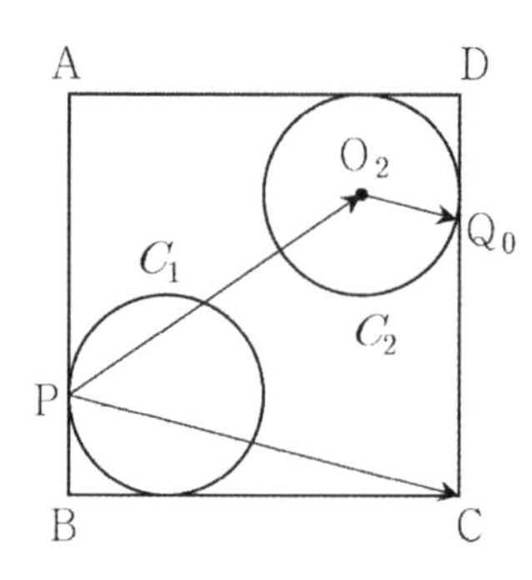

벡터의 내적의 성질에 의하여

$\overrightarrow{\mathrm{PC}} \cdot \overrightarrow{\mathrm{PQ}}$

$= \overrightarrow{\mathrm{PC}} \cdot (\overrightarrow{\mathrm{PO_2}} + \overrightarrow{\mathrm{O_2Q}})$

$= \underbrace{\overrightarrow{\mathrm{PC}} \cdot \overrightarrow{\mathrm{PO_2}}}_{\text{일정한 값}} + \underbrace{\overrightarrow{\mathrm{PC}} \cdot \overrightarrow{\mathrm{O_2Q}}}_{\text{변하는 값}}$

$\le (\overrightarrow{\mathrm{PB}} + \overrightarrow{\mathrm{BC}}) \cdot \left(\frac{3}{4}\overrightarrow{\mathrm{BC}} + \frac{1}{2}\overrightarrow{\mathrm{CD}}\right)$

$+ |\overrightarrow{\mathrm{PC}}|\,|\overrightarrow{\mathrm{O_2Q_0}}|$

(단, 등호는 점 Q가 점 Q_0 위에 있을 때 성립한다.)

$= 10 + \sqrt{17}$

$a = 10,\ b = 17$

$\therefore\ a + b = 27$

답 27

N037 | 답 80

[풀이]

문제에서 주어진 원 O의 중심을 O, 점 O에서 두 선분 AB, AD에 내린 수선의 발을 각각 P, Q, 직선 OQ가 원 O와 만나는 두 점 중에서 Q가 아닌 점을 R이라고 하자. 그리고 원 O의 반지름의 길이를 r이라고 하자. (단, $0 < r < 4$)

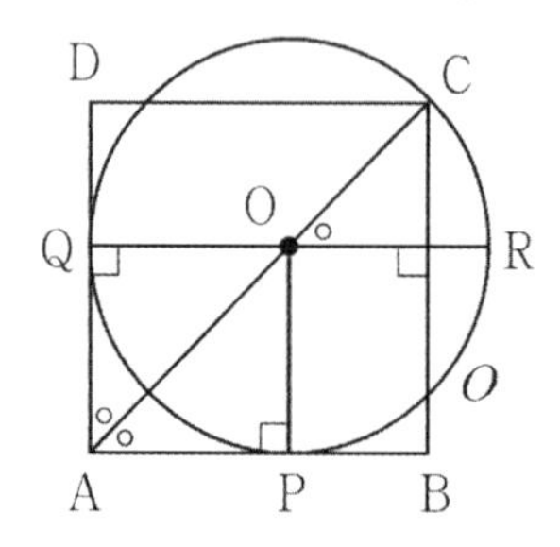

두 직각삼각형 OAP, OAQ는 서로 RHS합동이므로

$\angle \mathrm{OAP} = \angle \mathrm{OAQ} = \frac{\pi}{4}$

직각삼각형 OAP에서 특수각의 삼각비의 정의에 의하여

$\overline{\mathrm{OA}} = \sqrt{2}\,r$

$\overline{\mathrm{OC}} = \overline{\mathrm{AC}} - \overline{\mathrm{AO}} = 4\sqrt{2} - \sqrt{2}\,r$

원의 정의에 의하여 $\overline{\mathrm{OC}} = r$이므로

$4\sqrt{2} - \sqrt{2}\,r = r$ 즉, $r = 8 - 4\sqrt{2}$

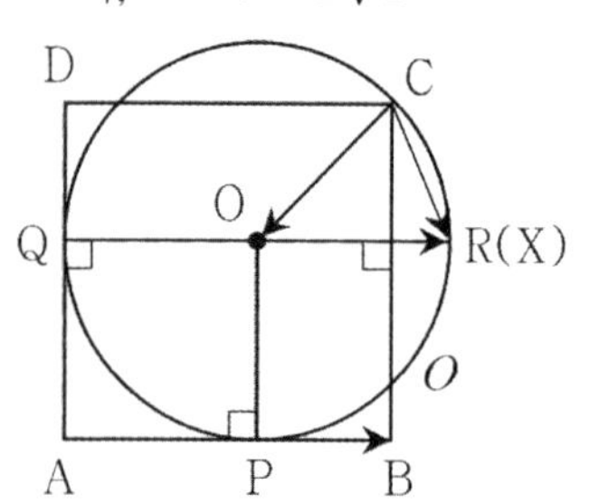

벡터의 덧셈의 정의에 의하여

$\overrightarrow{\mathrm{CX}} = \overrightarrow{\mathrm{CO}} + \overrightarrow{\mathrm{OX}}$

벡터의 내적의 성질에 의하여

$\overrightarrow{\mathrm{AB}} \cdot \overrightarrow{\mathrm{CX}} = \overrightarrow{\mathrm{AB}} \cdot (\overrightarrow{\mathrm{CO}} + \overrightarrow{\mathrm{OX}})$

$= \overrightarrow{\mathrm{AB}} \cdot \overrightarrow{\mathrm{CO}} + \overrightarrow{\mathrm{AB}} \cdot \overrightarrow{\mathrm{OX}}$

$\le \overrightarrow{\mathrm{AB}} \cdot \overrightarrow{\mathrm{CO}} + \overrightarrow{\mathrm{AB}} \cdot \overrightarrow{\mathrm{OR}}$

(단, 등호는 점 X가 점 R 위에 올 때 성립한다.)

벡터의 내적의 정의에 의하여

$\overrightarrow{\mathrm{AB}} \cdot \overrightarrow{\mathrm{CO}} = \overrightarrow{\mathrm{AB}} \cdot \overrightarrow{\mathrm{BP}} = -|\overrightarrow{\mathrm{AB}}|\,|\overrightarrow{\mathrm{BP}}|$

$= -4 \times (4 - r) = 16 - 16\sqrt{2}$

$\overrightarrow{\mathrm{AB}} \cdot \overrightarrow{\mathrm{OR}} = |\overrightarrow{\mathrm{AB}}|\,|\overrightarrow{\mathrm{OR}}| = 4 \times r = 32 - 16\sqrt{2}$

이므로

$\overrightarrow{\mathrm{AB}} \cdot \overrightarrow{\mathrm{CX}} \le \overrightarrow{\mathrm{AB}} \cdot \overrightarrow{\mathrm{CO}} + \overrightarrow{\mathrm{AB}} \cdot \overrightarrow{\mathrm{OR}}$

$= 16 - 16\sqrt{2} + (32 - 16\sqrt{2})$

$= 48 - 32\sqrt{2}$

(단, 등호는 점 X가 점 R 위에 올 때 성립한다.)

$\therefore\ a + b = 48 + 32 = 80$

답 80

N038 | 답 15

[풀이]

$\overrightarrow{\mathrm{OD}} = \dfrac{3\overrightarrow{\mathrm{OB}} - 1\overrightarrow{\mathrm{OC}}}{3-1}$이므로 점 D는 선분 BC의 1 : 3내분점이다.

이때, $\overline{\mathrm{DB}} : \overline{\mathrm{BC}} = 1 : 2$이다.

점 A에서 선분 BC에 내린 수선의 발을 H, 선분 AD의 1 : 2내분점을 G라고 하자.

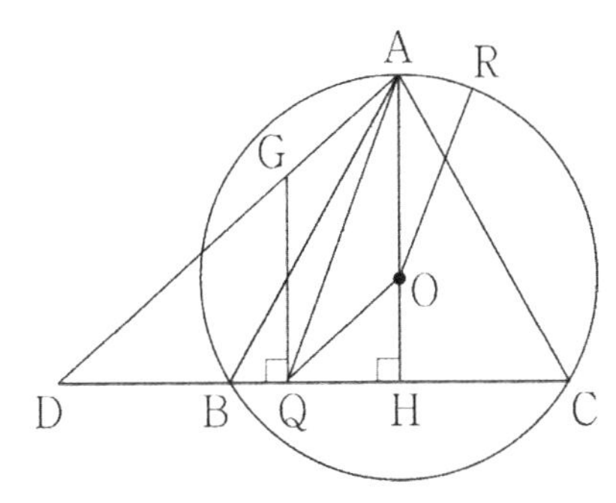

$\overrightarrow{2PA}+\overrightarrow{PD}$

$=2\overrightarrow{OA}-2\overrightarrow{OP}+\overrightarrow{OD}-\overrightarrow{OP}$

$=2\overrightarrow{OA}+\overrightarrow{OD}-3\overrightarrow{OP}$

$=\dfrac{2\overrightarrow{OA}+\overrightarrow{OD}}{2+1}-\overrightarrow{OP}$

$=\overrightarrow{OG}-\overrightarrow{OP}$

$=\overrightarrow{PG}$

에서 $|2\overrightarrow{PA}+\overrightarrow{PD}|=|\overrightarrow{PG}|=r$로 두면 점 P는 점 G를 중심으로 하고 반지름의 길이가 r인 원 위에 있다. 점 G에서 선분 BC에 내린 수선의 발을 Q라고 할 때, 점 P가 점 Q이면 r은 최솟값을 갖는다.

$|\overrightarrow{OR}|=|\overrightarrow{OA}|$에서 점 R은 중심이 O이고 $\overline{OA}$가 반지름인 원 위에 있다.

$\overrightarrow{QA}\cdot\overrightarrow{QR}$

$=\overrightarrow{QA}\cdot(\overrightarrow{QO}+\overrightarrow{OR})$

$=\underbrace{\overrightarrow{QA}\cdot\overrightarrow{QO}}_{\text{일정}}+\overrightarrow{QA}\cdot\overrightarrow{OR}$

$=|\overrightarrow{QH}|^2+\overrightarrow{HO}\cdot\overrightarrow{HA}+\overrightarrow{QA}\cdot\overrightarrow{OR}$

$=2^2+\sqrt{3}\times3\sqrt{3}+\overrightarrow{QA}\cdot\overrightarrow{OR}$ $\cdots(*)$

이때, 두 벡터 $\overrightarrow{AQ}$, $\overrightarrow{OR}$의 방향이 같으면 (*)의 값이 최대가 된다.

$(*)\le 13+\sqrt{31}\times2\sqrt{3}=13+2\sqrt{93}$

($\because$ $\overline{AQ}=\sqrt{2^2+(3\sqrt{3})^2}=\sqrt{31}$)

$\therefore$ $p+q=15$

답 15

N039 | 답 ⑤

[풀이]

점 C에서 직선 OA에 내린 수선의 발을 H라 하자.

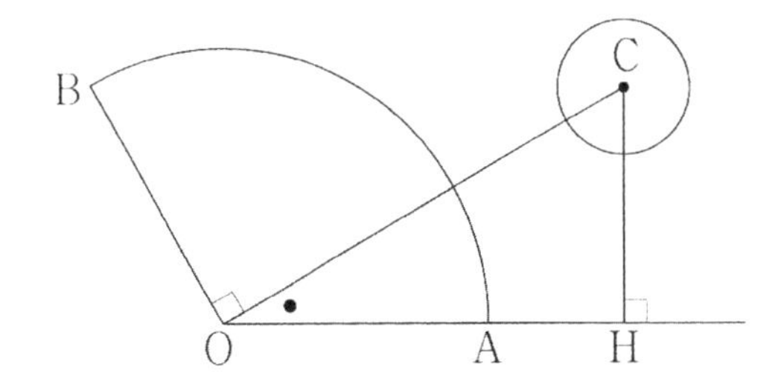

(단, ●$=30°$)

$\overrightarrow{OA}\cdot\overrightarrow{OC}=\overline{OA}\times\overline{OH}=4\times\overline{OH}=24$, $\overline{OH}=6$

$\overrightarrow{OB}\cdot\overrightarrow{OC}=0$에서 $\overline{OB}\perp\overline{OC}$이므로

$\angle COH=30°$

한편

$\overrightarrow{OP}\cdot\overrightarrow{PQ}$

$=\overrightarrow{OP}\cdot(\overrightarrow{OQ}-\overrightarrow{OP})$

$=\overrightarrow{OP}\cdot\overrightarrow{OQ}-|\overrightarrow{OP}|^2$ $\cdots(*)$

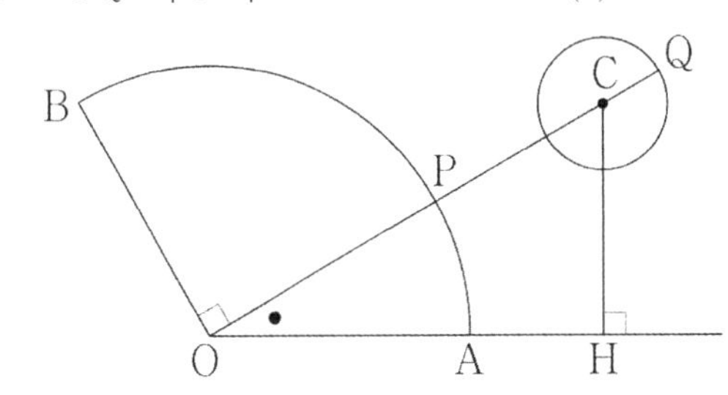

위의 그림처럼 네 점 O, P, C, Q가 이 순서대로 일직선 위에 있으면 (*)는 최댓값을 갖는다.

$M=4\times\left(\dfrac{12}{\sqrt{3}}+1\right)-4^2=16\sqrt{3}-12$

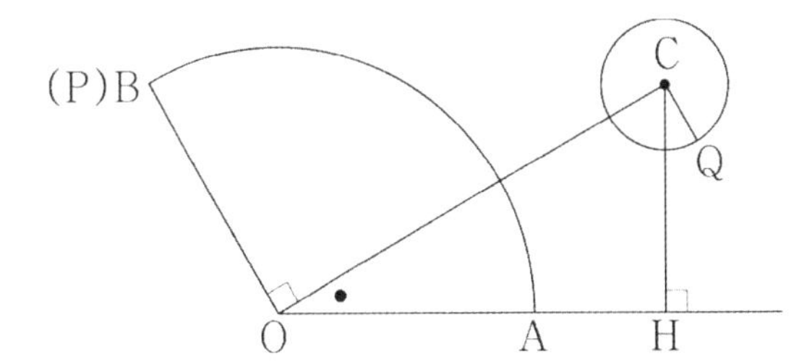

$(*)=\overrightarrow{OP}\cdot(\overrightarrow{OC}+\overrightarrow{CQ})-|\overrightarrow{OP}|^2$

$=\overrightarrow{OP}\cdot\overrightarrow{OC}+\overrightarrow{OP}\cdot\overrightarrow{CQ}-|\overrightarrow{OP}|^2$

위의 그림처럼 점 P가 점 B에 오고, $\overrightarrow{OP}=-\overrightarrow{CQ}$이면 (*)는 최솟값을 갖는다.

$m=0-4-16=-20$

$\therefore$ $M+m=16\sqrt{3}-32$

답 ⑤

N040 | 답 180

[풀이1]

원 C의 중심을 O, 선분 AB의 중점을 M이라고 하자.

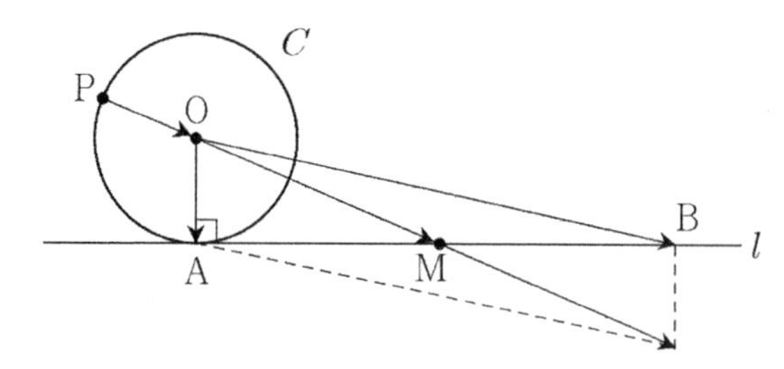

직각삼각형 OAM에서 피타고라스의 정리에 의하여

$\overline{OM}=\sqrt{5^2+12^2}=13$

벡터의 내적의 성질에 의하여

$\overrightarrow{PA}\cdot\overrightarrow{PB}=(\overrightarrow{PO}+\overrightarrow{OA})\cdot(\overrightarrow{PO}+\overrightarrow{OB})$

$=|\overrightarrow{OP}|^2+2\overrightarrow{PO}\cdot\dfrac{\overrightarrow{OA}+\overrightarrow{OB}}{2}+\overrightarrow{OA}\cdot\overrightarrow{OB}$

$=2\overrightarrow{PO}\cdot\overrightarrow{OM}+50$

$(\because\ |\overrightarrow{OP}|^2=25,\ \overrightarrow{OA}\cdot\overrightarrow{OB}=|\overrightarrow{OA}|^2=25)$

$\le 2\times5\times13+50=180$

(단, 직선 OM이 원 C와 만나는 두 점 중에서 직선 l에서 거리가 먼 점이 P일 때, 등호가 성립한다.)

답 180

[풀이2] 시험장

원의 중심을 O, 선분 AB의 중점을 M이라고 하자.

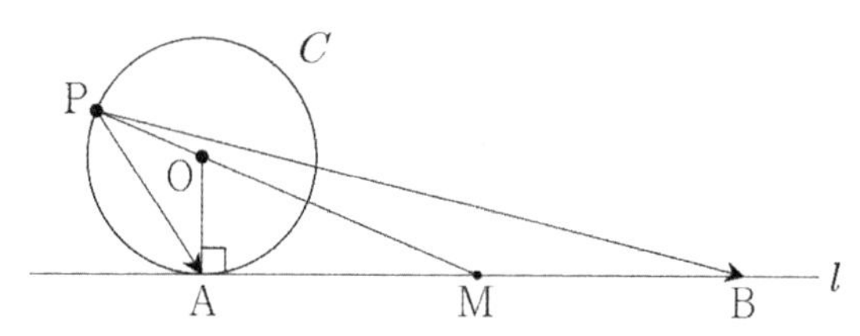

삼각형 PAB에서 코사인법칙에 의하여

$\overrightarrow{PA}\cdot\overrightarrow{PB}=\dfrac{\overline{PA}^2+\overline{PB}^2-\overline{AB}^2}{2}$

$=\overline{PM}^2+\overline{AM}^2-\dfrac{1}{2}\overline{AB}^2$ ($\because$ 삼각형의 중선정리)

$\le(13+5)^2+12^2-\dfrac{1}{2}\times24^2=180$

(단, 등호는 세 점 M, O, P가 이 순서대로 일직선 위에 있을 때 성립한다.)

답 180

N041 | 답 40

[풀이] ★

문제에서 주어진 원의 중심을 O, 점 O에서 직선 AB, CB에 내린 수선의 발을 각각 I, G, 점 A에서 밑변 BC에 내린 수선의 발을 H라고 하자.

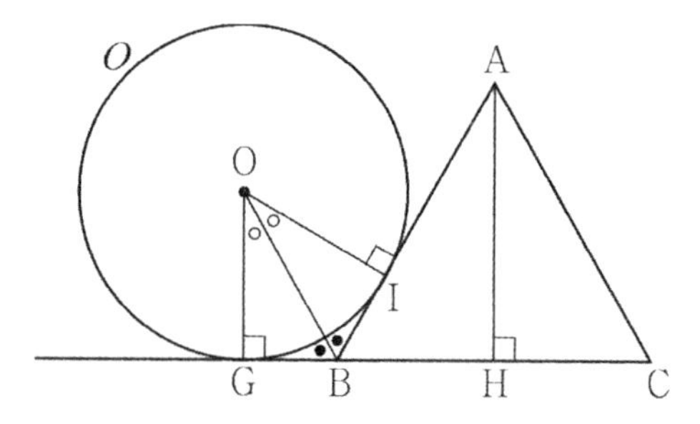

(단, ●$=60°$, ○$=30°$)

직각삼각형 OBI에서 특수각의 정의에 의하여

$\overline{BI}=\dfrac{\sqrt{3}}{3}\left(\rightarrow\overline{AI}=2-\dfrac{\sqrt{3}}{3}\right)$

• (1) 두 벡터의 내적 $\overrightarrow{AP}\cdot\overrightarrow{AQ}$의 최댓값을 구하자.

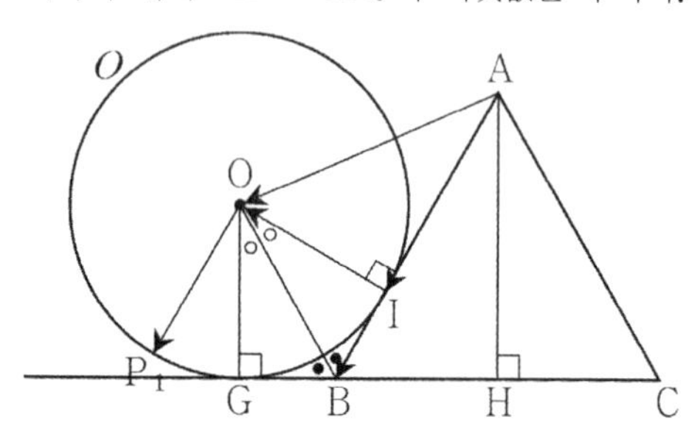

(단, ●$=60°$, ○$=30°$)

$\overrightarrow{AB}/\!/\overrightarrow{OP_1}$가 되도록 원 O 위의 점 P_1을 잡자.

벡터의 내적의 성질에 의하여

$\overrightarrow{AP}\cdot\overrightarrow{AQ}$

$=(\overrightarrow{AO}+\overrightarrow{OP})\cdot\overrightarrow{AQ}$

$=\overrightarrow{AO}\cdot\overrightarrow{AQ}+\overrightarrow{OP}\cdot\overrightarrow{AQ}$

$\le\overrightarrow{AO}\cdot\overrightarrow{AB}+\overrightarrow{OP_1}\cdot\overrightarrow{AB}$

(단, 등호는 두 점 P, Q가 각각 점 P_1, B 위에 올 때 성립한다.)

왜냐하면 두 점 P, Q가 각각 점 P_1, B일 때,

벡터 $\overrightarrow{AQ}$의 크기가 최대, $\angle OAQ$가 최소(즉, $\cos(\angle OAQ)$가 최대)이므로 $\overrightarrow{AO}\cdot\overrightarrow{AQ}$는 최대가 된다. 그리고 벡터 $\overrightarrow{AQ}$의 크기가 최대, 두 벡터 $\overrightarrow{OP}$, $\overrightarrow{AQ}$가 서로 평행하므로 $\overrightarrow{OP}\cdot\overrightarrow{AQ}$는 최대가 된다.

벡터의 내적의 성질에 의하여

$\overrightarrow{AO}\cdot\overrightarrow{AB}=(\overrightarrow{AI}+\overrightarrow{IO})\cdot\overrightarrow{AB}$

$=\overrightarrow{AI}\cdot\overrightarrow{AB}+\overrightarrow{IO}\cdot\overrightarrow{AB}$

$=2\left(2-\dfrac{\sqrt{3}}{3}\right)+0=4-\dfrac{2\sqrt{3}}{3}$

$\overrightarrow{OP_1}\cdot\overrightarrow{AB}=2$

$\therefore\ \overrightarrow{AP}\cdot\overrightarrow{AQ}\le 6-\dfrac{2\sqrt{3}}{3}$

(단, 등호는 두 점 P, Q가 각각 점 P_1, B 위에 올 때 성립한다.)

• (2) 두 벡터의 내적 $\overrightarrow{AP}\cdot\overrightarrow{AQ}$의 최솟값을 구하자.

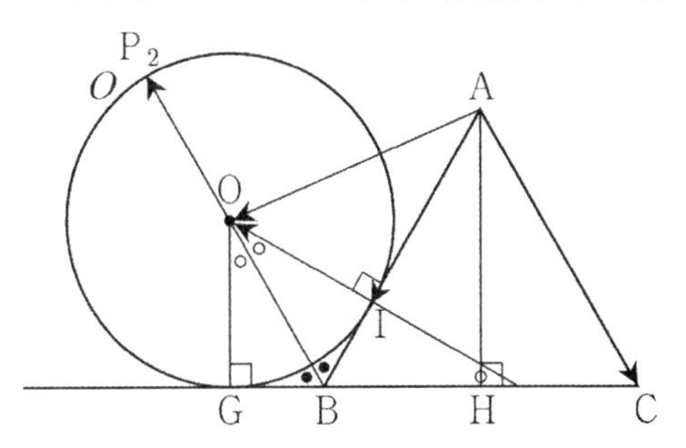

(단, ●$=60°$, ○$=30°$)

두 벡터 $\overrightarrow{AC}$, $\overrightarrow{OP_2}$의 방향이 정방대가 되도록 원 O 위의 점 P_2를 잡자.

벡터의 내적의 성질에 의하여

$\overrightarrow{AP}\cdot\overrightarrow{AQ}$

$=(\overrightarrow{AO}+\overrightarrow{OP})\cdot\overrightarrow{AQ}$

$=\overrightarrow{AO}\cdot\overrightarrow{AQ}+\overrightarrow{OP}\cdot\overrightarrow{AQ}$

$\geq\overrightarrow{AO}\cdot\overrightarrow{AC}+\overrightarrow{OP_2}\cdot\overrightarrow{AC}$

(단, 등호는 두 점 P, Q가 각각 점 P_2, C 위에 올 때 성립한다.)

왜냐하면 두 점 P, Q가 각각 점 P_2, C일 때,

벡터 $\overrightarrow{AQ}$의 크기가 최대, 둔각 $\angle OAQ$가 최대(즉, 음수 $\cos(\angle OAQ)$가 최소)이므로 $\overrightarrow{AO}\cdot\overrightarrow{AQ}$는 최소가 된다.

그리고 벡터 $\overrightarrow{AQ}$의 크기가 최대, 두 벡터 $\overrightarrow{OP}$, $\overrightarrow{AQ}$의 방향이 정반대이므로 $\overrightarrow{OP}\cdot\overrightarrow{AQ}$는 최소가 된다.

벡터의 내적의 성질에 의하여

$\overrightarrow{AO}\cdot\overrightarrow{AC}=(\overrightarrow{AI}+\overrightarrow{IO})\cdot\overrightarrow{AC}$

$=\overrightarrow{AI}\cdot\overrightarrow{AC}+\overrightarrow{IO}\cdot\overrightarrow{AC}$

$=\left(2-\frac{\sqrt{3}}{3}\right)\times2\times\cos\frac{\pi}{3}+1\times2\times\cos\frac{5}{6}\pi$

$=2-\frac{4\sqrt{3}}{3}$

$\overrightarrow{OP_2}\cdot\overrightarrow{AC}$

$=1\times2\times\cos\pi=-2$

$\therefore\ \overrightarrow{AP}\cdot\overrightarrow{AQ}\geq-\frac{4\sqrt{3}}{3}$

(단, 등호는 두 점 P, Q가 각각 점 P_2, C 위에 올 때 성립한다.)

(1), (2)에서 구하는 값은

$6-\frac{2\sqrt{3}}{3}-\frac{4\sqrt{3}}{3}=6-2\sqrt{3}$

$\therefore\ a^2+b^2=40$

답 40

N042

| 답 486

[풀이]

점 O에서 선분 PQ에 내린 수선의 발을 H, 점 O에서 선분 AR의 연장선에 내린 수선의 발을 I라고 하자.

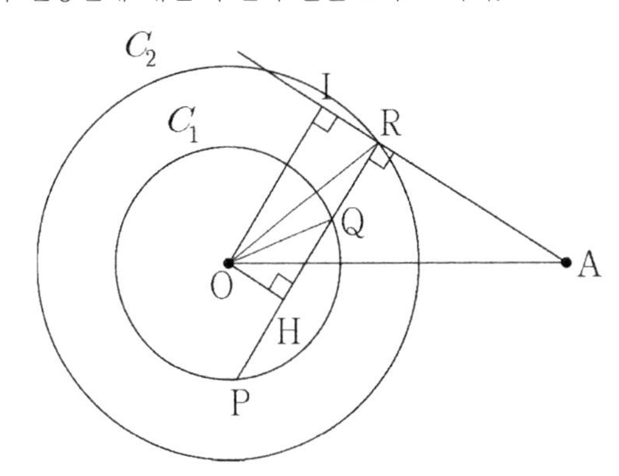

조건 (가)에 의하여

세 점 P, Q, R은 이 순서대로 한 직선 위에 있다.

조건 (나)에 의하여

$\angle ARP=\frac{\pi}{2}$

그리고 $\overline{PQ}=2k$로 두면 $\overline{AR}=\sqrt{6}k$이다.

(단, k는 양수이다.)

두 직각삼각형 OHQ, OHR에서

피타고라스의 정리에 의하여

$\overline{OH}=\sqrt{\overline{OQ}^2-\overline{QH}^2}=\sqrt{5-k^2}$,

$\overline{RH}=\sqrt{\overline{OR}^2-\overline{OH}^2}=\sqrt{9+k^2}$

이므로

$\overline{OI}=\sqrt{9+k^2}$, $\overline{IR}=\sqrt{5-k^2}$

직각삼각형 OAI에서 피타고라스의 정리에 의하여

$\overline{OA}^2=\overline{AI}^2+\overline{IO}^2$

즉, $44=(\sqrt{6}k+\sqrt{5-k^2})^2+(\sqrt{9+k^2})^2$

우변을 전개하여 정리하면

$15-3k^2=\sqrt{6}k\sqrt{5-k^2}$

양변을 제곱하여 정리하면

$k^4-8k^2+15=0$, $(k^2-3)(k^2-5)=0$

그런데 $k^2<5$이므로 $k^2=3$이다.

풀면 $k=\sqrt{3}$이다.

아래 그림처럼 점 O를 지나고 직선 AR에 평행한 직선이 원 C_1과 만나는 두 점을 각각 S_1, S_2라고 하자. 이때, $\overline{AS_1}>\overline{AS_2}$이다.

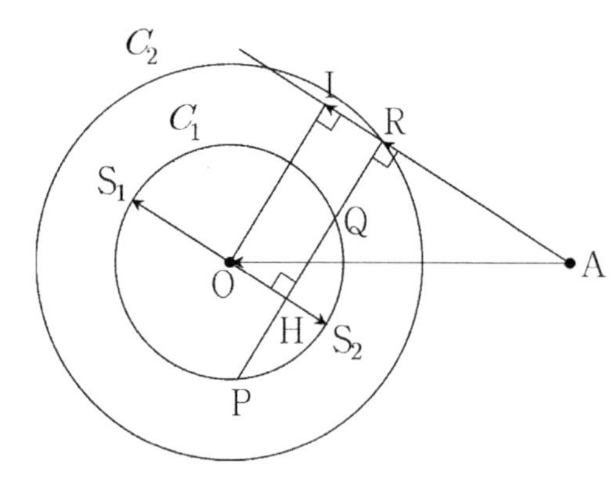

벡터의 내적의 정의에 의하여

$\overrightarrow{AR} \cdot \overrightarrow{AS_2} \le \overrightarrow{AR} \cdot \overrightarrow{AS} \le \overrightarrow{AR} \cdot \overrightarrow{AS_1}$

(단, 왼쪽 등호는 점 S가 점 S_2 위에 있을 때 성립하고, 오른쪽 등호는 점 S가 점 S_1 위에 있을 때 성립한다.)

벡터의 내적의 성질에 의하여

$M = \overrightarrow{AR} \cdot \overrightarrow{AS_1} = \overrightarrow{AR} \cdot \overrightarrow{AO} + \overrightarrow{AR} \cdot \overrightarrow{OS_1}$

$= \overrightarrow{AR} \cdot \overrightarrow{AI} + \overrightarrow{AR} \cdot \overrightarrow{OS_1}$

$= 3\sqrt{2} \times 4\sqrt{2} + 3\sqrt{2} \times \sqrt{5} = 24 + 3\sqrt{10}$

$m = \overrightarrow{AR} \cdot \overrightarrow{AS_2} = \overrightarrow{AR} \cdot \overrightarrow{AO} + \overrightarrow{AR} \cdot \overrightarrow{OS_2}$

$= \overrightarrow{AR} \cdot \overrightarrow{AI} + \overrightarrow{AR} \cdot \overrightarrow{OS_2}$

$= 3\sqrt{2} \times 4\sqrt{2} - 3\sqrt{2} \times \sqrt{5} = 24 - 3\sqrt{10}$

$\therefore\ Mm = 24^2 - 90 = 486$

답 486

N043 | 답 108

[풀이]

원의 중심을 E라고 하자.

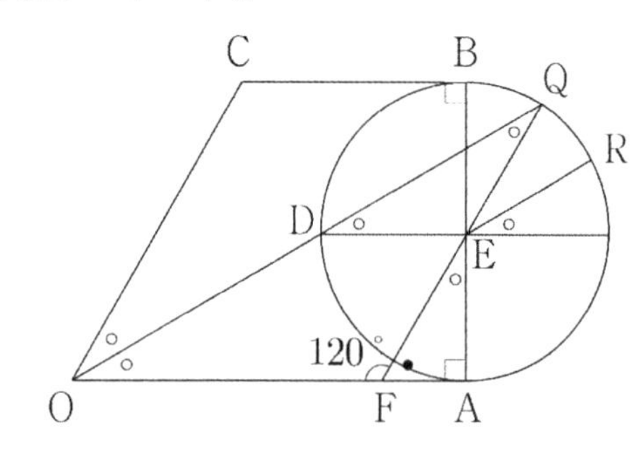

(단, ○ = 30°, ● = 60°)

$\overrightarrow{OC} \cdot \overrightarrow{OP} = \overrightarrow{OC} \cdot (\overrightarrow{OE} + \overrightarrow{EP})$

$= \overrightarrow{OC} \cdot \overrightarrow{OE} + \overrightarrow{OC} \cdot \overrightarrow{EP}$

$\le \overrightarrow{OC} \cdot \overrightarrow{OE} + \overrightarrow{OC} \cdot \overrightarrow{EQ}$

(단, 등호는 점 P가 점 Q 위에 있을 때 성립한다. 그리고 점 Q는 '점 E를 지나고 직선 OC에 평행한 직선이 원과 만나는 두 점 중에서 직선 OA에서 더 먼 점' 이다.)

두 직선 OA, QE가 만나는 점을 F라고 하자.

직각삼각형 EFA에서

$\overline{EF} = \frac{4\sqrt{3}}{3}$, $\overline{FQ} = 2 + \frac{4\sqrt{3}}{3}$

$\overline{FA} = \frac{2\sqrt{3}}{3}$, $\overline{OF} = 2 + \frac{4\sqrt{3}}{3}$

$\overline{OF} = \overline{FQ}$이므로 삼각형 OFQ는 이등변삼각형이다.

이제 위의 그림처럼 각의 크기를 결정할 수 있다.

한편 점 E를 지나고 직선 OQ에 평행한 직선이 원과 만나는 두 점 중에서 직선 OA에서 더 먼 점을 R이라고 하면 두 벡터의 내적

$\overrightarrow{DQ} \cdot \overrightarrow{AR}$

은 최댓값을 갖는다. (위의 그림)

$M = \overrightarrow{DQ} \cdot \overrightarrow{AR}$

$= \overrightarrow{DQ} \cdot (\overrightarrow{AE} + \overrightarrow{ER})$

$= \overrightarrow{DQ} \cdot \overrightarrow{AE} + \overrightarrow{DQ} \cdot \overrightarrow{ER}$

$= 2\sqrt{3} \times 2 \times \cos 60^\circ + 2\sqrt{3} \times 2$

$= 6\sqrt{3}$

$\therefore\ M^2 = 108$

답 108

N044 | 답 ①

[풀이]

조건 (가)에서

$\angle APC = 90^\circ$, $\overline{PA} = 3\overline{PC}$

조건 (나)에서 주어진 두 등식에서

$\overrightarrow{PB} \cdot \overrightarrow{PC} = -\frac{\sqrt{2}}{2} |\overrightarrow{PB}||\overrightarrow{PC}|$이면

$\cos(\angle BPC) = -\frac{\sqrt{2}}{2}$, 즉 $\angle BPC = 135^\circ$

$\overrightarrow{PB} \cdot \overrightarrow{PC} = -2|\overrightarrow{PC}|^2$이면

$\overline{PB}\cos(\angle BPC) = -2\overline{PC}$,

$\overline{PB} = 2\sqrt{2}\,\overline{PC}$

아래 그림처럼 점 P를 원점으로 두고

A$(-3,\ 0)$, B$(2,\ -2)$, C$(0,\ 1)$

이 되도록 좌표평면을 도입하자.

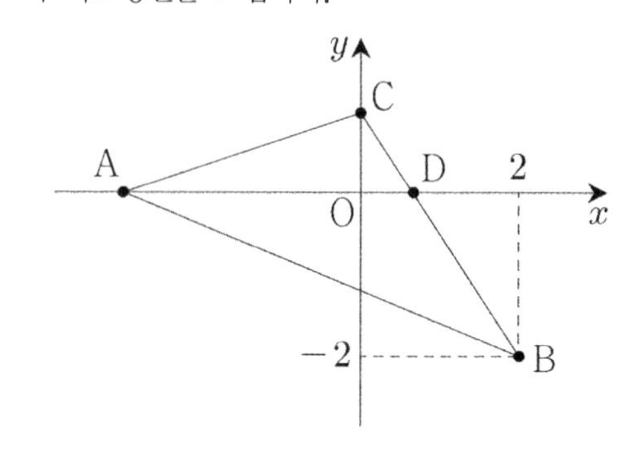

점 D의 좌표가 $\left(\frac{2}{3},\ 0\right)$이므로

$\overrightarrow{AD}=k\overrightarrow{PD}$, 즉 $\left(\frac{11}{3},\ 0\right)=k\left(\frac{2}{3},\ 0\right)$

$\therefore\ k=\frac{11}{2}$

답 ①

N045 | 답 37

[풀이]

사각형 OACB가 평행사변형이 되도록 점 C를 잡자.

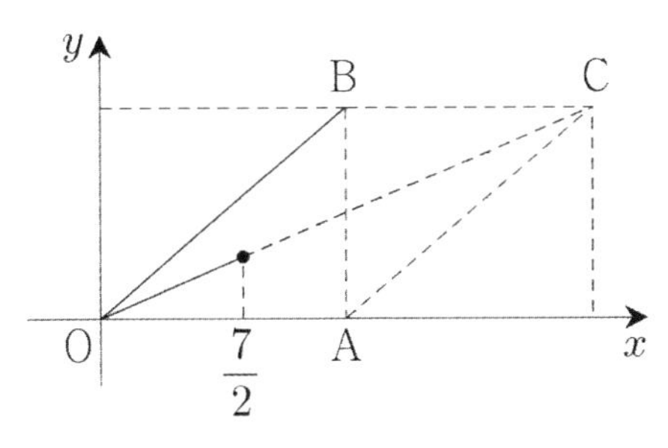

점 P의 좌표를 $(x,\ y)$로 두면

조건 (가)에서

$\overrightarrow{OP}=k\overrightarrow{OC}$, $(x,\ y)=(12k,\ 5k)$

$\overrightarrow{OP}\cdot\overrightarrow{OA}=(12k,\ 5k)\cdot(6,\ 0)$

$=72k\le 21$, 즉 (점 P의 x좌표)$=12k\le\frac{7}{2}$

점 P의 자취는 두 점 $(0,\ 0)$, $\left(\frac{7}{2},\ \frac{35}{24}\right)$를 잇는 선분이다.

조건 (나)에서 점 Q는 중심이 A이고 반지름의 길이가 5인 원 위의 점이다.

점 Q의 좌표를 $(x,\ y)$로 두면

$\overrightarrow{OQ}\cdot\overrightarrow{OA}=(x,\ y)\cdot(6,\ 0)=6x\le 21$

(점 Q의 x좌표)$\le\frac{7}{2}$

점 Q의 x좌표가 $\frac{7}{2}$일 때, 점 Q에서 x축에 내린 수선의 발을 H라고 하면

$\overline{AQ}=5$, $\overline{HA}=\frac{5}{2}$,

$\overline{QH}=\sqrt{5^2-\left(\frac{5}{2}\right)^2}=\frac{5}{2}\sqrt{3}$

이므로 $\angle QAH=60^\circ$ 이다.

아래 그림처럼 점 Q의 자취는 중심각의 크기가 120° 인 부채꼴의 호이다.

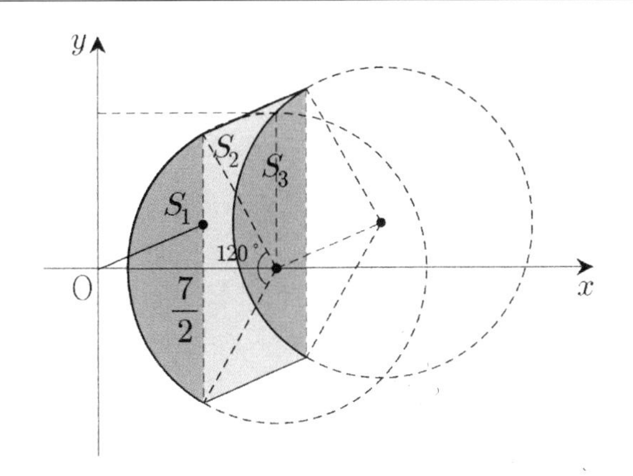

점 X의 자취는 점 Q의 자취를 벡터 $\overrightarrow{OP}$의 방향으로 $|\overrightarrow{OP}|$ 만큼 평행이동한 것들만의 모임이다.

위의 그림에서 점 X가 나타내는 도형의 넓이는

$\therefore\ S_1+S_2=S_1+S_3$

$=2\times\frac{5\sqrt{3}}{2}\times\frac{7}{2}=\frac{35\sqrt{3}}{2}$

$\therefore\ p+q=37$

답 37

N046 | 답 15

[풀이]

원의 중심을 O라고 하자.

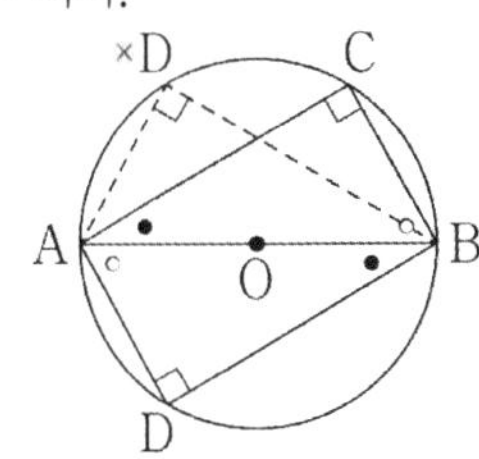

(단, ●$=30^\circ$, ○$=60^\circ$)

원의 성질에 의하여

$\angle BCA=\angle ADB=90^\circ$

$\overrightarrow{AB}\cdot\overrightarrow{AC}=|\overrightarrow{AC}|^2=27$, $\overline{AC}=3\sqrt{3}$

$\overrightarrow{AB}\cdot\overrightarrow{AD}=|\overrightarrow{AD}|^2=9$, $\overline{AD}=3$

위의 그림처럼 두 직각삼각형 CAB, ADB에서

삼각비의 정의에 의하여 각의 크기(●, ○)가 결정된다.

그리고 $\overline{CD}>3$이므로 점 D의 위치도 위의 그림처럼 결정된다.

(가):

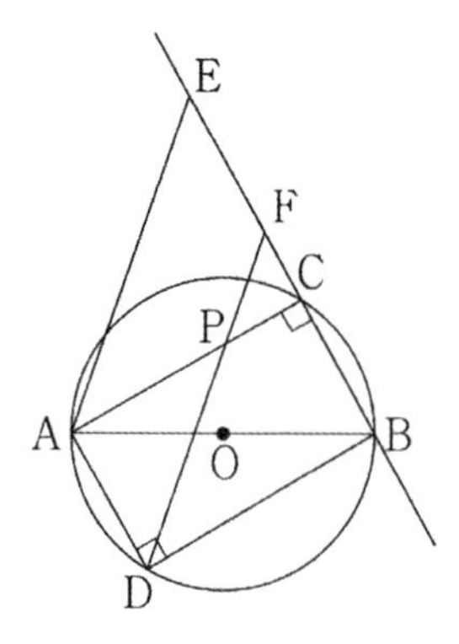

$\frac{3}{2}\overrightarrow{DP}=\overrightarrow{AB}+k\overrightarrow{BC}$

(좌변)$=\overrightarrow{DF}$, (우변)$=\overrightarrow{AE}$로 두자.

즉, $\overrightarrow{DF}=\overrightarrow{AE}$

(이때, 점 E, F는 직선 BC 위의 점이다.)

점 P는 선분 DF의 $2:1$내분점이므로

점 C는 선분 BF의 $2:1$내분점이다.

즉, $\overline{CF}=\frac{3}{2}$, $\overline{BE}=3+\frac{3}{2}+3=\frac{15}{2}$

$\overline{BE}=k\overline{BC}$, 즉 $\frac{15}{2}=k\times3$, $k=\frac{5}{2}$

(나):

두 점 P, Q에서 선분 DB에 내린 수선의 발을 각각 P′, Q′라고 하자.

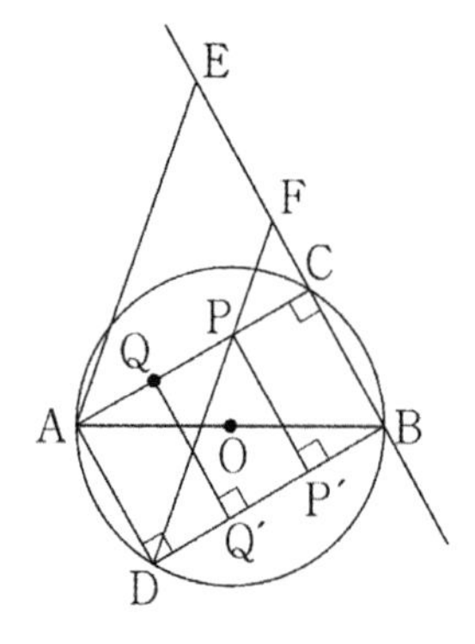

점 Q를 선분 AC의 $m:n$내분점이라 하자.

(단, $m+n=1$)

$\overrightarrow{QB}\cdot\overrightarrow{QD}$

$=(\overrightarrow{QC}+\overrightarrow{CB})\cdot(\overrightarrow{QA}+\overrightarrow{AD})$

$=\underbrace{\overrightarrow{QC}\cdot\overrightarrow{QA}}_{180^\circ}+\underbrace{\overrightarrow{QC}\cdot\overrightarrow{AD}}_{90^\circ}+\underbrace{\overrightarrow{CB}\cdot\overrightarrow{QA}}_{90^\circ}$

$+\underbrace{\overrightarrow{CB}\cdot\overrightarrow{AD}}_{0^\circ}$

$=-3\sqrt{3}m\times3\sqrt{3}n+0+0+3\times3$

$=9-27mn=3$, $mn=\frac{2}{9}$,

$m=\frac{1}{3}$, $n=\frac{2}{3}$

즉, 점 Q는 선분 AC의 $1:2$내분점이다.

$\therefore\ k\times(\overrightarrow{AQ}\cdot\overrightarrow{DP})$

$=\frac{5}{2}\times\overline{DQ'}\times\overline{DP'}$

$=\frac{5}{2}\times\sqrt{3}\times2\sqrt{3}=15$

답 15

N047 | 답 ⑤

[풀이]

직선 m의 방향벡터를 $\overrightarrow{u_0}$이라고 하면

$\overrightarrow{u_0}=(7,\ 1)$

$\therefore\ \cos\theta=\frac{|\vec{u}\cdot\overrightarrow{u_0}|}{|\vec{u}||\overrightarrow{u_0}|}=\frac{20}{\sqrt{10}\sqrt{50}}=\frac{2\sqrt{5}}{5}$

답 ⑤

N048 | 답 ⑤

[풀이]

$2\overrightarrow{OB}=\overrightarrow{OB'}$인 점 B′(6, 6)에 대하여

문제에서 주어진 등식은

$\overrightarrow{AP}\cdot\overrightarrow{B'P}=0$

점 P는 선분 AB′가 지름인 원이다.

$\overline{AB'}=10$이므로 점 P가 나타내는 원의 둘레의 길이는 10π이다.

답 ⑤

N049 | 답 20

[풀이]

$|\overrightarrow{OP}|=2$ ⇔ 점 P는 중심이 원점이고 반지름의 길이가 2인 원 위에 있다.

$|\overrightarrow{AQ}|=1$ ⇔ 점 Q는 중심이 A이고 반지름의 길이가 1인 원 위에 있다.

$\overrightarrow{OP}\cdot\overrightarrow{AP}=0$ ⇔ $\overline{OP}\perp\overline{AP}$

$\overrightarrow{OQ}\cdot\overrightarrow{AQ}=0$ ⇔ $\overline{OQ}\perp\overline{AQ}$

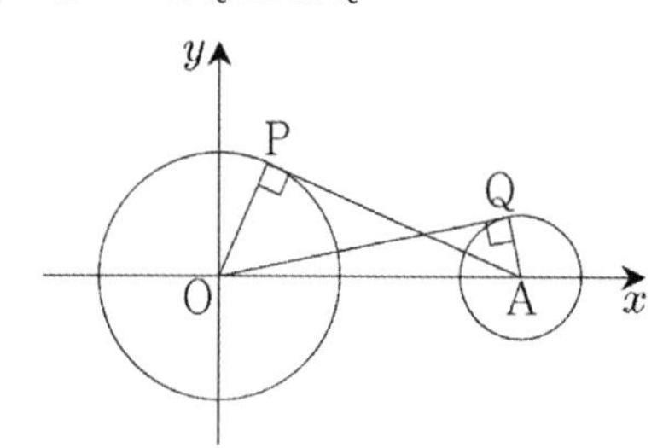

$\therefore\ \overrightarrow{OA}\cdot\overrightarrow{PQ}=\overrightarrow{OA}\cdot(\overrightarrow{OQ}-\overrightarrow{OP})$

$= \overrightarrow{OA} \cdot \overrightarrow{OQ} - \overrightarrow{OA} \cdot \overrightarrow{OP}$

$= |\overrightarrow{OQ}|^2 - |\overrightarrow{OP}|^2$

$= (5^2 - 1^2) - 2^2 = 20$

답 20

P 공간도형과 공간좌표

1	7	2	③	3	⑤	4	②	5	④
6	③	7	60	8	①	9	②	10	④
11	②	12	②	13	②	14	45	15	28
16	④	17	8	18	②	19	16	20	④
21	④	22	25	23	⑤	24	60	25	②
26	⑤	27	②	28	②	29	⑤	30	④
31	③	32	④	33	⑤	34	⑤	35	③
36	③	37	①	38	④	39	47	40	④
41	⑤	42	②	43	450	44	7	45	13
46	20	47	50	48	261	49	15	50	48
51	27	52	③	53	②	54	⑤	55	⑤
56	④	57	①	58	350	59	③	60	③
61	②	62	⑤	63	14	64	15	65	17

P001 | 답 7

[풀이1]

정사면체 ABCD의 한 모서리의 길이를 4로 두어도 풀이의 일반성을 잃지 않는다.

선분 AN의 중점을 N′이라고 하자.

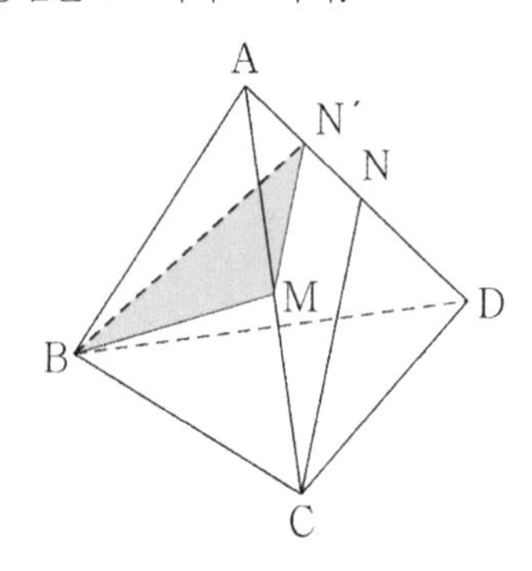

$\overline{\mathrm{BM}}=2\sqrt{3}$,

$\overline{\mathrm{MN'}}=\dfrac{1}{2}\overline{\mathrm{CN}}=\sqrt{3}$

(∵ 서로 닮음인 두 직각삼각형 AMN′, ACN의 닮음비는 1 : 2이다.)

삼각형 ABN′에서 코사인법칙에 의하여

$\overline{\mathrm{BN'}}^2=4^2+1^2-2\times4\times1\times\cos60°=13$,

$\overline{\mathrm{BN'}}=\sqrt{13}$

삼각형 BMN′에서 코사인법칙에 의하여

$$\cos(\angle \mathrm{BMN'})=\frac{(2\sqrt{3})^2+(\sqrt{3})^2-13}{2\times2\sqrt{3}\times\sqrt{3}}=\frac{1}{6}$$

$\therefore\ p+q=7$

답 7

[풀이2] (교육과정 외)

정사면체 ABCD의 한 모서리의 길이를 2라고 해도 풀이의 일반성을 잃지 않는다.

$\overrightarrow{\mathrm{AB}}=\vec{a}$, $\overrightarrow{\mathrm{AC}}=\vec{b}$, $\overrightarrow{\mathrm{AD}}=\vec{c}$라고 하자.

$|\vec{a}|=|\vec{b}|=|\vec{c}|=2$,

$\vec{a}\cdot\vec{b}=\vec{a}\cdot\vec{c}=\vec{b}\cdot\vec{c}=2$

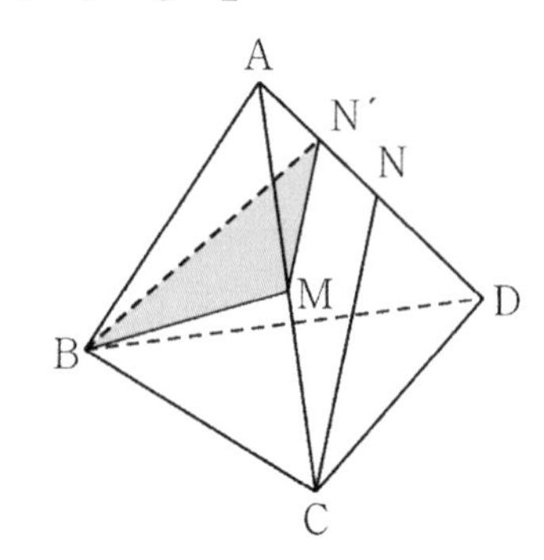

점 M을 지나고 직선 CN에 평행한 직선이 선분 AD와 만나는 점을 N′이라고 하자.

두 직선이 이루는 각의 크기에 대한 정의에 의하여

두 직선 BM, MN′이 이루는 예각의 크기는 θ이다.

$\overrightarrow{\mathrm{BM}}=\dfrac{1}{2}\vec{b}-\vec{a}$, $\overrightarrow{\mathrm{MN'}}=\dfrac{1}{4}\vec{c}-\dfrac{1}{2}\vec{b}$

$|\overrightarrow{\mathrm{BM}}|^2=1-2+4=3$에서

$|\overrightarrow{\mathrm{BM}}|=\sqrt{3}$

$|\overrightarrow{\mathrm{MN'}}|^2=\dfrac{1}{4}-\dfrac{1}{2}+1=\dfrac{3}{4}$에서

$|\overrightarrow{\mathrm{MN'}}|=\dfrac{\sqrt{3}}{2}$

$\overrightarrow{\mathrm{BM}}\cdot\overrightarrow{\mathrm{MN'}}=-\dfrac{1}{4}$

두 벡터가 이루는 각의 크기를 구하는 공식에 의하여

$$\cos\theta=\frac{|\overrightarrow{\mathrm{BM}}\cdot\overrightarrow{\mathrm{MN'}}|}{|\overrightarrow{\mathrm{BM}}||\overrightarrow{\mathrm{MN'}}|}=\frac{\frac{1}{4}}{\sqrt{3}\times\frac{\sqrt{3}}{2}}=\frac{1}{6}$$

$\therefore\ p+q=7$

답 7

P002 | 답 ③

[풀이]

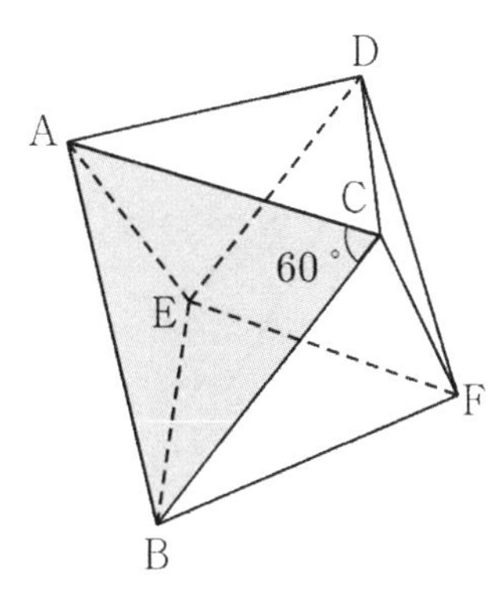

문제에서 주어진 정팔면체에서

$DE//CB$

두 직선이 이루는 각의 크기에 대한 정의에 의하여

두 직선 AC, CB가 이루는 각의 크기는 θ이다.

정팔면체의 모든 면은 정삼각형이므로

$$\theta = \angle ACB = \frac{\pi}{3}$$

$$\therefore \cos\theta = \frac{1}{2}$$

답 ③

P003 | 답 ⑤

[풀이]

점 A에서 선분 BC에 내린 수선의 발을 H라고 하자.

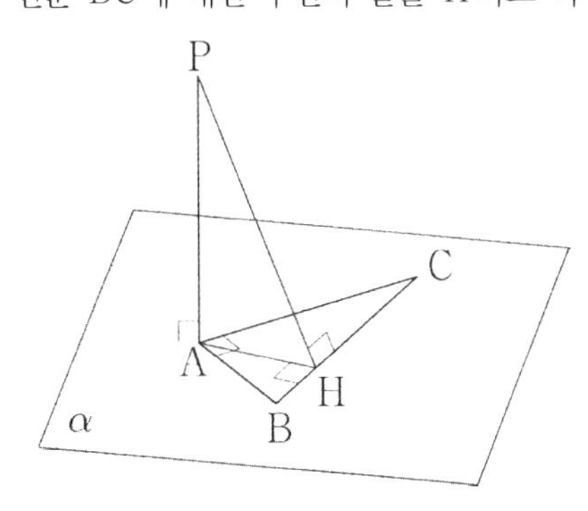

$\overline{AH} \perp \overline{BC}$, $\overline{PA} \perp$ (평면 α)이므로 삼수선의 정리에 의하여

$\overline{PH} \perp \overline{BC}$

이때, 선분 PH의 길이는 점 P와 직선 BC 사이의 거리이다.

직각삼각형 ABC에서 피타고라스의 정리에 의하여

$\overline{BC} = 2$

$$(\triangle ABC\text{의 넓이}) = \frac{1}{2} \times 1 \times \sqrt{3} = \frac{1}{2} \times 2 \times \overline{AH},$$

$$\overline{AH} = \frac{\sqrt{3}}{2}$$

직각삼각형 PAH에서 피타고라스의 정리에 의하여

$$\therefore \overline{PH} = \sqrt{2^2 + \left(\frac{\sqrt{3}}{2}\right)^2} = \frac{\sqrt{19}}{2}$$

답 ⑤

P004 | 답 ②

[풀이]

점 H에서 선분 BC에 내린 수선의 발을 I라고 하자.

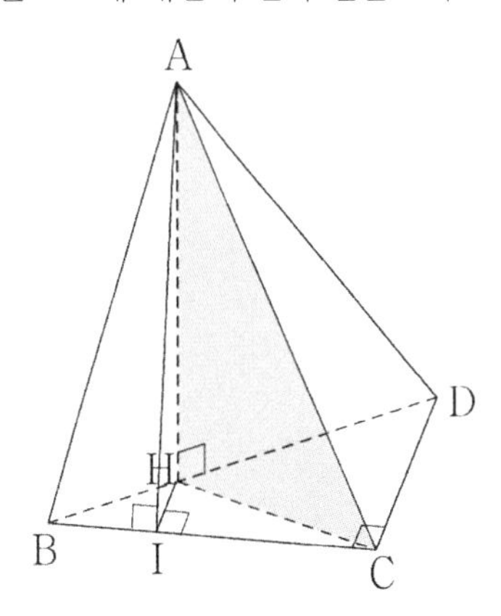

$\overline{AH} \perp$ (평면 BCD), $\overline{HI} \perp \overline{BC}$

이므로 삼수선의 정리에 의하여

$\overline{AI} \perp \overline{BC}$

$$(\triangle ABC\text{의 넓이}) = \frac{1}{2} \times 3 \times \overline{AI} = 6, \ \overline{AI} = 4$$

서로 닮음인 두 직각삼각형 HBI, DBC의 닮음비가 1 : 3이므로

$\overline{HI} = 1$

직각삼각형 AIH에서 피타고라스의 정리에 의하여

$$\overline{AH} = \sqrt{4^2 - 1^2} = \sqrt{15}$$

$\therefore$ ($\triangle$AHC의 넓이)

$$= \frac{1}{2} \times \sqrt{2^2 + 1^2} \times \sqrt{15} = \frac{5}{2}\sqrt{3}$$

답 ②

P005 | 답 ④

[풀이]

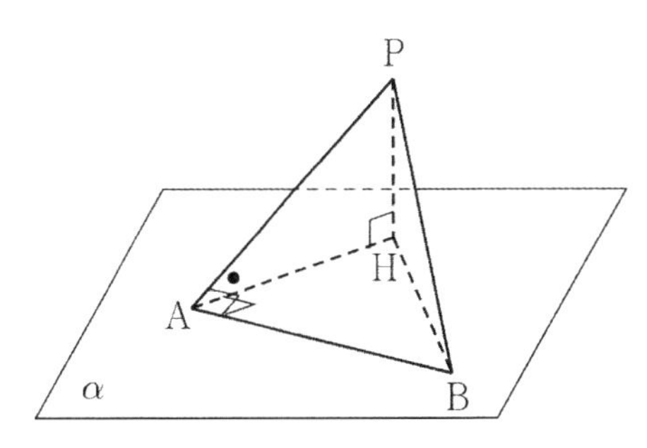

(단, ●= 30 ° 이다.)

$\overline{PA} \perp \overline{AB}$, $\overline{PH} \perp \alpha$
이므로 삼수선의 정리 ❷에 의하여
$\overline{HA} \perp \overline{AB}$
즉, 삼각형 HAB는 $\angle HAB = \frac{\pi}{2}$인 직각삼각형이다.
두 직각삼각형 PAB, PAH에서 특수각의 삼각비에 의하여
$\overline{PA} = \overline{AB} = 2\sqrt{2}$,
$\overline{PH} = \sqrt{2}$, $\overline{AH} = \sqrt{6}$
∴ (사면체 PHAB의 부피)
$= \frac{1}{3}\left(\frac{1}{2} \times \sqrt{6} \times 2\sqrt{2}\right)\sqrt{2} = \frac{2\sqrt{6}}{3}$
답 ④

P006 | 답 ③

[풀이]
한 직선 위에 있지 않은 세 점 A, B, C로 결정되는 평면을 α라고 하자.

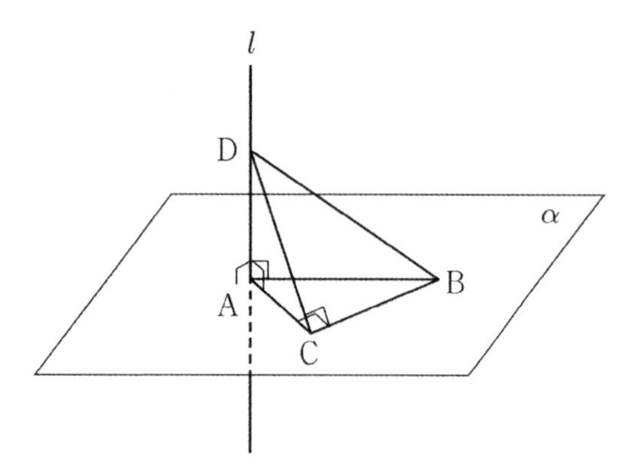

문제에서 주어진 조건에 의하여
$\overline{AB} \perp l$, $\overline{BC} \perp l$
직선과 평면의 수직에 대한 성질에 의하여
$\alpha \perp l$
이다.
$\overline{DA} \perp \alpha$, $\overline{AC} \perp \overline{CB}$(∵ 원의 성질)
이므로 삼수선의 정리에 의하여
$\overline{DC} \perp \overline{CB}$
직각삼각형 DCB에서 피타고라스의 정리에 의하여
$\overline{CB} = \sqrt{\overline{DB}^2 - \overline{DC}^2} = \sqrt{6^2 - 4^2} = 2\sqrt{5}$
직각삼각형 ACB에서 피타고라스의 정리에 의하여
∴ $\overline{AC} = \sqrt{\overline{AB}^2 - \overline{BC}^2} = \sqrt{5^2 - (2\sqrt{5})^2} = \sqrt{5}$
답 ③

P007 | 답 60

[풀이]
점 A에서 선분 BC에 내린 수선의 발을 H라고 하자.

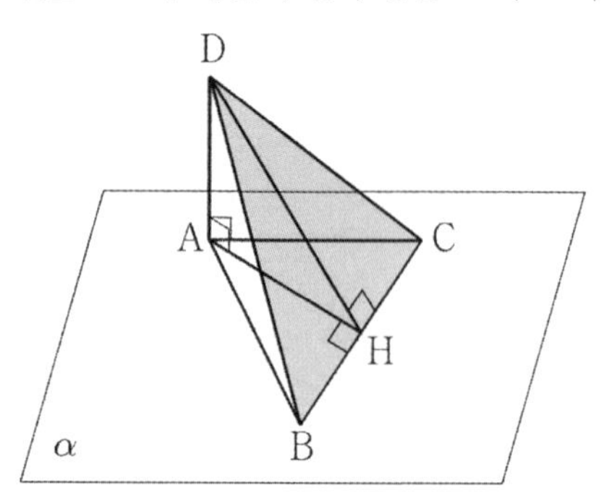

삼각형 ABC는 $\overline{AB} = \overline{AC}$인 이등변삼각형이므로
$\overline{BH} = \overline{CH}(= 6)$이다.
직각삼각형 ABH에서 피타고라스의 정리에 의하여
$\overline{AH} = \sqrt{\overline{AB}^2 - \overline{BH}^2} = \sqrt{10^2 - 6^2} = 8$
문제에서 주어진 조건에 의하여
$\overline{DA} \perp \alpha$
직선과 평면의 수직에 대한 정의에 의하여
$\overline{DA} \perp \overline{AH}$
직각삼각형 DAH에서 피타고라스의 정리에 의하여
$\overline{DH} = \sqrt{\overline{DA}^2 + \overline{AH}^2} = 10$
$\overline{DA} \perp \alpha$, $\overline{AH} \perp \overline{BC}$이므로
삼수선의 정리에 의하여
$\overline{DH} \perp \overline{BC}$
삼각형의 넓이를 구하는 공식에 의하여
($\triangle$DBC의 넓이)$= \frac{1}{2}\overline{BC}\,\overline{DH} = \frac{1}{2} \times 12 \times 10 = 60$
답 60

P008 | 답 ①

[풀이]
점 Q에서 직선 BC에 내린 수선의 발을 R이라고 하자.

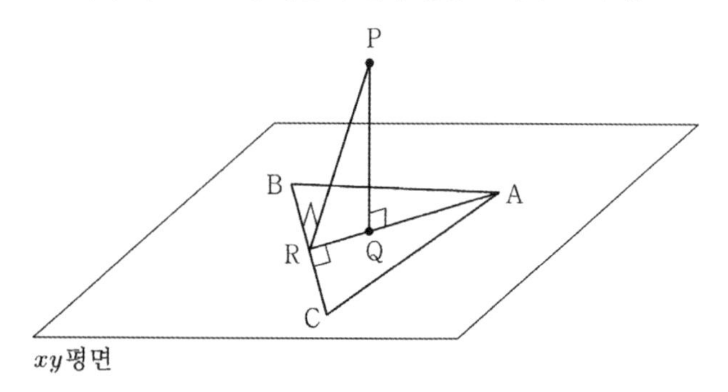

$\overline{PQ} \perp (xy\text{평면})$, $\overline{QR} \perp \overline{BC}$이므로
삼수선의 정리에 의하여

$\overline{PR} \perp \overline{BC}$

직각삼각형 ABC에서 피타고라스의 정리에 의하여

$\overline{AR} = \sqrt{\overline{AC}^2 - \overline{CR}^2} = \sqrt{5^2 - (\sqrt{7})^2} = 3\sqrt{2}$

점 Q는 삼각형 ABC의 무게중심이므로

$\overline{QR} = \frac{1}{3}\overline{AR} = \sqrt{2}$

직각삼각형 PRQ에서 피타고라스의 정리에 의하여

$\overline{PR}^2 = \sqrt{\overline{PQ}^2 + \overline{QR}^2} = \sqrt{4^2 + (\sqrt{2})^2} = 3\sqrt{2}$

답 ①

P009 | 답 ②

[풀이]

점 C에서 선분 AB에 내린 수선의 발을 H라고 하자.

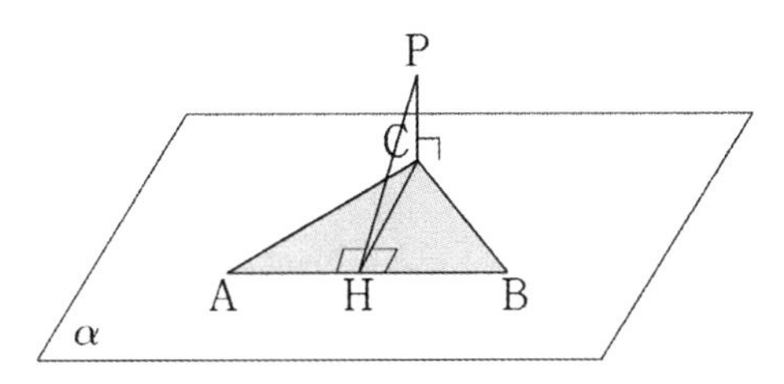

$\overline{PC} \perp \alpha$, $\overline{CH} \perp \overline{AB}$에서 삼수선의 정리에 의하여

$\overline{PH} \perp \overline{AB}$

$(\triangle ABC\text{의 넓이}) = \frac{1}{2} \times 6 \times \overline{CH} = 12$, $\overline{CH} = 4$

직각삼각형 PCH에서 피타고라스의 정리에 의하여

$\therefore\ \overline{PH} = \sqrt{4^2 + 2^2} = 2\sqrt{5}$

답 ②

P010 | 답 ④

[풀이]

점 M에서 선분 CD에 내린 수선의 발을 I라고 하자. 이때,

$\overline{MI} \perp$ (평면 ABCD)

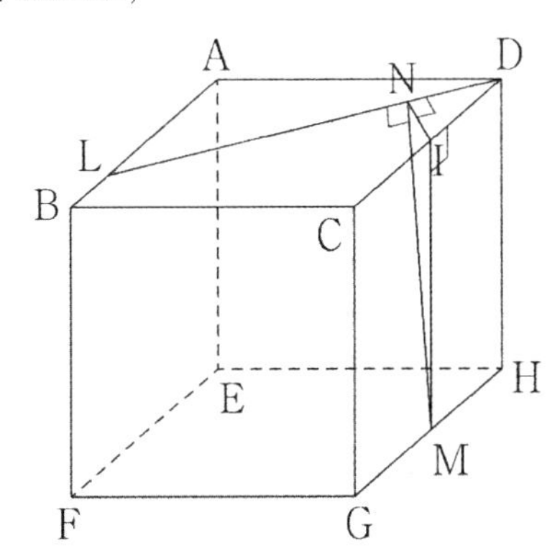

삼수선의 정리에 의하여

$\overline{IN} \perp \overline{LD}$

아래의 그림에서 ●$=\theta$로 두자.

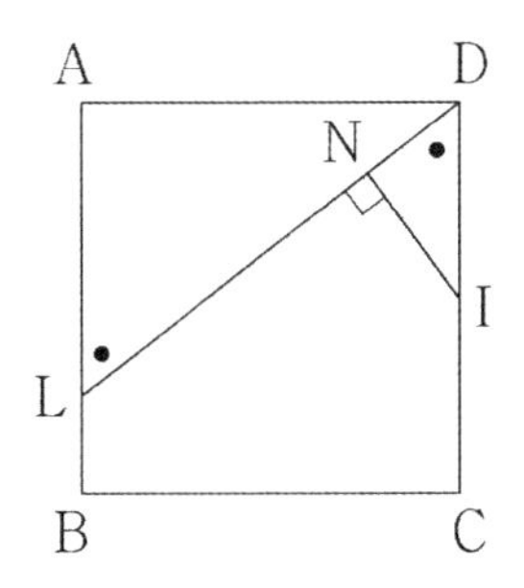

$\tan\theta = \frac{20}{15} = \frac{4}{3}$에서 $\sin\theta = \frac{4}{5}$이므로

$\overline{IN} = 10\sin\theta = 8$

$\therefore\ \overline{MN} = \sqrt{20^2 + 8^2} = 4\sqrt{29}$

답 ④

P011 | 답 ②

[풀이]

$\overline{AB} \perp \overline{BC}$, $\overline{PB} \perp \overline{BC}$이므로

직선과 평면의 수직에 대한 정리에 의하여

$\overline{BC} \perp ABP$

이때, 점 C에서 평면 ABP에 내린 수선의 발은 B이다.

직선 AP를 l이라고 하자.

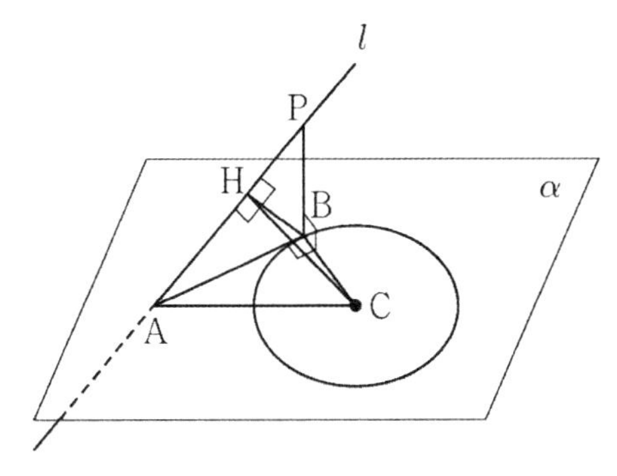

점 B에서 직선 l에 내린 수선의 발을 H라고 하면

삼수선의 정리에 의하여

$\overline{CH} \perp l$

점 C와 직선 l(AB) 사이의 거리는 선분 CH의 길이와 같다.

이제 선분 CH의 길이를 구하자.

직각삼각형 ACB에서 피타고라스의 정리에 의하여

$\overline{AB} = \sqrt{\overline{AC}^2 - \overline{CB}^2} = 2\sqrt{3}$

직각삼각형 PAB에서 피타고라스의 정리에 의하여

$\overline{AP} = \sqrt{\overline{AB}^2 + \overline{BP}^2} = 4$

직각삼각형 PAB에서 특수각의 삼각비에 의하여

$\angle BPA = 60^\circ$ 이다.

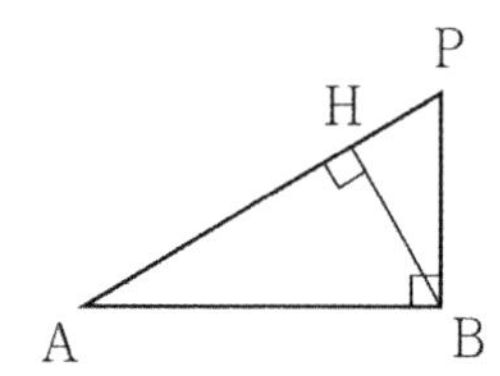

직각삼각형 BPH에서 특수각의 삼각비에 의하여

$\overline{BH} = \overline{PB}\sin 60° = \sqrt{3}$

직각삼각형 CBH에서 피타고라스의 정리에 의하여

$\overline{CH} = \sqrt{\overline{CB}^2 + \overline{BH}^2} = \sqrt{7}$

답 ②

P012 | 답 ②

[풀이]

점 O에서 평면 α에 내린 수선의 발을 C, 점 C에서 직선 AB에 내린 수선의 발을 D라고 하자.

삼수선의 정리에 의하여

$\overline{OD} \perp \overline{AB}$

점 O에서 평면 β에 내린 수선의 발을 E라고 하자.

$\overline{OD} \perp \overline{AB}$, $\overline{OE} \perp \beta$이므로

삼수선의 정리에 의하여

$\overline{ED} \perp \overline{AB}$

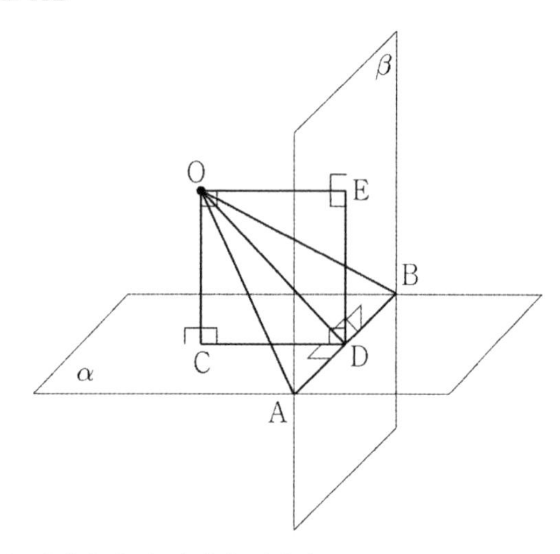

직선과 평면의 수직 관계에 의하여

(평면OCD) ⊥ AB, (평면ODE) ⊥ AB,

(평면CDE) ⊥ AB이고,

세 평면 OCD, ODE, CDE가 모두 점 D를 지나므로 이 세 평면은 서로 일치한다.

다시 말하면 네 점 O, C, D, E는 한 평면 위에 있다.

직선과 평면의 수직 관계에 의하여

$\overline{OC} \perp \overline{CD}$, $\overline{OE} \perp \overline{ED}$이고,

이면각의 정의에 의하여

$\angle CDE = 90°$

이므로 사각형 OCDE는 직사각형이다.

그런데 문제에서 주어진 조건에 의하여

$\overline{OC} = \overline{OE}$이므로 사각형 OCDE는 정사각형이다.

정삼각형 OAB의 한 변의 길이가 구의 반지름 1과 같으므로

$\overline{OD} = (\text{정삼각형 OAB의 높이}) = \dfrac{\sqrt{3}}{2}$

직각이등변삼각형 OCD에서 특수각의 삼각비의 정의에 의하여

$\overline{OC} = \overline{OD}\sin\dfrac{\pi}{4} = \dfrac{\sqrt{6}}{4}$

따라서 점 O와 평면 α 사이의 거리는 $\dfrac{\sqrt{6}}{4}$이다.

답 ②

P013 | 답 ②

[풀이]

구의 중심을 O, 선분 DQ가 구와 만나는 두 점 중에서 점 D에 가까운 점을 J, 점 O에서 선분 DQ에 내린 수선의 발을 I, 선분 DH의 중점을 S라고 하자.

이제 평면 BFHD로 자른 단면을 관찰하자.

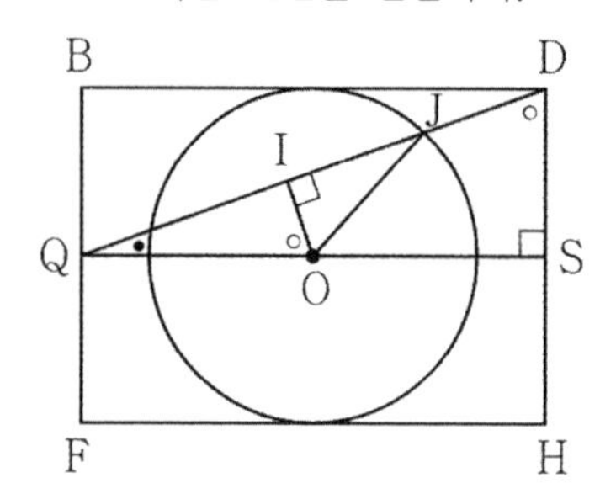

직각삼각형 FGH에서 피타고라스의 정리에 의하여

$\overline{FH} = 12\sqrt{2}$이므로 $\overline{QS} = 12\sqrt{2}$

직각삼각형 DQS에서 피타고라스의 정리에 의하여

$\overline{DQ} = 18$

서로 닮음인 두 직각삼각형 DQS, QOI에 대하여

$\overline{QD} : \overline{DS} = \overline{QO} : \overline{OI}$ 즉, $18 : 6 = 6\sqrt{2} : \overline{OI}$

$\overline{OI} = 2\sqrt{2}$

직각삼각형 OJI에서 피타고라스의 정리에 의하여

$\overline{IJ} = \sqrt{28}$

따라서 단면에 생기는 원의 넓이는 28π이다.

답 ②

P014 | 답 45

[풀이]

문제에서 주어진 구의 중심과 반지름의 길이를 각각 C, r이라고 하면

$C(3,\ 2,\ 3)$, $r = 3\sqrt{3}$

(점 C와 xy평면 사이의 거리) $=3<r$
이므로 구는 xy평면과 만난다.
(점 C와 yz평면 사이의 거리) $=3<r$
이므로 구는 yz평면과 만난다.
그리고 구의 중심에서 xy평면과 yz평면에 이르는 거리가 같으므로 xy평면에 생기는 원과 yz평면에 생기는 원은 서로 합동이다.
문제에서 주어진 구가 xy평면과 yz평면과 만나서 생기는 두 원의 중심을 각각 C_1, C_2라 하고, 구가 y축과 만나는 두 점을 P, Q라고 하자. (단, 점 P의 y좌표가 점 Q의 y좌표보다 크다.)
문제에서 주어진 구의 방정식에
$z=0$을 대입하여 정리하면
C_1: $(x-3)^2+(y-2)^2=18$
$C_1(3,\ 2,\ 0)$이고, 반지름의 길이는 $3\sqrt{2}$이다.
문제에서 주어진 구의 방정식에
$x=0$을 대입하여 정리하면
C_2: $(y-2)^2+(z-3)^2=18$
$C_2(0,\ 2,\ 3)$이고, 반지름의 길이는 $3\sqrt{2}$이다.
문제에서 주어진 구의 방정식에
$x=0$, $z=0$을 대입하여 정리하면
$(y-2)^2=9$ 풀면 $y=5$ 또는 $y=-1$
두 점 P, Q의 좌표는
$P(0,\ 5,\ 0)$, $Q(0,\ -1,\ 0)$
xy평면과 yz평면에 생기는 두 원은 아래 그림과 같다.

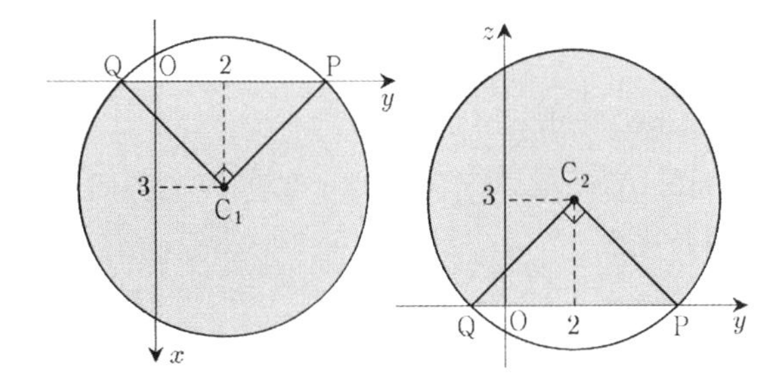

원 C_1의 반지름의 길이는 $3\sqrt{2}$이므로
$\overline{C_1P}=\overline{C_1Q}=3\sqrt{2}$

삼각형 C_1PQ는 $\angle QC_1P=\dfrac{\pi}{2}$인 직각이등변삼각형이다.

(xy평면 위의 단면의 넓이)
$=$($\triangledown C_1QP$의 넓이($\leftarrow$큰 부채꼴))$+$($\triangle C_1PQ$의 넓이)

$=\dfrac{27}{2}\pi+9$

마찬가지의 방법으로

(yz평면 위의 단면의 넓이) $=\dfrac{27}{2}\pi+9$

따라서 구하는 넓이는

$a\pi+b=2\left(\dfrac{27}{2}\pi+9\right)=27\pi+18$

$a=27$, $b=18$

$\therefore\ a+b=45$

답 45

P015 | 답 28

[풀이]
선분 BP의 중점을 O′, 점 O′를 지나고 직선 AH에 평행한 직선이 선분 AB와 만나는 점을 O라고 하자. 이때, 여섯 개의 점 B, A, P, H, O′, O는 한 평면 위에 있다. 그리고 이 평면은 원 D를 포함한다. 조건 (나)에 의하여 평면 BAP는 원 D를 포함한 평면에 수직이다.

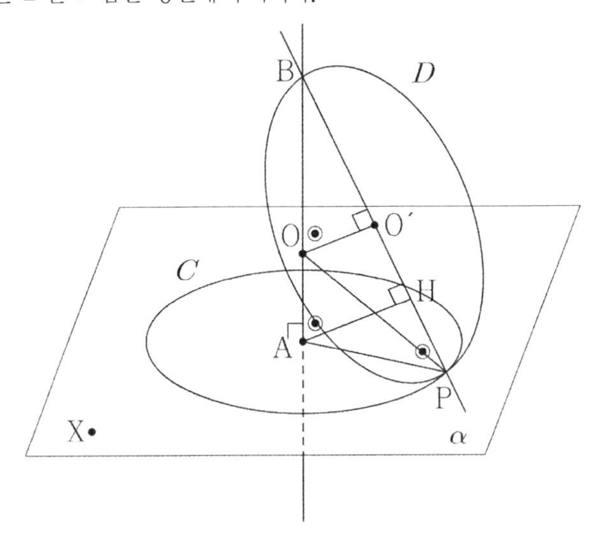

(단, ⊙$=60^\circ$)
평면과 직선의 수직에 대한 정의에 의하여
$\overline{BA}\perp\overline{AP}$
직각삼각형 BAP에서 피타고라스의 정리에 의하여
$\overline{BP}=2\sqrt{3}$
특수각의 삼각비에 의하여
$\angle BPA=60^\circ$
점 O′는 선분 BP의 중점이므로
$\overline{BO'}=\sqrt{3}$
서로 닮음인 두 직각삼각형
BPA, BOO′에 대하여 $\angle BOO'=60^\circ$
이므로 특수각의 삼각비에 의하여
$\overline{BO}=2$, $\overline{OO'}=1$
$\overline{OA}=\overline{BA}-\overline{BO}=3-2=1$
직각삼각형 OAP에서 피타고라스의 정리에 의하여
$\overline{OP}=\sqrt{1^2+(\sqrt{3})^2}=2$
정리하면
$\overline{OB}=\overline{OP}=2$

더 나아가 피타고라스의 정리에 의하여 점 O에서 원 D 위의 임의의 점까지의 거리는 2로 동일하다. 왜냐하면

$\sqrt{\overline{OO'}^2+(\sqrt{3})^2}=2$

이기 때문이다.

원 D의 자취를 S라고 하자. 입체도형 S는 중심이 O이고 반지름의 길이가 2인 구를 평면 α로 자른 두 입체도형 중에서 큰 쪽이다. 그리고 점 Q는 입체도형 S 위에 있다.

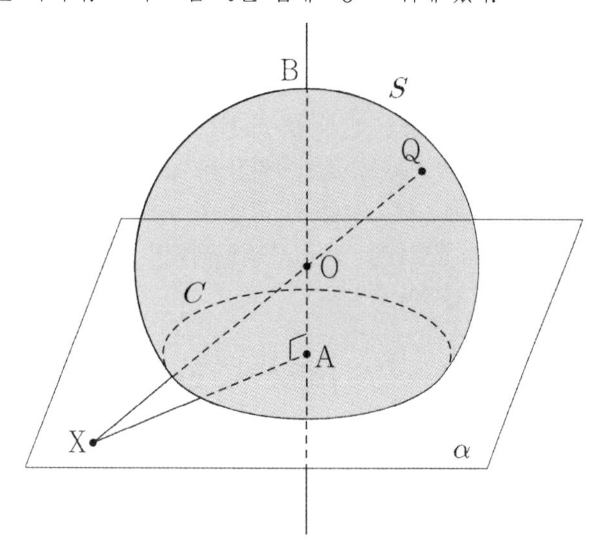

위의 그림처럼 세 점 X, O, Q가 이 순서대로 일직선 위에 있을 때, 선분 XQ의 길이는 최대가 된다.

$\overline{XQ} \le \overline{XO}+\overline{OQ}$

$=\sqrt{5^2+1^2}+2=2+\sqrt{26}$

(단, 등호는 세 점 X, O, Q가 이 순서대로 일직선 위에 있을 때 성립한다.)

$\therefore\ m+n=2+26=28$

답 28

P016 | 답 ④

[풀이1]

선분 BC의 중점을 E라고 하자.

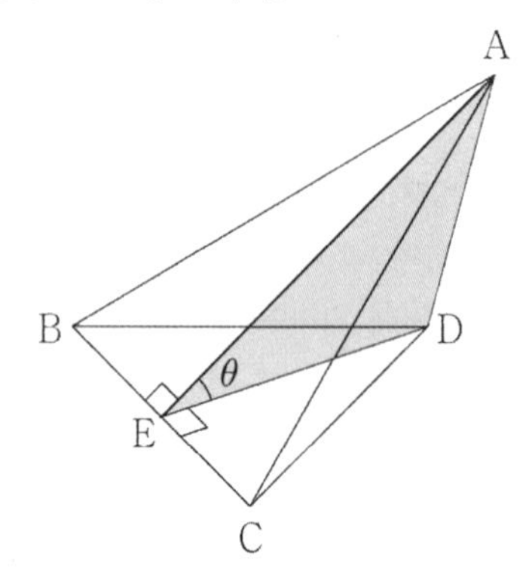

이등변삼각형의 성질에 의하여

$\overline{AE}\perp\overline{BC}$, $\overline{DE}\perp\overline{BC}$

이면각의 정의에 의하여

$\angle AED=\theta$

두 이등변삼각형 ABC, DBC에서 피타고라스의 정리에 의하여

$\overline{AE}=2\sqrt{10}$, $\overline{DE}=4$

삼각형 AED에서 코사인법칙에 의하여

$$\cos\theta=\frac{(2\sqrt{10})^2+4^2-4^2}{2\times2\sqrt{10}\times4}=\frac{\sqrt{10}}{4}$$

답 ④

[참고]

다음과 같이 $\cos\theta$의 값을 구해도 좋다.

점 D에서 선분 AE에 내린 수선의 발을 H라고 하자.

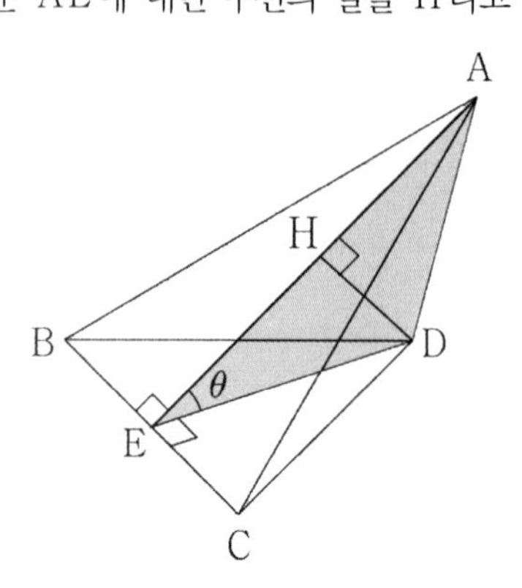

이등변삼각형의 성질에 의하여

점 H는 선분 AE의 중점이므로

$\overline{EH}=\sqrt{10}$

$$\therefore\ \cos\theta=\frac{\overline{EH}}{\overline{DE}}=\frac{\sqrt{10}}{4}$$

[풀이2] (교육과정 외)

이등변삼각형 ABC의 꼭짓점 A에서 밑변 BC에 내린 수선의 발을 E라고 하면

$\overline{BE}=\overline{CE}$

그리고 이등변삼각형 DBC의 꼭짓점 D에서 밑변 BC에 내린 수선의 발은 E이다.

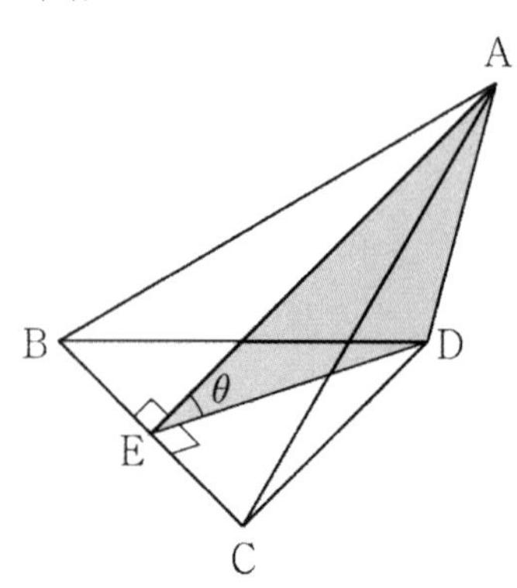

두 직각삼각형 AEC, DEC에서 피타고라스의 정리를 적용하면

$\overline{AE}=2\sqrt{10}$, $\overline{DE}=4$

$\overline{AE}\perp\overline{BC}$, $\overline{DE}\perp\overline{BC}$이므로
이면각의 정의에 의하여
$\angle AED=\theta$
벡터의 내적의 성질에 의하여
$|\overrightarrow{DA}|^2=|\overrightarrow{EA}-\overrightarrow{ED}|^2$
$=|\overrightarrow{EA}|^2-2\overrightarrow{EA}\cdot\overrightarrow{ED}+|\overrightarrow{ED}|^2$
$=40-2\times2\sqrt{10}\times4\times\cos\theta+16=16$
정리하면
$\therefore\ \cos\theta=\dfrac{\sqrt{10}}{4}$

답 ④

P017 | 답 8

[풀이1]
문제에서 주어진 정육면체의 한 모서리의 길이를 4로 두어도 풀이의 일반성을 잃지 않는다.
$\overline{PS}//\overline{AE}$이므로 정육면체의 성질에 의하여
$\overline{PS}\perp$(평면EFGH)이고,
$\overline{SM}\perp\overline{EG}$
이므로 삼수선의 정리❶에 의하여
$\overline{PM}\perp\overline{EG}$
이면각의 정의에 의하여
$\angle PMS=\theta$
직각삼각형 PSM에서 삼각비의 정의에 의하여
$\tan\theta=\dfrac{\overline{SP}}{\overline{MS}}=\dfrac{4}{\sqrt{2}}=2\sqrt{2}$
이므로
$\therefore\ \tan^2\theta=8$

답 8

[풀이2]
문제에서 주어진 정육면체의 한 모서리의 길이를 4로 두어도 풀이의 일반성을 잃지 않는다.
점 Q에서 평면 EFGH에 내린 수선의 발을 I라고 하자.

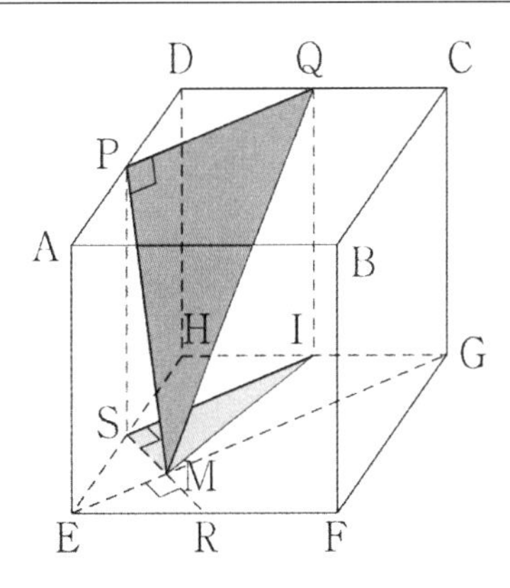

$\overline{PS}\perp$(□EFGH), $\overline{SM}\perp\overline{EG}$
이므로 삼수선의 정리에 의하여
$\overline{PM}\perp\overline{EG}$ ($\overline{PQ}//\overline{EG}$이므로 $\overline{PQ}\perp\overline{PM}$)
이면각의 정의에 의하여
$\angle PMS=\theta$
위의 그림처럼 삼각형 PMQ의 평면 EFGH 위로의 정사영은 삼각형 SMI이다. 이 두 삼각형의 넓이를 각각 S, S'라고 하자.
두 삼각형 SMI, PMQ에서
$\overline{PM}=\sqrt{(\sqrt{2})^2+4^2}=3\sqrt{2}$ ($\because\ \overline{MS}=\sqrt{2}$)
넓이의 정사영의 공식에 의하여
$\cos\theta=\dfrac{S'}{S}=\dfrac{\sqrt{2}}{3\sqrt{2}}=\dfrac{1}{3}$, $\tan\theta=2\sqrt{2}$
$\therefore\ \tan^2\theta=8$

답 8

P018 | 답 ②

[풀이]
점 C에서 선분 BD에 내린 수선의 발을 J라고 하자.

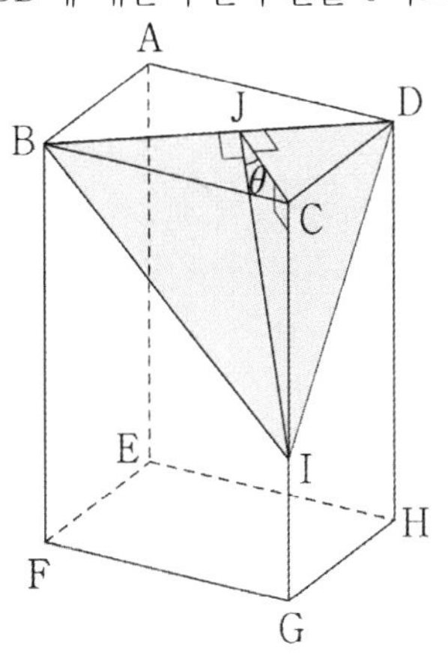

$\overline{IC}\perp$(평면ABCD), $\overline{CJ}\perp\overline{BD}$
이므로 삼수선의 정리에 의하여
$\overline{IJ}\perp\overline{BD}$
두 평면 ABCD, EFGH가 서로 평행하므로
이면각의 정의에 의하여
$\angle CJI=\theta$

($\triangle$BCD의 넓이)

$= \frac{1}{2} \times 2 \times 1 = \frac{1}{2} \times \sqrt{5} \times \overline{CJ}$, $\overline{CJ} = \frac{2}{\sqrt{5}}$

그런데 $\overline{CI} = 2$이므로

$\tan\theta = \sqrt{5}$

$\therefore \cos\theta = \frac{\sqrt{6}}{6}$

답 ②

P019 | 답 16

[풀이]

선분 BC의 중점을 M이라고 하자.

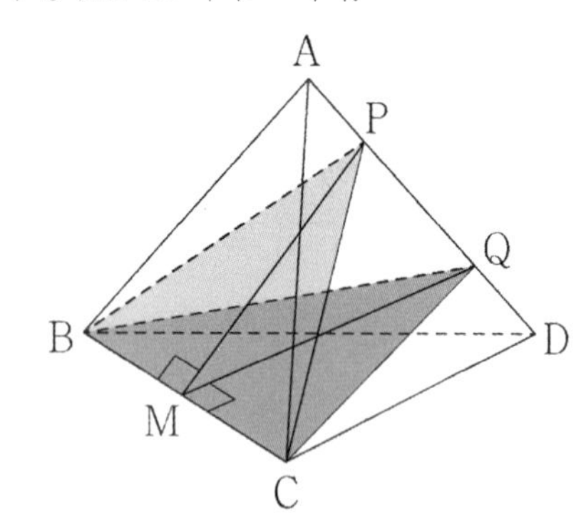

두 이등변삼각형 PBC, QBC에 대하여

$\overline{PM} \perp \overline{BC}$, $\overline{QM} \perp \overline{BC}$

이므로 이면각의 정의에 의하여

$\angle PMQ = \theta$

삼각형 ACP에서 코사인법칙에 의하여

$\overline{PC}^2 = 1^2 + 4^2 - 2 \times 1 \times 4 \times \cos 60^\circ = 13$

즉, $\overline{PC} = \sqrt{13}$

직각삼각형 PMC에서 피타고라스의 정리에 의하여

$\overline{PM} = \sqrt{(\sqrt{13})^2 - 2^2} = 3$

마찬가지의 방법으로

$\overline{QM} = 3$

삼각형 PMQ에서 코사인법칙에 의하여

$\cos\theta = \frac{3^2 + 3^2 - 2^2}{2 \times 3 \times 3} = \frac{7}{9}$

$\therefore p + q = 16$

답 16

P020 | 답 ④

[풀이]

두 평면 α와 β의 교선을 l이라고 하자.

문제에서 주어진 조건에서 선분 BD는 평면 β와 만나지 않으므로

$\overline{BD} // \beta$, $\overline{BD} // l$, $\overline{BD} // \overline{B'D'}$, $\overline{B'D'} // l$

정사각형 AB'C'D'의 두 대각선의 교점을 E, 선분 BD의 중점을 F, 점 F에서 선분 CC'에 내린 수선의 발을 H라고 하자. 이때, 점 E는 선분 B'D'의 중점이므로 직사각형 BDD'B'에서 $\overline{FE} \perp \overline{B'D'}$이다. 그런데 평면 BDD'B'는 평면 β에 수직이므로 직선 FE는 평면 β에 수직이다. 따라서 점 F에서 평면 β에 내린 수선의 발은 E이다.

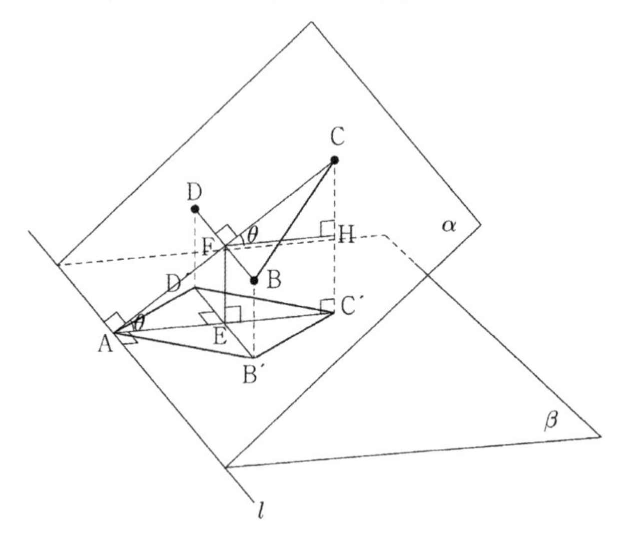

정사각형 AB'C'D'의 두 대각선은 서로 수직이고

$\overline{B'D'} // l$이므로 $\overline{AC'} \perp l$이다.

$\overline{CC'} \perp \beta$, $\overline{C'A} \perp l$이므로

삼수선의 정리❶에 의하여

$\overline{CA} \perp l$이다.

이면각의 정의에 의하여

$\angle CAC' = \theta$

두 직선 FH, AC'는 서로 평행하므로

$\angle CFH = \theta = \angle CAC'$(동위각)

정사각형 AB'C'D'의 한 변의 길이는 $4\sqrt{2}$이므로 이 정사각형의 대각선의 길이는 8이다. 그러므로 $\overline{EC'} = 4$이다. 직사각형 FEC'H에서

$\overline{FH} = 4$

직각삼각형 CFH에서 삼각비에 의하여

(혹은 피타고라스의 정리에 의하여)

$\overline{CF} = 5$

한편 $\overline{BD} // l$, $\overline{CA} \perp l$이므로

$\overline{CA} \perp \overline{BD}$

직각삼각형 CFB에서 피타고라스의 정리에 의하여

$\overline{BC} = \sqrt{5^2 + 4^2} = \sqrt{41}$

답 ④

P021 | 답 ④

[풀이]

점 H에서 선분 AB에 내린 수선의 발을 I라고 하자.

조건 (나)와 '삼각형의 세 내각의 합은 180° 이다.' 임을 이용하면 아래 그림과 같이 각의 크기(●, ○)가 결정된다.

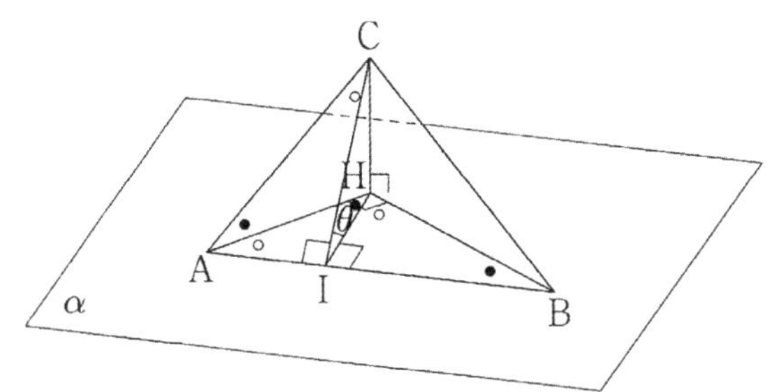

$\overline{CH} \perp \alpha$, $\overline{HI} \perp \overline{AB}$

이므로 삼수선의 정리에 의하여

$\overline{CI} \perp \overline{AB}$

그리고 이면각의 정의에 의하여

$\angle CIH = \theta$

$\overline{CH} = 1$로 두어도 풀이의 일반성을 잃지 않는다.

직각삼각형 CAH에서 피타고라스의 정리에 의하여

$\overline{CA} = \sqrt{3}$, $\overline{AH} = \sqrt{2}$ (∵ (나))

직각삼각형 HAI에서 삼각비의 정의에 의하여

$\overline{HI} = \sqrt{2} \times \dfrac{\sqrt{2}}{\sqrt{3}} = \dfrac{2}{\sqrt{3}}$, $\tan\theta = \dfrac{\sqrt{3}}{2}$

$\therefore\ \cos\theta = \dfrac{2}{\sqrt{7}} = \dfrac{2\sqrt{7}}{7}$

답 ④

P022 | 답 25

[풀이]

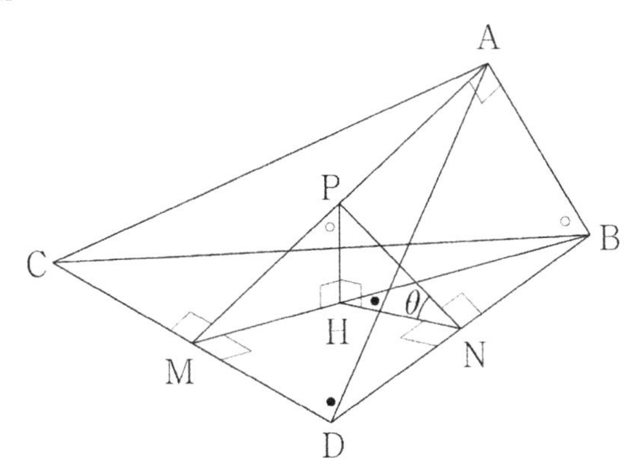

$\overline{AB} \perp$ (평면 ACD),

$\overline{BM} \perp \overline{CD}$ (∵ 이등변삼각형의 성질)

이므로 삼수선의 정리에 의하여

$\overline{AM} \perp \overline{CD}$

두 직선 AM, BM은 모두 직선 CD에 수직이므로

(평면 AMB) $\perp \overline{CD}$

점 P에서 평면 BCD에 내린 수선의 발을 H라고 하면

$\overline{PH} \perp \overline{BM}$

그런데 $\overline{PN} \perp \overline{BD}$, $\overline{PH} \perp$ (평면 BCD)이므로

삼수선의 정리에 의하여

$\overline{HN} \perp \overline{BD}$

위의 그림처럼

$\triangle MAB \sim \triangle MHP$, $\triangle BDM \sim \triangle BHN$

이고, 이면각의 정의에 의하여

$\angle PNH = \theta$

이다.

직각삼각형 BMD에서 피타고라스의 정리에 의하여

$\overline{BM} = \sqrt{(4\sqrt{5})^2 - 4^2} = 8$

두 직각삼각형 BMD, BNH는 서로 닮음이므로

$\overline{BN} : \overline{NH} = \overline{BM} : \overline{MD}$, 즉 $2\sqrt{5} : \overline{NH} = 8 : 4$,

$\overline{HN} = \sqrt{5}$, $\overline{BH} = 5$, $\overline{HM} = 3$

직각삼각형 AMB에서 피타고라스의 정리에 의하여

$\overline{AM} = \sqrt{8^2 - 4^2} = 4\sqrt{3}$

두 직각삼각형 AMB, HMP는 서로 닮음이므로

$\overline{MA} : \overline{AB} = \overline{MH} : \overline{HP}$, 즉 $4\sqrt{3} : 4 = 3 : \overline{HP}$,

$\overline{PH} = \sqrt{3}$

직각삼각형 MHP에서 피타고라스의 정리에 의하여

$\overline{PN} = \sqrt{(\sqrt{5})^2 + (\sqrt{3})^2} = 2\sqrt{2}$

$\therefore\ 40\cos^2\theta = 40 \times \left(\dfrac{\sqrt{5}}{2\sqrt{2}}\right)^2 = 25$

답 25

P023 | 답 ⑤

[풀이]

선분 BC의 중점을 N, 점 P에서 평면 ABCD에 내린 수선의 발을 H, 점 H에서 선분 BM에 내린 수선의 발을 E라고 하자. 이때, 점 H는 선분 MN 위에 있으며, $\overline{PH} \perp \overline{MN}$이다.

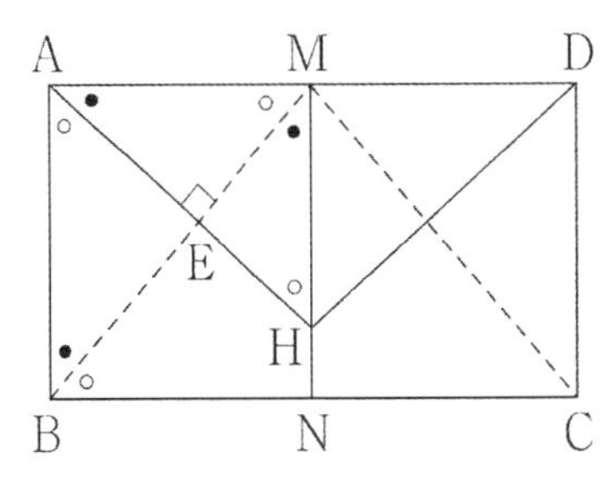

(단, ● + ○ = 90°)

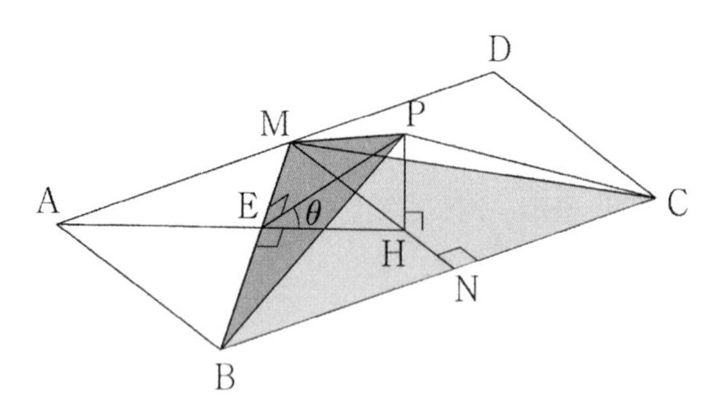

$\overline{PH} \perp$ (평면 ABCD), $\overline{HE} \perp \overline{BM}$

이므로 삼수선의 정리에 의하여

$\overline{PE} \perp \overline{BM}$ $(\overline{AE} \perp \overline{BM})$

그리고 이면각의 정의에 의하여

$\angle PEH = \theta$

한편 직각삼각형 ABM에서 피타고라스의 정리에 의하여

$\overline{BM} = 4$

$\triangle ABM \sim \triangle EBA$이므로

$\overline{AE} = 3 \times \dfrac{\sqrt{7}}{4} = \dfrac{3\sqrt{7}}{4}$,

$\overline{EH} = \overline{AH} - \overline{AE} = \sqrt{7} \times \dfrac{4}{3} - \dfrac{3\sqrt{7}}{4} = \dfrac{7\sqrt{7}}{12}$

$$\therefore \cos\theta = \frac{\overline{EH}}{\overline{PE}} = \frac{\frac{7\sqrt{7}}{12}}{\frac{3\sqrt{7}}{4}} = \frac{7}{9}$$

답 ⑤

P024 | 답 60

[풀이] ★

한 변의 길이가 $2\sqrt{3}$인 정삼각형 APQ의 무게중심에서 각 꼭짓점까지의 거리는 2이다. 정삼각형 APQ의 무게중심을 O 라고 하면

$\overline{OA} = \overline{OP} = \overline{OQ} = 2$

이므로, 구의 정의에 의하여 점 O는 구 S의 중심이다.

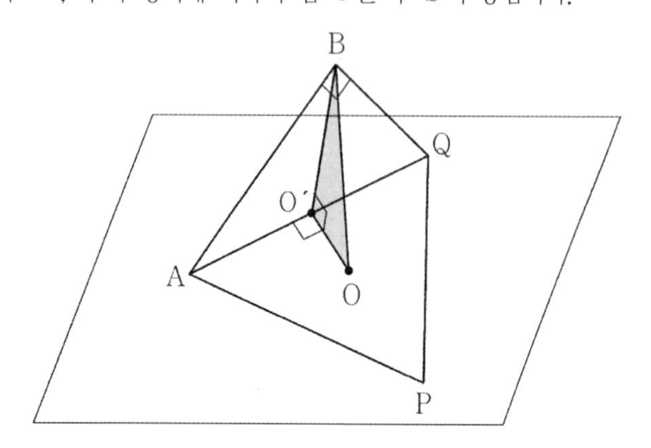

문제에서 주어진 조건에서 $\angle ABQ = \dfrac{\pi}{2}$이므로

세 점 A, B, Q는 선분 AQ를 지름으로 하는 원 위에 있다. 선분 AQ의 중점을 O′라고 하면 원의 정의에 의하여

$\overline{O'B} = \dfrac{1}{2}\overline{AQ} = \sqrt{3}$

구의 정의에 의하여

$\overline{OB} = 2$

점 O가 정삼각형 APQ의 무게중심이므로

$\overline{OO'} = \dfrac{1}{3} \times \overline{PO'} = 1$

삼각형 BO′O에서 $\overline{BO}^2 = \overline{BO'}^2 + \overline{O'O}^2$이므로

피타고라스의 정리에 역에 의하여

$\angle BO'O = \dfrac{\pi}{2}$

$\overline{OO'} \perp \overline{O'B}$, $\overline{OO'} \perp \overline{AQ}$ (∵ 이등변삼각형의 성질)

이므로, 직선과 평면의 수직에 대한 성질에 의하여

$\overline{OO'} \perp ABQ$

평면 APQ는 직선 OO′를 포함하므로

$APQ \perp ABQ$

점 B에서 선분 AQ에 내린 수선의 발을 H, 점 H에서 선분 AP에 내린 수선의 발을 I라고 하자.

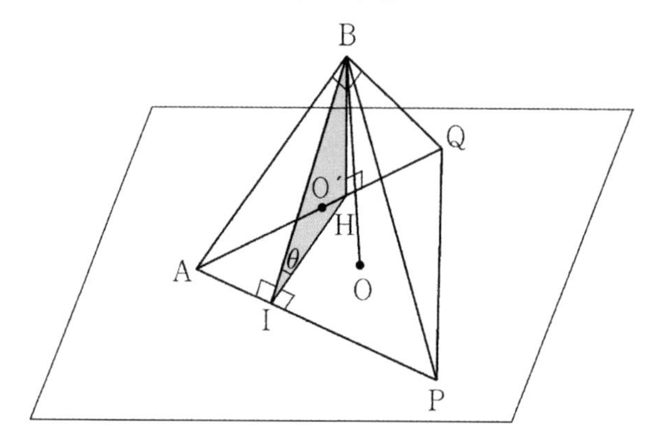

$\overline{BH} \perp APQ$ (∵ $APQ \perp ABQ$), $\overline{HI} \perp \overline{AP}$

이므로, 삼수선의 정리에 의하여

$\overline{BI} \perp \overline{AP}$

이면각의 정의에 의하여

$\angle BIH = \theta$

이제 두 선분 BH, HI의 길이를 구하자.

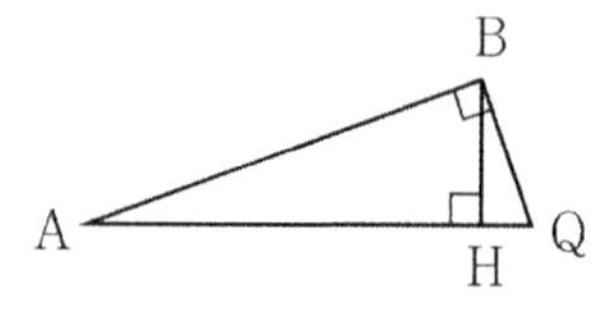

직각삼각형 ABQ에서 피타고라스의 정리에 의하여

$\overline{BQ} = \sqrt{\overline{AQ}^2 - \overline{AB}^2} = 2$

서로 닮음인 두 직각삼각형 ABH, AQB에서

$\overline{AB} : \overline{BH} = \overline{AQ} : \overline{QB}$ 즉, $2\sqrt{2} : \overline{BH} = 2\sqrt{3} : 2$

정리하면

$\overline{BH}=\dfrac{2\sqrt{2}}{\sqrt{3}}$

직각삼각형 AHB에서 피타고라스의 정리에 의하여

$\overline{AH}=\sqrt{\overline{AB}^2-\overline{BH}^2}=\sqrt{(2\sqrt{2})^2-\left(\dfrac{2\sqrt{2}}{\sqrt{3}}\right)^2}=\dfrac{4}{\sqrt{3}}$

직각삼각형 HAI에서 특수각의 삼각비의 정의에 의하여

$\overline{HI}=\overline{AH}\sin\dfrac{\pi}{3}=2$

직각삼각형 BIH에서 피타고라스의 정리에 의하여

$\overline{BI}=\sqrt{\overline{BH}^2+\overline{HI}^2}=\dfrac{2\sqrt{5}}{\sqrt{3}}$

직각삼각형 BIH에서 삼각비의 정의에 의하여

$\cos\theta=\dfrac{\overline{IH}}{\overline{BI}}=\dfrac{\sqrt{3}}{\sqrt{5}}$

$\therefore\ 100\cos^2\theta=60$

답 60

P025 | 답 ②

[풀이]

아래는 문제에서 주어진 직육면체의 전개도의 일부이다.

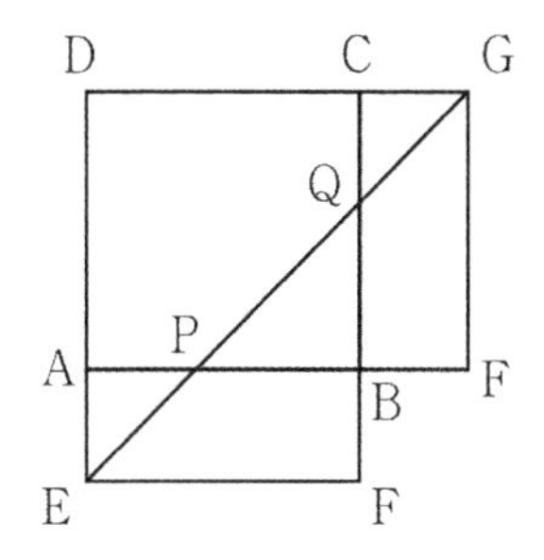

피타고라스의 정리에 의하여

$\overline{PQ}=\overline{EG}-\overline{EP}-\overline{QG}$

$=7\sqrt{2}-2\sqrt{2}-2\sqrt{2}=3\sqrt{2}$

(입체도형에서) 선분 PQ의 중점을 R, 점 R에서 선분 EG에 내린 수선의 발을 I라고 하자.

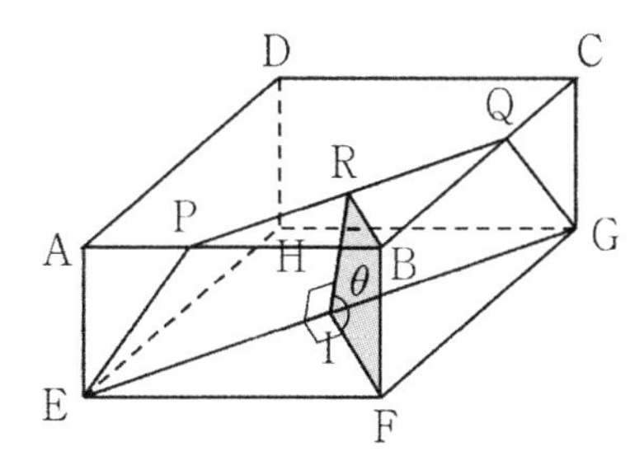

등변사다리꼴 EPQG에서 점 I는 선분 EG의 중점이고, 직각이등변삼각형 EFG에서 FI는 선분 EG의 수직이등분선이다.

즉,

$\overline{RI}\perp\overline{EG}$, $\overline{FI}\perp\overline{EG}$

이면각의 정의에 의하여

$\angle RIF=\theta$

$\overline{EP}=2\sqrt{2}$, $\overline{PQ}=3\sqrt{2}$,

$\overline{QG}=2\sqrt{2}$, $\overline{EG}=5\sqrt{2}$

피타고라스의 정리에 의하여

$\overline{RI}=$(사다리꼴 EPQG의 높이)

$=\sqrt{(2\sqrt{2})^2-(\sqrt{2})^2}=\sqrt{6}$

삼각비의 정의에 의하여

$\therefore\ \cos\theta=\dfrac{\overline{IF}-\overline{RB}}{\overline{RI}}$

$=\dfrac{\dfrac{5}{2}\sqrt{2}-\dfrac{3}{2}\sqrt{2}}{\sqrt{6}}=\dfrac{\sqrt{3}}{3}$

답 ②

P026 | 답 ⑤

[풀이] ★

문제에서 주어진 전개도를 접어서 사면체를 만들 때, A, B, C가 아닌 나머지 한 꼭짓점을 P라고 하자. 그리고 점 P에서 평면 ABC에 내린 수선의 발을 H, 점 F에서 선분 AC에 내린 수선의 발을 G, 점 E에서 선분 BC에 내린 수선의 발을 I라고 하자.

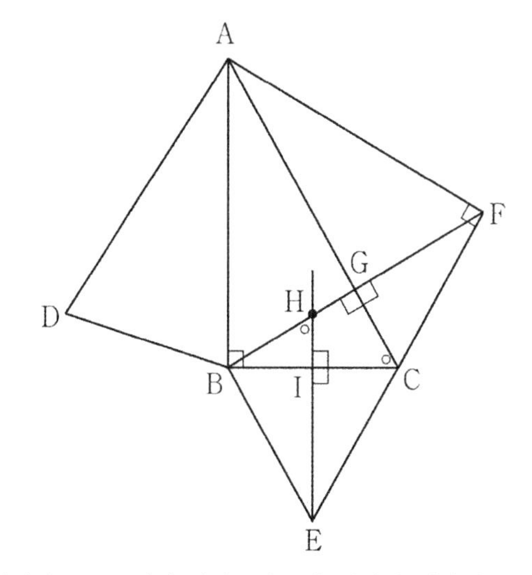

직각삼각형 ABC에서 피타고라스의 정리에 의하여

$\overline{AB}=2\sqrt{3}$

사면체의 결정조건에 의하여

$\overline{CF}=\overline{CE}=2$

직각삼각형 ACF에서 피타고라스의 정리에 의하여

$\overline{AF}=2\sqrt{3}$

삼각형의 넓이를 구하는 공식에 의하여

(삼각형 ACF의 넓이)$=\dfrac{1}{2}\overline{AF}\,\overline{FC}=\dfrac{1}{2}\overline{AC}\,\overline{FG}$

대입하면

$\frac{1}{2}\times 2\sqrt{3}\times 2=\frac{1}{2}\times 4\times \overline{FG}$ 즉, $\overline{FG}=\sqrt{3}$

마찬가지의 방법으로 $\overline{BG}=\sqrt{3}$

직각삼각형 CBG에서 특수각의 삼각비의 정의에 의하여

$\angle CBG=\frac{\pi}{6}$이므로 $\overline{BH}=\frac{2\sqrt{3}}{3}$

$\overline{HG}=\overline{BG}-\overline{BH}=\frac{\sqrt{3}}{3}$이므로

이면각의 정의에 의하여

$\cos\theta=\frac{\overline{GH}}{\overline{FG}}=\frac{1}{3}$

답 ⑤

P027 | 답 ②

[풀이]

사면체의 일부 면을 전개하면 아래 그림과 같다.

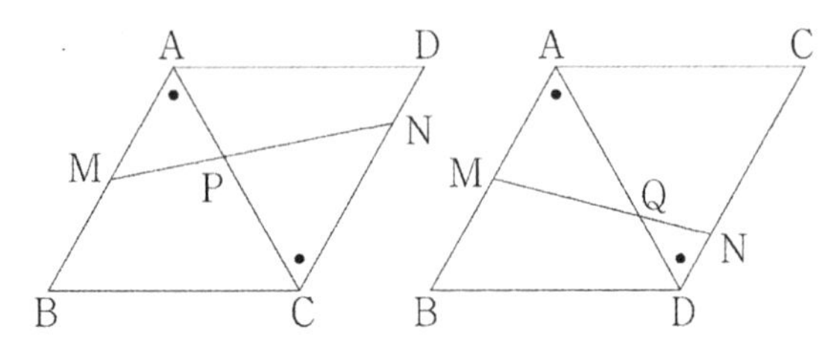

왼쪽 그림에서 서로 닮음인 두 삼각형 AMP, CNP의 닮음비는 2 : 3이므로

$\overline{AP}:\overline{PC}=2:3$, 즉 점 P는 선분 AC의 2 : 3 내분점이다.

오른쪽 그림에서 서로 닮음인 두 삼각형 AMQ, DNQ의 닮음비는 2 : 1이므로

$\overline{AQ}:\overline{QD}=2:1$, 즉 점 Q는 선분 AD의 2 : 1 내분점이다.

네 점 A, M, P, Q의 평면 BCD 위로의 정사영을 각각 A′, M′, P′, Q′라고 하자.

이때, 점 P′는 선분 A′C의 2 : 3 내분점, 점 Q′는 선분 A′D′의 2 : 1 내분점, 점 M′은 선분 A′B의 중점이다.

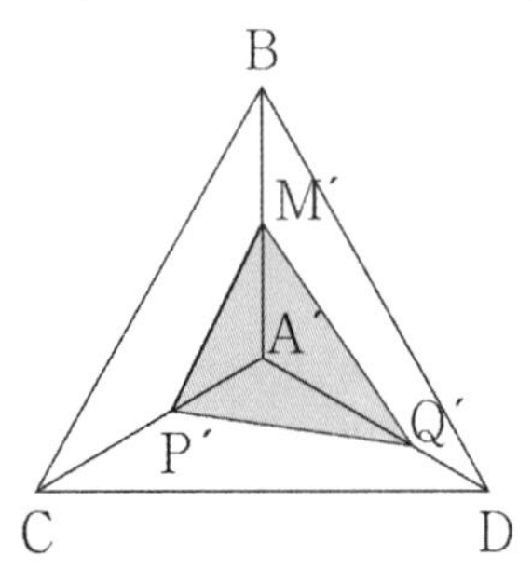

$\therefore$ ($\triangle M'P'Q'$의 넓이)

$=$($\triangle A'BC$의 넓이)

$\times\left(\frac{1}{2}\times\frac{2}{5}+\frac{2}{5}\times\frac{2}{3}+\frac{2}{3}\times\frac{1}{2}\right)$

$=\frac{\sqrt{3}}{12}\times\frac{4}{5}=\frac{\sqrt{3}}{15}$

답 ②

P028 | 답 ②

[풀이] ★

아래 그림과 같이 단면 관찰을 하자.

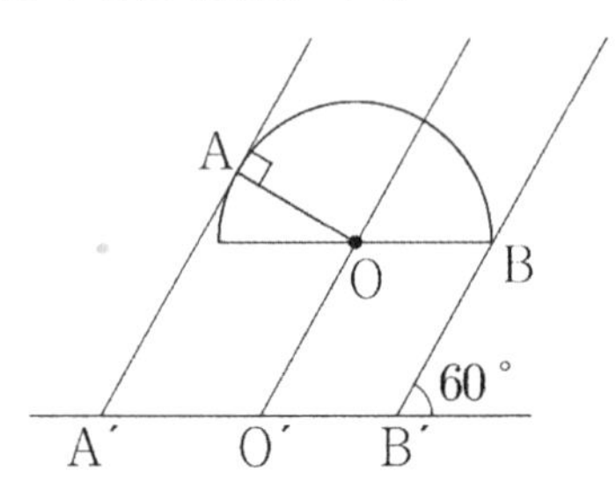

위의 그림처럼 세 점 A, B, O의 그림자를 각각 A′, B′, O′라고 하자.

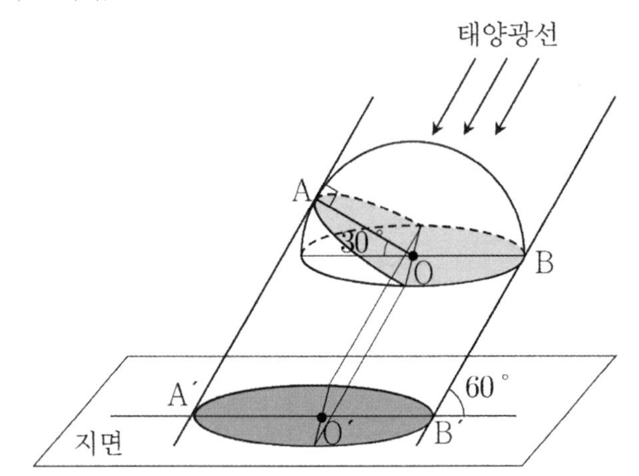

구하는 반구의 그림자의 넓이를 S라고 하면

$S=$(OA를 반지름으로 하는 반원의 넓이)$\times\frac{1}{\cos 30^{\circ}}$

$+$(OB를 반지름으로 하는 반원의 넓이)

$=18\pi\times\frac{2}{\sqrt{3}}+18\pi=6(3+2\sqrt{3})\pi$

답 ②

P029 | 답 ⑤

[풀이]

반구의 반지름의 길이를 1로 두어도 풀이의 일반성을 잃지 않는다.

지면과 유리판이 만나서 생기는 직선에 수직이고 반구의 중심을 지나는 평면으로 자른 단면은 다음과 같다.

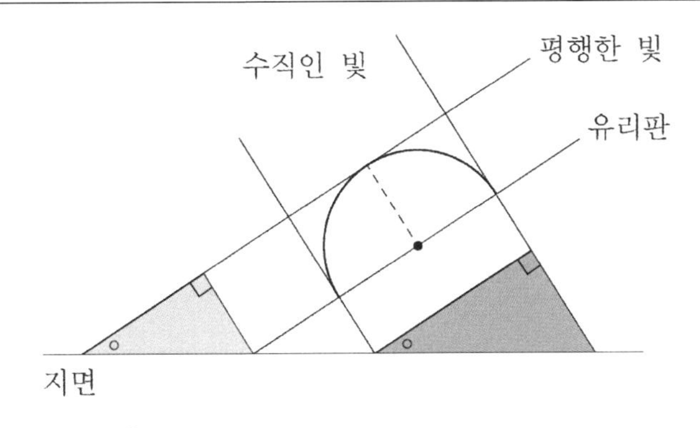

(단, ○$=\theta$)

위의 그림에서 색칠된 오른쪽 직각삼각형에서 삼각비의 정의에 의하여

$$\frac{\pi\times1^2}{S_1}=\cos\theta \text{ 즉, } S_1=\frac{\pi}{\cos\theta}$$

위의 그림에서 색칠된 왼쪽 직각삼각형에서 삼각비의 정의에 의하여

$$\frac{\frac{1}{2}\times\pi\times1^2}{S_2}=\sin\theta \text{ 즉, } S_2=\frac{\pi}{2\sin\theta}$$

문제에서 주어진 비례식에 대입하면

$$\frac{\pi}{\cos\theta}:\frac{\pi}{2\sin\theta}=3:2$$

정리하면

$$\therefore\ \tan\theta=\frac{3}{4}$$

답 ⑤

P030 | 답 ④

[풀이] ★

문제에서 주어진 구의 중심을 O라고 하자. 아래 그림은 점 O를 지나고 직선 PQ에 수직인 평면으로 자른 단면이다.

(단, 네 점 A′, E′, F′, B′는 문제에서 주어진 직육면체의 모서리 위에 있다.)

평면 A′E′F′B′와 선분 PQ의 교점을 점 R, 점 O에서 두 선분 A′E′, B′F′에 내린 수선의 발을 각각 J, H, 점 R에서 선분 JH에 내린 수선의 발을 K라고 하자.

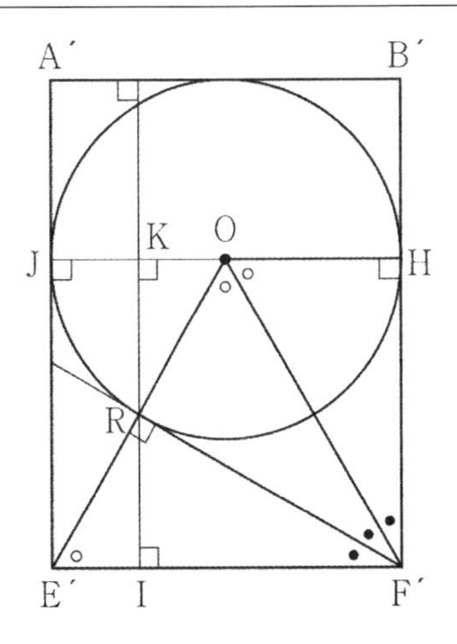

(단, ○$=60^\circ$, ●$=30^\circ$)

문제에서 주어진 조건 $S_1>S_2$에 의하여 원 O는 직선 RE′에 접할 수 없다.

원 O가 점 R에서 직선 F′R에 접함을 증명하자. (즉, 구 O가 점 R에서 직선 PQ에 접함을 증명하게 되는 것이다.)

원 O가 점 R_0에서 직선 F′R에 접한다고 하자.

$\overline{OH}=4$, $\overline{HF'}=4\sqrt{3}$이므로

직각삼각형 OHF′에서 특수각의 삼각비에 의하여

$\angle HOF'=60^\circ$, $\angle OF'H=30^\circ$

두 직각삼각형 OHF′, OR_0F'은 서로 RHS합동이므로

$\angle OF'R_0=30^\circ$

$\angle R_0F'E'=90^\circ-(\angle HF'O+\angle OF'R_0)=30^\circ$

이므로

직각삼각형 RF′E′에서 특수각의 삼각비에 의하여

$\overline{RF'}=4\sqrt{3}$

그런데 직각삼각형 OR_0F'에서

$\overline{R_0F'}=4\sqrt{3}$

이므로 두 점 R_0, R은 일치한다.

따라서 원 O는 점 R에서 직선 F′R에 접한다.

직각삼각형 RE′I에서 특수각의 삼각비에 의하여

$\overline{E'I}=2$이므로 $\overline{JK}=2$

즉, 점 K는 선분 JO의 중점이다.

아래는 점 O를 지나고 평면 ABCD에 평행한 평면으로 자른 단면이다.

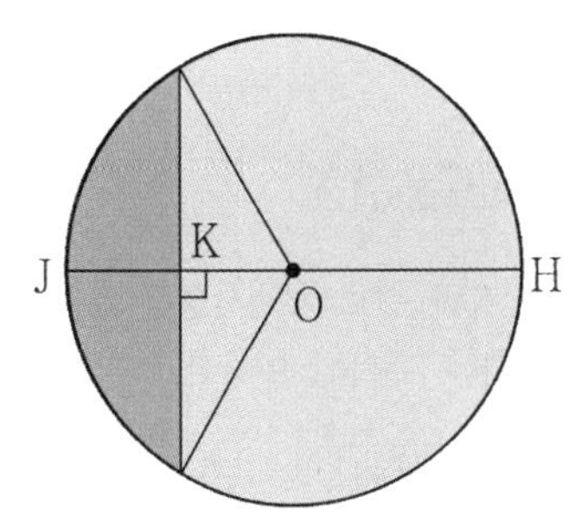

위의 그림에서 상대적으로 짙게 색칠된 활꼴의 그림자는 평면 PQHE에 생기고, 상대적으로 옅게 색칠된 활꼴의 그림자는

평면 PQGF에 생긴다. 이 두 활꼴 중에서 큰 쪽의 넓이를 T_1, 작은 쪽의 넓이를 T_2라고 하자.

$$T_1 = 16\pi \times \frac{2}{3} + 4\sqrt{3}$$

$$T_2 = 16\pi \times \frac{1}{3} - 4\sqrt{3}$$

삼각비의 정의에 의하여

$$\frac{T_1}{S_1} = \cos 30^\circ, \ \frac{T_2}{S_2} = \cos 60^\circ$$

이므로

$$S_1 = \frac{64\pi}{3\sqrt{3}} + 8, \ S_2 = \frac{32\pi}{3} - 8\sqrt{3}$$

$$\therefore \ S_1 + \frac{1}{\sqrt{3}} S_2 = \frac{32\sqrt{3}\pi}{3}$$

답 ④

P031 | 답 ③

[풀이]

점 P에서 xy평면에 내린 수선의 발을 D라고 하자.

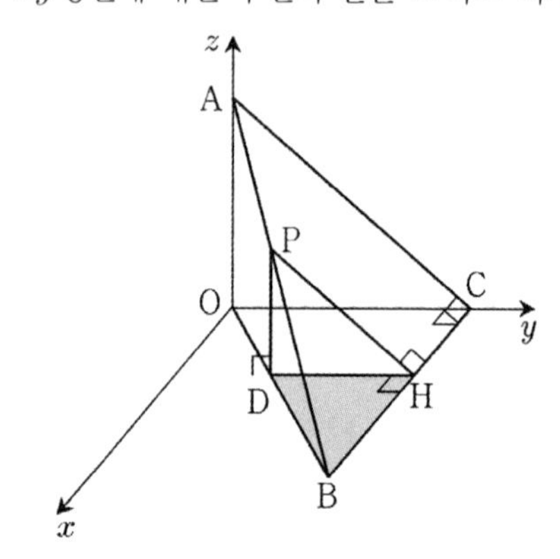

$\overline{PD} \perp (xy$평면$)$, $\overline{PH} \perp \overline{BC}$이므로

삼수선의 정리에 의하여

$\overline{DH} \perp \overline{BC}$

서로 닮음인 두 직각삼각형 ABC, PBH에 대하여

$\overline{BH} : \overline{HP} = \overline{BC} : \overline{CA}$

즉, $\overline{BH} : 3 = 5 : 5$이므로 $\overline{BH} = 3$

서로 닮음인 두 직각삼각형 BHD, BCO에 대하여

$\overline{BH} : \overline{HD} = \overline{BC} : \overline{CO}$

즉, $3 : \overline{HD} = 5 : 4$이므로 $\overline{HD} = \frac{12}{5}$

삼각형 PBH의 xy평면 위로의 정사영은 삼각형 DBH이다.

삼각형의 넓이를 구하는 공식에 의하여

$(\triangle \mathrm{DBH}$의 넓이$) = \frac{1}{2}\overline{BH}\,\overline{HD} = \frac{18}{5}$

답 ③

P032 | 답 ④

[풀이]

점 B에서 선분 CC′에 내린 수선의 발을 H라고 하자. 그리고 $\overline{BB'} = x$, $\overline{CC'} = y$로 두자.

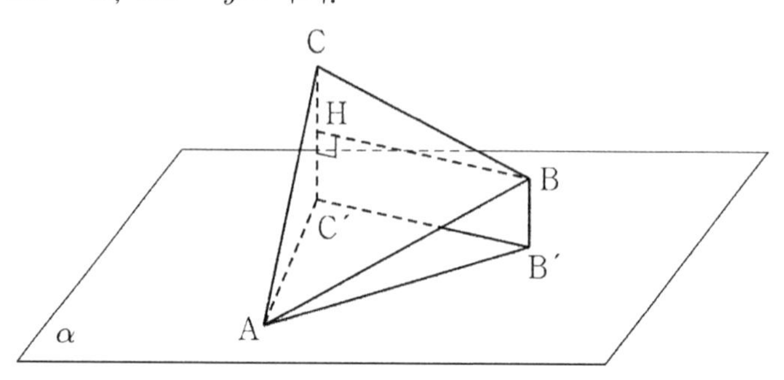

세 직각삼각형 ABB′, BCH, ACC′에서 피타고라스의 정리에 의하여

$\overline{AB} = \sqrt{x^2+5}$ …㉠

$\overline{BC} = \sqrt{(y-x)^2+4}$ …㉡

$\overline{CA} = \sqrt{y^2+3}$ …㉢

㉠=㉡: $y^2 - 2xy = 1$ …㉣

㉡=㉢: $x^2 - 2xy = -1$

위의 두 등식을 변변히 더하면

$x^2 - 4xy + y^2 = 0$

양변을 y^2으로 나누면

$$\left(\frac{x}{y}\right)^2 - 4\frac{x}{y} + 1 = 0$$

$t = \frac{x}{y}$로 두면

$t^2 - 4t + 1 = 0$

이차방정식의 근의 공식에 의하여

$t = 2 - \sqrt{3} \ (\because 0 < t < 1)$

즉, $\frac{x}{y} = 2 - \sqrt{3}$

이를 ㉣에 대입하여 정리하면

$$y^2 = 1 + \frac{2\sqrt{3}}{3}$$

이를 ㉢에 대입하여 정리하면

$$\overline{CA}^2 = 4 + \frac{2\sqrt{3}}{3}$$

정삼각형의 넓이를 구하는 공식에 의하여

$(\triangle \mathrm{ABC}$의 넓이$) = \frac{1+2\sqrt{3}}{2}$

답 ④

P033 | 답 ⑤

[풀이]

점 M에서 평면 ABCD에 내린 수선의 발을 M′라고 하자.

xy평면에 수직인 방향으로 바라본 모습은 다음과 같다.

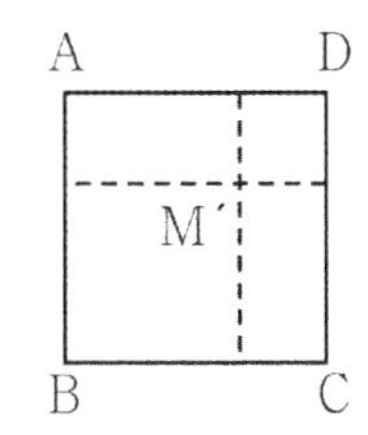

yz평면에 수직인 방향으로 바라본 모습은 다음과 같다.

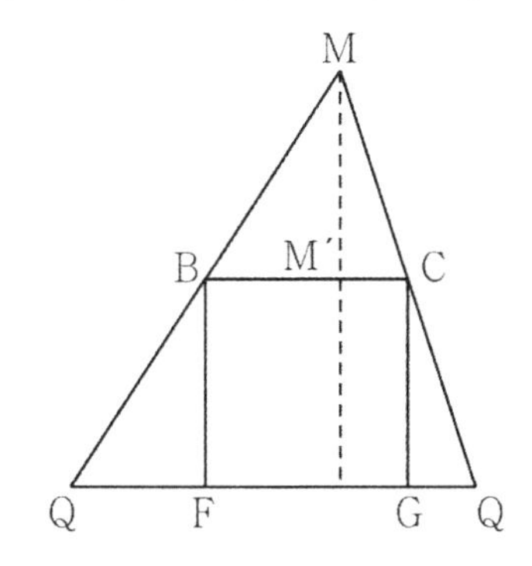

zx평면에 수직인 방향으로 바라본 모습은 다음과 같다.

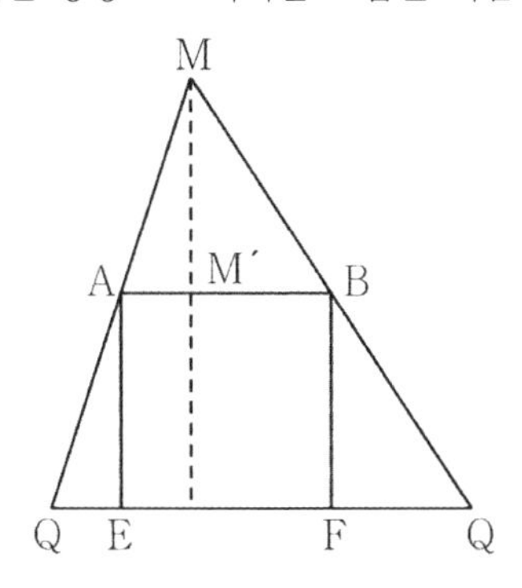

위의 세 그림에서 점 P가 점 B 위에 있을 때 선분 MQ의 길이가 최대임을 알 수 있다.

$\overline{MQ} \leq 2\sqrt{(1-3)^2+(5-3)^2+(6-3)^2}$

$=2\sqrt{17}$

답 ⑤

P034 | 답 ⑤

[풀이]

점 P에서 선분 AB에 내린 수선의 발을 Q라고 하자. 그리고 두 평면 PAB, α가 이루는 각의 크기를 θ라고 하자.

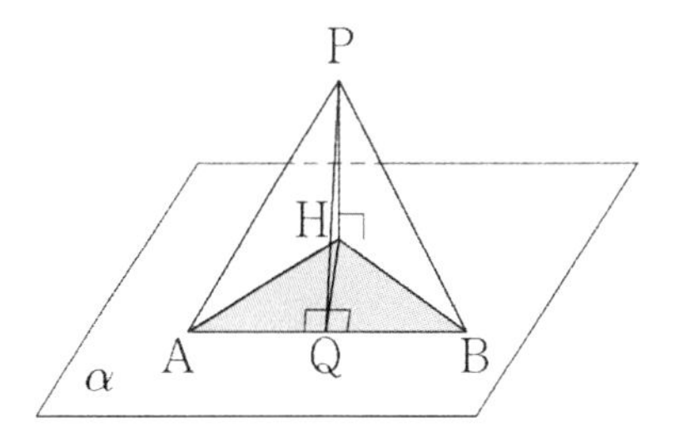

삼수선의 정리에 의하여

$\overline{HQ} \perp \overline{AB}$

이면각의 정의에 의하여

$\angle PQH = \theta$

직각삼각형 PQH에서 피타고라스의 정리에 의하여

$\overline{QH} = \sqrt{(3\sqrt{3})^2-4^2} = \sqrt{11}$

이므로

$\cos\theta = \dfrac{\sqrt{11}}{3\sqrt{3}}$

$\therefore$ (△HAB의 넓이)=(△PAB의 넓이)×$\cos\theta$

$=\dfrac{\sqrt{3}}{4}6^2 \times \dfrac{\sqrt{11}}{3\sqrt{3}} = 3\sqrt{11}$

답 ⑤

P035 | 답 ③

[풀이]

선분 CD의 중점을 R이라고 하자.

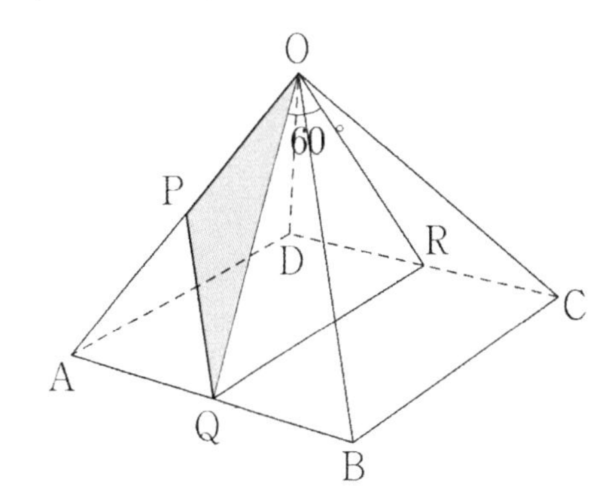

직각삼각형 OAQ에서 피타고라스의 정리에 의하여

$\overline{OQ} = \sqrt{(2\sqrt{5})^2-2^2} = 4$

그런데 $\overline{QR} = \overline{OR} = 4$이므로 삼각형 OQR은 정삼각형이다.

따라서 두 평면 OPQ, OCD가 이루는 이면각의 크기는 60°이다.

구하는 정사영의 넓이는

$\left(\dfrac{1}{2}\times 4 \times 1\right)\times \cos 60^\circ = 1$

답 ③

P036 | 답 ③

[풀이]

아래 그림처럼 평면 EFGH 위에 있는 원기둥의 밑면(원)의 중점을 O라고 하자.

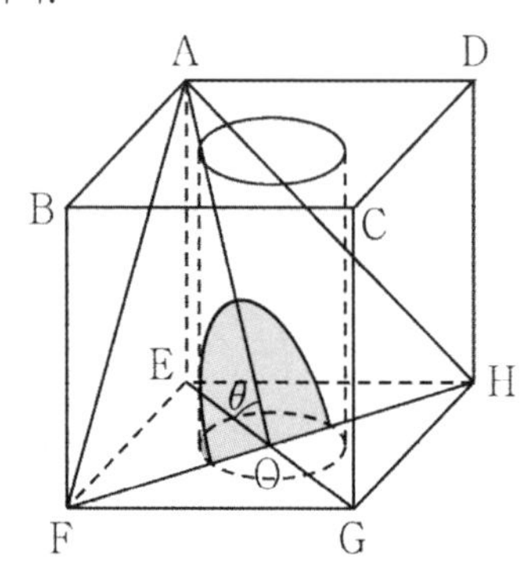

원기둥과 평면 AFH가 만나서 생기는 도형은 타원의 일부이다. 이때, 타원의 단축은 선분 FH 위에 있다. 이 타원의 일부의 넓이를 S라고 하자.

위의 그림처럼 평면 AFH 위의 타원의 일부의 평면 EFGH 위로의 정사영은 원기둥의 밑면의 절반 즉, 반원이다. 이 반원의 넓이를 S'라고 하자.

두 평면 AFH, EFGH가 이루는 예각의 크기를 θ라고 하자.

이등변삼각형 AFH에서

$\overline{AO} \perp \overline{FH}$

정사각형 EFGH에서

$\overline{FH} \perp \overline{OE}$

이므로

$\overline{AO} \perp \overline{OE}$

이면각의 정의에 의하여

$\angle AOE = \theta$

삼각비의 정의에 의하여

$$\cos\theta = \frac{\overline{OE}}{\overline{AO}} = \frac{2\sqrt{2}}{2\sqrt{6}} = \frac{1}{\sqrt{3}}$$

넓이의 정사영의 공식에 의하여

$S' = S\cos\theta$

즉, $\frac{\pi}{2} = S \times \frac{1}{\sqrt{3}}$

$\therefore\ S = \frac{\sqrt{3}}{2}\pi$

답 ③

P037 | 답 ①

[풀이]

두 평면 ABC, BEF가 이루는 예각의 크기를 θ_1, 두 평면 CBF, EBF가 이루는 예각의 크기를 θ_2라고 하자. 그리고 세 모서리 AC, EF, BF의 중점을 각각 G, H, I, 두 평면 ABC, BEF의 교선을 l이라고 하자. 이때, 세 개의 직선 AC, EF, l은 서로 평행하다.

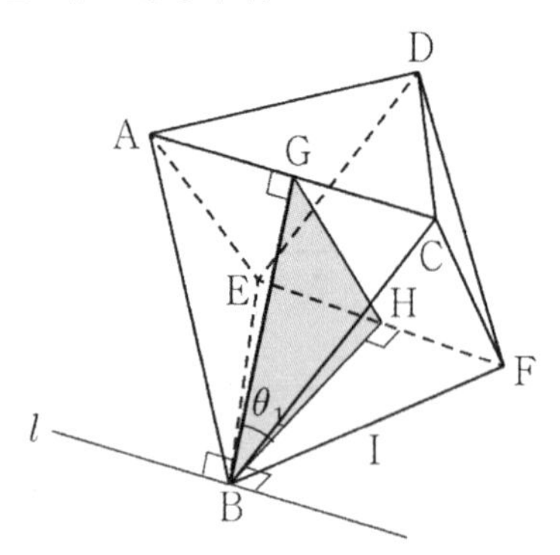

$\overline{BG} = \overline{BH} = \sqrt{3}$, $\overline{GH} = 2$

($\triangle$GBH의 넓이)

$$= \frac{1}{2} \times 2 \times \sqrt{2} = \frac{1}{2} \times \sqrt{3} \times \sqrt{3} \times \sin\theta_1$$

정리하면

$\sin\theta_1 = \frac{2\sqrt{2}}{3}$에서 $\cos\theta_1 = \frac{1}{3}$

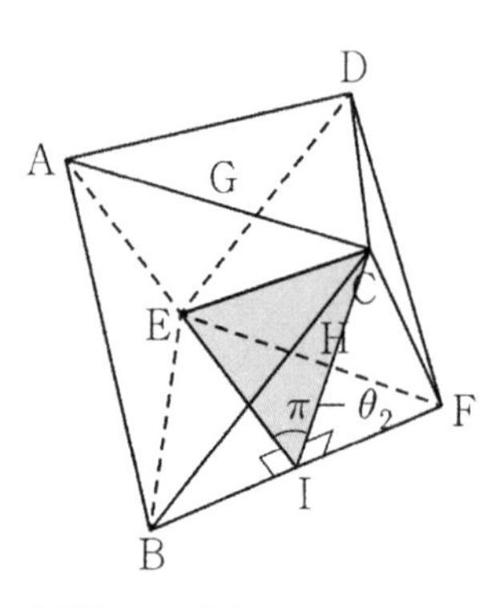

$\overline{CI} = \overline{IE} = \sqrt{3}$, $\overline{CE} = 2\sqrt{2}$

($\triangle$CEI의 넓이)

$$= \frac{1}{2} \times 1 \times 2\sqrt{2} = \frac{1}{2} \times \sqrt{3} \times \sqrt{3} \times \sin(\pi - \theta_2)$$

정리하면

$\sin\theta_2 = \frac{2\sqrt{2}}{3}$에서 $\cos\theta_2 = \frac{1}{3}$

넓이의 정사영의 공식에 의하여

$$S_1 + S_2 = \frac{\sqrt{3}}{4} \times 2^2 \times (\cos\theta_1 + \cos\theta_2)$$

$$= \frac{2\sqrt{3}}{3}$$

답 ①

P038 | 답 ④

[풀이]

점 P에서 평면 EFGH에 내린 수선의 발을 R이라고 하면

$\overline{PR} \perp \overline{GF}$

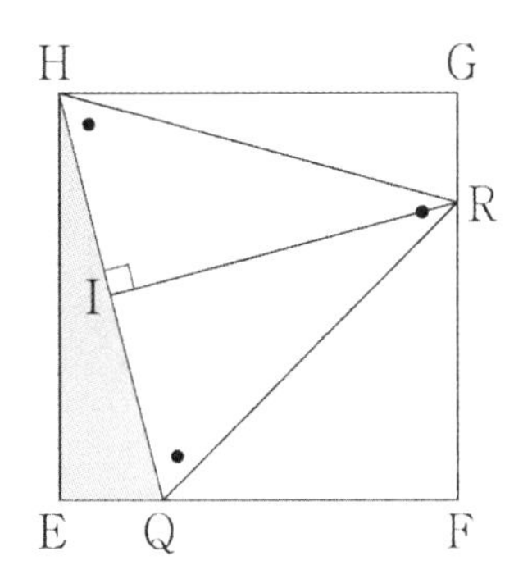

(단, ●$=60^\circ$)

$\overline{HE}=a$, $\overline{EQ}=b$라고 하면

$\overline{QF}=\overline{FR}=a-b$, $\overline{HG}=a$, $\overline{GR}=b$

피타고라스의 정리에 의하여

$a^2+b^2=4^2$, $\sqrt{2}(a-b)=4$

곱셈공식에 의하여

$(a-b)^2=a^2+b^2-2ab$, 즉

$8=16-2ab$, $ab=4$

한편 점 R에서 선분 HQ에 내린 수선의 발을 I라고 하면

$\overline{RI}=2\sqrt{3}$

그런데 $\overline{PR}=\sqrt{15}$ 이므로

$\tan\theta=\dfrac{\sqrt{5}}{2}$, $\cos\theta=\dfrac{2}{3}$

따라서 구하는 넓이는

$\therefore\ \dfrac{1}{2}ab\cos\theta=\dfrac{4}{3}$

답 ④

P039 | 답 47

[풀이]

점 D에서 선분 AB에 내린 수선의 발을 E라고 하자.

$\overline{DH}\perp\alpha$, $\overline{DE}\perp\overline{AB}$

이므로 삼수선의 정리에 의하여

$\overline{HE}\perp\overline{AB}$

이면각의 정의에 의하여

$\angle DEH=\theta$

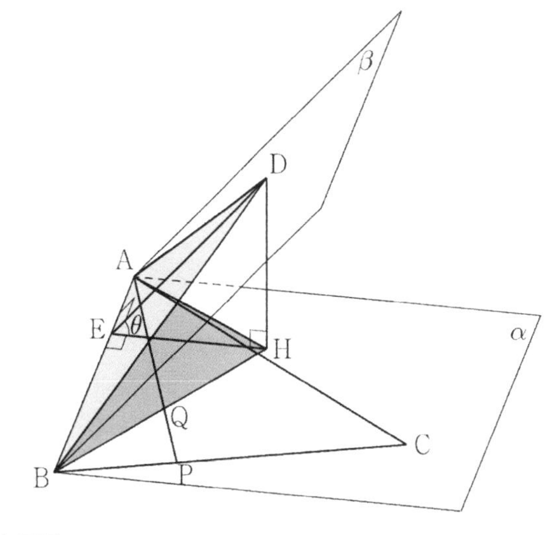

$\overline{BP}:\overline{PC}=1:2$이므로

$(\triangle ABP$의 넓이$)=(\triangle ABC$의 넓이$)\times\dfrac{1}{3}=9$

$\overline{AQ}:\overline{QP}=2:1$이므로

$(\triangle ABQ$의 넓이$)=(\triangle ABP$의 넓이$)\times\dfrac{2}{3}=6$

$\overline{BQ}:\overline{QH}=1:1$이므로

$(\triangle ABH$의 넓이$)=(\triangle ABQ$의 넓이$)\times 2=12$

넓이의 정사영의 공식에 의하여

$(\triangle ABH$의 넓이$)=(\triangle ABD$의 넓이$)\times\cos\theta$

즉, $12=35\times\cos\theta$, $\cos\theta=\dfrac{12}{35}$

이때, $\cos\theta=\dfrac{\triangle ABH}{\triangle ABD}=\dfrac{\overline{EH}}{\overline{DE}}=\dfrac{12}{35}$이다.

$p=35$, $q=12$이므로

$\therefore\ p+q=47$

답 47

P040 | 답 ④

[풀이]

점 O에서 선분 AB에 내린 수선의 발을 D, 점 O에서 선분 DC에 내린 수선의 발을 H라고 하자.

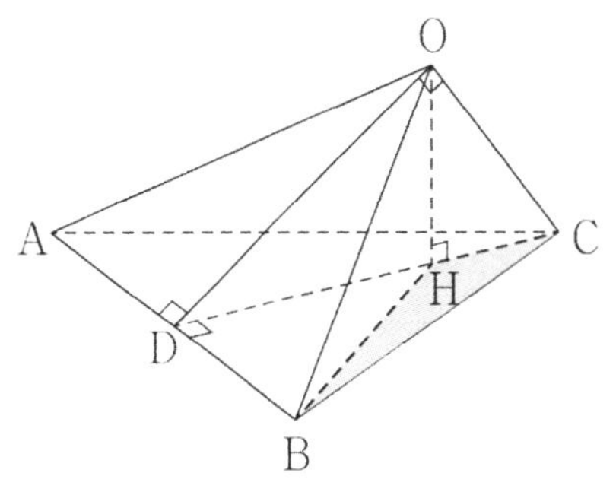

$\overline{OC}\perp$(평면 OAB), $\overline{OD}\perp\overline{AB}$

이므로 삼수선의 정리 ❶에 의하여

$\overline{CD} \perp \overline{AB}$
이등변삼각형의 성질에 의하여
점 D는 선분 AB의 중점이므로
$\overline{AD}=\overline{DB}=3$
$\overline{OD} \perp \overline{AB}$, $\overline{AB} \perp \overline{DC}$, $\overline{OH} \perp \overline{DC}$
이므로 삼수선의 정리 ❸에 의하여
$\overline{OH} \perp$(평면 ABC)
점 O의 평면 ABC 위로의 정사영이 H이므로 삼각형 OBC의 평면 ABC 위로의 정사영은 삼각형 HBC이다.
한편 직선과 평면의 수직에 대한 정의에 의하여
$\overline{OC} \perp \overline{OD}$
$\angle ODH=\theta$로 두자.

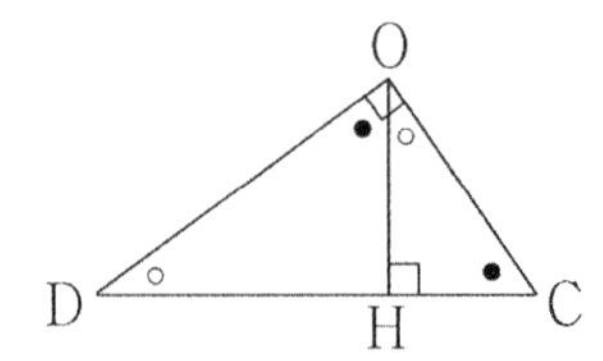

(단, ○$=\theta$, ●$=\dfrac{\pi}{2}-\theta$)
한 변의 길이가 6인 정삼각형의 높이는 $3\sqrt{3}$이므로
$\overline{DC}=3\sqrt{3}$
직각삼각형 COD에서 삼각비의 정의에 의하여
$\sin\theta=\dfrac{\overline{CO}}{\overline{DC}}=\dfrac{1}{\sqrt{3}}$
직각삼각형 OHC에서
$\overline{HC}=\overline{OC}\sin\theta=\sqrt{3}$
구하는 넓이를 S라고 하자.

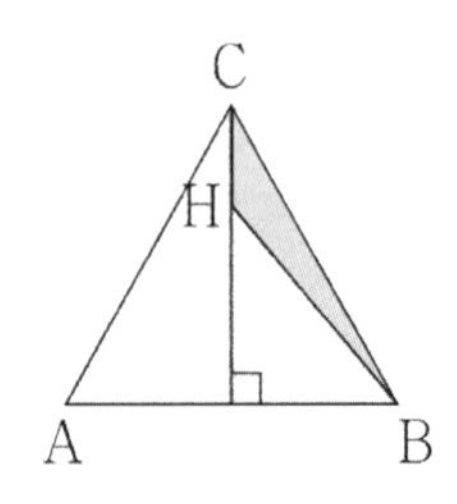

$S=(\triangle CHB$의 넓이$)$
$=\dfrac{1}{2}\times\sqrt{3}\times 3=\dfrac{3\sqrt{3}}{2}$
답 ④

P041 | 답 ⑤

[풀이]
두 평면 BCNM, AMN이 이루는 예각의 크기를 θ라고 하자. 그리고 점 A에서 평면 BCD에 내린 수선의 발을 G, 점 G에서 선분 MN에 내린 수선의 발을 H라고 하자. 이때, 삼각형 BCD는 정삼각형이므로 점 G는 삼각형 BCD의 무게중심이다.

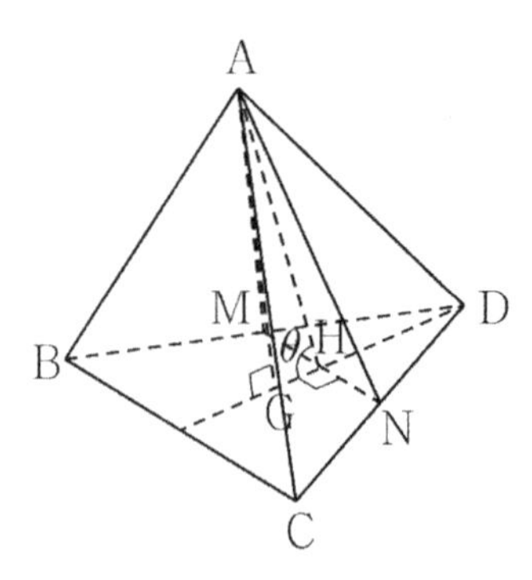

$\overline{AG} \perp$(평면BCD), $\overline{GH} \perp \overline{MN}$
이므로 삼수선의 정리에 의하여
$\overline{AH} \perp \overline{MN}$
이면각의 정의에 의하여
$\angle AHG=\theta$
점 G는 삼각형 BCD의 무게중심이므로
$\overline{DG}=4\sqrt{3}\left(=\dfrac{2}{3}\times\triangle BCD\text{의 높이}\right)$
닮음비가 1 : 2인 두 정삼각형 BCD, MND에 대하여
$\overline{DH}=\dfrac{1}{2}\times(\triangle BCD\text{의 높이})=3\sqrt{3}$
$\overline{HG}=\overline{DG}-\overline{DH}=\sqrt{3}$
직각삼각형 ABG에서 피타고라스의 정리에 의하여
$\overline{AG}=\sqrt{\overline{AB}^2-\overline{BG}^2}$
$=\sqrt{12^2-(4\sqrt{3})^2}=4\sqrt{6}$
$\left(\because \overline{BG}=\dfrac{2}{3}\times(\triangle BCD\text{의 높이})=4\sqrt{3}\right)$
직각삼각형 AGH에서 피타고라스의 정리에 의하여
$\overline{AH}=\sqrt{(\sqrt{3})^2+(4\sqrt{6})^2}=3\sqrt{11}$
직각삼각형 AGH에서 삼각비의 정의에 의하여
$\cos\theta=\dfrac{\sqrt{33}}{33}$
사각형 BCNM의 넓이는 삼각형 BCD의 넓이의 $\dfrac{3}{4}$이므로
$(\square BCNM\text{의 넓이})=\dfrac{3}{4}\times\dfrac{\sqrt{3}}{4}12^2=27\sqrt{3}$
구하는 값을 S라고 하면
$S=27\sqrt{3}\times\dfrac{\sqrt{33}}{33}=\dfrac{27\sqrt{11}}{11}$
답 ⑤

P042 | 답 ②

[풀이1] ★
정사면체 ABCD의 한 모서리의 길이를 4로 두어도 풀이의 일반성을 잃지 않는다.

점 A에서 평면 BCD에 내린 수선의 발을 G라고 하자. 이때, 점 G는 정삼각형 BCD의 무게중심이다. 그리고 삼각형 ABP의 평면 BCD 위로의 정사영은 삼각형 GBP이다.
점 P에서 선분 AB에 내린 수선의 발을 H라고 하자.

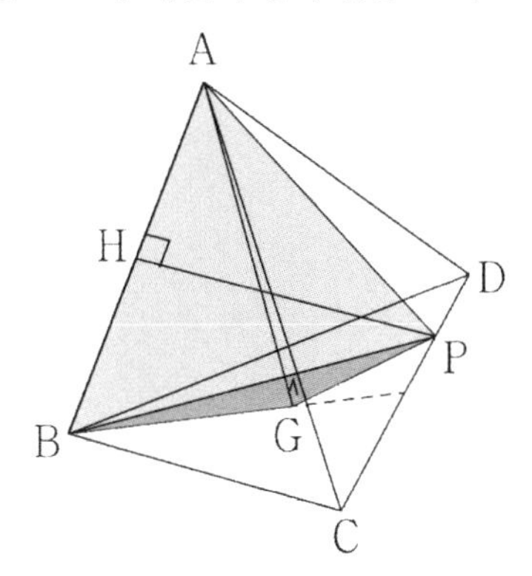

코사인법칙에 의하여

$\overline{\mathrm{AP}}^2 = 4^2 + 1^2 - 2 \times 4 \times 1 \times \cos 60^\circ = 13$

즉, $\overline{\mathrm{AP}} = \sqrt{13}\,(=\overline{\mathrm{BP}})$

직각삼각형 APH에서 피타고라스의 정리에 의하여

$\overline{\mathrm{PH}} = \sqrt{(\sqrt{13})^2 - 2^2} = 3$

이므로

$(\triangle \mathrm{ABP}$의 넓이$) = \frac{1}{2} \times 3 \times 4 = 6\,(=S)$

한편

$(\triangle \mathrm{BGP}$의 넓이$) = (\triangle \mathrm{BCD}$의 넓이$) \times \frac{1}{4} \times \frac{2}{3}\,(=S')$

$= \frac{\sqrt{3}}{4} \times 4^2 \times \frac{1}{4} \times \frac{2}{3} = \frac{2\sqrt{3}}{3}$

$\therefore \cos\theta = \frac{S'}{S} = \frac{\frac{2\sqrt{3}}{3}}{6} = \frac{\sqrt{3}}{9}$

답 ②

[풀이2] ★

정사면체 ABCD의 한 모서리의 길이를 4로 두어도 풀이의 일반성을 잃지 않는다.
점 A에서 평면 BCD에 내린 수선의 발을 G, 점 G에서 선분 BP에 내린 수선의 발을 Q라고 하자. 이때, 선분 CD의 중점을 M이라고 하면 점 G는 선분 BM의 2 : 1 내분점이다. 즉, 점 G는 삼각형 BCD의 무게중심이다.

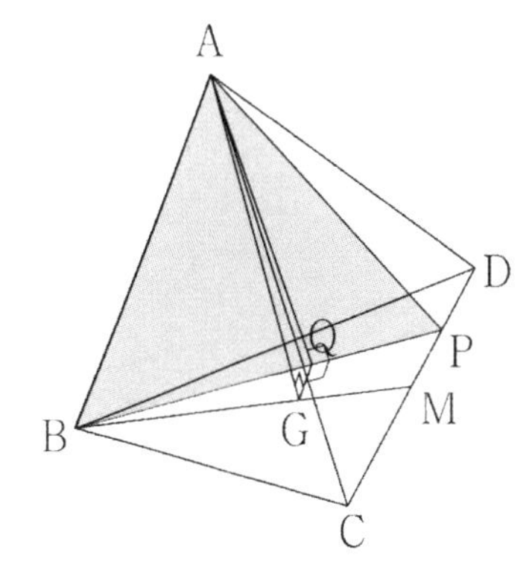

삼수선의 정리에 의하여

$\overline{\mathrm{AQ}} \perp \overline{\mathrm{BP}}$

이면각의 정의에 의하여

$\angle \mathrm{AQG} = \theta$

직각삼각형 ABG에서 피타고라스의 정리에 의하여

$\overline{\mathrm{AG}} = \sqrt{4^2 - \left(\frac{4\sqrt{3}}{3}\right)^2} = \frac{4\sqrt{2}}{\sqrt{3}}$ $\cdots$ ㉠

직각삼각형 BMP에서 피타고라스의 정리에 의하여

$\overline{\mathrm{BP}} = \sqrt{(2\sqrt{3})^2 + 1^2} = \sqrt{13}$

두 직각삼각형 BGQ, BPM은 서로 닮음이므로

$\overline{\mathrm{BG}} : \overline{\mathrm{GQ}} = \overline{\mathrm{BP}} : \overline{\mathrm{PM}}$, 즉 $\frac{4}{3}\sqrt{3} : \overline{\mathrm{GQ}} = \sqrt{13} : 1$

$\overline{\mathrm{GQ}} = \frac{4\sqrt{3}}{3\sqrt{13}}$ $\cdots$ ㉡

직각삼각형 AGQ에서

$\tan\theta = \frac{\overline{\mathrm{GA}}}{\overline{\mathrm{QG}}} = \frac{\frac{4\sqrt{2}}{\sqrt{3}}}{\frac{4\sqrt{3}}{3\sqrt{13}}} = \sqrt{26}$

$\therefore \cos\theta = \frac{1}{3\sqrt{3}} = \frac{\sqrt{3}}{9}$

답 ②

P043 | 답 450

[풀이]

두 선분 MN, CD의 중점을 각각 P, Q라고 하자. 이때, 세 점 A, P, Q는 한 직선 위에 있다. 그리고 $\angle \mathrm{PBQ} = \theta$로 두자.

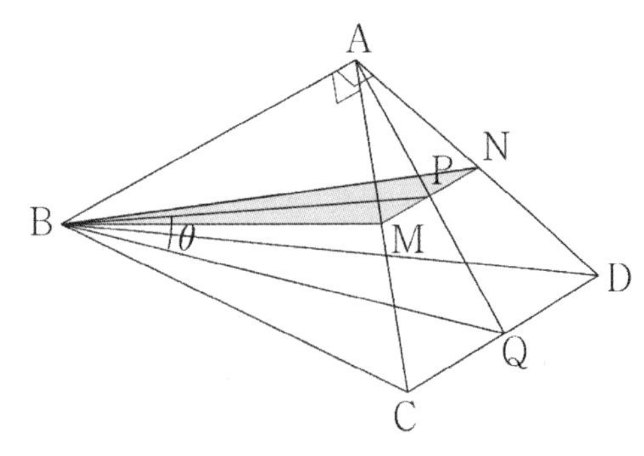

직각삼각형 ABC에서 피타고라스의 정리에 의하여

$\overline{AB}=\sqrt{(3\sqrt{10})^2-6^2}=3\sqrt{6}$

정삼각형 ACD에서 높이는

$\overline{AQ}=3\sqrt{3}$

직각삼각형 ABQ에서 피타고라스의 정리에 의하여

$\overline{BQ}=\sqrt{(3\sqrt{6})^2+(3\sqrt{3})^2}=9$

직각삼각형 ABP에서 피타고라스의 정리에 의하여

$\overline{BP}=\sqrt{(3\sqrt{6})^2+\left(\frac{3\sqrt{3}}{2}\right)^2}=\frac{9}{2}\sqrt{3}$

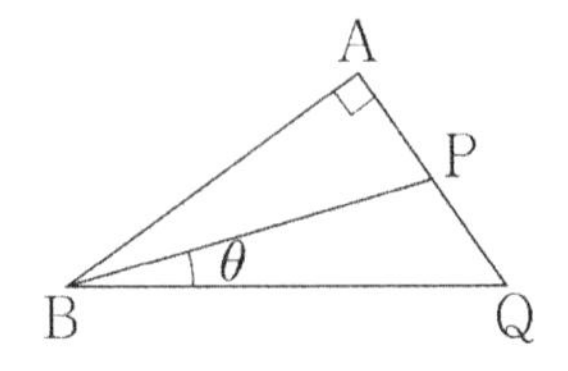

삼각형 PBQ에서 코사인법칙에 의하여

$$\cos\theta=\frac{9^2+\left(\frac{9}{2}\sqrt{3}\right)^2-\left(\frac{3}{2}\sqrt{3}\right)^2}{2\times9\times\frac{9}{2}\sqrt{3}}=\frac{5}{3\sqrt{3}}$$

($\triangle$BMN의 넓이)

$=\frac{1}{2}\times3\times\frac{9}{2}\sqrt{3}=\frac{27}{4}\sqrt{3}$

$\therefore\ S=\frac{27}{4}\sqrt{3}\times\frac{5}{3\sqrt{3}}$

$=\frac{45}{4}$

$\therefore\ 40S=450$

답 450

P044 | 답 7

[풀이]

점 H에서 선분 AD에 내린 수선의 발을 I라고 하자.

조건 (가)에 의하여 각의 크기(●, ○)가 아래 그림과 같이 결정된다.

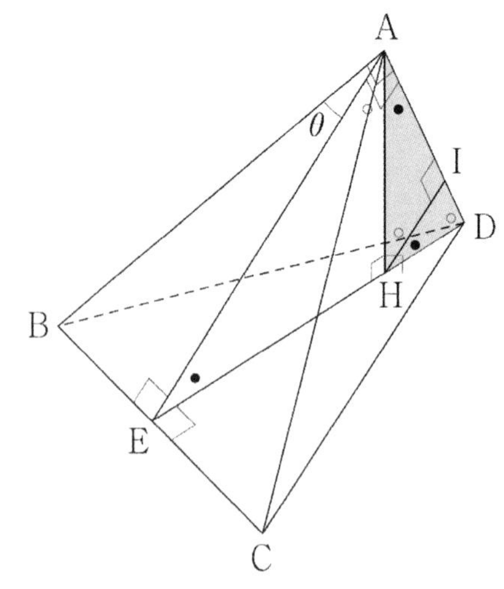

(단, ●+○=90°)

조건 (나)에 의하여

$\angle CED=90°$

$\overline{AH}\perp$(평면 BCD), $\overline{DE}\perp\overline{BC}$

이므로 삼수선의 정리에 의하여

$\overline{AE}\perp\overline{BC}$ (그리고 $\overline{AH}\perp\overline{DE}$)

위의 그림처럼

$\triangle AED\sim\triangle HAD\sim\triangle IHD$

임을 알 수 있다.

직각삼각형 AED에서 피타고라스의 정리에 의하여

$\overline{AD}=\sqrt{4^2-(2\sqrt{3})^2}=2$, ●$=30°$, ○$=60°$

직각삼각형 ADH에서 특수각의 삼각비에 의하여

$\overline{DH}=1$

($\triangle$ADH의 넓이)$=\frac{1}{2}\times1\times\sqrt{3}=\frac{\sqrt{3}}{2}$

한편

$\overline{BD}^2=\overline{AB}^2+\overline{AD}^2\ ((2\sqrt{5})^2=4^2+2^2)$

이므로 $\angle BAD=90°$

두 평면 AHD, ABD의 교선은 AD이고

이면각의 정의에 의하여

$\angle BAE=\theta=30°$

따라서 구하는 넓이는

$\frac{\sqrt{3}}{2}\times\cos30°=\frac{3}{4}$

$\therefore\ p+q=7$

답 7

P045 | 답 13

[풀이]

문제에서 주어진 원기둥의 두 밑면의 중심을 각각 R, S라고 하자. (단, 점 R은 평면 β 위에 있고, 점 S는 평면 α 위에 있다.) 그리고 사각형 EFGH의 두 대각선의 교점을 T라고 하자.

문제에서 주어진 도형을 평면 AEGC로 자른 단면은 아래 그림과 같다.

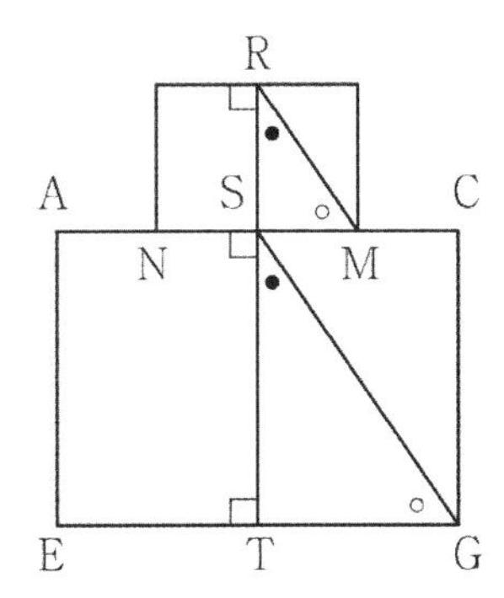

$\overline{RS}:\overline{SM}=\overline{ST}:\overline{TG}=\sqrt{2}:1$

이므로 두 직각삼각형 RSM, STG는 서로 닮음이다.

$\angle MRS=\angle GST$ (동위각이 서로 같다.)

이므로 $\overline{RM}//\overline{SG}$이다. 그리고 $\overline{QP}//\overline{BD}$이므로

두 평면 PQM, DBG는 서로 평행하다.

점 B에서 선분 DG에 내린 수선의 발을 I라고 하자. 그리고 두 평면 PQM(DBG), GDE가 이루는 예각의 크기를 θ라고 하자.

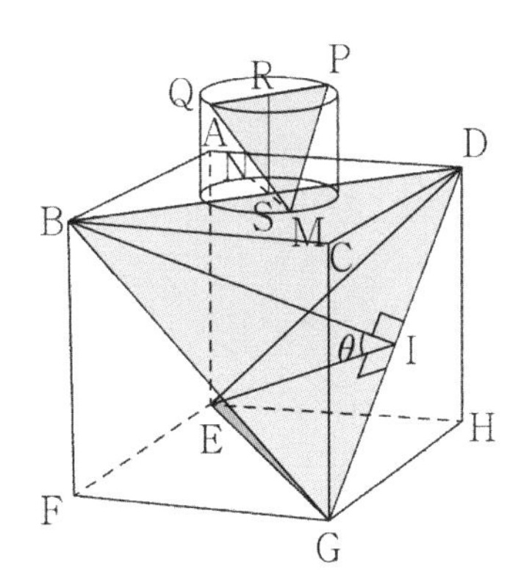

삼각형 EGD는 정삼각형이므로

점 E에서 선분 GD에 내린 수선의 발은 I이다.

이면각의 정의에 의하여

$\angle BIE=\theta$

서로 합동인 두 정삼각형 BGD, EGD의 한 변의 길이가 $4\sqrt{2}$이므로

$\overline{BI}=\overline{EI}=2\sqrt{6}$

정사각형 ABFE의 한 변의 길이가 4이므로

$\overline{BE}=4\sqrt{2}$

삼각형 BEI에서 코사인법칙에 의하여

$$\cos\theta=\frac{(2\sqrt{6})^2+(2\sqrt{6})^2-(4\sqrt{2})^2}{2\times 2\sqrt{6}\times 2\sqrt{6}}=\frac{1}{3}$$

넓이의 정사영의 공식에 의하여

$$\frac{b}{a}\sqrt{3}=\frac{\sqrt{3}}{4}(2\sqrt{2})^2\times\frac{1}{3}=\frac{2\sqrt{3}}{3}$$

$a=3,\ b=2$

$\therefore\ a^2+b^2=13$

답 13

[참고] (교육과정 외)

$\overrightarrow{AB}=\vec{a},\ \overrightarrow{AD}=\vec{b},\ \overrightarrow{AE}=\vec{c}$로 두자.

$\vec{a}\perp\vec{b},\ \vec{b}\perp\vec{c},\ \vec{a}\perp\vec{c}$이므로

$\vec{a}\cdot\vec{b}=\vec{b}\cdot\vec{c}=\vec{a}\cdot\vec{c}=0$

$\overrightarrow{IB}=\frac{1}{2}\vec{a}-\vec{b}-\frac{1}{2}\vec{c}$

$\overrightarrow{IE}=-\frac{1}{2}\vec{a}-\vec{b}+\frac{1}{2}\vec{c}$

$\overrightarrow{IB}\cdot\overrightarrow{IE}=-\frac{1}{4}|\vec{a}|^2+|\vec{b}|^2-\frac{1}{4}|\vec{c}|^2=8$

두 벡터가 이루는 각의 크기를 구하는 공식에 의하여

$$\cos\theta=\frac{|\overrightarrow{IB}\cdot\overrightarrow{IE}|}{|\overrightarrow{IB}||\overrightarrow{IE}|}=\frac{1}{3}$$

P046 | 답 20

[풀이] ★

z축이 삼각형 면 PQR과 만나는 점을 A, 정삼각형 PQR의 무게중심을 G라고 하자.

두 평면 PQR, $z=0$(xy평면)가 이루는 예각의 크기를 θ라고 하자.

직선 OG는 평면 PQR에 수직이고,

z축은 xy평면에 수직이므로

직선 OG와 z축이 이루는 예각의 크기는 θ이다.

넓이의 정사영의 공식에 의하여

$S=(\triangle PQR$의 넓이$)\times\cos\theta$

이므로, θ가 최대일 때, S의 값을 최소가 된다.

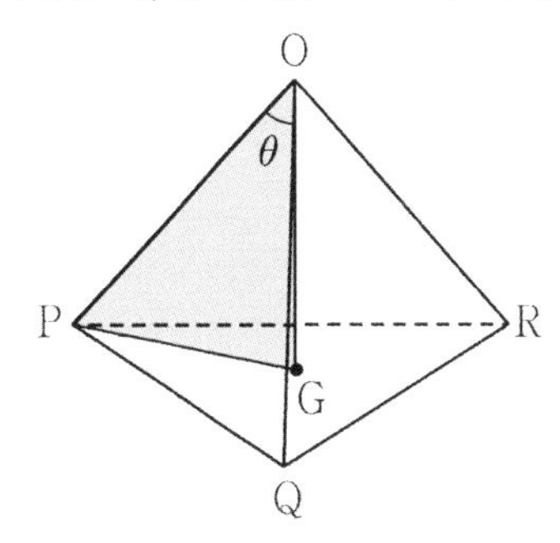

위의 그림처럼 점 A가 점 P에 오면 θ의 값이 최대가 된다.

왜냐하면 $\tan\theta=\frac{\overline{GA}}{\overline{OG}}\le\frac{\overline{GP}}{\overline{OG}}=\frac{\sqrt{2}}{2}$이기 때문이다.

마찬가지의 이유로 점 A가 점 Q 또는 점 R에 와도 θ의 값은 최대가 된다.

넓이의 정사영의 공식에 의하여

$S=(\triangle PQR$의 넓이$)\times\cos\theta$

$\geq \frac{\sqrt{3}}{4} \times \frac{\sqrt{2}}{\sqrt{3}} = \frac{\sqrt{2}}{4}$

$\therefore\ 160k^2 = 20$

답 20

P047 | 답 50

[풀이]

점 A에서 선분 BC에 내린 수선의 발을 I, 점 P에서 평면 α에 내린 수선의 발을 H라고 하자. 이때, 네 점 A, H, O, I는 한 직선 위에 있고, 점 I는 선분 BC의 중점이다.

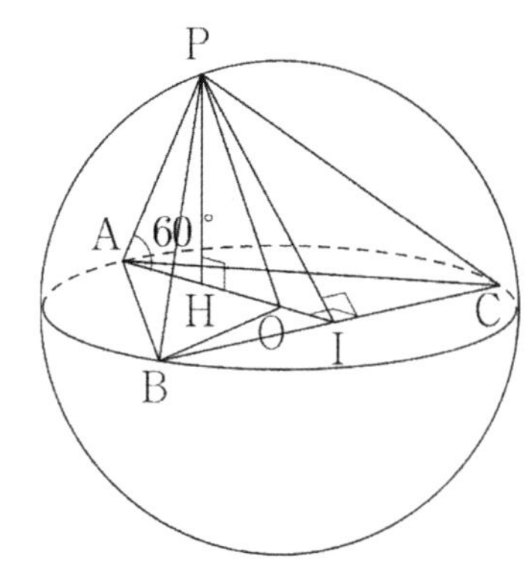

$\overline{\mathrm{PH}} \perp \alpha$, $\overline{\mathrm{AI}} \perp \overline{\mathrm{BC}}$

이므로 삼수선의 정리에 의하여

$\overline{\mathrm{PI}} \perp \overline{\mathrm{BC}}$

$\overline{\mathrm{OA}} = \overline{\mathrm{OP}}$인 이등변삼각형 PAO에서

$\angle \mathrm{OPA} = 60^\circ$ 이므로 $\angle \mathrm{POA} = 60^\circ$

즉, 삼각형 POA는 정삼각형이다.

$\overline{\mathrm{OI}} = x$로 두자.

$\angle \mathrm{POI} = 120^\circ$인 삼각형 POI에서 코사인법칙에 의하여

$\overline{\mathrm{PI}}^2 = 4^2 + x^2 - 8x \times \cos 120^\circ = x^2 + 4x + 16$

$\overline{\mathrm{PI}} = \sqrt{x^2 + 4x + 16}$

세 직각삼각형 OBI, PBI, ABI에서 피타고라스의 정리에 의하여

$\overline{\mathrm{BI}} = \sqrt{16 - x^2}$, $\overline{\mathrm{PB}} = \sqrt{4x + 32}$,

$\overline{\mathrm{AB}} = \sqrt{8x + 32}$

삼각형 PAB에서 코사인법칙에 의하여

$4x + 32 = 4^2 + 8x + 32 - 8\sqrt{8x + 32} \times \frac{\sqrt{10}}{8}$

$\sqrt{10(2x + 8)} = 2x + 8$, $2x + 8 = 10$,

$\therefore\ x = 1$

$\overline{\mathrm{AP}} \perp \overline{\mathrm{BJ}}$, $\overline{\mathrm{AP}} \perp \overline{\mathrm{CJ}}$가 되도록 선분 AP 위에 점 J를 잡고, $\angle \mathrm{BJC} = \theta$로 두자. 이때, θ는 두 평면 PAB, PAC가 이루는 이면각의 크기이다.

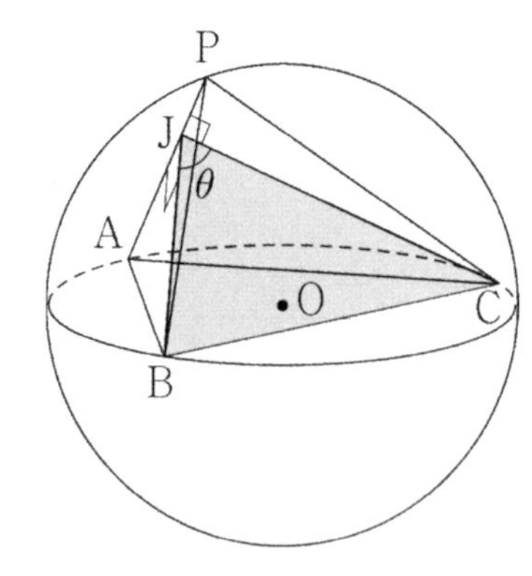

($\triangle$PAB의 넓이)

$= \frac{1}{2} \times 2\sqrt{10} \times 4 \times \frac{3\sqrt{6}}{8}$

($\because \overline{\mathrm{AB}} = 2\sqrt{10}$, $\overline{\mathrm{AP}} = 4$, $\sin(\angle \mathrm{PAB}) = \frac{3\sqrt{6}}{8}$)

$= \frac{1}{2} \times 4 \times \overline{\mathrm{BJ}}$

$\overline{\mathrm{BJ}} = \frac{3}{2}\sqrt{15}\ (= \overline{\mathrm{CJ}})$, ($\triangle$PAB의 넓이)$= 3\sqrt{15}$

삼각형 JBC에서 코사인법칙에 의하여

$$\cos\theta = \frac{\left(\frac{3}{2}\sqrt{15}\right)^2 + \left(\frac{3}{2}\sqrt{15}\right)^2 - (2\sqrt{15})^2}{2 \times \frac{3}{2}\sqrt{15} \times \frac{3}{2}\sqrt{15}} = \frac{1}{9}$$

$\therefore\ 30 \times S^2 = 30 \times (3\sqrt{15} \times \cos\theta)^2 = 50$

답 50

P048 | 답 261

[풀이]

점 P에서 xy평면에 내린 수선의 발을 P$'(a,\ b,\ 0)$이라고 하자. 그리고 $\angle \mathrm{POP'} = \theta$로 두자. 이때, θ는 직선 OP와 xy평면이 이루는 각의 크기이다.

P$(a,\ b,\ 7)$을 구 S의 방정식에 대입하여 정리하면

$(a-4)^2 + (b-3)^2 = 2^2$ $\cdots(*)$

이므로 xy평면 위의 점 P$'$는 중심이 $(4,\ 3)$이고, 반지름의 길이가 2인 원 위에 있다.

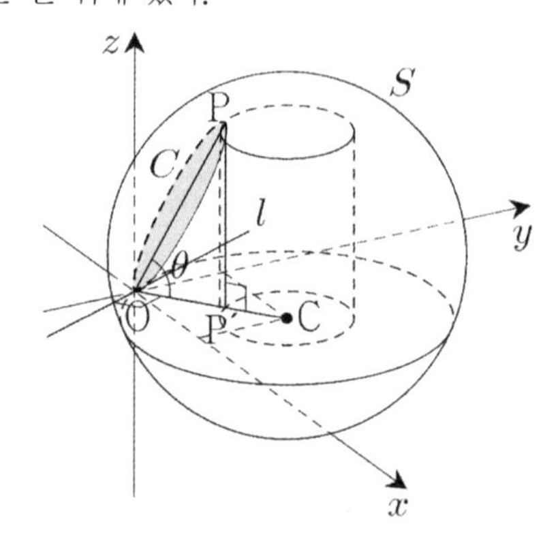

(단, C$(4,\ 3,\ 0)$은 원기둥 밑면의 중심이다.)

조건 (가), (나): 평면 α와 xy평면이 이루는 각의 크기가 θ이므로 평면 α와 xy평면이 만나서 생기는 교선(l)은 직선 OC에 수직이다. 즉, 평면 α는 두 직선 OP, l로 결정된다. 이때, 두 평면 α, POP′(POC)는 서로 수직이다. (만약 점 C에서 평면 α에 내린 수선의 발이 선분 OP 위에 없다면 선분 OP는 원 C의 지름이 될 수 없다.) (위의 그림)

$\overline{\mathrm{OP'}}^2 = a^2 + b^2 < 25 = \overline{\mathrm{OC}}^2$

이므로 위의 그림처럼 점 P′의 위치가 결정된다. (즉, 직선 OC가 원 (*)과 만나는 두 점 중에서 원점에 가까운 점이다.)

$\overline{\mathrm{OP'}} = \overline{\mathrm{OC}} - 2 = 3$, $\overline{\mathrm{PP'}} = 7$

이므로 직각삼각형 POP′에서 피타고라스의 정리에 의하여

$\overline{\mathrm{OP}} = \sqrt{58}$

그리고 $\cos\theta = \dfrac{3}{\sqrt{58}}$이므로

$k\pi = \pi\left(\dfrac{\sqrt{58}}{2}\right)^2 \dfrac{3}{\sqrt{58}} = \dfrac{3}{4}\sqrt{58}\,\pi$

$\therefore\ 8k^2 = 261$

답 261

P049 | 답 15

[풀이] ★

문제에서 주어진 구가 점 A에서 평면 α에 접하므로

직선과 평면의 수직에 대한 정의에 의하여

$\overline{\mathrm{OA}} \perp \overline{\mathrm{AB}}$, $\overline{\mathrm{OA}} \perp \overline{\mathrm{AC}}$

$\overline{\mathrm{OA}} = 2$, $\overline{\mathrm{AB}} = 2\sqrt{3}$ 인

직각삼각형 OAB에서 특수각의 삼각비에 의하여

$\angle \mathrm{AOB} = 60^\circ$, $\angle \mathrm{OBA} = 30^\circ$

두 직선 AD, BE에 의하여 결정되는 평면을 생각하자.

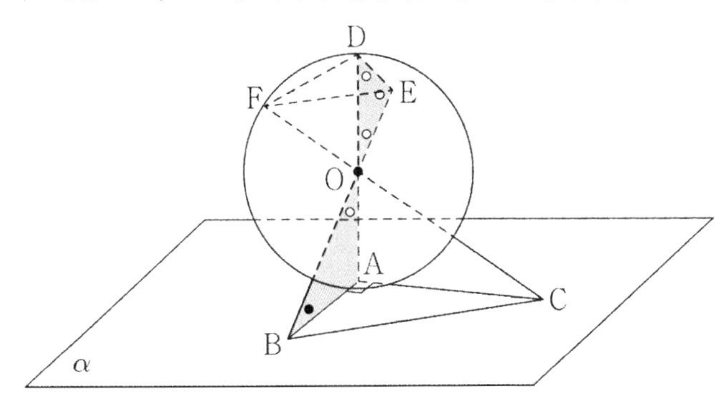

(단, ○$=60^\circ$, ●$=30^\circ$)

$\angle \mathrm{DOE} = 60^\circ = \angle \mathrm{AOB}$ (맞꼭지각)

$\overline{\mathrm{OD}} = \overline{\mathrm{OE}}$ (원의 정의)

삼각형 DOE는 정삼각형이므로

$\overline{\mathrm{DE}} = 2$

$\overline{\mathrm{OA}} = 2$, $\overline{\mathrm{AC}} = 2\sqrt{3}$ 인

직각삼각형 OAC에서 특수각의 삼각비에 의하여

$\angle \mathrm{AOC} = 60^\circ$, $\angle \mathrm{OCA} = 30^\circ$

두 직선 AD, CF에 의하여 결정되는 평면을 생각하자.

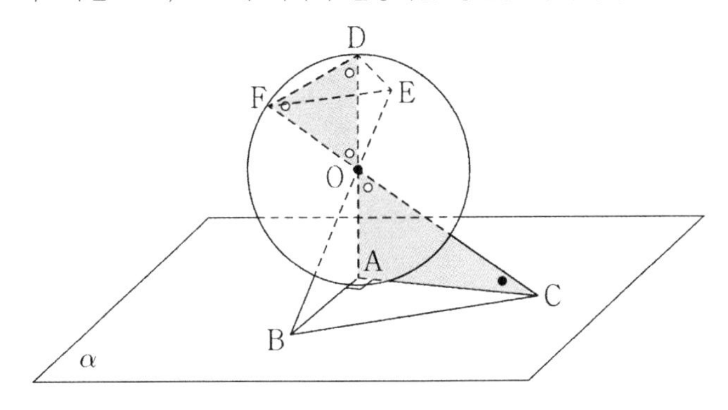

(단, ○$=60^\circ$, ●$=30^\circ$)

$\angle \mathrm{DOF} = 60^\circ = \angle \mathrm{AOC}$ (맞꼭지각)

$\overline{\mathrm{OD}} = \overline{\mathrm{OF}}$ (원의 정의)

삼각형 DOF는 정삼각형이므로

$\overline{\mathrm{DF}} = 2$

두 직선 BE, CF로 결정되는 평면을 생각하자.

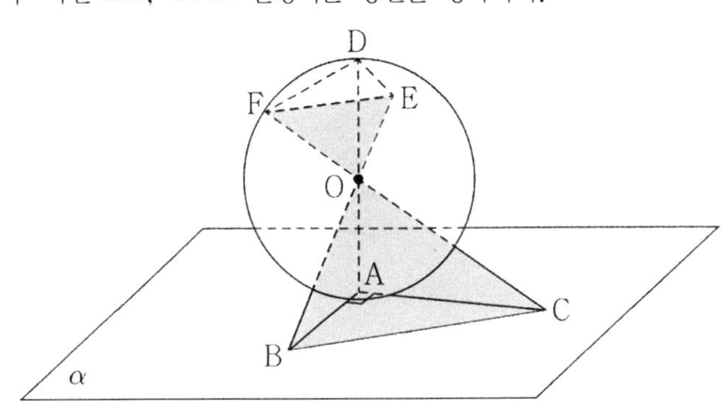

두 직각삼각형 OAB, OAC에서 피타고라스의 정리에 의하여

$\overline{\mathrm{OB}} = \overline{\mathrm{OC}} = 4$

구의 정의에 의하여

$\overline{\mathrm{OE}} = \overline{\mathrm{OF}} = 2$

두 삼각형 OBC, OEF의 닮음비가 2 : 1이므로

$\overline{\mathrm{EF}} = \dfrac{1}{2}\overline{\mathrm{BC}} = \sqrt{6}$

($\because$ 직각삼각형 ABC에서 특수각의 삼각비에 의하여 $\overline{\mathrm{BC}} = 2\sqrt{6}$)

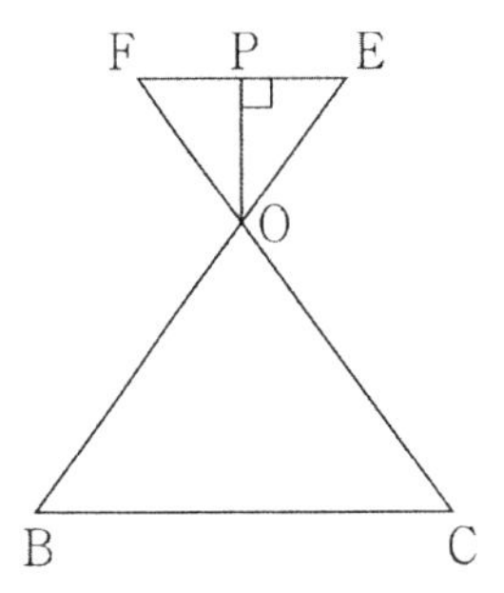

이등변삼각형 OEF의 꼭짓점 O에서 밑변 EF에 내린 수선의 발을 P라고 하면

$\overline{\mathrm{EP}}=\overline{\mathrm{FP}}=\dfrac{\sqrt{6}}{2}$

직각삼각형 OEP에서 피타고라스의 정리에 의하여

$\overline{\mathrm{OP}}=\dfrac{\sqrt{5}}{\sqrt{2}}$

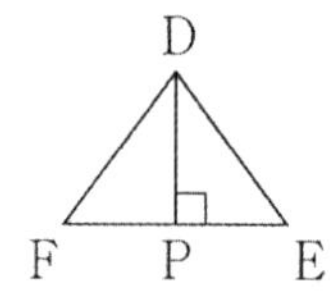

이등변삼각형 DFE의 꼭짓점 D에서 밑변 FE에 내린 수선의 발은 P이다. 왜냐하면 점 P는 선분 FE의 중점이기 때문이다.

직각삼각형 DPE에서 피타고라스의 정리에 의하여

$\overline{\mathrm{DP}}=\dfrac{\sqrt{5}}{\sqrt{2}}$

두 평면 DEF, OBC(OEF)가 이루는 예각의 크기를 θ라고 하자.

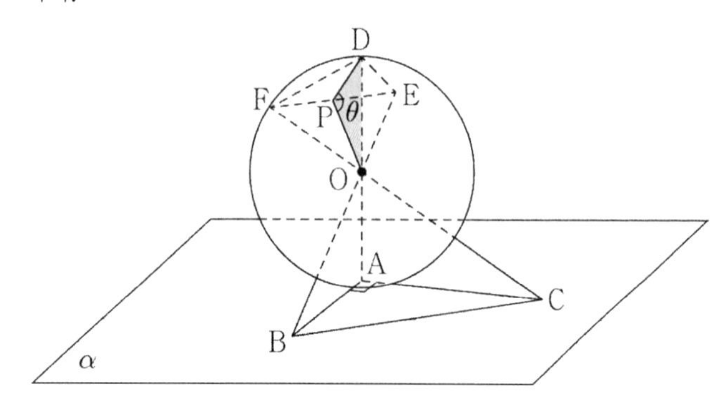

이면각의 정의에 의하여

$\angle \mathrm{DPO}=\theta$

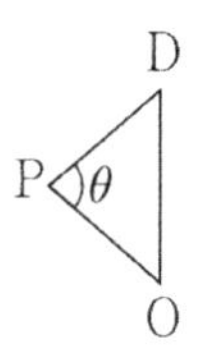

삼각형 POD에서 코사인법칙에 의하여

$$\cos\theta=\frac{2\times\left(\dfrac{\sqrt{5}}{\sqrt{2}}\right)^2-2^2}{2\times\dfrac{\sqrt{5}}{\sqrt{2}}\times\dfrac{\sqrt{5}}{\sqrt{2}}}=\frac{1}{5}$$

넓이의 정사영의 공식에 의하여

$S=(\triangle \mathrm{DEF}$의 넓이$)\times\cos\theta$

$=\dfrac{\sqrt{15}}{2}\times\dfrac{1}{5}=\dfrac{\sqrt{15}}{10}$

$\therefore\ 100S^2=15$

답 15

[참고] (교육과정 외)

다음과 같은 방법으로 $\cos\theta$의 값을 구해도 좋다.

벡터의 내적의 성질에 의하여

$|\overrightarrow{\mathrm{DO}}|^2=|\overrightarrow{\mathrm{PO}}-\overrightarrow{\mathrm{PD}}|^2$

$=|\overrightarrow{\mathrm{PO}}|^2-2\overrightarrow{\mathrm{PO}}\cdot\overrightarrow{\mathrm{PD}}+|\overrightarrow{\mathrm{PD}}|^2$

$=\left(\dfrac{\sqrt{5}}{\sqrt{2}}\right)^2-2\left(\dfrac{\sqrt{5}}{\sqrt{2}}\right)^2\cos\theta+\left(\dfrac{\sqrt{5}}{\sqrt{2}}\right)^2=4$

풀면

$\cos\theta=\dfrac{1}{5}$

P050 | 답 48

[풀이]

점 C에서 평면 ADEB에 내린 수선의 발을 $\mathrm{C_1}$, 점 H에서 평면 DEF에 내린 수선의 발을 $\mathrm{H_1}$이라고 하자. 이때, 점 $\mathrm{C_1}$은 선분 AB의 중점이다.

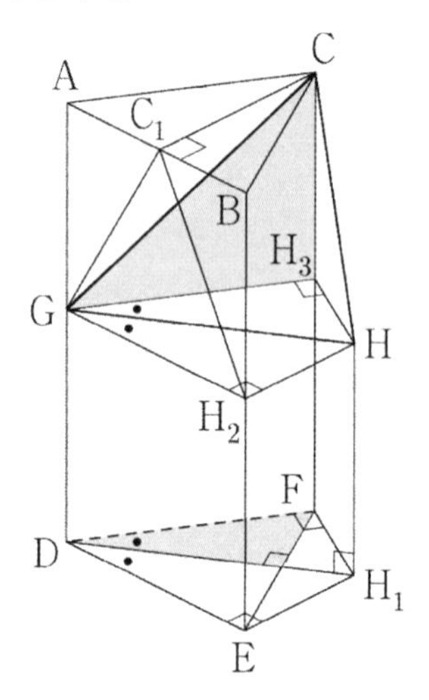

(단, ● $=30^\circ$)

우선 조건 (나)를 생각하자.

정삼각형 DEF의 넓이가 $4\sqrt{3}$이므로

삼각형 DEF의 내부의 색칠된 삼각형의 넓이가 $2\sqrt{3}$이면

$\overline{\mathrm{DH_1}}\perp\overline{\mathrm{EF}}$ (이때, 각 ●의 크기가 30°임을 알 수 있다.)

이제 조건 (가)를 생각하자.

점 G에서 선분 BE에 내린 수선의 발을 $\mathrm{H_2}$라고 하자.

$\overline{\mathrm{C_1G}}=\sqrt{2^2+(2\sqrt{3})^2}=4=\overline{\mathrm{GH_2}}$

이고, $\angle \mathrm{C_1GH_2}=60^\circ$이므로 삼각형 $\mathrm{C_1GH_2}$는 정삼각형이다.

따라서 점 H에서 평면 ADEB에 내린 수선의 발을 $\mathrm{H_2}$이다.

이제 위의 그림처럼

$\overline{\mathrm{DE}}\perp\overline{\mathrm{H_1E}}$, $\overline{\mathrm{DF}}\perp\overline{\mathrm{H_1F}}$,

$\overline{\mathrm{GH_2}}\perp\overline{\mathrm{HH_2}}$, $\overline{\mathrm{GH_3}}\perp\overline{\mathrm{HH_3}}$

임을 알 수 있다. (이때, 점 $\mathrm{H_3}$은 점 H에서 평면 ADFC에 내린 수선의 발이다. 이 점은 선분 CF 위에 있다.)

$S=(\triangle \mathrm{CGH}_3$의 넓이$)=\frac{1}{2}\times4\times2\sqrt{3}=4\sqrt{3}$

$\therefore\ S^2=48$

답 48

P051 | 답 27

[풀이]

점 O를 지나고 평면 ABC에 수직인 직선이 구와 만나는 두 점 중에서 점 D에 가까운 점을 I라고 하자. 그리고 직선 OC가 구와 만나는 두 점 중에서 점 C가 아닌 점을 E라고 하자.

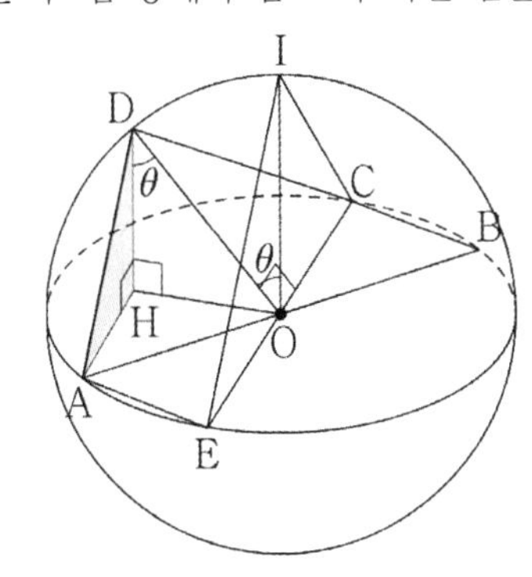

(가): $\overline{\mathrm{OC}}\perp\overline{\mathrm{DO}}$, $\overline{\mathrm{DH}}\perp$(평면ABC))
이므로 삼수선의 정리에 의하여
$\overline{\mathrm{HO}}\perp\overline{\mathrm{OC}}$
(나): $\overline{\mathrm{AD}}\perp\overline{\mathrm{OH}}$, $\overline{\mathrm{DH}}\perp\overline{\mathrm{OH}}$(∵ $\overline{\mathrm{DH}}\perp$(평면ABC))
이므로 (평면DAH)$\perp\overline{\mathrm{OH}}$ ($\Rightarrow\overline{\mathrm{AH}}\perp\overline{\mathrm{OH}}$)
평면 ABC에서 $\angle\mathrm{COB}=\theta_0$로 두자. 맞꼭지각의 성질, 평행선의 성질(동위각(또는 엇각))에 의하여 아래와 같이 각의 크기가 결정된다.

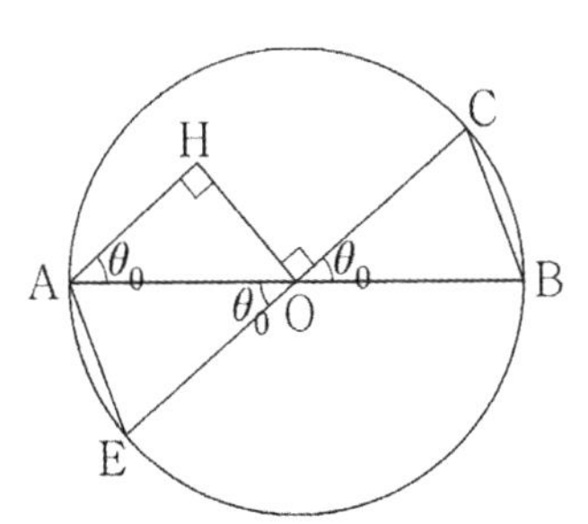

삼각형 COB에서 코사인법칙에 의하여

$$\cos\theta_0=\frac{4^2+4^2-(2\sqrt{2})^2}{2\times4\times4}=\frac{3}{4}$$

직각삼각형 OAH에서 삼각비의 정의와 피타고라스의 정리에 의하여
$\overline{\mathrm{AH}}=3$, $\overline{\mathrm{OH}}=\sqrt{7}$
직각삼각형 DHO에서 피타고라스의 정리에 의하여

$$\overline{\mathrm{HD}}=\sqrt{4^2-(\sqrt{7})^2}=3$$

$$(\triangle\mathrm{DAH}\text{의 넓이})=\frac{1}{2}\times3\times3=\frac{9}{2}$$

$\overline{\mathrm{AH}}//\overline{\mathrm{OC}}$, $\overline{\mathrm{DH}}//\overline{\mathrm{IO}}$임므로
두 평면 DAH, IOC는 서로 평행하다.
두 평면 DAH, DOC의 각의 크기를 θ라고 하면
두 평면 IOC, DOC의 각의 크기는 θ이다.
$\angle\mathrm{ODH}=\theta=\angle\mathrm{IOD}$ (∵ 평행선의 성질(엇각))

$$\cos\theta=\frac{3}{4}$$

$$\therefore\ 8S=8\times\frac{9}{2}\times\frac{3}{4}=27$$

답 27

P052 | 답 ③

[풀이]

선분 AG의 세 평면 ABCD, BFGC, ABFE 위로의 정사영은 각각 선분 AC, BG, AF이다.

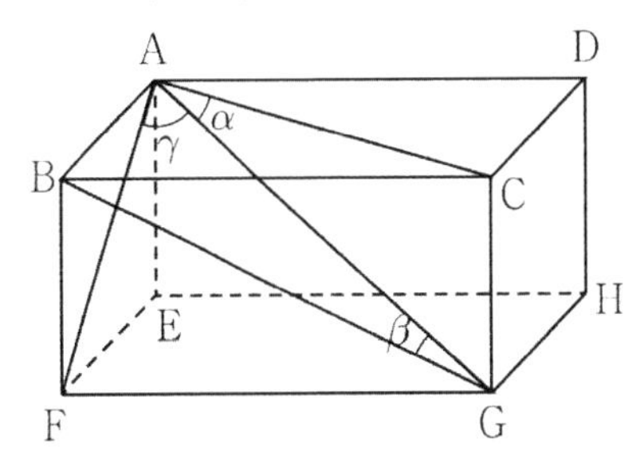

피타고라스의 정리에 의하여
$\overline{\mathrm{AC}}=\sqrt{5}$, $\overline{\mathrm{BG}}=\sqrt{5}$, $\overline{\mathrm{AF}}=\sqrt{2}$, $\overline{\mathrm{AG}}=\sqrt{6}$
삼각비의 정의에 의하여

$$\cos\alpha=\frac{\overline{\mathrm{AC}}}{\overline{\mathrm{GA}}}=\frac{\sqrt{5}}{\sqrt{6}},$$

$$\cos\beta=\frac{\overline{\mathrm{GB}}}{\overline{\mathrm{AG}}}=\frac{\sqrt{5}}{\sqrt{6}},$$

$$\cos\gamma=\frac{\overline{\mathrm{AF}}}{\overline{\mathrm{GA}}}=\frac{\sqrt{2}}{\sqrt{6}}$$

$$\therefore\ \cos^2\alpha+\cos^2\beta+\cos^2\gamma=2$$

답 ③

P053 | 답 ②

[풀이]

점 D에서 평면 α에 내린 수선의 발을 H라고 하자. 이때, 점 H는 직선 AB 위에 있다.

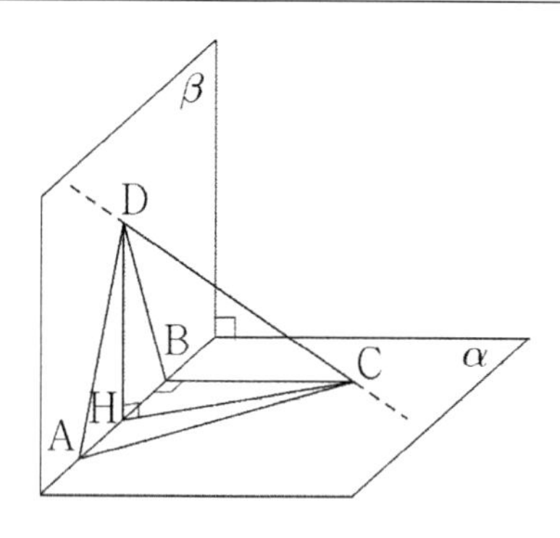

직각삼각형 ABC에서 피타고라스의 정리에 의하여

$\overline{AB}=\sqrt{(2\sqrt{29})^2-6^2}=4\sqrt{5}$

삼각형 DAB는 이등변삼각형이므로

점 H는 선분 AB의 중점이다.

두 직각삼각형 DBC, HBC에서 피타고라스의 정리에 의하여

$\overline{DC}=\sqrt{6^2+6^2}=6\sqrt{2}$,

$\overline{HC}=\sqrt{(2\sqrt{5})^2+6^2}=2\sqrt{14}$

$\therefore\ \cos\theta=\dfrac{2\sqrt{14}}{6\sqrt{2}}=\dfrac{\sqrt{7}}{3}$

답 ②

P054 | 답 ⑤

[풀이]

두 대각선 AF, BE의 교점을 I, 선분 EF의 중점을 J라고 하자. 이때,

$\overline{IJ}\perp EFGH$

이 성립한다.

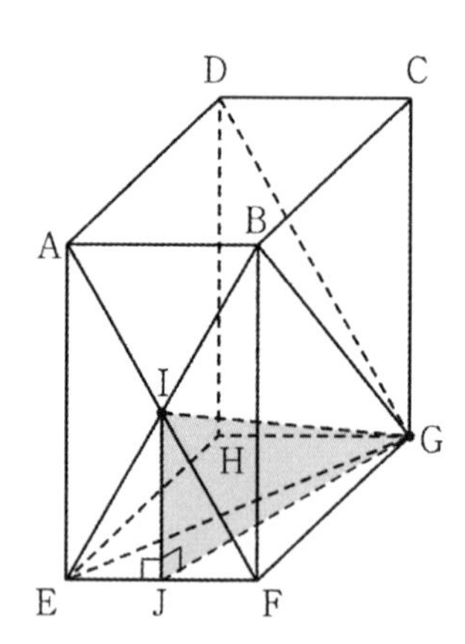

두 직선 AF(⊂AFGD), BE(⊂BEG)가 점 I에서 만나므로 점 I는 평면 AFGD 위의 점인 동시에 평면 BEG 위의 점이다. 그리고 두 직선 DG(⊂AFGD), EG(⊂BEG)가 점 G에서 만나므로 점 G는 평면 AFGD 위의 점인 동시에 평면 BEG 위의 점이다.

따라서 두 평면 AFGD, BEG의 교선은 IG이다.

점 I에서 평면 EFGH에 내린 수선의 발은 J이므로

직선과 평면이 이루는 각의 크기에 대한 정의에 의하여 $\theta=\angle$ IGJ이다.

직각삼각형 GJF에서 피타고라스의 정리에 의하여

$\overline{GJ}=\sqrt{\overline{GF}^2+\overline{FJ}^2}=\sqrt{3^2+1^2}=\sqrt{10}$

직각삼각형 IGJ에서 피타고라스의 정리에 의하여

$\overline{IG}=\sqrt{\overline{GJ}^2+\overline{JI}^2}=\sqrt{(\sqrt{10})^2+2^2}=\sqrt{14}$

직각삼각형 IGJ에서 삼각비의 정의에 의하여

$\cos\theta=\cos(\angle IGJ)=\dfrac{\overline{GJ}}{\overline{IG}}=\dfrac{\sqrt{10}}{\sqrt{14}}$

$\therefore\ \cos^2\theta=\dfrac{5}{7}$

답 ⑤

P055 | 답 ⑤

[풀이]

점 M에서 선분 EF에 내린 수선의 발을 N이라고 하면, $\overline{MN}\perp DEF$이다. 왜냐하면 두 평면 DEF, BCFE가 서로 수직이기 때문이다.

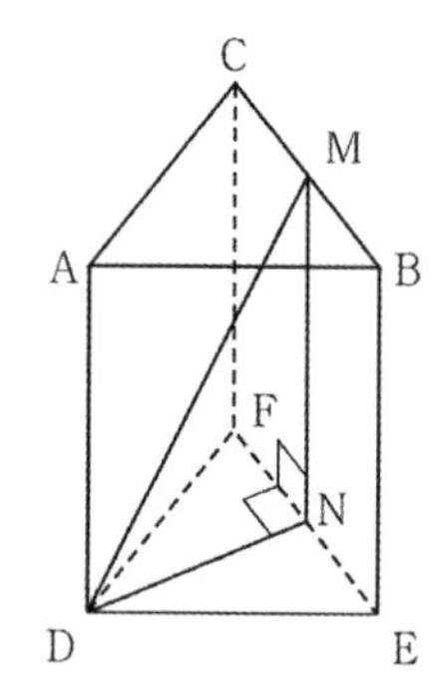

이제 아래의 세 평면에서 평면도형의 성질을 이용하여 문제를 해결한다.

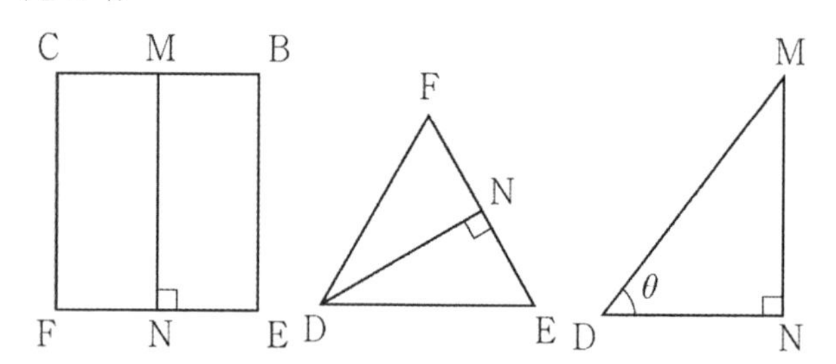

직사각형 BCFE에서 점 N은 선분 FE의 중점이다. (←직선 MN을 포함한 평면 BCFE를 정면에서 바라봄) 이때, $\overline{MN}=\sqrt{5}$

정삼각형 DEF에서 점 N이 선분 FE의 중점이므로, $\overline{DN}\perp\overline{EF}$이다. 이때, $\overline{DN}=\sqrt{3}$ (←직선 MN에 수직인 평면 DEF를 정면에서 바라봄)

직각삼각형 MDN에서 피타고라스의 정리에 의하여

$\overline{MD}=\sqrt{\overline{DN}^2+\overline{NM}^2}=2\sqrt{2}$ (←한 점에서 만나는 두 직선 MN, DN으로 결정되는 평면 DNM을 정면에서 바라봄)

직각삼각형 MDN에서 삼각비의 정의에 의하여

$\therefore\ \cos\theta = \frac{\sqrt{3}}{2\sqrt{2}} = \frac{\sqrt{6}}{4}$

답 ⑤

P056 | 답 ④

[풀이]

점 P의 좌표를 $(t,\ 0,\ 0)$으로 두자.

$\overline{\mathrm{AP}}^2 = \overline{\mathrm{BP}}^2$, 즉

$(4-t)^2 + 2^2 + 3^2 = (-2-t)^2 + 3^2 + 1^2$,

$29 - 8t = 4t + 14$

$\therefore\ t = \frac{5}{4}$

답 ④

P057 | 답 ①

[풀이]

선분 AB를 $m : n$으로 내분하는 점을 P라고 하면

$\mathrm{P}\left(\frac{2m-n}{m+n},\ \frac{4m+n}{m+n},\ \frac{m-2n}{m+n}\right)$

그런데 점 P의 z좌표는 0이므로

$m - 2n = 0$, 즉 $m = 2n$, $\mathrm{P}(1,\ 3,\ 0)$

$\therefore\ \overline{\mathrm{AP}} = 2\sqrt{3}$

답 ①

P058 | 답 350

[풀이]

D가 원점, 두 점 A, E의 좌표가 각각

$\mathrm{A}(0,\ 0,\ 6)$, $\mathrm{E}(6,\ 0,\ 0)$

가 되도록 공간좌표를 도입하자.

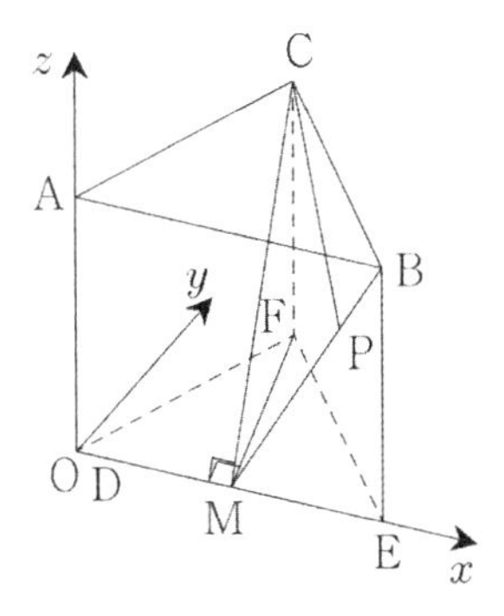

내분점의 공식에 의하여

$\mathrm{M}(3,\ 0,\ 0)$

점 B의 좌표가 $(6,\ 0,\ 6)$이므로

내분점의 공식에 의하여

$\mathrm{P}\left(\frac{2\times6+1\times3}{3},\ \frac{2\times0+1\times0}{3},\ \frac{2\times6+1\times0}{3}\right)$, 즉 $(5,\ 0,\ 4)$

점 C의 좌표가 $(3,\ 3\sqrt{3},\ 6)$이므로

두 점 사이의 거리 공식에 의하여

$l = \overline{\mathrm{CP}} = \sqrt{(-2)^2 + (3\sqrt{3})^2 + 2^2} = \sqrt{35}$

$\therefore\ 10l^2 = 350$

답 350

P059 | 답 ③

[풀이]

선분 AB의 $1:2$ 내분점을 C라고 하자.

$\mathrm{C}\left(\frac{a+4}{3},\ \frac{b+4}{3},\ \frac{c+2}{3}\right)$

점 C가 y축 위에 있으므로 이 점의 x좌표, z좌표는 모두 0이다. 즉,

$a = -4$, $c = -2$, $\mathrm{C}\left(0,\ \frac{b+4}{3},\ 0\right)$

점 A의 xy평면 위로의 정사영을 A′라고 하면

$\mathrm{A}'(2,\ 2,\ 0)$, $\overline{\mathrm{AA}'} = 1$

$\tan\theta = \frac{\overline{\mathrm{AA}'}}{\overline{\mathrm{CA}'}} = \frac{1}{\sqrt{2^2 + \left(\frac{b-2}{3}\right)^2}} = \frac{\sqrt{2}}{4}$

양변을 제곱하여 정리하면

$\therefore\ b = 8\ (\because b > 0)$

답 ③

P060 | 답 ③

[풀이]

문제에서 주어진 조건에 의하여

$\angle\mathrm{ACB} = \frac{\pi}{2}$

두 점 사이의 거리 공식에 의하여

$\overline{\mathrm{AC}} = \sqrt{6}$, $\overline{\mathrm{BC}} = \sqrt{30}$

따라서 삼각형 ABC의 넓이는

$\frac{1}{2}\overline{\mathrm{AC}}\,\overline{\mathrm{BC}} = 3\sqrt{5}$

답 ③

P061 | 답 ②

[풀이]

점 A에서 x축에 내린 수선의 발을 H라고 하면

$\mathrm{H}(a,\ 0,\ 0)$, $\overline{\mathrm{AH}}=5$(=구의 반지름의 길이)

$\overline{\mathrm{OA}}^2=\overline{\mathrm{OH}}^2+\overline{\mathrm{HA}}^2$, 즉 $27=a^2+25$, $a=\sqrt{2}$

구 S의 방정식은

S: $(x-\sqrt{2})^2+(y+3)^2+(z-4)^2=25$

$x=y=0$을 대입하면

$(z-4)^2=25-11=14$, $z=4\pm\sqrt{14}$

따라서 구하는 값은 $2\sqrt{14}$이다.

답 ②

P062 | 답 ⑤

[풀이]

점 A에서 xy평면에 내린 수선의 발을 A′라고 하면, 점 A′는 구 S와 xy평면이 만나서 생기는 원의 중심이다. 이때, 원의 반지름의 길이는 5이다. ($\because$ 넓이가 25π)

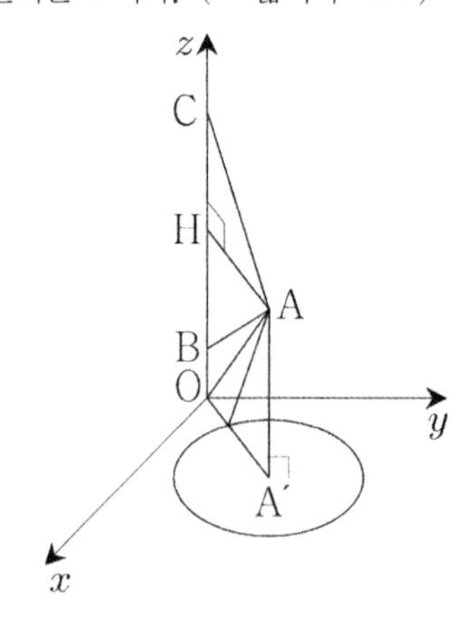

피타고라스의 정리에 의하여

$\overline{\mathrm{AA'}}=\sqrt{8^2-5^2}=\sqrt{39}$

점 A에서 z축에 내린 수선의 발을 H라고 하자.

피타고라스의 정리에 의하여

$\overline{\mathrm{AH}}=\sqrt{7^2-(\sqrt{39})^2}=\sqrt{10}$,

$\overline{\mathrm{BH}}=\sqrt{8^2-(\sqrt{10})^2}=3\sqrt{6}$

$\therefore\ \overline{\mathrm{BC}}=2\overline{\mathrm{BH}}=6\sqrt{6}$

답 ⑤

P063 | 답 14

[풀이]

문제에서 주어진 구와 원의 중심을 각각 C, C′, 점 C에서 yz평면에 내린 수선의 발을 H라고 하자.

한 직선 위에 있지 않은 세 점 C, H, C′로 결정되는 평면으로 문제에서 주어진 구와 원, yz평면을 자른 단면은 아래와 같다. (단, 아래 그림에서 두 점 P_0, Q_0는 각각 구와 원 위의 점이고, 세 점 P_0, C, Q_0는 한 직선 위에 있다.)

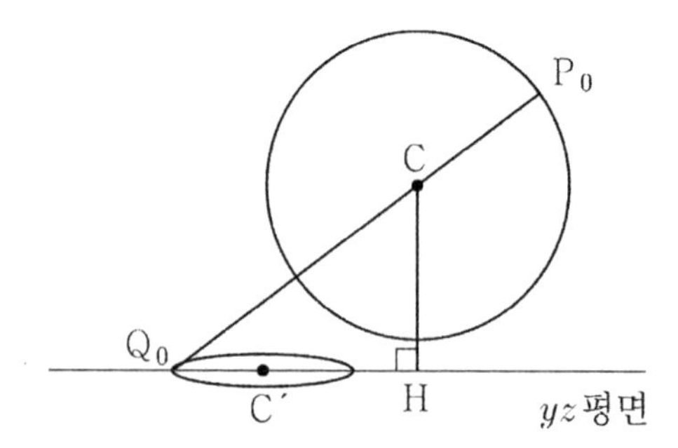

$\overline{\mathrm{PQ}}\le\overline{\mathrm{PC}}+\overline{\mathrm{CQ}}=4+\overline{\mathrm{CQ}}$

(단, 등호는 세 점 P, C, Q가 한 직선 위에 있을 때 성립한다.)

두 점 H, C′의 좌표를 각각

$\mathrm{H}(0,\ -1,\ 5)$, $\mathrm{C'}(0,\ 2,\ 1)$

피타고라스의 정리에 의하여

$\overline{\mathrm{CQ}}=\sqrt{\overline{\mathrm{CH}}^2+\overline{\mathrm{HQ}}^2}\le\sqrt{\overline{\mathrm{CH}}^2+\overline{\mathrm{HQ}_0}^2}$

$=\sqrt{6^2+(5+3)^2}=10$

(단, 등호는 점 Q가 점 Q_0 위에 올 때 성립한다.)

위의 두 부등식에 의하여

$\therefore\ \overline{\mathrm{PQ}}\le\overline{\mathrm{CP}_0}+\overline{\mathrm{CQ}_0}=4+10=14$

(단, 등호는 두 점 P, Q가 각각 점 P_0, Q_0에 올 때 성립한다.)

답 14

P064 | 답 15

[풀이]

구 S의 방정식에 $z=0$을 대입하면

$x^2+y^2=2^2$

즉, 원 C는 중심이 원점이고, 반지름의 길이가 2이다.

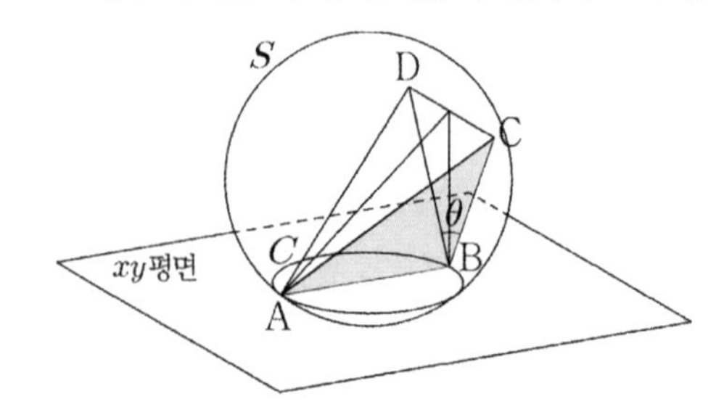

$\overline{\mathrm{AB}}\perp$(평면BCD)이므로

$\overline{\mathrm{AB}}\perp\overline{\mathrm{BC}}$, $\overline{\mathrm{AB}}\perp\overline{\mathrm{BD}}$

두 평면 ABC, ABD가 이루는 각의 크기를 θ라고 하면

이면각의 정의에 의하여

$\angle \mathrm{CBD}=\theta$

구 S의 중심을 S, 점 S에서 평면 BCD에 내린 수선의 발을 H라고 하자. 이때, 점 H는 선분 CD의 수직이등분선 위에 있다.

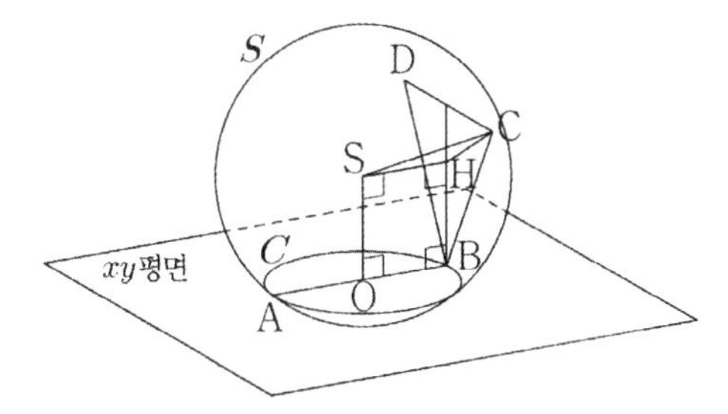

직각삼각형 SHC에서 피타고라스의 정리에 의하여

$\overline{\mathrm{HC}}=\sqrt{9-2^2}=\sqrt{5}$ $(\because \overline{\mathrm{SH}}=\overline{\mathrm{OB}})$

이등변삼각형 HBC에서 코사인법칙에 의하여

$\cos(\angle \mathrm{BHC})=\dfrac{5+5-15}{2\times\sqrt{5}\times\sqrt{5}}=-\dfrac{1}{2}$,

$\angle \mathrm{BHC}=120^\circ$

따라서 삼각형 BCD는 정삼각형이다. 즉, $\theta=60^\circ$

$k=\dfrac{1}{2}\times 4\times\sqrt{15}\times\cos 60^\circ=\sqrt{15}$

$\therefore\ k^2=15$

답 15

P065 | 답 17

[풀이]

두 구 C_1, C_2의 중심을 각각 C_1, C_2라고 하자.

구 C_1을 zx평면에 대하여 대칭이동시킨 구를 C_1', 구 C_2를 yz평면에 대하여 대칭이동시킨 구를 C_2'라고 하자. 이 두 구의 중심을 각각 C_1', C_2'라고 하자.

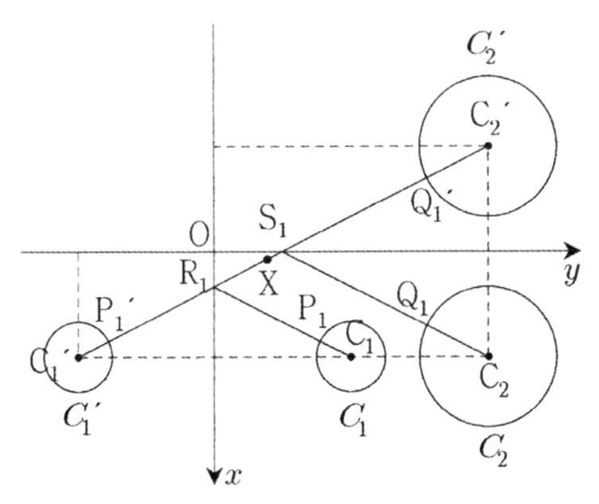

점 P를 zx평면에 대하여 대칭이동한 점을 P′,

점 Q를 yz평면에 대하여 대칭이동한 점을 Q′

라고 하자.

위의 그림처럼 네 점 P′, R, S, Q′이 한 직선 위에 있으면

$\overline{\mathrm{PR}}+\overline{\mathrm{RS}}+\overline{\mathrm{SQ}}\,(=\overline{\mathrm{P'R}}+\overline{\mathrm{RS}}+\overline{\mathrm{SQ'}})$

의 값이 최소가 된다.

이때, 여섯 개의 점 P_1, R_1, S_1, Q_1, P_1', Q_1'의 위치가 위의 그림처럼 결정된다.

이제

$\overline{\mathrm{P}_1'\mathrm{R}_1}+\overline{\mathrm{R}_1\mathrm{X}}=\overline{\mathrm{XS}_1}+\overline{\mathrm{S}_1\mathrm{Q}_1'}$

인 점 X의 좌표를 구하자.

$\mathrm{C}_1'(3,\ -4,\ 1)$, $\mathrm{C}_2'(-3,\ 8,\ 5)$

$\overline{\mathrm{C}_1'\mathrm{C}_2'}=14$, $\overline{\mathrm{P}_1'\mathrm{Q}_1'}=14-1-2=11$

이므로

$\overline{\mathrm{P}_1'\mathrm{X}}=\overline{\mathrm{XQ}_1'}=\dfrac{11}{2}$

그런데

$\overline{\mathrm{C}_1'\mathrm{X}}=\dfrac{13}{2}$, $\overline{\mathrm{XC}_2'}=\dfrac{15}{2}$

이므로 점 X는 선분 $\overline{\mathrm{C}_1'\mathrm{C}_2'}$의 13 : 15내분점이다.

따라서 점 X의 x좌표는

$\dfrac{13\times(-3)+15\times 3}{28}=\dfrac{3}{14}$

$\therefore\ p+q=17$

답 17